W0260662

HANDBUCH DER NORMALEN UND PATHOLOGISCHEN PHYSIOLOGIE

MIT BERÜCKSICHTIGUNG DER EXPERIMENTELLEN PHARMAKOLOGIE

HERAUSGEGEBEN VON

A. BETHE · G. v. BERGMANN
G. EMBDEN · A. ELLINGER†

FRANKFURT A. M.

VIERZEHNTER BAND / ZWEITE HÄLFTE

FORTPFLANZUNG · ENTWICKLUNG UND WACHSTUM

ZWEITER TEIL
(H/II. 4—6. METAPLASIE UND GESCHWULSTBILDUNG)

BERLIN
VERLAG VON JULIUS SPRINGER
1927

FORTPFLANZUNG ENTWICKLUNG UND WACHSTUM

ZWEITER TEIL

METAPLASIE UND GESCHWULSTBILDUNG

BEARBEITET VON

B. FISCHER-WASELS UND E. KÜSTER

MIT 44 ZUM TEIL FARBIGEN ABBILDUNGEN

BERLIN

VERLAG VON JULIUS SPRINGER

1927

ISBN-13:978-3-642-89182-3   e-ISBN-13:978-3-642-91038-8
DOI: 10.1007/978-3-642-91038-8

Inhaltsverzeichnis.

Neubildungen am Pflanzenkörper.

Von

ERNST KÜSTER

Gießen.

Mit 17 Abbildungen.

Zusammenfassende Darstellungen.

KÜSTER, E.: Die Gallen der Pflanzen. Leipzig 1911. — KÜSTER, E.: Pathologische Pflanzenanatomie. 3. Aufl. Jena 1925. — KÜSTER, E.: Lehrbuch der Botanik für Mediziner. Leipzig 1920. — MAGNUS, W.: Die Entstehung der Pflanzengallen, verursacht durch Hymenopteren. Jena 1914. — Die Abbildungen des vorliegenden Aufsatzes sind — soweit sie nicht als Originale oder mit den Namen ihrer Autoren bezeichnet worden sind — den hier genannten Werken des Verfs. entnommen.

Die pathologische Pflanzenanatomie lehrt, daß der Vegetationskörper der niederen und namentlich der höheren Gewächse zur Produktion der verschiedenartigsten Gewebswucherungen und Neubildungen befähigt ist. Die Mannigfaltigkeit, die uns in ihrem Bereich erwartet, spricht sich ebensosehr in Größe und Form der anomalen Bildungen aus, in ihrer Ontogenese und ihrer histologischen Struktur wie in den Agenzien, welche den Pflanzenkörper zur Bildung irgendwelcher Wucherungen anregen, und in den physiologischen Wirkungen, welche diese für das Ganze des Vegetationskörpers haben.

Die Überlegenheit, welche der Pflanzenkörper hinsichtlich seiner Fähigkeit, Neubildungen aller Art zu liefern, gegenüber dem Tierkörper aufzuweisen vermag, erklärt sich wohl bis zu einem gewissen Grade aus dem Charakter der Pflanzen als „offene" Organismenformen (DRIESCH): die Pflanzen sind im allgemeinen zu ständigem, theoretisch unbegrenztem Fortwachsen befähigt und sind imstande, lebenslänglich nicht nur ihr Volumen zu vergrößern, sondern auch an mehreren oder zahlreichen „Vegetationspunkten" neue Organe zu produzieren; kurzum sie sind — im Gegensatz zu der überwiegenden Mehrzahl der Tiere — niemals „ausgewachsen".

Die Mannigfaltigkeit dessen, was wir bei den Pflanzen, ja sogar an den Individuen *einer* Spezies und an *einem* Vegetationskörper als Neubildungen entstehen sehen, wird denjenigen, der mit der Kenntnis der Neoplasien des tierischen und menschlichen Körpers sich an das Studium der vegetabilischen begibt, um so mehr überraschen müssen, als beim Pflanzenkörper die Histogenese ganz allgemein in sehr viel einfacheren Bahnen sich bewegt als beim Tier: letzten Endes finden fast alle Unterschiede, die sich in der pathologischen Histogenese des Tier- und Pflanzenkörpers nachweisen lassen, ihre Erklärung in dem festen Cellulosegerüst, das die Zellen und Gewebe des Pflanzenkörpers ausstattet, in der unverrückbaren Lagerung, die es den einzelnen Zellen anweist, in dem Mangel an leicht verschiebbaren, aktiv oder passiv beweglichen Zellen, an flüssigen Geweben, auch in dem Fehlen der leichten Resorbierbarkeit von Zellen und Zellkomplexen. Der Begriff der Entzündung ist auf Pflanzen nicht anwendbar, so weit man ihn auch fassen mag; der Pflanzenpathologe kennt keine Metastasen und keine Malignität.

Abb. 441. *Organoide Neubildung:* „Wirrzöpfe" einer Weide, entstanden aus den weiblichen Blüten nach Besiedelung durch eine Blattlaus (*Aphis amenticola*).

Was die Eigenschaften der einzelnen Zelle und deren Wirkungen auf den Charakter der Neubildungen betrifft, so bleiben zwar die Zellen der Pflanzen hinsichtlich der Differenzierungsmöglichkeiten ihres Plasmaleibes weit hinter denen der Tiere zurück; andererseits übertreffen die Pflanzenzellen die der Tiere insofern an Wandlungsvermögen, als jenen die Spezietät abgeht, welche in der Histogenese der Tiere und im Schicksal des Epithels und des Bindegewebes ihre gewichtige Rolle spielt; zwar ist echte (d. h. ohne Zellenteilungen durchgeführte) Metaplasie auch in der pathologischen Histogenese der Pflanzen ein Vorgang von untergeordneter Bedeutung; aber wir sehen bei den Pflanzen die Abkömmlinge der Zellen jeder Gewebsform unter geeigneten äußeren und inneren Bedingungen zu Zellen aller anderen Gewebeformen werden — Abkömmlinge der Epidermis zu Grundgewebs- und Leitbündelelementen, Abkömmlinge des Grundgewebes zu Epidermen usw.

Nach ihrer Form sind unter den Neubildungen der Pflanzen — ähnlich wie in der Pathologie des Menschen und der Tiere — *organoide* und *histioide* zu unterscheiden.

Die organoiden Neubildungen haben organmäßige Gliederung, sie gleichen Blättern, dicht gedrängten Gruppen von Sprossen und Sprößchen, seltener Wurzeln. Die anomalen Sproßhäufungen, die gewöhnlich zu einem besenähnlich-struppigen Zweigsystem oder einer blumenkohlähnlich gedrängten, weichen oder holzigen Zweigmasse sich formen, entstehen vorzugsweise nach Infektion geeigneter Wirtspflanzen durch Pilze oder parasitisch lebende Milben, seltener unabhängig von solchen Gästen. Man bezeichnet sie als Hexenbesen, deren bekannteste Vertreter auf Kirsche, Hainbuche und Birke nach Besiedlung der Bäume durch Schlauchpilze (Exoascaceae) sich entwickeln. Sie gehen aus normalen Knospen in der Weise hervor, daß diese vorzeitig treiben und in schneller Folge Seitenzweige erster, zweiter, dritter und weiterer Ordnungen produzieren. Als Wirrzöpfe (Abb. 441) bezeichnet man organoide Neubildungen, die aus den weiblichen Blüten der Weiden hervorgehen und aus blätterreichen, verzweigten, zu dichten, quasten- oder traubenähnlichen Massen sich zusammenschließenden Sprossen bestehen, deren Anhäufung schließlich ein pfundschweres Teras liefern kann.

Entwicklungsgeschichtlich und morphologisch viel reichhaltiger und problemreicher ist die Gruppe der histioiden Neubildungen, d. h. derjenigen, welche keine Gliederung in organähnliche Anteile erkennen lassen, sondern lediglich Schwellungen von Wurzeln, Achsen und Blättern, Auswüchse oder Anhängsel von solchen darstellen.

Die organoiden Mißformen der Pflanzen lassen in ihrer Organfolge und ihrer Gewebedifferenzierung im wesentlichen dieselben Gesetze erkennen, welchen der Formwechsel normaler Pflanzenteile gehorcht. Bei den Neubildungen, die wir histioide nennen, begegnen uns Differenzierungen, die sie ihrem Mutterboden in der mannigfaltigsten Weise unähnlich machen. Von diesen histioiden Neubildungen soll im folgenden die Rede sein. Es wird bei der kurzgefaßten Schilderung genügen, auf Formenwechsel und Entwicklungsmechanik der in Rede stehenden Gebilde einzugehen, da über ihre chemische Physiologie und die in ihnen sich abspielenden Kraftwechselvorgänge kaum schon zusammenhängende Untersuchungen angestellt worden sind.

Wir ordnen den Stoff der nachfolgenden Mitteilungen nach ätiologischen Gesichtspunkten.

A. Gewebewucherungen als Wirkung gestörter Korrelationen.

Durch die Entgipfelung eines Pflanzensprosses kann man nicht nur die Wachstumsrichtung seiner Organe beeinflussen, die Grenzen ihrer Größenentwicklung erweitern und über Ruhe und Wachstum irgendwelcher Organanlagen entscheiden, sondern auch die Bildung anomaler Gewebewucherungen anregen.

Dekapitiert man Sonnenrosen, so entstehen unter den Insertionsstellen der Blattstiele umfangreiche knollenähnliche Gewebewucherungen. Beim Kohlrabi sieht man nach Entfernung der Blütenstände und sämtlicher Seitenknospen die Blattkissen zu ansehnlich breiten Körpern anschwellen. Auf Änderungen der Korrelationen, die zwischen den Teilen eines Organismus, namentlich seinen ober- und unterirdischen, bestehen, werden wir es zurückzuführen haben, wenn Kartoffelpflanzen regelwidrig an ihren grünen oberirdischen Sprossen Knollen erzeugen; seit VÖCHTING ist bekannt, daß nach Ver-

Abb. 442. *Oberirdische Kartoffelknollen*, entstanden durch Verdickung der Knospen oberirdischer Sproßabschnitte. Original.

dunkelung Knospen der oberirdischen Kartoffeltriebe zu dicken Knollen werden können. Daß aber auch ohne experimentelle Eingriffe gelegentlich das Phänomen oberirdischer Knollenbildung sichtbar werden kann, lehren Stücke wie das der freien Natur entstammende, in Abb. 442 dargestellte.

Mannigfaltige Terata ähnlicher Art entstehen an Boussingaultia baselloides, einer den Melden nahestehenden, mit unterirdischen Sproßknollen ausgestatteten Windenpflanze des tropischen Amerikas; an Stecklingen kann man durch einfache Manipulationen jede Knospe, ebenso auch die Basis des Stengelstückes selbst zu Knollen werden lassen, und bei dem knollentragenden Sauerklee Oxalis crassicaulis gelingt ähnliches auch mit den Niederblättern der Ausläufer.

Ätiologisch nahe stehen den genannten Bildungen wohl auch die an Bäumen verschiedener Art — Linde, Eberesche usw., namentlich oft an der Buche — auftretenden Knollen- oder Kugeltriebe, holzharte kugelige Gebilde, die in der Rinde der Stämme wie Fremdkörper liegen und sich meist leicht aus ihr abbrechen lassen. Sie entstehen durch abnorme Wachstumsbetätigung irgendwelcher Seitenknospen.

Aktivitätshyperplasien, welche in ihrem kompensatorischen Charakter etwa den nach Nephrektomie sich abspielenden Wachstumsleistungen der Niere entsprächen und ätiologisch auf Arbeitssteigerung zurückzuführen wären, sind für Pflanzen bisher noch nicht mit Sicherheit festgestellt worden.

B. Hyperhydrische Gewebe.

Wenn geeignete Pflanzen oder Pflanzenteile im dampfgesättigten Raum gehalten werden, so können an der Rinde ihrer Zweige oder an dem Grundgewebe der Blätter auffallende Gewebewucherungen sich bilden, die — wie durch zahlreiche Versuche sich hat dartun lassen — ätiologisch auf die stark herabgesetzte Wasserdampfabgabe der Pflanzenorgane zurückzuführen sind.

Besonders lehrreiche Beispiele liefern Zweigstecklinge der Pappeln und vieler anderer Holzgewächse, an welchen man oft schon nach mehrtägigem Aufenthalt in feuchter Luft oder in Wasser die Atemporen der Rinde (Lentizellen) zu ansehnlich großen, schneeweißen, lockeren und leicht zerstörbaren Gewebehäufchen werden sieht. Es handelt sich bei ihrer Entstehung um hypertrophisches Wachstum der Zellen, die zu langen, von lufterfüllten Intercellularräumen getrennten Schläuchen werden.

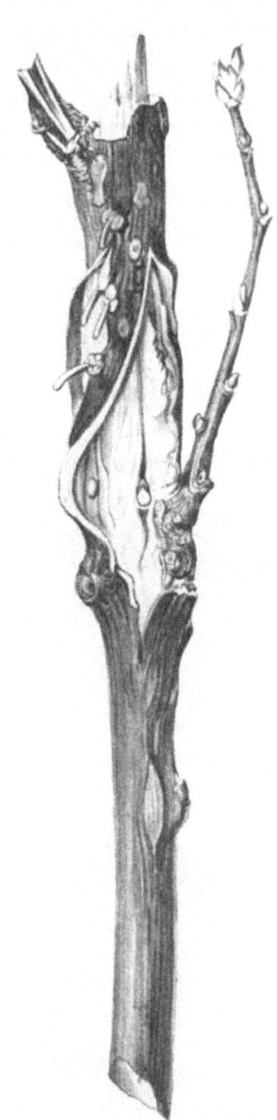

Abb. 443. *Hyperhydrische Gewebe:* Rindenwucherungen an einem Zweigsteckling von Ribes aureum.

Beschränkt sich die Bildung „hyperhydrischer“, d. h. durch abnorm hohe Wasserfülle veranlaßter Gewebe nicht auf die Lentizellen, sondern nehmen alle Anteile der Rinde an dem anomalen Wachstum teil, so entstehen mächtige „Rindenwucherungen“, die den Kork der Zweige aufsprengen und lange Rißwunden bloßlegen (Abb. 443); namentlich an manchen Johannisbeeren (Ribes aureum) ist diese — auch als Ödem bezeichnete — Krankheit im Laboratorium leicht zu erzeugen und in der freien Natur anzutreffen.

Die hyperhydrischen Gewebewucherungen der Blätter brechen zumeist aus dem Mesophyll hervor, indem sie die über ihm liegende Epidermis sprengen. In anderen Fällen entstehen ausgedehnte pelzige, schneeweiße Beläge, indem die oberflächlichen Zellen zu langen, haarähnlichen Schläuchen auswachsen. Sehr schön beobachtet man diese Erscheinung an dem Perikarp unreifer Erbsenfrüchte, wenn man die beiden ihrer Samen entledigten Klappen mit der Außenseite schwimmend auf Wasser legt.

Legt man Kartoffelknollen in dampfgesättigten Raum, so entstehen bei manchen Sorten makroskopisch deutlich erkennbare Pusteln; es kommt zu Sprengungen des Korkes und zur Entwicklung eines sehr großzelligen lockeren Gewebes, das bei fortschreitender Ausdehnung nach und nach den Kork auf ansehnliche Strecken hin abblättern läßt und das Innere der Knolle bloßlegt.

Alle hyperhydrischen Gewebe sind kurzlebige Produkte, deren Zellen oft schon nach wenigen Tagen zusammensinken und zugrunde gehen.

C. Wundgewebe.

Umfangreiche Gewebewucherungen entstehen nach Verwundung namentlich dann, wenn das Bildungsgewebe der Wurzeln oder Zweige von Holzpflanzen, das Cambium, von dem Trauma betroffen wird. An den Schnittflächen von Pappelstecklingen, die mit besonderer Schnelligkeit und Ergiebigkeit auf Wundreize reagieren, entstehen weißliche oder blaßgrüne Gewebepolster, die zunächst als ringförmige Wucherungen dem Verlauf des Cambiums folgen, später die ganze Wundfläche mit einem weichen parenchymatischen Gewebekissen, dem Callus, bedecken (Abb. 444).

Der Callus spielt die Rolle eines Vernarbungsgewebes, welches den Verschluß der Wunde bewirkt, ihre Verheilung und Überwallung durch dauerfähiges Gewebe vorbereitet und regenerative Leistungen vollbringt, indem es neue Vegetationspunkte bildet, die — oft in dichten Scharen — neue blättertragende Sprosse liefern. Die Leitbündel der Regenerate finden Anschluß an die Leitungsbahnen des alten Holzes. Cambien, welche in dem Calluswulst entstehen, lassen nicht anders als das normale bald neues Holz und neue Rinde entstehen.

Eine bei vielen Pflanzen sich äußernde wichtige Eigenschaft des Callus besteht in seiner Fähigkeit zur Produktion neuer Vegetationspunkte (Sproß- und Wurzel-Urmeristeme).

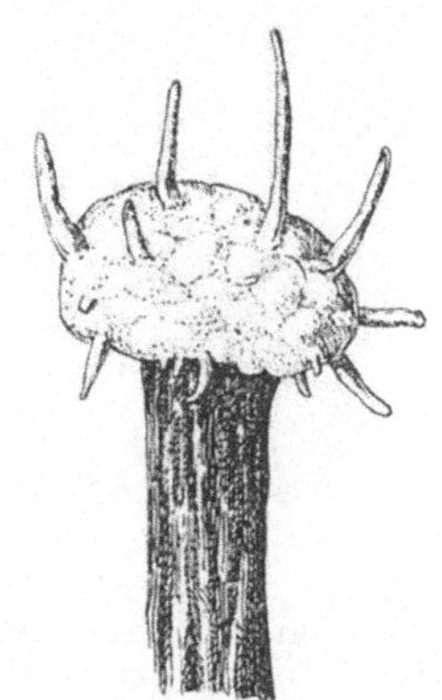

Abb. 444. *Callusgewebe*. Pappelsteckling nach mehrwöchentlichem Aufenthalt in dampfgesättigter Luft. Zahlreiche Sproßspitzen erheben sich aus dem Calluswulst.

Holz, welches unter der Einwirkung traumatischer Reize — an Schnittwunden irgendwelcher Art, nach Wildverbiß oder Insektenfraß, nach Frostschäden usw. — sich bildet, unterscheidet sich in seiner histologischen Zusammensetzung wesentlich von dem normalen: seine Elemente sind kürzer als die normalen, die Mannigfaltigkeit seiner histologischen Zusammensetzung oft geringer. Holz solcher Art wird als Wundholz bezeichnet. Selbst in einem Abstand von mehreren Zentimetern von der Wundfläche ist die Gewebsproduktion des Cambiums noch anomal; je mehr wir uns der Wundfläche nähern, um so reichlicher wird es produziert, und um so stärker unterscheidet es sich von dem normalen Holz.

Wundflächen, die zu groß sind, als daß schon die an ihrem Rande entstehenden Calluswülste sie überwuchern könnten, werden erst durch jahrelang fortschreitende Wundholzbildung nach und nach überwallt und verschlossen. Da das parenchym- und saftreiche Wundholz gegen Frost wenig widerstandsfähig ist, kann es nicht ausbleiben, daß der Winter die neu entstandenen Gewebemassen, die von der Peripherie des Traumas her seine Verheilung vorbereiteten, erheblich schädigt, und der Frost ein neues Trauma zustande bringt, das seinerseits in der nächsten Wachstumsperiode einen neuen Überwallungswulst entstehen läßt. Hat sich dieser Vorgang mehrere Male wiederholt, so

Abb. 445. „Krebs": Der Stamm eines Apfelbaumes hat rings um sein Trauma in mehrjährigem Wachstum einen etagenweise geschichteten Wundholzrahmen produziert.

Abb. 446. *Harzgalle*, entstanden nach Fraßschädigung eines Kiefernzweiges durch *Evetria resinella* (Lepidopteron). Original.

liegt ein etagenmäßig geschichtetes Gebilde vor, das als rauher, unregelmäßig gewulsteter Rahmen die Wundfläche umgibt (Abb. 445): in der Mitte bleibt noch lange der bloßgelegte Holzkern des geschädigten Baumes sichtbar. Man bezeichnet solche Gewebewucherungen als „Krebs"; mit den Carcinomen des Tier- und Menschenkörpers, insbesondere mit dem „Krebsnabel" haben sie freilich nur eine geringe äußere Ähnlichkeit gemeinsam.

Pflanzen, welche, wie die Coniferen, auf Wundreize mit gesteigerter Sekretproduktion reagieren und ihr Sekret an der Wunde ausfließen lassen, können dieses in den Dienst der Wundheilung stellen, indem das austräufelnde, später erstarrende Sekret die Wundfläche wie mit einem provisorischen Verschluß versieht. Zuweilen entstehen auffallend geformte Sekretmassivs in der Nähe der Wunde. Als Beispiel zeigt Abb. 446 die nach Schädigung der Waldkiefer (durch Evetria resinella) sich entwickelnden „Harzgallen".

D. Gallen.

Von allen Gewebeneubildungen, die dem Pflanzenpathologen bekannt sind, fordern die Gallen unser Interesse durch viele Eigenschaften am dringendsten heraus.

Wir haben es bei den Gallen mit Produkten anomalen Wachstums zu tun, die auf Pflanzen der verschiedensten Art, von tierischen wie pflanzlichen Parasiten (Insekten, Milben, Nematoden einerseits — Bakterien und Pilzen andererseits) hervorgerufen werden, und die den Parasiten als Wohnung und Nahrung dienen. Von der gestaltenden Wirkung der Parasiten auf ihre Wirte war bereits bei Behandlung der organoiden Gallen die Rede; die histioiden übertreffen diese ebensosehr durch die Mannigfaltigkeit ihrer Struktur und ihre auffälligen Unterschiede von den normalen Wirtsanteilen wie durch ihre Bedeutung für Fragen der Entwicklungsmechanik und der allgemeinen Pathologie der Organismen.

Welcher Art die Wirkungen sind, die von den Parasiten ausgehen und die Gallenbildung veranlassen, ist eine Frage, die offenbar verschiedenen Gallen gegenüber verschiedene Antwort beansprucht. Es gibt — namentlich unter den Pilzgallen — sehr viele einfach gebaute Formen, die in ihrer äußeren Form wie der histologischen Struktur wenig oder gar keine spezifischen Züge erkennen lassen, welche gesetzmäßig auf die Spezies des gallenerzeugenden Parasiten zu schließen gestatteten. Gallen solcher Art gleichen in ihrem Gewebeaufbau im wesentlichen den Wundgeweben, so daß die Annahme erlaubt sein wird, daß auch bei ihrer Entstehung dieselben Faktoren an der Arbeit sind wie bei Entstehung des Callus und des Wundholzes. Die histologische Zusammensetzung jener Gallen wie der Wundgewebe läuft im wesentlichen auf eine mehr oder minder erhebliche Vereinfachung der von den normal entwickelten Organen her bekannten Differenzierungen hinaus, die schließlich zur Produktion völlig homogenen Parenchyms führen kann.

Wesentlich anders verhalten sich die meisten Milben- und Insektengallen. Ihre Form, ihre Entwicklungsgeschichte und ihre histologische Struktur sind wesentlich von den der normalen Organe verschieden; ihre Gewebe lassen Differenzierungen erkennen, die in ihrem normalen Mutterboden nicht anzutreffen sind und sich grundsätzlich von den des normal entwickelten Wirtsorgans unterscheiden. Dazu kommt die erstaunliche Mannigfaltigkeit, welche die Gallen unter sich zeigen — selbst dann, wenn man nur die Produkte eines und desselben Gallenwirtes miteinander vergleicht; jeder Parasit erzeugt eine für ihn charakteristische, auch von den Produkten nahe verwandter Gallentiere leicht unterscheidbare Galle. Namentlich bei den Zynipiden (Gallwespen), von welchen einige hundert Arten auf der Gattung Quercus (Eiche) heimisch sind, sind diese Unterschiede besonders sinnfällig. Ihre Betrachtung und das Studium vieler ähnlicher Gallen nötigen zu dem Schlusse, daß von den Gallentieren Reize ausgehen, welche nicht nur den Wirt zur Produktion reichlicher Gewebemassen anregen, sondern auch auf deren Differenzierung weitgehenden spezifischen Einfluß haben. Alle Versuche, „Gallen" von solchen Baueigentümlichkeiten künstlich, d. h. ohne Mitwirkung der in der Natur wirkenden Gallenerzeuger hervorzurufen, sind bisher gescheitert: man hat Substanzen der verschiedensten Art in der einen oder anderen Weise jugendlichen Pflanzenorganen injiziert, niemals aber eine Bildung entstehen sehen, welche besser als Galle denn als Callus oder Wundgewebe hätte angesprochen werden können. Trotzdem muß dieser von den um diese Frage bemühten Forschern betretene Weg wenigstens insofern als der richtige bezeichnet werden, als bei der entwicklungsmechanischen Erklärung der Gallenbildung sich die Hypothese nicht vermeiden lassen wird, daß wachstumbeeinflussende Stoffe von den Gallenerzeugern geliefert werden, und die spezifisch gebauten Gallen die Reaktionen der Wirtspflanzen auf spezifische chemische Wirkungen der Parasiten darstellen — gleichviel ob wir von jenen hypothetischen Stoffwechselprodukten annehmen wollen, daß sie bestimmte Teilvorgänge der normalen Ontogenese hemmen und ausschalten und die Gesamtheit der normalen Korrelationen alterieren — oder von spezifischen Wuchsenzymen sprechen wollen, die Organ- und Gewebebildung eigener Art anregen — oder gar eine Aufnahme spezifisch wirksamer plasmatischer Anteile, die von dem Parasiten stammen, für möglich halten wollen.

Die Angaben über die Erzeugung von Neubildungen und den gelegentlich auch als maligne Wucherungen bezeichneten Neoplasien durch Behandlung mit „stimulierenden" Stoffen (1% Milchsäure) u. a. bedürfen kritischer Nachprüfung.

1. Räumliche Beziehungen zwischen Gallenerzeuger und Gallenwirt.

Mit Rücksicht auf den cellularen Bau, der den bei der Gallenbildung vereinigten Symbionten gemeinsam ist, sind verschiedene Formen der symbiontischen Bindung möglich.

a) Mixochimären.

Der Gedanke, daß Wirt und Parasit ihre Plasmamassen zusammenfließen lassen könnten, ist vor langen Jahren von Eriksson ausgesprochen worden, der durch seine Rostpilzstudien sich zu der Annahme geführt sah, daß das Plasma der Pilze mit dem ihrer Wirte, der Getreidepflanzen, sich vereinigen, später wieder auf dem Weg der Entmischung von diesem freimachen könnte. Die Annahme hat wenig Zustimmung gefunden und kann längst als aufgegeben gelten.

Neuerdings hat Burgeff unter dem Mikroskop einen Fusionsvorgang mit allen Einzelheiten beschrieben, bei welchem ein auf dem Schimmelpilz Mucor vegetierender Parasit, Chaetocladium, mit schröpfkopfartigen Endzellen seiner Mycelfäden den Anschluß an die Hyphen seines Wirtes findet: die „Schröpfköpfe" fusionieren mit diesen, die kernhaltigen Plasmamassen fließen zusammen, und durch Wachstum und Verzweigung werden die Schröpfköpfe zu sog. „Gallen", die sich an den Infektionsstellen zu dichten Büscheln entwickeln. Burgeff nennt diese Wachstumsanomalie eine Mixochimäre und hebt mit Recht die Übereinstimmung dieser Fusionsvorgänge mit dem für die gleiche Pilzfamilie bekannten Sexualakt hervor. Die *Chaetocladiumgalle* ist das einzige Beispiel, das sich für solche Fusionen anführen läßt; aus dem Tierreich ist kein Analogon bekannt.

b) Endocellulare Symbiosis.

In den letzten Jahren sind aus dem Reich der wirbellosen Tiere zahlreiche Fälle bekannt geworden, in welchen wir Algen, Bakterien und Pilze mit den verschiedensten Tieren — von den Protozoen bis zu den Arthropoden — eine endocellulare Symbiose unterhalten, in deren Dienst wir z. B. bei vielen Hemipteren besondere Organe, die Mycetome, gestellt finden.

Es gibt bei den Pflanzen Gewebewucherungen, die in mehr als einer Hinsicht mit den Mycetomen verglichen werden dürfen: die seit Malpighi wohlbekannten Knöllchen der Leguminosenwurzeln und die unterirdischen Korallenkugeln oder Rhizothamnien der Erle. Auch bei ihnen handelt es sich wie bei den Mycetomen um den Schauplatz einer endocellularen Symbiosis; Bakterien (*Bacterium radicicola*) und Aktinomyceten (*Schinzia alni*) dringen in das Gewebe der Wurzeln ein und legen endocellular ihren Entwicklungsgang zurück, während dessen sie ihren Wirt zur Produktion von Gallen anregen. Der hohe Nutzeffekt, den die Mikroben für ihren Wirt haben, macht ebenfalls ihre Produkte den Mycetomen ähnlich; unterschieden werden sie von diesen durch den lockeren Charakter der symbiotischen Vereinigung, die an jedem Individuum und jeder Galle erst durch erneute Infektion zustande kommt.

Endocellularer Parasitismus, der ebenfalls zur Gallenbildung führt, aber mit keinem Nutzeffekt für den Wirtsorganismus sich entwickelt, ließe sich an zahlreichen Beispielen erläutern; er ist bei pflanzlichen Parasiten (Plasmodiophora brassicae auf Kohl, sämtlichen Chytridiaceae) weiter verbreitet als bei den tierischen. Von letzteren kommt wohl nur das endocellular in den Schläuchen der Grünalge Vaucheria lebende Rädertier, Notommata Wernecki, in Betracht, das an seinem Wirte unregelmäßig gestaltete, blindsackähnliche Wucherungen erzeugt.

c) Extracellularer Parasitismus.

Zwischen dieser und der vorigen Gruppe vermitteln diejenigen gallenerzeugenden Pilze, die teils in den Zellen ihrer Wirte, teils zwischen ihnen sich entwickeln, oder welche ihre Hyphen zwischen den Zellen und auf der Oberfläche des Wirtsorganes entwickeln und nur mit Saugorganen dessen Zellen anzapfen.

Die tierischen Gallenerzeuger leben sämtlich (bis auf die sub b erwähnte Ausnahme) außerhalb der Wirtszellen auf der Oberfläche der Wirtsorgane oder in Hohlräumen, die in diesen auf verschiedene Weise während der Gallenentwicklung zustande kommen können.

Die Milben siedeln sich stets auf der Oberfläche an, verbergen sich zwischen dichtsprossenden Organen oder bekommen durch das wuchernde Wachstum ihrer Umgebung einen wirksamen Schutz: einige oder sämtliche Epidermiszellen des Infektionsfeldes wachsen zu langen schlanken Haaren, in anderen Fällen zu schirm- und pilzhutförmigen Gebilden aus

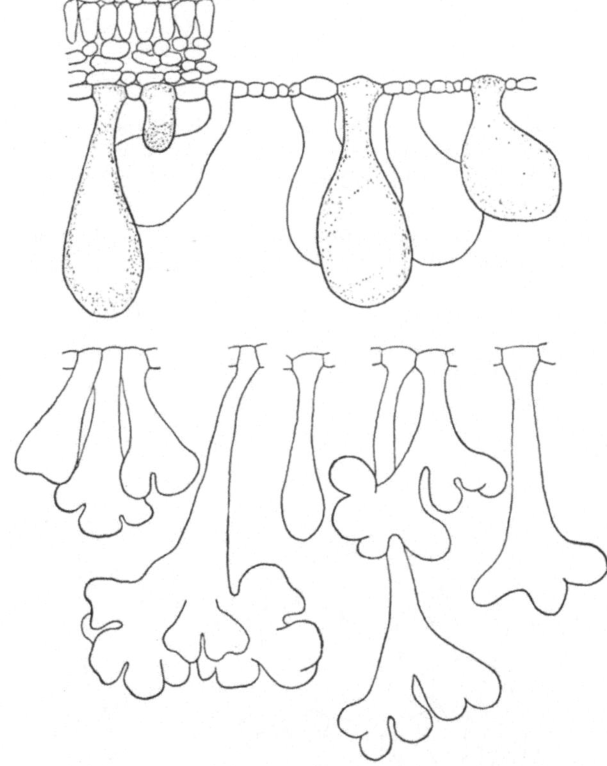

Abb. 447. *Filzgallen* (sog. *Erineum*): oben keulenförmige Haare, welche *Eriophyes nervisequus* auf der Buche, unten verkehrtbukettförmige Haare, welche *E. brevitarsus* auf *Alnus* erzeugt.

(Abb. 447), zwischen welchen die Milben ihr Leben verbringen; Haarrasen dieser Art bilden die sog. Filz- oder Erineumgallen; sie wurden von den Pflanzenpathologen früherer Jahrzehnte für Pilze gehalten, bis man sie als Auswüchse

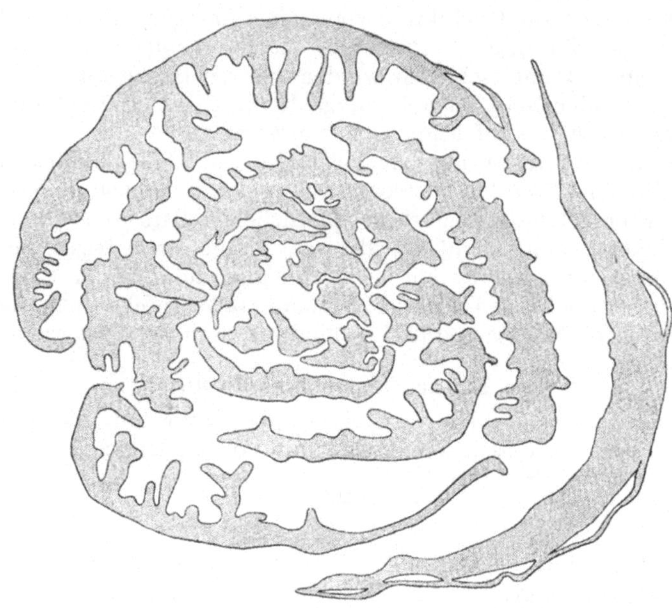

Abb. 448. *Umwallungsgalle*: Querschnitt durch eine von *Eriophyes avellanae* besiedelte Knospe der Haselnuß; vorzugsweise auf der Innenseite der Knospenschuppen sind mannigfaltig gestaltete Wucherungen entstanden, zwischen welchen die Milben sich aufhalten.

der infizierten Epidermis erkannte. Filzgallen sind auf unseren einheimischen Laubbäumen wie Linde, Ahorn, Erle u. a. weit verbreitet. In anderen Fällen beteiligen sich außer der Epidermis auch die unter ihr liegenden Grundgewebeschichten an dem die Parasiten umwuchernden Wachstum: es entstehen oft ansehnliche Gewebehügel-, -zapfen, -wälle, zwischen welchen die Parasiten völlig unsichtbar und unzugänglich werden (Abb. 448).

Werden die von den Milben besiedelten Teile einer Blattspreite zu ergiebigem Flächenwachstum angeregt, so entstehen blasen- oder beutelartige Vorwölbungen, in welchen die Parasiten hausen (Abb. 449), oder es kommt zu Rollungen und Kräuselungen des Blattes und anderen Faltenbildungen.

„Umwallungsgallen" (Abb. 450) und „Beutelgal-

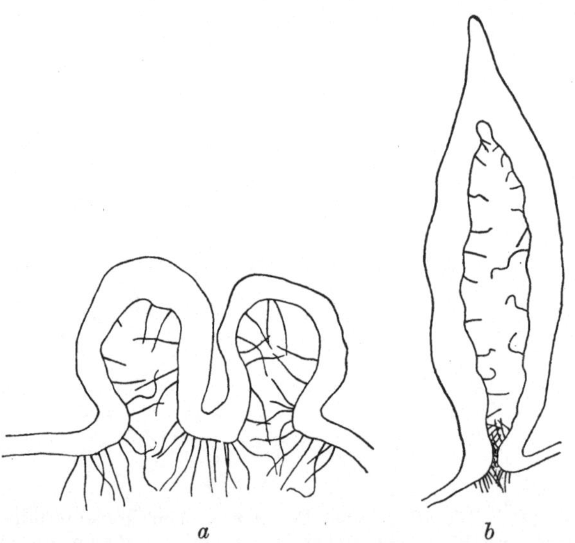

Abb. 449. *Beutelgallen*: *a* kleine kugelförmige Erhebungen, die nach Besiedelung der Ahornblätter durch *Eriophyes macrorrhynchus* oft zu Tausenden auf der Oberseite der infizierten Blätter sich entwickeln. *b* schlanke, spitze Beutelgallen des *E. tiliae* auf Lindenblättern. Die Gallen sind stets nach oben gewölbt; ihr Eingang liegt auf der Blattunterseite; ihr Inneres ist mit Haaren ausgestattet.

Abb. 450. *Umwallungsgalle* eines Insektes (*Pemphigus spirothece*, Aphidae, an den Stielen der Pappelblätter): die Stiele schwellen zu knorpelig-harten, schraubig gedrehten Körpern an („Spirallockengallen"); die Gallenerzeuger werden von den fest zusammenschließenden Schraubengängen umschlossen, später von den sich lockernden freigelassen.

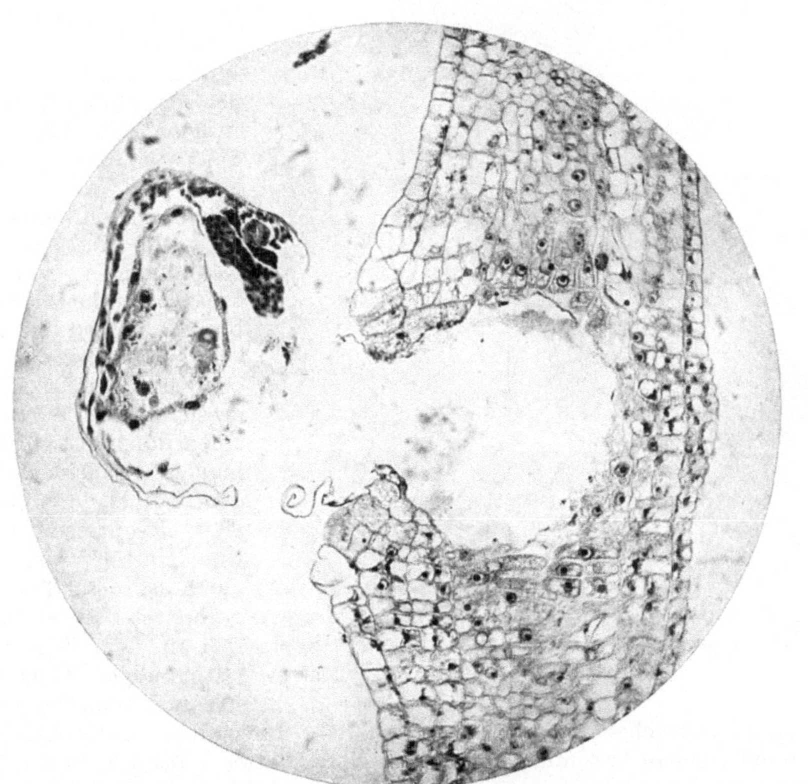

Abb. 451. *Lysenchymgalle*: unter dem jungen Gallentier (*Neuroterus numismalis* auf Eichenblättern) entsteht eine Grube durch Verflüssigung des Blattgewebes. Nach WEIDEL-MAGNUS.

len" sind auch unter den Produkten der Insekten weit verbreitet. Vielen von diesen stehen aber noch andere Wege in das Innere wohlgeborgener Hohlräume offen. Die Blattwespen beginnen ihren Entwicklungsgang bereits im Innern des gallentragenden Organs, da die Gallenmutter das Ei bereits in dieses hineinschiebt (*Pontania* auf Weide). Bei den Gallwespen oder Zynipiden ist der Typus der Lysenchymgallen weit verbreitet, bei welchen durch Verflüssigung des unter dem Parasiten liegenden Wirtsgewebes eine Versenkung entsteht, in die das junge Gallentier hineinsinkt, und die sich über ihm durch Wachstumsvorgänge besonderer Art wieder schließt (Abb. 451).

2. Form und Struktur der Gallen.

Unter der Einwirkung von Pilzen, Aphiden und anderen gallenerzeugenden Organismen entstehen oftmals Gewebeanomalien, die nur eine bescheidene Deformation des Wirtsorgans bedeuten — leichte Schwellungen der Stengel und Wurzeln, runzlige und wellige Verbiegungen der Spreiten usw. In anderen Fällen ist gewaltige Volumenzunahme und totale Deformation der befallenen Organe die Folge der Galleninfektion (Beulenbrand der Ustilago maydis auf Mais, der sog. Blutlauskrebs des Apfelbaumes usw.). Für die pathologische Morphologie und Anatomie der Pflanzen von besonderem Interesse sind diejenigen Neubildungen, die sich scharf von ihrem Mutterboden absetzen und die Gestalt des letzteren wenig oder gar nicht alterieren, da sie mit ihm nur wie mit einem dünnen Stielchen verbunden erscheinen. Unter den höchst organisierten aller Pflanzengallen, den Erzeugnissen der Zynipiden, ist dieser Typus weit verbreitet. Sie entwickeln sich auf dem Wirt wie ein selbständiges Organ, das seinen eigenen Gestaltungsgesetzen zu gehorchen hat; ihre Größe und die Dauer ihrer Entwicklung sind nicht minder genau bestimmt als etwa die eines Blattes, einer Frucht oder eines anderen normalen Pflanzenorgans. Bei aller Mannigfaltigkeit, welche die äußere Form dieser Gallen aufweist, herrschen doch einfache, ungegliederte Gebilde vor — linsen-, kegel-, halbkugelförmige. Seltener ist der Fall, daß die Gallen

Abb. 452. *Gallen mit Drüsenträgern: Rhodites rosae* auf Laubblättern der Rose; ein Exemplar mittlerer Größe (wenig verkleinert).

mit diffus oder gesetzmäßig verteilten Vorsprüngen — Höckern, Dornen, Drüsenorganen — ausgestattet sind. Das auffälligste Beispiel für derartig gegliederte Gallen zeigen in unserer einheimischen Gallenflora die Produkte des Rhodites rosae, einer Gallwespe, die auf den Blättern wilder Rosen ansehnlich große, von reich verzweigten Drüsenträgern bedeckte Bälle erzeugt (Abb. 452), die sog. Schlafäpfel oder Bedeguare.

Die histologische Struktur der Gallen entspricht in ihren mannigfaltigen Abweichungen von dem Normalbau der Gallenwirte durchaus dem, was die Selbständigkeit ihrer äußeren Form

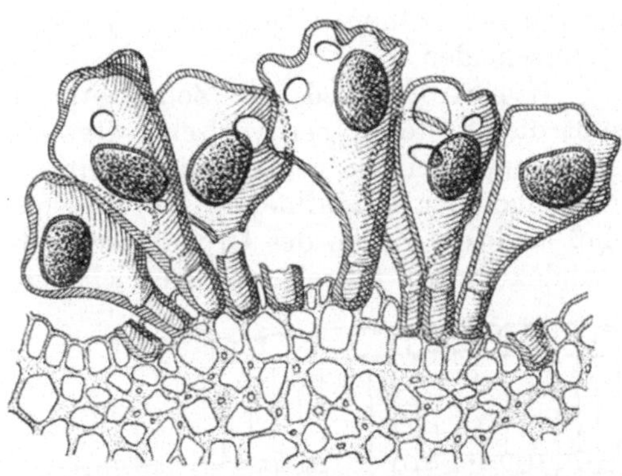

Abb. 453. *Einzellige Gallen* (*Synchytrium papillatum* auf *Erodium*): die infizierten Epidermiszellen wachsen zu keulenförmigen Haaren aus. Der Stiel der Gallen hat an seiner Basis eine zartwandige ringförmige Zone, an welcher die Galle zur Zeit der Reife abbricht. Nach P. Magnus.

erwarten läßt: je eigenartiger sich diese entwickelt, um so fremdartiger ist auch die Ausbildung der Gallengewebe.

Der Schilderung des in der ausgewachsenen Galle vorliegenden Gewebematerials sind einige entwicklungsgeschichtliche Angaben vorauszuschicken.

Es kommt auch bei den höheren vielzelligen Gewächsen vor, daß nur *eine* Zelle von dem Gallenerzeuger besiedelt, nur sie von ihm zu anomalem Wachstum angeregt wird, dem keine Zellenteilung folgt. Einzellige Gallen sind z. B. die von einer (auf dem Reiherschnabel, Erodium, auftretenden) Chytridiacee, Synchytrium papillatum, erzeugten haarähnlichen, über deren Struktur Abb. 453 Auskunft gibt.

Im allgemeinen sind die Gallen umfangreiche, aus vielen Zellen und Zellenschichten aufgebaute Körper, die aus dem normalen Gewebe dann hervorgehen, wenn sich dieses bei der Infektion in noch nicht ausgewachsenem Zustande befindet.

Nicht anders als bei der pathologischen Anatomie der Tiere ist auch den pflanzlichen

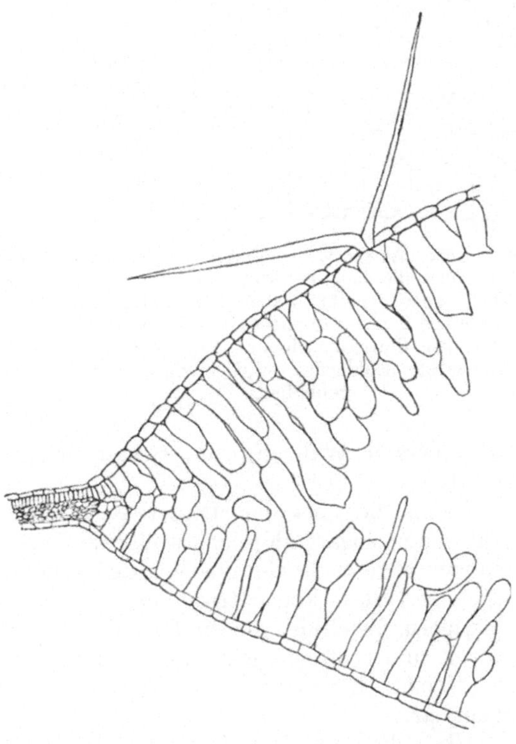

Abb. 454. *Gallenbildung durch Hypertrophie* des Grundgewebes: *Oligotrophus Solmsii* auf *Viburnum lantana*. Links ein Stück der normalen Blattstruktur, auf der oberseitigen Epidermis ein normales Haar.

Gewebeneubildungen gegenüber zwischen Hypertrophie und Hyperplasie zu unterscheiden.

Hypertrophie, d. h. Zellenvergrößerung ohne nachfolgende Teilungen, läßt die meisten hyperhydrischen Gewebe zustande kommen (s. o. S. 1198); sie spielt auch bei den Gallen keine geringe Rolle: ich erinnere an die Wachstumsleistungen der von Milben infizierten Epidermiszellen (Erineumgallen, Abb. 447); daß auch die Zellen des Grundgewebes lediglich mit Hypertrophie an dem Zustandekommen mancher Gallen sich beteiligen können, zeigt die in Abb. 454 dargestellte Galle: ihre Epidermis bleibt normal und überspannt ein lockeres großzelliges Gewebe, das aus dem normalen Mesophyll durch Streckung seiner einzelnen Zellen senkrecht zur Blattfläche zustande gekommen ist.

Hyperplasie, d. h. abnorm vermehrte Zellenproduktion spielt bei der Entstehung des Callus u. a. die schon oben (S. 1199) geschilderte Rolle und eine ähnliche bei Entstehung der Gallen.

Von grundsätzlicher Bedeutung ist, daß bei vielen Gallen ganz vorzugsweise Wachstum der Zellen parallel zur Oberfläche des gallentragenden Organs und demgemäß Teilungen senkrecht zu dieser (antikline Teilungen) angeregt werden, während bei anderen Gallenformen das Wachstum senkrecht zur Oberfläche des Organs sich betätigt (Dickenwachstum), und die Zellenteilungen ganz vorzugsweise periklin liegen; bei einer weiteren Gruppe von Gallen gehen Teilungen nach allen Richtungen des Raumes vor sich, Gesetzmäßigkeiten der angeführten Art sind nicht erkennbar. Was für regelmäßige Strukturbilder bei äußerster Wahrung der Gestaltungsprinzipien zustande kommen, zeigt Abb. 455.

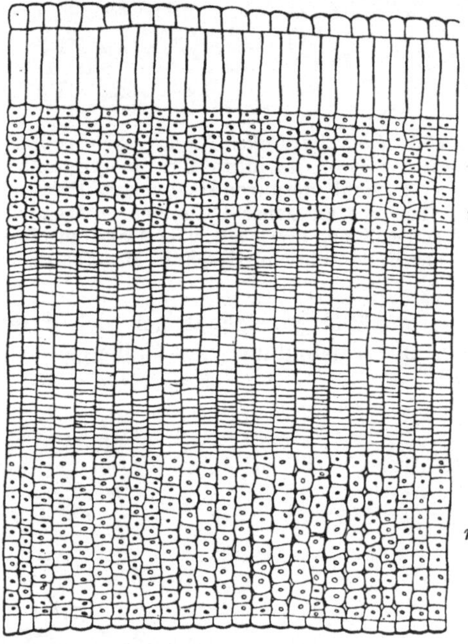

Abb. 455. *Gallenbildung durch Hyperplasie* und ausschließlich perikline Zellteilungen: Stück einer (nicht näher bestimmbaren) Galle eines *Banisteria*blattes; *m m* Steinzellen, *p* normale Palisadenschicht. Die ober- wie unterseitige Epidermis sind völlig normal geblieben.

Namentlich bei den Dipteren- und Zynipidengallen lassen sich mehrere, nicht selten sogar zahlreiche wohldifferenzierte, mehr oder minder scharf gegeneinander abgesetzte Gewebsschichten erkennen. Allgemeine Gültigkeit hat die Regel, daß diese konzentrisch um die von dem Gallentier bewohnte Höhlung sich lagern, gleichviel wie die Gallen und der von ihnen umschlossene Hohlraum geformt und zustande gekommen sind. Bei Pilzgallen ist nur ausnahmsweise eine solche konzentrische Lagerung wohlunterschiedener Gewebeschichten erkennbar.

Über den histologischen Charakter der erwähnten Gewebeschichten läßt sich als allgemeingültiger Satz nur sagen, daß die innere, dem Gallenbewohner zugewandte Schicht ein Nährgewebe zu sein pflegt, dessen Inhalt dem Gallentier anheimfällt, und daß nach außen eine mechanisch wirksame, aus

sehr dickwandigen Zellen bestehende Schicht folgt („mechanischer Mantel"), die den Gallen
ein hohes Maß von Festigkeit
verleihen kann (Abb. 455m).

Die stoffspeichernde Nährschicht besteht aus dünnwan-
digen Zellen, deren Lumina
mit Eiweiß und Fett erfüllt
sind. In manchen Gallen (*Pontania*) sehen wir mit großer
Deutlichkeit das von dem Gal-

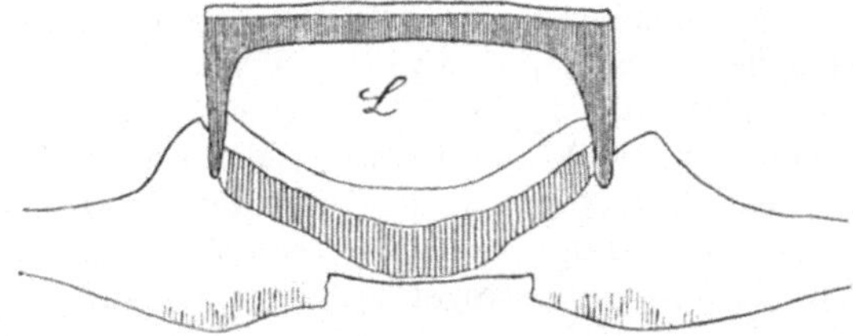

Abb. 456. *Mechanischer Mantel und Öffnungsmecha-
nismus einer (nicht näher bestimmbaren) Galle von
Parinarium. L Larvenkammer.*

lentier abgeweidete Zellenmaterial durch neue Wucherungen sich regenerieren.
Vorzugsweise nimmt das Grundgewebe am Aufbau der Nährschicht teil, die
Epidermis naturgemäß nur in denjenigen
Fällen, in welchen der Gallenhohlraum
(Umwallungsgallen u. ähnl.) von einer
Epidermis umkleidet ist. Auf einer
solchen entwickeln sich alsdann zuweilen
Haare, die ebenfalls mit eiweißreichem
Plasma strotzend erfüllt sind und dem
Parasiten als Nahrung dienen.

Der mechanische Mantel der Gallen
besteht aus Steinzellen; er bildet entweder
eine kontinuierliche, hohlkugelförmige
Hülle um das Larventier und seine
Wohnhöhle, oder überdeckt den Insassen
wie mit einem tassen- oder schüsselähn-
lichen Gewölbeschutz. Besondere Aufmerksamkeit haben von jeher diejenigen
Fälle auf sich gelenkt, in welchen der mechanische Mantel aus mehreren Stücken
besteht, die zueinander sich verhalten wie
Gefäß und Deckel, und die zur Zeit der
Reife auseinanderfallen, so daß die Larven
befreit werden — Mechanismen, die sich
mit den der Früchte vieler Pflanzen
(Deckelkapseln u. a.) vergleichen lassen —
s. Abb. 456.

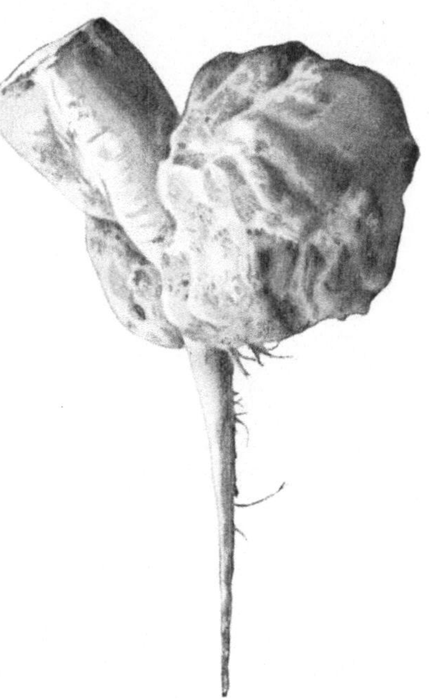

Abb. 457. *„Kropf" der Zuckerrübe.*

E. Neubildungen unbekannter Entstehungsursache.

Es fehlt den Pflanzen nicht an Gewebewucherungen, deren Ätiologie
noch unklar ist. Vielleicht gelingt es der fortschreitenden Erkenntnis, einen
Krankheitserreger in solchen Neubildungen aufzufinden oder vielleicht einen
unbelebten Außenweltsfaktor ausfindig zu machen, der sie hervorruft; daß
die in der Carcinomlehre oft diskutierte Annahme von versprengten,
verlagerten und abgeschnürten Geweberesten besonderer Art bei der
entwicklungsmechanischen Erklärung pflanzlicher Neubildungen nicht in Betracht kommt, ergibt sich aus der Entwicklungsgeschichte der Pflanzengewebe
von selbst.

Als Beispiel nenne ich den Kropf der Zuckerrrübe (Abb. 457). Es handelt sich bei diesem um gewaltige Hyperplasien, die an allen Teilen der Rübe entstehen und so üppig heranwachsen können, daß sie ihr Mutterorgan an Größe schließlich stark übertreffen. Mit den Carcinomen des Tier- und Menschenkörpers haben sie ihre Übertragbarkeit durch Transplantation gemeinsam. Vielleicht gelingt es, eine Vermutung zu bestätigen, nach welcher Bacillus tumefaciens der Erreger des Kropfes ist.

Sehr auffällig sind die Kugelwucherungen an den Blattknoten der Äste von Viburnum opulus u. a.; auch hier liegt die Vermutung nahe, daß ein noch unbekannter Parasit im Spiele ist, falls nicht „gestörte Korrelationen" (vgl. oben S. 1197) für ihre Entstehung verantwortlich zu machen sind.

Metaplasie und Gewebsmißbildung.

Von

BERNHARD FISCHER-WASELS

Frankfurt a. M.

Zusammenfassende Darstellungen.

ABEL: Abstammungslehre. Jena: G. Fischer 1911. — BAUR, ERWIN: Einführung in die experimentelle Vererbungslehre. 3. u. 4. Aufl. Berlin: Bornträger 1919. — BAUR, E., E. FISCHER u. F. LENZ: Menschliche Erblichkeitslehre. München: I. F. Lehmann 1921. — BROMAN: Normale und abnorme Entwicklung des Menschen. Wiesbaden: J. F. Bergmann 1911. — CHILD, CH.: Physiologische Isolation. W. Roux' Vorträge über Entwicklungsmechanik H. 11. 1911. — DEMBOWSKI, I.: Das Kontinuitätsprinzip. Ebenda H. 21. Berlin 1919. — DRIESCH, H.: Philosophie des Organischen. 2 Bde. Leipzig: Engelmann 1909. 2. Aufl. 1921. — DRIESCH, H.: Der Restitutionsreiz. Roux' Vortr. üb. Entwicklungsmech. H. 7. Leipzig 1909. — FISCHEL, A.: Experimentelle Teratologie. Verhandl. d. dtsch. pathol. Ges., 5. Tagung, S. 255. Karlsbad 1902. — FISCHER, BERNH.: Vitalismus und Pathologie. Roux' Vortr. üb. Entwicklungsmech. H. 34. Berlin 1924. — FISCHER, BERNH.: Geschwulstanlagen und Gewebsmißbildungen. Münch. med. Wochenschr. 1911, Nr. 15, S. 819. — GOLDSCHMIDT, RICH.: Quantitative Grundlage von Vererbung und Artbildung. Roux' Vortr. üb. Entwicklungsmech. H. 24. Berlin 1920. — HANSEMANN, D. V.: Descendenz und Pathologie. Berlin: August Hirschwald 1909. — HANSEMANN, D.: Studien über die Spezifität, den Altruismus und die Anaplasie der Zellen. Berlin 1893. — HEIDENHAIN: Formen und Kräfte in der lebendigen Natur. Roux' Vortr. üb. Entwicklungsmech. H. 32. Berlin 1923. — HERBST, CURT: Formative Reize in der tierischen Ontogenese. Leipzig 1901. — HERTWIG, O.: Werden der Organismen. Jena 1916. — HERTWIG, O.: Allgemeine Biologie. 2. Aufl. 1906 u. 6./7. Aufl. Jena: G. Fischer 1923. — HERTWIG, O.: Kultur der Gegenwart. Herausgeg. von HINNEBERG. Bd. IV, T. 3, Abt. 4. 1914. — HERTWIG, O.: Abstammungslehre von HERTWIG, PLATE u. a. Leipzig u. Berlin 1914. — HERXHEIMER: Gewebsmißbildungen. In Schwalbes Morphol. d. Mißbildungen T. 3, Lief. 10, Anhang Kap. 2. Jena 1913. — JOHANNSEN: Elemente der exakten Erblichkeitslehre. 2. Aufl. Jena 1913. — KAMMERER, P.: Allgemeine Biologie. Stuttgart u. Berlin: Dtsch. Verlagsanstalt 1915. — MEYER, ROB.: Embryonale Gewebsmißbildungen. Lubarsch-Ostertags Ergebn. d. allg. Pathol. 1911, Abt. 1, S. 430; 1913, S. 518. — MEYER, ROB.: Zeitschr. f. Geburtsh. u. Gynäkol. Bd. 71, S. 222. 1912. — MINOT: Moderne Probleme der Biologie. Jena: G. Fischer 1913. — MORGAN, TH. H.: Experimentelle Zoologie. Leipzig u. Berlin: B. G. Teubner 1909. — NUSSBAUM, JOZ.: Die entwicklungsmechanisch-metaplastischen Potenzen der tierischen Gewebe. Roux' Vortr. z. Entwicklungsmech. H. 17. 1912. — PLATE, L.: Vererbungslehre. Leipzig: Engelmann 1913. — PRINGSHEIM: Die Variabilität niederer Organismen. Berlin: Julius Springer 1910. — PRZIBRAM: Teratologie und Teratogenese. Roux' Vortr. z. Entwicklungsmech. H. 25. Berlin 1920. — RAUBER, A.: Ontogenese als Regeneration betrachtet. Leipzig: Thieme 1909. — RIBBERT, H.: Das Wesen der Krankheit. Bonn: Cohen 1909. — ROUX, WILH.: Gesammelte Abhandlungen über Entwicklungsmechanik. 2 Bde. Leipzig: Engelmann 1895. — ROUX, WILH.: Kampf der Teile, 1881. — ROUX, WILH.: Terminologie der Entwicklungsmechanik. Leipzig 1912. — ROUX, WILH.: Programm und Forschungsmethoden der Entwicklungsmechanik der Organismen. Leipzig: Engelmann 1897. — SCHAXEL: Leistungen der Zellen bei der Entwicklung. Jena 1915. — SCHRIDDE, HERM.: Die Entwicklungsgeschichte des menschlichen Speiseröhrenepithels und ihre Bedeutung für die Metaplasielehre. Wiesbaden: J. F. Bergmann 1907. — SCHRIDDE, HERM.: Die ortsfremden Epithelgewebe des Menschen. Jena: G. Fischer 1909. — SCHULTZ, E.: Umkehrbare Entwicklungsprozesse. Roux' Vortr. z. Entwicklungsmech. H. 4. Leipzig 1908. — SCHWALBE, E.: Allgemeine Pathologie. Stuttgart: Enke 1911. — SCHWALBE, E.: Allgemeine Mißbildungslehre. Jena: G. Fischer 1906. — SEMON: Die Mneme. 3. Aufl. Leipzig: Engelmann 1911. — THESING, C.: Experimentelle Biologie. B. G. Teubner 1911. — VIRCHOW, R.: Die Cellularpathologie, 1871. — WEIGERT, CARL: Gesammelte Abhandlungen. 2 Bde. Berlin: Julius Springer 1906. — WEISMANN: Vorträge über Descendenztheorie. 2 Bde. Jena: G. Fischer 1913.

Einleitung.

Die Metaplasien und die Gewebsmißbildungen rechnen wir zu den Differenzierungsstörungen. Wenn wir also eine naturwissenschaftliche Analyse dieser pathologischen Erscheinungen versuchen wollen, so ist die unbedingt notwendige Voraussetzung dafür die Kenntnis der Faktoren, welche das normale Entwicklungsgeschehen, die normalen Differenzierungen der Körpergewebe beherrschen. Wir sind daher, wollen wir uns in folgendem auf einen hinreichend gesicherten und kritisch einwandfreien Boden stellen, gezwungen, zu einer Reihe der Grundfragen des Entwicklungs- und Differenzierungsproblems Stellung zu nehmen.

Würde in diesen Grundfragen auch nur annähernd eine gewisse Einigkeit in Forschung und Literatur herrschen, so könnten wir uns kurz fassen und einfach auf Darstellungen dieser Art, die wir zugrunde legen wollen, verweisen. Leider kann von einer solchen Übereinstimmung heute noch keine Rede sein, und wir werden gleich zu erörtern haben, daß die denkbar größten Gegensätze in der Beurteilung dieser Grundprobleme herrschen, daß insbesondere aber die verschiedenen Grundbegriffe, die auch wir im folgenden anzuwenden gezwungen sind, in sehr verschiedener Weise ausgelegt und angewandt werden. Es ist daher, um überhaupt richtig verstanden zu werden, notwendig, den Standpunkt, auf den wir uns stellen, zunächst festzulegen und kurz zu begründen. Anderenfalls ständen unsere Darlegungen und Schlußfolgerungen in der Luft.

Aber nicht nur wegen der Lehre von den Differenzierungsstörungen bin ich gezwungen, zu den Grundfragen der Entwicklung und Differenzierung Stellung zu nehmen, sondern diese Stellungnahme ist auch unbedingt erforderlich für ein tieferes Eindringen in das Geschwulstproblem, und gerade mit Rücksicht hierauf möchte ich meinen Standpunkt etwas eingehender und so exakt als heute möglich festlegen. Auf Schritt und Tritt kommen die grundlegenden Begriffe der Entwicklungslehre auch in der Geschwulstlehre zur Anwendung, daher ist es auch für eine kritische Geschwulstforschung notwendig, sich über den Inhalt und die Abgrenzung dieser Begriffe vorher Klarheit zu verschaffen. Das soll im folgenden, bevor wir auf die eigentlichen Metaplasien und Heteroplasien und später die Geschwülste eingehen, versucht werden.

Erster Abschnitt.

Die Grundlagen der Lehre von der Gewebsdifferenzierung.

I. Grundlagen der Entwicklungslehre:
Präformation — Epigenese — Metastruktur der Eizelle.

Der ausgewachsene Säugetierorganismus setzt sich nicht nur aus einer ungeheueren Zahl von Zellen und Intercellularsubstanzen zusammen, sondern auch die einzelnen Zellen zeigen die denkbar größten Unterschiede in Form, Größe und vor allem Strukturbildung. Alle diese so ungeheuer differenten Strukturelemente sind aber letzten Endes hervorgegangen aus einem für unsere mikroskopischen Methoden sehr einfach gebauten Element, der befruchteten Eizelle. Die erste Frage, die wir zu beantworten haben, ist also die: Wie entsteht aus dem anscheinend so einfachen Bau der Eizelle der so ungeheuer komplizierte Bau des erwachsenen Organismus? Wie entwickelt sich aus dem einzelligen Ei der vielzellige Organismus mit seinen zahlreichen verschiedenen Organen und was bestimmt bei dieser Entwicklung die Differenzierung der Einzelzellen zu spezifischen Gebilden, was bestimmt die Arbeitsteilung und die spezifische Differenzierung der Zellen nach der morphologischen wie nach der physiologischen, insbesondere chemischen Seite hin.

In diesen Grundproblemen der Ontogenese stehen sich seit langer Zeit und auch heute noch zwei Theorien gegenüber, deren Inhalt in den Schlagworten *Präformation* und *Epigenese* kurz zusammengefaßt zu werden pflegt.

Die Präformationslehre behauptet, daß die gesamte Entwicklung des Eies zum erwachsenen Organismus in allen wesentlichen Grundlinien im Ei bereits präformiert ist, die epigenetische Theorie nimmt an, daß diese Entwicklung erst durch die äußeren Einflüsse bestimmt wird.

Die ersten Vorkämpfer der Präformationslehre, ALBRECHT VON HALLER und BONNET, 18. Jahrhundert, glaubten, daß überhaupt bei der Entwicklung keine verschiedenen Teile erzeugt würden, sondern daß nur die bereits von Anbeginn an vorhandenen kleinsten Teilchen durch Wachstum größer würden, daß also eine reine Entfaltung der Anlagen, Evolution, vorlag. Es sollten im Ei alle Teile des Organismus schon ebenso im unendlich kleinen Zustande vorhanden sein, wie etwa in einer Knospe schon sämtliche Blätter der zukünftigen Blüte im kleineren Zustande angelegt und vorhanden sind. Die Vorstellung war eine sehr grobe und nahm an, daß im menschlichen Ei z. B. bereits ein Mensch mit all seinen Teilen und Organen im allerkleinsten Zustande vorhanden sei, ja daß das Ei sogar die Anlagen ungezählter Generationen enthalte (Einschachtelungstheorie HALLERS). Die entgegengesetzte Anschauung, vor allem verfochten von C. F. WOLF und BLUMENBACH, trat mit aller Schärfe für die Epigenese ein. Diese behaupteten, daß im Anfange der Entwicklung überhaupt eine Struktur nicht vorhanden sei, jedenfalls keine dem fertigen Organismus irgendwie entsprechende Struktur, daß die Entwicklung eben in dem Neuauftreten, in der Bildung von Strukturen und Formen bestehe. Mit Recht bemerkt HANS DRIESCH[1]) hierzu: „In gewisser Hihsicht waren diese Meinungsverschiedenheiten nur das Ergebnis des ziemlich unvollkommenen Zustandes der optischen Hilfsmittel jener Zeit." Die weiteren bald einsetzenden Fortschritte der optischen Methoden brachten scheinbar die Theorie der Epigenese zum vollen Siege, denn es ließ sich durch mikroskopische Untersuchung leicht nachweisen, daß von irgendeiner Vorbildung, besonders der äußeren Formen des Organismus, im Ei gar nicht die Rede sein konnte. Aber dieser Sieg war ein rein äußerlicher. Selbstverständlich war die grobe Vorstellung falsch, daß im Keime bereits die äußeren Formen des Organismus präformiert seien. Aber damit war die Präformationslehre in ihrem Kern nicht widerlegt. Die weitere Entwicklung der Naturwissenschaft hat die Lehre von der Präformation wieder in den Vordergrund gestellt, und diejenigen, die heute noch die Lehre von der Epigenese vertreten, tun dies doch nur in etwas umschriebenem Sinne. Schon WEIGERT sagt mit Recht über die modernen Epigenetiker[2]): „Wodurch sie sich von den ‚reinen' Evolutionisten zu unterscheiden glauben, betrifft eigentlich nur die Beziehungen der äußeren Verhältnisse zu der Entwicklung. *Sie messen diesen einen ebenso großen Anteil am Zustandekommen der Formbildungen* bei wie den Keimpotenzen, und sie glauben, daß die ‚Evolutionisten' diesen Einfluß unterschätzen."

Ich glaube, daß diese Unklarheit der Auffassung über die Bedeutung der äußeren und der inneren Faktoren für den Entwicklungsvorgang in erster Linie auf die Verschiedenheiten des kausalen Denkens zurückzuführen ist.

Es bedarf keines Beweises, daß jedes Naturgeschehen von zahlreichen sehr verschiedenen Bedingungen abhängig ist. Infolgedessen sind auch in der Medizin

---

[1]) DRIESCH, H.: Philosophie des Organischen, Bd. I, S. 27. 1909.
[2]) WEIGERT: Gesammelte Abhandlungen, Bd. I, S. 213. Berlin 1906.

mehrere Forscher [Verworn[1]), v. Hansemann[2])] zur Ablehnung des **Ursachen-begriffes** gekommen und wollten die Aufgabe der Forschung lediglich in der Aufdeckung der verschiedenen *Bedingungen* eines Vorganges erblicken. Aber das kausale Denken ist in der menschlichen Natur so tief verankert, daß es sich niemals wird zurückdrängen lassen und der Wissenschaft viel eher die Aufgabe zuweist, den Ursachenbegriff, so wie er täglich vom Menschen auf allen Gebieten tatsächlich angewandt wird, genau zu definieren und insbesondere den *Unterschied zwischen Ursache und Bedingung* festzulegen. Ich glaube, daß ich vor Jahren die Verschiedenheit dieser Begriffe und ihren Inhalt bereits klar dargelegt habe[3]). Wenn die Mathematik in ihren Denkoperationen mit gleichen Bedingungen und abstrakten Zahlenbegriffen arbeitet, so kann sie das nur durch eine — für ihre Arbeit notwendige und berechtigte — Fiktion, indem sie alle Bedingungen gleichsetzt und auf Wertung jeder einzelnen verzichtet. Der Ursachenbegriff geht aber gerade von der Wertung der Bedingungen aus. Diese beiden verschiedenen Denkarten hat Gehrcke[4]) in ausgezeichneter Weise dargelegt und gezeigt, wie beide für verschiedene Gebiete berechtigt und anwendbar sind. „Die konditionalen Theorien", sagt Gehrcke, „sind meist glatter und bequemer im Gebrauch als die kausalen. Die kausalen Theorien dagegen sind ohne jede Rücksicht auf Denkökonomie gebaut und lassen einfach in Gedanken die zeitlich-räumliche Folge von Naturereignissen vor unseren geistigen Augen ablaufen; der Kausalnexus ist also recht eigentlich bezeichnend für die Naturwissenschaft, die konditionale Theorie dagegen ist bezeichnend für die mathematische Technik im Sinne einer logischen Kunst."

Nach Gehrcke hat die Mathematik eine ihr eigene, aus ihren Denkgewohnheiten stammende Naturbetrachtung, die als *konditional* oder *formalistisch* bezeichnet werden kann, während schon die Forschungsweise des Physikers im Kausalitätsbedürfnis wurzelt. Wenn daher Gehrcke schon für die Physik entschieden fordert, daß die Mathematik sich bei aller formalen Denkfreiheit dem strengen Kausalitätsbedürfnis des Physikers anzupassen und unterzuordnen habe, so müssen wir diese Forderung noch entschiedener für die Biologie erheben.

Für die naturwissenschaftliche Forschung ist die Wertung der Bedingungen eine der wichtigsten Aufgaben, und damit der Ursachenbegriff unbedingt notwendig. Es läßt sich aber auch der Begriff der Ursache klar, einwandfrei und unmißverständlich definieren. Diese *Definition* ist von mir 1913 folgendermaßen gegeben worden:

„**Ursache** eines Geschehens im naturwissenschaftlichen Sinne wie im allgemeinen Sprachgebrauch ist derjenige zu seinem Zustandekommen notwendige Faktor oder Faktorenkomplex, der entweder

a) für unser V e r s t ä n d n i s (theoretische Erklärung),

b) oder für unser H a n d e l n (praktische Erklärung)
der w i c h t i g s t e ist.

Die Gesamtheit der zum Zustandekommen eines Naturgeschehens notwendigen Bedingungen läßt sich sodann schon ganz grob scheiden in

---

[1]) Verworn: Kausale und konditionale Weltanschauung. Jena: G. Fischer 1912.

[2]) v. Hansemann: Über das konditionale Denken in der Medizin. Berlin: August Hirschwald 1912.

[3]) Fischer, Bernh.: Frankfurt. Zeitschr. f. Pathol. Bd. 12, S. 396. 1913; Münch. med. Wochenschr. 1919, S. 985.

[4]) Gehrcke: Physik und Erkenntnistheorie. B. G. Teubner 1921. — Vgl. auch Barfurth: Zeitschr. f. angew. Anat. u. Konstitutionslehre Bd. 6, S. 1. 1920. — Hering: Ursache, Bedingung und Funktion. Münch. med. Wochenschr. 1919, S. 499. — Roux: Ursache und Bedingung, Naturgesetz und Regel. Dtsch. med. Wochenschr. 1922, S. 1232.

1. Faktoren, die zwar notwendig, aber doch in hohem Grade variabel sind, ohne die Art, das Spezifische des Geschehens, wesentlich zu beeinflussen = *unwesentliche Bedingungen*.

2. Faktoren, die zwar notwendig sind, aber nicht die Art des Geschehens bestimmen = wesentliche Bedingungen (**Realisationsfaktoren** nach ROUX).

3. Faktoren, die nicht nur notwendig sind, sondern auch die Art des Geschehens bestimmen = spezifische Bedingungen (**Determinationsfaktoren** nach ROUX)."

Wenn wir also von der Ursache eines Geschehens, von der Ursache der Entwicklung der tierischen Form aus dem Ei sprechen, so ist eine Verständigung nur dann möglich, wenn wir genauer angeben, welche Art von Faktoren wir im Auge haben. Behaupten wir im Sinne der Präformationslehre, daß die Ursachen der gesamten tierischen Formbildung in der komplexen Struktur der Eizelle liegen, so soll damit natürlich lediglich gesagt sein, daß die Gesamtheit der *Determinationsfaktoren* der Entwicklung (und der Vererbung) in der Struktur der Eizelle gegeben ist.

Die Bedeutung der äußeren Faktoren für den Entwicklungsvorgang ist zweifellos eine sehr große, und es ist selbstverständlich, daß das reine konditionale Denken, das die einzelnen Faktoren des Geschehens ja grundsätzlich nicht wertet, zu epigenetischen Auffassungen kommt, denn es läßt sich leicht erweisen, daß notwendige Faktoren zum Entwicklungsvorgang die äußeren Umstände sind, während der Nachweis des Einflusses der inneren Faktoren schon sehr viel schwieriger zu erbringen ist. Betrachtet man also alle diese verschiedenen Faktoren als gleichwertig und kann die Bedeutung der äußeren Faktoren schlagend nachweisen, so kommt man zur epigenetischen Auffassung, und es ergibt sich daraus eigentlich von selbst, daß VERWORN den Entwicklungsvorgang als eine reine Epigenese auffaßt und auffassen muß.

Sobald wir aber auch nur den Versuch machen, die kausalen Faktoren in ihrer Bedeutung für das Geschehen zu werten, läßt sich zeigen, daß die spezifische Struktur des Keimplasmas selbst die Art, das Wesen des Geschehens bestimmt, daß alle äußeren Faktoren nur Realisationsfaktoren sind. Schon WEISMANN hat darauf hingewiesen, daß die Epigenese ihren Platz nur in der beschreibenden Embryologie hat, aber niemals die Grundlage einer wirklichen Theorie der Formbildung sein kann, und DRIESCH weist mit vollem Recht darauf hin, daß alle diese epigenetischen Theorien, wenn sie ganz zu Ende gedacht würden, ihre Urheber mit Notwendigkeit zur vitalistischen Lehre führen. Es ist nur folgerichtig, wenn wir mit Ablehnung des Vitalismus auch zu einer Ablehnung dieser Lehre kommen, zumal sich nicht schwer zeigen lassen wird, daß für die Theorie der Präformation heutzutage eine ganze Kette von Beweisen angeführt werden kann.

Die Lehre von der *Präformation* behauptet also nur, daß alle das Wesen, die spezifische Art der Entwicklung eines Organismus bestimmenden Faktoren in der spezifischen chemischen und physikalischen Struktur der Eizelle bereits gegeben, präformiert sind. Es muß danach in der Eizelle bereits eine der Mannigfaltigkeit des entwickelten Organismus in allen wesentlichen Zügen entsprechende Mannigfaltigkeit in unsichtbarem Zustande vorhanden sein.

Im Gegensatz hierzu behauptet die Theorie der *Epigenese*, daß bei der Entwicklung eine wirkliche Produktion, Neubildung von Mannigfaltigkeiten, stattfindet, aus einem Material, das nicht nur optisch, sondern tatsächlich einfach gebaut ist.

Niemand bezweifelt, daß die Entwicklung des vielzelligen Organismus zu immer komplizierteren Strukturen führt, daß die Zellen und Organe, die ihn aufbauen, mit dem Fortschreiten der Entwicklung immer größere Unterschiede aufweisen. Roux hat die **Entwicklung** als „*Entstehung wahrnehmbarer Mannigfaltigkeiten*" charakterisiert. Die grundsätzliche Frage lautet für uns also dahin, ob es sich bei dieser Entwicklung um eine wirkliche *Vermehrung* (*Epigenese*) oder nur um ein *Sichtbarwerden* (Umbildung, *Evolution*) bereits vorhandener Mannigfaltigkeiten handelt. Die Weismannsche Vererbungstheorie wie die Rouxsche Theorie der Morphogenese sind im wesentlichen evolutionistische Präformationstheorien.

Dieser Theorie der Präformation ist vielfach, besonders von ihren Gegnern, eine viel zu rohe und grobe Auslegung gegeben worden. Daß im *optischen* Sinne die Entwicklung des Individuums eine epigenetische ist, darüber braucht kein Wort weiter verloren zu werden, aber ebenso bedarf es keinerlei weiterer Auseinandersetzung, daß die rein optische, anatomische Betrachtung der Entwicklungsvorgänge uns über das Wesen der Entwicklung und die dabei mitwirkenden Faktoren überhaupt keinerlei Aufschluß gibt. Gewiß geht im Hinblick auf das einfache Aussehen einer befruchteten Eizelle die tatsächlich durch die Präformationslehre zu fordernde Mannigfaltigkeit ihrer Struktur weit über die Denkfähigkeiten der menschlichen Hirnrinde hinaus. Aber wer hierin irgendwelche Schwierigkeiten erblickt, der erinnere sich, welch komplizierte Struktur wir heute bereits tatsächlich dem Eiweißmolekül unterlegen müssen, und wie wir heute annehmen müssen, daß für jede auf der Erde existierende Tierart und Organismenart ein besonderes, spezifisch gebautes Eiweiß vorhanden sein muß. Das ist keine Hypothese, sondern tatsächlich durch einfache Reaktionen zu erweisen. Wir sehen also hier bereits an den einfachsten Bausteinen der Eizelle eine so ungeheuer komplizierte spezifische Struktur, daß die von der Präformation geforderte Mannigfaltigkeit in der Zusammensetzung der Eizelle nicht wundernehmen kann.

Verworn[1] lehnt die Vorstellung, „daß sich die lebendige Substanz der Eizelle durch eine ganz undenkbar feine und komplizierte Struktur auszeichnen müsse", völlig ab, zumal sie „weiter nichts als ein noch heimlicher Rest der Präformationslehre und ebenso überflüssig wie unberechtigt" sei. Außer einigen nicht überzeugenden „Denkoperationen" bringt er keine Beweise für diese Ablehnung bei.

Überhaupt sollte man mit der *Behauptung von Denkunmöglichkeiten* vorsichtig sein. Die Beweise, die die Astronomie heute für die Berechnungen der Entfernungen in dem Weltenraum nach Lichtjahren gibt, sind ebenso zwingend wie die Aufschlüsse, die wir heute über den Bau des Atoms besitzen, das wiederum nur mit Planetensystemen verglichen werden kann. Beides übersteigt jede menschliche Denkmöglichkeit, und doch sind es Tatsachen. Die Wissenschaft ist heute — und das ist vielleicht der wichtigste Gegensatz zwischen der Antike und der heutigen Kultur — bereits weit über die „Denkmöglichkeiten" der menschlichen Hirnrinde, insbesondere über ihre Vorstellungskraft, hinausgewachsen. Und es ist nicht einzusehen, warum das in der Biologie anders sein sollte. Es ist wahr: wir können uns auch nicht annähernd eine Vorstellung, ein Bild von dem ungeheuer komplizierten Aufbau der Eizelle, von ihrer Vererbungs- und Differenzierungsstruktur machen. Aber wir werden uns dadurch von den notwendigen Schlußfolgerungen ebensowenig abschrecken lassen, wie wir uns scheuen, an die Kräfte und Schwingungen im Atomkomplex, an die Dimensionen der Fixsterne, an die Übertragungen von Radiowellen auf ungeheuere Entfernungen zu glauben, mag all das auch weit über die Begreifbarkeit der menschlichen Ganglienzelle, des menschlichen Geistes hinausgehen.

---

[1] Verworn: Allgemeine Physiologie. 5. Aufl. S. 670. 1909.

Die ganze vitalistische Lehre des Lebens baut sich auf solchen „**Denk-unmöglichkeiten**" auf, und dabei ist die Geschichte der Philosophie eine einzige Kette von Beweisen dafür, daß die Philosophen und Gelehrten immer gerade solche Dinge für denkunmöglich erklärten, die eine spätere Zeit zur Verwirklichung brachte. Denkunmöglich erschien es auch, daß in der formlosen Materie die Ursachen für die Entwicklung typischer, komplizierter Strukturen gegeben sein könnten, bis LIESEGANG[1]) den tatsächlichen Nachweis dafür an Silberchromat und Gallerten erbrachte. Denkunmöglichkeiten schrecken uns also nicht, sobald wir die genügenden Unterlagen für bestimmte Vorstellungen haben.

Allerdings ist es keineswegs notwendig und auch von der Lehre der Präformation in keiner Weise gefordert, daß alle Einzelheiten der späteren Organisation bereits *als solche* in der Eizelle präformiert sind. Es genügt vollständig, wenn hier Anlagen vorhanden sind, die so beschaffen sind, daß bei ihrer weiteren Entwicklung mit Notwendigkeit neue Anlagen oder vielfältigere Anlagen aus ihnen hervorgehen *müssen. In diesem Sinne* kann also auch bei der Entwicklung *eine gewisse Epigenese* auftreten, aber diese Epigenese muß selbst wieder in der Struktur der Eizelle präformiert und in ihrem wesentlichen Teile festgelegt sein.

„Will man sich diese komplizierten Vorgänge der Entstehung der Formen aus den Anlagen des Keimes in einem Bilde klarmachen, so geschieht das meines Erachtens am besten an dem Beispiele der komplizierten Lichterscheinungen, die wir am Himmel beim Abbrennen eines Feuerwerkskörpers, einer Leuchtrakete z. B., beobachten können. Alle die Flammenbogen, Sternschnuppen, Sprühregen, Schlangen usw. in ihren verschiedenen Lichtfarben und Lichtintensitäten sind vollständig in der Raketenpatrone ‚präformiert'. Auch die zeitliche Aufeinanderfolge der Explosionen usw. ist in der Patrone präformiert, und doch gehören zur Entwicklung all dieser Erscheinungen noch eine ganze Reihe von Realisationsfaktoren: das Abbrennen der Patrone, Sauerstoffgehalt und Wärme der Luft, Feuchtigkeitsgehalt der Luft usw. Auch hängt die Entwicklung der Lichterscheinungen im einzelnen vielfach direkt von den vorhergehenden Explosionen ab. Es besteht also hier gerade so wie in der Entwicklung der lebendigen Substanz gleichzeitig abhängige und Selbstdifferenzierung. Auch die differenzierende Korrelation chemischer wie physikalischer Art ergibt sich bei dem Abbrennen des Feuerwerkskörpers ganz von selbst[2])." Wendet man auf diesen Vorgang der Lichterscheinungen einer Rakete die heutigen Schlagworte der Entwicklungsmechanik an, so könnten wir diesen Vorgang geradesogut als das Ergebnis einer strengen Präformation wie als das Ergebnis einer Epigenese darstellen. Auch für diesen Vorgang gilt der Satz von HERBST[3]): „Der Keim schuf sich Ungleichheit, und diese schafft ihm eine neue. Er selbst ist Reiz und Reizeffekt in überaus verwickelter Beziehung." Dabei gilt auch für die Rakete, daß eine Änderung der äußeren Bedingung, z. B. das Abbrennen in reinem Sauerstoff, wenn überhaupt dann noch eine „Entwicklung" möglich ist, auch zu ganz anderen Lichtbildern und Lichterscheinungen führen könnte. Und trotzdem wird niemand daran zweifeln, daß für unsere Fragestellung die Determinationsfaktoren der Raketenlichterscheinungen völlig in der Struktur der Patrone gegeben sind. Wenn der Feuerwerkskünstler andere Lichterscheinungen hervorrufen will, so wird er sich lediglich um andersartige Zusammensetzungen der Raketenpatrone bemühen.

---

[1]) LIESEGANG: Arch. f. Entwicklungsmech. Bd. 32, S. 636 u. 651. 1911.
[2]) FISCHER, BERNH.: Vitalismus und Pathologie. Roux' Vortr. üb. Entwicklungsmech. H. 34, S. 44. Berlin 1924.
[3]) HERBST: Formative Reize. Leipzig 1901.

Ganz in derselben Weise werden wir in der tierischen Entwicklung ein Zusammenwirken äußerer und innerer Faktoren auf jeder Stufe und in jedem Stadium annehmen müssen, und tatsächlich sind auch die Gegensätze der verschiedenen Entwicklungstheorien in Worten, insbesondere Schlagworten, sehr viel schärfer ausgeprägt als im wirklichen Denken. Selbst ein so entschiedener Vertreter der epigenetischen Auffassung wie O. Hertwig[1]) schreibt: „Alle die zahlreichen Eigenschaften, welche in dem entwickelten Organismus wahrgenommen werden, sind in den Geschlechtsprodukten als Anlagen enthalten", und weiter[1]): „Unser Schlußurteil kann in die kurze Formel zusammengefaßt werden: Die Entwicklung der vielzelligen Organismen aus dem befruchteten Ei ist ein epigenetischer Prozeß, der durch die präformierte Erbmasse (Idioplasma der Artzelle), die ihm zur Grundlage dient, in seinem artgemäßen Ablauf fest bestimmt ist." Es kommt also auch hier ganz auf die Fragestellung, ganz darauf an, was wir für das Wesentliche halten. Das Wesentliche der Art, „der artgemäße Ablauf der Entwicklung", wird demnach auch nach Hertwig durch die Konstitution, das Keimplasma der Eizelle, bestimmt. Auch Hans Driesch[2]) schreibt: „Sicherlich gibt es einen guten Teil von wahrer Epigenesis in der Ontogenie, nicht nur mit Hinblick auf ‚Sichtbarkeit‘, sondern in einer tieferen Bedeutung des Wortes. Aber eine gewisse Art von Präformation hatte sich doch als vorhanden erwiesen."

Würde das *Wesen* der Entwicklung in einer tatsächlichen epigenetischen Vermehrung, Neubildung aller Mannigfaltigkeit bestehen, so müßte diesem morphologischen Vorgange doch auch der chemische entsprechen. Es müßte also das komplizierte spezifische Individualplasma des erwachsenen Organismus aus einem chemisch einfacheren Körper langsam entstanden sein. Das ist aber nicht der Fall, schon in der Eizelle ist der chemische Artcharakter deutlich ausgesprochen, und Rössle[3]) schreibt darüber: „Der morphologischen Unkenntlichkeit früher embryonalen Stadien in bezug auf ihre Artzugehörigkeit entspricht keine solche auf biochemischem Gebiete. Wir sind imstande, mittels der biochemischen Methode die Arten auch in ihren jüngsten Entwicklungsstadien zu erkennen." Wir schließen uns danach also Schaxel[4]) völlig an, wenn er schreibt: „Die Entwicklung beginnt mit der durch die Beschaffenheit der Eizelle bestimmten Furchung, also als Evolution, während mit der fortschreitenden Aufteilung des Eies mehr und mehr epigenetische Phänomene vorherrschend werden. Erst bei der histogenetischen Differenzierung treten wieder, wenigstens einleitend, evolutionäre Phänomene auf."

Die gegenwärtige Aufgabe der Forschung hat daher nicht nur die Frage zu beantworten, **Präformation oder Epigenese,** sondern die genauere Frage, wieviel bei jedem Entwicklungsvorgang präformiert, wieviel epigenetisch ist. Die Entwicklung ist ein in ihrem ganzen Ablauf durch die Metastruktur der Eizelle festgelegter Prozeß kompliziertester Einzelvorgänge. „Durch unsere Feststellung," schreibt Schaxel, „daß die Furchung aus in sukzessiven Akten determinierten Einzelergebnissen resultiert, läßt sich für jeden Einzelakt einer speziellen Furchung genau angeben, was an ihm Präformation (und damit Evolution) und Epigenesis ist." Der Grundgedanke ist derselbe, den Herbst[5]) schon 1901 aussprach: „Die Entwicklung des Individuums ist eine geordnete

---

[1]) Hertwig, O.: Allgemeine Biologie. — Hertwig, O.: Werden der Organismen, S. 144. Jena 1916.

[2]) Driesch, Hans: Philosophie des Organischen, Bd. 1, S. 72. 1909.

[3]) Rössle: Physiologischer Verein, Kiel, 31. Juli 1905. Münch. med. Wochenschr. 1906, Nr. 3.

[4]) Schaxel: Leistungen der Zellen bei der Entwicklung. Jena 1915.

[5]) Herbst: Formatitive Reize in der tierischen Ontogenese. Leipzig 1901.

Reihe von einzelnen Reizeffekten." Aber heute können wir unsere Vorstellungen schon etwas genauer festlegen und die Stufen und wirkenden Faktoren besser unterscheiden. Den Anteil von Präformation und Epigenese an der Entwicklung hat Schaxel kurz und treffend dargelegt: „Während der Furchung verläuft jede Teilung gemäß der von dem Ei übernommenen Substanzanordnung. In dieser Hinsicht verhalten sich alle Blastomeren wie das Ei und mithin unter sich gleich (primärer Faktorenkomplex). Indem aber zugleich durch die Nachbarschaftswirkungen der Zellen die Gestalt und damit die Inhaltanordnung der Blastomeren modifiziert wird, erhält jede Blastomere eine von ihrem Lageverhältnis im Keimganzen abhängige Besonderheit aufgeprägt, die ihre Teilung mitbestimmt (sekundärer Faktorenkomplex)."

Ich möchte hier wieder an das Beispiel von der Rakete erinnern. In der Raketenpatrone ist von den höchstkomplizierten Schall- und Lichteffekten der Rakete nichts vorgebildet. Wir finden in der ganzen Zusammensetzung dieser Patrone nicht das geringste, was irgendwie die Lichteffekte und Schalleffekte, die sie hervorruft, zunächst vorahnen läßt oder irgendwie ein Bild von denselben gibt. Und doch ist jede einzelne dieser Lichterscheinungen durch die Zusammensetzung der Patrone ganz genau determiniert. Auch hier erfolgen aber diese Wirkungen nur bei dem ungestörten gesetzmäßigen Ablauf der Explosionen und Wirkungen in Wechselwirkung mit dem Sauerstoffgehalt der Luft, ja mit den sämtlichen äußeren Bedingungen. Wir haben also auch hier eine große Reihe realisierender Faktoren, die zum Ablauf der Erscheinungen absolut notwendig sind. Trotzdem wird das Spezifische des ganzen Vorganges bedingt durch die ursprüngliche physikalisch-chemische Konstitution und Struktur der Patrone. Die äußeren Bedingungen sind bei der Entwicklung für den schließlichen absoluten Endeffekt ebenso wichtig wie die Eistruktur. Andere äußere Bedingungen könnten auch das Resultat ändern, aber nicht die spezifische Grundlage. Auch nach der Lehre der Präformation kann dieselbe Eistruktur je nach den Realisationsfaktoren verschiedene Formen präformiert enthalten, ebenso wie bei der Rakete beim Abbrennen in reinem Sauerstoff ganz andere Lichtbilder sich entwickeln würden als beim Abbrennen in der Luft — und doch sind beide durch die Zusammensetzung der Patrone präformiert. Die Analogie der Erscheinungen zeigt sich auch darin, daß auch bei der Rakete ganz verschiedene äußere Einwirkungen (z. B. Schlag oder Hitze) zum gleichen Resultat führen wie in der experimentellen Morphologie. *Die Reize sind also unspezifisch, das Spezifische liegt in der gegebenen Metastruktur.* Bei richtiger Analyse und Wertung der kausalen Entwicklungsfaktoren verliert demnach der Gegensatz Präformation und Epigenese sehr viel an seiner Schärfe und inneren Berechtigung. Für die Auffassung der Präformation ist die gegebene Definition des Ursachenbegriffes ausschlaggebend, und mit Recht betont Roux, daß es heute unsere Aufgabe ist, an jedem Entwicklungsgeschehen den Anteil von Präformation und Epigenese aufzudecken und die wesentlichen Faktoren des Geschehens selbst aufzufinden.

Es wurde bereits darauf hingewiesen, daß jede Art ein spezifisches Eiweiß besitzt. Emil Fischer[1]) hat gezeigt, daß der Aufbau des Eiweißmoleküls aus 20 Aminosäuren durch die verschiedenen Kombinationsmöglichkeiten ihrer Anordnung schon 1000 Quadrillionen Eiweißarten ermöglicht, also weit mehr, als es verschiedene Organismen gibt. Nehmen wir hinzu, daß außer dem Eiweißmolekül nun der Aufbau des Plasmas noch verschieden sein kann, so ergibt sich die tatsächlich auch erwiesene Möglichkeit einer „biochemischen Individual-

---

[1]) Fischer, Emil: Untersuchungen über Aminosäuren. Berlin: Julius Springer 1906.

spezifität" [Löhner[1])]. Auf dieser Grundlage der chemischen Spezifität baut sich zunächst die komplizierte Metastruktur der Eizelle auf.

Mit unserer Frage, wie sich aus dieser Eizelle der spezifisch differenzierte und fertige Organismus des Tieres entwickelt, hat die Frage der Vererbung zunächst nichts zu tun. Selbstverständlich ist die Struktur des Eies aber für beides verantwortlich, und deshalb werden diese beiden Gesichtspunkte oft nicht getrennt. Flathe[2]) z. B. gibt von der Struktur der Eizelle folgendes Bild: „Das Keimplasma ist nach dieser Auffassung eine historische Substanz, welche im Laufe der Phylogenie immer komplizierter wird, immer mehr Atomgruppen von spezifischer Wirkungsweise sich angliedert und dadurch befähigt wird, eine stetig zunehmende Zahl von Eigenschaften auszulösen. Dieser ganze Komplex von Determinanten, Pangenen oder wie man diese Vererbungseinheiten nennen will, bildet unter bestimmten Bedingungen ein geschlossenes, unveränderliches System und wird als solches von einer Generation auf die nächste übertragen. Unter anderen Bedingungen, nämlich während der Ontogenie, hört diese Geschlossenheit auf, und die einzelnen Atomgruppen der Determinanten entfalten nacheinander das Spiel ihrer Kräfte. Dieser präformistischen oder deterministischen Auffassung gegenüber steht die epigenetische, welche zwar auch eine komplizierte atomistische Architektur der Vererbungssubstanz annimmt, aber diese stets in ihrer Gesamtheit wirken und sich verändern läßt."

Minot[3]) hat aus der Kernplasmarelation — kleiner Kern und großer Cytoplasmaleib — geschlossen, daß die Eizelle eine extrem spezialisierte, gealterte Zelle ist, die erst durch den Befruchtungsvorgang wieder verjüngt und zu Teilungen angeregt werden kann. Ich glaube nicht, daß man mit diesen Allgemeinbegriffen dem Kern der Frage näherkommt. Wesentlicher ist die Frage, wie sie Roux[4]) gestellt hat, nach dem Ort der Ursachen für die aus dem Ei hervorgehenden typischen Gestaltungen. Roux hat schon aus seinen Experimenten geschlossen, „daß alle die typische Gestaltung bestimmenden Kräfte im befruchteten Ei selber gelegen sind, nicht aber die sämtlichen die Gestaltung vollziehenden Kräfte". Auch sind nach ihm „die progressiv gestaltenden Wirkungsweisen der Organismen und daher auch die Qualität ihrer Produkte der Hauptsache nach konstant". Es hängt demnach alles von der Konstitution der Eizelle ab, und schon Weismann[5]) hat sie wegen der anzunehmenden Kompliziertheit ihres Aufbaus einen Mikrokosmus genannt. Auch Hans Driesch[6]) nimmt eine Art intimer Struktur, Mannigfaltigkeit in unsichtbarem Zustande für sie an. Die Tatsache jedenfalls, daß wir heute schon die große Bedeutung einzelner Chromosomen der Eizelle, ja einzelner Teile von solchen für die Individualentwicklung experimentell nachweisen können [z. B. Verdopplung der Chromosomenzahl macht stets Veränderung der Größe und der Form des Gesamtorganismus, Veränderungen derselben erzielen neue Rassen usw., s. Baur[7])], ist ein weiterer Beweis für die tatsächlich vorhandene Kompliziertheit der Eistruktur. Die gesamte Metastruktur der Eizelle können wir aber direkt mit unseren heutigen Hilfsmitteln überhaupt nicht nachweisen, sondern können sie lediglich aus ihren Wirkungen, besonders im Experiment, erschließen. Roux hat den **Begriff der Metastruktur** 1883 aufgestellt und versteht darunter[8]) „die

---

[1]) Löhner: Pflügers Arch. f. d. ges. Physiol. Bd. 198, S. 490. 1923.
[2]) Flathe, zitiert nach v. Hansemann: Deszendenz, S. 21. 1909.
[3]) Minot: Age, Growth and Death. New York: Putnams 1908.
[4]) Roux: Programm und Forschungsmethoden usw., S. 153. 1897.
[5]) Weismann: Vorträge über Deszendenztheorie, Bd. I, S. 329. Jena 1913.
[6]) H. Driesch: Philosophie des Organischen, Bd. I, S. 26 u. 65. 1909.
[7]) Baur: Experimentelle Vererbungslehre. Berlin: Bornträger 1919.
[8]) Roux: Terminologie. 1912.

unsichtbare, nur aus besonderen Leistungen sowie zu einem Teil ihres Wesens auch aus dem Verhalten gegen polarisiertes Licht zu erschließende Struktur histologischer Gebilde, z. B. der Bindegewebsprimitivfaser, des Chromatins des Zellkerns".

Die Anschauungen, die wir uns über die Art der Eizellenmetastruktur machen, können aber bei dem heutigen Stande unserer Kenntnisse nur allgemeiner Art und Vergleiche sein, die wie Bilder der Wirklichkeit mehr oder weniger nahekommen. Die Forscher legen bald mehr Gewicht auf die chemische Seite, bald mehr auf die physikalische Seite dieser Metastruktur. Für die große *Bedeutung der chemischen Metastruktur* sprechen die Tatsachen der *Eiverschmelzung*. Das gesamte Keimplasmamaterial zweier befruchteter Eizellen kann derartig miteinander verschmelzen, daß sich daraus ein normaler Embryo, wenn auch von größeren Dimensionen, entwickelt (H. J. MORGAN, DRIESCH, METSCHNIKOFF, KORSCHELT, ZUR STRASSEN, J. NUSBAUM). „Aus dem Vorhandensein von Dreifachzwillingen (aus 3 Eiern entstanden) und ungleich aufgeteilten Zweifachzwillingen, deren Organisation nicht direkt auf diejenige der ihnen zugrundeliegenden Einzeleier bezogen werden konnte, schloß ZUR STRASSEN, daß die Organisation überhaupt erst im Anschluß an die Befruchtung, und zwar durch die Anzahl und Lage der Furchungskerne, ohne Rücksicht auf die Zahl der verschmolzenen Eier, bestimmt wird" [KAUTZSCH[1]]. Bei Arbacia können zahlreiche — bis zu 40 — Eier durch Behandlung mit hypotonischer Salzlösung zu Rieseneiern verschmelzen, sie gehen aber in frühen Entwicklungsstadien zugrunde, falls mehr als 2 Normaleier verschmolzen sind [GOLDFARB[2]]. Auch das weist schon darauf hin, daß wir es nicht mit einfachen Verschmelzungen einer einfachen chemischen Substanz zu tun haben. Bei Echiniden können übrigens 2 Keime noch als freischwimmende Blastulae vereinigt werden und ein einheitliches Individuum bilden [BIERENS DE HAAN[3]]; hier also erfolgt die Verschmelzung der verschiedenen Anlagesubstanzen noch auf einem späteren Entwicklungsstadium.

Andere legen auf die physikalische Seite der Metastruktur des Eies das Hauptgewicht. Die SEMONsche Theorie[4] des ererbten Engrammschatzes, der Übertragung von mnemischen Erregungen, hat eine ausgezeichnete Begründung erhalten und auf sehr viele dunkle Vorgänge in der lebendigen Substanz Licht geworfen. Diese Annahme des vererbten Engrammes geht also mehr auf eine physikalische Metastruktur aus, wie auch ROUX der physikalischen Metastruktur der Eizelle eine große Bedeutung beilegte.

Da, wie gesagt, wir uns höchstens allgemeine Vorstellungen, Bilder von dem tatsächlichen Wesen der Metastruktur machen können, so kann jede der erwähnten Anschauungen zu Recht bestehen. Auch schließt die eine nicht die andere aus, da die physikalischen und die chemischen Faktoren bei derartig feinen Strukturen auf das innigste ineinandergreifen und nicht voneinander getrennt werden können.

Die wichtigste Frage ist, ob diese Mannigfaltigkeit im unsichtbaren Zustande in der Eizelle ebenso groß ist wie im entwickelten Organismus. HEBBST kommt zu diesem Schlusse. Er schreibt[5]: „Wir sind also nicht imstande, nachzuweisen, daß die *Zahl der Verschiedenheiten im Anfange der Entwicklung* geringer ist als die Gesamtzahl der im Laufe der Ontogenese stattfindenden Differen-

---

[1]) KAUTZSCH: Arch. f. Entwicklungsmech. Bd. 35, S. 685. 1913.
[2]) GOLDFARB: Arch. f. Entwicklungsmech. Bd. 41, S. 579. 1915.
[3]) BIERENS DE : Roux' Arch. f. Entwicklungsmech. Bd. 36, S. 532. 1913.
[4]) SEMON: Die Mneme. 3. Aufl. Leipzig: Engelmann 1911.
[5]) HERBST: Formative Reize, S. 117. 1910.

zierungsprozesse, d. h. *alle maschinellen Einrichtungen, welche zu letzterem notwendig sind, müssen bereits im Ei gegeben sein.* Die im Laufe der Ontogenese neu auftretenden Verschiedenheiten, welche dem sukzessiven Ablauf der Differenzierungsmaschinen und evtl. der gegenseitigen Beeinflussung der Produkte dieser Maschinen ihre Entstehung verdanken, dienen deshalb nur zum Auslösen vorher noch nicht in Gang gewesener ‚Entwicklungsmechanismen‘. Die Produkte der einen Maschine setzen also die andere in Gang, alle Maschinen müssen aber bereits im Ei vorhanden sein, wenn man die Maschinentheorie des Lebens nicht aufgeben will. Die Produkte der Maschinen werden zahlreicher und liefern immer mehr Auslösungselemente, die Maschinen selber aber können sich nicht vermehren.‘‘ Dies trifft zu, doch ist die Begrenzung der Vorstellung auf den Maschinenbegriff viel zu eng gefaßt. Davon abgesehen müssen wir sagen, daß für alle wesentlichen Eigenschaften und Strukturen des Organismus die Anlagen bereits in der Eizelle stofflich vorhanden sein müssen. Die Eizelle produziert, wie Hansemann richtig bemerkt, z. B. keine Galle, aber sie muß doch die Anlagen für die Zellen enthalten, die die Galle später einmal bilden. Es ist keineswegs notwendig, sich bei der Annahme der Präformation vorzustellen, daß für jede einzelne Zelle im Organismus das Äquivalent in der Eizelle vorhanden sein müsse.

Leider ist bisher fast die gesamte Nomenklatur der Entwicklungsvorgänge fast ausschließlich der Morphologie entnommen, was natürlich darin seinen Grund hat, daß wir bisher über andere Seiten des Entwicklungsgeschehens als über die morphologische Seite nur sehr geringe Kenntnisse besitzen. Trotzdem muß man sich, wenn man tiefer in die Vorgänge, in das Wesen der Formbildungsvorgänge eindringen will, von diesen rein morphologischen Vorstellungen freimachen. Es ergibt sich das ganz von selbst schon aus der Betrachtung der Eistruktur. Die Lehre von der Präformation zwingt uns, in der Eizelle eine ganz außerordentlich komplizierte chemisch-physikalische Metastruktur anzunehmen, und trotzdem ist die Eizelle, rein morphologisch betrachtet, eine recht einfach gebaute Zelle, die von vielen deshalb auch als eine einfache „Epithelzelle‘‘ bezeichnet wird. Nichts kann deutlicher und schärfer die ungeheure Dissonanz zwischen dem morphologisch nachweisbaren und dem tatsächlich vorhandenen Intimbau einer Zelle dartun als die Betrachtung der Eizelle. Niemand, selbst derjenige, der eine rein epigenetische Theorie der Formentwicklung vertreten wollte, wird leugnen können, daß auf jeden Fall der Eizelle eine außerordentlich komplizierte chemisch-physikalische Struktur zuerkannt werden muß. Davon sehen wir im Mikroskop so gut wie nichts, und es wird deshalb auch die Eizelle vielfach als eine ganz undifferenzierte Zelle bezeichnet. An den differenzierten Zellen dagegen kann man morphologisch viel kompliziertere Strukturen nachweisen als an der Eizelle. Auf Grund dieser Betrachtung ergäbe sich also, daß die Eizelle ein wesentlich einfacheres Gebilde wäre als die differenzierte Zelle, z. B. eine Ganglienzelle. Die Beobachtung der Entwicklungsvorgänge und vor allem die experimentellen Untersuchungen zeigen aber genau das Gegenteil.

Nun wird vielfach in der Literatur „differenziert‘‘ und „kompliziert‘‘ in bezug auf die Struktur im gleichen Sinne gebraucht, und es ergeben sich aus der Nichtberücksichtigung des Unterschiedes dieser Begriffe mehrere grobe und merkwürdige Widersprüche. So bezeichnet Hansemann[1]) die Eizelle als eine völlig entdifferenzierte Körperzelle, während im Gegensatz hierzu Hertwig[2]) Ei und Samen als extrem differenzierte Elementarteile bezeichnet. Minot schließt

---

[1]) Hansemann: Deszendenz, S. 172. 1909.
[2]) Hertwig: Allgemeine Biologie. 1923.

aus der Kernplasmarelation der Eizelle auf eine hochdifferenzierte und gealterte
Zelle, also die größten Widersprüche, die dadurch entstehen, daß immer wieder
die Begriffe Spezifität, Differenzierung, Struktur und Metastruktur durcheinander
geworfen werden. Protozoen werden immer wieder als hochorganisierte Zellen bezeichnet[1]). Das trifft morphologisch zu, weil hier eben schon Differenzierungen
in der Zelle selbst auftreten müssen. Die Eizelle der Metazoen kann in diesem
Sinne nicht hochorganisiert sein, aber ihre Metastruktur muß ungeheuer viel
komplizierter sein als die des Protozoons.

Daß an der Entwicklung des Individuums außerordentlich zahlreiche
Faktoren und Bedingungen zusammenwirkend beteiligt sind, unterliegt natürlich
keinem Zweifel. Aber auch diese Faktoren zeigen wieder eine außerordentlich
verschiedene Wertigkeit. Wir wissen, daß zahlreiche äußere Bedingungen absolut
notwendig für den Ablauf der Entwicklungsvorgänge sind, und daß sie trotzdem in keiner Weise das Spezifische des Vorganges bestimmen. Darauf kommt
es uns an. Die spezifische Ursache der Differenzierung des Eies ist einzig und
allein in seiner eigenen chemisch-physikalischen Struktur gegeben. Das geht
daraus hervor, daß wir heute mit voller Sicherheit wissen, daß das wesentliche
Schicksal eines Keimes, eines Eies nur von seiner inneren Struktur bedingt ist.
Die äußeren Faktoren können die Entwicklung hemmen, zerbrechen, zerstören,
unmöglich machen, können sie vielleicht auf falsche Bahnen lenken, aber sie
können niemals das Spezifische der Vorgänge irgendwie beeinflussen, niemals
spezifisch Neues schaffen. Wenn wir das befruchtete Ei eines Säugetieres in
den Uterus eines anderen Säugetieres derselben Art bringen, so geht es entweder zugrunde, oder es entwickelt sich eben die Rasse daraus, aus der das Ei
stammt. WEIGERT hat bereits in sehr klarer Diktion dieser Tatsache Ausdruck
gegeben. Er schreibt[2]): „Mit einem Wort: Der Keim wandelt das leblose Material
nicht nur in lebendiges um, sondern er drückt diesem auch, je nach seinen
Potenzen, erst *eine ganz bestimmte Marke* auf. Die äußeren Momente sind zwar
zur Verwirklichung der Keimesanlagen durchaus unentbehrlich, aber das *Spezifische dieses Vorganges wird gerade durch die im Keime enthaltenen Anlagen
bedingt.* Auf der einen Seite sind die äußeren Einflüsse von einer vollkommenen
Monotonie, und trotzdem geht die Entwicklung der ihnen unterworfenen Keime
in ganz verschiedener, spezifischer Art vor sich, auf der anderen Seite können
die äußeren Verhältnisse ungemein variieren, ohne daß die Keimentwicklung
in andere Bahnen gelenkt würde.“

Daß das Wesentliche, das Spezifische der Entwicklung durch die Struktur
des Keimes gegeben ist und dadurch absolut festgelegt ist, ergibt sich aus den
Erfahrungen aller Pflanzen- und Tierzüchter. Die äußeren Faktoren bei der
Entwicklung sind immer nur Realisationsfaktoren, niemals Determinationsfaktoren im Sinne von ROUX. Man mag die äußeren Bedingungen ändern, wie
man will: aus keinem Keim einer Art können wir dadurch ein Individuum einer
anderen Art erzielen. Selbst bei den Pflanzen, in deren Entwicklung die Epigenese eine ganz andere Rolle spielt wie beim Tier, ist es niemals möglich, aus
der befruchteten Keimzelle eines Apfels einen Birnbaum zu erzielen oder Ähnliches.

Auch für das Tierreich ist diese Tatsache experimentell gesichert. GUTHRIE[3])
z. B. transplantierte den Eierstock eines weißen Huhnes auf ein schwarzes Huhn
(dem die eigenen Ovarien entfernt waren), das dann später von einem Hahn
der schwarzen Rasse befruchtet wurde. Die Nachkommenschaft bestand zur

---

[1]) Zum Beispiel von DRIESCH: Philosophie des Organischen, Bd. I, S. 132. 1909.
[2]) WEIGERT: Gesammelte Abhandlungen, Bd. I, S. 215.
[3]) Zitiert nach THESING: Experimentelle Zoologie. 1911.

Hälfte aus weißen, zur Hälfte aus schwarzen Küken. Das Ergebnis war also genau so, als ob eine Paarung zwischen einer weißen Henne und einem schwarzen Hahn stattgefunden hätte, die weißen Keimzellen waren im Organismus des schwarzen Huhnes nicht beeinflußt worden. Ebenso hat W. Heape[1]) aus dem Eileiter eines Angorakaninchens die frisch befruchteten Eier entnommen und in den Eileiter eines Kaninchens anderer Rasse eingepflanzt. Die Eier kamen gut zur Entwicklung, und die Jungen zeigten alle Merkmale der Angorarasse, ohne daß irgendein Einfluß des fremden mütterlichen Organismus zu erkennen war. Findet aber doch eine geringe Beeinflussung des Keimplasmas in solchen Versuchen statt (s. S. 1230), so könnten wir uns die Möglichkeit hierfür aus der sehr nahen Verwandtschaft der Keimplasmen und des Stoffwechsels der beiden Rassen erklären.

Das Verständnis der Pathologie der Differenzierungsstörungen, Metaplasien, Gewebsmißbildungen und Geschwülste ist nur möglich, wenn wir uns zuvor mit den Grundlagen der Präformationslehre kurz beschäftigen. Wir werden deshalb die Beweise für die Präformationslehre — in dem früher erläuterten Sinne — kurz zusammenzustellen versuchen.

Die erste Gruppe dieser Beweise stammt aus der Vererbungslehre. Es sind eine ganze Reihe von Tatsachen der Vererbung, und zwar Tatsachen recht verschiedener Art, die die wichtigsten Stützen der Präformationslehre abgeben und die wir auch deshalb in ihren Grundlagen kennenlernen müssen, weil die Vererbung auch bei den Gewebsmißbildungen und Geschwülsten eine sehr große Rolle spielt.

Jede genauere Untersuchung der Tierrassen und Tierklassen, die Übereinstimmung der verwandten Formen und der Grad dieser Übereinstimmung zeigen immer wieder, daß die äußeren Faktoren für das Spezifische der Formbildungsvorgänge keine Bedeutung haben, sondern daß nur die Struktur des Keimes dafür verantwortlich ist. Schon Naegeli ist deshalb zu dem gleichen Schluß gekommen. Er sagt darüber[2]): *„In der Eizelle sind alle Eigenschaften des ausgebildeten Zustandes potentiell enthalten,* insofern hat die Anlage eine gewisse Analogie mit der potentiellen Energie oder Spannkraft der unorganischen Materie. Während aber die Spannkraft, sowie sie ausgelöst wird, von selbst eine Bewegung hervorbringt, erteilt die Anlage der Entwicklungsbewegung bloß ihre bestimmte Richtung, indes die Bewegung selbst durch den Umsatz der Nahrung ausgelöst wird." Weigert[3]) setzt mit Recht hinzu: „Diese wenigen Worte enthalten die ganze Quintessenz der Beziehung der Außenwelt zu der Entfaltung der im Keim verborgenen potentiellen Anlagen." Daraus ergibt sich dann der Schluß, den auch Naegeli gezogen hat: *„Die Eizellen enthalten alle wesentlichen Merkmale ebensogut wie der ausgebildete Organismus,* und als Eizellen unterscheiden sich die Organismen nicht minder voneinander als im entwickelten Zustande. Eine so winzige Masse das Idioplasma auch darstellt, so muß es doch alle Anlagen des ausgebildeten Organismus potentia enthalten. Es muß daher für jede Spezies, ja für jedes Individuum, verschieden beschaffen sein, so daß eine ungeheure Zahl verschiedener Idioplasmen existiert." Heute können wir diesen Schluß noch viel schärfer ziehen. Die weitere Forschung hat gezeigt, daß diese Annahme Naegelis keine Hypothese ist, sondern daß tatsächlich schon heute der chemische Nachweis erbracht werden kann, daß alle Organismenarten der Erde sich spezifisch voneinander unterscheiden, und daß bereits die Eizelle die volle spezifisch-chemische Eigenschaft des fertigen

---

[1]) Zitiert nach Thesing: Experimentelle Zoologie, 1911.
[2]) Naegeli: Mechanisch-physiologische Theorie der Abstammungslehre, S. 23. München 1884.
[3]) Weigert: Gesammelte Abhandlungen, Bd. I, S. 214. 1906.

Organismus besitzt (ROESSLE). Man mag sich ein Bild von der Vererbung machen, wie man will, immer wird man durch die Tatsachen wieder zu dem Schluß gezwungen werden, daß jedenfalls die Vererbungsfaktoren untrennbar verknüpft sind mit der Eizelle und der Samenzelle. Alles Spezifische der Entwicklung, jeder vererbbare Faktor ist an die Materie dieser Zellen untrennbar gebunden, und da wir feststellen können, daß selbst die feinsten Eigenschaften und Mechanismen des differenzierten Körpers vererbt werden können, so ist der Schluß zwingend, wie ihn auch WEIGERT schon gezogen hat (Gesammelte Abhandlungen, Bd. I, S. 245): „. . . daß auch die spezialisierten Potenzen der somatischen Zellen im Idioplasma des Keimes bis aufs kleinste vorgesehen sind." Zu diesem Schluß werden wir gedrängt, wenn wir sehen, daß bestimmte *Naevi der Haut erblich* sind, wenn wir beobachten, wie bei 2 Zwillingen im gleichen Alter von 6 Jahren an derselben Stelle des Körpers ein Angiom auftritt u. ä. m.

„Die Linse des menschlichen Auges wiegt nur ungefähr 175 mg, macht also nur etwa 3 Millionstel des Körpergewichtes aus. Beim partiellen discoiden Star ist ein kleiner Teil, etwa ein Zwanzigstel der Linse, verdunkelt, und trotzdem ist diese minutiöse Veränderung ausgesprochen erblich[1])." Es ist selbstverständlich, daß zur wirklichen Entfaltung einer solchen örtlichen Anlage viele Realisationsfaktoren, darunter auch Einflüsse der Außenwelt, notwendig sind. Aber da eben unter allen Umständen die Vererbung unlösbar an die Substanz der Eizelle gebunden ist, so sind wir gezwungen, irgendeine strukturelle Eigentümlichkeit, man mag sie sich vorstellen, wie man will, als Grundlage dieser erblichen Staranlage anzunehmen.

Die Frage der spezifischen Vererbungssubstanz kann dabei offenbleiben. Auch ist es für unsere Auffassung gleichgültig, ob diese Vererbungssubstanz im Kern oder im Plasma der Eizelle lokalisiert ist. Ich glaube, daß die morphologische Betrachtungsweise einen sehr viel schärferen Gegensatz zwischen diesen beiden Bestandteilen der Zelleinheit geschaffen hat, als nötig wäre. Wenn auch der Kern das Zentrum des Zellebens und des Stoffwechsels ist, so steht er doch in einer so ständigen Wechselwirkung mit dem Plasma, daß Veränderungen des einen Teils wohl immer auf den anderen zurückwirken müssen. Uns interessiert hier weniger direkt die Frage der Vererbung als die der spezifischen Determinationsfaktoren für die einzelnen Entwicklungsvorgänge, und da wird man trotz vieler vorgebrachter Einwände (GODLEWSKI) doch daran festhalten dürfen, daß das Spezifische der Entwicklungsvorgänge vor allem im Kerne festgelegt ist, daß der Kern die Vererbungssubstanz katexochen enthält, ohne daß man damit dem Plasma der Eizelle eine nebensächliche Rolle zuschiebt, wie wir noch sehen werden. O. HERTWIG nimmt an, daß die Überlieferung des Charakters *die Funktion des Kernes, die Entwicklung dagegen Aufgabe des Protoplasmas ist.*

Der große Einfluß der Kernsubstanz auf die Vererbung geht besonders schön aus den experimentellen Untersuchungen von HEBBST[2]) hervor, der Seeigeleier mit doppeltem Chromosomengehalt durch ein einfaches Spermium befruchtete und nachweisen konnte, daß die entstehenden Larven viel ähnlicher der Mutter waren als dem Vater.

Nach VERWORN ist die Annahme besonderer Vererbungssubstanzen zu einseitig, zu morphologisch. Vererbungssubstanz im Sinne VERWORNS ist immer nur eine ganze Zelle, da das Wesentliche der Stoffwechsel und für den Physiologen eine andere Auffassung vollkommen unannehmbar sei. Aber diese Begründung ist nicht haltbar, denn es gibt eben keinen Stoffwechsel an sich, der

---

[1]) PLATE: Vererbungslehre, S. 4. Leipzig 1913.
[2]) HERBST: Arch. f. Entwicklungsmech. Bd. 39, S. 617. 1914.

sich vererben könnte, sondern nur spezifisch-chemisch-physikalische Strukturen, deren Bau an und für sich den Stoffwechsel bedingen und mit sich bringen. Der Stoffwechsel kann von den Stoffen nicht getrennt werden.

Noch nach einer anderen Richtung ist aber die Frage der Vererbung für die Auffassung des Wesens und der Struktur der Eizelle von großer Bedeutung. Es ist dies die so viel diskutierte Frage der **Vererbung erworbener Eigenschaften.**

Daß Verletzungen nicht einfach erblich sind, hat Weismann durch das Beispiel der Beschneidung, der Verkrüppelung der Füße der Chinesinnen und anderer, auch experimenteller Tatsachen einwandfrei bewiesen. Ja, wir können direkt sagen, daß die meisten der erworbenen Eigenschaften nicht vererbt werden. Allerdings müssen wir auch hier wieder sehr unterscheiden zwischen den verschiedenen Stufen des Organismenreiches. Die Anschauung Weismanns, daß die Vererbung erworbener Eigenschaften nur auf dem Wege über die Keimzelle möglich ist, dürfte wohl von niemandem bestritten werden. Die Schwierigkeit der Erklärung liegt nur darin, wie man es sich vorstellen soll, daß eine Veränderung des erwachsenen Organismus eine gleichsinnige spezifische Veränderung in den Keimzellen hervorrufen kann. Wie groß der Unterschied zwischen der entwickelten differenzierten Struktur und ihrer Anlage in der Keimzelle im Einzelfalle ist, läßt sich allgemein nicht entscheiden. Hierfür müßte die Metastruktur beider Gebilde bekannt sein. Es ist möglich, daß dies auch bei den einzelnen Arten und Differenzierungen sehr verschieden ist, vielleicht bald recht gering, bald so different wie Lichterscheinungen und Pulverkörner der Raketenpatrone.

Aber auf chemischem Wege, durch den Stoffwechsel und durch mnemische Erregungen, ist eine Einwirkung des Gesamtorganismus auf die Eizelle möglich.

Diese Allgemeinwirkung des Gesamtorganismus auf die Keimzellen ist schon dadurch gegeben, daß die Keimzellen in ihrer Existenz, in ihrer Ernährung von dem Gesamtorganismus abhängig sind. Das hat auch Weismann niemals geleugnet. Neuerdings ist dies auch durch Versuche erhärtet worden. Schiller hat den Nachweis erbracht, daß es bei mechanischen Eingriffen am Körper gelingt, die Eier zu beeinflussen, und daß dieser Einfluß histologisch nachweisbar ist. Er hat an Kaulquappen und erwachsenen Fröschen Amputationen und Verbrennungen vorgenommen, um den Einfluß somatischer Reize auf die Keimzellen zu studieren. Leichte Brandwunden oder Amputationen verursachten degenerative Veränderungen an den heranwachsenden Urgeschlechtszellen. Aus den Versuchen wird geschlossen, daß die Keimzellen ohne Rücksicht auf ihr jeweiliges Entwicklungsstadium somatisch induzierbar sind[1]). Solche Versuche beweisen aber meines Erachtens für die uns hier interessierende Frage nicht viel. Daß schwere Schädigungen des Gesamtorganismus auch die Eizellen schädigen, ist selbstverständlich. Wichtig für uns ist nur, zu wissen, ob hier ein spezifischer Einfluß der Veränderungen des Somas auf die Eizellen möglich ist.

Nun ist unverkennbar, daß bereits in der von Roux sog. ersten Periode der embryonalen Entwicklung und der Periode der absoluten Selbstdifferenzierung fast sämtliche Organe des Embryos einen histologischen Bau aufweisen, der auf die spätere Funktion hinweist, ja, der bis in die feinsten Einzelheiten für die spätere Funktion vorausbestimmt ist. Eine funktionelle Anpassung kann bei diesen Strukturen also nicht vorliegen, da die Zellen ja noch gar keine Gelegenheit haben, zu funktionieren. Robert Meyer hat auf eine Reihe solcher Strukturen mit Recht hingewiesen und betont, „daß alle Organe bis in die feinsten Einzelheiten schon embryonal für den späteren ‚Zweck' gebaut sind, ohne daß sie embryonal schon funktionieren. So z. B. ist die Haut schon beim Embryo

---

[1]) Schiller: Vorversuche zu der Frage nach der Vererbung erworbener Eigenschaften. Arch. f. Entwicklungsmech. Bd. 34, H. 3, S. 461. 1912.

da, wo sie später den Boden berühren soll, verdickt und ohne Haaranlagen[1])!" Das alles sind die von Driesch sog. „Kompositionsharmonien", und aus solchen „Kompositionsharmonien" ist der ganze Mensch zusammengesetzt. Robert Meyer kommt deshalb mit Recht zu dem Schluß: „Daß Korrelationen zwischen Soma und Keimzellen vorhanden sein sollten, ist nicht unbegreiflich, sondern nur unbegriffen wie vieles andere."

In der Tat bietet die Erklärung dieser embryonalen Strukturen der mechanistischen Auffassung der Lebensvorgänge sehr viel größere Schwierigkeiten, wenn man annimmt, daß niemals erworbene Veränderungen des Körpers die Keimzellen spezifisch induzieren können. Auch die neueren experimentellen Untersuchungen drängen immer mehr zu dieser Annahme. Es unterliegt gar keinem Zweifel, daß zahllose somatische Veränderungen, die das Individuum im Laufe des Lebens erleidet und erwirbt, nicht vererbt werden, dagegen muß heute als durchaus möglich zugegeben werden, daß bestimmte Gruppen erworbener Veränderungen, insbesondere diejenigen, die zur funktionellen Anpassung gehören, tatsächlich auch die Keimzellen spezifisch beeinflussen können. Es wird sich zeigen, daß eine mechanistische Erklärung dieses Phänomens doch nicht außer dem Bereich jeder Möglichkeit liegt. „Wenn nun aber", schreibt Rabl[2]), „die Annahme nicht von der Hand zu weisen ist, daß funktionelle Reize, welche den Organismus treffen, auch die Keimzellen in einer bestimmten Richtung zu affizieren und in ihrer Struktur zu verändern vermögen, so ist klar, daß die Wirkung dieser Reize in der Art der Entwicklung der Organanlage und Organe zum Ausdruck kommen muß." Es hat sich nun in der Tat experimentell ergeben, daß gerade diejenigen Veränderungen der äußeren Bedingungen, welche den Körper zu einer funktionellen Anpassung zwingen, mehr oder weniger auf die Nachkommenschaft übertragen werden können.

Wenn man aber das Wesen des Lebens im Stoffwechsel der lebendigen Substanz erblickt, so werden wir vor allem vor die Frage gestellt, ob nicht Veränderungen des Gesamtstoffwechsels auch auf den Stoffwechsel der Keimzelle einwirken können. Auf diesem Wege könnten wir uns den Einfluß der funktionellen Anpassung des Organismus, die ja immer auch mit Stoffwechseländerungen einhergehen muß, erklären. Wir sehen denn auch tatsächlich, daß die spezifischen Stoffwechselsubstanzen, die Hormone der sog. Drüsen mit innerer Sekretion, auf die Entwicklungs- und Differenzierungsvorgänge von größtem Einfluß sind. So wissen wir, daß man die Differenzierungsvorgänge durch Fütterung von Schilddrüse, Thymus, Hypophyse usw. in einer Weise beeinflussen kann, wie auf keinem anderen Wege. Die Larven von Amblystoma mexicanum, die in Europa sich stets nur als neotenische Wasserform fortpflanzen, brachte Babák[3]) zur vollständigen Metamorphose durch Fütterung von Schilddrüse. Über die Entwicklung von Antedon schreibt Runnström[4]): „Die Festsetzung der Larve, die Reduktion der Wimperschnüre, des larvalen Nervensystems, der Drüsenzellen des Ektoderms, der Verschluß des Vestibulums, die Blähung des Darmes geschehen unter dem Einfluß hormonaler Wirkungen. Die Hormone werden in dem vorderen Ende der Larve produziert; sie müssen aber mit von dem hinteren Teile produzierten Stoffen in Wechselbeziehung treten." Auch die Wirkung der Spemannschen Organisatoren müssen wir uns wohl durch eine

---

[1]) Meyer, Rob.: Gibt es Vererbung erworbener Eigenschaften? Dtsch. med. Wochenschr. 1910, Nr. 23. S. auch Hart: Vererbung erworbener Eigenschaften. Berlin. klin. Wochenschr. 1917, S. 1079; 1920, S. 654.

[2]) Rabl, Carl: Züchtende Wirkung funktioneller Reize, S. 20. Leipzig: Engelmann 1904.

[3]) Babák: Zentralbl. f. Physiol. 1913, Nr. 10.

[4]) Runnström: Arch. f. Entwicklungsmech. Bd. 105, S. 63. 1925.

ähnliche chemische (Stoffwechsel-) Wirkung erklären. Der lokale Einfluß des „inneren Milieus" muß auf ähnlichen Faktoren beruhen und bewirkt z. B. die gleichzeitige Metamorphose deplantierter Augen des Feuersalamanders [Uhlenhuth[1])] oder sogar die Umwandlung weiblicher Keimdrüsen in männliche bei Jungfröschen [Witschi[2])].

Die Untersuchungen von Standfuss und Fischer haben gezeigt, daß es gelingt, die typische Färbung und Zeichnung von Schmetterlingen zu verändern dadurch, daß man die Jugendstadien der Tiere einem abnormen Hitzeeinfluß oder Kälteeinfluß aussetzt. Dieselben Veränderungen kann man entwickeln dadurch, daß man die Puppen zentrifugiert, Ätherdämpfen aussetzt oder Kohlensäure einwirken läßt. Weitere Untersuchungen zeigten, daß es genügt, den Einfluß der Temperatur in einer ganz bestimmten Periode des Puppenstadiums einwirken zu lassen, daß also die abnorme Temperatur keineswegs während der ganzen Eientwicklung einwirken muß. Diese Veränderungen konnten sich auch vererben. Die veränderte Flügelfarbe trat bei einem Teil der Nachkommen wieder auf. Zu ganz ähnlichen Resultaten ist dann Tower gelangt bei Versuchen an dem Coloradokäfer, Leptinotarsa decemlineata. Werden die Larven dieses Käfers abnormen Temperaturen ausgesetzt oder wird der Wassergehalt der Luft herabgesetzt oder gesteigert, so treten abnorme Färbungen und Zeichnungen der Käfer auf, und zwar bewirkt eine mäßige Reizung Zunahme der Pigmentierung (Melanismus), eine starke Reizung, Hitze oder Kälte, Feuchtigkeit oder Trockenheit Abnahme der Pigmentierung (Albinismus). Auch hier ist es nicht nötig, das Tier während der ganzen Zeit der Entwicklung den abnormen Verhältnissen auszusetzen, sondern es findet sich auch hier eine besondere **kritische sensible Periode.** Von Wichtigkeit sind die Ergebnisse der Towerschen Versuche über die Vererbung dieser Veränderungen. Wurden die Käfer nach dem Ausschlüpfen während der Wachstumsperiode ihrer Keimzelle den betreffenden Einwirkungen entzogen und unter normale Bedingungen gebracht, so zeigt ihre Nachkommenschaft ganz normale Verhältnisse und gar keine Spur von Veränderungen, wie sie ihre Eltern trugen. Wirkten dagegen die Reize auf den Käfer ein zu der Zeit, wo die Keimzellen des Käfers wachsen und reifen, so traten bei der Nachkommenschaft dieselben Veränderungen auf, auch dann, wenn der Mutterkäfer selbst der Kälte nicht ausgesetzt, also selbst ganz unverändert war. Es zeigt sich nicht nur eine Veränderung der Pigmentierung und der Zeichnung dieser Käfer infolge dieser Reizungen, sondern auch eine Veränderung des Größenwachstums. *Dieselben Einwirkungen rufen also an der Eizelle und an der Puppe,* wo also bereits alle Organe des fertigen Tieres auch morphologisch vorgebildet sind, *dieselben Veränderungen hervor.* Das beweist klar und eindringlich die Präformation, die Annahme, daß den spezifischen Organanlagen des Tieres in der Eizelle materielle Teilchen von ähnlicher chemischer Konstitution entsprechen. Nun handelt es sich bei all diesen Experimenten nicht um den Einfluß morphologischer Veränderungen, die der erwachsene Körper erlitten hat, auf die Keimzellen, sondern um den Einfluß elementarer Energien auf den in Entwicklung befindlichen Organismus oder auf die Eizelle. Nach Semon[3]) liegt in diesen Versuchen, wie er richtig hervorhebt, keine Parallelinduktion vor, indem ja tatsächlich nicht der ausgebildete Organismus durch eine elementare Energie beeinflußt und verändert wird, sondern die Versuche beeinflussen nur den sich *entwickelnden* Organismus. Die Annahme Semons, daß dieselben Veränderungen der äußeren Bedingungen, Hitze, Kälte, Trocken-

---

[1]) Uhlenhuth: Arch. f. Entwicklungsmech. Bd. 36, S. 211. 1913.
[2]) Witschi: Arch. f. Entwicklungsmech. Bd. 102, S. 168. 1924.
[3]) Semon: Das Problem der Vererbung erworbener Eigenschaften. Leipzig 1912.

heit, Feuchtigkeit, auch den erwachsenen Organismus in gleicher Weise verändern, aber an ihm nicht mehr Farben, Zeichnungen, Größen usw. ändern können, steht aber meines Erachtens in der Luft. Gewiß kann nicht bestritten werden, daß die Änderung der äußeren Bedingungen auch am erwachsenen Organismus Stoffwechselveränderungen hervorrufen können und so indirekt das Soma erst die Keimzellen beeinflussen kann. Zu dieser reinen Hypothese liegt aber in den vorliegenden Experimenten keine Veranlassung vor. Diese zeigen lediglich, daß auf die Eizelle in der sensiblen Periode wie auf den sich *entwickelnden* Organismus, auf die Puppe, dieselben elementaren Energien in gleicher Weise spezifisch verändernd einwirken, und bei dieser Einwirkung bedarf es nicht der vermittelnden Tätigkeit eines reizleitenden und veränderten Somas.

Auch bei der Entwicklung der Lichterscheinungen aus der Raketenpatrone würde die Einwirkung eines äußeren Faktors, z. B. höherer Temperatur, auf die Patrone und auf die bereits in der Entwicklung begriffene abgefeuerte Patrone vor der Lichtbildung eine gleiche oder ähnliche sein, dagegen würde diese Wirkung ganz anders sein, wenn sie an den Lichtphänomenen selbst zur Geltung käme; ebenso ist es bei der Entwicklung. Ist einmal die Differenzierung selbst eingeleitet, so werden wir ganz andere Wirkungen zu erwarten haben als bei der unentwickelten, undifferenzierten Entwicklungssubstanz oder gar am unentwickelten Keimplasma.

Wenn wir auch gesehen haben, daß die spezifische Art des Organismus in der Keimzelle schon genau so ausgeprägt ist wie im erwachsenen Organismus, so ist eben doch die Entwicklung der einzelnen spezifischen Strukturen und Funktionen die wesentliche Aufgabe des Entwicklungsvorganges. Das zeigt sich nicht nur auf morphologischem, sondern auch auf chemischem Wege, und HOGBEN und CREW[1]) haben systematisch die Zeitperioden festgestellt, in denen die fetalen innersekretorischen Drüsen ihre funktionelle Aktivität erlangen, d. h. geprüft, zu welcher Zeit sich das Auftreten spezifischer Hormone im Embryo nachweisen läßt. Das ist nur ein Beispiel dafür, wie äußere Einwirkungen zu verschiedenen Zeiten der embryonalen Entwicklung in ganz verschiedener Weise in den spezifischen Stoffwechsel der lebendigen Substanz eingreifen müssen.

Diese Bemerkungen gelten aber nur an den Versuchen von Schmetterlingen und Käfern und beziehen sich nicht auf zahlreiche andere Experimente über die Vererbung erworbener Eigenschaften, wie z. B. die von KAMMERER u. a., die für unsere Frage hier bedeutungslos sind. Wir wollen ja an dieser Stelle nicht die Vererbung erworbener Eigenschaften diskutieren, sondern nur auf jene Experimente hinweisen als ausgezeichnete experimentelle Belege dafür, daß die wesentlichen Eigenschaften, Potenzen und Strukturen des Organismus bereits in der Eizelle präformiert und determiniert sind. Die Experimente von STANDFUSS, FISCHER und TOWER erscheinen uns für die Frage der Präformation deshalb so besonders instruktiv, weil sie zeigen, daß die gleichen Faktoren, welche dem ausgewachsenen Organismus gegenüber erfolglos sind, gar keine Einwirkung auf ihn haben, doch auf bestimmte Entwicklungsstadien ebenso wie auf das reifende Ei eine spezifische Einwirkung entfalten, d. h. also die Anlage eines Organs ist weder chemisch noch morphologisch mit diesem Organe identisch und steht zu ihm vielleicht in einer ähnlichen Beziehung, wie bei dem von uns gebrauchten Beispiel der Rakete die Lichteffekte der Rakete in Beziehung stehen zum spezifischen Bau der Patrone. Daß z. B. eine Extremität in den letzten embryonalen Stadien bereits vollkommen und in allen ihren wesent-

---

1) HOGBEN u. CREW: Brit. journ. of biol. Bd. 1, S. 1. 1923.

lichen Eigenschaften durch den Bau der embryonalen Extremität determiniert ist, unterliegt keinem Zweifel und läßt sich schon morphologisch mit aller Klarheit nachweisen. Diese Experimente an Schmetterlingen und Käfern zeigen uns aber, daß Einflüsse, die auf dieses *fetale* Organ einwirken und seine späteren Schicksale verändern, in derselben spezifischen Weise auf die *Eizelle* einwirken, und sind uns daher Belege dafür, daß die embryonalen Organe wiederum in der Metastruktur der Eizelle in allen ihren wesentlichen Eigenschaften präformiert sind.

Die Experimente von Standfuss und Fischer, von Tower und die Experimente von Kammerer haben gerade den Einfluß der funktionellen Anpassung auf die Nachkommenschaft bewiesen.

Auf einem ganz anderen Wege sind nun noch in den letzten Jahren experimentelle Beweise dafür beigebracht worden, daß tatsächlich der Stoffwechsel imstande ist, die im Körper liegenden Keimzellen in spezifischer Weise zu beeinflussen, und zwar ist dieser Beweis erbracht worden durch die Transplantation von Eierstöcken verschiedenrassiger Tiere. „Wurde ein schwarzes Huhn mit einem ‚weißen‘ Eierstock von einem weißen Hahn befruchtet, so war die Nachkommenschaft bisweilen rein weiß, aber es schlüpften auch zahlreiche Kücken aus mit schwarzer Fleckenzeichnung. Ganz entsprechend brachte ein weißes Huhn mit einem Eierstock der schwarzen Rasse und von einem schwarzen Hahn befruchtet weiße Kücken mit schwarzen Flecken hervor[1]).“

Wie können wir uns nun derartiges erklären? Zweifellos nicht so, wie Ribbert es dargestellt hat, der darauf hinwies, daß eine Veränderung des einen Humerus keinerlei Veränderung des anderen Humerus zur Folge habe, das ist zweifellos. Aber der linke Humerus steht auch nicht in funktioneller Wechselwirkung mit dem rechten Humerus, und darauf kommt es hier an. Bei Organen des erwachsenen Körpers, die in einer funktionellen Wechselwirkung stehen, ja selbst bei solchen Organen, deren Summe an Tätigkeit für den Organismus von Bedeutung ist, haben Veränderungen des einen Organs allerdings Veränderungen des anderen im Gefolge. Ich erinnere nur an die kompensatorische Hypertrophie der paarigen Organe. Auf Grund der chemischen Auffassung und chemischen Grundlage der gesamten Fortbildungsvorgänge[2]) werden wir deshalb zu der Annahme kommen, daß Veränderungen des Körpers dann auf die Keimzellen spezifisch einwirken, wenn der spezifische Stoffwechsel des Körpers in irgendeinem Teile oder Organsystem gestört oder verändert ist. Der Stoffwechsel des Gesamtkörpers bildet eine Einheit, auf dem sowohl das funktionelle Leben des Organismus beruht wie seine gesamte Formbildung. Die Keimzellen aber nehmen unter den übrigen Zellen des Organismus insofern eine Sonderstellung ein, als auch sie in ähnlicher Weise einen einheitlichen Stoffwechsel aufweisen müssen. Es liegen also zwei einheitliche Stoffwechselkreise vor, von denen der eine den anderen beeinflussen kann. Ist die hier vertretene Anschauung auch nur annähernd richtig, so ist es sehr wohl denkbar, daß Veränderungen in dem spezifischen Stoffwechsel eines Organs auf den entsprechenden Stoffwechsel und die entsprechenden Strukturen der Eizelle einen spezifischen Einfluß ausüben können. Wir sehen auch, daß die Vererbung dieser pathologischen Stoffwechselvorgänge oder Formbildungsvorgänge sich durch Summierung der Reize in den folgenden Generationen verstärkt und so schließlich zum Zugrundegehen des Stammes führen kann. So tritt die erbliche Ataxie und progressive

---

[1]) Thesing, C.: Experimentelle Biologie, S. 112. 1911.
[2]) Fischer, Bernh.: Theorie der Chemomorphe, in „Vitalismus und Pathologie“. Berlin 1924.

Muskelatrophie bei den Individuen der nächsten Generation in immer früherem Alter auf (BING).

In dieser Weise müssen wir also eine Vererbung erworbener Eigenschaften anerkennen. Infolge der spezifischen Struktur der Eizelle ist dieselbe durch die spezifischen Stoffwechselvorgänge des Organismus induzierbar, und da nach der von uns aufgestellten Theorie die äußeren Formbildungsvorgänge nur der äußere Ausdruck der Stoffwechselvorgänge selbst sind, so ist auch die Formbildung selbst von diesen Vorgängen abhängig und vererblich. Eine Vererbung erworbener Eigenschaften erstreckt sich also in allererster Linie, ja vielleicht allein auf die Vererbung der durch funktionelle Anpassung erworbenen Eigenschaften. Diese Verstärkung der Reizwirkung wie bei der progressiven Muskelatrophie ist offenbar ein weiteres fundamentales Gesetz dieser Vererbung erworbener Eigenschaften, und infolge dieses Gesetzes geht „im Laufe der phylogenetischen Entwicklung jeder Teil infolge der Vererbung erworbener Eigenschaften langsam von der abhängigen Differenzierung schließlich zur Selbstdifferenzierung über, d. h. zu einer Differenzierung durch einen Reiz, der im Organe selbst liegt" (E. SCHULTZ). Ich erinnere hier an das schöne von BRAUS gebrachte Beispiel. Es kann wohl keinem Zweifel unterliegen, daß die „Öffnung im Operculum der Kaulquappe, durch welche die vordere Extremität hindurchgesteckt wird, ursprünglich entstanden ist durch den Druck des vorwachsenden Beines. Durch ungezählte Wiederholungen dieses Vorganges ist diese Differenzierung aber jetzt fixiert, und das Loch im Operculum bildet sich auch, wenn man das Bein vorher abschneidet (BRAUS). Es findet also im Laufe der phylogenetischen Entwicklung ein ‚Reizwechsel' statt." Die Eistruktur enthält auch das Rätsel der Vererbung und ist untrennbar mit ihr verknüpft. Die Vererbungstatsachen beweisen in einwandfreier Weise, daß selbst außerordentlich feine, hochkomplizierte Einzelheiten der Struktur des erwachsenen Organismus in der Struktur der Eizelle materiell vorgebildet sind. Diese Tatsachen sind von so zwingender absoluter Eindeutigkeit, daß sogar HANS DRIESCH zu dem Schlusse kommt[1]): „Da können wir denn, wie mir scheint, kaum der Folgerung entgehen, daß die Unabhängigkeit der einzelnen Charaktere bei der Vererbung, zusammen mit der Reinheit der Keimzellen bei den einfachsten Bastardformen, aufs deutlichste beweist, daß bei der Vererbung eine Übergabe von etwas von Generationen zu Generationen statthat, eine Übergabe von einzelnen und getrennten sich auf die einzelnen Formcharaktere des Erwachsenen beziehenden materiellen Dingen."

Dieses Zugeständnis ist um so bedeutungsvoller, als es natürlich die Grundlage jeder mechanistischen Auffassung der Entwicklungs- wie der Vererbungsvorgänge darstellt.

Die gesamte moderne Vererbungsforschung ist eine Kette von Beweisen für die **ungeheuer komplexe Metastruktur der Eizelle.** In ihr sind potentiell alle Eigenschaften des entwickelten Gesamtorganismus enthalten, mag man sich nun die Präformation dieser virtuellen Anlagen denken, wie man will. Daß die Vererbungsforschung zur Annahme kleinster materieller Teilchen als der Vererbungsträger gekommen ist, mag nur ein Bild und ein sehr grobes Bild der tatsächlichen Verhältnisse sein. Unseren heutigen Anschauungen über die Struktur des Lebendigen widerspricht aber dieses Bild nicht, und man ist auch auf anderen Wegen zu der Vorstellung sehr viel kleinerer Lebenseinheiten, Partialbionten (ROUX) gekommen, als sie Zelle und Kern darstellen. „Das Geheimnis der Organisation des Wachstums, der Entwicklung beruht nicht in der Zellbildung,

---

[1]) DRIESCH, HANS: Philosophie des Organischen, Bd. I, S. 235. 1909.

sondern in noch elementareren Elementen der lebenden Substanz [Idiosomen, Whitman[1])]." Es ist dabei gleichgültig, ob man die Chromosomen oder auch andere Teile von Zelle und Kern als die Träger dieser Lebenseinheiten und Vererbungsfaktoren ansieht, zumal zweifellos die verschiedenen Teile der Zelle in engster Stoffwechselbeziehung und genetischer Abhängigkeit stehen und diese Abhängigkeit auch in den verschiedenen Phasen des Zellebens eine verschiedene sein kann. Unterstützt wird aber diese Auffassung durch alle unsere tatsächlichen Kenntnisse vom Bau der Chromosomen. Die Radiolarien besitzen Hunderte bis Tausende von einzelnen stäbchenförmigen Chromosomen, und bei den höheren Organismen wissen wir heute mit Bestimmtheit, daß die einzelnen Chromosomen, ja ihre Teile verschiedene Bedeutung haben können, selbst für die Lagerung der Vererbungsfaktoren im Chromosom und ihre Koppelungen besitzen wir bereits wichtige experimentelle Unterlagen [s. Baur[2])]. Die Entdeckung des Geschlechtschromosoms, die Entdeckung von Chromosomen von verschiedener Gestalt und Größe sind Beweise hierfür. Boveri[3]) zeigte auch an disperm befruchteten Seeigeleiern die ganz ungleichmäßige und unregelmäßige Verteilung der Chromosomen auf die Tochterzellen, und die neuere experimentelle Vererbungsforschung bringt zahlreiche Beweise für die Annahme, daß „die Anlagen in großer Zahl sich innerhalb eines Chromosoms finden", und daß bei der Befruchtung, Reifung und Reduktionsteilung eine verschiedene Verteilung der Erbsubstanzen stattfindet [Goldschmidt[4])]. Ob man nun die Träger der erblichen Eigenschaften als Anlagen, Faktoren, Gene, Erbeinheiten, Determinanten, Iden, Idanten oder anders bezeichnet, ob man die Determinationsfaktoren der Vererbungsstruktur und der Entwicklungspotenzen sich mehr von typischer chemischer Beschaffenheit oder mehr als physikalische Keimplasmastruktur vorstellt, ist dabei gleichgültig. Mag man auch zu der Determinantenvorstellung der Mendelschen Vererbungsforschung sich kritisch einstellen [Dembowski[5]), Fick[6]), Johannsen[7]), Lasnitzki[8])], das eine dürfte sicher sein, daß die Mittel, „durch die die immer wiederkehrende Spezifität der energetischen Ausgangssituation herbeigeführt wird, die ihrerseits mit mathematischer Notwendigkeit den folgenden spezifischen Differenzierungsablauf bedingt", daß diese Mittel materieller Natur sind, und daß, „wenn der Ausgangspunkt der spezifischen Differenzierung des Organismus in Material und Energie gegeben ist, alles Weitere in letzter Linie ein dynamisches Problem ist". Goldschmidt, von dem diese Worte stammen, nimmt als Ausgangspunkt der Entwicklung ein spezifisches Material und die notwendige Energie in einer solchen Anordnung an, daß dadurch der zeitliche Rhythmus der Abläufe seine spezifische Koordination erhält und damit die direkte Ursache der Differenzierungseinzelheiten gegeben ist. Die quantitative Grundlage von Vererbung und Artbildung sieht er in spezifischen Enzymquantitäten des Keimplasmas.

Die Annahme einer hochkomplizierten Metastruktur der Eizelle entspricht weiterhin aber unseren gesamten Erfahrungen in der allgemeinen Biologie. Auf Schritt und Tritt sind wir hier zur Annahme unsichtbarer Mannigfaltigkeit gezwungen. Wo kämen wir hin, wenn wir bei der Beurteilung von Bakterien, von Zellen gleicher Gewebsart verschiedener Tiere, von Zellen der Hirnrinde

---

[1]) Whitman, zitiert nach O. Hertwig: Werden der Organismen, S. 156. 1916.

[2]) Baur: Experimentelle Vererbungslehre. Berlin 1919.

[3]) Boveri, zitiert nach Weismann: Deszendenztheorie, Bd. II, S. 48. Jena 1913.

[4]) Goldschmidt: Quantitative Grundlage von Vererbung und Artbildung. Berlin 1920.

[5]) Dembowski: Roux' Vortr. z. Entwicklungsmech., H. 21. 1919.

[6]) Fick: Naturwissenschaften 1925, S. 524 u. 723.

[7]) Johannsen: Elemente der exakten Erblichkeitslehre. 2. Aufl. Jena 1913.

[8]) Lasnitzki: Arch. f. Frauenk. u. Eugenet. Bd. 7, S. 122. 1921.

uns lediglich auf das morphologische Bild, soweit es bis heute aufgedeckt ist, verlassen wollten. Auch im Experiment können wir nachweisen, daß die Entwicklungsvorgänge häufig schon viel weiter vorgeschritten sind, als es morphologisch nachweisbar ist. Den Nachweis solcher Differenzierung ohne morphologisches Kennzeichen haben z. B. Child[1]) und Uhlenhuth[2]) erbracht, die zeigten, daß „eine physiologische Spezifikation, d. h. eine Begrenzung der Potenz ohne eine sichtbare Differenzierung existieren kann", und „daß die Metamorphose des Auges physiologisch bereits eingesetzt hat, ehe sie noch in morphologischer Differenzierung zum Ausdruck kommt".

Bei alledem vergessen wir nicht, daß „die Aufgabe der positiven Wissenschaft in der *Erforschung der Ontogenese* liegt. Erst wenn wir die Entstehung einer Eigenschaft aus der entwicklungsfähigen Substanz Schritt für Schritt verfolgen und die physikalisch-chemischen Bedingungen der Entwicklung genau untersuchen, dann wird die Biologie zur exakten Wissenschaft".

Von diesem Ziel sind wir noch weit entfernt, und deshalb sind wir einfach gezwungen, uns vielfach zunächst mit bildlichen Vorstellungen zu helfen, die die fortschreitende Erkenntnis Schritt für Schritt durch neue Erkenntnisse zu ersetzen haben wird. Daß aber die Entwicklungsfaktoren, soweit sie das Spezifische determinieren, an die spezifische Metastruktur der Keimzelle materiell und untrennbar gebunden sind, darf heute bereits als gesicherte Tatsache gelten. Diese Tatsache aber ist grundlegend für die Lehre von den Differenzierungsvorgängen, von der Metaplasie, von der Gewebsmißbildung und damit auch für zahlreiche grundlegenden Fragen der Geschwulstlehre.

Die verschiedenen Anschauungen, die sich in den Vorstellungen über den Bau der Vererbungssubstanz in der Eizelle gegenüberstehen, unterscheiden sich sehr viel schärfer in der Formulierung, als es nach den Tatsachen notwendig wäre. Denn in jedem Falle können wir uns ja nur irgendwelche bildlichen Vorstellungen von der Metastruktur der Eizelle machen, ohne daß wir im einzelnen konkrete Unterlagen dafür haben. Uns interessiert hier nicht in erster Linie die Frage der Vererbungssubstanz, sondern vor allem die Frage des Differenzierungsplasmas, das die ganze ontogenetische Gestaltung und Entwicklung determiniert, obwohl anzunehmen ist, daß Vererbungsplasma und Differenzierungsplasma identisch sind. Weismann unterschied an der lebenden Substanz das passive Gestaltungs- oder Morphoplasma von dem aktiven gestaltenden Elemente, dem Vererbungs- oder Idioplasma. Weismann dachte sich dies Idioplasma in den Kernschleifen gegeben, die Anlagen waren als Iden zu Idanten verbunden, deren mehrere wieder ein Chromosom darstellten. Mögen diese Vorstellungen auch grob und heute überholt sein, sie haben in der modernen Vererbungslehre vor allem für die Erklärung der Koppelung der Anlagen doch reiche Früchte getragen. Auch Haacke hat aus seinen Zuchtversuchen an domestizierten Hausmäusen als erstes Konstitutionsgesetz abgeleitet, daß jede unabhängig von einer anderen vererbte Eigenschaft eines Organismus auf einer besonderen Bildungsstoffportion beruht, die aus einer väterlichen und mütterlichen Hälfte besteht und ungeteilt und unvermischt von Generation zu Generation weitergegeben wird. Die Goldschmidtsche Theorie der spezifischen Enzymquantitäten als Grundlage der Vererbungssubstanz ist das jüngste und glänzend durchgeführte und begründete Ergebnis solcher Anschauungen.

Dabei braucht man bei Annahme dieser Theorie keineswegs an einem absoluten Kernmonopol festzuhalten, und wenn das Keimplasma (Weismann),

---

[1]) Child: Physiologische Isolation, S. 124. 1911.
[2]) Uhlenhuth: Arch. f. Entwicklungsmech. Bd. 36, S. 243. 1913.

der Determinationskomplex (Roux) als Generatül [B. Hatschek 1905[1])] im Zellkern enthalten ist, so kann dieses Generatül Gestaltung veranlassend auf die Betriebsfunktion, das Ergatül des Protoplasmas einwirken. Damit ist die gegenseitige Wechselwirkung bereits gegeben.

Wenn Held[2]) demgegenüber betont, daß nicht Eigenschaften und Merkmale, sondern feinste Reaktionsmechanismen der Zelle vererbt werden, so ist dies nur ein anderer Ausdruck der gleichen Anschauung. Denn auch Reaktionsmechanismen sind an die Materie gebunden, und alles Lebendige offenbart sich uns ja überhaupt nur durch Reaktionen und Reaktionsmechanismen.

Nach alledem werden wir nicht daran denken, daß jeder spezifischen Einzelzelle des reifen Organismus ein materielles Anlagepartikelchen in der Eizelle entspricht. Die rechnerische Widerlegung der Weismannschen Vererbungstheorie durch Rhumbler trifft daher nicht zu. Von Rhumbler ist nämlich die Weismannsche Determinantenlehre einer interessanten Nachrechnung unterworfen worden[3]). Unter der Voraussetzung, daß die Chromosomen die alleinigen Träger der Vererbungssubstanz seien, stellt er fest, daß der menschliche Körper (bei Nichtberücksichtigung der Blutzellen, für welche Weismann keine besonderen Determinanten annimmt) 50 000 mal mehr Körperzellen enthalte, als Eiweißmoleküle in einem menschlichen Chromosom vorhanden sein können. Da hierbei die Ersatzdeterminanten noch gar nicht berücksichtigt sind, schließt Rhumbler, daß die Auffassung Weismanns nicht stimmen kann. In so grober Form dürfen wir uns die Anlagen überhaupt nicht vorstellen, zumal ja in der Rhumblerschen Rechnung gar nicht berücksichtigt ist, daß beim Wachstum des Eies Material und Leistungen der Anlagenkomplexe vervielfältigt werden können.

Die Berechtigung solcher Vorstellungen scheint mir in neuerer Zeit noch wesentlich erhärtet zu sein durch die physikalisch-chemischen Untersuchungen von Liesegang[4]), der zeigte, daß ungeformte Silberchromatteilchen in einer Gallerte eine typische komplizierte Struktur herbeiführen. Diese Bildung einer hochkomplizierten typischen Struktur durch ein umgeformtes chemisches Molekül ist für unsere Frage von der größten Wichtigkeit. Liesegang hat selbst mit Recht darauf hingewiesen, er schreibt: „Weismann hatte es als durchaus notwendig erklärt, daß man sich die präformistischen Keime in festem Bau vorstellen müsse, wenn man z. B. die Vererbung der Zebrastreifung erklären wolle. Denn „schwarze und weiße Determinanten" allein könnten nicht die regelmäßige Abwechslung erklären. Zur Zebrastreifung liefert nun doch das Experiment ein entfernt ähnliches. Und dieses entwickelt sich aus einem nicht fest gebauten."

Nicht nur die typische, auch die atypische Entwicklung des Körpers ist durch die Substanz der Eizelle festgelegt, determiniert. Wir wissen, daß die Produkte der Regeneration immer wieder einzig und allein durch die Quantität und Qualität des Ausgangsmaterials, durch die Struktur der Ausgangszellen bestimmt sind. Selbst das Größenwachstum des Individuums ist bereits in der Eizelle festgelegt (Weismann). Ja, es gibt Organismen, deren Organe auf eine bestimmte Zahl von Zellteilungen festgelegt sind (Exodermzellen des Seeigels), deren fertiger Körper auf einer ganz bestimmten Anzahl von Zellen besteht.

---

[1]) Hatschek: Hypothese der organischen Vererbung, 1905.
[2]) Held: Befruchtung und Vererbung. Rektoratsrede Leipzig 1921.
[3]) Rhumbler, L.: Naturwissenschaftl. Rundschau Bd. 25, S. 483. 1910.
[4]) Liesegang: Nachahmung von Lebensvorgängen. Arch. f. Entwicklungsmech. Bd. 32, S. 651, 1911; Bd. 33, S. 328, 1912.

Diesen Tatsachen scheinen die neuen Erfahrungen über das ewige Leben der Zellen bei der Gewebszüchtung zu widersprechen, aber es ist doch bemerkenswert, daß eine solche dauernde Züchtung nur bei vereinzelten Körperzellen gelungen ist, insbesondere bei den ausdifferenzierenden Fibroblasten, und dies auch nur dann, wenn immer wieder Embryonalextrakt der Kultur hinzugefügt wird.

Die entwicklungsmechanischen experimentellen Forschungen haben aber auch eindeutig gezeigt, „daß die Zellarten zu einer absoluten Konstanz gelangen nicht nur in bezug auf ihre Funktion, sondern auch in ihren gegenseitigen Beziehungen, und auch dieses würde nicht erklärlich sein, wenn die Art der Zelle eine Folge ihrer Situation oder ihrer Funktion wäre. Die Art ist offenbar dasjenige, was primär entsteht, und die Funktion und die Situation ist von dieser Artbildung in jeder Beziehung abhängig. Das sind im wesentlichen die Gründe, die mich *zu der Annahme zwingen, eine Präformation anzunehmen* in der Weise, daß bereits *im Ei alle Eigenschaften der Körperzelle in irgendeiner Weise vorgebildet sein müssen,* und daß sich diese Eigenschaften bei der Entstehung der Zellen aus dem Ei auf die verschiedenen Zellen verteilen. Ich bin nicht imstande, das anders zu nennen als *eine auf Präformation beruhende Evolution*[1])."

Sehr häufig beweist ferner das Schicksal der Einzelzellen das Bestehen einer festen Determination ihrer Entwicklung.

Die Untersuchungen von zur Strassen an den T-Riesen von Ascaris megalocephala haben gezeigt, daß schon die niedrigsten Einzelzellen riesig komplizierter Leistungen fähig sind. Nach den experimentellen Untersuchungen von Carrel und Braus kann man die embryonalen Herzanlagen im Plasma züchten, sie differenzieren sich dann zu rhythmisch schlagenden Herzmuskelzellen, also hier ist auch die Differenzierung der Zellen von vornherein festgelegt, determiniert, und steht nicht unter dem Einfluß irgendwelcher Korrelationen. Auch bei Störungen der Entwicklung sehen wir ausnahmslos, daß auch die atypischen Formen und Mißbildungen ganz bestimmte, für jede Form und Rasse festgelegte Endbildungen sind. „Die Teile führen immer so viel aus, als in ihnen von Anfang an determiniert ist" [Schaxel[2])]. Dasselbe Gesetz zeigt sich bei zahlreichen Transplantationen. Selbst die Ausbildung der Haut, insbesondere ihrer Färbung und Zeichnung, kann völlig unabhängig von der Situation zum Ganzen sein und ist daher „nicht der Ausdruck eines korrelativen Zusammenwirkens des ganzen Organismus und seiner Teile" [Weigl[3])]. Auch die Transplantation von embryonalen Geweben und die Bildung künstlicher „Chimären" [Born[4]), Harrison[5]) u. a.[6])] sprechen im gleichen Sinne, können doch hierbei die Rassen und Artcharaktere der transplantierten Teile völlig erhalten bleiben, ja die Bildung gemeinsamer Keimzellen und die Sonderung und die Abspaltung der ursprünglichen Arten bei der Weiterzucht dieser Chimärenkeimzellen konnte beobachtet werden. Die experimentellen Untersuchungen Spemanns[7]) und seiner Schüler über die Induktion von Embryonalanlagen durch Implantation artfremder Organisatoren beweisen, daß sogar an der durch einen artfremden Organisator induzierten Embryonalanlage sich die chimärische Zusammensetzung mit Sicherheit und großer Genauigkeit feststellen läßt. Also selbst da, wo eine abnorme Entwicklung erzwungen worden ist, bleibt der Artcharakter der Zelle erhalten.

---

[1]) Hansemann: Descendenz, S. 55. 1909.
[2]) Schaxel: Leistungen der Zellen. Jena 1915.
[3]) Weigl: Arch. f. Entwicklungsmech. Bd. 36, S. 622. 1913.
[4]) Born: Arch. f. Entwicklungsmech. Bd. 4, S. 349. 1897.
[5]) Harrison: Arch. f. Entwicklungsmech. Bd. 7, S. 430. 1898.
[6]) Siehe Przibram: Kapitel „Transplantation" in diesem Handbuch.
[7]) Spemann: Arch. f. mikroskop. Anat. u. Entwicklungsmech. Bd. 100, S. 599. 1924.

Ganz in dem gleichen Sinne sprechen alle Erfahrungen über **die experimentell erzeugbaren Mißbildungen.** „Durch Operation an der Morula, Blastula und Gastrula lassen sich Geschwülste von bestimmtem Bau, typische Defekte und Bildungshemmungen hervorbringen ... Bei totaler Durchstechung einer Gastrula werden zuweilen Ektodermkomplexe in das Innere desselben verlagert, bleiben hier lebendig und erhalten ihre Eigenart." Dies schrieb Barfurth[1]) schon vor mehr als 30 Jahren. Heute sind unsere Kenntnisse über die experimentelle Erzeugung von Mißbildungen schon sehr viel weiter vorgeschritten[2]), und die meisten Ergebnisse dieser Versuche wären ja unmöglich, wenn immer lediglich die Lage der Teile für die Differenzierung bestimmend wäre.

Wir können heute Spina bifida, Anencephalie [Gurwitsch[3])], Hemikranie künstlich erzeugen, wenn wir die Eier von Frosch, Axolotl u. a. in Kochsalzlösung aufziehen. Wir können Cyclopie künstlich erzeugen durch Aufzucht von Fischeiern in Magnesiumchloridlösung (Stockard). Wir können Cyclopie auch durch mechanische Eingriffe hervorrufen [Spemann, Lewis[4])], wir können durch Behandlung der Froscheier mit Borsäure die Teleskopform der Nase (Roux, 1894), durch buttersaures Natron das Hervorwachsen des Urdarmes bei Seeigellarven (Herbst, 1896) erzielen. Wir können Zwergbildungen ebenso wie Doppelmißbildungen [Tornier[5])] künstlich erzeugen und selbst den Situs inversus [Mangold[6]), Wilhelmi[7])]. Man kann auch experimentell die Entwicklung des Auges und des Gehörorgans unterdrücken (s. Plate[8]), Baldwin[9])]. Alle diese Mißbildungen wären aber nicht zu erzeugen, wenn eine Isotropie des Eies vorläge, wenn nicht eine Verteilung, Spezialisierung der Anlagen bei der Entwicklung erfolgte.

Aber nicht nur die Embryonalanlagen werden in diesen Versuchen verändert, sondern auch in gleichem Sinne die Eizellen der kommenden Generation. Das beweist, daß das materielle Substrat der Organanlagen schon im Ei vorhanden ist und daß diese beiden Anlagenkomplexe (in der Puppe und im Ei) sich in ihrer materiellen (chemischen) Metastruktur entsprechen müssen, anderenfalls könnte die Wirkung des äußeren Faktors wohl kaum derartig identisch sein. Wir streifen damit die Frage der Vererbung erworbener Eigenschaften durch Inplikation oder bikeimplasmatische Parallelinduktion [Roux[10])], auf die hier nicht weiter eingegangen werden soll.

Die Bedeutung der Metastruktur der Eizelle zeigt sich weiterhin bei den Mißbildungen. Bei eineiigen Zwillingen sind stets beide Individuen mit derselben erblichen Mißbildungsform behaftet [Rumpel[11])], und die Ursache müssen wir in Störungen bei der Abtrennung der Keimzellen, bei der Befruchtung oder bei den Reifungsteilungen suchen. Auch die Tatsache, daß die Mißbildungsanlage durch den Befruchtungsvorgang zum Verschwinden gebracht wird, spricht im gleichen Sinne.

---

[1]) Barfurth: Experimentelle organbildende Keimbezirke und künstliche Mißbildungen. Anat. Hefte. Wiesbaden: J. F. Bergmann 1893.

[2]) Siehe E. Schwalbe: Allgemeine Mißbildungslehre. Jena 1906.

[3]) Gurwitsch: Arch. f. Entwicklungsmech. Bd. 3, S. 256. 1896.

[4]) Lewis, s. bei A. Fischel: Arch. f. Entwicklungsmech. Bd. 49, S. 434. 1921. — Przibram: Roux' Vortr. z. Entwicklungsmech. H. 25. 1920.

[5]) Tornier: Zool. Anz. Bd. 24. 1901; Arch. f. Entwicklungsmech. Bd. 20, S. 76. 1906.

[6]) Mangold: Arch. f. Entwicklungsmech. Bd. 48, S. 505. 1921.

[7]) Wilhelmi: Arch. f. Entwicklungsmech. Bd. 48, S. 517. 1921.

[8]) Plate: Vererbungslehre. Leipzig 1913.

[9]) Baldwin: Americ. journ. of physiol. Bd. 52, S. 296. 1920.

[10]) Roux: Über die bei der Vererbung von Variationen anzunehmenden Vorgänge. Roux' Vortr. z. Entwicklungsmech. H. 19, 2. Aufl. 1913.

[11]) Rumpel: Frankfurt. Zeitschr. f. Pathol. Bd. 25, S. 53. 1921.

Die zahlreichen Versuche mit Schädigung der Eizelle beweisen dasselbe. Wenn trotz Rotation und Schütteln der gefurchten Keime sich die Zellen der Keimblätter wieder in typischer Weise zusammenlegen können [Roux[1])], mag man künstlich ihre Lage noch so sehr verändert haben, so beweist das, daß die Ursachen der spezifischen, typischen Gestaltungsvorgänge des Embryos nicht in der Situation der Zellen zueinander gegeben sind, sondern daß es innere Faktoren, im befruchteten Ei gelegene, sind.

Auch bei gänzlicher Isolierung der Furchungszellen oder Auflockerung der Zellen des Seeigeleies durch kalkfreies Meerwasser verläuft die Furchung bis zum Ende und gelangt sogar bis zur Differenzierung von Wimperzellen (Herbst).

Wir erwähnten bereits, daß bei manchen Formen selbst in dem frühen Stadium der Gastrulation die Zellen des Keimes schon derartig fest determiniert sein können, daß ins Innere verlagerte Ektodermkomplexe ihre Eigenart behalten können [Barfurth[2])].

Hier sei auch hingewiesen auf die außerordentlich interessanten Ergebnisse von Guyer[3]). Dieser immunisierte Hühner mit Kaninchenlinsen und injizierte das cytotoxische Serum trächtigen Kaninchen. Die Tiere bekamen keine Augenerkrankung, dagegen fanden sich bei den Jungen eine Reihe von Augenmißbildungen, die sich durch viele Generationen nunmehr vererbten — wiederum ein Beweis dafür, daß jedem Gewebe der Mutter Korrelate in den Embryonalanlagen und in den Eizellen entsprechen müssen.

Auch die Entwicklung von experimentell isolierten Keimteilen führt zu ganz fest determinierten typischen und atypischen Bildungen, die den jeweiligen besonderen Bedingungen genau entsprechen. „Jeder atypische Ausgang und jede atypische Entwicklungsweise ergibt in ihrem notwendigen Zustandekommen und ihrer Nichtregulierbarkeit durchschaute Mißbildungen" [Schaxel[4])].

Alle Formbildung im Lebendigen ist also „ein zwangläufiger Vorgang, der sich in bestimmten Bahnen abwickelt und in keiner Weise über seine grundlegende Determination hinausgeht" [Schaxel[5])]. Die wesentliche Ursache dieser Determination erblicken wir in der spezifischen Metastruktur der Eizelle.

Aber wir können heute noch viel weiter gehen. Es hat sich für eine ganze Reihe von Geschöpfen zeigen lassen, daß wir uns nicht bei der Hypothese einer Präformation sämtlicher wesentlicher Teile und Prozesse des Organismus in der Eizelle zu begnügen brauchen, sondern es hat sich experimentell dartun lassen, daß die Eizelle nicht bei allen, aber bei zahlreichen Organismen schon grob anatomisch so weit differenziert ist, daß bestimmten Teilen der Eizelle bestimmte Organe und Teile des fertigen Organismus entsprechen, in der Weise, daß nach Entfernung dieser Teile der Eizelle auch die spezifischen Organe des fertigen Organismus nicht angelegt werden. Ich bemerke ausdrücklich, daß ein derartiger Nachweis für die Lehre der Präformation keineswegs notwendig ist, wie dies von vielen Seiten immer wieder darzustellen versucht wird. Aber er ist immerhin ein sehr sinnfälliger Beweis für die Präformation.

Die epigenetischen Auffassungen der Entwicklung müssen natürlich eine „Isotropie" des Eies annehmen (Pflüger, O. Hertwig, H. Driesch) und die **Existenz organbildender Keimbezirke in der Eizelle** leugnen. Selbstverständlich darf diese Theorie der organbildenden Keimbezirke nicht so grob ausgelegt werden, als ob irgendein Organ als solches schon in der Eizelle präformiert

---

[1]) Roux: Arch. f. Entwicklungsmech. Bd. 3, S. 381. 1896.
[2]) Barfurth: Experimentelle organbildende Keimbezirke. Anat. Hefte. Wiesbaden 1893.
[3]) Guyer: Americ. naturalist Bd. 55, S. 97. 1921.
[4]) Schaxel: Leistungen der Zellen. Jena 1915.
[5]) Schaxel: Arb. a. d. Geb. d. exp. Biol. H. 1. 1922.

wäre, wie es die Einschachtelungstheorie sich vorstellte. Entgegen der Lehre von der Isotropie des Eies ist aber für zahlreiche Fälle die tatsächliche Existenz „organbildender Keimbezirke" (His, 1874, Germinal localisation Wilson, 1904) für eine ganze Reihe von Fällen schon einwandfrei bewiesen [s. Barfurth[1]), Wilson[2]), Lillie[3]), Conklin[4]), Rabl[5])]. Der Einwand, daß die organbildenden Substanzen von sich aus kein einziges Organ bilden können [P. Hertwig[6])], daß bei vielen Eiern sich ihr Nachweis nicht führen läßt, trifft den Kern der Sache nicht. Die Konzentration der organbildenden Anlagen in bestimmte Zellteile kann bereits in der Eizelle gegeben sein, kann aber auch erst auf späteren Stufen der Eientwicklung erfolgen. Nicht die negativen Experimente sind für diese Lehre entscheidend, sondern die positiven.

Beobachtungen an Pflanzen waren es, die zuerst I. Sachs zur Aufstellung der Theorie der organbildenden Stoffe veranlaßt haben. Sachs mußte aus seinen Beobachtungen schließen, daß ganz bestimmte chemische Substanzen für die typischen Differenzierungen (Stengel- und Wurzelbildung) unbedingt notwendig waren [s. Goebel[7])]. Bei der tierischen Entwicklung müssen wir uns natürlich die Wirkung organbildender Keimbezirke viel komplizierter vorstellen, und es ist zunächst besser, sich an die Tatsachen zu halten, ohne schon sich konkrete Vorstellungen über den Aufbau dieser Anlagen zu machen, die ja in jedem Falle nur Bilder und Hypothesen sein können.

Die Metastruktur des Eies zeigt sich schon darin, „daß diejenige Seite des Eies, an welcher wir den Samenkörper eindringen lassen, zur hinteren Körperhälfte des Tieres wird, während aus derjenigen Eihälfte, in welcher zur Zeit der Befruchtung der weibliche Zeugungsteil, der Eikern, liegt, die Kopfhälfte des Tieres hervorgeht" [Roux[8])].

Schon im ungefurchten Ei der Ascidien und Schnecken hat Conklin eine bestimmte Polarität und Lokalisation nachgewiesen, und Roux zeigte, daß die Bestimmung der Hauptrichtungen des Embryos im Ei durch die normale oder abnorme Dotteranordnung verursacht wird, während O. Schultze und Morgan die Gestaltung determinierende Wirkung der verschiedenen Dotterteile durch Umkehrung von Eiern mit Produktion von Doppelbildungen nachweisen konnten. Ferner hat Penners[9]) gezeigt, daß die im Normalei von Tubifex vorhandenen Polplasmen organbildende Substanzen darstellen, aus denen das Wachstumszentrum für den Keimstreif gebildet wird. Rabl[5]) hat gezeigt, daß am Ei der Tellerschnecke die eine der beiden ersten Furchungszellen kein Mesoderm enthält, ebenso wie Crampton fand, daß nach Entnahme der Mesoblastsubstanz im Ei bei der Entwicklung auch kein Mesoblast auftritt. Boveri fand am Ei von Strongylocentrotus drei differente Schichten des Eiplasmas, die getrennt zur Bildung der drei Keimblätter dienen. Ähnliche Materialsonderungen sind in den Eiern der Aneliden und Mollusken gefunden worden. Spek[10]) fand im Ektoplasma des Beroe-Eies smaragdgrüne Kolloide, die bei jeder Furchungsteilung eine gesetzmäßige Verlagerung erfahren und schließlich in das gesamte Ektoderm der Larve übergehen. Den Nachweis einer speziellen organbildenden Potenz

---

[1]) Barfurth: Keimbezirke. Anat. Hefte. Wiesbaden 1893.
[2]) Wilson: Arch. f. Entwicklungsmech. Bd. 3, S. 19. 1896; Bd. 16, S. 411. 1903.
[3]) Lillie: Journ. of exp. zool. Bd. 3. 1906.
[4]) Conklin: Journ. of exp. zool. Bd. 3. 1905.
[5]) Rabl: Organbildende Substanzen. Leipzig 1906.
[6]) Hertwig, P.: Arch. f. Entwicklungsmech. Bd. 100, S. 41. 1924.
[7]) Goebel: Biol. Zentralbl. 1902, S. 482.
[8]) Roux: Programm u. Forschungsmethoden d. Entwicklungsmech., S. 89, 1897.
[9]) Penners: Arch. f. Entwicklungsmech. Bd. 102, S. 51. 1924.
[10]) Spek: Arch. f. Entwicklungsmech. Bd. 107, S. 54. 1926.

der Zellen der Medullaranlage erbrachte WAELSCH[1]) durch seine experimentellen Epithelwucherungen durch Scharlachrotöl am Hühnerembryo: nur die Zellen der Medullaranlage bildeten hierbei Röhren, während die anderen Zellen des Ektoderms trotz ebenfalls starker Wucherung keinerlei Neigung zur Röhrenbildung aufwiesen.

Wenn die neueren Untersuchungen der SPEMANNschen Schule den Nachweis der Organisationszentren bei der embryonalen Entwicklung erbracht haben und „das Prinzip der fortschreitenden Determination durch Organisatoren steigender Ordnung zum mindesten für die erste Entwicklung der Amphibien weitreichende Geltung besitzt"[2]), so widerspricht dieser Nachweis in keiner Weise der Annahme der organbildenden Keimbezirke. Auch die Organisatoren werden, wie Durchschnürungen gezeigt haben, bei der Entwicklung auf die Blastomeren verteilt, so daß z. B. bei der ersten Eiteilung nur die eine Blastomere das Organisationszentrum für die Gastrulation mitbekommt, die andere nicht. Auch die Tatsache, daß die determinierende Wirkung des Organisators räumlich begrenzt ist und sich in einem bestimmten *Determinationsfeld* auswirkt [GURWITSCH[3]), P. WEISS[4])], spricht im gleichen Sinne, ebenso wie die Tatsache, daß äquivalente und gleichgerichtete Felder zu einem einzigen Feld (Ganzembryo aus verschmolzenen Keimen) verschmelzen können. Daß ferner nicht die funktionellen Bedingungen, denen ein Regenerat ausgesetzt ist, für seine Entwicklung entscheidend sind, sondern lediglich die Körperpartie, aus der das Regenerat stammt [E. KEIL[5])], beweist ohne weiteres die Materialverteilung.

Dazu kommt, daß Annelideneier (Chaetopterus) gewisse Organe der Trochophoralarve ohne vorangegangene Zell- und Kernteilungen entstehen lassen, wenn sie längere Zeit im KCl-haltigen Meerwasser gehalten werden [LILLIE[6])]. Hier erfolgt also die Organdifferenzierung direkt in der Eizelle selbst. Aber die Organismen verhalten sich verschieden und können auch in den ersten Furchungsteilungen lediglich das Keimplasma vermehren, so daß dann nach ROUX „das Prinzip der organbildenden Keimbezirke für das ungeteilte Ei keine Geltung hat, mit der Furchung aber beginnt es eine feste Bedeutung zu erhalten, und diese seine kausale und topographische Bedeutung wird mit dem Fortschreiten der Furchung eine immer speziellere, denn durch dieselbe werden verschiedenwertige, der direkten Entwicklung dienende Idioplassonten mehr und mehr voneinander geschieden und in typischer Anordnung lokalisiert". Dementsprechend treten auch bei den Eiern der Nemertinen die Lokalisationen der Keimbezirke erst nach und nach — epigenetisch — auf. Diese Verschiedenheiten der Anordnung des organbildenden Materials haben zur begrifflichen Trennung der „Mosaikeier" und der „Regulationseier" geführt.

Da das Gesetz von der Spezifität der Gewebe des ausdifferenzierten Organismus eine der wichtigsten Grundlagen der Pathologie des Menschen darstellt, und da die Anerkennung einer rein epigenetischen Entwicklung alle Fundamente der menschlichen Pathologie, insbesondere der Lehre von den Gewebsmißbildungen und Geschwulstbildungen, umstoßen würde, so ist es nötig, hier kurz die *Beweise gegen die epigenetische Theorie* zusammenzufassen.

Die Entwicklung aller Differenzierungen soll nach der rein epigenetischen Theorie durch formative Auslösungen, durch die Fähigkeit der Lebewesen

---

[1]) WAELSCH: Arch. f. Entwicklungsmech. Bd. 38, S. 509. 1914..
[2]) SPEMANN: Naturwissenschaften 1924, S. 1092.
[3]) GURWITSCH: Arch. f. Entwicklungsmech. Bd. 51, S. 383. 1922.
[4]) WEISS: Arch. f. Entwicklungsmech. Bd. 104, S. 317. 1925; Bd. 107, S. 1. 1926.
[5]) KEIL, E.: Arch. f. Entwicklungsmech. Bd. 102, S. 452. 1924.
[6]) LILLIE: Arch. f. Entwicklungsmech. Bd. 14, S. 496. 1902.

Energie aufzuspeichern und Mannigfaltigkeit zu vermehren (F. Auebbach, Ektropismus), erfolgen. Danach wäre die Eizelle eine einheitliche Materialmasse, die während der Entwicklung die zur Differenzierung notwendigen Faktoren ausbildet. In dieser letzteren Form (Reaktionstheorie, Morgan, 1910) nähert sich die Auffassung schon sehr stark der unserigen. Die rein epigenetische Theorie oder die Theorie der Biogenesis (Hertwig) will dagegen ohne die Annahme einer Präformation auskommen. Auch diese epigenetische Theorie muß natürlich nach Gründen suchen, die dafür maßgebend sind, daß aus der einfachen Eizelle sich der hochdifferenzierte Organismus entwickelt, und diese Gründe liegen nach Verworn, Hertwig u. a. einfach in der verschiedenen Lage zueinander, in die die Zellen bei der fortschreitenden Teilung während der Entwicklung geraten. Verworn[1]) sagt: „Die *ganze Entwicklung des komplizierten Tierkorpus* mit allen seinen Differenzierungen beruht allein auf dem Prinzip, daß die aus fortgesetzter Teilung der Eizelle hervorgehenden Zellen und Zellenhaufen, je weiter die Zellvermehrung fortschreitet, *aus dem einfachen mechanischen Grunde ihrer verschiedenartigen relativen Lage, um so verschiedenartigere äußere Lebensbedingungen ertragen müssen*, so daß sie durch Anpassung an die sich immer mehr verändernden äußeren Verhältnisse schließlich in allen ihren Eigenschaften immer mehr divergieren und sich differenzieren.

Wenn wir die mechanischen Bedingungen der Zellendifferenzierung im komplizierten Zellenstaat in der Veränderung ihrer Wechselbeziehungen mit der Umgebung suchen müssen, die für jede Zelle und Zellengeneration durch die fortgesetzte Zellteilung gegeben ist, so sind damit auch die Bedingungen für eine Arbeitsteilung der Zellen bei der Entwicklung des Zellenstaates zugleich realisiert." Diese Erklärung der Ontogenese ist allerdings reiner Mechanismus, aber leider so grob-mechanistisch, daß sie nicht richtig sein kann. Zahlreiche experimentelle Untersuchungen haben einwandfrei gezeigt, daß es keineswegs lediglich die Lage der Zelle im Ganzen ist, die ihr weiteres Schicksal bestimmt, und bei den höheren Tieren beweisen schon allein die Transplantationsversuche eine derartige Spezifität der einzelnen Zellbildungen, daß von einer spezifisch bestimmenden Wirkung der Lage im Ganzen überhaupt keine Rede mehr sein kann.

Wäre die **Lage der Zellen im Ganzen** allein maßgebend für die ontogenetische Entwicklung, so könnte es keine Heterotopien, keine Fehldifferenzierungen, keine Metaplasien, keine Keimverlagerungen, auch keine erfolgreichen embryonalen Transplantationen geben, und wir können denjenigen, die eine reine und zugleich mechanistische Epigenese vertreten, nur die ausgezeichneten Worte entgegenhalten, die H. Driesch[2]) schon 1896 geschrieben hat: „Ich verwahre mich energisch gegen jene wenig tiefe Auffassung der Entwicklung, welche die Entwicklungsvorgänge auf Rechnung der etwa mit fortschreitender Furchung für die Konstituenten sich verändernden äußeren Bedingungen des Lebens setzen will; diese erst kürzlich wieder geäußerte Auffassung verkennt gänzlich den Entwicklungscharakter der Ontogenie, das Typisch-Rhythmische in ihr, was nie und nimmer von der Zufälligkeit der äußeren anorganischen Welt in seinem jedesmaligen Verlaufe abhängig sein kann.

Durch den . . . Eibau ist jede Phase der Ontogenese vorbereitet, ist sie gegeben. Aber in dieser Phase der Ontogenese ist zunächst nur die ihr unmittelbar folgende gegeben . . ., Alles was weiter . . ., ist zwar auch vorbereitet, aber . . . nicht unmittelbar, sondern erst kraft der Gesamtheit der ablaufenden Kausalketten . . . also kraft des gegebenen Eies."

---

[1]) Verworn, Max: Allgemeine Physiologie. 5. Aufl. S. 711. 1909.
[2]) Driesch: Arch. f. Entwicklungsmech. Bd. 2, S. 196. 1896.

Die Darstellung entspricht vollkommen unserer eigenen Auffassung und unterscheidet sich von ihr nur in dem einen Punkte, daß DRIESCH den Eibau teleologisch auffaßt. Daß die Lage der Zellen im Ganzen sehr wichtig, daß äußere Faktoren zur Entwicklung der gegebenen Anlage absolut notwendig sind, ist ebenso selbstverständlich, wie daß das „Schicksal von Gewebszellen *gleicher Potenz (!)* von ihrer Lage im ganzen abhängig ist" [HERBST[1])].

VERWORN[2]) schreibt dagegen: „Auf jeden Fall ist in jeder Eizelle die Differenzierung verschiedener Bezirke eine ganz verschwindend geringe im Vergleich zu der ungeheuren Differenzierung der Teile, die der fertig entwickelte Organismus zeigt. Es kann also von einer wirklichen Präformation der Organe und Teile des fertigen Organismus in der Eizelle im Sinne der alten Einschachtelungstheorie auf keinen Fall die Rede sein." Hier liegt wieder eine Verwechslung zwischen Differenzierung und Metastruktur vor. Diese alte Einschachtelungstheorie ist aber nicht identisch mit der heutigen Präformationslehre, denn daß *in Bezug auf die Sichtbarkeit* die ganze Entwicklung reine Epigenese ist, wissen alle. Das, was wir bestreiten, ist nur, daß diese äußerlich sichtbaren Merkmale der Entwicklung das Wesen der Entwicklung ausmachen. Sieht man nicht in der äußeren Erscheinung, sondern in der spezifisch chemisch-physikalischen Struktur, im spezifischen chemischen Stoffwechsel das Wesentliche der Entwicklungsvorgänge, so kann man von einer echten Präformation sprechen, und wir werden dies um so eher tun, als wir annehmen, daß die spezifische Formbildung überhaupt nur der äußere Ausdruck spezifisch chemisch-physikalischer Vorgänge eines spezifischen Stoffwechsels ist.

Niemand bestreitet, daß „in beschreibendem Sinne die Theorie der Epigenesis zu Recht besteht" [H. DRIESCH[3])]. Aber ebenso, wie wir nicht darauf verzichten, in die Geheimnisse der Metastruktur der Materie, in den Bau der Moleküle und Atome tiefer einzudringen, obwohl sie niemals der direkten Beobachtung zugänglich gemacht werden können, ebensowenig können wir darauf verzichten, die hinter den Erscheinungen liegenden Faktoren der lebendigen Substanz, die Metastruktur des Keimplasmas, zu ergründen.

Es kann keine Rede davon sein, daß die bei der Entwicklung natürlich ständig wechselnde, nach Raum und Zeit sich gesetzmäßig ändernde Stellung der Blastomeren zueinander die genügende Erklärung für die Differenzierung abgeben könnte. Wie schon gesagt, spielen auch diese Dinge als Realisationsfaktoren eine sehr wichtige Rolle für die Entfaltung der Anlagen, und wir betonten, daß jedes Entwicklungsstadium die Ursachen für das nächstfolgende sozusagen erst schafft. Aber all dies kann die Tatsache, daß die *Determinations*faktoren in der Metastruktur der lebendigen Substanz, letzten Endes der Eizelle liegen, nicht aus der Welt schaffen. Würde die reine epigenetische Theorie der Biogenesis zu Recht bestehen, so müßten alle die verschiedenen Zellen des ausdifferenzierten Wirbeltieres noch die gleichen Potenzen besitzen. Davon kann gar keine Rede sein.

Die Theorie der Präformation zwingt natürlich zu der Annahme, daß die in der Eizelle vorgebildeten Eigenschaften des Gesamtkörpers bei der weiteren Entwicklung auf die Einzelzellen verteilt werden. Auch diese Anschauung wird von HERTWIG beanstandet. HERTWIG nimmt an, daß *alle* Eigenschaften der Eizelle auch *in sämtliche Körperzellen übergehen*, und kommt in konsequenter Verfolgung dieser Annahme zur Ablehnung jeder Zellspezifität überhaupt. HERTWIG übersieht dabei m. E. die wesentlichste Seite des Entwicklungsprozesses,

---

[1]) HERBST: Formative Reize, S. 110. 1901.

[2]) VERWORN: Allgemeine Physiologie. 5. Aufl. S. 668. 1909.

[3]) DRIESCH, H.: Philosophie des Organischen, Bd. I, S. 44. 1909.

und zwar derart, daß er sich zu dem Satze versteigen konnte, daß im Entwicklungsprozeß eines Tieres die Natur dem Forscher ihre Geheimnisse offen vorlegt, und daß die morphologische Erforschung des Entwicklungsprozesses uns eine Quelle unermeßlicher Erkenntnis sei, die nicht erst durch das Experiment erschlossen zu werden braucht. Wir wollen hier ganz davon absehen, daß auch die reine Morphologie, die rein deskriptive Erforschung der Entwicklungsvorgänge dem Experiment schon sehr viel zu verdanken hat. Aber davon, daß die Morphologie uns alle Geheimnisse der Natur aufdeckt, kann selbst bei recht bescheidenen Ansprüchen nicht die Rede sein. Wessen Erklärungsbedürfnis bereits damit befriedigt ist, daß er die Reihenfolge der morphologischen Vorgänge bei der Entwicklung eines Tieres kennt, der mag sich der Hertwigschen Anschauung anschließen, wer aber fragt, welches nun die wesentlichsten Faktoren sind, die diese morphologischen Prozesse bestimmen und bedingen, der wird zu dem absolut entgegengesetzten Schluß kommen. Roux[1]) schreibt mit Recht: „Im sichtbaren Entwicklungsprozeß eines Tieres legt die Natur dem Forscher nur die Resultate ihrer verborgensten geheimnisvollsten Vorgänge vor, deren Erkenntnis zum größten Teil nur durch das künstliche Experiment in Kombination mit dem Naturexperiment erschlossen werden kann."

Schon Weigert (Gesammelte Abhandl. Bd. I, S. 253) hat sehr treffend diese epigenetischen Anschauungen Hertwigs widerlegt. Wenn, wie Hertwig will, die Gastrulation und andere Elementarprozesse nur eine Funktion des Wachstums der organischen Substanz wären, so wäre es nicht zu verstehen, warum in anderen Fällen diese Elementarprozesse sich nicht einstellen, auch da, wo er sehr zweckmäßig erscheinen würde. Wären diese Elementarprozesse einfach Funktionen des Wachstums der organischen Substanz, so müßten sie sich auch bei der Übertragung von Geschwulstzellen, bei der Züchtung embryonaler Gewebszellen abspielen, wovon keine Rede ist. Wir sehen also, der Grund der typischen Entwicklung wie jeder Entwicklung liegt stets in der im Ei liegenden oder in der Ursprungszelle liegenden spezifischen chemisch-physikalischen Struktur. Die Anschauung Hertwigs aber, daß es überhaupt keine echte Spezifität der Zellen gibt, widerspricht all unseren tatsächlichen Erfahrungen und wird später noch eingehender zu behandeln sein.

Die Tatsachen sprechen m. E. so klar, daß eine Präformationstheorie immer da festgehalten werden muß, wo man überhaupt eine mechanistische Erklärung der Ontogenese versuchen will. Eine echte epigenetische Theorie in der wahren Bedeutung des Wortes, daß damit eine wahrhafte Neubildung von Mannigfaltigkeit bei der Entwicklung, und zwar nicht nur im Hinblick auf die Sichtbarkeit, entstehe, ist deshalb m. E. nur denkbar auf dem Boden des Vitalismus, und es ist deshalb auch nicht zu verwundern, daß Hans Driesch zu einer epigenetischen Auffassung der Entwicklungsvorgänge kommt. Zweifellos ist eine solche epigenetische Auffassung der Entwicklungsvorgänge die einfachere. Der Vitalismus hat es leichter, er kann eine Epigenese annehmen, da er zum einfachen mechanischen Geschehen noch die richtende, dirigierende Wirkung eines psychischen Agens oder einer Entelechie im Sinne von Driesch hinzutreten läßt. Und Driesch gelangt deshalb auch zu dem Schluß: „Das also ist unser letztes Resultat: *keine Evolution*, sondern Epigenese, aber eine *vitalistische Epigenesis*." Da wir aber den Vitalismus als solchen ablehnen müssen, so sind wir gezwungen, auch diese Form der Epigenese, die vitalistische Epigenese, in der Entwicklung abzulehnen.

Nach alledem müssen wir uns also die ontogenetische Entwicklung als eine Neopräformation im Sinne von Roux vorstellen: Die wesentlichen Determina-

---

[1]) Roux, W.: Programm und Forschungsmethoden, S. 109. 1897.

tionsfaktoren der Körperbildung sind in der spezifischen Metastruktur der befruchteten Eizelle gegeben, aber zu dieser Entfaltung der Anlagen sind zahlreiche Realisationsfaktoren nötig, darunter auch eine Art epigenetischer Vermehrung der Mannigfaltigkeit durch die stets wechselnden, aber gesetzmäßigen Beziehungen der einzelnen Teile und Zellen zueinander.

II. Die Grundbegriffe der Differenzierung.

Wenn wir zu gesicherten Vorstellungen kommen wollen, so ist es unbedingt notwendig, die Begriffe, mit denen wir arbeiten, so scharf als in der Biologie möglich zu umgrenzen. Trotz der ungeheuren Zahl und Ausdehnung der biologischen Untersuchungen und Experimente sind die Ergebnisse derselben keineswegs so differenter Art, daß sie, wie es oft nach der Literatur scheint, überall unüberbrückbare Gegensätze schaffen müßten. Diese Gegensätze sind vielmehr in den Grundanschauungen der Autoren begründet. Um hier vorwärtszukommen, müssen wir vor allem vermeiden, durch schwankenden Inhalt und verschiedene Abgrenzung der wichtigsten Grundbegriffe immer wieder aneinander vorbeizureden. Nachdem wir den Ursachenbegriff genau umgrenzt haben, wollen wir jetzt auch die für die Fragen der tierischen Entwicklung wichtigen Begriffe genau festlegen. Nur auf diesem Wege scheint uns eine fruchtbare Erörterung der im folgenden zu behandelnden Probleme möglich.

Einer der wichtigsten und schwierigsten dieser Begriffe ist der **Begriff der Spezifität.** Der Begriff „spezifisch" bedeutet Sonderheit, vollkommene Eigenart, von allem anderen verschieden. Er wird ungeheuer oft gebraucht in immer wieder wechselndem Sinne — bald als Artspezifität, bald als Struktur- und Organspezifikation der Zelle. Viele Kontroversen beruhen auf der gleichen Nomenklatur für diese beiden ganz heterogenen Dinge. Wir müssen also bei den Zellen der metazoischen Organismen unterscheiden:

1. **Die Artspezifität,** die Eigenart der Art und Rasse. Sie beruht auf der spezifischen Eigenart des Artplasmas, auf der chemischen Eigenart der lebendigen Substanz der Art, die sich hierdurch in allen ihren Zellbildungen von allen anderen Organismenarten streng unterscheidet. Jede Zelle des Körpers, die Eizelle wie die am höchsten differenzierte und strukturierte fertige Organzelle, besitzt diese Plasmaspezifität in gleicher Weise. Es wäre besser, diese Rassenspezifität mit einem ganz anderen Namen zu bezeichnen. Vielleicht könnte man mit Roux[1]) diese Artspezifität als „Spezietät" von anderen abtrennen.

2. **Die Strukturspezifität oder Spezifikation der Gewebe.** Sie ist ein Ergebnis der Differenzierung des Keims, und wir nehmen an, daß hierbei aus der Metastruktur der Eizelle die verschiedenen eigenartigen chemischen und morphologischen Strukturen der Körperzellen entwickelt werden. Die Lehre von der Gewebsspezifität sagt also, daß z. B. die Muskelzelle sich durch eine spezifische, ihr allein zukommende Struktur von der Nerven- und Knochenzelle unterscheidet, und daß ein Übergang dieser spezifischen Zellen ineinander ohne weiteres nicht möglich ist.

Dieses letztere Gesetz von der Gewebsspezifität ist für die menschliche Pathologie von grundlegender Bedeutung und wird uns später noch eingehend beschäftigen. Die allgemeine Biologie hat leicht die Neigung, die durch die menschliche Pathologie beigebrachten Tatsachen zu übersehen und das „so fruchtbare Gesetz von der Spezifität der Gewebe" zu leugnen. Mit Recht sagt Askanazy[2]): „Die Annahme ad libitum latent eingeschlossener früher Embryonal-

---

[1]) Roux: Terminologie der Entwicklungsmechanik. Leipzig 1912.
[2]) Askanazy: Virchows Arch. f. pathol. Anat. u. Physiol. Bd. 205, S. 370. 1911.

zellen oder der Rückkehr zu frühester Embryonalfunktion würde in jedem Augenblick berechtigen, das Spezifitätsgesetz zu umgehen, welches so viel Licht und Klarheit in die Gesamtheit der histogenetischen Prozesse hineingetragen hat.‟

Aber wie auch die Frage der Fixierung der Gewebsspezifität beantwortet werden mag, das eine steht fest, daß diese entwickelten Strukturen für die einzelnen Gewebsarten charakteristisch und spezifisch sind. Ja, wir können annehmen, daß z. B. das Charakteristische der Leberzelle in den verschiedenen Wirbeltierarten wiederkehrt, und daß diese Analogie trotz des scharfen Unterschiedes der Art um so größer ist, je näher die Verwandtschaft der Rassen ist. Wir ersehen daraus, daß die Leberzelle z. B. durch eine bestimmte Art der Zellstruktur im ganzen Tierreich charakterisiert sein muß. Diese Spezifität der Leberzelle, der Ganglienzelle, der Knorpelzelle äußert sich nicht nur in den uns bekannten typischen, morphologischen Strukturen (von denen wir natürlich bisher nur das Oberflächliche kennen), sondern äußert sich weiterhin physiologisch in charakteristischen Organleistungen und chemisch im Gehalt der Zelle an organspezifischen Fermenten: Nachweis der Organspezifität durch das Abderhaldensche Verfahren der Fermentbestimmung [Abderhalden, Heilner, Fuchs[1]]. Unseren Anschauungen über Entwicklung und Verhältnis von Differenziertem und Anlage entspricht es, daß diese endocellulären Fermente, ebenso wie die spezifischen Hormone, nicht bereits im Ei fertig vorhanden sind, sondern sich erst im Laufe der embryonalen Entwicklung ausbilden [Herlitzka[2]), Hogben und Crew[3])], genau entsprechend der morphologischen Differenzierung.

Ein weiterer, für uns wichtiger **Begriff** ist der **der Differenzierung.** Im vitalen Geschehen unterscheiden wir mit Roux das funktionelle Geschehen und das Gestaltungsgeschehen. Dieses Gestaltungsgeschehen ist entweder progressiv und bedeutet dann Herausbildung, Entwicklung von Anlagen, oder es ist regressiv und bedeutet dann die Einschmelzung bereits entwickelter Strukturen (Katachonie, Heidenhain, z. B. wenn eine spezifisch differenzierte Zelle in Mitose eintritt), oder endlich das Gestaltungsgeschehen ist reparativ und heißt dann Reparation, Restitution, Regeneration [Roux[4])]. Während das funktionelle Geschehen nur zu rasch vorübergehenden Strukturänderungen der Zelle führt, führt das Gestaltungsgeschehen zu Strukturänderungen, die mehr oder weniger lange Zeit bestehen bleiben. Roux[4]) definiert daher: „Differenzierung heißt in der Biologie eine dauernde (d. h. mindestens die funktionellen Wechselzeiten überdauernde) physikalische oder chemische, wahrnehmbare oder bloß zu erschließende Veränderung eines Lebewesens. Passive Veränderung durch Schlag, Verbrennung ist keine Differenzierung. Manche Autoren gebrauchen als synonym die Bezeichnung Spezifikation.‟ Kürzer und treffender finde ich jedoch die Definition von Schaxel[5]): „Die histogenetische Differenzierung besteht in der Herstellung von spezifischen Dauerstrukturen durch die Zellen der Urgewebe der Organanlagen, die dadurch zu funktionsfähigen Organgeweben werden.‟ Ich halte diese Definition deshalb für treffender, weil sie auch die spezifischen und bei der Differenzierung entwickelten Strukturen umfaßt, welche wir mit unseren heutigen Methoden noch nicht nachweisen können. An diese Definition der Differenzierung wollen wir uns im folgenden halten.

---

[1]) Münch. med. Wochenschr. 1913, Nr. 28, 30 u. 40.
[2]) Herlitzka: Sull' ontogenesi dei fermenti. Biologica Bd. 1, H. 1. 1907.
[3]) Hogben u. Crew: Brit. journ. of biol. Bd. 1, S. 1. 1923.
[4]) Roux: Terminologie. 1912.
[5]) Schaxel: Leistungen der Zellen. Jena 1915.

Wir unterscheiden ferner mit Roux:

a) *Die Selbstdifferenzierung*: die Determinationsfaktoren (die die Qualität der Differenzierung bestimmen) liegen innerhalb des Differenzierungsgebildes.

b) *Die abhängige Differenzierung*: die Determinationsfaktoren liegen ganz oder zum Teil außerhalb des Differenzierungsgebildes. Diese abhängige Differenzierung kann einseitig (*Relation*) oder wechselseitig (*Korrelation*) sein. Sie tritt besonders bei vorgeschrittener Organdifferenzierung hervor [Steinitz[1])]. Roux' vier kausale Hauptperioden[2]) der Ontogenese unterscheiden sich im wesentlichen durch die Art der Differenzierungen und die differenzierenden Korrelationen. In der ersten Periode herrscht die Selbstdifferenzierung vor, die auf typisch determinierenden Faktoren beruht (Entwicklung des Eies). Die dritte Periode ist die des funktionellen Reizlebens, wo zur Erhaltung des Gestalteten die Funktion notwendig ist, während in der zweiten oder Zwischenperiode beide Faktoren, die vererbte Gestaltung und der funktionelle Reiz wirksam sind. Die vierte Periode ist die der Involution des Greisenalters.

Es ist sehr bedauerlich, daß es bisher noch nicht möglich war, die vollkommen verschiedenen Vorgänge, die sich bei jeder Entwicklung des Eies zum Individuum abspielen, wenigstens in ihren Hauptzügen begrifflich zu trennen. Bei jeder Entwicklung haben wir zu unterscheiden:

1. Die einfache Vermehrung der lebendigen Substanz des Eies.

2. Die eigentliche Entwicklung im engeren Sinne: Diese umfaßt die „Auseinanderwicklung" der Anlagen, wodurch die Bildung der Organanlagen, der Primitivorgane, erreicht wird. Dies ist die Vorbereitung zur Differenzierung durch Aufteilung der Gene, der Anlagen.

3. Die eigentliche Differenzierung im engeren Sinne: Dies ist die Bildung der gewebsspezifischen und funktionellen Strukturen der Körperorgane.

Diese drei Vorgänge sind grundsätzlich verschieden, und doch werden sie immer wieder alle drei als Differenzierung bezeichnet, wodurch zahlreiche Kontroversen entstehen. Die Ursache, daß bisher eine schärfere begriffliche Trennung dieser Vorgänge nicht erfolgt ist, liegt in der fast rein morphologischen und das Wesen des Lebendigen daher nur ganz oberflächlich erfassenden Betrachtung, die eben heute noch die Hauptgrundlage aller Entwicklungstheorien ist und nach dem Stande unserer Methodik leider sein muß.

Wie fundamental die Unterschiede der angeführten Entwicklungsvorgänge sind, ergibt sich am leichtesten, wenn man wieder den Vergleich mit dem Abbrennen einer Rakete und der Entwicklung der hierbei auftretenden Lichterscheinungen durchführt. Hier wäre z. B. nur die Entfaltung der Lichtstrahler eigentliche Differenzierung, alles was voraufgeht, wäre Entwicklung und Vorentwicklung, wiederum eingeteilt in Phasen ganz verschiedener Qualität.

Ein weiterer wichtiger **Begriff** ist der **der Potenz**. Wir verstehen darunter die in einer Zelle vorhandenen Differenzierungsfähigkeiten [fassen also den Begriff enger als Heidenhain[3]) „mögliches Schicksal"]. Da für uns die Grundlage der Potenz in der Metastruktur der Zelle gegeben ist, so folgt aus der „zwingenden Dynamik der Entwicklung, daß aus der Potenz einerseits ererbte Formen, andererseits Bildungen neuer Art hervorgehen" können [Heidenhain[1])]. Das ist sehr wichtig gegenüber Behauptungen, daß überhaupt in der Entwicklung nur von vornherein vorgesehene determinierte Bildungen auftreten könnten (prospektive Potenz, Driesch). Gerade für die Pathologie ist diese Feststellung (entgegen

---

[1]) Steinitz: Arch. f. Entwicklungsmech. Bd. 20, S. 537. 1906.

[2]) Roux: Die vier kausalen Hauptperioden der Ontogenese. Halle 1911.

[3]) Heidenhain: Formen und Kräfte in der lebendigen Natur. Vortr. üb. Entwicklungsmech. H. 32. Berlin 1923.

Ribbert) wichtig, da z. B. die Entstehung neuer Zellrassen (z. B. Geschwulstzellen) aus solchen Gründen für unmöglich erklärt wurde. Solange wir an der mechanistischen Auffassung des Lebendigen festhalten, muß durch besondere Einflüsse auch die Metastruktur der Zelle auf ganz abnorme Wirkungs- und Entwicklungsbahnen gedrängt werden können.

Die Potenz ist also ein vielseitiges latentes Vermögen, während Heidenhain als *Valenz* der Zelle „den tatsächlich wirksamen Zustand bezeichnet, welcher die Ontogenese von Moment zu Moment bestimmt".

Die Differenzierungsfähigkeiten der Zellen können große Verschiedenheiten aufweisen. Wir sprechen daher von *Totipotenz* (Barfurth) oder *Omnipotenz*, wenn die Zelle noch die Fähigkeit der Differenzierung sämtlicher Gewebe und Organe, also des Gesamtkörpers, besitzt. *Totipotent* sind die befruchteten Eizellen und bei vielen Arten auch noch die ersten Blastomeren. Wir werden später sehen, daß es auch Zellen gibt (vor allem bei den Pflanzen), die trotz durchgeführter Differenzierung, trotz spezifischer Strukturbildung noch totipotent bleiben. Bei den meisten tierischen Organismen aber tritt mit der fortschreitenden embryonalen Entwicklung eine immer stärkere Einschränkung der Potenzen ein. Diese Einschränkung kann auf strukturellen Hindernissen beruhen, durch deren Beseitigung die Totipotenz der Zelle wieder zum Vorschein kommt. Dies nimmt Hertwig für alle Organismen an. Im Gegensatz hierzu beweisen unseres Erachtens zahlreiche experimentelle Arbeiten, daß die fortschreitende Einschränkung der Potenzen auf einem wirklichen Verlust an Differenzierungsfähigkeit bei der Entwicklung, also auf Änderungen der Metastruktur der Zelle, beruht. Als *multipotent* bezeichnen wir Zellen, die nicht mehr alle Gewebe des Körpers zu bilden fähig sind (z. B. die Keimblätter, 2. Stufe der Entwicklung). Schließlich kann die Differenzierung bis zur *Unipotenz* fortschreiten, d. h. die Zellen können jetzt nur mehr z. B. bei der Regeneration eine einzige Gewebsart hervorbringen. Im Greisenalter erlischt auch diese Fähigkeit zugleich mit der Fähigkeit der Regeneration.

Manche unterscheiden auch noch zwischen *virtuellen* und *aktuellen Potenzen* und wollen sogar, da in der Eizelle alle Potenzen nur virtuell vorhanden sind, von einer Nullipotenz der indifferenten Keimzellen sprechen [P. Weiss[1]]. Mir erscheint eine solche Unterscheidung gekünstelt. Der Begriff der Potenz = Fähigkeit schließt es in sich ein, daß zur Realisierung dieser Fähigkeiten noch andere Faktoren gehören, und nur die Vernachlässigung des Begriffes der Realisationsfaktoren und der Unterscheidung von Determinationsfaktoren kann dazu führen, von einer Nullipotenz der Eizelle zu sprechen. Wenn auch zunächst die Eizelle aktuell keine Muskeln und Nerven bildet, sondern nur ihr gleiche oder fast gleiche lebendige Substanz, so enthält sie eben doch die determinierten Anlagen des Gesamtkörpers, ist also omnipotent. Wir können jeder Zelle jede Potenz, die in ihr schlummert, absprechen, wenn wir ihr nicht aktuell durch Realisation der nötigen Entwicklungsbedingungen die Möglichkeit geben, ihre virtuellen Fähigkeiten zu beweisen.

Die neuere Einführung des *Feldbegriffes* oder des *Potenzgitters* zur Analyse der embryonalen Differenzierungen weist wieder auf die chemischen Wirkungen der Differenzierungspotenzen hin und ändert nichts an den grundsätzlichen Feststellungen über den *Potenzapparat* [Petersen, Felicine-Gurwitsch[2]), Weiss[3])].

---

[1]) Weiss: Arch. f. Entwicklungsmech. Bd. 104, S. 317. 1925.
[2]) Felicine-Gurwitsch: Arch. f. mikroskop. Anat. u. Entwicklungsmech. Bd. 101, S. 40. 1924.
[3]) Weiss: Arch. f. Entwicklungsmech. Bd. 107, S. 1. 1926.

Allgemeine, für das ganze Reich des Lebendigen gültige Gesetze über die Beziehung von Differenzierung und Potenzeinschränkung lassen sich bis heute noch nicht aufstellen. Wenn Dembowski[1]) schreibt, daß „jede Zelle, welche wegen ihrer besonderen Lage oder anderen Umständen der Differenzierung entgeht, die maximale Differenzierungsfähigkeit beibehält", so gilt dies besonders für die Pathologie nur mit der Einschränkung, daß der Potenzgehalt einer solchen Zelle ganz von dem Stadium der embryonalen Entwicklung abhängt, auf dem die Ausschaltung und Elimination von den Differenzierungseinflüssen erfolgte und daß auch durch das Altern allein ein Verlust an Differenzierungsfähigkeit eintreten kann (s. später).

Eine konkretere Vorstellung von den Veränderungen der Metastruktur der Zellen bei der fortschreitenden Potenzeinschränkung versucht die Keimplasmatheorie Weismanns zu geben. Hiernach enthält die Eizelle Vollkeimplasma oder Hauptidioplasma [Roux[2])], das also totipotent ist und dann langsam bei der Entwicklung immer mehr auf die Zellfolgen verteilt wird, die dann nur mehr Partialkeimplasma oder Nebenidioplasma, Reservedioplasma enthalten. Die Schwierigkeiten, in all diesen Fragen zu klaren Entscheidungen zu kommen, beruhen vor allem darauf, daß wir

1. die Metastruktur der Zelle nicht kennen und nicht zur Darstellung bringen können, und daß

2. die latenten Potenzen erst durch mannigfach variierte, experimentelle Untersuchungen oder unter pathologischen Bedingungen zum Vorschein kommen.

Auf Grund dieser Erkenntnisse werden wir also in den folgenden Erörterungen folgende **Eigenschaften jeder Zelle** zu unterscheiden haben:

1. die Metastruktur der Zelle. Sie ist sowohl chemischer wie physikalischer Art. Sie äußert sich:

a) *in funktioneller Metastruktur*, z. B. funktionelle Metastruktur der Muskelzelle,

b) *im Potenzgehalt*, der wieder unter normalen und abnormen Bedingungen gleich oder verschieden sein kann;

2. die Struktur der Zelle. Sie äußert sich:

a) in der *morphologischen Differenzierung*, die nach Art, Grad und Höhe verschieden ist,

b) in der *physikalischen Differenzierung*,

c) in der *chemischen Differenzierung*;

3. die Nachbarstruktur der Zelle, ihr syntonisches Vermögen, ihre Fähigkeit zu gemeinsamer Funktion mit anderen Zellen und zu gemeinsamer Bildung von Struktursystemen höherer Ordnung (Heidenhain).

Diese letztere Zelleigenschaft ist gerade für wesentliche Fragen der Geschwulstlehre von Bedeutung.

Alle die genannten Eigenschaften werden in der Literatur unter dem Begriff der Differenzierung verstanden, während es sich doch um recht verschiedene Dinge handelt. Das ist die Quelle vieler Mißverständnisse. So kann z. B. eine Zelle sehr reich an Metastruktur bei sehr geringer oder fehlender Strukturbildung sein, während andererseits eine hochstrukturierte Zelle einen großen oder geringen Potenzgehalt aufweisen kann.

Die experimentelle Erforschung der Entwicklungs- und Differenzierungsvorgänge hat gezeigt, daß bei den verschiedenen Arten so fundamentale Unterschiede in den Entwicklungsvorgängen auftreten können, daß eine Zurückführung auf allgemeine Regeln und Gesetze die größten Schwierigkeiten bereitet. Wenn

---

[1]) Dembowski: Roux' Vortr. üb. Entwicklungsmech. H. 21. 1909.
[2]) Roux: Kampf der Teile, S. 178. 1881.

wir die zahllosen Untersuchungen über die Regenerationen, besonders der embryonalen Stadien der Entwicklung, überblicken, so scheint sich aus der ungeheueren Fülle von Tatsachen kaum ein allgemein gültiges Gesetz herauszuheben. Um so größer ist die Gefahr verallgemeinernder Schlußfolgerungen. Was für das eine Tier gilt, gilt bei weitem nicht für das andere, was für ein Entwicklungsstadium festgelegt ist, wird im nächsten bereits wieder vollkommen durchbrochen usw.

Bei niederen Tieren findet man sehr häufig, daß auch am ausdifferenzierten Organismus noch Gewebe und Organteile von Geweben sogar anderer Keimblätter regeneriert werden können. So können Aneliden Muskeln, Gefäße, Nerven aus dem Epithel der Epidermis regenerieren [Michel[1])], so wird das vollkommen exstirpierte Tritonbein sogar mit Becken und Schulter wieder regeneriert [Kurz[2])]. Auch bei höher organisierten Tieren sind die embryonalen Stadien noch weitgehender Regenerationen fähig. Insbesondere haben die Untersuchungen Spemanns[3]) und seiner Schüler über embryonale Transplantationen gezeigt, daß beim Embryo (Triton) aus präsumptiver Epidermis Medullaranlage und Gehirn, aus präsumptiver Medullarplatte Epidermis werden kann. Mangold schreibt: „Die Keimblätter, wie sie sich an einer Gastrula gegen Ende der Gastrulation darstellen, repräsentieren nur morphologisch, nicht potentiell voneinander geschiedene Keimbezirke. Über die Zukunft der sie aufbauenden Zellen entscheidet deren Lage." Ja, es kann sogar aus Medullarplatte durch Einpflanzung an die entsprechende Stelle Entoderm, also Darm, gebildet werden [O. Mangold[4])]. So wichtig diese Feststellungen sind, so verfehlt ist es doch, aus ihnen den Schluß zu ziehen, daß es eine Spezifität der Zelle nicht geben kann, sondern daß die äußeren Bedingungen, unter denen die Zelle lebt, bestimmen, was aus ihr wird. „Jede Zelle kann Form und Funktion selbständig ändern" [Kronthal[5])]. Hier liegt eine völlig unberechtigte Verallgemeinerung von Befunden an Embryonalstadien niederer Tiere vor. Selbst für diese gelten jene Schlußfolgerungen nicht allgemein, denn auch in den angeführten Experimenten wird das Ergebnis völlig anders, wenn spätere Stadien der embryonalen Entwicklung untersucht werden. Hat einmal die Ausbildung der Medullarplatte begonnen, so behält sie auch bei der Transplantation ihre Eigenart bei, ja zwingt anderen ihre Differenzierungsweise auf (Organisatoren Spemanns). Schon an den Eiern der tierischen Organismen ist meist eine „Schichtungspolarität", eine Fixierung der Differenzierungsfähigkeit in den verschiedenen Richtungen festgelegt.

Holtfreter[6]) hat Keimbezirke aus der Gastrula von Bombinator in die Dotterzellmasse von Larven transplantiert und gezeigt, daß sie sich hier herkunftsgemäß, *nicht* ortsgemäß weiterentwickeln, und daß die Anlagen von Leber, Pankreas und Darm in der älteren Gastrula schon im einzelnen determiniert sind. Daß die Determination der Organbildung bei dem einen Tier früher, bei dem anderen später, z. B. erst am Ende der Gastrulation, eintritt, beweist gar nichts gegen die tatsächlich bei den höheren Organismen im Laufe der Entwicklung regelmäßig eintretende Änderung der Potenzen, gegen den regelmäßig an die Organdifferenzierung geknüpften Potenzverlust. Es mag sehr wohl sein, daß „das kritische Stadium in der Determination der Keimblätter" [Marx[7])] bei den verschiedenen höheren Organismen in sehr verschiedenen Stadien der

---

[1]) Michel, zitiert nach Kronthal: Virchows Arch. f. pathol. Anat. u. Physiol. Bd. 186, S. 478. 1906.
[2]) Kurz: Arch. f. Entwicklungsmech. Bd. 34, S. 588. 1912.
[3]) Spemann: Arch. f. Entwicklungsmech. Bd. 48, S. 533. 1921.
[4]) Mangold, O.: Arch. f. mikroskop. Anat. u. Entwicklungsmech. Bd. 100, S. 198. 1923.
[5]) Kronthal: Virchows Arch. f. pathol. Anat. u. Physiol. Bd. 186, S. 487. 1906.
[6]) Holtfreter: Arch. f. Entwicklungsmech. Bd. 105, S. 330. 1925.
[7]) Marx: Arch. f. Entwicklungsmech. Bd. 105, S. 19. 1925.

embryonalen Entwicklung eintritt. Außerdem sehen wir, daß diese Einschränkung der Differenzierungsfähigkeiten keine ganz plötzliche und absolute ist, sondern langsam von Stufe zu Stufe erfolgt, und die Tatsache, daß die SPEMANN-schen „Organisatoren" auf in der Differenzierung weiter vorgeschrittene Embryonalteile nicht mehr einwirken, beweist ohne weiteres, daß sie nur dann dem anderen Gewebe die eigene Differenzierungsrichtung aufzwingen, wenn dieses noch pluripotent ist. Selbst so nahestehende Arten wie Rana fusca und Rana esculenta zeigen in der Determination der äußeren Haut zur Linsenbildung ganz verschiedene Verhältnisse [EKMANN[1]), SPEMANN[2])], und wieder andere zeigen die Kröten (Bombinator).

Erst am Ende der Entwicklung — keineswegs bei allen Organismen und bei den einzelnen Arten zu recht verschiedener Zeit und in recht verschiedenem Grade — schreitet die Differenzierung so weit fort, daß das Gewebe nunmehr unipotent ist. Diese Fixierung kann schließlich so weit gehen, daß Regulation und Regeneration unmöglich werden. Dann ist die „Einsinnigkeit und Spezifikation der Gewebselemente" [SCHAXEL[3])] erreicht. Auf die Phase der Zellteilungen folgt die Phase der spezifischen Differenzierungen und in jeder Zelle sind schließlich alle Entwicklungs- und Differenzierungsvorgänge in Art, Dauer und Reihenfolge unabänderlich und ganz fest determiniert.

In der organischen Welt sind die Beziehungen der Außenwelt zu den Entwicklungsvorgängen sehr komplexer und häufig dunkler Natur. Die Beziehungen zwischen dem äußeren Realisationsfaktor und dem Entwicklungsergebnis hängen eben vollständig von der Struktur und Metastruktur der organischen Substanz ab. „Die organische Natur", schreibt ROUX[4]), „bietet oft gerade das Gegenteil zu dem Satze: ‚Gleiche Wirkungen haben gleiche Ursachen' dar (indem verschiedene Ursachen die gleichen Gestaltungen hervorbringen). Diese Tatsache berechtigt zu dem Ausspruche, daß die organischen Formen vielfach konstanter sind als die Arten ihrer Entstehung, also auch konstanter als ihre unmittelbaren Bildungsursachen."

All denen, die aus den experimentellen Ergebnissen an niederen Tieren und Embryonalstadien weitgehende Schlüsse für die Beurteilung der Gewebsdifferenzierung des erwachsenen Organismus ableiten wollen, seien die aus sorgfältigen Analysen experimenteller Beobachtung gewonnenen Grundgesetze der Reaktionen verschiedener Entwicklungsstufen ins Gedächtnis zurückgerufen, die KAMMERER[5]) aufgestellt hat. Da diese *Gesetze für alle Differenzierungsfragen* von Wichtigkeit sind, so sollen sie hier kurz angeführt werden. Sie lauten:

1. Ein und derselbe Faktor in gleichem Grade angewendet, bewirkt dennoch verschiedene Reaktionen an Individuen gleicher Art und Rasse, aber verschiedener Herkunft.

2. Ein und derselbe Faktor in verschiedenen, wenn auch nahe beieinander liegenden Graden angewendet, bewirkt dennoch scharf entgegengesetzte Reaktionen bei Individuen gleicher Art, Rasse, Herkunft, gleichen Alters, überhaupt gleicher Beschaffenheit.

3. Ein und derselbe Faktor, in seinen gegensätzlichen Extremen angewendet, bewirkt gleiche Reaktionen.

4. Verschiedene Faktoren, auf gleichartige und gleichbeschaffene Organismen angewendet, bewirken gleiche Reaktionen.

---

[1]) EKMANN: Arch. f. Entwicklungsmech. Bd. 39, S. 328. 1914.
[2]) SPEMANN: Zool. Jahrb., Abt. f. Zool. u. Physiol. Bd. 32. 1912.
[3]) SCHAXEL: Leistungen der Zellen. Jena 1915.
[4]) ROUX: Programm und Forschungsmethoden, S. 97. 1897.
[5]) KAMMERER: Allgemeine Biologie. Stuttgart u. Berlin 1915.

5. Zwei aufeinanderfolgende Entwicklungsstadien verhalten sich ein und demselben Faktor gegenüber verschieden oder sogar konträr.

Aus all diesen Tatsachen ergibt sich einwandfrei, daß das Wesen des Lebendigen, die Determinationsfaktoren der Entwicklung in der chemisch-physikalischen Metastruktur der Zelle selbst gegeben sind. Alle Beziehungen zur Außenwelt, alle Beziehungen der Einzelteile und -strukturen zueinander sind, so notwendig, ja absolut unentbehrlich sie sein mögen, im wesentlichen Realisationsfaktoren der Entwicklung.

Die Hertwigsche Theorie der Biogenesis ist, wie schon die inhaltsleere Bezeichnung erkennen läßt, überhaupt keine Entwicklungstheorie, sondern lediglich eine beschreibende Zusammenfassung der Vorgänge. Es mag sein, daß bei sehr kritischer Einstellung wir heute objektiv wesentlich mehr überhaupt nicht geben können. Aber selbst wenn dem so wäre, brauchten wir wirkliche Entwicklungstheorien schon als Arbeitshypothesen, um weiter zu kommen. Wir müssen uns also zum mindesten Bilder von den Differenzierungsanlagen und Potenzentfaltungen der lebendigen Substanz machen, um an der Hand der Tatsachen zu prüfen, bis zu welchem Grade diese Bilder der Wirklichkeit entsprechen oder zu ändern und durch bessere zu ersetzen sind.

Aus alledem schließen wir in kurzen Sätzen folgendes:

1. Die wesentliche *spezifische Grundlage aller Formbildungsprozesse* liegt in der spezifischen, chemisch-physikalischen Struktur der lebendigen Substanz und in den auf dieser Struktur beruhenden Stoffwechselvorgängen (Theorie der Chemomorphe).

2. Die *Eizelle* enthält in ihrer *Metastruktur* die spezifischen Determinanten, Potenzen für sämtliche späteren Organe und Differenzierungen des Körpers. (Theorie der Neopräformation.)

3. Aus 2 ergibt sich, daß in der Metastruktur der Eizelle auch alle fundamentalen *Stoffwechselvorgänge* des Körpers bereits vorgebildet sind. Diese Stoffwechselvorgänge stellen in der Eizelle und im erwachsenen Organismus eine Einheit dar, auf der die Einheit des Organismus beruht.

4. Die grundsätzliche Übereinstimmung der spezifischen Anlagen und der Stoffwechselvorgänge im gesamten Körper und in der Keimzelle bedingt die Möglichkeit der somatischen Induktion der Keimzellen (Vererbung erworbener Eigenschaften, insbesondere durch funktionelle Anpassung.)

Die ontogenetische Differenzierung der Eizelle vollzieht sich in der Weise, daß die spezifischen Potenzen, die Determinanten der späteren Organe, sich entwickeln. Bei dieser Differenzierung der Eizelle haben wir aber im organischen Reich zwei fundamental verschiedene Arten der Differenzierung zu unterscheiden:

1. Bei einem Teil der Organismen verläuft diese Differenzierung der Einzelzellen bei der Entwicklung ohne jeden Potenzverlust. Während sich ein Teil der Determinanten entwickelt zu den spezifischen Strukturen der differenzierten Zellen und Organe, bleibt in jeder Zelle ein unentwickelter Determinantenkomplex zurück, welcher wiederum die sämtlichen Strukturen des Gesamtkörpers zu entwickeln imstande ist.

2. Bei einem anderen Teile der Organismen verläuft diese Differenzierung mit einem Potenzverlust der Einzelzellen. Je weiter die Entwicklung fortschreitet, desto mehr werden die spezifischen Determinanten auf Einzelzellen verteilt, und zwar so verteilt, daß gleichzeitig diese Zellen von den unentwickelten Determinanten der Eizelle nichts oder nur einzelne noch mitbekommen. Bei einer Reihe von Organismen führt diese Differenzierung zur absoluten Differenzierung

in der Weise, daß schließlich jede Gewebszelle des Körpers unipotent und monovalent geworden ist.

3. Der größte Teil der tierischen Organismen zeigt eine Differenzierung mit partiellem Potenzverlust, der mehr oder weniger weit gehen kann. Die Entwicklung führt zu einer immer weiter gehenden Einschränkung der Potenzen der einzelnen Zellen, von denen am Ende der Entwicklung zahlreiche absolut differenziert, d. h. monovalent sein können, während aber doch andere Zellgruppen des Körpers existieren, die noch mehrere oder zahlreiche Potenzen außer ihrer spezifischen Struktur enthalten.

Zahlreiche Mißverständnisse und Irrtümer in der Literatur beruhen darauf, daß diese fundamental verschiedenen Vorgänge in der organischen Welt nicht auseinandergehalten worden sind. Immer wieder wird von dem einen Entwicklungsvorgang auf den anderen geschlossen, während wir doch sehen, daß tatsächlich die Differenzierung und ontogenetische Entwicklung recht verschiedene Richtungen einschlagen kann.

In den grundlegenden Fragen der Entwicklung schließen wir uns im wesentlichen den Vorstellungen von ROUX an. Hiernach sind alle wesentlichen Determinationsfaktoren der Entwicklung in der spezifischen Metastruktur des befruchteten Eies gegeben, aus der teils durch Umbildung und Aktivierung der vorhandenen Mannigfaltigkeit (Evolution), teils durch ebenfalls determinierte Vermehrung der Mannigfaltigkeit (Epigenese) der Gesamtorganismus aufgebaut wird. Der Anteil von Evolution und Epigenese an der Entwicklung kann hierbei, je nach den Tierarten, verschieden groß sein. Die Faktoren, die diese Entwicklung determinieren, scheiden wir hierbei mit ROUX in die primären und direkt vererbten Bildungsfaktoren (typische Mannigfaltigkeiten des Keimplasmas) und in die erst durch das Wirken der primären Faktoren, also epigenetisch entstandenen sekundären Bildungsfaktoren.

„Durch unsere Feststellung, daß die Furchung aus sukzessiven Akten determinierter Einzelereignisse resultiert, läßt sich für jeden Einzelakt einer speziellen Furchung genau angeben, was an ihm Präformation (und damit Evolution) und Epigenesis ist ... Den beliebig beschaffenen Entwicklungsstufen wird keine Richtung auf ein feststehendes Entwicklungsende gegeben, sondern jedes Stadium ist an seine Geschichte gebunden. An die Stelle der Äquifinalität tritt die Besonderheit jedes Geschehens gemäß der besonderen Konstitution des Ausgangsstadiums" [SCHAXEL[1])].

III. Die Differenzierung ohne Potenzverlust.

Tatsächlich gibt es nun aber auch Organismen, bei denen die Fähigkeit der Reproduktion des gesamten Tieres trotz völliger Differenzierung auf sämtliche Körperzellen übergeht, bei denen also die morphologische Differenzierung des gesamten Tieres nicht mit einem Potenzverlust zur Reproduktion des Gesamtkörpers verknüpft ist.

Es ist selbstverständlich, daß bei diesen Organismen die Wirkung der äußeren Faktoren auf das Geschehen sehr viel größer sein wird, denn die Regenerations- und Reproduktionsfähigkeit des Organismus ermöglicht es, selbst aus den differenziertesten Teilen noch durch Regeneration ganze Körperteile, ja das ganze Individuum wieder neu zu bilden. So ist es nicht zu verwundern, daß bei Organismen dieser Art die Bedeutung der äußeren Faktoren in ganz anderer Weise in den Vordergrund tritt. Faktoren, die bei den nichtregulationsfähigen Organismen

---

[1]) SCHAXEL: Leistungen der Zellen. Jena 1915.

Stillstand, Hemmung der Entwicklung oder Zugrundegehen bewirken, können hier wieder zu Formbildungsvorgängen durch Auslösung führen und so den Eindruck erwecken, als ob die ganze Bildung und Entwicklung von den äußeren Faktoren im wesentlichen bedingt sei.

1. Die Differenzierung des Pflanzenkörpers.

Die Entwicklung führt bei den Pflanzen wohl niemals zu einer so starken Einschränkung der Potenzen, daß die einzelne Körperzelle unipotent wird.

„Es gibt verhältnismäßig wenig Pflanzen, die sich nicht vegetativ fortpflanzen lassen, und deren Keimplasma auf bestimmte Organe konzentriert ist, während gerade das Umgekehrte bei den Metazoen vorhanden ist[1])." Es vermag also hier jede somatische Zelle sich zu ganzen Individuen zu regenerieren. „An isolierten Blättern der wohlbekannten Begonie z. B. kann eine vollständige Pflanze mit allen ihren Teilen von jeder einzelnen Zelle der Epidermis aus, wenigstens den Adern entlang, hervorgehen; für gewisse Lebermoose hat Vöchting gezeigt, daß beinahe jede Zelle die ganze Pflanze aus sich wieder herstellen kann, und das gleiche gilt auch von vielen Algen[2])." Man kann solche Lebermoose zu Brei zerhacken, und trotzdem entwickelt sich aus jeder intakt gebliebenen Zelle ein neues Individuum. Vöchting[3]) schließt deshalb, daß aus einem schon. differenzierten, aber noch wachstumsfähigen Gewebe jede Zellform hervorgehen kann, und zwar je nach dem Ort, den der Experimentator ihr anweist. Von einer Gewebsspezifität der Pflanzenwelt in unserem Sinne kann also nicht die Rede sein.

Beliebige Ausschnitte aus den Wurzeln vieler Pflanzen können das ganze Individuum wieder aufbauen, ja wir sehen bei Pflanzen sogar, daß nicht nur bei Verletzungen aus fertig differenzierten Zellen wieder ein embryonales Meristem hervorgeht, sondern wir sehen, daß sogar an Orten, deren Gewebe bereits differenziert sind, neue Vegetationspunkte, adventive Knospen, entstehen, die wieder Keimzellen bilden. Wir sehen also, „daß keine vegetative Zelle am Pflanzenkörper eine spezifische und unveränderliche Energie besitzt, sondern daß ihre Funktion bestimmt wird durch das physiologische Individuum, von dem sie einen Teil bildet" [Barfurth[4])]. Man ist so weit gegangen, zu sagen, daß nicht die Zellen die Pflanzen bilden, sondern umgekehrt, die Pflanze bildet Zellen. Aber auch hier sehen wir schon, daß höhere Pflanzen bereits eine Polarität besitzen, niedere nicht, daß sich also auch hier andeutungsweise Fixierungen der Differenzierung einstellen. Jedenfalls haben wir bei den Pflanzen eine ganz andere Art der Differenzierung der Keimzelle zu den somatischen Zellen vor uns: alle Zellen erhalten die sämtlichen Determinanten der Keimzelle „Vollkeimplasma", die Differenzierung vollzieht sich dadurch, daß verschiedene Determinanten in den verschiedenen Zellen sich weiterentwickeln, ohne daß der gesamte Potenzapparat der Zelle dadurch eine Einbuße erleidet.

Sehr bemerkenswert ist es, daß der Besitz der Pflanzenzellen an Vollkeimplasma in keiner Weise die Ersatzbildung einzelner Organe besonders begünstigt, im Gegenteil. Gerade die höheren Pflanzen besitzen nur ein sehr geringes Regenerationsvermögen. „Ein Blatt, in welches man ein Loch geschnitten hat, schließt sich nicht mit neuem Zellenmaterial zu, ein Farnwedel, dem man an einem Teil seine Fiederblättchen entfernt hat, treibt keine neuen, sondern bleibt verstümmelt, und selbst solche Blätter, welche auf feuchte Erde gelegt, leicht Knospen zu ganz

---

[1]) Hansemann: Descendenz, S. 15. 1909.

[2]) Driesch, Hans: Philosophie des Organischen, Bd. 1, S. 225. 1909.

[3]) Vöchting: Untersuchungen zur experimentellen Anatomie und Pathologie des Pflanzenkörpers. Tübingen: Laupp 1908.

[4]) Barfurth: Regeneration. Biophysikal. Zentralbl. Bd. 1, S. 344.

neuen Pflänzchen hervorbringen, wie die von Begonien, ersetzen ein herausgeschnittenes Stück ihrer Blattspreite nicht wieder — sie sind also auf Regeneration durchaus nicht eingerichtet" [WEISMANN[1])]. Wir dürfen diese Vorgänge wohl so auffassen, daß das Pflanzenvollkeimplasma entweder alles oder nichts leistet, daß dagegen die Entwicklung einzelner Anlagen hier nicht möglich ist.

Für die Auffassung des Wesens der Differenzierung sind diese Verhältnisse bei den Pflanzen von fundamentaler Bedeutung. Sie beweisen uns, daß eine Differenzierung auch stattfinden kann, wenn den differenzierten Zellen sämtliche Determinanten und Potenzen der Keimzelle beigegeben sind. Eine solche Differenzierung kann aber selbstverständlicherweise immer nur eine abhängige Differenzierung im Sinne von ROUX sein, denn, wenn nicht die der Zelle mitgegebenen Determinanten allein maßgebend sein können für das Schicksal der Zelle, so müssen wohl die Verhältnisse des Gesamtkörpers für die Differenzierung der Einzelzelle den Ausschlag geben. „Die Neubildung von blütentragenden Zweigen", schreibt HANSEMANN[2]), „durch künstliche Beschneidung oder sonstige Verletzung der Pflanzen an Stellen, wo sonst nur unfruchtbare Schößlinge hervortreten, ist eine weit verbreitete Eigenschaft. Ja durch bestimmte Einflüsse ist es möglich, ein und dasselbe jugendliche Pflanzengewebe in dieser oder jener Richtung willkürlich umzubilden, eine Art von Dimorphismus, die WEISMANN und HUGO DE VRIES als Dichogenie bezeichnen. Man sieht also, daß die Einflüsse, die solche mechanischen Reize hervorbringen, sich nach der Differenzierung des Gewebes und der Art richten, und daß bei geringer Differenzierung nicht nur quantitative, sondern auch qualitative Veränderungen auftreten können." Ja, wir können noch weitergehen und sagen, daß bei den Pflanzen sogar bei höherer Differenzierung noch äußere Einflüsse qualitative Veränderungen hervorbringen können. Es ist also bei den Pflanzen, wie WEIGERT[3]) sagt, „sehr häufig das Keimplasma dem somatischen (d. h. also veränderten Idio-)Plasma in der Weise beigemischt, daß das letztere seine histogenetischen Funktionen ausübt, während das erstere schlummert". Diese Toti- und Pluripotenzen des Idioplasmas der Körperzellen bedingen, daß bei den Pflanzen „die äußeren Bedingungen eine Auswahl unter den gegebenen aber verschiedenen idioplastischen Anlagen in bezug auf deren Verwirklichung treffen". Darum ist es nicht verwunderlich, daß gerade die Pflanzen immer von den Botanikern als epigenetische Formen, als reine Zwangsformen der äußeren Verhältnisse hingestellt werden. Und doch können wir uns einer solchen Formulierung nicht anschließen, denn auch hier spielt die mechanistische Präformation die Hauptrolle, wie sich schon aus der Konstanz der Arten, aus der Spezifität der Keimzellen verschiedener Rassen, die sich unter ganz den gleichen Bedingungen und doch zu ganz verschiedenen Formen entwickeln, ergibt. Die Abhängigkeit der Pflanzenmorphogenese von den äußeren Bedingungen ist durch die Pluri- und Totipotenz ihrer somatischen Zellen, durch die Beimengung von Vollkeimplasma zur Körperzelle hinreichend erklärt.

Von grundsätzlicher Wichtigkeit ist jedenfalls, daß die Differenzierung der Zelle auch ohne Potenzverluste eintreten kann. Es ist deshalb zunächst nicht zu verwundern, daß die Botaniker sich der epigenetischen Theorie vollkommen anschließen, und LOTSY[4]) schreibt: „Wir sehen also, daß *die ganze Ontogenese von äußeren Reizen abhängt*", und weiter, „wir finden, daß die Form, welche man

---

[1]) WEISMANN: Deszendenztheorie, Bd. II, S. 8. Jena 1913.
[2]) v. HANSEMANN: Deszendenz, S. 351. 1909.
[3]) WEIGERT: Gesammelte Abhandlungen, Bd. I, S. 283 u. 294. Berlin 1906.
[4]) LOTSY, zitiert nach v. HANSEMANN: Deszendenz, S. 333. 1909.

an einem bestimmten Individuum beobachtet, *die Folge ist der äußeren Bedingungen,* welche auf dieses Individuum während seiner Entwicklung eingewirkt haben. *Diese Form ist also eine Zwangsform.* Die Pflanze ist plastisch in bezug auf äußere Umstände." Auch für die Entwicklung des pflanzlichen Organismus trifft aber die rein epigenetische Theorie nicht zu, denn es läßt sich unschwer zeigen, daß zwar hier die äußeren Bedingungen in noch höherem Maße als bei den Tieren die Rolle der Realisationsfaktoren für zahlreiche Formbildungsvorgänge spielen, daß aber auch hier niemals die Determinationsfaktoren durch die äußeren Momente gegeben sind. Auch hier würde eine klare Wertung der Bedingungen des Geschehens, ein echtes kausales Forschen zu klareren Fragestellungen und Begriffen führen, denn auch bei der Pflanze wird niemand daran denken, das Spezifische der Pflanzenkörper durch äußere Momente, durch äußere Bedingungen in seinem Wesen ändern zu wollen. Man mag die äußeren Bedingungen ändern, wie man will, es wird niemals gelingen, aus dem Samen des Kirschbaums eine Tulpe zu ziehen.

2. Tierische Differenzierungen ohne Potenzverlust.

Diese Kombination von Keimplasmen und differenzierenden Plasmen oder Determinanten in der Einzelzelle, wie wir sie bei den Pflanzen in so charakteristischer Weise nachweisen können, wird auch für die Entwicklung der Tiere von manchen angenommen. Bei einer Reihe von niederen Organismen mag dies zutreffen, bei den höher differenzierten Organismen trifft es sicher nicht zu, und es ist nur eine unberechtigte Übertragung der Erfahrung an verschiedenen Tierklassen, die zu solchen Annahmen geführt hat. Wir machen eine derartige Annahme erst dann, wenn die Tatsachen uns dazu zwingen. Solange wir eine Zellgruppe unter den verschiedensten Bedingungen immer nur eine bestimmte Differenzierung entfalten sehen, sind wir gezwungen, sie als monopotente Zellen anzusehen, und das trifft für die meisten Zellen der höheren Organismen zu.

Aber es gibt auch eine Reihe von tierischen Organismen, wo die Differenzierung der Zellen auch nicht bei den ausgewachsenen Formen das Stadium der Unipotenz erreicht. Es bleiben immer bi- oder multipotente Körperzellen bestehen, die infolgedessen auch zu ganz besonderen Regenerationen und Umbildungen fähig sind. Der Satz, der als allgemeingültiges Gesetz sogar angesehen worden ist, daß Differenzierungsprodukte eo ipso auch Spezifität (Spezifikation) erlangen, gilt deshalb keineswegs für alle Organismen. Wir werden in diesen Fällen zu der Annahme gezwungen, daß auch die vollkommen ausdifferenzierten Zellen bzw. die Cambiumzellen der spezifischen Gewebe dieser Organismen noch andere Determinanten enthalten, als ihrer Differenzierung entspricht. Es bekommt bei diesen niederen Tieren wie bei den Pflanzen jede Zelle einen mehr oder weniger vollständigen Teil des Keimplasmas mit auf den Weg, das sie befähigt, unter bestimmten Verhältnissen diese Potenzen zur Entwicklung zu bringen. Diese Zellen enthalten also trotz Ausdifferenzierung spezifischer Gewebsstrukturen noch *„Totalkeimplasma"* (Roux), d. h. alle Potenzen des germinalen Vollkeimplasmas, wir sagen seine gesamte Metastruktur. Bei manchen niederen Tieren gehen daher Regenerationen auch von somatischen Körperzellen aus, die bei anderen Organismen ganz unmöglich sind.

Die Körperparenchymzellen der Nemertinen sind fast totipotent und können sogar Eier und Spermien bilden [Nusbaum[1]]. Bei den Polychäten ist das Epithel des Regenerationskegels fast totipotent, bei den Crustaceen ist das regenerierte

---

[1] Nusbaum: Die entwicklungsmechanisch-metaplastischen Potenzen der tierischen Gewebe. Roux' Vortr. z. Entwicklungsmech. H. 17. Leipzig 1912.

Epithel nur mehr multipotent. Bei vielen niederen Tieren kann das ektodermale Epithel noch Bindegewebszellen, Muskelfasern, Nervenelemente bilden. Die Bildung von Bindegewebszellen aus Epithel ist bei den niederen Wirbeltieren, z. B. den Fischen, noch bei den jugendlichen Formen möglich. Und Nusbaum[1]) stellt als allgemeine Regel auf, daß die metaplastischen Potenzen der Gewebe im umgekehrten Verhältnis zum Differenzierungsgrade derselben stehen.

Daß die embryonalen Stadien auch bei ganz hochdifferenzierten Organismen noch seltsamer Regenerationen fähig sind, dafür haben wir viele Unterlagen. Der Hühnerembryo z. B. kann zu einer bestimmten Zeit noch das Auge regenerieren [Przibram[2])].

Daß die niedersten Organismen noch aus kleinsten Teilen das ganze Individuum wieder aufbauen können, zeigt, daß sie den Pflanzen noch nahe verwandt sind. Bei Stentor bildet sich ein vollständiges Individuum neu, wenn das Teilstück Bruchstücke des Kerns enthält. Auch bei Planarien genügen kleine Stücke zur Wiedererzeugung des Ganzen. Bei diesen kann man sogar nach Belieben vorn mehrere Köpfe, hinten mehrere Schwänze, je nach der Art der Verletzung, regenerieren lassen (Walter Voigt). Totipotenz sämtlicher Körperzellen findet sich auch bei Medusen, wo bei der Knospung das neugebildete Entoderm, ja das ganze Tier, aus dem Ektoderm des Muttertiers entsteht [Chun, 1895[3]), A. Lang[4])]. Auch zerschnittene Hälften von Hydra regenerieren in einem Tage ohne Nahrungsaufnahme zu einem vollkommenen, entsprechend kleineren Individuum [Roux[5])]. Die regenerierten Hinterenden von Lumbriculus erzeugen aus sich heraus einen neuen Kopf[6]). Am großartigsten sind diejenigen Umwandlungen, durch die aus differenzierten Körperzellen wieder Keimzellen gebildet werden. So gibt Child[7]) für die Cestode Moniezia an, daß schon differenzierte und funktionierende Muskelzellen ihre Fibrillen auflösen, sich verjüngen und zu Spermatogonien werden. Auch bei den Würmern und Manteltieren können die Keimzellen nach Kastration aus differenzierten Körperzellen wieder neugebildet werden.

Aber mit der fortschreitenden Differenzierungshöhe nimmt diese Omnipotenz immer mehr ab. Bei manchen kann das Ektoderm überall Linsengewebe bilden, wo es in dem Bereich der Differenzierungsströme des Augenbechers kommt [Fischel[8])]. Bei anderen zeigen sich schon bald Begrenzungen dieser Fähigkeiten des Ektoderms, so z. B. bilden sich nur aus transplantiertem Ektoderm bestimmter Körperstellen Kiemenfäden [H. Braus[9])]. Niedere Organismen, z. B. Krebse, können Extremitäten zeitlebens, manche Amphibien nur als Larven, die höheren Organismen, besonders die Wirbeltiere, nach der Geburt überhaupt nicht mehr regenerieren. Bei anderen treten eigenartige Körperveränderungen durch die Regeneration, Heteromorphosen, pathologische Formbildungen auf. Als Beispiel sei angeführt, daß die Amputation des hinteren Körperendes bei dem Weibchen des Wurmes Ophryotrocha zur Einschmelzung der weiblichen Keimdrüse und zur Regeneration eines Hodens führt [Braem[10])]. Diese Beispiele mögen genügen.

---

[1]) Nusbaum: Zitiert auf S. 1254.

[2]) Przibram: Teratologie und Teratogenese. Roux' Vortr. z. Entwicklungsmech. H. 25. Berlin 1920.

[3]) Chun, nach Rauber: Ontogenese. Leipzig 1909.

[4]) Lang, A.: Zeitschr. f. wiss. Zool. Bd. 54, S. 365. 1892.

[5]) Roux: Spezifikation der Furchungszellen. Biol. Zentralbl. Bd. 13. 1893.

[6]) Nach Thesing: Experimentelle Biologie. 1911.

[7]) Child, zitiert nach Rauber: Regeneration. Leipzig 1909.

[8]) Fischel: Arch. f. Entwicklungsmech. Bd. 49, S. 459. 1921.

[9]) Braus: Zeitschr. f. Morphol. u. Anthropol. Bd. 18, S. 65. 1914.

[10]) Braem: Anat. Anz. Bd. 33. 1908.

3. Folgerungen für die Pathologie.

Obwohl die im vorstehenden besprochene Differenzierungsart grundsätzlich für die höheren Organismen nicht in Frage kommt und nur andeutungsweise bei den embryonalen Entwicklungsvorgängen dieser Organismen zu beobachten ist, muß doch auch diese Entwicklungsart der lebendigen Substanz bei pathologischen Vorgängen beachtet und gegebenenfalls berücksichtigt werden. Wir wollen nur kurz hier als Möglichkeiten für die Pathologie folgendes zur Erwägung stellen:

1. Es liegt die Möglichkeit vor, daß Einzelzellen und Zellkomplexe bei der embryonalen Entwicklung der Differenzierung entgehen und trotz Ausdifferenzierung des übrigen Organismus noch omnipotent bleiben, Vollkeimplasma behalten. Erfolgt die Ausschaltung des Zellkomplexes auf einem späteren Entwicklungsstadium, so bleibt der Gewebskeim multipotent, enthält also Partialkeimplasma.

Daß aus der Differenzierung ausgeschaltete Gewebskeime noch den Charakter der Spemannschen Organisatoren bewahren, ist denkbar, aber nicht wahrscheinlich, da inzwischen das umliegende Gewebe in seiner Differenzierungsfähigkeit fixiert, also dem Einfluß solcher Organisatoren nicht mehr zugänglich sein dürfte. Da derartige Organisatoren aber sogar Embryonalanlagen induzieren können, so gewinnt die Anschauung für die Entstehung der echten Embryome Interesse. Welche Realisationsfaktoren dann später das Wachstum oder die Entwicklung mit Ausdifferenzierung solcher eiwertigen Keime bestimmen, wäre eine weiter zu lösende Frage.

2. Daß Zellen und Zellkomplexe beim Wirbeltier trotz eingetretener Differenzierung noch totipotent bleiben, also Vollkeimplasma enthalten könnten, dürfte im höchsten Grade unwahrscheinlich sein, da dies ja die typische Differenzierungsform der Pflanze und niederer Tiere ist. Solange man allerdings die Möglichkeit des Auftretens atavistischer Zustände bis zu den niedrigsten Formen des Lebens zugibt, wird man auch eine solche Möglichkeit nicht absolut von der Hand weisen können. Allerdings bleibt sie auch dann im höchsten Grade unwahrscheinlich, und bisher liegen keinerlei Befunde vor, die eine solche Annahme irgendwie wahrscheinlich machen.

3. Die Tatsache, daß unter abnormen Verhältnissen bei der embryonalen Entwicklung verlorengegangene Teile zuweilen von einem ganz anderen Gewebe, ja von einem anderen Keimblatt gebildet werden können, trifft bei niederen Tieren, z. B. Nemertinen, auch für ausdifferenzierte Tiere zu [Nusbaum und Oxner[1])]. Wir werden also nicht von der Hand weisen können, „daß in gewissen Gruppen von Geweben eines fertigen Organismus schlummernde „entwicklungsmechanische Potenzen" (W. Roux) vorhanden sein können, welche bei ganz normalen Bedingungen nicht zur Auslösung gelangen[1])". Für die ausdifferenzierten Gewebe werden wir beim tierischen Organismus den Sitz derartiger schlummernder Potenzen nur in den Cambiumzonen der Organe, den Indifferenzzonen (Schaper, 1905) suchen müssen. Wieweit aber eine Uni-, Bi- oder Multipotenz der Cambiumzellen der Gewebe angenommen werden kann, muß von Fall zu Fall durch Experiment und Beobachtung pathologischer Verhältnisse festgestellt werden.

4. Von größter Wichtigkeit ist die Kenntnis der Zellgenerationen, der Zeitpunkt, wo die Fixierung der Differenzierungsfähigkeiten der Zellen bei der Entwicklung erfolgt. Danach bestimmt sich der teratogenetische Terminationspunkt

---

[1]) Nusbaum u. Oxner: Arch. f. Entwicklungsmech. Bd. 35, S. 302. 1913.

SCHWALBES ebenso wie die Entwicklungsstufe, in der etwa ein embryonaler Geschwulstkeim entsteht.

Wir sahen, daß bei den verschiedenen Organismen diese kritische Periode der Differenzierung zu ganz verschiedenen Zeiten und auf ganz verschiedenen Stufen erfolgt: Anfang und Ende der Gastrulation können noch dieselben oder total verschiedene Verhältnisse aufweisen. Es besteht also zwischen den verschiedenen Differenzierungsweisen der Keimblätter und auch zwischen Mosaik- und Regulationseiern kein grundsätzlicher, sondern nur ein gradueller Unterschied, da „jedes Ei diese Verschiedenheiten nur in verschiedenen Phasen seines Reifungs- und Entwicklungsganges aufweist" (HANS DRIESCH).

Die Pathologie muß zunächst für die Art die tatsächlichen normalen Differenzierungsverhältnisse kennen und von ihnen ausgehen, sie muß aber auch, weil es eben auch eine Pathologie der Entwicklung und Vererbung gibt, jene anderen Möglichkeiten mit in Rechnung stellen.

IV. Die Differenzierung mit Potenzverlust.

Bei der zweiten, prinzipiell verschiedenen Entwicklungsform der organischen Welt werden die Anlagen der Eizelle auf die verschiedenen Körperzellen so verteilt, daß die einzelne Zelle des erwachsenen Organismus einen starken, zuweilen vollständigen Verlust an Anlagepotenzen erlitten hat. Hier sei zunächst festgelegt, daß bei den uns am meisten interessierenden Wirbeltieren zweifellos die Entwicklung mit *Verlust von Potenzen* einhergeht, so daß die ausdifferenzierte Zelle des erwachsenen Körpers höchstens multipotent, in den meisten Fällen unipotent differenziert ist. Das ist eine Tatsache, an der auch die HERTWIGsche Argumentation nichts abzuändern vermag, und aus dieser Tatsache folgt, daß im Laufe des Differenzierungsprozesses, im Laufe der Entwicklung irgendwie eine Verschiedenheit der Zellen eintreten muß.

Die Tatsache, daß bei den erwachsenen Organismen, insbesondere beim Menschen, der uns hier für die Geschwulstlehre in erster Linie interessiert, die Zellen jede Regulationsfähigkeit in dem Sinne, daß sie etwa für Zellen anderer Art und Differenzierung noch eintreten können, verloren haben, hat die *Lehre von der Spezifität der Gewebs- und Organzellen* begründet. Diese Lehre ist zu einem fundamentalen Bestandteil der Pathologie geworden und spielt für die Auffassung aller pathologischer Formbildungsvorgänge eine so große Rolle, daß hier auf dieselbe näher eingegangen werden muß. Insbesondere deshalb, weil sie auch heute immer noch häufigen Angriffen ausgesetzt ist.

Die Umwandlung einer Zellart in die andere war in der ersten Hälfte des vorigen Jahrhunderts eine ganz allgemeine Annahme in der Pathologie. Noch VIRCHOW nahm die Umwandlung von Epithel in Bindegewebe an, und wenn wir daran denken, daß er erst die Lehre der Entstehung von Zellen aus ungeformtem, flüssigem Plasma stürzen mußte, so werden uns solche Anschauungen begreiflich erscheinen. Aber die fortschreitende Erkenntnis und Erforschung gerade der pathologischen Vorgänge brachte immer mehr Beweise für die Einschränkung der Potenzen der Gewebszellen, die bei den Wirbeltieren fast durchweg unipotent geworden sind. Nur noch vereinzelt finden sich in der neueren Literatur Reste jener Anschauungen, z. B. wenn LÖB Blutzellen und Bindegewebe aus Epithel entstehen läßt, und auch bei den Geschwülsten werden, wie wir noch sehen werden, solche Metaplasien zuweilen behauptet. Alle tatsächlichen Unterlagen beweisen uns aber das Gesetz von der Spezifität der Gewebszellen des ausdifferenzierten Säugetierorganismus. Ja SCHAXEL[1]) kommt auf Grund

---

1) SCHAXEL: Leistungen der Zellen. Jena 1915.

seiner Untersuchungen zu dem Schluß, daß die ausgebildeten Dauerstrukturen auch nicht mehr rückgängig gemacht werden können. „Die Vorgänge in der Zelle beschränken sich auf die eine bestimmte, nicht umkehrbare Folge von Ereignissen. Es besteht für die Einzelzelle eine strenge Einsinnigkeit ihrer Lebensgeschichte."

Wir behaupten also, daß die Zellen des erwachsenen Wirbeltierorganismus mit vereinzelten Ausnahmen, über die später zu sprechen sein wird, unipotente Zellen sind. Die histogenetisch differenzierte Zelle schreitet nie mehr zu andersartigen Differenzierungen, und wir betonen mit Schaxel[1] „diese theoretisch überaus wichtige Feststellung ausdrücklich als die Einsinnigkeit der Lebensgeschichte der Einzelzelle, in der die mit der spezifischen Differenzierung endenden Vorgänge an eine jeweils bestimmte und nicht umkehrbare Reihenfolge gebunden sind". O. Hertwig dagegen leugnet diese Lehre von der spezifischen Differenzierung der Gewebszellen überhaupt und behauptet, daß alle Eigenschaften der Eizelle auch auf alle Zellen des fertig organisierten, des erwachsenen Organismus übergingen, und wenn nur einzelne dieser Eigenschaften in den verschiedenen Zellen zur Geltung und Entwicklung kämen, so seien doch die anderen Eigenschaften latent in der Zelle jedesmal vorhanden. Es muß ohne weiteres zugegeben werden, daß der strikte mathematische Beweis für unsere Auffassung gar nicht oder sehr schwer zu geben ist. Denn diese Lehre behauptet ja zunächst etwas Negatives, sie sagt aus, daß eine bestimmte Zelle zu irgendeiner Entwicklung *nicht* fähig ist. Nun offenbart uns aber leider, wie wir ja bereits gesehen haben, die Natur ihre Geheimnisse keineswegs durch das Studium des morphologischen Entwicklungsganges, sondern, um die Fähigkeiten und Potenzen einer Zelle nach allen Richtungen kennenzulernen, bedarf es einer großen Variation der Bedingungen, unter denen wir die Zellen und ihr Entwicklungsvermögen beobachten müßten. Natürlich bleibt — Hertwig hat von diesem Auswege Gebrauch gemacht — dem Zweifelnden immer die Möglichkeit anzunehmen, daß es uns nur bisher nicht geglückt ist, die Zelle unter *die* Bedingungen zu bringen, unter denen sie auch ihre übrigen Potenzen entwickeln kann. Aber mit solchen Einwänden können wir nicht rechnen. Es muß gewiß zugegeben werden, daß wir über die in einer Zelle latent vorhandenen Eigenschaften häufig wenig aussagen können. Aber die Gesamtheit unserer Beobachtungen an den höheren Tieren zeigt doch einwandfrei und eindeutig, daß die Hertwigsche Auffassung nicht zutreffen kann.

Die krankhaften Zustände zeigen uns die verschiedensten Zellen des Körpers unter so außerordentlich differenten Bedingungen von Entwicklungsmöglichkeiten, daß gerade die *Pathologie ein scharfer Prüfstein für die Lehre von der Spezifität der Zelle* oder von der Unipotenz der differenzierten Zelle des erwachsenen Organismus sein muß. Alle diese Beobachtungen zwingen dazu, beim erwachsenen Säugetier diese Unipotenz der meisten Zellen anzunehmen. Insbesondere können wir aus pathologischen Vorgängen mit aller Schärfe nachweisen, daß die spezifische Struktur, die Differenzierung einer Zelle, keineswegs eine Funktion ihres Ortes, ihrer Lage im Ganzen ist.

1. Beweise der Gewebsspezifität.

Hertwig ist der entschiedenste und energischste Gegner dieser Lehre von der Spezifikation der Zellen. Auf seine Gründe muß deshalb kurz eingegangen werden. Er sagt[1]: „In den *histologischen Unterschieden eines Organismus erblicke ich daher nur verschiedene Zustände von Zellen, die in der Konstitution*

---

[1] Hertwig, O.: Allgemeine Biologie. 1923.

ihres Idioplasmas übereinstimmen und als Abkömmlinge einer gemeinsamen Mutterzelle *der Art oder Spezies nach gleich sind.“* Das letztere wird von niemandem bestritten, und es zeigt sich in dieser Beweisführung nur, wie notwendig der oben gegebene Unterschied zwischen Spezifität der Artzelle, Spezietät und spezifischer Gewebsdifferenzierung der Einzelzellen ist. Der angeführte Satz HERTWIGS beruht nur auf einer Verwechslung dieser beiden völlig verschiedenen Begriffe. HERTWIG schreibt weiter: ,,Derartige Verhältnisse bei den Einzelligen sind ein schlagender Beweis, wie unrichtig es wäre, wenn wir aus dem Umstand, daß eine Zelle eine besondere Differenzierung erfahren und dafür gewissermaßen ein neues Kleid erhalten hat, also aus dem verschiedenen Aussehen zweier Zellen die Folgerung ziehen wollten, daß dann notwendigerweise auch eine Veränderung der Arteigenschaften eingetreten sein müsse.“ Das ist selbstverständlich, die *Differenzierung*, die Spezifikation einer Zelle hat mit der Veränderung der Arteigenschaften überhaupt nicht das geringste zu tun. Der Streit dreht sich einzig und allein darum, ob die spezifisch organisierten Gewebszellen derartig verändert sind, daß sie zur Entwicklung einer anderen spezifischen Differenzierung, Gewebsorganisation, nicht mehr fähig ist, und das muß eben auf Grund sämtlicher Erfahrungen, insbesondere der Pathologie, durchaus bestritten werden, wenigstens für die Zellen des erwachsenen Organismus der höheren Wirbeltiere. Die Verhältnisse in anderen Entwicklungsstadien und bei anderen Tierformen widerlegen diese Tatsachen nicht. Immer wieder bekämpft HERTWIG diese Lehre von der Spezifität der Zellen mit dem Hinweis auf die Artunterschiede der Organismen. Vielleicht geht HANSEMANN wirklich zu weit, der auf Grund der Formen der Mitosen anzunehmen geneigt ist, daß das Bindegewebe jedes Organs spezifisch gebaut ist. Damit ist aber noch nichts gegen die unipotente Differenzierung schlechthin gesagt. HERTWIG führt als Argumente gegen diese Lehre an, daß unser *histologisches System ein rein künstliches ist*, weil es nur einzelne Merkmale als Kriterien der Einteilung verwende, während sich die Arteigenschaften der Zellen unserer Beobachtung entziehen.

Obwohl doch Eier und Samenfäden ein und derselben Organismenart im wesentlichen gleich und doch histologisch so verschieden seien, müßten sich die Geschlechtszellen verschiedener Tierarten, z. B. einer Säugetier- und einer Vogelart, in demselben Grade unterscheiden wie Säugetier und Vogel selbst. Und doch sei das histologisch nicht zu erfassen. All dies hat aber mit der spezifischen Differenzierung der Körperzelle gar nichts zu tun. Wenn HERTWIG ,,mit aller Entschiedenheit die Lehre *von der Spezifität der Zellen*“ bestreitet, so tritt er damit entgegen seiner eigenen Annahme in direkten ,,Widerspruch zu den Erfahrungen, welche pathologische Anatomen und Histologen über die Vorgänge bei der Regeneration der Gewebe gesammelt haben“.

HERTWIG behauptet mit Recht, daß man aus dem Nichteintreten einer Entwicklung nicht ohne weiteres auf das Fehlen einer entwicklungsfähigen Substanz schließen darf. Das trifft gewiß zu, und ich möchte ihm auf Grund der früher gegebenen Auseinandersetzungen am allerwenigsten widersprechen, daß wir zahlreiche Strukturen in der Zelle annehmen und postulieren müssen, die wir mit unseren heutigen Hilfsmitteln nicht nachweisen können. Aber es geht doch zu weit, nun der Zelle Eigenschaften zuzuweisen, die sie *niemals* entfaltet hat und die nachweislich unter den allerverschiedensten physiologischen und pathologischen Bedingungen niemals aufgetreten sind. Die mechanistische Lebensauffassung zwingt uns direkt zu der Annahme, daß unter gänzlich veränderten Bedingungen auch andere Entwicklungen und Vorgänge an den Zellen beobachtet werden könnten, als wir sie unter den Bedingungen der jetzigen Lebenswelt sehen. Aber auch diese anderen Bildungen und Formen würden natürlich durchaus gesetzmäßige, zwangsmäßige Bildungen sein, die sich aus den Strukturen der Zelle mit Notwendigkeit ergeben. All dies berechtigt uns aber keineswegs, nun einer Zelle Fähigkeiten, Potenzen zuzuschieben, die sie nach unseren sämtlichen Beobachtungen und unter den verschiedensten Bedingungen niemals entfaltet hat. Denn der tatsächliche Stand der Frage ist nicht der, daß wir die Potenzen dieser Zellen und ihre Entwicklung nur unter einseitigen Bedingungen studieren können, sondern wir können nachweisen, daß unter ganz gleichen Bedingungen und Verhältnissen, wo sich andere Zellen, z. B. Embryonalzellen, in bestimmter Richtung weiterentwickeln, daß unter denselben Verhältnissen die ausdifferenzierte Epithelzelle sich niemals zur Bindegewebszelle entwickelt. Also die günstigen Bedingungen zur Realisierung ihrer Potenzen sind gegeben, wie im Gegensetz zu Hertwig betont werden muß, und trotzdem hat die Zelle nichts realisiert, daraus dürfen wir den Schluß ziehen, daß sie eben Potenzen zur Bildung von Bindegewebsfasern nicht mehr besitzt. Die Prophezeiung Hertwigs[1]: „Der Lehre von der Spezifität der Zellen wird es so ähnlich ergehen wie vorzeiten dem in der Chemie herrschenden Dogma, daß es für den Chemiker unmöglich sei, organische Verbindungen, welche im lebenden Körper entstehen, in der Retorte künstlich herzustellen“, hat sich in den 20 Jahren seit diesem Ausspruch noch nicht erfüllt und dürfte sich kaum erfüllen. Um aber zu klaren Anschauungen in diesen Dingen zu kommen, ist es natürlich in erster Linie notwendig, die Begriffe schärfer zu analysieren und insbesondere die Spezifität der Art nicht mit der unipotenten Differenzierung der Zelle des erwachsenen Organismus durcheinanderzuwerfen, denn das sind Dinge, die sich unterscheiden wie Tag und Nacht.

Andere Einwände, wie z. B., daß „das *Dogma von der Spezifität der Zelle* im Prinzip durch die Entdeckung der Linsenregeneration vom Irisepithel aus nachhaltig erschüttert worden sei“, würden wiederum nur dann von Bedeutung sein, wenn sich eine solche Umwandlung beim ausdifferenzierten höheren Organismus nachweisen ließe. Aber davon ist keine Rede. Alle Einwände gegen die Spezifität der Zellen, die auf dem Studium der Regenerationen niederer Tiere oder früher Embryonalstadien sich aufbauen, sind gegenstandslos und haben mit der Lehre von der spezifischen Differenzierung der Gewebe des erwachsenen Säugetiers gar nichts zu tun.

An der Tatsache der spezifischen Differenzierung der Gewebszellen kommen wir also nicht vorbei und daher auch nicht an der Frage: Auf welchem Wege und mit welchen Mitteln ändern die Entwicklungsprozesse die Qualitäten der einzelnen Zellen?

Nachdem wir gesehen haben, daß sämtliche wesentlichen Anlagen des Körpers bereits in der Eizelle vorgebildet sind, kommen für die Auffassung der Entwicklung des Körpers aus der Eizelle nur zwei Möglichkeiten in Betracht, entweder es werden die in der Eizelle enthaltenen Anlagen auf die Tochter- und Enkelzellen in ungleicher Weise verteilt, oder es werden zwar sämtliche vorhandenen Anlagen in gleicher Weise auf die Einzelzellen verteilt, aber doch in verschiedener Weise in den Einzelzellen entwickelt. Denn da wir am Ende des Entwicklungsprozesses ganz verschieden differenzierte Zellen und Zellgruppen vor uns haben, so muß eine Verschiedenheit der Tochterzellen untereinander und gegenüber der Eizelle bei der Entwicklung eingetreten sein. Wir werden sehen, daß die beiden hier skizzierten Möglichkeiten im organischen Reich tatsächlich beide realisiert sind, und zwar in verschiedener, quantitativ außerordentlich wechselnder Kombination. „Der Organismus“, sagt Hans Driesch[2],

---

[1]) Hertwig, O.: Allgemeine Biologie. 2. Aufl. S. 433. 1906.
[2]) Driesch, Hans: Philosophie des Organischen, Bd. I, S. 25. 1909.

„ist ein spezifischer Körper, aufgebaut von einer typischen Kombination verschiedener spezifischer Teile." Da die Eizelle eine Einheit darstellt, so muß die Entwicklung zur Bildung spezifisch verschieden differenzierter Zellen geführt haben. „Der Organismus *entwickelt sich und geht dabei von einfacheren zu komplizierteren Formen der Kombination seiner Teile über.* Es gibt eine „*Produktion sichtbarer Mannigfaltigkeit*" während der Entwicklung, um den wesentlichen Charakter dieses Prozesses mit den Worten WILH. ROUX' zu beschreiben" (DRIESCH, ebenda). Die Entwicklung der Mannigfaltigkeit kann also logischerweise ihre Ursache nur darin haben, da sie in fast allen Fällen mit einer Zellteilung einhergeht, daß die einzelnen Zellen in verschiedener Weise gebildet werden, d. h. daß im Laufe der Entwicklung an zahlreichen, offenbar typischen Punkten des Entwicklungsprozesses eine ungleiche Zellteilung stattfindet. v. HANSEMANN nimmt an, daß bei der Differenzierung in den somatischen Zellen sich nur ein Teil der Plasmen der Keimzelle entwickelt und die ganze Zelle in ihrer Differenzierung beherrscht, daß daneben aber von der Keimzelle her noch Nebenplasmen in den Zellen zurückbleiben, die unter bestimmten Umständen dann zur Entwicklung kommen können. Er schließt sich also der Theorie an[1]), „daß von vornherein eine qualitative Verteilung der Idioplasmen auf die Zellen stattfindet, so daß eine immer weitergehende Zerlegung der Anlagen des Eies vor sich geht und nur die Generationszellen den gesamten Anlagekomplex wiedererlangen". v. HANSEMANN will deshalb die Differenzierung der Embryonalzellen zu Körperzellen nur auf ein Überwiegen einzelner Determinanten bei der Entwicklung zurückführen. „Im physiologischen Zelleben", schreibt er, „ist diese einmal erlangte Spezifität eine definitive geworden mit der Beendigung der Entwicklung. Die Spezifität wird erlangt dadurch, daß die an bestimmte körperliche Bestandteile der Zelle gebundenen Eigenschaften, die wir mit NAEGELI als Idioplasmen oder mit HUGO DE VRIES Pangene nennen, sich auf die Zellen in der Weise verteilen, daß eine Art von Idioplasmen an Zahl überwiegt, aber auch noch andere, Nebenplasmen, in den Zellen in geringerer Zahl vorhanden sind. Mit der Entwicklung der Spezifität nimmt die Zelle an Differenzierung zu und an selbständiger Existenzfähigkeit ab." Ich glaube, daß eine derartige Auffassung für *alle* Organismen nicht nötig ist. Sie ist vollkommen begründet durch die Tatsachen bei einer Reihe von niederen Tieren und Pflanzen, auch für viele Embryonalstufen. Aber wir können ebenso sicher nachweisen, daß bei den meisten differenzierten Zellen des erwachsenen Organismus höherer Tiere, insbesondere der Wirbeltiere, in den Organzellen derartige Nebenplasmen nicht mehr vorhanden sind, wenigstens weder bei noch so stark variierten Experimenten noch unter den allerverschiedensten pathologischen Verhältnissen auftreten. Für diese Zellen ist deshalb HANSEMANNS Annahme von Nebenplasmen überflüssig. Es entstehen wirklich unipotente Zellen und völlig impotente Zellen bei der Differenzierung der höheren Tiere, aber auch bei der normalen Entwicklung der höchstdifferenzierten Organismen können wahrscheinlich, ja vielleicht sicher einzelne Zellarten immer eine gewisse Bipotenz oder gar Multipotenz behalten.

Zwei fundamentale Prozesse fallen bei jeder Entwicklung von Eizellen uns in erster Linie ins Auge, das Wachstum der lebendigen Substanz und die fortschreitende Zellteilung. Wachstum ist nach ROUX[2]) Größerwerden eines Gebildes. Wachstum stellt nach demselben Autor[3]) „nur einen *Überschuß der Assimilation über die Dissimilation dar*". ROUX unterscheidet das *spezifische*

---

[1]) HANSEMANN: Spezifität, S. 43 u. 92. 1893.
[2]) ROUX: Terminologie, S. 444. 1912.
[3]) ROUX: Programm u. Forschungsmethoden, S. 63. 1897.

Massenwachstum = Vermehrung der spezifischen organischen Masse eines lebenden Gebildes, und das reine Volumenwachstum = Vermehrung des Volumens eines lebenden Gebildes durch Einlagerung indifferenter Materie (also ohne Vermehrung seiner spezifischen Masse). Zweifellos spielen beide Arten des Wachstums eine wichtige Rolle bei der Entwicklung des Eies. Von Interesse und Bedeutung für die uns hier beschäftigenden Fragen ist aber zweifellos nur die erste Art des Wachstums, das spezifische Massenwachstum, die Vermehrung der organischen Substanz, der spezifischen Metastruktur der Eizelle. Fast alle Entwicklungsvorgänge gehen gleichzeitig mit Wachstum und Zellteilung einher. Trotzdem dürften die beiden Vorgänge nicht identifiziert werden, ja sie können bis zu einem gewissen Grade unabhängig voneinander sein. Einerseits gibt es nicht wenige Fälle von echtem Wachstum, Vermehrung der spezifischen organischen Substanz ohne Zellteilung, andererseits verläuft häufig die Zellteilung ohne jedes Wachstum.

2. Möglichkeiten der Entstehung von Gewebsspezifität.

Die Aufteilung der Anlagen, der Potenzverlust der verschiedenen Gewebszellen, kann in verschiedener Weise zustande kommen. Es liegen folgende Möglichkeiten vor:

a) Aufteilung in Zellen ohne Massenzunahme.

„Die Entwicklung", sagt Hans Driesch[1]), „ist in ihren ersten Stadien durchaus *reine Zellteilung*. In der ganzen Reihe der früheren Zellteilungen des Eies, während des ganzen Prozesses der ‚Furchung', findet keinerlei Wachstum der Tochterelemente statt, wie ja das auf späteren embryonalen Stadien im Gefolge der Zellteilungen der Fall ist. So kommt es, daß während der Furchung die Zellen des Embryo immer kleiner und kleiner werden, bis eine gewisse Grenze erreicht ist. Die Volumina aller Furchungszellen zusammen sind so groß wie das Volumen des Eies ... Das *ontogenetische Wachstum* setzt sowohl bei Tieren wie bei Pflanzen gewöhnlich erst ein, wenn die allgemeinen Linien der Organisation bereits gezogen sind; nur die Bildung der endgültigen histologischen Struktur geht ihm meistens parallel." Hier zeigt sich eindeutig, daß die Verteilung der Anlagen einfach durch die Zellteilung erfolgt, da ja keinerlei Zunahme der organischen Substanz, keinerlei Wachstum mit im Spiele ist, ebenso wie ja auch Regenerationen im Hungerzustand möglich sind. Jedenfalls ersehen wir aus diesen Vorgängen klar, daß das Wachstum als solches mit den wesentlichen Momenten der Differenzierung, und hierauf kommt es uns an, nichts zu tun hat. *Wiederum ein Beweis für die Präformationslehre.* Die wesentlichen Vorgänge der Entwicklung können ohne jede Neubildung spezifischer organischer Substanz ablaufen. Die Differenzierung der Potenzapparate besteht bei manchen Eiern bis zu einem gewissen Stadium der embryologischen Entwicklung ganz zweifellos einfach in einer *Verteilung dieser Potenzen* auf bestimmte Eiteile bzw. auf gewisse Zellgruppen des Embryos.

b) Direkte Differenzierung des Eiplasmas ohne Zellteilung.

Dasselbe müssen wir schließen aus denjenigen Beobachtungen, wo eine Differenzierung der Eizelle ohne Zellteilung eintritt. Hier entwickeln sich, differenzieren sich die Anlagen im Eiplasma direkt zu den Organen des Individuums. Bei der Meerespflanze Caulerpa prolifera besteht die ganze Pflanze aus einer einzigen Riesenzelle mit vielen Kernen und entwickelt sich zu einem vielgestaltigen Thallus mit kriechendem Rhizom, Stengeln und Blättern. Auch die Eier

---

[1]) Driesch, Hans: Philosophie des Organischen, Bd. I, S. 35 u. 94/95. 1909.

von Chaetopterus können ohne Zellteilung Organe der Trochophora ausdifferenzieren [Lillie[1])].

Die Anlagen können also im Protoplasma der Eizelle ohne weiteres zur Entwicklung und Differenzierung kommen. Da hierbei die verschiedenen Teile des Eiplasmas sich in ganz verschiedener Weise ausdifferenzieren, also verschiedene organbildende Substanzen darstellen, so muß bei einer fortschreitenden Furchung eine Verteilung der Anlagen auf die Furchungszellen stattfinden, nur dadurch kann die differenzierende Entwicklung möglich werden.

c) Differenzierung durch chemische Einflüsse.

Wenn man im Stoffwechsel das wesentlichste Kriterium des Lebens erblickt, so wird man ohne weiteres zu der Anschauung geführt, daß auch die wesentlichsten Grundlagen der Differenzierungsvorgänge chemischer Natur sind. Ich habe in der „Theorie der Chemomorphe‟[2]) die Tatsachen kurz zusammengestellt, die beweisen, daß gerade bestimmte chemische Faktoren, insbesondere die Produkte des spezifischen Organstoffwechsels, den größten Einfluß auf die Formbildungsvorgänge besitzen. Es ergibt sich daraus von selbst, daß Einflüsse dieser Art, besonders also die Hormone, den stärksten Einfluß auf die Differenzierungsvorgänge haben müssen. Es besteht heute bereits eine große Literatur darüber, die den Einfluß der Schilddrüsentätigkeit auf die Differenzierung, Metamorphose, Regeneration dartun. Werner Schulze[3]) hat gezeigt, daß bei Fortfall der Schilddrüse oder bei experimenteller Hyperthyreose bei Anurenlarven die einzelnen Teile des Organismus sich völlig verschieden entwickeln, z. B. die Differenzierungen des inneren und äußeren Keimblattes ausbleiben, und derartige Beispiele für die Bedeutung der Hormonwirkung für die Differenzierung sind zahlreich mitgeteilt [vgl. Gudernatsch[4]), Romeis[5]) u. a.]. Harms[6]) konnte nach Kastration ausgewachsener männlicher Frösche durch lecithinreiche Nahrung das Biddersche Organ in einen funktionierenden Eierstock umwandeln. Wir sehen hier also eine völlige Umstimmung des Geschlechtscharakters durch chemische Einflüsse. An meinem Institut haben Jaffé und Ransweiler[7]) experimentell die auffallende Wirkung der Lecithinfütterung auf das Uteruswachstum feststellen können. Der chemische Einfluß des Gesamtkörpers auf die Differenzierungsvorgänge zeigt sich auch in den schon lange zurückliegenden Verwachsungsversuchen an Froschlarven von Born und bei den Augentransplantationen, die Uhlenhuth[8]) an Salamanderlarven vorgenommen hat. Hier entwickelten sich die transplantierten Augen, die aus verschiedenen Larvenstadien herstammten, genau zur gleichen Zeit wie die körpereigenen Augen des Wirtes.

Alle diese Einflüsse fassen wir als wesentliche Realisationsfaktoren der Differenzierung auf, und in gleicher Weise denken wir uns den Einfluß, den das Nervensystem häufig auf Differenzierungsprozesse ausübt. Insbesondere hat Schotté[9]) die Bedeutung des sympathischen Nervensystems für die Extremitätenregeneration erwiesen. Daß die Funktion für die Entwicklung bestimmter

---

[1]) Lillie: Arch. f. Entwicklungsmech. Bd. 14, S. 496. 1902.
[2]) Fischer, B.: Vitalismus und Pathologie, Kap. 3. 1924.
[3]) Schulze: Arch. f. Entwicklungsmech. Bd. 57, S. 232. 1922; Bd. 101, S. 338. 1924.
[4]) Gudernatsch: Arch. f. Entwicklungsmech. Bd. 35, S. 457. 1912.
[5]) Romeis: Arch. f. Entwicklungsmech. Bd. 37, S. 183. 1913; Bd. 41, S. 57. 1915.
[6]) Harms: Naturwissenschaften 1923.
[7]) Jaffé u. Ransweiler: Frankfurt. Zeitschr. f. Pathol. Bd. 33, S. 458. 1926.
[8]) Uhlenhuth: Arch. f. Entwicklungsmech. Bd. 36, S. 250. 1913.
[9]) Schotté, O.: Cpt. rend. des séances de la soc. de phys. et d'hist. nat. Bd. 39 u. 40. 1923.

Strukturen, insbesondere für die Erhaltung solcher Strukturen notwendig ist, versteht sich in der dritten Rouxschen Periode des funktionellen Reizlebens von selber.

d) Potenzverlust durch Altern.

Von großer Bedeutung für unsere Vorstellung vom Potenzverlust bei der Differenzierung sind die Versuche Kammerers an neotenischen Froschlarven. Man kann experimentell bei Kaulquappen den rechtzeitigen Eintritt der Metamorphose verhindern und die Tiere 2 Jahre und länger auf dem Larvenstadium erhalten. Diese jahrealten Larven verhalten sich nun bei Regenerationsversuchen ganz so wie metamorphosierte Frösche, können also z. B. die Hinterbeine nicht mehr regenerieren, was die normale Kaulquappe ohne weiteres kann. Hier ist also einfach durch das Altern ohne eingetretene Differenzierung ein Potenzverlust eingetreten.

e) Nicht Potenzverlust, sondern Förderung der Anlagen.

Die Einschränkung der Differenzierungspotenzen der Gewebszellen wird von anderer Seite nicht als Potenzverlust aufgefaßt, sondern auf Einflüsse des Gesamtorganismus zurückgeführt, die erst die vorhandenen Anlagen zur Entfaltung bringen. Danach wäre die Entwicklung von Differenzierungen immer nur abhängige Differenzierung und könnte sich gar nicht anders vollziehen. Alle die zahlreichen Tatsachen, die zeigen, daß sehr oft verlagerte Teile selbst bei niederen Tieren und in embryonalen Stadien sich herkunftsgemäß entwickeln, widersprechen dem bereits. Es wäre dann nicht einzusehen, warum ein Spemannscher Organisator so total verschieden auf kurz hintereinanderfolgende Embryonalstadien wirkt. Es wäre auch nicht einzusehen, daß die explantierten embryonalen Mesenchymzellen in den unsterblichen Kulturen Carrels sich zu richtigen Fibroblasten ausdifferenzieren und nicht embryonal undifferenziert bleiben, obwohl sie doch allen differenzierungsfördernden Einflüssen des Gesamtkörpers entzogen sind.

Die Entwicklung besteht in erster Linie in Vermehrung der Determinantensubstanz und dann in weiterer Differenzierung derselben. Gerade die einfache Vermehrung der Determinanten ist für die Entwicklung offenbar von der allergrößten Wichtigkeit. Haben wir das Zweizellenstadium des Eies, so können sich aus der Determinante a der Eizelle schon zwei oder vier Determinanten gebildet haben, die noch der Determinante der Eizelle a vollkommen gleich sein können. Dadurch ist die Möglichkeit der Entwicklungsvorgänge schon wesentlich erhöht. Es können bei der nächsten Teilung bereits eine noch größere Zahl jetzt bereits ungleicher Determinanten a_1 und a_2 aus diesen hervorgehen. So können wir uns ein Bild davon machen, wie die zahlreichen und ungeheuer spezifizierten Eigenschaften des erwachsenen Organismus doch in letzter Linie in den Uranlagen in der Eizelle vorhanden waren.

Schon eine sehr einfache Betrachtung zeigt, daß bereits ganz geringe und rein quantitative Unterschiede bei der Entwicklung der Determinanten während der Differenzierung der Eizelle zum Organismus für die experimentelle Erforschung der Entwicklungsvorgänge die größten Unterschiede ergeben müssen. Wenn wir die in der Eizelle vorhandenen materiellen Anlagen des Gesamtkörpers als Urdeterminanten bezeichnen, so können, je nach der zeitlichen Verschiedenheit der Entwicklung dieser Urdeterminanten und ihrer Verteilung, ganz verschiedene Arten der Eientwicklung unterschieden werden. Es liegen folgende Möglichkeiten vor:

1. Die Urdeterminanten vermehren sich, ohne sich zunächst in qualitativ verschiedene zu trennen, und verteilen sich gleichmäßig auf die einzelnen Zellen

der ersten embryonalen Entwicklung. Es wird dann, wenn wir von der Quantität des Materials absehen, auch schon bei vorgeschrittener Furchung die einzelne Furchungszelle noch den qualitativen Wert der Eizelle besitzen, sie muß sich dann, wenn sie von den Nachbarschaftswirkungen der anderen Blastomeren befreit wird, zu einem ganzen Individuum entwickeln. In der Geschwulstlehre begegnen wir dem gleichen eiwertigen Keim als Grundlage des echten Embryoms, des dreikeimblättrigen Teratoms.

2. Die Urdeterminanten vermehren sich ebenfalls und zeigen qualitativ keine Unterschiede von den Tochterdeterminanten. Aber die in der Eizelle bereits vorhandenen differenten Determinanten werden auf verschiedene Zellen verteilt.

3. Es findet dieselbe Verteilung statt, nur mit dem Unterschied, daß die Vermehrung der Urdeterminanten zur Bildung von Tochterdeterminanten geführt hat, die unter sich und von der Urdeterminante verschieden sind.

Bei jedem Entwicklungsvorgang, bei jeder Bildung eines Lebewesens, wenn wir von den niederen Tieren und Pflanzen absehen, findet schließlich bei der Entwicklung auch der unter 3. genannte Vorgang statt. Aber je nachdem diese Differenzierung und Verteilung auf einem früheren oder späteren Stadium der Entwicklung stattfindet, werden wir ganz verschiedene Resultate bei experimentellen Eingriffen in den Entwicklungsvorgang finden. Eine je höhere Differenzierung ein Organismus zeigt, um so frühzeitiger findet im allgemeinen die differente Verteilung der Urdeterminanten und ihre differentielle Entwicklung bei der Furchung statt.

3. Beweise für die Verteilung der Anlagen.

Die **Beweise für die tatsächliche Verteilung der Anlagen** auf die Körperzellen sind zunächst *biologischer* Natur.

a) Biologische Beweise.

Wenn wir zunächst einmal von allen regulatorischen Vorgängen absehen, so läßt sich einwandfrei feststellen, daß bei der *normalen* Entwicklung nach der ersten Teilung der Eizelle aus der einen Furchungszelle die rechte, aus der anderen die linke Hälfte eines Organismus hervorgeht. Das wird noch deutlicher in den weiteren Stadien der Entwicklung. Schon rein morphologisch hören bereits in sehr frühen Stadien der embryonalen Entwicklung die Zellteilungen auf, gleichartig zu sein. Es bilden sich in den verschiedenen Teilen des Keimes Zellen von verschiedener Größe aus, und ihnen entsprechen verschiedene Organe der weiteren Entwicklung. So zeigt sich also bereits in den frühesten Stadien der embryonalen Entwicklung die Bildung verschiedener Zellkomplexe aus der Eizelle, und das ist die Grundlage jeder Differenzierung. Bereits die embryonalen Elementarorgane sind durch Sonderung der Eizelle entstanden. Und selbst ein der Präformationslehre so abgeneigter Autor wie HANS DRIESCH schreibt[1]: „*Die Elementarorgane* sind *typisch* mit Hinblick auf ihre histologischen Eigenschaften. In vielen Fällen besitzen sie deutlich verschiedene *histologische Ausprägung*. In anderen Fällen sind sie zwar dem Anschein nach histologisch gleich, lassen sich aber auf Grund ihrer verschiedenen Resistenzfähigkeit gegen Schädigung oder auf andere Weise als verschieden nachweisen. *Die Spezifikation der Lage der embryonalen Teile ist schärfer ausgeprägt als ihr spezifischer histologischer Bau.* Die Elementarorgane sind nicht nur typisch nach Lage und Histologie, sie sind auch typisch nach Form und relativer Größe.“ Das kann sich schon

---

[1] DRIESCH, HANS: Philosophie des Organischen, Bd. I, S. 46. 1909.

rein morphologisch darin äußern, daß *schon in den ersten Stadien der Furchung* ganz *ungleiche Zellen* gebildet werden, wie z. B. bei den Insekten und bei manchen Würmern. Aber auch dann, wenn die Furchung zunächst zu ganz gleichförmigen Zellen führt, findet doch immer früher oder später eine ungleichartige Teilung statt, und der Hinweis Hertwigs, daß alle Zellen in ihren wesentlichen Anlagen gleich seien, steht mit den Tatsachen in krassestem Widerspruch. Selbst dann, wenn ungleiche Zellteilungen nicht direkt zu beobachten wären, so wären sie doch ein absolut notwendiges, logisches Postulat, denn wenn die Eizelle sich vom ersten Moment ihrer Entwicklung bis zur Bildung des fertigen Organismus sich immer in gleiche Teile und gleiche Zellen verlegte, so müßten doch auch schließlich morphologisch gleiche Zellen resultieren. Davon kann aber doch keine Rede sein.

Aus all dem ergibt sich, daß **die erbungleiche Zellteilung** bei der differenzierenden Entwicklung des Organismus die wesentlichste Rolle spielt und daß tatsächlich bei den verschiedenen Organismen in ganz verschiedenen Zeitpunkten der Entwicklung eine ungleiche Verteilung der Determinanten auf die einzelnen Zellen und Zellgruppen und damit eine bestimmte Fixierung der Entwicklungsmöglichkeit für diese Zellen eintritt. Selbst bei sehr regenerationsfähigen Organismen hat sich dies schon in frühen Entwicklungsstadien oft nachweisen lassen. Ja es gibt Formen, wo die Fixierung der Entwicklung schon in sehr frühen Stadien der Embryogenese eintritt, und bei den höher differenzierten Tieren, selbst denen, die eine große Regulationsfähigkeit besitzen, können wir trotz dieser Regulationsfähigkeit diese Fixierung der Entwicklungspotenzen oft schon in frühen Stadien nachweisen. Schon frühzeitig können an dem Keime Unterschiede bestehen, die z. B. in dorsoventraler Richtung wesentlich stärker sind, als im Unterschied zwischen rechts und links. Przibram kommt auf Grund seiner Untersuchungen über diese Frage zu dem Schluß[1]: „Bei Embryogenese und Regeneration der Tiere gehen *stets ventrale und dorsale Körperteile aus gesonderten Anlagen* hervor. Ventrale und dorsale Anlagen vermögen einander weder bei den Eiern noch bei entwickelten Tieren gegenseitig und vollwertig zu ersetzen. Die prospektive Potenz der ventralen und dorsalen Anlage, je als Einheit aufgefaßt, ist also in bezug auf die dorsoventrale Achse kaum größer als ihre prospektive Bedeutung." In den bekannten Fundamentalversuchen von Roux am Froschei und in den zahlreichen Nachprüfungen dieser Untersuchung durch Driesch, Morgan u. a. hat es sich gezeigt, daß die linke oder rechte Eihälfte wohl fähig ist, die andere Hälfte durch Postgeneration zu erzeugen. Es war also hier links und rechts in bezug auf die Verteilung der Determinanten noch gleichgestellt. Wurden die Eier dagegen in anderer Richtung zerteilt, so entwickeln sie sich nicht mehr zu vollständigen Embryonen, und vor allem konnten Dorsum und Ventrum *nicht* füreinander eintreten. Damit ist die verschiedene Verteilung der Determinanten auf die Zellenfolgen bereits bewiesen. Auch bei niedersten Tieren sehen wir schon — im Gegensatz zu zahlreichen Pflanzen — eine verschiedene Anlagenverteilung daraus, daß die Potenz zur Schwanzbildung am Kopfe, zur Kopfbildung am Schwanze fehlt.

Diese verschiedene Verteilung der Determinanten auf die Einzelzellen kann also schon in sehr frühen Stadien der embryonalen Entwicklung auftreten, eine Tatsache, die die Anschauung von Hertwig, daß bei der Ontogenese jede Zelle trotz fortschreitender Entwicklung immer wieder die gleiche Erbmasse erhalte, widerlegt. „Es sprechen", schreibt Weigert[2], „schon die berühmten Experi-

---

[1] Przibram: Die Verteilung formbildender Fähigkeiten am Tierkörper in dorsoventraler Richtung. Arch. f. Entwicklungsmech. Bd. 30, S. 416. 1910.
[2] Weigert: Gesammelte Abhandlungen, Bd. I, S. 265. 1906.

mente von Moritz Nussbaum (Bonn) an der Hydra, die sich ja gewissermaßen wie eine Art Gastrula verhält, dagegen. Wird ein Hydrastück umgestülpt, so daß das Entoderm außen, das Ektoderm innen liegt, so wird nicht etwa die nunmehr nach außen liegende Entodermschicht, wie das nach Hertwig sein müßte, zum Ektoderm, sondern Entoderm bleibt Entoderm, Ektoderm Ektoderm, und die Hydra muß sich allmählich zurückstülpen, damit alles wieder an den richtigen Platz kommt. Aber auch rein embryologische Beobachtungen zeigen, daß in manchen Fällen schon im Stadium der einschichtigen Blase, der Blastula, also vor der Einstülpung die Zellen eine deutliche Differenzierung zeigen, so daß man die später Entoderm werdenden schon deutlich als solche diagnostizieren kann." Sogar beim Seeigel sind bereits in embryonalen Entwicklungsstadien derartige Einschränkungen der Differenzierungspotenzen an den einzelnen Organen nachgewiesen worden [Jenkinson[1])]. So vielseitige Potenzen z. B. das Ektoderm beim Seeigel noch behält, ist es doch bereits in ganz frühen Entwicklungsstadien nicht mehr imstande, wirklich Entoderm zu bilden.

Ganz anders natürlich ist diese Einschränkung der Entwicklungspotenzen und Differenzierungsfähigkeiten bei den höher organisierten Organismen. Hier bleibt zuletzt nur noch den Cambiumzellen der einzelnen Gewebe die Potenz erhalten, sich in der Richtung des gleichen Gewebes zu differenzieren.

Es ist also keine Hypothese, sondern eine aus zahlreichen Tatsachen der direkten Beobachtung sich ergebende zwingende Schlußfolgerung, daß bei der differenzierenden Entwicklung der Lebewesen eine ungleiche Zellteilung stattfindet und die in der Eizelle primär vorhandenen Potenzapparate des Gesamtkörpers, die Determinanten in ungleicher Weise auf die einzelnen Tochterzellen verteilt werden. Dieser Nachweis ist für zahlreiche Entwicklungsstadien und für zahlreiche Formen der organischen Welt einwandfrei erbracht.

Überall finden wir verschiedene und mit den embryonalen Entwicklungsstufen rasch wechselnde Verhältnisse. In frühen Stadien kann sich noch Ektoderm, in den Bereich des Mesoderms verlagert, zu Urwirbeln entwickeln [O. Mangold[2])], ektodermale Teile können sich auch in der Vornierengegend zu überschüssigen Nierenkanälchen ausbilden — sie entwickeln sich also hier ortsgemäß unter dem Einfluß des Gesamtorganismus. Aber auch in diesen Versuchen hört die Omnipotenz der Zellen mit dem Ablauf der Gastrulation auf, erleidet wenigstens ihre erste Einschränkung. Für unsere Fragestellung ist es unwesentlich, ob man die Keimblätter als nicht spezifisch und nur als topographische Begriffe auffaßt und als spezifisch an ihre Stelle indifferente Organanlagen „Primitivanlagen" setzt [O. Mangold-Spemann, Meisenheimer[3])]. Für uns ist das Wesentliche, daß ein Verlust an Differenzierungsfähigkeit, ein Potenzverlust, eintritt, selbst wenn dieser Verlust, wie Spemann[4]) glaubt, durch epigenetische Wirkung der Teile aufeinander erfolgt.

Überall sehen wir wieder, daß schon in ganz frühen Entwicklungsstadien es zu einer unabänderlichen Fixierung und Determinierung von Anlagen kommt. So ist die Polarität der Gehirnanlage und die Differenzierung einzelner Hirnteile nach Spemanns eigenen Versuchen schon im Stadium der Medullarplatte festgelegt, und die Entstehung der Augenblasen muß auf eine paarige, schon in der Hirnplatte in Zonen verschiedener Potenz gesonderte Anlage zurückgeführt

---

[1]) Jenkinson, S. W.: Arch. f. Entwicklungsmech. Bd. 32, S. 296. 1911.
[2]) Mangold, O.: Arch. f. mikroskop. Anat. u. Entwicklungsmech. Bd. 100, S. 198. 1924; Naturwissenschaften 1925, S. 213.
[3]) Meisenheimer: Entwicklungsgeschichte der Tiere. 2. Aufl. 1917, Samml. Göschen.
[4]) Spemann: Naturwissenschaften 1924, S. 65.

werden [Fischel[1])]. Alle diese Fragestellungen werden allerdings gegenstandslos, sobald man sich auf den vitalistischen Standpunkt stellt. Dann sind ja alle
diese Vorgänge eigentlich im tieferen Sinne einer weiteren Analyse unzugänglich, und sie sind bereits erklärt durch die Entelechie oder das psychische Agens,
welches die ganze Entwicklung und Differenzierung dirigiert. Es ist deshalb
auch nicht zu verwundern, daß der Vitalismus gerade das entgegengesetzte
Faktum betont, nämlich die Tatsache, die sich besonders an niederen Tieren
und Pflanzen mit Sicherheit nachweisen läßt, daß es Eier und frühe Entwicklungsstadien gibt, wo eine derartige Verteilung der Determinanten auf die Einzelzellen noch nicht eingetreten ist, ich betone ausdrücklich *noch nicht* eingetreten
ist. Aber das beweist gar nichts. Zweifellos werden die Determinanten der Eizelle in vielen Fällen sich zunächst so vermehren, daß eine qualitative Änderung
ihrer Struktur nicht eintritt, und das verschiedene Verhalten der einzelnen Tier-
klassenformen bezüglich der Entwicklungspotenzen der Zellen der verschiedenen
Furchungsstadien muß daraus abgeleitet werden, zu welcher Zeit, an welchem
kritischen Punkte erbungleiche Teilung der Zellen und die verschiedene Verteilung der spezifischen Determinanten auf die Einzelzellen einsetzen.

Der Unterschied zwischen der strengen Determination der Einzelteile bei
den *Mosaikeiern* (Nematoden, Anneliden, Ctenophoren, Molusken, Ascidien)
und der erst später auftretenden Determinierung der Anlagen bei den *Regulationseiern* (Cölenteraten, Echinodermen, Zyklostomen, Teleostier, wahrscheinlich
auch Mensch) ist demnach kein grundsätzlicher, sondern beruht auf zeitlichen
Unterschieden der Entwicklungsfixierung und des Potenzverlustes. Daß bei den
Regulationseiern in den ersten Stadien die abhängige Differenzierung, besser
gesagt Entwicklung (da man in diesen Stadien von Gewebszelldifferenzierung
noch nicht sprechen kann) vorherrscht, versteht sich danach von selbst.

Der Vitalismus, an seiner Spitze Hans Driesch, versucht folgerichtig
auch bei denjenigen Eiern, wo sich sogar schon an der Eizelle in den allerersten
Stadien die verschiedene Verteilung der Determinanten im Protoplasma erweisen
läßt, dies nur als etwas Sekundäres darzustellen. Driesch schreibt von dem Ei
der Mollusken[2]): „Hier gibt es keine gleiche Verteilung der Potenzen, die Furchungszellen dieses Keimes sind bezüglich ihrer morphogenetischen Fähigkeit
eine Art von wahrem Mosaik.“ Also für diese Tierklasse läßt sich die Verteilung
der Entwicklungspotenzen auf die Einzelzellen schon in den frühesten Stadien
nachweisen. Es kann damit die Differenzierung dieser Zellen nicht eine Funktion
ihrer Lage zueinander sein, sondern sie kann nur aus inneren Gründen heraus
bedingt sein. Driesch greift deshalb diesen Tatsachen gegenüber zu der Annahme,
daß doch ein *noch früheres* Stadium als das der befruchteten Eizelle vorhanden
sein müsse, wo die Potenzen in dem Protoplasma der Eizelle vollkommen gleichmäßig verteilt waren. „Es möge doch vielleicht ein früheres Stadium in der
individuellen Geschichte dieser Eier gegeben haben, welches noch nicht solche
Spezifikation der morphogenetischen Struktur besaß. Conklin zeigte vor einigen
Jahren, daß gewisse intracelluläre Wanderungen und Umordnung von Material
während der ersten Stadien der Eibildung stattfindet, E. B. Wilson aber verdankt die Wissenschaft eine wirklich definitive Aufhellung des ganzen Problems.
Die Forschungen Wilsons führten ihn zu der bedeutsamen Entdeckung, daß die
Eier gewisser Formen zwar nach der Reifung den Mosaiktypus in der Spezifikation
ihres Protoplasmas aufweisen, daß sie aber vor der Reifung keine oder doch nur
eine ganz geringe Spur von Spezifikation in der Verteilung ihrer Potenzen bekunden.“ Daraus zieht also Driesch den Schluß: Es gibt in jeder Gruppe von

---

[1]) Fischel, A.: Arch. f. Entwicklungsmech. Bd. 49, S. 439. 1921.
[2]) Driesch, Hans: Philosophie des Organischen, Bd. I, S. 86/87. 1909.

Eiern ein frühestes Stadium, auf welchem alle Teile seines Protoplasmas mit
Rücksicht auf ihre Potenzen gleich sind. Dieser Schluß von DRIESCH ist meines
Erachtens durch die Tatsachen nicht gerechtfertigt. Leider haben wir ja nicht
die Möglichkeit, jeden einzelnen Teil des Protoplasmas einer Eizelle auf seine
morphogenetischen Fähigkeiten hin experimentell zu untersuchen. Gewiß ist
es möglich, daß diese Eier, die schon so frühzeitig eine deutliche Spezifikation
ihrer morphogenetischen Fähigkeiten zeigen, in einem ganz frühen Stadium
gar keine oder nur eine ganz geringe Spur von Spezifikation in der Verteilung
ihrer Potenzen bekunden, wie WILSON sagt. Aber damit ist doch gar nicht der
Schluß gerechtfertigt, den DRIESCH daraus zieht, daß nun auch alle Teile des
Protoplasmas mit Rücksicht auf ihre Potenzen gleich sind. Die WILSONschen
Experimente ergeben nur eine Gleichheit in bezug auf die Verteilung, räumliche
Anordnung dieser Potenzen im Eiplasma, nicht aber in bezug auf die Qualität.
Darin liegt der wesentliche Unterschied. Hier beweist lediglich das Positive;
die Tatsache, daß schon in frühen Entwicklungsstadien, bei manchen Eiern
schon im Zweizellenstadium bei der Embryogenese eine Verteilung der Anlagen
unter die Blastomeren stattfindet, zeigt einwandfrei, daß es spezifische Determinanten gibt, und es ist selbstverständlich, daß wir sie auch in der Eizelle
annehmen müssen. Nehmen wir z. B. einmal hundert verschiedene Arten von
Determinanten qualitativ verschiedener Potenzen in 300 Exemplaren an, so
können diese 300 Teilchen trotzdem ganz gleichmäßig in der Zelle verteilt sein.
Es würde dann mit unseren Hilfsmitteln ausgeschlossen sein, das Vorhandensein
der Qualitätsunterschiede in diesen Determinanten nachzuweisen. Dies wird
erst dann anders, wenn die Verteilung der Determinanten eine geregelte wird,
wenn sie sich nach ihren Qualitäten örtlich sondern, und das wäre sehr wohl
im Augenblick der Befruchtung oder bei der Reifung möglich. Es ist sehr wohl
denkbar, daß zunächst die große Schar der Determinanten in der unreifen Eizelle in einem Chaos durcheinanderliegt und erst durch die Reifung oder durch
die Befruchtung eine Ordnung in diese Masse kommt. Und je schärfer diese
Ordnung ausgeprägt ist, je frühzeitiger sie sich auf die Tochterzellen in spezifisch-
differenter Weise überträgt, desto mehr werden wir die Qualitätsunterschiede
der Determinanten nachweisen können. Auch hier entscheidet wieder, wie so
oft in der Wissenschaft, der positive Nachweis; der negative, daß in frühen
Stadien sich die Qualitätsunterschiede in der morphogenetischen Bewertung
der Determinanten nicht nachweisen lassen, beweist gar nichts, und er beweist
insbesondere dann gar nichts, wenn man die Roheit und Grobheit unserer Untersuchungsmethoden in Vergleich zieht zu den ungeheuer feinen und komplizierten
Vorgängen, die wir bei der embryonalen Entwicklung anzunehmen gezwungen
sind. Also auch diese Dinge sind, genauer betrachtet, keine Stützen der epigenetischen Theorie oder des Vitalismus.

Wenn gegen die Lehre von der Spezifität der Gewebszellen angeführt wird,
daß bei Embryonen das verpflanzte Ektoderm Urwirbel, Chorda, bei wirbellosen Tieren Mesenchym, sogar Darmepithel bilden könne [NUSBAUM und OXNER[1])]
oder daß Urodelenlarven die Linse vom Irisrand regenerieren oder der Triton
Tapetum nigrum in Retina umwandeln können [WACHS[2])], so hat all das mit
unserer Frage der Spezifität der Gewebsdifferenzierung gar nichts zu tun.

Die Verwirrung, die in dieser Frage noch vielfach herrscht, ist darauf zurückzuführen, daß eben auch hier die verschiedenen Dinge nicht begrifflich scharf
genug auseinandergehalten werden. Es ist eben falsch, und zwar im Prinzip
falsch, Erfahrungen an niederen Tieren ohne weiteres auf das gesamte Organismen-

[1]) NUSBAUM u. OXNER: Arch. f. Entwicklungsmech. Bd. 36, S. 342. 1913.
[2]) WACHS: Arch. f. Entwicklungsmech. Bd. 46, S. 328. 1920.

reich zu übertragen, ebenso wie es falsch wäre, die Erfahrungen und die Kenntnisse, die wir über die Differenzierung der Eizelle des Wirbeltieres besitzen, einfach zu übertragen als allgemeine Gesetze auf die Entwicklung im ganzen organischen Reich.

Wir dürfen auch niemals die Grenzen übersehen, die jeder Forschungsmethode als solcher gesetzt sind. Die experimentelle Erforschung der Vorgänge und kausalen Faktoren der Entwicklung konnte bisher fast ausschließlich an niederen Tieren durchgeführt werden. Aber die Entwicklungsmechanik der Amphibien ist noch nicht identisch mit der Entwicklungsmechanik der Wirbeltiere oder gar des Menschen.

b) Beweise durch Gewebsverlagerung.

Die *zweite Gruppe von Beweisen* für die Verteilung der Keimzellanlagen auf die Körperzellen ergibt sich aus allen unseren Erfahrungen über die *im Experiment wie durch pathologische Einflüsse* auftretenden **Zell- und Gewebsverlagerungen.** Für zahlreiche Gewebe und Zellen können wir angeben, daß sie unter den allerverschiedensten Umständen und Bedingungen ihre Differenzierung beibehalten und jedenfalls nicht fähig sind, latente Anlagen zu entwickeln. Also dürfen wir das Vorhandensein solcher Anlagen allgemein nicht annehmen, die Beweispflicht liegt auf der Gegenseite. v. Hansemann schreibt mit Recht: ,,Wäre es, wie Hertwig es annimmt, daß *alle Eigenschaften der Eizelle auch in die Körperzelle übergingen,* so wäre es ganz unverständlich, warum nicht verschiedene Zellarten je nach Bedürfnis vice versa füreinander eintreten könnten. Das ist aber keineswegs der Fall, auch nicht unter den kompliziertesten pathologischen Bedingungen. Es kommt vor, daß sich Knorpelzellen im Innern von Organen finden, wo sie nicht hingehören, z. B. ebenfalls in den Nieren oder in den Ovarien, in den Hoden, in der Mamma, in der Lunge oder anderwärts. Auch hier *behalten sie stets ihren Charakter als Knorpelzellen,* können auch zu Chondromen auswachsen, nehmen aber niemals die Form der betreffenden Organe, in die sie verworfen wurden, an, bleiben also absolut konstant." ,,Ein verhornender Pflasterepithelkrebs sendet seine Wucherungen nicht nur in das Bindegewebe der Nachbarschaft, in dem normalerweise nie verhornendes Epithel vorkommt, nicht nur in die Lymphdrüsen, nein, bei Metastasen durch den Blutstrom auch in alle möglichen Organe des Körpers. In allen diesen Fällen kommt das Pflasterepithel an absolut andere ,Orte', in absolut andere Gegenseitigkeitsbeziehungen, ja doch auch unter andere ,äußere Verhältnisse', d. h. Ernährungsbedingungen, *nichtsdestoweniger bleibt es verhornendes Pflasterepithel.* Niemals wird es im Bindegewebe zu Bindegewebe, in den Lymphdrüsen zu Lymphocyten, in der Leber zu Leberzellen usw., wie das die Lehre von der Totipotenz des Idioplasmas und der Allmacht der äußeren Faktoren resp. der Gewebskorrelationen erfordern würde. Das gleiche gilt für Sarkome, Osteome, Myome usw.[1]."

Die neueren Erfahrungen der Pathologie betonen diese Tatsache noch viel schärfer. Es sei nur hingewiesen auf die doch im ganzen außerordentlich minderwertige, ja häufig vollkommen fehlende Regenerationsfähigkeit der menschlichen Gewebe, trotz dringendster Bedürfnisse des Gesamtkörpers. Wären in den Zellen noch die Idioplasmen des Eies überall vorhanden, so wäre nicht einzusehen, warum nicht nach einer schweren Leberschädigung die für den Organismus so dringend notwendigen Leberzellen neugebildet würden. Selbst diese geringe Leistung bringt der Körper nicht fertig, obwohl doch nahe verwandte Zellen auch in der erkrankten Leber immer noch reichlich zur Verfügung stehen. Aus allen direkten Beobachtungen der Pathologie geht jedenfalls einwandfrei

---

[1] Weigert: Gesammelte Abhandlungen Bd. I, S. 270/271. 1906.

hervor, daß bei der embryonalen Entwicklung schließlich die Körperzellen, die den erwachsenen Organismus zusammensetzen, ja bereits viele Zellen embryonaler Entwicklungsstadien eine derartig weitgehende Differenzierung erlangt haben, daß nun nicht mehr Lageveränderungen, Stoffwechseleinflüsse oder andere äußere Bedingungen die Zellen zu Gebilden umwandeln können, welche mutatis mutandis füreinander eintreten können. Alle Beobachtungen der normalen Entwicklung wie der pathologischen Formbildung zwingen uns direkt dazu, mit WEIGERT zu sagen, „daß die Gewebe der Menschen und der höheren Tiere, im Gegensatz zu Pflanzen usw. und abgesehen von den allerersten Furchungsstadien, *ungemein spezialisierte*, bis auf wenige Ausnahmen nicht einmal pluripotente idioplastische Anlagen besitzen".

c) Beweise aus der Gewebszüchtung.

Die dritte Gruppe von Beweisen entnehmen wir aus den Gewebszüchtungen. Hier sind die Zellen von allen Einflüssen des Gesamtorganismus befreit, und wenn sie wirklich noch omnipotent nach HERTWIG oder auch nur multipotent wären, so müßten wir doch bei diesen Gewebszüchtungen häufig zum mindesten das Auftreten anderer Gewebsdifferenzierungen, als sie dem Ausgangsmaterial entsprechen, nachweisen können. *Niemals* ist derartiges beobachtet worden, obwohl man für diese Züchtungen gerade die embryonalen Zellen (des Huhnes z. B.) am häufigsten verwandt hat. Das meiste geht überhaupt in diesen Kulturen zugrunde, und die „unsterblichen Kulturen" CARRELS bestehen lediglich aus *ausdifferenzierten* Fibroblasten, die auch nur dauernd am Leben erhalten werden können, wenn ihnen immer von neuem Embryonalsaft zugesetzt wird. Es ist eine völlige Verkennung der Verhältnisse, wenn F. M. LEHMANN[1]) es als Reizverzug bezeichnet, daß „Fibroblasten aus dem Herzen des Hühnerembryos (in CARRELS Stammkultur), statt sich zu Herzmuskelfasern zu entwickeln, 11 Jahre Fibroblasten bleiben". Fibroblasten sind keine Myoblasten, und wenn es gelingt, Myoblasten in einer Kultur zu züchten, so differenzieren sie sich zu rhythmisch zuckenden Muskelzellen oder verlieren überhaupt jede Differenzierung. Eine wirkliche Entwicklung von Zellen in der Kultur ist, soweit ich sehe, nur von CARREL und EBELING[2]) angegeben worden. Er beobachtete die Ausdifferenzierung von *Blutmonocyten* zu echten *Fibroblasten*. Aber einerseits wissen wir, daß, wenn nicht alle, so doch sicher ein Teil der Blutmonocyten abgestoßene Gefäßendothelien sind, andererseits handelt es sich hier um undifferenzierte, vielleicht noch *embryonale Zellen*, von denen höchstens auffallend ist, daß sie sich trotzdem — wenigstens bei der Gewebszüchtung — nach dieser einen Richtung ausdiffenzieren.

Daß die gezüchteten embryonalen Bindegewebszellen in der Kultur auch keine anderen Zellen des Mesenchyms, z. B. Knorpel- und Knochenzellen, bilden, spricht wiederum für eine schon frühzeitig weit gediehene Einengung der Entwicklungspotenzen. Es wäre von besonderem Interesse, zu solchen Züchtungen einmal periostales Bindegewebe zu benutzen, um zu sehen, ob hier sich vielleicht andere Differenzierungen in der Kultur einstellen würden. Vielleicht liegt es aber auch so, daß eine dauernde Weiterzüchtung der Zellen, sobald Differenzierungen einsetzen, nur bei ganz vereinzelten und sehr einfachen Zellarten, z. B. den Fibroblasten, möglich ist. Hierüber haben wir noch nicht die genügenden Unterlagen.

Jedenfalls liegen bisher Ergebnisse vor, die höchstens einen Verlust der Gewebszellen an spezifischer Struktur bei der Gewebszüchtung dartun. So hat

---

[1]) LEHMANN, F. M.: Münch. med. Wochenschr. 1924, S. 780.
[2]) CARRRL u. EBELING: Journ. of Exp. Med. Bd. 36, S. 365. 1922.

Champy[1]) Meerschweinchenprostata gezüchtet und gezeigt, daß die Epithelzellen der Drüsenschläuche zwar überleben und sich sogar vermehren, die Epithelzellen aber die charakteristische Fermentreaktion und die Sekretgranula dabei
verlieren und zu uncharakteristischen Epithelien entdifferenziert sind.

Im übrigen haben Züchtungen ganzer embryonaler Organe [Thompson,
Albert Fischer[2])] gezeigt, daß solche ganze Organe einfach wachsen, als ob
sie sich noch im Körper befänden, auch hört ihr Wachstum nach Erreichung
einer bestimmten Größe auf. Nur wenn Organ*teile* verpflanzt werden und kein
geschlossenes Gebilde entsteht, zeigt sich dauerndes hemmungsloses Wachstum
der Einzelzellen.

Gerade die Gewebszüchtung zeigt also einwandfrei, daß das Ergebnis immer
wieder nur vom Ausgangsmaterial abhängt, vorausgesetzt, daß die Wachstumsbedingungen für die betreffende Zellart überhaupt geschaffen werden können
(z. B. auch durch Unterdrückung anderer, sonst überwuchernder Zellen).

d) Spezifisches Plasma und erbungleiche Plasmateilung.

Schon durch die Morphologie des Plasmas sind bei normalen Verhältnissen
die Unterschiede der einzelnen Zellen außerordentlich charakteristische und
festgelegte. Die funktionellen Strukturen der einzelnen Zellarten kommen ja
vielfach in der morphologischen Struktur ihres Protoplasmas zum Ausdruck.
Wenn die Kerne vielfach untereinander eine große Ähnlichkeit aufweisen, so
liegen die *Unterscheidungsmerkmale vorzugsweise im Protoplasma.*

Daß bei den Differenzierungsvorgängen, den Zellteilungen, das Plasma
ungleich auf die Tochterzellen verteilt werden kann, ist so häufig ohne weiteres
durch die direkte Beobachtung schon bei der Furchung zahlreicher Eier nachzuweisen, daß es von niemandem bestritten wird. Auch eine solche ungleiche
Plasmateilung dürfen wir als erbungleich bezeichnen, da ja über den Sitz der
Erbfaktoren absolut Sicheres nicht feststeht, und auch, wenn man das Monopol
des Kernes in weitem Umfange anerkennt, damit noch nicht die Bedeutung
der Plasmamasse, und sei es auch nur als Realisationsfaktor, bei der Vererbung
und Differenzierung ausgeschlossen ist.

Niemand bestreitet an den ausdifferenzierten Gewebszellen die spezifischen
Unterschiede der Protoplasmastruktur. Auf jeden Fall zwingen die Tatsachen
zu dem Schluß, daß die Potenzen der Eizelle in verschiedener Weise auf die
Körperzellen verteilt sind im Laufe der Entwicklung. Daß es dabei keineswegs
allein auf die Kernsubstanz ankommt, geht schon daraus hervor, daß wir heute
Formbildungsvorgänge kennen, an denen die Zellteilungen selbst gar nicht
oder fast gar nicht beteiligt sind, wo also die verschiedene Verteilung der
Potenzen im Zell*plasma* selbst vor sich geht.

Daß das Plasma der Eizelle sehr ungleichartige Beschaffenheit hat, geht
schon aus dem Nachweis der organbildenden Substanzen des Eiplasmas (s. S. 1237)
ohne weiteres hervor. Wir erwähnten, daß man die ungleichmäßige Beschaffenheit des Eiplasmas und die verschiedene Verteilung dieser ungleichen Substanzen
auf die Blastomeren des Ektoderms beim Centophorenei (Beroe) im Dunkelfeld
direkt nachweisen kann [Spek[3])]. Die quantitativ ungleiche Teilung des
Eiplasmas ist bei der Furchung etwas ganz Gewöhnliches, die ja meistens
schon makroskopisch ungleich große Zellen liefert.

Der quantitativ und qualitativ ungleichen Verteilung der Plasmateile müssen
wir für die Differenzierung eine um so größere Bedeutung zumessen, als wir ja

---

[1]) Champy: Cpt. rend. des séances de la soc. de biol. Bd. 83, S. 842. 1920.
[2]) Fischer, Alb.: Journ. of exp. med. Bd. 36, S. 393. 1922.
[3]) Spek, J.: Arch. f. Entwicklungsmech. Bd. 107, S. 54. 1926.

wissen, daß das Zellplasma auch ohne jede Zellteilung Differenzierungen eingehen kann. Wir sahen bereits, daß auch einzellige Organismen direkt aus dem Plasma der Eizelle spezifisch differenzierte Organe ohne Zellteilung aufbauen, z. B. Stengel und Blätter, und auch die beigebrachten Beweise für die Existenz organbildender Keimbezirke zeigen die Existenz primär differenter Plasmateile.

e) Gewebsspezifische Kerne und Mitosen.

Die *fünfte Gruppe von Beweisen* beruht auf der Tatsache, daß die spezifisch differenzierten Gewebszellen sich auch morphologisch von allen anderen unterscheiden, und zwar nicht allein durch die *Differenzierung ihrer spezifischen* funktionellen *Protoplasmastrukturen*, sondern auch durch den *charakteristischen Aufbau ihres Kernes*. Wenn gerade in bezug auf den Kern unsere Methoden des histologischen Nachweises der besonderen Kernstrukturen noch vieles zu wünschen übriglassen, so läßt sich doch für sehr viele Fälle schon heute der Nachweis typischer Kernstrukturen in zahlreichen spezifischen Geweben einwandfrei führen.

Die differenzierten Gewebszellen unterscheiden sich nicht allein durch die mit unseren optischen Hilfsmitteln ja meist gut erkennbaren spezifischen funktionellen Plasmastrukturen, sondern auch durch ihre *spezifischen Kernstrukturen*. Bestände die Theorie der Biogenesis zu Recht, würden stets nur erbgleiche Teilungen erfolgen, so müßten doch wenigstens die Kerne der Gewebszellen des erwachsenen Menschen überall gleich sein. Das Gegenteil ist der Fall, ja wir können direkt sagen: „Jede speziell differenzierte Zelle hat auch einen *typisch differenzierten Kern*, d. h. das Prinzip des differentiellen Typus der Kernstruktur in spezifischen Geweben ist ein allgemeines Gesetz der Gewebelehre[1])."

Die Gegner dieser ganzen Lehre haben nun sogar an den tatsächlichen Befunden zu rütteln versucht. HERTWIG schreibt[2]): „Wenn wir von einzelnen Ausnahmen absehen, die eine besondere Erklärung erheischen, erscheint uns der *Kern in allen Elementarteilen desselben Organismus immer nahezu in derselben Form und Größe, während das Protoplasma an Masse außerordentlichem Wechsel unterworfen ist.* In einer Endothelzelle, einem Muskel- oder Sehnenkörperchen, ist der Kern nahezu ebenso beschaffen und ebenso substanzreich, wie in einer Epidermis-, einer Leber- oder Knorpelzelle, während in dem ersten Falle das Protoplasma nur noch in Spuren nachweisbar, im letzteren reichlicher vorhanden ist." Zunächst muß immer wieder betont werden, daß die morphologische Gleichheit zweier Zellen und vor allem zweier Kerne *gar nichts* für ihre wirkliche Übereinstimmung beweist, und gerade vom Morphologen kann gar nicht scharf genug beachtet werden, daß die Morphologie über die Qualität nur außerordentlich wenig auszusagen vermag, vor allen Dingen in den frühen Entwicklungsstadien. Aber auch abgesehen von diesem Punkte, trifft diese Argumentation nicht zu. Wenn schon morphologisch geringe Unterschiede in den Strukturen der Zellkerne nachzuweisen sind — HERTWIG sagt ja nur „*nahezu*" ebenso beschaffen —, so ergibt sich daraus, daß mit Sicherheit die tatsächlichen Unterschiede in der Qualität der Zellkerne recht große sein werden. Er hat aber weiter gar nicht die zahlreichen Untersuchungen über die spezifische Struktur der Zellkerne und über die spezifischen Mitosen berücksichtigt. Außerdem verschweigt er ganz, daß doch auch zwischen Zellen des Körpers schon morphologisch zuweilen ungeheure Differenzen in der Kernstruktur nachzuweisen sind. Ich

---

[1]) REINKE: Resultate der Lysolwirkung. Anat. Anz. Jg. 8, S. 645. 1893.
[2]) HERTWIG, O.: Allgemeine Biologie, 2. Aufl., S. 358. 1906; 7. Aufl., S. 558 ff. u. 716. 1923.

erinnere nur an die Struktur eines kleinen Lymphocytenkernes und an die Struktur einer Knochenmarksriesenzelle oder des Kernes einer Pyramidenzelle oder einer Körnerzelle aus der Hirnrinde des Menschen.

Dieser Nachweis der spezifischen Kernstruktur erhält aber nun noch eine sehr wesentliche Stütze dadurch, daß sich auch für zahlreiche Gewebsarten bereits ganz besondere *charakteristische Mitosen* der Gewebszellen nachweisen lassen. Insbesondere ist aber durch v. Hansemann nachgewiesen worden, daß auch in den Mitosen der einzelnen Zellarten immer wiederkehrende und genau spezialisierte Unterschiede zu erkennen sind und daß auch bei der Regeneration, der Hyperplasie und der entzündlichen Wucherung dieser Typus der Teilungsformen der Zellen stets erhalten bleibt. „Die Differenzen,“ schreibt v. Hansemann[1]), „die bei der Zellteilung auftreten, sind überaus charakteristisch für alle solche Zellarten, die genealogisch entfernt miteinander verwandt sind, also z. B. für die Epidermiszellen, die Zellen des Bindegewebes, die Lymphocyten, die Endothelzellen und die Darmepithelzellen. Bei Zellen, die aber genealogisch sich einander nahestehen, wie z. B. diejenigen der Epidermis, der Haarfollikel und der Talgdrüsen, sind wenigstens beim Menschen die Differenzen so gering, daß sie nicht mit Sicherheit hervortreten.“

Diese Spezifität der Mitosen geht so weit, daß wir heute z. B. bestimmte Blutzellen durch den verschiedenen charakteristischen Winkel der Mitosenspindel voneinander unterscheiden können (Ellermann).

f) Beweise der erbungleichen Kernteilung.

In den allermeisten Fällen tierischer Formbildung vollzieht sich diese Verteilung der Determinanten auf die einzelnen Teile des Organismus auf dem Wege der Zellteilung. Auf diesem Wege kommt es zur direkten Verteilung der verschiedenen Determinanten auf die Tochterzellen der Eizelle, wobei wir gleichzeitig auch eine Vermehrung, Wachstum, Entwicklung der Determinantenpotenzapparate anzunehmen haben.

Die Annahme, zu der uns alle Tatsachen zwingen, daß die Anlagen der Eizelle, Iden, Determinaten, Potenzapparate oder wie immer man sie auch nennen mag, bei den Differenzierungsvorgängen der Entwicklung in verschiedener Weise auf die Zellen des Keimes verteilt werden, zwingt auch zur Annahme einer ungleichen Zellteilung. Könnten wir die Entwicklung eines Individuums bis zu seiner endgültigen Gestalt Zelle für Zelle und jede Phase jeder einzelnen Zellteilung genauestens verfolgen, so würde sich diese ungleiche Zellteilung von selbst ergeben. Ein solcher Versuch liegt aber nur für ganz niedere Tiere vor, wo die Zellenfolge, „Cell-Lineage“, genau festgestellt und die Abstammung der Organe Zelle für Zelle von bestimmten Blastomeren verfolgt wurde [E. B. Wilson[2])]. Im allgemeinen ist eine solche Erforschung nicht möglich; da wir aber so außerordentlich differente Zellen in der Zusammensetzung des Körpers am Ende der Entwicklung sehen, so muß ja irgendwie diese Differenz zustande gekommen sein. Es liegen hier nur zwei Möglichkeiten vor: entweder beruht die Entwicklung der Differenzen auf qualitativ ungleichen Zellteilungen oder auf einer nachträglichen Regulierung in Haupt- und Nebenplasmen [Hansemann[3])]. Letztere Form dürfte besonders bei den Pflanzen anzunehmen sein, während bei den tierischen Organismen wohl beide Möglichkeiten realisiert sind. Hier können durchaus auch epigenetische Einflüsse der sekundären Lage, Funktion,

---

[1]) v. Hansemann: Deszendenztheorie, S. 31. 1909.
[2]) Wilson, E. B.: The Cell-Lineage of Nereis. Journ. of morphol. Bd. 6. 1892.
[3]) Hansemann: Spezifität, S. 48. 1893.

benachbarte Differenzierungsfelder zu schließlich dauernden Zellveränderungen führen.

Das Wichtigste muß aber trotzdem die *primär ungleiche Zellteilung* sein. Sie kann zunächst, wie wir sahen, auf einer *ungleichen Plasmateilung* beruhen. Kann an der ungleichen Teilung und Verteilung der Plasmasubstanzen bei der Zellteilung kein Zweifel sein, so erhebt sich nun die wichtige und vielumstrittene Frage, ob auch eine qualitativ und quantitativ inäquavale Kernteilung möglich ist und für die differenzierende Entwicklung angenommen werden muß.

Zunächst ist zu betonen, daß alle Entwicklungsvorgänge ganz zweifellos mit einer sehr starken Neubildung und Produktion von Kernsubstanz verbunden sind und daß diese Bildung von Kernsubstanz direkt aus dem Plasma des Zellleibes erfolgt. HERTWIG hat selbst darauf hingewiesen, daß diese Bildung von Kernsubstanz auf Kosten des Protoplasmas besonders bei dotterreichen Eiern oft eine ganz enorme ist, und da diese Bildung von Chromatin aus dem Plasma auch ohne Stoffaufnahme in den ersten Stadien der Entwicklung zuweilen erfolgen kann, so ergibt sich, wie schematisch und unbegründet eine absolute Trennung von Kern und Plasma ist.

Selbst wenn man also eine qualitativ ungleiche Teilung nicht annehmen wollte, so wäre in diesem dauernden Wachstum der Kernsubstanzen doch schon Gelegenheit genug gegeben zu einer verschiedenen Entwicklung der Einzelzellen. Diese Auffassung ist bereits von WEIGERT vertreten worden. Er schreibt[1]: „Auch dieses Bedenken kommt aber bei der von uns vertretenen Anschauung, bei der ja auch das ‚Abmarschieren‘ der Determinanten nicht in Rechnung gezogen wird, nicht in Betracht. *Die Veränderungen des Idioplasmas brauchen ja nach dieser Auffassung gar nicht auf dem Teilungsprozeß der Kerne zu beruhen, sondern sie können sehr wohl auf Veränderungen der Kernsubstanz während des Heranwachsens des Kerns, vor der Teilung also, beruhen.*"

Weiter ist darauf hinzuweisen, daß eine ungleiche Teilung des Protoplasmas auch auf den Kern zurückwirkt und eine qualitative Änderung des Kerns zur Folge haben muß [A. RAUBER[2])].

Trotz alledem müssen wir aber auch qualitativ inäquale Kernteilung als wichtige Grundlage der Entwicklungsvorgänge annehmen. Qualitativ ungleich kann die Kernteilung zunächst auch dann sein, wenn quantitativ die Chromosomen gleichmäßig auf die Tochterzellen verteilt sind. Denn die Vererbungstatsachen haben die ganz ungleichmäßige Zusammensetzung der Chromosomenschleifen bewiesen. Auch hier kann man dann wieder die Annahme machen, daß in den Tochterzellen trotz äqualer Kernteilung durch abhängige Differenzierung bald die eine, bald die andere Anlage entwickelt wird bzw. durch Nichtgebrauch, Atrophie, zugrunde geht.

Aus theoretischen Gründen ist immer wieder die Behauptung aufgestellt worden, daß die Annahme einer qualitativ ungleichen Kernteilung unmöglich sei. Das Wesen der mitotischen Kernteilung sei ja gerade darin gegeben, daß die Tochterzellen absolut gleiche Kernhälften erhalten. Selbst wenn das für die morphologisch nachweisbaren Verhältnisse zuträfe — worauf wir gleich noch zu sprechen kommen —, würde es für das innere Wesen der entstandenen Kernhälften noch nichts beweisen. Es liegt in einer solchen Anschauung wiederum eine Überschätzung der morphologisch nachweisbaren Kernstruktur gegenüber der tatsächlich anzunehmenden Metastruktur. Zahlreiche experimentelle Untersuchungen haben gezeigt, daß die Verteilung der Erbfaktoren auf die Tochter-

---

[1]) WEIGERT: Gesammelte Abhandlungen Bd. I, S. 286. 1906.
[2]) RAUBER, A.: Ontogenese als Regeneration betrachtet. Leipzig 1909.

zellen sehr häufig ganz ungleichmäßig erfolgt. Wir wissen, daß bei der Reifeteilung der Keimzellen das Geschlechtschromosom ganz verschieden verteilt wird und infolgedessen sowohl zwei Arten von Eiern, wie zwei Arten von Spermatozoen — bei den verschiedenen Tierarten verschieden — gebildet werden. Hier haben wir also schon einen vollkommen physiologischen Vorgang, der auf einer von niemandem bestrittenen und direkt beobachteten inäqualen Kernteilung beruht, ja die ungleiche Verteilung des Geschlechtschromosoms kann in vielen Fällen auch morphologisch verfolgt und nachgewiesen werden [Plate[1]), Goldschmidt[2])]. Wir haben heute schon Unterlagen dafür, daß die Anlagen für die Retinaentwicklung und für die Blutgerinnungsvorgänge (Hämophilie) in dem Geschlechtschromosom lokalisiert, also auch auf die reifen Keimzellen ungleichmäßig verteilt werden.

An Wanzen haben Wilson und Stevens[1]) zuerst den Nachweis geführt, daß Spermatogonien und Oogonien konstant in der Zahl der Chromosomen differieren. Moenkhaus[3]) ist es gelungen, Bastarde von zwei verschiedenen Fischen zu züchten, deren Chromosomen deutliche Unterschiede in der Größe aufweisen. Bei diesen Bastarden konnten nun die beiden Chromosomenarten, die bei der Zellteilung deutlich hervortreten, wieder nachgewiesen werden. Hier ist also der Beweis der getrennten Verteilung der Erbsubstanz unmittelbar erbracht.

Die experimentelle Biologie hat diesen Beweisen noch einen weiteren, sehr wichtigen hinzugefügt, den Beweis nämlich, daß bei einseitig auftretenden vererbbaren Merkmalen dieses Merkmal bald links, bald rechts auftreten kann, d. h. also, daß die spezifische Determinante für dieses Merkmal bei der Differenzierung der Eizelle jedesmal frisch verteilt wird. Also wird das Material der Anlage bei der differenzierenden Entwicklung wieder auf einzelne Zellen verteilt, gelangt also in ungleicher Weise von der Eizelle aus in die Tochterzellen. Przibram z. B. schreibt hierüber[4]): „In Vererbungsversuchen, z. B. bei verschiedenäugigen Katzen, zeigt es sich, daß eine bestimmte Augenfarbe oder andere Anomalie auch auf einer Körperseite auftreten konnte, welche der bei den Eltern und Großeltern betroffenen entgegengesetzt sein kann, die *Anlage* also frisch verteilt wird." Wenn O. Hertwig[5]) als Grund gegen die Möglichkeit inäqualer Kernteilungen anführt, daß bei den Einzellern die Mitose immer nur Gleichartiges schafft, so kann dieser Einwand nichts beweisen. Auch bei den Metazoen wird die Mitose sehr häufig vollkommen Gleichartiges schaffen, aber sie kann eben auch entsprechend der Determination der Entwicklungsstufen Ungleichartiges schaffen, wie es die Reduktionsteilung ohne weiteres beweist, denn hier werden auf dem Wege der regulären symmetrischen Kernteilung zwei ganz verschiedene Zellen gebildet. Wir müssen also *differenzierende und nichtdifferenzierende Kernteilungen* unterscheiden. Die Tatsachen über die allelomorphen Erbeinheiten und das Spaltungsgesetz der Heterozygoten beweisen ebenfalls die erbungleiche Kernteilung.

Aber auch morphologisch kann man ohne weiteres quantitativ und qualitativ inäquale Kernteilungen nicht selten nachweisen. Als Beispiele seien nur erwähnt die experimentell erzeugten ungleichen Zellteilungen von Trypanosomen in Mäuse-

---

[1]) Plate: Vererbungslehre. Leipzig 1913.

[2]) Goldschmidt: Quantitative Grundlage von Vererbung und Artbildung. Roux' Vortr. z. Entwicklungsmech. H. 24. Berlin 1920.

[3]) Moenkhaus, zitiert nach Minot: Moderne Probleme der Biologie. Jena: G. Fischer 1913.

[4]) Przibram: Experiments on asymmetrical forms. Journ. of exp. zool. Bd. 10, Nr. 3, S. 256. 1911; ref. Arch. f. Entwicklungsmech. Bd. 33, S. 748. 1912.

[5]) Hertwig, O.: Allgemeine Biologie. 7. Aufl. Jena 1923.

blut, dem Spuren von Salzsäure zugesetzt wurden [PROWAZEK[1])], die inäqualen Kernteilungen in der Salamanderlarve [EWALD[2])], und schon BOVERI hat unter dem Einfluß abnormer Befruchtung, LOEB, KOSTANECKY u. a.[3]) bei künstlicher Parthenogenese abnorme Mitosen auftreten sehen. Eingehende Untersuchungen hierüber verdanken wir LEVY[4]). Schon WINKLER hat an Pflanzen Zellen mit abnormen Chromosomenbeständen, ja ganze blühende Pflanzen mit abweichenden Chromosomenzahlen, d. h. also inäquale Kernteilungen, erzeugt. LEVY hat dann nach dem Verfahren von BATAILLON die parthenogenetische Entwicklung des Froscheies eingehend experimentell studiert und dabei nicht nur abnorme Mitosen, sondern auch ausgewachsene Tiere mit ganz abweichenden Chromosomenbeständen (diploide, triploide und polyploide Zellen) erzeugen können.

Es ist selbstverständlich, daß diese Zellveränderungen abnorme Entwicklung nach sich ziehen. „Das lehrt deutlich die Furchung von Eiern mit abnormer Inhaltsordnung, die in alle Blastomeren übernommen wird und bei der jede Teilung die Entwicklung weiter von der Norm entfernt" [SCHAXEL[5])]. Es ist seit langem bekannt und auch in diesen Untersuchungen wieder bestätigt, daß aus diesen Zellen mit buntem Chromosomenbestand (poikiloploide Kerne) Entwicklungsstörungen und Mißbildungen hervorgehen. LEVY erwähnt besonders auch eigenartige papillomatöse Hautwucherungen bei poikiloploiden Froschlarven. Wenn wir also auch die zahlreichen Beobachtungen inäqualer Kernteilungen in Geschwulstzellen als etwas Besonderes ansehen, so ist doch auch für die gesamte Biologie die Tatsache des Vorkommens inäqualer Kernteilungen und atypischer Mitosen vollkommen sichergestellt.

4. Grundgesetze der Gewebsspezifität.

Die Folge dieser differenten Verteilung der spezifisch verschiedenen Determinanten auf die Einzelzellen führt im weiteren Verlaufe der embryonalen und weiteren Entwicklung zur Bildung der spezifisch differenzierten Zellen und Organe, und diese Differenzierung bedingt eine verschiedene Tätigkeit der einzelnen Zellen und Organe des Körpers nach jeder Richtung hin, eine Arbeitsteilung, die bis in die feinsten Einzelheiten spezialisiert ist. Dabei bleibt die Einheit des Stoffwechsels des Gesamtkörpers im Prinzip und im wesentlichen in derselben Weise im erwachsenen Organismus gewahrt wie in der Eizelle. Und dieses Ineinandergreifen der gesamten Stoffwechselvorgänge des Körpers ist die Grundlage der Einheit des Organismus.

Hiermit können wir auch eine präzisere Angabe darüber machen, was wir unter der *Höhe der Organisation eines Lebewesens* verstehen. Je weiter diese Arbeitsteilung des Organismus fortgeschritten ist, desto höher werden wir seine Organisation einschätzen. Die Höhe der Organisation beurteilen wir also danach, wieweit die gesamten Funktionen des Organismus spezialisiert und auf einzelne Zellgruppen übertragen worden sind.

Je weiter diese Differenzierung fortschreitet, d. h. je mehr qualitativ verschiedene Zellarten der Organismus zu seinem Aufbau herstellt, um so häufiger müssen, da dieser Aufbau bei allen höheren Organisationen immer mit Zellteilung einhergeht, qualitativ ungleiche Zellteilungen, von der Eiteilung an gerechnet, stattgefunden haben. Es verläuft also die Differenzierung, die Ent-

---

[1]) PROWAZEK: Arch. f. Entwicklungsmech. Bd. 25, S. 643. 1908.
[2]) EWALD, O.: Frankfurt. Zeitschr. f. Pathol. Bd. 23, S. 1. 1920.
[3]) S. bei SCHWALBE: Fehlerhafte Entwicklung. Berlin. klin. Wochenschr. 1912, Nr. 44.
[4]) LEVY: Berlin. klin. Wochenschr. 1921, Nr. 34, S. 989.
[5]) SCHAXEL: Zool. Jahrb. Bd. 37, S. 213. 1914.

wicklung der differenzierten Einzelzellen in zahlreichen *Etappen*, von der Teilung des befruchteten Eies an gerechnet. Jede Etappe ist dadurch gekennzeichnet, daß eine erbungleiche Teilung der Zellen stattgefunden hat. Diese Etappen sind von v. Hansemann als *Zellgenerationen* bezeichnet worden, und ich finde, daß diese Analyse v. Hansemanns eine sehr glückliche war und seine Definition der Zellgenerationen bei der tierischen Entwicklung das Problem der Ontogenese klar und scharf zu formulieren gestattet. Er schreibt[1]): „In solchen Fällen, in denen eine asymmetrische Teilung von vornherein stattfindet, kann von einer histologischen Akkommodation nicht die Rede sein. Es muß ein in der Natur der Zellen begründeter Vorgang zu dieser Differenzierung führen, bei der die Tochterzellen weder unter sich noch der Mutterzelle gleich sind. Hier ist nun gleich in den Anfangsstadien der Eifurchung ein Prinzip ausgesprochen, das sich durch die ganze embryologische Entwicklung verfolgen läßt. Auf jede inäquale Teilung folgt eine Reihe von äqualen Teilungen, die den Zweck haben, die durch den ersteren Vorgang geschaffene Zellgruppe zu vergrößern. Dadurch lassen sich in der Entwicklung eines Organs oder einer Gruppe gleichwertiger Zellen gewisse Abschnitte konstatieren, die ich (Virchows Arch. f. pathol. Anat. u. Physiol. Bd. 119, S. 315) mit dem Namen der Generationsstadien belegt habe. *Generationsstadien sind also in dem Stammbaum einer Zellart immer diejenigen Stellen, wo inäquale Teilungen stattfinden*, die zu einer neuen Zellgruppe, zur Bildung eines neuen Organs führen. Man ist sehr wohl imstande, bis zu einem gewissen Grade die Höhe der Organisation noch weiter zu definieren, nämlich aus dem Umstande heraus, daß zu den früher existierenden Organen neue hinzukommen, d. h. daß eine Arbeitsteilung eingetreten ist. Jede weitere Arbeitsteilung bedeutet eine höhere Differenzierung." Aus diesen Überlegungen ergibt sich der Schluß: je mehr Zellgenerationen zwischen die Eizelle und die fertig differenzierte Körperzelle eingeschaltet sind, einen um so höheren Grad muß die Differenzierung der Körperzelle erreicht haben. Deshalb besitzen auch die Zellen niederer Tiere eine geringere Spezifität, weil sie weniger Generationsstadien vom Ei entfernt sind.

Während also die Zellen in einem früheren Stadium der embryonalen Entwicklung noch eine ganze Reihe verschiedener Potenzen besitzen, bei ihrer weiteren Differenzierung die allerverschiedensten spezifischen Zellen bilden können, werden diese Bildungsmöglichkeiten bei fortschreitender Entwicklung immer mehr eingeschränkt und schließlich so weit beschränkt, daß die Zelle nur noch zur Bildung *einer* ganz bestimmten spezifisch gebauten und arbeitenden Zellrasse fähig ist.

Trifft die vorgetragene Auffassung einigermaßen zu und ist die Beschränkung der Entwicklungsfähigkeit der differenzierten Zellen eine derartige, wie sie hier dargestellt wird, so folgt logischerweise, daß die Zelle, aus der das neue Individuum wiederum hervorgehen muß, sich an dieser Differenzierung nicht beteiligen kann und darf. Es resultiert also aus den vorgetragenen Tatsachen notwendigerweise die **Lehre von der Keimbahn,** wie sie von Weismann und Nusbaum aufgestellt und durch zahlreiche tatsächliche Befunde gestützt worden ist. Daß in Wirklichkeit bei zahlreichen Organismen das sich entwickelnde Ei eine solche besondere Keimbahn bildet, kann wohl heute nicht mehr bezweifelt werden, bestritten wird nur die Allgemeingültigkeit dieser Lehre. Aber das ist für uns an dieser Stelle zunächst von geringerem Interesse. Tatsache ist, daß bei zahlreichen Organismen eine besondere Keimbahn auch bereits morphologisch nachweisbar ist.

---

[1]) Hansemann: Spezifität, S. 41. 1893.

Den Geschlechtszellen, den Keimzellen, den Zellen der Keimbahn müssen wir also eine ganz besondere Stellung unter den übrigen Zellen des Organismus einräumen. Auch bei den höchstentwickelten Tieren kann sich an ihnen eine Differenzierung höchstens in demselben Sinne geltend machen wie bei den niedersten Organismen und den Pflanzen. Ja logischerweise kann man an ihnen von einer Differenzierung im Sinne der Arbeitsteilung der Aufgabe des Gesamtorganismus überhaupt nicht sprechen, und es wäre der klaren Begriffsbildung wegen angebrachter, diejenigen Formbildungsvorgänge, welche sich an den Keimzellen vollziehen, um sie für den speziellen Zweck des Befruchtungsvorgangs vorzubereiten, mit einem anderen Namen zu belegen. Gerade diese Formbildungsvorgänge, die morphologisch so außerordentlich deutlich sind und morphologisch zu so ungeheuer differenten Gebilden führen, wie es Ei- und Samenzelle sind, zeigen uns auf das deutlichste, wie die rein morphologische Betrachtungsweise aller Formbildungsvorgänge etwas sehr Äußerliches ist. Samenzelle und Eizelle enthalten beide die gesamten Determinanten des Gesamtorganismus, wie schon daraus hervorgeht, daß auch die Samenzelle ohne den Kern der Eizelle den Organismus bilden kann, und daher sind diese beiden Zellen als in ihrem Wesen gleichartig zu betrachten. Wir können uns daher den Anschauungen, die die Keimzellen als hochdifferenzierte Zellen oder als entdifferenzierte Zellen ansprechen, nicht anschließen. Die besondere Ausstattung der Keimzellen für den Zweck der Befruchtung ist etwas anderes wie die Differenzierung in der Ontogenese.

Noch weniger können wir uns mit der Definition einverstanden erklären, die v. HANSEMANN für die Eizelle gegeben hat[1]): „Die Eizelle ist vor ihrer Reife eine somatische Epithelzelle, sie enthält also als Hauptplasma die Idioplasmen dieser Epithelzelle. Außerdem aber muß sie als Nebenplasma sämtliche übrigen Idioplasmen enthalten, da sich aus ihr der gesamte übrige Körper entwickelt. Bei der Reifung nun muß das Mehr des einen Plasmas irgendwie aufgehoben werden, damit die Zelle als vollständig entdifferenzierte Eizelle resultiert." Hiergegen ist zunächst zu bemerken, daß der Begriff der somatischen Epithelzelle ein so vager ist, daß man wissenschaftlich mit ihm überhaupt nichts anfangen kann, und es gibt jedenfalls kaum einen größeren Unterschied als die Metastruktur einer Eizelle und einer hochdifferenzierten Epithelzelle.

Es läßt sich direkt widerlegen, daß die Eizelle irgendwelche Qualitäten einer somatischen Epithelzelle jemals gehabt hat. Aus den Tatsachen der Einschränkung der morphogenetischen Potenzen der einzelnen Zellen bei der ontogenetischen Differenzierung und der oben gegebenen Darstellung der geweblichen Differenzierung der höheren Tiere geht klar hervor, daß eine einmal differenzierte Zelle, d. h. eine Zelle, die einmal wesentliche Potenzen der Keimzelle verloren hat, diese verlorenen Potenzen nicht wieder gewinnen kann. SCHAXEL[2]) betont sogar, daß die ausgebildeten Dauerstrukturen nicht rückgängig gemacht werden können, entsprechend der strengen Einseitigkeit der Lebensgeschichte jeder Zelle.

Wir müssen daraus schließen, und dieser Satz ist für die Pathologie von ganz besonders großer Bedeutung, daß eine einmal differenzierte Zelle — wir sprechen hier immer nur von den Zellen der höher entwickelten Tiere — wohl diese spezifische Differenzierung, wie wir noch sehen werden, wieder einbüßen kann, daß sie aber dadurch niemals wieder Potenzen hinzu erwirbt, die sie früher bereits verloren hat. Man darf also wohl die Keimzelle als eine undifferenzierte, niemals aber als eine entdifferenzierte Zelle bezeichnen. Wir können demnach

---

[1]) HANSEMANN: Spezifität, S. 49. 1893.
[2]) SCHAXEL: Leistungen der Zellen. Jena 1915.

nicht annehmen, daß die Geschlechtszellen im vielzelligen Körper ursprünglich Körperzellen waren, und erst durch einen Differenzierungsvorgang zu selbständigen Eizellen wurden. Die Eizelle muß unter allen Umständen eine Zelle sein, die jeder spezifischen Gewebsdifferenzierung entgangen ist.

Wir sahen, daß gerade die fortschreitende und immer wiederholte Zellteilung zur ungleichen Plasma- und Kernteilung und damit Differenzierung führt. Aber je häufiger Zellteilungen erfolgen, desto schwieriger ist es vielleicht für die Natur, die vollkommen gleichmäßige Zellteilung innezuhalten, und ich erinnere daran, daß auch bei den Protisten zwischen eine größere Reihe von Zellteilungen immer wieder Kopulationen eingeschaltet werden. Aus dieser Erwägung folgt mit Wahrscheinlichkeit, daß für die Keimbahn eine große Reihe zahlreicher Zellteilungen unzweckmäßig wäre, und wir sehen denn auch in der Tat, daß zwischen der Eizelle und der fertig differenzierten Körperzelle ungeheuer zahlreiche Zellteilungen liegen, dagegen zwischen der Eizelle des Individuums und der neugebildeten Eizelle für die neue Generation immer nur auffallend wenige Zellteilungen eingeschoben sind. v. Hansemann[1]) schreibt: „Überall, wo wir die Keimbahnen überhaupt verfolgen können, finden wir, daß bei keiner somatischen Zelle die Zahl der Generationsstadien so gering ist als bei der Bahn von Ei zu Ei. So finden wir bei den Dipteren, vielen Würmern und anderen nur ein einziges Generationsstadium zwischen Ei und Urgeschlechtszelle, bei den Daphniden nach Weismanns Angabe fünf Generationsstadien.‘‘

In der Keimbahn findet also keine Weiterentwicklung, Vermehrung oder differenzierende Verteilung der Determinanten statt, bei den somatischen Zellen ist aber durch diese Differenzierung und Weiterentwicklung der Determinanten der Aufbau des Gesamtkörpers mit seiner weitgehenden Arbeitsteilung und Differenzierung der Gewebe und Organe bewirkt.

Die hier gegebene Darstellung ergibt ganz von selbst, daß bei der normalen Entwicklung jedem bestimmten Teile des Embryo eine ganz bestimmte und nach den Entwicklungsstadien natürlich verschiedene Gestaltungsaufgabe zufällt. Die Leistungen, die die Zelle eines gewissen Embryonalstadiums bei normalem Ablauf der Entwicklungsvorgänge zu vollbringen hat, hat Driesch in kurzer und treffender Bezeichnung die *prospektive Bedeutung* dieser Embryonalzelle genannt.

Je früher das Embryonalstadium ist, um so mehr gewebsbildende Fähigkeit kommt den einzelnen Embryonalzellen noch zu, und bei der gestörten Entwicklung zeigt sich, daß die einzelnen Embryonalzellen jetzt ein größeres Formbildungsvermögen entwickeln, als sie bei normalem Ablauf der Entwicklung gezeigt hätten. All das, wessen eine embryonale Zelle überhaupt unter den verschiedensten Bedingungen der Entwicklungsvorgänge fähig ist, bezeichnet Driesch als *prospektive Potenz.* Er nennt demnach das „wirkliche Schicksal eines jeden embryonalen Teiles in diesem bestimmten Ablaufe der Formbildung seine ‚prospektive Bedeutung‘. Der Begriff prospektive morphogenetische Potenz soll das mögliche Schicksal jedes Elementes bezeichnen‘‘[2]). Allerdings hat Roux[3]) sich gegen diese Bezeichnungen gewandt erstens wegen des teleologischen Charakters des Wortes „prospektiv‘‘, zweitens wegen der etwas willkürlich unterlegten differentiellen Bedeutung beider Bezeichnungen. Wenn auch zweifellos etwas Richtiges in dieser Kritik Roux’ liegt, so glaube ich doch, daß es nicht unbedingt notwendig ist, dem Worte „prospektiv‘‘ teleologischen Charakter unterzulegen, und deshalb möchte ich bei der kurzen, in der wissen-

---

[1]) v. Hansemann: Zitiert auf S. 1279.
[2]) Driesch, H.: Philosophie des Organischen, Bd. I, S. 77. 1909.
[3]) Roux, W.: Arch. f. Entwicklungsmech. Bd. 17, S. 157. 1904.

schaftlichen Literatur bereits allgemein gebrauchten Bezeichnung, die DRIESCH gegeben hat, bleiben. Wir verstehen deshalb unter prospektiver Potenz einer Zelle ganz im Sinne von ROUX ihr gesamtes regulatorisches Gestaltungsvermögen. Wenn wir nun diese prospektive Potenz der frühen Embryonalstadien und ihrer einzelnen Zellen feststellen und verfolgen wollen, so können wir dies fast nur durch Beobachtung abnormer Entwicklungsvorgänge.

ROUX unterscheidet die typische Entwicklung und atypische oder regulatorische Entwicklung. Für alle weiteren Fragestellungen und für unsere Forschung ist es nun von Bedeutung, daß diese beiden Entwicklungsformen ganz verschiedene Wege gehen können, obwohl sie schließlich zum selben Ziel führen. Wenn wir von den morphogenetischen Fähigkeiten, von den Potenzen einer Zelle sprechen, so müssen wir nicht nur alle einzelnen Stadien der Entwicklung unterscheiden, sondern auch noch in jedem dieser Stadien der embryonalen Entwicklung die normalen und atypischen regeneratorischen Entwicklungspotenzen der Zelle auseinanderhalten. Das ist für pathologische Vorgänge natürlich von der größten Wichtigkeit. Aber die gegebene Darstellung der Verteilung der Determinanten auf die Tochterzellen zeigt, falls sie auch nur in den Grundzügen und als Bild richtig ist, daß nicht nur die prospektive Bedeutung, sondern auch die prospektive Potenz einer jeden Zelle mit der fortschreitenden Differenzierung immer geringer werden muß. Können abnorme Zustände, die in frühen Entwicklungsstadien noch eine Reihe von sonst nie verwirklichten Potenzen zur Entwicklung bringen, so ist dies in späteren Stadien der Entwicklung unmöglich. In der Tat ist es so.

Die unendliche Folge der Zellteilungen vom Ei bis zum erwachsenen Organismus zerlegen wir in verschiedene Zellgenerationen. Auf eine inäquale Zellteilung folgt immer eine Reihe äqualer Zellteilungen, die das gewonnene Produkt festigen und ihre lebendige Substanz vermehren. Wenn nun von diesen gleichartigen Zellen in einem bestimmten Embryonalstadium ein Teil verloren geht, so ist es nur eine quantitative Mehrleistung, wenn der Rest jetzt eine größere Zahl äqualer Zellteilungen eingeht und dadurch das verlorene Zellmaterial ersetzt. Eine derartige Mehrleistung kann bei der Regulationsfähigkeit aller lebendigen Substanz nicht besonders in Erstaunen setzen und muß prinzipiell getrennt werden von den Vorgängen, bei denen Embryonalzellen Differenzierungen eingehen, die sie bei normalem Ablauf von Entwicklungsvorgängen niemals eingegangen wären. Daß die linke Hälfte eines Embryo die rechte nachregenerieren kann (Postgeneration ROUX), ist nur eine quantitative Leistung. Auch die Embryonen, die dieser quantitativen Leistung fähig sind, sind oft unfähig, die ventrale Seite zu postgenerieren aus der dorsalen Hälfte. Im letzteren Falle wäre eine qualitative Mehrleistung von den Embryonalzellen verlangt worden, die offenbar in zahlreichen Fällen über ihre prospektive Potenz hinausgeht. Auch DRIESCH hebt den Unterschied hervor. Er schreibt[1]: „Es besteht eine sehr wichtige logische Differenz zwischen solchen Fällen, bei welchen ein bestimmtes embryonales Organ deshalb fehlt, weil das für dasselbe bestimmte morphogenetische Material nicht vorhanden ist, und anderseits solchen, bei denen der Fragmentembryo ganzer Hälften oder Viertel entbehrt." Die letzteren Embryonen, typische Halb- und Viertelembryonen, beweisen nur, daß in den Formbildungsvorgängen der frühesten Embryonalstadien die Selbstdifferenzierung so weit getrieben sein kann, daß selbst eine Abweichung der Lage zum Ganzen, die Abhängigkeit vom Ganzen nicht ausreicht, um die regulatorischen Fähigkeiten der Embryonalzellen zu wecken und so den quantitativen Defekt auszugleichen. Es gibt eben auch

---

[1] DRIESCH, H.: Philosophie des Organischen, Bd. I, S. 88. 1909.

Organismen, bei denen die ganze oder wenigstens große Teile der embryonalen Entwicklung derartig fest determiniert sind, daß überhaupt die prospektive Potenz der einzelnen Embryonalzelle und Blastomere kaum wesentlich größer ist als ihre prospektive Bedeutung (Mosaikeier). Eine solche Entwicklung setzt eine scharfe und frühzeitige Trennung und Verteilung der einzelnen Potenzen auf die Tochterzellen der Eizelle voraus.

Tatsächlich ist die geringere Spezifität der Gewebe keineswegs ein Gesetz, das nun einfach für *jede* niedere Tierart gilt. So weisen bei den Nematoden, Rotiferen und Appendicularien alle Individuen einer Spezies nach Lage, Form und Zahl die gleichen Zellen auf, ihre Organe sind aus konstanten Zellen aufgebaut. Auch bei Amphioxus u. a. ist eine solche Zellkonstanz für gewisse Organe nachgewiesen, und bei all solchen Organen besteht eine strenge Determination der Entwicklung [Eutelie, Martini[1]), 1906].

Je höher die Organisation eines Organismus ist, je größer die Arbeitsteilung der Zellen des erwachsenen Körpers geworden ist, um so komplizierter und verwickelter werden auch die Entwicklungsvorgänge sein. Diese stärkere Heranbildung der einzelnen Zellpotenzen bedingt aber natürlicherweise um so mehr ein Zurücktreten der anderen Potenzen in der Einzelzelle, bedingt eine um so einseitigere Entwicklung. Daraus ergibt sich von selbst, daß diese einseitig entwickelten Zellen weniger regulationsfähig sein müssen als die Zellen, in denen noch mehrere oder zahlreiche Potenzen von der Eizelle her vorhanden sind.

Entsprechend der geringeren Spezifität und Differenzierung ihrer Zellen sind die meisten niederen Organismen in ganz anderem Maße anpassungsfähig als die höheren. So können Algen noch in einem Wasser von 23% Salzgehalt leben. Protozoen verlieren im Tierkörper, wo sie nur durch Osmose wachsen, ihre Mundöffnung und Bewegungsorgane und bilden statt dessen Apparate, um in die Zellen einzudringen, bei gleichzeitig beschleunigter Vermehrung. Je höher aber eine Algenart steht, desto schwieriger wird die Anpassung, und als allgemeines Gesetz leitet Pringsheim[2]) aus diesen Beobachtungen den Satz ab, daß mit fortschreitender Differenzierung die Anpassungsmöglichkeit verringert ist.

Alle wesentlichen Ursachen für die Ontogenese, für die Entwicklungsvorgänge der organischen Welt suchen wir in der organischen Substanz selbst. Die erbungleiche Teilung einer Zellart kann durch äußere Faktoren beschleunigt, vielleicht realisiert werden. Die Determinationsfaktoren dieses Geschehens liegen aber auch hier in der Zelle selbst. Es wird damit gesagt, daß die *wesentlichen* Vorgänge der tierischen Entwicklung Selbstdifferenzierungsvorgänge im Sinne von Roux sind. „Das Wort Selbstdifferenzierung", sagt Roux[3]), „und sein Gegenteil, die ‚abhängige Differenzierung', beziehen sich auf den Sitz der Veränderungsursachen eines räumlich oder bloß in Gedanken abgegrenzten, sich verändernden Gebildes." Wenn wir einem Gebilde Selbstdifferenzierung zuschreiben, so behaupten wir also damit, daß die Differenzierungsdeterminationsfaktoren in diesem Gebilde selbst gelegen sind. Dieser Begriff der Selbstdifferenzierung ist von Driesch u. a. scharf angegriffen worden, weil er nur etwas Negatives aussage. Das ist richtig, aber trotzdem ist der Begriff der Selbstdifferenzierung durchaus berechtigt, denn es ist zunächst einmal sehr förderlich für die weitere Analyse, festgestellt zu haben, daß die wesentlichen spezifischen Ursachen des Geschehens in der Struktur der Zelle selbst gelegen sind. Gewiß erfahren wir durch die Feststellung, daß ein Entwicklungsvorgang auf Selbst-

---

[1]) Martini, zitiert nach Roux: Terminologie. 1912.
[2]) Pringsheim: Die Variabilität niederer Organismen. Berlin: Julius Springer 1910.
[3]) Roux, W.: Spezifikation der Furchungszellen, Postgeneration und Regeneration. Biol. Zentralbl. Bd. 13, Nr. 19—22, S. 617. 1893.

differenzierung beruhe, gar nichts über die Ursachen des Vorganges selbst. Wir begnügen uns zunächst damit, zu erfahren, wo der Sitz der Determinationsfaktoren liegt, und sind nicht so unbescheiden, gleich *alles* von einer Analyse zu verlangen, die zunächst einmal nur darauf ausgeht, in das ungeheuere Chaos der Erscheinungen etwas Ordnung zu bringen.

Daß mit dieser Unterscheidung allein bereits die Differenzierungsursachen selbst aufgedeckt seien, wird niemand behaupten, geht aber auch sehr klar aus der Definition von Roux hervor. Auch Roux selbst hat wiederholt darauf hingewiesen, daß gerade diese wichtigsten kausalen Faktoren der embryonalen Entwicklung, die in der Selbstdifferenzierung zutage treten, noch völlig unbekannt und mit unserer heutigen Methodik gar nicht oder kaum angreifbar sein dürften.

Auch für die Geschwulstforschung ist es wesentlich und fruchtbar, die Selbstdifferenzierung von der abhängigen Differenzierung im Sinne Roux' zu trennen. „Abhängige Differenzierung" schreibt Roux[1]), „korrelative Differenzierung ist diejenige Differenzierung eines Gebildes, deren ‚determinierende', d. h. die ‚Art', Qualität der Veränderung ‚bestimmende' Faktoren ganz (passive Differenzierung) oder mindestens zum Teil außerhalb des Gebildes liegen (abhängige Differenzierung). Abhängige Differenzierung eines ‚Organs' ist also von außerhalb des Organs determiniert."

Am schönsten zeigt sich die Selbstdifferenzierung am Teratom. Hier entwickeln sich alle Gewebe — von der Ernährung abgesehen — ganz unabhängig vom Gesamtkörper, und auch von experimentell erzeugten Teratoiden hat Schwalbe[2]) gezeigt, daß sie sich wesentlich unter Selbstdifferenzierung entwickeln und daß das Vorkommen der einzelnen Gewebsarten in Teratoiden von der Anlage und von dem Selbstdifferenzierungsvermögen abhängig ist.

Die abhängige Differenzierung spielt eine ganz besonders wichtige Rolle in den späteren Stadien der Entwicklung, während sie für die ersten Vorgänge der Formbildung keine sehr wesentliche Bedeutung haben dürfte. Uns interessiert in erster Linie die Frage, wodurch die Bildung der spezifisch verschiedenen Zellgruppen zustande kommt, und da sehen wir oft genug schon in ganz frühen Embryonalstadien starke und unausgleichbare Unterschiede der einzelnen Embryonalteile in der Entwicklungsfähigkeit. Nicht das ist für uns von Wichtigkeit, daß die linke Körperhälfte die rechte ersetzen kann, denn diese beiden Hälften sind (besonders in diesen frühen Stadien) nur Spiegelbilder, also nicht qualitativ verschieden. Beweisend für uns ist die Tatsache, daß die dorsale Hälfte nicht die qualitativ differente ventrale ersetzen kann.

Wir müssen uns deshalb den Werdegang der höher organisierten Tiere so vorstellen, daß mit der fortschreitenden Differenzierung auch die Entwicklungsvorgänge selbst immer mehr festgelegt worden sind. Während die Differenzierung bei niedrigen Organismen im allgemeinen wenig vorschreitet und schon von frühen Stadien an durch die gegenseitige Lage der Zellen, also durch abhängige Differenzierung, bedingt ist, ist bei den höher entwickelten Organismen der größte Teil der embryonalen Entwicklung Selbstdifferenzierung, und erst in späteren Stadien der Entwicklungsvorgänge kommt die abhängige Differenzierung zu ihrem Recht.

Wie vorherrschend die Selbstdifferenzierung der embryonalen Entwicklung selbst bei den Wirbeltieren ist, geht aus der Beobachtung hervor, daß sich ein halbes Tier entwickeln kann, das fast bis zur Geburtsreife ausgebildet ist: Hemitherium [Roux[3])]. Es ist ein solches vorderes halbes Kalb beobachtet worden,

---

[1]) Roux: Terminologie, S. 2. 1912.
[2]) Schwalbe: Arch. f. Entwicklungsmech. Bd. 30, S. 246. 1910.
[3]) Roux: Terminologie 1912.

wodurch das Vermögen der Selbstdifferenzierung eines halben Säugetiers bewiesen ist. Diesem Ei hat also auch das Vermögen der Postgeneration gefehlt.

Steinitz[1]) hat in experimentellen Untersuchungen am Frosch gezeigt. daß „das Prinzip der abhängigen Differenzierung in der Entwicklung des Organismus erst bei vorgeschrittener Organdifferenzierung in den Vordergrund tritt". Wäre also die Hertwigsche Theorie der Biogenesis richtig, so müßte die Wirkung des Gesamtorganismus, die ja die Förderung der Anlagen bewirkt, gerade beim erwachsenen Organismus die bedeutendste Rolle spielen. Gerade hier müßte dann also, wenn ein Organ in Verlust gerät, die schlummernde Anlagepotenz in anderen Zellen in einer Weise geweckt werden, wie zu keiner Zeit der embryonalen Entwicklung. Die Tatsachen zeigen das diametrale Gegenteil: Obwohl die gegenseitige Beeinflussung, Korrelation der Organe und Organtätigkeiten beim ausdifferenzierten Organismus am allergrößten ist, sehen wir hier von einer Förderung schlummernder Potenzen und Organanlagen *gar nichts!*

Je mehr aber in den frühen Stadien der embryonalen Entwicklung bereits die einzelnen Embryonalzellen durch Selbstdifferenzierung sich entwickeln, um so mehr muß ihre Regulationsfähigkeit eingeschränkt sein, da eine totipotente Embryonalzelle, die sich ganz unabhängig von anderen Embryonalzellen weiter entwickeln würde, eben einen ganzen Embryo geben müßte, eine Tatsache, die für die Betrachtung pathologischer Entwicklungsvorgänge von der allergrößten Bedeutung ist. Diese ganzen Abhängigkeitsverhältnisse sind bereits von Roux klar betont worden, der hervorhebt, daß „bei den höheren Tieren die normale Entwicklung fester mechanisiert, typischer geworden ist". „Offenbar", fügt Child[2]) hinzu, „sind die harmonische Selbstdifferenzierung von Teilen und die Begrenzung der Regulationsfähigkeit, die eine Selbstdifferenzierung ermöglicht, die Hauptfaktoren einer solchen Mechanisierung. Ohne die Begrenzung der Regulationsfähigkeit wäre aus der Selbstdifferenzierung eine Polyembryonie geworden."

Freilich dürfen wir diese Mechanisierung der Entwicklung nicht als eine gar zu starre ansehen und insbesondere auch nicht auf die frühesten Embryonalstadien aller Organismen ausdehnen.

Die quantitative Regenerationsfähigkeit der einzelnen Entwicklungsstadien ist für uns hier von geringerer Bedeutung, von größter Wichtigkeit dagegen ist es, daß wirklich auch die qualitative Regenerationsfähigkeit eine mit der fortschreitenden Entwicklung immer stärker hervortretende Beschränkung und Einengung erfährt. Viele tatsächliche Beweise für diese Anschauung haben wir bereits angeführt, aber wegen der ungewöhnlichen und grundsätzlichen Bedeutung für die Pathologie will ich noch einmal kurz auf einen der wichtigsten Grundversuche eingehen. Wir verdanken ihn den ausgezeichneten Untersuchungen von Morgan und Driesch am Echinidenei. Während hier noch jede Zelle der Blastula die Fähigkeit der Entodermbildung besitzt, hat im Augenblick, wo die Differenzierung des Entoderms begonnen hat, der gesamte übrige Teil der Blastula die Fähigkeit der Entodermbildung verloren. „Am abgefurchten Echinidenei", schreibt Driesch[3]), „vermag also jede Zelle Ausgang der Entodermbildung zu werden: ist aber die erwähnte Differenzierung eingeleitet, so sind Ektoderm und Entoderm voneinander unabhängige Gebilde." Diese Unabhängigkeit geht so weit, daß die beiden Keimblätter hier in gar keiner Weise mehr füreinander

---

[1]) Steinitz: Arch. f. Entwicklungsmech. Bd. 20, S. 537. 1906.
[2]) Child, Ch.: Physiologische Isolation. W. Roux, Vortr. üb. Entwicklungsmech. H. 11, S. 57. 1911.
[3]) Driesch, H.: Analytische Theorie, S. 247; zitiert nach C. Herbst: Formative Reize, S. 14. 1901.

eintreten können, was sie noch ganz kurz vorher sehr wohl vermochten. Driesch[1]) schreibt: „Wenn man in dem Augenblick, in dem das Material für den künftigen Darm bereits aufs deutlichste im Blastoderm markiert, aber noch nicht in Form einer Röhre eingewachsen ist, die obere Hälfte der Larve von der unteren durch einen äquatorialen Schnitt abtrennt, so erhält man vollständige Larve nur von demjenigen Teil, welcher die Anlage des Entoderms besitzt, während der andere Teil zwar ebenfalls in seiner Entwicklung fortschreitet, aber nur ektodermale Organe bildet. Auch das isolierte Entoderm ist nur zur Bildung solcher Organe befähigt, welche normalerweise von ihm abstammen." Derselbe Vorgang, der sich hier bei der Bildung von Ekto- und Entoderm aus der Blastula hat nachweisen lassen, vollzieht sich nun mit jedem weiteren Generationsstadium der Entwicklung.

Etwas vollkommen Sicheres über diejenigen Faktoren, welche diese eigenartige, geradezu plötzliche Einschränkung der Entwicklungsfähigkeiten der Blastulazellen hervorrufen, wissen wir nicht. Man kann sich von diesem plötzlichen Potenzverlust verschiedene Vorstellungen und Bilder machen, aber es bleiben eben nur Bilder, und es wäre von größter Bedeutung, wenn es gelänge, einen tieferen Einblick in diese Vorgänge zu gewinnen. Wie dem aber auch sei, für uns ist die absolut feststehende Tatsache des Potenzverlustes das Wesentliche (was uns auch die Hertwigsche Theorie der Biogenesis widerlegt). Diese Tatsache des fortschreitenden Potenzverlustes ist für die Pathologie von grundlegender Bedeutung.

Zunächst sind alle Zellen des Ektoderms fähig, alle Organe dieses Keimblatts zu bilden, und mit jeder weiteren inäqualen differenzierenden Zellteilung werden die einzelnen Potenzen (wir nehmen an mit den Determinanten) auf die einzelnen Zellen verteilt. „Zunächst", schreibt Fischel[2]), „sind alle Teile des Ekto- und Entoderms totipotent in Hinsicht auf das Keimblatt, dem sie angehören, d. h. bis zu einem gewissen Stadium kann aus irgendeinem beliebigen Teile eines Keimblattes sich jedes Gebilde entwickeln, das sich aus diesem Keimblatt überhaupt zu entwickeln vermag." „Ektoderm und Entoderm", schreibt Driesch[3]), „besitzen im Vergleich zueinander verschiedene Potenzen. Diese Beziehungen scheinen für alle Elementarorgane zu gelten: alle Elementarorgane sind ‚äquipotentiell', in sich selbst, haben aber verschiedene Potenzen im Vergleich zueinander. Die Potenz des Entoderms und Ektoderms sind beide, mit der Potenz des Blastoderms verglichen, nicht nur spezialisiert, sondern auch beschränkt. Diese Art der Beschränktheit wird immer deutlicher, je weiter die Ontogenie fortschreitet, die ‚ultimären' Elementarorgane besitzen schließlich gar keine prospektive Potenz mehr." So könnte schließlich in den vollkommen fertig differenzierten Zellen die prospektive Potenz völlig erloschen sein.

In frühen Stadien ist das ganze Ektoderm fähig, Linsengewebe zu bilden, ja auch andere Teile des Auges können linsenartige Bildungen (Lentoide) erzeugen (Wolff, Fischel, Spemann). Wenn wir kleine Bezirke von Pankreasgewebe in der Magenschleimhaut, im Darm, an der Spitze des Meckelschen Divertikels [Eugen Albrecht[4])] zuweilen finden, so führen wir das heute nicht auf Keimversprengung zurück, sondern darauf, daß das Entoderm in einer bestimmten, man kann sagen kritischen Periode der embryonalen Entwicklung in ausgedehnten

---

[1]) Driesch, H.: Philosophie des Organischen, Bd. I, S. 81. 1909.
[2]) Fischel, A.: Differenzierung der Keimblätter. Arch. f. Entwicklungsmech. Bd. 30, S. 40. 1910.
[3]) Driesch, H.: Philosophie des Organischen, Bd. I, S. 83. 1909.
[4]) Albrecht: Diskussion zu F. Schlagenhaufer. Dtsch. pathol. Ges., 5. Tagung, S. 212. Karlsbad 1903.

Bezirken die Anlagen, Potenzen zur Pankreasbildung besessen hat und hier nun pathologischerweise durch irgendwelche unbekannten Faktoren diese Potenzen an abnormer Stelle zur Entfaltung gebracht worden sind. Ich habe mit meinem Schüler Bert[1]) nachweisen können, daß in der näheren und weiteren Umgebung des Vorderdarms cystische Bildungen verschiedener Entwicklung und Differenzierung bis herauf zur ausgebildeten Nebenlunge vorkommen, die sich alle vom embryonalen Vorderarm der verschiedenen Entwicklungsstufen ableiten. Wenn wir sehen, daß sich ein typisches Adamantinom im Bereich der Tibia entwickeln kann [B. Fischer[2])], so können wir nunmehr diese sonst absolut unverständliche Bildung von einem embryonalen Ektodermkeim ableiten, der aus jener Entwicklungsperiode stammt, wo die Potenz der Zahnsäckchenbildung noch im gesamten äußeren Keimblatt vorhanden war. Auch das typische maligne Chorionepitheliom im Hoden des Mannes [A. Stärk[3])] findet so seine Erklärung: das Ektoderm des Embryoms besitzt noch die Fähigkeit der Entwicklung von typischem Chorionepithel.

So sehen wir denn in der menschlichen Pathologie, wie schließlich die Zellen des erwachsenen Körpers auch unter pathologischen abnormen Bedingungen nur noch sehr stark eingeschränkte Entwicklungspotenzen entfalten können. So können sich die Zellen der Bowmannschen Kapsel im Glomerulus der Niere bei entzündlichen und Regenerationsvorgängen wohl noch etwas umbilden und Strukturen annehmen, die den Harnkanälchen entsprechen. So können die Zellen der Talgdrüsen Plattenepithel bilden, aber das Umgekehrte ist bereits nicht mehr möglich.

Diese Einengung der Entwicklungspotenzen geht nun vielfach einher oder vielleicht sogar regelmäßig und gesetzmäßig einher mit einer Einschränkung der Regulationsfähigkeit und mit einer Einschränkung der Teilungsfähigkeit, der Wucherungsfähigkeit. Aus den polypotenten Embryonalzellen werden schließlich bipotente und im erwachsenen Organismus unipotente und monovalente Zellen, deren Endstadium, wie z. B. bei der Ganglienzelle, eine apotente Zelle ist, d. h. eine Zelle, die so differenziert ist, daß sie einer Teilung überhaupt nicht mehr fähig sind [vgl. C. v. Kupffer[4])]. Nicht nur die qualitative Regenerationsfähigkeit, sondern auch die quantitative nimmt mit der fortschreitenden Differenzierung ab. Es ist daher keine Hypothese, sondern geht direkt und unmittelbar aus allen Beobachtungen hervor, daß das von Daniel Rosa[5]) aufgestellte Gesetz richtig ist: Mit zunehmender Differenzierung nimmt die Variabilität ab.

Aus unserer Darstellung der Differenzierungsvorgänge geht unmittelbar hervor, daß, wenn all dies richtig ist, auch Determinanten, Potenzen der Zelle, die einmal verlorengegangen sind, bei der fortschreitenden Teilung nicht wieder auftreten können in den Tochterzellen dieser Zelle. Eine Rückdifferenzierung in dem Sinne, daß verlorengegangene Qualitäten wieder von der Zelle erworben werden könnten, gibt es danach nicht. Diese Tatsache wird, wie wir sehen werden, für die histogenetische Geschwulstforschung von Bedeutung sein.

Darüber kann jedenfalls gar kein Zweifel sein, daß die Erfahrungen der Regeneration der Gewebe bei dem erwachsenen Säugetier sowie aller Experimente und aller pathologischen Prozesse bei demselben Objekt den Potenzverlust der

---

[1]) Bert u. B. Fischer: Frankfurt. Zeitschr. f. Pathol. Bd. 6, S. 27. 1911.
[2]) Fischer, Bernh.: Frankfurt. Zeitschr. f. Pathol. Bd. 12, S. 422. 1913.
[3]) Stärk, A.: Frankfurt. Zeitschr. f. Pathol. Bd. 21, S. 142. 1918.
[4]) Kupffer, C. v.: Über Energiden und paraplastische Bildungen, S. 22. Rektoratsrede München 1898.
[5]) Rosa, Daniel: Progressive Reduktion der Variabilität. Jena 1903; zitiert nach v. Hansemann: Descendenztheorie, S. 166. 1909.

differenzierten Gewebe direkt beweisen. Selbst so entschiedene Gegner dieser Lehre wie KROMPECHER (der auf Grund von Geschwulststudien die Spezifität der Gewebe ablehnt) kommen zu dem Schluß, daß die direkte Beobachtung die Umwandlung der einzelnen Zellarten in andere nicht nachweisen lasse. Wir müssen das Gegenteil betonen und sagen, daß die direkte Beobachtung die Lehre von der unipotenten Differenzierung der Zelle direkt beweist. Wir schließen uns v. HANSEMANN[1]) vollkommen an: ,,Wir kommen also auf dem Wege der direkten Beobachtung zu dem Satz, der von BARD[2]) auf Grund mehr theoretischer Betrachtungen aufgestellt wurde: Omnis cellula e cellula ejusdem generis.''

Es ist zwar selbstverständlich, muß aber gegenüber endlosen falschen Auslegungen in der Literatur immer wieder betont werden, daß dieser Satz sich lediglich auf ganz bestimmte Entwicklungsstadien und ganz bestimmte Arten bezieht. Jede Verallgemeinerung, als ob dieses Gesetz für alle Entwicklungs- und Differenzierungsvorgänge gelte, ist sinnlos. Insbesondere hat dieser Satz für niedere Tiere und auch für die Embryonalstadien der Wirbeltiere keine Bedeutung, kann sie auch nicht haben, da es dann ja überhaupt keine Entwicklung geben würde.

Zweiter Abschnitt.

Die Metaplasie.

I. Begriff und Vorkommen.

Unter Metaplasie verstehen wir ,,die Umbildung eines wohlcharakterisierten Gewebes in ein anderes, ebenfalls wohlcharakterisiertes, aber morphologisch und funktionell von jedem verschiedenes Gewebe'' (ORTH, 1909). A. FISCHEL, 1912, nennt Metaplasie die ,,Potenzentfaltung an abnormer Stelle''.

Derartige Umdifferenzierungen oder Fehldifferenzierungen wären nach der HERTWIGschen Theorie der Biogenesis nur möglich, falls ein Bedürfnis des Gesamtorganismus vorliegt, da ja alle Differenzierung nur abhängig von den Gesamteinflüssen eintritt, entfaltet und geweckt wird. Liegen derartige Einflüsse vor, so müßte andererseits nach derselben Theorie die Umdifferenzierung stets und ausnahmslos eintreten, da ja die Potenzanlagen in allen Zellen vorhanden sind und nur geweckt, gefördert zu werden brauchen.

In Wirklichkeit sehen wir, daß die Natur in beiden Fällen das Gegenteil zeigt: Wo Umdifferenzierungen, Erweckung von Anlagen durch die Bedürfnisse des Gesamtorganismus unbedingt verlangt werden, treten sie nicht auf, selbst im Stadium des funktionellen Reizlebens nicht, wo ja die Korrelation der Organe am innigsten ist und die abhängige Differenzierung das ganze Formgeschehen beherrscht. Aber an den Stellen, wo eine Umdifferenzierung durch die Bedürfnisse des Gesamtkörpers überhaupt nicht erwünscht ist, ja wo sie oft genug schädlich ist, gerade da können wir sie beobachten — alles Tatsachen, die mit der Theorie der Biogenesis in unlösbarem Widerspruche stehen.

Tatsächlich sehen wir auch bei den Wirbeltieren und beim Menschen zuweilen typisch differenzierte Gewebsarten an Körperstellen auftreten, wo sie sonst nicht vorkommen, und die Erklärung solcher Beobachtungen hat man in der Lehre von der Metaplasie gegeben. Wenn in einer Arterienwand oder in einer verkalkten Lymphdrüse typische Knochenbälkchen mit Knochenmark, wenn in der Bronchialschleimhaut, der Uterusschleimhaut, dem Nierenbecken typisches

---

[1]) HANSEMANN: Spezifität, S. 37. 1893.
[2]) BARD: Arch. de physiol. Bd. 7, Ser. 3, S. 406. 1886.

verhornendes Plattenepithel, wenn in der Oesophagusschleimhaut Inseln von Cylinderepithel gefunden werden, so sollen diese Gewebsdifferenzierungen durch Metaplasie entstanden sein. Der Begriff stammt von Virchow[1]), der auch die einfachsten Erklärungen dafür gab und annahm, daß das Gewebe unter Persistenz der unveränderten Zellen durch Änderung der Zwischensubstanz sich in das andere Gewebe umwandelt, daß also z. B. die hyaline und fibrilläre Bindegewebssubstanz sich durch Aufnahme von Kalksalzen in Knochenbälkchen umwandeln, wobei ohne weiteres die ursprünglichen Bindegewebszellen zu Knochenzellen werden. Es ist fraglich, ob eine derartige direkte Umwandlung eines Gewebes beim Menschen noch vorkommt, wenn ja, so jedenfalls in sehr beschränktem Umfange und vielleicht nur in dem eben erwähnten Beispiele der Umwandlung hyaliner Bindegewebsmassen in Knochen, wobei es dahingestellt sein mag, ob der so entstandene Knochen alle wesentlichen Eigenschaften echter Knochensubstanz besitzt.

Wir müssen uns darüber klar sein, daß die Gewebsspezifität sich in einer ganzen Reihe verschiedener Richtungen geltend machen muß. Das Wesentlichste und ihre Grundlage erblicken wir in der, der direkten Beobachtung entzogenen Metastruktur, die sowohl die Differenzierungspotenzen wie die spezifische funktionelle Metastruktur umfaßt. Unser Urteil über die Gewebsspezifität müssen wir dagegen aufbauen auf der histologisch nachweisbaren Struktur. Alle diese Strukturen und Metastrukturen sind vorzugsweise physikalischer Art bzw. physikalisch-chemischer Natur. Außerdem aber zeigt sich die Gewebsspezifität einer Zelle in ihrem chemischen Aufbau. Wir können mit Sicherheit heute sagen, daß jede spezifische Gewebszelle, jede besondere Zellart mit besonderer Funktion auch besonders geartete, spezifisch gebaute Zellbestandteile besitzt [Abderhalden[2])]. Dies zeigt sich in der strengen Spezifität der Gewebszellfermente, zeigt sich auch in sonstigen chemischen Eigenschaften, z. B. in den meist für jedes Organ charakteristischen Lipoiden (Fraenkel u. a.).

Bevor wir uns aber bei der Beobachtung einer ortsfremden Gewebsart zur Annahme einer Metaplasie überhaupt entschließen dürfen, ist festzustellen, ob der Befund nicht auf einer primären Entwicklungsanomalie, d. h. einer Gewebsmißbildung, beruht. Zahlreiche Fälle solcher Art wurden früher als Metaplasie aufgefaßt, bis man ihren Charakter als Gewebsmißbildung erkannte und sie dann als Heteroplasien bezeichnete. Diese Gewebsmißbildungen werden wir später besprechen.

Alle ortsfremden Gewebsbefunde kann man aber nicht in dieser Weise erklären. Es ist auch für den Menschen ganz sicher, daß „Potenzentfaltungen an abnormer Stelle" unter pathologischen Verhältnissen auftreten. Die Voraussetzung hierfür ist natürlich einerseits, daß solche Potenzen in dem Gewebe an Ort und Stelle vorhanden sind, andererseits, daß diese latenten Potenzen durch irgendwelche Einflüsse aktiviert werden. Diese Aktivierung kann auch durch äußere Faktoren, äußere Schädigungen bewirkt werden.

II. Nachweis latenter Differenzierungspotenzen.

Alle Erörterungen über die Metaplasie müssen daher auf die latenten Potenzen der Gewebszellen zur Ausbildung anderer Gewebsarten, d. h. also auf eine der wichtigsten und grundsätzlichen Fragen der Entwicklung und Differenzierung des Körpers überhaupt zurückgehen. Aus diesem Grunde sind alle Erörterungen über die Differenzierungspotenzen und die Metaplasie sinnlos, die nicht die Tier-

---

[1]) Virchow, R.: Die Cellularpathologie. Berlin: Hirschwald 1871.
[2]) Abderhalden: Münch. med. Wochenschr. 1913, S. 1386.

art und das Entwicklungsstadium berücksichtigen, sondern allgemeine Gesetze für die organische Welt aufstellen wollen. Das Gesetz von der Spezifität oder der Spezifikation der Gewebe hat einen vollkommen relativen Inhalt, der für jede Tierart und jedes Entwicklungsstadium anders lautet.

Für die Pathologie sind diese Gesetze deshalb von besonderer Bedeutung, weil die latenten Entwicklungspotenzen ja gerade solche sind, die unter abnormen, d. h. also pathologischen Verhältnissen in die Erscheinung treten, sichtbar werden. Wir müssen also, wollen wir die Entwicklungspotenzen von Zellen und Geweben in ihrem vollen Umfange aufdecken, unter abnormen Bedingungen beobachten oder selbst solche abnorme Bedingungen schaffen. Der methodische Weg hierfür ist bisher im wesentlichen die experimentelle Setzung von Defekten, d. h. die künstliche Aktivierung der Regenerationsfähigkeit der Gewebe. Denn die Regeneration ist nichts anderes wie eine neue Entwicklung, und die Beobachtung bestätigt die Annahme, daß hierbei die latenten Entwicklungspotenzen tatsächlich geweckt werden. Natürlich bleibt der Einwand bestehen, daß unter *anderen* abnormen Bedingungen noch weitere Entwicklungspotenzen der Gewebe zum Vorschein kommen würden. Dieser Einwand ist tatsächlich von HERTWIG erhoben worden, und da die Zahl der denkbaren, ja der möglichen pathologischen Bedingungen und Bedingungskombinationen unermeßlich ist, so läßt sich dieser Einwand überhaupt niemals widerlegen. Trotzdem brauchen wir ihm, wie ich glaube, keine große Bedeutung zuzumessen. Die in der Natur vorkommenden abnormen Bedingungen sind so zahlreich, daß sie wohl ausreichen dürften, um alle wirklich vorhandenen latenten Potenzen gelegentlich zur Entwicklung zu bringen. Andererseits sehen wir, daß auch unter den von uns künstlich geschaffenen abnormen Bedingungen die Entwicklungspotenz der Zellen und Gewebe bei den verschiedenen Tierarten sich als höchst verschieden erweist, und wir können also zum mindesten mit absoluter Sicherheit behaupten, daß diese Unterschiede bei gleicher Versuchsanordnung Gültigkeit haben.

Wir sahen bereits, daß über die Potenzen, welche der einzelnen Körperzelle von der Eizelle her verblieben sind, uns die morphologische Betrachtung keinen unmittelbaren Aufschluß geben kann. Erst die experimentelle Veränderung der Lebensbedingungen kann hier Aufklärung bringen. Den Potenzgehalt einer Zelle bestimmen wir also danach, wie sie unter pathologischen oder abnormen Bedingungen reagiert, in erster Linie aus ihrem Verhalten bei der Regeneration. Eine Entdifferenzierung, d. h. ein Verlust der spezifischen Strukturen, die die Zelle bei der Differenzierung des Gesamtkörpers gebildet hat, kann nicht zur Erwerbung solcher Potenzen führen, die bereits tatsächlich verlorengegangen sind. Es können nur diejenigen ihre Wirksamkeit wieder entfalten, welche überhaupt noch in der Zelle vorhanden waren. Die Entdifferenzierung führt niemals zur Neuerwerbung von Determinanten, welche bereits im Laufe der Entwicklung verlorengegangen waren.

Für die Krankheitslehre sind diese Verhältnisse von besonderer Wichtigkeit, denn gerade bei abnormen Zuständen, bei regenerativen Prozessen wird die Folge jeder Schädigung und die Möglichkeit der Ausheilung, der Grad der Regeneration in allererster Linie davon bestimmt sein, welche Potenzen noch schlummernd in denjenigen Zellen vorhanden sind, die eine Regeneration überhaupt noch übernehmen können. Aus der früheren Darstellung ergibt sich schon, daß bei Zellen, die vollkommen apotent geworden sind, wie z. B. der Ganglienzelle, irgendeine Regeneration von diesen Zellen aus überhaupt nicht zu erwarten ist. Regenerationen könnten hier nur dann eintreten, wenn noch nicht vollkommen ausdifferenzierte Ganglienmutterzellen als Reservematerial im Organismus vorhanden wären. Die in den Zellen vorhandenen, in letzter Linie von der

Eizelle sich ableitenden Potenzen, Determinanten, bestimmen in letzter Linie nicht nur die Qualität, sondern sogar die Quantität der regenerativen Veränderungen. Weigert[1]) schreibt: „Je nachdem Vollkeimplasma oder Partialkeimplasma vorhanden ist, und bei letzterem wieder, je nachdem die Zersplitterung der Anlagen des Keimidioplasmas mehr oder weniger weit fortgeschritten ist, werden mehr oder weniger Potenzen ‚implizit‘ vorhanden sein und werden mehr oder weniger weitgehende Regenerationen bei Fortfall von Wachstumshindernissen eintreten. In diesen Potenzen liegt auch der Hauptgrund für die ‚Beendigung‘ des Regenerationsvorganges.“

Aus dieser Auffassung ergibt sich, daß **in keinem Falle Fremdes aus Fremdem entsteht.** Schon im Jahre 1912 wies Nusbaum[2]) darauf hin, daß die von Driesch als Beweis einer stark heterogenetischen Entwicklung beschriebenen Regenerationen des Clavellinakörpers „nicht merkwürdiger als die längst bekannte Regenerationsfähigkeit, z. B. eines Polychäten oder eines Oligochäten, sind, wo jedes Kopffragment oralwärts und caudalwärts regeneriert“. Zudem zeigte Nusbaum, daß die Auffassung von Driesch unhaltbar war, weil einerseits die Stolonen von Clavellina, aus denen die Regeneration erfolgt, alle Gewebsarten und Produkte aller Keimblätter enthalten und weil vor allem die beschriebenen Regenerationen keiner exakten histogenetischen Untersuchung unterworfen worden waren. Wie berechtigt dieser Einwand war, hat inzwischen Schaxel[3]) gezeigt, der durch genaue Untersuchung nachwies, daß die Regeneration bei Clavellina von embryonal gebliebenen Zellen aus, die also den gesamten Potenzapparat der Eizelle enthalten, erfolgt. Es liegt also keinerlei Umbildung einer ausdifferenzierten Gewebszelle zu ganz anderen Gewebsarten vor.

Als allgemeine Regel folgert Nusbaum aus seinen Untersuchungen, daß die metaplastische Potenz der Gewebe im umgekehrten Verhältnis zum Differenzierungsgrade derselben steht. Ganz ausdifferenzierte Zellen haben häufig auch bei niederen Tieren jede Fähigkeit zur Umdifferenzierung verloren, und Nusbaum betont, daß im ganzen Tierreich kein einziges Beispiel einer metaplastischen entwicklungsmechanischen Potenz des Nervengewebes, einer Fähigkeit, in andere fremdartige Gewebsarten überzugehen, bekannt ist. Bei den nervösen Elementen schreitet also ganz allgemein der Differenzierungsprozeß am stärksten bis zur Unipotenz und Monovalenz fort.

Im allgemeinen sehen wir dasselbe auch bei der quergestreiften Muskulatur. Nur dann sehen wir hier ein anderes Verhalten, wenn die Muskelzelle nur eine sehr geringe, niedrige, strukturelle Differenzierung, dagegen eine große Masse von undifferenziertem Sarkoplasma enthält. Solche Primitivmuskelzellen können noch totipotent sein und z. B. Hodenzellen entwickeln (Muskelzellen des Cestoden Moniezia expansa, Child).

Die größten metaplastischen Fähigkeiten findet auch Nusbaum bei den am wenigsten differenzierten Geweben, den Epithelien und dem mesenchymatischen Bindegewebe.

So zeigen denn alle Beobachtungen, daß großartige Metaplasien ganz ausschließlich nur dann eintreten, wenn es bei dem Differenzierungsprozeß zu keinem Potenzverlust gekommen ist. Sind die Anlagen vorhanden, so können die denkbar größten Metaplasien durch die Regeneration hervorgerufen, es können dann „die schlummernden entwicklungsmechanischen Potenzen“ durch die

---

[1]) Weigert: Gesammelte Abhandlungen, Bd. I, S. 329. 1906.
[2]) Nusbaum: Die entwicklungsmechanisch-metaplastischen Potenzen der tierischen Gewebe. Roux’ Vortr. z. Entwicklungsmech. H. 17. Leipzig 1912.
[3]) Schaxel: Verhandl. d. dtsch. zool. Ges., Freiburg 1914, S. 122.

Regeneration geweckt werden, wie z. B. bei Lineus lacteus die Wanderzellen des Mesenchyms den ganzen Darmkanal, Epithel und Muskelfasern aufbauen können [Nusbaum und Oxner[1])].

Das Erwachen schlummernder Potenzen durch die Regeneration wird am allerschönsten gezeigt durch die regenerativen Prozesse beim Embryo. Der Zwang zur Regeneration weckt diese Potenzen, und so kommt es zur typischen *Postgeneration* nach Roux. Am Froschei können verkleinerte Halbbildungen aus halben Eiern entstehen (Roux). Daneben können sich aber auch noch Halbbildungen durch nachträgliche Umdifferenzierung ihrer bereits entfalteten Zellen zu Ganzbildungen umgestalten. Da es sich aber hier um embryonale Zellen handelt, ist die direkte Umdifferenzierung verständlich. Unter dem Einfluß des regenerativen Reizes ordnen sich die Zellen anders und schlagen jetzt einen anderen Weg der Entwicklung und Differenzierung ein, als wie sie ihn sonst eingeschlagen haben würden. Laquer[2]) sagt ausdrücklich, daß das Vorkommen von Postgeneration rückhaltlos zu bejahen sei, sofern darunter „verspätete Entwicklung" (Roux) von abnormerweise zunächst unentwickelt gebliebenen Eiteilen verstanden wird. Die Postgeneration ist also nach Laqueur atypische Entwicklung, die mit Prozessen der Regeneration viel Ähnlichkeit hat und sowohl unter Neubildung von Zellen (Sprossung) wie unter Umordnung und Umdifferenzierung von Zellen verläuft. Er kommt durch seine Untersuchungen in Übereinstimmung mit Roux zu dem Schluß, „daß Halbbildungen sich auch durch nachträgliche Umdifferenzierung ihrer bereits entwickelten Zellen zu Ganzbildungen umbilden können".

Der Gesamtorganismus hat den wesentlichsten Einfluß auf diese Art der regenerativen Postgeneration. „Eine Umdifferenzierung hat nur im Anschluß an bereits differenzierte Zellen statt, von denen also wohl ein differenzierender Einfluß ausgehet" [Laquer[2])]. Hier hätten wir also wirklich eine Art echter Metaplasie, aber wie schon hervorgehoben, handelt es sich hier um embryonale Zellen. Eine Gewebsdifferenzierung im engeren Sinne haben diese Zellen noch nicht. Sie zeigen nur bereits gewisse Anordnungen und Strukturen des embryonalen Entwicklungsstadiums und können offenbar durch den regenerativen Reiz diese Strukturen verlieren und so wieder ganz unentwickelte Zellen werden. Der Einfluß des Gesamtorganismus, eines Organisators nach Spemann, eines Differenzierungsfeldes zwingt sie dann, sich in einer anderen als der sonst vorgeschriebenen Richtung zu entwickeln und zu differenzieren. Das ist aber nur deshalb möglich, weil sie sämtliche Potenzen noch haben, die hierzu erforderlich sind.

Für die Auslösung der entwicklungsmechanisch metaplastischen Gewebspotenzen spielt sicherlich die Aufhebung der Korrelation zwischen den Organen und Teilen des Körpers eine sehr große formative Rolle (Child, Nusbaum). Selbst bei dem so ungeheuer regenerationsfähigen Lineus lacteus bildet sich der neue Darm bei der Regeneration stets vom alten, solange noch Reste desselben da sind. Erst wenn auch diese fehlen, übernimmt das Mesenchym die Darmbildung. Und genau so verwandeln sich hier die Mesenchymzellen nicht eher in Muskelfasern, solange noch alte Muskelfasern da sind.

Weiterhin hängen aber Qualität und Quantität des Regenerates nicht allein von denjenigen Determinanten ab, die noch in der Zelle vorhanden sind, sondern dies alles wird auch noch vom Gesamtorganismus' beeinflußt, determiniert. Die schlummernden Potenzen müssen erst geweckt werden, und Bedürfnis,

---

[1]) Nusbaum u. Oxner: Arch. f. Entwicklungsmech. Bd. 35, S. 302. 1913.
[2]) Laqueur: Teilbildung aus dem Froschei und ihre Postgeneration. Arch. f. Entwicklungsmech. Bd. 28, S. 327. 1909.

besonders Stoffwechsel des Gesamtorganismus wie des defekten Organs sind die wichtigsten Realisationsfaktoren, entsprechend der am ausdifferenzierten Organismus vorherrschenden abhängigen Differenzierung (Roux' Periode des funktionellen Reizlebens). Viele Regenerationen sind nur aus dieser Rücksicht auf das Gesamte, auf die Einheit des Organismus verständlich und sind keineswegs immer durch Neubildung von Zellen und durch Ersatz von verlorengegangenen Zellen charakterisiert. Wenn ein Organismus einen Verlust einzelner Teile erleidet, so geht gewöhnlich der Ersatz dieser Teile vom Orte der Wunde aus, die durch die Störung gesetzt wurde, wir sprechen dann von *einfacher Regeneration*. Vollzieht sich aber der ersatzbildende Prozeß in einiger Entfernung in einem bestimmten Abstand von der Wunde, so reden wir mit Driesch[1]) von *adventiven Prozessen*. Diese adventiven Prozesse beweisen, daß die Ursache der Restitutionen nicht einfach in der durch die Operation bedingten Entfernung mechanischer Wachstumshindernisse (Weigert) gegeben ist.

Daß der Verlust der spezifischen Differenzierung einer Zellgruppe keineswegs eo ipso bei der Regeneration zum Auftreten oder Wiederauftreten ontogenetisch älterer und umfassender Potenzen führt, wird durch einige Experimente auch bei niederen Tieren direkt bewiesen. „Wenn man Augen von Salamandra maculosa (und Triton alpestris) samt der umgebenden Haut ausschneidet und in die Nackengegend eines zweiten Tieres derselben Art transplantiert, so stellen sich an dem Auge zunächst Degenerationsprozesse ein, und die am höchsten differenzierten Zellen, die Sehzellen, verschwinden ganz. Es vollzieht sich also nach dem gewöhnlichen Sprachgebrauch eine Entdifferenzierung. Nach mehreren Wochen tritt jedoch Wiederherstellung aller typischen Strukturen ein, selbst die Retina wird ganz wiederhergestellt[2]).“ Wir sehen hier also, daß das Auge dieser Tiere tatsächlich nur mehr die Determinanten der Augenbildung enthält. Es tritt infolge der Operation eine ausgedehnte Zerstörung des ganzen Organs ein, die spezifischen Strukturen verschwinden fast vollkommen, aber die Rückbildung hat keinerlei ältere Potenzen aktiviert, die Zellen enthalten nur die Determinanten für die Augenbildung, und so wird wiederum bei der Regeneration ein richtiges Auge gebildet. Für die Pathologie und insbesondere für die Geschwulstlehre ist es also von der größten Wichtigkeit, zu wissen, wieweit die spezifische Differenzierung einer Körperzelle während der ontogenetischen Entwicklung geht, welche in ihr schlummernden Potenzen überhaupt noch geweckt werden können. Wie gezeigt, gibt es hierüber keine allgemeinen Gesetze, und daher bleibt gar kein anderer Weg übrig, als für jede einzelne Art experimentell nachzuweisen, wieweit die Differenzierung bei der ontogenetischen Entwicklung fortschreitet, wie groß die Einschränkung der Potenzen der Körperzelle des erwachsenen Organismus geworden ist.

Zur Aufklärung all dieser Verhältnisse bedarf es vor allem auch der genauen Analyse pathologischer Vorgänge und eingehender kausalanalytischer Experimentalforschung. Das Experiment klärt uns darüber auf, welche Formbildungsmöglichkeiten noch in einer bereits differenzierten Zelle schlummern. Die Morphologie kann uns leider in all diesen Fragen vielfach nur Hinweise, Anregungen geben.

Neben diesen regenerativen Fähigkeiten der einzelnen Zellen des fertig differenzierten Organismus ist für alle Differenzierungsfragen und für die Pathologie die Frage wichtig, wie schon unter physiologischen Verhältnissen der Ersatz verlorengegangener Zellen vom Körper ausgeführt wird.

---

[1]) Driesch, H.: Philosophie des Organischen, Bd. I, S. 111. 1909.
[2]) Uhlenhuth, Eduard: Die Transplantation des Amphibienauges. Arch. f. Entwicklungsmech. Bd. 33, S. 741. 1912.

Da sehen wir zunächst in zahlreichen Geweben und Organen Zellen oder ganze Zellzonen auftreten, die noch unentwickelt sind, die Indifferenzzonen oder *Cambiumzellen*, die bei dem Verlust der spezifisch differenzierten Zellen sich vermehren, in die Lücke treten und sich in typischer Weise ausdifferenzieren. Die voll ausdifferenzierten Zellen dagegen sind nicht fähig, die Lücken auszufüllen. Driesch[1] schreibt hierüber: „Solche Zellen nämlich, die bereits ihre Histogenese beendet haben, sind ja meist nur fähig, ihre Größe adaptiv zu verändern, können sich meist aber nicht mehr teilen und können auch ihre histologischen Eigenschaften nicht mehr total umbilden; technisch gesprochen: sie können nur einer ‚Hypertrophie‘, aber nicht einer ‚Hyperplasie‘ assistieren. Jeder adaptive Wechsel eines Gewebes also, der eine Zunahme in der Zahl der Zellen oder einen wirklichen histogenetischen Prozeß einschließt, muß von ‚indifferenten‘ Zellen ausgehen.“ Dies bezieht sich natürlich in erster Linie auf so absolut differenzierte Zellen wie die Ganglienzellen, die keiner Teilung mehr fähig sind, und da hier bei den Ganglienzellen auch unentwickelte Vorstufen im Gehirn fehlen, so ist es klar, daß eine zugrunde gegangene Ganglienzelle beim erwachsenen Organismus (wir sprechen hier immer nur von den höher differenzierten, insbesondere den Wirbeltieren) nicht ersetzt werden kann. Ganz im allgemeinen kann man aber überhaupt sagen, daß die funktionelle Differenzierung einer Zelle vielfach die Fortpflanzungsfähigkeit derselben beschränkt oder ganz aufhebt. Wir müssen deshalb bei jedem Gewebe, das überhaupt regenerationsfähig ist, die *unentwickelten* **Cambiumzellen** und die **Funktionszellen** unterscheiden. Der Verlust der physiologischerweise zugrunde gehenden Funktionszellen wird hier stets ersetzt durch die wachsenden und sich wiederum differenzierenden Cambiumzellen. Aber auch in diesem Falle können wir noch eine absolute Differenzierung vor uns haben, denn diese Cambiumzellen besitzen vielfach nur eine Monovalenz und Unipotenz, sie sind nur mehr fähig, sich in *einer* Richtung, die von der Differenzierung festgelegt ist, zu entwickeln. In anderen Fällen zeigen dagegen die Beobachtungen der Regenerationen sowohl im Experiment wie unter pathologischen Verhältnissen und ebenso die pathologischen funktionellen Anpassungen, daß auch im Körper des Wirbeltieres noch Zellen vorhanden sind, die nicht absolut differenziert, nicht unipotent geworden sind. Bei den höher entwickelten, insbesondere den Wirbeltieren, sind die Körperzellen zum allergrößten Teile absolut differenziert, d. h. auch die Cambiumzonen der einzelnen Gewebe des erwachsenen Organismus sind fast regelmäßig nur noch unipotent, nur selten ist eine Polypotenz in einzelnen Zellen haften geblieben, und stets erstreckt sich diese Multipotenz auch nur auf nahe verwandte Zellelemente und Gewebe. So ist die Cambiumzone der Talgdrüse noch fähig, Plattenepithel zu bilden, aber nicht umgekehrt.

In anderen Fällen kann der *regenerative Prozeß auch von den bereits funktionell differenzierten Zellen* ausgehen, wenn diese Zellen die Teilungsfähigkeit noch nicht vollkommen verloren haben. Aber hier ist die funktionelle Differenzierung und Struktur der Zellteilung und Fortpflanzung derartig hinderlich, daß sie bei Einleitung dieser Zellteilung zerstört wird und verloren geht. Es zeigt sich hier in der Einzelzelle dasselbe wie für ganze Organismen bei niederen Tieren. Bevor aus einem abgetrennten differenzierten Teile des Organismus sich dieser ganze Organismus wieder regeneriert, gehen die spezifischen funktionellen Strukturen verloren, sie werden eingeschmolzen, und auf ihren Trümmern regenerieren dann embryonal gebliebene, omnipotente Zellen den ganzen Organismus. Dasselbe sehen wir bei den Einzelzellen der höher differenzierten Tiere. Soll eine

---

[1] Driesch, H.: Philosophie des Organischen, Bd. I, S. 183. 1909.

bereits hochdifferenzierte Zelle sich teilen, so zerstört sie zunächst ihre spezifische funktionelle Struktur, teilt sich und differenziert sich dann wieder von neuem. Hansemann[1]) schreibt: „Während der Zellteilung aber gehen alle diese besonderen Differenzierungen, die von der Funktion unmittelbar abhängig sind, verloren, ganz besonders auch diejenige der Nahrungsaufnahme, so daß man sagen kann, während der Zellteilung beschäftigt sich die Zelle mit nichts anderem als mit der Teilung. Man bekommt also während der Zellteilung gewissermaßen die ideale, von Äußerlichkeiten nicht beeinflußte Gestalt der Zelle zu Gesicht. Ähnlich wie die Protozoen sich vor der Teilung encystieren, ziehen die Gewebszellen Fortsätze ein, bilden einzelne Organe zurück und erlangen dadurch eine schärfere Abgrenzung gegen ihre Umgebung. An allen menschlichen Organen lassen sich diese Verhältnisse sehr deutlich erkennen. So verlieren die Riffzellen der Epidermis bei der Teilung mehr oder weniger ihre Zacken, niemals findet man eine ausgebildete Flimmer- oder Becherzelle in Teilung, die Nierenepithelien lassen keinen Bürstensaum erkennen, die Bindegewebs- und Schleimzellen ziehen ihre Fortsätze zum Teil ein usw. Ein großer Teil der *histologischen Akkommodation* wird bei der Teilung ausgeschaltet, und die Zelle nähert sich der idealen Form ihres Artcharakters, sie repräsentiert während der Teilung mehr die Art und weniger das Individuum. Das hat seinen Grund hauptsächlich darin, daß eine Zelle wahrscheinlich während der Teilung jede andere Funktion aufgibt. Sie assimiliert weder noch sezerniert sie. Das ergibt sich einmal aus dem Vergleich mit einzelligen Wesen, die nicht nur aufhören Nahrung aufzunehmen, sondern auch noch vor der Teilung die vorhandenen Nahrungsballen und Nahrungsreste sowie die Exkretkörnchen ausstoßen. Dann aber spricht dafür eine sehr interessante Beobachtung Martinottis, daß diejenigen Nierenzellen, die in Teilung begriffen waren, bei Einspritzung von indigschwefelsaurem Natron sich nicht blau färbten, während diejenigen, die sich im sog. Ruhestadium befanden, die bekannte Heidenhainsche Reaktion zeigten. Weiter spricht dafür, daß die Größe der Tochterzellen zusammen etwa der Größe der Mutterzelle entspricht und endlich, daß bei Zellen mit morphologisch sichtbarer Sekretion diese während der Teilung ganz oder fast ganz nachläßt. Endlich sei auf das Verhalten der Ehrlich-Altmannschen Granula während der Teilung hingewiesen. Wie ich an zahlreichen Präparaten gesehen habe, werden dieselben spärlicher und konzentrieren sich in der Peripherie der Zellkörper." Auch Ribbert[2]) hebt diese Rückkehr der Funktionszellen bei der Teilung auf das Cambiumstadium scharf hervor. Die Bezeichnung der *Cambiumzellen* als „einfacher gebaute Zellen" entspricht dem rein morphologischen Anblick. Besser sprechen wir von unentwickelten und undifferenzierten Zellen, ohne aus der einfachen morphologischen Struktur einen Schluß auf die Kompliziertheit ihrer wirklichen Struktur, ihren Potenzgehalt, zu ziehen. Derartige Zellumwandlungen finden sich nun bei zahlreichen regenerativen Prozessen des Körpers, bei chronischen Entzündungen und bei Darniederliegen der Funktion, denn die funktionelle Struktur geht zugrunde, wenn sie nicht durch dauernde Benutzung immer wieder erneuert wird.

Wir können aus alledem *das allgemeine Gesetz* ableiten, daß am fertig differenzierten Organismus der Ersatz verloren gegangener Zellen sowie **jede Regeneration nur von den Cambiumzellen** der einzelnen Gewebe ausgeht, und daß die etwa noch teilungsfähigen, bereits differenzierten Zellen, wenn von ihnen die Regeneration ausgeht, zunächst auf das Cambiumstadium der betreffenden

---

[1]) v. Hansemann: Descendenztheorie, S. 10—31. 1909.
[2]) Ribbert: Umbildung der Zellen. Virchows Arch. f. pathol. Anat. u. Physiol. Bd. 157, S. 111. 1899.

Gewebsart zurückgehen. Dieses allgemeine Gesetz ist sogar vielfach bei den Pflanzen realisiert, auch hier wird am Wundstumpf zunächst ein sog. Callus gebildet, der aus „embryonalen" Zellen besteht. Da die Pflanzenzellen aber häufig mit totipotentem Idioplasma versehen sind, so können sie leicht bei der Regeneration wirklich embryonale Zellen bilden, d. h. solche, die die sämtlichen Determinanten der Eizelle besitzen. Aber auch hier bei der Pflanze sehen wir, daß zunächst eine Callusbildung eintritt, d. h. die spezifisch differenzierten Zellen verlieren und zerstören ihre funktionelle Struktur, und auf den Trümmern dieser funktionellen Struktur entwickeln sich die totipotenten Zellen der Neubildung.

Damit soll nicht gesagt sein, daß die Einschmelzung der primären Strukturen für den Ablauf des Regenerationsprozesses und der metaplastischen Differenzierung bedeutungslos sei. Schon als spezifischer Nahrstoff kann dies Material etwa im Sinne der HABERLANDschen Wundhormone Bedeutung besitzen. NUSBAUM[1]) hat schon bei niederen Tieren *zwei Formen von Gewebsmetaplasie* unterschieden:

1. Die neocytische Gewebsmetaplasie, wo es in dem Gewebe zu einer energischen Zellvermehrung kommt. Unter Entdifferenzierung des Gewebes wird eine große Anzahl junger neuer Zellen, Neocyten, gebildet, die einen mehr totipotenten Charakter erhalten.

2. Die metacytische Gewebsmetaplasie. Hier kommt es keineswegs zu einem energischen Proliferationsprozeß in dem alten Gewebe, sondern z. B. die Wanderzellen des Parenchyms bei den Lineiden wandern nach einer Gegend, sammeln sich in großer Anzahl an und verwandeln sich dann in Darmepithel. Von diesen mesenchymalen Wanderzellen „unterliegen sehr viele einer Reduktion oder einem gänzlichen Zerfalle, und nur eine verhältnismäßig geringe Anzahl von Zellen, die in diesem großartigen Kampfe der Teile im Organismus (W. ROUX) übrigbleibt, dient zur Bildung neuer Gewebe. Diese Zellen, obwohl sie sich entweder gar nicht oder jedenfalls sehr schwach vermehren, unterliegen tiefgreifenden Umgestaltungen, indem sie sich mit verschiedenen Reservestoffen erfüllen, auf phagocytotischem Wege die zerfallenden schwächeren Teile der alten Gewebe aufnehmen, dieselben verdauen, dabei ohne Zweifel verschiedenartigen chemischen Umsetzungen unterliegen und auf diesem langen Wege sich in neue, fremdartige Gewebszellen verwandeln".

Wir besitzen keine Unterlagen dafür, daß ein solcher Vorgang, wie der hier beschriebene, auch bei den höher differenzierten Organismen vorkommt. Mit Analogien wird man immerhin rechnen müssen, obwohl auch hier die Voraussetzung ein totipotentes oder multipotentes Gewebe ist.

III. Der Potenzgehalt der ausdifferenzierten Gewebszellen des Menschen.

An dieser Stelle wollen wir kurz zusammengefaßt die Frage zu beantworten suchen, für welche spezifisch differenzierten Gewebe des Menschen eine Multipotenz unter normalen Verhältnissen anzunehmen ist, denn es versteht sich von selbst, daß bei Störungen der Entwicklungsvorgänge auch ganz abnorme Anlagen und Potenzentfaltungen auftreten können (siehe Gewebsmißbildung).

Noch mehr als anderswo müssen wir natürlich beim Menschen als hochdifferenziertem Wirbeltier bei der Beantwortung der obigen Frage die verschiedenen Entwicklungsstufen streng auseinanderhalten, insbesondere die embryo-

---

[1]) NUSBAUM: Roux' Vortr. z. Entwicklungsmech. H. 17. 1912.

nalen Stadien scharf von den Zuständen des ausdifferenzierten erwachsenen Organismus trennen.

Für die normale Embryonalentwicklung müssen wir hier gerade mit Bezug auf die Geschwulstlehre mit aller Schärfe betonen, daß die Spezifität der Gewebe, ihre typische Organdifferenzierung, nicht in einer absoluten Abhängigkeit von den Keimblättern steht. Gerade in der Geschwulstlehre stoßen wir sehr häufig auf die Anschauung, daß epitheliale Bildungen nicht vom Mesoderm, mesenchymale Bildungen niemals vom äußeren oder inneren Keimblatt ausgehen können. Tatsächlich wird aber schon das Mesoderm durch Abwanderung von Epithelzellen des inneren und äußeren Keimblattes nach dem Inneren des Keimes gebildet, und schon diese Tatsache zeigt das Verfehlte, die Zellen dieser ersten Entwicklungsstufe mit dem Epithel und Bindegewebe des erwachsenen Körpers auf eine Stufe zu stellen und sie mit denselben Namen zu belegen. Für uns ist die Abstammung aus dem Keimblatt nur von sekundärer Bedeutung, viel wichtiger für unsere Fragen ist die Bildung der Primitivorgane, und wir wissen heute mit Sicherheit, daß die gleichen Primitivorgane durchaus nicht aus demselben Keimblatt stammen müssen. Dies gilt nicht einmal für die normale Entwicklung, geschweige denn für regenerative Vorgänge beim Embryo.

Für die menschliche Differenzierung wird heute angenommen (siehe die Lehrbücher der Entwicklungsgeschichte), daß z. B. das Ektoderm nicht nur die ganze Haut und das ganze Nervensystem einschließlich Hypophyse, Sympathicus und Nebennierenmark bildet, sondern auch den Zahnschmelz, die Linse des Auges, die glatte Muskulatur der Iris und der Knäueldrüsen der Haut.

Das Entoderm liefert außer Darmkanal den Oesophagus (vielschichtiges Plattenepithel!), die großen Abdominaldrüsen, aber auch die Thymusdrüse und die Chorda dorsalis. Das Mesoderm liefert außer dem gesamten Stützgewebe und den Gefäßen die willkürliche Muskulatur, aber auch das Epithel der WOLFF- und MÜLLERschen Gänge, der Vorniere, Urniere, Nachniere, der Nebennierenrinde, der Keimdrüsen.

Wir sehen also, schon bei der normalen Entwicklung sind z. B. ektodermale und mesodermale Herkunft keine absoluten Gegensätze in der Differenzierung.

Wieweit auch beim Wirbeltier und Menschen in den verschiedenen embryonalen Stufen die Zellen noch multipotent oder gar omnipotent sind, darüber besitzen wir keine genügenden Unterlagen. Beim ausdifferenzierten Organismus des Wirbeltieres sehen wir aber mit größter Deutlichkeit, daß die Zellen der Gewebe fast ausnahmslos unipotent geworden sind. Auch hier werden wir noch berücksichtigen müssen, daß „manche Formen oder Gruppen der Tiere, die sehr nahe verwandt zu sein scheinen, sich in betreff der Potentialität ihrer Gewebe auffallend verschiedenartig verhalten" (NUSBAUM l. c.). Das parenchymatische Bindegewebe z. B. hat bei verschiedenen Tieren eine ganz verschiedene entwicklungsmechanische Bedeutung, und wenn man wohl auch in Zukunft eine „phylogenetische Entwicklungsgeschichte der Potentialität der Gewebe in der Reihe der Tiere" wird aufstellen können, so können wir doch aus alledem schon entnehmen, daß z. B. Potenzentfaltungen selbst beim Kaninchen noch keine absoluten Beweise für die gleiche Fähigkeit des Menschen darstellen.

Am schärfsten ist die Unipotenz bei den Elementen des Nervensystems ausgeprägt. Wir kennen „im ganzen Tierreich kein einziges Beispiel einer metaplastischen entwicklungsmechanischen Potenz des Nervengewebes" (NUSBAUM (s. S. 1290). Auch bei den ausdifferenzierten quergestreiften Muskelfasern finden wir dasselbe, nur die wenig differenzierten Muskelzellen mit viel undifferenziertem Sarkoplasma bei niederen Tieren können noch alles mögliche, sogar Keimzellen bilden. Alles was an Differenzierungsmöglichkeiten bei niederen Tieren und vielen frühen Embryonalstadien in den Epithelzellen noch nachweisbar ist, fehlt am ausdifferenzierten Wirbeltierkörper.

In den letzten Jahren ist für den Menschen besonders für das Gefäßgewebe immer wieder eine multipotente Entwicklungsfähigkeit, insbesondere von G. Herzog[1]), behauptet worden. Er nennt demnach auch das Gefäßgewebe Gefäßmesenchym und behauptet, daß dieses Gefäßmesenchym besonders bei entzündlichen Prozessen morphologisch und funktionell verschiedenartige faserbildende, granulocytäre, lymphocytäre, plasmacelluläre und andere Elemente bilden kann. Die Möglichkeit, daß junge indifferente Mesenchymzellen noch im erwachsenen Organismus vorhanden sind und daß diese noch polypotente Entwicklungen eingehen können, ist nicht von der Hand zu weisen. Bewiesen ist sie für den Menschen auch durch Herzogs Untersuchungen, die sich eben auch immer nur wieder auf morphologischen Zustandsbildern aufbauen, noch nicht. Aber diese Frage ist für uns nicht grundsätzlicher Art und wird es erst, wenn Herzog durch seine Arbeiten versucht „die übertriebene Spezifitätslehre der Zellen" zu überwinden und „die Auffassung des abhängigen Entwicklungsmodus allgemein" zu machen. Dazu liegt noch keine Veranlassung vor, selbst dann nicht, wenn die erst noch zu beweisenden Anschauungen Herzogs über das Mesenchym sich durchgesetzt hätten.

Denn auch in diesem Falle wäre das wesentliche, daß eben im Körper noch indifferente Mesenchymzellen vorhanden wären. Nur wenn multipotente Zellen da sind — und das sind nicht die ausdifferenzierten Gewebszellen des Menschen —, können latente Potenzen und Entwicklungsmöglichkeiten geweckt werden. Wie wenig potent die menschlichen Gewebszellen des Erwachsenen sind, geht schon daraus hervor, daß selbst ein so einfaches, ich möchte sagen primitives Organ wie die menschliche Haut, nicht mehr fähig ist, ihre eigenen Derivate, Talgdrüsen und Haarbälge zu ersetzen und neu zu bilden. Nicht einmal eine Umstimmung transplantierter Hautstücke durch den Gesamtorganismus, durch die Umgebung, also durch abhängige Differenzierung, hat sich nachweisen lassen, sondern die Veränderungen beruhen, wie so häufig bei der Transplantation, auf langsamer Verdrängung des Implantats durch die Zellen der Umgebung[2]).

IV. Die verschiedenen Arten der Differenzierungsstörung.

Differenzierungsstörungen können sehr verschiedener Art sein. Wir unterscheiden vor allem der Qualität der Störung nach *progressive und regressive*.

Die regressiven Differenzierungsstörungen gehen gewöhnlich mit Schwund der Zellsubstanz, Kleinerwerden der Zellen (Involution) einher. Die regressiven Differenzierungsstörungen können wir Dysplasien (*Dysmorphien*) nennen, und wir unterscheiden bei den letzteren wieder zweckmäßigerweise die Differenzierungsstörung mit Strukturverlust als *vereinfachende Dysplasie* und die eigentliche *Rückdifferenzierung* oder *Reduktion*, Vereinfachung zu einer früher durchlaufenen Beschaffenheit [Roux[3])].

Die progressiven Differenzierungsstörungen oder Metaplasien scheiden wir wieder in die *Weiterbildung* einer Gewebsstruktur, in die *Umbildung* einer solchen (direkte und indirekte Metaplasie) und in die eigentliche *Umdifferenzierung*, d. h. Rückdifferenzierung eines schon differenzierten Gebildes zu einer früheren

---

[1]) Herzog: Experimentelle Zoologie und Pathologie. Ergebn. d. allg. Pathol. Jg. 21, T. 1. 1925.

[2]) Addison: Arch. f. Entwicklungsmech. Bd. 27, S. 73. 1909. — Taube: Ebenda Bd. 49, S. 269. 1921; Bd. 98, S. 98. 1923.

[3]) Roux: Terminologie 1912.

Entwicklungsstufe und von hier ausgehend Bildung neuer Entwicklungsstufen und Differenzierungen.

Roux[1]) unterscheidet auch noch eine *Kryptometaplasie*, welche die Umänderung einer unsichtbaren Mannigfaltigkeit in eine andere unsichtbare Mannigfaltigkeit bedeutet, d. h. also eine Änderung der Metastruktur der Zelle. Die bloße Vereinfachung der Struktur, der *Rückschlag*, wird vielfach auch *Involution* genannt, während andere darunter dasselbe wie Reduktion, also eine Umkehrung der Entwicklung oder rückläufige Entwicklung verstehen. Wir werden also diesen Ausdruck der Klarheit wegen besser vermeiden.

A. Die Dysplasien.

1. Die Akkomodation oder Pseudometaplasie.

In vielen Fällen ist es nur die äußere Form der Zellen, die eine andere Zellart vortäuscht, ohne daß der Zellcharakter, das Wesen der Zelle, sich wirklich geändert hätte. Wenn Zylinder- oder Flimmerepithel in einem cystischen Hohlraum durch stark gesteigerten Innendruck ganz flache Formen (wie Pflasterepithel) annimmt, wenn das Peritonealendothel in Buchten und Falten drüsenzellartige Formen annimmt, so haben wir es mit „Pseudometaplasie" (Lubarsch), „histologischer Akkommodation" (v. Hansemann), „formaler Akkommodation" (Schridde), „Allomorphie" (Orth) zu tun.

Unter *Pseudometaplasie* verstehen wir also eine Veränderung der Zelle, die nur eine äußere Formveränderung, aber keine Änderung der Gewebsspezifität darstellt. Die rein äußerliche Anpassung einer Zellart unter veränderten Existenzbedingungen hat natürlich mit der echten Metaplasie nichts zu tun. Hansemann[2]) unterschied „einmal, daß sich eine Zellart in eine andere umwandeln könne, und das andere Mal, daß eine Zellart sich veränderten Verhältnissen anpasse und dadurch verändert werde. Virchow hat diese in einem Aufsatz in The Journal of Pathology and Bakteriology, Mai 1892, S. 637 über ‚Transformation and Descent' als eigentliche Metaplasie und histologische Akkommodation (die Metatypie Recklinghausens) unterschieden". Derartige äußerliche Zellveränderungen haben wir bei jeder Zellteilung vor uns. Hier können wir vielfach, wenn wir nur auf das Bild der Einzelzelle selbst angewiesen sind, die Differenzierung einer solchen Zelle während der Mitose nicht mehr erkennen. Trotzdem hat das mit Metaplasie natürlich gar nichts zu tun, insbesondere da ja die Zellen die für das Gewebe ihrer Differenzierungsart charakteristische Form der Mitose beibehalten.

Beispiele äußerer Formveränderungen von Zellen, die auch zu Täuschungen in der Beurteilung leicht Veranlassung geben können, sind in der Pathologie reichlich bekannt. So hängt die Form der Epithelzellen häufig in hohem Grade von den Druckverhältnissen und Spannungen ab, unter denen die Zelle momentan oder dauernd steht. Die platte Form der Alveolarepithelien der Lunge ändert sich bei Fortfall der Atmungsspannung, und in den indurierten Lungenteilen sehen wir kubisches und hohes Epithel in der Form von Drüsenschläuchen. Die verschiedenen Formen der histocytären Wanderzellen, der Capillarendothelien und großen Rundzellen im Blut, zahlreicher Zellen in der Gewebskultur sind weitere allbekannte Beispiele dafür.

Allerdings dürfen wir auch in der Bezeichnung einer Strukturänderung der Zellen als histologische Akkommodation nicht zuweit gehen. Wollte man —

---

[1]) Roux: Zitiert auf S. 1297.
[2]) Hansemann, David: Studien über die Spezifität, den Altruismus und die Anaplasie der Zellen. Berlin 1893.

wie es geschehen ist — die Umwandlung von Plattenepithel in Flimmerepithel nur deshalb nicht zur Metaplasie rechnen, weil das ektodermale Epithel ursprünglich die Fähigkeit hatte Flimmerepithel zu bilden, so gäbe es keine Grenze mehr und man würde auch zahlreiche andere Vorgänge, die heute zur Metaplasie gerechnet werden, tatsächlich nicht hierher rechnen dürfen. So z. B. dürfte die Knochenbildung aus Bindegewebe dann nicht zur Metaplasie gerechnet, sondern nur als histologische Akkommodation gedeutet werden. Man sieht hier wiederum, daß es sich nur um einen graduellen Unterschied und Nomenklaturfragen handelt. Bezeichnet man — was wir für ganz verfehlt halten — die Eizelle als Epithelzelle oder auch nur die ersten Zellkomplexe, aus denen der Organismus hervorgeht, die Blastomeren als Epithelzellen, so gehen schließlich natürlich alle Gewebe aus Epithelzellen hervor. Alle diese Gesetze haben also nur einen Sinn bei genauer Begriffsfestlegung und beziehen sich auch dann nur auf ganz bestimmte Entwicklungsstufen.

2. Die Entdifferenzierung oder der Rückschlag.

Weiterhin müssen wir wissen, welcher Umbildungen hochdifferenzierte Zellen des Körpers in ihrer äußeren Form fähig sind. Die Unkenntnis dieser Dinge hat schon zu mannigfachen falschen Schlußfolgerungen Veranlassung gegeben. Zunächst können unter der Einwirkung schädlicher Einflüsse die hochdifferenzierten Zellen der Gewebe zugrunde gehen, und dieselben Einflüsse bewirken dann nicht selten, daß auch die Cambiumzellen dieser Gewebe nunmehr die Fähigkeit der normalen Differenzierung der typischen Gewebsstruktur entweder völlig oder eine Zeitlang verlieren.

Es handelt sich also einfach um Rückbildungen, Verluste der äußeren Struktur, Differenzierungsstörungen, um mehr oder weniger geschädigte Zellen, und es muß besonders betont werden, daß diese rückgebildeten Zellen nicht direkt von den hochdifferenzierten ihrer Gewebe abstammen, sondern daß es geschädigte Zellen der Cambiumzone dieser Gewebe sind, während oft die hochdifferenzierten Zellen überhaupt ganz zugrunde gegangen sind. Diesen Vorgang hat RIBBERT mit Recht von der Metaplasie abgesondert und einfach als Rückbildung an Zellen und Geweben bezeichnet. Er schreibt darüber[1]): „Die Differenzierung der verschiedenen Zellarten, insbesondere auch der Epithelien, kann unter dem Einfluß pathologischer Bedingungen fehlen. Sie finden sich in drüsigen Organen, z. B. den Speicheldrüsen, den Nieren, statt der sezernierenden Zellen, die keine Differenzierung zeigen, sondern denen der Ausführungsgänge ähnlich und funktionell unbrauchbar sind. Am häufigsten beobachten wir das in chronisch entzündeten Organen. Besonders gut läßt sich die Veränderung an den bei Kaninchen vorkommenden großen analen Talgdrüsen verfolgen. Wenn man sie transplantiert oder in Entzündung versetzt, oder wenn man den Ausführungsgang unterbindet, vor allem aber, wenn man sie mehrere Male gefrieren läßt, sieht man, daß die Alveolen nicht mehr aus den hellen polygonalen Epithelien, sondern aus geschichteten Plattenepithelien bestehen, die in einem zentralen Raume noch Reste der differenzierten, aber untergegangenen Zellen umschließen. Die der Membrana propria anliegenden Epithelien haben eine Umwandlung in gewöhnliche Plattenepithelien erfahren und sich unter dauernder lebhafter Vermehrung übereinandergeschichtet, bis sie die inneren sezernierenden Elemente ganz verdrängt haben.‟ Diese äußerst interessanten Veränderungen an den Analdrüsen der Kaninchen hat besonders eingehend ein Schüler von RIBBERT

---

[1]) RIBBERT: Experimentelle Untersuchungen an Talgdrüsen. Niederrhein. Ges. f. Natur- u. Heilk. in Bonn, Juli 1908; Ref. Dtsch. med. Wochenschr. 1908, S. 2327.

[Misumi[1])] experimentell untersucht: Er fand bei dieser Versuchsanordnung, daß die hellen differenzierten Talgdrüsenzellen nekrotisch werden; die basalen Zellen wuchern, bilden aber keine Talgzellen mehr, sondern Plattenepithel. Aber nach etwa 12 Tagen kehrte der Zustand zur Norm zurück.

Diese Versuche sind nach mehr als einer Richtung besonders interessant. Es handelt sich hier um regenerative Zellwucherung. Wir sehen, daß auf dem Wege dieser regenerativen Zellwucherung eine Metaplasie erfolgt, allerdings geht sie nicht von den hochdifferenzierten Zellen aus, sondern diese gehen zugrunde. Aber die wuchernden Cambiumzellen differenzieren sich jetzt unter dem schädlichen Einfluß nicht mehr in normaler Weise, sondern sie differenzieren sich in der Richtung der Epidermis. Die einfachste Erklärung hierfür dürfte wohl darin liegen, daß sie unter den ungünstigen Verhältnissen, in die sie gesetzt wurden, nur mehr einen niedrigeren Differenzierungstypus ihrer Zellart zu liefern imstande waren, daher dürfen wir auch diesen Vorgang zu den Dysplasien rechnen. Hier haben wir eine Zellumwandlung durch regenerative Zellwucherung; daher ist der Vorgang sehr nahe verwandt der später zu behandelnden indirekten oder regenerativen Metaplasie. Die Cambiumzellen der Talgdrüsen sind unter ungünstigen Umständen auch befähigt, die Differenzierung der ihnen entwicklungsgeschichtlich am allernächsten stehenden Epidermis zu leisten. Dabei erscheint mir aber der Enderfolg der Misumischen Experimente ganz besonders bemerkenswert. Nach relativ kurzer Zeit stellte sich der normale Zustand, die normale Differenzierung an der Talgdrüse wieder her. Das zeigt also, daß der experimentelle Eingriff die Wesensart der Zelle nicht verändert hat, also echte Metaplasie nicht vorliegt, sondern nur zeitlich begrenzte Dysplasie. Die ungünstigen Verhältnisse, unter denen die Zellen zu wuchern gezwungen waren, verhinderten lediglich die Ausbildung der höchsten Differenzierungsstufe und weckten die latenten Anlagen zu der niedrigeren Differenzierung. Nach Fortfall der schädigenden Einwirkung gewann die Zelle sehr bald die Fähigkeit zur normalen höheren Ausdifferenzierung wieder.

3. Die Rückdifferenzierung oder Reduktion.

Während wir also bei der formalen Akkommodation oder Pseudometaplasie nur eine äußere Formveränderung der Zelle ohne jede Abänderung ihres Charakters, ihrer Metastruktur vor uns haben, wird häufig angenommen, daß diese Rückbildungen nicht nur äußerlich sind, sondern zugleich auch eine Rückkehr zu embryonalen Differenzierungsstufen bedeuten. Diese Anschauung ist zunächst gestützt durch die äußerliche Vereinfachung der Zellen, die dadurch den Embryonalzellen ähnlich werden. Eine solche Begründung müssen wir heute völlig ablehnen, denn wir wissen, daß zwei Zellen von gleicher Einfachheit der histologischen Struktur sich durch ihre Metastruktur, ihren Potenzgehalt, himmelweit voneinander unterscheiden können. Dieses allein Wesentliche können wir aber äußerlich der Zelle nicht ansehen.

Wenn die Zellen eines differenzierten Organgewebes die spezifische funktionelle Struktur durch irgendeine Schädigung verlieren, abbauen, zerstören, so können wir uns wohl vorstellen, daß sie dadurch auf die Stufe der Cambiumzellen des betreffenden Organgewebes zurückkehren. Ist nun diese Cambiumzelle noch eine multi- oder totipotente Zelle, so können selbstverständlich nunmehr alle möglichen anderen Differenzierungen entsprechend dem Potenzgehalt und den nunmehr neu einwirkenden Realisationsfaktoren eintreten. Die Frage der Reduktion oder Rückdifferenzierung bei Differenzierungsstörungen verein-

---

[1]) Misumi: Über Rückbildung an Talgdrüsen. Virchows Arch. f. pathol. Anat. u. Physiol. Bd. 197, S. 530. 1909.

facht sich hiernach zu der Frage, welche Fähigkeiten und Anlagen die Cambiumzellen der ausdifferenzierten Gewebe noch besitzen. Alles weitere hängt davon ab, und die Ergebnisse werden bei den verschiedenen Arten und Entwicklungsstufen *ganz differente* sein, je nachdem die Gewebszellen noch eine Omnipotenz, Multipotenz, Bipotenz oder nur Unipotenz besitzen. Daher auch die sehr verschiedenen Auffassungen über die Möglichkeiten einer Rückkehr zu Embryonalstufen. Entsteht hierbei lediglich embryonales Keimgewebe mit gleicher Differenzierungspotenz, so haben wir die Reduktion vor uns, gehen hieraus aber ganz andere Gewebe und Differenzierungen hervor, so haben wir die echte Umdifferenzierung nach ROUX (siehe später) vor uns.

Solche Rückbildungen sehen wir vor allem häufig an Drüsen. Die spezifisch differenzierten Drüsenzellen schwinden, und an ihrer Stelle treten Zellgruppen auf, welche mehr dem undifferenzierten Gangepithel der Ausführungsgänge gleich sind. TIBERTI[1]) bezeichnete diese Rückbildungen noch als Rückkehr zum embryonalen Typus. Er sah bei Unterbindung des Ductus Wirsungianus Atrophien der Pankreaszellen, ein Teil aber verlor nur seine spezifische Differenzierung und nahm „embryonalen Charakter" an. Aber eine derartige Rückbildung hat mit embryonalem Charakter nichts zu tun, hier handelt es sich um etwas fundamental anderes. Gewiß können die Zellen unter Umständen morphologisch so wenig Differenzierungsmerkmale erkennen lassen, daß sie im mikroskopischen Bilde an eine embryonale Zelle erinnern. Aber dieses äußerliche Merkmal kann uns für die Bewertung der Zelle nicht ausschlaggebend sein, maßgebend ist nur das Wesen der Zellart, nicht ihre äußere Form. Und da sehen wir, daß ganz gewöhnlich die bei pathologischen Prozessen geschädigten hochdifferenzierten Drüsenzellen den uncharakteristischen Bau des Drüsenausführungsgangepithels annehmen. Die Tatsache, daß bei der embryonalen Entwicklung die Bildung und Differenzierung der Drüse von solchen Gangsprossungen ihren Ausgang nimmt, beweist noch nicht, daß auch im fertigen Organismus dieses indifferente Gangepithel noch die Fähigkeit der Ausdifferenzierung zum spezifischen Drüsenepithel besitzt. Die Tatsachen sprechen nicht dafür, und selbst bei den sehr hochgradigen Gallengangswucherungen in der geschädigten Leber ist bis heute noch nicht erwiesen, daß dieses gewucherte Gangepithel nun auch fähig wäre, spezifische Leberzellen zu bilden. Es ist also zum mindesten zweifelhaft, ob gerade die Zellen der Drüsenausführungsgänge immer den Charakter von Drüsencambiumzellen besitzen. Das trifft z. B. nach den Untersuchungen des Frankfurter Pathologischen Instituts [ROSENBURG, BERBERICH uud JAFFÉ[2])] für die Milchgänge der Brustdrüse zu, die in dem vierwöchentlichen Zyklus Drüsenbläschen treiben — es mag auch für andere einfachere Drüsen richtig sein. Für die höherdifferenzierten Drüsen sprechen alle unsere Erfahrungen, besonders an Niere und Leber, gegen eine solche Auffassung. Auch im Pankreas ist noch nie die Bildung spezifischen Parenchyms aus Gangsprossungen im postfetalen Leben nachgewiesen worden, höchstens die Bildung von LANGERHANSschen Inseln kann durch solche Gangwucherungen beobachtet werden[3]). Wollen wir also kritisch bleiben, so können wir hier nur von der Bildung indifferenter Gangepithelien reden, die meistens einen einfachen Rückschlag, Differenzierungsverlust erleiden und nicht einmal mehr die Unipotenz der Cambiumzelle des Ausgangsgewebes besitzen. Von einer Rückkehr zu Embryonalstadien ist keine Rede, aber wie sich die Verhältnisse tatsächlich darstellen, ist für jede einzelne Organdifferenzierung sorgfältig zu ermitteln.

---

[1]) TIBERTI, Arch. Ital. di Biol. Bd. 38. 1902.
[2]) ROSENBURG, BERBERICH und JAFFÉ s. S. 1583.
[3]) FISCHER, B.: Frankfurt. Zeitschr. f. Pathol. Bd. 17, S. 218. 1915.

Lediglich eine solche Vereinfachung des Zellbaues liegt auch bei den Epithelveränderungen der Magenschleimhaut und der Parotis bei langdauernder chronischer Entzündung und in der Niere bei interstitieller Nephritis vor [Ribbert[1])].

Die Frage, die wir uns aber für die Pathologie der Wirbeltiere und des Menschen vorzulegen haben, lautet also nicht, ob überhaupt Zellen bei regenerativen Prozessen zu früheren Differenzierungsstadien zurückkehren und sich von da aus in abnormer anderer Richtung weiterdifferenzieren können, sondern die Frage lautet, bis zu welchem Grade dies bei den hochdifferenzierten Zellen des erwachsenen Organismus der Wirbeltiere und bei welchen Organen möglich ist.

Einige Unterlagen für eine solche Anschauung bieten höchstens die embryonalen Entwicklungsstadien oder die Verhältnisse bei niederen Tieren.

Vor allen Dingen bei niederen Tieren sind durch zahlreiche Beobachtungen Vorgänge bekanntgeworden, die eine **Rückbildung ausdifferenzierter Zellen zu embryonalen Zellstadien** zu beweisen schienen. Ein berühmtes Beispiel dieser Art war ja die Involution des Kiemenkorbes bei Clavellina, die Driesch beschrieben hat. Hier geht die ganze Differenzierung verloren, und aus der strukturlosen Masse entwickelt sich ein neues Tier. Driesch sprach auf Grund dieser Beobachtungen direkt von der Möglichkeit einer Umkehrbarkeit der Lebensprozesse. E. Schultz[2]) „sah, wie der Kiemenkorb dieser Ascidie nach Abtrennung vom Abdomen seine Kiemenöffnungen schließt, desgleichen die Ingestions- und Egestionsöffnung, und so zum Stadium des Stolos zurückkehrt; klarer waren Bilder bei Planaria, die ich und unabhängig von mir Stoppenbrink durch Hunger zwang, ihre Kopulationsorgane rückzubilden, wobei diese Rückbildung dieselben Stadien in umgekehrter Reihenfolge durchlief, die die Organe bei der Entwicklung gegangen ·waren. Noch demonstrativer waren meine Resultate an Hydra, die die Tentakeln rückbildete, die Mundöffnung schloß und zu ihrem Larvenstadium der Planula zurückkehrte". Ferner weist E. Schultz darauf hin, daß „wir gerade bei den niederen Tiergruppen eine späte Differenzierung der Geschlechtszellen und eine rückläufige Entwicklung derselben aus einem differenzierten Stadium haben".

Hadzi[3]) beobachtete die Umbildung — Rückbildung — der Ephyra von Chrysaora mediterranea (einer Scyphomeduse) zur sekundären Planula, also zu einem vorangehenden Entwicklungsstadium. Auch er deutet den Befund als umkehrbaren Entwicklungsvorgang im Sinne von E. Schultz. Schultz führt noch andere Versuche als Beweise für seine Auffassung des Entwicklungsprozesses an, so z. B. die bekannte Linsenregeneration aus dem Irisepithel. Er schreibt darüber[4]): „Die Zellen des Irisepithels verlieren allmählich ihr Pigment, ihre Kerne vergrößern sich auf Kosten des Protoplasmas, d. h. sie nehmen embryonalen Charakter an, um sich nachher in Linsenzellen zu differenzieren." Weiter sagt Schultz: „Ein ziemlich vollständiges Bild einer Rückdifferenzierung von Zellen bei Regeneration und neue Differenzierung derselben sah ich seinerzeit bei Regeneration des Bauchmarkes von Polychäten. Hier verlassen die Zellen des Körperepithels ihre ziemlich dicken Membranen — kriechen ins Innere des Körpers und werden zu Ganglienzellen —, ein Prozeß, der dem bei Pflanzen

---

[1]) Ribbert: Virchows Arch. f. pathol. Anat. u. Physiol. Bd. 157, S. 116. 1899.
[2]) Schultz, E.: Über umkehrbare Entwicklungsprozesse, S. 1 u. 33; Roux' Vortr. üb. Entwicklungsmech. H. 4. 1908.
[3]) Hadzi: Rückgängig gemachte Entwicklung einer Scyphomeduse. Zool. Anz. Bd. 34, S. 94—100. 1909.
[4]) Schultz, E.: Zitiert auf S. 1211.

von KRÜGER beschriebenen analog ist, wo beschädigte Zellen die von ihnen gebildeten dicken Zellwände auflösen und embryonal werden."

Es ergibt sich auf den ersten Blick, daß alle diese Beispiele keineswegs eine wirkliche Umkehrung der Entwicklung, ein wirkliches Rückdifferenzieren zur embryonalen Zelle beweisen.

Daß bei Süßwasserschwämmen echte „Reduktion zum Embryonalzustand" vorkommt [K. MÜLLER[1])], entspricht nur dem Tiefstand der Differenzierung dieses Organismus.

Die von HANS DRIESCH behauptete Umkehrung der Entwicklung bei Clavellina ist, wie bereits erwähnt (s. S. 1290), von NUSBAUM in einer völlig zutreffenden Kritik zurückgewiesen worden, und SCHAXEL hat den einwandfreien histogenetischen Nachweis erbracht, daß es sich um Vermehrung vorhandener embryonaler Zellen, nicht um Rückbildung differenzierter Gewebe oder gar um rückläufige Entwicklung handelt. Schon die normale Entwicklungsgeschichte belehrt uns darüber, daß derartige Potenzen vielfach in Zellen schlummern und in einem ganz bestimmten Stadium der Entwicklung zum Vorschein kommen. So wird bei dem normalen Entwicklungsgang mancher Insekten im Puppenstadium die hochdifferenzierte Struktur der Larve geradezu zerstört. Die Larvenhaut, die inneren Organe der Larve, Darm, Muskulatur werden zum großen Teil eingeschmolzen, und von neugebildeten Zellen geht jetzt der Aufbau des Tieres aus. Es unterliegt keinem Zweifel, daß es sich in solchen Fällen nicht um eine umgekehrte Entwicklung, um eine Rückkehr zum embryonalen Zustand handelt, sondern daß hier die spezifischen Entwicklungspotenzen zunächst latent vorhanden waren und der ganze Gang der Entwicklung bereits durch den spezifischen Aufbau der Eizelle determiniert war.

Es ist also heute erwiesen, daß es sich in all diesen Fällen um das Wiedererwachen von *noch vorhandenen* Differenzierungspotenzen handelt. Durch neue Realisationsfaktoren werden vorhandene Anlagen geweckt, niemals werden durch Entdifferenzierungsvorgänge alte verlorengegangene Anlagen in den Zellen neugebildet! Gerade bei den Pflanzen sahen wir ja, daß die Differenzierung der Pflanzenzelle in zahlreichen, ja in den meisten Fällen keineswegs zum Verluste der ursprünglichen embryonalen Potenzen führt, und daß unter geeigneten Bedingungen jederzeit diese Potenzen wieder erwachen können. Auch beim Tier sind mehr oder weniger deutliche Rudimente dieser Eigenschaften der Pflanzenzelle vorhanden, aber fast ausschließlich unter den niederen Tierklassen. SCHULTZ dagegen faßt alle diese Prozesse als umgekehrte Entwicklungsvorgänge auf und glaubt, „daß diese Erscheinung eine sehr große Bedeutung hat und weitverbreitet ist, und daß alle Fälle von Dedifferenzierung von Zellen, auch die von ROUX unterschiedene Regeneration durch Umdifferenzierung, hierher gehören, daß, mit einem Worte, umgekehrte Entwicklung, Verjüngung oder Dedifferenzierung verschiedene Namen desselben Prozesses sind. Hierher ist auch zum Teil die GRAWITZsche Schlummerzellentheorie zu rechnen".

SCHULTZ[2]) behauptet auch, daß rudimentäre Organe in der Ontogenese überhaupt so entstehen, daß das Organ zunächst vollständig ausgebildet wird, und dann ein umgekehrter Entwicklungsprozeß einsetzt. Als Beweis führt er z. B. das rudimentäre, rückgebildete Auge von Typhlichthys an, wo die Augenmuskeln fehlen und die fetale primäre Augenblase wieder auftreten soll. Daß bei Differenzierungsstörungen die zuletzt gebildeten und differenzierten Zellen zuerst zerstört werden, beweist nicht eine umgekehrte Entwicklung, ebenso kann das Auftreten einer fetalen Augenblase aus Neuentwicklung erklärt werden.

---

[1]) MÜLLER, K.: Arch. f. Entwicklungsmech. Bd. 32, S. 581. 1911.
[2]) SCHULTZ: Biol. Zentralbl. Bd. 28, S. 673 u. 705. 1908.

Auf Grund ausgedehnter paläozoologischer Untersuchungen hat Dolo[1]) schon 1893 den Schluß gezogen, daß die Nichtumkehrbarkeit der Entwicklung ein ganz allgemeines Gesetz ist, und Abel[1]) hat dieses Gesetz folgendermaßen formuliert:

„1. Ein im Laufe der Stammesgeschichte verkümmertes oder gänzlich verschwundenes Organ kehrt niemals wieder.

2. Gehen bei der Anpassung an eine neue Lebensweise (z. B. Übergang von Schreittieren zu Klettertieren) Organe verloren, die bei der früheren Lebensweise einen hohen Gebrauchswert besaßen, so entstehen bei der neuerlichen Rückkehr zur alten Lebensweise diese Organe niemals wieder; an ihrer Stelle wird ein Ersatz durch andere Organe geschaffen."

Gilt dies schon allgemein für die Organismenwelt, so dürfte es um so mehr für die menschlichen Gewebe Gültigkeit haben. Ribbert[2]) hat die Differenzierungsstörungen, die bei entzündlichen Prozessen und Atrophien an den Herz- und quergestreiften Muskelfasern sowie an vielen Geweben bei der Transplantation auftreten, als Rückbildung auf ein früheres Entwicklungsstadium aufgefaßt. Ich glaube, daß Lubarsch[3]) mit Recht diese Deutung abgelehnt hat, da es sich einfach um Atrophien und nicht um Rückbildungen zu früheren Entwicklungsstadien mit vermehrten Potenzen handelt.

In der menschlichen Pathologie ist besonders häufig bei den Blutzellen Rückkehr zum Embryonalzustand behauptet worden, z. B. von Foa[4]), Engel[5]) u. a. Wir werden darauf bei der Lehre von der indirekten Metaplasie noch einzugehen haben; hier sei nur so viel bemerkt, daß auch gegen diese Deutung der Differenzierungsstörungen in der menschlichen Pathologie vielfach Einspruch erhoben worden ist (Sternberg, Askanazy u. a.). Wir werden deshalb auch für die Geschwulstzellen gegenüber allen Behauptungen einer Rückkehr zu embryonalen Stadien oder gar zu Vorfahrenmerkmalen [Westnhöfer[6])] eine sehr kritische Stellung einnehmen müssen.

Eine wirkliche Rückkehr spezifisch-differenzierter Gewebszellen zur embryonalen Stufe ist bei den höheren Organismen nirgends erwiesen, und bei den niederen Tieren sind die Vorgänge ebenfalls nicht auf „umgekehrte Entwicklung" zu beziehen. Mit Recht sagt v. Hansemann[7]): „Auf dieser Umöglichkeit, die früheren Bedingungen genau wieder herzustellen, scheint mir ein großer Teil des Prinzips der Ontogenese zu beruhen." Wenn wir dagegen bei einem höheren Organismus abnorme Differenzierungen höherer Grade irgendwo antreffen, so sind sie nicht auf dem Wege eines Rückschlages zum Embryonalen entstanden, sondern sie sind auf embryonale Fehldifferenzierungen an Ort und Stelle zurückzuführen (siehe Gewebsmißbildung). Nur in der noch jugendlichen Cambiumzelle der vollständig differenzierten Gewebe, in der Cambiumzelle, welche die spezifischen Strukturen noch nicht ausgebildet oder wieder verloren hat, kann durch schädliche Einflüsse die Ausbildung dieser Strukturen verhindert werden, und wenn hierbei noch schlummernde Potenzen erwachen, deren Ausbildung weniger hohe Ansprüche an die Zellen stellt, so können derartige Differenzierungen, Dysplasien und Metaplasien auftreten. Wenn deshalb Schridde eine Rückkehr in ein früheres Embryonalstadium selbst bis zu den Keimblättern für möglich hält, so kann er allerdings dadurch, durch diese indirekte Metaplasie, wie er

---

[1]) Siehe Abel: Bedeutung der fossilen Wirbeltiere für die Abstammungslehre. In Abstammungslehre. Jena: G. Fischer 1911.

[2]) Ribbert: Virchows Arch. f. pathol. Anat. u. Physiol. Bd. 157, S. 118. 1899.

[3]) Lubarsch: Lehre von den Geschwülsten und Infektionskrankheiten. Wiesbaden 1899.

[4]) Foa: Beitr. z. pathol. Anat. u. z. allg. Pathol. Bd. 5, S. 227. 1889.

[5]) Engel: Zeitschr. f. Krebsforsch. Bd. 21, S. 173. 1924.

[6]) Westenhöfer: Med. Klinik 1923, S. 1247.

[7]) v. Hansemann, Deszendenz, S. 253. 1909.

sie nennt, zahlreiche Befunde in der menschlichen Pathologie sehr einfach erklären. Aber das Fundament für eine solche Erklärungsweise ist nicht gegeben. Wir müssen uns an die feststehenden Tatsachen halten, und diese zeigen, daß auch bei der regenerativen Zellwucherung beim Menschen eine derartige Rückkehr zur Embryonalstufe nicht beobachtet wird und wir gar keine Anhaltspunkte für die Möglichkeit derartiger Veränderungen haben. Ein Erwachen wirklicher embryonaler Potenzen gibt es in den Organen des erwachsenen Wirbeltieres nicht, weil solche Potenzen infolge der Differenzierungsvorgänge in den Zellen nicht mehr vorhanden sind und niemals nachgewiesen werden konnten.

Einen Rückschlag bis zu embryonalen Zellformationen bei der regenerativen Zellwucherung müssen wir auf Grund all unserer Kenntnisse für das hochdifferenzierte Wirbeltier ablehnen. Es widerspricht eine solche Annahme all den früher schon besprochenen Gesetzen von der Einschränkung der Differenzierung bei fortschreitender Entwicklung, allen unseren Kenntnissen über den fortschreitenden Verlust von Potenzen der sich differenzierenden Zellen. Nur solche Differenzierungen sind möglich, deren Potenzen noch latent in der differenzierten Zelle bzw. der Cambiumzelle des differenzierten Gewebes vorhanden waren. Da unsere heutigen Kenntnisse für den hochdifferenzierten Organismus ein Erhaltenbleiben derartiger verschiedener Potenzen in den differenzierten Körpergeweben nicht gestatten, so können wir weder für die Regeneration noch für die Geschwulstbildung einen weitergehenden Rückschlag bis ins Embryonale annehmen oder mit solchen Möglichkeiten rechnen.

Daß der regenerative Prozeß an sich keine Rückkehr zu einer früheren Entwicklungsstufe, geschweige denn zu einem embryonalen Stadium beim Menschen bedeutet, ergibt sich schon ohne weiteres aus den ja täglich zu beobachtenden Regenerationsprozessen der Haut bei jeder Wundheilung. Niemals sehen wir, daß hier die regenerierende Epidermis fähig wäre, auch nur Haare, Schweiß- oder Talgdrüsen wieder zu regenerieren, obwohl ja alle diese Bildungen durchaus in der Richtung der Differenzierung dieses Organgewebes liegen würden.

Wenn wir hierbei uns des wiederholt gebrauchten Vergleiches mit der Entwicklung, Auseinanderwicklung und Entfaltung der Explosionen und Lichterscheinungen einer Rakete erinnern, so ergibt sich aus diesem Vergleich mit größter Klarheit, daß eine rückläufige Entwicklung, ein Ablauf der gleichen Erscheinungen in umgekehrter Reihenfolge völlig undenkbar ist. Wenn es sich hier auch nur um einen Vergleich handelt, der nichts beweist, so entspricht dieser Vergleich doch sicherlich in vielen wesentlichen Punkten der Entwicklung der lebendigen Substanz, und es ist recht wahrscheinlich, daß diele Differenzierungsvorgänge in ganz analoger Weise ablaufen.

Halten wir uns an die festgestellten Tatsachen, so müssen wir insbesondere für die menschliche Pathologie als erwiesen anerkennen:

1. Bei regenerativen Prozessen kommt es vielfach zu einem Differenzierungsverlust der Zellen, auch zu einem Verlust an Differenzierungsfähigkeit. Die durch die Regeneration gebildeten neuen Zellen beharren dann häufig auf einer einfacheren histologischen Stufe (Rückildung im Sinne RIBBERTS).

2. Von den Cambiumzellen der einzelnen Gewebe können bei regenerativen Prozessen und starken Zellwucherungen abnorme, fast stets minderwertige Differenzierungen hervorgebracht werden, die auf schlummernde Potenzen in den Cambiumzellen des ursprünglichen Gewebes zurückzuführen sind. Sie halten sich beim hochorganisierten Organismus stets im Rahmen des entwicklungsgeschichtlich nächststehenden Gewebes.

Diese Störungen werden uns bei der Lehre von der indirekten Metaplasie näher beschäftigen. Niemals aber sehen wir bei regenerativen Wucherungen der Säugetiergwebe weiter zurückliegende embryonale Potenzen auftreten. Wir werden später noch sehen, daß Fälle, die dem zu widersprechen scheinen, auf abnorme Anlagen, pathologische Entwicklungsstörungen, Gewebsmißbildungen zurückzuführen sind.

4. Die Kataplasie der Geschwulstzelle.

Zu den Dysplasien müssen wir auch eine sehr eigenartige Zellveränderung rechnen, die Kataplasie der Geschwulstzelle. Auf diese soll hier nur kurz hingewiesen werden, sie wird uns später eingehend beschäftigen.

B. Die Metaplasien.

Wir kommen nunmehr zu denjenigen Differenzierungsstörungen, wo nicht nur Verluste an Struktur und Metastruktur vorliegen, sondern wo sich ein typisch differenziertes Gewebe in ein ganz anderes, ebenfalls typisch differenziertes Gewebe umwandelt. Diese Störungen der Gewebsdifferenzierung bezeichnen wir als Metaplasien, unter denen wieder verschiedene Formen auseinandergehalten werden können.

Orth hat zwischen Zell- und Gewebsmetaplasien unterschieden. Diese Unterscheidung erscheint zwar theoretisch berechtigt, hat aber heute noch keine wesentliche Bedeutung, da wir ja die Differenzierungen der *Zellen* selber in erster Linie aus den *Gewebs*strukturen erkennen und nachweisen. Die Unterscheidung würde wichtiger werden, sobald wir einmal einen tieferen Einblick in die funktionelle und potentielle Metastruktur der Einzelzellen nehmen könnten.

Unter dem Begriff der Metaplasie werden wir demnach nur diejenigen Gewebsveränderungen zusammenfassen, wo eine Wesensveränderung der Zellen gegenüber der normalen Differenzierungsstruktur des Ortes auftritt. Als solche können wir unterscheiden:

1. Die Prosoplasie.

1. Der Begriff *Prosoplasie* ist zuerst von Küster in die Botanik eingeführt worden und bezeichnet abnorme Pflanzengewebswucherungen, die zu einer höheren spezifischen Differenzierung gegenüber dem Gewebsmutterboden führen. Schridde hat dann den Begriff in die Pathologie eingeführt und versteht darunter eine weitergehende Zelldifferenzierung, als sie normalerweise in dem Muttergewebe zu finden ist. Schridde[1] weist darauf hin, „daß unter normalen Verhältnissen die Epithelien eine typische Ausdifferenzierungszone besitzen. Bei dem Epithel der Epidermis ist die Zone erreicht mit der Hornbildung, bei dem Epithel des Oesophagus geht sie nur bis zur Keratohyalinbildung". Verhornt also die Schleimhaut der Speiseröhre, so liegt Prosoplasie vor. Häufige Beispiele einer solchen „Weiterbildung des ortsdominierenden Merkmals über die ortsgehörige Differenzierungszone hinaus" sind die Verhornungen von Plattenepithelschleimhäuten (Pachydermie, Leukoplakie usw.), die Schleimbildung in Cylinderepithelschleimhäuten, das Auftreten typischer Becherzellen in der Gallenblase usw. Man kann einwenden, daß wir keine genügenden Unterlagen für das Werturteil der „höheren" Differenzierung besitzen. Es fragt sich, ob nicht z. B. das Blasenepithel eine höhere oder besser gesagt kompliziertere spezifische Differenzierung aufzuweisen hat als das verhornende Plattenepithel der Epidermis. Es wäre also vielleicht objektiver zu sagen, unter Prosoplasie verstehen wir

---

[1] Schridde, Herm.: Die Entwicklungsgeschichte des menschlichen Speiseröhrenepithels und ihre Bedeutung für die Metaplasielehre, S. 84. Wiesbaden: J. F. Bergmann 1907.

eine abnorme Differenzierung, die dem Ort des betroffenen Gewebes, aber nicht der Gewebsart selbst fremd ist. Man würde dann hierher auch die Bildung von Plattenepithelien aus dem Cylinderepithel der Nasenschleimhaut zu rechnen haben, da es sich bei den letzteren um Abkömmlinge des Ektoderms handelt. Wir können also sagen, unter pathologischen Verhältnissen, besonders bei regenerativen Wucherungen, sind eine Reihe von Abkömmlingen des ektodermalen Epithels fähig, verhornendes Plattenepithel zu liefern. Es ist das allerdings vielfach keine Mehrleistung, *Vorwärts*entwicklung im Sinne Schriddes, und wir sehen, daß hier irgendwelche scharfe Grenzen gegen die gleich zu behandelnde indirekte oder regenerative Metaplasie nicht zu ziehen sind.

Trotzdem ist der Begriff der Prosoplasie ein hinreichend charakterisierter und begrenzter. Seitdem wir wissen, daß auch das Übergangsepithel der Harnwege genau wie das Epithel der Epidermis aus Faserepithel besteht, werden wir auch das Auftreten von hornbildendem Plattenepithel in diesen Regionen zur Prosoplasie rechnen müssen.

Beispiele solcher Prosoplasie beim Menschen sind vor allem die verschiedenen Leukoplakien, Hornbildungen der verschiedenen Faserepithelschleimhäute, der Mundhöhle, des Oesophagus, der Zunge, der Vagina, der Harnwege.

Es ergibt sich also aus alledem, daß wir es bei der Prosoplasie stets mit einer abnormen Differenzierung zu tun haben, zu der die Fähigkeit aber schon den normalen Cambiumzellen der Gewebe innewohnt. Trotzdem dürfen wir diese Differenzierungsstörung zur Metaplasie rechnen, zumal auch sie nur unter pathologischen Bedingungen und ganz besonders bei regenerativen Prozessen auftritt. Chronisch-entzündliche Prozesse, häufig chronische Eiterungen bilden die gewöhnliche Vorbedingung für die Prosoplasie, und damit zeigen sie uns, daß eben auch hier nicht die normal ausdifferenzierte Zelle den abnormen Weg einschlägt, sondern daß die durch die äußeren Bedingungen zur stärkeren Wucherung und Regeneration veranlaßten Cambiumzellen sich nun in anderer Weise differenzieren wie normal.

2. Die direkte Metaplasie.

Virchow hat den Begriff der Metaplasie überhaupt dahin einschränken wollen, daß die Gewebsumwandlung unter Persistenz der Gewebszellen, also ohne jede Neubildung und Wucherung vor sich gehe. Wir bezeichnen heute einen solchen Vorgang als direkte Metaplasie. Eine solche läge vor, wenn z. B. sich Knorpel ohne Änderung und Wucherung seiner Zellen nur durch Umbau der Grundsubstanz in Knochen umwandeln würde. Manche hierher gehörigen Fälle werden übrigens neuerdings auch zur Prosoplasie gerechnet, z. B. die Bildung von Flimmerepithelien aus Plattenepithel. Will man so weit gehen, so müßte man auch die metaplastische Knochenbildung aus Bindegewebe als Prosoplasie bezeichnen. Es scheint richtiger, sich genau an die Definitionen zu halten und nur dann von Prosoplasie zu sprechen, wenn die Differenzierungsart des neuen Gewebes schon in dem alten sozusagen vorbereitet, in seinen Hauptzügen bereits vorhanden ist, also z. B. Hornbildung in einem Epithel, das normalerweise nicht verhornt, aber von vornherein faserbildendes, keratohyalinbildendes Plattenepithel ist.

Die anderen Fälle, wo eine charakteristische Differenzierungsstruktur verschwindet und eine andere, ebenso charakteristische Struktur dafür auftritt, müssen wir zur echten Metaplasie rechnen.

Es fragt sich, ob eine solche vollkommene Änderung der Gewebsdifferenzierung unter Zellpersistenz, wie Virchow es wollte, irgendwo nachzuweisen oder wenigstens mit Wahrscheinlichkeit anzunehmen ist.

Können wir solche *Umdifferenzierungen unter Erhaltung der ursprünglichen Zellen*, wenigstens bei niedrigen Tieren, nachweisen? Man hat angenommen, daß es hier bei der Setzung eines Defektes zur direkten Umwandlung des differenzierten Organismus in einen neuen ganzen Organismus kommen kann und diese „Regeneration durch Umlagerung und Umdifferenzierung" als Morphollaxis bezeichnet (Morgan).

Von Wichtigkeit für uns sind ferner diejenigen Restitutionen, welche sich einfach dadurch vollziehen, daß eine *Umdifferenzierung der bereits fertig differenzierten Zellen* des Organismus stattfindet. Die Regulationsfähigkeit ist eine primäre Eigenschaft aller lebendigen Substanz, und sie tritt uns bei Gewebsverlusten am erwachsenen Körper sehr klar dadurch entgegen, daß bei dem Verlust spezifisch differenzierter Zellen andere Zellen vielfach die Funktion übernehmen und infolge dieser Mehrleistung hypertrophieren (einfache kompensatorische Hypertrophie). Aber der Organismus des Menschen ist kaum komplizierterer Restitutionen fähig. Es sind das alles nur spärliche Reste der Potenzen niederer Organismen. Entfernt man z. B. bei manchen Krebsen das differenziertere Organ, so nimmt das weniger ausgebildete die Form des anderen an, es tritt also eine wahre kompensatorische Differenzierung ein. Nach Entfernung der großen komplizierteren Schere bei Alpheus wandelt sich die kleinere zur großen um [Przibram[1]), Zeleny[2])]. Ähnliche Fälle (*kompensatorische Heterotypie*) sind bei den Pflanzen bekannt.

Wenn wir also schon bei den niederen Tieren eine solche direkte Umwandlung eines differenzierten Gewebes in ein anderes differenziertes Gewebe nicht kennen, so werden wir mit der gleichen Annahme bei den höheren Organismen noch vorsichtiger sein. Eine echte direkte Metaplasie gibt es nicht oder höchstens in kümmerlichen Andeutungen.

Die Möglichkeit der direkten Metaplasie wird auch heute immer noch selbst für den erwachsenen Menschen behauptet, und wir wollen untersuchen, welche Unterlagen für solche Behauptungen vorhanden sind.

a) Die Metaplasie des Epithels zu Bindegewebe.

Für zahlreiche Fragen der allgemeinen Pathologie ist die Beantwortung der Frage von größter Wichtigkeit, ob Epithelzellen unter besonderen Umständen oder schon normalerweise die Fähigkeit haben, Bindegewebe zu bilden. Wir wollen diese Frage hier ohne Rücksicht darauf, ob es sich um direkte oder indirekte Metaplasie handelt, erörtern.

Daß eine vollkommen ausdifferenzierte Zelle des normalen erwachsenen Organismus ihre Differenzierungsstruktur vollständig verlieren und direkt neue Strukturen einer anderen Differenzierungsreihe annehmen sollte, ist von vornherein im höchsten Grade unwahrscheinlich. Es war selbstverständlich, daß die kritiklose Verwertung histologischer Bilder hier besonders schöne Blüten treiben mußte. Die Bildung von Bindegewebe aus den Epithelzellen ist in einer Reihe von Arbeiten von Krohmeyer eifrig verfochten worden, ohne daß seine Anschauungen irgendwie haben überzeugend wirken können. Dann hat in zahlreichen Arbeiten Krompecher auf Grund histologischer Studien denselben Standpunkt vertreten. Unter völliger Außerachtlassung aller entwicklungsgeschichtlichen Tatsachen, aller experimentellen Forschungen wird hier behauptet, daß unter pathologischen Verhältnissen sogar im erwachsenen Organismus

---

[1]) Przibram: Experimentalzoologie, Bd. II. 1909.
[2]) Zeleny, zitiert nach Driesch: Philosophie des Organischen, Bd. I. S. 112 u. 113. 1909.

die normale Epithelzelle Bindegewebe bilden kann. KROMPECHER[1]) schreibt
darüber: „Die Hauptsache bleibt und das einzig Maßgebende für mich ist es, daß
man sich vom Vorkommen der …Übergangsbilder überzeugt resp. anerkennt,
daß es Epithelzellen sind, welche in Beziehungen zum Bindegewebe treten, und daß
es sich in den Fällen, wo Verbindungen zwischen Epithel und Bindegewebszellen
anzutreffen sind, um eine Umwandlung von Epithel in Bindegewebe handelt.“
Es bedarf wohl hier keiner weiteren Erörterung, daß derartige Faserverbindungen
zwischen Epithel- und Bindegewebszellen über die genetischen Beziehungen
der beiden Zellen nicht das geringste aussagen. Die sämtlichen Schlußfolgerungen
KROMPECHERS sind deshalb unhaltbar. Allerdings schreibt er selbst (l. c.):
„Man erwarte nicht, daß ich vielleicht direkte Beweise für die Umwandlung
des Epithels in Bindegewebe resp. des Carcinomgewebes in Sarkomgewebe zu
erbringen beabsichtige. Diese Umwandlung läßt sich überhaupt nicht beweisen,
auf selbe kann bloß geschlossen werden. Vielmehr will ich zeigen, daß unter
Umständen auch bei pathologischen Prozessen Verbindungen zwischen Epithel-
resp. Carcinomgewebe und Bindegewebe anzutreffen sind, und daß die ins Stroma
gelangten Epithelzellen resp. Carcinomzellen Fortsätze treiben und sich morphologisch in jeder Hinsicht ganz wie Bindegewebszellen resp. Sarkomzellen verhalten.“

In einer so fundamental wichtigen Frage der allgemeinen Pathologie, ja
der allgemeinen Biologie sind aber nur wirklich bindende Beweise von Wert.
Ein Helfer ist KROMPECHER in M. MÜHLMANN entstanden. Er leitet direkt,
auch im erwachsenen Organismus, das Bindegewebe von dem Epithel der Epidermis ab. Nach MÜHLMANN soll bei der Vermehrung der Basalzellen der Epidermis ein Teil der Zellen in ungünstigere Ernährungsverhältnisse geraten.
„Auf dem Wege“, schreibt er[2]), „dieser atrophischen Vorgänge nimmt ein Teil
der Basalzellen die Bindegewebsformen an und scheidet aus der Reihe der Basalzellen aus, indem er mit denselben nicht mitwächst. Die ausgeschiedenen Basalzellen bilden das Stroma. Unter dem Einfluß der vorliegenden Ernährungsverhältnisse werden sie entweder protoplasmaarm und faserreich oder umgekehrt.
Im letzteren Falle bildet sich die kleinzellige Anhäufung des Stromas.“ Es er-
übrigt sich wohl, solche Anschauungen zu widerlegen. Wir wissen längst, daß
auch Epithelzellen durch äußere Momente Formen annehmen können, die ihre
Identifizierung außerordentlich schwer oder vielleicht gar unmöglich machen.
Aber derartige Verstümmelungen, wenn ich so sagen darf, beweisen nichts,
da sie die spezifische innere Struktur der Zelle nicht ändern und nur eine Änderung des spezifischen Charakters der Zelle hat biologisches Interesse. Gerade
dem kritisch arbeitenden Histologen müssen derartige Täuschungsbilder bekannt
sein, damit er nicht zu Fehlschlüssen kommt. So z. B. schreibt SCHRIDDE[3]):
„In dieses Gebiet hinein gehören in erster Linie alle die Formveränderungen von
Epithelzellen, die durch äußere mechanische Momente hervorgerufen werden,
während die innere spezifische Struktur der Zellen in ihren Grundzügen unverändert bleibt. So können, um nur einige Beispiele aufzuführen, Cylinderepithel-
zellen in ihrer äußeren Form polyedrischen Faserzellen ähnlich werden, so können
Faserepithelzellen besonders in Geschwülsten zu lang ausgestreckten, spindel-

---

[1]) KROMPECHER, E.: Über die Beziehungen zwischen Epithel und Bindegewebe bei
Mischgeschwülsten der Haut und der Speicheldrüsen und über das Entstehen der Carcinosarkome. Beitr. z. pathol. Anat. u. z. allg. Pathol. Bd. 44, S. 94. 1908.

[2]) MÜHLMANN, M.: Über Bindegewebsbildung, Stromabildung und Geschwulstbildung.
Arch. f. Entwicklungsmech. Bd. 28, S. 210. 1909.

[3]) SCHRIDDE, HERM.: Die Entwicklungsgeschichte des menschlichen Speiseröhrenepithels und ihre Bedeutung für die Metaplasielehre. S. 89. 1907.

förmigen Elementen gestaltet werden, die bei den gewöhnlichen Färbungen durch ihre Form den Anschein von Bindegewebszellen erwecken. Gar nicht so selten sieht man ferner Plasmazellen in ihrer äußeren Gestaltung Bindegewebszellen nahahmen.

Aber alle diese Zellen sind doch keine Faserepithelzellen oder Bindegewebszellen geworden, denn ihre spezifische Struktur ist in ihrem Wesen völlig intakt geblieben." Das letztere ist das allein Wichtige. Diese ganz äußerlichen Formverhältnisse und ihre Kenntnis mahnen uns aber zur äußersten Vorsicht, zur schärfsten Kritik in der Verwertung rein histologischer Bilder. Wo diese fehlt, wird man zu Schlüssen kommen, wie sie Krompecher und Mühlmann gezogen haben.

Krompecher begründet seine Schlußfolgerungen auch noch sehr eingehend durch die Befunde bei niederen Wirbeltieren und Embryonen. Was die niederen Wirbeltiere anbelangt, so bezieht sich Krompecher vor allen Dingen auf die Arbeiten Schubergs 1903. Schon Leydig, Maurer und Schuberg hatten nach Krompecher plasmatische Verbindungen zwischen Epithel und Bindegewebe bei niederen Wirbeltieren, namentlich beim Salamander, Laubfrosch, Axolotl beschrieben, und vor allem Schuberg hatte gezeigt, daß bei Amphibien, insbesondere in der Axolotlhaut „das Bestehen von Verbindungen zwischen Zellen des Epidermisepithels und Bindegwebszellen des Coriums als mit Sicherheit erwiesen zu betrachten ist". Das Vorkommen derartiger plasmatischer Verbindungen zwischen Epithel und Bindegewebe ist natürlich gänzlich unbestritten. Aber eine kritische Verwertung dieser histologischen Befunde wird niemals aus denselben Schlüssen ziehen, wie Krompecher es getan hat, und es ist bemerkenswert, daß nach Kromperches Angaben selbst Schuberg die Schlußfolgerungen und Deutungen Krompechers vollkommen abgelehnt hat und, wie Krompecher selbst schreibt, einen ganz abweichenden, geradezu entgegengesetzten Standpunkt in der Deutung dieser Befunde vertritt.

Weiterhin beruft sich aber Krompecher auf die embryonalen Verhältnisse. „Im Embryonalleben", schreibt er[1]), „entsteht doch Bindegewebe aus Epithel, und die Bindegewebszellen lassen doch in dem Stadium, wo sie sich von den Epithelzellen loslösen, eine wenngleich bloß vorübergehende primäre Verbindung mit dem Epithel erkennen. Sollten dann hier morphologisch gleiche Bilder einmal als primäre, das andere Mal . . . als sekundäre Verbindungen gedeutet werden." Diese Berufung auf die Verhältnisse im Embryonalleben ist eine vollkommene Verkennung der Fragestellung, und all diese Irrtümer sind wiederum nur darauf zurückzuführen, daß wir nach der heutigen Nomenklatur für Zellen der allerheterogensten Art noch denselben Namen gebrauchen. Es wurde früher bereits auseinandergesetzt, daß auch die Eizelle als eine Epithelzelle bezeichnet worden ist, und wenn man diese Zelle oder die Zelle des Ektoderms im Blastulastadium mit der epidermalen Epithelzelle des erwachsenen, ausdifferenzierten Organismus auf eine Stufe stellt, so kann man selbstverständlich alles beweisen. Alle Schlüsse Krompechers lehnen wir also ab, denn wir haben beim Embryo überhaupt kein gewebsspezifisches Epithel in dem Sinne, wie wir es beim erwachsenen Organismus haben, und es bildet auch beim Embryo das Epithel kein Bindegewebe, sondern es entstehen aus primären Keimblättern und Primitivorganen mesenchymale Zellgruppen, welche im Laufe der weiteren Differenzierung Anlagen zu mesenchymalen Organen und Zellen abgeben. Das ist fundamental verschieden von dem, was wir eine Bindegewebsbildung aus Epithel des ausdifferenzierten Organismus nennen. Weiterhin beruft sich Krompecher für seine Auffassung auf die histologischen

---

[1]) Krompecher, E.: Epithel und Bindegewebe bei Mischgeschwülsten. Beitr. z. pathol. Anat. u. z. allg. Pathol. Bd. 44, S. 113. 1908.

Bilder einer Reihe von Geschwülsten. Selbstverständlich bilden hierbei die histologischen Übergangsbilder die ganze Grundlage seiner Beweisführung, und es wird auf Grund dieser Bilder sogar ein besonderes Übergangsgewebe zwischen Epithel und Bindegewebe konstruiert.

Abgesehen von der Verwertung histologischer Zustandsbilder konnte nur eine ganze Reihe unbewiesener Voraussetzungen und Begriffsverwirrungen zu derartigen Schlüssen führen. Bindegewebe und embryonales Mesenchym, Epithel und Zellen der Keimblätter werden hier nicht auseinandergehalten und durcheinandergeworfen. Die Mischgeschwülste der Speicheldrüsen werden einfach zu den Carcinomen gerechnet und ohne jeden Beweis von den basalen Zellen der Epidermis abgeleitet. Die Frage, ob diese Geschwülste von Entwicklungs- und Differenzierungsstörungen, von embryonalen Keimen sich herleiten und damit ihre Zellen überhaupt nicht dem Epithel und dem Bindegewebe des ausdifferenzierten erwachsenen Organismus an die Seite gestellt werden dürfen, ob diese Zellen überhaupt embryonale Zellen sind, wird nicht einmal erörtert. Dagegen wird wohl dem Epithel die Fähigkeit zugeschrieben, unter veränderten Verhältnissen embryonale Eigenschaften wieder anzunehmen. Ja es wird sogar direkt eine Erklärung dafür abgegeben, warum sich aus dem Geschwulstepithel bald Epithel bald Bindegewebe entwickelt.

„Merkwürdig erscheint es, daß das Epithel, wenn es ins Bindegewebe gelangt, das eine Mal, beispielsweise bei den Cancroiden nach Art von Epithel weiterwächst, das andere Mal hingegen zu Bindegewebe resp. Sarkomgewebe wird. Allem nach erfolgt ersteres, wenn das Stroma derb, letzteres, wenn es plastisch ist."

Die Erklärung, warum das eine Mal Sarkome, das andere Mal Carcinome, das andere Mal Bindegewebszellen entstehen, ist zwar verblüffend einfach, dürfte aber weder durch irgendwelche Tatsachen zu stützen sein noch die primitivsten Bedürfnisse unseres kausalen Denkens zufrieden stellen. Vor allem aber liegen hier ganz grundsätzliche Fehlschlüsse vor: Die verschiedenen Entwicklungsstadien dürfen in ihren Differenzierungspotenzen nicht auf eine Stufe gestellt und durcheinandergeworfen werden. Dasselbe Postulat müssen wir für die Geschwulstzellen aufstellen. Bei jeder Geschwulst werden wir uns in erster Linie die Frage vorzulegen haben, ob wir ihre Zellen überhaupt mit Zellen des normalen Organismus in Parallele setzen dürfen, und wenn diese Frage bejaht ist, mit welchem Entwicklungsstadium der normalen Körperzellen wir sie analogisieren sollen. Es ist gar keine Rede davon, daß wir die Zellen jedes Carcinoms a priori mit den ausdifferenzierten Zellen des normalen Organismus auf eine Stufe stellen können und dürfen. Noch viel weniger ist die Rede davon, daß wir die Umwandlung von Epithel in Bindegewebe in einer Geschwulst annehmen dürfen, sobald sich embryonale Strukturen in derselben auffinden, und ebenso unmöglich ist weiter der Schluß, wie ihn KROMPECHER gezogen hat, daß diese Geschwulstzellen mit embryonalen Strukturen durch den embryonalen Rückschlag ausdifferenzierter Körperzellen zustande gekommen sind. Gewebsbildungen einer embryonal angelegten Geschwulst können uns über die Beziehungen der Epidermiszellen des erwachsenen Körpers zu dem bindegewebigen Stroma nicht den geringsten Aufschluß ergeben.

Selbstverständlich kommt man zu derartigen Formulierungen, wenn man die Begriffe Epithel, Bindegewebe, Mesenchym usw. nicht scharf faßt und die Entwicklungs- und Differenzierungsstadien vollkommen außer acht läßt.

Wenn wir also diese extremste Form der Zellumwandlungen im erwachsenen Organismus, die Metaplasie von Epithel im Bindegewebe als völlig unbewiesen ablehnen, so ist damit noch nichts über andere Zellumwandlungen gesagt. Es erhebt sich jetzt die Frage, ob nicht entwicklungsgeschichtlich näherstehende

Zellarten durch echte direkte Metaplasie ineinander übergehen können. Die
Frage der Metaplasie ist ja überhaupt nur eine quantitative, keineswegs eine
qualitative Frage. Sie hat nur dann einen Sinn, wenn die Differenzierung sowohl
des Gewebes wie des Organismus, um den es sich handelt, mit in Rechnung gestellt wird. Weil, wie wir schon sahen, bei niederen Tieren die Ektodermzellen
auch Muskelfasern bilden können, so ist damit noch nicht das geringste für diese
Frage bei höheren Organismen im ausdifferenzierten Zustande auszusagen.

b) Die direkten Metaplasien des Mesenchyms.

Eine direkte Metaplasie nimmt Roux[1]) an für die sehnige Metaplasie der
Muskelfaserenden. Roux hat bei Muskelverkürzungen infolge von Bewegungs-
hinderungen kranker Gelenke eine direkte Umwandlung der Muskelfaserenden in
Bindegewebsprimitivfibrillen gefunden und nimmt an, daß die einzelne Muskel-
primitivfibrille direkt in die Sehnenprimitivfibrille übergeht. Allerdings ist ja
jede Muskelfaser von Bindegewebe umhüllt, und es könnte diese Umwandlung
sich in der Weise vollziehen, daß die Bindegewebsfibrillen auf Kosten der zugrundegehenden Muskelsubstanz hypertrophieren und so diese Umwandlung
ohne eigentliche Metaplasie zustande kommt.

Auch der Umwandlung von Knochensubstanz in retikuläres Bindegewebe
liegt vielleicht ein ähnlicher Prozeß zugrunde. Wenn Saurborn[2]) nachweist,
daß bei kachektischen und alten Leuten der Knochen sich direkt in Bindegewebe
umwandeln kann, so wird man darin wohl kaum eine echte Metaplasie erblicken
können, denn es handelt sich ja hier nicht um spezifische Strukturen, die das Bindegewebe aufweist, sondern eigentlich nur um den Verlust der bisherigen Differenzierungsstruktur. Knochengewebszellen, deren Knochen-Kalk und osteoides
Gewebe vollkommen resorbiert und geschwunden sind, werden sich in ihrer
Struktur von Bindegewebe wohl nicht unterscheiden lassen. Es ist also mit
Wahrscheinlichkeit eine derartige Umwandlung in das Gebiet der Pseudometaplasie zu rechnen.

Dagegen muß heute wohl als erwiesen gelten die echte Metaplasie des erwachsenen Bindegewebes zu Knochen und Knochenmarksgewebe. Vor allem
durch zahlreiche Experimente sind hierfür Beweise erbracht worden, und die
Annahme, daß diese Knochenbildung durch verschleppte Knochenmarkszellen erfolge, hat sich zum wenigsten bisher nicht beweisen lassen. Allerdings
könnte man diese Knochenbildung aus Bindegewebe vom entwicklungsphysio-
logischen Standpunkt vielleicht als eine Art Prosoplasie im Sinne Schriddes
auffassen.

Diese Umwandlung und direkte Metaplasie des fibrillären Bindegewebes
in Knochen hat übrigens ein Vorbild in der embryonalen Osteogenese. v. Korff
zeigte, daß bei vielen embryonalen Knochen noch lange Zeit Fasern nachzuweisen
sind, die zwischen die Osteoblasten hindurchtreten und sich in das umgebende
Bindegewebe verlieren. An Amphibien wies Petersen[3]) nach, daß auch die
Osteoblasten Fasern bilden und der erste, überhaupt erscheinende Knochen,
das Parasphenoid, nach dem Schema der Bindegewebsverknöcherung gebildet
wird. Petersen unterscheidet daher als eine besondere Modifikation der Knochenbildung, die Bindegewebsverknöcherung, die zum geflechtartigen Knochen führt.
Eine Metaplasie von Bindegewebszellen in Osteoblasten hat auch Ribbert
anerkannt. Eine solche Metaplasie wird natürlich noch sehr viel leichter bei

---

[1]) Roux: Gesammelte Abhandlungen, Bd. I, S. 616. 1895.
[2]) Sauerborn, W.: Die fibröse Atrophie der Knochen. Virchows Arch. f. pathol.
Anat. u. Physiol. Bd. 201, S. 467. 1910.
[3]) Petersen: Naturhist. med. Ver. zu Heidelberg, Sitzung 11. Febr. 1919.

regenerativen Bindegewebswucherungen zustande kommen, worauf später einzugehen ist.

Weiterhin ist auch eine direkte Metaplasie des Knorpels in Knochengewebe behauptet worden, z. B. noch vor kurzem von MJASSOJEDOFF[1]) (Verknöcherung der Knorpelringe der Trachea). Auch in der Ontogenese kommt eine solche direkte Umwandlung von Knorpel in Knochengewebe vor [SPULER[2])]. Der Einblick in die hierbei sich abspielenden komplizierten Umbauvorgänge ist aber nicht leicht, wir werden bei der Frage der indirekten Metaplasie noch hierauf zurückkommen.

Überblicken wir so das Ganze, so müssen wir sagen, daß die direkte Metaplasie im Bereiche der Stützsubstanzen vorkommt und wohl darauf beruht, daß die Bindegewebszelle des erwachsenen Organismus wohl überall noch die Potenzen enthält, die unter geeigneten Bedingungen zur Knorpel- und Knochenbildung führen. Aber ohne Zellneubildung dürfte die Weckung solcher Potenzen wohl sehr selten sein, hat doch LUBARSCH[3]) betont, daß „eine direkte Entstehung der neuen Struktur in der alten Zelle mit Sicherheit in keinem Fall bewiesen" sei. Allerdings dürfte auch ein solcher Beweis direkt kaum zu führen sein, da wir ja bisher diese Umwandlungen nicht an der lebenden Zelle verfolgen können.

3. Die indirekte regenerative Metaplasie.

Wenn man eine direkte Metaplasie überhaupt ablehnen will, muß man für die tatsächlich vorkommenden Differenzierungsstörungen nach anderen Erklärungen suchen. Es werden eben im Körper typisch ausdifferenzierte Zellen an Orten beobachtet, wo Zellen dieser Differenzierungsart normalerweise niemals vorkommen. Diese Befunde sind die wichtigsten Grundlagen der Metaplasielehre überhaupt geworden. Die direkte Entstehung neuer Strukturen in der alten Zelle kommt für den Menschen so gut wie gar nicht in Betracht. Will man also diese Befunde erklären, so ist jedenfalls eine Verjüngung des Gewebes zu dieser Umdifferenzierung notwendig. Tatsächlich läßt sich nun nachweisen, daß den metaplastischen Vorgängen ausgedehnte Gewebswucherungen vorangegangen sind. Es muß deshalb die Metaplasie als eine Zellwucherung mit Umdifferenzierung aufgefaßt werden, und das begründet auch ihre enge Beziehung zur Regeneration, denn gerade bei regenerativen Prozessen haben wir es ja stets mit mehr oder weniger ausgedehnten Zellneubildungen zu tun.

Auf dem Umwege über die regenerative Zellwucherung kann also eine Metaplasie zustande kommen. Hier wird auch heute noch vielfach die Annahme gemacht, daß es bei dieser Regenerationswucherung zunächst zu einer Zerstörung der spezifischen Gewebsstrukturen kommt und daß nunmehr durch diese Entdifferenzierung die Zellen frei werden und in Wucherung geraten. Diese Annahme einer Entdifferenzierung hat gerade in der Pathologie auch heute noch vieles für sich, aber gerade die Untersuchungen SCHAXELS lehnen eine solche Annahme selbst für niedere Organismen ab und kommen zu dem Schluß, daß mit der typischen histologischen Differenzierung das Schicksal jeder Zelle endgültig besiegelt ist, daß dagegen alle Regenerations- und Neubildungsvorgänge immer von undifferenzierten Zellen und Anlagen ausgehen. Selbst für die so sehr regenerationsfähigen Larven der Schwanzlurche hat KORSCHELT[4]) nachgewiesen, daß die Zellen der Chordascheide eine größere Regenerationsfähigkeit besitzen als die Chordazellen selbst.

---

[1]) MJASSOJEDOFF: Zentralbl. f. Pathol. Bd. 32, S. 531. 1922.
[2]) SPULER: Ärztl. Bezirksverein Erlangen, 22. Jan. 1914.
[3]) LUBARSCH: Dtsch. pathol. Ges., 10. Tagung, Stuttgart 1906, S. 198.
[4]) KORSCHELT: Beitr. z. pathol. Anat. u. z. allg. Pathol. Bd. 63, S. 511. 1917.

In jedem Organ und Gewebe aber haben wir derartige undifferenzierte Zellen, Jugendformen, Cambiumzellen, und auch am menschlichen Objekt zeigen alle Untersuchungen, daß die regenerative Neubildung von diesen Cambiumzellen, von undifferenzierten Anlagen im Sinne Schaxels ausgeht. Es gibt zu denken, daß auch alle Untersuchungen über die histogenetische Entstehung der Geschwülste die Bildung der Geschwulstanlage immer wieder auf diese Indifferenzzone, auf diese Cambiumzellen zurückführen.

Kommt es nun aber durch irgendwelche Einflüsse, z. B. durch den Regenerationsreiz, zu einer starken Vermehrung und Wucherung dieser undifferenzierten Zellen, so ist sofort die Möglichkeit gegeben, daß nunmehr je nach den Bedingungen latente Differenzierungspotenzen dieser Zellen zum Vorschein kommen, d. h. sich nach anderer Richtung ausdifferenzieren. Damit haben wir das Gebiet der **indirekten Metaplasie** betreten. Indirekt ist diese Metaplasie, weil sie nur auf dem Wege über die regenerative Neubildung erfolgt, — man mag dabei mit Schaxel jede Entdifferenzierung der fertig entwickelten Gewebszellen ablehnen oder nicht.

a) Die regenerative Potenzweckung bei niederen Tieren und Embryonen.
(S. auch das S. 1247, 1253, 1267, 1285 u. 1290 hierzu Gesagte.)

Wollen wir uns darüber klar werden, welche Metaplasien auf dem Wege über diese regenerative Neubildung entstehen können, so müssen wir, wie gesagt, jede Tierart besonders analysieren. Wenn Krompecher[1]) z. B. als Beweis für die Möglichkeit einer Metaplasie des Epithels in Bindegewebe auch die Umwandlungsmöglichkeiten bei Embryonen und niederen Tieren anführt, so sagt das gar nichts. Die Lehre von der mit der Entwicklung von Stufe zu Stufe fortschreitenden Einschränkung der Differenzierungsfähigkeit der Embryonalzellen und Organanlagen behauptet ja gerade, daß sich die Zellen des ausdifferenzierten Organismus *ganz anders* verhalten wie die Zellen des Embryo. Und weiter ist unbestritten, daß in dieser Beziehung sowohl zwischen den erwachsenen Organismen der verschiedenen Tierarten wie zwischen den Embryonen derselben die größten Unterschiede bestehen.

Es gibt niedere Tiere, bei denen sozusagen jedes Gewebe jedes andere Gewebe bilden kann. Bei den Nemertinen können die Parenchymzellen bei der Regeneration nicht nur Epithel- und Muskelgewebe, sondern Eier und Hodenzellen, also die Geschlechtszellen, bilden (s. auch S. 1254, 1267 u. 1291).

Bei niederen Tieren kann das Ektoderm Muskeln, kann verlagertes Ektoderm in frühen Stadien Chorda und Urwirbel, bei Wirbellosen kann das Mesenchym Darmepithel regenerativ bilden. Bei den Urodelenlarven wird die Linse vom oberen Irisrande regeneriert, also von Zellen, die bereits nach anderer Richtung differenziert waren [G. Wolff[2])]. Es können also bei Embryonen und niederen Tieren neue Teile von andersartigem Gewebe neugebildet werden. Stets tritt aber bei diesem Prozeß erst ein zellreiches, undifferenziertes Blastem auf, das von vielen als embryonales Zellmaterial aufgefaßt wird [Taube[3])]. Bald wird dieses Zellmaterial aufgefaßt als Ergebnis der Entdifferenzierung und Wucherung der präexistenten Gewebszellen, bald als das Ergebnis der Wucherung vorher bereits vorhandener, aber nicht in den Differenzierungsprozeß einbezogener jugendlicher Cambiumzellen, die, wenn sie noch totipotent sind, auch als embryonale Zellen bezeichnet werden können. Wir müssen uns für den erwachsenen Organis-

---

[1]) Krompecher: Beitr. z. pathol. Anat. u. z. allg. Pathol. Bd. 44, S. 139. 1908.
[2]) Wolff, G.: Arch. f. Entwicklungsmech. Bd. 1, S. 380. 1895.
[3]) Taube: Arch. f. Entwicklungsmech. Bd. 49, S. 269. 1921.

mus des Wirbeltiers für die letztere Auffassung entscheiden, wobei sehr wohl die Wucherung der Cambiumzellen durch den Zerfall der präexistenten, hochdifferenzierten Zellen hervorgerufen und aktiviert sein kann. Denn die Aktivierung solcher Wucherungen, und insbesondere der Regenerationspotenzen, geschieht in erster Linie durch stoffliche Beeinflussung an Ort und Stelle und durch das „Differenzierungsgefälle" der einzelnen Teile des Organismus zueinander, das wiederum aus den stofflichen Beziehungen sich ergibt [v. UBISCH[1])].

Heute wissen wir, daß die Keimblattlehre in dem Sinne, daß die von dem einen Keimblatt normalerweise gebildeten Organe niemals von einem anderen Keimblatt gebildet werden könnten, für sehr viele Fälle nicht haltbar ist.

Daß im Embryonalstadium das Ektoderm Knorpel, Knochen, Muskeln bilden kann, ist durch zahlreiche Arbeiten nachgewiesen, und isolierte Teile von Froschembryonen können sogar die Chorda dorsalis regenerieren (HOLMES 1913). Sehr häufig ist nachgewiesen, daß die Larvenstadien Organe regenerieren, die vom ausgewachsenen Tier überhaupt nicht mehr ersetzt werden, und bei den Nemertinen kann das Mesoderm, z. B. bei der Regeneration, Darmepithel und Muskelfasern bilden, also Gewebe, mit denen es bei der normalen Ontogenese gar nichts zu tun hat. Aber alle Tierarten und alle Entwicklungsstadien verhalten sich verschieden, und den Unterschied erklären wir auf dem Boden der Keimplasmatheorie von WEISMANN und ROUX mit dem Gehalt an Nebenidioplasmen oder Reserveidioplasma. Wir unterscheiden demnach nach den Entwicklungsfähigkeiten unipotente, pluripotente und omnipotente Zellen, und je nach diesem Potenzgehalt werden die Regenerationen ganz verschieden verlaufen. Die künstlich erzwungene Regeneration aber ist bis heute die wichtigste Methode, um über den Potenzgehalt von Zellen und Geweben Aufschluß zu erhalten. Über die bei normalem Ablauf der Entwicklungsvorgänge beim Menschen in den einzelnen Organen und Geweben noch schlummernden Entwicklungsfähigkeiten wird uns auch die Pathologie durch die Beobachtung des Verhaltens der Gewebe unter den verschiedenen pathologischen Bedingungen einigen Aufschluß geben können. Es ist deshalb zunächst die Frage zu beantworten, ob derartige Entdifferenzierungen auch an den differenzierten Zellen des erwachsenen, hochdifferenzierten Organismus vorkommen und inwieweit überhaupt noch die Gewebe des erwachsenen Körpers zu regenerativen Prozessen und zu echten Metaplasien fähig sind, welchen Potenzgehalt der Cambiumzellen der Organgewebe wir nach tatsächlichen Befunden anzunehmen haben.

Der Vorgang der indirekten oder regenerativen Metaplasie wird, je nach dem Differenzierungsgrade, an den verschiedenen Geweben des Körpers eine sehr verschiedene Rolle spielen. Die Gründe, die uns bestimmen, für die hochorganisierten Organismen, insbesondere für den Menschen die Möglichkeit einer umgekehrten Entwicklung, eine Rückdifferenzierung bis zu embryonalen Stadien auch bei regenerativen Prozessen abzulehnen, sind bereits früher (s. S. 1304) eingehend dargelegt worden. Dagegen können in den Cambiumzellen der Gewebe frühere Entwicklungspotenzen der Gewebsarten noch vorhanden sein, wenn dieselben auch kaum jemals den Potenzen früher Embryonalstadien entsprechen dürften. In erster Linie werden wir hier an das Stützgewebe des Körpers denken, das ja oft nicht wie andere Gewebe bis zur letzten Möglichkeit ausdifferenziert ist und in dem die Potenzen des Mesenchyms der späteren Embryonalstadien vielleicht noch latent überall und schon physiologischerweise vorhanden sein können. Mit diesen wollen wir uns daher zunächst beschäftigen.

---

[1]) v. UBISCH: Arch. f. Entwicklungsmech. Bd. 51,. S. 33. 1922.

b) Die indirekten Metaplasien des Mesenchyms.
α) Die indirekten Metaplasien der Stützgewebe.

Hier wären vor allen Dingen die Befunde von Knorpel- und Knochenbildung im Bindegewebe zu erörtern. Wenn solche Bildungen bei Periost- und Endostwucherungen auftreten, so wissen wir, daß diese Cambiumzellen des Knochensystems eben die Fähigkeit, die Entwicklungspotenz zu diesen Differenzierungen bei regenerativen Zellwucherungen zeitlebens behalten. Anders liegt es, wenn in alten Hautnarben, in verkalkten Lymphdrüsen, in Kalkablagerungen der Arterienwand es zur Bildung echter Knochensubstanz kommt. Da hiermit regelmäßig eine Bildung von echtem Knochenmarksgewebe einhergeht, so ist die Frage, ob wir es hier mit einer Weiterdifferenzierung von Cambiumzellen des Bindegewebes, von indifferenten Mesenchymzellen nach mehreren Richtungen zu tun haben, oder ob diese Knochenbildungen nicht dadurch entstehen, daß sich Knochenmarkszellen, die ja schon physiologischerweise in das Blut übertreten, an Ort und Stelle ansiedeln. Eine Entscheidung der Frage ist heute noch nicht möglich. Aber wenn man auch der Annahme einer Metaplasie sehr weit entgegenkommt, so hätten wir es auch hier höchstens mit einer indirekten regenerativen Metaplasie in der Richtung der Grunddifferenzierung des Gewebes zu tun.

Unter pathologischen Verhältnissen wird metaplastische Knochenbildung im Körper sehr häufig beobachtet. Wir wissen heute, daß immer zwei Bedingungen für die metaplastische Verknöcherung gegeben sein müssen: junges wucherndes Bindegewebe oder Granulationsgewebe und Kalk. Solche Knochenbildung wird daher beobachtet in verkalkten Lymphdrüsen, in verkalkten Arterienwänden, in verkalkten Hirnnarben [Brunner[1])] und anderen verkalkten Narben [Gruber[2])], in geschrumpften Augäpfeln [Posen[3])], in der Wand alter Hämatome [Morlot[4])]. Wydler[5]) fand in 30% der verkalkten Thromben von Varicen (Phlebolithen) Knochengewebe.

Eine sehr eigenartige metaplastische Knochenbildung ist die bei der *Myositis ossificans* auftretende. Sie entsteht sowohl im Anschluß an das Periost wie fern und ohne Beteiligung von Periost [Gruber[6])] im Anschluß an Muskeltraumen und Hämatome. Es ist wahrscheinlich, daß dabei Konstitutinosanomalien, Störungen des Kalkstoffwechsels eine Rolle spielen, wie ja auch eine allgemeine Calcinosis zu multiplen Kalkablagerungen führen kann [Versé[7])]. Für uns ist von besonderem Interesse, daß es auch eine multiple Myositis ossificans progressiva gibt, deren Geschwulstcharakter zweifellos ist [Pinkus[8])]. Diese Erkrankung beruht auf einer angeborenen Konstitutionsanomalie, aber die Krankheitsanlage kommt erst durch einen äußeren Realisationsfaktor, insbesondere Traumen, zur Entwicklung. Wir sehen, wie vorsichtig man mit der Annahme einer normalen Potenz des Bindegewebes zur metaplastischen Knochenbildung sein muß, denn die Tatsache der angeborenen Disposition zu dieser Krankheit beweist, daß hier Störungen der Entwicklung mit im Spiele sind.

Außer der traumatischen und kongenitalen kennen wir auch noch eine neurotische Myositis ossificans. So können z. B. bei Tabes ausgedehnte Muskel-

---

[1]) Brunner: Zeitschr. f. d. ges. Neurol. u. Physiol. Bd. 72, S. 193. 1921.
[2]) Gruber: Virchows Arch. f. pathol. Anat. u. Physiol. Bd. 233, S. 401. 1921.
[3]) Posen: Dissert. Frankfurt a. M., Juli 1919.
[4]) Morlot: Cpt. rend. des séances de la soc. de biol. Bd. 88, S. 767. 1923.
[5]) Wydler: Dissert. Zürich 1911.
[6]) Gruber: Mitt. a. d. Grenzgeb. d. Med. u. Chir. Bd. 27. 1914.
[7]) Versé: Beitr. z. pathol. Anat. u. z. allg. Pathol. Bd. 52, S. 1. 1912.
[8]) Pinkus: Dtsch. Zeitschr. f. Chir. Bd. 44. S. 179. 1897.

verknöcherungen am Oberschenkel entstehen [Schunck[1])]. Insbesondere sind solche Fälle aber an den unteren Extremitäten und am Becken als Folgen von Schußverletzungen der unteren Rückenmarksabschnitte nach dem Kriege beobachtet worden. Es sind das parossale und paraartikuläre Verknöcherungen, die sich schon innerhalb 40 Tagen nach der Verletzung entwickeln können [Israel[2]), Dejerine und Ceillier[3]), Cailler[4])]. Auch in diesen Fällen müssen primäre Gewebsschädigungen und regenerative Bindegewebswucherungen der Metaplasie zugrunde liegen.

Daß das Knorpelgewebe metaplastisch in Knochengewebe übergehen kann, entspricht ja nur den physiologischen Vorgängen der Knochenbildung, aber auch hier findet sich kein direkter Umwandlungsprozeß, und selbst da, wo der Übergang von Knorpelzellen in Knochenzellen direkt nachgewiesen worden ist (z. B. von Manasse, chondrometaplastische Verknöcherung des Felsenbeins), erfolgt ein sehr komplizierter Umbau, der wohl auch zur indirekten Metaplasie gerechnet werden muß.

Diese metaplastische Knochenbildung ist nun auch vielfach experimentell studiert worden. Es ist nicht schwer, im Tierversuch eine solche Knochenbildung zu erhalten, wenn man bei Tieren, die zu Kalkablagerung neigen, z. B. Kaninchen aseptische Nekrosen erzeugt und sie sich selbst überläßt.

Sacerdotti und Frattin[5]) beobachteten auf diesem Wege schon in 3 Monaten die Bildung von echtem Knochen mit wirklichem Knochenmark. Rohde[6]) leitet auch hier auf Grund seiner Versuche die Knochenbildung nicht von den ausdifferenzierten Bindegewebszellen, sondern von unverbraucht im Gewebe liegen gebliebenen Mesenchymzellen ab. Besonders schön läßt sich die Knochenbildung in der Kaninchenniere nach Gefäßunterbindung erzeugen. Asami und Dock[7]) leiten die Knochenbildung bei solchen Versuchen ab aus der Zerstörung von Kalkplatten durch Granulationsgewebe und Bildung von Knochenlamellen durch Abkömmlinge von Fibroblasten. Dabei beginnt die Knochenbildung in losem, gefäßreichem Bindegewebe. Sie konnten aber auch beim Kaninchen in transplantiertem Ohrknorpel Verknöcherungen erzeugen, die ganz der enchondralen Ossifikation entsprachen.

Auch im Auge kann man durch Injektion schwacher Lösungen gallensaurer Salze in den Glaskörper eine Schrumpfung der Aderhaut mit Bindegewebswucherung und heterotoper Knochenbildung hervorrufen [Wessely[8])].

Das theoretisch Wichtigste bei all diesen heterotopen Knochenbildungen ist die Tatsache, daß mit dem Knochen stets gleichzeitig typisches Knochenmark, also blutbildendes Gewebe, entsteht. Die Erklärung hierfür wird von der einen Seite in den latenten Potenzen der undifferenzierten Mesenchymzelle, die eben auch noch unter geeigneten Bedingungen Knochenmark und Osteoblasten bilden könne, gesucht, während von anderem die Annahme sozusagen einer Metastase normaler Knochenmarkselemente an die betreffende Stelle gemacht wird. Da schon physiologischerweise die Markzellen des Knochenmarks in den Kreislauf übertreten können, so wäre die Möglichkeit einer metastatischen Ansiedlung solcher Zellen im Bereiche der Verkalkung nicht völlig undenkbar.

---

[1]) Schunck: Diss. Bonn 1908.
[2]) Israel: Fortschr. a. d. Geb. d. Röntgenstr. Bd. 27, S. 365. 1920.
[3]) Dejerine u. Ceillier: Ann. de méd. 1919, S. 497.
[4]) Cailler: Paraosteoarthropathies, Impr. gen. Lahure, Paris 1920.
[5]) Sacerdotti u. Frattin: Virchows Arch. f. pathol. Anat. u. Physiol. Bd. 168, S. 436. 1902.
[6]) Rohde: Münch. med. Wochenschr. 1924, Nr. 9, S. 262.
[7]) Asami u. Dock: Journ. of exp. med. Bd. 32, S. 745, Dezember 1920.
[8]) Wessely: Arch. f. Augenheilk. Bd. 79, S. 1. 1915.

Auch die *Bildung echten Knorpels aus Bindegewebe* durch metaplastische Vorgänge ist möglich. Bei der Heilung von Knochenbrüchen im Callus ist ja die Bildung von Knorpel aus der periostalen und endostalen Wucherung etwas Alltägliches und gehört hier zum Bilde der physiologischen Regeneration [Gümbel[1])].

Nach den Untersuchungen von Hanau, Koller, Merlani u. a. bildet sich bei Knochenfrakturen, wenn diese Knochen histogenetisch knorpeligen Ursprungs sind, also knorpelig vorgebildet waren, im Callus stets Knorpel, und zwar wird diese Knorpelbildung durch Bewegungen während der Frakturheilung wesentlich gefördert, indem das Knorpelgewebe dann früher auftritt, sich auch länger erhält und sich in größeren Massen entwickelt. Das Knorpelgewebe wird vom Periost der Bruchenden gebildet und erfährt später eine Rückbildung, indem es teils resorbiert wird, teils aber verknöchert auf dem Wege der enchondralen Knochenbildung. Merlani[2]) hat behauptet, daß im Callus, welcher sich infolge von Frakturen von Knochen bindegewebigen Ursprungs bildet, niemals Spuren von Knorpelgewebe nachweisbar seien. Die Arbeit war mir leider nicht im Original zugänglich, es scheint mir aber, daß durch die Versuche von Hanau und Koller[3]) die Frage doch schon eindeutig entschieden ist. Diese Autoren haben jedenfalls mehrfach bei Frakturen bindegewebig vorgebildeter Knochen des Schädels, *wenn die Frakturenden bewegt wurden*, Knorpelbildung aus dem Periost dieser Knochen gesehen.

Wenn allerdings eine metaplastische hyaline Knorpelbildung aus Gefäßelementen auftritt [Endarteriitis cartilaginosa der großen Hirngefäße, Marburg[4])], so dürften hier wohl schon pathologische Gewebspotenzen vorliegen, die mehr in das Gebiet der Geschwülste gehören.

β) Die indirekten Metaplasien der Blutzellen.

Gerade von den Blutzellen ist die Behauptung, daß sie bei Regenerationsprozessen, also bei Blutschädigung mit nachfolgender Erholung, einen Rückschlag bis zu frühen embryonalen Stufen erleiden könnten, besonders häufig aufgestellt worden.

Tatsächlich sehen wir, daß bei einer ganzen Reihe von Blutkrankheiten und Blutschädigungen es zu einer Blutbildung an Stellen und in Organen des Körpers kommt, wo physiologischerweise beim Erwachsenen uns Blutbildungsvorgänge nicht bekannt sind: extramedulläre Blutbildung. Diese außerhalb des Knochenmarks auftretenden Blutbildungsherde hat man auf eine **myeloische Metaplasie** der Mesenchym- oder Gefäßwandzellen zurückgeführt [s. Ssyssojew[5])], während andere wiederum diese Blutbildungsherde nicht aus einer Umwandlung, Metaplasie ortsansässiger Zellen, ableiten, sondern auch hier wiederum, und zwar mit wichtigen Gründen, eine Metastase unreifer Knochenmarkselemente mit heterotoper Einnistung und Kolonisation erblicken wollen (Askanazy, Sternberg, Helly, Kurt Ziegler).

Solche extramedullären Blutbildungsherde mit unreifen und ausreifenden Blutzellen finden wir unter verschiedenen pathologischen Bedingungen, besonders in der Milzpulpa, dann aber auch in Buchten von Lebercapillaren, im periadventitiellen Gewebe von Lymphdrüse, Wurmfortsatz, Nierenhilus, in der Neben-

---

[1]) Gümbel: Virchows Arch. f. pathol. Anat. u. Physiol. Bd. 183, S. 400. 1906.

[2]) Merlani, R.: Ricerche sperimentali sulla produzione di cartilagine nel prozesso di guarigione delle fratture. Policlinico, ser. prat. 1910, Nr. 12.

[3]) Koller, H.: Ist das Periost bindegewebig vorgebildeter Knochen imstande, Knorpel zu bilden. Arch. f. Entwicklungsmech. Bd. 3, S. 626. 1896.

[4]) Marburg: Zentralbl. f. Pathol. 1902, S. 300.

[5]) Ssyssojew: Virchows Arch. f. pathol. Anat. u. Physiol. Bd. 259, S. 291. 1926 (Litt.).

niere, im Fettgewebe [PETRI[1])] usw. Besonders reichlich findet sich auch die myeloische Metaplasie in der Milz bei ausgedehnter Carcinose des Knochenmarks. Auch bei Kindern sind solche myeloischen Herde mit Erythrocyten, Erythroblasten, Myeloblasten, Myelocyten und sogar Megokaryocyten unter der Schleimhaut des Nierenbeckens bei Anaemia splenica gefunden worden [HERZENBERG[2])]. Bei Neugeborenen und Feten ist uns ja die starke extramedulläre Blutbildung in der Leber seit langem gut bekannt. Ebenso kennen wir als typisches Zeichen der kongenitalen Leberlues die viel längerdauernde Persistenz reichlicher Blutbildungsinseln in der Leber — ein lehrreiches Beispiel dafür, wie eine äußere Schädigung in die normalen Differenzierungsvorgänge eingreifen und embryonale Zustände lange Zeit erhalten kann. WEIL[3]) hat extramedulläre Blutbildung in der Prostata und in der Umgebung der Schweißdrüsen der Fußsohle von Neugeborenen und Feten nachgewiesen mit engen Beziehungen zu den Gefäßwandzellen.

Diejenigen, die für diese Herde mit myeloischer Metaplasie autochthone Entstehung annehmen, gehen dabei häufig von der Annahme aus, daß die **Gefäßwandzellen durch Rückschlag embryonale Potenzen** annehmen [ENGEL[4])]. Während ASKANAZY[5]) nirgends eine aktive Teilnahme der Gefäßendothelien an der Bildung dieser Blutbildungsherde fand und das Auftreten junger Markzellen, besonders neutrophiler Myelocyten im Kreislauf bei Krebsanämie (KURPJUWEIT), betont, demnach die Blutbildungsherde auf Kolonisation verschleppter junger Markzellen zurückführt, glaubt DIECKMANN[6]) gerade für die myeloische Metaplasie der Milz bei Knochenmarkscarcinose die Wucherung des Endothels in der Milz als Ausgang für die myeloische Metaplasie nachweisen zu können. Er hat auch experimentell am Kaninchen durch wiederholte Injektionen einer Vaccine Endothelwucherungen in Milz und Leber und Auftreten von Phagocyten im Blut beobachtet und bei Carminspeicherung nun die Granula nicht bloß in den großen Rundzellen, sondern auch in den polynucleären Leukocyten gefunden. Daraus schließt er auf die Entstehung der Leukocyten aus den gewucherten und ins Blut abgestoßenen Sinusendothelien der Milz.

Aus eigenen Untersuchungen, die ich in den letzten Monaten mit meinem Mitarbeiter BÜNGELER[7]) durchgeführt habe, ergibt sich, daß diese Schlüsse falsch sind. Wir erzeugten zunächst eine starke Speicherung des Endothels, warteten dann das Verschwinden aller Granula aus dem strömenden Blut und der Mononucleose ab und erzeugten dann durch Eiweißinjektionen eine erneute Vermehrung und Abstoßung der Endothelien ins Blut. Hierbei traten nun reichliche große Rundzellen im Blut auf, die gespeicherte Granula enthielten (also abgestoßene Endothelien waren), niemals aber fanden sich jetzt Granula in den polynucleären Leukocyten.

GRAWITZ[8]) hat die Leukämie generell als einen Rückschlag in die embryonale Blutbildung aufgefaßt. Ausführlich begründet wurde diese Anschauung von C. S. ENGEL[9]). ENGEL weist darauf hin, daß „die prämedulläre, embryonale Blutbildungsperiode durch große Blutzellen charakterisiert ist, die medulläre

---

[1]) PETRI, E.: Virchows Arch. Bd. 258, S. 50. 1925.

[2]) HERZENBERG: Virchows Arch. f. pathol. Anat. u. Physiol. Bd. 239, S. 145. 1922.

[3]) WEIL: Zeitschr. f. Kinderheilk. Bd. 35. S. 1. 1923.

[4]) ENGEL: Zeitschr. f. Krebsforsch. Bd. 21, S. 173. 1924.

[5]) ASKANAZY: Virchows Arch. f. pathol. Anat. u. Physiol. Bd. 205, S. 346. 1911.

[6]) DIECKMANN: Virchows Arch. f. pathol. Anat. u. Physiol. Bd. 239, S. 451. 1922.

[7]) BÜNGELER: Dtsch. pathol. Ges., Tagung in Freiburg, April 1926 und Beitr. z. pathol. Anat. u. allg. Path. Bd. 76. S. 181. 1926.

[8]) GRAWITZ: Dtsch. med. Wochenschr. 1908, S. 1033.

[9]) ENGEL, C. S.: Über Rückschlag in die embryonale Blutbildung. Berlin. klin. Wochenschr. 1907, S. 1274; Zeitschr. f. klin. Med. Bd. 65, H. 3 u. 4.

·durch Blutkörperchen von normaler Größe". Diese großen Blutzellen sind indifferente Zellen des Mesenchymgewebes bezw. seiner nächsten Abkömmlinge, und Engel nimmt als Erklärung einen Rückschlag zur Embryonalzelle an. Das Wiederembryonalwerden ausdifferenzierter Körperzellen unter dem Einfluß irgendwelcher Reize oder Erkrankungen, wie es Engel für die myeloide Metaplasie bei Anämien annimmt oder bei Infektionen, ist aber etwas ganz anderes wie der Rückschlag. Wenn es zuweilen, wie Engel anführt, vorkommt, daß ein Pferd mit 3 Zehen statt mit einem Huf geboren wird und die Paläontologie uns darüber Aufschluß gibt, daß dies ein Rückschlag in die spätere Tertiärzeit bedeutet, in welcher ein Urahn des Pferdes mit 3 Zehen gelebt hat, so hat das mit der Frage, ob ausdifferenzierte Körperzellen zu Embryonalzellen wieder werden können, nichts zu tun. Dieser Rückschlag ist eine Folge alter mnemischer Strukturen und der auf das Indiviuum überkommenen Ahnenerbmasse und kann sicherlich nicht durch irgendwelche Erkrankungen oder Reizwirkungen hervorgerufen werden. Das Auftreten einer Mißbildung mag in ein ähnliches Kapitel gehören oder besser das Auftreten eines atavistischen Zustandes. Zudem liegt kein Grund vor anzunehmen, daß dieser Rückschlag, wie Engel will, nicht über die Eizelle hinaus erfolge nach rückwärts, denn der Atavismus, den Engel gerade als Beispiel anführt, ist ja doch in diesem Sinne betrachtet ein Rückschlag nach rückwärts über die Eizelle hinaus. Die Frage des Rückschlages, der atavistischen Vererbung, kann also bei der Frage des Embryonalwerdens von Körpergeweben ausscheiden. Uns interessiert von den hier gemachten Feststellungen nur die Angabe, daß bei Bluterkrankungen die Blutbildung beim erwachsenen Individuum wieder ganz embryonalen Charakter annehmen kann. Damit wäre wirklich für eine ausdifferenzierte Zellart des Körpers die Möglichkeit einer Rückkehr zum embryonalen Typus dargetan. Auch Wera Dantschaknoff[1]) weist nach, daß ein wesentlicher Unterschied zwischen der embryonalen und postembryonalen Blutbildung bei den Vögeln besteht. Bei Blutentziehungen nimmt die Blutbildung wieder embryonalen Charakter an: heteroplastische Bildung der Erythrocyten und Leukocyten.

All diesen Anschauungen ist Helly mit guten Gründen entgegengetreten. Nach Helly[2]) ist das Auftreten ungranulierter Zellformen bei der Leukämie eine mangelhafte Ent- oder Umdifferenzierung (Anaplasie) infolge überstürzter Neubildung, kann aber keineswegs als Rückschlag in den normalen embryonalen Entwicklungstypus angesehen werden. K. Ziegler hielt die bei der Leukämie auftretenden ungranulierten Zellen (Myeloblasten) für embryonale Gebilde, Helly für (durch überstürzte Neubildung) degenerierte Myelocyten. Für letzteres spricht, daß auch bei der Kindersepsis Myeloblasten auftreten. Zypkin[3]) nimmt dagegen für die Leukämie Rückkehr zum embryonalen Typus durch überstürzte Teilung an (wirft also beides zusammen). Ich möchte mich also durchaus Helly (l. c.) anschließen, wenn er schreibt: „Fürs erste wurde noch in keinem Fall bewiesen, daß die Ähnlichkeit mit embryonalen Zellelementen eben mehr als ein äußeres Zeichen geringeren Differenzierungsgrades sei, bzw. daß die so entstehenden Formen als mit embryonalen wirklich gleichwertig zu betrachten seien; ein fernerer Grund ist die Tatsache, daß derartige Erscheinungen gemeiniglich unter degenerativen Verhältnissen aufzutreten pflegen und auch im allgemeinen nicht zur Ausbildung morphologisch und physiologisch vollwertiger

---

[1]) Dantschaknoff, Wera: Entwicklung des Knochenmarks bei den Vögeln. Arch. f. mikroskop. Anat. Bd. 74, S. 855—926. 1910.

[2]) Helly, K.: Anämische Degeneration und Erythrogonien. Beitr. z. pathol. Anat. u. z. allg. Pathol. Bd. 49, S. 15. 1910.

[3]) Zypkin: Berlin. klin. Wochenschr. 1910, S. 2063.

Elemente führen, was ja geradezu im Gegensatz zum Entwicklungsvorgange stehen würde, wie er an echten embryonalen Zellen zu beobachten ist. Daß eine so weitgehende Entdifferenzierung überhaupt zustande kommen kann, ließe sich vielleicht am ungezwungensten mit einer Art überstürzter Reifung erklären, genauer ausgedrückt, mit der Annahme, daß die einzelnen Zellen nach vollzogener Teilung bereits Anstoß und Fähigkeit zu neuerlicher Mitose erlangen, bevor noch die Ausarbeitung sämtlicher sonstiger Protoplasmamerkmale erfolgt ist."

Für die perniziöse Anämie aber lehnt KURT ZIEGLER[1]) die Annahme ab, daß der megaloblastische Typ der Erythrocytenbildung ein Rückschlag ins Embryonale sei. „Es handelt sich dabei vielmehr um eine Art Fehlbildung." Er faßt die bei der perniziösen Anämie auftretenden lymphatischen und myeloiden Neubildungen nicht als Blutbildungsherde auf, sondern als Wucherungen von eingeschwemmten atypischen Zellformen. „Die durch die Anämie veranlaßte Organschädigung begünstigt bzw. vermag derartige Ansiedlungen nicht zu hindern." Für die myeloide Metaplasie in der Leber hat vor allem ASKANAZY eingehend dargetan, daß die Annahme einer Rückkehr zur embryonalen Blutbildung keineswegs hinreichend begründet und deshalb abzulehnen ist. Er kommt auf Grund seiner eingehenden Untersuchungen zu folgenden Schlüssen, denen sich wohl jeder anschließen muß: „Wenn man für das Gefäßendothel ad libitum latent eingeschlossene frühe Embryonalzellen oder die Rückkehr zu frühester Embryonalfunktion zuläßt, kann man ein Gleiches auch für andere Gewebe nicht zurückweisen ... Die Annahme der Persistenz fetaler Zellresiduen ist für Geschwülste unabweisbar, für den Vorgang der Regeneration aber erst noch zu begründen. Dieser Gedanke darf nicht mit der Tatsache verwechselt werden, daß das sich regenerierende Gewebselement oft embryonale Zellformen nachahmt."[2])

Weiter verfügen wir über zahlreiche experimentelle Arbeiten über die myeloische Metaplasie. Schon vor langer Zeit hat PIO FOA[3]) durch Stauung eine myeloische Metaplasie der Milz (die er als Rückkehr in den embryonalen Zustand auffaßt) erzeugen können. Eine starke myeloide Metaplasie der Milz entsteht aber auch, wenn man Knochenmark in die Milz transplantiert (HEDINGER), während eine solche Metaplasie bei Transplantation von Thymusgewebe in die Milz vollkommen ausbleibt [YAMANOI[4])]. Auch in der Leber läßt sich myeloische Metaplasie experimentell erzeugen, insbesondere ist sie in der Leber bei manchen Tieren, auch bei Affen [KREUTER[5])], beobachtet worden und hier als eine Ersatzwucherung für das fortgefallene Milzgewebe aufgefaßt worden.

Die wichtigsten Methoden zur künstlichen Erzeugung der myeloischen Metaplasie haben wir in der experimentellen Anämie, sowohl einfach durch Aderlässe wie durch Blutgifte. Chronische Vergiftungen mit Pyrogallol [DAMBERG[6])] oder mit Pyridin und Bleiacetat rufen ausgesprochene myeloische Wucherungen in Milz und Leber hervor [REITANO[7]), SSYSSOEW[8])]. Systematische Untersuchungen über diese extramedulläre Blutbildung bei Mäusen ergaben nun [H. JAFFÉ[9])] interessante Unterschiede bei den verschiedenen Arten von Anämien. Bei der

---

[1]) ZIEGLER, KURT: Morphologie der Blutbereitung bei perniziöser Anämie. Dtsch. Arch. f. klin. Med. Bd. 99. 1910.

[2]) ASKANAZY: Über die physiologische und pathologische Blutregeneration in der Leber. Virchows Arch. f. pathol. Anat. u. Physiol. Bd. 205, S. 371. 1911.

[3]) FOA, PIO u. CARBONE: Beitr. z. pathol. Anat. u. z. allg. Pathol. Bd. 5, S. 227. 1889.

[4]) YAMANOI: Frankfurt. Zeitschr. f. Pathol. Bd. 26, S. 354. 1922.

[5]) KREUTER: Langenbecks Arch. Bd. 106, S. 191. 1914.

[6]) DAMBERG: Folia haematol. Bd. 16, S. 209. 1913.

[7]) REITANO: Folia med. Bd. 6, S. 481. 1920.

[8]) SSYSSOJEW: Petersburger pathol. Ges., Oktober 1921.

[9]) JAFFÉ, H.: Beitr. z. pathol. Anat. u. z. allg. Pathol. Bd. 68, S. 244. 1921.

Aderlaßanämie sind die Milzfollikel vergrößert, die Keimzentren zeigen viele Mitosen, auch in den Lymphdrüsen findet sich myeloisches Gewebe, während dieses in der Leber nur spärlich und intracapillär (splenoide Herde) auftritt. Läßt man zu der Anämie hier eine Milzexstirpation hinzutreten, so kommt es zu einer Vergrößerung und Rötung der Lymphdrüsen, insbesondere in der Bauchhöhle. Bei der **Blutgiftanämie** ist die myeloische Metaplasie der Milz stärker, die myeloide Wucherung viel aggressiver (reichliche unreife Blutbildungszellen), so daß die Milzfollikel verkleinert werden, ja bis auf geringe Reste von lymphatischem Gewebe in der Umgebung der Arterien schwinden. Die Lymphdrüsen sind atrophisch, stets frei von myeloidem Gewebe, während im Gegensatz dazu die Leber eine starke myeloische Metaplasie zeigt. Erst wenn eine Milzexstirpation angeschlossen wird, tritt eine Vergrößerung und Rötung der abdominalen Lymphdrüsen ein, und die myeloische Metaplasie der Leber wird noch stärker.

Wir sehen also, daß die Erscheinungen bei der Aderlaßanämie und bei der Blutgiftanämie geradezu entgegengesetzte sind. Während nun viele die myeloischen Herde der Milz aus eingeschwemmten Milzendothelien ableiten wollten, zeigte F. Albrecht[1]), daß die myeloische Metaplasie der Leber bei der Blutgiftanämie auch bei Milzexstirpation zustande kommt, und spätere Untersuchungen zeigten, daß sie dann noch stärker ist als sonst. Eine ganz einwandfreie Entscheidung der Frage, wie nun diese myeloische Metaplasie entsteht, ist heute trotz zahlreicher experimenteller Arbeiten noch nicht gegeben. In neuerer Zeit nehmen viele (Hedinger, Herzog, Hirschfeld, Jueck, Marchand, Naegeli, Pappenheim und Türck Ssyssojew) an, daß das myeloische Gewebe autochthon entsteht, und zwar durch Wucherung der Adventitialzellen der Gefäße, die ein unreifes mesenchymatisches Keimgewebe darstellen sollen. Von diesen mesenchymatischen Cambiumzellen, wie wir auch sagen könnten, lösen sich amöboide Zellen, multipotente Hämogonien ab, die sich dann zu Myeloblasten, Erythroblasten, Lymphoidocyten, Großlymphocyten oder Monocyten umbilden sollen. Isaac und Möckel[2]) konnten durch chronische Sapotoxinvergiftung beim Kaninchen eine fibröse Atrophie des Knochenmarks und eine starke myeloische Metaplasie von Milz und Leber erzeugen, woraus sie schließen, daß hiermit der Beweis der lokalen Entstehung der myeloiden Herde erbracht worden sei. Der Schluß ist deshalb hinfällig (Sternberg), weil der Knochenmarksatrophie eine starke Myeloblastenvermehrung vorausging, also gerade besonders günstige Möglichkeiten für die Verschleppung junger Knochenmarkszellen gegeben waren. Schon Askanazy (l. c.) hatte darauf hingewiesen, daß die Entwicklung der Blutbildungsherde bei den Anämien zunächst immer innerhalb der Blutcapillaren der Leberläppchen sich abspielt, und auch Jaffé (l. c.) betont die Entwicklung des myeloischen Gewebes *innerhalb* der Pfortadercapillaren und kommt zu dem Schluß: „Ich kann mir daher bei meinen Versuchen die myeloiden Herde in der Leber nur aus eingeschwemmten Knochenmarkszellen entstanden denken.“

Bei Schädigung des Knochenmarks treten überhaupt leicht myeloische Veränderungen der Lymphdrüsen ein: selten bei perniziöser Anämie, häufiger bei Infektionskrankheiten (Hirschfeld), ferner bei Osteosklerose und bei Knochenmarkscarcinose. In all diesen Fällen haben wir genügend Unterlagen zu der Annahme, daß dem Schwund, der Atrophie der Knochenmarkselemente eine Reizung mit Zellvermehrung geradeso vorangeht wie in den Versuchen von Isaac und Möckel.

---

[1]) Albrecht, F.: Frankfurt. Zeitschr. f. Pathol. Bd. 12, S. 239. 1913.
[2]) Isaac u. Möckel: Zeitschr. f. klin. Med. Bd. 72, S. 231. 1911.

Interessante Untersuchungen zu der Frage liegen aus allerjüngster Zeit von Ssyssojew[1]) vor. Er wies nach, daß auch in der Nebenniere experimentell beim Kaninchen starke myeloische Metaplasie, und zwar sowohl durch allgemeine Giftwirkung wie durch experimentelle aseptische Entzündung, erzeugt werden kann. Die Bilder, die er, besonders bei lokaler Einwirkung, in der Nebenniere in diesen Versuchen erhalten hat, veranlassen ihn, eine autochthone Entstehung der verschiedenen Blutzellen aus den Kapillar-Endothelzellen anzunehmen, und man kann nicht leugnen, daß seine Befunde sehr für diese Anschauung sprechen. Sollten sie sich bestätigen, so müßten wir zunächst beim Kaninchen eine Persistenz embryonaler Potenzen der Gefäßendothelzellen anerkennen.

Wie dem auch sei, ein ganz einwandfreier Beweis für die eine oder anders Anschauung ist bisher nicht erbracht. Die Cambiumzellen des Knochenmarkes haben jedenfalls die Fähigkeit, die verschiedenen Arten von Blutzellen zu bilden, und gerade bei den Knochenmarkszellen begegnet die Annahme eines Übertritts ins Blut und einer Ansiedlung an anderen Stellen des Körpers keinen Schwierigkeiten. Daß für solche Kolonisationen gerade die Organe gewählt werden, die auch im Embryonalleben engere Beziehungen zur Blutbildung haben, könnte einfach darauf beruhen, daß gerade in diesen Organen die allgemeinen Bedingungen für das Wachstum von Blutbildungszellen am günstigsten sind.

c) Die indirekten Metaplasien der Epithelgewebe.

Wir wenden uns nunmehr den Metaplasien der Epithelgewebe zu. Der Begriff des Epithels ist ein sehr vager und schlecht umgrenzter. Die epithelialen Zellen der embryonalen Stadien und Organe haben eine ganz andere Bedeutung und Potenz als die Epithelzellen des erwachsenen Organismus. Auch hier aber sind die Epithelzellen nach den verschiedenen Organen spezifisch differenziert, und deshalb muß eigentlich jede einzelne Epithelart getrennt analysiert werden. Zwischen der Funktionszelle eines gewundenen Nierenkanälchens und der Epithelzelle der Epidermis besteht ein Unterschied, der nicht geringer sein dürfte als der zwischen dieser Zelle und einem Fibroblasten. Vor allem müssen wir aber wenigstens die ganz grobe Unterscheidung treffen, daß wir die Epithelzellen der Haut und Schleimhäute von denen der ausdifferenzierten Drüsen abtrennen.

α) Die indirekten Metaplasien des Haut- und Schleimhautepithels.

Obwohl zweifellos zahlreiche, früher anscheinend sichere Befunde von Metaplasie auf embryonale Fehldifferenzierung, Heteroplasie, zurückzuführen sind, liegt doch auch für die Epithelzellen die Möglichkeit *echter Metaplasie auf dem Umwege über regenerative Prozesse* vor. Auch diese Metaplasie kommt sicherlich nach all unseren Kenntnissen und nach allen Befunden beim hochdifferenzierten Wirbeltier nur in sehr engen Grenzen vor.

Bei dieser indirekten Metaplasie tritt also ein dem Wesen nach völlig ortsfremdes Epithel auf. Hier hat Schridde besonders darauf hingewiesen, daß bei allen derartigen Differenzierungsstörungen nur solche ortsfremde oder ortsunterwertige Gewebe sich entwickeln, welche in dem unmittelbar angrenzenden, spezifisch differenzierten Organ den normalen Befund darstellen. Wenn also z. B. bei einer langedauernden chronischen Bronchitis an Stelle des normalen zylindrischen Bronchialepithels bei der regenerativen Wucherung sich schließlich geschichtetes Plattenepithel und endlich verhornendes Faserepithel ausbildet, so entspricht das der Differenzierung des angrenzenden Oesophagus-

---

[1]) Ssyssojew: Virchows Arch. f. pathol. Anat. u. Physiol. Bd. 259, S. 291. 1926.

epithels, und da die Lungenanlage eine Ausstülpung des Vorderarms darstellt, so haben wir es mit einer Aktivierung embryonaler Potenzen der Cambiumzellen der Bronchialschleimhaut zu tun.

Auch Ribbert[1]) hat solche metaplastische Vorgänge anerkannt, er schreibt darüber: „Wenn sich das zylindrische Epithel der Nase in Plattenepithel umwandelt, so geschieht das unter Vermittlung von Übergangselementen, die eine weniger differenzierte Zellart darstellen. Die Cylinderzellen haben ihren typischen Charakter aufgegeben und auf dem meist durch Entzündung oder auch durch Atrophie veränderten Boden eine einfachere Beschaffenheit angenommen. Dann, in einer anderen Richtung sich wieder weiterentwickelnd, gehen sie in Plattenepithel über. Dazu sind sie aber deshalb fähig, weil sie ja selbst Abkömmlinge der Epidermis sind. Indem sie sich entwicklungsgeschichtlich zu Nasenepithelien fortbildeten, behielten sie deshalb doch die Qualitäten der Epidermis latent bei, um sie gelegentlich wieder zur Geltung zu bringen."

Das sind nun im Prinzip diejenigen Vorgänge, welche von Schridde[2]) unter dem Namen der „*indirekten Metaplasie*" zusammengefaßt worden sind. Diese indirekte Metaplasie besteht also darin, daß „eine differenzierte Zelle der Keimzonen als solche oder in ihren Tochterzellen durch endliche Aufgabe der spezifischen Attribute sich zurückbildet zu einer Form, der die Differenzierungspotenzen der Stammeszelle wieder zufallen. Aus dieser Zelle bildet sich dann durch atypische Differenzierung eine für den Standort heterotype Zelle heraus. Jedoch kann dieses nur eine Zellform sein, die in den physiologischen Grenzen der in der Ontogenie oder vielleicht in der Phylogenie begründeten Differenzierungsmöglichkeiten der Stammeszelle liegt".

Der Unterschied zwischen dieser und unserer Auffassung beruht nur darin, daß wir einen Neuerwerb von Potenzen ablehnen müssen und die Möglichkeit einer Umwandlung auf diesem Wege nur anerkennen können, wenn eben in den Cambiumzellen des Gewebes die betreffenden Potenzen, Differenzierungsanlagen von vornherein noch vorhanden waren. In engen Grenzen besteht die Annahme der indirekten Metaplasie zu Recht. Die Cylinderepithelzelle der Nasenschleimhaut geht durch irgendwelche Schädigungen zugrunde, und bei der regenerativen Wucherung der Cambiumzellen der Schleimhaut sind die neugebildeten minderwertigen Zellen nicht mehr fähig, das hochdifferenzierte Epithel wieder zu entwickeln, sie differenzieren daher das minderwertige Plattenepithel, weil sie entwicklungsgeschichtlich dem Plattenepithel der Epidermis außerordentlich nahestehen und die Differenzierungsqualitäten, die Potenzen dieser Zellen, noch latent beherbergen. Diese latenten Potenzen werden durch die regenerative Neubildung geweckt. Die metaplastische Entstehung des Plattenepithels auf dem Boden regenerativer Wucherungsprozesse ist häufig. So ist z. B. in der Nasenhöhle Plattenepithel beobachtet worden bei Ozaena und bei chronischentzündlichen Prozessen infolge von Polypenbildung. Oppikofer[3]) hat die Schleimhaut der Nebenhöhle der Nase in 165 Fällen von chronischer Eiterung histologisch untersucht und dabei sehr häufig die metaplastische Bildung von Plattenepithel nachgewiesen.

Auch im Kehlkopf und in der Trachea ist bei chronisch-entzündlichen Prozessen die metaplastische Bildung von Plattenepithel nicht selten beobachtet worden, so bei tuberkulösen Geschwüren (Kanthak, Griffini, Schridde), aber auch bei syphilitischen Geschwüren und bei seniler Säbelscheidentrachea (Simmonds).

---

[1]) Ribbert: Virchows Arch. f. pathol. Anat. u. Physiol. Bd. 157, S. 122 u. 125. 1899.

[2]) Schridde, Herm: Die Entwicklungsgeschichte des menschlichen Speiseröhrenepithels und ihre Bedeutung für die Metaplasielehre. S. 82. Wiesbaden: J. F. Bergmann 1907.

[3]) Oppikofer: Arch. f. Laryngol. u. Rhinol. Bd. 21. 1908.

Schon früher waren häufiger bei Kindern in den Bronchien Faserepithelinseln bei chronischer Pneumonie gefunden worden (MACKENZIE, SCHRIDDE). Es hat dann TEUTSCHLÄNDER[1]) zuerst bei Ratten eine chronische Bronchopneumonie beschrieben, wo es in den bronchiektatischen Höhlen zu ausgedehnten Bildungen von verhornendem Plattenepithel kommt, ja hier kann in einem bestimmten Stadium die Metaplasie regelmäßig nachgewiesen werden. Beim Menschen hat dann vor allem ASKANAZY[2]) bei der Grippe in den großen Luftwegen in 38 von 90 Fällen bei der Influenzabronchitis die Metaplasie zu Pflasterepithel nachweisen können. Wir sehen also, daß tatsächlich das Epithel der Luftwege auch beim Menschen eine große Neigung zur Bildung von Pflasterepithel aufweist, und ASKANAZY hat bei Papillom des Larynx und der Trachea die fortschreitende Umwandlung von mehrreihigem Flimmerepithel im Pflasterepithel beobachten können. Auch in tuberkulösen Kavernen der Lunge ist die metaplastische Entstehung von Plasterepithel aus dem Cylinderepithel des zuführenden Bronchus nachgewiesen worden [v. SJÖLLÖSY[3])].

Im inneren Ohr werden Plattenepithelinseln, besonders infolge chronisch-eitriger Mittelohrentzündung, beobachtet.

Differenzierungsstörungen kommen ferner bei chronischen Schädigungen (chronischer Gastritis) im Magen vor. Es finden sich hier sowohl heterotope Drüsenwucherungen [BEITZKE[4]), PREUSSE[5])], wie vor allem Umdifferenzierungen in der Richtung des Darmepithels mit Auftreten von Becherzellen.

Bildet sich eine Fistel zwischen Gallenblase und Darm, so zeigt sich nunmehr eine Umdifferenzierung der Epithelzellen in den LUSCHKAschen Schläuchen der Gallenblasenwand zu Schleimzellen, so daß sie Schleimdrüsen ähnlich werden (SCHRIDDE).

Sehr selten dürften Plattenepithelbildungen im Pankreas sein. OBERLING[6]) beschreibt eine solche Metaplasie in den Ausführungsgängen des Pankreas, allerdings mit Carcinom kombiniert. Reine Plattenepithelmetaplasie ohne Tumor ist auch in der Gallenblase bisher noch nicht beobachtet.

Verhornende Plattenepithelbildung wird auch im Bereich der Harnwege zuweilen gesehen, in einzelnen Fällen von der Harnblase bis ins Nierenbecken reichend (MARCHAND). Da nach den Untersuchungen SCHRIDDES das Epithel der Harnblase Faserepithel ist, so kann man diese Umwandlung einfach als Prosoplasie auffassen. Über diese Leukoplakie des Nierenbeckens verdanken wir eine eingehende Untersuchung LAVONIUS[7]). Er fand Plattenepithel niemals im normalen Nierenbecken, dagegen häufig bei chronischen Entzündungen, besonders bei Tuberkulose und entzündeter Steinniere. Er fand einen Bau, der ganz der Epidermis entsprach, aber meist nur beginnende Verhornung, und fand die Metaplasie in jedem Alter vom Säugling bis zum Greis, am häufigsten im Alter von 20—40 Jahren. Er nimmt eine echte indirekte Metaplasie durch Regeneration an, weil er im Gegensatz zu SCHRIDDE typische Protoplasmafasern im Epithel der Harnwege nicht nachweisen konnte [siehe RECKTENWALD[8])].

Sehr bald nach der Geburt pflegt sich die Schleimhaut der ektopischen Harnblase mit geschichtetem Plattenepithel unter dem Einfluß der äußeren

---

[1]) TEUTSCHLÄNDER: Zentralbl. f. Pathol. 1919, Nr. 16, S. 424.
[2]) ASKANAZY: Korrespondenzbl. f. Schweiz. Ärzte 1919, Nr. 15.
[3]) SJÖLLÖSY: Virchows Arch. f. pathol. Anat. u. Physiol. Bd. 224, S. 312. 1917.
[4]) BEITZKE: Zentralbl. f. Pathol. 1914, S. 421.
[5]) PREUSSE: Virchows Arch. f. pathol. Anat. u. Physiol. Bd. 219, S. 319. 1915.
[6]) OBERLING: Bull. de l'assoc. franc. pour l'étude du cancer, März 1921.
[7]) LAVONIUS: Arb. a. d. pathol. Inst. Helsingfors, N. F., Bd. 1, S. 273. 1912.
[8]) RECKTENWALD: Dissert. Freiburg 1909.

Schädigungen zu bedecken. Aber Enderlen[1]) zeigte, daß sich außerdem typische Schleimdrüsen in der Tiefe der Schleimhautfalten solcher ektopischer Harnblasen bilden können [siehe auch Hager[2])]. Die Plattenepithelinseln dagegen, die in der Harnröhre bei chronischer Gonorrhöe besonders beobachtet wurden, werden heute von vielen auf angeborene Gewebsmißbildung, Heteroplasie, nicht auf Metaplasie zurückgeführt [Hübner[3])]. Dasselbe gilt für die Plattenepithelbefunde in der Prostata.

Fassen wir die Schleimhaut des Uterus als Schleimhaut und nicht als ein höherdifferenziertes Drüsenorgan auf, so können wir auch hier schon das Auftreten der Epithelmetaplasie im Uterus besprechen. Sitzenfrey[4]) beschrieb die Bildung mehrschichtigen Plattenepithels der Mucosa uteri durch langdauernde, chronische Endometritis im Gefolge der spontanen Ausstoßung submucöser Myome, er sah in einem zweiten Falle Mehrschichtung des Deck- und Drüsenepithels der Corpusschleimhaut in allen drei, in jährlichen Zeiträumen aufeinanderfolgenden Ausschabungen. In einem dritten Falle war das Uteruscavum fast vollständig von geschichtetem Plattenepithel ausgekleidet, das ein Carcinom bildete. Besonders an Schleimhautpolypen des Uterus ist dann diese Epithelmetaplasie häufiger beobachtet worden [Oeri[5]), Hunziker[6])]. Im ganzen sind aber solche Befunde nicht sehr häufig, und auch hier ist schon die Frage, ob indirekte Metaplasie oder Heteroplasie vorliegt, nicht leicht zu entscheiden.

In Laparotomienarben und spontan im Nabel kennen wir drüsenartige Wucherungen, die eine große Ähnlichkeit haben mit der Uterusschleimhaut, sich auch am Menstruationszyklus beteiligen und in neuerer Zeit nicht mehr von verschlepptem Drüsenepithel bei der Menstruationsblutung, sondern von regenerativen Wucherungen des Peritonealepithels bei chronisch-entzündlichen Prozessen abgeleitet werden [Lauche[7]), Tobler[8]). Diese Umwandlung würde dann also keine rein äußerliche, formale Akkommodation bedeuten, sondern eine Aktivierung von Potenzen, die vielleicht immer oder bei manchen Individuen allgemein dem Cölomepithel zukommen.

β) Die indirekten Metaplasien der differenzierten Drüsenepithelien.

Es ist von grundsätzlicher Bedeutung, daß wir eigentlich nur an den einfacher gebauten, sozusagen niedrigeren Drüsen etwas von Metaplasie wissen. So ist bei gonorrhöeischer Epididymitis [Wolf[9])] die regenerative Metaplasie des Cylinderepithels im Plattenepithel beschrieben worden. Auch an den Talgdrüsen haben wir eine Metaplasie in Plattenepithel nach Schädigung bereits erwähnt (S. 1299). Treten gleiche Metaplasien in der Prostata [Schmidt[10])] auf, so können auch sie auf Schädigung und Regeneration beruhen, aber da hier nicht selten Plattenepithel als Gewebsmißbildung auftritt, so liegen hier schon verschiedene Möglichkeiten vor.

Für die höherdifferenzierten Drüsen, z. B. Speicheldrüse, Pankreas, Leber, Niere, ist irgendetwas von indirekter Metaplasie nicht bekannt — ein weiterer

---

[1]) Enderlen: Blasenektopie. Wiesbaden: J. F. Bergmann 1904.
[2]) Hager: Münch. med. Wochenschr. 1910, S. 2301.
[3]) Hübner: Frankfurt. Zeitschr. f. Pathol. Bd. 2, S. 548. 1909.
[4]) Sitzenfrey: Zeitschr. f. Geburtsh. u. Gynäkol. Bd. 59, S. 385. 1907.
[5]) Oeri: Zeitschr. f. Geburtsh. u. Gynäkol. Bd. 57, S. 384. 1906.
[6]) Hunziker: Zentralbl. f. Pathol. 1912, S. 366.
[7]) Lauche: Virchows Arch. f. pathol. Anat. u. Physiol. Bd. 243, S. 298. 1923; Dtsch. med. Wochenschr. 1924, S. 595.
[8]) Tobler: Frankfurt. Zeitschr. f. Pathol. Bd. 29, S. 543 u. 558. 1923.
[9]) Wolf: Virchows Arch. f. pathol. Anat. u. Physiol. Bd. 228, S. 245. 1920.
[10]) Schmidt: Beitr. z. pathol. Anat. u. z. allg. Pathol. Bd. 40, S. 120. 1907.

Beweis dafür, daß beim Menschen die hochdifferenzierten Zellen streng monovalent, ihre Cambiumzellen streng unipotent geworden sind.

d) Die indirekten Metaplasien anderer Gewebe.

Von den anderen ausdifferenzierten Geweben, dem gesamten Nervengewebe,
den Sinnesgeweben, der Muskulatur, ist ebenfalls von echter regenerativer
Metaplasie nichts bekannt. Eine Angabe fand sich über die experimentelle Umwandlung der glatten Harnblasenmuskulatur des Hundes in histologisch quergestreifte Muskulatur von CAREY[1]). Dieser führte eine Silberkanüle in die Harnblase junger Hunde ein und dehnte die Blase regelmäßig mit warmer Borsäure-
lösung. Nach 3 Monaten war bereits eine Umwandlung der glatten Muskulatur
in quergestreifte nachzuweisen (?) CAREY führt die Umwandlung auf den ryhth-
mischen hydrodynamischen Reiz und die Tension zurück, die für die Differenzierung des Muskelgewebes bestimmend seien. Bemerkenswert ist, daß diese
umgewandelte Muskulatur bei Füllung der Blase rhythmische Kontraktionen
ausführte, analog dem Herzmuskel.

e) Die experimentelle Erzeugung der Metaplasie.

Sind die Anschauungen über die Entstehung der indirekten Metaplasie
richtig, so muß es natürlich auch möglich sein, durch chronische Schädigungen
künstlich eine regenerative Metaplasie zu erzeugen. Dies ist denn auch in einer
Reihe von Experimenten gelungen (s. auch S. 1321: exp. myeloische Metaplasie u. S. 1327 d).

KAWAMURA[2]) hat sowohl beim Hunde wie beim Kaninchen experimentell
eine Epithelmetaplasie der Trachealschleimhaut erzeugen können. Ich selbst
habe durch Injektion von Ätherscharlach in die Mamma des Kaninchens echte
Plattenepithelbildung in den Drüsenläppchen der Mamma erzeugt[3]), auch hier
wiederum auf dem Umwege über die Regeneration. Das hochdifferenzierte Drüsenepithel der Mamma ist bei der Regeneration infolge der Schädigung nicht mehr fähig,
gleichhohe Differenzierungen auszubilden, und infolgedessen bildet sich aus dem
jugendlichen Zellegewebe das genetisch niedrigerstehende Plattenepithel. Da die
Milchdrüse ein ektodermales Organ ist und entwicklungsgeschichtich deml Epithel
der Körperhaut nahesteht, so ist eine derartige Metaplasie verständlich.

LUBARSCH[4]) konnte beim Kaninchen durch Verätzung der Harnblasenschleimhaut und Hineinbringen von Fremdkörpern in die Blase eine Metaplasie
des Schleimhautepithels in Plattenepithel erzwingen, also ganz in derselben Weise
wie bei den chronischen Eiterungen der Harnwege des Menschen. SMITH[5]) hat
Gallenblasenstücke autoplastisch bei Hund und Katze in Magen und Darm
transplantiert, hierbei aber nur eine Hypertrophie der Schleimhaut mit Neubildung von lymphatischem Gewebe gesehen. Verpflanzte er dagegen ein Stück
Magenschleimhaut in Dünn- oder Dickdarm[6]), so verschwanden Haupt- und Belegzellen und die Drüsen des Implantates zeigten eine indifferente Zellart, die
der schleimbildenden Pyloruszelle ähnlich war. Stärkere Ausbildung von Becherzellen ist auch beim Menschen in Dünndarmschlingen, die durch Anus praeter-
naturalis nach außen geführt waren, beobachtet worden — immerhin ein sehr
mäßiger Grad von Metaplasie.

[1]) CAREY: Americ. journ. of physiol. Bd. 58, S. 182. 1921.
[2]) KAWAMURA: Virchows Arch. f. pathol. Anat. u. Physiol. Bd. 203, S. 420. 1911.
[3]) FISCHER, BERNH.: Dtsch. pathol. Ges., 10. Tagung, S. 20, Stuttgart 1906.
[4]) LUBARSCH: Metaplasiefrage. Arb. a. d. hyg. Inst. Posen, Wiesbaden 1901; Dtsch.
pathol. Ges., 10. Tagung, Stuttgart 1906, S. 198.
[5]) SMITH: Journ. of med. research Bd. 27, Nr. 4. 1913.
[6]) SMITH: Journ. of med. research Bd. 33, Nr. 3, Januar 1916.

Überhaupt sind auch bei den zahlreichen Transplantationen am Menschen nur sehr spärliche Befunde, die auf Metaplasien höheren Grades hinweisen, erhoben worden. Meist findet sich lediglich formale Akkommodation und Rückschlag mit Bildung indifferenter Zellen, die wohl meistens überhaupt jede Differenzierungsfähigkeit durch die Schädigung verloren haben.

4. Die Umdifferenzierung
(als Fortführung und Ausgang der Reduktion).

Roux[1]) unterscheidet als eine besondere Art von Differenzierungsstörung, die viel weiter als die Metaplasie geht, die Umdifferenzierung und versteht darunter „die Umänderung eines schon differenzierten Gebildes zu einigen oder mehreren neuen Entwicklungsstufen". Diese Umdifferenzierung kommt, soviel uns bis heute bekannt, nur bei ganz niedrigdifferenzierten Organismen und den frühen Embryonalstadien vor, d. h. also so lange die Zellen noch Vollkeimplasma enthalten, trotz ausgebildeter Differenzierungsstrukturen, solange sie also noch omnipotent sind. Diese Umdifferenzierung spielt eine Rolle besonders bei der Postgeneration. Für die ausdifferenzierten Wirbeltiere und den Menschen kommt sie daher nicht in Betracht.

Zusammenfassung.

Die Ergebnisse unserer Untersuchungen über die metaplastischen Differenzierungsstörungen können wir in folgenden Sätzen zusammenfassen, die jedoch **ausschließlich** für die spezifischen Gewebe der hochorganisierten Organismen gelten:

1. Eine *direkte Metaplasie* unter Persistenz der Zellen und ohne Zellvermehrung kommt nur sehr selten und nur bei der Umwandlung von Stützsubstanzen (Bindewewebe in Knochen) vor.

2. Völlig ausdifferenzierte Zellen haben vielfach die Fähigkeit der Zellteilung überhaupt verloren und damit auch jede Fähigkeit zu irgendwelcher Umwandlung, Regeneration oder Metaplasie.

3. Andere ausdifferenzierte Zellen können unter Verlust ihrer spezifischen Strukturen sich teilen und zur Regeneration beitragen. Sie können sich aber nur in der Richtung ihres spezifischen Gewebes entwickeln.

4. Die Aufgabe der Regeneration der spezifischen Gewebe fällt fast ausschließlich den **Cambiumzellen** der Organe zu. Auch diese sind bei der regenerativen Zellwucherung in den meisten Fällen nur fähig, sich in der Richtung ihres eigenen Gewebes wieder zu differenzieren, oder es erfolgt die Differenzierung der entwicklungsgeschichtlich am nächsten stehenden Zellart.

5. In regenerativ wuchernden Cambiumzellen der Gewebe können schlummernde Potenzen zu abnormer Differenzierung wieder aufwachen: **indirekte oder regenerative Metaplasie.** Bei den höherdifferenzierten Organismen geschieht dies aber nur in außerordentlich engen Grenzen.

6. Zur Erklärung des Potenzgehaltes der Cambiumzellen kann auch die Semonsche Theorie der Mneme herangezogen werden. Es erfolgt dann bei der Metaplasie eine Aktivierung alter mnemischer Engramme, die in der Metastruktur der Zelle noch latent vorhanden sind.

7. Das durch Metaplasie entstandene Gewebe ist nicht allein aus einer primären Schädigung hervorgegangen, sondern ist auch gewöhnlich funktionell minderwertig [Ribbert[2])].

8. Ein echter Rückschlag zur Embryonalzelle kommt nicht vor.

[1]) Roux: Terminologie der Entwicklungsmechanik. Leipzig 1912.
[2]) Ribbert: Wesen der Krankheit, S. 128. 1909.

In den Embryonalstadien und bei niederen Organismen können spezifische Strukturen von Zellen verlorengehen, und auf dem Wege über die Regeneration können jetzt ganz neue Differenzierungen eingegangen werden. Das ist nur dadurch möglich, daß Potenzen zu diesen Differenzierungen in diesen Zellen noch vorhanden waren. Bei der Pflanze verläuft die Differenzierung überhaupt meist ohne Potenzverlust, fast jede Pflanzenzelle kann unter geeigneten Bedingungen wieder den ganzen Organismus aufbauen. Beim Tier, besonders beim hochorganisierten Wirbeltier, ist dies unmöglich.

Wir wissen heute, daß wir mit der Annahme einer Metaplasie zur Erklärung pathologischer Befunde äußerst vorsichtig sein müssen. Zahlreiche Differenzierungsstörungen, die früher ohne weiteres als Metaplasie gedeutet wurden, sind heute mit voller Klarheit als primäre Gewebsmißbildungen, Heteroplasien erkannt. Insbesondere verdanken wir ROBERT MEYER in dieser Richtung sehr viel Aufklärung und gründliche Beseitigung alter falscher Vorstellungen.

Die Beziehung der Metaplasie zur Geschwulstbildung ist eine recht enge. Diese enge Beziehung rührt daher, daß, wie wir gesehen haben, fast alle Metaplasien auf dem Boden regenerativer Prozesse entstehen. Diese regenerativen Zellwucherungen, die zur Metaplasie führen, sind aber pathologischer Natur. Sie führen zu Strukturschädigungen, zu Funktionsminderung und zu pathologischem Wachstum. Durch all dies ist die Beziehung zur Geschwulstbildung ohne weiteres gegeben, und auch bei der Geschwulstwucherung sehen wir nicht selten das Auftreten abnormer Differenzierungen der Ursprungsgewebe, das Erwachen latenter Potenzen der Geschwulstzelle.

Allerdings müssen wir bedenken, daß gerade das Auftreten stark abnormer Differenzierungen in einer Geschwulst den Gedanken noch viel näher legt, daß der Geschwulstkeim nicht aus einem regenerativ-metaplastischen Prozeß, sondern aus einer primären Gewebsmißbildung hervorgegangen ist. Denn gerade bei der primären Gewebsmißbildung, z. B. der Persistenz embryonaler Stadien, sehen wir auch abnorme Differenzierungspotenzen in viel größerem Maße auftreten. Wenn wir also z. B. Plattenepithelcarcinome im Uterus [STRONG[1]), LAHM[2])] oder im Blinddarm [TISENHAUSEN[3])] oder in Gallenblase und Pankreas [OBERLING[4])] in seltenen Fällen auftreten sehen, so werden wir sehr viel eher die Geschwulst auf eine primäre Gewebsmißbildung als auf eine Metaplasie zurückführen müssen, zumal positive Unterlagen für eine solche Annahme vorhanden sind. Diese Unterlagen sollen uns im nächsten Kapitel beschäftigen.

Dritter Abschnitt.

Die Gewebsmißbildung oder Heteroplasie.

Mit der Anerkennung, daß es sich bei der indirekten Metaplasie häufig um eine Aktivierung von Resten embryonaler Fähigkeiten handelt, haben wir uns sehr stark denjenigen Fehldifferenzierungen genähert, bei denen die Differenzierungsstörung primär bereits in der embryonalen Anlage gegeben ist. Trotzdem scheint es mir nicht richtig, wie man es vielfach versucht hat, den Begriff der indirekten Metaplasie ganz fallen zu lassen und alle diese Differenzierungsstörungen zu den Heteroplasien zu rechnen. Liegt die Prosoplasie in der Linie der normalen Differenzierung, so liegt die indirekte Metaplasie eben

---

[1]) STRONG: Arch. f. Gynäkol. Bd. 104, S. 189. 1916.
[2]) LAHM: Arch. f. Gynäkol. Bd. 112, S. 136. 1920.
[3]) TISENHAUSEN: Ref. Zeitschr. f. Krebsforsch. Bd. 14, S. 176. 1914.
[4]) OBERLING: Bull. de l'assoc. pour l'étude de cancer, März 1921.

oft nicht mehr in dieser Linie, wenn auch noch in der Linie der ursprünglichen Differenzierungsqualität des Gewebes.

Bei der *Gewebsmißbildung* oder *Heteroplasie* dagegen sehen wir, und das erscheint mir als das Wesentliche, von vornherein die Entwicklung einer ortsfremden Differenzierung, und zwar ohne das Dazwischentreten äußerer Faktoren und regenerativer Wucherungen. Hier haben wir das Gebiet der Mißbildungen betreten. Da auch die Gewebsmißbildungen oder Heteroplasien für die allgemeine Geschwulstlehre, insbesondere für die Bildung der Geschwulstkeimanlage, von großer Bedeutung sind, so müssen wir uns mit diesen Gewebsmißbildungen näher beschäftigen. Wenn wir in der Schleimhaut des Oesophagus Inseln von typischer Magenschleimhaut finden, ohne daß irgendwelche entzündlichen Prozesse oder andere Schädigungen oder regenerative Wucherungen vorausgegangen sind, so haben wir es eben überhaupt nicht mit Metaplasie, sondern mit einer Störung der normalen Entwicklung, mit einer Gewebsmißbildung zu tun.

Mißbildungen sind im Gegensatz zu Krankheiten Dauerzustände, daher ist denn auch die Gewebsmißbildung ein dauernder abnormer Zustand.

Hier aber, wie überall in der Biologie, ist es natürlicherweise nicht möglich, absolut scharfe Grenzen zu ziehen. Es ist selbstverständlich, daß eine Gewebsmißbildung sich ohne alle äußeren Einflüsse aus der primären Anlage heraus entwickeln kann. Aber es ist ebenso einleuchtend, daß es auch Fälle geben wird, wo die Persistenz anormaler embryonaler Potenzen erst manifest wird, wenn ein Regenerationsprozeß hinzutritt. Hier hätten wir also eine Kombination von indirekter Metaplasie mit Heteroplasie.

Die Abgrenzung der Gewebsmißbildungen wird auch sonst nicht überall scharf sein können, sowohl gegenüber den einfachen Variationen wie gegenüber den groben Mißbildungen. Auch gegenüber manchen gutartigen Geschwülsten, insbesondere Cysten, wird die Abgrenzung schwierig oder unmöglich sein.

I. Kausale und formale Genese.

Über die Ätiologie, die *kausalen Faktoren*, die für die Entstehung von Gewebsmißbildungen maßgebend sind, wissen wir so gut wie nichts, wohl noch weniger wie über die kausale Genese der Mißbildungen überhaupt. Die Vorgänge, die zu Gewebsmißbildungen führen, sind natürlich alle die komplizierten Vorgänge der embryonalen Entwicklung überhaupt. In erster Linie werden wir an die mechanischen Kräfte bei der Bildung von Falten, Ein- und Ausstülpungen, an Wirkungen der Spannung und Entspannung denken, und wir werden uns vorstellen müssen, daß alle die Kräfte chemisch-physikalischer Natur, die positive und negative Chemotaxis, das harmonische Ineinandergreifen der verschiedenen Gewebe, die Korrelationen der Organe, die Hormonbildung und anderes von Bedeutung sein werden.

Alle diejenigen Faktoren, durch deren Einwirkung auf die embryonale Entwicklung wir Mißbildungen künstlich hervorrufen können, werden in geringerem Grade auch die Ursache lokaler Gewebsmißbildungen sein können, also abnorme mechanische, osmotische, chemische Einflüsse. Da die Entwicklung der Anlagen, die Differenzierung der spezifischen Gewebsstruktur aber auch unter dem Einfluß des Gesamtorganismus steht, insbesondere der hormonalen Faktoren, so werden auch pathologische Veränderungen dieser inneren Ursachen eine Rolle spielen können, wie ja auch Barthaare, Zähne, Geweihbildung unter dem Einfluß des geänderten Chemismus der Gewebe sich entwickeln und wachsen, wie auch z. B. Dermoidcysten des Ovariums zur Zeit der Pubertät ein stärkeres Wachstum aufweisen können.

Wie bei jeder Mißbildung, müssen wir auch für die Gewebsmißbildungen die verschiedenen Stufen der Entwicklung auseinanderhalten: die Vorentwicklung (Progenie, Proontogenesis, Roux) umfaßt die Bildung der reifen Geschlechtszellen mit der Befruchtung. Störungen auf dieser Stufe werden sich durch ihre Erblichkeit kenntlich machen. Die zweite Stufe ist die primitive Embryonalentwicklung (Blastogenie), welche die Furchung und Ausbildung der Keimblätter mit den Primitivorganen umfaßt. Die dritte Stufe wird durch die Organentwicklung (Organogenie) gekennzeichnet, in der es also zur Ausdifferenzierung der sämtlichen Organanlagen kommt.

Es ist klar, daß die Entwicklungsstörungen in den verschiedenen Stufen ganz verschiedene Folgen haben müssen.

Wie die Mißbildungen seit langer Zeit in Defekte, Exzesse und Aliene eingeteilt werden, so können wir diese Einteilung auch für die Gewebsmißbildungen durchführen. Die Defekte interessieren uns hier am wenigsten, dürften auch nur in ganz frühen Entwicklungsstadien durch Ausfall von Organanlagen eine Bedeutung haben, da sie sonst nach dem Gesetz der Anpassung durch Vermehrung von Zellen gleicher Art ersetzt werden. Für uns hier und besonders für die Geschwulstlehre sind dagegen von Bedeutung die Gewebsexzesse und die Aliene, letztere in besonders hohem Maße.

Fremdartige Gewebe können durch fehlerhafte Entwicklung in verschiedener Weise zustande kommen. So kennen wir eine ganze Anzahl von embryonalen Organen, die sich schon während des embryonalen Lebens verkleinern oder völlig verschwinden. Bei den Tieren, welche eine Metamorphose durchmachen, wissen wir ja, daß ganz große Teile des Körpers, z. B. der Schwanz der Kaulquappe, verschwinden, und bei den Schmetterlingen sehen wir, daß in der Puppe der ganze Körper der Raupe unter Einschmelzung zahlreicher Strukturen völlig umgearbeitet wird. So ist ohne weiteres die Möglichkeit gegeben, daß unter pathologischen Verhältnissen kleine oder größere Teile der embryonalen, zur Einschmelzung bestimmten Organe erhalten bleiben. Beim Menschen sehen wir solches besonders bei der Chorda und bei der Urniere, und Erhaltenbleiben von Teilen dieser Organe kann ohne weiteres zu Gewebsmißbildungen, ja zur Bildung echter und bösartiger Geschwülste führen, worauf wir später noch einzugehen haben.

Dabei ist es sehr wohl möglich, daß auch die embryonalen und rudimentären Organe eine wichtige Funktion haben, wie das Peter[1]) nachgewiesen hat. Auch Störungen dieser Funktion durch Einflüsse des Gesamtkörpers können an der Persistenz oder abnormen Entwicklung solcher Organe schuld sein.

Weiterhin können Aliene entstehen durch Aktivierung von Anlagen, die nur in der Stammesgeschichte zur Entwicklung kamen, also durch Atavismus. Auch durch regenerative Prozesse könnten besonders in den Embryonalstadien solche Atavismen zur Entwicklung kommen. Semon[2]) hat die Entstehung solcher Atavismen durch seine Engrammlehre erklären wollen. „Die alten, scheinbar spurlos verschwundenen Dispositionen sind immer noch vorhanden, es bedarf nur eines besonderen äußeren Anstoßes, um die alten Engramme wieder aufleben zu lassen, die alten Bahnen wieder wegsam zu machen. Eins der schönsten Beispiele hierfür ist das Wiederauftreten der verschwundenen Brunstschwielen in der dritten und vierten Generation der Geburtshelferkröten, ferner das Unterdrücken von zur Norm gewordener Neotonie und das Wiedereinschlagen der verlassenen früheren Bahnen auf Grund äußerer Reize." Wenn wir allerdings daran denken, daß die Entwicklung nicht umkehrbar ist und insbesondere,

---

1) Peter: Arch. f. Entwicklungsmech. Bd. 30, S. 418. 1910.
2) Semon: Die Mneme. 3. Aufl. S. 328. Leipzig 1911.

daß ein im Laufe der Stammesgeschichte verkümmertes oder ganz verschwundenes Organ niemals wiederkehrt, sondern daß bei einer etwaigen Rückkehr zur alten Lebensweise immer an Stelle der verlorenen Organe durch andere Organe Ersatz geschaffen wird [Abel[1])], werden wir mit der Annahme eines Atavismus als Erklärung einer Fehlbildung sehr vorsichtig sein müssen. Auch müssen wir daran festhalten, daß nur bei Vorhandensein der Anlagen ihre Aktivierung möglich ist, wie das ja auch der Darstellung Semons entspricht: Engramme können eben nur wieder aufleben, wenn die Grundlagen vorhanden sind, wenn dies durch die vorhandene Metastruktur möglich ist.

Weitere Möglichkeiten der Entstehung von Gewebsmißbildungen sind durch die regenerative Heteromorphose gegeben, d. h. das Regenerat bildet ein anderes Organ als dem verlorengegangenen entsprechen würde, z. B. Bildung einer Antenne an Stelle eines Auges oder Bildung einer Schwanzspitze an der oralen Schnittfläche oder Bildung von Organen eines anderen Körpersegmentes (Homoeosis, Bateson). Werden auch alle diese groben Beispiele von Heteromorphose wieder nur bei niederen Organismen mit multipotenten Zellen beobachtet, so werden wir grundsätzlich bei Störungen der embryonalen Entwicklung auch bei höheren Organismen an diese Möglichkeit denken müssen.

Die *formale Genese* der Gewebsmißbildungen läßt uns unschwer verschiedene Formen unterscheiden. Im Anschluß an Eugen Albrecht, Lubarsch, Robert Meyer, Schwalbe u. a. können wir hier auseinanderhalten:

1. Abnorme Persistenz von Zellen, Geweben, Organen des Embryo, die bei der normalen Entwicklung wieder zugrunde gehen. Beispiele: Chorda dorsalis, Urniere, Vorniere, Ductus thyreoglossus, Kiemenspalten usw.

2. Persistenz und Liegenbleiben ambryonaler Zellhaufen, die für den Aufbau des Individuums nicht verwendet wurden. Beispiele: Liegenbleibende Blastomeren, Inclusio foetalis, Teratome, Mischgeschwülste.

Hierher gehören auch die embryonalen Keimausschaltungen, die Robert Meyer einteilt in:

a) räumliche Ausschaltung (Lysis, Ekbolie), Hamartome Eugen Albrechts;

b) zeitliche Ausschaltung mit pathologischer Differenzierungshemmung;

c) Gewebsabschnürung und Absprengung (Aberration, Dislokation), Eugen Albrechts Choristome. Hierher gehören auch die illegalen Zellverbindungen.

Die unverbrauchten Zellen können nur zeitweise in der Entwicklung gehemmt sein, diese aber später nachholen.

3. Embryonale Heteroplasien und Dysplasien. Beispiele: Magenschleimhautinseln im Oesophagus. Hierher gehören auch Rückschlag und Atavismus.

4. Störungen der postembryonalen Organbildung, wie sie als sekundäre Sexualmerkmale, aber auch bei der Entwicklung der Zähne, der Drüsen, der Haare usw. zur Beobachtung kommen.

II. Häufigkeit und Folgen der Gewebsmißbildungen.

Kleine Gewebsmißbildungen sind außerordentlich häufig, ja es ist wohl ausgeschlossen, daß sich ein Individuum findet, welches frei von allen derartigen Gewebsmißbildungen wäre. Das ergibt sich am besten aus dem Organ, das in ganz dünner Schicht in großer Ausdehnung vor uns ausgebreitet ist und infolgedessen die meisten Gewebsmißbildungen schon mit bloßem Auge gut erkennen läßt: bei der Haut. Hier sehen wir fast bei jedem Menschen eine oder mehrere kleine Stellen von Störungen des Aufbaues in Gestalt des sog. Muttermals. Auch

---

[1]) Abel: Abstammungslehre. Jena: G. Fischer 1911.

für die anderen Organe dürfen wir grundsätzlich dasselbe annehmen, nur ist bei ihnen dieser Nachweis nicht immer so leicht zu führen. Immerhin hat HERX-HEIMER durch systematische Untersuchungen zeigen können, daß auch in der Niere solche kleinste Gewebsmißbildungen geradezu die Regel sind und Nieren ohne solche direkt die Ausnahme darstellen.

Das *Schicksal* der mißbildeten Zellen und Organoide kann ein verschiedenes sein. Viele gehen sicherlich zugrunde, andere bleiben in ihrer abnormen Form erhalten, wieder andere können eine spätere Nachdifferenzierung zeigen. Vor allem aber zeigen gerade wie bei der indirekten Metaplasie diese mißbildeten Zellen der Heteroplasien keine strukturelle und funktionelle Ausreifung, sie können nach jahrlanger Latenz anfangen sich zu vermehren, und daraus ergibt sich die enge Beziehung zur Geschwulstbildung, die uns später eingehend beschäftigen muß.

Die Zahl der einzelnen Beobachtungen von Gewebsmißbildung ist heute schon ungeheuer groß, hier soll nur ein kurzer Überblick über das grundsätzlich Wichtige gegeben werden, zumal wir die ausgezeichnete Zusammenstellung von HERXHEIMER[1]) besitzen.

III. Die Zellmißbildungen.

Zunächst kann man Zellmißbildungen und Gewebsmißbildungen unterscheiden. Die Zellmißbildung im einzelnen können wir nur selten nachweisen, obwohl auch die Mißbildung einer einzelnen Zelle von Bedeutung sein kann, und um so bedeutungsvoller ist, aus je früherem Embryonalstadium sie stammt. Am wichtigsten selbstverständlich wird die Zellmißbildung sein, wenn die reife oder befruchtete Keimzelle davon betroffen ist, und alle vererblichen Defekte, Störungen und Krankheiten müssen wir ja theoretisch auf solche Mißbildungen der Eizelle zurückführen. Da diese Störungen aber die Metastruktur betreffen, so entziehen sie sich unserem direkten Nachweis. Trotzdem kennen wir auch heute schon mißbildete Keimzellen, deren Abnormität schon morphologisch ohne weiteres zu erkennen ist. So sind pathologische *Spermien*formen beobachtet und bei BROMAN[2]) genauer beschrieben und abgebildet; Spermien mit Riesenköpfen oder Zwergköpfen, Spermien mit mehreren Köpfen oder mehreren Schwänzen, asymmetrisch gebaute Spermien usw. Über die Folgen, falls solche abnormen Spermien zur Befruchtung gelangen, wissen wir nichts sicheres. Es ist klar, daß Mißbildungen daraus hervorgehen können. Die abnormen Spermien werden von pathologischen Präspermidenmitosen abgeleitet, die schon physiologisch vorkommen, bei Intoxikation und Infektionskrankheiten aber viel häufiger beobachtet werden. Meistens haben sie wohl deshalb keine Folgen, weil sie, wenn überhaupt, nur sehr selten zur Befruchtung gelangen dürften.

Auch mißbildete menschliche *Eier* mit Riesenkern und doppelten Kernen sind beobachtet worden [BROMAN[2])].

Endlich kann die Zellmißbildung bei der *Befruchtung* zustande kommen. Das bekannteste Beispiel hierfür ist die disperme Befruchtung, wie sie experimentell an den Eiern niederer Tiere von DRIESCH und BOVERI hervorgerufen wurde. Die Folge ist eine ganz atypische Entwicklung (Steroblastula) mit verschiedenen Formen von Zellmißbildung, die auf qualitativ ungleiche und abnorme Chromosomenverteilung zurückgeführt werden muß.

---

[1]) HERXHEIMER: Gewebsmißbildungen. In Schwalbes Morphologie der Mißbildungen, T. 3, 10. Lief., Anhang 2. Kap. Jena 1913.
[2]) BROMAN: Normale und abnorme Entwicklung des Menschen. Wiesbaden: J. F. Bergmann 1911.

Auch bei den ersten Entwicklungsvorgängen sind gar nicht selten abnorme Mitosen beobachtet worden. Sie wurden besonders bei künstlicher Parthenogenese (I. Loeb) beobachtet. „Auch hier ist kein Zweifel, daß solche abnorme Mitosen Entwicklungsstörungen anzeigen" [Schwalbe[1])].

IV. Übersicht der Gewebsmißbildungen.

An der **Haut** sind Epidermisversprengungen, Epithelcysten, die die fetalen Spalten hervorrufen (Atherome, Dermoidcysten) und vor allen Dingen die verschiedenen Formen der Pigmentnaevi und Gefäßnaevi als Gewebsmißbildungen erwiesen. Auch die Erblichkeitsforschung hat den Nachweis einwandfrei erbracht, daß die vom Volksmunde mit Recht so genannten Muttermäler, der Naevus pigmentosus, sowie der Naevus vasculosus erblich sind [Meirowsky[2])], also auf einer Anlagestörung im Keimplasma der befruchteten Eizelle beruhen. Als Beispiel einer solchen Anlagestörung der Haut sei der Fall von Kreibich[3]) erwähnt, der einen systematisierten Hornnaevus mit Naevus der Cornea und Cataracta juvenilis beobachtete und diese Bildungen auf eine „gleichartige Störung in der epithelialen Anlage der Haut" zurückführt.

Als weitere Gewebsmißbildungen, Gewebsexzesse des Hautorgans, seien die nicht seltenen überzähligen *Brustwarzen* und *Brustdrüsen* (*Polythelie* und *Polymastie*) an verschiedenen Stellen, selbst am Gesäß beim Manne [Perkins[4])] erwähnt. Auch Plattenepithel in den Milchgängen ist beobachtet worden.

Auch am **Nervensystem** sind uns bereits eine ganze Zahl von Gewebsmißbildungen bekannt: Heterotopien der weißen Substanz, Verlagerungen der Cajalschen Zellen in der Hirnrinde bei Epileptikern (Ranke), Entwicklungsstörungen des Neuroepithels, von Podmaniczky[5]) bereits bei einem 7 Tage alten Hühnerembryo im Rückenmark nachgewiesen und als Gliomanlage gedeutet.

An den *Hirnhäuten* sind Keimverlagerungen der Epidermis mit den Strukturen der embryonalen Epidermis und mit Talgmassen, die auch in Schmelzpunkt und Fettsäuregehalt der Vernix caseosa entsprachen, nachgewiesen und als Grundlage der Dermoide und Cholesteatome des Gehirns erkannt [Teutschländer[6])]. Auch im Wirbelkanal werden Verlagerungen von Fettgewebe und Muskulatur, besonders bei Spina bifida occulta, gefunden. Ferner sind wiederholt Flecken melanotischer Zellen in den Hirnhäuten gefunden (Grundlage des Melanoms der Dura). Lubarsch fand bei Neugeborenen und Feten Abnormitäten, selbst kleine Tumoren der Dura. Ich selbst habe ebenfalls derartige, nur mikroskopisch erkennbare Psammomanlagen mit geschichteten Kalkkugeln in der Pia bei Neugeborenen gefunden.

Weiter sind hier zu erwähnen die Plattenepithelherde und Cysten an der Basis der *Hypophyse*. Erdheim fand im Hypophysenstiel solche Plattenepithelhaufen bei 80% der Menschen, und umgekehrt hat Haberfeld die Häufigkeit von Hypophysengewebe im Rachendach (Rachendachhypophyse) nachgewiesen. Reste der Chorda dorsalis kommen häufig am Clivus Blumenbachii (Ribbert) und am Steißbein vor (Rob. Meyer).

---

[1]) Schwalbe: Fehlerhafte Entwicklung. Berlin. klin. Wochenschr. 1912, Nr. 44.
[2]) Meirowsky: Klin. Wochenschr. 1926, Nr. 12, S. 505.
[3]) Kreibich: Dtsch. med. Wochenschr. 1908, S. 917.
[4]) Perkins: Journ. of Americ. med. assoc. Bd. 76, Nr. 12. 1921.
[5]) Podmaniczky: Frankfurt. Zeitschr. f. Pathol. Bd. 5, S. 255. 1910.
[6]) Teutschländer: Zentralbl. f. Pathol. 1914, S. 425.

Auch an den **Sinnesorganen** sind Gewebsmißbildungen nachgewiesen worden, so fand SEEFELDER[1]) bei Frühgeburten des 6. bis 8. Monats Gewebsmißbildungen der Netzhaut und des Sehnerven, welche in 2 Fällen bereits zu tumorartigen Gebilden geführt hatten. Auch Pigmentnaevi kommen im Auge vor. Im inneren Ohr sind Plattenepithelinseln gefunden worden (LUBARSCH).

In der **Nebenniere** entstehen leicht Isolierungen von Rindenepithelknötchen durch Abschnürung bei der komplizierten embryonalen Entwicklung [BERTRAM[2])], und über die akzessorischen Nebennieren, die ja in großen Gebieten der Bauchhöhle und der Genitalien auftreten können, besteht eine ausgedehnte Literatur (siehe BROMAN, l. c.). Melanotische Pigmentablagerungen kommen ebenfalls in der Nebenniere vor, und bei Rindern werden sie sogar in 3% der Fälle gefunden (LUBARSCH).

Wenig zahlreich sind die Gewebsmißbildungen, die bisher im Reiche der **Respirationsorgane** gefunden wurden. Hier wären vor allem zu erwähnen Faserepithelinseln in der Nasenschleimhaut, den Rachenmandeln, der Schleimhaut der Trachea und Bronchien und im Lungenhilus [BERT und B. FISCHER[3])]. SCHÖNEMANN[4]) fand unter 81 Fällen 67mal zum Teil ausgedehnten Ersatz des Cylinderepithels durch Plattenepithel an der Nasenschleimhaut, und zwar auch bei Fällen, die frei von Entzündung und Ozaena waren. Auch in der Trachealschleimhaut des Menschen haben STOEHR, BARABAN u. a. Plattenepithelinseln der Trachealschleimhaut beschrieben.

Die Tatsache, daß Plattenepithelinseln in der Trachea der Katze regelmäßig nachzuweisen sind [DERBE[5])], weist schon darauf hin, wie auch das früher bereits besprochene Verhalten dieser Schleimhaut bei regenerativen Prozessen, daß das Cylinderepithel der Luftwege in besonders hohem Maße die Anlagenkomplexe, Potenzapparate zur Differenzierung von Plattenepithel besitzt.

Gewebsmißbildungen der **Lunge** sind die kongenitalen Adenome der Lunge und die Nebenlungen (siehe BERT und B. FISCHER, l. c.).

An der **Schilddrüse** kennen wir Mißbildungen des Ductus thyreoglossus (Plattenepithel- und Flimmerepithelcysten), Verlagerung der Schilddrüse in die Zungenwurzel oder auf die Innenfläche der Trachea und Herde von quergestreifter Muskulatur in der Schilddrüse.

Auch die *branchiogenen Mißbildungen* können in rudimentärer Form zu einer Reihe von Gewebsmißbildungen führen (Cysten, innere und äußere Kiemenfisteln, Epithelkörperchenverlagerungen, Knorpelversprengungen in Tonsillen, Schilddrüse, Zunge, unter der Haut des Halses, Aberrationen der Schilddrüse, des Thymus usw.). Die branchiogenen Knorpelnaevi am Ohr verdienen hier ferner Erwähnung, deren erbliches Vorkommen in einer ganzen Anzahl von Fällen nachgewiesen ist [H. W. SIEMENS[6])].

An den **Digestionsorganen** sind zunächst im Bereich der *Mundhöhle* im hinteren Abschnitt der Gaumennaht fast regelmäßig bei Neugeborenen und Kindern Epidermisperlen vorhanden.

Weiter sind hier zu erwähnen die häufigen Knochen- und Knorpelbefunde in den Gaumenmandeln, Epithelabschnürungen in den Tonsillen, Cysten in der Zunge und Drüsengangmißbildungen in der Parotis. Auch im Gaumenbogen sind Epitheldystopien beschrieben worden.

---

[1]) SEEFELDER: v. Graefes Arch. f. Ophth. Bd. 69. 1908.
[2]) BERTRAM: Festschr. f. Orth. Berlin: August Hirschwald 1903.
[3]) BERT u. B. FISCHER: Frankfurt. Zeitschr. f. Pathol. Bd. 6, S. 27. 1910.
[4]) SCHÖNEMANN: Virchows Arch. f. pathol. Anat. u. Physiol. Bd. 168, S. 22. 1902.
[5]) DERBE: Dissert. Königsberg 1892.
[6]) SIEMENS, H. W.: Arch. f. Dermatol. u. Syphilis Bd. 132, S. 186. 1921.

An den *Zähnen* sind Verlagerungen von Zahnkeimen nicht selten, auch die Persistenz embryonalen Epithels in Gestalt der Malassezschen Keime ist etwas ganz Gewöhnliches. Störungen der Zahnanlagen können zu Cysten und Tumoren führen.

Am *Oesophagus* werden in 70% der Fälle Magenschleimhautinseln gefunden (meist in der Höhe des Ringknorpels); ihre Entstehung aus den embryonalen Entwicklungsvorgängen ist von Schridde[1]) eingehend dargelegt worden. Auch Drüsen, die den Kardiadrüsen des Magens vollkommen entsprechen, wurden im unteren Teile der Speiseröhre gefunden, ebenso verschiedene Arten von Cysten, von denen wir gezeigt haben[2]), daß es sich um abnorme embryonale Sprossungen des Vorderarms handelt, die sämtlich die Neigung haben, sich in der Richtung der Tracheal-Lungenanlage zu entwickeln und so zur Erklärung einer ganzen Reihe von Bildungen, auch in der weiteren Umgebung des Oesophagus, herangezogen werden müssen. Die höchste Ausbildung einer derartigen Gewebsmißbildung ist die Nebenlunge. Erwähnenswert sind hier auch die häufigen Gewebsmißbildungen, die sich in der Spitze der sog. Traktionsdivertikel des Oesophagus nachweisen lassen (Ribbert). Der Versuch von Schaetz[3]), diese Gewebsmißbildungen des Vorderdarms, auch die akzessorischen Pankreaskeime im Magen und Darm, selbst Magenschleimhaut im Meckelschen Divertikel auf embryonale Schleimhauttransplantationen zurückzuführen, dürfte kaum auf Zustimmung rechnen. Diese Erklärung vernachlässigt die grundlegenden Tatsachen der Potenzentfaltung bei der embryonalen Entwicklung, von denen wir früher schon zeigen konnten, daß sie ohne weiteres die Annahme einer multipotenten Differenzierungsfähigkeit des Entoderms in früheren Stadien rechtfertigen.

Am *Magen* finden sich gegen die Speiseröhre häufig starke Unregelmäßigkeiten der Epithelgrenzen, am Pylorus kommen selten angeborene Drüsenheterotopien vor, sowie akzessorische Pankreasläppchen [Delhougne[4])]. Angeborene Epithelheterotopien hat besonders Askanazy[5]) beschrieben. Auch Darmschleimhautinseln kommen im Magen vor, sehr selten Plattenepithelinseln in weiterer Entfernung vom Mageneingang. Kawamura[6]) hat betont, daß bei den Wiederkäuern der Verdauungstraktus bis zum Labmagen geschichtetes verhorntes Plattenepithel trägt und erst im Labmagen das Cylinderepithel auftritt. Ebenso sind die Kardia des Magens der Nager sowie der Pferde von Plattenepithel ausgekleidet. Bei einigen Tieren ist die Mundschleimhaut normalerweise zum Teil mit Hornepithel, sogar mit Haaren bedeckt.

Das erklärt uns, daß auch im Magen einmal durch Differenzierungsstörung heteroplastisch Plattenepithel entstehen kann.

Ebenso wie die versprengten Pankreaskeime kann auch typische Magenschleimhaut im Bereiche des *Darm*kanals auftreten. Dieselbe ist besonders wiederholt im Meckelschen Divertikel (sogar mit Ulcus pepticum) beobachtet worden [Huebschmann[7]), Gallender[8]), Meulengracht[9]), Schaetz[10])]. Außer

---

[1]) Schridde: Entwicklungsgeschichte des Speiseröhrenepithels. Wiesbaden: J. F. Bergmann 1907.

[2]) Bert u. B. Fischer: Zitiert auf S. 124. — S. auch Rehorn: Frankfurt. Zeitschr. f. Pathol. Bd. 26, S. 109. 1922; Bd. 34, S. 368. 1926.

[3]) Schaetz: Virchows Arch. f. pathol. Anat. u. Physiol. Bd. 241, S. 148. 1923.

[4]) Delhougne: Arch. f. klin. Chir. Bd. 129, S. 116. 1924.

[5]) Askanazy: Dtsch. med. Wochenschr. 1923, S. 49.

[6]) Kawamura, R.: Beiträge zur Frage der Epithelmetaplasie. Virchows Arch. f. pathol. Anat. u. Physiol. Bd. 203, S. 420. 1911.

[7]) Huebschmann: Münch. med. Wochenschr. 1913, S. 2051.

[8]) Gallender: Americ. journ. of the med. sciences, Juli 1915.

[9]) Meulengracht: Virchows Arch. f. pathol. Anat. u. Physiol. Bd. 225, S. 125. 1918.

[10]) Schaetz: Zentralbl. f. Pathol. Bd. 35, S. 10. 1924.

diesen Heteroplasien werden im Darmkanal, insbesondere im Dünndarm und im Processus vermiformis, eigenartige Epithelheterotopien beobachtet, die seit längerer Zeit bekannt und gewöhnlich als *Carcinoide des Darms* bezeichnet werden [OBERNDORFER[1]), HAGEMANN[2]), ABRIKOSSOFF[3]), DANISCH[4]), MASSON[5])]. Sie sind typische Gewebsmißbildungen, auch als Schleimhautnaevi bezeichnet (ASCHOFF) und zeichnen sich durch eigenartige Strukturen aus (lipoide und argentaffine Granula). Diese Dünndarmcarcinoide sitzen fast stets, von nicht-ulcerierter Schleimhaut bedeckt, gegenüber dem Mesenterialansatz, zeigen echt carcinomatösen Bau mit Eindringen in die Muscularis und können nach sehr langer Latenzzeit zu echten metastasierenden Krebsen heranwachsen.

Alle die genannten Mißbildungen müssen wir auf embryonale Störungen des Entoderms zurückführen. Dafür spricht insbesondere der von SCHAETZ[6]) erbrachte Nachweis, daß sich in 42% der Fälle im MECKELschen Divertikel Epithelheterotopien (Magenschleimhaut, Jejunalschleimhaut, Pankreaskeime, Carcinoide und seroepitheliale Fibroadenome) nachweisen lassen. Unsere Auffassung, daß es sich um primäre embryonale Störungen der entodermalen Differenzierung handelt, wird ferner wesentlich gestützt durch die Befunde von LEWIS und THING[7]), die bei den Säugetieren im zweiten Fetalmonat zahlreiche Epithelauswüchse im ganzen Darmkanal, besonders im Duodenum und Jejunum, nachweisen konnten.

Durch das Bestehenbleiben des Ductus omphalomesentericus in den verschiedenen Graden und Formen können verschiedenartige Mißbildungen, Epithelcysten, Adenome am Nabelring und am Darm sich entwickeln.

Daß die Polypenbildungen im Darmkanal auf Gewebsmißbildungen beruhen, geht aus der Erblichkeit hervor, die uns später noch beschäftigen wird. Auch im Peritoneum sind Gewebsmißbildungen Epithelheterotopien, besonders in der Nabelgegend, wiederholt beschrieben worden. Hier kommen als Ursprung auch Abschnitte des Urachus (epitheliale Kanäle zwischen Harnblase und Nabel) in Betracht.

Am **Pankreas** sind die Cysten zu den Gewebsmißbildungen zu rechnen. HERXHEIMER fand auch typische Plattenepithelinseln in einem mittelgroßen Ausführungsgang, ohne alle entzündlichen oder sonstigen Erscheinungen, also ohne einen Anhalt dafür, daß etwa eine regenerative Metaplasie vorgelegen hätte.

In der **Leber** sind vor allen Dingen die Kavernome als Gewebsbildungen, Hamartome im Sinne von ALBRECHT aufgefaßt worden. Auf die gleiche Stufe dürfte ein Teil der sog. Gallengangsadenome zu stellen sein [GENEWEIN[8])]. Auch die Kombination eines solchen Leberadenoms mit Lebermißbildung ist beschrieben. HOMMERICH[9]) sah bei einem $1^{1}/_{2}$jährigen Mädchen ein haselnußgroßes Gebilde in der Leber, das die typische Struktur der fetalen Leber mit zahlreichen Blutbildungsherden und intensiver Blutneubildung aufwies, ein schönes Beispiel für Persistenz eines fetalen Zustandes. Auch aberrierende Gallengänge, Verlagerungen von Leberläppchen, Lebercysten kongenitaler Genese sind beobachtet worden.

In **Gallenblase** *und Gallenwegen* sind Becherzellen und Schleimdrüsen bei fistulöser Verbindung zwischen Gallenblase und Darmkanal beschrieben. Becherzellen im Gallengangsepithel hat SCHRIDDE auch bei Neugeborenen nachgewiesen.

---

[1]) OBERNDORFER: Dtsch. pathol. Ges., 11. Tagung, Dresden 1907, S. 113.
[2]) HAGEMANN: Zeitschr. f. Krebsforsch. Bd. 16, S. 420. 1919.
[3]) ABRIKOSSOFF: Vračebnoe delo 1919, Nr. 22; Ref. Zentralbl. f. Pathol. Bd. 33, S. 417. 1923.
[4]) DANISCH: Beitr. z. pathol. Anat. u. z. allg. Pathol. Bd. 72, S. 687. 1924.
[5]) MASSON: Ann. d'anat. pathol. méd.-chir. 1924, H. 1.
[6]) SCHAETZ: Zentralbl. f. Pathol. Bd. 35, S. 10. 1924.
[7]) LEWIS u. THING: Americ. journ. of anat. Bd. 8. 1908.
[8]) GENEWEIN: Zeitschr. f. Heilk. Bd. 26, Abt. f. pathol. Anat. 1905, S. 430.
[9]) HOMMERICH: Frankfurt. Zeitschr. f. Pathol. Bd. 1, S. 126. 1907.

Eine solitäre Lebercyste mit Cylinderepithel, Flimmerepithel, verhornendem und nichtverhornendem Epithel in der Leber eines Huhnes ist von Schürmann[1]) beschrieben, der dieselbe ganz im Sinne von Bert und B. Fischer (l. c.) auf einen verlagerten Keim des Vorderdarms (Oesophagus) zurückführt. Die eigenartigen Leberveränderungen, die bei der Westphal-Strümpellschen Pseudosklerose beobachtet werden, sind von Rumpel ebenfalls auf Persistenz einer embryonalen Entwicklungsstufe zurückgeführt worden.

An der **Körpermuskulatur** ist, wenn wir von der bereits besprochenen Myositis ossificans absehen, kaum etwas über Mißbildungen bekannt. Nur bei Kälbern hat Bürki[2]) eine Persistenz embryonaler Entwicklungsstufen in Form des „weißen Fleisches" gefunden. Versprengungen von quergestreifter Muskulatur in die Wand der Vagina, im Uterus, in der Wand der Harnröhre, im Gehirn sind wiederholt beobachtet worden.

Am **Knochensystem** sind zahlreiche Entwicklungsstörungen sowohl des embryonalen wie des postembryonalen Lebens (Rachitis) bekannt.

An den **Kreislauforganen** kommen embryonale Gewebsmißbildungen am Herzen in der Form der Rhabdomyome zur Beobachtung. Sie werden uns später noch beschäftigen, ihre Mißbildungsnatur ist erwiesen. Lubarsch sah auch Herde embryonalen Schleimgewebes im Herzen, Dittrich multiple Fettgewebs-einlagerungen im Herzen eines menschlichen Fetus.

In der **Milz** sind angeborene Cysten, vor allem in Kombination mit Cysten-nieren, beobachtet worden. Auch die Kavernome der Milz werden als Gewebs-mißbildungen, Hamartome, aufgefaßt. In den *Lymphdrüsen* sind verlagerte Speicheldrüsen und Pankreasläppchen beobachtet worden. Über die im Be-reich der Beckenlymphdrüsen auftretenden epithelialen Bildungen besteht noch keine Einigkeit der Auffassung. Einige halten sie für Gewebsmißbildungen, angeborene Epitheleinschlüsse [Lüthy[3])], andere für verschleppte Zellen epi-thelialer Geschwülste, andere endlich für Metaplasien des Lymphdrüsenendothels auf dem Boden chronisch-entzündlicher Prozesse. Systematische Untersuchungen meines Schülers Pohlmann (noch nicht veröffentlicht) haben aber ergeben, daß wir in chronisch-entzündlichen Lymphdrüsen (z. B. des Mesenteriums bei Tuber-kulose oder chronischer Dysenterie) derartige Metaplasien niemals nachweisen konnten.

In der **Niere** sind Gewebsmißbildungen sehr häufig. Herxheimer konnte feine Gewebsanomalien, insbesondere der Glomeruli, bei fast jedem Neugeborenen nachweisen. Sehr häufig sind auch die kleinen Cysten in der Niere, deren Anlagen sich ebenfalls beim Neugeborenen sehr häufig finden. Die Cystenniere ist nur der schwerste Grad dieser Mißbildung und wird bei Mensch und Tier auch angeboren beobachtet. Auch für die häufigen Markfibrome der Niere hat Eugen Albrecht[4]) überzeugend nachgewiesen, daß es sich um geschwulstartige Fehlbildungen handelt. Ferner sind eine ganze Reihe von Gewebsaberrationen in der Niere bekannt, vor allem die sehr häufigen akzessorischen Nebennieren, sodann Muskelverspren-gungen und Knorpelinseln in der Nierenrinde und ebensolche von Fettgewebe. Zahlreiche Gewebsmißbildungen in der Niere finden sich ferner fast regelmäßig bei der tuberösen Sklerose des Gehirns. Verlagerung von Nierengewebe in die Nähe der Wirbelsäule und von Nachnierenkanälchen mit Glomerulusanlagen in

[1]) Schürmann: Frankfurt. Zeitschr. f. Pathol. Bd. 29, S. 102. 1923.
[2]) Bürki: Virchows Arch. f. pathol. Anat. u. Physiol. Bd. 202, S. 89. 1910.
[3]) Lüthy: Virchows Arch. f. pathol. Anat. u. Physiol. Bd. 250, S. 30. 1924.
[4]) Albrecht, E.: Dtsch. pathol. Ges., 7. Tagung, 1904, S. 153. — S. auch Trappe: Frankfurt. Zeitschr. f. Pathol. Bd. 1, S. 109. 1907.

die Leistengegend sind bei menschlichen Feten von Rob. Meyer[1]) nachgewiesen worden.

An den *Harnwegen* sind vor allem Plattenepithelherde in der Urethra und in der Harnblase, und zwar ohne entzündliche Erscheinungen, nachgewiesen. Sie spielen in der Harnröhre bei der chronischen Gonorrhöe eine große Rolle [Cederkreutz[2]), Hübner[3])]. Auch Verlagerungen von Prostatadrüsen in die Schleimhaut der Harnblase sind beobachtet worden.

Sehr zahlreich sind die Befunde von Gewebsmißbildungen im Bereiche der **Geschlechtsorgane.** An der *Prostata* sehen wir beim Fetus normalerweise Inseln von Plattenepithelgewebe, sogar mit Keratohyalin- und -hornbildung auftreten. Diese Inseln verschwinden zwar sehr bald im extrauterinen Leben, können aber auch bis in das spätere Leben persistent bleiben. Auch Abschnürungen und Verlagerungen von Prostatadrüsen sind beschrieben. Am *Penis* werden zuweilen Knochenbildungen beobachtet. Am Hoden sind aberrierende Hodenkanälchen in der Tunica testis, am Nebenhoden Cystenbildungen und Divertikel schon bei Neugeborenen nachgewisen worden. Auch akzessorische Hoden, Polyorchidie sind beobachtet. Beim Schwein hat kürzlich Nieberle[4]) eine großartige heterotope Entwicklung von Hodengewebe auf dem ganzen Bauchfell beschrieben, er führt diese Mißbildung auf ein Liegenbleiben zahlreicher Geschlechtszellen auf der Wanderung vom Entoderm zur Keimdrüse zurück.

Im *Samenstrang* werden Gewebsversprengungen, Hornperlen und Epithelcysten sehr häufig beobachtet und als Reste der Paradidymis aufgefaßt. Auch kongenitale Divertikel der Harnröhre kommen vor sowie akzessorische Kanäle und Cysten des Penis, der Raphe und der Scroto-Perinealgegend.

Außerordentlich zahlreich sind die Gewebsmißbildungen, die wir im Bereiche der *weiblichen Genitalien* kennen. Reste des Gartnerschen Ganges sind bei mehr als einem Viertel aller Kinder nachzuweisen, sind aber auch bei Erwachsenen nicht selten. Auf den Wolffschen Körper werden Cysten an der hinteren Becken- und Bauchwand zurückgeführt, und überhaupt werden im Bereich der weiblichen Genitalien zahlreiche Gewebsmißbildungen, insbesondere verschiedenartige *Epithelcysten*, beobachtet, deren genaueste Durcharbeitung und Bestimmung wir vor allen Dingen Rob. Meyer verdanken, auf dessen eingehende Darstellungen hier verwiesen sei.

Nur die wichtigsten Befunde seien hier kurz angeführt. Robert Meyer und Friedlaender fanden im Uterus von Kindern Plattenepithelien, auch ein Knochenkern im fetalen Uterus wurde beobachtet. Meyer hat weiter in Resten des Wolffschen Ganges bei Erwachsenen außer Zylinderepithel auch Plattenepithelauskleidung konstatiert [siehe auch Bumke[5])].

Verhornte *Plattenepithelcysten im Ligamentum latum* werden als aberriertes Ektoderm oder als Degenerationsprodukt des Wolffschen Körpers (Rob. Meyer) aufgefaßt.

Im *Uterus* können schon sehr frühzeitig Myomkeime nachgewiesen werden [Aschoff[6])]. Wesentliche Aufklärung haben ferner die wichtigen Arbeiten von Robert Meyer über das Epithel der Portioerosion gebracht. Meyer[7]) hat gezeigt, daß das Plattenepithel der Portio hier niemals aus dem Schleim-

---

[1]) Meyer, Rob.: Zeitschr. f. gynäkol. Urol. Bd. 2, S. 299. 1911; Charité-Ann. Jg. 33.
[2]) Cederkreutz: Arch. f. Dermatol. u. Syphilis Bd. 79, S. 41. 1906.
[3]) Hübner: Frankfurt. Zeitschr. f. Pathol. Bd. 2, S. 548. 1909.
[4]) Nieberle: Virchows Arch. f. pathol. Anat. u. Physiol. Bd. 247, S. 599. 1924.
[5]) Bumke: Virchows Arch. f. pathol. Anat. u. Physiol. Bd. 217, S. 83. 1914.
[6]) Aschoff: Naturf. Ges. Freiburg; Ref. Dtsch. med. Wochenschr. 1909, S. 995.
[7]) Meyer, Rob.: Über Erosio portionis uteri. Verhandl. d. dtsch. pathol. Ges., 14. Tag., Erlangen 1910.

epithel selbst entsteht, sondern daß es sich immer nur um ein gegenseitiges Verdrängen der beiden Epithelarten handelt. Schon an der kongenitalen Erosion der Portio läßt sich das mit Sicherheit nachweisen.

Auch im *Ovarium* sind eine Reihe von Gewebsmißbildungen schon beim Neugeborenen nachgewiesen. Ich erinnere nur an die Walthardschen Epithelschläuche und die Granulosaepithelhaufen, die sich im Ovarium des Neugeborenen nicht selten nachweisen lassen. Auch Versprengungen von Ovarialsubstanz kommen vor.

Zu erwähnen wären hier noch kurz die heterotopen Epithelwucherungen auf dem **Peritoneum.** Sie sind teils auf Serosaepithel durch chronisch-entzündliche Prozesse zurückzuführen [Rob. Meyer[1]), Lauche[2])], teils handelt es sich um endometroide Bildungen, die sich aus Implantationen von Uterusschleimhaut erklären [Lauche[3]), Tobler[4])].

Die Bedeutung der genaueren Kenntnis dieser Gewebsheteroplasien, die wir erst den letzten Jahrzehnten verdanken, ist für die Geschwulstlehre von größter Wichtigkeit und macht vor allem die früher so häufige Annahme einer Metaplasie für die Erklärung vieler Geschwülste überflüssig. Nachdem wir wissen, daß Plattenepithelinseln sowohl im Uterus wie in der Prostata beim Kind als Gewebsmißbildung auftreten, werden uns Plattenepithelcarcinome in diesen Gegenden keine Schwierigkeiten für die Erklärung mehr machen. Und das trifft für zahlreiche Geschwulstformen zu. Gewiß ist, daß die Abgrenzung der Fehlbildungen von den echten Geschwülsten, der Hamartome und Choristome von den Hamartoblastomen und den Choristoblastomen nicht immer leicht ist, aber trotzdem ist eine solche Unterscheidung möglich, wie vor allem Rob. Meyer in ausgezeichneten Untersuchungen gezeigt hat. Wir wissen natürlich auch, daß zahlreiche dieser Gewebsmißbildungen wieder zugrunde gehen, vor allem durch Funktionsatrophie, aber wenn wir auch die wesentlichen Faktoren, die die Persistenz bedingen, noch nicht kennen, so wissen wir doch mit voller Sicherheit, daß ein Teil erhalten bleibt und eine ganze Anzahl von Geschwülsten ihren Ausgang von solchen Gewebsmißbildungen nimmt. Natürlich geht es viel zu weit (besonders angesichts der neuen experimentellen Geschwulstforschung), *alle* Geschwülste von derartigen Differenzierungsstörungen der embryonalen und postembryonalen Entwicklung, „von versprengten Keimen" abzuleiten, wie es etwa für die malignen Tumoren vor kurzem noch Rotter[5]) versucht hat, der alle malignen Blastome als das Ergebnis einer parthenogenetischen Entwicklungserregung extraregionärer Geschlechtszellen deuten wollte. Auf die Beziehungen zwischen den Gewebsmißbildungen und der Entstehung der echten Geschwülste werden wir in der Geschwulstlehre genauer einzugehen haben.

---

[1]) Meyer, Rob.: Virchows Arch. f. pathol. Anat. u. Physiol. Bd. 195, S. 487. 1909; Zentralbl. f. Gynäkol. Bd. 48, S. 722. 1924.

[2]) Lauche: Virchows Arch. f. pathol. Anat. u. Physiol. Bd. 243, S. 298. 1923.

[3]) Lauche: Dtsch. med. Wochenschr. 1924, Nr. 19, S. 595; Zentralbl. f. Pathol. Bd. 34, S. 536. 1924; Bd. 35, S. 676. 1925.

[4]) Tobler: Frankfurt. Zeitschr. f. Pathol. Bd. 29, S. 543 u. 558. 1923.

[5]) Rotter: Zeitschr. f. Krebsforsch. Bd. 18, S. 171. 1921.

Allgemeine Geschwulstlehre.

Von

BERNHARD FISCHER-WASELS
Frankfurt a. M.

Mit 28 Abbildungen.

Zusammenfassende Darstellungen.

ALBRECHT, EUG.: Grundprobleme der Geschwulstlehre. Frankfurt. Zeitschr. f. Pathol. Bd. 1, S. 221 u. 377. 1907; Bd. 3, S. 1. 1909; ferner Verhandl. d. dtsch. pathol. Ges., 8. Tagung, Breslau 1904, S. 89 u. 9. Tagung, Meran 1905, S. 154. — APOLANT, H.: Die experimentelle Erforschung der Geschwülste. In Kolle-Wassermanns Handb. d. pathog. Mikroorganismen. 2. Aufl. Bd. III. Jena 1913. — ASKANAZY: Zentralbl. f. Pathol. Bd. 29, S. 49. 1918. — BORST: Die Lehre von den Geschwülsten. 2 Bde. Wiesbaden: Bergmann 1902. — BLAUD-SUTTON, J.: Tumours innocent and malignant. 7. Aufl. London: Cassel & Co. 1922.—BORST, M.: Allgemeine Pathologie der malignen Geschwülste. Leipzig: Hirzel 1924. — BOVERI: Entstehung maligner Tumoren. Jena: G. Fischer 1914. — MC. CALLUM: Textbook of Pathologie. 2. Aufl. Philadelphia u. London: W. B. Saunders Comp. 1920. — EWING, JAMES: Neoplastic diseases. Philadelphia u. London: W. B. Saunders Comp. 2. Aufl. 1922. — FISCHER, BERNH.: Experimentelle Flimmerepithelblasen der Lunge. Frankfurt. Zeitschr. f. Pathol. Bd. 27, S. 98. 1922. — FISCHER, BERNH.: Grundprobleme der Geschwulstlehre. Ebenda Bd. 11, S. 1. 1912; Bd. 12, S. 367. 1913. — FICHERA: Tumori. Torino 1911. — GILFORD, H.: Tumors and Cancers. London 1925. — GOLDMANN: Studien zur Biologie der bösartigen Neubildungen. Tübingen: Laupp 1911. — v. HANSEMANN: Die mikroskopische Diagnose der bösartigen Geschwülste. Berlin: August Hirschwald 1902. — HERXHEIMER u. REINKE: Allgemeines zur Geschwulstlehre usw. Lubarsch-Ostertags Ergebn. d. allg. Pathol. Jg. 13, Abt. 2. 1909 u. Jg. 16. 1913. — KETTLE, E. H.: The Pathology of Tumours. 2. Aufl. London: Lewis & Co. 1925. — LEWIN, C.: Das Krebsproblem, Ergebn. d. ges. Med. Bd. IV. Urban & Schwarzenberg 1923. — RIBBERT: Geschwulstlehre. Bonn: Cohen 1904; mit Erg.-Bd. sowie 2. Aufl. ebenda 1914. — RIBBERT, H.: Das Carcinom des Menschen. Bonn: Cohen 1911. — SCHWALBE: Allgemeine Pathologie. Stuttgart: F. Enke 1911. — SCHWARZ, E.: Zentralbl. f. Haut- u. Geschlechtskrankh. Bd. 2, S. 145. 1921. — STERNBERG, C.: Der heutige Stand der Lehre von den Geschwülsten. Wien: Julius Springer 1924. — VERSÉ: Problem der Geschwulstmalignität. Jena: G. Fischer 1914. — VIRCHOW: Geschwülste, I u. II. 1863. — WILMS: Die Mischgeschwülste. Leipzig: Georgi 1899. — WOGLOM: Study of exp. cancer. George Crocker Cancer Res. Found Bd. 1. 1913. — WOLFF, J.: Die Lehre von der Krebskrankheit. 4 Bde. Jena: G. Fischer 1907—1914.

Einleitung. Der Geschwulstbegriff und seine Abgrenzung.

Es besteht heute keine Veranlassung mehr, auf eine Definition des *Geschwulstbegriffes* zu verzichten, wie es noch VIRCHOW in seinem Geschwulstwerk getan hat. Wenn neben vielen anderen SCHWALBE[1]) noch in unserer Zeit die Unmöglichkeit einer Definition ausspricht, so wird ein solcher Verzicht durch die tatsächlichen Fortschritte unserer Kenntnisse nicht ganz gerechtfertigt. Niemand rechnet heute mehr wie VIRCHOW Tuberkel, Syphilome, Aktinomykose zu den Geschwülsten. Gewiß bestehen noch an einzelnen Stellen

---

[1]) SCHWALBE: Allgemeine Pathologie 1911.

Unsicherheiten darüber, wo die Grenze zwischen Geschwulst und anderen pathologischen Bildungen liegt, aber im großen und ganzen sind die Grenzen klar und die Unklarheit in den gegebenen Definitionen ist wesentlich größer als sie durch den Stand unserer Kenntnisse bedingt wäre. Es ist nicht berechtigt, Geschwülste heute einfach als Neubildungen oder Wucherungen zu bezeichnen. Geschwülste sind nicht Neubildungen des vorhandenen Gewebes (was vor allem für die histogenetische Geschwulstforschung von größter Wichtigkeit ist), sondern sie bestehen aus Geschwulstzellen, die sich wesentlich von normalen Zellen unterscheiden. Es ist deshalb vollkommen logisch, die Geschwülste unter den Begriff der Mißbildungen im weitesten Sinne unterzuordnen [Johansen[1])]. Man muß sich nur klar darüber sein, daß in diesem Sinne die Mißbildung weder fetaler Genese, noch überhaupt angeboren zu sein braucht. Wir können deshalb die gewöhnlichen Definitionen der Mißbildung, wie sie z. B. von Marchand[2]) und Schwalbe (l. c.) gegeben werden, unserer Begriffsbestimmung nicht zugrunde legen, weist doch auch Przibram[3]) darauf hin, daß Schwalbe, der die Teratologie auf angeborene Mißgestaltungen beschränken wollte, den regenerativen Mißgestaltungen ein eigenes Kapitel widmen mußte. Przibram schlug deshalb vor, als Mißbildung „jede von der Norm abweichende Bildung zu verstehen, welche nicht in einer eben herrschenden Erkrankung des Organismus besteht". Ich glaube, daß der letztere Zusatz für den Pathologen zu unbestimmt ist und möchte deshalb vorschlagen, als *Mißbildungen* alle Veränderungen der Form und Zusammensetzung des Körpers zu bezeichnen, welche außerhalb der Variationsbreite der Art gelegen sind, nicht auf einer direkten Reaktion des Körpers gegen äußere Schädigungen beruhen und sich dem normalen anatomischen Bauplan des Organismus nicht einfügen, während sie dem Stoffwechselbauplan eingegliedert sind. Diese **Definition der Mißbildung** schaltet alle pathologischen Prozesse der Entzündung, der Anpassung, der Regeneration ohne weiteres aus dem Gebiete der Mißbildungen aus.

Unterscheiden wir nach alter Einteilung die Monstra per defectum, per excessum und alienantia, so gehören natürlich die Geschwülste unter die Mißbildungen per excessum. Der Charakter der Geschwulstbildung liegt aber hier weniger in dem exzessiven Wachstum als in dem autonomen, selbständigen Verhalten der Geschwulst gegenüber dem Gesamtorganismus, so daß die Geschwulst wie etwas Fremdes dem Organismus gegenübersteht. Der wesentliche Unterschied zwischen Mißbildung und Geschwulst liegt also darin, daß sich die Geschwulst auch dem regenerativen Bauplan und dem Stoffwechselplan des Körpers nicht einfügt. Die gesamte experimentelle Embryologie und Entwicklungsmechanik lehrt ja, daß nicht nur der normale Entwicklungsgang, sondern auch jede Fähigkeit der Regeneration für jede Art durch die spezifische Struktur der Eizelle vollkommen fest determiniert[4]) ist. Wir wissen von jeher, daß die Regenerationsfähigkeit der Geschöpfe die denkbar größten Unterschiede aufweist, daß aber diese Unterschiede für jede Art ganz genau festgelegt sind. Wir wissen, daß z. B. eine typische Verletzung bei der Planaria mit ganz charakteristischen Regenerationsfolgen einhergeht, daß der Triton aus der Iris eine Linse regeneriert und daß andere Tiere zu solchen Regenerationen immer unfähig sind. Auch *jede* Mißbildung ist in den Entwicklungspotenzen der embryonalen

---

[1]) Johansen: Frankfurt. Zeitschr. f. Pathol. Bd. 11, S. 472. 1912.

[2]) Marchand: Eulenburgs Realencyklopädie. 4. Aufl. 1910.

[3]) Przibram: Teratologie und Teratogenese. Roux' Vortr. üb. Entwicklungsmech. 1920, H. 25.

[4]) Auch die unzweckmäßigen oder zwecklosen Regenerationen sind fest determiniert. Fischer, Bernh.: Vitalismus und Pathologie. Roux' Vortr. üb. Entwicklungsmech. H. 34. Berlin 1924.

Vorstufen präformiert. Wir dürfen deshalb in diesem Sinne auch von einem typischen, weil *vollkommen festgelegten* Regenerationsplan des Organismus sprechen. Daraus ergibt sich, daß sich die echte Geschwulstbildung in diesen Regenerationsplan nicht einfügt, da sie sich eben der Gesamtheit des Organismus nicht unterordnet. Wir dürfen demnach die Geschwülste definieren als selbständige, aus einer primären Gewebsmißbildung hervorgehende, in sich abgeschlossene Gewebswucherungen[1]) mit dauerndem Wachstum, die sich dem normalen und regenerativen Bauplan und dem Stoffwechselbauplan des Organismus nicht einordnen.

Ich glaube, daß diese **Begriffsbestimmung der Geschwulst** allen Anforderungen entspricht, die man überhaupt an naturwissenschaftliche, insbesondere biologische Definitionen heute stellen kann.

Man könnte gegen die Definition einwenden, daß es für eine ganze Reihe von Geschwülsten heute sicher steht, daß sie äußeren Einflüssen, Schädigungen, Parasiten ihre Entstehung verdanken, für den Rest der Tumoren dasselbe gelte, nur sei es bisher — wie so manche Infektionserreger — noch nicht nachzuweisen. Aber gerade alle neuen Tatsachen, die auf diesem Gebiete besonders experimentell beigebracht worden sind, zeigen eindeutig, daß die Geschwulstbildung in keinem Falle die *direkte* Folge einer Infektion ist, daß sie sich in allen wesentlichen Punkten ganz anders verhält wie eine Infektionskrankheit. Auch bei dem Spiropterakrebs FIBIGERS ist der Krebs, sobald einmal — unter dem Einfluß der Schleimhautinfektion — die Krebszelle gebildet ist, in seinem weiteren Verlauf und Wachstum von der primären Infektion vollkommen unabhängig. Die Bildung der primären Geschwulstzelle mag also gelegentlich unter dem Realisationsfaktor einer Infektion erfolgen, alle wesentlichen Eigenschaften und das ganze Verhalten und Wachstum der Geschwulst ist aber von der Infektion ganz unabhängig und wird nur bestimmt vom Charakter der Geschwulstzelle und den Reaktionsbedingungen des Organismus.

Wir können daher an der gegebenen Definition festhalten und wollen auf dem Boden derselben kurz erörtern, welche biologischen Gebilde als Nachbargebiete der Geschwülste aufzufassen sind. Von verwandten Bildungen müssen wir von den Geschwülsten abgrenzen:

1. **Die makroskopischen Mißbildungen per excessum**, z. B. überzählige Organe, Riesenwuchs, die sich aber zum Unterschied von der Geschwulst dem regenerativen und Stoffwechselbauplan des Körpers eingliedern, also zum wenigsten chemisch mitfunktionieren.

2. **Die mikroskopischen Gewebsmißbildungen per excessum** (Gewebsexzesse ASKANAZY) und Alienantia, ohne dauerndes Wachstum. Diese primären Gewebsmißbildungen sind von EUGEN ALBRECHT als Fehlbildungen, Hamartome und Choristome von den echten Geschwülsten abgegrenzt worden. Diese werden zu *Geschwulstanlagen*, sobald sie sich dem Stoffwechselbauplan des Organismus nicht mehr unterordnen und dauernd wachsen.

3. **Die Blastoide**, makroskopische Mißbildungen per excessum, die nicht dem regenerativen Bauplan des Körpers entsprechen, aber im Stoffwechsel eingegliedert sind und daher kein dauerndes Wachstum zeigen.

Beispiele: Das Teratoma adultum ASKANAZYS, die Eierstockdermoide mit abschließendem Wachstum, das Fibrom des Nierenmarkes u. a.

4. **Die Hypertrophien und Hyperplasien** sind im allgemeinen leicht abzugrenzen, da sie teils nur Reaktionen und harmonische Anpassungen auf äußere Schädigungen darstellen, mit deren Fortfall sie zurückgehen, teils deutlich abgeschlossenes Wachstum aufweisen.

---

[1]) OPPEL: Arch. f. Entwicklungsmech. Bd. 35, S. 432. 1912.

Die gut- und bösartigen Geschwülste nennt Askanazy Wachstumsexzesse von Gewebsexzessen, im gleichen Sinne wie wir sie zu den Mißbildungen rechnen, indem wir die Besonderheiten dieses Wachstums aus den biologischen Grundgesetzen des Regenerativen- und Stoffwechsel-Bauplans des Organismus zu verstehen suchen.

Legen wir, wie es im folgenden versucht werden soll, allen Fragen nach Wesen und Genese der Geschwulstbildung[1]) die grundlegenden Erkenntnisse der allgemeinen Biologie zugrunde, so ergibt sich schon hier aus dem wenigen Gesagten, daß das *Wesen* der Geschwulstbildung ein zellulares, ein Entwicklungsproblem darstellt, daß alles wesentliche der Geschwulst in der *Geschwulstzelle* selbst, nicht in irgendwelchen äußeren Faktoren zu suchen ist. Bevor wir uns dieser wichtigsten Frage nach dem Wesen der Geschwulstzelle zuwenden, seien wenige Worte über

I. Das Vorkommen der Geschwülste bei Mensch und Tier

gestattet.

1. Das Vorkommen der Geschwülste beim Menschen.

Zusammenfassende Statistiken über das Vorkommen gutartiger Geschwülste beim Menschen sind mir nicht bekannt. Über das Vorkommen der einzelnen Formen bei den einzelnen Organen finden sich im Kaufmannschen Lehrbuch der speziellen Pathologie bei den Organen nähere Angaben.

Über die Verbreitung der bösartigen Geschwülste beim Menschen geben die zahlreichen Todesursachenstatistiken [s. Prinzing[2])] näheren Aufschluß. Hier sind besonders die eingehenden Statistiken des Reichsgesundheitsamtes und die der Vereinigten Staaten [Pearl[3])] zu erwähnen. Gewöhnlich werden unter den Krebstodesfällen alle Todesfälle durch bösartige Geschwülste verstanden, und bei den ohnedies schon sehr mangelhaften Unterlagen dieser Statistiken ist es auch richtiger, diese Todesfälle so zusammenzufassen. Lauterborn[4]) gibt über die Häufigkeit der Geschwulsttodesfälle folgende Übersicht:[5])

Tabelle 1. Krebstodesfälle in Baden (1883—1907) berechnet auf je 1 Million Lebender der einzelnen Altersklassen.

	0—10 Jahre	10—20 Jahre	20—30 Jahre	30—40 Jahre	40—50 Jahre	50—60 Jahre	60—70 Jahre	70—80 Jahre
Männer . . .	30	30	80	250	930	2720	5990	7450
Frauen . . .	30	30	80	410	1430	3300	5830	7440

---

[1]) Auf die Worterklärungen des Wesens der Geschwulstzelle wie sie zahlreich in der Literatur, besonders den Spezialkrebszeitschriften aller Länder, zu finden sind, wird hier nicht eingegangen. Als Beispiel sei die besonders schöne von Greil (Zeitschr. f. Krebsforsch. Bd. 20, S. 250. 1923) hier angeführt: „Der Krebs ist eine polymorphe unheimliche Kulturkrankheit.“ Weitere Beispiele finden sich in einem Aufsatz von mir: Philosophie in der Krebsforschung. Frankfurt. Zeitschr. f. Pathol. Bd. 3, S. 716 u. 945. 1909.

[2]) Prinzing: Handbuch der medizinischen Statistik. Jena 1906 (Lit.).

[3]) Pearl: Science Bd. 56, Nr. 1461. 1922. — Wells: Journ. of the Americ. med. assoc. Bd. 80. 1923.

[4]) Lauterborn: Zeitschr. f. Krebsforsch. Bd. 15, S. 173. 1916. — S. auch Bejach: Ebenda Bd. 16, S. 159. 1919. — Petzold: Ebenda Bd. 19, S. 245. 1922. — Rau: Ebenda Bd. 18, S. 141. 1921. — Wätzold: Ebenda Bd. 16, S. 318. 1919. — Schamoni: Ebenda Bd. 22, S. 24. 1924.

[5]) Siehe auch Werner, R.: Statistische Utnersuchungen über das Vorkommen des Krebses in Baden und ihre Ergebnisse für die ätiologische Forschung. Tübingen 1910. — Kolb, R.: Die Lokalisation des Krebses in den Organen in Bayern und anderen Ländern. Zeitschr. f. Krebsforsch. Bd. 8, S. 249—304. 1910. — Wutzdorf: Über die Verbreitung der Krebskrankheit im Deutschen Reiche. Dtsch. med. Wochenschr. 1902, S. 161.

Tabelle 2. Krebstodesfälle in Bayern (1905—1907) berechnet auf je 1 Million Lebender der einzelnen Altersklassen.

	0—15 Jahre	15—30 Jahre	30—40 Jahre	40—50 Jahre	50—60 Jahre	60—70 Jahre	70 und mehr Jahre
Männer . . .	57	48	225	975	2906	6607	8493
Frauen . . .	17	58	481	1616	3597	6435	8263

Tabelle 3. Krebstodesfälle in Preußen 1876 berechnet auf je 1 Million Lebender der einzelnen Altersklassen.

	20—30 Jahre	30—40 Jahre	40—50 Jahre	50—60 Jahre	60—70 Jahre	70—80 Jahre
Männer . . .	35	110	310	831	1396	1331
Frauen . . .	44	181	576	1012	1329	1320

Tabelle 4. Krebstodesfälle in Preußen 1898 berechnet auf je 1 Million Lebender der einzelnen Altersklassen.

	20—30 Jahre	30—40 Jahre	40—50 Jahre	50—60 Jahre	60—70 Jahre	70—80 Jahre
Männer . . .	57	184	789	2070	3946	3652
Frauen . . .	86	302	1105	2137	3252	3424

Tabelle 5. Prozentuales Verhältnis der weiblichen Krebstodesfälle zu den männlichen, letztere jeweils = 100 gesetzt.

	30—40 Jahre	40—50 Jahre	50—60 Jahre	60—70 Jahre	70—80 Jahre
Baden	164	154	121	97	99
Bayern	214	166	123	97	97
Preußen 1876 . . .	165	186	122	95	99
Preußen 1898 . . .	164	140	103	82	94

Überblickt man die Gesamtstatistiken, so kann man sagen, daß nach den Todesursachenstatistiken etwa 5% aller Menschen an Geschwülsten zugrunde gehen. In Wirklichkeit ist die Zahl wesentlich höher, da genaue Vergleiche mit den aus den pathologischen Instituten gewonnenen Zahlen einen großen Unterschied zwischen den klinisch diagnostizierten und den tatsächlich vorhandenen Geschwülsten ergeben [s. RIECHELMANN[1]), LUBARSCH[2])]. Da aber nach LUBARSCH die Zahl der Menschen, die seziert werden, durchschnittlich bei uns höchstens 4,3% aller Verstorbenen beträgt, die Zahl der Fehldiagnosen aber 20% und mehr, so ergibt sich, daß die Angaben der Todesursachenstatistik einen sehr geringen Wert besitzen. Es ist wahrscheinlich, daß etwa 10% aller Menschen, die das 20. Lebensjahr überschritten haben, an bösartigen Geschwülsten zugrunde gehen, da nach den genauen Untersuchungen von LUBARSCH die Todesursachenstatistik nur etwas mehr als die Hälfte der wirklichen Krebsfälle zur Kenntnis bringt. Die Kieler Sektionsstatistik [BERBLINGER[3])] gibt 14—17% Carcinome an für das Alter über 20 Jahre.

Nur ein kleiner Teil dieser Todesfälle durch Geschwülste kommt nach der Literatur auf **Sarkome.** In Hamburg wurden für die Zeit von 1872—1898 4,7 Sarkome auf 100 Krebstodesfälle berechnet, in Österreich in den Krankenanstalten von 1898—1900 15,3% Sarkome unter den bösartigen Neubildungen. Immer ist hierbei auch die recht verschiedene Nomenklatur der bösartigen

---

[1]) RIECHELMANN: Berlin. klin. Wochenschr. 1902, Nr. 31 u. 32.
[2]) LUBARSCH: Med. Klinik 1924, S. 299.
[3]) BERBLINGER: Klin. Wochenschr. 1925, S. 913.

Geschwülste zu berücksichtigen, die den Wert derartiger Zahlen noch weiter einschränkt.

Sehr häufig begegnen wir in der Literatur und in den Tageszeitungen der Behauptung, daß die Krebssterblichkeit in den letzten Jahrzehnten wesentlich zugenommen habe. Manche Statistiken behaupten eine **Zunahme** seit 1877 auf das Doppelte. Eine Statistik von Bollinger auf Grund der Sektionsergebnisse des Münchener Pathologischen Instituts ergibt von 1854—1863 7% Carcinomfälle, von 1894—1905 12,5%. Aber die Ursache dieser scheinbaren Zunahme kann vor allem darin liegen, daß mehr Krebskranke das Krankenhaus aufsuchen, also zur Sektion kommen, sowie in der bedeutenden Abnahme der allgemeinen Sterblichkeit, wodurch mehr Menschen in die stärker durch Krebs gefährdeten Altersstufen kommen. Nach einer Statistik des Kaiserlichen Gesundheitsamtes betrug die Bevölkerungszunahme seit 1892 10%, die Krebszunahme 24%. Aber wenn wir uns die oben gegebenen Zahlen über die Zuverlässigkeit der Diagnosen vor Augen halten, so erkennen wir, daß diese Zahlen noch innerhalb der Fehlergrenzen liegen, daß auch die ärztliche Diagnostik inzwischen Fortschritte gemacht hat und der Tumor eben häufiger diagnostiziert wird als früher.

Sicherer sind natürlich die Beobachtungen an den Sektionszahlen. v. Berencsy und v. Wolff[1]) fanden an rund 20 000 Sektionsfällen 2300, d. h. 11,6% Carcinome, wobei die Magencarcinome und der Uteruskrebs zusammen mehr als die Hälfte sämtlicher Krebsfälle ausmachten. Eine Zunahme der Carcinome während des Krieges ließ sich nicht feststellen, während Rau[2]) in einer vergleichenden Statistik der Sektionsfälle des Dresdener Pathologischen Instituts in den 5 Kriegsjahren für die Männer eine Zunahme um 0,1%, für die Frauen eine Abnahme um 1,7% der Carcinome findet. Derartig geringe Schwankungen lassen meines Erachtens keine Schlüsse zu und Peller[3]) betont auf Grund einer kritischen Untersuchung der Krebssterblichkeit in einigen Großstädten Europas, daß diese „keinen Anhaltspunkt ergibt für die Richtigkeit der oft und vielfach betonten Anschauung, daß der Krebs in allgemeiner Zunahme begriffen ist. In Wien ist von einer Krebszunahme nicht die Rede.“ Auch die riesige amerikanische Krebsstatistik der Life insurance company[4]) hat keine Zunahme der bösartigen Tumoren ergeben. Besondere Beachtung für diese Frage verdient die Statistik der bösartigen Geschwülste am Jenaer Sektionsmaterial, die Bilz[5]) veröffentlicht hat, da im starken Gegensatz zu anderen Städten dort nicht weniger als 42% aller in Jena Verstorbenen (ja zur Zeit W. Müllers oft 90%) seziert worden sind (sonst nach Lubarsch nur 4,3% durchschnittlich). Bei den über 20 Jahre alten sezierten Jenaern fand sich in 10,4% der Fälle ein Carcinom, keinerlei Zunahme durch den Krieg. Wegen der ausgezeichneten Unterlage seien aus dieser Statistik noch einige weitere Zahlen angeführt. Die klinische Diagnose traf nicht zu in 20% der Fälle, fast 30% aller Tumoren waren Magencarcinome. In 2% der gesamten Sektionen wurden Sarkome gefunden, und zwar besonders Knochensarkome und Lymphosarkome.

Häufig finden wir auch statistische Angaben über das **Auftreten des malignen Tumors in den verschiedenen Ländern und Bezirken.** So ergab eine Statistik des Gesundheitsamtes Krebszunahme in 677, Abnahme in 226 Bezirken, wobei die Krebse auf dem Lande häufiger sein sollen. Nach Nencki[6]) soll die nordöstliche Schweiz, das südliche Deutschland, die angrenzenden österreichischen

<hr>

[1]) v. Berencsy u. v. Wolff: Zeitschr. f. Krebsforsch. Bd. 21, S. 109. 1924.
[2]) Rau: Zeitschr. f. Krebsforsch. Bd. 18, S. 141. 1921.
[3]) Peller: Zeitschr. f. Krebsforsch. Bd. 22, S. 317. 1925.
[4]) Siehe Prinzing: Dtsch. med. Wochenschr. 1926, Nr. 16, S. 671.
[5]) Bilz: Zeitschr. f. Krebsforsch. Bd. 19, S. 282. 1923.
[6]) Nencki: Zeitschr. f. schweiz. Statistik Bd. 36. 1906, s. auch S. 1527.

Landesteile, nach PRINZING[1]) Norditalien gegenüber Mittel- und Süditalien eine höhere Krebssterblichkeit aufweisen. Die skandinavische und germanische Rasse soll häufiger an Carcinom erkranken (WOLFF), in Spanien wurden dagegen einige Bezirke ganz krebsfrei gefunden. Viele Statistiken geben an, daß die Neger seltener an Carcinom erkranken wie die weiße und die gelbe Rasse [GOEBEL[2])] — aber allen diesen Angaben müssen wir wegen der meist vollkommen unzuverlässigen Grundlage mit großer Skepsis begegnen. Insbesondere aus den Tropen besitzen wir noch viel zu wenig Sektionsmaterial und alle Vergleiche dürften auch nur unter Berücksichtigung der Altersklassen angestellt werden. Für Grönland hat FIBIGER[3]) nachgewiesen, daß keine wesentlichen Unterschiede im Vorkommen der Geschwülste gegenüber anderen, genauer untersuchten Ländern bestehen (s. auch S. 1527), dagegen waren dort Keloide und Fibrome sehr häufig, wie dies auch für die Neger immer wieder angegeben wird.

Für eine Geschwulstform dürfte eine Zunahme in den letzten Jahren aus verschiedenen Statistiken sicher sein, das ist das primäre Lungencarcinom. Hierfür liegen aber besondere Gründe vor, auf die später näher einzugehen ist [BERBLINGER[4])].

Über die Verteilung der verschiedenen Geschwulstformen auf die verschiedenen **Altersklassen** finden sich ebenfalls zahlreiche Angaben in der Literatur. Insbesondere gelten die Sarkome als Geschwülste der Jugend, die Carcinome als Geschwülste des Alters. Solche allgemeine Regeln haben nur sehr begrenzte Gültigkeit, hängen aber auch sehr, wie wir noch sehen werden, von der histogenetischen Auffassung, von der Art der histologischen Diagnose ab. SCHAMONI[5]) findet durch sorgfältige Untersuchungen, daß, im Gegensatz zu der bisherigen Auffassung, Sarkome bei den Männern hauptsächlich im 6. und bei den Frauen im 5. Jahrzehnt vorkommen, also hier dieselben Verhältnisse herrschen wie bei den Carcinomen. Bei Carcinomen und Sarkomen sind vor allem das Alter von 40—60 Jahren befallen, obwohl Sarkome auch verhältnismäßig häufig im jugendlichen Alter auftreten. Aber auch Carcinome sind in recht erheblicher Zahl schon bei Jugendlichen beobachtet worden, insbesondere Ovarialcarcinome, Uteruscarcinome, Hautcarcinome. ROTH[6]) z. B. beschreibt ein Plattenepithelcarcinom der Unterlippe bei einem 18jährigen Jungen, der Gesäßhaut bei einem 11jährigen Mädchen, der Zunge bei einem 20jährigen Mädchen. GRAWITZ[7]) beschrieb ein primäres Plattenepithelcarcinom der Cutis (nicht mit der Hautepidermis zusammenhängend!) bei einem 12jährigen Knaben mit metastatischer Carcinose des ganzen Knochensystems. ASCHHEIM[8]) beobachtete ein typisches Adenocarcinom der Portio bei einem 8 Monate alten Säugling. Ich selbst habe im Laufe der Jahre eine ganze Anzahl von Carcinomen, insbesondere des Darms und des Uterus, bei ganz jungen Menschen, zum Teil bei Kindern gesehen — wie wohl jeder Pathologe, der ein großes Sektions- und Untersuchungsmaterial zu sehen Gelegenheit hat [s. auch QUENSEL[9]).

---

1) PRINZING: Zitiert auf S. 1344; Zentralbl. f. allg. Ges. Bd. 23, S. 209. 1902; s. auch HILLENBERG: Veröff. a. d. Geb. d. Medizinalverwalt. Bd. 5, S. 1. 1916 und E. SACHS: Therapie d. Gegenw. Bd. 62, S. 367. 1921. — NÈGRE: Presse méd. 1925, S. 796.
2) GOEBEL: Dtsch. med. Wochenschr. 1922, S. 1541.
3) FIBIGER: Zeitschr. f. Krebsforsch. Bd. 20, S. 148. 1923.
4) BERBLINGER: Klin. Wochenschr. 1925, S. 913; s. auch die Statistiken von BEHLA (für Preußen, Zeitschr. f. Krebsforsch. Bd. 17, S. 492. 1920) und DEELMAN (für Holland, ebenda Bd. 17, S. 421. 1920) sowie BRECKWOLDT: Ebenda Bd. 23, S. 128. 1926.
5) SCHAMONI: Zeitschr. f. Krebsforsch. Bd. 22, S. 24. 1924.
6) ROTH: Zeitschr. f. Krebsforsch. Bd. 20, S. 125. 1923.
7) GRAWITZ: Dtsch. med. Wochenschr. 1909, S. 1371.
8) ASCHHEIM: Dtsch. med. Wochenschr. 1909, S. 1456.
9) QUENSEL: Acta pathol. e. microbiol. scandinav. Bd. 2, S. 195. 1925.

Eine Reihe von Angaben besitzen wir ferner über das Auftreten multipler Primärcarcinome [Spranger[1]), Roesch[2])] und über das **Auftreten multipler Tumoren** bei Geschwulstkranken (s. auch S. 1641). Owen[3]) fand unter 3000 Fällen bösartiger Geschwülste 143mal multiple bösartige Tumoren (ohne Einrechnung der multiplen Melanosarkome). Daß multiple Primärcarcinome bei der Polyposis des Darms häufig auftreten, ist in der Eigenart der Erkrankung begründet und wird uns später noch beschäftigen. Für die Bedeutung der Entwicklungsstörungen ist wichtig, ob sich bei einem Krebs- oder Sarkomkranken häufiger auch noch andere gut- oder bösartige Geschwülste anderer Art oder Gewebsmißbildungen nachweisen lassen. Das ist in der Tat sehr häufig der Fall, doch hängt hier alles von der Sorgfalt der einzelnen Sektion ab. Als ein solches Beispiel multipler Primärtumoren in *einem* Organsystem erwähne ich: Adenocarcinom des Dickdarms mit Carcinoid im Meckelschen Divertikel und Lipom im Ileum [Doppler[4])]. Jedes größere Sektionsmaterial gibt reichlich Belege hierfür. Bei Ribbert[5]) und besonders Neprjachin[6]) sind zahlreiche Beispiele angeführt. Egli[7]) fand bei 966 Geschwulstsektionen 263 Fälle = 27,2% mit primär multiplen Geschwülsten. Er gibt an, daß das durchschnittliche Alter der Leichen

mit 4 und mehr Tumoren	67,8	Jahre
„ 3	„ 66,0	„
„ 2	„ 62,2	„
„ 1	„ 56,1	„

betrug. Daraus ergibt sich, daß die Zahl der Geschwulstbildungen überhaupt mit zunehmendem Alter größer wird, selbstverständlich sind hierbei die gutartigen Geschwülste mitgerechnet.

2. Vorkommen der Geschwülste bei Tieren.

Über das Vorkommen echter Tiergeschwülste besitzen wir aus der letzten Zeit zwei zusammenfassende Darstellungen von Teutschländer[8]) und Roussy und Wolf[9]). Hiernach sind Geschwülste bereits bei fast allen Wirbeltieren, Kalt- und Warmblütern, Fleisch- und Pflanzenfressern, den wilden und den Haustieren beobachtet worden. Geschwülste finden sich also bei sämtlichen Wirbeltieren, vielleicht mit Ausnahme der niedersten Klasse, der Cyclostomen. Nach Teutschländer soll eine Geschwulstbildung bei den Wirbellosen nicht vorkommen, der „phylogenetische Terminationspunkt" würde also jenseits der Selachier, an der Grenze zwischen wirbellosen und Wirbeltieren liegen, dagegen geben Roussy und Wolf an, daß Myxome und Sarkome auch bei Muscheltieren, also Wirbellosen vorkommen.

Obwohl es eigentlich selbstverständlich ist, muß doch betont werden, daß keineswegs alle Tiergeschwülste mit den menschlichen identisch sind, daß vielfach nur analoge Bildungen bei Mensch und Tier auftreten und daß vielleicht manche Formen von Tiergeschwülsten überhaupt keine analogen Bildungen beim Menschen haben, und umgekehrt. Es ist also in jedem Falle eingehend

---

[1]) Spranger: Zeitschr. f. Krebsforsch. Bd. 20, S. 243. 1923.
[2]) Roesch: Virchows Arch. f. pathol. Anat. u. Physiol. Bd. 245, S. 1. 1923.
[3]) Owen: Journ. of Americ. med. assoc. Bd. 76, S. 13—29. 1921.
[4]) Doppler: Med. Klinik 1924, Nr. 39.
[5]) Ribbert: Geschwulstlehre. 2. Aufl. S. 92. 1914.
[6]) Neprjachin: Frankfurt. Zeitschr. f. Pathol. Bd. 34, Heft 3. 1926 (Lit.); s. auch Sielke: Zeitschr. f. Krebsforsch. Bd. 23, S. 79. 1926.
[7]) Egli: Korrespondenzbl. f. Schweiz. Ärzte 1914, Wr. 15.
[8]) Teutschländer: Zeitschr. f. Krebsforsch. Bd. 17, S. 285. 1920. — Ferner Secher: Ebenda Bd. 16, S. 297. 1919. — Folger: Ergebn. d. Pathol. Jg. 18, Bd. 2, S. 372. 1917. — S. auch Kitt: Allgemeine Pathologie für Tierärzte. 5. Aufl. 1921.
[9]) Roussy u. Wolf: Ann. de méd. Bd. 8, S. 462. 1920.

zu prüfen, wieweit die Gesetze dieser Tiergeschwülste auch für menschliche Tumoren und für welche Formen sie als gültig angesehen werden können. Es ist das deshalb so besonders wichtig, weil ja nur die Tiergeschwülste der wichtigsten Forschungsmethode, dem Experiment, dienen können und daher in jedem Falle gefragt werden muß, inwieweit die Ergebnisse solcher experimentellen Untersuchungen auch für den Menschen Gültigkeit haben können.

Ganz besonders gilt dies von den **Geschwülsten bei Kaltblütern,** bei denen Tumoren allerdings offenbar viel seltener sind [PICK und POLL[1]), PLEHN[2]) SCHWARZ[3]) u. a.]. Hier sind beim Frosch Sarkome und Carcinome der Ovarien, Nieren, seltener anderer Organe beobachtet, Fibrome und Hodencarcinome beim Salamander, Struma maligna bei der Schildkröte, Ovarialcarcinome bei Schlangen, Hautcarcinome bei Eidechsen. Häufiger sind Geschwülste bei Fischen. Hier wurden gefunden: Rhabdomyome, Lipome und Melanome [BERGMANN[4])], Papillome der Haut [PAWLOWSKY und ANITSCHKOW[5])], Oocytome (PLEHN), Epitheliome, Spindelzellensarkome, Osteochondrosarkome, Odontome, Lebersarkome u. a. Besonders häufig und viel untersucht ist das Schilddrüsencarcinom bei den Salmoniden, das vor allem in Amerika bei der Forellenzucht in Fischzüchtereien in Endemien und Epidemien beobachtet wurde und uns später noch beschäftigen wird [SCHMEY[6]), GAYLORD und MARSH[7])]. Bei Insekten (Larven der Fliege Drosophila) sind melanotische Tumoren beschrieben (ROUSSY: zitiert auf S. 1348).

Bei **Vögeln,** auch bei wildlebenden, sind zahlreiche Geschwulstarten beobachtet worden: Fibrome, Myxome, Osteome, Chondrome und eine Reihe verschiedener Carcinomformen, darunter besonders Follikulome des Ovariums, Embryome, Adenopapillome, Lymphome und Leukämien. Nach JOEST und ERNESTI[8]) sind die Geschwülste beim Huhn fast so häufig wie beim Hund, haben in der Mehrzahl bösartigen Charakter, und die Sarkome der Haut und Unterhaut zeigen oft primäre Multiplizität. Auch Metastasenbildung ist sehr häufig. Von besonderer Bedeutung sind die übertragbaren Hühnersarkome, von denen in den verschiedenen Ländern verschiedene Arten und Formen, aber von gleichen biologischen Eigenschaften beschrieben wurden [PEYTON ROUS, MURPHY, TYTLER, FUJINAMI und INAMOTO, TEUTSCHLÄNDER, PENTIMALLI[9])]. Diese Geschwülste haben besonderes Aufsehen erregt, weil sie durch zellfreie Filtrate übertragen werden können und auch sonst eine biologische Sonderstellung einnehmen, so daß bis heute die Frage, ob es sich um echte Geschwülste handelt, noch umstritten ist. Sie werden uns später noch eingehender zu beschäftigen haben.

Auf dem Boden einer Infektion entsteht auch das von TEUTSCHLÄNDER genauer beschriebene Mittelfußcancroid des Huhnes, die häufigste Geschwulst beim Haushuhn überhaupt.

---

[1]) PICK u. POLL: Berlin. klin. Wochenschr. 1903, S. 518.
[2]) PLEHN: Zeitschr. f. Krebsforsch. Bd. 4, S. 525. 1906; Bd. 21, S. 313. 1924; Wien. klin. Wochenschr. 1912, Nr. 19.
[3]) SCHWARZ: Zeitschr. f. Krebsforsch. Bd. 20, S. 353. 1923. — Ferner GAYLORD u. CLOWES: Salmonidenkrebs. Journ. of Americ. med. assoc. Bd. 48. 1907. — FIBIGER: Zeitschr. f. Krebsforsch. Bd. 7, S. 371. 1909. — MARINE u. LENHART: Journ. of exp. med. Bd. 13, S. 455. 1911. — BRESLAUER: Arch. f. mikroskop. Anat. Bd. 87, Abt. 1. 1915.
[4]) BERGMANN: Zeitschr. f. Krebsforsch. Bd. 18, S. 292. 1922.
[5]) ANITSCHKOW: Ref. Zentralbl. f. Pathol. Bd. 33, S. 277. 1922.
[6]) SCHMEY: Frankfurt. Zeitschr. f. Pathol. Bd. 6, S. 230. 1911.
[7]) GAYLORD u. MARSH: Ref. Zeitschr. f. Krebsforsch. Bd. 15, S. 557. 1915.
[8]) JOEST u. ERNESTI: Zeitschr. f. Krebsforsch. Bd. 15, S. 67. 1915 (Lit.): s. auch M. SCHNEIDER: Journ. of exp. med. Bd. 43, S. 433. 1926.
[9]) PENTIMALLI: Zeitschr. f. Krebsforsch. Bd. 15, S. 113. 1915.

Für die experimentelle Geschwulstforschung haben die **Spontantumoren der Mäuse und Ratten** seit langen Jahren große Bedeutung gehabt. Carcinome und Sarkome wurden hier gefunden [Beatti[1]), McCoy[2])]. Slye, Holmes und Wells[3]) fanden unter 28 000 Mäusen, die eines natürlichen Todes starben, 123 Carcinome, und zwar 71 Haut- und Mundkrebse, 56 Mammakrebse, 4 Magenkrebse, 2 Rectum-, 2 Vulva-, 1 Lungen-, 1 Präputial-, 1 Vaginalkrebs und 2 Adenome der Meiboomschen Drüsen. Beim Meerschweinchen sind Spindelzellensarkome [Lubarsch[4])] und Chorionepitheliome des Ovariums (nach Roussy) beobachtet worden. Bei Katzen sind Mammacarcinome besonders häufig, auch ein primäres Adenocarcinom im Mesenterium wurde hier gefunden [Freundlich[5])]. Auch beim Kaninchen sind Mamma-, Pankreas-, Nieren- und Uteruscarcinome und transplantable Sarkome [Wallner[6])] beobachtet worden.

Beim **Hund** sind zahlreiche Geschwulstarten und -formen beschrieben worden: vor allem Uterusmyome, Mammacarcinome und -sarkome, Uteruscarcinome, Ovarialcystome, Vaginalcarcinome, Sarkome und Carcinome im kryptorchen Hoden, Schweiß- und Talgdrüsenadenome mit Carcinombildung besonders am Anus, Cystadenome der Leber mit Carcinombildung [Jaffé[7])], Leberkrebs bei Cirrhose, Prostatacarcinome und häufig Samenblasensarkome, endlich transplantable Lymphosarkome [Sticker[8])], die aber wahrscheinlich zu den infektiösen Granulomen gehören. Auch maligne Struma beim Hund ist beschrieben worden [Ewald[9])]. Roffo[10]) fand unter 2172 Hunden 3 Carcinome, unter 307 Katzen 7 maligne Tumoren.

Beim **Rind** sind verschiedene Carcinomformen des Uterus, Ovariums, der Luft- und Harnwege beobachtet worden. Häufiger finden sich hier Magensarkome sowie Adenome, Carcinome und Sarkome der Leber, letztere sehr häufig bei gleichzeitiger Nematodeninfektion der Leber. Derartige parasitäre Lebertumoren sind auch beim Schaf beobachtet worden.

Beim **Pferde** finden sich Carcinome der Luftwege, der Lunge, der Vulva, der Vagina, des Uterus, des Ovariums, des Penis, des Hodens, der Niere, der Blase, des Magens, der Haut (besonders bei Satteldruck), endlich Lymphosarkome, Darmsarkome [Achilles[11])] und die wichtigen Melanosarkome, die uns später noch eingehend beschäftigen werden. Bei Elefant und Nilpferd sind Myome und Myosarkome beschrieben worden, beim Rhinozeros konnte ich selbst multiple Myome der Vagina und des Uterus mit Uteruscarcinom beobachten [s. Betke[12])].

Teutschländer[13]) betont, daß bei manchen Wirbeltieren die epithelialen Geschwülste überwiegen, und bezeichnet sie als *Carcinomtiere* (Hund, Maus, Huhn, Salmoniden), während andere häufiger mesenchymale Geschwülste bilden, *Sarkomtiere* (Pferd, Ratte, Cyprinoiden). Wir werden später zu zeigen haben, daß eine solche Gegenüberstellung von Carcinom und Sarkom uns wenig sagt, also auch hier unwichtig sein dürfte. Wichtig dagegen ist, daß auch beim

---

[1]) Beatti: Zeitschr. f. Krebsforsch. Bd. 19, S. 207. 1922.
[2]) McCoy: Statistik über Rattensarkom. Journ. of med. research Bd. 21, S. 285. 1909.
[3]) Slye, Holmes u. Wells: Journ. of cancer research Bd. 6, S. 57. 1921.
[4]) Lubarsch: Zeitschr. f. Krebsforsch. Bd. 16, S. 315. 1919.
[5]) Freundlich: Arch. f. wiss. u. prakt. Tierheilk. Bd. 50, S. 477. 1924.
[6]) Wallner: Zeitschr. f. Krebsforsch. Bd. 18, S. 215. 1921.
[7]) Jaffé: Frankfurt. Zeitschr. f. Pathol. Bd. 21, S. 26. 1918.
[8]) Sticker: Zeitschr. f. Krebsforsch. Bd. 1, S. 413. 1904.
[9]) Ewald: Zeitschr. f. Krebsforsch. Bd. 15, S. 106. 1915.
[10]) Roffo: Rev. del Instit. bact. Buenos Aires. Bd. 1, S. 333. 1910.
[11]) Achilles: Dissert. Leipzig 1907.
[12]) Betke: Frankfurt. Zeitschr. f. Pathol. Bd. 6, S. 19. 1911.
[13]) Teutschländer: Zeitschr. f. Krebsforsch. Bd. 17, S. 285. 1920.

Tier nach TEUTSCHLÄNDER die undifferenzierten Formen häufiger im jugendlichen Alter, die Carcinome häufiger im späteren Alter beobachtet werden. Durchweg ist das weibliche Geschlecht auch beim Tier häufiger von Geschwülsten befallen als das männliche, und TEUTSCHLÄNDER fand unter 207 Spontantumoren bei Zuchtmäusen lediglich weibliche Tiere, die einzige von ihm beobachtete männliche Spontangeschwulst betraf eine Feldmaus.

Gegenüber der Häufigkeit der Magen- und Darmkrebse beim Menschen ist die Seltenheit derselben beim Tier bemerkenswert, ja bei den Darmcarcinomen des Pferdes fand ACHILLES (zitiert auf S. 1350) häufig einen Wachstumsstillstand durch starke Verkalkung und Metaplasie des Bindegewebes in Knorpel und Knochen. Dagegen ist die tierische Leber auffallend häufig der Sitz bösartiger Geschwülste, im ebenso auffallenden Zusammenhang mit parasitären Lebererkrankungen.

Die Häufigkeit von Tumoren im **Alter** ist auch bei Tieren sehr ausgesprochen. Hat man — was ja recht selten ist — Gelegenheit, sehr alte Tiere zu sezieren, so ist man erstaunt über die Häufigkeit von Geschwülsten, oft multiplen bei dem gleichen Tier.

3. Geschwülste bei Pflanzen.

In neuerer Zeit hat man auch vom Studium der Pflanzen*geschwülste*, insbesondere „der Gallen" [KÜSTER[1])] und der durch *Bact. tumefaciens* bei Pflanzen erzeugten Gewebswucherungen Aufschlüsse für die Geschwulstprobleme erhalten wollen. Diese Dinge haben mit den Geschwülsten des Tierreichs nichts zu tun, so daß alle weittragenden Schlüsse aus diesen Untersuchungen [BLUMENTHAL[2])] abzulehnen sind, insbesondere kann man aus dem Verhalten der Pflanzengeschwülste heute noch keinerlei Schlüsse auf das Wesen der tierischen Tumoren ziehen.

Die meisten geschwulstartigen Wucherungen bei Pflanzen sind nur den Granulomen zu vergleichen und parasitärer Genese, wie z. B. der Kohlkrebs durch Myxomyceten, oder es sind Hypertrophien nach äußeren Beschädigungen, wie der Frostkrebs an Bäumen. Dagegen hat JENSEN[3]) eine Geschwulstbildung bei Rüben beschrieben, den sog. Wurzelkropf, die vielleicht den tierischen Geschwülsten an die Seite gestellt werden kann. Diese Geschwulst ist unregelmäßig knollig bis zu faust- und kindskopfgroß und sitzt gestielt an der Oberfläche von Zuckerrüben, gelben oder roten Rüben. Sie besteht aus atypischem Rübengewebe, und JENSEN zeigte, daß sie sich transplantieren läßt, wobei dann die Geschwulst ausschließlich aus dem übertragenen Stück, also „aus sich heraus" wächst. Das Tumorgewebe besitzt offenbar eine größere Avidität zu den Ernährungsstoffen, wird schwerer als die Rübe selbst, die im Wachstum gehemmt wird. Natürlich ist bei der Art des Pflanzengewebes infiltrierendes Wachstum und Metastasenbildung nicht möglich. Das Wachstum kann sehr rasch erfolgen.

II. Vorfragen der Geschwulstlehre.

Nehmen wir eine der wichtigsten, aber heute auf dem Boden der Cellularbiologie und Cellularpathologie für die kritische Forschung zur Sicherheit gewordenen Tatsache vorweg: **das Wesen der Geschwulst liegt in der Geschwulstzelle selbst.**

---

[1]) KÜSTER: Die Gallen der Pflanzen. Leipzig: Hirzel 1911.
[2]) BLUMENTHAL: Zeitschr. f. Krebsforsch. Bd. 16 u. 18. — AULER: Ebenda Bd. 21. — PIANESE: Ann. ital. di chir. Bd. 1. 1922. — BAUER, E.: Berlin. klin. Wochenschr. 1913, Nr. 29. — SMITH, BROWN u. TOWNSEND: Crown Gall. Washington 1911.
[3]) JENSEN: 2. internat. Krebskonferenz. Paris 1910; zitiert nach KITT: Allgemeine Pathologie für Tierärzte, 5. Aufl., S. 456. 1921: s. ferner MAGROU, Presse méd. 1923, S. 285.

Zunächst, wenn wir ganz absehen von der Genese und Herkunft der Zellen, müssen wir feststellen, daß die Tumorzelle prinzipiell von der Körperzelle unterschieden ist. Die Geschwulstzelle, insbesondere die Zelle der malignen Geschwulst, ist etwas wesentlich und prinzipiell anderes als jede andere Körperzelle. Nichts beweist diesen Satz, der schon vorher meines Erachtens klar aus den gesamten klinischen und anatomischen Befunden abzuleiten war, schlagender als die zahllosen Transplantationen des Mäusecarcinoms. Eine normale Körperzelle, eine embryonale Zelle, verhält sich bei dieser gleichen Transplantation ganz anders, so daß der biologische fundamentale Unterschied überhaupt nicht zu bezweifeln ist. Auch für die gutartigen Tumoren gilt derselbe fundamentale Unterschied, dessen ganzes Wesen aufzudecken ist und der bisher nur mehr oder weniger gut in Worten umschrieben werden konnte.

Ribbert[1]) hat dieser Tatsache in der einfachen Formel Ausdruck gegeben, daß die Geschwulstzellen (besonders der bösartigen Geschwülste) schließlich zu Parasiten des Körpers werden.

Eine Reihe von Autoren ist auf diesem Wege zu der Anschauung gekommen, daß die Tumorzellen echte Parasiten, parasitäre Protozoen wären [Odenius, Adamkiewicz, Pfeiffer, Korotneff, Kurlow, Bra, Powell, White, Butlin[2])]. Klencke und Kelling haben angenommen, daß es sich um tierische, mit der Nahrung eingeführte Zellen (z. B. von Schnecken, Würmern, rohen Eiern, Amphibien u. a.) handele, Kronthal und Sticker nehmen an, daß es artgleiche, aber von anderen Individuen stammende Zellen seien, Westenhöfer[3]) nimmt eine Rückbildung von Körperzellen bis zur Protozoennatur (Urzellen, einzellige Parasiten) an. Andere wollen in allen Geschwulstzellen Embryonalzellen sehen, eine Anschauung, auf die noch näher einzugehen sein wird.

Diese — ganz unzweifelhafte — biologische Abartung der Tumorzelle mußte natürlicherweise auf den Gedanken führen, daß die Tumorzelle überhaupt keine körpereigene, sondern eine fremde, von außen in den Organismus gelangte Zelle sei. Dieser Gedanke dürfte diejenigen, welche die Biologie *aller* Geschwulstformen auch nur in den Grundlinien kennen, kaum lange aufhalten, aber Forscher, die immer nur den menschlichen Krebs sehen, werden schon eher zu solchen Gedankengängen neigen. Ist die Krebszelle ein Parasit, so stammt sie eben wie alle anderen Parasiten aus der Außenwelt und leitet sich überhaupt nicht von Körperzellen ab. Wir müssen daher den Satz voranstellen:

1. Die Tumorzelle ist eine körpereigene Zelle.

Sie stammt in direkter Linie von anderen Körperzellen ab. Gerade die experimentelle Geschwulstforschung hat schlagende Beweise beigebracht, daß die von jeher von den Pathologen mit guten Gründen vertretene Anschauung des körpereigenen Charakters der Geschwulstzelle zu Recht besteht. So haben insbesondere v. Dungern und Coca[4]) gezeigt, daß die auf Kaninchen transplantierten und hier auswachsenden Zellen eines Hasensarkoms vollkommen die Artspezifität der Hasenzellen beibehielten (Nachweis durch spezifische Präcipitinreaktion). Die Artspezifität ist aber absolut beweisend für den Charakter der Zelle, hat Rössle[5]) doch mit Hilfe der Antikörperbildung die strenge Artspezifität selbst für die jüngsten Embryonalzellen bewiesen.

---

[1]) Ribbert: Menschliche Zellen als Parasiten. Dtsch. med. Wochenschr. 1907, Nr. 9.
[2]) Zitiert nach Herxheimer: Dtsch. med. Wochenschr. 1921, S. 359.
[3]) Westenhöfer: Med. Klinik 1924, Nr. 14.
[4]) v. Dungern u. Coca: Über Hasensarkome, die in Kaninchen wachsen, und über das Wesen der Geschwulstimmunität. Zeitschr. f. Immunitätsforsch. u. exp. Therapie Bd. 2 1909.
[5]) Rössle: Münch. med. Wochenschr. 1906, S. 144.

Die Abstammung der Geschwulstzelle von der Körperzelle ist aber weiterhin auch ganz einwandfrei erwiesen durch zahllose histologische Untersuchungen. Die Strukturen zahlreicher Geschwülste wären vollkommen unverständlich, wenn diese Geschwülste nicht wenigstens mit den Zellen ihres Mutterbodens zunächst gleicher Genese wären.

Auch auf histologischem Wege läßt sich mit hinreichender Sicherheit der Nachweis erbringen, daß die Geschwulstzelle letzten Endes doch eine Körperzelle ist oder, richtiger ausgedrückt, letzten Endes gleicher Genese mit der Körperzelle ist. Das große VIRCHOWsche Geschwulstwerk war in erster Linie diesem Nachweis gewidmet, es brachte meines Erachtens den vollgültigen Beweis, daß die Geschwulstzellen von Körperzellen abstammen und daß fundamentale Gesetze der Körperzellen auch für die Geschwulstzellen gelten.

Wenn wir aber auch diese zahlreichen histologischen Beweise, die einzeln anzuführen hier überflüssig ist, nicht hätten, so würde sich doch aus einem weiteren, heute unbestrittenen Punkte die Abstammung der Geschwulstzellen aus Körperzellen ergeben, nämlich aus der Tatsache der direkten innigen und unbestreitbaren Beziehungen zahlreicher Geschwülste zur Entwicklungsstörung und Mißbildung. Eine Ableitung der Geschwulstzelle aus ganz artfremden oder außerhalb des Organismus liegenden Zellen ist deshalb ganz undenkbar, weil dann die Übereinstimmung zahlreicher histologischer Strukturen in den Geschwülsten mit den embryonalen Strukturen vieler Gewebe und die direkte Beziehung zahlreicher Geschwülste und Geschwulststrukturen zu Entwicklungsstörungen völlig unverständlich wäre. Alle Theorien, welche diese grundlegenden Tatsachen der Geschwulstlehre, die von der pathologischen Anatomie aufgedeckt worden sind, vernachlässigen, können einen Anspruch auf Beachtung nicht machen.

Die morphologischen Untersuchungen haben weiterhin aufgedeckt, daß die Tumorzellen nicht selten noch die Funktionen ihres Mutterbodens ausüben, soweit sich dies morphologisch nachweisen läßt, wie z. B. in Schleimbildung, Kolloidbildung usw. Ja es hat sich gezeigt, daß selbst in den Metastasen solcher Tumoren noch die Funktion des Muttergewebes ausgeübt werden kann. Selbst in Einzelheiten können so die Geschwulstzellen die primäre Struktur und die primäre Funktion ihrer Ausgangszellen wenigstens eine gewisse Zeit lang in wesentlichen Punkten festhalten, z. B. Gallebildung in Leberkrebsmetastasen, Fettinfiltration in der Metastase eines primären Leberzellenkrebses [P. PRYM[1])].

Noch beweisender erscheint der Nachweis chemischer Funktionstätigkeit von Geschwulstzellen. So haben EWALD[2]) und später GIERKE[3]) in Metastasen von Schilddrüsen-Adenocarcinomen Jod in organischer Bindung nachgewiesen. In auffallender Weise hat sich die funktionelle Tätigkeit der malignen Tumorzelle, selbst im Dienste des Gesamtorganismus, gezeigt in dem berühmten von v. EISELSBERG publizierten Falle, wo nach der Operation eines Schilddrüsenkrebses die typische Kachexie auftrat und wieder schwand mit der Entwicklung der Metastasen.

Selbst wenn man also die morphologischen Beweise nicht gelten lassen wollte, so kann doch auch aus den chemischen und experimentellen Untersuchungen ein Zweifel nicht mehr bestehen, daß die Tumorzelle von Körperzellen abstammt. Auch die Anschauungen, daß die Tumorzelle zwar eine Körperzelle, aber nur eine arteigene, von einem anderen Individuum derselben Art übertragene Körper-

---

[1]) PRYM, P.: Frankfurt. Zeitschr. f. Pathol. Bd. 10, S. 170. 1912.
[2]) EWALD: Wien. klin. Wochenschr. 1896, Nr. 11.
[3]) GIERKE: Virchows Arch. f. pathol. Anat. u. Physiol. Bd. 170, S. 464. 1903.

zelle [Sticker[1])] sei, oder daß es sich um Geschwister der Körperzellen handle (Beard), dürfen heute wohl als widerlegt gelten. Allerdings kennen wir einen menschlichen Tumor, von dem der Nachweis als erbracht gelten darf, daß seine Zellen zwar arteigene, aber nicht körpereigene Zellen sind, das Chorionepitheliom. Es stammt von den Zellen des Fetus ab, und da die befruchtete Eizelle nicht mehr zum Organismus der Mutter gehört, sondern ihre Erbqualitäten von Mutter *und* Vater besitzt und eine neue individuelle Einheit darstellt, so haben wir hier die Entwicklung eines Tumors aus zwar arteigenen, aber doch körperfremden Zellen vor uns, und es ist sehr bemerkenswert, daß gerade die Biologie dieser Geschwulst ganz eigene Züge trägt (z. B. Spontanrückbildung trotz bereits eingetretener Metastasierung u. a.).

Die Verwandtschaft zwischen Tumorzelle und Körperzelle, ja die Verwandtschaft mit den histologisch nahestehenden Geweben wird ferner eindringlich gezeigt durch die gesamten Untersuchungen über die **Immunität gegen Geschwülste,** wie sie experimentell bei Impftumoren erzeugt worden ist. Vor allen Dingen hat Ehrlich gezeigt, daß es gelingt, durch Vorbehandlung mit einem Tumor gegen diesen Tumor Resistenz zu erzielen. Man hat nun die Mäuse durch Vorbehandlung mit den verschiedensten Stoffen und Organen (Blutzellen, Embryonen) immun, besser gesagt, resistent gegen das Angehen einer überimpften Geschwulst machen können; doch wird besonders nach den ausgedehnten Untersuchungen von Bashford, eine Immunität vor allem *durch Vorbehandlung mit artgleichem Material* erzielt, ja die Resorption von Krebsgewebe ist im höchsten Grade gegen den resorbierten Krebszellenstamm wirksam, gegen andere Stämme weniger[2]). Auch mit normalen Geweben desselben Tieres, wie z. B. mit der Milz, läßt sich immunisieren [Schöne[3]), Apolant[4])], und die entstehende Immunität (besser Resistenz) ist also durchaus nicht an die Malignität der Zelle gebunden [v. Dungern[5])]. Zwar gibt Moreschi[6]) an, „auch mit artfremdem Gewebe läßt sich eine gewisse Immunität erzielen". Aber diese Immunität ist nur eine sehr geringe, und sie ist auch in zahlreichen anderen Versuchen von anderen Autoren nicht bestätigt worden. Ja es hat sich in anderen Versuchen ein deutlicher Unterschied nachweisen lassen im Grade der Resistenz gegen die Infektion mit Tumorzellen, je nach der histologischen Struktur des zur Immunisierung verwandten Gewebes. So viel ist sicher, daß die Immunität zustande kommt durch Resorption von Tumorgewebe derselben Spezies oder von normalem Gewebe derselben Tierart, und daß ferner diese Immunität um so ausgesprochener stärker und kräftiger ist, *je näher verwandt das resorbierte Gewebe histologisch dem Impftumor* selbst ist. In ausgedehnten Versuchsreihen sind Uhlenhuth und Weidanz[7]) zu dem Resultat gekommen, „daß Immunisierungsversuche mit Organsaft von gesunden oder Geschwulstmäusen, mit Mäuselinsen, mit Geschwulstfütterung oder endlich mit fremdartigem Eiweiß keinen nennenswerten Erfolg zeigten, daß aber Vorbehandlung mit Mäuseblut oder mit Mäuseembryonen eine gewisse Immunität erzeugte". Im ganzen können wir sagen, je näher das zur Immunisierung verwandte Gewebe dem Tumorgewebe selbst verwandt ist, desto nach-

---

[1]) Sticker: Med. Klinik 1907, Nr. 37.

[2]) Bashford, Murray u. Haaland: Proc. of the pathol. soc.; Journ. of pathol. a. bact. Bd. 12, S. 435. 1908.

[3]) Schöne, G.: Transplantation von Geschwülsten. Marburger Habilitationsschr. Tübingen 1908.

[4]) Apolant: Dtsch. med. Wochenschr. 1911, S. 1145.

[5]) v. Dungern: Med. Klinik, Juli 1909.

[6]) Moreschi: Über hemmende und begünstigende Wirkung des Tumorwachstums. Zeitschr. f. Immunitätsforsch. u. exp. Therapie Bd. 2. 1909.

[7]) Uhlenhuth u. Weidanz: Arb. a. d. Kaiserl. Gesundheitsamte Bd. 30. 1909.

haltiger und kräftiger wirkt die Immunisierung. Auch die von Ehrlich zuerst nachgewiesene Möglichkeit, mit Sarkom gegen Carcinom zu immunisieren, besteht nur in gewissen Grenzen und ist keine absolute. Auf Grund sehr ausgedehnter Untersuchungen ist das englische Krebsinstitut zu folgenden Schlüssen gekommen: „Eine gradweise Immunität ist auch durch Vorbehandlung mit andersartigen Tumoren zu erzielen. Die Herabsetzung der Empfänglichkeit gelingt auch durch Impfung mit normalen Geweben und um so besser, je näher histologisch verwandt dieses mit dem einzuimpfenden Tumorgewebe ist. So schützt z. B. Einverleibung von Embryohaut gut gegen Plattenepithelkrebs, aber auch (wie Mamma selbst) gegen Mammageschwülste. Normale Gewebe fremder Tierart haben keinen schützenden Einfluß. Zuweilen bemerkt man umgekehrt, daß die Injektion normaler Gewebe eine Überempfindlichkeit erzeugt, ohne daß bisher ein Grund für die verschiedene Wirkung gefunden werden konnte[1])."

Caspari[2]) hat in neuester Zeit zur Erklärung dieser und ähnlicher Erscheinungen bei der experimentellen Erzeugung der Geschwulstimmunität eine „*negative Phase*" angenommen und das Vorkommen einer solchen durch eine Reihe systematischer Versuche nachgewiesen. Caspari hat ferner den sehr bestechenden Gedanken zu beweisen versucht, daß die auf den verschiedensten Wegen erzeugte Immunität gegen Geschwulsttransplantationen auf denselben Wirkungsmechanismus, nämlich die Resorption absterbender Zellen, zurückzuführen sei. Die dabei wirksamen, aus den absterbenden Zellen in den Organismus übertretenden und hier die typischen Wirkungen auslösenden Stoffe werden Zellzerfallshormone (Freund) oder Nekrohormone (Caspari) genannt. Ob die Geschwulstimmunität durch Vorbehandlung mit nichtangehenden Tumorzellen, ob sie durch Tumorautolysate, durch Gewebsemulsionen, Bluttransfusionen, fötales Gewebe, Blutserum von Jugendlichen, Überhitzung des Gesamtkörpers oder Reizbestrahlungen hervorgerufen ist — stets soll der Vorgang auf dem Absterben von Zellen und der Resorption von Nekrohormonen beruhen. Nach Caspari kommt es hier also nicht auf die Übertragung lebender Zellen, sondern auf die Wirkung chemischer Substanzen an, und vor allem handelt es sich nicht um eine spezifische, sondern um eine *unspezifische, unabgestimmte Immunität* im Sinne der modernen Proteinkörpertherapie oder unspezifischen Reiztherapie. Da der Grad der erzielbaren Immunität aber sehr wesentlich von der Virulenz des verwandten Tumorstammes abhängig ist, so setzt diese Theorie voraus, daß stets mit der Proliferationsenergie einer Geschwulst auch die Nekrotisierung von Geschwulstzellen Hand in Hand und parallel geht.

Wie dem aber auch sei, auch Caspari erkennt nach seinen Versuchen an, daß die erreichbare Immunität um so größer ist, je „lebendiger" virulenter primär die dann absterbende Tumorzelle war. Auch sind sicher vorher abgetötete Zellen viel weniger wirksam als erst lebhaft wachsende und dann im Körper zugrunde gehende Tumorzellen. Ob es sich also lediglich um die Wirkung chemischer Substanzen handelt, erscheint mir um so fraglicher, als andere schon eine wesentliche Verminderung der erreichten Immunität fanden, wenn die Zellen vor dem Versuch auch nur mechanisch zertrümmert wurden. Jedenfalls zeigen auch die Casparischen Untersuchungen, daß, je näher histologisch und artspezifisch die Verwandtschaft des zur Immunisierung benutzten Gewebes zu dem Geschwulstgewebe ist, umso höhere Grade von Resistenz erreicht werden.

---

[1]) Bashford, E. F., S. Murray u. M. Haaland: Ergebnisse der experimentellen Krebsforschung. Zeitschr. f. Immunitätsforsch. Bd. 1, S. 449. 1909.

[2]) Caspari: Krebsproblem vom Standpunkt der Immunität. Zeitschr. f. Krebsforsch. Bd. 19, S. 76. 1922; vgl. auch Caspari u. Schwarz: Studien über Geschwulstimmunität. VI. Ebenda Bd. 24, S. 15. 1926.

Wenn auch Caspari den unspezifischen Vorgängen bei der Erzielung dieser Immunität die größere Rolle zuschreibt, so nimmt er selbst doch *auch eine spezifische Komponente*, das Vorhandensein *spezifischer Antikörper* an. Für uns sind an dieser Stelle grundsätzlich die Bedeutung der histologischen und artspezifischen Verwandtschaft und die Tatsache spezifischer Antikörperbildung das Wichtige und Entscheidende.

Im übrigen betonen auch Uhlenhuth und Seiffert[1]) in ihrem neuesten kritischen Übersichtsreferat über die Grundlagen der Immunität gegen transplantable Geschwülste, daß eine spezifische Immunisierung am besten durch artspezifische Tumorzellen und um so gründlicher erreicht wird, je lebensfähiger das implantierte Zellmaterial ist. *Abgetötete Zellen immunisieren nicht.* Wenn also doch durch solche geringe Wirkungen erzielt wurden, so mag das auf einem unspezifischen Reizeffekt im Sinne von Caspari beruhen.

2. Genetische Beziehung der Tumorzelle zur Körperzelle.

Da wir nun trotz des prinzipiellen Unterschiedes die Geschwulstzelle von der Körperzelle ableiten müssen, so tritt als die erste Hauptfrage der Geschwulstforschung an uns das Problem heran, in welchem genetischen Verhältnis die Geschwulstzelle zur Körperzelle steht. Woher stammt denn nun im Körper die Geschwulstzelle? Diese Frage ist a priori durchaus nicht so absurd, wie es dem herkömmlichen, medizinischen Schuldenken erscheint. Schon 1912 habe ich eingehend die große Unvollkommenheit und Unzuverlässigkeit der histologischen Methode in der histogenetischen Geschwulstforschung bis ins einzelne dargelegt und bin zu dem Schluß gekommen[2]):

„Immer und immer wieder wird uns direkt die Frage vorgelegt, von welchen Zellen ist denn die Geschwulst ausgegangen? Die einzig richtige Antwort darauf ist: ‚Von ihren eigenen.‘ Weitere Beweise über die Histogenese einer fertigen Geschwulst können wir aus ihrem histologischen Bilde meist nicht beibringen. Fragen wir weiter nach der formalen Genese einer Geschwulst, so kann die Frage nicht lauten: Von welchen Zellen (des Organs, in dem wir den Tumor fanden) stammt der Tumor ab? sondern: Welches ist die Entwicklungsgeschichte der Tumorzellen? Diese Entwicklungsgeschichte kann auf die Zellen des Wirtsorgans zurückführen, braucht es aber nicht und tut es in zahlreichen Fällen auch nicht."

Wie entsteht nun aber die Geschwulstzelle aus der Körperzelle? Wieweit die histogenetische Geschwulstforschung der Anfangsstadien uns hier weiterbringen kann, besser gesagt, wie eng die Grenzen der Leistungsfähigkeit dieser Methode sind, wird uns noch beschäftigen müssen, hier muß die Frage zunächst ganz allgemein erörtert werden.

A priori liegen drei Möglichkeiten der Entstehung einer Geschwulst vor:

1. die Zelle selbst, die zur Geschwulstzelle wird, ändert sich, oder
2. der Organismus ändert sich, oder
3. die Beziehungen zwischen beiden ändern sich.

Bei den leicht übertragbaren Geschwülsten — das sind weitaus die seltensten — werden wir von vornherein der ersten Annahme den Vorzug geben müssen.

Die Tatsache, daß es bei der Geschwulstentwicklung eine Kontaktinfektion nicht gibt, daß die Nachbarzellen, selbst wenn sie gleicher histologischer Struktur sind, nicht in den geschwulstbildenden Prozeß (durch Metastasen z. B.) einbezogen werden, zwingt absolut zu der Annahme, daß die Geschwulstzelle jedenfalls von allen anderen Zellen des Körpers wesentlich verschieden ist. Die unter 2.

---

[1]) Uhlenhuth und Seiffert: Med. Klinik 1925, S. 576 u. 616.
[2]) Fischer, Bernh.: Grundprobleme der Geschwulstlehre. Frankfurt. Zeitschr. f. Pathol. Bd. 11, S. 22. 1912.

erwähnte Möglichkeit, daß sich der Gesamtkörper ändere, wäre also nur dann
gegeben, wenn die spezifisch differenzierten Zellen eines Organs, und zwar sämtliche spezifisch differenzierte Zellen einer Organart im ganzen Körper gleichzeitig
eine Geschwulstbildung eingehen würden. Das ist aber, wenn überhaupt, nur
außerordentlich selten der Fall, und wir haben dann sog. Systemerkrankungen
vor uns, deren Beziehungen zur echten Geschwulstbildung umstritten sind, ich
erinnere hier an das Myelom, an die Leukämie und ähnliche Prozesse, die von
manchen heute zu den echten Geschwülsten gerechnet werden. Auf jeden Fall
weist die Biologie dieser „Geschwülste" wesentliche Besonderheiten gegen die
anderen echten Tumoren auf. Also für die Hauptmasse der Geschwülste, ja
vielleicht für sämtliche echten Geschwülste kommt die zweite Möglichkeit einer
primären Änderung des Gesamtkörpers als wesentliche Ursache für die Geschwulstbildung jedenfalls nicht in Betracht, denn wir sehen bei der Entstehung eines
Plattenepithelcarcinoms nicht sämtliche Plattenepithelien des Körpers carcinomatös werden, sondern nur eine ganz umschriebene kleine Gruppe von Zellen.
Für diese kleine Zellgruppe muß jedenfalls eine Differenz von den sämtlichen
übrigen Plattenepithelien des Körpers angenommen werden. Eine Differenz in
der Struktur dieser Zellen ist entweder ab ovo gegeben oder hat sich erst im
Laufe des Lebens entwickelt. Auch wenn wir die dritte Möglichkeit, die Änderung der Beziehungen zwischen Zellen und Gesamtkörper ins Auge fassen, so
kann auch diese nur dadurch entstehen, daß eine bestimmte, von den übrigen
analogen Zellen spezifisch unterschiedene Zellgruppe in ein verändertes Verhältnis zum Gesamtkörper gelangt.

Wir werden bei den experimentellen Ergebnissen noch sehen, daß sehr
schwerwiegende Gründe vorliegen für die Annahme, daß an der primären Geschwulstbildung beide unter 1. und 2. genannten Faktoren beteiligt sind: die
Bildung eines Herdes spezifischer Zellen und eine Änderung des Gesamtorganismus.

Das Wesen der Geschwulst liegt also in der Geschwulstzelle[1]). Sehr klar beweisen auch die Imminutätsreaktionen, daß das Wesen der Geschwulstbildung
an die Geschwulstzelle gebunden ist. Ja wir können noch weiter gehen. Es hat
sich gezeigt, daß die Erzielung dieser Geschwulstimmunität gebunden ist an die
intakte Struktur der Geschwulstzelle selbst. Zerstört man die Geschwulstzellen
selbst, und wenn man sie auch nur mechanisch zerstört, so ist damit die Erzielung
einer Immunität nicht mehr im gleichen Grade möglich. HAALAND[2]) kommt
auf Grund solcher Untersuchungen zu dem Schluß, daß eine vollständige Des-
integration der Tumorzelle (und auch normaler Zellen) jegliche immunisierende
Fähigkeiten zerstört. Die Fähigkeit der Immunisierung wäre danach also nicht an
das Protein der Zelle gebunden, sondern an eine vitale Eigenschaft der Tumorelemente. Die Zellen müssen zur Immunisierung leben, ja einige Zeit wachsen.
Auch die bereits erwähnten CASPARIschen Untersuchungen über die Bedeutung
der Nekrohormone haben noch nicht den endgültigen Beweis erbracht, daß
bereits völlig zerstörte und abgetötete Tumorzellen immunisieren können. Zwar
hat CASPARI auch noch mit durch Hitze abgetötetem Tumorgewebe Immunitäts-

---

[1]) Die große Bedeutung, welche der Disposition des Gesamtorganismus für die Entstehung der Geschwulst besonders auch nach den neueren experimentellen Untersuchungen
zukommt (s. später Kapitel XII, 10, S. 1725), könnte den Gedanken nahe legen, in einer
Änderung des Gesamtkörpers das Primäre, ja das Wesentliche der Geschwulstbildung zu erblicken. Da aber die Bildung der Geschwulstzelle in jedem Falle ein abnormer Entwicklungs-,
Differenzierungsvorgang ist, so sehen wir in diesem Vorgang das Wesentliche, ganz gleichgültig, ob die abnorme Reaktionsweise auf primär-lokalen oder auf primär-allgemeinen
Faktoren oder — was das häufigste sein dürfte — auf *beiden* beruht.

[2]) HAALAND, M.: The contrast in the reactions to the implantation of cancer after
the inoculation of living and mechanically desintegrated cells. Proc. of the roy soc. of London,
Ser. B, Bd. 82, S. 293. 1910; Lancet, 19. März 1910.

erscheinungen hervorgerufen [auch Königsfeld[1]) fand noch eine Wirkung nekrotischen Materials], aber zugleich zeigte er, daß bei Verimpfung dieses angeblich nekrotischen Materials noch Tumoren angingen, also die Tumorzelle in Wirklichkeit noch nicht mit Sicherheit abgetötet war. Geschah das letztere durch *längere* Dauer der Erhitzung, so war ebenso wie in Versuchen von Lewin Immunität nicht mehr zu erzielen, ebensowenig mit Tumorzellen, die durch Jodierung oder Metallsalze [Ascoli[2])] abgetötet waren. Diese interessanten Ergebnisse zeigen, wie vorsichtig man mit der Annahme sein muß, man habe abgetötete Tumorzellen vor sich. Caspari legt denn auch für die Erklärung seiner Versuchsergebnisse dem *Absterben der Zellen im lebenden Organismus* die größte Bedeutung zu.

Zwischen der Immunisierung von Tieren gegen Tumoren durch Transplantation lebender Zellen und der Immunisierung gegen Infektionskrankheiten durch Vaccination von Bakterien oder deren Toxine besteht also ein fundamentaler Unterschied. Nach Leitch[3]) steigern sogar die zertrümmerten Krebszellen die Empfänglichkeit für den Krebs, statt zu immunisieren (negative Phase Casparis). Mäuse, welchen intraperitoneal eine sterile Emulsion von Carcinomzellen, wobei die Tumorzellen (Adenocarcinom) nur mechanisch zerstört waren, injiziert worden war und denen dann 24 Tage nach Abschluß der Vorbehandlung ein Carcinom inokuliert wurde, zeigten hierbei *erhöhte Empfindlichkeit*.

Diese Immunitätsreaktionen beweisen also nichts anderes wie Spezifität der Tumorzellen, und sie beweisen auch, daß das Wesen der Geschwulstbildung in der Zelle selbst liegt und nicht in Dingen, die außerhalb dieser Zelle liegen. Sie beweisen gleichzeitig die Verwandtschaft dieser Tumorzelle mit der Körperzelle, aber nicht die Identität derselben. Wir haben hier Gruppenreaktionen vor uns, ebenso wie wir bei den gewöhnlichen Immunitätsreaktionen Gruppenreaktionen, z. B. von Affenblut und Menschenblut, finden, und diese Gruppenreaktionen beweisen uns nicht die genetische Abhängigkeit, sondern sie zeigen nur, daß die Zellen, die die analoge Reaktion geben, in vielen Punkten ähnliche Strukturen aufweisen, und zwar vor allem ähnliche chemische Strukturen.

Trotz all dieser Tatsachen wollen auch heute immer noch einige besonders experimentelle Geschwulstforscher das Wesen der Geschwulstbildung in einer *Infektion* erblicken, obwohl doch die Infektionstheorie (auf die noch später näher einzugehen sein wird), schon durch diese Immunisierungsversuche völlig widerlegt ist. Die gelungenen Immunisierungen von Mäusen gegen Krebs mit Blut, normalen Zellen, Embryonen sind mit der Infektionstheorie völlig unvereinbar, denn es wäre undenkbar, mit Körperzellen zu immunisieren gegen einen Erreger, der an und für sich mit dem Körper nichts zu tun hat, z. B. gegen die Würmer beim Spiroptera-Carcinom von Fibiger, ebenso wie man mit menschlichen Darmzellen nicht den menschlichen Körper gegen die Typhusinfektion immunisieren kann. Wenn wir natürlich auch berücksichtigen müssen, daß wie bei den Infektionskrankheiten auch unspezifische Abwehrreaktionen eine Rolle spielen können, so ist eine spezifische Komponente dieser Geschwulstimmunität doch sicher vorhanden und aus der Bedeutung der histologischen Verwandtschaft der zur Immunisierung verwandten Zellen mit Sicherheit und als wesentlich abzuleiten.

Der durch die Immunitätsreaktionen erbrachte Nachweis der Spezifität der Tumorzelle gegenüber der Körperzelle hat also gleichzeitig den Beweis erbracht, daß die Geschwulstzellen wirklich Körperzellen sind, und daß sie mit den ihnen histologisch nahestehenden Geweben auch tatsächlich verwandt sind,

---

[1]) Königsfeld: Zentralbl. f. Bakteriol., Parasitenk. u. Infektionskrankh., Abt. 1, Orig. Bd. 73, S. 316. 1926.
[2]) Ascoli: Zeitschr. f. Krebsforsch. Bd. 27, S. 160. 1924.
[3]) Leitch, A.: Verminderte Resistenz bei Mäusecarcinom. Lancet, 9. April 1910.

mit anderen Worten, daß diese histologische Ähnlichkeit keine äußere ist, sondern einer inneren Verwandtschaft entspricht.

Gewiß könnte man daran denken, die Differenzierungsstörungen der Geschwulstzelle als sekundäre Erscheinungen durch ihre besonderen Wachstums- und Ernährungsverhältnisse bedingt, aufzufassen. Daß aber eine solche Auffassung das Wesentliche nicht trifft, ergibt sich m. E. daraus, daß eben der Tumorzelle nicht allein die Differenzierung fehlt, sondern daß sie auch die Differenzierungs*fähigkeit* vermissen läßt. Für zahlreiche Geschwulstarten ergibt sich dieser **Verlust an jeglicher Differenzierungsfähigkeit** selbst unter den günstigsten Ernährungs- und Wachstumsverhältnissen direkt aus dem Studium der Geschwulsthistologie und -anatomie. Für andere Geschwülste müssen wir diesen Verlust von Differenzierungsfähigkeit annehmen aus dem Verhalten der Geschwulst im Gesamtkörper. Unter Differenzierung verstehen wir ja nicht allein die Bildung bestimmter Strukturen in der Zelle, sondern auch, wie wir sahen, die Einfügung dieser Strukturen in den Gesamtorganismus, die Nachbarstruktur. Dieses biologische Verhalten der Geschwulstzelle ist wichtiger als die morphologische Differenzierung, da ja dem mikroskopischen Nachweis die wesentlichsten Eigenschaften der Zelle verborgen bleiben. RIBBERT lehnt es zwar strikte ab, die Genese der Tumoren aus primären Zellveränderungen irgendwelcher Art abzuleiten. Aber er konstatiert selbst[1]), daß alle Geschwülste unzweifelhaft aus nicht volldifferenzierten Zellen bestehen. Bei zahlreichen Tumoren ist aber leicht der Nachweis zu erbringen, daß diese fehlende Differenzierung jedenfalls nicht auf äußere Momente, schlechte Ernährungsverhältnisse und ähnliches zurückgeführt werden kann. Über die tatsächlich vorhandenen Differenzierungen und Strukturen geben uns unsere histologischen Methoden nur sehr lückenhaften Aufschluß. CHILD[2]) schreibt deshalb mit Recht: ,,Ob die Carcinomzellen z. B. transformierte oder nur ausgeschaltete Zellen, ob sie als embryonal oder hochspezifiziert zu betrachten sind, darüber bestehen die verschiedensten Meinungen. Ihre scheinbare Unfähigkeit der Regulation deutet darauf hin, daß sie hochspezifizierte Zellen sind. Hierbei ist nur ein Punkt hervorzuheben: durch die experimentelle Embryologie ist es festgestellt worden, daß eine physiologische Spezifikation, d. h. eine Begrenzung der Potenz ohne eine sichtbare Differenzierung existieren kann.''

Hätte die Entdifferenzierung mit dem Wesen der Geschwulstzelle nichts zu tun, so könnte auch eine Abhängigkeit von Wachstum und Malignität von dem Differenzierungsgrade bei der einzelnen Geschwulstform nicht vorhanden sein. Eine solche Abhängigkeit läßt sich nicht ohne weiteres für alle Geschwülste behaupten, wenn sie auch, z. B. bei den Geschwülsten der Nervenzellen, sehr ausgeprägt ist, aber für ein und dieselbe Geschwulst läßt sich dieser Nachweis häufig und einwandfrei führen. Es zeigt sich nämlich, daß die morphologische Entdifferenzierung der Tumorzelle bei weiterem Wachstum fortschreitet. Diesen Nachweis hat vor allen Dingen HANSEMANN[3]) einwandfrei geführt und gezeigt, daß im weiteren Verlauf eines Carcinoms in den späteren Rezidiven z. B. die morphologische Entdifferenzierung immer stärker sein kann. Dieses Verhalten wäre durchaus unverständlich, wenn es nur sekundär und durch die Wachstumsverhältnisse bedingt wäre. Denn warum die Tumorzelle bei späteren Rezidiven unter ungünstigeren Verhältnissen wachsen solle, als bei dem ersten Rezidiv, warum sie also immer weiter in ihrer Struktur und in ihrer Differenzierung sich von der Mutterzelle entfernen sollte, wäre dann ganz unverständlich.

---

[1]) RIBBERT: Wesen der Krankheit, S. 61. 1909.
[2]) CHILD: Physiologische Isolation. Roux' Vortr. z. Entwicklungsmech. H. 11, S. 124. 1911.
[3]) HANSEMANN: Spezifität, S. 77. 1893.

Diese fortschreitende Verwilderung kann so weit gehen, daß schließlich jeder Rest von Nachbarstruktur, jeder Zellverband zwischen den Epithelzellen schwindet und dadurch morphologisch sarkomatöse Strukturen entstehen (Pseudosarkome), wie später noch eingehend zu zeigen sein wird. Die Funktion der Tumorzelle erklärt sich aus den Grundgesetzen der Vererbung, sie ist für die Geschwulstzelle eine Art Atavismus, der immer mehr abgestreift wird: fortschreitende physiologische Entdifferenzierung.

Aus diesen Tatsachen müssen wir also den Schluß ziehen: die Störung der Differenzierung, der Verlust an morphologischer und physiologischer Differenzierungsfähigkeit ist eine wesentliche Eigenschaft der Tumorzelle und die Grundlage der Tumorbildung. Das allein beweist schon die Sonderstellung der Geschwulstzelle, beweist die primäre Zellveränderung. Diese Schlüsse werden wir weiterhin noch wesentlich stützen können durch den Nachweis, daß die Bildung der Geschwulstkeime stets mit Differenzierungsvorgängen der embryonalen oder postembryonalen Entwicklung im innigsten Zusammenhang steht.

Hierzu kommt nun noch der einwandfrei erbrachte Nachweis, wenn ich so sagen darf, der physiologischen, funktionellen Entdifferenzierung der Tumorzelle. Während die Tumorzelle im Anfang noch eine Reihe funktioneller Eigenschaften besitzt, die dem Muttergewebe, dem sie entstammt, anhaften, zeigt sie bei späterem Wachstum und in den späteren Rezidiven und Metastasen immer weniger Anklänge an die primären funktionellen Eigenschaften.

Daß die Krebszelle als solche sich dem Organismus gegenüber wie ein echter Parasit verhält, ist unbestritten, und auch Ribbert spricht direkt von parasitären Zellen, obwohl er an der *biologischen Identität* der Geschwulstzellen mit den Körperzellen festhalten wollte. Aber es ist doch wohl kaum ein größerer biologischer Unterschied denkbar als der zwischen Körperzelle und Parasit.

Wir kommen also auf diesem Wege wiederum zu der Ausdrucksform, daß die Krebszelle als solche sich der Einheit des Organismus nicht mehr einfügt, sie untersteht nicht mehr den Gesetzen, welche die einzelnen Zellen dem Individuum unterordnen, und dem kann man auch Ausdruck geben, indem man sie als Parasit bezeichnet. Aber wir dürfen uns nicht verhehlen, daß das alles nur umschreibende Ausdrücke sind und keine Erklärungen. Das, was wir suchen und zu ergründen wünschen, ist ja eben gerade die Ursache dieser Durchbrechung der Einheit des Organismus, die Ursache, warum aus der Körperzelle eine solche parasitäre Zelle wird.

Diese Bildung eines Herdes spezifischer Zellen, die Bildung des Geschwulstkeimes, der Geschwulstanlage aus den präexistenten Körperzellen, ist also das erste Rätsel, das zu lösen ist. Bevor wir uns dieser Frage zuwenden, müssen wir versuchen, zu ergründen, worin denn der Unterschied zwischen Körper- und Geschwulstzelle besteht. Ein wesentlicher fundamentaler Unterschied muß trotz der gleichen Abstammung vorliegen. Das Wesen jeder Geschwulst liegt in der *Individualität der Tumorzelle.* Worin liegt nun

III. Die Differenz zwischen Tumor- und Körperzelle: Die Kataplasie.

Häufig ist diese Differenz dahin definiert worden, daß die Geschwulstzelle gegenüber der Körperzelle an Differenzierung abgenommen habe, an Existenzfähigkeit zugenommen habe. Da die Geschwulstzellen sich schließlich dem Körper gegenüber wie Parasiten verhalten, spricht v. Hansemann von einem vollständigen Verlust des *Altruismus* und bezeichnet die spezifische Individualität der Geschwulstzelle mit dem Schlagwort der „*Anaplasie*".

Unter Altruismus versteht man nach COMPTE die gegenseitig fördernden Beziehungen der Individuen eines Staates, und v. HANSEMANN gebraucht diesen Begriff auch für die Beziehungen der Zellen eines Individuums zueinander und für die gestaltlichen Korrelationen der Organe durch funktionelle Anpassung. „Anaplasie" nennt v. HANSEMANN eine Veränderung der Zellen in dem Sinne, daß dieselben weniger differenziert sind als ihre Mutterzellen; dies äußert sich in Herabsetzung des Altruismus und in Steigerung der selbständigen Existenzfähigkeit. „Anaplastische Zellen sind solche, die an Differenzierung verloren haben, die also schon einmal höher differenziert waren"[1]).

Diese Begriffsbestimmung läßt sich aber m. E. heute nicht mehr aufrecht erhalten. Die Voraussetzung der höheren Differenzierung der — häufig unbekannten — Mutterzellen ist keineswegs immer bewiesen, und die engen Beziehungen der Geschwulstkeimbildung zur embryonalen Entwicklung zeigen einwandfrei, daß Geschwulstzellen auch entstehen können aus Zellen, die niemals eine höhere Differenzierung überhaupt gehabt haben. Auch die Steigerung der Existenzfähigkeit trifft nur für bestimmte Bedingungen zu — im ganzen sind gerade die Geschwulstzellen oft eine besonders „hinfällige Brut". Ganz besonders widersprechen müssen wir aber der Erläuterung v. HANSEMANNs, wenn er von der Anaplasie sagt, daß diese Art der Rückbildung *am vollständigsten bei den Keimzellen* erreicht wird, bei denen (nach v. HANSEMANN) der Altruismus gänzlich aufhört und die Entdifferenzierung eine komplette ist. Gerade die Keimzelle zeigt einen diametralen Gegensatz zur Geschwulstzelle, da die Keimzelle den höchsten Grad von Differenzierungs*fähigkeit* aufweist, die Geschwulstzelle so gut wie gar keine. Die HANSEMANNsche Lehre von der *Anaplasie* geht also schon von einer falschen Voraussetzung aus: daß die Zellen, von denen die Geschwulst ausgeht, stets vorher normale, d. h. ausdifferenzierte, gewesen wären. Das wäre erst zu beweisen, es können ebenso gut unreife, in bezug auf die Differenzierung nicht fixierte Zellen gewesen sein, die sich nun gar nicht oder in verschiedener Richtung oder metaplastisch differenzierten. Es können ferner die Zellen durch regenerative Prozesse nur ihre letzte Strukturbildung aufgegeben haben, ohne sich nach rückwärts in die Richtung auf die völlig „anaplastische Eizelle" nach v. HANSEMANN entwickelt zu haben. Zudem ist es immer noch sehr zweifelhaft, ob eine wirkliche Umkehrung der Entwicklung überhaupt möglich ist (s. S. 1303 u. 1320). Ferner heißt „Ana" hinauf, nach oben — und eine *Aufwärts*differenzierung hat auch v. HANSEMANN unter Anaplasie nicht verstehen wollen.

Es wäre aber der Kürze und leichten Verständigung wegen wohl gut, in einem kurzen Begriff schlagwortartig den spezifischen Charakter der Tumorzelle zusammenfassen zu können. So sehr der Ausdruck Anaplasie eingebürgert ist, ist er doch sowohl wegen der v. HANSEMANNschen Definition[2]) wie auch wegen der Ableitung unbrauchbar. Wir werden noch sehen, daß gerade in der Differenzierungspotenz zwischen Eizelle und Geschwulstzelle im Gegensatz zu v. HANSEMANN der denkbar größte Unterschied besteht. Im Verhältnis zur normalen Metazoenzelle muß aber die Geschwulstzelle in jeder Hinsicht als minderwertig bezeichnet werden. Ihre Differenzierung und Entwicklung verläuft in der Richtung einer ganz bestimmten typischen Minderwertigkeit. Und diese Geschwulstabartung wollen wir in den Begriff der *Kataplasie*, entsprechend einem Vorschlag von BENEKE, zusammenfassen. Dieser Begriff sagt uns, daß eine Entwicklung kata, d. h. abwärts, niederwärts, stattgefunden hat und daß sich das Geschwulstgewebe also durch eine morphologische und chemische Unvollkommenheit, Minderwertigkeit der Gewebsdifferenzierung in typischer Weise von Normal-

---

[1]) HANSEMANN: Spezifität, S. 83. 1893.
[2]) v. HANSEMANN: Berlin. klin. Wochenschr. 1909, Nr. 41.

geweben unterscheidet. Der Ausdruck wird in ganz analoger Weise in der Botanik [Kuester[1])] gebraucht, soll für uns aber für die typische Differenzierungsstörung der Geschwulstzelle reserviert bleiben.

Man kann diese Wesensänderung der Tumorzelle auch darin zum Ausdruck bringen, daß man sie, wie es Werner z. B. getan hat, als eine neue Zellrasse bezeichnet, die sich von den typischen Körperzellen durch die dauernde Verminderung der Restitutionsfähigkeit präformierter Wachstumshemmungen auszeichnet. Das wäre dann bereits eine Hypothese über die Faktoren der Kataplasie, über die Art der spezifischen Metastrukturänderung der Geschwulstzelle.

Wenn Ribbert[2]) dem entgegengehalten hat, daß die Entdifferenzierung der Tumorzellen über die der regenerativ oder entzündlich proliferierenden Elemente nicht hinausgehe, und sich nur aus den abnormen Lebensverhältnissen, der Funktionslosigkeit und dem Rückschlag als Anpassung an die neuen Existenzbedingungen erkläre, so muß man immer wieder betonen, daß das Morphologische für uns zwar wichtig, aber nicht allein ausschlaggebend sein kann. Alle genannten Faktoren mögen zuweilen Strukturänderungen von Zellen hervorrufen, niemals aber sehen wir trotzdem an solchen Zellen den Geschwulstcharakter, dessen Wesen in der veränderten Metastruktur gegeben ist. Die sichtbaren Strukturveränderungen dienen uns nur als Hinweis darauf.

Das Wesen der Geschwulstzelle liegt also in einer krankhaften Veränderung der funktionellen und formbildenden Potenzen und im Verlust der Beziehungsfähigkeit der Geschwulstzelle zum Gesamtorganismus.

Ist unsere Ableitung richtig, so können wir diese typische Abartung der Geschwulstzelle von verschiedenen Gesichtspunkten aus betrachten: Wir werden sie wiederfinden im biologischen, charakteristischen Verhalten der Geschwulstzelle, in ihrem morphologischen, chemischen und physikalischen Aufbau sowie endlich in ihrem Stoffwechsel. Nach diesen Gesichtspunkten soll die Kataplasie der Tumorzelle hier untersucht werden:

1. Die biologischen Äußerungen der Geschwulst-Kataplasie.

a) Wachstum, Beweglichkeit, Phagocytose der Geschwulstzelle.

Die biologischen Zeichen der Kataplasie werden für gewöhnlich unter den Begriff der **Autonomie des Wachstums** *der Geschwulstzelle* zusammengefaßt. In der Tat läßt sich alles, was wir über die Biologie der Geschwulstzelle wissen, mit dem Wort umschreiben, daß sie sich den normalen und Regenerationsgesetzen des Körpers nicht unterwirft, daß sie sich schließlich auf Kosten des Gesamtorganismus ernährt und so alle wesentlichen Merkmale des echten Parasiten erlangen kann, wenn die Kataplasie ihren höchsten Grad erreicht.

Auf die *verschiedenen Arten des Wachstums* werden wir noch später näher einzugehen haben (s. Kap. XIII, S. 1731). Gemeinsam ist allen Geschwülsten, daß das Wachstum ein dauerndes ist. Vorübergehender Stillstand des Wachstums kommt zwar — auch bei bösartigen Geschwülsten — zuweilen vor, ist aber die große Ausnahme, ebenso wie Rückbildungen und vollkommene Schrumpfungen, die besonders bei Uterusmyomen nach Fortfall der Ovarialtätigkeit beobachtet werden.

Manche Formen gutartiger Geschwülste haben allerdings ihre eigene Lebensdauer in dem Sinne, daß langdauernder Wachstumsstillstand vorkommt [Aschoff[3])]. Sonst, dürfen wir sagen, ist auch bei den gutartigsten Geschwülsten das dauernde

---

[1]) Roux: Terminologie, Stichworte Kataplasie und kataplasmatisch. 1912.
[2]) Ribbert: Wesen der Krankheit, S. 58. 1909.
[3]) Aschoff: Naturforscherversammlung Münster 1912, II, S. 24.

und unaufhörliche, wenn auch zuweilen sehr langsame Wachstum sehr typisch, und insbesondere sehen wir, daß dieses Wachstum niemals einem funktionellen Bedürfnis des Organismus entspricht oder sich einem solchen auch nur anpaßt und unterordnet. Auch das ganz langsam wachsende Lipom zerstört schließlich durch seinen Druck das Rückenmark.

Es kommt auch bei gutartigen Geschwülsten vor, daß sie in eine Vene einwachsen, und bei Ablösung kleiner Teilchen kann es auch zu Metastasenbildung kommen [RIBBERT[1])], ein Beweis, daß es irgendeinen grundsätzlichen Unterschied zwischen gut- und bösartigen Geschwülsten nicht gibt.

Als eine wichtige Eigenschaft der Geschwulstzelle ist von manchen die Fähigkeit der **Phagocytose** angegeben worden. Da besonders in bösartigen Geschwülsten autolytische Vorgänge, Zelldegenerationen und Absterben von Zellen etwas sehr Häufiges sind, so kann man auch häufig bei Geschwulstzellen feststellen, daß sie diese Zelltrümmer in sich aufnehmen und phagocytieren (s. PODWYSSOTZKY[2])]. Einen wesentlichen Unterschied gegenüber der Normalzelle kann ich hierin nicht erblicken, da die Fähigkeit der Phagocytose bei fast allen Körperzellen, wenn auch in verschiedenem Grade und zuweilen nur in rudimentärer Form, entwickelt ist. Diese Unterschiede dürften auch bei den verschiedenen Geschwulstformen in ähnlicher Weise vorhanden sein. Dazu kommt, daß die spezifischen Wuchsstoffe der Tumorzelle, die Blastine, nach den Untersuchungen von BICEGLIE (s. S. 1710) von den kranken und absterbenden Geschwulstzellen aus eine intensive Wirkung ausüben dürften. Hieraus allein wäre bereits eine besondere Häufigkeit und Intensität der Phagocytose in Geschwülsten zu verstehen.

Eine weitere biologische Besonderheit hat man in der *Beweglichkeit*, **Wanderungsfähigkeit der Tumorzelle** erblicken wollen. Schon seit langer Zeit ist diese Fähigkeit auch bei Krebszellen beobachtet, und so wichtig diese Fähigkeit für die Ausbreitung der Geschwülste besonders in den Saftspalten, für ihr Eindringen in die Umgebung usw. ist, so liegt doch auch hier kein wesentlicher Unterschied gegenüber den normalen Zellen vor, denn auch diese haben dieselbe Fähigkeit der Lokomotion. In Gewebskulturen haben HANES und LAMBERT[3]) die amöboiden Bewegungen der Tumorzellen genauer studiert und festgestellt, daß die Sarkomzellen einzeln wandern, die Carcinomzellen in Verbänden. Wir sehen darin einen Hinweis darauf, daß je stärker entdifferenziert, je verwilderter die Tumorzelle ist, um so mehr sich die Geschwulstzelle von allen Korrelationen freimacht und als Einzelindividuum existieren kann.

Das Verhalten der Geschwulstzelle im Körper ist ja schon von vornherein ein Beweis für diese Besonderheit der Tumorzelle. Die biologische Differenz zwischen Tumorzelle und Körperzelle ergibt sich einwandfrei aus der einfachen klinischen und anatomischen Analyse der Geschwulstkrankheit. Daß die Tumorzellen irgendwelche abnorme Qualitäten gegenüber den Körperzellen haben, zeigt ihr gesamtes Verhalten im Körper selbst, ihr Wachstum, ihre Metastasenbildung usw. Das auch in der ganz gutartigen Geschwulst deutliche verdrängende Wachstum mit schließlicher Zerstörung aller Normalgewebe beweist zum mindesten schon einen gegen die Norm erhöhten Wachstums*turgor*, der ohne jede Rücksicht auf die Interessen, Aufgaben, Funktionen der Organe, ohne jede Rücksicht auf die Einheit des Organismus, der alle anderen Wachstumsvorgänge untergeordnet sind, sich auswirkt.

---

[1]) RIBBERT: Geschwulstlehre 1914, S. 29.
[2]) PODWYSSOTZKY: Beitr. z. pathol. Anat. u. z. allg. Pathol. Bd. 38, S. 449. 1905.
[3]) HANES u. LAMBERT: Virchows Arch. f. pathol. Anat. u. Physiol. Bd. 209, S. 12. 1912.

b) Verhalten gegen äußere Schädlichkeiten (Individualität und Anpassung).

Ein weiterer Beweis für die Sonderstellung der Tumorzelle ist das *Verhalten gegen äußere Schädlichkeiten*. **Kälte** erträgt die Krebszelle allerdings gut. So haben z. B. Salvin-Moore und Barrat[1]) Carcinomteile von Mäusen 20—30 Minuten lang in flüssiger Luft abgekühlt und dann auf gesunde Mäuse mit Erfolg übertragen. Die niedrige Temperatur, die die Hautzellen zum Absterben bringt, war nicht imstande, die Krebszellen zu vernichten. Auch Michaelis (1905), Hertwig und Poll (1907) fanden die Lebensfähigkeit und Transplantierbarkeit der bösartigen Geschwulstzellen bei Aufbewahrung in Eis lange Zeit erhalten.

Uhlenhuth und Weidanz[2]) fanden, daß weder Temperaturen bis 45° Wärme, welche 25 Minuten auf das Geschwulstgewebe einwirkten, noch mehrtägige Einwirkungen von Kältemischungen weit unter 0 Grad das Geschwulstgewebe vernichteten. Ehrlich (1906) konnte sogar einen Zellbrei vom Mäusecarcinom 2 Jahre lang bei —8° aufbewahren, ohne daß die Krebszellen ihre Vitalität verloren hatten, wie die erfolgreiche Weiterimpfung bewies. Die Kälte sistiert eben den Stoffwechsel so vollständig, daß kein Zerfall eintreten kann und alle Strukturen und Fermente ungeschädigt lange Zeit erhalten bleiben.

Das Verhalten der Geschwulstzellen gegen **höhere Temperaturen** ist sehr merkwürdig und bedarf wohl noch weiterer Bearbeitung und Aufklärung. Schon frühzeitig wurde gefunden, daß die transplantablen Mäusetumoren gegen eine längerdauernde Erwärmung selbst bei ziemlich niedrigen Temperaturen (42 bis 45°) sehr empfindlich sind (Jensen, Clowes, Ehrlich), dagegen ist es anders bei höherer Temperatur. Caspari[3]) erzielte noch erfolgreiche Tumorimpfungen, wenn die verimpften Geschwulststückchen $^1/_4$ Stunde lang auf 59° erwärmt worden waren, ja selbst dann noch, wenn sie 3 Minuten lang in siedendem Wasser gekocht waren. Die Geschwulstzellen zeigen also gegen höhere Temperaturen nach Caspari eine ebenso große Resistenz wie gegen verschiedene Zellgifte, desinfizierende Substanzen und andere Schädigungen.

Es ist sehr lehrreich, daß auch die Keimzellen, Spermien und Eier, gegenüber einer Reihe von chemischen und physikalischen Eingriffen insofern resistent sind, als sie dadurch entweder zugrunde gehen oder überhaupt nicht in der Entwicklung gestört werden, nur selten greift diese Schädigung gerade derartig an der Metastruktur der Keimzellen an, daß es zur abgeänderten pathologischen Entwicklung kommt. Es herrscht hier also ein „Alles-oder-Nichtsgesetz" [Gellhorn[4])]. Die Geschwulstzelle zeigt nach manchen Richtungen ähnliches. Selbst wenn sie abgestorben ist, zeigt sie oft noch eine eigenartige Resistenz, denn die Krebszellen werden erst dann von Leukocyten angegriffen und beseitigt, wenn ihr Kern autolytisch zerfallen ist [v. Gaza[5])].

Gegen andere Schädlichkeiten ist die Tumorzelle dagegen ganz besonders empfindlich und meist sogar viel empfindlicher als die Normalzelle. Die sehr stark hervortretende Fortpflanzungsfähigkeit der Krebszelle steht im Widerspruch mit ihrer eigenen Existenzfähigkeit, und es ist wiederholt schon von Virchow, v. Froschhauer[6]) u. a. darauf hingewiesen worden, daß die Krebszellen an und für sich weniger existenzfähig sind als die normalen Gewebe, weil sie eben so zahlreich zugrunde gehen. Es ist eine Brut junger, aber sehr hin-

---

[1]) Salvin-Moore u. Barrat: Einwirkung flüssiger Luft auf Krebszellen. Lancet Nr. 4404; ref. Dtsch. med. Wochenschr. 1908, S. 250.

[2]) Uhlenhuth u. Weidanz: Arb. a. d. Reichs-Gesundheitsamte Bd. 30. 1909.

[3]) Caspari: Zitiert auf S. 1355.

[4]) Gellhorn: Arch. f. mikroskop. Anat. u. Entwicklungsmech. Bd. 101, S. 437. 1924.

[5]) v. Gaza: Klin. Wochenschr. 1924, Nr. 20; Münch. med. Wochenschr. 1924, S. 1222.

[6]) v. Froschhauer: Zwei Vorschläge, betreffend Krebskrankheit. Wien 1872.

fälliger Zellen, die sich rasch fortpflanzen, aber auch ebenso rasch wieder absterben. Daher sehen wir denn auch, daß bei den experimentellen Arbeiten an
den übertragbaren Tumoren die Wachstumsenergie, Virulenz der Geschwulstzelle leicht beeinflußt, insbesondere vermindert werden kann durch Einflüsse
verschiedenster Art. BORST[1]) führt als solche **virulenzvermindernden Eingriffe**
z. B. an: Behandlung mit Milzextrakt, Cocain, Morphin, Adrenalin, Störungen
der inneren Sekretion (JOHANNOVICZ), Kastration, Thymektomie (KORENTSCHEW-
SKY), Cholesterin-Lecithin, Diphtherie-Antitoxin, allgemeine Röntgenbestrahlung, ja sogar Injektion von Olivenöl (NAKAHARA). Auch die zahlreichen
therapeutischen Versuche mit Schwermetallverbindungen, Goldsalzen, Selen-
Eosin u. a. haben beim transplantierbaren Mäusekrebs häufig zu völligem Verschwinden der Geschwulst geführt. ASCHOFF und LUBARSCH haben dasselbe
durch einfaches Drücken des Geschwulstknotens erreicht, wodurch offenbar
viele Krebszellen zugrunde gehen und eine Abwehrreaktion des Organismus auslösen. Aber schon hier ist es bemerkenswert, daß TYZZER[2]) im Gegensatz hierzu
bei Mäusekrebs durch Massieren der Geschwulst künstlich das Auftreten von
Metastasen hervorrufen konnte — hier handelte es sich aber um einen Stamm,
der auch schon spontan zur Metastasierung neigte.

Alle diese Methoden wirken aber nur bei den transplantierten, nicht bei den
spontanen Geschwülsten, beweisen aber auch so die außerordentlich große Hinfälligkeit der Geschwulstzelle, die sich auch darin zeigt, daß in den bösartigen
Geschwülsten der autolytische Zerfall der Zellen außerordentlich stark ist und
die zerfallenen Zellen wieder von anderen Geschwulstzellen phagocytiert werden
(**Autophagocytose** der Geschwulstzellen).

Auch bei den Spontangeschwülsten ist aber die Widerstandsfähigkeit und
Lebenskraft der Geschwulstzelle stets gegenüber schädlichen äußeren Einflüssen
erheblich herabgesetzt, z. B. gegenüber entzündlicher Infiltration[3]), gegenüber
der Wärme [JENSEN, WERNER[4])], der Diathermie [LIEBESNY[5])], gegenüber dem
elektrischen Strom[6]) — alle diese Faktoren wirken hier ganz anders als auf
normales Epithel. Selbst Heilungen von Epitheliomen durch *Diathermie* sind
berichtet[7]). Auch die so sehr verschiedenen Wirkungen der Strahlentherapie
auf die Tumoren können nur durch die Eigenart, ja Individualität der einzelnen
Geschwulstzellen erklärt werden[8]).

Diese **Individualität der Geschwulstzelle** zeigt sich ganz besonders deutlich
in der Reaktion der verschiedenen Geschwülste auf Röntgenbestrahlung. Während
z. B. die nichtverhornenden Carcinome der Haut, die undifferenzierten Schleim-
hautkrebse und viele Sarkome durch die Radiumtherapie sehr günstig beeinflußt
werden, wird das Wachstum von Naevuscarcinomen durch die gleiche Behandlung nur angeregt [LABORDE[9]), CLAIRMONT l. c.]. Bei Uterus- und Ovarialsarkomen
sind die Erfolge der Röntgenbehandlung sehr gut [SEITZ und WINTZ[10])], bei

---

[1]) BORST: Maligne Geschwülste 1924, S. 119.
[2]) TYZZER: Journ. of med. research Bd. 32. 1915.
[3]) SAUERBRUCH u. LEBSCHE: Dtsch. med. Wochenschr. 1922, H. 5. — MURPHY: Journ.
of exp. med. Bd. 33, S. 299. 1921. — SLAWIK: Heilung von Angiomen durch Ulceration.
Wien. klin. Wochenschr. 1917, Nr. 32. — STEYSKAL: Ebenda 1922, S. 761.
[4]) WERNER: Zeitschr. f. Krebsforsch. Bd. 7, S. 489. 1909.
[5]) LIEBESNY: Wien. klin. Wochenschr. 1921, S. 117.
[6]) DELBANCO: Virchows Arch. f. pathol. Anat. u. Physiol. Bd. 254, S. 302. 1925.
[7]) BORDIER: Presse méd. 1922, S. 1083.
[8]) Vgl. CLAIRMONT: Arch. f. klin. Chir. Bd. 84, H. 1. 1907. — PENTIMALLI: Beitr. z.
pathol. Anat. u. z. allg. Pathol. Bd. 59, S. 706. 1914. — KREUTER: Münch. med. Wochenschr.
1923, S. 451. — KEHRER: Strahlentherapie Bd. 11, S. 865. 1920.
[9]) LABORDE: Journ. de radiol. et d'électrol. Bd. 6, S. 349. 1922.
[10]) SEITZ u. WINTZ: Münch. med. Wochenschr. 1918, S. 527.

Lippen-, Zungen-, Kehlkopf- und Mastdarmkrebsen sehr schlecht, und bei Mammacarcinomen ist direkt eine Verschlechterung der Operationsresultate nach Einführung der prophylaktischen Nachbestrahlung behauptet worden [Jüngling[1)]. Eine allgemeine „Röntgencarcinom- oder Sarkomdosis" kann daher nicht aufgestellt werden [B. Fischer[2)], Opitz[3)]], aber *die* **Strahlenempfindlichkeit** der einzelnen Geschwulstformen steht nicht selten in deutlicher Beziehung zur histologischen Struktur, z. B. sind viele Sarkome und embryonalen Carcinome sehr strahlenempfindlich, Adenocarcinome und Melanosarkome [Miescher[4)]] ganz refraktär usw.

Genaue Gesetze hierüber ließen sich nur aufstellen, wenn wir noch tiefer in die Metastruktur der Geschwulstzelle eindringen könnten. Aber all dies beweist einwandfrei, daß nicht äußere Umstände für Charakter und Malignität der Geschwulstzelle bestimmend sind, sondern die Individualität der Tumorzelle selbst. Selten ist auch bei Spontangeschwülsten die Hinfälligkeit der Geschwulstzelle so groß, daß es zu Spontanheilungen kommt oder daß künstlich erzeugte Entzündungen, Erysipel, Gefrieren durch Kohlensäure oder ähnliches den Tumor zum Schwinden bringen. Jedenfalls sind im ganzen die Geschwulstzellen gegen Schädigungen weniger widerstandsfähig als normale Körperzellen.

Die Individualität der Geschwulstzelle geht ferner deutlich hervor aus der für jede Geschwulst charakteristischen **Reaktion der Umgebung** auf die Geschwulstzellwucherung. Bashford, Murray und Cramer[5)] haben in ihren ausgedehnten experimentellen Untersuchungen festgestellt, daß die Stromareaktion zwar für verschiedene Geschwülste verschieden, aber für ein und denselben Tumor ganz konstant und spezifisch ist. Auch in der menschlichen Pathologie ist es etwas ganz gewöhnliches, daß eine besondere und eigenartige Stromareaktion einer primären Geschwulst in derselben Weise in den Metastasen wiederkehrt. Als Beispiel sei auf osteoplastische Carcinome und auf die verschiedenen verdichtenden und cystischen osteoplastischen Prostatacarcinome hingewiesen [Lang und Krainz[6)]]. Sehr schön geht auch die Individualität der Geschwulstzelle hervor aus der Beobachtung von Baumgarten[7)], wo ein primäres Spindelzellensarkom nur in zahlreichen Lymphdrüsen metastasierte, während die inneren Organe von Metastasen völlig frei blieben.

Daß es sich bei der Entwicklung der Geschwulstzelle um eine Wesensänderung der Zelle selbst, um eine Abartung ihrer wesentlichen Metastruktur handelt, geht am besten aus den neueren experimentellen Untersuchungen über den Teerkrebs hervor, die einwandfrei zeigen, daß die Umprägung der Körperzelle in eine Geschwulstzelle ein irreversibler Prozeß ist. Ist einmal (auf dem Umweg über die Regeneration) eine Geschwulstzelle entstanden, so kann der primäre schädliche Faktor vollkommen fortfallen: die Geschwulstzelle ist fertig, der maligne Tumor entwickelt sich unaufhaltsam weiter.

Im funktionellen Verhalten zeigt sich ebenso die Abstammung der Geschwulstzelle von der Körperzelle wie ihre Sonderstellung. Die Tumorzelle kann ihrer Abstammung entsprechend Thyreoidin, Kolloid, Galle, Schleim usw. produzieren, aber ohne daß die funktionelle Tätigkeit anders als rein zufällig möchte ich sagen (z. B. Struma maligna und Operation, v. Eiselsberg), in den Dienst des

---

[1)] Jüngling: Münch. med. Wochenschr. 1920, S. 690.
[2)] Fischer, B.: Strahlentherapie Bd. 13, S. 333. 1922.
[3)] Opitz: Klin. Wochenschr. 1923. S. 2232.
[4)] Miescher: Schweiz. med. Wochenschr. 1926, S. 788.
[5)] Bashford, Murray u. Cramer: Reports of the Imperial cancer Research Fund. London 1905.
[6)] Lang u. Krainz: Frankfurt. Zeitschr. f. Pathol. Bd. 28, S. 526. 1922.
[7)] v. Baumgarten: Berlin. klin. Wochenschr. 1915, S. 1201.

Organismus tritt. Der Tumor selbst z. B. produziert Schleim in sinnlosen Mengen und an Orten, wo dieser Schleim nichts leisten kann. Auch darin zeigt sich ein besonderer Charakter der Geschwulstzelle, da ja schon normalerweise nicht nur die Regenerationsfähigkeit, sondern auch die Möglichkeit der funktionellen Anpassung, der Grad der Aktivitätshypertrophie durch Art und konstitutionelle Anlage in ihrem Ausmaße determiniert sind.

Die fortschreitende funktionelle Entdifferenzierung läßt sich bei Drüsenzelltumoren auch histologisch nachweisen. GUERRINI[1]) fand am Mammacarcinom, indem er durch Pilocarpin die Sekretion anregte, daß die Sekretgranula mit zunehmender Entdifferenzierung der Geschwulstzellen abnehmen. Wenn es richtig ist, daß jede tätige Zelle Impulse produziert, die nun auf andere Zellen des Organs und des Organismus einwirken [MACKENZIE[2])], so müssen wir jedenfalls annehmen, daß von den Geschwulstzellen derartige funktionelle Impulse nicht mehr oder nur in rudimentärer Form produziert werden.

Auch die **Anpassungsfähigkeit** der normalen Zelle fehlt der Geschwulstzelle, und ASCHOFF[3]) hat auch für die gutartigen Geschwülste (an den Adenomen der Schilddrüse, der Prostata, an den Uterusmyomen) gezeigt, daß für ihre Parenchymzellen das gleiche Gesetz wie für die Zellen der bösartigen Geschwülste gilt, daß sie nämlich viel kurzlebiger und regenerationsunfähiger sind als die Zellen des Muttergewebes. Je weiter aber die (morphologische und chemische) Kataplasie der Geschwulstzelle fortschreitet, desto mehr büßt sie auch an funktioneller Leistungsfähigkeit und spezifischer Differenzierung ein (vgl. S. 1359, 1387, 1459 und 1499). Für die Hundesarkomzellen hat GARSCHIN[4]) ihre gänzliche Reaktionsunfähigkeit auf entzündliche und Fremdkörperreize nachgewiesen.

Schließlich sind die Tumorzellen nur noch einzellige Parasiten, an denen auch ein Rest von Funktion nicht mehr nachzuweisen ist. Die normale Zelle atrophiert bei abnehmender oder fehlender Funktion, die Tumorzelle vermehrt sich. PETER[5]) hat darauf hingewiesen, daß eine „Zelle, die sich mitotisch teilt, nicht arbeitet; eine Zelle, die arbeitet, sich nicht mitotisch teilt". Es bildet also die Funktion ein Hindernis für den Eintritt in die Mitose, und Minderung oder Fortfall der spezifischen Tätigkeit stellen einen Teilungsreiz für die Zelle dar.

Fällt also ein Zellkomplex (Geschwulstanlage, siehe später) aus dem funktionellen und Stoffwechselbauplan des Organismus heraus, so fällt für ihn auch der Funktionsanreiz fort, und dies ist ein Faktor zur Zellvermehrung. Das ist am schönsten und einfachsten bei den Pflanzen nachzuweisen, wo Lockerung der Verbindung, der Korrelation mit dem Gesamtindividuum zur Vermehrung führt. Nachlaß oder Aufhören der Funktion ist aber gleichbedeutend mit Lockerung der Verbindung und Korrelation (siehe S. 1284 u. 1512—21).

Noch auf einen weiteren wesentlichen Unterschied zwischen der Zelle des malignen Tumors und der Körperzelle möchten wir hier hinweisen. Eine normale Körperzelle ist um so höher und spezifischer differenziert, je mehr Zellgenerationen, je mehr Zellteilungen zwischen ihr und der Eizelle liegen. Die Zellteilungen fixieren ja die einmal erreichte Differenzierung, wenn es äquale Zellteilungen sind. Bei der Tumorzelle sehen wir nun unzählige Zellgenerationen aufeinanderfolgen, zweifellos sind auch inäquale Zellteilungen bei den Geschwülsten etwas ganz Gewöhnliches, und trotzdem finden wir hier eine weitere Differenzierung

[1]) GUERRINI: Sperimentale Bd. 3, S. 233. 1908.
[2]) MACKENZIE: Lancet Bd. 205, S. 1020. 1923.
[3]) ASCHOFF: Wachstumszentren gutartiger Geschwülste. Verhandl. d. Naturf. u. Ärzte, Münster 1912, S. 24.
[4]) GARSCHIN: Zeitschr. f. Krebsforsch. Bd. 22, S. 270. 1925.
[5]) PETER, K.: Zellteilungsprobleme. Klin. Wochenschr. 1924, S. 2177.

nicht eintreten, ja im Gegenteil, wir finden vielfach direkte Verluste an Differenzierungshöhe und -fähigkeit.

Zudem hat die Gewebskultur gezeigt, daß je größer die funktionellen Ansprüche einer Zelle sind, je höher differenziert sie ist, desto geringer ihre Lebensfähigkeit im Explantat, so daß man geradezu eine Reihe von den embryonalen Mesenchymzellen bis zu den ausgebildeten Nervenzellen aufstellen kann (Rh. Erdmann). Das ist von grundsätzlicher Bedeutung, auch wenn wir noch nicht von jeder einzelnen Zelle ihre genaue Stellung in dieser Differenzierungsreihe angeben können. Auch die embryonalen Zellen, die Carrel dauernd gezüchtet hat, haben sich rasch zu typischen Fibroblasten ausdifferenziert und sind nun dauernd in der weiteren Kultur differenzierte Fibroblasten geblieben. Das geht am schönsten daraus hervor, daß diese gezüchteten Zellen bei Reimplantationen in das lebende Tier immer rasch zugrunde gehen, während ja echte Embryonalzellen bei der Implantation leicht angehen, eine Zeitlang wachsen und sich dann ausdifferenzieren. Auch die längere Zeit gezüchteten embryonalen Epithelzellen differenzieren sich aus, bilden z. B. Horn, Kolloid usw., verlieren also rasch ihren embryonalen Charakter. Die Geschwulstzellen dagegen zeigen keinerlei Differenzierung in der Kultur und gehen, wie Rhoda Erdmann gezeigt hat, auch nach längerem Aufenthalt im Kulturmedium noch bei Reimplantation im Tierkörper an, wachsen und bilden Geschwülste (siehe später S. 1374).

c) Spezifische Serumreaktionen.

Fast allgemein wurde angenommen, daß die *Eigenart*, Spezifität, Abartung, Kataplasie der *Tumorzelle* sich auch in *spezifischen Serumreaktionen*, Antikörperbildungen und ähnlichem zeigen müßte, vor allem, weil man auf diesem Wege zu einer wirksamen Therapie der bösartigen Geschwülste zu gelangen hoffte. Über einzelne Heilungen durch Autovaccination ist auch berichtet worden[1]. Aber solche Beobachtungen sind sehr vereinzelt geblieben, und die Ergebnisse der Tierversuche sind keineswegs eindeutig. Königsfeld[2] erzielte mit Trockenpulver von Tumoren stets einwandfreie Schutzwirkung, während Trockenpulver von normalen Geweben stets wirkungslos war. Chambers, Scott und Russ[3] konnten mit bestrahltem Rattensarkom die Tiere gegen die Sarkomtransplantation immun machen. Sokoloff[4] hat starkes carcinolytisches Vermögen bei Tieren durch Vorbehandlung mit dem Blut radiumbestrahlter Krebskranker erzielt. Nather[5] dagegen hatte in zahlreichen Versuchen aktiver Immunisierung beim Mäusekrebs stets völlig negative Resultate. Ich selbst habe schon 1920 durch einen meiner Schüler zeigen lassen[6], daß die Resorption nekrotischer Gewebszellen eine Verzögerung des Geschwulstwachstums beim Mäusekrebs hervorruft. In ausgedehnten Versuchen hat dann Caspari[7] gezeigt, daß alle Eingriffe, die einen Zellzerfall im Tumor oder sonst im Organismus hervorrufen (z. B. artfremdes Eiweiß, Fieber, Diathermie, Bestrahlung), die Widerstandskraft gegen Tumorimplantation erhöhen, also im gewissen Sinne immunisatorisch

---

[1] Zum Beispiel Lewin: Therapie d. Gegenw. Jg. 54, S. 253. Kellock, Chambers u. Russ: Lancet Bd. 202, S. 217. 1922.

[2] Königsfeld: Zentralbl. f. Bakteriol., Parasitenk. u. Infektionskrankh., Abt. 1, Orig. Bd. 73, H. 4/5. S. 316. 1914.

[3] Chambers, Scott u. Russ: Lancet Bd. 202, S. 212. 1922.

[4] Sokoloff: Cpt. rend. des séances de la soc. de biol. Bd. 90, S. 43. 1924.

[5] Nather: Zeitschr. f. Krebsforsch. Bd. 19, S. 115. 1922.

[6] Bendix, Paul: Beeinflussung des Geschwulstwachstums durch Resorption nekrotischer Organe. Inaug.-Dissert. Frankfurt a. M., März 1920.

[7] Caspari: Zeitschr. f. Krebsforsch. Bd. 19, S. 74. 1922; Bd. 21, S. 131. 1924; Strahlentherapie Bd. 15, S. 831. 1923.

wirken. Aber „für das Bestehen einer so feinen Spezifität bei diesen Immunitäts-vorgängen, wie sie die Autovaccinationstherapie annimmt, geben die vorliegenden Versuche ebensowenig eine Grundlage wie die älteren Experimente EHRLICHS". Es ist demnach CASPARI nach dem gesamten vorliegenden Tatsachenmaterial fraglich, ob überhaupt die spezifische Antikörperbildung gegen Geschwulstzellen bei der Geschwulstimmunität eine große Rolle spielt.

Die **Geschwulstimmunität** hat also keinen ganz spezifischen Charakter, daher gelingt auch die Erzeugung eines geringen Grades von Immunität mit art-fremdem Tumormaterial. Allerdings gibt es keine Geschwulstpanimmunität, wie EHRLICH glaubte, der annahm, daß alle Geschwulstzellen annähernd gleiche Receptoren hätten, die mit demselben spezifischen Wuchsstoff reagierten. CASPARI[1]) stellte in seinen Versuchen fest, daß durch nichtangehendes Tumor-material eine „Panimmunität" nur für Sarkome und Carcinome der gleichen Tierart erreicht wird, während die Tiere für Tumoren anderer Struktur noch empfänglich waren. Auch sonst finden sich sehr eigenartige Differenzen zwischen diesen verschiedenen übertragbaren Mäusegeschwülsten, konnten doch KOLLE und CAAN feststellen, daß das EHRLICHsche Mäusechondrom und -carcinom bei intravenöser Übertragung in 80—100% anging, während das sonst ebenfalls gut angehende Sarkom bei dieser Art der Transplantation niemals zur Entwicklung kam (s. S. 1744).

Trotz alledem erhält die EHRLICHsche Anschauung über denselben spezi-fischen Wuchsstoff in allen Geschwulstzellen eine ganz neue und eigenartige Unterlage durch unsere neuesten Erfahrungen über den spezifischen Stoffwechsel aller Geschwulstzellen und über den spezifischen und anscheinend in allen embryo-nalen und Geschwulstzellen verbreiteten Wuchsstoff des Roussarkoms (s. S. 1544 ff.). Die Frage ist allerdings, ob mit diesem spezifischen Wuchsstoff Immunitäts-reaktionen auszulösen sind.

Die bisherigen Erfahrungen über die Immunisierung gegen Geschwülste durch die verschiedenen Zellarten sind aber sämtlich von theoretisch grundsätz-licher Bedeutung, da sie sehr deutlich die Analogien der Organmetastruktur bei den verschiedenen Arten zeigen. Es läßt sich nämlich mit Rattenmilchdrüse auch gegen Mammacarcinom der Maus immunisieren (MORESCHI u. a.) — übrigens ein Beweis für die Gewebsspezifität gegenüber den Anschauungen von HERTWIG. Eigenartig ist es auch, daß z. B. ein subcutaner Tumor nur der Subcutis einen relativen Schutz gegen Reinfektion verleiht, nicht aber den inneren Organen, also keine allgemeine Immunität erzeugt [KRAUS, RANZI und EHRLICH[2])]. Ein allgemeines Gesetz aber ist es, daß auch bei den übertragbaren Geschwülsten Transplantationen gut nur bei der gleichen Art gelingen, auf anderen Arten kann die Geschwulst zwar kurze Zeit wachsen, bildet sich dann aber bald zurück, während sie für die eigene Art noch virulent ist (Zickzackimpfungen, EHRLICH). Eine spezifische Komponente der Geschwulstimmunität wird auch von CASPARI (s. S. 1358) anerkannt. Die spezifische Komponente kommt auch darin zum Ausdruck, daß Geschwulstautolysate bei Immunisierungsversuchen besser wirken als Embryonalautolysate [JOANNOVICS[3])]. Die Widerstandskraft des Organismus gegen Tumorimplantation ist offenbar ein sehr komplexer Vorgang, von dem es mehr als zweifelhaft ist, ob auf ihn die Grundbegriffe der Immunitätslehre anzuwenden sind. Sollte der spezifische Charakter der Tumorzelle nicht auf einer spezifischen Eiweißstruktur gegenüber der Körperzelle beruhen (wofür

---

[1]) CASPARI: Zitiert auf S. 1355.
[2]) KRAUS, RANZI u. EHRLICH: Zeitschr. f. Immunitätsforsch. u. exp. Therapie, Orig. Bd. 6. 1910.
[3]) JOANNOVICS: Seuchenbekämpfung, 1925, S. 1.

auch sonst noch manche Gründe sprechen), so wäre das Fehlen spezifischer Immunitätsreaktionen durchaus verständlich. Jedenfalls beweist das nichts gegen die Sonderstellung und Spezifität der Tumorzelle gegenüber der Körperzelle und zeigt nur, daß die Geschwulstzellen als Parasiten, die aus Körperzellen entstanden sind, sich grundsätzlich anders verhalten als alle anderen exogenen Parasiten.

d) Die Geschwulsttransplantation.

Die biologische Spezifität der Tumorzelle zeigt sich einwandfrei und sehr sinnfällig bei denjenigen Tiergeschwülsten, die auf andere Individuen derselben oder einer verwandten Art übertragen werden können.

Der zu früh verstorbene Hanau hat die **Transplantierbarkeit der Geschwülste** 1889 entdeckt, indem er zeigte, daß ein Vaginalsarkom der Ratte nach Übertragung weiterwuchs, und Jensen hat 1901 die Frage systematisch in Angriff genommen. Immerhin muß man auch hier in allgemeinen Schlüssen sehr vorsichtig sein, da sich die einzelnen Geschwülste hier verschieden verhalten. Es ist gar keine Rede davon, daß jede Geschwulst, ja daß nur jede bösartige Geschwulst ohne weiteres transplantiert werden könne. Paul Ehrlich, dem wir ja mit die ersten großangelegten Versuche im Studium der übertragbaren Tiergeschwülste, insbesondere des Mäusekrebses, verdanken, gab mir die Zahl der übertragbaren Tumoren unter den spontanen bei der Maus vorkommenden auf höchstens 2% an. Es ist danach gewagt, aus solchen Transplantationen *allgemein* gültige Schlüsse für die Geschwulstprobleme zu ziehen. Wenn also von manchen die Transplantierbarkeit als Maßstab für den biologischen Charakter der Geschwulst angesehen und behauptet wird, daß die Malignität um so größer sei, je leichter ein Tumor transplantabel ist, so ist das ein recht grober Irrtum. Denn für die Transplantierbarkeit (worunter immer diejenige auf *andere Individuen* der gleichen Art verstanden wird) gelten andere Gesetze wie für die Malignität.

Die Transplantierbarkeit ist überhaupt nicht an die Bösartigkeit der Geschwulst gebunden. Beim Huhn ist allerdings Yamamoto[1]) die Transplantation gutartiger Geschwülste (Lipom, Fibrom, Myom, Angiom, Adenom) nicht gelungen. Lubarsch konnte jedoch gutartige Adenofibrome der Rattenmamma durch 2 Generationen auf Ratten übertragen, und die Transplantierbarkeit durch Impfung in andere Organe des *Geschwulstträgers* muß wohl für *alle* gut- oder bösartige Geschwülste angenommen werden[2]). Wenn auch bei normalen Geweben und Zellen die Auto- und Homoiotransplantation möglich ist, so zeigt sich doch hier ein grundsätzlicher Unterschied gegen Tumorgewebe: dieses geht auch auf einem ihm fremden Gewebe, in einem ihm fremden Organ an und wächst weiter. Ribbert hat zwar immer wieder die biologische Änderung, z. B. des Epithels beim Krebs, bestritten und für alle Zellen die unbegrenzte Wucherungsfähigkeit auf günstigem Nährboden behauptet, auch experimentell am Epithel der Epidermis die praktisch unbegrenzte Regenerationsfähigkeit bewiesen und mancherlei neuere Ergebnisse der künstlichen Gewebszüchtung können im gleichen Sinne verwertet werden. Aber man muß doch zugeben, daß die Transplantationen zum mindesten einen starken graduellen Unterschied bewiesen haben — selbst die oft große Übertragungsfähigkeit embryonaler Zellen reicht doch in Grad und Schnelligkeit nicht an das oft erstaunliche Wachstum transplantierter bös-

---

[1]) Yamamoto: Mitt. a. d. med. Fak. d. Kais. Univ. Kyushu, Fukuoka Bd. 5, H. 3. 1920; ref. Zentralbl. f. allg. Pathol. u. pathol. Anat. 1922.
[2]) Vgl. z. B. Stilling u. Beitzke: Uterustumoren bei Kaninchen. Virchows Arch. f. pathol. Anat. u. Physiol. Bd. 214. 1913; s. ferner Borst: Maligne Geschwülste 1924, S. 87: Ribbert, Anitschkow, Loeb u. Leopold.

artiger Geschwülste heran. Da Derartiges oder auch nur Analoges niemals bei Überpflanzung normaler Gewebe beobachtet wurde, geht hieraus die biologische Differenz hervor. Wenn auch v. Hansemann[1]) sagt, daß es „keine charakteristische Eigenschaft einer Krebszelle an und für sich gibt, sondern nur im Vergleich mit dem Muttergewebe", so spricht das Wachstum bei Übertragungen — abgesehen von später zu Erörterndem — dafür, daß die Tumorzelle ganz allgemein zum mindesten nicht so große Ansprüche an den Nährboden stellt als die normale Gewebszelle. Es zeigt sich also doch die Spezifität der Tumorzelle als solcher in ihrem Wachstum im Organismus, bei der Transplantation und im Reagensglase bei der künstlichen Gewebszüchtung. Bei dem übertragbaren Mäusekrebs sehen wir den Stamm der Geschwulstzellen auch in endlosen und immer wiederholten Übertragungen nicht zugrunde gehen. Die Wachstumsenergie, die „Virulenz" der Tumorzelle, wird sogar vielfach durch die wiederholten Übertragungen gesteigert — wiederum eine deutliche Analogie mit echten Parasiten —, und man hat deshalb von einer Unsterblichkeit der Krebszellen gesprochen und sie in Parallele gesetzt zu den Geschlechtszellen, die ja ebenfalls dem Tode an und für sich nicht unterworfen sind [z. B. Gierke[2])].

Wäre die Tumorzelle von der Körperzelle biologisch nicht wesentlich verschieden, so müßte die Transplantation dieser beiden Zellarten im wesentlichen die gleichen Resultate ergeben. Davon kann keine Rede sein, und vereinzelte Ausnahmen, von denen später noch zu sprechen sein wird (embryonale Teratome, Lipome), können an der Tatsache selbst nichts ändern. Auf diesem Wege ist es auch ganz einwandfrei gelungen, nachzuweisen, daß die Geschwulstzelle immer nur aus sich selbst heraus wächst. Ein von v. Dungern in mehreren Generationen in Kaninchen fortgezüchtetes Hasensarkom löste, dem Träger der Geschwulst exstirpiert und im zerriebenen Zustande intraperitoneal eingeführt, Antikörperbildung gegen Hasenzellen aus. Also die Tumorzellen, die lange Zeit auf einem fremden Organismus gewachsen waren, behielten doch ihre Artspezifität (s. auch S. 1374, 1598, 1721, 1740).

Für die Spezifität der Tumorzelle spricht weiterhin der Nachweis, „daß verschiedene Primärtumoren verschiedene Grade der Bösartigkeit zeigen und diese Eigenschaft auch im Verlauf zahlreicher Verpflanzungen beibehalten"[3]). Auch das periodische Schwanken der Tumorvirulenz [Tameyoshi, Asada[4])], das verschiedene Wachstum der einzelnen Tumorformen [Endler[5])], das Beibehalten der Individualität der Tumorzelle bei der Transplantation [Bashford[6])], sprechen ganz im gleichen Sinne. Die Individualität der Geschwulstzelle wird auch bewiesen durch einen Versuch von Königsfeld[7]): unter 900 Überimpfungen von Mäusekrebs traten zweimal spontane Metastasen auf. Als aber diese Metastasen selbst weitergeimpft wurden, zeigten die entstehenden Carcinome in 80% Metastasen. Die in der Metastasierung zum Ausdruck kommende Virulenzsteigerung bleibt also erhalten und weist auf eine biologische Änderung des Zellcharakters hin. Im gleichen Sinne sprechen die spontanen periodischen Schwankungen der Tumorvirulenz, die ganz den Schwankungen der Virulenz von Parasitenstämmen entsprechen.

---

[1]) v. Hansemann: Zeitschr. f. Krebsforsch. Bd. 17, S. 172. 1919.
[2]) Gierke: Berlin. klin. Wochenschr. 1908, Nr. 2.
[3]) Bashford, Murray u. Haaland: Ergebnisse der experimentellen Krebsforschung. Zeitschr. f. Immunitätsforsch. u. exp. Therapie, Orig. Bd. 1. 1909.
[4]) Tameyoshi: Gann, Japan. journ. of cancer research Bd. 16, S. 35. 1922.
[5]) Endler: Zeitschr. f. Krebsforsch. Bd. 15, S. 339. 1915.
[6]) Bashford: Berlin. klin. Wochenschr. 1909, Nr. 37.
[7]) Königsfeld: Zentralbl. f. Bakteriol., Parasitenk. u. Infektionskrankh., Abt. 1, Orig. Bd. 72, H. 4. 1913.

Daß auch der Boden, auf den die Verpflanzung der Tumorzelle bei diesen Transplantationen erfolgt, für Entwicklung und Wachstum von Bedeutung ist, ist durch viele Versuche klar gestellt, wobei sich die einzelnen Geschwulstformen oder Mäusekrebs und Rattentumor ganz verschieden verhalten. Endler[1]) fand bei der *Maus* die zahlreichsten Metastasen bei Leberimpfung, bei der Ratte nach Mamma- und Muskelimpfung. Die weitergeimpften Mammakrebse der Ratten lieferten im Gegensatz zum Mäusekrebs überhaupt keine Metastasen, mit alleiniger Ausnahme der Hodenimpfung, während Pearce und Brown[2]) bei einem bösartigen Tumor des Kaninchens ausgesprochene Malignität nur bei Impfung in Hoden und Gehirn fanden — kurz, wir sehen aus diesen Regeln immer wieder die *Individualität der Tumorzelle* hervortreten.

e) Die künstliche Züchtung der Geschwulstzelle

ist ebenfalls für die Erforschung ihrer Biologie von der größten Bedeutung und verspricht noch sehr wertvolle Ergebnisse zu liefern. Seitdem durch Harrison und Carrel der Weg gewiesen wurde, normale und besonders embryonale Zellen und Gewebe zu züchten, ist die Methode der Gewebszüchtung, der Gewebskultur für zahllose Fragen der Entwicklung, Zellbiologie und -pathologie von größter Bedeutung geworden und versprach natürlich auch für die Geschwulstfrage wichtige Aufschlüsse. Auch hier hat sich ergeben, daß die Differenz der Wachstums-, Vermehrungs*fähigkeit* zwischen Normal- und Tumorzelle keineswegs sehr in die Augen fällt, und man kann auf Grund dieses Verhaltens sich sehr wohl dem Ribbertschen Gedanken anschließen, daß in dieser Richtung ein *grundsätzlicher* Unterschied der beiden Zellarten nicht vorliegt. Wenn das bisher auch noch nicht für alle Zellarten nachzuweisen ist, so ist doch schon für verschiedene normale Zellarten, besonders Embryonalzellen, ihre jahrelange Züchtbarkeit außerhalb des Organismus bewiesen[3]). Berühmt geworden ist der bereits 1922 in der 1860. Generation durch 10 Jahre hindurch weitergezüchtete *Fibroblastenstamm* aus einem Hühnerembryo von Carrel und Ebeling[4]). Carrel sagt auf Grund seiner Versuche ausdrücklich: die Fibroblasten sind wie Infusorien unsterblich!

Aber so ohne weiteres ist selbst bei den Embryonalzellen ein solch dauerndes Wachstum in der künstlichen Kultur nicht zu erzielen.

Sehen wir zunächst einmal von der Geschwulstzelle ganz ab und fragen uns, wodurch denn überhaupt das Wachstum einzelner Zellen beeinflußt wird, so stehen uns da ja reichliche Erfahrungen durch die Bakteriologie zur Verfügung. Denn schließlich ist ja eine der Hauptaufgaben des Bakteriologen die Züchtung und kräftige Wachstumsvermehrung der Bakterienzellen. Wir sehen, daß dieses Ziel erreicht wird durch die der Zelle angepaßte Zusammensetzung des Nährbodens. Will man gute Züchtungsresultate erhalten, so gibt es bisher keinen anderen Weg als die Verbesserung der Nährböden, und das Ideal bleibt die vollkommene Anpassung des Nährbodens an die Wachstums- und Ernährungsbedürfnisse der Bakterienzelle, an ihren „Verwendungsstoffwechsel".

So ist es denn in der Tat auch in den Gewebskulturen. An und für sich lebt

---

[1]) Endler: Zitiert auf S. 1370.
[2]) Pearce u. Brown: Journ. of exp. med. Bd. 37, S. 811. 1923.
[3]) Literatur bis 1922 in Vogelaar: Weefselculturen (Gewebskulturen). Inaug.-Dissert. Leiden. Eduard Ydo 1922. — Ferner Rh. Erdmann: Praktikum der Gewebszüchtung. Berlin: Julius Springer 1922; Zeitschr. f. d. ges. Anat., Abt. 3: Ergebn. d. Anat. u. Entwicklungsgesch. Bd. 23. 1920. — Ref. von Lubarsch u. Wolff: Jahresk. f. ärztl. Fortbild., Januarheft, München 1925.
[4]) Carrel u. Ebeling: Journ. of exp. med. Bd. 34, S. 317. 1921; Bd. 35, S. 755. 1922.

eine Fibroblastenkultur im Plasma nicht länger als etwa 12 Tage [F. M. LEH-MANN[1])], und die Wachstumsenergie wird erst stärker und dauernd, wenn dem Nährplasma *Embryonalsaft*, lebende Lymphocyten, Extrakte von Leukocyten (CARREL) aus Milz oder Knochenmark (MAXIMOW) zugesetzt werden. Andere Extrakte (DREW, MAXIMOW) können wohl das Wachstum anregen, sind aber nicht imstande, den langsamen Untergang des Gewebes zu verhindern. Zusatz von Serum alter Tiere verzögert direkt das Wachstum. Auch die Schnelligkeit des Wachstums der Fibroblastenkultur und der Zellteilungen ist unmittelbar von der Konzentration des Embryonalsaftes im Kulturmedium abhängig. Bei gutwachsenden Kulturen finden alle 8 Stunden solche Zellteilungen statt, bis der Nährboden erschöpft ist. Wird der Embryonalextrakt jeden zweiten Tag frisch bereitet und benutzt, so tritt ein *ganz hemmungsloses Wachstum der Fibroblasten* ein! Die notwendigen Stoffe sind anscheinend in jedem Embryonalextrakt enthalten, denn man kann bei einer Kultur von Hühnerzellen auch den Embryonalextrakt von Kaninchen mit fast dem gleichen Erfolg verwenden. Selbst ohne Plasma durch einfachen Zusatz von Embryonalextrakt zu einer kolloidalen Calciumlösung ist die Zellzüchtung in der Kultur möglich [DREW[2])].

ALB. FISCHER gelang es auch, embryonale Irisepithelzellen rein und durch längere Zeit, jetzt $1^1/_2$ Jahre, zu züchten, auch Reinkulturen von Knorpelzellen sind ihm geglückt. CHLOPIN und NASU[3]) haben das Epithel der Submaxillaris züchten können. Auch *Leberzellen* [LYNCH-STOCKING[4])], *Mammaepithel* [MAXI-MOW[5])], Nierenepithel, Hautepithel, Harnblasenepithel und andere sind gezüchtet worden, und es sind bereits Methoden zur Erzielung von Reinkulturen der einzelnen Zellarten ausgearbeitet [ALB. FISCHER, DREW[6])]. EBELING hat Irisepithel vom Huhn sowie Schilddrüsenepithel durch je über 200 Passagen 5 Monate lang in Reinkultur züchten können. DREW[7]) hat Gewebe auch in einer organischen Nährlösung (ohne Plasma!) züchten können, aber auch er konnte dauerndes Wachstum nur durch Zusatz von Embryonalextrakt erzielen.

CARREL hat diese **spezifischen Nährstoffe**, die die Zellen zum Wachstum unbedingt nötig haben, „**Trephone**" genannt, im Gegensatz zu den Hormonen oder Hormazonen, die nur das Wachstum anregen. Das normale Serum und die meisten Extrakte von Geweben des ausgewachsenen Organismus enthalten überhaupt keine Trephone, oder nur Spuren davon. Dagegen ist der Embryonalextrakt reich daran, um so reicher, je jünger das Embryonalgewebe ist. Es ist ebenso merkwürdig wie wichtig, daß auch Embryonalextrakte artfremder Tiere das gezüchtete Gewebe dauernd zu ernähren und zu erhalten imstande sind.

Es lag natürlich sehr nahe, nun auch die Tumorzelle im künstlichen Nährboden zu züchten. Allerdings müssen wir hierbei beachten, daß eine *Dauerzüchtung* bisher eigentlich nur trotz des Embryonalsaftes bei embryonalen Zellen gelungen ist (*Fibroblasten, Herzmuskelzellen, verschiedene Epithelzellen*). Wird zu den Kulturen aber irgendein Gewebe erwachsener Tiere verwandt, so wachsen nur die Bindegewebszellen aus, die spezifischen Organzellen sterben mit der Zeit

---

[1]) LEHMANN, F. M.: Münch. med. Wochenschr. 1924, S. 780.

[2]) DREW: Brit. journ. of radiol. Bd. 29, S. 43. 1924 u. Brit. journ. of radiol. Bd. 29, S. 43. 1924.

[3]) CHLOPIN u. NASU: Virchows Arch. f. pathol. Anat. u. Physiol. Bd. 243, S. 373 u. 388. 1923. — LUBARSCH: Zentralbl. f. allg. Pathol. u. pathol. Anat. 1922.

[4]) LYNCH-STOCKING: Americ. journ. of anat. Bd. 29, S. 281. 1921.

[5]) MAXIMOW: Virchows Arch. f. pathol. Anat. u. Physiol. Bd. 256, S. 813. 1925.

[6]) DREW: Lancet Bd. 204, S. 833. 1923.

[7]) DREW: Brit. journ. of exp. pathol. Bd. 3, S. 20. 1922. — S. auch KRONTOWSKI: Virchows Arch. f. pathol. Anat. u. Physiol. Bd. 241. 1923.

ab [Bompiani[1])] — vielleicht dürfen wir das so deuten, daß eben der für sie geeignete Nährboden *nur* durch die Zusammenarbeit des ganzen Organismus geschaffen werden kann. Selbst die Lymphocyten des lymphoiden Gewebes gehen mit der Zeit in der Kultur zugrunde, und nur Fibroblasten bleiben übrig [Maximow[2])]. Wenn auch in neuerer Zeit die Kultivierung erwachsener Gewebe schon erhebliche Fortschritte gemacht hat [Drew[3])], so ist doch eine Dauerkultur von Zellen des ausdifferenzierten Körpers bisher wohl noch nicht erzielt, und die Differenz in der Wachstumsfähigkeit gegenüber den embryonalen Geweben ist jedenfalls eine sehr deutliche.

Züchtet man nun Tumorgewebe in gleicher Weise, so erhält man leichter Wachstum sowohl epithelialer wie bindegwebiger Zellen. Ob man bei allen Tumoren die Geschwulstzellen wird züchten können, erscheint fraglich. Albrecht und Joannovics[4]) hatten nur bei einem Teil ihrer Versuche Erfolg, bei drei Sarkomen, einem Hypernephrom und einem Plattenepithelkrebs war der Versuch — Züchtung im autogenen Plasma — ganz ergebnislos. Immerhin liegen diese Versuche 12 Jahre zurück, und inzwischen hat die Methode der Gewebszüchtung große Fortschritte gemacht, aber die Institute, die die Möglichkeit dieser Forschungsmethode in größerem Umfange besitzen, arbeiten bisher fast ausschließlich mit einigen wenigen bekannten — auch zur Transplantation viel benutzten — Krebs- und Sarkomstämmen. Hier liegen noch große Aufgaben vor uns. Gelingt aber die Züchtung, so verhalten sich die Tumorzellen eigentlich nicht wesentlich anders als normale Zellen, abgesehen von der wichtigen Verflüssigung des Nährbodens, die später besprochen wird (s. S. 1377) — auch hier sind die epithelialen Tumorzellen schwerer, die sarkomatösen leichter zu züchten, und vor allem: in der Kultur zeigen die Geschwulstzellen keine längere Lebensdauer als die normalen Zellen, eher das Gegenteil [Wassink[5])]. Noch 1923 betont Rhoda Erdmann, daß es bis jetzt nicht möglich sei, Tumorgewebe in Kulturen dauernd oder auch nur jahrelang am Leben zu halten, wie das bei Embryonalzellen geglückt ist. Sie[6]) fand auch ein schlechtes Wachstum der Carcinomzellen bei der Explantation: „In keinem Versuche ist es mir geglückt, durch die Reimplantation von explantiertem Carcinomgewebe einen ebenso großen Tumor zu erzeugen wie der Ausgangstumor. Bei den ebenso behandelten Sarkomen gelang es." Unzweifelhaft wird also die Krebszelle in der Kultur geschädigt, und degenerative Vorgänge in den Zellen der Gewebskulturen sind ja etwas ganz Gewöhnliches [siehe z. B. Krontowski und Popeff[7]), Drew[8]), Mitsuda[9])]. Rhoda Erdmann hat ferner gezeigt, daß die Tumorzelle in der Kultur nur wächst, wenn dem Plasma Embryonalextrakt oder Plasma eines tumortragenden Tieres zugesetzt wird, und wir müssen daraus schließen, daß auch im Plasma des tumortragenden Tieres die Stoffe vorhanden sind, deren die wachsende Tumorzelle unbedingt bedarf. Wird die Tumorzelle in normalem Plasma gezüchtet, so geht sie — auf ein normales Tier wieder transplantiert — zugrunde, es entsteht keine Geschwulst mehr. Rhoda Erdmann schließt aus ihren Versuchen[10]): „Die Tumorzelle bleibt nur Tumorzelle, solange sie in Tumorplasma gezüchtet ist, geschieht

---

[1]) Bompiani: Riv. di biol. Bd. 2, S. 76 u. 92. 1920.
[2]) Maximow: Arch. f. mikroskop. Anat. Bd. 96, S. 494. 1922.
[3]) Drew: Lancet 1923, S. 833.
[4]) Albrecht u. Joannovics: Wien. klin. Wochenschr. 1913, S. 784.
[5]) Wassink: Nederlandsch tijdschr. v. geneesk. Jg. 65, Nr. 20. 1921.
[6]) Erdmann, Rhoda: Zeitschr. f. Krebsforsch. Bd. 20, S. 320. 1923.
[7]) Krontowski u. Popeff: Beitr. z. pathol. Anat. u. z. allg. Pathol. Bd. 58. 1914.
[8]) Drew: Brit. journ. of exp. pathol. Bd. 3, S. 20. 1922.
[9]) Mitsuda: Virchows Arch. f. pathol. Anat. u. Physiol. Bd. 242, S. 310. 1923.
[10]) Erdmann, Rhoda: Zeitschr. f. Krebsforsch. Bd. 20, S. 333. 1923.

dies nicht, so ist sie eine Zelle geworden, die nach ihrem Verhalten der späteren Rückverpflanzung sich der normalen Metazoenzelle nähert. Also lebende Zellen, die Tumorzellen sind, oder Abkömmlinge von Tumorzellen, Tumorzellen selbst, wenn sie lange in Normalplasma gezüchtet sind, sind unter den günstigsten Umständen nicht fähig, Geschwülste zu erzeugen." Dieser Schluß, daß die Tumorzelle, in normalem Plasma gezüchtet, sich wieder der Metazoenzelle nähert, keine Tumorzelle bleibt, erscheint mir nicht hinreichend begründet. Keine Zelle bis zum Bakterium herunter bleibt lebens- und wachstumskräftig in einem ihr nicht zusagenden, die nötigen Nährstoffe nicht enthaltenden Nährboden. Bewiesen ist durch die sehr wichtigen ERDMANNschen Versuche nur, daß dieser Nährboden bei den zu den Experimenten verwandten Tumorzellen Plasma eines tumorkranken Tieres (oder Embryonalextrakt) enthalten muß, anderenfalls werden diese Zellen so geschädigt, daß sie weder lange Zeit weiter zu züchten noch weiter zu transplantieren sind. Daß diese Auffassung der ERDMANNschen Versuchsergebnisse zutrifft, geht wohl am besten auch daraus hervor, daß Tumorextrakt in der Gewebskultur auch das Wachstum normaler Gewebe für längere Zeit aufrecht erhalten kann [A. H. DREW[1])]. Über die Reimplantationsmöglichkeit des gezüchteten Tumorgewebes liegen überhaupt noch sehr widersprechende Angaben in der Literatur vor. Selbst das primär ausgepflanzte Tumorstück verliert häufig (nicht immer) schon nach kurzem Aufenthalt in der Kultur die Fähigkeit, wieder bei der Implantation eine Geschwulst zu erzeugen, trotzdem es anfangs ein wenig wächst (CARREL und BURROWS, CHAMPY und COCA, LAMBERT und HANES). Das Carcinom bleibt nur etwa 5 Tage, das Sarkom bis zu 3 Wochen im Kulturmedium transplantierbar (ERDMANN).

Die Resultate zeigen also ohne weiteres, daß die Tumorzellen in der Kultur sehr leicht geschädigt werden können, und DREW[1]) betont, daß sich das Geschwulstgewebe gerade umgekehrt verhält in der künstlichen Kultur wie das Embryonalgewebe: embryonale Zellen wachsen leicht in der Gewebskultur, vermehren sich aber nicht im lebenden Organismus; Geschwulstzellen dagegen wachsen schlecht in der Kultur, dagegen sehr leicht im lebenden Tier.

CHAMPY[2]) betont auf Grund jahrelanger Züchtungsversuche, daß alle Zellen bei längerer Züchtung ein ganz indifferentes, fälschlich embryonal genanntes Gewebe liefern, das funktionslos und einer unbegrenzten Vermehrung fähig sei. Sind erst die Zelldifferenzierungsprodukte durch die Zellwucherung und die vielen Zellteilungen beseitigt, so sind die Gewebszellen von allen Hemmungen befreit, und die indifferent gewordenen Elemente zeigen nun reichliche Vermehrung. Diese Auffassung des französischen Forschers deckt sich nicht mit den neuesten Angaben, jedenfalls wird gerade für die unsterbliche Kultur CARRELS die volle Ausdifferenzierung der Fibroblasten betont [siehe besonders SHIOMI[3])]. Die meisten Zellen werden allerdings so schwer in den Kulturen geschädigt, daß häufig ein indifferentes Gewebe entsteht. Wäre das Wachstum aber lediglich Folge des Fortfalls von Hemmungen, so müßte es ja auf diesem Wege gelingen, Geschwulstzellen zu erzeugen. Die Versuche zeigen aber bisher gerade das Gegenteil.

Ganz das gleiche zeigten WOOD und PRIME[4]) an bestrahlten Kulturen von malignen Mäusetumoren, sie konnten, trotzdem die Zellen noch deutliche Mitosen

---

[1]) DREW, A. H.: Brit. journ. of exp. pathol. Bd. 4, S. 46. 1923 u. Brit. journ. of radiol. Bd. 29, S. 43. 1924.
[2]) CHAMPY: Bull. de l'assoc. franc. pour l'étude du cancer Bd. 10, S. 11. 1921.
[3]) SHIOMI: Virchows Arch. f. pathol. Anat. u. Physiol. Bd. 257, S. 714. 1925.
[4]) WOOD u. PRIME: Journ. of the Americ. med. assoc. Bd. 74. 1920.

und Beweglichkeit erkennen ließen, oft nach der Rückverimpfung damit keine Geschwülste mehr erzeugen. Die Tumorzelle kann also ihre „Infektiosität" verlieren, ohne abzusterben. Ob sie dann aber eine Normalzelle geworden ist und noch lange Zeit weitergezüchtet werden kann, ist mit dieser wichtigen Tatsache noch nicht entschieden.

Ein wichtiger Unterschied zwischen Tumorzelle und Bindegewebszelle im Wachstum ist von A. Fischer festgestellt worden. Die Sarkomzellen wachsen in den Kulturen im allgemeinen schneller als embryonale Bindegewebszellen, vor allem aber gelingt es, aus *einzelnen*, isolierten Zellexemplaren die Kultur weiterzuzüchten, was bei der Fibroblastenkultur niemals möglich ist.

Im ganzen genommen zeigt sich also die Spezifität der Tumorzelle in den Gewebskulturen keineswegs so deutlich als auch nur bei den Transplantationen. Ja die Tumorzelle ist im Nährboden vielleicht noch anspruchsvoller als die Normalzelle. Auf gutem Nährboden — im eigenen Organismus wie bei der künstlichen Metastasierung auf andere empfängliche Individuen der gleichen Art, wie im geeigneten Kulturmedium — zeigt die Geschwulstzelle ein sehr lebhaftes und ungehemmtes Wachstum —, mehr kann man eigentlich nicht sagen. Brown und Pearce[1]) betonen auf Grund ihrer experimentellen Untersuchungen an einem bösartigen Kaninchentumor, daß die Geschwulstzellen lediglich den allgemeinen Gesetzen von fremden, in den Körper eingeführten Zellen unterliegen und sie nur die besondere Fähigkeit haben, mit den Geweben des Körpers in engere Beziehung zu treten, da sie „lebende aggressive Elemente" darstellen. Aber das ist nur eine reine Umschreibung der Tatsachen, da wir ja gerade die Grundlage dieser Aggressivität aufdecken möchten.

Alb. Fischer[2]) ist es gelungen, ein Sarkom tatsächlich durch $2^1/_2$ Jahre hindurch weiterzuzüchten. Hier handelt es sich um wirkliche Fortpflanzung, nicht nur um Überleben eines Stückchens in einer Kulturflüssigkeit, aber dieser Versuch ist nur geglückt beim Rousschen Hühnersarkom. Dasselbe brauchte in der Kultur auf Hühnermuskel sehr viel weniger Embryonalextrakt als andere Zellen, ja konnte ohne Embryonalzusatz gezüchtet werden. Leider beziehen sich diese Ergebnisse nur auf das Rous-Sarkom, dessen eigenartige und ganz besondere Stellung (s. Kap. VI, 3, d, S. 1537) es uns nicht erlaubt, diese Ergebnisse schon heute ohne weiteres auf andere Tumoren zu übertragen, zumal viele an der Deutung festhalten, daß nicht die Sarkomzellen als solche, sondern ein filtrierbares Virus oder spezifisches Enzym hier weitergezüchtet worden sind.

Alb. Fischer[3]) hat versucht, ebenfalls auf Grund ausgedehnter experimenteller Arbeiten, die biologische Abweichung der Tumorzelle unserem Verständnis näher zu bringen. Er erblickt in drei Eigenschaften der Tumorzelle die Grundlage der biologischen Abweichung dieser Zellen von den normalen Gewebszellen. Die bösartige Geschwulstzelle hat nach Alb. Fischer die Fähigkeit, sich von einem einzelnen Zellindividuum aus unbegrenzt zu vermehren — falls das überhaupt für alle oder auch nur alle bösartigen Geschwülste zutrifft, kann hierin höchstens ein gradueller, niemals ein qualitativer, wesentlicher Unterschied erblickt werden. Ebeling hat besonders darauf hingewiesen, daß jeder Versuch, einzelne Zellen aus einer wachsenden Kultur zu isolieren und weiterzuzüchten, bisher erfolglos war, für jede Kulturpassage muß ein Teil des eingepflanzten Stückes, also ein *Zellverband*, wieder mit übertragen werden. Hier bestehen noch nicht hinreichende Unterlagen zu der Annahme, daß nur die Tumorzelle eine Ausnahme von diesem Gesetz macht und die *einzelne* Tumorzelle weiter-

[1]) Brown u. Pearce: Journ. of exp. med. Bd. 38, S. 385. 1923.
[2]) Fischer, Alb.: Cpt. rend. des séances de la soc. de biol. Bd. 90, S. 1181. 1924.
[3]) Fischer, Alb.: Zeitschr. f. Krebsforsch. Bd. 21, S. 261. 1924.

gezüchtet werden kann. Doch verdient diese Frage dringend eingehender Bearbeitung. Rh. Erdmann ist beim Mäusekrebs die Weiterzüchtung auch ausgewanderter Zellen geglückt, *falls auch Stromazellen mit überimpft wurden* — also auch hier doch wieder der Zwang zum Gewebsverband. Erdmann[1]) betont, daß nur im Tumorplasma gezüchtete Geschwulstzellen bei Reimplantation wieder Geschwülste erzeugen und nimmt an, daß im Plasma des tumorkranken Tieres ein unbekannter Faktor, X-Stoff, vorhanden sei, der von der Stromazelle produziert wird.

Der zweite und dritte Unterschied soll nach A. Fischer in der Fähigkeit der Geschwulstzelle liegen, koaguliertes Blutplasma, Fibrin einzuschmelzen und Blutplasma und das Protoplasma lebendiger normaler Gewebszellen zum eigenen Aufbau zu verwerten — wie dies in den Gewebskulturen nachgewiesen ist. Eine Dünndarmkultur z. B. wurde von zugesetzten Sarkomzellen völlig aufgefressen. Allen Forschern auf diesem Gebiete ist aufgefallen, daß **das Plasma in der Kultur von der Tumorzelle stets sehr schnell verflüssigt wird,** woraus sich auch technische Schwierigkeiten der Weiterzüchtung ergeben, denn in verflüssigten Medien wachsen keine Zellen, und daher muß das Nährmedium bereits jeden zweiten Tag gewechselt werden.

Gewiß könnten wir in dieser Fähigkeit der raschen Assimilierung des Nährbodens und fremder Gewebe eine Erklärung für das „agressive Wachstum", die Destruktionsfähigkeit des malignen Tumors, erblicken, wenn wenigstens hier von einer spezifischen Fähigkeit der Krebszelle die Rede sein könnte. Aber auch das trifft nicht zu. Zunächst ist schon lange bekannt, daß die normalen Gewebe auch durch gewebseigene Zellen abgebaut werden können. Sowohl Mesenchymzellen wie Epithelzellen besitzen unter Umständen diese Fähigkeit der fermentativen Gewebsphagocytose, der v. Gaza[2]) den Namen *Isolyse* gegeben hat. In der Sublimatniere z. B. phagocytieren die nachwachsenden Epithelien die absterbenden Epithelzellen; absterbende Ganglienzellen werden von Gliazellen gefressen (Neuronophagie), und gerade auch in Carcinomen ist gewebseigene Phagocytose der degenerierenden Epithelzellen nicht selten zu finden.

Aber auch in Kulturen *normaler* Gewebszellen ist eine solche Fähigkeit, andere Gewebe zu verdauen, einwandfrei nachgewiesen. Embryonale Herzmuskeln eines Amphibiums, in Plasma gezüchtet, drängen Leber- und Dotterzellen auf die Seite und ernähren sich auf deren Kosten [Ekmann[3]), Ph. Stöhr jr.[4])]. Das eine Gewebe hat also, wie Stöhr sagt, eine „überlegene Lebenskraft" gegenüber den anderen, ohne daß irgendwie von bösartigen Geschwulstzellen geredet werden könnte. Aus eigenen Untersuchungen ist mir bekannt, daß bei Speicherungen durch intravenöse Eiweißinjektionen reichlich Zellen des Gefäßendothels ins Blut abgestoßen werden und als große Rundzellen, Monocyten, rote Blutkörperchen phagocytieren. Niemand wird annehmen wollen, daß diese Rundzellen die Fähigkeit der Phagocytose anderer lebensschwacher Körperzellen einer neu erworbenen Bösartigkeit zu verdanken hätten.

Auch hier also nur graduelle, nicht prinzipielle Unterschiede, die sich augenfällig in der Gewebskultur dadurch zeigen, daß nur die Geschwulstzellen und die Embryonalzellen nach der Auspflanzung sehr rasch (von wenigen Minuten bis 2 Stunden) zu wachsen beginnen, während bei allen anderen Geweben erst nach längerer Latenzzeit von 1—14 Tagen Wachstumserscheinungen nachzuweisen sind. Wir können alle Tatsachen vielleicht am einfachsten in die Worte zu-

---

[1]) Erdmann, Rh.: Strahlentherapie Bd. 15, S. 822. 1923.
[2]) v. Gaza: Klin. Wochenschr. 1925, S. 475.
[3]) Ekmann: Soc. scient. dennica Comm. biol. Bd. I. 1924.
[4]) Stöhr jr., Ph.: Klin. Wochenschr. 1925, S. 1004.

sammenfassen: die Tumorzelle hat auf günstigem Nährboden einen größeren Wachstumsturgor, wohl auch eine stärkere Avidität zu manchen Nahrungsstoffen als die anderen (normalen) Zellen. Mehr läßt sich heute noch nicht sagen.

Auch die Parabiose ist zur Aufklärung der Geschwulstbiologie herangezogen worden [Albrecht und Hecht[1]), Lambert[2]) Rous[3])]. Die Ergebnisse sind ganz widersprechend, da bald kein Einfluß, bald eine Hemmung des Wachstums, bald eine Beschleunigung desselben beobachtet wurde. Bei der Verschiedenheit der Tumorstämme und bei den sehr komplizierten wechselnden Verhältnissen der Parabiose ist eigentlich dieses Ergebnis durchaus erklärlich.

Wie dem auch sei, die biologische Differenz zwischen Tumorzelle und Körperzelle geht aus folgenden Tatsachen einwandfrei hervor:

1. Die Geschwulstzellen zeigen dauerndes Wachstum und dauernde Vermehrung im Organismus ohne jede Beziehung zu den Funktionen, Aufgaben und Interessen des Gesamtkörpers. Die Metastasenbildung ist der stärkste Ausdruck dieser biologischen Sonderstellung.

2. Die Geschwulstzelle läßt sich häufig (und zwar zuweilen sogar die Zelle einer gutartigen Geschwulst) auf ein anderes Tier übertragen, transplantieren, und bildet hier eine neue Geschwulst. Diese Eigenschaft fehlt der normalen Körperzelle, auch der embryonalen vollkommen. Diese Zellen gehen bei der Transplantation zugrunde oder bleiben nur nach geringem Wachstum so lange erhalten, als sie funktionell in den Organisationsplan des Organismus eingeschaltet werden können.

3. Auch die künstlich gezüchteten, durch zahlreiche Generationen hindurch mit Erfolg gezüchteten Embryonalzellen gehen ausnahmslos bei der Reimplantation in das normale Tier wieder zugrunde. Auch der Zusatz von sog. Reizstoffen zur Kultur (Rhoda Erdmann hat 90 verschiedene Reiz- und Wuchsstoffe dieser Art experimentell geprüft) hat ausnahmslos ein negatives Ergebnis gehabt.

4. Im Wachstum zeigt die Geschwulstzelle in der Kultur keine sehr wesentlichen Unterschiede gegenüber der embryonalen Zelle. Wenn sie auch manchmal leichter zugrunde geht, zeigt sie doch häufig auch schnelleres Wachstum. Ihre Ansprüche an den Nährboden sind vielleicht noch größere als die der embryonalen Mesenchymzelle. Bemerkenswert ist aber bei der Sarkomzelle die Möglichkeit, Kulturen aus einzelnen Zellindividuen zu züchten, was auch bei den unsterblichen Bindegewebskulturen Carrels nicht möglich ist. Das beweist handgreiflich die größere Selbständigkeit der Geschwulstzelle. Sie hat sich in ihrem Wesen derartig geändert, daß sie in ihren am stärksten entdifferenzierten Formen geradezu den Charakter des einzelligen Parasiten angenommen hat und diesen Charakter auch in der Gewebskultur deutlich zutage treten läßt.

Diese biologische Differenz zwischen Tumorzelle und Körperzelle wurde in neuerer Zeit vor allem von Ribbert und dann von Burrows bestritten. Ribbert will die ganzen Wachstumsverhältnisse der Geschwülste nicht auf eine primäre Eigenschaft der Tumorzellen zurückführen, sondern nur auf günstige Wachstumsbedingungen und will eine biologische Änderung aus allgemeinen naturwissenschaftlichen Gründen nicht anerkennen. Er schreibt[4]): „Aber was für merkwürdige Gebilde sollen denn die Zellen werden? Wie soll etwas entstehen können, was ganz außerhalb der phylogenetischen Entwicklungsreihe läge, wie sollten die Zellen völlig neue Eigenschaften gewinnen können?" Gewiß, wenn

---

[1]) Albrecht u. Hecht: Verhandl. d. Ges. dtsch. Naturforsch. u. Ärzte, Salzburg 1909.
[2]) Lambert: Journ. of exp. med. Bd. 13, S. 337. 1911.
[3]) Rous: Journ. of exp. med. Bd. 11. 1909.
[4]) Ribbert, H.: Wesen der Krankheit, S. 52. 1909.

wir dieses „wie" beantworten könnten, so wäre das Geschwulstproblem gelöst. Zudem ist aber noch gar nicht gesagt, daß die Bildung der Geschwulstzelle eben ganz außerhalb der phylogenetischen Entwicklungsreihe liegt, wenigstens keineswegs in dem Sinne, daß aus einer Zelle überhaupt nichts anderes werden kann, als was ihr bei der normalen phylogenetischen und ontogenetischen Entwicklung zugewiesen ist. Das ist der gewöhnliche Ablauf der Entwicklungsvorgänge. Dieser ist aber an eine ganze Reihe von Voraussetzungen geknüpft, welche gegeben sein müssen, damit die Entwicklung in normaler Weise ablaufen kann. Hier treten die Realisationsfaktoren in ihr Recht, und wenn man die mechanistische Auffassung der Lebensvorgänge vertritt, so ist es ganz selbstverständlich und erklärlich, daß unter ganz abnormen Realisationsfaktoren auch die Entwicklung abnorme Wege einschlagen kann, ja muß. Dabei ist es sehr wohl denkbar, daß ein ganz äußerlicher Faktor, z. B. eine chemische Einwirkung, auf eine Körperzelle dafür, daß nun diese Zelle aus der normalen Entwicklungsbahn herausgerät und die Bahnen des Geschwulstwachstums einschlägt, der wesentliche spezifische, der Determinationsfaktor, sein kann. Hierin liegt ja doch keine Erwerbung neuer Differenzierungspotenzen vor, sondern gerade oft ein Verlust von solchen bei gesteigerter, ungezügelter Wachstumsfähigkeit. Es ist also weder nach der Präformationslehre noch nach der mechanistischen Auffassung der Lebensvorgänge undenkbar, daß eine Zelle neue biologische Qualitäten erwirbt. Die Anschauung RIBBERTs, daß überhaupt eine Zelle sich qualitativ nicht ändern könne, daß sie biologisch keine neuen Eigenschaften annehmen könne, ist aber auch experimentell mit voller Sicherheit widerlegt durch die Untersuchungen EHRLICHs an Trypanosomen. Hier lassen sich die Organismen so weit biologisch verändern durch chemische Eingriffe, daß sogar ihre sichtbaren Strukturen — vom Feinbau gar nicht zu reden — andere werden, sie verlieren den Pronucleus usw. An den Protisten ließen sich in dieser Hinsicht noch weitere Beweise leicht erbringen.

Das veränderte Verhalten der Geschwulstzellen kann natürlich auch RIBBERT nicht leugnen. Er erklärt es nur als eine unwesentliche Anpassung und schreibt: „die Geschwulstzellen haben es gelernt, sich anzupassen." Unter Anpassung verstehen wir immer das Verhalten unter veränderten Bedingungen. Selbst wenn man annehmen würde, wie RIBBERT es tat, daß irgendwelche Prozesse primär die Zelle ausschalten, an einen abnormen Ort bringen, so würde diese Anpassung an diesen Ort noch in keiner Weise ein geschwulstartiges Wachstum notwendig machen, denn wir wissen aus zahlreichen Beobachtungen, daß unter gleichen, experimentell ja leicht erzeugbaren Verhältnissen ein Geschwulstwachstum nicht eintritt. Wenn es aber die Geschwulstzellen „gelernt" haben, sich so anzupassen, daß sie nunmehr alle Eigenschaften der Geschwulstzelle zeigen, so müssen wir das eben eine biologische Änderung nennen. Jede biologische Änderung einer Zelle und Art setzt ja natürlich auch eine Anpassung voraus. Von einer biologischen Sonderung, Änderung einer Art sprechen wir aber dann, wenn ein Übergang der einen Art in die andere nicht mehr stattfindet, und das ist ja einer der grundlegendsten Gedanken, den RIBBERT selbst in zahlreichen Arbeiten vertreten hat. Wenn deshalb RIBBERT[1]) schreibt, „die wichtigste Grundlage für das Verständnis der Geschwülste ist in dem Umstande gegeben, daß die Tumoren außerhalb der normalen Organisation stehende, vollständig in sich abgeschlossene, von dem Körper nur in ihrer Ernährung abhängige Gebilde sind", so müssen wir dem durchaus zustimmen. Allerdings, das ist der fundamentale Unterschied gegenüber der normalen Körperzelle,

---

[1]) RIBBERT, H.: Wesen der Krankheit, S. 69. 1909.

und diese Loslösung von der Einheit des Organismus ist nur durch eine biologische Zelländerung zu erklären.

Auf ganz anderen Grundlagen als Ribbert — nämlich den Ergebnissen der experimentellen Gewebszüchtung — baut Burrows, ein Mitarbeiter Carrels, sehr verwandte Anschauungen über das Wesen der Geschwulstbildung auf. Nach Burrows soll das abnorme Verhalten der Geschwulstzellen lediglich auf den räumlichen Beziehungen der Zellen zueinander und zu den Gefäßen beruhen, also lediglich auf einer Änderung der geweblichen Organisation. Das „aktive unabhängige Wachstum" ist charakteristisch für *alle* embryonalen Gewebe und hört erst auf mit der Ausdifferenzierung zu Zellen und Geweben. Mit dem Fortschreiten dieser Differenzierung wird auch die Wachstumsfähigkeit in der Kultur, im Explantat, immer geringer — und diese Unterschiede sollen nur auf der Zelldichte beruhen. Die Tumorzelle ist nur eine gewöhnliche Körperzelle, die unter anderen „Bedingungen" lebt, und sie wächst ganz wie normales Körpergewebe entsprechend der Zellzahl in der Raumeinheit und der Gefäßversorgung. Die Tumorzelle ist auch keine embryonale Zelle, sondern wächst nur unabhängig wie diese infolge ihres eigenartigen Zellverbandes und der Anhäufung von „stimulierenden Substanzen" in dem zelldichten Gewebe. Diese Anschauungen finden in der ganzen Histologie keinerlei Stütze — jeder Pathologe kennt die Auflösung der Krebszellnester bis zum einzelligen Vordringen, jeder das Wachstum in der Gefäßbahn —, aber wenn Burrows behauptet: isolierte Krebszellen reagieren völlig gleich isolierten normalen Zellen, so wäre doch hierfür erst der Beweis zu erbringen, und die bisher vorliegenden Versuche, besonders die Erdmannschen, sprechen durchaus dagegen.

f) Die spezifische Geschwulst-Kachexie

spielt in der klinischen Medizin keine geringe Rolle und ist nicht selten sogar für die klinische Diagnose ausschlaggebend.

Ribbert hat immer betont, daß aus der Geschwulst die Geschwulstkrankheit erst dann hervorgeht, wenn wesentliche Funktionen des Organismus gestört sind. Diese Geschwulstkrankheit äußert sich in zahlreichen Fällen in einer schweren Kachexie, die auch heute noch von vielen als etwas Typisches und Charakteristisches für die bösartige Geschwulst angesehen wird. Insbesondere wird die Spezifität der Carcinomkachexie immer wieder behauptet.

Es ist selbstverständlich schon ein grundlegender Einwand gegen die Lehre von einer spezifischen Geschwulstkachexie, daß eine solche Kachexie nur bei bösartigen, nie bei gutartigen Tumoren beobachtet wird. Manche wollen sogar die Kachexie nur auf den Krebs beschränken: „die Existenz einer spezifischen Krebskachexie steht fest" [C. Lewin[1])]. Wer aber die Biologie der Geschwulstbildung im ganzen im Auge behält, wird nie annehmen können, daß die spezifischen Eigenschaften der Tumorzelle als solcher bei den einzelnen Tumorformen andere als höchstens graduelle Unterschiede aufweisen. Aber auch für die Kachexie beim echten Carcinom läßt sich zeigen, daß sie keinerlei spezifische Bedeutung hat, sondern lediglich sekundärer Natur ist. Schon durch einfache klinische und anatomische Beobachtung läßt sich erweisen, daß irgendeine besondere spezifische Intoxikation des Körpers durch die Geschwulstzellen nicht vorliegen kann, sondern daß lediglich sekundäre Faktoren immer und ausnahmslos Ursache dieser Geschwulstkachexie sind: immer wiederholte Blutungen aus der Geschwulst, Infektion, Jauchung, Zerfall und Resorption, Störung wichtiger Organfunktionen usw. Wäre dem nicht so, so wären ja Fälle von sehr ausgebrei-

---

[1]) Lewin, C.: Dtsch. med. Wochenschr. 1909, S. 710.

teter Carcinom- und Sarkomentwicklung im Körper ohne eine solche Kachexie nicht denkbar. Und doch ist es gar nicht schwer, solche Beobachtungen zu machen. Aus eigener Erfahrung seien nur einzelne solche Beispiele angeführt.

Das Fehlen jeglicher Kachexie ist bei zahlreichen Fällen von Mammacarcinom in den ersten Stadien (bevor irgendwelche Ulceration aufgetreten ist), ja selbst bei Fällen mit zahlreichen Metastasen eine nicht seltene klinische Erfahrung. Noch krasser fällt das Fehlen der Kachexie bei vielen Fällen von Mediastinaltumor auf. Hier behindert die wachsende Geschwulst kein lebenswichtiges Organ, Herz, Lungen, Oesophagus, Aorta werden ein wenig zur Seite geschoben, ohne in ihrer Funktion ernstlich behindert zu sein, und der Tumor, der auch häufig keinerlei degenerative Veränderungen (Nekrosen und ähnliches) aufweist, wächst zu erheblicher Größe heran, während der Träger der Geschwulst sich vollkommen gesund fühlt und nichts von einer Krankheit ahnt. Ich habe u. a. einen blühend aussehenden, sehr kräftigen 48jährigen Mann seziert, der an Erstickung durch Einwachsen des Mediastinalsarkoms in die Trachea zugrunde gegangen war und bis zum Tage vor seinem Tode noch schwerste körperliche Arbeit mühelos verrichtet hatte. Erst an diesem Tage suchte er zum erstenmal wegen Behinderung der Atmung den Arzt auf. Als weiteres Beispiel erwähne ich einen 70jährigen Herrn, der sich vollkommen wohl befand und nur eines Tages beim Reiten eine Schwäche und Ungeschicklichkeit des linken Beines bemerkte, die sich bald zur Lähmung steigerte. Auf Grund der ausgesprochenen Symptome konnte schon in wenigen Tagen die Diagnose Hirntumor gestellt werden. Es wurde sofort operiert, der Kranke ging wenige Stunden nach der Operation zugrunde. Die Sektion ergab ein typisches Hypernephrom der rechten Niere mit Metastasen in fast allen Organen. Eine der Metastasen im Gehirn hatte die Lähmung verursacht. Von Kachexie war auch auf dem Sektionstisch auch nicht andeutungsweise die Rede. Der Kranke hatte in anscheinend voller Gesundheit hier also noch stundenlange Spazierritte gemacht, obwohl der ganze Körper bereits von Metastasen durchsetzt war.

Aber auch die sonst so häufig zur Kachexie führenden Tumoren lassen eine solche vollkommen vermissen, wenn einmal zufällig Ulcerationen, Blutungen usw. ausbleiben. Ich sezierte eine 51jährige Frau, bei der der behandelnde Arzt schon ein Jahr vor dem Tode Virchowsche Drüsen am Halse und Mediastinaltumoren festgestellt hatte, ohne daß wesentliche Beschwerden oder gar Kachexie vorlagen. Die Kranke machte noch 5 Wochen vor dem Tode einen mehrstündigen Ausflug zu Fuß auf den Feldberg bei Frankfurt. Bei der Sektion fanden sich im Mediastinum, in den Halsdrüsen und in den gesamten prävertebralen Drüsen ausgedehnte Metastasen eines verhornenden Plattenepithelcarcinoms ohne Primärtumor. Dagegen fehlte der Uterus, und diese Exstirpation — 4 Jahre vor dem Tode — „wegen eines fressenden Geschwürs an der Portio" war der Patientin aus psychischen Gründen verheimlicht und auch dem zuletzt behandelnden Arzte nicht mitgeteilt worden. Diese frühzeitige Exstirpation des Carcinoms hatte also jede Blutung, Jauchung, Sekundärinfektion, die sonst beim Uteruskrebs so bald einen kachektischen Zustand herbeiführen, völlig verhindert. Obwohl die Durchsetzung des ganzen Körpers mit metastatischen Krebsknoten hier schon ein Jahr vor dem Tode einwandfrei nachgewiesen ist, ist die Schädigung der Kranken doch so gering, daß sie subjektiv gesund erscheint und noch 5 Wochen vor dem Tode ohne Schwierigkeit und nur zu ihrer Erholung eine vielstündige Wanderung unternehmen kann.

Jeder erfahrene Arzt und Pathologe wird Beispiele dieser Art unschwer unter seinen Beobachtungen finden können, und es ist daher unverständlich, wie man noch die Annahme irgendeines besonderen Geschwulstgiftes, irgendeiner spezifischen Krebskachexie aufrecht erhalten kann. Wenn wir bedenken, wie minimal die Mengen wirklicher Giftbildner, z. B. der Tetanusbacillen, der Diphtheriebacillen, im Körper sind, die den Organismus trotzdem durch ihre Giftproduktion in kürzester Zeit vernichten, und wenn wir dagegen die ungeheuren Mengen von Tumorzellen, die den Körper durchsetzen und deren Gewicht nicht so selten mehrere Kilogramm erreicht, betrachten, so ergibt sich von selbst, daß hier auch schwache Gifte, die vielleicht nur in größerer Konzentration wirken könnten, nicht vorliegen können. Ehe wir trotz der mitgeteilten Tatsachen auch nur die Spur einer besonderen Giftwirkung bei der Geschwulstzelle annehmen dürften, müßten wird doch ganz scharfe Beweise dafür verlangen, daß es ein wirkliches Krebsgift gibt. Wie steht es nun mit solchen Beweisen?

Zahlreiche Arbeiten haben sich — bisher ganz vergeblich — bemüht, dieses **„Krebsgift"** zu finden. *Alles* aber spricht gegen ein solches „Gift".

Gewiß ist Gift ein relativer Begriff, und wir wissen ja, daß auch die normalen Körperzellen selbst unter normalen Verhältnissen Stoffe produzieren, die als heftige Gifte selbst in großen Verdünnungen wirken können, ich erinnere nur an Adrenalin, Thyreoidin, Trypsin usw. Die zahlreichen verschiedenen Möglichkeiten des Eiweißmolekülzerfalls können natürlich auch die Veranlassung zur Bildung endogener Giftstoffe werden und es versteht sich von selbst, daß bei Degenerationen und Nekrosen von Tumorzellen toxische Wirkungen im Organismus nachweisbar sind. Natürlich kann auch eine Carcinomkachexie, wie es Caspari annimmt, durch Tumorzerfallnekrose als eine *Eiweißvergiftung* entstehen. Ja es ist sogar denkbar, daß in der malignen Geschwulst eine besondere Art des Eiweißzerfalls, wobei ja immer toxische Stoffe sich bilden, vorkäme. Aber bisher ist eine *spezifische* Art von Eiweißzerfall des Geschwulstgewebes noch nicht bewiesen, im Gegenteil (s. S. 1416), und die Entstehung von Kachexie durch Resorption nekrotischer, zerfallener Tumormassen oder gar faulender Eiweißkörper bereitet unserem Verständnis keine Schwierigkeiten. All das ist leicht zu erklären, und man darf das eine als vollkommen sicher behaupten: die lebende Tumorzelle produziert keinerlei besondere toxische Stoffe, keinerlei besonderes Gift, das in selbst geringen Verdünnungen wirksam wäre oder gar den Bakterientoxinen oder anderen exogenen Giften an die Seite gestellt werden könnte. Wenn Keimzellen oder Embryonen den Mutterorganismus aufzehren[1]), so wird kein Mensch annehmen, daß sie diese Fähigkeit der Produktion eines besonderen Giftes verdanken, und auch wenn rasch wachsende Tumorzellen bei der Transplantation oder in der Kultur die Entwicklung und das Wachstum von Embryonalzellen verhindern oder umgekehrt, so werden wir alles das nur auf die größere oder geringere Wachstumsenergie der einzelnen Zellarten zurückführen, die Annahme einer besonderen Giftbildung ist nicht nur überflüssig, sondern vollkommen unbegründet.

Die Sekretion eines besonderen Krebsgiftes ist von vielen Autoren auch deshalb angenommen worden, weil man nur so das zerstörende Wachstum der Tumorzelle im Organismus glaubte erklären zu können. In Wirklichkeit lassen sich alle histologischen Bilder ohne weiteres erklären durch die einfachere — und daher stets vorzuziehende — Annahme eines stärkeren Wachstumsdruckes der Geschwulstnester. Niemals sieht man in ihrer Umgebung toxische Nekrose, nie etwas anderes als die Bilder, die wir auch bei einfacher Druckatrophie zu sehen gewohnt sind. Niemand wird annehmen, daß die embryonale Muskelzelle in der Gewebskultur Gifte produziert, weil sie andere Gewebe verzehrt[2]), der Wachstumsdruck erklärt auch alle histologischen Bilder beim malignen Tumor.

---

[1]) Schultz, E.: Umkehrbare Entwicklung. Rous Vortr. 1908, H. 4. 1908.
[2]) Rous: Journ. of exp. med. Bd. 13, Nr. 2. 1911

Insbesondere kann man aber aus schweren Nervenzelldegenerationen in der Umgebung von Carcinommetastasen im Gehirn gerade hier am allerwenigsten auf eine toxische Wirkung der Tumorzellen schließen [NEUBÜRGER und SINGER[1])], weil gerade das Nervensystem gegen mechanische Eingriffe eine ungewöhnlich große Empfindlichkeit besitzt. Wenn irgendwo, so genügt hier verstärkter Wachstumsdruck, um schwere degenerative Veränderungen des Organparenchyms hervorzurufen. Daß die Fähigkeit der Phagocytose anderer Zellen in keiner Weise irgendwelche Giftproduktion beweist, geht schon aus der Phagocytose normaler Körperzellen und der Phagocytose roter Blutkörperchen durch die Gefäßendothelien und die großen Monocyten des Blutes ohne weiteres hervor.

Auch zahlreiche experimentelle Untersuchungen hat man der Frage gewidmet. Nach den Untersuchungen von GIRARD-MANGIN[2]) sind Krebsextrakte stets toxisch, aber das beweist gar nichts, denn toxisch sind auch alle möglichen Organextrakte. Auch BRUSCHETTINI und BARLOCCO[3]) haben Krebsgifte nicht nachweisen können. Sie konnten durch endovenöse, endoperitoneale oder sub-cutane Einspritzungen von Krebsextrakten bei Kaninchen lediglich ein Mononucleose hervorrufen, während tödliche Folgen von MANGIN und ROGER behauptet worden waren. CASPARI hat gezeigt, daß *intravenöse* Injektionen von Impftumorextrakten stets giftig sind und sogar eine nach der Tumorart wechselnde und ziemlich konstante Gifitigkeit besitzen. Aber auch diese Giftigkeit der Tumorextrakte entspricht nach CASPARI in keiner Weise dem Grade der *Malignität*, was für uns das Wesentliche wäre. COCA und GILMAN[4]) fanden dagegen bei Absorption großer Mengen Geschwulstgewebes keine Kachexie, im Gegenteil scheinen sogar Injektionen von Geschwulstmassen die Kachexie zum Verschwinden zu bringen. Nach den Untersuchungen von CRAMER und PRINGLE[5]) produziert der maligne Tumor jedenfalls keinerlei Substanz, die störend auf den Stickstoffwechsel einwirkt.

Die Angaben von NOVELL[6]) über die Isolierung einer höchst giftigen Substanz aus Carcinomen, durch deren Injektion bei gesunden Kaninchen typische Carcinome entstehen sollten, ist von FRÄNKEL und KLEIN[7]) als eine Verwechslung mit dem Zinksalz der Fleischmilchsäure und mit dadurch hervorgerufenen entzündlichen Granulomen nachgewiesen worden.

BLUMENTHAL[8]) gibt als Ergebnis seiner zahlreichen „schwierigen und zeitraubenden Versuche" an, daß er „ein starkes und in großer Verdünnung wirkendes Krebsgift in den Krebsgeschwülsten nicht nachweisen konnte". Nun könnte es aber wirklich nicht schwer sein, aus diesen Massen von Material (es ist doch leicht, einige Kilogramm Krebszellen zu verwenden, gegenüber einigen Gramm, nein Milligramm einer Bakterienkultur) das Gift zu extrahieren und in seinen Wirkungen nachzuweisen, wenn es eben vorhanden wäre. Auch die Versuche von SEYDERHELM und LAMPE[9]) und MERTENS[10]), die versuchten aus Geschwülsten

---

[1]) NEUBÜRGER u. SINGER: Virchows Arch. f. pathol. Anat. u. Physiol. Bd. 255, S. 555. 1925.

[2]) GIRARD-MANGIN: De la toxicité des extraits cancéreux. Cpt. rend. des séances de la soc. de biol. Bd. 66, S. 1071. 1909.

[3]) BRUSCHETTINI u. BARLOCCO: Zur Frage nach dem Vorkommen von Krebsgiften. Gazz. d. osped. e d. clin. 1907, Nr. 51.

[4]) COCA u. GILMAN: The specific treatment of carcinoma. Philippine journ. of science Bd. 4, Nr. 6. 1909; ref. Zentralbl. f. allg. Pathol. u. pathol. Anat. Bd. 21, S. 693. 1910.

[5]) CRAMER u. PRINGLE: Proc. of the roy. soc. Bd. 82. 1910.

[6]) NOVELL: Zentralbl. f. Pathol. 1913, S. 686.

[7]) FRÄNKEL u. KLEIN: Zeitschr. f. Krebsforsch. Bd. 15, S. 76. 1916.

[8]) BLUMENTHAL: Zeitschr. f. Krebsforsch. Bd. 16, S. 58. 1917.

[9]) SEYDERHELM u. LAMPE: Dtsch. med. Wochenschr. 1924, Nr. 31, S. 1050.

[10]) MERTENS: Münch. med. Wochenschr. 1924, Nr. 33.

koktostabile toxische Alkoholextrakte zu gewinnen, haben bisher den Nachweis eines besonderen Giftes nicht einwandfrei erbracht.

Der Zerfall von Gewebseiweiß, der „toxogene" Protoplasmazerfall beim Carcinom (Friedr. Müller, G. Klemperer) dürfte nur eine Folge sekundärer Kachexie sein. Caspari leitet diesen „toxogenen Eiweißzerfall" von den Nekrosen im Carcinom selbst ab, aber ein Parallelismus zwischen der Ausdehnung dieser Nekrosen und dem Grade der Kachexie wäre erst noch an Fällen, die von allen anderen Komplikationen frei sind, nachzuweisen. Blumenthal weist mit Recht darauf hin, daß Kranke mit Oesophagus- oder Magenkrebs, sobald ihnen z. B. durch Gastrostomie eine genügende Nahrungsaufnahme ermöglicht wird, geradezu aufblühen und trotz Fortschreitens des Carcinoms Eiweiß *ansetzen*!

Wenn Händel und Tadenuma[1]) bei Ratten mit großen Carcinomen eine Herabsetzung des respiratorischen Gaswechsels feststellen, so betonen sie doch selber, daß es sich hier um eine Begleiterscheinung der Krebskachexie handelt. Daß der Stoffwechsel so großer Tumormassen, z. B. allein durch die Quantität der erzeugten Eiweißabbauprodukte, sekundäre Schädigungen des Gesamtkörpers nach sich ziehen kann, ist verständlich.

Wenn Caspari nachweist, daß Kaninchen an der Resorption nekrotischen Carcinomgewebes zugrunde gehen, daß Carcinomgewebe hierbei 10mal giftiger wirkt als Sarkom und auch das Serum von Tumormäusen toxische Wirkungen auslösen kann, so können wir darin noch nicht den Nachweis spezifischer Giftstoffe erblicken. Auch nekrotisches Normalgewebe, selbst Organextrakte können toxisch wirken. Und wenn Caspari die toxische Wirkung des Tumors „eine Vorbedingung seines Wachstums" nennt, da nur hierdurch die Gegenwirkung der Körperzellen gelähmt und das infiltrative Wachstum ermöglicht würde, so handelt es sich hier wohl um eine verbreitete Anschauung, aber nicht um einen Beweis. Heute könnte man z. B. die sehr viel näher liegende Hypothese vertreten, daß die Tumorzellen durch reichlichere Milchsäureproduktion die Umgebung schädigten und dadurch leichter in dieselbe vordringen könnten. Von irgendeiner spezifisch-toxischen Wirkung wäre auch dann nicht die Rede. Aber auch diese Hypothese ist nicht zwingend, da alle Wachstumserscheinungen der Geschwulst schon rein mechanisch durch den höheren Wachstumsturgor der Tumorzellen erklärt werden können, kompliziertere Hypothesen also überflüssig sind.

Auch die *Carcinomanämie* entsteht nur sekundär, besonders durch immer wieder blutende Ulceration der Geschwulst. Roessingh[2]) stellt auf Grund seiner Untersuchungen fest, daß jeder Patient mit einer bösartigen Neubildung der Schleimhaut regelmäßig Blut verliert und dies die wichtigste Ursache der Anämie ist. Beim Menschen können plötzliche Todesfälle durch profuse Blutungen sogar bei Carcinomen der äußeren Haut vorkommen (Hirschfeld).

Auch die hämatologische Untersuchung hat immer wieder ergeben, daß es sich um eine typische sekundäre Anämie beim Carcinom handelt. Bei den tumorkranken Ratten und Mäusen zeigt sich dasselbe [Hirschfeld[3])]. Bei gutartigen Spontangeschwülsten, die keine Organstörungen oder sekundäre Blutungen verursachen, werden solche Blutveränderungen immer vermißt. Chemisch-physikalische Blutuntersuchungen haben im übrigen ergeben, daß das Blut beim Carcinom in der Mehrzahl der Fälle trotz schwerer klinischer Krankheitsbilder ganz normal war, nur in wenigen Fällen war das Serum etwas

---

[1]) Händel u. Tadenuma: Zeitschr. f. Krebsforsch. Bd. 21, S. 197. 1924.
[2]) Roessingh: Dtsch. Arch. f. klin. Med. Bd. 139, S. 310. 1922.
[3]) Hirschfeld: Zeitschr. f. Krebsforsch. Bd. 16, S. 99. 1917; Bd. 17, S. 569. 1920.

eiweißärmer [MEYER-BISCH[1])]. Selbst bei dem übertragbaren Hühnersarkom tragen die Blutveränderungen deutlich den Charakter der sekundären Anämie [NOELDECHEN[2])]. Die Gründe, die MALININ[3]) für die toxische Entstehung der Krebsanämie anführt (Vermehrung der Erythrophagen in Milz und Lymphknoten) sind all dem gegenüber in keiner Weise überzeugend.

Tatsächlich können aber auch von den Geschwulstzellen selbst — sekundär — toxische Wirkungen ausgehen, wenn wie so häufig Teile des Tumors (auch ohne äußere Ulceration oder Infektion, lediglich durch Nahrungsmangel) absterben und so nekrotisches Gewebe resorbiert wird. Auch experimentell ist die Giftwirkung solch nekrotischer Geschwulstmassen deutlich nachzuweisen [FR.DEALS[4])]. Am schönsten zeigt sich die toxische Wirkung solcher Geschwulstnekrosen bei den großen transplantierten Mäusekrebsen. Hier hat LUBARSCH[5]) ausgedehnte Amyloidose in allen Organen des Tumorträgers gefunden, sobald größere Teile der Geschwulst nekrotisch waren. Dagegen tritt eine Kachexie beim Mäusekrebs nicht auf, wenn die Geschwulst nicht nekrotisiert oder ulceriert ist.

BLUMENTHAL[6]) und NEUBERG wollten die Kachexie auf heterolytische Fermente der Krebszellen zurückführen. Dieses Krebsferment soll nicht nur eigenes Krebseiweiß, sondern auch das Eiweiß anderer Gewebe abbauen. Bei nichtzerfallenen Carcinomen bleibt aber das Ferment lokalisiert und daher für den Gesamtorganismus wirkungslos. All das würde, auch wenn diese Fermente einwandfrei und nur bei Krebszellen nachgewiesen wären, für die Kachexie nichts Spezifisches bedeuten. Denn jeder Gewebszerfall führt zu toxischen Erscheinungen, damit würde auch beim Carcinom nichts Besonderes vorliegen, und wir führen die Kachexie lediglich auf solchen Gewebszerfall, Blutungen, Infektionen, Nahrungsstörung usw., kurz auf sekundäre Momente zurück. Auch CASPARI faßt die Kachexie als eine chronische Eiweißvergiftung durch den Gewebszerfall des Tumors auf und das ist sicher eine wichtige, aber nicht die einzige oder spezifische Komponente der klinischen Krebskachexie.

Die Idee des spezifischen „Krebsgiftes" hat zahllose Untersuchungen veranlaßt, die von der Annahme ausgingen, daß infolge der Anwesenheit dieses Giftes bei dem Krebskranken *spezifische serodiagnostische* Reaktionen auftreten müßten. Immer wieder sind solche Reaktionen gefunden und als spezifisch hingestellt worden, obwohl sie meist wie die BRIEGERsche Krebsreaktion Kachexiereaktionen waren. H. SACHS kommt in einer zusammenfassenden Darstellung aus jüngster Zeit[7]) zu dem Ergebnis, daß all diese Reaktionen nicht spezifisch sind und nur Veränderungen des Serums infolge exzessiven Gewebswachstums oder Gewebszerfalls nachweisen.

Mit dieser völligen Ablehnung einer spezifischen Geschwulstkachexie und eines spezifischen Geschwulstgiftes ist natürlich keineswegs gesagt, daß nicht die Krebszelle selbst auch durch ihre chemische Tätigkeit, ihren Stoffwechsel einen Einfluß auf den Gesamtkörper haben könnte. Im Gegenteil: da ja ihr Stoffwechsel der Einheit des Organismus[8]), dem Gesamtstoffwechsel nicht mehr ein- und untergeordnet ist, so werden ihre Stoffwechselprodukte teils für den Organismus überflüssig, teils, durch ihre Art und Mengen z. B., schädlich sein —

---

[1]) MEYER-BISCH: Zeitschr. f. exp. Pathol. u. Therapie Bd. 20. 1918.
[2]) NOELDECHEN: Zeitschr. f. Krebsforsch. Bd. 18, S. 367. 1922.
[3]) MALININ: Zeitschr. f. Krebsforsch. Bd. 22, S. 136. 1925.
[4]) DEALS, FR.: Arch. de méd. exp. et d'anat. pathol. Bd. 22, S. 645. 1910.
[5]) LUBARSCH: Zentralbl. f. Pathol. 1910, S. 97.
[6]) BLUMENTHAL: Zeitschr. f. Krebsforsch. Bd. 16, S. 58. 1917.
[7]) SACHS, H.: Strahlentherapie Bd. 15, S. 795. 1923.
[8]) Einheit des Organismus und Einheit des Stoffwechsels s. bei BERNH. FISCHER: Vitalismus und Pathologie. 4. Kap. Berlin 1924.

nur sind es nicht qualitativ abnorme, giftige Stoffe. Produziert ein Tumor z. B. ein Hormon in größten Mengen, so kann das sehr wohl den Stoffwechsel des Gesamtkörpers wesentlich beeinflussen. Schwerere fermentative Stoffwechselstörungen durch Beeinflussung der Leberenzyme sind z. B. für die Carcinome der Bauchhöhle beschrieben worden[1]). Wenn allerdings BORST schreibt, daß bei Carcinomen, die von den Magendrüsen ausgehen, „die Krebszellen Verdauungsfermente in die Säfte des Körpers abgeben und dadurch eine allgemeine Verheerung anrichten können", so scheint mir doch der Beweis für eine solche Hypothese noch auszustehen. Immerhin liegen hier Fragen vor, die zu weiteren Untersuchungen dringend anregen.

Natürlich bleibt die Möglichkeit anzunehmen, daß der Gewebs- und Eiweißzerfall bei der Geschwulstzelle andere Bahnen einschlägt als bei der normalen Körperzelle und auf diesem Wege besonders giftige Stoffe produziert werden — entsprechend der Spezifität der Organfermente bei den verschiedenen Geschwulstarten und Zellen auch verschiedene Stoffe. Aber das sind bis heute lediglich Hypothesen, deren Berechtigung noch nicht erwiesen werden konnte (s. S. 1416).

Den sekundären Charakter der zuweilen bei Krebskranken auftretenden Degenerationen im Rückenmark hat schon vor Jahren LUBARSCH[2]) aufgedeckt. Auch wenn wir die direkten Todesursachen bei bösartigen Geschwülsten verfolgen, ergibt sich [K. SCHWARZ[3])], daß nur etwa ein Drittel der Krebskranken am Krebs selbst oder direkten Komplikationen durch ihn zugrunde geht, während ein großer Teil Krankheiten erliegt, die überhaupt nichts mit dem Carcinom zu tun haben. All das wäre nicht denkbar (man vergleiche die Todesursachen bei akuten und chronischen Infektionskrankheiten, z. B. Tuberkulose), wenn die bösartige Geschwulst irgendwelche gifterzeugenden Eigenschaften besäße.

Ein Einfluß auf den Gesamtkörper kann natürlich in manchen Fällen auch schon durch die Masse des Geschwulstgewebes bedingt sein. So fand z. B. MEDIGRECEANU[4]) bei Tumoren der Maus und Ratte stets eine vergrößerte Leber und fast immer Herzhypertrophie, die auch mit der relativen Größe der Geschwulst zunimmt — beides dürfen wir als Anpassung an den vergrößerten Stoffwechsel, an die Vergrößerung des Kreislaufbaumes auffassen.

Wie häufig schon allein die Komplikation durch schwere Infektion des zerfallenen Primärtumors ist, geht am besten aus genaueren bakteriologischen Untersuchungen des Uteruscarcinoms hervor. HEIMANN[5]) hat solche Untersuchungen vor der Operation vorgenommen und unter 36 Fällen 18mal Streptokokken nachgewiesen, von denen 11 Frauen an Peritonitis nach der Operation starben. Von den übrigen 18 Fällen ohne Streptokokken starb nach der Operation nur eine Frau an Coliinfektion. Durch Behandlung mit Streptokokkenserum konnte die Mortalität von 61 auf 16,6% herabgedrückt werden.

g) Tumorzelle und Embryonalzelle.

Für die Auffassung der Biologie der Geschwulstzelle ist endlich ihr Verhältnis zur Embryonalzelle von größter Wichtigkeit. Schon lange bevor die Ergebnisse der Gewebszüchtung, wie wir schon sahen, eine solche Analogie nahelegten, ist der Gedanke vertreten worden, daß die Tumorzelle eben eine wuchernde Embryonalzelle sei, daß ihr ganzes Wesen, ihre biologische Spezifität darin begründet sei.

---

[1]) S. bei BLUMENTHAL: Zeitschr. f. Krebsforsch. Bd. 16, S. 58. 1917.
[2]) LUBARSCH: Zeitschr. f. klin. Med. Bd. 31, S. 389. 1897.
[3]) SCHWARZ, K.: Dissert. München 1905.
[4]) MEDIGRECEANU: Berlin. klin. Wochenschr. 1910, Nr. 13.
[5]) HEIMANN: Berlin. klin. Wochenschr. 1917, Nr. 1, S. 7.

Die genauere Erforschung der Geschwülste weist häufig auf enge genetische Beziehungen der Tumoren zur Embryonalzelle, zur embryonalen Differenzierung hin. Nicht diese Tatsache, sondern der beiden Gewebsarten so oft gemeinsame Zellreichtum bei gleichzeitiger Strukturarmut hat schon seit langer Zeit immer wieder die Behauptung auftauchen lassen, daß die Tumorzelle eine embryonale Zelle sei. Daß die These in dieser Form nicht zutrifft, läßt sich zwar leicht dartun, aber bei der großen Bedeutung der Differenzierungsvorgänge, besonders der embryonalen Differenzierung für die Entstehung der Geschwulstzelle ist es doch nötig, genauer zu prüfen, welche tatsächlichen Befunde für engere Beziehungen der Geschwulstzelle zur Embryonalzelle sprechen.

Will man zwei Zellarten miteinander vergleichen, so wird es gut sein, vorher die wesentlichen Eigenschaften und Charakteristica der beiden Zellarten festzulegen. Die Embryonalzelle ist nun durch folgende Eigenschaften gegenüber der ausdifferenzierten Körperzelle charakterisiert:

1. Sie zeigt im Gegensatz zur Körperzelle wenig oder gar keine sichtbare Differenzierung, d. h. Strukturbildung.

2. Während die fertige Körperzelle monovalent und unipotent geworden ist, besitzt die Embryonalzelle um so mehr Potenzen, je jünger das Embryonalstadium ist, dem sie entstammt, angehört. Sie ist also auf alle Fälle polypotent.

3. Fortschreitende Zellteilungen führen bei der Embryonalzelle zu immer weiter gehendem Verlust von Potenzen und zum Gewinn an Differenzierung im Gegensatz zur Körperzelle. Je mehr Zellgenerationen zwischen ihr und der Eizelle liegen, um so weiter ist die Differenzierung vorgeschritten.

W. Roux definiert (Terminologie): „*Embryonal* der Potenz nach, also embryonalpotent, ist Lebendes, welches noch die spezifischen Lebenseigenschaften des Embryo, d. h. *noch erhebliche Entwicklungspotenzen hat . . . Äußere Einwirkungen können solche Potenz nicht schaffen,* sie können sie höchstens aktivieren . . .

Der Struktur nach embryonal beschaffen sind Gebilde, welche noch die wesentliche sichtbare Beschaffenheit der embryonalen Gebilde haben, z. B. relativ viel Protoplasma und wenig zur spezifischen Gewebsfunktion differenzierte Substanz (z. B. wenig Fleischprismen in den Muskelfasern).“

Diese in dem zweiten Absatz gegebene Definition von Roux ist für uns nicht zu verwenden. Hier zeigt sich die ganze Gefahr der rein anatomischen Betrachtung. Da wir mit unseren heutigen Methoden die Metastruktur, den Feinbau der Zelle nicht aufdecken können, so ist es völlig unmöglich, aus den in der Definition hier angegebenen Eigenschaften auf den embryonalen Charakter einer Zelle mit Sicherheit zu schließen. Maßgebend für uns kann nur die im ersten Absatz gegebene Definition sein: wo wir im biologischen Verhalten einer Zelle nirgends embryonale Potenzen erkennen, dürfen wir auch trotz fehlenden Nachweises einer Struktur, trotz Strukturarmut und Zellreichtum einen embryonalen Charakter dieser Zelle nicht annehmen.

Vergleichen wir auf dem Boden dieser Feststellungen nun die Tumorzelle mit der Embryonalzelle, so ergibt sich folgendes:

Daß es Geschwülste gibt, deren spezifische Zellen in ihrer Differenzierung frühen Stadien der embryonalen Entwicklung entsprechen, unterliegt gar keinem Zweifel. Ich erinnere nur an die Sympathoblastentumoren, das Neuroblastom der Retina, das maligne Nephrom der Niere, an zahlreiche Mischgeschwülste, Teratome usw. Auch sicher embryonale Zellen können also zu Geschwulstzellen werden, die Frage, die uns hier aber beschäftigt, ist die, ob das Wesen der Geschwulstbildung darin liegt, daß die Zelle embryonale Eigenschaften annimmt.

Für die größte Mehrzahl der gutartigen Geschwülste kann die Frage schon von vornherein verneint werden, weil da auch histologisch niemals eine Analogie mit dem embryonalen Typus der Zellbildung behauptet wird. Aber es gibt schon sehr zu denken, daß gerade für die meisten dieser gutartigen Geschwülste die embryonale Anlage hinreichend gesichert erscheint, und daß wir gutartige Geschwülste kennen, z. B. das Chordom, den Tumor der Chorda dorsalis, oder die Dermoidcysten des Ovariums, die sich zweifellos aus embryonalen Zellen zusammensetzen und trotzdem keinerlei Malignität aufweisen — und gerade das Wesen der Malignität sollte ja durch das Embryonalwerden der Geschwulstzellen erklärt werden.

Denn diese von so vielen Autoren versuchte Gleichstellung zwischen Tumorzelle und Embryonalzelle, die von manchen bis zur Identifizierung getrieben worden ist, sollte vor allen Dingen das gesteigerte Wachstum des malignen Tumors erklären. Da die embryonale Zelle gegenüber der ausdifferenzierten Körperzelle ein sehr viel stärkeres Wachstum, eine sehr viel schnellere Vermehrung zeigt, da außerdem das histologische Bild der bösartigen Geschwulst in ihrem außerordentlichen Zellreichtum an das histologische Bild embryonaler Gewebe erinnert, so soll dieses Embryonalwerden der Zellen, die Unreife des wuchernden Gewebes die Erklärung für die Malignität abgeben: die Geschwülste mit ausgereiften Gewebsformationen sind gutartig, das Charakteristicum der bösartigen Tumoren ist die Unreife der Gewebe.

Nun kann man zwar im großen und ganzen den Unterschied der Strukturen gutartiger und bösartiger Tumoren in die Schlagworte reife und unreife Gewebe hineinzwängen. Aber auffallende Ausnahmen von dieser Regel bestätigen sofort, daß es sich hier um kein Gesetz handelt, sondern daß diese Merkmale nicht das Wesen der Malignität treffen. Wir sehen, daß Mischgeschwülste mit unreifen Geweben oft gutartige Tumoren sind, und andererseits gibt es nicht wenige Geschwülste, deren Zellen durchaus ausreifen, wie es die Hornbildung im Plattenepithelcarcinom, die Pigmentbildung im Melanosarkom, die Schleimbildung im Gallertkrebs beweisen, und die trotzdem bösartige Geschwülste sind. Rössle[1]) hat zwar den Versuch gemacht, auch bei diesen Geschwülsten die Unreife des Gewebes als Charakteristicum der Malignität hinzustellen, indem er die ausgereiften Zellen als nicht mehr zum Tumor gehörig betrachtet. Er sagt, daß im Melanosarkom nur die unpigmentierten Zellen bösartig seien, die ausgereifte Chromatophore mitten im Tumor dagegen keine Sarkomzelle mehr ist. Eine solche Trennung der einzelnen Zellformen einer Geschwulst erscheint aber nicht hinreichend begründet. Daß in der Geschwulst viele Zellen zugrunde gehen und die neue Wucherung immer wieder von jugendlichen Zellen ausgeht, ist bekannt und entspricht nur der Wachstumsweise der spezifischen Gewebe von den Cambiumzellen aus. Immerhin wäre eine solche Trennung möglich von dem Gesichtspunkt aus, wie es auch Rössle will, daß die Bösartigkeit des Tumors an die nicht ausreifenden Zellformationen gebunden ist, und diese Unreife könnte in einem Embryonalsein oder Embryonalwerden der betreffenden Zellart bestehen.

Damit wird unsere Aufgabe dahin eingeschränkt, daß wir nur den Vergleich zu ziehen haben zwischen der malignen Tumorzelle und der Embryonalzelle. Die Identifizierung dieser beiden Zellarten wurde begründet mit dem gleichen Wachstum und mit der Ähnlichkeit oder Gleichheit der histologischen Bilder.

Was das *Wachstum* anbelangt, so muß diese Parallelstellung sofort ausscheiden. **Das Wachstum der malignen Geschwulst unterscheidet sich prinzipiell und wesentlich von dem Wachstum der embryonalen Zelle.** Die Schnelligkeit der Zellbildung ist nur ein äußerliches Merkmal. Das Wesen des malignen Wachs-

---

[1]) Rössle: Über die Einverleibung von Embryonalzellen. Münch. med. Wochenschr. 1906, S. 143.

tums dagegen, das nämlich irgendeinem höheren Plane, insbesondere dem Organisationsplane des Organismus, nicht unterstellt ist, findet sich bei der Embryonalzelle nicht, ja wir finden hier sogar das großartigste Ineinandergreifen kompliziertester Gestaltungsvorgänge, das wir in der Natur kennen. Alles embryonale Wachstum und Geschehen ist beherrscht von dem Organisationsplan des Körpers, von der Einheit des Individuums. Also eine wesentliche Ähnlichkeit der beiden Wachstumsformen ist überhaupt nicht vorhanden. Hemmungslos wird auch das Wachstum der Embryonalzellen in der Kultur erst, wenn dauernd Embryonalextrakt zugeführt wird.

Es bleibt noch die **morphologische Ähnlichkeit.** Wir sahen bereits, daß die Embryonalzelle charakterisiert ist durch den Mangel an Differenzierung, und hier sehen wir es allerdings vielfach, daß bei der malignen Geschwulst die einzelnen Zellen ebenfalls einen mehr oder weniger hohen Grad von Differenzierungsmangel aufweisen. Der Aufschluß, den uns die histologische Betrachtung über die Qualität einer Zelle überhaupt und ganz besonders über die Qualität einer embryonalen Zelle gibt, ist aber leider ungeheuer gering. Von der wahren Struktur, vom Feinbau der Eizelle, in der nicht nur der gesamte komplizierte Bau des Körpers vorgebildet ist, sondern auch noch die Erbqualitäten der gesamten Ahnenmasse enthalten sind, gibt uns das Mikroskop auch nicht die zarteste Andeutung. Bei der Frage, ob die maligne Geschwulstzelle embryonalen Charakter hat, kann also die morphologische Betrachtung nicht ausschlaggebend sein. Zu welch groben Fehlschlüssen eine solche rein morphologische Betrachtung führt, zeigt die Behandlung, die die lymphocytäre entzündliche Infiltration in Frankreich erfahren hat[1]). Die Lymphocyten wurden dort einfach als Embryonalzellen, Cellules embryonaires, betrachtet und in ihrem Auftreten eine Rückkehr der Zellen und des Zwischengewebes zum embryonalen Zustande erblickt. Schon von WEIGERT ist eine solche Auffassung mit aller Schärfe zurückgewiesen worden, ebenso von VIRCHOW, der betonte, daß man junge Zellen nicht mit embryonalen Zellen an und für sich verwechseln solle. v. HANSEMANN[2]) hat mehrfach die Identifizierung der Geschwulstzelle mit einer embryonalen Zelle bekämpft und gezeigt, daß eine Entdifferenzierung noch keineswegs eine Rückkehr zu embryonalen Eigenschaften bedeute.

Auch aus dem Verhältnis des Kerns zum Protoplasma hat man den embryonalen Charakter der Geschwulstzelle ableiten wollen. SOKOLOFF[3]) findet in malignen Geschwülsten zwei Zelltypen: einen Typus der absterbenden Zelle mit vergrößertem Kern und den zweiten Typus der jugendlichen Zelle ohne Kernvergrößerung. Hier soll das Verhältnis von Kern und Protoplasma annähernd dem der embryonalen Zelle analog sein. Dieser Beweis dürfte kaum überzeugen — nach so einfachen Verhältnissen könnte man viele Zellen als embryonal bezeichnen. Im Gegensatz dazu hat SCHAXEL[4]) an der Eibildung von Asterias gezeigt, daß zunächst eine Chromatinanreicherung im Kern erfolgt und daß sich dann an die Chromatinemission in das Protoplasma die produktiven Leistungen des Zelleibes anschließen. Die starken Atypien der Kerne bei vielen malignen Geschwülsten können mit solchen Chromatinanreicherungen wohl verglichen werden, aber gerade das Charakteristische, das bei der Embryonalzelle darauf folgt, die Ausdifferenzierung zur Organanlage fehlt ihnen.

Aber man ist noch weiter gegangen, und in der aprioristischen Annahme, daß die Geschwulstzellen sich von den Organzellen des ausdifferenzierten Organis-

---

[1]) WEIGERT: Ges. Abh. Bd. I, S. 269. 1906.
[2]) v. HANSEMANN: Deszendenz, S. 169. 1909.
[3]) SOKOLOFF: Journ. of cancer research Bd. 7, S. 395. 1923.
[4]) SCHAXEL: Zool. Jahrb., Abt. f. Zool. u. Physiol. Bd. 37, S. 213. 1914.

mus ableiten, hat man geschlossen, daß diese Körperzellen sich einfach bis zu den Embryonalzellen *zurückdifferenzieren*. Wir haben bereits früher eingehend die Haltlosigkeit dieser Annahme erörtert (S. 1303 u. 1320) und brauchen demgemäß an dieser Stelle nicht nochmals darauf einzugehen.

Chemische Analogien: Die Kongruenz der Geschwulstzelle mit der Embryonalzelle ist weiter auf Grund einer Reihe von chemischen Untersuchungen behauptet worden. Zunächst haben Hess und Saxl[1]) nachgewiesen, daß normale Zellen unter dem Einfluß von Phosphor (sowohl in vivo bei Phosphorvergiftung wie in vitro bei der Autolyse unter Phosphorzusatz) stark verfetten, daß aber Zellen maligner Tumoren unter den gleichen Bedingungen niemals Verfettung zeigen. Ebenso wie Tumorzellen verhalten sich embryonale Zellen. Hess und Saxl kommen auf Grund dieser Feststellungen zu dem Schluß: „Dieses identische Verhalten weist auf eine biologische Parallelität hin, ähnlich wie sie schon wiederholt von anatomischer Seite angenommen wurde." Weiterhin sind auf biologischem Wege auffallende Übereinstimmungen zwischen Krebszellen und Embryonalzellen gefunden worden. Nach den Untersuchungen von Kraus und Ishivara[2]) vermag normales menschliches Serum sowohl Carcinomzellen als auch embryonale menschliche Zellen zu lösen. Die Embryonalzellen werden vom Serum stärker gelöst als Organzellen Erwachsener, es zeigen somit „die Embryonalzellen biologisch eine Übereinstimmung mit Carcinomzellen. Auch darin verhalten diese sich wie Carcinomzellen, daß sie vom fetalen Serum nicht gelöst werden, wohl aber vom mütterlichen".

Wir müssen einwenden, daß bei diesen Reaktionen keine Gesetze vorliegen. Es ist nur häufig so, daß Carcinomzellen und Embryonalzellen vom normalen Serum, ja auch von physiologischer Kochsalzlösung gelöst werden. Auch für die Freund-Kaminersche Reaktion, die uns später noch beschäftigen wird, müssen die Carcinomzellen besonders ausgesucht werden, welche vom normalen Serum gelöst, vom Serum Carcinomkranker nicht gelöst werden. Man kann also in diesen Reaktionen kaum das Wesen der Geschwulstzelle selbst erblicken.

Es liegt hier eine ebensolche Überschätzung der chemischen Methodik vor, wie auf der anderen Seite eine Überschätzung der anatomischen Methode von uns zurückgewiesen werden muß. Die Analogien zwischen der Geschwulstzelle und der Embryonalzelle in bezug auf Stoffwechselvorgänge und andere chemische Reaktionen können sehr einfach dadurch bedingt sein, daß das Gewebe der malignen Geschwulst außerordentlich viel zellreicher ist wie das normale Körpergewebe, infolgedessen eine Reihe von chemischen Substanzen schon in größerer Menge enthält wie normales Körpergewebe, z. B. Chromatin usw. Hierin stimmt es also mit embryonalem Gewebe überein, und es stimmt weiter mit ihm darin überein, daß eine sehr viel stärkere Zellvermehrung stattfindet in ihm, als im normalen erwachsenen Körpergewebe. Diese großen Unterschiede gegenüber dem ausdifferenzierten Gewebe können, ja müssen allein schon eine Reihe von chemischen Unterschieden gegenüber dem ausdifferenzierten Körpergewebe bedingen und können selbstverständlich auch sehr viele Übereinstimmungen mit dem embryonalen Gewebe darbieten. Derartige Übereinstimmungen beweisen also noch keineswegs die Identität der beiden Gewebsarten, sondern wenn wir hierüber genaueren Aufschluß haben wollen, so ist es unbedingt notwendig, die ganze Biologie der einzelnen Zellen zum Vergleich heranzuziehen. Andere Untersucher haben mit Recht das übereinstimmende Verhalten der embryonalen

---

[1]) Hess u. Saxl: Spezifische Eigenschaften der Carcinomzelle. Beiträge zur Carcinomforschung 1909, H. 1.

[2]) Kraus, R. u. K. Ishivara: Verhalten embryonaler Zellen gegenüber Serum usw. Wien. klin. Wochenschr. 1912, Nr. 16; Dtsch. med. Wochenschr. 1912, Nr. 7, S. 303.

Gewebe mit manchen Geschwulstgeweben auf das ähnliche Wachstumsverhältnis zurückgeführt. Petry[1]) hat zuerst die Vermehrung der Eiweißabbauprodukte im Tumor nachgewiesen und auf Steigerung der autolytischen Prozesse im Geschwulstgewebe zurückgeführt. Dann haben Cramer und Pringle[2]) im Krebsgewebe einfach abgebaute Eiweißprodukte in größerer Menge als in normalen Geweben nachgewiesen und gezeigt, daß in dieser Beziehung eine vollkommene Übereinstimmung mit dem Wachstum des Fetus besteht. Sie haben aber hieraus nicht auf eine Identität der Embryonalzellen und Geschwulstzellen geschlossen, sondern darauf hingewiesen, daß die von ihnen gemachten chemischen Feststellungen für jedes andere schnell wachsende Gewebe zutreffen.

Auch die neuesten Untersuchungen von Warburg über den **Stoffwechsel,** insbesondere den Kohlenhydratstoffwechsel von Tumorzelle und Embryonalzelle, auf den wir bei der Erörterung der chemischen Kataplasie der Tumorzelle noch eingehender zurückkommen werden, hat lediglich gewisse Analogien, aber keineswegs eine Identität des Stoffwechsels der beiden Zellarten ergeben (s. S. 1439).

Freilich soll damit nicht gesagt sein, daß nicht zwischen ausgewachsenen und embryonalen Körperzellen wichtige biochemische Differenzen vorhanden und auch nachweisbar seien. Braus hat eine solche Differenz bei Bombinator nachgewiesen. Er zeigte, daß in erwachsenen Amphibien ein Antigen vorhanden ist, das in Embryonen derselben Tierart fehlt. Rosenberger[3]) glaubt, eine direkte chemische Differenz nachweisen zu können, er zeigte, daß fetales Gewebe inositreich ist, ebenso wie Pflanzen in ihren Entwicklungsstadien, während reifes Gewebe inositarm ist. Rosenberger empfiehlt daher, die Untersuchung von malignen Neubildungen auf Inosit vorzunehmen, da sein Nachweis ein Beweis „der Rückkehr zum embryonalen Gewebe" in den Neubildungen wäre. Daß diese letztere Schlußfolgerung falsch ist, braucht wohl nach dem Gesagten nicht mehr erörtert zu werden. In der Histologie hat man vielfach den hohen Gehalt eines Gewebes an Glykogen für ein solches Zeichen embryonaler Gewebsdifferenzierung gehalten, meines Erachtens ohne hinreichende Begründung. Bei der großen Bedeutung, die wir der Aufdeckung der chemischen Vorgänge über das gesamte Gestaltungsgeschehen des Organismus beimessen, ist es selbstverständlich, daß wir allen chemischen Aufklärungen über die Geschwülste große Bedeutung zumessen. Aber man darf auch hier die Methodik nicht derartig überschätzen, daß man alles andere beiseite lassen und in chemischen Differenzen oder Übereinstimmungen Beweise für den wesentlichen Charakter des Gewebes erblickt.

Versuche, in zellreichen Geschwülsten embryonale Strukturen nachzuweisen, sind, soweit mir bekannt, nicht gelungen. So berichtet Daels[4]), daß es ihm nicht möglich war, mit spezifischen Faserfärbungen eine Umwandlung der Muskelzellen von Myomen des Uterus in embryonale Zellformen nachzuweisen.

Der **wesentlichste Unterschied** zwischen Tumorzelle und Embryonalzelle liegt also in dem **Besitz von Entwicklungsfähigkeiten,** Differenzierungsanlagen, Potenzen. Die Embryonalzelle hat als charakteristische Eigenschaft gegenüber anderen Zellen die Eigenschaft, bei fortschreitender Zellteilung sich, ganz all-

---

[1]) Petry, Hofmeisters Beitr. 2. Bd. S. 94. 1902.
[2]) Cramer u. Pringle: Proc. of the roy. soc. Bd. 82. 1910.
[3]) Rosenberger, Franz: Die Beziehungen der Zyklosen zum tierischen Organismus. Münch. med. Wochenschr. 1908, S. 1778.
[4]) Daels: Myofibrillen im Uterus und in Uterusgeschwülsten. Arch. f. Gynäkol. Bd. 94. 1911.

gemein gesprochen, zu ändern, neue Zellrassen zu bilden, sich nach verschiedenen Richtungen zu differenzieren. Diese fundamentalste Eigenschaft der Embryonalzelle geht der Geschwulstzelle mehr oder weniger vollständig ab.

Der Potenzgehalt ist das Charakteristische der Embryonalzelle, das der Tumorzelle gerade fehlt und das bei starker Zellvermehrung unbedingt zum Vorschein kommen muß. Den sinnfälligsten Beweis hierfür hat Ekmann erbracht[1]): züchtete er Herzanlagezellen eines Amphibiums, die noch keine Pulsation gezeigt hatten, so differenzierten sie sich in der Kultur zu Herzmuskelzellen aus, die nun rhythmische Pulsation zeigten! Also die embryonale Zelle bleibt nicht embryonal in der Kultur, sondern muß ihre Potenzen bei der Vermehrung zur Entwicklung bringen, sie muß sich ausdifferenzieren. In der ersten Zeit der künstlichen Gewebszüchtung ist wiederholt die Behauptung aufgetaucht, daß bei der Züchtung der verschiedensten Organgewebe des Körpers immer nur die gleiche uncharakteristische Zellart zu Entwicklung und Wachstum käme [Verratti[2]), Hadda und Rosenthal[3])]. Es hat sich aber schon bald gezeigt, daß bei fortschreitender Verbesserung der Züchtungsmethoden auch die differenzierten Gewebe fähig sind, außerhalb des Organismus zu wachsen und sich unter Beibehaltung ihrer Grundeigenschaften zu vermehren [Carrel, Awrorow und Timofejewskij[4])]. Allerdings zeigen die spezifischen Parenchymzellen der hochdifferenzierten Organe erwachsener Tiere (z. B. Pankreas, Leber, Niere, Muskeln) nur geringes Wachstum [Lambert und Hanes[5]), Bompiani[6])]. Am reichlichsten wächst immer die Bindegewebszelle oder Mesenchymzelle, und diese embryonale Mesenchymzelle zeigt typische Ausdifferenzierung in der Kultur zu Fibroblasten, Phagocyten, Plasmazellen, Wanderzellen usw. [Chlopin[7])]. Auf diesem Wege ist es ja Carrel und Ebeling[8]) gelungen zu zeigen, daß die großen mononucleären Zellen des Blutes sich zu Fibroblasten ausdifferenzieren, und wenn die Zellen der höheren differenzierten Organe ihre spezifischen Strukturen in der Kultur nicht nur nicht entwickeln, sondern sogar verlieren [z. B. Nierenzelle, Schilddrüsenzelle, Rhoda Erdmann[9])], so liegt das nur daran, daß eben ihr spezifischer Stoffwechsel in enger Abhängigkeit vom Stoffwechsel des Gesamtkörpers steht. Die äußere morphologische Ähnlichkeit der beiden Zellarten, der *Mangel* an äußerlicher Differenzierung kann über den fundamentalen Unterschied: die *Unfähigkeit* zur Differenzierung in dem einen Falle gegenüber der Fähigkeit weitgehender Entwicklung im anderen Falle nicht hinwegtäuschen, im Gegenteil, während die Embryonalzelle durch weiter fortschreitende Zellteilung an Differenzierung gewinnt, sehen wir bei der Tumorzelle z. B. bei fortgesetzten Transplantationen für gewöhnlich eine immer stärker werdende Entdifferenzierung und ein immer stärker werdendes Abstreifen aller funktionellen Zelleigenschaften, und zwar sowohl in morphologischer wie in physiologischer Richtung eintreten.

Embryonale Zellen erfahren ihre weitere Differenzierung auch außerhalb des Organismus (v. Schumacher), Tumorzellen zeigen niemals Derartiges. Auch

---

[1]) Ekmann, s. bei Stöhr: Klin. Wochenschr. 1925, S. 1004.

[2]) Verratti: Boll. d. soc. med.-chir. Pavia 1919, Nr. 1.

[3]) Hadda u. Rosenthal: Berlin. klin. Wochenschr. 1912, S. 1653.

[4]) Carrel, Awrorow u. Timofejewskij: Virchows Arch. f. pathol. Anat. u. Physiol. Bd. 216, S. 212. 1914.

[5]) Lambert u. Hanes: Virchows Arch. f. pathol. Anat. u. Physiol. Bd. 211, S. 89. 1913.

[6]) Bompiani: Riv. di biol. Bd. 2, S. 76. 1920.

[7]) Chlopin: Arch. f. mikroskop. Anat., Abt. 1, Bd. 69, S. 435. 1922.

[8]) Carrel u. Ebeling: Journ. of exp. med. Bd. 36, S. 365. 1922.

[9]) Erdmann, Rhoda: Praktikum. Berlin 1922.

im Körper sehen wir aber dasselbe: die Naevuszellen, die ja aus einer embryonalen Differenzierungsstörung des Ektoderms, d. h. einer pathologischen Art von Mesenchymbildung der embryonalen Epidermiszellen hervorgehen, zeigen auch im Körper bei weiterem Wachstum niemals die Ausdifferenzierung zu Bindegewebszellen oder anderen Zellen.

CHILD[1]) hat gerade aus der **Unfähigkeit der Geschwulstzellen zur Regulation** geschlossen, daß es sich um hochspezifizierte Zellen handelt, also um das Gegenteil von Embryonalzellen. Wäre die Annahme von ROTTER[2]) richtig, daß alle bösartigen Geschwülste von persistenten extraregionären Urgeschlechtszellen sich ableiten, so müßten viel häufiger die charakteristischen Eigenschaften der Embryonalzelle, der Reichtum an verschiedenartigen Differenzierungspotenzen in diesen Tumoren zum Vorschein kommen. Tatsächlich ist das auch der Fall (und zwar sogar in den Metastasen) in den seltenen Fällen eines echten malignen Embryoms. Also auch die Embryonalzelle ist fähig zur Geschwulstbildung, und gerade aus dem Unterschied der normalen und der blastomatösen Embryonalzelle geht einwandfrei hervor, daß das Wesen der Embryonalzelle und das Wesen der Geschwulstzelle an und für sich nichts miteinander zu tun haben und getrennte Dinge sind.

Verschiedentlich hat man das Verhalten der Geschwulstzellen auch mit der Eigenart der Geschlechtszellen verglichen. Aus dem Wesen der Differenzierung und der Beziehung der Differenzierungsvorgänge zu den Stoffwechselvorgängen erhellt ohne weiteres, daß die am meisten differenzierte Zelle auch am anspruchsvollsten ist, d. h. auf einen außerordentlich fein abgestimmten und differenzierten Stoffwechsel angewiesen ist. Die Folge davon ist natürlich, daß diese differenzierte Zelle bei Schädigungen am leichtesten zugrunde geht, insbesondere bei Schädigungen der Stoffwechselvorgänge, während die weniger differenzierte Zelle noch mehr Stoffwechselmöglichkeiten und Umsatzmöglichkeiten chemischer Art in sich selbst trägt und daher noch anpassungsfähiger ist. Die Geschlechtszellen tragen im Prinzip die Anlage zum Stoffwechsel des Gesamtkörpers in sich und sind daher am wenigsten an die Existenz des spezifisch differenzierten Stoffwechsels des Körpers in ihrer Existenz gebunden. So war es denn verständlich, daß Geschlechtszellen und Embryonen bei Störung des Gesamtstoffwechsels, weil sie eben nicht an spezifische Teile des Stoffwechsels und der spezifisch differenzierten Körperzellen gebunden sind, sich auf Kosten des Gesamtorganismus entwickeln können, wie das klassische Beispiel am Rheinlachs (MIESCHER) zeigt. SCHULTZ[3]) schreibt hierüber: ,,Im Falle von mangelnder äußerer Ernährung erweisen sich die Geschlechtszellen als echte Parasiten, welche den Körper aufzehren, worauf schon NOLL bei Pflanzen hinwies, bei denen die somatischen Teile von den Griffelteilen bis zum Absterben ausgesogen werden. Ähnliches wies FAUSSEK für ganze tierische Embryonen nach. Dieses Überleben der Geschlechtszellen auf Kosten der somatischen wäre nur ein Spezialfall eines Überlebens des Embryonalsten auf Kosten der Differenzierteren, wie ja auch bei den Pflanzen die jüngeren Organe den älteren die Stärke entziehen. Auch bei den Tieren sterben bei Störung des Blutkreislaufs zuerst die differenzierten Zellen." Geschlechtszellen und ganze Embryonen haben aber ihren eigenen, selbständigen Stoffwechsel. Man müßte, wollte man auf diesem Wege die Geschwulstbildung erklären, alle Geschwülste in Analogie zu der Auffassung von RIBBERT in seinem letzten Aufsatz oder von BERGK und

---

[1]) CHILD: Physiologische Isolation, S. 124. 1911.
[2]) ROTTER: Zeitschr. f. Krebsforsch. Bd. 18, S. 171. 1921.
[3]) SCHULTZ, E.: Über umkehrbare Entwicklungsprozesse. W. Roux' Vortr. üb. Entwicklungsmech. H. 4, S. 23. 1908.

Rotter als Embryome erklären. Das ist aber sicher für einen großen Teil der Tumoren unhaltbar, und damit entfällt auch die Möglichkeit, das Wesen der Geschwulstbildung auf diesem Wege aufzudecken. Wir können wohl bei Embryonalzellen eine stärkere Anpassungsfähigkeit und Modulationsfähigkeit voraussetzen, aber noch nicht die Eigenschaft auf Kosten der übrigen Zellen des Körpers zu leben, so wie das die Geschwulstzelle oder der Embryo tut.

Die Ähnlichkeiten, die sich hier zwischen Wachstum von Tumorzellen und Geschlechtszellen bzw. Embryonen ergibt, beruht auf der biologischen Selbständigkeit all dieser Zellarten und Organismen. Es wurde bereits früher gezeigt, daß auch der Stoffwechsel der Keimzellen etwas Besonderes im Körper darstellt, eine Implikation des Gesamtstoffwechsels ist, und so sind denn die Keimzellen etwas Selbständiges, ebenso wie sich ja der entwickelnde Embryo als eine selbständige biologische Individualität im Mutterkörper entwickelt. Auch die Geschwulstzelle hat in gewisser Weise eine gleiche Selbständigkeit, ein gleiches autonomes Wachstum, und daraus ergeben sich die angeführten Analogien.

Die Regenerationen niederer Tiere beweisen, wie schon eingehend dargelegt wurde, lediglich, daß hier manche Körperzellen die Qualitäten von Embryonalzellen *behalten* können und diese Qualitäten bei regenerativen Vorgängen wieder zum Erwachen kommen können. Das ist die Körperentwicklung ohne Potenzverlust, die bei den höheren Organismen nicht vorkommt.

Der Mangel an Differenzierung bei der Geschwulstzelle beweist also nicht die Rückkehr zur embryonalen Entwicklungsstufe. Allerdings finden wir auch außerhalb der embryonalen Entwicklung in der Entwicklungsgeschichte Beispiele für Mangel an Differenzierung. Auf diesen Punkt hat v. Hansemann hingewiesen[1]): „Wollte man das mit phylogenetischen Erscheinungen vergleichen, so könnte man eher auf die neotenischen Formen exemplizieren und, wenn man will, diese Geschwulstzellen neotenische nennen. Aber nie und nimmer sind es embryonale Zellen." Mit der Neotenie hat sich Daniel Rosa[2]) ausführlich beschäftigt, alle Gründe gegen die Anschauung, daß der Atavismus neue Arten schaffen könne, zusammenzutragen, und geschlossen, daß Monstrositäten, Atavismus, Neotenie und Pädogenese nicht zu neuen phyletischen Reihen führen könnten. Die neotenischen Formen sind demnach weniger differenziert, aber sie haben auf keinen Fall die Breite der Variabilität, die phyletische Kraft der ursprünglich indifferenten Formen. Der Verlust an Differenzierung führt also auch hier noch keineswegs zur Erwerbung der embryonalen Eigenschaften, die Geschwulstzelle ist im Gegensatz zu der Embryonalzelle keine polypotente Zelle.

Häufig ist versucht worden, mit Hilfe von embryonalen Zellen Tumoren hervorzurufen (s. S. 1516 ff. und S. 1578 ff.). Die Beziehung der Embryonalzellen zur Geschwulstbildung wurde ja vielfach darin erblickt, daß dem rasch wachsenden embryonalen Gewebe im ausdifferenzierten Organismus von seiner Umgebung nicht dieselben Widerstände entgegengesetzt werden wie in dem embryonalen Organismus, wo sich die umgebenden Gewebe ebenfalls im Zustande starken Wachstums befinden. Wäre diese Anschauung richtig, so wäre es natürlich leicht, mit Hilfe von **Transplantation embryonaler Zellen** Geschwülste hervorzurufen, nachdem überhaupt einmal erwiesen worden ist, daß embryonale Zellen mit Erfolg transplantiert werden können. In all diesen

---

[1]) v. Hansemann: Deszendenz, S. 170. 1909.
[2]) Rosa, Daniel: Progressive Reduktion der Variabilität. Jena 1903.

Versuchen, vgl. z. B. BIRCH-HIRSCHFELD[1]), FICHERA[2]), PETROW[3]), HERLITZKA[4])
u. a.[5]), hat sich aber gezeigt, daß die implantierten embryonalen Gewebe nicht
imstande waren, die Widerstände und die Reaktion des Wirtsorgans zu überwinden, so daß also von einem geschwulstähnlichen Wachstum auch nicht
die Rede sein konnte, andererseits haben sich die embryonalen Zellen in der
neuen Umgebung stets weiter differenziert und haben sich auch hier wiederum
wirklich als embryonale Zellen erwiesen, d. h. sie haben beim Weiterwachsen
den histologischen Typus der Embryonalzelle nicht beibehalten.

Auch die Übertragung embryonaler Gewebe in die vordere Kammer des
Auges zeigt in sehr schöner Weise, daß sich diese Embryonalzellen so ausdifferenzieren, wie sie es in ihrer ursprünglichen Lage getan hätten [TIESEN-
HAUSEN[6])]. So sehen wir denn bei Implantation zerquetschter Embryonen in den
tumorartigen Bildungen fast sämtliche verschiedenen Gewebe des Körpers auftreten.
Es haben sich auf diesem Wege meist nur gutartige Bildungen erzeugen lassen,
die in den meisten Fällen, ja fast regelmäßig nach Ablauf einer gewissen Zeit,
4 Monate oder etwas mehr, sogar zugrunde gingen und resorbiert wurden. Die
Angaben von BJELOGOLOWY über experimentelle Erzeugung von Sarkomen
beim Frosch durch Implantation von Froscheiern haben sich als falsch erwiesen[7]),
wie ich auch aus eigenen Nachprüfungen bestätigen kann. Es ist auch sehr bemerkenswert, daß zur Erzeugung solcher embryoider Teratome nach den Untersuchungen von ASKANAZY sowie nach eigenen Erfahrungen des Verfassers bei
Ratten *ältere* fetale Stadien geeigneter sind als junge. Die älteren fetalen Stadien
enthalten aber schon differenziertere Zellen, und gerade diese können teratoide
Bildungen hervorrufen, eher als die undifferenzierten frühen Stadien der embryonalen Entwicklung.

Auch außerhalb des Organismus zeigen die embryonalen Zellen stets weitere
Differenzierung [v. SCHUMACHER[8])], und explantierte Herzanlagen entwickeln
sich auch in der Kultur zu schlagenden Herzen, wie die Versuche STÖHRS[9]) am
Amphibienherzen einwandfrei gezeigt haben.

Die Regel ist also, daß bei den Transplantationen zerriebener Embryonen
die Ausdifferenzierung der Embryonalzellen wie in der Norm erfolgt, und daß
gerade hier die große Bedeutung „der Selbstdifferenzierung besonders in der
Form der fortentwickelten, verpflanzten Organe zutage tritt" [ASKANAZY[10])].

Wenn es auch ASKANAZY, CARREL u. a., worauf später noch genauer einzugehen sein wird (S. 1545 und 1580), in ganz bestimmten Versuchsanordnungen
in neuester Zeit gelungen ist, bei diesen Versuchen mit Übertragung von Embryonalbrei bösartige Geschwülste zu erzielen, so kann daraus nicht geschlossen
werden, daß diese Tumoren einfach aus embryonalen Zellen bestehen, denn in

---

[1]) BIRCH-HIRSCHFELD, A. u. GARTEN: Verhalten implantierter embryonaler Zellen im
Tierkörper. Beitr. z. pathol. Anat. u. z. allg. Pathol. Bd. 26, S. 132. 1899.

[2]) FICHERA: Developpement greffes embryonaires et foetales. Arch. de méd. exp.
Bd. 21, Nr. 5. 1909.

[3]) PETROW, N. N.: Experimentelle Embryonalimpfungen. Beitr. z. pathol. Anat. u.
z. allg. Pathol. Bd. 43, S. 1. 1908.

[4]) HERLITZKA, L.: Sugli innesti delle tube nelle ovaje. Sperimentale 1905.

[5]) RÖSSLE: Münch. med. Wochenschr. 1906, Nr. 3, S. 143. — FREUND: Beitr. z. pathol.
Anat. u. z. allg. Pathol. Bd. 51, S. 490. 1911. — JOSEPH (bei Triton): Studien z. Pathol. d. Entwickl. Bd. 1, S. 540. 1914.

[6]) TIESENHAUSEN: Inaug.-Dissert. Odessa; vgl. Michel-Nagels Jahresber. 1911, S. 199.

[7]) ANDERS: Zentralbl. f. Pathol. Bd. 33, S. 43 und 171. 1922. — TEUTSCHLÄNDER:
Zeitschr. f. Krebsforsch. Bd. 20, S. 70. 1923.

[8]) v. SCHUMACHER: Individualität der Zelle. Jena: G. Fischer 1914.

[9]) STÖHR: Arch. f. Entwicklungsmech. Bd. 102, S. 426. 1924.

[10]) ASKANAZY: Zentralbl. f. Pathol. 1917, S. 50.

der Zeit, die zwischen der Impfung der embryonalen Zellen und der Entstehung des Tumors vergangen ist, haben sich diese embryonalen Zellen nach vielen Richtungen ausdifferenziert, und es könnte höchstens die Persistenz einiger undifferenzierter Zellen als Grundlage für die Geschwulstbildung in derselben Weise in Betracht kommen, wie wir dies für zahlreiche Tumoren des Menschen anzunehmen gezwungen sind. Das Embryonale kann uns dann aber wiederum nicht das Wesen der malignen Tumorbildung an und für sich erklären, sondern es müssen noch andere Faktoren, vor allem besondere Störungen der Zellentwicklung, hinzutreten, ehe aus der Embryonalzelle die Geschwulstzelle wird.

Auch der von R. Hertwig gebrauchte Vergleich des geschwulstartigen Wachstums mit dem embryonalen Wachstum ist nicht zutreffend. R. Hertwig will bei den Zellen ganz im allgemeinen zweierlei Wachstumsarten unterscheiden: das organotypische und das cytotypische Wachstum. Das organotypische Wachstum soll sich dem Ganzen unterordnen und dadurch also nach Quantität und Qualität beschränkt sein, das cytotypische Wachstum dagegen soll nur den in der Zelle selbst gelegenen Kräften gehorchen. Nach R. Hertwig wird also bei den Geschwulstzellen das organotypische Wachstum in cytotypisches umgeändert, dieses sei aber nichts anderes als ein Embryonalwerden. Diese Erklärung dürfte niemanden befriedigen. Es ist durchaus willkürlich anzunehmen, daß den embryonalen Zellen in dem Sinne von Hertwig ein cytotypisches Wachstum zukommt, denn auch sie ordnen sich vollkommen den Interessen des Gesamtorganismus unter, zeigen also im Sinne Hertwigs ein organotypisches Wachstum. In der Schnelligkeit, dem Rhythmus, der Art des Wachstums sind alle Teile des Embryos *auf das feinste* aufeinander abgestimmt, selbst Rückbildungsvorgänge eingeschlossen, sonst wäre ja die Erreichung des Zieles auch ganz ausgeschlossen.

Das gesamte Wachstum der embryonalen Stadien bietet gerade die glänzendsten Beispiele der Unterordnung des Zellwachstums unter die Ziele und Zwecke des Organismus. In diesem Sinne wäre das embryonale Wachstum also ein durchaus organotypisches.

Drew[1]) hat aus vergleichenden Studien an künstlichen Kulturen einen direkten Gegensatz zwischen Embryonalgewebe und Tumorgewebe festgestellt. Embryonalgewebe wächst in der Kultur, aber nicht im lebenden Körper, das Tumorgewebe verhält sich gerade umgekehrt. Auch Blumenthal[2]) stellt fest, daß die Übertragungsfähigkeit embryonaler Zellen sehr gering gegenüber Krebszellen ist.

Daß die **Gewebszüchtung** keinen Beweis für den embryonalen Charakter der Geschwulstzellen erbracht hat, wurde bereits erörtert, und auch heute gelten die schon vor 13 Jahren geschriebenen Sätze von Oppel[3]) über den Vergleich der rasch wachsenden, experimentell erzeugten Zellkulturen mit embryonalen Geweben: „Es ist auch hier in erster Linie das rasche Wachstum, welches diese Bedeutung zu unterstützen scheint, *jeder histologische Beweis, daß die neugebildeten Zellen embryonalen Charakter zeigen, steht noch aus.* Der Umstand, daß Carrels und meine Experimente zeigten, daß derartige Wachstumsvorgänge nicht allein bei Embryonen, sondern auch bei Geweben erwachsener Tiere hervorgerufen werden können, ohne daß ein ‚Embryonalwerden‘ des Gewebes ersichtlich wäre, ermahnt zur Vorsicht.“

---

[1]) Drew: 8. wissenschaftlicher Bericht des „Imperial Cancer Research Fund" 1923.
[2]) Blumenthal: Zeitschr. f. Krebsforsch. Bd. 16, S. 357. 1919.
[3]) Oppel, Albert: Explantation von Säugetiergeweben. Arch. f. Entwicklungsmech. Bd. 34, S. 161. 1912.

Auch bei anderen experimentellen Untersuchungen hat sich eine biologische Kongruenz des embryonalen Gewebes mit der malignen Tumorzelle nicht ergeben. So konnte DEALS[1]) bei gleichzeitigen Injektionen innig vermischter Verreibungen von malignen Tumorzellen und von Embryonalzellen niemals eine gesteigerte Wucherung des embryonalen Gewebes unter dem Einflusse der Tumorzellen nachweisen. Ja, rasch wachsende Tumoren hindern überhaupt die Entwicklung, das Angehen und Wachsen der Embryonalzellen [P. ROUS[2])]. Im Gegenteil zeigte sich deutlich die Unabhängigkeit der beiden Zellarten bei der Implantation der embryonalen Zellen und der Geschwulstzellen. Auch auf bereits wuchernde Gewebe des Körpers (Periost und Knorpel) konnten die Geschwulstzellen eine wachstumserregende Wirkung nicht ausüben. Also wiederum keine nachweisbaren Beziehungen zwischen Geschwulstzelle und Embryonalzelle.

Ein weiterer Unterschied zwischen Tumorzellen und Embryonalzellen scheint mir aus interessanten Untersuchungen ASKANAZYs hervorzugehen. Wir wissen aus den bekannten Experimenten von STARLING, daß man experimentell eine Mammahypertrophie und -sekretion durch Injektion von Extrakten von Feten hervorrufen kann. ASKANAZY[3]) zeigte nun, daß vorzeitige Körperentwicklung, insbesondere sexuelle Frühreife, in einer ganzen Anzahl von Fällen bei Tumoren, besonders Teratomen der Keimdrüsen, beobachtet wird und deutet dies als die chemische Wirkung eines embryonalen Gewebes. ASKANAZY nimmt also an, daß die embryonalen Teratome einem mißbildeten fetalen Organismus entsprechen und daß diese Embryonalzellen nun ähnlich wirken wie die Embryonalextrakte in dem STARLINGschen Experiment. Wären demnach alle malignen Tumoren aus embryonalen Zellen zusammengesetzt, läge das Wesen der Malignität darin, daß eine Zelle wieder embryonale Eigenschaften annähme, so müßten wir derartige Einflüsse auf das Wachstum der sexuellen Organe bei den malignen Geschwülsten *sehr häufig* sehen, jedenfalls unendlich viel häufiger, als wir das jetzt zu sehen gewohnt sind. Auch darin erblicke ich einen weiteren Anhaltspunkt dafür, daß das Wesen der malignen Geschwulstbildung *nicht* in einem Embryonalwerden der Zellen beruht.

Wir werden später noch sehen, daß wir zwei Arten der Geschwulstbildung zu unterscheiden haben, zunächst diejenigen Geschwülste, die aus embryonal fehldifferenzierten oder umdifferenzierten Gewebskeimen hervorgehen. Hier handelt es sich nicht um einen *Rückschlag* in embryonale Zellstadien, sondern um eine *Persistenz* embryonaler Zellstadien. Bei anderen Geschwülsten, die auf dem Wege der Regeneration entstehen, handelt es sich um einen Verlust an Differenzierung der einzelnen Zellen, um eine Kataplasie im früher entwickelten Sinne. Aber diese Entdifferenzierung geht keineswegs denselben Weg zurück, wie ihn die Entwicklung vorwärtsgegangen ist. Das ist jedenfalls nicht nachzüweisen und nicht beobachtet, sondern es handelt sich nur um äußerliche Ähnlichkeiten von Zellstrukturen, Zellbildern mit embryonalen Zellen, dagegen nicht um ein Erwerben der embryonalen **Qualität**. ISRAEL wollte in ähnlichen Gedankengängen die Geschwulstbildung erklären bei der Regeneration durch einen cytogenetischen Atavismus. Der Nachweis dafür aber steht völlig aus.

WESTENHÖFER ist noch weiter gegangen. Er wollte die maligne Geschwulstbildung in ähnlicher Weise erklären, wie es R. HERTWIG durch die Annahme des cytotypischen Wachstums getan hat. Er nimmt an, daß bei der Geschwulst-

---

[1]) DEALS, FR.: Contribution a. l'étude des tumeurs malignes experimentales. Arch. de méd. exp. et d'anat. pathol. Bd. 22, S. 645. 1910.

[2]) ROUS: Journ. of exp. med. Bd. 13, Nr. 2. 1911.

[3]) ASKANAZY: Chemische Ursachen und morphologische Wirkungen bei Geschwulstkranken, insbesondere über sexuelle Frühreife. Zeitschr. f. Krebsforsch. Bd. 9, S. 393. 1910.

bildung die Zellen durch fortschreitende Wucherung den Artcharakter verlieren und schließlich einen Rückschlag nicht allein ins Embryonale erleiden, sondern einen Rückschlag durch die ganzen Deszendenzstufen des Organismus hindurch bis in das Protozoenstadium hinein. Ist auch eine solche Idee an und für sich keine Erklärung in naturwissenschaftlichem Sinne, so können wir diese Idee doch objektiv durch die Artreaktion prüfen, denn wir sind ja heutzutage durch streng spezifische Serumreaktionen imstande, die einzelnen Arten biochemisch schon auf den frühesten Entwicklungsstadien voneinander zu trennen. Diese Reaktionen aber zeigen, wie bereits besprochen, daß die Tumorzelle eine *arteigene Zelle* ist. Gerade die erwiesene strenge Artspezifität der Impftumoren spricht gegen die Annahme von Westenhöfer: es findet bei der Entdifferenzierung der Geschwulstzelle kein Verlust der Artspezifität statt.

Die genaue Betrachtung des Wesens der embryonalen Zelle ergibt demnach mit aller Klarheit, daß sie von der Geschwulstzelle, insbesondere der malignen Geschwulstzelle, fundamental verschieden ist. Das Wachstum der embryonalen Zelle ist ein ganz anderes wie das der malignen Tumorzelle, und in diesem Sinne vermag auch die Cohnheimsche Theorie der Keimausschaltung nicht das maligne Wachstum zu erklären. Malignes Wachstum ist keine Eigenschaft der embryonalen Zelle, weder im eigenen Körper noch in der Transplantation, und so großen Wert wir der Cohnheimschen Theorie für die Entstehung der ersten Geschwulstkeimanlage beilegen, so muß doch darauf hingewiesen werden, daß viele ausgeschaltete, undifferenzierte Keime persistent bleiben oder zugrunde gehen und keineswegs *an und für sich* mit der Ausschaltung eines embryonalen Keimes die Bildung der Gschwulstzelle bereits perfekt ist.

Noch deutlicher und klarer ergibt sich die große Differenz zwischen Embryonalzelle und Geschwulstzelle, wenn wir die **Wirkung äußerer Faktoren** auf die beiden Zellarten studieren und miteinander vergleichen.

Auffallende Differenzen zwischen rasch wachsenden Embryonalzellen und rasch wachsenden malignen Tumorzellen sind von Gaylord[1]) gefunden worden. Wir erwähnten ja bereits, daß Geschwulstzellen (Mäusekrebs) noch nach längerem Gefrieren mit Erfolg transplantiert werden können. In Gaylords Versuchen ließen Mäusetumorzellen sich selbst nach 80 Minuten langem Gefrieren erfolgreich übertragen. Dagegen gingen embryonale Zellen schon nach vorübergehendem Gefrieren zugrunde, sie, die sonst ja auch leicht auf ein anderes Tier übertragen werden können, wuchsen dann nicht mehr an, waren also zerstört durch das Gefrieren oder zum wenigsten stark geschädigt. Dieser Versuch von Gaylord zeigt einen so wesentlichen *fundamentalen* Unterschied zwischen Geschwulstzelle und Embryonalzelle, daß er mir von besonderer Bedeutung zu sein scheint. Wir müssen wohl annehmen, daß dieser Unterschied auf einer verschiedenen physikalischen Struktur beruht.

Das ausgedehnte Studium der **Strahlenwirkung** auf die Zellen, insbesondere die Wirkung der Röntgenstrahlen, hat immer wieder gezeigt, daß hier Tumorzellen und Embryonalzellen häufig sehr ähnlich reagieren. Aber da wir durch viele Untersuchungen wissen, daß immer die Zellen, die sich in der Mitose befinden, ganz besonders strahlenempfindlich sind, so ergibt sich die Ähnlichkeit der Reaktion von Tumorzelle und Embryonalzelle ohne weiteres aus dem gleichen Reichtum der beiden Zellarten an mitotischen Teilungen. Das vielfach zitierte Gesetz von Tribondeau und Bergonié, wonach die Strahlensensibilität einer Zelle proportional ihrem karyokinetischen Vermögen, d. h. ihrer Teilungsfähigkeit ist, gibt für viele Erscheinungen auch der Geschwulsttherapie

---

[1]) Gaylord: Kälteresistenz von embryonalen und Tumorzellen. Journ. of the Americ. med. assoc. 1908, Nr. 20; Dtsch. med. Wochenschr. 1908, S. 2233.

[Russ[1])] eine Erklärung, obwohl dieses Gesetz anscheinend weder für die Geschwulstzellen (Unempfindlichkeit der meisten Melanosarkome) noch für Embryonalzellen eine absolute Gültigkeit besitzt: wenigstens fanden Ancel und Vintemberger[2]), daß die Strahlenempfindlichkeit des Blastoderms von Hühnereiern unabhängig von den Mitosestadien sei. Offenbar sind aber embryonale Zellen überhaupt empfindlicher gegen Röntgenstrahlen. Tatsächlich sind auch die Tumoren, die sich direkt von embryonalen Zellen ableiten, wesentlich empfindlicher gegen die Bestrahlung als andere, und schließlich gibt es eine Reihe von Geschwülsten, auch bösartige, die außerordentlich unempfindlich gegen Bestrahlung sind, ich erinnere nur an die ausdifferenzierten Formen des Adenocarcinoms und des Gallertkrebses. Ganz allgemein wird das jugendliche, schnell wachsende embryonale Gewebe auch von Radiumstrahlen stets stärker geschädigt als älteres differenziertes Gewebe [Barfurth[3])]. Das gleiche gilt für die sehr strukturarmen Lymphocyten und auch für die Tumorzellen — die Strahlenempfindlichkeit untersteht also anderen Gesetzen und ist kein grundsätzlicher Beweis für den embryonalen Charakter der Geschwulstzelle.

Während die Milz nach zahlreichen experimentellen Ergebnissen das Wachstum der Geschwulstzellen hemmt, fördert sie Wachstum und Entwicklung transplantierter fetaler Gewebe [Katase[4])].

Daß der große Zellreichtum, der Reichtum an Zellkernen und Chromatin, der lebhafte Stoffwechsel — Dinge, die eben den embryonalen und den Geschwulstzellen gemeinsam sind — auch eine ganze Reihe von Analogien, vor allem in chemischer Hinsicht schaffen [Ähnlichkeit im Verhalten implantierter Embryonalzellen und Geschwulstzellen bei graviden Tieren — Rous[5]) — im Verhalten beider Zellarten gegen Serum gesunder Menschen, Nabelblutserum und Retroplacentarserum — Kraus: zitiert auf S.1389 u. a.] ist verständlich und darf über den fundamentalen, durch zahlreiche grundlegende Tatsachen bewiesenen Unterschied nicht hinwegtäuschen. Vor allem sei hier auf die embryonalen Entwicklungsgesetze von Kammerer[6]) hingewiesen, wonach gerade die experimentelle Analyse einwandfrei zeigt, daß die Zellmassen des Embryos sich in jedem Stadium der embryonalen Entwicklung gegen äußere Eingriffe ganz verschieden verhalten, d. h. die Qualität der Embryonalzelle ist in jedem Entwicklungsstadium eine andere. Für uns ist von besonderem Interesse der letzte seiner dort aufgestellten Sätze, der lautet: Zwei aufeinanderfolgende Entwicklungsstadien verhalten sich ein und demselben Faktor gegenüber verschieden oder sogar konträr. Niemals wird ähnliches bei der Geschwulstbildung beobachtet. Trotzdem haben wir ja bei den Transplantationen ständig andere Zellgenerationen vor uns wie bei der zuletzt vorgenommenen Transplantation. Die embryonale Entwicklung führt mit Notwendigkeit und zwangsmäßig zur Bildung immer weiter differenzierter verschiedener Zellstadien und Entwicklungsstadien, während die Zellteilung der Geschwulstzelle immer wieder dasselbe *minderwertige* Individuum liefert und von einer fortschreitenden *Entwicklung* keine Rede ist. Auch Bashford[7]) betont, daß sich die übertragbaren Mäusetumoren trotz hundertfacher Transplantation nicht weiterdifferenzieren, keine Tumoren anderer Struktur bilden (die vereinzelten Fälle von Strukturänderung sind anders zu erklären,

---

[1]) Russ: Brit. journ. of radiol. Bd. 29, S. 275. 1924.
[2]) Ancel u. Vintemberger: Cpt. rend. des séances de la soc. de biol. Bd. 91, S. 1271. 1924.
[3]) Barfurth: Regeneration und Transplantation in der Medizin. Jena 1910.
[4]) Katase: Korrespondenzbl. f. Schweiz. Ärzte 1917, Nr. 16.
[5]) Rous: Journ. of exp. med. Bd. 13, Nr. 2. 1911.
[6]) Kammerer: Arch. f. Entwicklungsmech. Bd. 30/I, S. 391. 1910.
[7]) Bashford: Wachstum des Krebses. Lancet, 1. April 1905.

siehe später). Die Tumorzelle ist keine embryonale Zelle, sie ist eine Zelle, die die funktionellen Strukturen und die spezifische Differenzierung verloren hat, die auch Entwicklungspotenzen verloren, jedenfalls *niemals* neue dazu erworben hat. Durch dieses letztere unterscheidet sie sich fundamental von der polypotenten oder totipotenten embryonalen Zelle, und diese biologische Differenz kann durch alle morphologischen Ähnlichkeiten oder einzelne chemische Analogien nicht aus der Welt geschafft werden.

Biologisch sind also Tumorzelle und Embryonalzelle fundamental verschieden: denn die Embryonalzelle trägt nicht nur die Fähigkeit, sondern auch die *Notwendigkeit* in sich zu weiterer spezifischer Differenzierung; der Tumorzelle ist gerade diese Notwendigkeit, ja meist wohl auch, besonders bei den malignen Tumoren, jeder Rest von Fähigkeit dieser Art, also das wesentlichste Kriterium der Embryonalzelle, verlorengegangen.

Embryonalzelle ist zunächst jede Zelle des Embryos. Sie unterscheidet sich von den Zellen des Erwachsenen:

a) durch ganz oder völlig fehlende *morphologische* Differenzierung (um so komplizierter ist die unsichtbare Metastruktur oder *Feinstruktur*);

b) durch die Notwendigkeit, sich bei weiterer Zellteilung weiter in spezifischer Weise zu differenzieren. Dabei ist diese Bahn der Differenzierung noch nicht absolut festgelegt, sie kann in mehreren verschiedenen Richtungen erfolgen, und die Möglichkeiten spezifischer Differenzierung sind um so zahlreicher, je jünger das Embryonalstadium ist, dem die Zelle angehört.

Die *Geschwulstzelle* hat mit der Embryonalzelle nur die erste Eigenschaft der fehlenden morphologischen Differenzierung überein (häufig auch diese nicht), während ihr die zweite Eigenschaft der Weiterdifferenzierung völlig oder fast völlig abgeht. Und dieser Unterschied ist um so tiefer und einschneidender, weil eben auch die Geschwulstzelle in fortdauernder Teilung sich befindet. Wir müssen also als wesentlichen Unterschied zwischen Geschwulstzelle und Embryonalzelle festhalten: während die embryonale Entwicklung bei jeder Zellteilung Zellen anderer Differenzierungshöhe mit immer weiterer Einengung der Differenzierungspotenz liefert, liefert die dauernd fortschreitende Teilung der Geschwulstzellen, insbesondere der malignen Geschwulst, immer wieder dieselben Zellen derselben Potenz und von derselben Differenzierungshöhe bzw. dem gleichen Differenzierungsmangel.

Wenn, wie wir später noch sehen werden, in manchen Fällen leichte Differenzierungsschwankungen, metaplastische Fähigkeiten der Geschwulstzelle bei diesem überstürzten Wachstum auftreten, so ist dies ohne weiteres daraus verständlich, daß ja auf allen Entwicklungsstufen des Körpers die Bildung eines Geschwulstkeims erfolgen kann, daß also auch einmal ein frühzeitig angelegter Geschwulstkeim noch mehr oder weniger zahlreiche Differenzierungspotenzen enthalten kann, wie das ja am deutlichsten im typischen, auch malignen Embryom zutage tritt.

Auf den wichtigen Unterschied im Stoffwechsel der Embryonalzelle und Tumorzelle — hier ein gesteigerter, dort ein abgearteter Stoffwechsel — kommen wir später (S. 1439) noch zurück. Vielleicht ist dieser Unterschied ebenso wichtig wir der des Potenzgehaltes und steht für das Tumorproblem sogar möglicherweise ganz im Vordergrunde.

2. Die morphologische Kataplasie der Geschwulstzelle.

Selbstverständlich lag die Versuchung nahe und hat von je einen großen Reiz ausgeübt, den spezifischen Charakter der Tumorzelle morphologisch zu bestimmen. Auch diese Versuche sind fehlgeschlagen, wenn man mit einiger

Kritik an die bisherigen Ergebnisse der Forschung herantritt. Das kann nicht wundernehmen, da die Morphologie uns ja gerade in den wesentlichsten Punkten im Stich läßt und wir biologische Unterschiede meistens auf morphologischem Wege überhaupt nicht erkennen können. Immer und immer wieder müssen wir die hier vorliegenden komplizierten und spezifischen Strukturen — den Feinbau, die Metastruktur — einfach aus dem Verhalten der Zellen erschließen, sowohl bei der normalen Entwicklung wie bei experimentell gesetzten abnormen Bedingungen. Dieses abnorme Verhalten der Geschwulstzelle gegenüber der Körperzelle beweist ihre biologische Differenz, ohne daß wir heute schon Methoden hätten, diese differente Metastruktur morphologisch zur Darstellung zu bringen.

a) Die Entdifferenzierung der Geschwulstzelle.

Es liegt im Wesen der Entwicklungsvorgänge und ist eine notwendige Folge der auf allen Stadien der Entwicklung gleichmäßigen Einheit des Organismus, daß jede Differenzierungsetappe mit einem Verlust an Autonomie und dementsprechend einer Steigerung und Festigung der korrelativen Abhängigkeiten verbunden ist. Oder wie ROUX es ausgedrückt hat: im Anfange der Entwicklung spielt die Selbstdifferenzierung eine große Rolle, um immer mehr im Verlaufe der Entwicklung zurückzutreten und der abhängigen Differenzierung Platz zu machen. Wird also ein Gewebskomplex in frühen Stadien aus dem Differenzierungsvorgang ausgeschlossen, bleibt er undifferenziert liegen, so wird dadurch allein schon seine Autonomie gegenüber dem Gesamtkörper erhöht sein. Rein theoretisch kann man also schon hieraus schließen, daß undifferenzierte Embryonalteile eine größerere Autonomie und eine sehr viel geringere korrelative Abhängigkeit zeigen werden als die normal entwickelten Organzellen.

Morphologisch hat man als charakteristische Eigenschaft der Geschwulstzelle den **Mangel an Strukturbildung,** an *Differenzierung*, bezeichnet. Generell trifft das für viele, besonders bösartige Geschwülste zu, aber keineswegs für alle.

In sehr vielen Fällen äußert sich aber trotzdem die Entartung der Metastruktur, die Kataplasie auch morphologisch in Strukturarmut, in fortschreitendem Verlust an Differenzierung und Differenzierungsfähigkeit (s. auch das S. 1359, 1367, 1387, 1459 und 1503 hierzu Gesagte). Differenzierung verliert die Zelle schon unter ungünstigen Lebensverhältnissen: transplantierte Talgdrüsen nehmen den Charakter des Plattenepithels an. Dieselbe Rückbildung zeigen sie nach Erfrieren [RIBBERT, MISUMI[1]]. Die transplantierte Hypophysis regeneriert lebhaft, aber die neugebildeten Elemente erreichen nicht den Differenzierungsgrad der normalen Hypophysiszellen [CARRARO[2]]. Auch nach Giftwirkung treten strukturarme unreife Zellen auf [ISAAC und MÖCKEL[3]]. Die Gewebszüchtung zeigt bei zahlreichen Zellen den gleichen Vorgang der Entdifferenzierung [CHAMPY, SHIOMI[4]], und so liegt die Annahme nahe, daß auch bei den Geschwülsten der Strukturverlust lediglich die Folge lebhafter Wucherung und ungünstiger Ernährungsbedingungen sei und nicht die Grundlage der primären Wesensänderung. MARCHAND[5] schreibt hierüber: „Keineswegs ist aber der Grad der Malignität von der größeren oder geringeren ‚Entdifferenzierung‘ abhängig... Da, wo die Geschwulstelemente sich frei entwickeln können ... bilden sie Geschwulstmassen, die sich kaum von den normalen Zellknoten und Zell-

---

[1]) MISUMI: Virchows Arch. f. pathol. Anat. u. Physiol. Bd. 197, S. 530. 1909.
[2]) CARRARO: Arch. f. Entwicklungsmech. Bd. 28, S. 169. 1909.
[3]) ISAAC u. MÖCKEL: Zeitschr. f. klin. Med. Bd. 72, S 231. 1910.
[4]) SHIOMI: Virchows Arch. f. pathol. Anat. u. Physiol. Bd. 257, S. 714. 1925.
[5]) MARCHAND: Dtsch. med. Wochenschr. 1902, S. 693.

säulen … unterscheiden, während die in die Gewebe, in die Gefäßwand eindringenden Zellen im höchsten Maße ‚entdifferenziert‘ erscheinen. Die Abweichungen der Geschwulstzellen von denen ihres Ursprungsgewebes haben, abgesehen von äußeren mechanischen Bedingungen, nach meiner Meinung hauptsächlich die Bedeutung von Entartungszuständen, die sowohl im Kern als im Zellkörper zum Ausdruck kommen. Sie deuten in erster Linie auf veränderte Ernährungsvorgänge hin.“

Es ist also die Frage, ob man überhaupt aus dem Grade des Differenzierungsverlustes weitgehende Schlüsse ziehen, insbesondere auch auf den Grad der Malignität schließen darf. Sehr entschieden wird dies von v. Dungern abgelehnt, der betont, daß der Begriff der Anaplasie, wonach die malignen Zellen an Differenzierung verloren und an Selbständigkeit gewonnen haben, den Erscheinungen nicht vollkommen gerecht wird, da er zwei Eigenschaften vereinigt, die voneinander unabhängig sein können. Dieser Satz ist aber nur dann zutreffend und richtig, wenn er sich einzig und allein auf die morphologisch nachweisbare Differenzierungseigenschaft bezieht. Immerhin kann uns doch in vielen Fällen schon die morphologische Beurteilung der Differenzierung wesentliche Aufschlüsse über den Grad der Tumormalignität geben. Gewiß ist diese Beurteilung, die sich nur auf die morphologische Differenzierung der Tumorzelle stützt, keine absolut zuverlässige. Aber sie leistet doch jedem Histologen wesentliche Dienste in der Beurteilung der Bösartigkeit, zum wenigsten der meisten Geschwulstgruppen. Auch schließe ich mich vollkommen Kreibich[1]) an, wenn er schreibt, daß es für die Hautcarcinome nur ein brauchbares Einteilungsprinzip gebe, nämlich „die Carcinome nach dem Grade der Anaplasie, welchen die Epithelzelle eingeht, wenn sie zur Carcinomzelle wird, zu beurteilen“.

Die Bedeutung der Strukturarmut und des fortschreitenden Verlustes an Differenzierungsfähigkeit ist also bei den Geschwülsten größer als nach den Experimenten und Züchtungsversuchen anzunehmen wäre. Denn die Ernährungsbedingungen sind ja für die verschiedenen Geschwülste im wesentlichen gleich, und insbesondere können wir darin die Erklärung der fortschreitenden Entdifferenzierung, z. B. im Geschwulstrezidiv, nicht erblicken. Die Entdifferenzierung muß daher wohl einen näheren Zusammenhang mit dem Wesen der Geschwulstzelle haben, was sich auch darin äußert, daß wir nicht selten Schwankungen der Strukturbildung in den Geschwülsten nachweisen können.

Die Differenzierung des Gewebes ist zuweilen in der Geschwulst nicht so fest fixiert wie im normalen Gewebe des erwachsenen Organismus. Wir können uns dies so vorstellen, daß bei den fortschreitenden Zellwucherungen in der Zelle noch vorhandene, aber lange schlummernde, latente Potenzen wieder geweckt werden oder im Sinne der Semonschen Engrammlehre alte Engramme durch mnemische Erregung wieder zum Vorschein kommen. Selbstverständlich wird derartiges ganz besonders dann auftreten, wenn der Geschwulstkeim aus einer Störung der embryonalen Entwicklung, aus der Persistenz von Embryonalzellen abzuleiten ist. Dann werden wir bei solchen Geschwülsten direkt von metaplastischen Fähigkeiten sprechen können.

Wir sehen eben, daß in bestimmten Entwicklungsstadien selbst der späteren embryonalen Entwicklung die Zellen der einzelnen Organe und Gewebe noch Potenzen und Differenzierungsfähigkeiten besitzen, die sie später vollkommen verlieren. Bei einer embryonalen Keimausschaltung, einer embryonalen Fehldifferenzierung, die später zur Geschwulstbildung führt, können diese immanenten Eigenschaften der embryonalen Zellen in der Geschwulstanlage erhalten bleiben

---

[1]) Kreibich: Dermatol. Zeitschr. 1904, H. 10.

und so hier zu Strukturen und Differenzierungen führen, die an Ort und Stelle, wo die Geschwulst entsteht, später den Eindruck einer Metaplasie machen. Wenn wir aus den Untersuchungen Schriddes über die Entwicklung des Oesophagusepithels ersehen, daß dieses entodermale Epithel in bestimmten Zeiten der Entwicklung faserbildendes, geschichtetes Plattenepithel, aber auch Flimmerepithel, kubisches und zylindrisches Epithel bildet, so können Geschwülste, welche aus embryonalen Fehldifferenzierungen oder Keimversprengungen dieses Organs hervorgehen, selbstverständlich auch alle diese Epithelarten enthalten und ausbilden. Nachdem wir dieses aber einmal wissen, ist der Standpunkt von Robert Meyer durchaus berechtigt, der besagt, daß die Annahme einer echten Metaplasie zur Erklärung der histologischen Struktur eines vorgefundenen Tumors erst dann berechtigt sei, wenn die ganze embryonale histologische Entwicklung des betreffenden Organs bis in alle Einzelheiten mit den vorkommenden pathologischen Abweichungen erforscht sei. Je mehr diese embryonale Zelldifferenzierung der einzelnen Gewebe und Organe aufgeklärt und aufgedeckt wird, um so klarer hat sich gezeigt, daß die angeblich durch Metaplasie ansässiger Gewebe entstandenen Geschwülste auf pathologische, embryonale Verhältnisse, Keimverlagerungen, Zellpersistenzen usw. zurückgeführt werden müssen, und es ist deshalb ganz erklärlich, daß Robert Meyer zu der Annahme kommt, daß die echte Metaplasie als Grundlage der Geschwulstbildung an und für sich überhaupt ganz auszuschließen sei.

Es ist nun ein allgemeines Gesetz der Zelldifferenzierungen und der Entwicklung in der organischen Welt überhaupt, daß mit zunehmender Differenzierung die Variabilität abnimmt. Daraus würde sich schon von selber der Rückschluß ergeben, daß bei denjenigen Geschwülsten, die wir auf verlagerte oder abnorm differenzierte Embryonalzellen zurückführen müssen, eine Variabilität der Zellbildung, der Zelldifferenzierung in höherem Maße vorhanden sein muß als bei anderen Tumoren. Diese Annahme der Variabilität der embryonal angelegten Geschwulstzelle widerspricht in keiner Weise der Unfähigkeit der Tumorzelle zur Regulation. Diese Unfähigkeit zur Regulation hatte Child dafür angeführt, daß es sich bei der Tumorzelle um eine hochspezifizierte Zelle handeln müsse. Beide Annahmen sind wohl vereinbar, denn die Spezifikation kann in einer ganz bestimmten Richtung gehen, während die morphologische Differenzierung dabei noch variabel aber nicht regulationsfähig ist. Schon Roux hatte ja darauf hingewiesen, daß die Geschwulstbildungen zum ersten Stadium, in die erste Periode seiner vier Entwicklungsperioden gehören, d. h. daß es sich bei den Geschwulstzellen um reine Selbstdifferenzierung handelt. Und so führen denn nicht äußere Umstände, nicht regulierende Einflüsse zu den verschiedenen Differenzierungen der embryonalen Tumorzellen, sondern die in der Zelle gelegenen immanenten Eigenschaften.

Gerade Tumoren, deren Zelldifferenzierung mit den normalerweise an dem Orte ihres Entstehens vorkommenden Zellen in direktem Gegensatz stehen, sind immer wieder als Beweise einer tatsächlich vorkommenden Metaplasie angeführt worden. Vor allen Dingen die Cancroide spielen hier eine große Rolle. Verhornende Plattenepithelcarcinome sind beobachtet [vgl. Calderara[1])] in Uterus, Lunge, Bronchien, Trachea, Magen, Gallenblase, Schilddrüse, Nierenbecken, Harnblase (auch Verhornung der Schleimhaut bei chronischer Cystitis). All diese Beobachtungen sollten zeigen, daß wirklich an Ort und Stelle metaplastische Vorgänge der normalerweise ausdifferenzierten Zellen bzw. der Cambiumzellen dieser Gewebe vorkommen können und daß sie mit derartigen Geschwulst-

---

[1]) Calderara: Virchows Arch. f. pathol. Anat. u. Physiol. Bd. 201, S. 181. 1910.

bildungen in direktem Zusammenhang stehe. Der Schluß ist schon aus dem Grunde falsch, weil z. B. für das Entoderm durch die Untersuchungen Schriddes nachgewiesen ist, daß es im Bereich des Oesophagus jedenfalls imstande ist, verhornendes Plattenepithel ebenso zu bilden wie Zylinderepithel. So liegt an und für sich für alle diese Geschwülste schon a priori die Annahme einer embryonalen Fehldifferenzierung als Grundlage der Geschwulstbildung sehr viel näher als die Annahme einer echten Metaplasie.

Die Grundlagen für eine solche Auffassung haben wir bereits in der Lehre von der Gewebsmißbildung, der Heteroplasie, kennengelernt. Wir sahen z. B., daß in der Prostata in einem bestimmten Stadium der embryonalen Entwicklung geschichtetes Plattenepithel regelmäßig nachzuweisen ist, daß auch im embryonalen Uterus Plattenepithel der Schleimhaut als Produkt einer Fehldifferenzierung des Uterusschleimhautepithels gefunden wurde. Wir sehen, daß derartige embryonale Fehldifferenzierungen, abnorme Zelldifferenzierungen in einem Organ oder Gewebe zur Bildung bösartiger Geschwülste führen können und enge Beziehungen zur Geschwulstbildung haben. Sitzenfrey[1] z. B. beschreibt einen Uterus völlig von geschichtetem Plattenepithel ausgekleidet, das bis auf seltene vereinzelte Stellen als gutartig anzusprechenden Charakter besitzt. An vereinzelten Stellen sind vom Plattenepithel der Oberfläche auf kleine Flächen beschränkte Plattenepithelkrebsbildungen ausgegangen, denen sich bisweilen in der Tiefe, unabhängig von ersteren, adenocarcinomatöse Formationen hinzugesellen. In denselben Organen, in denen derartige Plattenepithelcarcinome, Cancroide, gefunden wurden, sind weiterhin sehr merkwürdige Geschwülste gefunden worden, bei denen von allen Autoren einstimmig behauptet wird, daß dieselbe Tumorzelle sich sowohl zu adenomartigen Bildungen und Adenocarcinomen wie zu Plattenepithelbildungen und Cancroiden ausdifferenziert und entwickelt. So beschreibt Orth[2] ein adenomatöses Zylinderzellencarcinom des Magens mit zahlreichen Perlkugeln. In einer und derselben Alveole lagen ohne scharfe Trennung Zylinderzellen und epidermoidale Zellen nebeneinander. Dieselbe Mutterzelle bildete sowohl Plattenepithelien wie Zylinderepithelien. Ebensolche Adenocarcinome mit echten Cancroidbildungen und allen Übergangsbildern sind in der Mamma gefunden worden. Herxheimer und Simmonds[3] beschreiben sie in der Gallenblase, Lewinsohn[4] im Uterus, Scheel[5] in der Niere, Lewisohn[4] im Pankreas, Loeb[6] in der Mamma usw. Herxheimer hat diese Geschwülste *Adenocancroide* genannt. Es ist natürlich ganz falsch, aus derartigen Beobachtungen zu schließen, daß es sich hier um echte Metaplasie handelt, wie dies z. B. noch Scheel und Lewisohn tun. Scheel bemerkt ausdrücklich, daß irgendeine Schädigung, die die Metaplasie in seinem Falle hätte hervorrufen können, aus der Anamnese nicht nachzuweisen war.

Für unsere Auffassung sprechen auch die Befunde an sicher embryonal angelegten Geschwülsten. So z. B. beschreibt Hippel[7] bei einem $1^3/_4$ Jahre alten Mädchen ein ausgebildetes Adenom der Leber mit Knorpel und Hornperlen. Der Verfasser nimmt eine kongenitale Mischgeschwulst bei primärer

---

[1] Sitzenfrey: Zeitschr. f. Geburtsh. Bd. 59, S. 385. 1907.

[2] Orth: Über einige Krebsfragen. Sitzungsber. d. preuß. Akad. d. Wiss. Bd. 49, S. 1225. 1909.

[3] Simmonds: Mischkrebs der Gallenblase. Zentralbl. f. Pathol. Bd. 22, S. 577. 1911.

[4] Lewisohn: Zeitschr. f. Krebsforsch. Bd. 3, S. 528. 1905.

[5] Scheel: Cancroid der Niere. Virchows Arch. f. pathol. Anat. u. Physiol. Bd. 201, S. 311. 1910.

[6] Loeb: Frankfurt. Zeitschr. f. Pathol. Bd. 25, S. 154. 1921.

[7] Hippel, B.: Mischgeschwülste der Leber. Virchows Arch. f. pathol. Anat. u. Physiol. Bd. 201, S. 326. 1910.

Störung der Entwicklung der Leberanlage an. Dieser Annahme wird man sich unbedingt anschließen müssen, und die Beobachtung zeigt einwandfrei, daß eben gerade embryonal angelegte Tumoren zu derartig merkwürdigen Differenzierungen, wie wir sie am normalen Organismus sonst niemals zu sehen gewohnt sind, fähig sind.

Wir sehen also, daß es tatsächlich Geschwülste gibt, deren spezifische Zellen sich in zwei verschiedenen Richtungen differenzieren können, ja es gibt auch embryonal angelegte epitheliale Geschwülste, deren Zellen zur Bildung mesenchymaler, sarkomartiger Strukturen fähig sind. Wir haben aber hier zwischen der Bildung sarkomähnlicher Strukturen und der Bildung echter sarkomatöser Gewebe zu unterscheiden, worauf später noch einzugehen sein wird.

Der fortschreitende Verlust an Differenzierung der Geschwulstzelle muß schließlich zu dem Stadium führen, wo die einzelne Tumorzelle überhaupt keine Beziehung mehr zu dem Organismus oder zu den übrigen Geschwulstzellen hat. Sie sinkt dann auf die tiefste Stufe cellulärer Wucherung herab und verhält sich in ihrem Wachstum fast so wie die Protisten. WESTENHÖFER hat darauf eine eigene Theorie der Geschwulstbildung aufgebaut und geglaubt, daß es sich um eine wirkliche Rückkehr zum Protistenstadium, zu Urzellen handelt.

So wichtig also die Vorgänge der Entdifferenzierung für unsere Auffassung der Geschwülste und ihre morphologische Einteilung sein müssen, so werden wir uns doch der Grenzen, die uns unsere Methode setzt, bewußt bleiben. Die Vergleiche der Geschwulststrukturen mit den normalen Geweben zeigen uns Abweichungen, die in den großen Linien für uns wichtig sind, aber für die Beurteilung im Einzelfalle nicht selten versagen.

RIBBERT[1]) definiert folgendermaßen: „Alle Geschwülste sind dem Körper gegenüber selbständige Gebilde. Die gutartigen wachsen in sich geschlossen und ahmen normales Gewebe nach. Wegen des geschlossenen Baues lassen sich Rezidive leicht vermeiden und sind Metastasen selten. Die bösartigen Tumoren ahmen normale Gewebe nicht oder nur unvollkommen nach und wachsen nicht geschlossen. Sie bestehen vorwiegend oder nur aus Zellen, die einzeln für sich selbständig wachsen.‟

Gut- und bösartige Geschwülste können aber nicht wesentlich verschieden sein, sondern nur graduell, ich möchte sagen quantitativ. Dazu kommt, daß der Mangel an Strukturbildung noch nicht einmal für alle bösartigen Geschwülste zutrifft, also nicht einmal wesentliches Kriterium der Malignität sein kann.

Allerdings müssen wir hierbei daran denken, daß die spezifische Gewebsstruktur nicht allein in der charakteristischen Bildung der paraplastischen Zellorgane besteht, sondern auch in der organtypischen Zusammenordnung der Zellen, in der Bildung höherer Einheiten oder Histosysteme. HEIDENHAIN[2]) hat besonders gezeigt, daß die Zellen der Organe als ihre elementaren Formbestandteile nicht zu einem Aggregat vereinigt sind, sondern zu einem System von aufsteigender Größenordnung. Diese *Parastruktur* der Zellen ist in den einfachsten gutartigen Formen der Geschwülste noch insoweit angedeutet, als noch die untersten Histosysteme sich erkennen lassen. Auch in bösartigen Geschwülsten sehen wir häufig noch das unterste Histosystem, also z. B. den Drüsenschlauch, auftreten. Aber gerade die Einschränkung und schließlich der vollkommene Fortfall jeder Fähigkeit zur Bildung komplizierterer Systeme,

---

[1]) RIBBERT: Geschwulstlehre. 2. Aufl. S. 31. 1914.
[2]). HEIDENHAIN: Arch. f. Entwicklungsmech. Bd. 49, S. 1. 1921; Roux' Vortr. z. Entwicklungsmech. H. 32. Berlin 1923.

besonders höherer Größenordnung, dürfte eine der wichtigsten charakteristischen Eigenschaften der Geschwulstzelle sein. Der Mangel an histologischer Struktur ist nur eine Folge davon und kann vor allem beruhen auf dem überstürzten Wachstum und den fehlenden Funktionsmöglichkeiten; sehen wir doch ganz ähnliche Bilder von Entdifferenzierung gerade bei der künstlichen Züchtung an den Epithelzellen der Niere, der Schilddrüse, der Mamma (Erdmann, Maximow u. a.) eintreten, ohne daß aus den Zellen Geschwulstzellen geworden wären. Wenn Maximow dies trotzdem aus den histologischen Bildern vermutet, so steht der Beweis dafür völlig aus, da bisher noch niemals bei Reimplantation gezüchteter Embryonal-, Epithel- oder Bindegewebszellen Geschwulstbildung beobachtet wurde. Die spezifische Strukturbildung der Geschwulstzelle hängt offenbar in erster Linie von ihren Wachstumsbedingungen ab, denn es ist ja wiederholt beschrieben worden, daß übertragbare Geschwülste bei der Transplantation in ein relativ resistentes Tier eine stärkere histologische Differenzierung zeigen [Apolant, Murray[1])].

Auch die **Struktur der Metastasen** einer Geschwulst kann Differenzen gegenüber dem Primärtumor aufweisen (s. S. 1491 und 1498). Sowohl im Sinne einer noch geringeren Differenzierung wie auch, wenn auch recht selten, im Sinne einer stärkeren Strukturbildung. Wenn auch die Differenzierungsstörung im Zentrum der Geschwülste meistens am stärksten ausgeprägt ist, auch häufig in den Metastasen nicht zunimmt [Saltzmann[2])], so kommen doch auch viele Abweichungen von dieser Regel vor, und Lubarsch schließt mit Recht, daß die histologische Struktur der Geschwulstmetastasen nicht ausschließlich von den immanenten Eigenschaften der verschleppten Geschwulstzellen abhängt, sondern auch durch die besonderen Bedingungen des neuen Standortes mitbedingt ist. Wir werden da in erster Linie an die Ernährungsbedingungen und den Organismus des neuen Standortes zu denken haben (Lubarsch). Jeder Pathologe weiß zudem, daß man nur mit großer Vorsicht und von Fall zu Fall aus dem Grade der histologischen Differenzierung auf den Grad der Malignität schließen kann. ·Bei den Geschwülsten der Nervenzellen zeigt sich hierin z. B. eine ziemlich große Übereinstimmung, bei den Geschwülsten des Darmkanals, der Brustdrüse und anderer Drüsen finden wir keinerlei Bestätigung dieser Regel. Es ist also klar, daß vor allem die Wachstumsbedingungen die Ursache für die größere oder geringere Strukturbildung, Gewebsdifferenzierung der Tumorzelle sind. Sehen wir doch auch ganz ähnliche histologische Entdifferenzierungen an regenerierenden und entzündlich wuchernden Geweben auftreten.

Wir müssen daran festhalten, daß die Geschwulstzelle dem Spezifitätsgesetz der Körpergewebe unterworfen bleibt, aber nicht dem normalen und regenerativen Bauplan und Stoffwechselplan des Organismus. Wenn wir dieses Wesen der Geschwulstzelle aus der histologischen Differenzierung und Strukturbildung nicht ablesen können, so wäre es doch möglich, spezifische Eigenschaften im Protoplasma oder dem Kern der Tumorzelle oder in beiden nachzuweisen. Das ist denn auch sehr häufig versucht worden.

b) Größe, Form und Plasmastruktur der Geschwulstzelle.

Sehr häufig kann man in der Literatur lesen, daß sich die Geschwulstzelle durch ihre **Größe** von anderen Zellen unterscheidet.

Nach den Untersuchungen von Plenk[3]) besitzt jede Tierart eine für sie

---

[1]) Murray: Journ. of pathol. a. bacteriol. Bd. 14, S. 407. 1910.
[2]) Saltzmann: Arb. a. d. pathol. Inst. Helsingfors, N. F. Bd. 1, S. 335. 1913.
[3]) Plenk: Zellgröße im Zusammenhang mit Körperwachstum. Arb. a. d. zool. Inst. d. Wiener Univ. u. d. zool. Stat. in Triest Bd. 19, S. 1. 1911.

charakteristische spezifische Zellgröße. Zwischen Zellgröße und Kerngröße besteht ein inniger Zusammenhang. Die sog. Dauerelemente, z. B. Ganglienzellen, Muskelfasern, Linsenfasern, die bald ihre Teilungsfähigkeit verlieren, erfahren während der weiteren Entwicklung eine Größenzunahme. Die Teilungsgeschwindigkeit scheint von großem Einfluß auf die Zellgröße zu sein. Jedes Entwicklungsstadium hat ebenso seine spezifische Zellgröße wie der fertige Organismus". Man glaubte also danach aus der Zell- und Kerngröße Rückschlüsse auf die Natur der Zelle machen zu können. HEIBERG[1]) kommt zu dem Schluß, „daß die Kerne der Krebszellen größer sind als die Kerne der Epithelien, von denen sie abstammen (d. h. des Mutterbodens)".

Wir werden später noch sehen, daß solche Vergleiche auf sehr unsicherem Boden stehen, da wir die Mutterzellen der spontan auftretenden Geschwulst kaum jemals mit absoluter Sicherheit kennen und sich diese immer von Gewebsmißbildungen oder Regenerationsherden ableiten. Wichtiger sind für uns daher die Tatsachen, die wir über die Zell- und Kerngröße aus der allgemeinen Biologie kennen. Die Kerngröße der spezifischen Gewebe ist sehr genau festgelegt, und insbesondere HEIBERG[1]) verdanken wir den Nachweis, daß die Zellkerne des Pankreas, z. B. bei Inaktivität im Hunger und bei Zuckerfütterung, klein bleiben, dagegen bei Eiweißfütterung groß werden. Auch im Alter werden im allgemeinen die Zellen und Kerne größer [KOLLINER[2])]. Bei Überernährung sollen sogar im Darmepithel Riesenzellen entstehen [LADREYT[3])].

Auch bei der künstlichen Züchtung der Tumorzellen wird häufig ihre Größe betont, insbesondere aber die grotesken und abenteuerlichen **Formen,** die die Geschwulstzellen in den Kulturen annehmen [ERDMANN[4]), A. FISCHER[5])]. Trotzdem ist es nicht richtig, hierin eine irgendwie charakteristische Eigenschaft der Geschwulstzelle zu erblicken. Schlüsse dieser Art werden immer aus dem Studium einzelner Krebsformen, insbesondere auch der wenigen gezüchteten Carcinomstämme, gezogen. In Wirklichkeit kennen wir aus der Histologie der menschlichen Geschwülste alle nur denkbaren Unterschiede in dieser Hinsicht, und A. FISCHER[5]) weist mit Recht darauf hin, daß die Fähigkeit der Geschwulstzellen, das Fibrinstroma aufzulösen, allein schon durch die Änderung der physikalischen Verhältnisse eine völlig hinreichende Erklärung für die Mannigfaltigkeiten der Zellformen in den Geschwulstkulturen gibt. Gerade die physikalische Struktur des Züchtungsmediums spielt die größte Rolle für die Form der Zellen, und man kann hier unter den verschiedenen Bedingungen sehr verschiedene Formen ein und derselben Zelle sehen (A. FISCHER). Im Organismus selbst dürfte die Zahl der Möglichkeiten verschiedener Wachstumsbedingungen aber noch erheblich größer sein als in der Kultur. RIBBERT betont, daß unregelmäßige und vielgestaltige Formen auf die Raumverhältnisse, ungewöhnliche Größe auf die besonderen Ernährungsbedingungen zurückgeführt werden können.

MAC CARTY[6]) will sogar unter Umständen aus der Untersuchung einzelner Zellen die Diagnose auf eine maligne Neubildung stellen können. Nach diesem Autor haben die Tumorzellen „eine derbere Zellwand, ein dichteres Cytoplasma und Nucleoplasma, der Kern ist im Verhältnis zum Protoplasma relativ größer, ebenso der Nucleolus". Obwohl MAC CARTY die Unterscheidung der Geschwulst-

---

[1]) HEIBERG: Nordisk med. arkiv 1908, Abt. 2.
[2]) KOLLINER: Zeitschr. f. Anat. u. Entwicklungsgesch. Bd. 70. 1924.
[3]) LADREYT: Cpt. rend. hebdom. des séances de l'acad. des sciences Bd. 170, S. 1474.1920.
[4]) ERDMANN: Praktikum. Berlin 1922.
[5]) FISCHER, A.: Zeitschr. f. Krebsforsch. Bd. 21, S. 261. 1924.
[6]) MAC CARTY: The cythologic diagnosis of neoplasma. Journ. of the Americ. med. assoc. Bd. 81, S. 519. 1923.

zellen auf Grund dieser Eigenschaften von regenerierenden Zellen für schwierig hält, dürften doch wenige Pathologen die gegebene Charakteristik der Geschwulstzelle ihren Diagnosen zugrunde legen. Auch Bierich glaubt charakteristische Strukturen der Geschwulstzellen nachweisen zu können. Der hochdisperse Zustand der Kolloide der Geschwulstzellen (der die Steigerung der Reaktionsfähigkeiten bedingt) soll zum Ausdruck kommen „in dem hellen, feindispersen Zellprotoplasma, in dem hellen blasigen Kern mit seinem Reichtum an Mitosen". Von einer Gesetzmäßigkeit solcher Strukturen in der Tumorzelle kann aber ebenfalls keine Rede sein, und es ist interessant, daß der eine Autor die Dichtigkeit des Cytoplasmas, der andere seine helle, feindisperse Beschaffenheit für ein Charakteristicum der Tumorzelle erklärt.

Sodann ist häufig die Behauptung aufgetreten, daß das Fehlen der Altmannschen Granula die malignen Zellen morphologisch charakterisiere. Ich erwähne nur ausgedehnte Untersuchungen von Beckton[1]), der behauptet, daß das Fehlen der Granula in allen oder fast allen wesentlichen Zellen Malignität andeutet. Die Altmannschen Granula sind aber auch beim Mäusekrebs nachgewiesen, und Burkhardt hat die Granula auch in menschlichen malignen Tumoren aufgefunden[2]). Guerrini[3]) fand in den ausgebildeten Zellen eines Mammakrebses dieselben Granulationen wie im normalen Drüsenepithel. Die Menge war desto geringer, je mehr sich der Zelltypus vom normalen entfernte. Nach Einspritzung von Pilocarpin verhielten sich die Granula der Tumorzellen wie die normale sezernierende Zelle, nur wurde der Reiz träger beantwortet.

Also das Fehlen der Altmannschen Granula ist ebensowenig als gesetzmäßig für die Geschwulstzelle erwiesen wie das Studium der Mitochondrien der Tumorzelle [Porcelli-Titone[4]), Sokoloff[5]), Wail[6])] bisher ergebnislos geblieben ist. Auch hier fand sich nur große Varietät der Formen dieser Zellorgane. Das gleiche gilt von dem Verhalten der Golgischen Binnennetze in den Geschwulstzellen [Savagnone[7]), Veratti[8])]. Die außerordentlich starke morphologische Vielgestaltigkeit der Tumorzellen in fast allen lebhaft wachsenden und von Zelluntergang begleiteten Carcinomen hat immer wieder zur Entdeckung von „Krebserregern" verschiedenster Art geführt. Auch die in jüngster Zeit von Jos. Koch[9]) gefundenen blauweißen „Zellen" im Krebsgewebe, die er als artfremde heterologe Zellen auffaßt und als Protozoen deutet, dürften demselben Schicksal so vieler rein färberisch entdeckter Krebserreger verfallen und nur der Ausdruck der starken morphologischen Vielgestaltigkeit der Tumorzelle sein.

Wenn in neuester Zeit der biologische Charakter der Geschwulstzelle aus einer kolloidalen Störung der Zelloberfläche, der Membranlipoide [Waterman[10])], erklärt worden ist, so besitzen wir jedenfalls noch keine Möglichkeit, solche Veränderungen histologisch zur Darstellung zu bringen.

---

[1]) Beckton: On the abscence of Altmanns granules from cells of malignant new growths. Brit. med. journ. 5. Nov. 1910.

[2]) Burckhardt: Arch. f. klin. Chir. Bd. 65, S. 135. 1902.

[3]) Guerrini: Di alcuni fenomeni di secrezioni cellulare in adenocarcinoma della mammella. Sperimentale Bd. 3, S. 233. 1908.

[4]) Porcelli-Titone: Beitr. z. pathol. Anat. u. z. allg. Pathol. Bd. 58, S. 237. 1914.

[5]) Sokoloff: Cpt. rend. des séances de la soc. de biol. Bd. 87, S. 1202. 1922.

[6]) Wail: Virchows Arch. f. pathol. Anat. u. Physiol. Bd. 256, S. 518. 1925.

[7]) Savagnone: Virchows Arch. f. pathol. Anat. u. Physiol. Bd. 201, S. 275. 1910.

[8]) Veratti: Boll. d. soc. med.-chir. Pavia 1909.

[9]) Koch, Jos.: Artfremde Zellen im Krebs. Zentralbl. f. Bakteriol., Parasitenk. u. Infektionskrankh., Abt. 1, Orig., Bd. 96, S. 283. 1925.

[10]) Waterman: Bull. de l'assoc. franc. pour l'étude du cancer. Bd. 12, Nr. 2, S. 155. 1923.

c) Kernstruktur der Geschwulstzelle.

Bei der großen Bedeutung, die wir heute dem *Kern* und den Chromosomen für das Leben und alle Fragen der Vererbung zumessen müssen, versteht es sich von selbst, daß man aus dem Studium der Morphologie des Geschwulstzellkerns wesentliche Aufschlüsse erwartete. Man ist sogar so weit gegangen, das Wesen der Geschwulstbildung einfach in einer Erkrankung des Zellkerns zu erblicken, und es ist nicht undenkbar, daß für diese Theorie die Zukunft die nötigen Unterlagen schaffen wird. Auch zahlreiche experimentelle Untersuchungen sprechen dafür, daß der Angriffspunkt der Zellveränderung im Kern liegt.

Bei der künstlichen Züchtung der Krebszellen hat man häufig eine stark vergrößerte **Centrosphäre** gefunden, die ganz den Befunden an absterbenden Fibroblasten in der Kultur entspricht [Lewis[1]) (s. auch S. 1412 u. 1621)]. Sehr viele Gründe sprechen dafür, daß der Kern alles Leben in der Zelle dirigiert und das Zentrum für den Zellstoffwechsel darstellt. Darum wird uns hier die Kernplasmarelation besonders interessieren. Für die normalen spezifischen Organgewebe sind Zellgröße und Kernplasmarelation festgelegte Werte, während die Tumorzellen große Schwankungen darin aufweisen. Mit den abnorm zahlreichen Zellteilungen treten starke Schwankungen der Größe der Zellen, der Kernplasmarelation, des Chromatingehaltes usw. auf, und wie wir in der embryonalen Entwicklung auf solche Störungen stets Mißbildungen folgen sehen, so dürfen wir hier auch schließen, daß das Ergebnis der gleichen Störungen eine vollkommen mißbildete Zelle sein muß. Da aber die Geschwulstzelle im Gegensatz zur embryonalen Zelle keine Differenzierungspotenzen mehr besitzt, so wird das Ergebnis schließlich ein entartetes, einzelliges Zellwesen sein, das sich nurmehr vermehrt, keiner weiteren Bildung fähig und gegen schädliche Einflüsse wenig oder gar keine Widerstandskraft mehr besitzt.

Neuerdings hat Heiberg[2]) durch genaue Messungen festgestellt, daß beim Hautkrebs die **Kerngrößen** durchweg erhöht sind: Durchmesser über 15 μ finden sich nur bei Krebszellen, die aber auch kleinere Kerne aufweisen können. Die Größe des Geschwulstzellkerns wird auch von Mac Carty betont, und Heiberg führt die Kernvergrößerung auf die gesteigerte Funktion der Geschwulstzelle zurück, da im Pankreas bei Eiweißfütterung die Kerne vergrößert sind. Eigenartige Plasma- und Kernveränderungen finden sich auch bei überfütterten Protozoen (R. Hertwig 1904). Sokoloff[3]) unterscheidet zwei Typen von Carcinomzellen: solche, bei denen der Zellkern im Verhältnis zum Cytoplasma beträchtlich vergrößert ist — und das sollen die Träger der vitalen Aktivität der Krebszelle sein — und solche, bei denen dies nicht in so hohem Maße der Fall ist. Aus diesen Kernverhältnissen schließt Sokoloff auf eine Ähnlichkeit zwischen Tumorzelle und Embryonalzelle. Wenn also auch eine auffallende Größe und Variabilität des Kernes besonders bei bestimmten Carcinomformen nachzuweisen ist, so liegt doch kein Gesetz vor, das uns das Wesen der Geschwulstzelle erklären könnte. Auch kommen bei den verschiedenen Geschwulstformen alle nur denkbaren Variationen vor, wobei noch zu berücksichtigen ist, daß wir bei nicht wenigen Geschwülsten das Muttergewebe (die Histogenese) nicht sicher angeben können, also ein Vergleich der Kerngrößen nicht möglich ist.

Wesentlich unterstützt wurden die Anschauungen über die primäre Erkrankung des Kerns der Geschwulstzelle durch die Ergebnisse der Vererbungsforschung und zahlreicher anderer experimentellen Untersuchungen. Die Ver-

---

[1]) Lewis: Journ. of exp. med. Bd. 31, S. 275. 1920.

[2]) Heiberg: Virchows Arch. f. pathol. Anat. u. Physiol. Bd. 234, S. 469. 1921; Nord. med. arkiv 1908.

[3]) Sokoloff: Cpt. rend. des séances de la soc. de biol. Bd. 87, Nr. 37, S. 1200. 1922.

erbungsforschung hat nachgewiesen, daß tatsächlich die Chromosomen die Träger der wichtigsten Eigenschaften der Zelle sind. Wir wissen, daß das Heterochromosom die Geschlechtsentwicklung bestimmt (Morgan), wir kennen Erbfaktoren in der Eizelle, die für den früheren Tod des Individuums verantwortlich sind (Morgans Letalfaktoren), wir wissen überhaupt, daß Abänderungen der Faktorenkombinationen, der Chromosomen, Abweichungen der Entwicklung bedingen. Für die de Vriesschen Mutationen ist der abweichende Chromosomenbestand gegenüber der Ausgangsform nachgewiesen, und es ist experimentell gelungen, sowohl bei Pflanzen (Winkler) wie bei Fröschen Organismen mit ganz abweichendem Chromosomenbestand [Levy[1])] zu erzeugen. Allerdings gehen die meisten Abkömmlinge der atypisch geteilten Zellen zugrunde, andere entwickeln Mißbildungen und Heteromorphosen. Aber nach all diesen Beobachtungen lag der Schluß nahe, daß das Wesen der Geschwulstzelle in einer Änderung ihrer Erbmasse, ihres Chromosomenbestandes, also ihres Kernes, in einer Idiovariation (Lenz) beruhe. In dieser Annahme werden wir besonders bestärkt, wenn wir hören, daß bei poikiloploiden Froschlarven öfter eigenartige papillomatöse Hautwucherungen beobachtet wurden (Ewald).

Die ersten greifbaren Unterlagen für eine solche Theorie sind bereits vor langen Jahren von v. Hansemann[2]) geliefert worden, der die Wesensänderung, von ihm Anaplasie der Tumorzelle genannt, auf einen Verlust von Erbanteilen, d. h. Chromosomen oder Chromosomenteilen, zurückführte und die Häufigkeit asymmetrischer Zellteilungen, inäqualer Kernteilungen und **atypischer Mitosen** in den Geschwülsten nachwies.

Die Befunde v. Hansemanns sind von allen Seiten bestätigt worden, wenigstens für zahlreiche bösartige Geschwülste. Dagegen wurden bei den gutartigen Geschwülsten keine atypischen Mitosen, kein abnormer Chromosomenbestand bisher nachgewiesen.

Auch bei der künstlichen Züchtung der Krebszelle finden sich neben typischen zahlreiche atypische Mitosen. Behla[3]) hat die Nucleolen in malignen Geschwulstzellen einer genaueren Untersuchung unterzogen. Wie bei allen morphologisch darstellbaren Zellorganen finden sich auch hier Veränderungen mit der fortschreitenden Entdifferenzierung, also besonders in den ganz entdifferenzierten bösartigen Geschwülsten.

v. Hansemann nimmt an, daß das Wesen der Geschwulstzellbildung darin besteht, daß die Zelle zu einem weniger differenzierten Zustand zurückkehrt. Als anatomisches Kennzeichen dieser Anaplasie hat er das Auftreten abnormer Kernteilungen beschrieben, insbesondere unsymmetrische Kernteilungen sollen dazu führen, daß die sich ungleich teilenden Zellen sich immer mehr von den normalen Zellen entfernen. Er schreibt wörtlich darüber[4]): „Diese 3 Formen: die asymmetrische Mitose, die hypochromatische Zelle und die Zelle mit atrophischen versprengten Chromosomen sind die tatsächlichen Befunde in Carcinomen und vielen Sarkomen. Alles weitere ist eine Hypothese, die mir brauchbar erschien, um die Entstehung neuer Zellarten, die mir ebenfalls festzustehen scheinen, zu erklären. Ich stellte mir vor, daß sowohl durch asymmetrische Zellteilung als durch die Atrophie einzelner Chromosomen einzelne Teile der Zelle verlorengehen. Ebenso wie das einzelne Chromosom ist der kleinere Zellteil dem Untergang geweiht, worin ich dadurch bestärkt wurde, daß ich Zellen mit sehr spärlichen, zuweilen in Auflösung begriffenen Chromosomen fand.

---

[1]) Levy: Berlin. klin. Wochenschr. 1921, S. 989.
[2]) v. Hansemann: Zeitschr. f. Krebsforsch. Bd. 17, S. 172. 1919.
[3]) Behla: Zeitschr. f. Krebsforsch. Bd. 17, S. 492. 1920.
[4]) Hansemann: Spezifität, S. 90/91. 1893.

War nun dieser verlorengegangene Teil gerade derjenige, der eine bestimmte Eigenschaft in der Zelle zum Übergewicht brachte, so mußte eine weniger differenzierte Zelle entstehen oder dasjenige, was ich Anaplasie genannt habe." Hiernach könnte die typische Differenzierungsstörung der Geschwulstzelle also immer nur an Zellen auftreten, die bereits eine höhere Differenzierung gehabt haben und dieselbe wieder abgelegt haben. Eine derartige Definition würde aber zweifellos die Differenzierungsstörung, welche der Geschwulstzellbildung zugrunde liegt, nicht erschöpfend erfassen.

BOVERI[1]) hat die gleiche Theorie in etwas anderer Form gebracht, daß nämlich das Wesen der Tumorzelle in einer abnormen Stoffkombination, d. h. einem unrichtig kombinierten Chromosomenbestand, gegeben sei. So einleuchtend all diese theoretischen Vorstellungen erscheinen, so fehlt eben doch noch der letzte Beweis dafür, welcher Art denn nun diese besondere Chromosomen- und Kernveränderung sei, da ja keineswegs von jeder abnormen Chromosomenzusammenstellung die Tumorbildung ausgehen kann.

Wir können ja doch auch experimentell durch die allerverschiedensten Mittel, insbesondere Hitze, Kälte, verschiedene Gifte, besonders Narkotica, verschiedene Strahlenwirkungen atypische Mitosen hervorrufen. Besonders eingehend sind diese abnormen Mitosen als Ergebnis der Röntgenbestrahlung studiert worden, wobei die verschiedensten Arten pathologischer Chromosomenentwicklung beobachtet werden. Durch die Röntgenbestrahlung entstehen typische Kernabnormitäten, sowohl im Primär- wie im Sekundäreffekt. Ähnliche Kernveränderungen sind auch experimentell durch Gifte, insbesondere vitale Nilblau- und Neutralrotfärbung, zu erzielen; aber diese entstehen immer unmittelbar nach der Einwirkung des Giftes, nicht wie die Sekundärveränderungen der Röntgenwirkung erst Wochen oder Monate später [POLITZER[2])], wofür bisher eine Erklärung nicht zu geben ist. Aber auch bei den experimentell erzeugten abnormen Chromosomengarnituren, den haploiden, triploiden und polyploiden Kernen, ist bisher bis auf seltene Ausnahmen (s. EWALD S. 1410) eine Geschwulstbildung nicht beobachtet worden (wenn sie auch zu Mißbildungen führen), und abnorme Kernteilungsfiguren sind auch in der menschlichen Pathologie keineswegs auf die Tumoren beschränkt, sondern finden sich auch bei anderen pathologischen, insbesondere regenerativen Prozessen.

Form, Art und Menge der pathologischen Mitosen ist bei den verschiedenen Geschwulstformen sehr verschieden [vgl. z. B. PALUGYAY[3])]. Gerade die Methode, mit der wir künstlich atypische Mitosen erzeugen können, die Röntgenbestrahlung, ist zudem eine der wichtigsten Heilmethoden für die bösartige Geschwulst geworden. Es muß also doch auf die *Art* der Kernveränderung ankommen, denn auch bei den Bestrahlungen kommt es zu schweren, morphologisch nachweisbaren Kernstörungen [OBERNDORFER[4])], und trotzdem kann Heilung eintreten, statt Steigerung der Geschwulstmalignität.

Wir wissen heute, daß überhaupt in allen Geweben mit der Zahl der Zellteilungen auch die Zahl unregelmäßiger, pathologischer Mitosen zunimmt und können also aus diesem Morphologischen allein noch keine weitgehenden Schlüsse ziehen. Auch ist es nicht nur einleuchtend, sondern nachgewiesen, daß die Zelle in den verschiedenen Stadien der mitotischen Zellteilung gegenüber äußeren Faktoren, insbesondere Gift- und Strahlenwirkungen eine sehr verschiedene Empfindlichkeit aufweist, die wir heute auf die wechselnden Permeabilitäts-

[1]) BOVERI: Frage der Entstehung maligner Tumoren. Jena 1914.
[2]) POLITZER: Zeitschr. f. Zellforsch. u. mikroskop. Anat. Bd. 3, S. 84. 1925.
[3]) PALUGYAY: Zeitschr. f. Krebsforsch. Bd. 22, S. 251. 1925.
[4]) OBERNDORFER: Verhandl. d. dtsch. pathol. Ges., Tagung 20, München 1914, .S. 295.

zustände der Zelloberfläche zurückführen. Wie sich bei all dem Zellen mit pathologischen Mitosen verhalten, wissen wir nicht, könnte aber auch für die Entstehung der Geschwulstzelle von großer Bedeutung sein

Gegen die Anschauung einer Veränderung der Erbmasse in der Tumorzelle ist eingewandt worden, daß dann viel häufiger eine Vererbung von Geschwülsten nachzuweisen sein müßte (die tatsächliche Rolle der Erblichkeit wird später noch genauer zu erörtern sein). Von Wichtigkeit in der vorliegenden Frage ist ferner die Tatsache, daß man bisher vergebens versucht hat, an den Zellen bösartiger Geschwülste erbliche Veränderungen des Zellcharakters hervorzurufen. Es ist bekannt, daß Röntgen- und Radiumstrahlen den Zellkern schwer schädigen, eine Qualitätsverschlechterung der Zelle, eine Änderung des Kernes hervorrufen [Fahr[1])]. Regaud und Lacassagne[2]) haben bei Röntgenbestrahlungen von Krebsrezidiven Mißbildungen der folgenden Zellgenerationen hervorgerufen, die aber stets entweder zum Absterben dieser Zellen oder zur völligen Reparation führten, nie zu einer bleibenden Zellveränderung. Auch das Schicksal von Eiern, deren väterliches Chromatin durch Radium schwer geschädigt war, ergab zahlreiche Unregelmäßigkeiten (mehrkernige Zellen, mehrpolige Mitosen, Riesenzellen, Riesenkerne), aber schließlich nur Absterben der geschädigten Zellen und der ganzen Eier [Alverdes[3])]. All das spricht jedenfalls nicht für pathologische Erbanlagen in der Tumorzelle.

Immerhin ist nicht zu vergessen, wie bei der Besprechung der experimentellen Geschwulsterzeugung noch eingehender zu erörtern sein wird, daß gerade solche Faktoren, deren kernschädigender Einfluß bekannt ist (Röntgen, lipoidlösliche Gifte, Regenerationen), bei der künstlichen Erzeugung echter bösartiger Geschwülste die größte Rolle spielen. Man könnte auch nach einer Arbeitstheorie von Kappers[4]) daran denken, daß eine besondere Reizempfindlichkeit des Centrosoms bei der Tumorzelle vorliegt, welche die besonders lebhafte und dauernde Teilung der Geschwulstzelle verursacht. Denn nicht nur die Zahl der Zellteilungen ist bei der Geschwulst ungewöhnlich hoch, sondern Mallet[5]) hat auch die Zellteilungsgeschwindigkeit genau bestimmt und bei den Carcinomen eine sehr viel geringere Zeitspanne gegenüber der Norm nachgewiesen (2—10 gegenüber 10—20 Tagen, karyokinetischer Index).

Bittmann[6]) glaubt, aus den histologischen Bildern der Frühstadien des Teercarcinoms schließen zu können, daß, entsprechend der Theorie von Kappers, die pathologischen Reizimpulse an den Centrosomen der Zellen angreifen und findet in der teerbehandelten Epidermis oft mehr als zwei Centrosomen in einer Zelle von ungleicher Größe und Färbbarkeit. Das soll die primäre Veränderung sein, die zur Umprägung der Epidermiszelle in eine Krebszelle führt.

Klebs, Creighton, Dor, Kronthal, aichel, Lübbert, Schleich, Hallion, Greil u. a. haben versucht, das Wesen der Malignität der Geschwulstzelle durch eine „illegale Zellbefruchtung" zu erklären. Die gegenseitige Befruchtung von Zellen des ausgewachsenen Organismus soll die Ursache der Bildung einer spezifischen Tumorzelle sein. Hallion[7]) ist der Ansicht, daß die ‚karyogamische Verjüngung' (Schleich, Roux, Hallion) die am wenigsten spekulative

---

[1]) Fahr: Virchows Arch. f. pathol. Anat. u. Physiol. Bd. 254, S. 277. 1925.
[2]) Regaud u. Lacassagne: Cpt. rend. des séances de la soc. de biol. Bd. 88, S. 599. 1923.
[3]) Alverdes: Arch. f. Entwicklungsmech. Bd. 47, S. 397. 1921.
[4]) Kappers: Zeitschr. f. Krebsforsch. Bd. 20, S. 211. 1923.
[5]) Mallet: Bull. et mém. de la soc. de radiol. méd. de France Jg. 11, S. 129. 1923.
[6]) Bittmann: Zeitschr. f. Krebsforsch. Bd. 22, S. 278. 1925.
[7]) Hallion, L.: Le problème du cancer et la biologie générale. Presse méd. 1909, Nr. 68.

Theorie" sei. Bekanntlich erwerben sich die Infusorien im reifen Stadium durch karyogamische Konjunktion einen neuen Vorrat von evolutiver Impulsion.

Auch gibt es bei niederen Organismen tatsächlich eine Pseudomixis, die H. WINKLER 1908 nachgewiesen hat. Es entsteht nämlich bei einigen Farn-kräutern der Embryo aus einer gewöhnlichen Prothalliumzelle, deren Kern mit einem aus einer Nachbarzelle herübergewanderten zweiten Kern verschmilzt. Es ist also die Pseudomixis der „Ersatz der echten geschlechtlichen Keimzell-verschmelzung durch einen pseudosexuellen Kupulationsprozeß zweier nicht als spezifische Befruchtungszellen differenzierter Zellen"[1]).

In ähnlicher Weise stellt sich HALLION die canceröse Zelle (eine junge Zelle, von alternden Elementen abstammend) als das pathologische, am unrechten Orte (weil normalerweise bei Wirbeltieren unterdrückt) auftretende Ergebnis des Allgemeingesetzes der gegenseitigen Befruchtung vor, das zur Verjüngung eines sich erschöpfenden Zellstammes führt. Dazu kommen Analogien der cance-rösen Kernstruktur mit normalen Samenelementen (Verminderung der Zahl der Kernfasern) und die gleiche Empfindlichkeit der Krebszellen und der Fort-pflanzungszellen gegenüber Röntgenstrahlen.

Aber die tatsächlichen Unterlagen all dieser Theorien sind mehr als dürftig, obwohl häufig histologische Bilder als Befruchtung der Krebszellen gedeutet wurden.

Eine typische Reduktionsteilung, wie bei der Reifung der Geschlechtszellen, ist bei der Geschwulstzelle nicht nachzuweisen, und auch aus der Zahl der Chromo-somen ist morphologisch das Wesen der Geschlechtszelle nicht zu bestimmen. So haben, schreibt v. DUNGERN[2]), „FARMER, MOORE und WALKER die Fähigkeit der malignen Zellen, unbeschränkt zu wuchern, mit der Wucherungsfähigkeit, welche das Ei nach der Befruchtung erlangt, in Analogie gesetzt. Sie glauben, morphologische Anhaltspunkte dafür zu finden, indem sie beobachteten, daß die Carcinomzellen bei der Teilung nur halb soviel Chromosomen bilden wie die Epi-thelzellen und verglichen diese Verminderung mit jener, welche nach dem Rei-fungsvorgang im Ei zu konstatieren ist. VON HANSEMANN fand jedoch, daß diese Verminderung der Chromosomenzahl in den Kernen der Carcinomzellen unregel-mäßig vor sich geht, und LÖWENTHAL und MICHAELIS konnten sogar unzweifel-hafte Längsteilung der Chromosomen nachweisen, welche der Teilung vorausgehen und eine Verdoppelung der Chromosomenzahl bedingen. Es kann demnach von einer echten Reduktionsteilung nicht die Rede sein. Ob eine Konjugation von Zellkernen in Carcinomen vorkommt, ist zum mindesten unerwiesen." Auch diese Versuche haben zum Ziele nicht geführt. Es hat sich also zeigen lassen, daß wohl sehr unregelmäßige Kernteilungsfiguren bei den Geschwulstzellen vorkommen, daß aber keineswegs regelmäßig etwa die Reduktionsteilung, wie man nach dieser Theorie verlangen müßte, bei den Geschwulstzellen nachweisbar ist.

Auch ROTTER[3]) nimmt an, daß ein wesentlicher Vorgang in der bösartigen Geschwulst die **Kernkonjugation** ist, wodurch die Vermehrung der Chromosomen in den Gschwulstzellen, die er von extraregionären Geschlechtszellen ableitet, zu erklären wäre. Zudem ist zu bedenken, daß gerade die amphimiktische Fort-pflanzung die Ausschaltung der Vererbung erworbener Eigenschaften, die Ver-nichtung junger Neuartmerkmale herbeiführt, also ein konservatives Element dar-stellt, das daher nicht ohne weiteres als Verjüngung zu bezeichnen ist [PRINGSHEIM[4])].

---

[1]) ROUX: Terminologie der Entwicklungsmechanik, Stichwort Pseudomixis. Berlin 1912.
[2]) v. DUNGERN: Zentralbl. f. Bakteriol., Parasitenk. u. Infektionskrankh. Bd. 54, Beih. S. 85. 1912.
[3]) ROTTER: Zeitschr. f. Krebsforsch. Bd. 18, S. 171. 1921.
[4]) PRINGSHEIM: Die Variabilität niederer Organismen. Berlin: Julius Springer 1910.

Auch unsere tatsächlichen Kenntnisse über abnorme Zellverschmelzungen sprechen nicht für diese Theorie. Bei den Untersuchungen über Bastardierung erwähnt Godlewski[1]), daß der Prozeß der Verschmelzung der Blastomeren zweimal bisher bei der künstlichen Parthenogenese beobachtet wurde. „Lillie (1902) hat das bei Chaetopterus, Petrunkewitsch (1904) beim Strongylocentrotus beschrieben. Sowohl bei diesen beiden Autoren als auch in meinem Fall hat man es mit hemikaryotischen Embryonen zu tun."

So haben wir wohl einige Unterlagen dafür, daß abnorme Zellverschmelzungen nach Analogie der Befruchtung denkbar sind. Daß ein ähnlicher Vorgang aber bei der Geschwulstbildung eine Rolle spielt, dafür fehlen bisher genügende Anhaltspunkte.

Lübbert[2]) sieht in der Geschwulstbildung eine primäre Erkrankung des Zellprotoplasmas, die schließlich zum vollkommenen Protoplasmaschwund führt. Die so entstandenen nackten Kerne werden von anderen erkrankten Zellen aufgenommen unter Kernverschmelzung. Diese kernbefruchteten Zellen sollen dann die Mutterzellen der Geschwulst bilden — auch für diese Hypothese fehlen die genügenden Unterlagen.

Von größter Bedeutung für unsere Auffassung müssen diejenigen Veränderungen sein, die sich im ersten Beginn einer Geschwulstbildung im Gewebe nachweisen lassen. Die systematische Untersuchung der Anfangsstadien war bisher sehr stark erschwert dadurch, daß diese Anfangsstadien sehr selten und schwer, man kann sagen nur zufällig zu Gesicht kamen, und daß dann immer noch die Unsicherheit bestand, ob aus diesen Veränderungen, die man als Anfangsstadien auffaßte, auch wirklich Geschwülste hervorgehen. Trotzdem kann man sagen, daß wir schon vor der experimentellen Ära über die Histologie dieser Anfangsstadien ziemlich reichliche und zutreffende Unterlagen besaßen. Es haben sich histologisch eine ganze Reihe von Zellveränderungen im Bezirk der beginnenden Tumoren nachweisen lassen, insbesondere Schwund der spezifischen Protoplasmastrukturen, auffallende Kernveränderungen, Vergrößerungen, Verklumpungen des Chromatins, atypische Mitosen usw. Beweisend für die Bedeutung dieser Befunde sind besonders die Untersuchungen an solchen Erkrankungen, deren präcarcinomatöser Charakter einwandfrei feststeht, also z. B. bei der Bowenschen Dermatose (Darier) oder bei Xeroderma pigmentosum u. ähnl. Alle diese Befunde haben nun eine Bestätigung erfahren durch die experimentelle Krebsforschung der letzten Jahre. Diese Experimente haben in bezug auf die Histogenese des Carcinoms z. B. nicht einen einzigen neuen morphologischen Befund erbracht, sondern lediglich alle den Pathologen bekannten Befunde bestätigt. Gerade beim experimentellen Teercarcinom sehen wir dieselben in den Frühstadien auftretenden Kernveränderungen in den erkrankten Zellkomplexen, wie wir dies auch an der präcarcinomatösen chronischen Röntgendermatitis nachweisen können. Wenn Ribbert[3]) annahm, daß alle diese Veränderungen der Zellformen und Zellgröße, besonders aber die Veränderungen der Zellkerne sekundärer, rein regressiver Natur seien und nicht im Anfang der Tumorbildung, sondern erst wenn die Neubildung bereits vorgeschritten ist, auftreten, so ist diese Anschauung, soweit sie überhaupt aus unseren histologischen Beobachtungen zu erweisen ist, schon durch die anatomischen Untersuchungen, ganz besonders aber durch die experimentellen, widerlegt. Wir werden darauf bei der Besprechung der Reizgeschwülste wie der experimentell erzeugten Tumoren noch zurückkommen.

₁) Godlewski: Arch. f. Entwicklungsmech. Bd. 20, S. 634. 1906.
₂) Lübbert, A. u. H.: Genese und Therapie der echten Geschwülste. Hamburg: Conrad Behre 1922.
₃) Ribbert: Geschwulstlehre. 2. Aufl. S. 17. 1914.

Überblicken wir das Ganze, so können wir sagen, daß die Kataplasie der Geschwulstzelle auch morphologisch in zahlreichen, ziemlich charakteristischen Befunden zum Ausdruck kommt. Während die gutartigen Geschwülste noch sehr geringfügige morphologische Abweichungen erkennen lassen, die sich vor allem auf ihre Nachbarstruktur, ihr syntonisches Vermögen zur Bildung höherer Gewebseinheiten beziehen, sehen wir mit dem Grade der Bösartigkeit immer stärker werdende Veränderungen an der Geschwulstzelle auftreten, die schließlich jede Nachbarstruktur verliert. Zugleich sehen wir immer stärkere Entdifferenzierung, Verlust der Gewebsstruktur, immer stärker werdende Unregelmäßigkeiten an den spezifischen Protoplasmastrukturen und den Zellorganen der Granula, Mitochondrien, Binnennetze auftreten. Im Vordergrund des Interesses stehen aber die Kernveränderungen, die sich in atypischen Mitosen, Chromatinschwund und Chromatinhypertrophien, Kernverklumpungen und ähnlichem äußern, sowie in Abnormitäten des Centrosoms. Von keiner dieser Veränderungen können wir eine absolute Spezifität für die Geschwulstbildung nachweisen, wir müssen auch hier annehmen, daß es sich um die Auswirkungen der spezifischen Erkrankung der Metastruktur der Geschwulstzelle handelt.

3. Die chemische Kataplasie der Geschwulstzelle.

Die Auffassung, daß die Struktur der Zelle sowohl die sichtbare wie die unsichtbare Metastruktur, ebenso Ergebnis wie Grundlage des spezifischen Zellstoffwechsels wie des chemisch-physikalischen Aufbaues der Zellsubstanz ist (Theorie der Chemomorphe), fordert ganz von selbst, daß der morphologischen Kataplasie der Geschwulstzelle die chemische Kataplasie als Ausdruck der spezifischen Abartung an die Seite gestellt wird. Wir nehmen dabei an, daß auch hier mit dem Fortschreiten unserer Kenntnisse eine gemeinsame Formel der chemischen Abartung der Geschwulstzelle als solcher aufzufinden sein wird.

Die Lösung dieser Aufgabe ist aber schwieriger, als es sich manche Forscher vorstellen. Schon v. Hansemann[1]) betonte, daß bei der Erforschung des Chemismus der Geschwulstzelle es vor allem darauf ankäme, den Mammakrebs z. B. chemisch mit der Milchdrüse, den Leberzellkrebs mit der Leber, den Pankreaskrebs mit dem Pankreas zu vergleichen[2]). Da wir zudem aus immunbiologischen Reaktionen wissen, daß die Organtumoren in der Organstruktur häufig durch die verschiedenen Arten hindurch spezifisch gebaut sind (Möglichkeit, mit Mammacarcinom der Ratte gegen Mammacarcinom der Maus, nicht aber z. B gegen Mäusesarkom zu immunisieren), so wird dieser Gesichtspunkt bei der Erforschung des chemischen Aufbaues und des Stoffwechsels der Geschwulstzelle noch mehr in den Vordergrund gerückt.

Daß hier die weitere Arbeit noch Erfolg verspricht, ergibt sich auch aus dem von Caspari und Piccaluga[3]) geführten Nachweis der spezifischen Immunität für die einzelnen Geschwulstzellformen.

Da wir leider bei zahlreichen Geschwülsten das Muttergewebe zwar ahnen, aber nicht mit Sicherheit angeben können, so wird die Aufgabe noch schwieriger. Da an der Spezifität der Abderhaldenschen *Organabbaufermente* wohl nicht mehr zu zweifeln ist, so dürfen wir von weiteren Untersuchungen in dieser Richtung noch mancherlei Aufschlüsse über den Charakter von Geschwulstzellen erwarten.

---

[1]) v. Hansemann: Problem der Krebsmalignität. Zeitschr. f. Krebsforsch. Bd. 16, S. 180. 1917.

[2]) Vorausgesetzt ist dabei, daß es sich um Krebse der eigentlichen Drüsenzellen handelt.

[3]) Caspari: Zeitschr. f. Krebsforsch. Bd. 19, S. 96. 1923.

Die Chemie der Geschwulstzelle ist nach allen Richtungen in zahllosen Arbeiten untersucht worden, und wir können hier nur auf die wichtigsten und grundsätzlichen Ergebnisse eingehen. Wegen weiterer Einzelheiten der umfangreichen Literatur sei auf das erst kürzlich erschienene Referat von Herb. Kahn[1]) verwiesen.

In erster Linie lag es nahe, an ein **spezifisches Geschwulsteiweiß** zu denken. So ist eine abweichende Zusammensetzung des Geschwulsteiweißes gegenüber dem Organeiweiß möglich und nach neueren Untersuchungen anzunehmen. Im besonderen wurde in der bösartigen Geschwulst das Albumin im Verhältnis zum Globulin stark vermehrt gefunden (Beebe, Blumenthal, Wolff), während der Gesamt-N-Gehalt verringert ist (Chisolm). Aber wenn auch in den Preßsäften von Carcinomen meist sehr viel mehr Albumin als Globulin gefunden wurde [H. Wolff[2]), Kahn[1])] als im normalen Gewebe, so zeigte doch die Qualität des Krebseiweißes keine Differenzen gegen die Norm.

Diesen Unterschied im Stickstoffgehalt zwischen Tumorzelle und Körperzelle ergaben auch die Versuche von Cramer und Pringle[3]): Zum Aufbau einer Tumoreinheit ist weniger N nötig als zum Aufbau einer somatischen Einheit; sie fanden weiter im Krebsgewebe einen niedrigeren N-Gehalt als im Gewebe des Trägers. Dieselben Autoren haben in einer weiteren Arbeit nachgewiesen, daß die Zellen einer schnell wachsenden bösartigen Geschwulst einen quantitativ bestimmbaren Unterschied in ihrer chemischen Zusammensetzung gegenüber den normalen Körperzellen aufwiesen. Im gleichen Gewicht enthielten die Krebszellen etwa drei Viertel der Eiweißsubstanz, die sich in den Geweben des Wirtes vorfanden. Es fragt sich sehr, ob alle diese Beobachtungen über die Eiweißstrukturen generell für die Geschwulstzelle gelten, da sie einfach etwas Sekundäres, von dem raschen Wachsen Abhängiges sein könnten, andererseits aber auch vielleicht nur für einzelne Geschwülste zutreffen. Immerhin seien sie als effektive Anhaltspunkte für die chemische Differenz der Geschwulstzelle gegenüber der Körperzelle hier angeführt.

Neuerdings fand H. Kahn[1]), daß im Geschwulstgewebe, und zwar in rasch wachsenden, nicht zerfallenen bösartigen Tumoren ganz besonders stark der hydrophilste Anteil der Albuminfraktion (bestimmt nach Ausfällung der Globuline), das von ihm so genannte Albumin A, vermehrt ist, und daß dieses Albumin A eine besondere Bedeutung für Wachstum und Ernährung habe. Weitere Untersuchungen hierüber werden abzuwarten sein.

Bisher ist auch an der Stickstoffbilanz von Geschwulstkranken nichts Charakteristisches gefunden worden. Sie ist natürlich bei Kachexie negativ, kann aber auch bei schon vorgeschrittenen Geschwülsten positiv sein.

Die häufig nachgewiesene starke Vermehrung der Nucleoprotoide ist wohl einfach als Folge des Kernreichtums anzusehen, dementsprechend ist die Phosphorsäureausscheidung im Urin oft erhöht und bei Krebskachexie auch der Phosphorgehalt der Erythrocyten meist erhöht [Gröbly[4]), Zerner[5])].

Das eingehende Studium der Eiweißabbauprodukte (Lit. siehe bei Kahn) hat ebenfalls gar nichts Charakteristisches für die Geschwulstzelle bisher ergeben (s. S. 1382 u. 1386).

Besitzt die Geschwulstzelle ein spezifisches Geschwulsteiweiß, so müßte

---

[1]) Kahn, Herb.: Ergebn. d. inn. Med. u. Kinderheilk. Bd. 27, S. 365. 1925.

[2]) Wolff, H.: Zeitschr. f. Krebsforsch. Bd. 3, H. 1. 1905.

[3]) Cramer u. Pringle: Contributions to the biochemistry of growth. The total nitrogen metabolism of rats malignant new growths. Proc. of the roy soc. Bd. 82, S. 307 u. 315. 1910.

[4]) Gröbly: Arch. f. klin. Chir. Bd. 115, S. 261. 1921.

[5]) Zerner: Zeitschr. f. Krebsforsch, Bd. 21, S. 157. 1924.

sich dieses auch auf immunbiologischem Wege nachweisen lassen. Bei der Erforschung der Immunität gegen die Geschwulstübertragung ist man immer wieder von den Grundlagen und Vorstellungen der Bakterienimmunität ausgegangen. Es hat sich aber gezeigt, daß hier in Wirklichkeit ganz andere Vorgänge vorliegen. UHLENHUTH und SEIFFERT[1]) sind auf Grund eigener Untersuchungen und der gesamten in der Literatur vorliegenden Erfahrungen zu dem Ergebnis gekommen, daß die natürliche Tumorimmunität in enger Beziehung zum allgemeinen Stoffwechsel, insbesondere zur inneren Sekretion steht. Ich habe an anderer Stelle auseinandergesetzt, daß die innere Sekretion die Grundlage der Einheit des Stoffwechsels und damit des Organismus ist. Da die Geschwulstzelle sich der Einheit des Organismus nicht mehr unterordnet, so ergibt sich schon rein theoretisch, daß die Vorgänge der inneren Sekretion für das Geschwulstproblem von größter Bedeutung sein müssen.

Alle diese Ergebnisse über Tumorimmunität konnten nun bisher nur gewonnen werden an den transplantierbaren Tiergeschwülsten, d. h. also eigentlich nur an künstlichen Metastasen. Hier zeigt sich, daß diese Immunität ein cellulärer Vorgang ist, wie BASHFORD und RUSSEL[2]) schon vor Jahren annahmen, eine Form aktiver Resistenz des Organismus mit Hemmung der spezifisch chemotaktischen Eigenschaften der Carcinomzellen. Die celluläre Reaktion des Organismus, insbesondere der Reticuloendothelien und der Histiocyten entscheidet darüber, ob die übertragene Geschwulst in dem neuen Wirtstier zur Entwicklung kommt oder nicht. Diese Immunitätsreaktionen haben uns also bisher, so wichtig sie sind, keinen Aufschluß über die spezifische chemische Abartung der Geschwulstzelle bringen können. Sie haben bewiesen, daß die Tumorzelle eine körpereigene Zelle ist, sie haben auch bewiesen, daß die Zelle eines Plattenepithelkrebses dem normalen Plattenepithel nahe verwandt, aber nicht mit ihm identisch ist.

Auch mit der Methode der **Komplementbindung** hat man versucht, die spezifisch-chemischen Substanzen oder Strukturen der Krebszelle nachzuweisen. SISTO und JONA[3]) geben an, daß die meisten Fälle (75%) von bösartigen Geschwülsten mit wässerigen Neoplasmaextrakten Komplement bilden. Aber andere haben dies nicht bestätigen können. Alle Versuche, spezifische Antikörper bei Carcinomkranken nachzuweisen durch die Präcipitinreaktion oder die Komplementbindung, sind bisher gescheitert. Ebensowenig wie die Steigerung des antitryptischen Vermögens des Serums für den Krebs spezifisch und charakteristisch ist, ebensowenig ist es die zuweilen gefundene Vermehrung der Resistenz der Erythrocyten.

Zahlreiche Untersuchungen bemühten sich, auf **chemischem** Wege die **Zusammensetzung der Geschwulstzelle,** allerdings meistens nur der Krebszelle, zu ergründen. Seit F. W. BENEKE ist der Cholesterinreichtum der Epithelzellen bekannt, der sich in der Carcinomzelle wie in allen rasch wachsenden Zellen noch steigern soll[4]). Wir wissen aber nichts darüber, daß dies etwa eine allgemeine Eigenschaft der Geschwulstzelle oder auch nur der bösartigen Geschwulstzelle ist.

Alle Untersuchungen über den Cholesteringehalt oder den Gehalt an Lipoiden, ungesättigten Fettsäuren usw. haben nichts Konstantes für die Tumorzelle ergeben (Lit. bei KAHN). Das Wachstum von Impftumoren wird zwar durch

[1]) UHLENHUTH u. SEIFFERT: Med. Klin. 1925, S. 576 u. 616.
[2]) RUSSEL: Lancet, 19. März 1910.
[3]) SISTO, P. u. E. JONA: La clin. med. ital. Bd. 48, S. 289. 1910.
[4]) SCHOENLANK: Zentralbl. f. Pathol. Bd. 27, S. 350. 1916.

Cholesterin und besonders stark durch Zufuhr von Tethelin gefördert, durch Lecithin gehemmt, aber auch für diese Substanzen gilt, was bereits oben über wachstumsfördernde Stoffe gesagt wurde. Nichts spricht bisher dafür, daß sie eine besondere Rolle in der spezifischen Zusammensetzung der Geschwulstzelle spielen.

Bell[1]) hat gefunden, daß kolloidales Blei im Organismus vorzugsweise an lecithinreiches Protoplasma gebunden wird. Da der Lecithingehalt der Zellen bösartiger Geschwülste ihrem Wachstumstempo direkt proportional sein soll, so war zu erwarten, daß sich das kolloidale Blei gerade in diesen Zellen in größerer Menge speichern würde. Das Blei findet Bell nun auch nach der Injektion erheblich reichlicher in den Geschwulstknoten als im übrigen Körper, wobei häufig das Wachstum der Tumoren gehemmt wurde. Eine Bestätigung dieser Angaben habe ich nicht finden können, es wäre vor allem zu prüfen, ob es sich hier nicht um Adsorption an nekrotisches Gewebe handelt.

Ascoli und Izar[2]) wollen schon vor Jahren in den bösartigen Geschwülsten **Lipoide** nachgewiesen haben, die in normalen Geweben fehlen und mit denen Normalsera anders reagieren als das Serum von Geschwulstkranken. Diese spezifischen Lipoide sollen bei allen bösartigen Geschwülsten, Carcinomen wie Sarkomen, Menschen und Tieren große Ähnlichkeit besitzen. Bewiesen sind aber diese Anschauungen noch nicht. Und wenn auch neuerdings im Geschwulstgewebe Veränderungen in den Cholesterin-Fettsäurekonstanten, die sich bei Bestrahlung ändern [Roffo[3])], nachgewiesen sind, so steht auch hierfür noch nicht fest, ob es sich um Befunde handelt, die für das Geschwulstgewebe spezifisch sind.

Auch der Gehalt an **Kohlehydraten** zeigt nichts völlig Charakteristisches für die Geschwulstzelle. In bestimmten, rasch wachsenden Tumoren wird zwar häufig viel Glykogen gefunden, aber auch das ist nichts Gesetzmäßiges (Lubarsch, Lit. bei Kahn), ebensowenig wie charakteristische Veränderungen des Zuckerspiegels im Blute bisher nachzuweisen waren.

Häufig sind **Veränderungen der elementaren Zusammensetzung der Geschwulstzellen** behauptet worden. Der Gehalt der Geschwulstzelle an Mangan, Zink, Kieselsäure, Jod, Chlor, selbst an Radium, ist genau untersucht (Lit. bei Kahn): nirgends wurden konstante Ergebnisse erhalten.

Magnesium, sonst ein konstanter Zellteil, soll in der Geschwulstzelle fast ganz fehlen [Clowes und Fribie[4])], während nach Robin (Lit. bei Kahn) Magnesium und Kieselsäure in Krebsgeschwülsten vermehrt sind. Reding und Dustin[5]) fanden eine Abnahme der Carcinommetastasen unter Schwund der atypischen Zellteilungen nach intramuskulären Injektionen von Magnesiumsulfat.

Ladreyt[6]) findet auch die Reaktion auf intracellulären Phosphor in der Geschwulstzelle besonders intensiv. Blum und Klotz[7]) fanden aber den Phosphor-, Calcium- und Magnesiumgehalt des Blutes von Krebskranken kaum von der Norm abweichend.

Ladreyt stellt weiter Reichtum der Tumorzellen an Eisen, Kalium, Armut an Calcium fest (während die Zellen des entzündeten Gewebes sich gerade umgekehrt verhalten sollen). Je aktiver die Tumorzelle, um so größer soll ihr Kaliumgehalt sein. Auch Policard und Doubrow[8]) finden reichlich Kalium und sehr

[1]) Bell: Lancet Bd. 203, S. 1005. 1922.
[2]) Ascoli u. Izar: Münch. med. Wochenschr. 1911, S. 1170.
[3]) Roffo, zitiert nach Waterman: Klin. Wochenschr. 1925, S. 1829.
[4]) Clowes u. Fribie: Americ. journ. of physiol. Bd. 94. 1905.
[5]) Reding u. Dustin: Cpt. rend. des séances de la soc. de biol. Bd. 88, S. 301. 1923.
[6]) Ladreyt: Cpt. rend. des séances de la soc. de biol. Bd. 88, S. 1026. 1923.
[7]) Blum u. Klotz: Cpt. rend. des séances de la soc. de biol. Bd. 89, S. 1335 u. 1337. 1923.
[8]) Policard u. Doubrow: Ann. d'anat. pathol. méd.-chir. 1924, H. 2.

wenig Calcium in malignen Tumoren, während sich die gutartigen gerade umgekehrt verhielten. Das Verhältnis K : Ca soll das Geschwulstwachstum bestimmen, da Kaliumverbindungen das Wachstum steigern, Calciumverbindungen es hemmen. Auch WOLF[1]) fand im Krebsgewebe den höchsten Quotienten K : Ca und fand, daß Krebstransplantate mit hohem Calciumgehalt sehr langsam wachsen, während hoher Kaliumgehalt das Wachstum beschleunigt. Mit Hilfe des MAC CALLUMschen K- und Ca-Nachweises im Gewebe sind eine Reihe von Untersuchungen in dieser Richtung angestellt worden. Calcium wird diffus im Protoplasma, Kalium in nächster Umgebung des Zellkerns gefunden. WOLF fand den Kaliumgehalt der Krebszellen auf das Dreifache, den Calciumgehalt etwa auf das Zwanzigfache der Norm erhöht.

DE RAADT[2]) hat aus den Beobachtungen über das in Deli so außerordentlich häufige primäre Lebercarcinom den Schluß gezogen, daß die fast ausschließlich pflanzliche Ernährung der dortigen Eingeborenen einen Überschuß von Alkali im Körper erzeuge, und daß der maligne Tumor den „Zweck" habe, durch Aufspeicherung basischer Kalisalze die pathologisch erhöhte Blutalkalizität herabzusetzen und dadurch den Körper gegen Vergiftung mit Ammoniumcarbonat zu schützen. Diese Erklärung dürfte niemanden befriedigen und zeigt wieder, wohin die Teleologie führt, denn es ist doch ein merkwürdiger Schutz, gegen eine hypothetische Vergiftung einen malignen Tumor zu erzeugen. Im Gegensatz dazu fand WATERMAN[3]) keine wesentliche Abweichung der Gesamtquantität von K und Ca gegenüber der Norm, während er einen Antagonismus im K- und Ca-Gehalt der Tumoren findet, der von der Schnelligkeit des Wachstums und den degenerativen Veränderungen abhängt[4]).

Trotzdem sprechen viele Gründe dafür, daß quantitative **Veränderungen der Ionen an den Grenzflächen** von Bedeutung sein können; insbesondere kann die Beeinflussung der so wichtigen Lipoide der Grenzflächen durch die Ionenverteilung schwere Änderungen des Zellstoffwechsels hervorrufen. Ausgedehnte Versuche haben an transplantablen Rattencarcinomen ergeben, daß die orale Zufuhr von anorganischen Salzen das Wachstum des Carcinoms teils hemmt, teils beschleunigt [SUGIURA und BENEDICT[5])]. Auch die Feststellung, daß nach parenteraler Einverleibung von lebenden Zellen der Mineralgehalt der Geschwulstzellen ansteigt, während gleichzeitig eine Demineralisation der normalen Gewebe eintritt [ROHDENBURG und KREHBIEL[6])], spricht im Sinne dieser Vorstellungen, aus denen WATERMAN[3]) bereits die chemische Erklärung der Entdifferenzierung theoretisch ableiten will (s. S. 1435).

Die *Wasserstoffionenkonzentration* der Geschwulstzelle ist mehrfach bestimmt worden. Nach WOGLOM[7]) weicht aber der Mittelwert der H-Ionenkonzentrationen des Geschwulstextraktes nicht von dem normaler Gewebsextrakte ab, während CHAMBERS[8]) im Blute Krebskranker eine ausgesprochene Tendenz zu alkalischer Reaktion fand. SCHMIDTMANN[9]) stellte bei Untersuchungen über die intracelluläre H-Ionenkonzentration fest, daß eine Säuerung des Protoplasmas erst beim Absterben der Zelle eintritt (trübe Schwellung), während die alkalische Zelle durchscheinendes Protoplasma und sehr scharfe Kern- und Zellgrenzen

---

[1]) WOLF: Cpt. rend. hebdom. des séances de l'acad. des sciences Bd. 176, S. 1932. 1923.
[2]) DE RAADT: Ref. Dtsch. med. Wochenschr. 1926, S. 123.
[3]) WATERMAN: Biochem. Zeitschr. Bd. 133, S. 535. 1922.
[4]) WATERMAN: Arch. néerland. de physiol. de l'homme et des anim. Bd. 5, S. 305. 1921.
[5]) SUGIURA u. BENEDICT: Journ. of cancer research Bd. 7, S. 329. 1923.
[6]) ROHDENBURG u. KREHBIEL: Journ. of cancer research Bd. 7, S. 417. 1923.
[7]) WOGLOM: Journ. of cancer research Bd. 8, S. 34. 1924.
[8]) CHAMBERS: Journ. of biol. chem. Bd. 55, S. 229 u. 257. 1923.
[9]) SCHMIDTMANN: Klin. Wochenschr. 1925, S. 759.

aufweist. Man kann nicht sagen, daß dies für alle Geschwulstzellen ausnahmslos zutrifft. Trotzdem sehen eine Reihe von Autoren in der erhöhten Alkalität des Serums einen wichtigen Faktor für die Geschwulstbildung (Waterman) und Caspari (s. S. 1704—6) führt den immunisierenden Einfluß verschiedener Nahrungsgemische auf den Säuregehalt derselben zurück.

Hertziger[1]) führt die Entstehung des Krebsgeschwürs immer auf einen Reizzustand zurück, der mit einer alkalischen Absonderung zusammentrifft, auch Goldzieher[2]) erblickt in einer erhöhten Alkalität des Körpers die Grundlage der Disposition zur Geschwulstbildung, ebenso wie de Raadt (s. oben). Rohdenburg und Krehbiel[3]) fanden, daß nach parenteraler Einverleibung von lebenden Zellen eine Demineralisation des normalen Gewebes und des Blutes eintritt, während der Mineralgehalt der Geschwulstzellen ansteigt, ohne aber die Transplantationsfähigkeit der Geschwulst zu verändern. Nach Magrou[4]) sind Störungen der Permeabilität der Zellwände die Ursache für die Störung des osmotischen Gleichgewichts und für das stärkere Eintreten von Kaliumionen in das Zellinnere, wodurch die Geschwulstbildung ausgelöst werden soll. Das retinierte Kalium soll dann als radioaktive Substanz wirken und das Carcinom hervorrufen.

Perdue[5]) kommt auf Grund kolloidchemischer Studien zur Auffassung, daß die Geschwulstbildung auf hyperalkalischer Vergiftung beruhe und die Malignität von der übermäßigen Menge des im Krebsgewebe aufgespeicherten Wassers abhängig sei. Tatsächlich ist auch das Geschwulstgewebe meist sehr reich an Wasser, aber das findet sich in allen rasch wachsenden Geweben, wie im Embryonalgewebe, und mag andererseits auch die Ursache für die (relative) Eiweißarmut des malignen Tumors sein.

Weitere Aufklärungen über das Wesen der Geschwulstzelle erhoffte man aus Untersuchungen über den **Fermentgehalt der Zelle.** Gerade der Fermentgehalt ist wohl die wichtigste Grundlage der funktionellen Tätigkeiten der Zelle, und Änderungen desselben könnten hier sehr wohl das Zelleben von der funktionellen Verknüpfung mit dem Gesamtkörper befreien, ohne daß dabei Wachstum und Vermehrung geschädigt zu werden brauchten. Gerade der Fortfall der funktionellen Reize könnte die Selbständigkeit des Zellebens steigern.

Es ist eigentlich selbstverständlich, daß das gesteigerte Wachstum unter allen Umständen einhergeht mit einer Erhöhung oder Änderung der fermentativen Tätigkeit der Zelle, mit einer Steigerung der Assimilation und Dissimilation zum wenigsten eines Teiles der Zellbaustoffe. Die Geschwulstbildung ist nach Roussy[6]) ein celluläres Phänomen, bedingt durch eine Veränderung endocellulärer Regulationen. Da diese endocellulären Regulationen vor allem fermentativer Natur sein dürften, so lag es nahe, in der veränderten Fermenttätigkeit der Zelle die Lösung des Geschwulsträtsels zu suchen. Besonders seitdem die merkwürdigste Fähigkeit der Geschwulstzelle in der Gewebskultur, das Fibrinstroma des Kulturmediums aufzulösen, gefunden wurde [A. Fischer[7])], war man sehr geneigt, an eine spezifische Art von Fermentwirkung in der Geschwulstzelle zu denken.

Aber alle diese Untersuchungen haben bisher keine eindeutigen Resultate

---

[1]) Hertziger: Journ. of the Americ. med. assoc., Chicago 1908, Nr. 6.
[2]) Goldzieher: Verhandl. d. dtsch. pathol. Ges., 15. Tagung, Straßburg 1912, S. 283. 1912.
[3]) Zitiert auf S. 1420.
[4]) Magrou: Presse méd. Bd. 31, S. 285. 1923.
[5]) Perdue: Ann. d'ig. Bd. 30, S. 497. 1920.
[6]) Roussy: Presse méd. 1924, Nr. 20, S. 209.
[7]) Fischer, A.: Zeitschr. f. Krebsforsch. Bd. 21, S. 261. 1924.

zutage gefördert. Schon Leyden und Bergell[1]) haben annehmen zu müssen
geglaubt, „daß das ungehinderte Wachstum des Tumors, welches ja seine Malignität darstellt, begründet ist in dem Mangel oder dem ungenügenden Gehalt des
Organismus an einer fermenthydrolytischen Kraft, die wahrscheinlich spezifisch
ist". Sie glauben also, daß „zum Wesen der Malignität die Fähigkeit lokaler,
im Sinne von F. Kraus, abartender' Eiweißsynthese gehört[2]), aber nicht in dem
Sinne (wie fälschlich verstanden wurde), daß ein spezifisches Carcinomeiweiß
oder gar ein spezifisches Krebsgift existiert[3])". Neuberg und Blumenthal
glaubten Veränderungen der Autolyse für das maligne Wachstum der Geschwulstzelle verantwortlich machen zu können. Sie wollen nachweisen, daß das Ferment
der Krebszelle nicht nur das eigene Zelleiweiß autolytisch abzubauen vermag
(wie bei jeder Zelle), sondern auch das anderer Zellen und erblicken darin das
Wesen der primären chemischen Umwandlungen, die der Zelle die biologischen
Eigenschaften der Krebszelle verleihen[4]). Auch Joshimoto[5]) fand stark erhöhte
Fermentwirkung bei der Autolyse von Geschwulstgewebe. Dagegen konnten andere
diese Angaben nicht bestätigen. Nach Meyer und Bering[6]) verhalten sich Krebszellen und normale Zellen bei der Autolyse gleich. Auch Lieblein[7]) kommt zum
Schluß, daß die Heterolyse keine konstante Eigenschaft der Krebszelle ist. In den
Untersuchungen Ed. Müllers[8]) und Kepinows[9]) verhielten sich maligne Ge-
webe in dieser Hinsicht genau so wie normale und wie Granulationsgewebe.

Nach alledem ist es nicht möglich, die Malignität mit besonderen hetero-
lytischen Fermenten in Zusammenhang zu bringen. Hess und Saxl[10]) konnten
die von Neuberg und von Blumenthal beobachteten besonderen Vorgänge
bei der Autolyse von Krebsgewebe nicht bestätigen. Auch eine beschleunigte
Autolyse (Eppinger) konnte nicht nachgewiesen werden; die Krebszellen verhielten sich wie normale Gewebe. Blumenthal, Jakoby und Neuberg[11]) haben
dann ihre Angaben dahin berichtigt, daß mit einer Anzahl von Krebsgeschwülsten
von der Leiche Heterolyse nachgewiesen werden konnte; die Angabe von Hess
und Saxl, daß eine Hemmung der Organautolyse durch Tumormaterial statt-
finde, konnte in keinem Falle bestätigt werden. Die Krebszelle gleicht nach all
diesen Untersuchungen also in ihren proteolytisch-fermentativen Eigenschaften
vollkommen der normalen Zelle. (Die Angaben von Neuberg, Blumenthal
und Wolf konnten von Kepinow ebenfalls nicht bestätigt werden.) Im Gegensatz zu Neuberg, Blumenthal und Wolf konnten Hess und Saxl[12]), ebenso
Abderhalden und Medigreceanu[13]) keine Vermehrung des postmortalen

---

[1]) Leyden, E. v. u. P. Bergell: Über Pathogenese und über den spezifischen Abbau
der Krebsgeschwülste. Dtsch. med. Wochenschr. 1907, S. 914.

[2]) Bergell u. Dörpinghaus: Dtsch. med. Wochenschr. 1905. S. 1426.

[3]) Bergell: 1. Internationale Krebskonferenz 1906.

[4]) Blumenthal, F.: Chemische Abartung der Zellen beim Krebs. Zeitschr. f. Krebsforsch. Bd. 5, S. 182. 1897; Bd. 16, S. 58 u. 357. 1917 u. 1919; Münch. med. Wochenschr.
1918, S. 660.

[5]) Joshimoto: Biochem. Zeitschr. Bd. 22, S. 299. 1909.

[6]) Meyer u. Bering: Fortschr. a. d. Geb. d. Röntgenstr. Bd. 17, S. 33. 1911.

[7]) Lieblein: Proteolytische Fermente der Krebszelle. Zeitschr. f. Krebsforsch. Bd. 9,
S. 609. 1910.

[8]) Müller, Ed.: Zentralbl. f. inn. Med. 1909, Nr. 4.

[9]) Kepinow: Über die eiweißspaltenden Fermente der benignen und malignen Gewebe.
Zeitschr. f. Krebsforsch. Bd. 7, S. 517. 1909.

[10]) Hess u. Saxl: Beiträge zur Carcinomforschung H. 1. 1909.

[11]) Blumenthal, Jakoby u. Neuberg: Zur Frage der autolytischen Vorgänge in
Tumoren. Med. Klinik 1909, Nr. 42.

[12]) Hess u. Saxl: Proteolytische Zelltätigkeit maligner Tumoren. Wien. klin. Wochenschr. 1908. Nr. 33.

[13]) Abderhalden u. Medigreceanu: Hoppe-Seylers Zeitschr. f. physiol. Chem. Bd. 66. 1910.

Eiweißabbaues durch Carcinom konstatieren, sie fanden vielmehr, daß sich maligne Tumoren in bezug auf Heterolyse wie normale Gewebe verhalten. Nirgends fanden sich typische Unterschiede und selbst innerhalb des gleichen Tumorstammes fand sich kein konstantes Verhalten des Tumorpreßsaftes. Auch in der Geschwindigkeit des Eiweißzerfalls ließ sich gegenüber Organen von gleichem Zellreichtum keine Steigerung nachweisen. Und es muß ja bei diesen Untersuchungen gerade auf den Zellreichtum immer ganz besondere Rücksicht genommen werden. Für die weitere Forschung wird man wohl auch strenger zwischen Autolyse und Heterolyse des Geschwulstgewebes zu trennen haben, spricht doch gerade der spezifische Stoffwechsel der Tumorzelle sehr dafür, daß hier auch Besonderheiten der Autolyse vorliegen.

In einem *veränderten Enzymgehalt* will man auch die wesentliche Ursache für die Malignität der Geschwulstzelle erblicken [Creighton, Woodcock[1])]. Nach Warburg ist der Fermentgehalt einer Zelle um so größer, je größer ihr Strukturreichtum ist, und die beim Absterben freiwerdenden Fermente bewirken die Autolyse des Gewebes. Diese Autolyse soll bei Geschwulstzellen besonders groß sein (das trifft selbst bei den bösartigen Geschwülsten nur für einen Teil derselben zu) und zugleich die in Carcinomen häufig zu beobachtende Autophagocytose erklären. Auch wird in neuester Zeit vielfach angenommen, daß die so leichte und merkwürdige Übertragbarkeit des Rousschen Hühnersarkoms auf der Übertragung von Fermenten beruht [z. B. Roussy[2])] (s. später S. 1543).

Brahn erklärt den hohen Grad von Kachexie beim Magen- und Darmcarcinom aus den schweren fermentativen Stoffwechselstörungen hierbei, da er Katalase-, Lipase- und Lecithinasegehalt der Leber hier vermindert fand. Es kann das aber geradeso gut die Folge der bei diesen Carcinomen ja ganz gewöhnlichen Verjauchung und Infektion des Tumors sein. Abderhalden führt die Geschwulstkachexie auf den stürmischen Abbau der Krebszellen durch peptolytische Fermente zurück, Falk[3]) hat die proteolytische Wirkung von Tumorextrakten untersucht, Zerner[4]) fand den Katalasegehalt des Blutes bei Carcinom herabgesetzt, ohne daß man auf diesem Wege etwas allein für die Geschwulstzelle Charakteristisches bisher gefunden hätte.

Es bleibt also nach wie vor fraglich, ob wir in der gesteigerten Fermenttätigkeit irgend etwas Spezifisches für die Tumorzelle sehen dürfen. Die vielfach behaupteten atypischen Fermentvorgänge sollen sich übrigens nicht allein auf die proteolytischen Enzyme beschränken, sondern auch in der fermentativen Lipolyse, Farbstoffbildung und in den Oxydasen zum Ausdruck kommen [Neuberg und Caspari[5])]. Brahn[6]) fand ganz bedeutende Verringerung der Katalase in Krebsknoten, die frei von Lipase und Lecithinase waren. Auch Buxton und Shaffer[7]) haben abnorme Kohlenhydrat- und Fettspaltungen im Tumorgewebe festgestellt, und Braunstein[8]) hat als erster die Vermehrung des zuckerspaltenden Fermentes in Krebszellen gefunden. Auf diese Frage der Zuckerspaltung werden wir später bei der Besprechung des Stoffwechsels der Tumorzelle und der neuen Warburgschen Arbeiten noch näher einzugehen haben.

---

[1]) Woodcock: Journ. of the roy. army med. corps Bd. 41, S. 241. 1923.
[2]) Roussy: Presse méd. Bd. 32, S. 209. 1924.
[3]) Falk: Journ. of biol. chem. Bd. 53, S. 75. 1922.
[4]) Zerner: Zeitschr. f. Krebsforsch. Bd. 19, S. 263. 1922.
[5]) Neuberg u. Caspari: Dtsch. med. Wochenschr. 1912, S. 375.
[6]) Brahn: Zeitschr. f. Krebsforsch. Bd. 16, S. 112. 1917.
[7]) Buxton u. Shaffer: Journ. of med. research Bd. 13, Nr. 5. 1905.
[8]) Braunstein: Vračebnoe obozrenie 1921; Dtsch. med. Wochenschr. 1923, Nr. 27.

Blut- und Serumreaktionen.

Die Theorie vom chemisch-spezifischen Aufbau der Geschwulstzelle, die natürlicherweise auch mit einem spezifischen Stoffwechsel verknüpft sein muß, führte von selbst zu der Annahme, daß spezifische Stoffe in das Blut des Geschwulstträgers übertreten müßten und hier vielleicht durch charakteristische Reaktionen nachzuweisen wären. Zur Prüfung dieser Hypothese mußte natürlich vor allen Dingen die klinische Fragestellung anreizen, durfte man doch hoffen, auf diesem Wege zu einer Frühdiagnose der bösartigen Geschwulst zu kommen.

Irgendwelche konstanten *Veränderungen des Gesamteiweißes* haben sich, wie schon erwähnt, bei Geschwulstträgern nicht feststellen lassen. Das Gesamteiweiß kann vermehrt sein, bei Kachexie ist es natürlich häufig vermindert. MEYER-BISCH[1] betont, daß trotz schwerster klinischer Krankheitsbilder in der Mehrzahl der Krebsfälle das Blut ganz normal war und nur in wenigen Fällen das Serum etwas eiweißärmer gefunden wurde. Die in neuester Zeit von H. KAHN (zitiert auf S. 1416) gefundene starke Verminderung der Albumin-A-Fraktion im Blut von Geschwulstkranken bedarf noch weiterer Untersuchung und Bestätigung.

Die *Senkungsgeschwindigkeit der roten Blutkörperchen* wurde bei Krebs beschleunigt gefunden [HOFFGARD[2], GRAGERT[3]].

Die Annahme, daß aus den Tumorzellen vermehrte oder auch *abnorme Fermente* in das Serum übertreten und hier als solche oder durch die vom Körper gebildeten **Gegenfermente** nachzuweisen seien, hat schon frühzeitig zu dem Nachweis der Vermehrung des Antitrypsins im Blutserum von Krebskranken durch BRIEGER geführt. Tatsächlich ist der *Antitrypsingehalt* des Serums bei 80—95% der Krebskranken erhöht, aber das gleiche findet sich auch bei vielen anderen Krankheiten. Die BRIEGERsche Antitrypsinreaktion kann daher nicht als spezifisch für bösartige Geschwülste angesehen werden. „Die Reaktion von BRIEGER und TREBING auf Antitrypsin tritt infolge Eiweißzerfalls im menschlichen und tierischen Organismus auf" [BRAUNSTEIN[4], ROCHE[5]]. Bei Tieren mit Impfgeschwülsten fehlt die Reaktion (LAUNOY). PFEIFFER und FINSTERER[6] haben dann den Nachweis eines besonderen *anaphylaktischen Antikörpers* im Serum von Krebskranken erbringen wollen und hieraus geschlossen, daß sich die Tumorzelle wie artfremdes Eiweiß verhält. Diese Schlüsse sind bereits von RANZI[7] und von ELIAS[8] widerlegt worden. Die Erhöhung des antitryptischen Titers beruht auf erhöhtem Zerfall von Körpereiweiß durch proteolytische Fermente, die beim Zerfall von Tumorzellen oder Leukocyten frei werden [KÖNIGSFELD und KABIERSKY[9]]. Auch durch die ABDERHALDENsche Reaktion ist bisher keine Aufklärung gebracht worden. Selbst die Verbesserung der Reaktion durch das Interferometer hat keine einheitlichen Ergebnisse in den Literaturangaben gebracht, es fehlt bis heute der Beweis dafür, daß das Serum Geschwulstkranker ein verstärktes Abbauvermögen gegen das Geschwulsteiweiß besitzt oder daß spezifische Fermente gegen die Geschwulst im Blute kreisen. OELLER und STEPHAN[10]

---

[1] MEYER-BISCH: Zeitschr. f. exp. Pathol. u. Therapie Bd. 20, H. 1. 1919.
[2] HOFFGARD: Münch. med. Wochenschr. 1924, S. 231.
[3] GRAGERT: Arch. f. Gynäkol. Bd. 118, S. 421. 1923.
[4] BRAUNSTEIN: Dtsch. med. Wochenschr. 1909, Nr. 13.
[5] ROCHE: Arch. of internal med. Bd. 3, S. 249. April 1909.
[6] PFEIFFER u. FINSTERER: Wien. klin. Wochenschr. 1909, S. 989.
[7] RANZI: Wien. klin. Wochenschr. 1909, S. 1372.
[8] ELIAS: Beiträge zur Carcinomforschung, von SALOMON. H. 2. Wien 1910.
[9] KÖNIGSFELD u. KABIERSKY: Med. Klinik 1915, S. 646.
[10] OELLER u. STEPHAN: Münch. med. Wochenschr. 1914, S. 582.

kommen zu dem Ergebnis, „daß ein Tumor weder an sich noch durch sein Wachstum im Körper Abwehrfermente mobilisiert. Erst der Zerfall des Tumorgewebes und dessen Resorption in die Blutbahn bedingt das Auftreten von Fermenten".

Sieht man allerdings im Zerfall der Geschwulstzelle etwas Typisches, ja Notwendiges für das Geschwulstwachstum (Nekrohormonhypothese von Caspari) — was zum mindesten für die gutartigen Tumoren nicht zutrifft —, so wird man solche Abwehrfermente bei jeder bösartigen Geschwulst im Blut erwarten dürfen. Auch liegen die meisten Untersuchungen dieser Art schon viele Jahre zurück und die fortschreitende Verbesserung des Nachweises der spezifischen Abderhaldenschen Organfermente läßt die Hoffnung begründet erscheinen, daß auf diesem Wege noch wichtige Ergebnisse zu erhalten sein werden. Bisher ist aber die Methodik noch nicht so einwandfrei, daß sichere oder etwa schon diagnostisch verwertbare Ergebnisse erzielt sind[1]).

Auch die Versuche mit spezifischen Serumreaktionen **spezifische Antigene der Krebszelle** nachzuweisen, sind völlig fehlgeschlagen. Kraus[2]) ist schon vor vielen Jahren zu dem Schluß gekommen, „daß die Tumorzellen gleiche Antigene enthalten wie normale Organzellen und weder quantitative noch qualitative Unterschiede feststellbar sind". Die Versuche, durch die Injektion von Tumorzellen oder Tumorextrakten antikörperreiche Sera und spezifische Präcipitate zu erhalten, sind ohne Erfolg geblieben, oder die positiven Angaben einzelner konnten nicht bestätigt werden [s. Lewin[3]), Keysser[4])]. Auch die Wirkung von Radium und anderen Strahlen sowie von Enzytol wird auf die gleiche Immunisierung durch Resorption getöteter Tumorzellen zurückgeführt [Wilbouchevitch und Busser[5])], der Antitrypsingehalt des Krebsserums steigt mit der Zerstörung von Krebszellen an [Blumenthal[6]), Ascher[7])]. Mit Antikeimzellenserum, Tumorcidin wurden die gleichen Erfolge berichtet [Harttung[8]), Okonogi[9]), Stejskal[10])]. Es ist auch versucht worden, die Carcinomabwehrfermente im Blut nachzuweisen und aus den erhaltenen Reaktionen die Prognose des Falles nach der Operation oder nach der Bestrahlung zu ermitteln [Zacherl[11])] Die experimentellen Untersuchungen auf diesem Gebiet haben immer wieder gezeigt, daß die Erzeugung einer Tumorimmunität um so leichter gelingt, je intakter die hierzu verwandte Geschwulst- oder Gewebszelle ist [Watermann[12])], obwohl gerade die beim Zugrundegehen der Geschwulstzelle freiwerdenden Stoffe, Nekrohormone, nach Caspari eine wichtige Rolle für die Immunisierung spielen. Aber alle diese Versuche zeigen immer wieder, daß diese Immunisierung gegen die Geschwulst gar nicht mit den analogen Prozessen bei der Immunität der Infektionskrankheiten zu vergleichen ist. Daher müssen wir auch mit der

---

[1]) *Nachtrag bei der Korrektur:* Inzwischen ist von Volkmann (Klin. Wochenschr., August 1926, S. 1565) der Nachweis erbracht worden, daß in der Tat maligne Tumoren auf serologischem Wege nach ihrer Organherkunft zu diagnostizieren und zu lokalisieren sind. Es gelang ihm, bei 18 Fällen von Uteruscarcinom serologisch 16mal richtig zu bestimmen, ob es sich um Corpuscarcinome oder um Portiocarcinome handelte.

[2]) Kraus: 6. Tagung der Freien Vereinigung f. Mikrobiologie. Zentralbl. f. Bakteriol., Parasitenk. u. Infektionskrankh. Bd. 54, Beih. S. 97. 1912.

[3]) Lewin: Therapie d. Gegenw. Jg. 54, S. 253. 1914.

[4]) Keysser: Arch. f. klin. Chir. Bd. 117, S. 97. 1921.

[5]) Wilbouchevitch u. Busser: Cpt. rend. des séances de la soc. de biol. Bd. 89, S. 61. 1923.

[6]) Blumenthal: Zeitschr. f. Krebsforsch. Bd. 21, S. 255. 1924.

[7]) Ascher: Dtsch. med. Wochenschr. 1923, S. 720.

[8]) Harttung: Bruns' Beitr. z. klin. Chir. Bd. 131, S. 129. 1924.

[9]) Okonogi: Zeitschr. f. Krebsforsch. Bd. 20, S. 349. 1923.

[10]) Stejskal: Wien. klin. Wochenschr. 1922, S. 761.

[11]) Zacherl: Arch. f. Gynäkol. Bd. 119, S. 440. 1923.

[12]) Watermann: Klin. Wochenschr. 1925, S. 1829.

Annahme spezifisch-chemischer Stoffe in der Geschwulstzelle, wenigstens solcher, die Antigencharakter haben könnten, sehr vorsichtig sein.

Spezifische **Komplementbindungsversuche** von ENGEL[1]) waren beim Carcinom negativ, aber v. DUNGERN hat Komplementbindung und Komplementablenkung im Krebsserum sehr häufig (bis zu 90%) gefunden. Dasselbe fand sich allerdings bei vielen anderen Krankheiten, die mit Gewebszerfall einhergehen; und das gleiche gilt von Antigenen des Micrococcus neoformans. Auch die Meiostagminreaktion, die auf physikalischem Wege die Bindung von Antigen und Antikörpern nachweist [ASCOLI und IZAR[2])], ist in zahlreichen Untersuchungen auf das Geschwulstproblem angewandt worden. Mit verbesserter Technik hat man bei Carcinomen 80—97% positive Resultate, bei Sarkomen wechselnde Ergebnisse bekommen. Leider fällt auch diese Reaktion bei vielen anderen Krankheiten positiv aus, und es ist klar, daß es sich nicht um echte Immunitätsreaktionen handelt, sondern wahrscheinlich um Bindung von Fettsäuren durch Eiweißkörper und Veränderungen der Oberflächenspannung (Beeinflussung der Eiweißkörper und Lipoide). Auch künstlich hergestellte Abwehrfermente hat man zum Nachweis, ja zur Behandlung von Geschwülsten durch Intracutanreaktionen benutzt (ABDERHALDEN). Pferde wurden mit menschlichem Krebs vorbehandelt und ihr Serum intracutan injiziert, oder es wurde das Serum bestrahlter Krebskranker zur Intracutandiagnostik benutzt (MERTENS). Alle diese Versuche sind bisher sowohl diagnostisch wie therapeutisch ergebnislos gewesen.

Hämolytische Reaktionen. Weiterhin wurde die Beobachtung gemacht, daß Tumorextrakte häufig die Blutzellen des Geschwulstträgers zerstören: Isolyse. Aber obwohl sich Isolysine in 82% der Krebsfälle finden (CRILE), wurden sie auch bei Tuberkulose und anderen Krankheiten, ja selbst bei ganz Gesunden, gefunden und haben ebenso wie die koktostabilen Hämolysine KAHNS und die Heterolysine KELLINGS keinerlei diagnostische Bedeutung. Bei fast allen Krebskranken ist ferner die hemmende Wirkung des Serums gegen die Natriumoleathämolyse stark vermindert, aber ebenso bei vielen anderen Krankheiten [siehe DECKER[3])]. Auch die KAHNsche Krebsreaktion zum Nachweis der Albumin-A-Fraktion hat sich nicht als spezifisch erwiesen [NELKEN und GLÜCKSMANN[4])]. Ebenso haben die Versuche über die Aktivierung von Kobragift durch Krebsserum [KRAUS, v. GRAFF und RANZI[5])] über die Saponin- und andere Hämolysen, über hämolysehemmende und- fördernde Lipoide für die Geschwulstdiagnostik bisher keine Bedeutung gewonnen.

KROSS[6]) stellte fest, daß bei gegen Tumorimpfung refraktären Tieren im zirkulierenden Blut keine Immunkörper vorhanden sein können und daß die Transfusion ihres Blutes eher noch die Tumorentwicklung beschleunigt. Die von BOYKSEN angegebene Intracutanreaktion (mit dem Serum von Pferden, die mit menschlichem Carcinom vorbehandelt waren) ergibt ebenfalls keine spezifischen Resultate [SULGER[7]), WIEGAND[8])]. Auch die häufig starke Autolyse von Tumorzellen im Organismus führt zu Serumveränderungen: Vermehrung der Abbau-

---

[1]) ENGEL: Zeitschr. f. Krebsforsch. Bd. 10, S 248. 1911.
[2]) ASCOLI u IZAR: Ergebn d. inn. Med. u. Kinderheilk. Bd. 25, S. 944. 1924.
[3]) DECKER: Zeitschr. f. d. ges. exp. Med. Bd. 38, S. 147. 1923.
[4]) NELKEN u. GLÜCKSMANN: Klin. Wochenschr. 1925, S. 1404.
[5]) KRAUS, v. GRAFF u. RANZI: Mikrobiologentagung Dresden; ref. Dtsch. med. Wochenschr. 1911, S. 1501.
[6]) KROSS: Journ. of cancer research Bd. 6, S. 25. 1921.
[7]) SULGER: Med. Klinik 1922, S. 1374.
[8]) WIEGAND: Zeitschr. f. Immunitätsforsch. u. exp. Therapie, Orig. Bd. 36. 1923.

produkte der Albuminoide und Vermehrung der Polypeptide im Blut [Ramond und Zizine[1])].

Wir sehen also zahlreiche Veränderungen verschiedenster Art im Blut und Urin auftreten, die aber ausnahmslos jeder Spezifität entbehren. Es handelt sich um die Folgen der Inanition, des exzessiven Gewebswachstums, des Gewebszerfalls und der Autolyse [H. Sachs[2])]. Auch die Zunahme gewisser Substanzen (Lipoide, Albumine und Antikörper) kann Veränderungen hervorrufen [Loeper, Forestier und Tonnet[3])]. Es ist sehr bemerkenswert, daß zahlreiche der angegebenen „Krebsreaktionen" auch bei vielen Infektionskrankheiten, besonders häufig aber auch in der Schwangerschaft, auftreten [siehe z. B. Izar[4]), Bartoloki[5])]. All diesen Reaktionen fehlt also das, wonach wir in erster Linie suchen, die Spezifität.

Labilitätsreaktionen: Es läßt sich im Krebsserum eine Labilität der Eiweißkörper, d. h. eine Verschiebung von der fein dispersen nach der grob dispersen Seite (Sachs) nachweisen. Aber alle diese Reaktionen über die Eiweiß- und Kolloidlabilität (Sachs und Oettingen, Botello) geben bei allen Prozessen mit starkem Gewebszerfall oder starker Gewebsneubildung positive Resultate. Dasselbe gilt von der Bestimmung der Blutkörperchensenkungsgeschwindigkeit, die ja auch nur eine Labilitätsreaktion der Eiweißkörper des Blutes darstellt. All diese zahllosen Untersuchungen ergeben immer wieder nur den Zusammenhang mit Gewebszerfall und Gewebsneubildung, dagegen nichts für die Geschwulst als solche Spezifisches und Charakteristisches, und es läßt sich aus alledem immer wieder nur der Parallelismus im biologischen Verhalten des Serums der Tuberkulösen, der Graviden und der Krebskranken feststellen, wie das Kraus schon vor vielen Jahren betont hat.

Lipoidreaktionen: Auch der Lipoidstoffwechsel der Geschwulstzelle soll Serumveränderungen hervorrufen. Insbesondere ist in jüngster Zeit im Serum von Geschwulstkranken Hypocholesterinämie nachgewiesen worden [siehe bei Waterman[6])]. Es wird abzuwarten sein, ob dieser Weg weiterführt. Schon Ascoli und Izar[7]) hatten vor Jahren behauptet, daß die Geschwülste spezifische Lipoide enthalten und gefunden, daß Tumorsera mit diesen anders reagieren als Normalsera. Ein Beweis ist bisher hierfür nicht erbracht, und die Titration des Ölsäurebindungsvermögens (Flockungs-Trübungsreaktion von Kahn) hat nur durchaus uncharakteristische Veränderungen der Lipoide im Krebsserum ergeben. Die Flockungs-Trübungsreaktion ist eine frühzeitige Kachexiereaktion (Bernhard).

Freund[8]) führt die Carcinomdisposition auf eine pathologische Darmfauna zurück und erblickt die Ursache der lokalen Disposition in dem Verlust der normalen Lipoide, die Ursache der allgemeinen Disposition in der Entstehung eines pathologischen Lipoids. Hierfür kann nur angeführt werden, daß im Krebsserum eine verminderte Bindungsmöglichkeit ungesättigter Fettsäuren nachzuweisen ist. Sokoloff[9]) nimmt ebenfalls an, daß das Wachstum der Ge-

---

[1]) Ramond u. Zizine: Cpt. rend. des séances de la soc. de biol. Bd. 87, S. 657. 1922.

[2]) Sachs, H.: Strahlentherapie Bd. 15, S. 795. 1923.

[3]) Loeper, Forestier u. Tonnet: Paris méd. Bd. 13, S. 166. 1923.

[4]) Izar: Klin. Wochenschr. 1923, S. 641.

[5]) Bartoloki: Schweiz. med. Wochenschr. 1923, Nr. 4.

[6]) Waterman: Klin. Wochenschr. 1925, S. 1829.

[7]) Ascoli u. Izar: Münch. med. Wochenschr. 1911, S. 1170.

[8]) Freund: Wien. klin. Wochenschr. 1921, S. 130.

[9]) Sokoloff: Ann. et bull. de la soc. roy. des sciences méd. et natur. de Bruxelles 1922, S. 37.

webe durch Lipoide geregelt wird und fand, daß kurze Behandlung von Tumorgewebe mit stark verdünntem Äther die Transplantationsfähigkeit steigerte, während stärkere Konzentrationen sie herabsetzte. Auch die Tatsache, daß sich Serum durch Ausschütteln mit Äther von den Schutzstoffen gegen die Saponinhämolyse befreien läßt und daß Carcinomserum die Saponinhämolyse weniger hemmt als Normalserum, wird im Sinne einer Lipoidstörung beim Carcinom ausgelegt [LUGER, WEIS-OSTBORN und EHRENTHEIL[1])].

Cytolytische Reaktionen: FREUND und KAMINER[2]) fanden schon vor 15 Jahren, daß das normale Serum Carcinomzellen in kurzer Zeit aufzulösen vermag, während das Serum krebskranker Menschen diese Fähigkeit nicht besitzt, ja die Krebszellen vor der Auflösung schützt. Auch NEUBERG[3]) fand dasselbe. Von den Organextrakten besitzt der Thymusextrakt ein wesentlich stärkeres Zerstörungsvermögen gegen Carcinomzellen als der Extrakt anderer Organe [KAMINER und MORGENSTERN[4])]. FREUND und KAMINER[5]) glauben die krebszerstörende Substanz des Normalserums („Normalsäure") in einer gesättigten Dicarbonsäure gefunden zu haben und nehmen an, daß die krebszellenschützende Wirkung des Carcinomserums ebenfalls auf einer chemisch definierbaren Substanz, der „Schutzsäure" (Verbindung einer ungesättigten Dicarbonsäure mit einem kohlenhydratreichen Nucleoglobulin) beruht. Das carcinolytische Vermögen des Normalserums sinkt im Alter vom 45. Lebensjahr ab (Krebsdisposition). Eine Reihe von Untersuchungen fand große Ähnlichkeit zwischen den Cytolysinen gegen Embryonalzellen und gegen Tumorzellen [KRAUS, ISHIWARA und WINTERNITZ[6])].

Ob es sich bei dieser cytolytischen Reaktion um etwas Geschwulstspezifisches handelt, muß schon deshalb sehr zweifelhaft sein, weil durchaus nicht alle Geschwulstzellen, nicht einmal die Zellen aller Carcinome, sich für die Anstellung der Reaktion eignen, ja sie kann nur mit Leichenmaterial, nicht mit frischem Operationsmaterial ausgeführt werden. Die Nachuntersuchungen haben auch die widersprechendsten Ergebnisse gehabt. Schon MONAKOW[7]) fand, daß recht oft auch das normale Serum die Krebszellen nicht auflöst. SIMON und THOMAS hatten überhaupt völlig entgegengesetzte Resultate. FRANKENTHAL und HERLY[8]) erklären die FREUND-KAMINERsche Reaktion für unspezifisch. NATHER und ORATOR[9]) stellen fest, daß die Reaktion praktisch nicht verwertbar ist, dagegen ein großes theoretisches Interesse zur Erklärung der spezifischen Disposition besitzt.

Trotzdem wird man gerade mit Rücksicht auf die neueren Ergebnisse der künstlichen Züchtung von Geschwulstgeweben (RH. ERDMANN: Tumorzellen wachsen nur bei Zusatz von Embryonalextrakt oder Plasma von Geschwulstträgern) den cytolytischen Reaktionen erhöhtes Interesse zuwenden müssen.

---

[1]) LUGER, WEIS-OSTBORN u. EHRENTHEIL: Zeitschr. f. Immunitätsforsch. u. exp. Therapie, Orig. Bd. 36, S. 17. 1923.

[2]) FREUND u. KAMINER: Wien. klin. Wochenschr. 1910, Nr. 10 u. 34; 1911, Nr. 51; 1912, Nr. 17; 1913, Nr. 51; 1922, S. 1329 u. 1390; Biochem. Zeitschr. Bd. 26, S. 312. 1910.

[3]) NEUBERG: Biochem. Zeitschr. Bd. 26, S. 344. 1910.

[4]) KAMINER u. MORGENSTERN: Münch. med. Wochenschr. 1917, S. 88; Biochem. Zeitschr. Bd. 84, S. 281. 1917.

[5]) FREUND u. KAMINER: Biochemische Grundlagen der Disposition für Carcinom. Wien: Julius Springer 1925.

[6]) KRAUS, ISHIWARA u. WINTERNITZ: Dtsch. med. Wochenschr. 1912, S. 303.

[7]) MONAKOW: Münch. med. Wochenschr. 1911, S. 2209.

[8]) HERLY: Journ. of cancer research Bd. 6, S. 337. 1922.

[9]) NATHER u. ORATOR: Mitt. a. d. Grenzgeb. d. Med. u. Chir. Bd. 35, S. 611. 1922.

Avidität und Affinitäten der Geschwulstzelle.

Chemische Vorstellungen über den Aufbau der Geschwulstzelle sind es auch, die zuerst Ehrlich und Apolant zu der Annahme geführt haben, daß die Geschwulstzelle von der Körperzelle durch eine besondere Avidität zu bestimmten Nährstoffen des Körpers ausgezeichnet sei und daß sich daher ihr schrankenloses Wachstum erklären lasse. Es ist das ein ähnlicher Gedankengang, wie er zur gleichen Zeit im Anschluß an die Ergebnisse der experimentellen Epithelwucherungen durch Scharlachöl von mir entwickelt worden ist[1]).

Wie in der normalen Entwicklungslehre die Erklärung der formativen Leistungen immer mehr auf chemische Spezifitätskombinationen und spezifische Stoffe zurückgreifen muß (vgl. die Lehre von den organbildenden Substanzen), so liegt auch für das Geschwulstwachstum die Annahme solcher Stoffe um so näher, als die neueren experimentellen Untersuchungen die Bedeutung, z. B. des Embryonalsaftes für das Wachstum auch der Geschwulstzellen einwandfrei bewiesen haben. Ob man die Wirkung solcher Stoffe als eine Reizwirkung auffassen will, wird lediglich eine Frage der Nomenklatur sein. Bis heute ist weder ein absoluter Beweis dafür erbracht, daß es Reizstoffe im echten Sinne gibt [Heubner[2])], noch bringt uns der vulgäre Begriff des Reizes hier weiter, da die biologischen Vorgänge von einer so „unerhörten Mannigfaltigkeit und Vielheit sind und die Kompliziertheit der Reaktionsmechanismen des Lebendigen so groß ist" [Handovsky[3])], daß uns mit derartigen Allgemeinbegriffen nicht geholfen ist.

Ehrlich glaubte auch die Geschwulstimmunität durch den Mangel an solchen spezifischen Nährstoffen erklären zu können und bezeichnete dies als **atreptische Immunität.** Mancherlei Erfahrungen bei den experimentellen Geschwulstübertragungen wurden im Sinne dieser Theorie gedeutet. Es ist ja seit langem bekannt, daß jede Zelle nur imstande ist, eine bestimmte Menge von Nährstoffen zu assimilieren. Eine Steigerung dieser Fähigkeit, eben die Avidität, soll das lebhaftere Wachstum der Geschwulstzelle erklären.

Wenn wir beachten, daß analoge Vorgänge in der allgemeinen Pathologie bekannt sind, wie z. B. die Hypertrophie der Geschlechtsorgane beim hungernden Lachs auf Kosten der Muskulatur, so werden wir auch bei der Tumorzelle eine ähnliche Steigerung der Vitalität und Avidität zu den Nahrungsstoffen gegenüber den anderen Körperzellen für durchaus möglich halten. Im gleichen Sinne spricht die Tatsache, daß bei graviden Mäusen Tumorimpfungen schwerer angehen: der Embryo reißt die spezifischen Nähr- und Wuchsstoffe an sich und ist hier der Tumorzelle überlegen (Schöne). Daß wir bei Spontantumoren nicht das gleiche Verhalten sehen (leichteres Entstehen des Teerkrebses bei graviden Kaninchen), beweist nichts dagegen, da hier quantitative Unterschiede vorliegen können und die künstliche Metastase beim transplantierten Tumor etwas ganz anderes ist wie ein Spontantumor. Ehrlich hat den Wachstumsstillstand einer Mäusegeschwulst bei Transplantation in die Ratte nach einigen Tagen mit dem Aufbrauch der spezifischen Wuchsstoffe erklärt: der Tumor wächst wieder gut weiter, wenn er dann auf die Maus zurückverpflanzt wird (Zickzackimpfungen). Welch großer Einfluß der Ernährung für das Wachstum, wenigstens der transplantierten Tumoren, zukommt, geht aus den Ergebnissen einseitiger Fütterungsversuche hervor. So wurde bei Fleischfütterung Hemmung des Sarkomwachstums, bei Speckfütterung starke Hemmung des

---

1) Fischer, Bernh.: Münch. med. Wochenschr. 1906, S. 2011.
2) Heubner: Begriff „Reizstoff". Klin. Wochenschr. 1926, S. 1.
3) Handovsky: Klin. Wochenschr. 1925, S. 2122.

Chondromwachstums, bei Haferernährung dagegen Förderung des Chondromwachstums beobachtet [JOANNOVICS[1])]. Auch VON ALSTYNE und BEEBE fanden Hemmung des Sarkomwachstums bei kohlenhydratfreier Ernährung, und JOANNOVICS führt das verminderte Wachstum von Sarkom und Chondrom bei nebennierenlosen Mäusen auf den Mangel an Kohlenhydraten zurück, er bezeichnet diese also als die EHRLICHschen Wuchsstoffe für Sarkom und Chondrom.

„Wird die Ernährung", schreibt APOLANT[2]), „5—6 Tage nach der Tumorimpfung nur so weit beschränkt, daß die Tiere längere Zeit am Leben erhalten bleiben können, aber keinen Überschuß an Nährmaterial bekommen, so tritt infolge der durch den Hungerreiz bedingten Steigerung der Avidität der Körperzellen eine allmähliche Hemmung des Tumorwachstums ein; und diese unterernährten Tiere bleiben länger am Leben, als die normal ernährten geimpften Kontrollen." Aber es ist doch recht gewagt, dieses Versuchsergebnis durch Steigerung der Avidität der normalen Körperzellen infolge des Hungers zu erklären. Man sollte eher annehmen, daß hier die Tumorzellen auf Kosten des Wirtes stärker wachsen würden. Das ist aber nicht der Fall, und auch MORESCHI[3]) konnte „durch passende Ernährungsbeschränkung das Tumorwachstum so verlangsamen, daß eine Verlängerung des Lebens erzielt wurde". Auch CASPARI[4]) betont, daß bei allen schlecht ernährten Tieren die Tumoren mangelhaft wachsen und ROUS und LANGE[5]) haben bei Spontancarcinomen der Maus nach Resektion der Geschwulst in 5 Wochen bei den guternährten Tieren 83%, bei den unterernährten Tieren dagegen bloß 41% Rezidive gesehen. Sie glauben, daß nicht die Zusammensetzung der Nahrung, sondern die Quantität für den Ausfall des Versuchs maßgebend ist. (Über den Einfluß der Nahrung auf Tumorwachstum und Tumorbildung siehe weiter S. 1703.)

G. SCHÖNE[6]) wies nach, daß bei Vergiftungen die Tumorzellen ebenso geschädigt werden wie die Körperzellen: „Ein schwer peptonvergiftetes Tier, bei dem die Peptongaben mit dem Tage der Tumorimpfung ausgesetzt wurde, zeigte z. B. 8 Tage lang, und zwar so lange, als es Krankheitserscheinungen erkennen ließ, fast kein Tumorwachstum; dann erholte es sich und der Tumor wuchs rasch nach." SCHÖNE kommt daher mit Recht zu dem Schluß: „Es besteht ein gewisser Gegensatz zwischen der Erkrankung an einer Geschwulst und einer Infektionskrankheit insofern, als man, abgesehen von speziellen Ausnahmen (z. B. spezifischen Arzneiwirkungen usw.), wohl sagen darf, daß die Infektionskrankheit durch eine von ihr unabhängige, sonstige den kranken Körper treffende schwere Schädigung verschlimmert zu werden pflegt, während das Wachstum einer Geschwulst wenigstens in gewissen Stadien durch eine derartige allgemeine Schädigung verlangsamt werden kann."

Immerhin zeigt sich in diesem Verhalten, daß die Tumorzelle eben doch nicht in jeder Beziehung zum Parasiten des Körpers geworden ist, sondern noch sehr starke Analogien mit Bau und Stoffwechsel des normalen Gewebes aufweist.

Gegen die Theorie der atreptischen Immunität sind aber noch weitere Einwände erhoben worden. Die schon früher angeführten Untersuchungen von CRAMER und PRINGLE haben ergeben, daß die Tumorzellen nicht auf Kosten des Trägers wachsen, und die Autoren schließen daraus, daß die Geschwulstzellen

---

[1]) JOANNOVICS: Ref. Münch. med. Wochenschr. 1916, S. 575.
[2]) APOLANT: Krebsätiologie. Referat auf dem Internat. Kongreß Budapest 1911, S. 91.
[3]) MORESCHI: Beziehungen zwischen Ernährung und Tumorwachstum. Zeitschr. f. Immunitätsforsch. u. exp. Therapie Bd. 2. S. 1035. 1909.
[4]) CASPARI: Zitiert auf S. 16 und Fortschr. d. Therapie Jg. 1, S. 669 u. 706. 1925.
[5]) ROUS u. LANGE: Bull. of the John Hopkins hosp. Bd. 26, Nr. 29. 1915.
[6]) SCHÖNE, G.: Wundheilung und Geschwulstwachstum bei Stoffwechselstörung und Vergiftung. Arch. f. klin. Chir. Bd. 39, S. 369. 1910.

keine höhere Avidität zum Nährmaterial als die Zellen des Körpers selbst besitzen. Es ist nach diesen Versuchen weniger Eiweiß notwendig, das gleiche Gewicht von Geschwulstgewebe als von Körpergewebe des Wirtes zu bilden, und die Tiere, die einen Impftumor besitzen, behalten ihr Stickstoffgleichgewicht. Die Stickstoffretention wächst mit dem Wachstum der Geschwulst. Vor allem hat aber v. Dungern[1]) darauf hingewiesen, daß die bei Mäusen mit allen möglichen Geweben, auch normalen Gewebszellen zu erzeugende Geschwulstimmunität mit der Theorie der atreptischen Immunität nicht zu vereinigen sei. Denn hier ist ja die Erzielung der Immunität nicht an die Malignität der zur Immunisierung verwandten Zelle gebunden. Immerhin ist es mehr als fraglich, ob man alle diese Vorgänge der Geschwulstimmunisierung mit den geltenden Immunitätsvorstellungen der Serologie überhaupt nur vergleichen kann [vgl. auch Uhlenhuth und Seiffert[2])]. Es handelt sich hier, wie schon früher gesagt, nicht um echte Immunisierung, sondern um celluläre, oft lokal beschränkte Resistenz, die ganz anderen Gesetzen unterliegt. Wenn diese Resistenz auch nicht mit der Annahme der Erschöpfung von Nährstoffen zu erklären ist, so beweist das noch nicht, daß spezifische Nährstoffe für Tumorentstehung und -wachstum bedeutungslos sind. Daß Aviditätsdifferenzen zwischen Körperzellen vorkommen, beweist nicht nur die ganze Lehre von der aktiven Atrophie, auch experimentelle Erfahrungen sprechen dafür. So hat Stockard[3]) an Scyphomedusen den Nachweis geführt, daß die Verkleinerung des Körpers beim Hunger stärker ist, wenn die Qualle gleichzeitig Körperteile regenerieren muß, daß also die regenerierenden Gewebe die noch vorhandenen alten Teile als Nahrung benutzen, auf ihre Kosten wachsen. Es erinnert dies Verhalten der Regenerationszellen hier vollkommen an das biologische Verhalten der bösartigen Tumorzellen.

In neuester Zeit sind wichtige Beiträge zu dieser Frage von englischer Seite beigebracht worden. W. Cramer[4]) stellte fest, daß ein Überschuß von Vitaminen in der Nahrung das Wachstum des Tieres, aber ebenso das des transplantierten Tumors fördert. Wir wissen heute, daß die Vitamine den Dispersitätsgrad der Eiweißkörper steigern und dadurch die Quellung und Oxydation befördern. Ludwig[5]) stellte fest, daß auf das schon entwickelte Carcinom vitaminfreie Nahrung ohne Einfluß ist, daß dagegen auf vitaminfrei ernährten Ratten ein Carcinom niemals anging — ein Ergebnis, das allerdings auch mit der Allgemeinschädigung durch vitaminfreie Ernährung erklärt werden könnte.

Nach Glanzmann[6]) bewirkt vitaminfreie Ernährung bei Ratten eine Verkleinerung der Organzellen, und Kottmann[7]) nimmt an, daß im Krebsserum Antivitamine vorhanden sind, die das Wachstum der Tumorzellen hemmen.

Anders wurde aber das Ergebnis, als Cramer die Ratten mit tryptophanfreier Nahrung fütterte. Diese Aminosäure ist ein zum Leben notwendiger Bestandteil der tierischen Zellen und kann von diesen nicht synthetisch aufgebaut werden. Bei dieser Fütterung entstanden tiefgreifende Störungen des ganzen Körpers, aber das Wachstum der implantierten Tumoren wurde nicht gehemmt, und man kann das Ergebnis vielleicht so deuten, daß die Tumorzelle die für sie notwendigen Nährstoffe dem Organismus entzieht. Sie besitzt also eine höhere Avidität zu diesen Stoffen wie die normale Körperzelle.

[1]) v. Dungern: Med. Klinik 1909, S. 1035.
[2]) Uhlenhuth u. Seiffert: Med. Klinik 1925, S. 576.
[3]) Stockard: Arch. f. Entwicklungsmech. Bd. 29, S. 15. 1910.
[4]) Cramer, W.: 8. Bericht des Imperial Cancer Research Fund London. 1923.
[5]) Ludwig: Zeitschr. f. Krebsforsch. Bd. 23, S. 1. 1926. (Literatur.)
[6]) Glanzmann: Monatsschr. f. Kinderheilk. Bd. 25. 1923.
[7]) Kottmann: Schweiz. med. Wochenschr. 1922, S. 695.

Schon APOLANT hat darauf hingewiesen, daß ohne die Annahme spezifischer **autogener Wuchsstoffe** die Wachstumserscheinungen schon des normalen Organismus nicht zu erklären sind, und diese Anschauungen sind heute nicht nur durch den Nachweis der organbildenden Stoffe, sondern auch durch die Aufdeckung der Bedeutung spezifischer Stoffe (Embryonalextrakt) für das Zellwachstum in der Gewebskultur auf eine sichere Basis gestellt. Die künstliche Erzeugung zell- und mitoseähnlicher Strukturen hat ebenfalls die ausschlaggebende Bedeutung auch gelöster chemischer Körper für die Strukturbildung erwiesen [z. B. BEUTNER und BUSSE[1])]. Der Nachweis von Wuchsenzymen für die Restitution bei Pflanzen, der Nachweis der Wundhormone durch HABERLANDT[2]), der Nachweis von Zellzerfallsstoffen als gewebsspezifischen Wucherungsreizes (V. GAZA, Isolyse; CASPARI, Nekrohormone) vervollständigen diese Beweise. Die Wundhormone wirken auf gewebseigene Zellen als spezifischer Reiz, entsprechend ihrer chemischen Zusammensetzung. Und auch bei der Metamorphose der Insekten, Amphibien usw. werden zwar ganze Gewebe und Organe eingeschmolzen, aber das Material wird nicht ausgestoßen, sondern zum Aufbau des neuen Organismus verwandt. Daß viele Produkte der inneren Sekretion auf die Formbildungsprozesse einen wesentlichen Einfluß ausüben, ist seit langem bekannt, und GLEY[3]) hat diese Hormone (Hypophyse, Schilddrüse, Thymus, Keimdrüse) als formbildende Hormone von den anderen abgetrennt und Harmozone genannt. EHRLICH neigte zu der Anschauung, daß alle Tumorzellen auf denselben spezifischen Wuchsstoff eingestellt wären und die gleichen Receptoren hätten, es daher eine Panimmunität gegen die verschiedenen Geschwülste gäbe [APOLANT[4])]. Wenn sich auch diese Auffassung nicht bestätigt hat, so kann heute an der großen Bedeutung spezifischer Wuchsstoffe nicht der geringste Zweifel sein. Gar so häufig wird von der Annahme ausgegangen, daß jede bösartige Geschwulst transplantierbar sei, das ist sicher nicht richtig, und die Bedeutung des individuellen Stoffwechsels für das Geschwulstwachstum zeigt sich sehr schön in den Versuchen von STILLING[5]), der am Kaninchen ein Adenocarcinom des Uterus auf den Geschwulstträger stets mit Erfolg übertragen konnte, während die Übertragungen auf andere Kaninchen immer erfolglos waren. Auch die Ergebnisse der EHRLICHschen Zickzackversuche sprechen ebenso wie das häufige Auftreten von Metastasen bei durch Immunität stark geschädigten Tumoren [CASPARI[6])] sehr für einen spezifischen Wuchsstoff.

Zu alledem kommen die neuesten Erfahrungen über die Bedeutung spezifischer Stoffe, Zellenzyme, Blastine in der Geschwulstzelle selbst, die sich aus den Untersuchungen über die experimentell erzeugten Hühnersarkome (s. S. 1537) und über den Einfluß solcher Stoffe auf das Wachstum des Mäusecarcinoms (s. S. 1710) ergeben haben. Wenn es auch heute schon ziemlich sicher ist, daß wir es hier mit Stoffen differenter Qualität zu tun haben, so ist doch anzunehmen, daß auch die besonderen embryonalen Wuchsstoffe eine Rolle für Wachstum und Entstehung der Geschwülste spielen. Es liegt daher der Schluß nahe, den LUDWIG[7]) gezogen hat, daß die akzessorischen Wachstumsstoffe während der Wachstumsperiode zur Entwicklung des Organismus aufgebraucht werden, die im späteren Alter dann für das Tumorwachstum zur Verfügung ständen. „Aus diesem Grunde wäre auch erklärlich, warum die malignen Tumoren

---

[1]) BEUTNER u. BUSSE: Zeitschr. f. d. ges. exp. Med. Bd. 28, S. 90. 1922.
[2]) HABERLANDT: Sitzungsber. d. preuß. Akad. d. Wiss., Phys.-med. Kl. Bd. 40. 1921.
[3]) GLEY: Lehre von der inneren Sekretion. Bern u. Leipzig: Bircher 1920.
[4]) APOLANT: Krebsätiologie. Ref. auf d. internat. Kongr. Budapest 1911.
[5]) STILLING: Virchows Arch. f. pathol. Anat. u. Physiol. Bd. 214, S. 378. 1913.
[6]) CASPARI: Zitiert auf S. 1355.
[7]) LUDWIG: Zeitschr. f. Krebsforsch. Bd. 23. S. 1. 1926.

zur großen Mehrzahl erst nach beendigter Wachstumsperiode und noch häufiger erst im höheren Alter auftreten.‟

Sehr häufig hat man die spezifischen Wuchsstoffe unter den Lipoiden gesucht. Insbesondere soll der Cholesterinstoffwechsel bei der Tumorentwicklung eine große Rolle spielen. White[1] fand in bösartigen Geschwülsten Verbindungen von Cholesterin, Lecithin und Fettsäuren und nahm an, daß diese Substanzen, insbesondere das Cholesterin, bei der Regulierung der Zellwucherung eine Rolle spielen. Der Gehalt der Geschwülste an Cholesterin nimmt mit dem Alter des Tumors zu [Bennet[2]]. Das Cholesterinfettsäureverhältnis soll hier die entscheidende Rolle spielen, zumal sich dieses Verhältnis unter Bestrahlung ändert. Der Gehalt des Körpers an Lipoiden soll mit dem Alter steigen [S. Fraenkel[3]), besonders der Fettsäuregehalt [Beatson[4]], nur der Lecithingehalt nimmt ab. Krebszellen dagegen reißen besonders viel Cholesterin an sich, und all dies soll mit der Entstehung des malignen Tumors zusammenhängen, da experimentell die stärksten Epithelwucherungen mit solchen Lipoiden zu erzeugen sind, die einen hohen Säuregrad besitzen [Brosch[5]]. Die von Freund und Kaminer auf eine gesättigte Dicarbonsäure zurückgeführte Kraft des Blutserums Krebszellen zu zerstören, ist bei jugendlichen Individuen 4—20mal so groß als bei Erwachsenen und nimmt mit dem Alter ständig ab [Kaminer[6]]. Diese carcinomauflösende Kraft des normalen Serums ist im Ätherextrakt desselben enthalten [Freund[7]], während wachstumsfördernde Stoffe aus Tumorzellen sich durch Acetonextraktion gewinnen lassen [Chambers und Scott[8]]. Auch das Pigment des Fettgewebes, das in der Umgebung von Carcinomen reichlich vorhanden ist, soll die Zellwucherung stark unterstützen [Currie[9]) und Beatson[10]]. Tritt eine Fettresorption im Hungerzustande ein, so finden wir zugleich eine atrophische Kernwucherung der Fettzellen [Flemming[11]]. Die Ursache dürfte in Lipasen zu suchen sein, die sowohl die Lösung des Fettes wie die Zellteilungen veranlassen. Auch die ganzen neueren experimentellen Untersuchungen weisen auf die Bedeutung der Lipoide in den Zellmembranen hin, und so ist denn z. B. das gemeinsame Charakteristicum derjenigen Stoffe, die künstlich zur Erzeugung von Epithelwucherungen dienen können, die Lipoidlöslichkeit. So ist es sehr wohl denkbar, daß auch verschiedene Körper und verschiedene Lipoide hier eine wichtige Rolle spielen können. Auch die in den letzten Jahren gemachte Feststellung, daß das Serum von Geschwulstkranken einen abnorm niedrigen Cholesteringehalt aufweist, läßt sich in gleichem Sinne verwerten, ohne daß wir bis heute einen tieferen Einblick in diese Reaktionsmechanismen hätten.

Freund und Kaminer[12]) nehmen neuerdings ein spezifisches Carcinomglobulin an, das, zu Nucleoglobulin umgewandelt, die Zelle krank macht. In der Bildung dieser Substanz, die sie aus Störungen der Darmresorption ableiten, erblicken sie die Grundlage der Krebsdisposition (Nather und Orator[13])]. Eine

---

[1]) White: Journ. of pathol. a. bacteriol. Bd. 13, S. 3. 1908.
[2]) Bennet: Journ. of biol. chem. Bd. 17, S. 13. 1914.
[3]) Fraenkel, S.: Dtsch. med. Wochenschr. 1908, S. 765.
[4]) Beatson: Zentralbl. f. Pathol. 1911, S. 737.
[5]) Brosch: Med. Klinik 1912, Nr. 17.
[6]) Kaminer: Wien. klin. Wochenschr. 1916, Nr. 13.
[7]) Freund: Münch. med. Wochenschr. 1913, S. 2260.
[8]) Chambers u. Scott: Brit. journ. of exp. pathol. Bd. 5, S. 1. 1924.
[9]) Currie: Biochem. journ. Bd. 18, S. 235. 1924.
[10]) Beatson: Lancet Bd. 203, S. 655. 1922.
[11]) Flemming: Virchows Arch. f. pathol. Anat. u. Physiol. Bd. 56, S. 146. 1872.
[12]) Freund u. Kaminer: Biochem. Zeitschr. Bd. 149, S. 245. 1924. — Freund u. Kaminer: Biochemische Grundlagen der Disposition für Carcinom. Wien: Julius Springer 1925.
[13]) Nather u. Orator: Mitt. a. d. Grenzgeb. d. Med. u. Chir. Bd. 35, S. 611. 1922.

Bestätigung dieser Befunde bleibt abzuwarten, vor allem erscheinen aber die ganzen Anschauungen zu sehr das Carcinom allein zu berücksichtigen.

Ganz besonders eindringlich weisen die Ergebnisse der künstlichen Gewebszüchtung der letzten Jahre auf die Bedeutung besonderer, wenn auch nicht gerade spezifischer Wuchsstoffe hin. Es hat sich gezeigt, daß diese Wuchsstoffe konzentriert im Embryo vorhanden sind, daß sie schon mit der fortschreitenden embryonalen Entwicklung abnehmen, um schließlich im Greisenalter vollkommen zu fehlen. Die dauernde Züchtung von Zellen ist daher an die dauernde Zufuhr von Embryonalextrakt gebunden (s. S. 1373). [Das Blutserum dagegen enthält wachstumshemmende Substanzen, reichlicher bei jungen Tieren wie bei alten; CARREL und EBELING[1])]. Die Wuchsstoffe sind vor allem reichlich in der embryonalen Leber vorhanden, und MENDÉLÉEFF[2]) nimmt an, daß die Leber erwachsener Tiere unter pathologischen Einflüssen dem Körper wieder solche embryonale Wuchsstoffe zuführen kann, die dann die Ursache der Geschwulstdisposition werden. CARREL[3]) hat diesen spezifischen Wuchsstoffen den Namen *Trephone* gegeben und gezeigt, daß die Lymphocyten ebenfalls diese Stoffe enthalten, die das Zellwachstum anregen. Er weist darauf hin, daß eine Wunde, die ganz frei von Zelltrümmern und Blut ist, nicht heilt, da ihr die vom absterbenden Gewebe und von den Leukocyten gelieferten Wuchsstoffe, Trephone, fehlen. Es steht also einwandfrei fest, daß es spezifische chemische Wuchsstoffe gibt, deren Bau wir leider noch nicht kennen. Auch für die Geschwulstwucherung spielen sie offenbar eine große Rolle, denn nur im Embryonalextrakt oder im Plasma eines krebskranken Tieres erhalten sich Geschwulstzellen einige Zeit transplantationsfähig. Es wird daher angenommen, daß im krebskranken Organismus von der Bindegewebszelle ein spezifischer Stoff, Trephon oder X-Stoff, produziert wird, der die Ursache des dauernden Geschwulstwachstums sei [RH. ERDMANN[4]), DREW[5])].

Wie bedeutungsvoll der Einfluß der spezifischen Wuchsstoffe auf Wachstum und Differenzierung der Zellen ist, geht in überzeugender Weise aus Versuchen von MAXIMOW[6]) hervor, der bei der Züchtung lymphoiden Gewebes nur bei Zusatz von Knochenmarkextrakt die Bildung von Granulocyten und Megakariocyten auftreten sah. R. ERDMANN[7]) gibt sogar an, daß die sonst unmögliche Transplantation, z. B. von Krötenhaut auf Frösche, gelingt, wenn die Zellen zunächst auf dem anderen Plasma gezüchtet worden sind und so an die anderen Wuchsstoffe sich angepaßt haben. Der Unterschied zwischen den allgemeinen Wuchsstoffen der Körperzellen und den besonderen der Geschwulstzellen wird uns noch später beschäftigen (s. S. 1707).

Endlich sprechen noch die neueren Untersuchungen über den Verteilungsgrad der Blutkolloide im Capillargebiet der Geschwulst ganz eindeutig für die erhöhte Avidität der Geschwulstzelle. Infolge des auf das 24-fache erhöhten Dispersitätsgrades der Blutkolloide reißt der Tumor alle wertvollen Nahrungsstoffe an sich [KOTTMANN[8])], und schon hieraus erklärt sich sein gesteigertes Wachstum, seine stärkere Vermehrungsfähigkeit, sein Verlust an spezifischer

---

[1]) CARREL u. EBELING: Journ. of exp. med. Bd. 36, S. 645. 1922.

[2]) MENDÉLÉEFF: Cpt. rend. des séances de la soc. de biol. Bd. 89, S. 416. 1923.

[3]) CARREL: Journ. of the Americ. med. assoc. Bd. 82. 1924.

[4]) ERDMANN, RH.: Strahlentherapie Bd. 15, S. 822. 1923; Zeitschr. f. Krebsforsch. Bd. 22, S. 83. 1924.

[5]) DREW: Brit. journ. of exp. pathol. Bd. 4, S. 46. 1923; Lancet Bd. 204, S. 833. 1923.

[6]) MAXIMOW: Arch. f. mikroskop. Anat. Bd. 97, S. 314. 1923.

[7]) ERDMANN, R.: Zeitschr. f. indukt. Abstammungs- u. Vererbungslehre Bd. 30. 1923.

[8]) KOTTMANN: Schweiz. med. Wochenschr. 1922. S. 695.

Organfunktion. Die normalen Gewebszellen können nur eine niedrige Dispersion der ihnen zugeführten Blutkolloide erzielen.

Besondere **chemische Affinitäten** zeigt die Geschwulstzelle aber auch noch zu anderen Körpern als den Nahrungsstoffen. Zunächst hat v. d. Velden[1]) über eine besondere *Jod*affinität der Geschwulstzellen (Jodspeicherung) berichtet, „das carcinomatöse Gewebe hatte reichlich Jod aufgespeichert, während das entsprechende normale Gewebe kein Jod enthielt. Das zeigt also eine besondere Avidität (Ehrlich) des Geschwulstgewebes zu Jodverbindungen". Einen weiteren chemischen Unterschied der Geschwulstzelle gegenüber der normalen Körperzelle haben Hess und Sachsl aufgedeckt. Sie zeigten, daß bei der *Phosphor*vergiftung die normalen Organe stark verfettet waren, dagegen die Tumorzellen von der Verfettung verschont blieben.

Salmon[2]) fand, daß transplantabler Mäusekrebs durch halbstündige Behandlung mit einer *Brechweinstein*lösung von 1 : 10 000 so verändert wurde, daß Transplantationen nicht mehr angingen, während dieselbe Lösung beim lebenden Tier ohne jeden Einfluß auf das Geschwulstwachstum war. Cristol[3]) fand ausnahmslos in den Tumoren einen höheren *Zink*gehalt als im Normalgewebe und fand, daß der Tumor um so mehr Zink enthält, je bösartiger er ist. Bei all diesen Affinitäten ist es sehr wichtig, darauf zu achten, ob nicht die Affinität durch degenerative und nekrotisierende Prozesse im Geschwulstgewebe bedingt ist. Karczag, Teschler und Barok[4]) haben nachgewiesen, daß elektrope Substanzen (Carbinole, Lichtgrün usw.) durch die elektrostatische Attraktion der *nekrotischen* Tumorteile elektiv fixiert und angehäuft werden, während die Krebszellen selbst keine elektrostatische Carbinolophilie besitzen.

Auch in neuerer Zeit hat man noch die *Jod*affinität der Tumorzelle zur Behandlung bösartiger Geschwülste ausgenützt [Payr[5])]. Nach Bell[6]) wird kolloidales *Blei* im Körper vorzugsweise an lecithinreiche Gewebe gebunden. Er findet denn auch nach der Injektion erheblich mehr Blei in den Geschwulstknoten als im übrigen Körper und will dies zur Heilung bösartiger Geschwülste verwerten. Metalle in kolloidaler Lösung sind zahlreich zum gleichen Zwecke wegen ihrer stärkeren Affinität zu den Geschwulstzellen benutzt worden [Neuberg und Caspari, Leo Loeb, Fleisher, Schindler[7])]. Mit *Antimon* und *Wismut* erzielte Ishiwara[8]) auch bei Rattencarcinomen auffallende Erfolge. Auch *Arsen*präparate sind ja schon seit langer Zeit, besonders bei Lymphosarkomen, mit Erfolg angewandt worden. Werner[9]) erzielte sogar bei Hautkrebsen Heilung. Die aufsehenerregenden Ergebnisse v. Wassermanns über die elektive Wirkung von *Selen*verbindungen auf die Tumorzelle beruhen allerdings nicht, wie man glaubte, auf einer elektiven Affinität zur Geschwulstzelle, sondern auf einer Gefäßschädigung durch das Eosinselen [Coenen und Schulemann[10])], sind doch nach Heubner alle Metallsalze Capillargifte. Eine elektive Speicherung von Substanzen durch Geschwulstzellen ist dagegen beobachtet worden bei *Kobalt*salzen [Neuberg und Caspari, Ogata[11])], bei Vitalfarbstoffen, insbesondere Isamin-

[1]) v. d. Velden: Zur Jodverteilung unter pathologischen Verhältnissen. Biochem. Zeitschr. Bd. 9. 1908.

[2]) Salmon: Cpt. rend. des séances de la soc. de biol. Bd. 86, S. 200. 1922.

[3]) Cristol: Bull. de la soc. de chim. biol. Bd. 5, S. 23. 1923.

[4]) Karczag, Teschler u. Barok: Zeitschr. f. Krebsforsch. Bd. 21, S. 273. 1924.

[5]) Payr: Münch. med. Wochenschr. 1922, S. 1330.

[6]) Bell: Lancet 1922, S. 1005.

[7]) Schindler: Monatsschr. f. Geburtsh. u. Gynäkol. Bd. 42, S. 389. 1915.

[8]) Ishiwara: Zeitschr. f. Krebsforsch. Bd. 21, S. 268. 1924.

[9]) Werner: Strahlentherapie Bd. 15, S. 843. 1923.

[10]) Coenen u. Schulemann: Dtsch. med. Wochenschr. 1915, Nr. 41.

[11]) Ogata: Transact. of the Japan. pathol. soc., Tokyo Bd. 11, S. 170. 1921.

blau [ROOSEN[1])], bei sauren Farbstoffen der Triphenylmetangruppe [ENGEL[2])]. Besonders eindrucksvoll zeigt sich die elektive Fixation an jugendlichen Geweben und Geschwulstzellen bei intravenöser Injektion kolloidal gelöster radioaktiver Substanzen. Mit dieser Methode konnten KOTZAREFF und WEYL[3]) auf photographischem Wege Geschwülste und den schwangeren Uterus elektiv abbilden, Angaben, die aber von anderen, insbesondere von LACASSAGNE und Mitarbeitern[4]), nicht bestätigt wurden.

4. Die Physikalische Kataplasie der Geschwulstzelle.

Die zuletzt angeführten Versuche weisen schon auf besondere Verhältnisse der physikalisch-chemischen Struktur der Geschwulstzelle hin und sind durch Kolloidbeeinflussungen erklärt worden. Die Zellanarchie der Geschwülste soll nur der Ausdruck einer Alteration der lipoiden Zellmembranen und der dadurch entstandenen ganz neuen Zellbeziehungen sein [SOKOLOFF[5])]. In der Tat hat man schon seit längerer Zeit kolloidale Störungen der Zelloberfläche, insbesondere an den Membranlipoiden, zur Erklärung des Wesens der Geschwulstzelle herangezogen [WATERMAN[6]) (s. auch S. 1419)]. Veränderungen der Oberflächenspannung, des Quellungszustandes der Zellorgane usw. können das Wachstum, die Zellteilung, die Mitose anregen und in Gang setzen. Chemische Stoffe, welche die Oberflächenspannung herabsetzen, befördern Regeneration und Zellteilung [BAUER[7])]. Die Strukturveränderungen des Protoplasmas der Tumorzellen sollen vor allen Dingen die verschiedenartigen Kolloidsysteme betreffen [BIERICH[8])]. Insbesondere wurde von KOTTMANN[9]) eine Erhöhung der dispersen Phase der Kolloide in der Geschwulst nachgewiesen. Nach diesen Untersuchungen ist der hohe Dispersitätsgrad der Blutkolloide regionär auf das Tumorgewebe beschränkt und verhält sich gegenüber dem Normalen wie 24 : 1. Es liegt also eine Art pathologischen Verjüngungszustandes im Geschwulstgewebe vor.

Gleichmäßige Veränderungen in der Schutzkolloidwirkung des Serums (d. h. der Fähigkeit der Serumkolloide vor der Ausflockung durch Elektrolyte zu schützen) haben sich allerdings bei Geschwulstträgern nicht gefunden: in 80% der Fälle Verminderung, die sich auch am Ende der Gravidität fand. In anderen Fällen, besonders bei Mammacarcinom, ganz normale Schutzwirkung [LOEB[10])].

FERNAU u. PAULI sowie WELS[11]) u. a. haben dann gezeigt, daß bei Röntgenbestrahlung der hochdisperse Verteilungszustand der Kolloidsysteme in den Geschwulstzellen in einen grobdispersen Zustand übergeführt wird, wodurch die Vermehrungsfähigkeit der Tumorzelle wieder herabgesetzt wird, um schließlich überhaupt vollständig zu erlöschen [siehe auch STRAUSS[12])].

---

[1]) ROOSEN: Dtsch. med. Wochenschr. 1923, S. 538.

[2]) ENGEL: Zeitschr. f. Krebsforsch. Bd. 22, S. 365. 1925.

[3]) KOTZAREFF u. WEYL: Presse méd. 1923, S. 925.

[4]) LACASSAGNE u. FERROUX: Cpt. rend. des séances de la soc. de biol. Bd. 93, S. 1356. 1925.

[5]) SOKOLOFF: Cpt. rend. des séances de la soc. de biol. Bd. 91, S. 1150. 1924.

[6]) WATERMAN: Bull. de l'assoc. franc. pour l'étude du cancer Bd. 12, S. 155. 1923; Cpt. rend. des séances de la soc. de biol. Bd. 89, S. 818. 1923.

[7]) BAUER: Arch. f. mikroskop. Anat. u. Entwicklungsmech. Bd. 101, S. 541. 1924.

[8]) BIERICH: Zeitschr. f. Krebsforsch. Bd. 18, S. 226. 1921.

[9]) KOTTMANN: Schweiz. med. Wochenschr. 1922, S. 695.

[10]) LOEB: Zeitschr. f. Krebsforsch. Bd. 20, S. 432. 1923.

[11]) FERNAU u. PAULI: Biochem. Zeitschr. Bd. 70, S. 426. 1915 u. Kolloid-Zeitschr. Bd. 30. 1922. — WELS: Pflügers Arch. f. d. ges. Physiol. Bd. 201, S. 459. 1923 u. Strahlentherapie Bd. 16, S. 617. 1924.

[12]) STRAUSS, O.: Zeitschr. f. Krebsforsch. Bd. 19, S. 185. 1922.

E. Bauer[1]) hat die Ursache für die Geschwulstbildung überhaupt in einer Erniedrigung der Oberflächenspannung des Gewebssaftes erblicken wollen. Er fand, daß eine derartige Erniedrigung die Gewebszellen isoliert und eine ausgesprochen teilungsfördernde Wirkung hat. Er fand sowohl beim menschlichen Carcinom wie beim experimentellen Teerkrebs die Oberflächenspannung des Blutserums gegenüber der Norm herabgesetzt. Angehen und Wachstum experimenteller Impftumoren wird durch oberflächenaktive Substanzen gefördert. Die Organe, deren Preßsaft die geringste Oberflächenspannung zeigt, werden am häufigsten von Metastasen befallen, und je niedriger die Oberflächenspannung des Gewebssaftes eines Carcinoms ist, um so größer die Bösartigkeit. Kagan[2]) fand in *fast* allen Fällen die Oberflächenspannung der Carcinomextrakte niedriger als die der Organextrakte.

Es ist gewiß, daß die ungeheuere Bedeutung, die die Lehre von der Permeabilitätsänderung der Zellmembranen und von der Oberflächenspannung der Gewebssäfte heute für die gesamte Physiologie gewonnen hat, auch für die Geschwulstfrage von großer Bedeutung ist, aber es fragt sich sehr, ob derartige Veränderungen, wenigstens bei unseren jetzigen Kenntnissen, schon ausreichen, die Geschwulstbildung restlos zu erklären, wie es Bauer will. Insbesondere ist auch zu bedenken, daß die Größe der Oberflächenspannung kolloidaler Lösungen, insbesondere auch des Serums, keine konstante Größe ist, sondern eine zeitliche Abnahme erfährt [du Noüy[3])]. Wenn deshalb E. Bauer so weit geht, zu schreiben, daß „das Problem des Carcinoms in dem Sinne gelöst ist, daß wir in der Oberflächenspannung des Serums eine meßbare Größe besitzen, von deren Betrag die Entstehungs- und Wachstumsmöglichkeit des Carcinoms abhängt", so wird es doch noch zahlreicher Nachprüfungen seiner interessanten Ergebnisse bedürfen, ehe wir klar sehen, und es liegt bisher noch kein Grund vor, die Geschwulstbildung lediglich auf humoralpathologischem Wege zu erklären.

Die erhöhte Dispersität der Grenzkolloide an der Zelloberfläche führt zu einer erhöhten Permeabilität, und diese zeigt sich auch beim Durchleiten des elektrischen Stromes: das Geschwulstgewebe leistet der elektrischen Stromleitung weniger Widerstand als das normale Gewebe [Clowes, Waterman[4])]. Besonders interessant ist, daß diese elektrochemischen Änderungen von Waterman bei Teerpinselungen von dem Stadium an nachgewiesen wurden, wo „atypisches Epithel" gefunden wurde. Waterman nimmt an, daß für diese Reaktionen die nicht mit Wasser mischbaren Stoffe die Hauptrolle spielen: Theorie des lipocytären Gleichgewichtes. Diese erhöhte elektrische Leitfähigkeit ist auch von Crile, Hosmer und Rowland[5]) gefunden worden, und Grant[6]) gelang es, durch Messung des elektrischen Leitungswiderstandes auf dem Operationstisch Tumorgewebe von normalem Hirngewebe zu unterscheiden: das Gliom zeigte nur $1/2$ bis $1/3$ des Widerstandes der normalen Hirnteile. Allerdings wurde bei 6 Endotheliomen der Leitungswiderstand 4mal niedriger, 2mal höher als normal gefunden.

Butts[7]) hat die kolloidalen und elektrischen Phänomene bei bösartigen Geschwülsten eingehend untersucht und ist zu dem Schluß gekommen, daß die

---

[1]) Bauer, E.: Zeitschr. f. Krebsforsch. Bd. 20, S. 358. 1923; Münch. med. Wochenschr. 1925, S. 1723.

[2]) Kagan: Zeitschr. f. Krebsforsch. Bd. 21, S. 155 u. 453. 1924; s. auch Selowiew: Ebenda Bd. 21, S. 456. 1924 u. Bd. 22, S. 265. 1925.

[3]) du Noüy: Cpt. rend. des séances de la soc. de biol. Bd. 89, S. 1076. 1923.

[4]) Waterman: Zeitschr. f. Krebsforsch. Bd. 19, S. 101. 1922; Bd. 20, S. 375. 1923.

[5]) Crile, Hosmer u. Rowland: Americ. journ. of physiol. Bd. 60, S. 59. 1922.

[6]) Grant: Journ. of the Americ. med. assoc. Bd. 81, S. 2169. 1923.

[7]) Butts: Cancer Bd. 1, S. 243. 1924.

Geschwulst durch eine Störung des elektrochemischen Gleichgewichts in der Zelle zustande kommt. Die Nucleinsäure ist im normalen Zellkern elektronegativ, im Kern der Krebszelle elektropositiv, wodurch die normale Zellfunktion unmöglich wird.

5. Der Stoffwechsel der Geschwulstzelle.

Diese Anschauungen führen uns schon zu den Untersuchungen über den Stoffwechsel der Krebszelle. Nach MACDOUGAL[1]) befördern alle Stoffe, die in einem reversiblen Gelzustand in die Zelle hineingelangen, das Wachstum, wobei Hydration und Quellung der Kolloide die Hauptrolle spielen. Nach ihm ist die lebendige Substanz kein strukturchemischer, sondern ein energetischer Begriff. Um so wichtiger wird dann der spezifische Stoffwechsel. WARBURG[2]) fand die Oxydationsgeschwindigkeit einer Zelle um so größer, je mehr Struktur sie enthält und stellte fest, daß der Sauerstoffverbrauch des Seeigeleies nach der Befruchtung oder künstlicher Entwicklungserregung auf das Sechsfache steigt, daß die Oxydationsgeschwindigkeit in der Zelle um mehrere hundert Prozent emporschnellen kann bei künstlicher Veränderung der Zellgrenzschichten. Die wichtigsten Vorgänge, welche die für die vitalen Leistungen notwendige Energie liefern, sind die Atmung und die Gärung [GOTTSCHALK[3])]. Ihre genaue Untersuchung bei der Krebszelle ist daher für uns von größter Bedeutung.

Sehen wir im Stoffwechsel das eigentlich Wesentliche des Lebendigen, so sind uns morphologische und chemische Struktur nur die Grundlage für diesen Stoffwechsel und damit das Leben. Der Stoffwechsel wirkt nicht nur als realisierender, sondern auch als determinierender Faktor [RUZICKA[4])].

Wollen wir somit annehmen, daß die Geschwulstzelle eine wesentliche und spezifische Abweichung von der Metastruktur der normalen Körperzelle aufweist, so muß diese Abweichung unbedingt auch im Stoffwechsel der Geschwulstzelle einen typischen und charakteristischen Ausdruck finden. Es muß deshalb eine ganz besonders wichtige Aufgabe sein, den Stoffwechsel der Geschwulstzelle zu analysieren, obwohl der Erreichung dieses Zieles zunächst große Schwierigkeiten entgegenstehen. Denn nicht auf die Stoffwechseleigentümlichkeiten irgendeiner speziellen Geschwulstzelle kommt es hier an, sondern wir suchen das Gemeinsame und Charakteristische der Stoffwechselabartung für *alle* Geschwülste aufzudecken. Und da liegt die Schwierigkeit vor allem darin, daß wir zunächst den Stoffwechsel jeder Tumorzelle mit dem Stoffwechsel der zugehörigen normalen Organzelle zu vergleichen haben. Die Kenntnisse, über die wir auf diesem Gebiete verfügen, sind noch recht gering und werden vielleicht erst durch systematische Auswertung der Gewebszüchtungsmethoden größer werden. Bisher wissen wir etwa folgendes:

Der **N-Stoffwechsel** der Tumorzelle zeigt anscheinend keine wesentliche Änderung [CRAMER und PRINGLE[5])]. Charakteristische Veränderungen der Gesamteiweißkörper des Serums wurden bisher nicht gefunden. Bei gut- und bösartigen Tumoren findet sich häufig Vermehrung des Gesamteiweißes [DALLA ROSA[6])]. Der Gesamtstickstoff des Serums ist bei Krebs teils vermehrt, teils

---

[1]) MACDOUGAL: Proc. of the soc. f. exp. biol. a. med. Bd. 19, S. 103. 1921.

[2]) WARBURG: Die Wirkung der Struktur auf chemische Vorgänge in Zellen. Jena: G. Fischer 1913.

[3]) GOTTSCHALK: Begriff des Stoffwechsels in der Biologie. Abh. z. theoret. Biol. Berlin: Bornträger 1921.

[4]) RUZICKA: Restitution und Vererbung. Roux' Vortr. üb. Entwicklungsmech., H. 23. Berlin 1919.

[5]) CRAMER u. PRINGLE: Zitiert auf S. 1416.

[6]) ROSA, DALLA: Arch. di patol. e clin. med. Bd. 2, S. 614. 1923.

vermindert [Kennaway[1])]. Auch verminderte Harnstoffausscheidung wurde häufig gefunden, aber nur bei bösartigen Geschwülsten [Laurenti[2])], während Meiderer Vermehrung des kolloidalen Harnstickstoffes nachwies. Salomon und Saxl[3]) fanden eine Vermehrung der Oxyproteinausscheidung und eine besondere Schwefelreaktion im Harn Krebskranker. Andere fanden eine Steigerung des fermentativen Eiweißabbaues oder eine Störung des Tryptophanstoffwechsels bei Carcinom (S. Fränkel), während Robin u. a. bei der Untersuchung des Harnsäurestoffwechsels, der Purinkörper usw., keinerlei charakteristische Befunde erheben konnten (s. auch S. 1382, 1386 u. 1416).

Eine besondere Rolle im Eiweißstoffwechsel der Zellen spielt das **Nucleoproteid**. Für die Geschwulstfrage ist diese Substanz von besonderer Wichtigkeit, da sie einerseits für das Wachstum sehr wichtig ist, andererseits als wichtiger Kernbaustein für die Pathologie des Zellkerns eine ganz besondere Bedeutung besitzt. Aber Näheres wissen wir noch nicht. Nach Gröbly[4]) soll eine pathologische Vermehrung des Nucleoproteidstoffwechsels eine Konstitutionsanomalie darstellen, die zu malignen Neubildungen disponiert. Wir erwähnten bereits, daß Freund und Kaminer ein pathologisches Nucleoproteid in der Geschwulstzelle annehmen.

Spezifische Störungen des **Fettstoffwechsels** beim Carcinom sind ebenfalls behauptet, aber bisher nicht einwandfrei nachgewiesen worden.

Auch über den **Kieselsäurestoffwechsel** bei Tumoren finden sich einzelne Andeutungen in der Literatur. Bei Krebs soll der Gehalt des Pankreas an Kieselsäure bedeutend vermehrt sein [Kahle[5])], ohne daß bisher hierfür eine Erklärung gegeben wurde.

Von größter Bedeutung für das Geschwulstproblem scheinen die neuesten Untersuchungen über den **Kohlehydratstoffwechsel** sowie über *Atmung und Gärung* in der Tumorzelle zu sein.

Die Untersuchungen Warburgs über die Beschleunigung der Oxydation durch die Befruchtung — wobei ja nach den Loebschen Untersuchungen über die künstliche Parthenogenese die Veränderung der Eimembran die Hauptrolle spielt — und besonders durch Veränderungen der Zellgrenzschichten wurden bereits erwähnt. Spielen also solche Membranveränderungen bei der Tumorzelle eine Rolle, so steht zu erwarten, daß auch hier Änderungen der Atmung und Gärung zu finden sein werden. Wenn Neuschloss[6]) gefunden hat, daß die Gewebe von Krebskranken (mit alleiniger Ausnahme der Milz) eine herabgesetzte Atmungsintensität haben, so mag auch dies vielleicht schon auf kachektischen Zuständen beruhen. Das Geschwulstgewebe selbst, das für uns in diesem Zusammenhange viel wichtiger ist, soll nach Waterman und Dirken[7]) Sauerstoff in größerer Menge und längere Zeit verbrauchen als normales Gewebe. Aber zahlreiche andere Untersucher (Lit. bei Kahn) sind zu dem Ergebnis gekommen, daß sich im Sauerstoffbedarf die Krebszelle nicht von einer normalen Epithelzelle unterscheidet, daß sie sicher keinen höheren O-bedarf hat, ja Drew[8]) weist in seinen Versuchen eine geringere Sauerstoffaffinität der Geschwulstzelle nach. Waterman und Kalff[9]) fanden an frischem Tumorgewebe abnorm geringes Reduktionsvermögen.

---

[1]) Kennaway: Quart. journ. of med. Bd. 17, S. 302. 1924.
[2]) Laurenti: Policlinico, sez. chir. Bd. 29, S. 391. 1922.
[3]) Salomon u. Saxl: Beiträge zur Carcinomforschung, Heft 2. Wien 1910.
[4]) Gröbly: Arch. f. klin. Chir. Bd. 115, S. 170. 1921.
[5]) Kahle: Zeitschr. f. Krebsforsch. Bd. 14, S. 369. 1914.
[6]) Neuschloss: Klin. Wochenschr. 1924, S. 57.
[7]) Waterman u. Dirken: Arch. néerland. de physiol. de l'homme et des anim. Bd. 5, S. 328. 1921.
[8]) Drew: Brit. journ. of exp. pathol. Bd. 1, S. 115. 1920.
[9]) Watermann u. Kalff: Biochem. Zeitschr. Bd. 135, S. 174. 1923.

Die Frage der **Atmung der Tumorzelle** hat seit den Arbeiten WARBURGS über die Zuckerspaltung und quantitative Bestimmung der Sauerstoffatmung in der Geschwulstzelle erhöhtes Interesse gefunden. BRAUNSTEIN hatte zuerst die Vermehrung zuckerspaltender Fermente im Tumorgewebe gefunden. WARBURG und MINAMI[1] fanden im Krebsgewebe die O-Atmung nur wenig herabgesetzt, aber das Zuckerspaltungsvermögen war 70—80mal so groß als bei normalem Lebergewebe. Die Beeinflussung dieses Glykolysevermögens durch Narkotica weist auch hier eindringlich darauf hin, daß es sich um Veränderungen der Zellgrenzflächen handelt. Da es aber normale Zellarten im Körper gibt (Speicheldrüsen, Pankreas), welche noch mehr Zucker zu spalten vermögen wie Carcinomzellen, so ist es von wesentlicher Bedeutung, daß die starke glykolytische Fähigkeit auch unter vollkommen aeroben Bedingungen von der Tumorzelle beibehalten wird im Gegensatz zur normalen Zelle, die in Stickstoffatmosphäre zwar auch eine geringe glykolytische Tätigkeit entfaltet, diese jedoch bei genügender O-Zufuhr durch gewöhnliche Atmung ersetzt. **Die Geschwulstzelle lebt also auf Kosten eines Gärungsvorganges,** und es ist auch gelungen, in Tumorextrakten einen glykolysefördernden Körper nachzuweisen [WATERMAN[2]]. Jedenfalls hat die Geschwulstzelle die Fähigkeit, sich sowohl der Atmung wie der Gärung zur Aufrechterhaltung ihres Stoffwechsels und damit ihres Lebens zu bedienen.

Gärung und Atmung sind beide charakterisiert durch H-Aktivierung. Die Gärung leistet jedoch viel weniger, während die Atmung das voraus hat, daß der Sauerstoff als H-Acceptor hier das Maximum an arbeitsfähiger Energie und Wärme entstehen läßt [GOTTSCHALK[3]]. Darum ist die Energieerzeugung durch Gärung sehr unproduktiv, und die Energie, die bei der Glykolyse des Krebsgewebes frei wird, beträgt nur 42% der bei der Atmung freiwerdenden (MINAMI). Auch hier weisen die experimentellen Untersuchungen darauf hin, daß abnorme Vorgänge an den Grenzflächen das Wesentliche sind.

WARBURG[4] konnte weiter zeigen, daß bei raschwachsendem Gewebe überhaupt eine Steigerung der Glykolyse zu finden ist, daß aber das Verhältnis der aeroben Glykolyse bei malignen Tumoren 3—4mal so groß ist wie bei benignen und daß beim Embryonalgewebe sogar die Glykolyse durch genügende O-Zufuhr, also durch die Atmung, fast völlig zum Verschwinden gebracht wird. Diese Ergebnisse sind von WATERMANN[5] und von LAUROS[6] auch für menschliche Carcinomzellen bestätigt worden; TADENUMA, HOTTA und HOMMA[7] fanden ebenfalls vermehrten Zuckerverbrauch, dessen Größe von Masse und Wachstum der Geschwulst abhängt. WIND[8] weist darauf hin, daß die Fähigkeit der Geschwulstzelle bei niedrigem Sauerstoffdruck auf Kosten der Glucosespaltung zu wachsen, für die Ausbreitung der Geschwulstzellen eine Rolle spielen kann. Die Gewebsatmung bringt es mit sich, daß in einiger Entfernung von den Capillaren die Sauerstoffkonzentration niedrig, die Glucosekonzentration hoch ist. Hier wird also die Geschwulstzelle besser wachsen können als die normale Zelle.

In neuester Zeit ist es auch ALB. FISCHER[9] gelungen, durch erhöhten Sauerstoffdruck Sarkomzellen (wenigstens die des ROUSschen Hühnersarkoms)

[1] WARBURG u. MINAMI: Klin. Wochenschr. 1923, H. 17; Biochem. Zeitschr. Bd. 142, S. 317 u. 334. 1923.
[2] WATERMANN: Klin. Wochenschr. 1924, S. 1225.
[3] GOTTSCHALK: Zitiert auf S. 1437.
[4] WARBURG: Biochem. Zeitschr. Bd. 152, S. 303. 1924.
[5] WATERMANN: Klin. Wochenschr. 1925, S. 1829.
[6] LAUROS: Münch. med. Wochenschr. 1926, S. 53.
[7] TADENUMA, HOTTA u. HOMMA: Biochem. Zeitschr. Bd. 137, S. 536. 1923.
[8] WIND: Klin. Wochenschr. 1926, S. 1356.
[9] FISCHER, ALB. u. HUCH-ANDERSEN: Zeitschr. f. Krebsforsch. Bd. 23, S. 27. 1926.

abzutöten, ja es war möglich, durch passende Sauerstoffbehandlung in Misch-
kulturen von normalen Fibroblasten und Sarkomgewebe die Sarkomzellen zu
vernichten, so daß reine Bindegewebskulturen übrig blieben.

Es steht noch nicht fest, ob diese wichtigen und interessanten Befunde für
alle Geschwulstzellen gelten, hatten doch schon Freund und Kaminer gefunden,
daß Carcinomzellen leicht Zucker binden, Sarkomzellen aber nicht. Die Folge
des Gärungsvorganges muß weiterhin eine erhöhte Milchsäureproduktion in der
Tumorzelle sein. Schon 1910 hatte Fulci (zitiert nach Kahn) in zahlreichen
Neubildungen hohen Milchsäuregehalt gefunden, und Glässner[1]) stellte fest,
daß bei künstlicher Übertragung von Carcinom und Enchondrom auf Mäuse
bei diesen eine Stoffwechselstörung auftritt, die sich in mangelhafter Verbrennung der Milchsäure und Ausscheidung durch den Urin nach Zuckerinjektionen
äußert. Auch hier zeigte sich, daß das gleiche bei Übertragung von Sarkomen
nicht nachzuweisen war.

Auch beim menschlichen Carcinom wurde reichliche Bildung von Milchsäure
festgestellt [Mahnert[2])]. Nun produziert auch der Muskel anaerob das Vielfache an Milchsäure als bei Sauerstoffzufuhr (Embden). Es wäre also denkbar,
daß das Verhalten der Carcinomzellen darauf beruht, daß die Tumorzellen durch
die in zellreichen Geschwülsten stets mangelhafte Gefäßversorgung gezwungen
wurden, ihren Stoffwechsel immer mehr auf den Sauerstoffmangel einzustellen.
Wir werden später noch sehen (s. S. 1548), daß auch für die experimentelle
Erzeugung von Geschwülsten die anaerobe Züchtung z. B. der Embryonalzell-
kulturen von der größten Wichtigkeit ist.

Immerhin zeigen die Untersuchungen am menschlichen Carcinom überall
die Störung des Zuckerstoffwechsels in der Tumorzelle und ihre Folgen. Beim
Hühnersarkom haben Tadenuma, Hotta und Homma[3]) festgestellt, daß der
Zuckergehalt des Venenblutes auf der geschwulsttragenden Seite erheblich
niedriger ist als auf der gesunden. Bei der Mehrzahl der krebskranken Menschen
tritt nach intravenöser Zuckerinjektion Milchsäure im Harn auf [Glaessner[4])].
Cori[5]) fand im Venenblut bei einem Flügelsarkom des Huhnes und bei einem
Unterarmsarkom des Menschen erheblich mehr Milchsäure als auf der gesunden
Seite. Daß keine allgemeine Steigerung des Milchsäurespiegels im Blut auftritt,
liegt offenbar an der Tätigkeit der gesunden Leber, denn im Embdenschen Institut konnte H. Schumacher[6]) nachweisen, daß der Milchsäuregehalt des Blutes
bei Krebskranken erhöht ist, sobald eine Erkrankung der Leber, insbesondere
ausgedehnte Lebermetastasen, hinzutreten.

Erhöhte Milchsäurewerte im Blute finden sich allerdings in ziemlich zahlreichen pathologischen Zuständen, z. B. bei Vergiftungen mit Phenylhydrazin
und Leuchtgas, bei Herzfehlern, schwerer Anämie, Leberschädigung und selbst
bei starker Muskelarbeit — hier offenbar, weil die von den Muskeln in großen
Mengen gebildete Milchsäure nicht so rasch von der Leber in Zucker um-
gesetzt werden kann. All dies beweist jedenfalls, daß wir es hier nicht
mit einer *spezifisch*-toxischen Erscheinung bei der Geschwulstbildung zu tun
haben.

---

[1]) Glässner: Klin. Wochenschr. 1925, S. 1868.
[2]) Mahnert: Wien. klin. Wochenschr. 1924, S. 1114.
[3]) Tadenuma, Hotta u. Homma: Dtsch. med. Wochenschr. 1924, S. 1051.
[4]) Glaessner: Wien. klin. Wochenschr. 1924, S. 358.
[5]) Cori: Journ. of biol. chem. 1925, S. 397; s. auch Warburg: Klin. Wochenschr.
1926, Nr. 19.
[6]) Schumacher, H.: Klin. Wochenschr. 1926, S. 497; bestätigt von Büttner: Ebenda
1926, Nr. 33.

BIERICH[1]) hat der Milchsäure gerade für das infiltrative Wachstum der bös-artigen Geschwülste besondere Bedeutung zugeschrieben. Er nimmt an, daß die von der Krebszelle gebildete Milchsäure das umliegende Bindegewebe zur Aufquellung bringt und dadurch erst das infiltrative Wachstum möglich wird. Diese Hypothese ist ebenso wie die BIERICHsche Annahme der Vermehrung elastischer Fasern durch die Milchsäure (Nachprüfungen der BIERICHschen Angaben an meinem Institut erbrachten keinerlei Bestätigung) nicht überzeugend. Infiltratives Wachstum findet sich sehr häufig auch ohne alle diese Quellungs-erscheinungen, die daher nichts Spezifisches sein dürften. Vor Jahren ist übrigens auch über Heilerfolge beim Hautkrebs durch subcutane Injektionen verdünnter Milchsäure berichtet worden (KRULL).

Es wird noch eingehender weiterer Untersuchung über den Gärungs- und Atmungsvorgang in der Tumorzelle bedürfen, ehe wir zu klaren Ergebnissen über die so viel versprechenden WARBURGschen Befunde kommen werden, ins-besondere ist die Frage noch nicht spruchreif, ob durch diese Befunde das bio-logische Wesen der Geschwulstzelle wenigstens chemisch charakterisiert werden kann.

Die Frage des Stoffwechsels der Tumorzelle können wir nicht verlassen, ohne noch der **Bedeutung der inneren Sekretion** für das Wachstum der Ge-schwulst zu gedenken — in anderem Zusammenhang wird später darauf noch genauer einzugehen sein (s. S. 1712—17). Da die Einheit des Stoffwechsels durch das Zusammenwirken der inneren Sekretion gewährleistet ist[2]), so ergibt sich schon theoretisch von selbst, daß Veränderungen der inneren Sekretion für den Stoffwechsel der Geschwulstzelle, der ja die Einheit des Körperstoffwechsels durchbricht, von Bedeutung sein werden.

Das Zusammenwirken der endokrinen Drüsen bei den Formbildungsvorgängen ist derartig festgelegt, daß häufig die verschiedensten äußeren Einwirkungen zum gleichen Resultat führen [HART[3])] — in ähnlicher Weise wie durch ganz verschiedene Einwirkungen die „Entwicklung" einer Rakete bewirkt werden kann. Daraus ergibt sich, daß nicht die äußeren Faktoren, sondern die inneren das Wesentliche für die Formbildung darstellen. „Spezifische Hormone", schreibt GOLDSCHMIDT[4]), „kontrollieren die normalen morphogenetischen Prozesse." So hat z. B. ROMEIS[5]) den starken Einfluß des Schilddrüsenhormons auf die Ent-wicklung der Extremitäten bei Froschlarven nachgewiesen, während WERNER SCHULZE[6]) durch experimentelle Athyreose bei Froschlarven das völlige Sistieren der Epidermisdifferenzierung mit isolierter Fortentwicklung der bindegewebigen Elemente und durch Schilddrüsenimplantation das Gegenteil: Hemmung der Mesodermentwicklung bei guter Entwicklung der übrigen Organe, erzeugen konnte. So entstehen schwere Störungen der Formbildung, die zu groben Miß-bildungen führen, einfach durch pathologische Hormonwirkung, ebenso wie durch die Hormonwirkung der graviden Mutter auf das Kind zwecklose Ent-wicklungen hervorgerufen werden [Synkainogenese A. KOHN[7])].

Haben wir es mit Tumoren aus embryonalen Zellen zu tun, so können wir

---

[1]) BIERICH: Klin. Wochenschr. 1923, Nr. 6; Münch. med. Wochenschr. 1923, Nr. 36; Zentralbl. f. Pathol. Bd. 35, S. 265. 1924.

[2]) Siehe BERNH. FISCHER: Vitalismus und Pathologie 1923.

[3]) HART: Berl. klin. Wochenschr. 1917, S. 1079.

[4]) GOLDSCHMIDT: Quantitative Grundlage von Vererbung und Artbildung. Roux' Vortr. üb. Entwicklungsmech. H. 24. Berlin 1920.

[5]) ROMEIS: Arch. f. mikroskop. Anat. u. Entwicklungsmech. Bd. 101, S. 382. 1924.

[6]) SCHULZE, WERNER: Arch. f. mikroskop. Anat. u. Entwicklungsmech. Bd. 101, S. 338. 1924.

[7]) KOHN, A.: Arch. f. Entwicklungsmech. Bd. 39, S. 127. 1914.

auch hier am Gesamtorganismus die Wirkungen derjenigen Hormone zuweilen feststellen, die entsprechend unserer Auffassung vom selbständigen Stoffwechsel des Embryos und der Geschwulstzelle in solchen Tumoren produziert werden müssen. Als Beispiele führe ich die frühzeitige Sexualentwicklung bei Teratomen, z. B. der Zirbeldrüse [Askanazy[1]), Klapproth[2])], in selteneren Fällen bei Hypernephromen an (Matthias) oder den Zusammenhang zwischen den Epithelkörperchentumoren und der Ostitis fibrosa mit den braunen Geschwülsten des Knochensystems [vgl. B. Günther[3])]. Auch Mamma lactans mit Colostrumsekretion wurde bei heterotopem Chorionepitheliom beobachtet [B. Fischer[4])].

Wieweit Veränderungen der endokrinen Drüsen beim Erwachsenen für Entstehung und Wachstum von Geschwülsten eine Rolle spielen, ist noch wenig bekannt.

Bisher verfügen wir noch über recht geringe Untersuchungen auf diesem Gebiete. Wenn bei Krebskranken Hypophysenveränderungen gefunden wurden (Karlefors, Berblinger und Muth), so steht noch nicht fest, welche Bedeutung ihnen beizumessen ist. Für die aus endokrinen Drüsen dargestellten Substanzen, die das Wachstum transplantierter Mäusecarcinome beeinflussen (Hypophyse wachstumfördernd, Schilddrüse und Thymus wachstumhemmend, Engel, Brancati), gilt das früher hierüber Gesagte. Auch beim Menschen sind günstige Beeinflussungen des Krebswachstums durch Bestrahlung der Hypophysengegend (Hofbauer) berichtet worden. Weitgehende Schlüsse lassen sich daraus nicht ableiten. Dagegen dürfen wir wohl als sicher annehmen, daß zwei Organen eine besondere Stellung zukommt: der Milz und den Keimdrüsen. Bei der Reaktion des Organismus gegen das Wachstum transplantierter Geschwülste spielt der reticuloendotheliale Apparat offenbar eine besondere Rolle. Schon daraus ließe sich die Bedeutung der Milz hierfür ableiten. Und wir sehen ja auch, daß z. B. Carcinome sehr selten Metastasen in der Milz machen. Hochgradige Atrophie der Milz ist ein sehr häufiger Befund bei der Sektion von Krebsfällen, und Theilhaber schließt daraus, daß die Altersatrophie der Milz das Carcinomwachstum befördere (Lit. bei Kahn). Joannovics[5]) fand im Experiment, daß die Exstirpation der Milz und der Keimdrüsen die Empfänglichkeit für Krebs steigert, und diese Ergebnisse erfahren eine neue und interessante Beleuchtung durch die Untersuchungen von Rhoda Erdmann, die in der Gewebskultur ein sehr eigenartiges Verhalten der Milz krebskranker Tiere feststellte. Daß die Exstirpation der Keimdrüsen die Empfänglichkeit für das Wachstum transplantierter Tumoren erhöht, dagegen das Auftreten spontaner Mammacarcinome verhindert (Leo Loeb, s. S. 1716), mag ebenfalls mit dem besonderen Stoffwechsel dieser Drüsen zusammenhängen.

Fassen wir nunmehr zusammen, inwieweit sich die biologische Eigenart der Geschwulstzelle mit den verschiedenen exakten Methoden nachweisen läßt, so können wir heute über die **Kataplasie der Tumorzelle** *zusammenfassend* etwa folgendes aussagen:

1. *Biologisch* zeichnet sich die Geschwulstzelle jeder Art durch ihre Selbständigkeit, ihr autonomes Wachstum gegenüber dem Gesamtorganismus aus.

2. Die Geschwulstzelle ordnet sich weder dem normalen noch dem regenerativen, weder dem funktionellen noch dem Stoffwechselbauplan des Organismus ein.

---

[1]) Askanazy: Frankfurt. Zeitschr. f. Pathol. Bd. 24, S. 58. 1921.
[2]) Klapproth: Zentralbl. f. Pathol. Bd. 32, S. 617. 1922.
[3]) Günther, B.: Frankfurt. Zeitschr. f. Pathol. Bd. 28, S. 295. 1922.
[4]) Fischer, Bernh.: Münch. med. Wochenschr. 1909, S. 1044.
[5]) Joannowics: Klin. Wochenschr. 1923, Nr. 51.

3. Diese *Selbständigkeit* zeigt die Tumorzelle durch ihr ganzes Verhalten im Organismus und durch den Mangel an Regulations- und Anpassungsfähigkeit. Der auffallendste Ausdruck dieser biologischen Sonderstellung ist die Metastasenbildung.

4. *Experimentell* läßt sich die biologische Sonderstellung der Geschwulstzelle einwandfrei durch ihr Verhalten bei der Transplantation und der Gewebszüchtung nachweisen.

5. Die Tumorzelle unterscheidet sich von allen Zellen des Körpers durch einen *Mangel an Differenzierung*, und zwar sowohl morphologischer wie funktioneller Differenzierung. Dieser Verlust oder Mangel an Differenzierung, Struktur und Nachbarstruktur schreitet bei der weiteren Wucherung der Tumorzellen fort. Von der Embryonalzelle unterscheidet sich die Tumorzelle durch den fast völligen Mangel an Differenzierungspotenzen und -anlagen.

6. *Morphologisch* zeigt die Tumorzelle neben der Entdifferenzierung Atypien des Kerns, des Centrosoms und der Mitosen.

7. *Chemisch* äußert sich die Kataplasie der Tumorzelle in vermehrtem Wasser- und Kaliumgehalt der Zelle, in einer erheblichen Vermehrung des hydrophilsten Anteils der Albuminfraktion und im Auftreten besonderer, vielleicht sogar spezifischer Wuchsstoffe.

8. Im *physikalischen* Verhalten zeigt sich die Kataplasie der Tumorzelle in Veränderungen der Grenzflächen und einem hoch dispersen Zustand ihrer Kolloide. Der Polarisationswiderstand des Tumorgewebes ist verringert.

9. Die Kataplasie der Tumorzelle äußert sich ferner in einem abnormen *Stoffwechsel*. Bei ihr ist der energieliefernde Prozeß hauptsächlich die Gärung, sie zeigt eine starke Steigerung der Zuckerspaltung unter anaeroben Verhältnissen, sowie eine starke Vermehrung der Milchsäurebildung.

10. Spezifische und charakteristische Veränderungen des *Gesamtorganismus* oder im Blut und Serum sind bei Geschwulstkranken bisher nicht gefunden worden. Durch die starke Zellvermehrung, den häufig sehr starken Zellzerfall, Funktionsstörungen, Blutungen usw., entstehen eine Reihe von sekundären Veränderungen. Es ist bis heute weder ein spezifisches Geschwulstgift noch eine spezifische Geschwulstkachexie nachgewiesen.

IV. Die histogenetische Geschwulstforschung.

Die Tumorzelle muß trotz ihrer Abstammung von der Körperzelle biologisch von derselben wesentlich verschieden sein. Dieser biologische Unterschied zwischen Körperzelle und Geschwulstzelle hat sich allerdings bisher, wie wir sahen, noch nicht in eine einfache Formel fassen lassen. Er ist weder morphologisch noch chemisch bisher in seinem Wesen genau zu bestimmen, obwohl wir uns diesem Ziel schon nähern. Da diese biologische Differenz vorhanden ist, so ist die Frage nach der genetischen Beziehung zwischen Tumorzelle und Körperzelle natürlich um so wichtiger.

Die Kenntnis der normalen Entwicklungs- und Differenzierungsvorgänge ist daher für das Verständnis der Geschwulstbildung eine notwendige Voraussetzung. Da die Geschwulstzelle von der Körperzelle abstammt, werden die gesamten Entwicklungs- und Differenzierungsvorgänge der Körperzelle in direkter Beziehung zur Geschwulstbildung stehen oder stehen können.

Wir müssen hier Grundsätzliches vorausstellen, weil sonst eine Möglichkeit der Verständigung fehlt, d. h. die Unklarheiten der leidigen landläufigen Nomenklatur führen auf Schritt und Tritt zu den gröbsten Mißverständnissen, falls nicht ganz scharfe Definitionen vorher festgelegt sind. Die Differenzierungsfrage haben wir aber in der Abhandlung über die Metaplasien schon eingehender behandeln müssen und können daher die dort gewonnenen Ergebnisse an dieser Stelle verwenden und uns mit einem Hinweis auf die Begründung an jener Stelle begnügen.

Für Bau und Entwicklung des Organismus stehen wir auf dem Boden des Mechanismus und einer neoepigenetischen Präformation im Sinne von WILH. ROUX.

Der **Bau jeder Zelle** setzt sich für uns zusammen (siehe Metaplasie S. 1247) aus der jenseits der Sichtbarkeit liegenden **Metastruktur** (chemischer, physikalischer und funktioneller Art) und der im mikroskopischen Bilde zum Vorschein kommenden **histologischen Struktur,** ihrer morphologischen, physikalischen und chemischen Differenzierung und ihrer **Nachbarstruktur.** Auf die Art der Metastruktur können wir nur aus den Lebensäußerungen und Entwicklungsfähigkeiten (die oft erst experimentell aufzudecken sind) schließen. Diese durch die spezifischen Entwicklungsfähigkeiten der Zelle erwiesenen Teile der Metastruktur nennen wir ihren *Potenzgehalt.* Wir müssen annehmen, daß auch der Potenzgehalt der Zelle sowohl Entwicklungsfähigkeiten morphologischer wie chemisch-physikalischer Art in sich schließt, da Morphologie und Stoffwechsel für uns untrennbar sind und nur die Betrachtung des gleichen Lebensvorganges von verschiedenem Standpunkt aus und mit verschiedenen Methoden darstellen.

Die Differenzierung der Zelle ist also eine Spezialisierung, sie wird *einseitig* in Struktur und Stoffwechsel. Daher kann, wie wir sahen, der Potenzgehalt der Zelle abnehmen, ja fast verschwinden (höhere Tiere, besonders Wirbeltiere) oder sehr groß, ja unverändert bleiben, wie bei den Pflanzen. Selbst wenn wir also die Differenzierung einer Zelle restlos nach morphologischer Struktur, Funktion und Stoffwechsel aufgeklärt haben, können wir trotzdem nichts absolut Sicheres über die in ihr etwa noch vorhandenen Entwicklungsmöglichkeiten und -fähigkeiten, über ihren Potenzgehalt aussagen. Erst das Experiment, die Transplantation, die Gewebszüchtung können uns über den Potenzgehalt einer Zelle Aufschlüsse geben, und auch da bleibt einer hyperkritischen Einstellung noch der Einwand offen, daß man eben noch nicht die „optimalen Bedingungen" geschaffen habe, unter denen sich eben weitere Entwicklungsfähigkeiten der untersuchten Zelle oder Zellart zeigen würden. So meint HERTWIG, daß auch am ausdifferenzierten tierischen Organismus jede Zelle noch die Fähigkeit besitze (wie bei den Pflanzen), das Ganze wieder zu reproduzieren (s. S. 1239). Einer solchen Hypothese kann die Pathologie am allerwenigsten folgen.

Wenn wir immer wieder sehen, daß bei den niederen Organismen des Tierreichs sich sowohl im Experiment wie unter den natürlichen (pathologischen) Bedingungen des Lebens sich je nach der Art auch beim ausgewachsenen Tier noch recht verschiedene Entwicklungsfähigkeiten der Gewebe zeigen, daß aber mit der fortschreitenden Entwicklung sowohl ontogenetisch wie phylogenetisch diese Entwicklungsfähigkeiten immer mehr eingeschränkt werden, so liegen hier fundamentale Unterschiede vor, die nicht mit unbeweisbaren Hypothesen hinwegzudiskutieren sind. Unter pathologischen Verhältnissen geraten immer wieder Zellen und Gewebe unter die verschiedenartigsten Bedingungen, und doch sehen wir an ihnen niemals Entwicklungsfähigkeiten auftreten wie beim niederen Tier. Ebenso haben wir ja die Möglichkeit, durch Transplantation und Explantation diese Bedingungen noch weiter und stärker und in jeder beliebigen Richtung zu variieren, und doch sehen wir niemals Dinge, wie sie sich z. B. bei Planarien so leicht zeigen lassen. Das kann nicht mit der Hypothese, daß wir die optimalen Bedingungen noch nicht gefunden hätten, erklärt werden, sondern hier müssen grundsätzliche Unterschiede in der Metastruktur der Zellen vorliegen. Mit der gleichen Logik könnte die Generatio aequivoca behauptet werden — hier wie dort liegt die Beweispflicht auf der Gegenseite. Wir können uns als Naturwissenschaftler nicht an das halten, was vielleicht noch denkbar ist, sondern müssen den festen Boden des tatsächlich Erwiesenen und Erweisbaren unter den Füßen behalten.

Was nun die Geschwulstzelle betrifft, so haben wir in gleicher Weise Interesse an ihrer Struktur wie an ihrer Metastruktur. Gewöhnlich ist beides gemeint, wenn von der „Differenzierung der Geschwulstzellen" im weiteren Sinne geredet wird. Wollen wir weiterkommen, so müssen wir aber diese Begriffe streng auseinanderhalten. Die Metastruktur der Tumorzelle (wie der Zelle überhaupt) ist einer direkten Beobachtung und Erforschung noch nicht zugängig — wir können nur indirekt aus ihren Wirkungen und Äußerungen auf sie schließen. Sie zeigt sich in den biologischen Eigenschaften der Zelle, ja ist deren Grundlage wie die Grundlage der Lebendigen überhaupt, und auch bei der Tumorzelle kann das Wesentliche der biologischen Abartung nur in dieser Metastruktur liegen.

Unter **Differenzierung** im engeren Sinne verstehen wir die Entwicklung der typischen *sichtbaren* und charakteristischen Strukturen, deren Kenntnis uns gestattet, den Weg zu verfolgen und anzugeben, den die Entwicklung einer Körperzelle von der Eizelle an, genommen hat. Da auch zahlreiche, ja die meisten Geschwülste solche sichtbaren Strukturen von Zellen und Geweben aufweisen, so muß gerade die Frage nach der Beziehung dieser Entwicklungsbahn der Geschwulstzelle zur Entwicklung der normalen Körperzelle aus der Erforschung der sichtbaren Strukturen tiefere Aufschlüsse erhoffen lassen. Zudem hängt das wichtigste Kriterium des Lebens, der Stoffwechsel, ebenso eng mit der Struktur zusammen. Also auch in dieser Richtung wird die Erforschung der histologischen Differenzierung der Geschwulstzelle uns wichtige Hinweise geben können.

Leiten wir die Geschwulstzellen von Körperzellen ab, so kann uns die histologische Geschwulstanalyse den Weg dieser Abstammung aufhellen. Wie wir später noch sehen werden, kennen wir aber bisher mit Sicherheit nur zwei biologische Vorgänge, deren enge Beziehung zur Geschwulstbildung nachgewiesen ist: die Gewebsmißbildung und die Regeneration. Beide Vorgänge können aber nur im Rahmen des Differenzierungsproblems überhaupt verstanden und erforscht werden, und so ergibt es sich von selbst, daß die Differenzierung der Geschwulstzelle, auch wenn wir nur die sichtbare und nachweisbare histologische Struktur im Auge haben, auch für die grundsätzliche und genetische Auffassung der Tumorzelle von Wichtigkeit ist. Wenn wir auch in keinem Augenblicke vergessen, daß der tiefste und wichtigste Teil des Problems in der Metastruktur der Zelle liegt, so bleibt darum doch die Erforschung der histologischen Strukturen und Differenzierungen für uns zunächst, weil methodisch angreifbar, die wichtigste Aufgabe.

Allerdings wird gewöhnlich histologische Geschwulstforschung und histogenetische Geschwulstforschung für identisch gehalten. Dabei ist es nirgends so gewagt, genetische Schlüsse zu ziehen wie in der beschreibenden Morphologie. Die in dieser Richtung engen Grenzen der anatomischen Methode und ihre großen Gefahren habe ich vor Jahren bereits eingehend auseinandergesetzt[1]). Über die uns hier beschäftigende Frage habe ich damals (ebenda S. 13ff.) bereits auseinandergesetzt:

„Wir können auch aus der histologischen Struktur einer Geschwulst eine Reihe der allerwichtigsten Anhaltspunkte gewinnen. Aber für die Histogenese

---

[1]) FISCHER, BERNH.: Grundprobleme der Geschwulstlehre. Frankfurt. Zeitschr. f. Pathol. Bd. 11, S. 2. 1912. (Wertung und Überwertung der anatomischen Methode.)

lassen sich diese Anhaltspunkte nur mit allergrößter Vorsicht und Kritik verwerten, denn es ist hierbei immer zu bedenken, daß die *Geschwulstzelle* im Laufe ihrer Entwicklung gegenüber der Körperzelle *abnorme Differenzierungen eingegangen sein kann, daß es sich um Zellen handelt, deren Gleichstellung mit Zellen des fertigen Organismus durchaus zweifelhaft sein muß,* daß sich schließlich an den Geschwulstzellen *metaplastische Vorgänge* abspielen können. Über die abnormen Entwicklungsrichtungen, die die Körperzellen im Laufe des embryonalen und postembryonalen Lebens eingehen können, sind wir aber so gut wie vollkommen ununterrichtet. Also der *histologische Befund* kann *unsere Anschauung* nach mancher Richtung *stützen,* er kann auch manche Wege der Histogenese mit ziemlicher Sicherheit ausschließen, er kann aber *positiv beweisen überhaupt nur sehr wenig für die Genese.* Vor allen Dingen die Histogenese eines fertigen Tumors können wir aus dem histologischen Bilde gar nicht oder nur mit größter Vorsicht ablesen. Niemand hat z. B. bis heute nachgewiesen, daß Bindegewebszellen ein Spindelzellensarkom bilden können, und so müssen wir zu dem Schluß kommen, daß unsere ganze heutige Einteilung der Geschwülste eine rein histologische, keine histogenetische ist.

Bei dieser Sachlage stößt die Erforschung der Histogenese der Geschwülste auf kaum überwindliche Schwierigkeiten, und man sollte deshalb *voraussetzen,* daß *bei zahlreichen Tumorformen die Unmöglichkeit, ihre Histogenese anzugeben,* in der Literatur hinreichend betont sei. *Das Gegenteil ist der Fall.* Trotzdem die zur Verfügung stehenden Methoden eine sichere Feststellung der Histogenese unmöglich machen, wird doch bei jedem Tumor getreulich angegeben, ‚von welchen Zellen er ausgeht‘, und die übliche Einteilung der Geschwülste aller Lehrbücher ist ja stets eine ‚histogenetische‘ und ebenso die Nomenklatur. Da wird mit derselben Sicherheit erklärt, daß ein Cancroid von der Epidermis, ein anderer Hautkrebs von den ‚Basalzellen‘ der Epidermis, ein anderer Tumor von den Perithelien der Lymphdrüse, ein anderer endlich ‚von den Bindegewebszellen‘ des Ovariums ausgeht.

Und all diese Schlüsse werden auf Grund einfacher histologischer Bilder der Tumoren, d. h. anatomischer Momentaufnahmen *eines* Stadiums der Geschwulst (fast stets des Endstadiums) aufgestellt. Das ist eine *Überwertung und fehlerhafte Anwendung der anatomischen Methode,* die meines Erachtens gar nicht gründlich genug ausgerottet werden kann.

Wie sehr hier der anatomische Befund überschätzt und kritiklos ausgelegt wird, geht schon an der Ausdrucksweise und Darstellung vieler Autoren hervor. Da ist immer wieder zu lesen: „Man sieht, wie die Epithelstränge in die Tiefe wachsen und den Knochen zerstören usw." All dies hat leider noch kein Mensch gesehen, und so wenig ich daran zweifle, daß der Autor in zahlreichen Fällen dieser Art den Vorgang ganz *richtig* aus seinen histologischen Befunden erschlossen hat, so muß dennoch gegen eine solche falsche Darstellung gerade in der Geschwulstlehre besonders stark Einspruch erhoben werden, denn sie macht keine Trennung zwischen Beobachtung und Folgerung, zwischen Tatsachen und Schlüssen. Eine solche Trennung ist aber unbedingt zu fordern, um wirklich zu einwandfreien Resultaten zu gelangen.

Für die Geschwulstlehre ist aber weiter scharf zu betonen, daß die histologische Struktur allein wenig oder vielfach gar nichts streng Beweisendes über die Histogenese eines Tumors aussagen kann. Am klarsten wird diese Tatsache, wenn wir uns die Forschungsmethode der Embryologie vor Augen führen. Hier denkt niemand daran, aus der histologischen Struktur eines Organs an und für sich genetische Schlüsse zu ziehen. Nur die fortlaufende Untersuchung der aufeinander folgenden Entwicklungsstadien gilt hier als Beweis. Wie wenig die

Histologie eines Gebildes maßgebend ist, ergibt sich schon daraus, daß die heterogensten Gebilde bei der Entwicklung Zellen gleicher Struktur liefern können. Ja selbst die Keimblätter sind nicht so scharf geschieden, daß sie nicht, besonders bei *abnormer* Entwicklung, gleiche oder ähnliche Potenzen entwickeln könnten.

Nun zwingen aber all unsere Kenntnisse zu dem Schluß, daß der *Träger aller wesentlichen Geschwulsteigenschaften die Geschwulstzelle selbst* ist. Diese Eigenschaften unterscheiden die Geschwulstzelle prinzipiell von allen anderen Zellen des Körpers, und trotzdem müssen wir hier konstatieren, daß es uns mit keiner der bis heute zur Verfügung stehenden histologischen Methoden gelingt, irgendwie das Charakteristische der Geschwulstzelle auf histologischem Wege darzutun. Es gibt keine Möglichkeit, die Krebszelle allein als solche histologisch zu diagnostizieren, ja in manchen Fällen ist es uns selbst aus der gesamten Histologie des Gewebes unmöglich, eine exakte Diagnose auf die Malignität eines Tumors aus dem histologischen Befunde zu stellen. Es gibt maligne Tumoren mit Metastasen, die trotz genauester Untersuchung irgendein völlig sicheres histologisches Kriterium der Malignität nicht nachweisen lassen.

Dieses wesentlichste Charakteristicum der Geschwulstzelle ist also bisher histologisch nicht zu fassen, obwohl die Tumorzelle hierdurch von allen anderen Körperzellen unterschieden ist. Wie werden wir dann erwarten dürfen, aus dem einfachen histologischen Bilde Aufschlüsse über viel feinere Dinge zu bekommen, nämlich über die Genese und den ganzen Entwicklungsgang der Geschwulstzelle? Die morphologischen Kriterien sind an der Geschwulstzelle nur äußerliche Kennzeichen, die an und für sich in sehr vielen Fällen gar nichts Beweisendes haben und über die Qualität der Zelle wesentliche Täuschungen hervorrufen können. Können wir schon über die Geschwulstpotenz der einzelnen Zelle aus dem histologischen Bilde nichts schließen, wieviel weniger werden wir dann Schlüsse auf ihre Herkunft ziehen können. Wenn man aber gar unternimmt, aus der einfachen morphologischen Ähnlichkeit von Geschwulstzellen mit ausgereiften Zellen des normalen Körpers genetische Schlüsse zu ziehen, so begibt man sich natürlich auf ein noch viel unsichereres und schwankenderes Gebiet. Wenn, um ein Beispiel aus neuerer Zeit anzuführen, FRANK wegen der morphologischen Ähnlichkeit der Zellen die Teratome des Hodens von den unreifen Geschlechtszellen, die großzelligen Hodentumoren dagegen sogar aus den ausgebildeten Epithelien der Tubuli contorti, den Spermatogonien, ableitet[1]), so steht eine solche Schlußfolgerung vollkommen in der Luft. Wenn derselbe Verfasser in sehr richtiger Kritik darauf hinweist, daß das mittlere Keimblatt für sich allein sowohl Knorpel als Plattenepithel und Cylinderepithel zu bilden imstande sei, so muß es andererseits wundernehmen, daß er nicht bei dieser Sachlage auf den einzig richtigen Schluß kommt, daß die Histogenese der Hodentumoren eben aus der Morphologie der Tumorzellen und aus der Ähnlichkeit mit den ausgebildeten Zellen des normalen Organs prinzipiell nicht abgeleitet werden kann. Hierzu kommt aber noch, daß wir über die pathologische Entwicklung irgendwelcher Zellen des Körpers noch fast gar nichts wissen können. Ein Beispiel dafür, wie wenig diese Gesichtspunkte bisher in der Geschwulstforschung berücksichtigt werden, bietet die Arbeit von SIMON[2]). Der Autor beschreibt ein polymorphzelliges Sarkom, das sich in einer osteomyelitischen Narbe entwickelt hat. Er schreibt: ‚In dem Falle läßt sich nun eine solche Entstehung aus embryonal versprengten Keimen ausschließen, handelt es sich doch um ein Gewebe, das in der Embryonalzeit gar nicht vorhanden war, sondern erst im vorgeschrittenen Lebensalter gebildet wurde.‘ Dabei enthält dieser

---

[1]) FRANK: Frankfurt. Zeitschr. f. Pathol. Bd. 9, S. 206. 1911.
[2]) SIMON: Zeitschr. f. Krebsforschung Bd. 10, S. 210. 1911.

Tumor fibrosarkomatöse, spindelzellensarkomartige und polymorphzellige Partien. Warum also embryonale Mesenchymzellen zur Produktion derartiger Gewebsbildungen nicht imstande sein sollen, ist schlechterdings unersichtlich. Ich will mit dieser Kritik keineswegs an und für sich die Erklärung des Verfassers, daß sich der von ihm beschriebene Tumor aus einer Narbe entwickelt habe, angreifen. Das ist eine weitere sekundäre Frage, ob diese Erklärung richtig ist. Die Gründe, die er dafür aber anführt, daß embryonale Zellen derartige Gewebsstrukturen nicht bilden, sind völlig haltlos und gehen nur wieder von der Vorstellung aus, daß an Ort und Stelle des vorgefundenen Tumors vor der Tumorbildung absolut normale Bindegewebszellen gelegen haben, eine Hypothese, deren Richtigkeit erst bewiesen werden muß.

Auch die leidige Frage der **Übergangsbilder** muß hier kurz berührt werden, denn trotz der scharfen und nur zu berechtigten Kritik Ribberts spielen sie immer noch eine recht erhebliche Rolle in der Geschwulstliteratur. Besonders häufig bedienen sich Arbeiten aus klinischen Laboratorien dieses ‚Beweismittels‘ und richten dadurch enormen Schaden in der Literatur an, denn diese ist dadurch übersät mit einer Kasuistik, die nicht nur unbrauchbar, sondern wegen oft völlig verfehlter, *nicht nachzuprüfender* Angaben schädlich ist und die wahre Erkenntnis in hohem Grade hemmt. Es ist wohl noch niemand eingefallen, die Histogenese eines Organs aus den Randpartien des fertigen Organs und aus den Zellen seiner Umgebung abzuleiten, und auf gleicher wissenschaftlicher Stufe steht die Geschwulstforschung vermittels der Übergangsbilder. Da wir wissen, daß fast ausnahmslos die Tumoren, sobald wir sie zur Untersuchung bekommen, fertige, biologisch von ihrer Umgebung schon völlig differenzierte Gebilde sind, so kann an diesen Tumoren die Entwicklung überhaupt nicht histologisch aufgedeckt werden. Trotzdem und trotz der hundertmal aufdeckten Trugbilder, die diese Methode gibt, müssen die Übergangsbilder am Rande fertiger Tumoren immer wieder die Histogenese zahlreicher Geschwülste aufdecken. Diese Methode hat aber noch einige besondere Vorteile, die noch kurz erwähnt werden sollen:

1. Liegt ja sehr oft die *Möglichkeit* vor, daß die Genese des Tumors so ist, wie der Autor es sich vorstellt, und auch a priori kann man die *Möglichkeit* solcher Übergänge in frühesten Stadien der Tumorbildung nicht bestreiten. Nur sind diese histologischen Übergänge *nie* Beweise genetischer Übergänge, und die Kritik kann sie als Beweise erst dann anerkennen, wenn *jede* andere Deutung des histologischen Befundes ausgeschlossen ist. Bei den gewöhnlichen ‚Übergängen‘ ist aber das Gegenteil der Fall.

2. Gibt sie die besten und erfolgreichsten Resultate, je schlechter die angewandte Technik ist. Bei genügend dicken Schnitten und unklaren, möglichst wenig differenzierenden Färbungen ist es eine Kleinigkeit, überall die gewünschten Übergangsbilder, Zwischenstufen an Zellen usw. nachzuweisen.

Wer es aber nicht prinzipiell ablehnt, aus derartigen histologischen Bildern genetische Schlüsse zu ziehen, verliert meines Erachtens überhaupt den exakten Boden unter den Füßen und kann Beweise für jede Genese jeder Zellform beibringen. Das überzeugendste Beispiel von der absoluten Haltlosigkeit dieser Methode und der Tatsache, daß eine solche Methodik an und für sich zu falschen Schlüssen führen muß, ist uns in der Blutpathologie gegeben. Trotzdem hier die normale Entwicklungsgeschichte und das Experiment in breitestem Maße herangezogen werden können, sehen wir, wie die unglaublichsten Widersprüche über die Genese jeder einzelnen Zellform die Literatur beherrschen. Die Schlüsse werden fast ausschließlich aus den morphologischen Ähnlichkeiten und Übergangsbildern gezogen, und obwohl eine ungeheuere Arbeit in dieser Richtung geleistet worden ist, ist das Resultat doch nach jeder Richtung unbefriedigend.

Ich glaube, es liegt nicht an der Intensität der Arbeit, sondern daran, daß die angewandte Methode eben prinzipiell falsch ist und zu unsicheren, vielfach direkt falschen Schlüssen führen muß.

Aus der Geschwulstliteratur lassen sich zahlreiche der prägnantesten Beispiele anführen, wie die morphologische Ähnlichkeit mit gewissen Zellen immer und immer wieder zu falschen Schlußfolgerungen geführt hat. Gerade die Geschwulstzelle hat ja gegenüber der normalen Körperzelle an Differenzierung wesentlich eingebüßt, und einer wenig oder gar nicht differenzierten Zelle können wir nun einmal histologisch nicht ansehen, wo sie herstammt. Ich weise nur darauf hin, wie ungeheuer wenig Anhaltspunkte die einfache Morphologie der Embryonalzelle dem Embryologen für die Aufdeckung der Entwicklungsvorgänge bietet. Ganz ebenso ist es meiner Ansicht nach mit vielen Geschwülsten. Während VIRCHOW die Zellen des Hautcarcinoms von Bindegewebszellen abgeleitet hat auf Grund seiner histologischen Untersuchungen, während KÖSTER dieselben Zellen auf Grund ausgezeichneter histologischer Forschungen aus den Endothelien der Lymphspalten entstehen ließ, wissen wir heute mit Bestimmtheit, daß sie mit beiden Zellarten aber auch *nicht das geringste* zu tun haben."

Weitere Beispiele solcher *nachgewiesenen* fundamentalen Irrtümer, begangen durch hervorragende Vertreter der Pathologie, habe ich an der genannten Stelle angeführt. Dabei kann die *sorgfältige* histologische Methode, mit genügender Kritik angewandt, vor den meisten dieser Fehler ohne weiteres schützen, wie ROB. MEYER gezeigt hat, der mit dieser Methode einwandfrei dartun konnte[1]), daß die oft behauptete Umwandlung des Cylinderepithels in Plattenepithel bei der Portioerosion nirgends zu beobachten ist.

Die Übergangsbilder, besonders in den Randteilen der Geschwülste, beweisen also entgegen BORST[2]), MURALLAY[3]), GOLDZIEHER[4]) und vielen anderen *gar nichts*, und wenn BORST[5]) auch heute noch aus solchen Übergangsbildern „mit aller Reserve" die Möglichkeit einer Entstehung des bindegewebigen Stromas aus den gewucherten Epithelien beim Teerkrebs betont, so müssen wir auch hier diese Bilder als Beweis vollständig ablehnen. Wer das behauptet, der mag erst einmal zeigen, daß in der Gewebskultur Epithelien des erwachsenen Organismus oder des durch Teer erzeugten Carcinoms Bindegewebszellen mit Fibrillen bilden können. Wir können uns nur der neueren Kritik der „Übergangsbilder" durch KEITLER[6]) und den Worten SCHLAGENHAUFERS[7]) anschließen, der schreibt:

„. . . Wohl werden *Serienschnitte mit Übergangsbildern und Zwischenformen* herangezogen. Aber die Verwertbarkeit solcher Befunde ist *mit Recht in der Histogenese in Mißkredit geraten* (RIBBERT, B. FISCHER, OBERNDORFER); sie treiben in vielen Kapiteln der Histopathologie ihr Unwesen.

Was hat man nicht schon alles durch *solche Übergangsbilder* zu beweisen versucht Wenn wir z. B. in OHKUBOS gründlicher Arbeit über die Embryome des Hodens Abb. 5, Tafel I betrachten, wo der angeblich beweisende Übergang des Neuroepithels in die LANGHANSschen Zellen abgebildet wird, so müssen wir uns füglich wundern, daß aus solchem Nebeneinander zweier Zellarten so schwerwiegende Schlüsse (Übergang von Neuroepithel in Trophoblastformation) gezogen werden können. Daß im Text zur selben Abbildung auch von papillär-

---

1) MEYER, ROB.: Arch. f. Gynäkol. Bd. 91, S. 658. 1910.
2) BORST: Arb. a. d. pathol. Inst. Würzburg, 3. Folge, S. 70. 1898.
3) MURALLAY: Beitr. z. pathol. Anat. u. z. allg. Pathol. Bd. 40, S. 393. 1907.
4) GOLDZIEHER: Virchows Arch. f. pathol. Anat. u. Physiol. Bd. 203, S. 99. 1911.
5) BORST: Zeitschr. f. Krebsforsch. Bd. 21, S. 344. 1924.
6) KEITLER: Monatsschr. f. Geburtsh. u. Gynäkol. Bd. 47. 1918.
7) SCHLAGENHAUFER: Teratogenes Chorionepitheliom. Zentralbl. f. Pathol. Bd. 31, S. 89. 1920.

gewucherten Langhansschen Zellen gesprochen wird, geht, offengestanden, über unsere Vorstellung der möglichen Morphologie dieser Zellschicht.

Eindrucksvoller wäre vielleicht das Bild 9 auf Tafel III in Risels Arbeit, bezüglich welcher Risel geradezu aussagt: ‚An dieser Stelle ist der Zusammenhang zwischen einem Neuroepithelschlauch und einem vielkernigen dunklen Protoplasmaklumpen von synzytialem Charakter ein so inniger, daß es sich offenbar um einen Übergang beider Epithelformen ineinander handelt.'

Uns beweist diese Stelle nur, daß auch einmal das Neuroepithel einen synzytialen Charakter annehmen kann, was ja auch andere Epithelarten, z. B. bei Magen- oder Mammacarcinomen, vermögen.

Jeder, der ein Teratom genau untersucht hat, wird im Durcheinander seines Aufbaues Stellen finden, wo die verschiedensten Gewebsarten aneinanderstoßen, z. B. Cysten finden, die mit 2—3 Arten von Epithel ausgekleidet sind. Daraus auf einen genetischen Zusammenhang zu schließen, scheint uns nicht gerechtfertigt."

Diese nur scheinbare Exaktheit, also Pseudoexaktheit der Übergangsbilder, ist der schlimmste Feind jeder wirklichen histogenetischen Geschwulstforschung (vgl. auch S. 1633—36 u. 1766—86). Wer die Histogenese von Geschwülsten erforschen will, für den ist nichts so lehrreich und wichtig wie das genaue mikroskopische Studium embryonaler Gewebe und Strukturen. Hier wird er auf Schritt und Tritt die herrlichsten „Übergangsbilder" nachweisen können, Zellverbindungen jeder Art und Form, alle möglichen „Zwischenstufen", ohne daß von dem Übergang einer Zellart in die andere die Rede sein kann. Das Nebeneinander von Zellen im histologischen Momentbild beweist niemals, daß die eine Zelle aus der anderen hervorgegangen ist, wie es doch die Übergangsbilder beweisen sollen. Dazu kommt, daß die äußere Zellform, selbst die Gewebsstruktur einer Geschwulst stark schwanken kann. Jeder erfahrene Pathologe kennt Fälle, wo sozusagen alle Carcinomformen in *einer* Geschwulst nachzuweisen sind [z. B. Bauer[1])], und in diese Reihe gehören auch die sog. *Carcino-sarkome* und die *Mutationsgeschwülste* [H. Coenen[2])], von denen noch eingehender zu sprechen sein wird. Weiterhin haben gerade die Gewebskulturen gezeigt, von welch enormer Vielgestaltigkeit und Veränderlichkeit die Formen der einzelnen Zelle sein können, je nach den äußeren und Wachstumsbedingungen. Besonders A. Fischer hat eindringlich auf diese Vielgestaltigkeit der Zellen in den Gewebskulturen hingewiesen, ohne daß damit irgendeine biologische Veränderung der Zelle verknüpft wäre.

Nichts ist lehrreicher als die Kenntnis der verschiedenen Zellformen einer einzelnen Zellart, die uns in ihrem Wesen genau bekannt ist. Für diese Erkenntnisse stellt die Gewebszüchtung die Idealmethode dar, da wir hier mit Sicherheit die Zellart, mit der wir es allein zu tun haben, kennen, da wir die Einwanderung anderer Zellen völlig ausschließen und so wirklich feststellen können, welcher Formveränderungen eine Zellart fähig ist. So sehen wir die aus gewissen Embryonalstadien gezüchteten langen Kerne der Herzmuskelzellen durch Amitose in runde Kerne zerfallen und sich in sog. Rundzellen umwandeln (Rh. Erdmann). Auch an der gezüchteten Blasenmuskulatur hat Champy die Umwandlung der Muskelzellen in solche Rundzellen beobachtet, die sich weiter teilen können, aber nicht wieder ausdifferenzieren. Uhlenhuth[3]) hat gefunden, daß, je flüssiger das Kulturmedium, um so ähnlicher die Epithelzellen von Kaltblütern der Bindegewebszellform werden. Dabei sind die Potenzen der Embryonalzelle je nach dem Alter des Embryo verschieden. Auf alle Fälle sehen wir aber schon aus diesen

---

[1]) Bauer: Beitr. z. pathol. Anat. u. z. allg. Pathol. Bd. 50, S. 532. 1911.
[2]) Coenen: Beitr. z. klin. Chir. Bd. 68, S. 13. 1910.
[3]) Uhlenhuth: Arch. f. Entwicklungsmech. Bd. 42, S. 168. 1916.

wenigen Beispielen, welche enormen und täuschenden Formveränderungen die
Zellen je nach den äußeren Umständen, erleiden können, ohne daß damit die
Wesensart der vorgetäuschten Zellformen erworben wird. Und man denke, wie
schwierig, ja unmöglich es sein muß, unter diesen Umständen die Histogenese,
z. B. eines malignen Rundzellentumors, anzugeben.

Die strenge Kritik — und sie ist nirgends wichtiger als in der histogenetischen
Geschwulstforschung — kommt also zu dem Ergebnis, daß weder die Zellform
noch die Formation der Zellverbände einen sicheren Schluß auf die Herkunft
und damit eine histogenetische Diagnose ermöglichen [H. Küster[1])]. Ich schrieb
deshalb schon 1912 (l. c. S. 22): „Umwandlungen der Zellen sind ja die
Grundlage der gesamten Entwicklung der Organismen. Von ihrer frühesten
Jugend an ist keine Zelle spezifisch differenziert, da sie ja alle aus der Eizelle
sich ableiten. Da ferner im Körper, auch im erwachsenen Körper, das Leben
eigentlich nur in einem ständigen Vergehen und Sich-Neubilden von Zellen besteht, so ist es sehr wohl denkbar, daß auch aus den normal sich bildenden
Zellen durch abnorme Entwicklungsvorgänge Tumorzellen hervorgehen. Aber
dieses ist erst nachzuweisen, und vor allen Dingen ist zu prüfen, *auf welchen
Entwicklungsstufen bestimmte Differenzierungsfixationen der Zellbildungen eintreten* und wieweit durch pathologische Einflüsse derartige Fixierungen und
Differenzierungen noch geändert werden können. Darauf werden wir später
im Zusammenhang noch ausführlich zurückkommen müssen. Nun scheint mir
aber noch ein weiterer, wie ich glaube, sehr bedeutsamer Anschauungsfehler in
der Erkenntnis zahlreicher Geschwulstformen große Hemmnisse zu bereiten:
die Annahme, daß ein in einem Organ sich bildender Tumor immer oder fast
immer von den Zellen dieses Organs seinen Ausgang genommen haben müsse.
Auch heute schon ist gar nicht so selten nachzuweisen, daß Krebse der Haut
wie der Schleimhäute nicht von den normalen Epithelien dort ausgehen trotz
analoger Struktur. Wir haben deshalb schon früher hervorgehoben, daß die
Frage nach der Herkunft einer Geschwulstzelle primär aus dem histologischen
Bilde der fertigen Geschwulst nie zu beantworten ist (s. S. 1356) und daß Geschwulstzellen selbst immer nur von Geschwulstzellen abstammen. Die richtige
Fragestellung lautet ebenso wie in der Embryologie. Hier fragen wir auch
nicht, von welchen Zellen des Organs die Pyramidenzellen des Gehirns ab-
stammen, sondern wir fragen nach der Entwicklungsgeschichte des Ganzen.
Auch bei der Genese einer Geschwulst ist die Frage, von welchen Zellen des
Organs, in dem wir den Tumor finden, die Geschwulst abstammt, von vorn-
herein verfehlt. Wir können lediglich nach der Entwicklungsgeschichte der
Geschwulstzelle fragen und diese Entwicklungsgeschichte kann mit der des
Organs parallel laufen, kann aber auch völlig von ihr getrennt sein.

Aus all diesen Gründen müssen wir es bei dem heutigen Stande unseres
Wissens für verfehlt halten, die Histogenese zur Grundlage der Tumoreinteilung
und der Geschwulstnomenklatur zu machen, da eben tatsächlich bei vielen Geschwülsten sowohl den verschiedenen Formen wie in den Einzelfällen die Histogenese nicht aufklärbar ist. Es ist besser, unsere Unkenntnis zur Förderung
der weiteren Forschung anzugeben, als eine nichtvorhandene Kenntnis vorzutäuschen. Für die praktische Beurteilung der Geschwulst ist zudem die Histogenese häufig ganz unwesentlich.

Was wir wirklich angeben und zunächst erforschen können, ist einfach die
Art und Stufe der nachweisbaren morphologischen Differenzierung. Wissen wir
Näheres im Einzelfall über die Histogenese anzugeben, so kann das in einem

---

[1]) Küster, H.: Zeitschr. f. Geburtsh. u. Gynäkol. Bd. 68, S. 364. 1911.

Beiwort zum Ausdruck kommen. Der Nachweis der histologischen Differenzierungshöhe ist für uns also zunächst von Wichtigkeit. Dieser Nachweis muß uns die Grundlage für die Namengebung der Geschwulst abgeben, kann uns auch Hinweise bringen, aber keine zwingenden Beweise für die histogenetische Ableitung.

Die Kenntnis der **morphologischen Qualitäten der Geschwulstwelle** ist um so wichtiger, als ja auch unsere ganze Embryologie und Entwicklungslehre heute noch in ihren wesentlichsten Zügen eine morphologische Wissenschaft ist, d. h. nicht oder sehr wenig mit physiologischen und chemischen Methoden arbeiten kann.

Ein großer Teil der morphologischen Zelldifferenzierungen der Geschwülste kann heute schon durch die histologische Untersuchung aufgedeckt werden. Damit ist ein objektiver Maßstab und die Möglichkeit gegeben, die Differenzierungshöhe der Geschwulstzellen wenigstens in vielen Fällen genau festzustellen und nun mit den morphologischen Eigenschaften der Körperzellen zu vergleichen.

Dieser Methode haften natürlich alle die großen und prinzipiellen Nachteile an, die der anatomischen Methode überhaupt anhaften, und sie bedarf selbstverständlich der Ergänzung durch die chemische und biologische Erforschung der Geschwülste. Da diese letzteren Methoden aber nur bei wenigen Geschwulstarten bisher Anwendung gefunden haben, so ergibt sich daraus die auf alle Geschwülste anwendbare anatomische Erforschung als von ganz besonderer Wichtigkeit.

Wir haben also zunächst die Frage zu beantworten: *Was wissen wir heute von der morphologischen Differenzierung der Geschwulstzelle?*

Um aber nicht mißverstanden zu werden: wir fragen nicht: von welchen Zellen des Körpers stammt eine Tumorzelle ab, sondern lediglich: welchen morphologischen Bau hat sie? Wir sehen also z. B. in einer Geschwulst der Haut typische verhornende Plattenepithelien. Das beweist noch nicht, daß dieser Tumor vom Plattenepithel der Haut abstammen muß. Diese Frage lassen wir zunächst ganz fort, zunächst gilt es, ganz objektiv die morphologischen Charaktere der Geschwulstzellen festzustellen. Selbstverständlich schreiben wir nicht eine neue Histologie der Geschwulstzelle, sondern benutzen der Einfachheit und Kürze wegen die uns bekannten Zellen des normalen Organismus als *Vergleichsobjekte.*

Das wäre nun sehr einfach, wenn wir es in der Pathologie stets oder fast nur stets mit Zellen des postembryonalen Lebens zu tun hätten, denn die Zellen des Erwachsenen, ja selbst die des Neugeborenen zeigen in den allermeisten Fällen schon morphologisch große und deutliche Differenzen. Im Gegensatz hierzu zeigen die embryonalen Zellen, insbesondere diejenigen der ersten Entwicklungsstadien, trotz. ihrer außerordentlich verschiedenen Differenzierungsanlagen und Potenzen morphologisch nur minimale oder gar keine Unterschiede, so daß hier vielfach die morphologische Untersuchung vollkommen unzureichend ist und uns über den Wert und Charakter der einzelnen Zellen nicht aufklären kann. Diese Tatsachen spielen in der Geschwulstpathologie, sobald es gilt, die Differenzierungsart und -höhe einer Geschwulst festzustellen, eine große Rolle, denn gerade bei den Tumoren treffen wir Zellen mit Strukturen aus allen Entwicklungsstadien. Wir müssen also bei der Beurteilung der Zelldifferenzierungen der Geschwülste auch alle Entwicklungsstadien berücksichtigen.

Bei einer Reihe von Geschwülsten erscheint dies letztere allerdings auf den ersten Blick nicht notwendig. Tatsächlich finden wir, daß eine ganze Reihe von Geschwülsten aus Zellen zusammengesetzt ist, die wir morphologisch von normalen Körperzellen des erwachsenen Organismus nicht unterscheiden können. Selbst die höchstdifferenzierten Zellen des Körpers überhaupt sind gelegentlich in ihren wesentlichen morphologischen Eigenschaften in Geschwülsten anzutreffen.

Bei anderen Tumoren sehen wir uns dagegen schon größeren Schwierigkeiten gegenüber, wenn wir die Differenzierungsart oder Differenzierungshöhe bestimmen wollen. Es ist notwendig, dies im einzelnen zu beweisen und die Haupttypen der Geschwülste auf ihre Differenzierungshöhe zu untersuchen, um zu sehen, wieweit die heute geltende histogenetische Geschwulstauffassung und Geschwulstnomenklatur zu Recht bestehen.

Gegen die Anschauung, daß die Geschwülste etwas dem Körper ganz Fremdartiges seien, richtete sich VIRCHOWS Geschwulstarbeit in dem Nachweis, daß die Geschwulst ein Bestandteil des Körpers sei, sich von seinen Zellen ableite und in Wachstum und Entwicklung weitgehend von den Gesetzen des Körpers beherrscht wird. Dieselben Tatsachen hebt EUGEN ALBRECHTS Organoidlehre hervor.

Tatsächlich finden wir in zahlreichen Geschwülsten Zellen, die in ihrer morphologischen Differenzierung und ihrer ganzen anatomischen Struktur durchaus den Zellen des fertigen Organismus entsprechen.

Diese Tatsache hat zu zwei Fehlschlüssen geführt:

1. zu der Annahme, daß jene Geschwulstzellen aus den gleich differenzierten Körperzellen hervorgegangen seien, sich von ihnen ableiten (was möglich, aber keineswegs stets notwendig ist);

2. zu der ebenso falschen Hypothese, daß am Orte der Geschwulstbildung vor dem nachweisbaren Auftreten des Tumors normale Gewebsverhältnisse und -strukturen geherrscht haben. Diese Annahme ist aber erst zu beweisen, selbst in den Fällen, wo die morphologische Struktur und Differenzierung der Tumorzellen durchaus der Struktur und Differenzierung der Zellen des Geschwulstbodens entspricht.

Diese auch hier wieder auf einer kritiklosen Verwertung des anatomischen Befundes beruhenden Anschauungen haben dazu geführt, daß die gesamte herrschende Geschwulstlehre und Geschwulstnomenklatur auf ein unsicheres Fundament aufgesetzt worden sind. Unsere Geschwulstsystematik geht nämlich von der anatomischen Struktur und Differenzierung der fertigen Körperzellen des erwachsenen Organismus aus. Sehen wir hier selbst von den typischen Embryomen und Teratomen ab, so zeigen doch auch außerdem eine Reihe von Tumoren unbestritten embryonale Strukturen, aber nichtsdestoweniger wurden sie alle dem Schema eingeordnet, das von der Differenzierung der fertigen Körperzelle ausgeht. Darin liegt schon in nuce die Hypothese, daß am Orte der Geschwulstbildung vorher normaldifferenzierte Zellen lagen, und die ganze Lehre von der Anaplasie baut sich auf einer solchen — erst zu beweisenden, für viele Tumoren heute schon nachweislich falschen — Hypothese auf: Wo eine geringere Differenzierung der Geschwulstzelle vorliegt, wird angenommen, daß die Geschwulstanlage aus den Körperzellen durch Differenzierungs*abnahme - Verlust* entstanden ist, während natürlich *ebensogut* hier von jeher undifferenzierte Zellen gelegen haben können. A priori ist keine dieser beiden Hypothesen bewiesen. Wollen wir kritisch an die Frage der Geschwulstentstehung herangehen, so müssen beide Möglichkeiten bei jeder Geschwulstanlage gleichmäßig berücksichtigt werden.

Das herrschende, von der Differenzierung der fertigen Körperzelle ausgehende Geschwulstschema mußte natürlicherweise schon grob histologisch — von der Histogenese ganz abgesehen — zu den größten Schwierigkeiten führen. Da tauchten zahlreiche Tumoren auf mit Strukturen, die sich schon histologisch in dieses Schema nicht einordnen ließen. Und so entstanden denn die höchst interessanten Endotheliome, Peritheliome, Alveolärsarkome und manche andere, die das eine gemeinsam haben, daß die herrschende Geschwulstlehre weder ihre histologische Struktur verständlich machen, noch über ihre Histogenese das geringste angeben kann, was selbst einer leisen Kritik standhalten könnte. Das wird in den wesentlichsten Punkten noch näher zu begründen sein.

Wenn wir ohne jede Voreingenommenheit an das histologische Studium der Geschwülste herantreten, so müssen wir, um den sicheren Boden unter den Füßen zu behalten, zwei Tatsachen vorwegnehmen:

1. Es ist a priori ganz unbewiesen, daß die Geschwulstzellen von fertigen Körperzellen abstammen. Unsere erste Aufgabe ist es also, den histologischen Bau, die histologische Differenzierung einer Geschwulst festzustellen, ohne jede Rücksicht auf die Genese.

2. Sodann haben wir festzustellen, ob wir in irgendeiner Periode der Entwicklung des Organismus Zellen oder Gewebe von ähnlicher oder gleicher morphologischer Struktur und Differenzierung kennen.

Aus dieser Feststellung ergeben sich noch *keine Beweise* für die Genese einer Geschwulst, aber doch Grundlagen wenigstens für unsere Auffassung der Histogenese eines Tumors.

So formuliert, erscheint unsere histologische Aufgabe sehr einfach, in Wirklichkeit ist sie in vielen Fällen sehr schwierig und in manchen Fällen heute aus methodischen Gründen überhaupt noch nicht zu lösen.

Znächst liegt eine große Schwierigkeit in der eingewurzelten Nomenklatur. Ich meine hier nicht allein die Geschwulstnomenklatur, sondern die histologische Nomenklatur überhaupt. Wenn es wirklich Aufgabe der Naturwissenschaft ist, die Naturvorgänge durch Begriffe auszudrücken, so ist die Histologie jedenfalls noch auf sehr tiefer Stufe wissenschaftlicher Entwicklung. Wir haben so außerordentlich wenige Namen für die verschiedenen Zellen, und insbesondere fehlt bisher so gut wie vollständig die Unterscheidung der verschiedenen Entwicklungsstadien der Zelle. Nur in der Blutlehre und beim Nervensystem ist eine solche Nomenklatur in der Entstehung begriffen. Die Zelle der Epidermis des 10 Tage alten Embryo wird ebensogut als Epithelzelle bezeichnet wie die eines 90jährigen Greises. Und dabei ist der Unterschied zwischen beiden vielleicht größer als der zwischen einer Ektodermzelle und einer Ganglienzelle beim Embryo.

Der bisher in den morphologischen Wissenschaften so häufig gebrauchte **Begriff der Epithelzelle** ist aber überhaupt kein wissenschaftlich feststehender und klar abzugrenzender Begriff. Von Hansemann[1]) sagt mit Recht: „Es gibt in der Tat für mich keine Möglichkeit, eine gemeinsame Definition für alle Epithelien zu finden als diejenige, die von der Situation der Zelle ausgeht, und ich sehe auch nirgends in der Literatur einen einigermaßen ausreichenden Versuch dazu gemacht, obwohl überall von epithelialen und sogar von epitheloiden Zellen die Rede ist."

Es beweist also die *Bezeichnung einer Zelle als Epithelzelle* nichts weiter als eine **Situation**, als die *Nachbarstruktur* dieser Zelle, beweist aber gar nichts für Art, Wesen und Histogenese einer solchen Zelle, und v. Hansemann hat schon vor 35 Jahren die Unbrauchbarkeit des Epithelbegriffs betont und darauf hingewiesen, daß „nicht umsonst in Köllikers meisterhaftem Handbuch der Gewebslehre (6. Aufl. 1889) bei der Einteilung der Gewebe nirgends vom Epithel die Rede ist". Böttner[2]) (Ricker) hat als charakteristische Eigenschaft des Epithels die protoplasmatische Verbindung der Zellen untereinander betont, also auch nur einen unwesentlichen Teil der Nachbarstruktur, der für die Histo-

---

[1]) Hansemann: Spezifität, S. 70, 1893; Virchows Arch. f. pathol. Anat. u. Physiol. Bd. 129, S. 436. 1892.
[2]) Böttner: Beitr. z. pathol. Anat. u. z. allg. Pathol. Bd. 68, S. 378. 1921.

genese wiederum nichts beweist, sondern nur für die Abgrenzung der verschiedenen spezifischen Zellarten im erwachsenen Organismus wertvoll ist.

Man ist deshalb auf den noch viel unglücklicheren Gedanken gekommen, die **Keimblättertheorie** auf die Geschwulstlehre zu übertragen und die Geschwülste einzuteilen nach ihrer Zugehörigkeit zu dem einen oder anderen Keimblatt. Auch heute noch stoßen wir nicht selten in der Literatur auf die Anschauung, daß Carcinome Geschwülste seien, die vom Ektoderm oder Endoderm abstammen, während die Sarkome sich vom Mesoderm herleiten. KLEBS[1]) hat die Tumoren in Archiblastome, Parablastome und Teratoblastome eingeteilt.

Aber dieser Standpunkt ist unhaltbar. Zunächst ist aus der Struktur einer Zelle oder eines Gewebes noch keineswegs mit Sicherheit abzuleiten, von welchem Keimblatt nun diese Zelle, dieses Gewebe, abstammt, denn es gibt nicht wenige durchaus gleichgebaute Zellformationen, welche von ganz verschiedenen Keimblättern gebildet werden können. Andererseits kann aber bei Störungen der Entwicklung oder regenerativen Prozessen sogar das eine Keimblatt Bildungen produzieren, welche sonst nur das andere Keimblatt bildet. So kann z. B. die Chorda dorsalis, ein durchaus mesenchymales Gewebe, sowohl vom Mesoderm wie unter pathologischen Verhältnissen vom Ektoderm abstammen und gebildet werden, und die neueren experimentellen Arbeiten, besonders von SPEMANN und seinen Schülern, haben zahlreiche weitere Beweise hierfür erbracht, natürlich gilt das nur für frühembryonale Entwicklungsstörungen.

Beachten wir dabei, daß an der Bildung des embryonalen Mesenchyms auch die beiden primären Keimblätter, namentlich das Ektoderm, einen beträchtlichen Anteil haben, daß aus dem vom Ektoderm gebildeten Mesenchym bei verschiedenen Wirbeltieren Knorpel des Visceralskeletts entstehen, so sehen wir, daß ganz gleichartige Gewebe, z. B. Knorpel und Knochen, glatte und quergestreifte Muskulatur aus ganz verschiedenen Keimblättern hervorgehen können [VOIT[2])]. Damit ist dem Versuch, die verschiedenen Geschwulstformen auf verschiedene Keimblätter zurückzuführen, von vornherein jede Grundlage entzogen, und es besagt für uns sehr wenig, wenn aus dem histologischen Bilde des embryonalen Mesenchyms dem Bindegewebe „entwicklungsmechanisch der Charakter einer epithelialen Bildung" zugeschrieben wird (HELD). Der Begriff des „epithelialen Charakters" ist für uns eben völlig wertlos, wenn nicht die *Entwicklungsstufe* sowie die *Zell- und Organart*, auf die sich dieser Charakter beziehen soll, gleichzeitig angegeben werden.

Die Hineinzwängung der Geschwülste in die Keimblatttheorie ist heute also ganz unhaltbar geworden und führt zu ganz unmöglichen Schlüssen. Man müßte hiernach das Gliom als ein Derivat des Ektoderms zu den Carcinomen rechnen, während andererseits auch das Mesoderm an zahlreichen Orten des Körpers durchaus epitheliale Gebilde und Organe bildet, deren Tumoren dann folgerichtigerweise zu den Sarkomen zu rechnen wären. Wir müssen daher die Zurückführung der Geschwülste auf die Keimblätter als unmöglich und grundsätzlich verfehlt ablehnen. Das Wesen, der Charakter einer Geschwulstbildung wird keineswegs davon bestimmt, von welchem Keimblatt sie sich herleitet. Wollen wir hier ein tieferes Verständnis gewinnen, so müssen wir uns ausschließlich an die morphologische Struktur der Geschwulstzelle halten und müssen dann nachforschen, wo und in welchem embryonalen Stadium der Entwicklung analog gebaute Zellen im Körper vorkommen. Zu welchen fundamentalen Verwirrungen und Verirrungen aber die Nichtberücksichtigung all dieser Unter-

---

[1]) KLEBS: Allgemeine Pathologie. S. 553. Jena 1889.
[2]) VOIT: Dtsch. med. Wochenschr. 1907, S. 1240.

scheidungen führt, zeigen am besten die Arbeiten von Krompecher[1]), für den die Epithelzelle des jüngsten Embryonalstadiums gleichbedeutend mit der Epithelzelle des erwachsenen Organismus ist, und daher ist es für ihn leicht, die Umwandlung der Epithelzellen in Bindegewebszellen „zu beweisen": „Im Falle gesteigerter Ernährung kann sich Epithel, namentlich Basalepithel, selbst im entwickelten Organismus, zu Bindegewebe umwandeln. Der Umwandlungsprozeß kann nicht direkt unter dem Mikroskop verfolgt werden; hierauf kann aber einesteils aus Übergangsbildern, andererseits aus analogen biologischen Prozessen gefolgert werden." Krompecher gibt also durchaus zu, daß er diesen Umwandlungsprozeß von Epithel zu Bindegewebe im erwachsenen Organismus nicht nachweisen kann, und wir müssen ihm entgegenhalten, daß im Gegenteil alle biologischen Tatsachen gegen diese Umwandlung sprechen. Der Vergleich mit Embryonalstadien, bei denen von einer Spezifität der Gewebe noch keine Rede ist, beweist ebensowenig wie die Identifizierung der gesamten Morphologie der Geschwülste mit den histologischen Vorgängen am erwachsenen Organismus. All diese Dinge müssen wir scharf auseinander halten.

Die Bezeichnung *Epithelzelle* sagt uns also außerordentlich wenig, wenn nicht Art, *Entwicklungsstadium* und Organ gleichzeitig angegeben sind. Alle unsere Anschauungen über Spezifität der Zellen und Gewebe beziehen sich überhaupt immer nur auf ganz bestimmte Entwicklungsstadien. Die normale embryonale Entwicklung führt zu einer immer weiterschreitenden Differenzierung und Spezifizierung der Einzelzellen. Dies führt zu einer Fixierung der histologischen Differenzierung der Zelle und zu einer Einschränkung ihrer Bildungsqualitäten, so daß schließlich der erwachsene Organismus aus zahlreichen Arten streng spezifischer, hochdifferenzierter Zellen besteht, deren formbildende, morphologische und physiologische Fähigkeiten engbegrenzt sind. Was aber mit vollem Recht von der Spezifität und der Unmöglichkeit der Metaplasie der Zellen des erwachsenen Organismus gilt, gilt in gar keiner Weise von den Vorfahren dieser Zellen, von den embryonalen Zellen, ja schon für die Cambiumzone des Gewebes können andere Gesetze gelten.

In den frühesten Stadien der Entwicklung sind noch nicht einmal die Keimblätter so streng spezifisch geschieden, daß sie nicht unter pathologischen Bedingungen noch füreinander eintreten könnten. Direkt aufeinanderfolgende Stadien verhalten sich aber ganz verschieden, ohne jeden histologischen Unterschied. In den frühen Entwicklungsstadien ist selbst da, wo eine morphologische Differenzierung schon nachweisbar ist — im Gegensatz zum fertigen Organismus — von einer *Fixierung* dieser Differenzierung keine Rede, und die ungeheuere Regenerationsfähigkeit *niederer* Tiere, die Totipotenz auch ihrer spezifischdifferenzierten Organzellen, auch im ausgewachsenen Zustand, beweist nichts für das erwachsene Wirbeltier. Wenn wir also sagen: das Hautepithel ist auch unter pathologischen Verhältnissen nicht imstande, Bindegewebe zu bilden, so gilt das selbstverständlich zunächst nur für das Epithel des reifen Organismus. Von der embyonalen Ektodermzelle dagegen wissen wir, daß sie noch sehr wohl imstande ist, mesenchymale Strukturen zu liefern.

Die Differenz der verschiedenen Entwicklungsstadien ist besonders eindringlich in den schönen Experimenten von Kammerer nachgewiesen worden, der experimentell gezeigt hat, daß derselbe experimentelle Eingriff an zwei dicht aufeinanderfolgenden Entwicklungsstadien ganz verschiedene, ja zuweilen diametral entgegengesetzte Wirkungen haben kann. Diesem experimentellen

---

[1]) Krompecher: Über Verbindungen, Übergänge und Umwandlungen zwischen Epithel, Endothel und Bindegewebe bei Embryonen, niederen Wirbeltieren und Geschwülsten. Beitr. z. pathol. Anat. u. z. allg. Pathol. Bd. 37, S. 130. 1905.

Nachweis schließen sich solche aus der Embryologie an. Als Beispiel führe ich nur eine Schlußfolgerung von Vogt und Astwazaturow[1]) an. Sie schreiben: „Wir haben also gesehen, daß zwischen den Resultaten einer Läsion, die das erwachsene Gehirn einerseits, das unreife fetale Gehirn andererseits betrifft, prinzipielle Unterschiede bestehen. Die anatomischen Abhängigkeiten und Beziehungen, die für das fertige Organ gelten, gelten nicht in gleichem Maße für die Zeit der Entwicklung. Eine Schädigung, die am reifen Organ den einen Teil verletzt und dadurch sekundär einen anderen Teil zur Rückbildung veranlaßt, hat keineswegs den gleichen Effekt hinsichtlich der Entwicklung. Die Schädigung des einen Teiles hält die Entwicklung des anderen (nach unserer bisherigen Ansicht davon abhängigen) Teiles nicht auf. In diesen Tatsachen dokumentiert sich die Selbstdifferenzierung der einzelnen Teile des Zentralnervensystems. Wie das fertige Organ starr geworden und in einem funktionellen, anatomischen und nutriven Gleichgewicht festgelegt ist, so ist im werdenden Organ alles Bewegung, alles im Fluß, und so ist auch die Zahl der Möglichkeiten, gesetzte Störungen wieder auszugleichen, in der Zeit der Entwicklung und des anatomischen Werdens der Teile unendlich groß.‟

All diese Tatsachen haben wir in der Geschwulstlehre zu beachten, und gerade hier, wo die Frage der embryonalen Strukturen von so großer Wichtigkeit ist, kann nicht lediglich der histologische und Differenzierungsmaßstab des fertigen Organismus angelegt werden.

Es versteht sich deshalb ganz von selbst, daß durch abnorme und Fehldifferenzierungen aus Embryonalkeimen bei der Geschwulstbildung Strukturen hervorgehen können, die sich überhaupt mit denen der fertigen normalen Differenzierung gar nicht vergleichen lassen. Gewiß werden wir in manchen solchen Fällen uns mit der Beschreibung solcher histologischer Strukturen begnügen und auf eine Erklärung oder gar eine histogenetische Ableitung vorerst verzichten müssen.

Die Geschichte der Mischgeschwülste der Speicheldrüsen ist ein lehrreiches Beispiel hierfür. Ein ständiger Kampf um die Frage: Sind die Geschwulstzellen Epithelzellen, sind sie Bindegewebszellen?, mit endlosen histologischen Untersuchungen, die ebenso zahlreiche Übergangsbilder beibringen mit dem Schluß, daß es Endotheliome sind oder daß es Epitheliome sind. Da der „epitheliale Charakter‟ des Geschwulstparenchyms schließlich nicht mehr bestritten werden kann, so bleibt dann nur der Schluß übrig: die Epithelzelle besitzt eben doch die Fähigkeit der Metaplasie zu Bindegewebe. Alle diese Fragestellungen und Schlußfolgerungen sind aber meines Erachtens von einer falschen Basis ausgegangen. Die Strukturen dieser Geschwülste lassen sich eben mit den Strukturen und Differenzierungsfähigkeiten ausdifferenzierter Körperzellen überhaupt nicht vergleichen, und es bleibt gar kein anderer Schluß übrig, als daß in diesen Mischgeschwülsten ein Geschwulstgewebe ganz eigener Art vorliegt (s. näheres S. 1477—82), das noch die embryonale oder vielleicht atavistische Fähigkeit beibehalten hat, epitheliale Knorpelstrukturen und epitheliale Schleimmassen zu bilden (Ricker), die überhaupt in der normalen Histologie kein Analogon besitzen. In der Tat läßt sich auch sonst nachweisen, daß Entgleisungen von Embryonalzellen histologische Strukturen und Bilder liefern können, die sonst überhaupt nicht im Organismus vorkommen. Das Rhabdomyom des Herzens ist ein Beispiel hierfür. Die Zellen dieser Geschwulst zeigen zwar noch gewisse Ähnlichkeit mit embryonalen Herzmuskelzellen, haben sich aber in einer Art und Weise ausdifferenziert, daß sie schließlich überhaupt mit keiner Zelle des Organismus zu vergleichen sind.

---

[1]) Vogt u. Astwazaturow: Arch. f. Psychiatrie u. Nervenkrankh. Bd. 49, S. 75. 1912.

Es erscheint uns darum wirklich ersprießlicher, bei einer Geschwulst gegebenenfalls einfach zu erklären, daß wir die histologische Struktur noch nicht verstehen und erklären können, als durch völlig willkürliche Diagnosen ein Verständnis vorzutäuschen, das nicht vorhanden ist. Ich bin seit vielen Jahren nach diesem Grundsatz an meinem Institut vorgegangen und habe es immer abgelehnt, solche Verlegenheitsdiagnosen zu stellen. Aber als ich z. B. durch meinen Assistenten W. Lehmann[1]) eine eigenartige Geschwulst des Oberschenkels beschreiben ließ, die wir trotz aller Bemühungen nicht histologisch aufklären konnten und von der wir deshalb annahmen, daß es sich um einen embryonalen Gewebskeim mit ganz abnormer Differenzierungsrichtung handle, erklärte v. Hansemann[2]), daß „eine jener ziemlich häufig vorkommenden endothelialen Geschwülste" vorliege, „die von den Fascien der Muskulatur ausgehend, am Oberschenkel wiederholt beobachtet wurden". Wie v. Hansemann die von uns besonders eingehend beschriebenen Strukturen durch Ableitung von Endothelien erklären will, bleibt ebenso rätselhaft wie die Behauptung, daß der Tumor von den Fascien des Oberschenkels ausgehe, völlig willkürlich ist; wir gaben die Unmöglichkeit der Erklärung dieser Strukturen an und setzten, das Problem betonend, die *Arbeitshypothese* hinzu, daß es sich um eine ganz abnorme Differenzierung embryonalen Mesenchyms handeln könne. Für v. Hansemann sind alle diese Fragen erledigt durch die Diagnose Endotheliom, und wir können ihm nur die Worte von Robert Meyer[3]) entgegensetzen: „Man lasse sich in zweifelhaften Fällen an einer genauen Beschreibung der Tumoren genügen und verzichte auf eine Definition. Ein Tumor zweifelhafter Herkunft würde mehr Interesse hervorrufen, als die täglich wachsende Zahl der Endotheliomdiagnosen, welche nicht der leisesten Kritik standhalten."

Nach all den über die Kataplasie der Geschwulstzelle beigebrachten Tatsachen kann es gar keinem Zweifel unterliegen, daß die Geschwulstzelle eine wesentliche Abartung von der Körperzelle zeigt. Wir sahen, daß wir eine morphologische, chemische und biologische Kataplasie der Tumorzelle anzunehmen gezwungen sind. Diese Abartung müssen wir auf eine Störung der Zellentwicklung zurückführen und demgemäß als Differenzierungsstörung bezeichnen. Wir müssen uns jedoch darüber klar sein, daß ganz zweifellos das Wesentlichste dieser Differenzierungsstörung nicht in den sichtbaren Strukturen liegt, sondern in der Metastruktur der Zelle. Wenn wir aber für gewöhnlich in der Geschwulstlehre von Differenzierungsstörung sprechen, so werden darunter die morphologisch nachweisbaren Strukturveränderungen verstanden. Gewiß wird häufig die Abartung der sichtbaren Struktur mit der Veränderung der Metastruktur ungefähr Hand in Hand gehen, aber daß das immer so ist oder gar so sein muß, darüber wissen wir nichts, und vieles spricht dagegen. Wenn wir uns also trotzdem eingehend mit den Abartungen der sichtbaren Struktur bei den Geschwulstzellen befassen, so geschieht dies, weil es bisher der einzige und wichtigsteWeg ist, um überhaupt von den Differenzierungsstörungen der Geschwulstzelle, vom Aufbau und von den Formen der Geschwülste irgend etwas Sicheres zu erfahren. Wir müssen uns dabei aber der großen methodischen Lücke unserer Kenntnisse bewußt bleiben, wenn wir nicht auch hier wieder in eine Überschätzung der anatomischen Methode verfallen und damit zu verfehlten Schlüssen gelangen wollen.

Welche Differenzierungsarten und -stadien finden sich nun tatsächlich bei Geschwülsten?

---

[1]) Lehmann, W.: Frankfurt. Zeitschr. f. Pathol. Bd. 17, S. 357. 1915.
[2]) v. Hansemann: Zeitschr. f. Krebsforsch. Bd. 15, S. 529. 1916.
[3]) Meyer, Rob.: Zeitschr. f. Geburtsh. u. Gynäkol. Bd. 66, S. 645. 1910.

Die Beantwortung dieser Frage wollen wir mit einer kritischen Prüfung der wichtigsten heute herrschenden Geschwulstbegriffe verknüpfen. Aber wir werden dabei zunächst ganz streng die Geschwulsthistologie loslösen von der Frage der Histogenese, und die Histogenese des normalen Körpergewebes *beweist* uns noch nichts für die Genese des gleichgebauten Geschwulstgewebes.

Zahlreiche Geschwülste können wir hier übergehen, da die grobhistologische Differenzierung ihrer Zellen durchaus den Strukturen von typischen Zellen des fertigen Organismus entsprechen, die verschiedenen Formen der gutartigen epithelialen Tumoren, die Myome, Fibrome, Lipome, Angiome usw. sind in ihrer histologischen Struktur so charakteristisch, daß an ihrer histologischen Deutung kein Zweifel ist. Immerhin werden wir auch hier von der weiteren kritischen Forschung noch Änderungen auch unserer histologischen Auffassungen zu erwarten haben. Ich möchte hier nur auf die Arbeit von VEROCAY über das Neurofibrom verweisen.

Auch für diese in ihrer histologischen Differenzierung klaren Tumoren sei aber betont, daß die histologische Differenzierung noch in keiner Weise die Abstammung der Geschwulstzellen von den histologisch gleichdifferenzierten Körperzellen beweist. Die Beziehung der histologischen Struktur zur Genese soll uns später beschäftigen.

Bei einer großen Zahl anderer Geschwülste macht uns aber bereits die Beurteilung der histologischen Struktur große Schwierigkeiten, wenigstens wenn man mit einiger Kritik an die Untersuchung herangeht. Hierher gehören zahlreiche Geschwulstformen mit geringer oder völlig fehlender morphologischer Gewebsdifferenzierung und manche seltenere Geschwulstformen. Es gibt nicht nur Geschwülste, die von vornherein völlig undifferenziert, man kann sagen, beinahe strukturlos sind, sondern auch Geschwülste, die bei der fortschreitenden Wucherung ihre ursprüngliche Struktur immer mehr abstreifen, so daß zum Schluß wuchernde Einzelzellen vorliegen.

In diesem völlig undifferenzierten Stadium, wo die einzelne Geschwulstzelle selbst keine Strukturen mehr aufbaut, ja oft auch alle Beziehungen zu den übrigen Geschwulstzellen vermissen läßt, ist die Zelle als solche in ihrer Genese überhaupt nicht mehr zu bestimmen. Zuweilen können wir durch fortlaufende Beobachtung die Entwicklung solcher Geschwülste aus wohlcharakterisierten Geschwulstformen histologisch verfolgen. Sie sind nur das auffallendste und gröbste Beispiel für den bei der Tumorzellwucherung eintretenden und fortschreitenden Differenzierungsverlust der Geschwulstzelle. Wenn wir nun z. B. in epithelialen Tumoren von charakteristischem Bau und Habitus in einzelnen Stellen des Tumors oder in den Metastasen diese fortschreitende Entdifferenzierung beobachten, so berechtigt uns das noch nicht in irgendeiner Weise von einer Umwandlung eines Carcinoms in ein echtes Sarkom zu sprechen. Diese entdifferenzierten Tumoren haben mit Sarkomen, d. h. mesenchymalen Bindegewebsgeschwülsten, nichts zu tun.

Auch typische Carcinome können sich derartig entdifferenzieren, daß die Geschwulstzellen schließlich einzeln ohne jede Verbandbildung das Gewebe durchsetzen oder ganz sarkomartige Strukturen annehmen. Bedenken wir, daß in den frühen Embryonalstadien die ektodermale Epithelzelle nach dem Inneren wandern und echtes Mesenchym bilden kann, so wird uns auch bei der Geschwulstbildung eine ähnliche Wachstumsform nicht überraschen.

Wenn also in diesem Stadium nach der herrschenden Nomenklatur der Tumor als Sarkom bezeichnet werden müßte, so zeigt das, daß unwesentliche Merkmale hier zur Bestimmung der Geschwulstart benutzt werden. Die Unhaltbarkeit dieser Art von Sarkombegriff ergibt sich daraus von selbst.

Es kann also auch in epithelialen Geschwülsten die Entdifferenzierung so weit fortschreiten, daß sarkomartige Strukturen entstehen. Gerade bei embryonal angelegten Geschwülsten haben die Zellen sich zuweilen noch Differenzierungsfähigkeiten nach verschiedener Richtung bewahrt, wenn auch meist nur in rudimentärer Form. Und so werden wir erwarten dürfen, daß gerade bei frühembryonal angelegten Tumoren die Möglichkeit vorliegt, daß sehr differente Strukturen aus der spezifischen Geschwulstzelle hervorgehen. Das wären die beiden Möglichkeiten, aus der spezifischen epithelialen Tumorzelle z. B. sarkomähnliche Strukturen abzuleiten: einerseits durch fortschreitende Entdifferenzierung, andererseits durch embryonale Mesenchymbildung bei multipotenten Geschwulstkeimanlagen.

Dazu kommt die nicht selten in den Geschwülsten fehlende starre Fixierung der Wachstumsform, ja der Gewebsdifferenzierung, die sich in verschiedenen Richtungen äußern kann. Die Variabilität des histologischen Baues, die mangelhafte Fixierung der histologischen Differenzierung der Geschwulstzelle ergibt sich besonders eindrucksvoll aus den experimentellen Erfahrungen an den Tiertumoren. Das liegt in der Natur der Sache. Bei Mäusekrebsen ist es uns möglich, das Schicksal der Tumorzelle durch viele Generationen bei verschiedenen Individuen zu erforschen, so daß wir außerordentlich viel größere Generationsreihen von Tumorzellen einer Geschwulst studieren können, als dies beim Menschen der Fall ist.

Als Beispiele sei die Beobachtung von Murray und Haaland[1]) angeführt, der ein stark verhornendes Mäusecarcinom beobachtete, das bei den weiteren Verimpfungen als alveoläres Carcinom auftrat, um in weiteren Impfgenerationen ab und zu wieder typischen Hornkrebs zu bilden. Lewin[2]) beobachtete ein Adenocarcinom der Mamma bei der Ratte, das bei der Transplantation im Verlauf von 11 Generationen Adenocarcinome, Cancroide, Spindelzellensarkome, Rundzellensarkome und Mischungen dieser 4 Tumorformen bildete. Es kann kein Zweifel sein, daß es sich hier lediglich um Differenzierungsschwankungen, insbesondere aber um Variabilität der Wachstumsform ein und derselben Tumorzellen handelte — auf die Beweise für diese Anschauung werden wir später noch eingehen. Fortschreitende Entdifferenzierung stellte weiter Apolant[3]) bei einem Osteosarkom der Maus fest, das bei der weiteren Übertragung auf Mäuse keine Osteoidbildung mehr zeigte.

Wir sehen aus all diesen Erfahrungen, die mit den Erfahrungen an menschlichen Tumoren übereinstimmen (vgl. S. 1593), daß die histologische Struktur der Geschwulstzelle häufig nicht vollkommen scharf fixiert und gewissen Schwankungen unterworfen ist.

Teutschländer[4]) zieht aus all diesen Beobachtungen den Schluß, „es gibt anaplastische wie metaplastische und prosoplastische Carcinome. Nicht die Entdifferenzierung allein, sondern die Multiplizität der zum Ausdruck kommenden Potenzen der Krebszellen (‚Labilität der Potenzen‘) ist histologisch charakteristisch für die bösartige Geschwulst". Engel[5]) erklärt diese „Regenerationslabilität" als eine „vererbbare Eigenschaft der kranken Gene des Kernidioplasmas".

Jedenfalls sehen wir, daß die Tumorzelle die Neigung hat, auch im morphologischen Sinne sich fortschreitend zu entdifferenzieren bis zu dem Stadium eines

[1]) Murray u. Haaland: Journ. of pathol. a. bacteriol. Bd. 12, S. 437. 1908.
[2]) Lewin: Zeitschr. f. Krebsforsch. Bd. 6, S. 267. 1908.
[3]) Apolant: Arch. f. Dermatol. u. Syphilis Bd. 113, S. 39. 1912.
[4]) Teutschländer: Zeitschr. f. Krebsforsch. Bd. 17, S. 285. 1920.
[5]) Engel: Der Krebs und seine cellulären Verwandten. Berlin: Haack 1924.

rein cellulären Wachstums, so daß durch diese fortschreitende Entdifferenzierung schließlich Bilder entstehen können, die durchaus dem bisherigen Begriffe des Sarkoms entsprechen und so die Meinung hervorrufen konnten, daß jetzt der Tumor aus Abkömmlingen des Bindegewebes bestehe. Die schärfere Analyse der bisher unter dem Namen von Sarkomen zusammengefaßten Geschwülste wird sich auch bei der Beurteilung dieser Vorgänge als sehr fruchtbar erweisen.

Wenn wir auch sahen, daß die **Variabilität der Tumorzelle,** die ungenügende Fixierung ihrer histologischen Differenzierung beim Tierexperiment durch die Beobachtung zahlreicher Zellgenerationen klarer und deutlicher zum Ausdruck kommen wird, so dürfen wir doch erwarten, daß *auch in der menschlichen Pathologie* diese Eigenschaft der Geschwulstzelle nicht vollkommen verschwinden wird.

Beispiele dieser Art sieht man besonders bei den Drüsenzellencarcinomen. Hier kommen die verschiedenen Formen des Adenocarcinoms, des Gallertkrebses, des Carcinoma simplex, des medullären Carcinoms schon im Primärtumor gemischt vor und können dann einzeln oder gemeinsam in den Metastasen auftreten; es kommt aber auch vor, daß die eine Form in der primären Geschwulst, eine oder mehrere ganz andere in den Metastasen zum Vorschein kommen. JASTRAM[1] z. B. beobachtete ein malignes Adenom des Uterus, dessen nach 5 Monaten auftretendes Rezidiv ein alveoläres Drüsenzellencarcinom darstellte, in dem sich nur stellenweise noch Andeutungen von Drüsenstruktur fanden. Im Gegensatz zu der von v. HANSEMANN aufgestellten Regel kommt es z. B. vor, wenn auch recht selten, daß wir im Primärtumor ein solides medulläres Drüsenzellencarcinom, in den Metastasen ein Adenocarcinom konstatieren. Für die maligne Struma ist es sogar geradezu charakteristisch, daß die Metastasen typischer, schilddrüsenähnlicher gebaut sind als der Primärtumor (DE CRIGNIS[2])].

Sehr selten dagegen ist diese Variabilität bei menschlichen Carcinomen derartig, daß man in derselben Weise von der Entstehung eines Sarkoms aus einem Carcinom sprach, wie bei den angeführten Tierexperimenten. Aber auch solche Fälle sind beim Menschen beobachtet. Bekannt ist die Beobachtung von SCHMORL, wo ein Schilddrüsentumor durch Operation entfernt wurde und sich bei der histologischen Untersuchung als typisches Adenocarcinom erwies. Das später wiederum operativ entfernte Rezidiv zeigte neben carcinomatösen Partien viele sarkomatöse Teile. Bei der Sektion endlich fand sich ein großer Tumor am Halse und zahlreiche Metastasen in den inneren Organen. Sämtliche Tumoren erwiesen sich als Sarkome, nirgends fanden sich carcinomatöse Stellen.

Auch hier kann von einer Sarkombildung aus Carcinom im Sinne einer Reizwirkung auf das präexistente Bindegewebe keine Rede sein. Es wäre gar nicht zu verstehen, falls sich das Sarkom durch einen solchen Reiz gebildet hätte, warum das primäre Carcinom nun zugrunde gegangen wäre. Es wäre ja geradezu die Spontanheilung eines Carcinoms, allerdings unter Bildung eines anderen malignen Tumors. Es unterliegt wohl keinem Zweifel, daß es sich auch hier um eine sehr rasch eintretende Entdifferenzierung und Mutation der histologischen Struktur einer malignen Geschwulst gehandelt hat. Das wird eben gerade besonders, abgesehen von allem anderen, durch das Verschwinden des primären Carcinoms bewiesen. In der Folge sind noch mehrere derartige Fälle gerade in der Schilddrüse beschrieben worden, und SCHÖNE[3] teilt dieselben in 3 Gruppen ein: „In die erste gehört der Fall von SCHMORL, indem es gelang, mit Sicherheit nachzuweisen, daß die carcinomatöse Entartung der sarkomatösen voranging.

---

[1] JASTRAM: Dtsch. med. Wochenschr. 1910, S. 780.
[2] DE CRIGNIS: Frankfurt. Zeitschr. f. Pathol. Bd. 14, S. 88. 1913.
[3] SCHÖNE: Sarkom und Carcinom in einer Schilddrüse. Virchows Arch. f. pathol. Anat. u. Physiol. Bd. 195, S. 173. 1909.

Die zweite umfaßt die Tumoren, welche eine strenge Trennung des Carcinoms und des Sarkoms nicht erkennen lassen und die sich am meisten dem Typus der Carcinoma sarkomatodes nähern. Die dritte Gruppe schließlich wird gebildet von Fällen, in denen ein Carcinom oder Sarkom mehr oder weniger scharf, jedenfalls aber deutlich geschieden in dem Organ gefunden wurden." Die letzte der hier angeführten Gruppen können wir an dieser Stelle übergehen, da natürlich solche Kombinationen verschiedener Primärtumoren möglich sind und einwandfrei beobachtet sind. Die erste haben wir an dem Beispiele des Falles Schmorl bereits in ihrer Bedeutung gewürdigt, und die zweite Gruppe endlich beweist die Richtigkeit unserer Auffassung. Die herrschende Geschwulstnomenklatur und Einteilung scheidet die Krebszelle von der Sarkomzelle in derselben strengen Weise, wie sie mit Recht die Epithelzelle von der Bindegewebszelle des ausdifferenzierten Organismus scheidet. Alle embryonalen Stufen der Gewebsdifferenzierung werden vollkommen außer acht gelassen, und so kommt es denn zu der nun schon nach zahlreichen Gesichtspunkten hier von mir bekämpften Auffassung, die bisher schon allein das histologische Verständnis zahlreicher Tumorbildungen verhindert hat. Diese Auffassung muß notgedrungen zu der Aufstellung solch heterogener und eigentlich ganz unmöglicher Begriffe wie denen des *Carcinosarkoms* führen. Es handelt sich eben in diesen Fällen um Tumoren aus embryonal fehldifferenzierten Zellen, deren spezifische Geschwulstzellen in keiner Weise die Differenzierungen des erwachsenen Körpers entsprechen und so in ihren Wachstumsformen bald epitheliale Formationen, bald bindegewebige Formationen nachahmen, aber nur im äußerlichen Bilde. In Wirklichkeit handelt es sich weder um einen epithelialen noch um einen bindegewebigen Tumor, weder um ein Carcinom noch um ein Sarkom, auch nicht um ein Carcinosarkom, sondern um einen Tumor sui generis mit besonderen eigenartigen Gewebsstrukturen.

Es ist nach dem Gesagten selbstverständlich, daß wir für die Entstehung derartig sarkomatöser Strukturformen in epithelialen Tumoren die immanenten Eigenschaften der Zellen, die Variabilität der Tumorzellen, die fehlende Fixierung der histologischen Differenzierung und nicht äußere Momente verantwortlich machen. Für Krompecher, der ja aus dem Epithel direkt Bindegewebe hervorgehen läßt, sind diese Carcinomsarkome direkt Beweise seiner Anschauung. Bei ihm sind es einfach äußere Momente, die die direkte Umwandlung der Epithelzelle in Bindegewebszellen im Carcinom hervorrufen. Er schreibt darüber[1]): „Dem Gesagten nach werden Carcino-sarkome einesteils aus Carcinomen entstehen können, welche ein plasmatisch hyaloides oder schleimiges Stroma enthalten, andererseits in Krebsen zur Beobachtung gelangen, bei welchen an der Grenze des Krebsepithels Blutungen, kleinzellige Infiltration, ödematöse Durchtränkungen und Nekrosen auftreten, welche dann zu einer mechanischen Abtrennung, Abbröckelung der Epithelzellen führen. Noch günstiger für das Entstehen der Carcinosarkome wird naturgemäß eine Kombination der erwähnten Faktoren zu betrachten sein." Wenn irgend etwas zweifellos ist, so ist es das, daß die hier angeführten Momente für die Umwandlung der histologischen Strukturform sicherlich nicht die allergeringste Bedeutung haben. Es handelt sich bei diesen Vorgängen nicht um die Umwandlung von Epithel in Bindegewebe, auch nicht von einer Epithelzelle in eine Sarkomzelle, sondern es handelt sich um spezifisch-identische Geschwulstzellen, die unter verschiedenen äußeren Formationen auftreten. Diese fehlende Fixierung der Differenzierung ist eine Eigenschaft der Geschwulstzelle, die auf eine embryonale Fehldifferenzierung zurückzuführen ist. Andeutungen eines solchen Verhaltens können vielleicht

---

[1]) Krompecher, E.: Epithel und Bindegewebe bei Mischgeschwülsten. Beitr. z. pathol. Anat. u. Physiol. Bd. 44, S. 118. 1908.

auch bei Tumoren auftreten, welche einer Fehldifferenzierung bei regenerativen Prozessen ihren Ursprung verdanken.

Wir werden später noch eingehend zu zeigen haben, daß direkte morphologische Beziehungen zwischen Geschwulstzelle und Organismus nur in der Periode der Bildung des primären Geschwulstkeims bestehen. Ist diese Periode abgeschlossen, so geht diese Beziehung verloren. Zur richtigen Beurteilung der Geschwulstzelle ist es notwendig, wenn wir überhaupt die Geschwulstzelle in Parallele zur Körperzelle setzen wollen, das Entwicklungsstadium, in dem die Geschwulstbildung erfolgt, festzustellen. Denn das Charakteristische und Wesentliche der Geschwulstbildung ist eben, daß ihr Keim die normalen Wege der Differenzierung der Körperzelle nicht einschlägt und wir daher, wenn wir überhaupt vergleichen wollen, zum Vergleiche nur die Zellen des gleichen Entwicklungsstadiums heranziehen können. Daraus ergibt sich eine unendliche Mannigfaltigkeit der Geschwulststrukturen und die Notwendigkeit, sämtliche Stadien der embryonalen Entwicklung zur Beurteilung der Geschwulsthistologie, zum Verständnis der histologischen Bilder der Geschwülste mit heranzuziehen. Dieses Bild wird dann noch weiter kompliziert und verwirrt durch das Auftreten der Kataplasie, dadurch, daß auch diese Reste von Entwicklungspotenzen, die in der embryonalen Zelle und Geschwulstzelle noch schlummerten, größtenteils verlorengehen.

Die Nichtberücksichtigung all dieser Dinge und das Fehlen einer klaren Festlegung der grundlegenden Begriffe hat zu der großen Verwirrung in der Geschwulstnomenklatur und zu einer großen Willkür im Gebrauch der wichtigsten Begriffe, die nirgends klar und eindeutig festgelegt sind, geführt.

Es ist nunmehr unsere Aufgabe, diejenigen wichtigeren Geschwulstbegriffe einer genaueren Analyse zu unterziehen, die auf Grund unserer bisherigen Schlußfolgerungen entweder unbrauchbar sind oder zum wenigsten einer genaueren und schärferen Definition dringend bedürfen.

1. Der Endotheliombegriff.

Der *Endotheliombegriff* geht von zwei Voraussetzungen aus. Er nimmt an: 1. daß jede normal-ausdifferenzierte Körperzelle fähig sei, „unter geeigneten Bedingungen" eine Geschwulst zu bilden. Immer wieder kann man in Endotheliomarbeiten dieses Argument lesen: „Und warum soll die Endothelzelle als einzige Zelle des Körpers *nicht* fähig sein, einen Tumor zu bilden?", und 2. nimmt der Begriff an, daß eine Endothelzelle auch dann noch für uns *in ihrer Genese* erkennbar sei, wenn sie alle wesentlichen histologischen Eigenschaften der normal ausdifferenzierten Körperendothelzelle verloren habe.

Beide Voraussetzungen sind unhaltbar. Wir haben festzustellen:

1. daß bisher überhaupt noch von *keiner* normal ausdifferenzierten Körperzelle erwiesen werden konnte, daß sie als solche einen Tumor bilden kann. Zum wenigsten müßte sie in jedem Fall — wie wir noch sehen werden — auf dem Wege über die Regeneration sehr wesentliche, auch histologische Eigenschaften abstreifen, ehe sie einen Tumor zu bilden imstande wäre,

2. daß aber in letzterem Falle mit größter Wahrscheinlichkeit die Endothelzelle als solche für uns histologisch nicht mehr erkennbar wäre. Wenn sie aber histologisch als Endothelzelle nicht zu identifizieren ist, so steht die histogenetische Diagnose *völlig* in der Luft, mußten wir doch scharf betonen, daß sogar bei *histologisch* klaren Geschwülsten die *Genese* für uns zunächst noch nicht bewiesen ist. Die Geschwulstliteratur läßt aber bis heute mit seltenen Ausnahmen diese ganz selbstverständliche kritische Stellungnahme vermissen.

Da wir uns aber mit der *Genese*, auch der *Histo*genese der Tumoren zunächst nicht befassen, sondern nur das rein Histologische — trotz der großen methotischen Mängel bis heute oft der einzige Weg für die Erforschung der verschiedenen Geschwulstarten — zunächst betrachten wollen, so fragen wir uns: *Welches sind die histologischen Charakteristica des Endothelioms?*

Bevor wir darauf näher eingehen, müssen wir klar festlegen: Was ist Endothel? Der **Begriff des Endothels** ist — wie ja fast alle Begriffe der Histologie — kein fest umschriebener. Die normale Histologie hat ihn vollständig fallen gelassen, und die Normalanatomen bezeichnen auch alle auskleidenden Zellen der Blut- und Lymphcapillaren und -gefäße als einschichtige Epithelien. Es ist sicher kein Zufall, daß sich die Pathologen diesem Verzicht auf eine Sonderbezeichnung der genannten Zellen nicht angeschlossen haben. In der Pathologie tritt uns eben nicht wie in der normalen Histologie immer wieder das gleiche festfixierte Bild der anatomischen Struktur entgegen, sondern die pathologischen Strukturen werden in ganz anderer Weise von den biologische Fähigkeiten der Gewebselemente beherrscht. Der Pathologe kann unmöglich daran vorübergehen, daß sich bei all den verschiedenen krankhaften Prozessen des Körpers die gefäßauskleidenden Zellen ganz anders verhalten wie die Epithelzellen sonst. Für den Normalanatomen, besonders den, der lediglich deskriptive Histologie treibt, treten die biologischen Eigenschaften und Fähigkeiten der Zelle ganz in den Hintergrund, bestenfalls berücksichtigt er die normale Funktion. Daher sind für ihn die Capillarendothelien gar nichts anderes wie die Alveolarepithelien der Lunge oder die Zellen der Glomeruluskapsel: alle bezeichnet er gleichmäßig als einschichtiges Epithel. Für den Pathologen ist eine solch einfache, rein deskriptive Betrachtung ausgeschlossen. Ja wir wiesen schon darauf hin, daß die verschiedenen Qualitäten der Zellen in unserer Nomenklatur viel zu wenig berücksichtigt sind, daß wir eigentlich viel mehr Zellnamen brauchten. Von einer sehr oberflächlichen Betrachtung ausgehend, werden die heterogensten Elemente des Organismus als Epithelzellen bezeichnet, und diesen Fehler können wir nicht noch dazu steigern, daß wir nun auch noch die Gefäßendothelien unter denselben Sammelbegriff bringen.

Auch hier haben wir aber wieder **Zellen** recht verschiedener Art zu unterscheiden, die alle unter den Begriff **des Endothels** gebracht worden sind. Ich führe folgende an:

1. Die Endothelien des Gefäßsystems, d. h. die auskleidenden Zellen:
   a) der Blutgefäße und -capillaren,
   b) der Lymphgefäße und -capillaren.
2. Die auskleidenden Zellen der serösen Höhlen.
3. Die auskleidenden Zellen der Gelenkkapseln und Schleimbeutel.
4. Die Belegzellen der Hirnhäute, insbesondere der Dura mater.

Auf den ersten Blick erkennt man, daß auch in dieser Aufstellung wieder Elemente sehr heterogener Art zusammengefaßt sind unter dem gleichen histologischen Begriff. Wollen wir Geschwülste, deren Zellen die charakteristischen Eigenschaften dieser heterogenen Elemente aufweisen, als Endotheliome bezeichnen, so fallen in diese Gruppe natürlicherweise auch Tumoren sehr verschiedener Art.

Die *Belegzellen der Hirnhäute* sind durch ihr besonderes histologisches Verhalten (das keinerlei Ähnlichkeit mit anderen Endothelien aufweist) so gut charakterisiert, daß man Geschwülste dieser Art ohne weiteres von anderen abgrenzen will. Will man daher die Belegzellen der Dura Endothelien nennen, so kann man natürlich auch Geschwülste dieser Art als Endotheliome bezeichnen: Ein eigener Name sowohl für die ganz eigenartigen Belegzellen der Hirnhäute wie für die Geschwülste dieser Art wäre viel richtiger und klarer. Ich selbst bezeichne diese Geschwülste immer mit dem VIRCHOWschen Namen der Psammome, obwohl dieser Name ja von einer nebensächlichen und nicht einmal immer vorhandenen Struktureigentümlichkeit stammt. In ihm kommt aber wenigstens das Besondere und ganz Eigenartige der Geschwulst zum Ausdruck. (Es versteht sich von selbst, daß KROMPECHER diese Psammome der Meningen [wie alles andere auch] als Basalzellenkrebse auffaßt.)

Die auskleidenden Zellen der serösen Höhlen und der Gelekkapseln sind in ihrer biologischen Wertigkeit stark umstritten. Bei den serösen Höhlen handelt es sich vielleicht um Zellen mehr epithelialen Charakters, bei den Gelenkkapseln vielleicht nur um Zellen bindegewebiger Natur. Beide Zellarten zeigen bis heute einen solchen Mangel an charakteristischen Eigenschaften, daß ich nicht wüßte, wie man an einer Geschwulst diese Zellarten wiedererkennen sollte. Wir werden später bei der Besprechung der Pleura- und Peritonealendotheliome darauf noch zu sprechen kommen.

Es bleiben also nur noch übrig die Endothelien der Blut- und Lymphgefäße. Welches sind die charakteristischen Eigenschaften dieser Zellen? Die Antwort darauf kann nur lauten, daß charakteristisch für sie Bildung von Schläuchen ist, die von platten Zellen ausgekleidet sind und eine plasmatische Flüssigkeit, Blut oder Lymphe, enthalten.

Es werden allerdings in der Literatur noch einige andere **Eigenschaften der Gefäßendothelien** als charakteristisch angegeben. So ist behauptet worden, daß sie glatte Muskulatur bilden [SOHMA[1])], von zahlreichen Autoren ist angegeben worden, daß sie als Zellen des Mesenchyms auch Bindegewebe bilden können [z. B. HEYDE[2])]. Aber nirgends findet man in der Literatur die Bildung von glatter Muskulatur oder Bindegewebe als hinreichendes charakteristisches Zeichen für die Endotheliomdiagnose angegeben. Daß Monocyten, einkernige Rundzellen des Blutes von den Gefäßendothelien gebildet werden können, dürfte heute nach zahlreichen Untersuchungen auch experimenteller Art feststehen, aber auch hier sehen wir, daß die Fähigkeit der Blutzellbildung des Endothels zur Stützung der Endotheliomdiagnose niemals in der Literatur herangezogen wird, nur bei den reinen Angiomen ist dies wiederholt beobachtet und mit Recht im Sinne der Diagnose Angioendotheliom verwertet worden. Es bleibt also als wesentlich nur die Bildung von Schläuchen aus platten Zellen. Alle Geschwülste, die aus einem Parenchym dieser Art aufgebaut sind, werden wir mit Recht als Hämangioendotheliome oder als Lymphangioendotheliome bezeichnen dürfen. Auch bösartige Geschwülste dieser Art kommen vor, die auch noch in den Metastasen diese typischen Strukturen in voller Klarheit erkennen lassen.

Wir wollen aber nun die Annahme machen, daß aus einem primären Gefäßgewebskeim ein Tumor sich in der Weise entwickle, daß die Gefäßendothelien immer mehr verwildern, die typische Eigenschaft der Schlauchbildung schließlich vollkommen verlieren und der Tumor nur noch aus spindeligen Zellen aufgebaut ist. Diese — meines Erachtens denkbare Hypothese — ist ja der Grund dafür, daß viele Autoren bei undifferenzierten zellreichen Geschwülsten die Diagnose „Endotheliom" stellen, besonders häufig, weil sie irgendwo am Rande noch die „Übergänge" der Zellen in normale Gefäßendothelien nachzuweisen glauben. Hier gilt natürlich das für die Übergangsbilder bereits Gesagte. Vor allem aber muß darauf hingewiesen werden, daß aus dem Nebeneinander der fertigen Geschwulst die Histogenese überhaupt nicht mehr abgeleitet werden kann. Hätten wir die Möglichkeit, die Geschwulstbildung in ihren verschiedenen Entwicklungsstadien

---

[1]) SOHMA: Zentralbl. f. Pathol. 1909, S. 222.
[2]) HEYDE: Arb. a. d. pathol. Inst. Tübingen Bd. 5. S. 302. 1905.

vom ersten Beginn an zu verfolgen, so wäre ja eine solche Ableitung möglich und beweisbar. Da aber diese Möglichkeit bis auf einzelne Fälle und die geringe Zahl der heute schon experimentell erzeugbaren Tumoren noch nirgends vorliegt, so ist es eben einfach eine Unmöglichkeit, an einer zellreichen undifferenzierten Geschwulst, die eben irgendwelche charakteristische Eigenschaften des Gefäßendothels nicht mehr erkennen läßt, noch die histogenetische Diagnose des Angioendothelioms zu stellen. Zahlreiche ältere und neuere Untersuchungen weisen darauf hin, daß dem Gefäßendothel, insbesondere dem embryonalen Gefäßendothel, die Fähigkeit der Blutzellbildung innewohnt. Es wäre sehr verständlich, bei Geschwülsten, bei denen man eine solche Blutzellbildung der Geschwulstzellen fände, an die Entstehung aus dem Gefäßendothel zu denken. Aber das ist bei reinzelligen Geschwülsten (auch wenn sie Endotheliome genannt wurden) noch nicht beobachtet worden, und es ist doch sehr bemerkenswert, daß die Tumoren, welche Blutzellbildung einwandfrei nachweisen ließen [B. Fischer[1]), Kahle[2]), Schönberg[3])], auch im übrigen die charakteristische Schlauchbildung des Gefäßendothels in der überwiegenden Masse des Tumors zeigten, selbst dann, wenn sie bösartig waren, und sogar noch in den Metastasen.

Wenn Kahle diese Geschwülste Hämogoniosarkome nennt, so liegt dieser Bezeichnung ein richtiger Gedanke zugrunde, nur hat eine solche Geschwulst eben mit Bindegewebssubstanzen gar nichts zu tun und sollte daher nicht als Sarkom bezeichnet werden, sondern müßte in diesem Zusammenhang Haemogonioblastoma malignum heißen.

Ist aber eine Geschwulst aus einem Gefäßkeim hervorgegangen und hat alle charakteristischen Eigenschaften (Schlauchbildung, Blutzellbildung u. a.) vollständig verloren, so ist sie histologisch für uns keine Geschwulst des Gefäßendothels mehr, sondern eine undifferenzierte, z. B. spindelzellige bösartige Geschwulst, deren Histogenese histologisch überhaupt nicht zu ermitteln ist und auf *viele*, sehr verschiedenartige Gewebskeime des Körpers zurückgeführt werden kann. Aber selbst wenn wir die Histogenese, z. B. durch das Experiment, feststellen könnten, verdient sie nicht mehr den Namen Angioendotheliom, sondern wir hätten sie als ein spindelzelliges Blastom zu bezeichnen, hervorgegangen aus einem Gefäßkeim. Wenn in einer Leber aus einem primären Leberepithelkeim eine ganz undifferenzierte epitheliale Geschwulst vom Bau des Carcinoma solidum hervorgeht, so haben wir selbst dann, wenn uns diese Entstehung mit voller Sicherheit bekannt wäre, nicht das Recht, von einem Carcinom aus Leberzellen zu sprechen, da ja die Tumorzellen alle charakteristischen Eigenschaften der Leberzelle (z. B. typische Strukturen von Kern und Protoplasma, typischer Stoffwechsel, Gallebildung u. a.) verloren haben. Ja, wenn sie aus einem embryonalen Keim hervorgegangen sind, haben sie solche Strukturen überhaupt nie entwickelt, dürfen daher nicht als Leberzellen bezeichnet werden. Selbst in dem beim heutigen Stande unseres Wissens noch unmöglichen Falle, daß wir die Genese der Geschwulst aus einem Leberzellkeim sichergestellt hätten, würden wir also den Tumor nur als ein undifferenziertes Carcinoma solidum, hervorgegangen aus einem embryonalen Leberzellkeim, bezeichnen dürfen.

Als Endotheliom kann demnach ohne jede Rücksicht auf die Histogenese nur der Tumor bezeichnet werden, der die charakteristischen Eigenschaften des Endothels hat, d. h. also der endotheliale Schläuche im Sinne der Blut- und Lymphcapillaren bildet. Als Endotheliome können wir folglich nur die typischen Hämangioendotheliome und Lymphangioendotheliome bezeichnen, solange sie

---

[1]) Fischer, B.: Verhandl. d. Ges. dtsch. Naturforsch. u. Ärzte, Köln 1908, Abl. 15.
[2]) Kahle: Virchows Arch. f. pathol. Anat. u. Physiol. Bd. 226, S. 44. 1919.
[3]) Schönberg: Frankfurt. Zeitschr. f. Pathol. Bd. 29, S. 77. 1923.

die typische Struktur der Schlauchbildung aufweisen. Verlieren sie dieselbe und werden so zu einfach cellulären Geschwülsten, so ist der Name Endotheliom falsch, selbst dann, wenn wir, was heute noch ungeheuer selten sein dürfte, die histogenetische Ableitung mit Sicherheit nachgewiesen hätten.

Fast ausnahmslos wird in der Literatur anders vorgegangen. Fragen wir uns, welche Strukturen und Eigenschaften in der Literatur als charakteristisch und als hinreichend für die Diagnose Endotheliom, die doch schließlich eine wissenschaftliche und einwandfreie Grundlage haben muß, angesehen werden, so ist das Ergebnis sehr merkwürdig. Da finden wir die denkbar verschiedensten Eigenschaften als charakteristisch für Endotheliome angegeben: z. B. sollen die Zellstränge dieser Geschwülste längs der Gefäße wachsen, sie sollen einen besonders starken Zellpolymorphismus zeigen, sie sollen fibrilläre Grundsubstanz, besondere Anordnungen des Bindegewebes und Entartungen desselben (Hyalinbildung) aufweisen, die Endotheliomstränge sollen nur von Bindegewebsbündeln (statt von Endothelien) begrenzt sein usw. [siehe z. B. bei CIACCIO[1])].

Recht lehrreich sind auch die **Kriterien,** die ZEIT **für die Endotheliomdiagnose** als charakteristisch anführt. Nach ihm dürfen „die von den Endothelien ausgehenden Tumoren weder als Epitheliome noch als Sarkome bezeichnet werden, weil die Endothelialzellen sich biologisch anders verhalten wie die Epithel- und Bindegewebszellen und weil die „Endotheliome" sich morphologisch, histogenetisch und klinisch anders verhalten wie die Carcinome und Sarkome. Von Carcinomen unterscheiden sie sich durch den festen Zusammenhang der Zellen, durch das Vorhandensein einer Intercellularsubstanz und feinster Bindegewebsfortsätze zwischen den Zellen, durch den kleinen, scharf begrenzten Kern und den breiten Protoplasmarand der einzelnen Zellen, die in Strängen oder Zylindern angeordnet sind; von den Sarkomen durch ihren organoiden Bau"[2]). Auf Grund dieser angeführten Merkmale können natürlich zahlreiche Geschwülste als Endotheliome bezeichnet werden. Alle diese „charakteristischen" Eigenschaften beweisen nicht das geringste und kommen genau ebenso bei zahlreichen anderen Geschwulstformen vor.

Weiter legen einige natürlich wieder auf die „Übergänge" den größten Wert. Selbstverständlich ist der direkte Übergang des Endothels in Krebszellen schon häufig „nachgewiesen" worden (KOESTER, KRAUS, ROSINSKI, EYMER), und doch ist die Deutung erwiesenermaßen immer falsch gewesen. KROMPECHER findet natürlich auch leicht überall die „Übergänge" und hat „*Endotheliome*" der Hoden — es handelt sich wohl um die charakteristischen „Zwischenzellentumoren" — beschrieben. Er kommt zu dem Schluß[3]), „das Hauptkriterium bei der Diagnose der Endothelialgeschwülste des Hodens bildet der Nachweis des direkten Überganges des Lymphendothels in die Geschwulstzellen. Dieser direkte Übergang ist aber nur in weiteren Lymphräumen und Spalten deutlich und einwandfrei zu verfolgen".

Den Wert einer derartigen histogenetischen Geschwulstforschung haben wir bereits hinreichend auseinandergesetzt — diese Bilder beweisen gar nichts, sie sind bei zahlreichen Tumoren zu sehen, und zwar auch bei Tumoren, deren epitheliale Natur von niemandem angezweifelt wird. Immer und immer wieder können sich die histogenetischen Geschwulstforscher, da ihnen als einzige Methode das histologische Augenblicksbild zur Verfügung steht, nicht an den Gedanken

---

[1]) CIACCIO: Virchows Arch. f. pathol. Anat. u. Physiol. Bd. 198, S. 422. 1909.

[2]) ZEIT: Morphologische und histogenetische Charakteristica endothelialer Tumoren. Journ. of the Americ. med. assoc. 1906, Nr. 8: Ref. Dtsch. med. Wochenschr. 1906, S. 177.

[3]) KROMPECHER: Über die Geschwülste, insbesondere die Endotheliome des Hodens. Virchows Arch. f. pathol. Anat. u. Physiol. Bd. 151, Suppl.-H. S. 1. 1898.

gewöhnen, daß das Nebeneinander zweier Zellen im Mikroskop keinen einzigen genetischen Schluß zuläßt.

Wie vorsichtig man auch hier mit genetischen Schlüssen aus dem rein histologischen Bilde sein muß, hat Apolant[1]) gezeigt, der nachwies, daß Eberth und Spude normale Mammaacini mit gewucherten Endothelien verwechselt haben.

Auch Borst[2]) ist seit langem für die Berechtigung der Endotheliomdiagnose eingetreten. Er ging dabei von den morphologischen Qualitäten aus, die er bei entzündlichen Veränderungen an den Endothelien direkt beobachtet hat, und Mönckeberg[3]) schließt sich ihm an, indem er in einem zusammenfassenden Referat über das Endotheliom folgendes ausführt: „Nach Borst kommt den Endothelien bei Proliferationsvorgängen die Eigenschaft zu, ‚kleine und größere Granulationszellen und epithelähnliche, polymorphe, protoplasmareiche, mit bläschenförmigen Kernen ausgestattete, vollsaftige Zellelemente‘ darzustellen und mit Vorliebe vielkernige Protoplasmamassen, Riesenzellen zu bilden. Andererseits haben nach Borst die Endothelzellen die Fähigkeit zu Fibroblasten zu werden. Aus diesen verschiedenen Möglichkeiten der Umwandlung resultieren sehr verschiedene Tumoren, die als Endotheliome zu bezeichnen sind. Es hat nach Borst deshalb nichts Befremdendes, ‚daß die endothelialen Tumoren bald wie Fibrome, bald sarkomähnlich erscheinen, bald von drüsigem bzw. carcinomatösem Aussehen sind, also an die Bilder echt epithelialer Gewächse erinnern‘.“ „Gewisse typische, vielen Tumoren gemeinsame Momente“ treten hinzu und bestätigen trotz des Formenreichtums die Sonderstellung der Gruppe; dahin gehört nach Borst das Auftreten von schleimigen, hyalinen und amyloiden Degenerationen und von Glykogen als Ausdruck einer Störung des Säftestroms, ferner der Befund von cellulären Schichtungsgebilden ohne Produktion von Hornsubstanz und ohne Protoplasmafaserung, sowie schließlich die beschränkte Metastasierungsfähigkeit und die ausgesprochene Neigung zu lokaler Rezidivbildung.

Nach diesen morphologischen Qualitäten ihrer Elemente sollen sich die Endotheliome mit genügender Sicherheit von den übrigen malignen Geschwülsten abgrenzen lassen! Wir können alledem nur die Worte von Robert Meyer entgegenhalten: die bisherigen Kriterien der Endotheliomdiagnose sind mehr oder weniger völlig wertlos, weil sie bei sicheren Carcinomen und Sarkomen in gleicher Weise vorkommen!

Am großzügigsten ist zweifellos das Verfahren, die Diagnose Endotheliom kurzerhand per exclusionem zu stellen. Ein Endotheliom wird dann diagnostiziert, wenn das histologische Bild des Tumors den bekannteren Geschwulsttypen nicht entspricht. Carl schließt aus seinen Untersuchungen über Endotheliome der Ovarien, daß nicht die Histogenese maßgebend sei (da sie leicht täusche, was man nur unterstreichen kann), sondern daß die Diagnose Endotheliom per exclusionem gestellt werden müsse, wenn die Untersuchung der verschiedensten Stellen der Geschwulst Bilder ergebe, die weder dem Carcinom- noch dem Sarkombegriff ganz entsprechen. Damit würde allerdings die Erklärung zahlreicher Geschwulsttypen wesentlich vereinfacht. Die Kritik eines solchen Standpunktes ist wohl überflüssig, obwohl nicht verschwiegen werden darf, daß nicht nur in praxi, sondern auch in der Literatur auch heute noch vielfach nach diesem Rezept „diagnostiziert“ wird.

<hr>

[1]) Apolant: Dtsch. med. Wochenschr. 1908, S. 2223.
[2]) Borst: Geschwulstlehre. Wiesbaden 1902; Verhandl. d. phys.-med. Ges. Würzburg Bd. 31, Nr. 1. 1897.
[3]) Mönckeberg: Ergebn. d. Pathol. Jg. 10, S. 796. 1906.

In der Tat sehen wir nun auch die denkbar verschiedensten Geschwulsttypen unter dem Sammelnamen Endotheliom auftreten. Alle Schwierigkeiten der Erklärung eines histologischen Bildes sollen mit einem Schlage durch diese Diagnose beseitigt werden. Aber auch für andere, prinzipiellere Schwierigkeiten muß das Endotheliom als Retter wirken. In denjenigen Fällen, wo wir epithelial gebaute Geschwülste an Stellen auftreten sehen, wo wir normalerweise überhaupt kein Epithel vorfinden oder wenigstens kein der Geschwulstart entsprechendes Epithel, wird wiederum die Geschwulstbildung dadurch erklärt, daß die Endothelien, die natürlich den großen Vorzug haben, daß sie an *allen* Stellen des Körpers vorhanden sind, die Matrix der Geschwulstbildung abgegeben haben. In solchen Fällen verzichtet man dann wieder sofort auf die obenerwähnte Forderung, daß die Struktur der Geschwulst weder dem Sarkombegriffe, noch dem Carcinombegriffe entspreche. Im Gegenteil, die primär im Knochenmark oder in der Milz oder in den serösen Häuten auftretenden Carcinome werden einfach als Endotheliome erklärt, obwohl ihre Struktur eine typisch carcinomatöse ist.

„Die Diagnose auf Endotheliom gelingt jedoch ohne Schwierigkeit allemal, wo ein Tumor, dessen Elemente den Epithelien ähnlich sind, in Organen seinen Sitz hat, die normalerweise ohne Epithel sind. Zu dieser Kategorie gehören die epitheloiden Geschwülste, welche ihren Ausgang aus den Lymphdrüsen und der Milz nehmen" [Ciaccio[1])].

Es scheint in der Pathologie geradezu eine Ehrenpflicht und Standesfrage zu sein, daß der Pathologe bei jeder Geschwulstform eine klare histogenetische Diagnose stellt. Und da ist der Begriff des Endothelioms, da es *nicht ein einziges feststehendes Kriterium* für diese Diagnose gibt, ein ganz ausgezeichnetes Wort, das aus jeder Verlegenheit hilft. Es gibt epitheliale Geschwülste im Knochen, in Milz, Lymphdrüsen usw., deren histologische Struktur uncharakteristisch, deren Histogenese heute noch völlig dunkel ist. Von Hansemann [Schreiber[2])] beschreibt solche Tumoren in Knochen, Lunge, Niere, Nebenniere und Ovarien als „*Adenoma endotheliale*". Ribbert hat dagegen die Spaltenbildung in den Epithelschläuchen auf zentralen Zerfall mit Hämorrhagien zurückgeführt, während Pick Tumoren von absolut gleichem Bau in Parotis, Knochen, Muskeln, Nieren auf versprengte Nebennierenkeime zurückführt. Man mag diese Tumoren erklären wie man will, keine Ableitung ist unwahrscheinlicher wie die von gewuchertem Endothel, und wer die ganz ungewöhnlich große histologische Geschwulsterfahrung Ribberts persönlich gekannt hat, für den ist das Argument Schreibers[2]), daß „Ribbert niemals einen Tumor wie den vorliegenden gesehen habe", nicht gerade überzeugend.

Selbst ein so bedeutender Geschwulstforscher wie v. Hansemann ist diesen Irrweg gegangen. v. Hansemann ist auf diesem einfachen Wege der Diagnose per exclusionem dazu gelangt, den Mäusekrebs als Endotheliom zu erklären! Kaum etwas kann die absolute Haltlosigkeit der Endotheliomdiagnose in so klares Licht setzen, wie diese Beurteilung des Mäusekrebses durch v. Hansemann[3]). *Histologisch* kann es wohl keine einfachere und typischere Carcinomstruktur geben wie die des Mäusekrebses. Wenn das ein Endotheliom ist, so ist eben jedes Carcinoma simplex der menschlichen Mamma auch ein Endotheliom. Diese Art histogenetischer Geschwulstforschung kann also füglich beiseite gelassen werden. Per exclusionem kann man überhaupt keine Geschwulstdiagnose, geschweige denn die Diagnose Endotheliom stellen.

---

[1]) Ciaccio: Zitiert auf S. 1467.
[2]) Schreiber: Zeitschr. f. Krebsforsch. Bd. 9, S. 579. 1910.
[3]) v. Hansemann: Dtsch. med. Wochenschr. 1909, S. 25.

Bei dem Fehlen *jeder* histologischen Begründung für die Auffassung des Mäusekrebses als Endotheliom werden durch v. Hansemann zugunsten seiner Auffassung einige Abweichungen angeführt, die der Mäusekrebs in seinem **biologischen Verhalten** gegenüber dem menschlichen Carcinom darbietet oder, besser gesagt, darbieten soll. Da wird vor allem hervorgehoben das gar nicht oder wenig infiltrierende Wachstum und die fehlende oder seltene Metastasenbildung. Aber wo in aller Welt sind denn das Eigenschaften, die beim Menschen die Carcinomdiagnose erschüttern? Es ist in diesem Sinne vollkommen falsch, von „*dem*" biologischen Verhalten des menschlichen Krebses zu sprechen, in dieser Richtung gibt es zwischen den einzelnen Krebsfällen auch beim Menschen himmelweite Unterschiede. Zudem sind die generellen Behauptungen v. Hansemanns über das biologische Verhalten des Mäusekrebses gar nicht zutreffend. Selbst bei der Übertragung dieser Geschwülste kann je nach der Art der Impfung besonders in den inneren Organen infiltrierendes Wachstum sehr häufig festgestellt werden, und wenn auch makroskopische Metastasen (weil die Tiere oft zu früh sterben) selten sind, so ist doch der mikroskopische Nachweis von Metastasen häufig zu führen. Der behauptete Unterschied würde also nicht nur nichts beweisen, sondern trifft in der Tat auch gar nicht zu.

Es gibt Tumorfälle genug beim Menschen, wo sich das biologische Verhalten in nichts von dem des Mäusekrebses unterscheidet. Es gibt ebensogut Carcinome beim Menschen, die eine große Ausdehnung erreichen und nie Metastasen machen, wie solche mit kleinem Primärtumor und ausgedehnten Metastasen. Die heute erzeugbaren experimentellen Carcinome beim Tier zeigen ebenfalls nirgends wesentliche Unterschiede im biologischen Verhalten gegenüber dem menschlichen Carcinom, und man kann sogar so weit gehen zu sagen, daß kaum eine Krankheit so weitgehende Übereinstimmung bei Mensch und Tier aufweist wie das Carcinom, man denke z. B. nur daran, wie verschieden die Bilder der Tuberkulose bei den einzelnen Tierklassen und wie abweichend von der menschlichen Tuberkulose sie sind. Wenn zuweilen beim transplantierbaren Mäusecarcinom die Geschwulst so groß und größer wird wie das Tier selbst, also eine Größe erreicht, wie sie beim Menschen nie beobachtet wird, so kann auch darin ein wesentlicher Unterschied nicht erblickt werden, zumal es sich bei diesen Beobachtungen immer um *transplantierte*, also weder spontan noch experimentell erzeugte Geschwülste handelt. Die letzteren erreichen auch beim Tier nur einen Umfang, wie er in der menschlichen Pathologie ebenfalls vorkommt, und wie sich Transplantationen, also künstliche Metastasen, beim Menschen verhalten würden, wissen wir nicht, da bisher Krebstransplantationen beim Menschen nur negative Resultate hatten.

Trotzdem haben zahlreiche Autoren zur Begründung der Endotheliomdiagnose immer wieder das biologische Verhalten der Geschwülste herangezogen, die Art des Wachstums, die Metastasenbildung, die Bösartigkeit usw. Schon von vornherein muß dieser Versuch als vollkommen unzureichend gekennzeichnet werden, denn schon bei histogenetisch — oder genauer gesagt histologisch — klar erkannten Tumoren zeigt sich eine so ungeheure Differenz in dem biologischem Verhalten der einzelnen Geschwülste, daß von Regeln gar nicht die Rede sein kann. Die biologischen Kennzeichen, die v. Hansemann als beweisend dafür anführt, daß die bei den Mäusen auftretenden malignen Tumoren keine Carcinome, sondern Endotheliome seien, versagen vollkommen. Es kommen auch menschliche Carcinome, echte Carcinome, vor, die nur wenig oder gar nicht infiltrierend wachsen, die wenig oder gar keine Metastasen machen, trotz Größe des Primärtumors usw. Zudem gibt es nicht nur im histologischen Bilde alle Übergänge zwischen den einzelnen Formen der Tumoren, sondern auch im biologischen Verhalten finden wir selbst bei Geschwülsten einer und derselben

Gattung auffallend große Differenzen. Ich erinnere an die ungeheure Bösartigkeit des Chorionepithelioms, im Gegensatz dazu an die Beobachtung, daß Chorionepitheliome vorkommen, die spontan resorbiert wurden. Jeder Pathologe kennt hinreichend Fälle von echten Carcinomen der äußeren Haut von einer außergewöhnlichen Bösartigkeit und auf der anderen Seite Fälle, die sich durch ihren enorm langsamen, wenig progredienten Verlauf, den Mangel an Metastasenbildung usw. auszeichnen (s. auch S. 1702). So kann also das biologische Verhalten für die histogenetische Diagnose schon hier keinerlei Ausschlag geben, um so weniger bei den sog. Endotheliomen. Wir sehen denn auch in der Tat, daß hier in der Literatur die allermerkwürdigsten Gegensätze und Widersprüche bestehen.

Das biologische Verhalten soll sich ferner äußern in einer besonderen Art flächenhaften Wachstums. Wir werden bei der Besprechung der Pleura- und Peritoneal„endotheliome" noch sehen, daß ganz dieselbe Form des flächenhaften Wachstums auch bei den echten Epithelien (Pseudomyxoma peritonei u. ä.), sogar bei den echten Carcinomen vorkommt.

Die **Biologie des Endothelioms** soll sich nach vielen Autoren dadurch von anderen Tumoren, besonders den Carcinomen, unterscheiden, daß sie eine geringere Bösartigkeit haben. ZEIT z. B., den wir bereits zitiert haben, erklärt, daß sie prognostisch günstiger seien als die Carcinome, weil sie langsamer wachsen, später metastasieren und die benachbarten Lymphdrüsen selten ergreifen. Auch KUBO[1]) betont für das Endothelioma ovarii die gegenüber Carcinom und Sarkom weit geringere Bösartigkeit. BORST erklärt die Endotheliome für relativ gutartig, charakteristisch sei das langsame Wachstum und eine ausgesprochene Neigung dieser Tumoren zum lokalen Rezidiv bei seltener Metastasenbildung. PICK dagegen bezeichnet die von ihm beschriebenen Endotheliome des Eierstocks als Geschwülste von hoher Malignität, und LAZARUS-BARLOW wiederum berichtet, daß die histologisch als Endotheliome von ihm bezeichneten Geschwülste eine ungewöhnlich große Anzahl von Metastasen aufweisen.

Dieser Autor zeichnet sich auch dadurch aus, daß er die Endotheliomdiagnose sehr wesentlich erweitert hat. Er will sogar manche als Plattenepithelkrebse beschriebene Tumoren der Cervix uteri und der Mamma den Endotheliomen zurechnen und kommt daher zu Zahlen, die selbst bei den Anhängern der Endotheliomdiagnose Kopfschütteln erzeugen werden. LAZARUS-BARLOW[2]) fand nämlich in den letzten Jahren unter den von ihm untersuchten bösartigen Tumoren Endotheliome in 8% der Fälle in der Zunge, 10% im Uterus, 10% in der Brust, 10% in der Leber und den Gallengängen und 7% in den Knochen (primäre Knochentumoren). Es unterliegt wohl für jeden Pathologen, der ein größeres Geschwulstmaterial zu sehen Gelegenheit hat, nicht dem geringsten Zweifel, daß hier zahlreiche, ganz gewöhnliche epitheliale Tumoren als Endotheliome bezeichnet worden sind.

Eine wesentliche Unterstützung für die Diagnose des Endothelioms wollte man nun darin finden, daß man mit Hilfe von Serienuntersuchungen das Fehlen jeglichen Zusammenhanges des primären Tumors mit dem Epithel des befallenen Organs nachwies (v. HANSEMANN). DETON[3]) hat sogar mit Hilfe des BORNschen Plattenmodells den Nachweis erbracht, daß ein primäres Mäusecarcinom der Mamma mit dem Drüsengewebe selbst in gar keinem Zusammenhang stand. Also kann es kein epithelialer Tumor, kein Carcinom sein, sondern ist ein Endotheliom! In Wirklichkeit ist dieser recht interessante Nachweis nur eine über-

---

[1]) KUBO: Arch. f. Gynäkol. Bd. 87, S. 268. 1918.
[2]) LAZARUS-BARLOW, W. S.: Die histologische Diagnose der Endotheliome. Glasgow med. journ., April 1907, ref. Münch. med. Wochenschr. 1907, S. 1649.
[3]) DETON: Zeitschr. f. Krebsforsch. Bd. 8, S. 459. 1910.

zeugende Illustration zu dem früher bereits aufgestellten Satze, daß die Ableitung einer epithelialen Geschwulst vom normalen Epithel des Organs, in dem sich die Geschwulst gebildet hat, eine reine Hypothese ist. Wenn wir daran denken, daß heute auch beim Menschen viele Mammacarcinome von mißbildeten Schweißdrüsen abgeleitet werden (Creighton, Krompecher), und zwar wahrscheinlich mit Recht, daß embryonale und postembryonale Entwicklungsstörungen am Brustdrüsenepithel auftreten können, daß überzählige Brustwarzen, Brustdrüsen und Brustdrüsenanlagen keine besondere Seltenheit darstellen, so wird uns klar, daß jene Beweisführung von völligen falschen Voraussetzungen ausgeht.

Auf dieselbe Stufe der Beweisführung ist zu setzen, wenn v. Hansemann[1]) bei einem Scirrhus des Magens ein Endotheliom deshalb diagnostiziert, *weil die Magenschleimhaut selbst intakt ist.* Die Genese derartiger Tumoren dürfte durch den Nachweis von Mucosaepithelversprengungen bis in die Muscularis hinein hinreichend geklärt sein. Ich habe selbst ebenfalls mehrere Fälle dieser Art gesehen und eingehender beschreiben lassen, z. B. einen besonders lehrreichen Gallertkrebs der Submucosa des Dickdarms bei einem jungen Mädchen[2]), und es ist klar, daß derartige Geschwülste aus lokalen Mißbildungen des Schleimhautepithels hervorgehen. Die ganze Lehre und die Untersuchungen über die Carcinoide des Wurmfortsatzes und des Dünndarms sind ein ausgezeichneter Beweis hierfür. Der Nachweis derartiger Epithelverlagerungen der Darmschleimhaut ist einwandfrei erbracht und damit jede Schwierigkeit der Erklärung dieser Geschwülste behoben. Aber selbst wenn die Schwierigkeiten heute noch nicht überwunden wären, selbst wenn wir diesen Nachweis nicht besäßen, was in aller Welt berechtigt den Autor anzunehmen, daß ein Tumor, der nicht nachweislich von dem oberen Deckepithel der Schleimhaut ausgeht und der trotzdem epitheliale Formationen erkennen läßt, nun von den Endothelien ausgehen soll. Das ist ein völlig willkürlicher Schluß.

So sehr wir uns also bemühen, gemeinsame histologische oder biologische Kriterien für die Endotheliomdiagnose zu finden, so bleiben alle Bemühungen doch ergebnislos, da in der Literatur hierüber die denkbar größten Widersprüche herrschen. Es bleibt nur noch übrig, diejenigen Gruppen wirklich typischer Geschwülste zu betrachten, bei denen die histologische Struktur feststeht, bei denen aber häufig diese Struktur aus endothelialer Genese erklärt wird und die Geschwülste dementsprechend auch als Endotheliome von vielen Autoren bezeichnet werden.

Was über die Psammome der Hirnhäute in dieser Beziehung zu sagen ist, haben wir bereits vorweggenommen. Hier ist es eine reine Geschmacksfrage, ob man die hinreichend charakterisierten Zellen der Hirnhaut Endothelien und die aus denselben Zellen zusammengesetzten Geschwülste Endotheliome nennen will oder nicht.

Auch die typischen schlauchbildenden Angioendotheliome und Lymphangioendotheliome in ihren verschiedenen gutartigen und bösartigen Abarten gehören hierher. Aber sobald eine bösartige Geschwulst dieser Art die charakteristische Eigenschaft des Endothels, die Schlauchbildung, vollkommen verloren hat, sind eben seine Zellen auch keine Endothelien mehr, und der Tumor kann dann nicht mehr als Endotheliom bezeichnet werden. Es sind in der Literatur vereinzelte Fälle beschrieben worden, wo zunächst ein Angioendotheliom in typischer Differenzierung vorlag, wo aber bei der weiteren bösartigen Wucherung in den Rezidiven starker Verlust der Differenzierung und schließlich reines „Spindelzellensarkom" gefunden wurde. Auch hier kann man nicht von einem Endo-

---

[1]) v. Hansemann: Dtsch. med. Wochenschr. 1896, Nr. 4.
[2]) Weber: Gallertkrebs der Submucosa. Dissert. Frankfurt a. M. 1920.

theliom sprechen, denn die reinen Spindelzellen haben die typische Eigenschaft des Endothels verloren und stellen nur mehr eine undifferenzierte Zellmasse dar, von der wir nur durch einen glücklichen Zufall wissen, daß die Stammzellen dieses Blastoms früher einmal Gefäßendothelien gewesen sind. Die Diagnose müßte also korrekt in diesem Falle lauten: undifferenziertes, spindelzelliges, malignes Blastom, hervorgegangen aus einem Gefäßkeim.

Umgekehrt hat SCHMORL[1]) eine Geschwulst der Schilddrüse beschrieben, deren Primärtumor als Angiosarkom diagnostiziert wurde, während die Metastasen dieser Geschwulst nach Jahren das Bild eines Carcinoms zeigten. Es dürfte keinem Zweifel unterliegen, daß hier auch in den Metastasen dieselbe Geschwulstzelle vorliegt, nur hat sie an Differenzierungsfähigkeit verloren und bildet solide Nester, die nun nach der herrschenden Nomenklatur Carcinom genannt werden. Wir müssen auch in der Geschwulstlehre den Grundsatz aufrechterhalten, daß wir die Zellen nach ihrer *nachweisbaren* Differenzierung bezeichnen, nicht nach ihrer Herkunft, denn schließlich stammen ja alle Zellen des Körpers von der Eizelle ab und werden doch nicht als Eizellkomplexe oder Keimblattumoren bezeichnet.

Noch eine Reihe anderer typischer Geschwulstformen sind als Endotheliome beschrieben worden, die wir nunmehr kurz zu besprechen haben. Zunächst erwähne ich die primären flächenartig wachsenden Carcinome der Pleura und des Peritoneums. Diese epithelialen Geschwülste werden häufig von den Deckzellen des Peritoneums und der Pleura abgeleitet, z. B. von HENKE[2]), NAPP, GLASS[3]) u. a.

Von den Deckzellen der serösen Häute ist durch vielfache Untersuchungen erwiesen [siehe z. B. bei KRUMBEIN[4])], daß sie unter pathologischen Verhältnissen Epithelschläuche bilden, ja die Differenzierung zu Epithelzellen verschiedener Art eingehen können. Es spricht das vielleicht dafür, daß es sich hier um Abkömmlinge des primären Cölomepithels handelt, die noch Rudimente der embryonalen Potenzen des Cölomepithels enthalten. Es ist mehr als unwahrscheinlich, daß das normale Peritonealendothel diese Differenzierungspotenzen besitzt. Also auch hier ist eine primäre Differenzierungsstörung in hohem Grade wahrscheinlich, und dann wäre der von RIBBERT vorgeschlagene Name **Cölomkrebs** berechtigt, jedenfalls der Bezeichnung Endotheliom durchaus vorzuziehen. Es liegt aber in diesen Fällen sehr viel näher, als Ausgangspunkt dieser Tumoren eine epitheliale Keimversprengung anzunehmen, zumal derartige epitheliale Keimversprengungen sowohl im Brustraum wie in der Bauchhöhle nachgewiesen werden konnten. Das für diese Geschwülste vielfach als charakteristisch angegebene oberflächliche Wachstum beweist nicht das geringste, und es ist um so auffallender, daß NAPP an der Deutung seiner Fälle festhält, obwohl er selbst darauf hinweist, daß BENEKE „gleiche Beobachtungen an den Pleurametastasen eines Magentumors machen konnte. Auch hier behielten die Geschwulstzellen die Eigenschaften der Mutterzellen, nämlich der Oberflächenepithelien der Magenschleimhaut, Flächen zu bekleiden, bei"[5]). Die Neigung, Oberflächen zu bekleiden, ist aber eine Eigenschaft aller Haut- und Schleimhaut-Epithelzellen, und damit fällt dieses Unterscheidungsmerkmal zwischen Carcinom und Endotheliom vollkommen fort. Es sei auch auf die Pseudomyxome des Peritoneums nach Appendicitis verwiesen, wo auch das Peritoneum vielfach mit einer Deck-

---

[1]) SCHMORL: Dtsch. med. Wochenschr. 1910, S. 1107.
[2]) HENKE: Verein. f. wissenschaftl. Heilk., Königsberg, Februar 1907; Ref. Dtsch. med. Wochenschr. 1907, S. 1196.
[3]) GLASS: Endothelkrebs der Pleura. Dissert. München: Steinicke 1908.
[4]) KRUMBEIN: Virchows Arch. f. pathol. Anat. u. Physiol. Bd. 249, S. 400. 1924.
[5]) NAPP, OTTO: Drei Fälle von primärem Carcinom des Bauchfells. Zeitschr. f. Krebsforsch. Bd. 4, S. 49. 1906.

schicht von Epithelzellen ausgekleidet wird. Hier finden sich in der Literatur Belege genug, daß man früher die Annahme machte, diese Epithelzellen seien durch Umwandlung des Deckenendothels des Peritoneums entstanden, eine Annahme, die wohl heute kaum mehr einen Vertreter finden wird. Der Nachweis der versprengten Nebenlungenkeime, der Nachweis pathologischer Abschnürungen des Vorderarms, der Nachweis von echten Enterokystomen und ähnlichen Bildungen dürfte aber hinreichend sein, um die Annahme zu rechtfertigen, daß derartige Tumoren von pathologischen Keimversprengungen bzw. pathologischen Keimdifferenzierungen ausgehen.

Es kann nicht klar genug betont werden, daß die für diese Cölomcarcinome angegebene Wachstumsform auch bei vollkommen sicheren metastatischen Peritonealkrebsen vorkommt und man daher mit der Annahme einer primären Geschwulst dieser Art sehr vorsichtig sein muß. Ich selbst habe einmal ein prachtvolles Beispiel dieser Tumorform, das als primäres Pleuraendotheliom in der Sammlung aufgestellt war, gründlich zerlegt und schließlich im Lungenhilus das primäre Bronchialcarcinom von ganz einwandfreiem Bau gefunden. Als ein anderes Beispiel erwähne ich eine ausgedehnte Geschwulst des Peritonealraumes von einer Frau von 40 Jahren, die mit höchst auffallenden und merkwürdigen Strukturen mir mit der Diagnose Endotheliom vorgelegt wurde. So entschieden meine Zweifel an der Richtigkeit dieser Diagnose waren, konnte doch für die komplizierten histologischen Bilder zunächst eine hinreichende Erklärung nicht gegeben werden. Ich mußte daher die Diagnose auf eine maligne embryonale Geschwulst stellen und sprach mich dahin aus, daß mit der größten Wahrscheinlichkeit ein maligne entartetes Teratom oder Embryom vorläge. Eine daraufhin vorgenommene sehr genaue Untersuchung der verschiedensten Geschwulstteile — die ganze Bauchhöhle war von Tumoren angefüllt — ergab denn auch, daß an mehreren Stellen wuchernder Knorpel in diesen Tumormassen nachgewiesen werden konnte. Damit war wohl der Charakter der Geschwulst und die Diagnose einer teratoiden Bildung gesichert.

Wesentlich schärfer in der Diagnose des Endothelioms ist L. Pick vorgegangen. Er beschreibt eine eigenartige Geschwulstform des Ovariums, wie sie vorher schon von Marchand beschrieben wurde und kommt auf Grund des anatomischen Verhaltens der Geschwulstzellen zu dem Schluß, daß dieselben den Endothelien der Lymphspalten entsprechen. Er schreibt hierüber[1]: „Die in dem kernarmen bindegewebigen Stroma mit dem Faserverlauf gleichgerichteten, spaltförmigen, spitz ausgezogenen Röhrchen entsprechen zweifellos den Saftkanälchen des fibrösen Tumorteils. Der unmittelbare Übergang dieser Bahnen in das Netz der scharf konturierten schlauchartigen Gebilde charakterisiert bereits letztere als Lymphcapillaren. Weitere sichere Kriterien sind in dem schnell wechselnden varikösen Lumen der Schläuche, in ihrem oft kurvenartig geschlängelten Verlauf, in ihrer Verbindung zu einem überall im Gewebe verbreiteten, die wohlcharakterisierten Blutgefäße allerorts umspinnenden Netzwerk gegeben. Dementsprechend wird naturgemäß an Schläuchen und Strängen jede besondere zellige Um- oder Auskleidung vermißt." Es ist einleuchtend, daß derartige Bilder, die an die Struktur des cystischen Lymphangioms erinnern, mit Recht daran denken lassen, daß in solchen Fällen Tumoren vorliegen, deren Parenchymzellen charakteristische Eigenschaften des Lymphendothels besitzen, aber sobald einmal diese Geschwulstzellen ein exzessives Wachstum aufweisen und die wesentlichste Eigenschaft des Lymphendothels, die Röhrenbildung und die Auskleidung von Spalträumen abstreifen, entstehen celluläre Gebilde,

---

[1] Pick, L.: Die von den Endothelien ausgehenden Geschwülste des Eierstocks. Berlin. klin. Wochenschr. Jg. 31, S. 1046. 1894.

die von anderen Tumorformen histologisch nicht mehr zu trennen sind. In besonders klarer Weise habe ich selbst dies an einem Angioendotheliom der Leber zeigen können. In den Partien der Geschwulst, wo eine exzessive Zellbildung vorliegt, verlieren eben die Geschwulstzellen die charakteristischen Eigenschaften des Endothels und sind strukturlose Spindelzellen, nicht nur in ihrem histologischen Bau. Die Zelle eines solchen Tumors ist ebensowenig eine Endothelzelle wie die Zelle eines Spindelzellensarkoms eine Bindegewebszelle ist, sondern es sind in beiden Fällen spezifische Tumorzellen, deren Genese aus den Zellgebilden des Körpers bei der Entwicklung wir aus dem histologischen Bilde überhaupt nicht mehr ablesen können. Wir können sie höchstens mit gewissen Zellformen in Beziehung bringen, weil sie noch einzelne Züge dieser Zellformen aufweisen.

Nun hat man aber versucht, ein anderes histologisches Kriterium für die Endotheliomdiagnose heranzuziehen. Wenn man, wie in den von PICK beschriebenen Fällen, keine mit hohen Zellen ausgekleidete Spalten und Röhren in einem Tumor nachweisen kann, die zweifellos den Lymphspalten entsprechen, so müßte man, falls es sich um embolisch verschleppte oder aktiv eingewanderte Epithelzellen handelte, doch noch hier und da in solchen Tumoren den restierenden Zellbelag der *Endothelspalte* in derartigen Strängen nachweisen können. Auf dem Fehlen dieses Nachweises gründet deshalb auch PICK seine Diagnose: „Es müßte im Falle der gleichsam embolischen Verschleppung oder der aktiven Einwanderung gelingen, Reste des eigenen endothelialen Wandbelages nachzuweisen. Man ist indes nicht in der Lage, irgendwo diesen Nachweis zu führen."

Nun ist es aber noch sehr die Frage, ob wirklich alle Spalten, die im Körper im Bindegewebe auftreten und vorhanden sind, von einer regelmäßigen Endothellage ausgekleidet sind, und für uns an dieser Stelle ist es von größter Wichtigkeit, daß jedenfalls zweifellos metastatische Carcinome beobachtet werden, die auch in ausgedehnten Schläuchen und Strängen die Bindegewebsspalten durchsetzen, trotzdem einen restierenden Endothelbelag in diesen Spalten nicht mehr erkennen lassen.

Daß die *Zellform* zur Sicherung der Diagnose Endotheliom nicht herangezogen werden kann, braucht nicht mehr erläutert zu werden. Von manchen Autoren sind als besondere Kennzeichen des Endothelioms die Bildung syncytialer Zellen und Riesenzellen und die schleimige Degeneration aufgestellt worden. Alle diese Kriterien halten bei näherer Prüfung der Kritik in keiner Weise stand. Nichts ist für den Histologen lehrreicher in dieser Beziehung als die Geschichte der in den Ovarien auftretenden, als Endotheliome beschriebenen sog. KRUKENBERGschen Tumoren. SCHLAGENHAUFER, ULESKO-STROGANOFF[1]), JUNG[2]) u. a. haben den einwandfreien Nachweis erbracht, daß es sich stets in diesen Fällen um Carcinome handelt, und zwar fast immer um sekundäre Carcinome meistens nach Magencarcinom. MONTANELLI[3]) beschrieb bei einer 33 jährigen Frau im Magen ein primäres hochdifferenziertes Drüsencarcinom mit Ovarialmetastasen in den Lymphbahnen, Bilder des Endothelioms vielfach kopierend; KRUKENBERGsche Siegelringzellen und vielkernige Riesenzellen, wie sie GLOCKNER als endotheliale Gebilde beschrieb, und syncytiale Zellformen, die SCHOTTLÄNDER und SCHÜRMANN in endothelialen Tumoren fanden und für kennzeichnend hielten, fehlten nicht. Daher ist der Schluß berechtigt, „daß weder die Zellform eine sichere Unterscheidung zwischen sekundärem Carcinom und Endotheliom

---

[1]) ULESKO-STROGANOFF: Histogenese der sog. Krukenbergschen Eierstockgeschwülste. Zentralbl. f. Gynäkol. 1910, Nr. 31.

[2]) JUNG, G.: Diagnose und Histogenese des Ovarialcarcinoms. Hegars Beitr. z. Geburtsh. Bd. 12, Nr. 36. 1908.

[3]) MONTANELLI, zitiert nach H. KÜSTER, S. 1476.

gestatte noch die schleimige Degeneration, die sowohl den Endothelien wie den neoplastischen Epithelien eigen ist" — wobei wir aber die Fähigkeit der Endothelzellen, schleimig zu degenerieren, als bis heute völlig unbewiesen ablehnen müssen.

Gerade diese Ovarialtumoren mit ihrem vielgestaltigen histologischen Bau [H. Küster[1])] galten vielen als treffende Beispiele des Endothelioms. Sie haben ganz besonders schlagend bewiesen, daß diese histologischen Kriterien falsch sind, denn es ließ sich nicht nur die epitheliale Natur dieser Geschwülste, sondern in fast allen Fällen sogar die sekundäre metastatische Natur derselben nachweisen. Pfannenstiel unterscheidet im Handbuch der Gynäkologie 3 Formen von Ovarialendotheliomen, solche vom Typus des Carcinoms, des Sarkoms und des Adenoms. Es bedarf wohl weiter keiner Erläuterung, daß damit also wieder der Grundsatz aufgestellt ist, daß alle Geschwülste, die einen etwas ungewöhnlichen Bau aufweisen, einen Bau, der nicht sogleich histologisch zu deuten ist, einfach den Endotheliomen zugerechnet werden. Gerade diese Fehldiagnosen bei den Ovarialtumoren haben auch praktisch eine gewisse Bedeutung erlangt. Polano[2]) z. B. beschreibt 5 Fälle von Fehldiagnosen, wo „von maßgebender Seite die Diagnose: Endothelioma ovarii gestellt wurde", wo aber sicher Carcinome, z. T. metastatische, vorlagen. Es stellen diese Fälle gewisse Typen von Fehldiagnosen dar.

Und dabei sind diese Beobachtungen keinerlei Seltenheiten, es vergeht kaum ein Jahr, wo ich nicht mehrere solcher Fälle aus dem histologischen Bilde diagnostizieren oder am Sektionsmaterial demonstrieren kann.

Von einer Reihe von sog. Endotheliomen des Ovariums hat Robert Meyer gezeigt, daß es sich um Markstrangepitheliome oder Granulosaepitheliome handelt, und Schottländer[3]) erkennt mit vollem Recht überhaupt keines der in der Literatur beschriebenen Endotheliome des Eierstockes als solches mehr an.

Über die Diagnose des Ovarialendothelioms finden wir die beste Kritik bei Robert Meyer[4]). Er schreibt: „Eine zu große Rolle spielt noch immer das Endotheliom; charakteristisch für die Stellung Krömers ist der Satz, daß in jedem Sarkom vereinzelt Endotheliomteile, in jedem Endotheliom verstreut Sarkombezirke sich finden. Er unterscheidet das „zweifelhafte" intravasculäre Hämangioendotheliom und das Lymphangioendotheliom, welches zuweilen „perivasculär" auftritt und „von der Adventitia der neugebildeten Blutbahnen seinen Ausgang nimmt". Der Name „Hämangioendothelioma" würde selbst mit dem Zusatz perivasculare nur verwirren; und da die Zellen der Neubildung innerhalb präformierter Lymphräume längs der Gefäße liegen, so würde es sich um Lymphangioendothelioma paravasculare handeln, wenn die Deutung der Neubildung aus Endothelien erlaubt wäre. Trotzdem Krömer diesen Tumor als „Lymphangioendothelioma" in präformierten Räumen auffaßt, läßt er ihn dennoch von der „Adventitia der neugebildeten Blutbahnen seinen Ausgang nehmen". Es wirkt jedoch nur verwirrend, daß er mit Borst diese Lymphangioendotheliome als perivasculäres Hämangioendotheliom dem intravasculären Hämangioendotheliom zur Seite stellt. Borst denkt dabei nur an „Perithelien oder gleichartige Elemente". Rob. Meyer betont daher, „daß für die Bezeichnung Endotheliom die Ausbreitung oder ‚Wucherung' (?) von Tumorzellen in Lymphbahnen oder gar ‚Saftspalten' an und für sich niemals berechtigen wird. Die Tumoren können ihre Herkunft aus Endothelioblasten, also Hämangio-

---

[1]) Küster, H.: Zeitschr. f. Geburtsh. u. Gynäkol. Bd. 68, S. 364. 1911.
[2]) Polano: Über Pseudoendotheliome des Eierstocks. Zeitschr. f. Geburtsh. u. Gynäkol. Bd. 51, S. 1. 1904.
[3]) Schottländer: Dtsch. med. Wochenschr. 1913, S. 2175.
[4]) Meyer, Rob.: Zeitschr. f. Geburtsh. u. Gynäkol. Bd. 63, S. 403.

blasten und Lymphangioblasten, nur dadurch verraten, daß sie an zahlreichen Stellen angiomatös wuchern. Alle anderen angegebenen Charakteristica sind unzuverlässig". Das entspricht *vollkommen* meinem Standpunkt.

Von anderen wieder ist als ein Kriterium des Endothelioms die Bildung hyaliner Substanz beschrieben worden. Sie wird uns später noch kurz bei der Besprechung der Endotheliome der Speicheldrüsen beschäftigen müssen. Hier sei nur hervorgehoben, daß auch dieses Kriterium der Kritik nicht standhalten konnte, denn hyaline Bildungen finden sich in allen möglichen Geschwülsten der heterogensten Art und beweisen für die Genese nichts. Auch der Versuch von v. HANSEMANN, durch eine histologische Reihe die Beziehungen einiger Sarkome zu den Angiomen darzulegen, muß als völlig verfehlt bezeichnet werden. v. HANSEMANN will auf Grund histologischer Bilder eine Reihe aufstellen, die mit dem typischen Angiom beginnt, an deren Ende sich dann Sarkome mit stark entwickelter hyaliner Substanz befinden[1]). Sind an und für sich bereits histologische Ähnlichkeiten für den Zweck der genetischen Forschung nur mit allergrößter Vorsicht zu verwerten, so können derartige größere Reihen, die einfach aus dem histologischen Bilde aufgestellt sind, von vornherein nichts beweisen. Mit dieser Methodik wäre es ein leichtes, die genetischen Übergänge und Verwandtschaften aller Zellen und aller Gewebe des Körpers miteinander darzutun. Das, was gegen die *Verwertung von Übergangsbildern* bereits gesagt worden ist, trifft gegen diese Methode in erhöhtem Maße zu.

Schon vor langer Zeit wurde auch der Versuch gemacht, die epithelähnliche Gestalt der Endotheliomzellen durch ihren Glykogenreichtum zu erklären [DRIESSEN[2])]. Heute wissen wir, daß diese Endotheliome der Niere typische Hypernephrome waren, die wohl niemand mehr von Endothelien ableiten dürfte.

Außerordentlich lehrreich ist auch das Studium der sog. Endotheliome der Haut. Es sind eigenartige Geschwülste der Haut, die vielfach als Endotheliome beschrieben wurden und für die schließlich WOLTERS den Nachweis des direkten Zusammenhanges zwischen Tumorzellen und Gefäßendothel erbrachte[3]). Gegen all diese Darstellungen hat nun L. PICK[4]) den überzeugenden, schon histologisch ganz einwandfreien Nachweis geführt, daß es Schweißdrüsenadenome sind. Dieser Nachweis ist dann durch COENEN[5]), JOH. FICK[6]), HEDINGER[7]) vervollständigt worden, und die Monographie von W. FRIBOES[8]) erbringt sehr eingehend den Nachweis, daß es sich um *Epitheliome* handelt. Ebenso hat STRASSBERG[9]) überzeugend dargetan, daß die sog. verkalkten Endotheliome der Haut in Wirklichkeit epitheliale Geschwülste darstellen.

Eine gesonderte Besprechung verdienen die sog. **Endotheliome der Speicheldrüsen.** Es ist dies eine gut abgegrenzte Gruppe von Geschwülsten von ganz eigenartigem Bau. Wenn man ganz objektiv ihre histologische Struktur in ihrem

---

[1]) v. HANSEMANN: Die Beziehung gewisser Sarkome zu den Angiomen. Zeitschr. f. Krebsforsch. Bd. 3, H. 2, S. 234. 1905.

[2]) DRIESSEN: Dissert. Freiburg 1892.

[3]) WOLTERS, M.: Haemangioendothelioma tuberosum multiplex und Haemangiosarcoma cutis. Arch. f. Dermatol. u. Syphilis Bd. 53, H. 2/3. 1900.

[4]) PICK, L.: Über Hidradenoma und Adenoma hidradenoides. Virchows Arch. f. pathol. Anat. u. Physiol. Bd. 175, S. 312. 1904.

[5]) COENEN: Über Endotheliome der Haut. Arch. f. klin. Chir. Bd. 76. 1903.

[6]) FICK, JOH.: Über die Endotheliome der Autoren. Monatshefte f. prakt. Dermatol. Bd. 48, H. 5/6. 1909.

[7]) HEDINGER: Benigne Epitheliome der Haut. 82. Naturforsch.-Vers., Königsberg 1910; Zentralbl. f. Pathol. 1910, S. 994.

[8]) FRIBOES, W.: Beitrag zur Klinik und Histopathologie der gutartigen Hautepitheliome. Berlin: S. Karger 1912.

[9]) STRASSBERG: Virchows Arch. f. pathol. Anat. u. Physiol. Bd. 203, S. 153. 1911.

Namen zum Ausdruck bringen will, so muß man sie, wie das auch vielfach in der Literatur geschehen ist, als Mischgeschwülste der Speicheldrüsen bezeichnen. Sie enthalten gewöhnlich schleimartiges Gewebe in großen Mengen, daneben hyalinen und schleimigen Knorpel und außerdem eigenartige Zellzüge, die bald an verzweigte Capillargänge erinnern, bald sich zu größeren Haufen, Netzen und Strängen zusammenlegen und sowohl Plattenepithel wie auch Drüsenformationen ähnlich sein können. Diese außerordentlich komplizierte Geschwulststruktur, die sich in kein lehrbuchmäßiges Geschwulstschema einzwängen ließ, machte der Erklärung zunächst große Schwierigkeiten. Aber auch da kam als rettender Begriff das Endotheliom zu Hilfe. Wie die Endothelien dazu kommen sollten, plötzlich Knorpel, Schleimsubstanz, epitheliale Gebilde, Drüsenformationen zu bilden, das war gleichgültig. Der Begriff des Endothelioms sollte die ganze Geschwulst, ihre histologische Struktur erklären. Die Gründe, die die Autoren für ihre Auffassung aus dem histologischen Bilde dieser Tumoren anführten, waren verschiedene. In erster Linie wurde der enge und kontinuierliche Zusammenhang der an der Peripherie der epithelähnlichen Zellstränge und Nester sich auflösenden Zellen mit der bindegewebigen Grundsubstanz ins Feld geführt, ein Verhalten, welches wir bei den Epithelien des erwachsenen Körpers niemals zu sehen gewohnt sind (Rudolf Volkmann, Marchand). Martini[1]) bezeichnet die Tumoren als Endotheliome auf Grund von Übergangsbildern lymphgefäßähnlicher Räume zu den drüsenähnlichen Formationen des Tumors. Auch nach Tsunoda[2]) ist das Parenchym der Parotisgeschwulst endothelialer Natur und entsteht durch eine Wucherung der Endothelien der Lymphspalten und Blutcapillaren. v. Hansemann[3]) faßt ein Adeno-Enchondrom der Parotis wegen der *Übergänge* als *Endotheliom* auf. Bolognesi[4]) bezeichnet einen gleichen Tumor als Endotheliom wegen der Zellen, die aus den Blutgefäßen (namentlich Capillaren) entstanden. Auf derartige Beweismittel brauchen wir wohl nach dem früher Gesagten hier nicht mehr einzugehen. Für diese Deutung der Speicheldrüsenmischgeschwülste als Endotheliome ist viele Jahre hindurch Marchand mit seiner ganzen Autorität eingetreten, und als die Beweise für die ektodermalepitheliale Natur der spezifischen Geschwulstzellen dieser Tumoren immer klarer und zwingender wurden, hat er schließlich in einem Referat in der Deutschen Pathologischen Gesellschaft (2. Tgg. München) im Jahre 1899 seinen Standpunkt dahin präzisiert, daß, wenn für einen Teil dieser Geschwülste die ektodermale Herkunft der Zellschläuche wirklich nachgewiesen werden sollte, wir dann veranlaßt sein würden, unsere bisherigen Vorstellungen von den Beziehungen der ektodermalen Zellen zu dem bindegewebigen Stroma ganz erheblich zu ändern. Aus diesem einen Satze geht hervor, welch große Bedeutung für die wichtigen Grundfragen der Histologie der Beurteilung dieser Geschwülste beigemessen worden ist.

Inzwischen wurden die Beweise für die epitheliale Natur der früher als Endothelien angesprochenen Zellstränge derartig sinnfällig, daß an der früheren Deutung auch von den Urhebern der Endotheliomdiagnose nicht mehr festgehalten werden konnte. In einer ganzen Reihe von Fällen wurde der epidermale Charakter

[1]) Martini: Mischtumoren der Speicheldrüsen. Virchows Arch. f. pathol. Anat. u. Physiol. Bd. 189, H. 3. 1907.

[2]) Tsunoda, T.: Über Pathogenese der Mischgeschwulst der Parotis mit Epithelperlen. Mitt. a. d. med. Fak. d. Kais. Univ. Tokyo Bd. 18, H. 6. 1904; ref. Zeitschr. f. Krebsforsch. Bd. 3, S. 147. 1905.

[3]) v. Hansemann: Beitrag zur Histogenese der Parotistumoren. Zeitschr. f. Krebsforsch. Bd. 9, S. 379.

[4]) Bolognesi: Endotheliom der Submaxillarspeicheldrüse. Arch. f. klin. Chir. Bd. 93, S. 784. 1910.

der fraglichen Zellen direkt durch die Darstellung der Protoplasmafasern sichergestellt. Diese Fasern treten aber nur in der ektodermalen Epidermis auf
(SCHRIDDE), und auch CORNELL[1]) fand „Epithelfasern nur in Tumoren, die
ihren Ausgang von mit Plattenepithel bekleideten Oberflächen genommen
hatten“. Auch der Nachweis von Riffzellen, Hornperlen u. ä. (HINTZBERG u. a.),
ebenso wie die Bildung hoher Zylinderepithelien in Schläuchen sprach für die
epitheliale Herkunft, den epithelialen Charakter der fraglichen Zellen.

Auf Grund all dieser Befunde und auf Grund eingehender eigener Untersuchungen ist dann MARCHAND im Jahre 1910 zu dem Schluß gekommen, daß die
Tumoren keine Endotheliome, sondern tatsächlich Epitheliome ektodermaler Abkunft seien. Er zieht daraus den Schluß, daß es eine ektodermale Mesenchymbildung gebe. Er sagt selbst darüber[2]): „Auf Grund wiederholter Untersuchungen
der sog. Mischgeschwülste der Speicheldrüsen, besonders mit Hilfe zahlreicher,
durch Herrn Dr. ROBERTSON mit Benutzung der MALLORYschen Färbung her-
gestellter Präparate sieht sich der Vortragende veranlaßt, seine frühere, auch
in der bekannten Arbeit von RUDOLF VOLKMANN zum Ausdruck gekommene
Ansicht von der endothelialen Natur der Zellstränge und drüsenartigen Schläuche
dieser Geschwülste aufzugeben zugunsten ihrer Herleitung von den Epithelien
der Drüsen resp. ihrer Ausführungsgänge. Die frühere Ansicht war hauptsächlich
veranlaßt durch den immer wieder sich aufdrängenden Zusammenhang der an
der Peripherie in einzelne Zellen sich auflösenden Zellstränge, die Bildung ver-
ästelter Zellen und Zellnetze in einer homogenen oder fibrillären Zwischensubstanz
von teils myxomatöser, teils knorpeliger Beschaffenheit, ein Verhalten, welches
mit der Annahme einer epithelialen Herkunft der Zellen nicht vereinbar erschien,
dagegen bei der Voraussetzung einer Gleichartigkeit der Bindegewebszellen
und ihrer Äquivalente mit den Endothelzellen der Lymphgefäße erklärlich war;
entweder in der Weise, daß die Geschwulstzellen ursprünglich von den Endothelzellen der Lymphbahnen herstammten und sich dann in Myxom- und Knorpelzellen umwandelten, oder daß die Bindesubstanzzellen bei ihrer Proliferation
die drüsenartigen Stränge und Schläuche lieferten.“ Gewiß wird niemand die
große Schwierigkeit verkennen, die die Erklärung der hier geschilderten histologischen Strukturen macht, wenn man sie aus einem epithelialen Gewebe ableitet; aber wie soll denn die Annahme, daß die Matrix dieser Geschwulst- und
Gewebsbildung von den Endothelien der Lymphbahnen und Saftspalten sich her-
leite, auch nur in einem einzigen Punkte uns mehr Klarheit bringen oder gar
auf einmal alle diese Schwierigkeiten überwinden? Von einer Gleichartigkeit
der Bindegewebs-, Schleim-, Knorpelzellen und ihrer Differenzierungen mit den
Endothelzellen der Lymphgefäße wissen wir bisher nichts. Eine solche Annahme
muß geradezu als willkürlich bezeichnet werden. Ebenso ist uns nichts darüber
bekannt, daß etwa die Endothelzellen der Lymphbahnen Schleim bilden, sich in
Myxom- und Knorpelzellen umwandeln, oder daß gar Bindesubstanzzellen bei
Proliferation drüsenartige Stränge und Schläuche, Plattenepithel und Horn
liefern. Also die Schwierigkeiten, die man mit der Diagnose Endotheliom gegenüber der Epitheliomdiagnose umgehen wollte, sind nicht um Haaresbreite geringer geworden.

Zweifellos liegen die wesentlichen Schwierigkeiten der Erklärung dieser
Strukturen in dem außerordentlich innigen Zusammenhang der epithelialen

---

[1]) McCORNELL, GUTHRIE: Epidermal fibrils in the classification of malignant growths.
Journ. of med. research Bd. 19, S. 1; ref. Zentralbl. f. Pathol. Bd. 21, S. 695. 1910.
[2]) MARCHAND, F.: Über die sog. Endotheliome der Speicheldrüsen und die epitheliale
Mesenchymbildung. 82. Naturforsch.-Vers., Königsberg 1910; Selbstbericht im Zentralbl.
f. Pathol. 1910, S. 999.

Zellformationen dieser Geschwülste mit den myxomatösen und knorpeligen Teilen, wie Marchand betont. Es wäre also hiernach verständlich, wenn man die ganze Geschwulst als eine rein mesenchymale, sarkomatöse angesehen hätte, denn das embryonale Mesenchym kann auch epitheliale Formationen liefern — die Ableitung von Endothelien oder gar von präexistenten Zellen der Lymphspalten brachte die Erklärung um keinen Schritt weiter und barg bei Lichte besehen *dieselben* Schwierigkeiten wie die Ableitung vom präexistenten Epithel. Man versteht die Endotheliomdiagnose *nur aus dem höchst unklaren Begriff des Endothels,* das mit beinahe mystischen, gewebsbildenden Fähigkeiten ausgestattet wird, Fähigkeiten, die noch nie jemand nachgewiesen hat.

Den epithelialen Charakter der Tumorzellen glaubte man ausschließen zu können. „So groß die Epithelähnlichkeit und die Übereinstimmung der Zellschläuche mit denen der benachbarten Drüsengänge oft war, so konnten wir uns doch mit Rücksicht auf den innigen Zusammenhang mit dem Zwischengewebe nicht zur Annahme einer epithelialen Herleitung der Geschwulstelemente verstehen, da wir an der Annahme einer strengen Trennung der sog. echt epithelialen (ektodermalen) Gewebe von den bindegewebigen mesodermalen Geweben festhielten, die auch von dem größten Teil der Embryologen vertreten und noch immer festgehalten wird, wenn auch von anderen eine Entstehung bindegewebiger und knorpeliger, sogar knöcherner Teile aus dem Ektoderm angenommen wurde."

Nichts beweist besser als diese Argumentation, wie notwendig unsere frühere Darstellung der Grundzüge der Entwicklung und des Differenzierungsproblems war. Wir sahen da, daß die gewebsbildenden Fähigkeiten des Ektoderms *generell* überhaupt nicht festgelegt werden können. Wir *wissen* heute mit aller Bestimmtheit, daß das Ektoderm mancher erwachsener Tiere und früher Entwicklungsstadien vieler anderer Organismen noch mesenchymale Gewebe (Chorda, Muskeln usw.) bilden kann. Wir wissen sogar, daß sich Spermatozoen aus dem Ektoderm direkt entwickeln können, und trotzdem helfen uns derartige Kenntnisse keinen Schritt weiter bei der Beurteilung von Entwicklungs- und Differenzierungsfragen der menschlichen Histologie und Pathologie. Wenn wir von den mesenchymbildenden Fähigkeiten einer Epithelzelle sprechen, so heißt das nichts, solange nicht das Entwicklungsstadium dieser Epithelzelle und die Organismenart gleichzeitig mit angegeben werden. Wenn also hier von den mesenchymbildenden Fähigkeiten des Ektoderms gesprochen wird und damit offenbar nur die ektodermalen Epithelzellen des erwachsenen Körpers verstanden werden, so ergibt sich für den Menschen die Antwort aus unseren histologischen Kenntnissen von selbst: *eine derartige Mesenchymbildung kommt nicht vor.* In diesem Sinne mußte also mit Recht die Entstehung der spezifischen Geschwulstzellen der Mischgeschwülste der Speicheldrüsen aus den ektodermalen Anteilen des Körpers oder überhaupt aus dem Epithel abgelehnt werden.

Marchand kommt aber „zu dem Ergebnis, daß die ektodermalen Zellen die Fähigkeit besitzen, durch Bildung von Verästelungen und Fasern aus ihrem Protoplasma und homogener Zwischensubstanz ein mesenchymatisches Gewebe zu liefern, während andererseits die Zellen bei dichter Aneinanderlagerung und Fibrillenbildung durchaus sarkomatöse Geschwulstteile bilden können". Es bildet sich also aus dem Drüsenepithel nach Marchand ein epitheliales Pseudostroma, ein epitheliales Schleimgewebe, sowie ein epithelialer Pseudoknorpel.

Bezüglich der Mesenchymbildung kommt demnach Marchand zur gleichen Ansicht wie Joh. Fick[1]), „der in seiner ausgezeichneten übersichtlichen Dar-

---

[1]) Fick: Dermatol. Wochenschr. Bd. 54. 1912; Virchows Arch. f. pathol. Anat. u. Physiol. Bd. 197, S. 472. 1909.

stellung in dieser Frage hervorhebt, daß die epithelialen Tumorzellen der Geschwülste sich morphologisch zu Bindegewebszellen umformen". Aber wir müssen dringend davor warnen, aus Differenzierungsvorgängen in Geschwülsten auf die Fähigkeiten und Potenzen normaler Zellen zu schließen. Wir sehen derartige Differenzierungen, wie sie hier beschrieben sind, bei anderen pathologischen Bildungen niemals auftreten, und wir müssen daher mit der Übertragung auf die normalen Gewebe äußerst vorsichtig sein.

Was zunächst die epitheliale Mesenchymbildung anbetrifft, so führt MARCHAND selbst *aus der Entwicklungsgeschichte* an, daß eine solche nicht ohne Analogon dasteht. Er erwähnt die Bildung der faserigen Glia und die Bildung der Schmelzpulpa. Diese Hinweise zeigen bereits, daß eine solche epitheliale Mesenchymbildung beim Menschen eben nur in frühen Entwicklungsstadien vorkommt.

Daß die Mischgeschwülste der Speicheldrüsen zu den spezifischen Zellen dieser Drüsen genetisch enge Beziehungen haben, dafür fehlen genügende Anhaltspunkte, am wenigsten beweist in dieser Hinsicht das histologische Bild. Die Ähnlichkeit der Zellstränge dieser Tumoren mit den Drüsenschläuchen ist recht gering und beweist nichts. Die Tumoren sind vom Drüsengewebe gut abgegrenzt und kommen auch nicht selten in größerer Entfernung von den Drüsen vor. Analog gebaute Tumoren werden im ganzen Bereiche des Kopfes, des Gaumens und Rachens beobachtet. Die von L. PICK und MARCHAND gegebene Erklärung der epithelialen Mesenchymbildung dadurch, daß die Epithelzellen sich morphologisch zu Bindegewebszellen umwandeln, indem sie zwischen die Fibrillen des Stromas gelangen, welches sich schleimig umwandelt, mag *morphologisch* das Richtige treffen. Diese Erklärung für das Schleimgewebe in den Parotisgeschwülsten ist im übrigen schon im Jahre 1882 in einer Bonner Dissertation unter KOESTER gegeben worden. H. CLEMENTZ[1]) schreibt hierüber: „Tatsache schließlich ist, daß solche Stellen aus einer schleimigen Grundsubstanz bestehen mit eingestreuten Sternzellen, welche Bindegewebszellen (Schleimgewebszellen) zu sein scheinen, welche aber trotzdem Epithelien sind. Wir sehen also, daß man an solchen Stellen aus der morphologischen Gestaltung des Gewebes keinen Schluß auf seine histologische Bedeutung machen darf. Aus der Zerklüftung von Epithelgruppen durch eine schleimig aufquellende Grundsubstanz kann ein Gewebe entstehen, das scheinbar einem sog. Schleimgewebe gleichsieht." Wenn wir uns die Frage vorlegen, unter welchen Umständen wir wirklich eine Mesenchymbildung von seiten des Epithels beobachten, so ergibt sich von selbst, daß derartiges nur in frühen Embryonalstadien vorkommt. Es handelt sich also gar nicht um die Frage, ob hier eine endotheliale oder epitheliale oder eine mesenchymale Geschwulst vorliegt. Die spezifischen Zellen dieser Geschwülste sind wohl Epithelzellen im Sinne der embryonalen Nomenklatur, sie sind aber nicht Epithelzellen, wie wir sie am erwachsenen Körper sonst beobachten. Das, was auch nach MARCHANDs Worten die Hauptschwierigkeit der Erklärung der Gewebsstrukturen ausmacht, der außerordentlich innige Zusammenhang der Epithelzellen mit den Bindegewebsformationen, den mesenchymalen Bildungen, das ist gerade eine charakteristische Eigenschaft frühester embryonaler Entwicklungsstadien. Die scharfen und deutlichen Grenzen, die wir bei den Zellbildungen des erwachsenen Organismus zu sehen gewohnt sind, die scharfe Abhebung der Epithelzellen gegenüber dem Bindegewebe, sie fehlen in den frühesten Stadien der embryonalen Entwicklung. Hier können wir häufig die wichtigsten epithelialen Formationen mitten im Mesenchym nur daran erkennen, daß ihre Zellen etwas dichter angeordnet sind, aber von einer scharfen

---

[1]) CLEMENTZ, HEINRICH: Über das Schleimgewebe in Parotisgeschwülsten. Dissert. Bonn, März 1882, S. 38.

Grenze zwischen den einzelnen Bildungen ist keine Rede. Wir sehen hier ferner zahlreiche epitheliale Formationen mesenchymartige Bildungen hervorbringen, und wenn wir nun Geschwülsten begegnen, bei denen wir ebenfalls zweifellose Epithelien beobachten, die aber von dem um und zwischen ihnen liegenden Mesenchym nicht scharf abgegrenzt sind, sondern in innigster Verbindung mit denselben verwoben sind, so dürfen wir eben derartige Strukturen nicht mit den Formationen und Gesetzen der Gewebe des erwachsenen Körpers vergleichen, sondern wir müssen auf die embryonalen Zellformationen zurückgehen. Die gesamte Struktur der Mischgeschwülste der Speicheldrüsen hat also mit der Frage, ob das Epithel des erwachsenen Organismus zur Bindegewebsbildung oder Mesenchymbildung befähigt ist, gar nichts zu tun. Es handelt sich um Bildungen ganz anderer Art, die ganz anderen Gesetzen unterliegen als die Gewebe des erwachsenen Organismus. Wir haben in den Mischgeschwülsten der Speicheldrüse Gewebsmißbildungen vor uns, die auf einem frühen Stadium der Gewebsbildung stehengeblieben sind und trotz weiteren Wachstums sich nicht weiter differenzieren.

Eine logische Folge dieser Anschauung ist natürlich die, daß die Geschwülste der Speicheldrüsen kongenital angelegt sind. Wenn auch nach Grubers[1]) Untersuchungen die Parotisgeschwülste bei Kindern selten sind, so spricht doch schon der Nachweis dieser Tumoren bei Kindern für die Richtigkeit unserer Ansicht, denn diese Tumoren sind im ganzen nicht häufig, und da sie ja fast ausnahmslos sehr langsam wachsen und gutartig sind, da sie offenbar aus einem ganz kleinen mißbildeten Gewebskeim hervorgehen, so werden sie erst bei einer gewissen Größe zur Beobachtung gelangen.

Auch von anderen Seiten ist man für die embryonale Genese der Speicheldrüsenmischgeschwülste eingetreten, z. B. Massabuau[2]). In neuerer Zeit ist aber von Ricker die Theorie aufgestellt worden, daß die Speicheldrüsenmischgeschwülste sich aus Läppchen der Speicheldrüse selbst als sezernierende Speicheldrüsenepitheliome entwickeln. Die Theorie ist besonders durch Rickers Schüler Ehrich und später Böttner[3]) sehr eingehend begründet worden. Es ist durch diese Untersuchungen gezeigt worden, daß die Epithelwucherung dieser Geschwülste mit einer Sekretion von Zwischensubstanzen einhergeht und auf diesem Wege *epitheliales Schleimgewebe* und *epitheliales Knorpelgewebe* gebildet werden. Ich möchte mich der morphologischen Auffassung von Ricker und Böttner, die ja ganz der neueren Auffassung von Marchand, der älteren von Clementz entspricht, anschließen. Auch hat Löwenstein[4]) schon vor Jahren gefunden, daß bei experimentell erzeugter Wucherung des Speicheldrüsenepithels eigenartige Strukturen entstehen, die an einzelne Strukturen der Mischgeschwülste erinnern. Trotz alledem scheint mir der Nachweis, daß sich die Speicheldrüsenmischgeschwülste aus primär normalen Drüsenläppchen entwickeln, nicht erbracht. Es wäre jedenfalls recht merkwürdig, daß die Zellen der Speicheldrüsen im Gegensatz zu allen anderen Zellen des Körpers die Fähigkeit zur Bildung so eigenartiger Strukturen bewahrt hätten. Wir wissen, daß Epithelzellen die Fähigkeit zur Bildung epithelialen Schleimgewebes (Schmelzpulpa des Zahnes) und epithelialer Knorpelstrukturen nur bei niederen Tieren und im embryonalen Zustand besitzen. Schon aus diesem Grunde ist es mir daher wahrscheinlicher, daß es sich bei den typischen Mischgeschwülsten der Speichel-

---

[1]) Gruber, C. G.: Tumors of the Parotid Gland in Children. Surg., gynecol. a. obstetr., Januar 1906; ref. Zeitschr. f. Krebsforsch. Bd. 4, S. 502. 1906.

[2]) Massabuau: Rev. de chir., Oktober u. Dezember 1907.

[3]) Böttner: Beitr. z. pathol. Anat. u. z. allg. Pathol. Bd. 68, S. 364. 1921.

[4]) Löwenstein: Frankfurt. Zeitschr. f. Pathol. Bd. 4, S. 187. 1910.

drüsen und des Gesichtes um embryonale Fehldifferenzierungen handelt, deren wesentliche Ursachen und Genese wir heute noch nicht übersehen können. Wie dem aber auch sei, gerade durch die eingehenden Untersuchungen Rickers und seiner Schule scheint mir der epitheliale Charakter der gesamten Gewebe dieser Mischgeschwülste einwandfrei dargetan, und es zeigt sich hier wieder, wie völlig haltlos und forschungshemmend die Endotheliomdiagnose dieser Geschwülste gewesen ist.

Zusammenfassend müssen wir feststellen, daß von allen für das Endotheliom angegebenen, angeblich charakteristischen anatomischen und biologischen Eigenschaften nichts übrigbleibt. Es ist deshalb recht erstaunlich, daß manche Autoren [z. B. Carl[1]), Ravenna[2])] erklären können, daß Endotheliome „wohlcharakterisierte Geschwulstformen" sind. Wir lehnen aus logischen und histologischen Gründen den Begriff des Endothelioms ab und stellen zusammenfassend nochmals fest, daß in der Literatur vor allem folgende Tumoren mit der nachgewiesenen Fehldiagnose Endotheliom beschrieben worden sind: 1. das typische transplantable Mammacarcinom der Maus; 2. eine Reihe typischer Carcinome des Magendarmtraktus; 3. viele Tumoren embryonaler Struktur, viele Zwischenzellen- und Hodenblastome. 4. Viele Pleura- und Peritonealcarcinome, auch solche metastatischer Art; 5. Ovarialmetastasen von typischen Carcinomen, insbesondere des Magencarcinoms; 6. eine Reihe charakteristischer Adenome der Haut, insbesondere der Schweißdrüsen; 7. das typische Adamantinom des Kiefers [O. Prym[3])]; 8. die typischen Mischgeschwülste der Speicheldrüsen. Wir können nach alledem uns nur den Worten von Johannes Fick[4]) anschließen, der schreibt: „Wie kann man sich nur das Fortbestehen einer Hypothese gefallen lassen, zu deren Stütze seit 1869 kein einziger einwandfreier oder dauernd anerkannter Fall hat beigebracht werden können?"

2. Cylindrom und Peritheliom.

Cylindrome sind eigenartige Tumoren, die in ihrem histologischen Bau viele Ähnlichkeiten mit den Mischgeschwülsten der Speicheldrüsen aufweisen, ja sie können vielfach ganz dieselben Strukturen zeigen, während cylindromatöse Partien in Speicheldrüsengeschwülsten etwas ganz Gewöhnliches und Häufiges sind. Beide Tumoren teilen auch das Verbreitungsgebiet, sie kommen vorzugsweise im Bereiche der Kopfregion vor. Die Cylindrome sind durch die Bildung eigenartiger homogener Substanzen ausgezeichnet, die bald als dichtes Hyalin, bald als schleimartige Massen imponieren und in der Form von gleichmäßigen Zylindern (daher der Name, Billroth) Kugeln, Kolben oder Netzen auftreten.

Natürlich sind die Cylindrome dementsprechend ebenfalls von zahlreichen Autoren als Endotheliome beschrieben worden. Es handelt sich aber, wie Ribbert schon vor langer Zeit betont hat, um epitheliale Geschwülste mit Bildung eigenartiger Zwischensubstanz, die in der normalen Histologie des Körpers ein Analogon nicht besitzt.

Wie ratlos man diesen Strukturen gegenüberstand, geht schon aus der Angabe von Borst[5]) hervor, daß „im Laufe der Zeit Angiome, Endotheliome, Sarkome, Adenome und Papillome, Carcinome (Basalzellenkrebse Krompechers) zu den Cylindromen gerechnet" wurden. Trotzdem hält Borst diesen Geschwulst-

---

[1]) Carl: Arch. f. Gynäkol. Bd. 89, H. 3. 1909.
[2]) Ravenna: Arch. de méd. exp., Mai 1905.
[3]) Prym, O.: Dissert. Bonn, Mai 1898.
[4]) Fick, Joh.: Dermatol. Wochenschr. Bd. 54, S. 498. 1912.
[5]) Borst: Maligne Geschwülste, S. 212, 143 u. 147. Leipzig 1924.

namen aufrecht und erklärt auch noch, daß sowohl das Hämangioendotheliom
wie das Lymphangioendotheliom ein großes Kontingent zu den sog. Cylindromen
stellt. Wenn eins sicher ist, so ist es das, daß gerade diese Geschwulstformen
mit dem Cylindrom gar nichts zu tun haben. Es unterliegt gar keinem Zweifel,
daß die Cylindrome sich von ausgeschalteten und fehldifferenzierten embryonalen
Epithelkeimen herleiten, und ihre epitheliale Genese wird in neuester Zeit auch
von einer Reihe von Autoren anerkannt.

Die Bildung der eigenartigen hyalinen Massen weist natürlich auf eine besondere Art von Epithel hin, und Ribbert hat deshalb diese cylindromatösen
Geschwülste auf fehldifferenzierte Hautdrüsenanlagen, insbesondere Schleimdrüsen, zurückgeführt — eine Annahme, für die sich auch aus der Lokalisation
Stützpunkte ergeben. In diesen Drüsenkeimen kommt es infolge der Differenzierungsstörung zu einer pathologischen Sekretion, die dann in den hyalinen
Massen ihren morphologischen Niederschlag findet — wobei es von recht sekundärer Bedeutung ist, ob es sich um echte Zellsekretion oder hyaline Quellung
des Stromas oder um beides handelt, denn wir wissen ja, daß das Epithel entscheidenden Einfluß auf die Morphologie des zugehörigen Bindegewebes ausübt.
Es versteht sich von selbst, daß Krompecher auch die Cylindrome als Basalzellenkrebse „erklärt" — wenigstens ist er hier insofern auf dem richtigen Wege,
als er sich der Ribbertschen Ableitung dieser Tumoren von Schleimdrüsen-
anlagen anschließt und mit Recht darauf hinweist, daß auch bei anderen, nicht
verhornenden Epitheliomen der Haut (*Basaliomen!*) in geringerem Umfange
ähnliche hyaline Entartungen vorkommen.

Herzog[1]) hat die hyalinen Bildungen des Cylindroms aus einer pathologisch
gesteigerten Bildung der Basalmembran abgeleitet und vergleichend auf die
Placoidschuppe der Haifische als Analogie hingewiesen. Ein solcher Vergleich
ist durchaus berechtigt und zeigt uns eben, daß je nach der Art der epitheliale
Geschwulstkeim recht verschiedene Strukturen entwickeln kann, die man allerdings nicht mit haltlosen besonderen Geschwulstnamen unserem Verständnis
näherbringt.

Für die Mischgeschwülste der Speicheldrüsen, wie für die Cylindrome mache
ich noch auf eine ganz besondere Eigenschaft aufmerksam, die nach meinen
ziemlich großen Erfahrungen hierüber für diese beiden Tumorformen sehr charakteristisch ist: sie zeigen in den schleimartigen oder hyalinen Massen regelmäßig
eigenartige Ablagerungen, körnige und faserige Bildungen, die stets die Elastin-
reaktionen geben[2]). Diese eigenartigen Bilder sind so charakteristisch für diese
Geschwulstform, daß man sie in zweifelhaften Fällen (z. B. bei Tumoren des
Rachens) zur Stellung der Diagnose ohne weiteres verwerten kann.

Dem Begriff des Endothelioms stellt sich würdig an die Seite der **Begriff
des Perithelioms.** Eine engere Verbindung der Geschwulstzellen in einem Tumor
mit den Gefäßwänden soll hier den Beweis dafür liefern, daß die Tumorzellen
von den Adventitialzellen der Gefäßwände „abstammen".

Borst[3]) gibt an, daß solche peritheliale Sarkome mit Entartungen besonders
der Gefäße „von den weichen Meningen, den Plexus chorioidei, vom Gehirn,
den serösen Häuten, von Knochen, Nieren, Muskeln, Haut, Lymphknoten,
Ovarien beschrieben worden" sind — also eine recht verbreitete Geschwulstform. Zuweilen tritt sogar das Peritheliom mit dem Cylindrom vereinigt auf

---

[1]) Herzog: Beitr. z. pathol. Anat. u. z. allg. Pathol. Bd. 69, S. 422. 1921; Zentralbl.
f. Pathol. Bd. 35, S. 4. 1924.
[2]) Vgl. Bernh. Fischer: Virchows Arch. f. pathol. Anat. u. Physiol. Bd. 176, S. 169.
1904.
[3]) Borst: Bösartige Geschwülste, S. 145. Leipzig 1924.

ZINSSER[1])] und macht dadurch die Verwirrung noch größer. Als charakteristisch für das Peritheliom gibt BORST an, daß den Endothelröhren Zellen aufsitzen, „die von adventitiellen oder perithelialen Elementen abgeleitet werden" und setzt hinzu: „Die Gefäße der Wundgranulationen, die von einem förmlichen Mantel junger Zellen umhüllt sind, können als das typische Vorbild der Peritheliome gelten." Dieser Vergleich ist für uns sehr lehrreich. Denn es wird wohl niemand behaupten, daß die jugendlichen Zellen des Granulationsgewebes alles gewucherte Perithelien wären und vor allem, wenn dies so wäre, so müßten ja die Peritheliome vor allen Dingen nach langdauernden Granulationswucherungen oder zum mindesten häufig als Abart des Hämangioms auftreten — beides ist noch nie beobachtet worden. Die Diagnose Peritheliom ist bei allen Fällen und Arten lediglich eine in allen Teilen willkürliche und unbeweisbare Verlegenheitsdiagnose.

Nehmen wir wirklich einmal an, daß die Adventitiazellen eines normalen Gefäßes plötzlich zum Ausgang einer Tumorbildung würden, so wüßte doch kein Mensch zu sagen, warum nun diese Zellen durchaus immer bei der Geschwulstbildung in der Umgebung der Gefäße wachsen müßten. Aus der Art des Wachstums einer Geschwulstzelle kann man überdies niemals ihre Genese beweisen, denn wir wissen ja, daß Tumorzellen, selbst ein und derselben Geschwulst, unter Umständen recht verschiedenartige Formen des Wachstums zeigen können. Daraus allein sind keine genetischen Schlüsse abzuleiten. Alle möglichen Geschwülste können derartige Wachstumstypen zeigen, und so eigenartig die Bilder zuweilen sind, können sie uns doch über die Genese einer solchen Geschwulstzelle nichts aussagen. Gewiß werden wir bei diesem kritischen Standpunkt nicht so selten bei einem Tumor eine histogenetische Diagnose nicht stellen können. Aber das ist richtiger als die Anführung solcher nichtssagender Namen, die auf ganz unbewiesenen und unbeweisbaren Voraussetzungen beruhen und den Anschein sicherer Erkenntnis an ganz falschen Stellen erwecken. So z. B. beschreibt LISSAUER[2]) ein Peritheliom der Pia mit typischer mantelförmiger, perivasculärer Anordnung der Zellen, das nach der beigegebenen Abbildung mit größter Wahrscheinlichkeit ein embryonaler neurektodermaler Tumor ist. Auch hier ist das Studium der Strukturen in den Teratomen sehr lehrreich, und HEIJL[3]) schreibt hierüber: „Die perivasculäre Wachstumsweise kennzeichnet maligne, leicht zerfallende Tumoren im allgemeinen und tritt in voller Analogie mit der Zentralnervensubstanz der Teratome z. B. auch in Retinalgliomen auf."

Für die Berechtigung der Peritheliomdiagnose ist wiederum BORST[4]) entschieden eingetreten. Da ist es denn auch hier wieder recht interessant, daß der „typische Vertreter des Perithelioms", der Carotisdrüsentumor, heute eine völlig andere histogenetische Erklärung gefunden hat und niemand mehr daran denkt, hier den nichtssagenden Namen Peritheliom anzuwenden. Die typischen Geschwülste der Glandula carotica, die nach BORST „so recht den Typus der reinen Peritheliome" repräsentieren sollten, werden heute, nachdem der Nachweis der chromaffinen Zellen in ihnen regelmäßig geführt werden kann, als Tumoren des neuroektodermalen, chromaffinen Gewebes, als Phäochromocytome, allgemein aufgefaßt, ebenso die anderen ähnlichen Geschwülste der Nebenorgane

---

[1]) ZINSSER: Frankfurt. Zeitschr. f. Pathol. Bd. 8, S. 104. 1911.

[2]) LISSAUER, M.: Ein Peritheliom der Pia mater spinalis. Zentralbl. f. allg. Pathol. u. pathol. Anat. Bd. 22, S. 50. 1911. — Vgl. auch HART: Peritheliom der Pia. Zeitschr. f. Krebsforsch. Bd. 11. S. 283. 1912.

[3]) HEIJL: Morphologie der Teratome. Virchows Arch. f. pathol. Anat. u. Physiol. Bd. 229, S. 625. 1921.

[4]) BORST, Geschwulstlehre. Wiesbaden 1902.

des Sympathicus und der Steißdrüse [Literatur bei Mönckeberg[1])]. Borst[2]) führt selbst ein Neuroepitheliom an, „welches wie ein cylindromatöses Peritheliom gebaut war" und betont, daß „das Peritheliom schwer abgrenzbar ist von einem perivasculären Endotheliom, das von perivasculären, endothelbekleideten Lymphscheiden seinen Ausgang nimmt". Alle diese in solchen Diagnosen zum Vorschein kommenden Vorstellungen über die Geschwulstentstehung und den Geschwulstaufbau müssen wir als gänzlich unbewiesen ablehnen. Für die Diagnose „Peritheliom" wie für die des „perivasculären Endothelioms, hervorgegangen aus perivasculären, endothelbekleideten Lymphscheiden", fehlen *alle* Unterlagen.

Es lohnt sich nicht, auf die einzelnen Peritheliomfälle der Literatur einzugehen, wir lehnen ihre Deutung ausnahmslos ab, ebenso wie Roussy[3]), und können nur die treffenden Worte über diese Diagnose wiederholen, die Robert Meyer[4]) hierzu gesagt hat:

„Nehmen wir an, daß Zellen der Adventitia einen Tumor bilden, so sehe ich nicht ein, warum sie . . ., entlang den großen Gefäßen, in Lymphgefäßen wachsen müßten. Warum soll ein Tumor aus Adventitiazellen das perivasculäre Wachstum vor anderen Tumoren voraus haben? Und warum sollten Adventitiazellen genötigt sein, ihre Ausbreitung ausschließlich entlang den Gefäßen zu suchen? Tumorzellen mancher Art haben die Eigenschaft, sich längs der Gefäße zu verbreiten; das kommt beim Carcinom ebenso wie beim Sarkom vor. Das gleiche ist übrigens auch bei den Chorionzellen der Fall. In gewissen Fällen beruht das auf einer gewissen Angiotaxis. Die Zellen der Tumoren haben manchmal eine gewisse Neigung, den Gefäßen zuzuwandern, Gefäße zu zerstören und zu öffnen, so daß sie hämorrhagische Tumoren liefern. Auch bei Mäusen sind solche Tumoren gefunden worden, und bemerkenswert ist, daß im Laufe der Impfgenerationen diese Angiotaxis der Tumoren sich nicht gleich bleibt, also keine unbedingt spezifische Eigenschaft gewisser Tumorzellen sind. Das geht auch daraus hervor, daß hämorrhagische Tumoren sowohl von Sarkomzellen, Carcinomzellen und Knorpelzellen geliefert werden.

Ich möchte davor warnen, allein aus der Ausbreitung der Zellen an den Gefäßen entlang irgendeine bestimmte Zellenart der Tumoren zu diagnostizieren und einen bestimmten Ausgangspunkt der Tumoren anzunehmen. An der Ausbreitung eines Tumors kann man niemals beweisen, woraus der Tumor entstanden ist; der Ausgangspunkt des Tumors ist überdies meist längst verschwunden, die peripheren Stellen zeigen nur die Ausbreitung, nicht die Entstehung des Tumors."

Mit Recht schließt also Rob. Meyer, daß die bisherigen Kriterien der Endotheliom- und Peritheliomdiagnosen mehr oder weniger völlig wertlos sind und nicht der leisesten Kritik standhalten.

Nach diesem Grundsatz wird an meinem Institut seit vielen Jahren verfahren, und bei unserem großen Material finden sich jedes Jahr Fälle, wo wir, besonders bei bösartigen Geschwülsten, uns auf eine genaue Beschreibung der vorgefundenen Strukturen und Zellformen beschränken, eine histogenetische Diagnose aber nicht stellen. Als Beispiel dafür, wie richtig dieses Vorgehen ist, sei auf die beiden familiären Fälle von Nephroma embryonale[5]) hingewiesen,

---

[1]) Mönckeberg: Ergebn. d. Pathol. Jg. 10, S. 809. 1906.
[2]) Borst: Maligne Geschwülste. S. 146 u. 147. Leipzig 1924.
[3]) Roussy: Internat. pathol. Kongr., Turin 1911, S. 20.
[4]) Meyer, Rob.: Peritheliom und Endotheliom. Zeitschr. f. Geburtsh. u. Gynäkol. Bd. 66, S. 645. 1910.
[5]) Steden, E.: Familiäres Auftreten des Nephroma embryonale. Dissert. Frankfurt a. M. 1909.

wo ich zunächst die Diagnose einer malignen, ganz undifferenzierten embryonalen
Geschwulst stellte, bis sich 5 Jahre später durch die Beobachtung der zweiten
Geschwulst bei dem Schwesterchen des 1. Tumorträgers einwandfrei zeigen ließ,
daß es sich um ein echtes Nephroma embryonale gehandelt hatte. Es ist also
nicht nur wissenschaftlich unhaltbar bei uncharakteristischen Geschwülsten einen
die Histogenese vortäuschenden schönen Namen zu konstruieren, sondern es
ist *auch in der praktischen Diagnostik verfehlt.*

3. Der Begriff des Sarkoms.

Die Unhaltbarkeit des Sarkombegriffes, so wie er meist definiert wird, ergibt sich von selbst aus den Grundlagen der histogenetischen Geschwulstforschung.
Borst[1] sagt über den Begriff des Sarkoms folgendes: *,,Ein Sarkom* ist für den
pathologischen Anatomen von heute *eine aus der Reihe der Bindesubstanzen her-
vorgegangene Geschwulst,* bei welcher der vorwiegende Bestandteil durch zellige
Elemente dargestellt ist, während die Bildung von Intercellularsubstanz in den
Hintergrund tritt, d. h. sich sowohl quantitativ als qualitativ mehr oder weniger
unvollkommen erweist.'' Dies ist wohl auch die lehrbuchmäßige Festlegung
des Sarkombegriffes, wie sie im wesentlichen überall wiederkehrt. Aber sie stimmt
mit der üblichen Anwendung des Begriffes keineswegs überein, und so schreibt
denn auch Borst weiter: ,,Nun rechnet man von jeher unter die Sarkome
auch zellreiche maligne Geschwülste, welche nicht aus den Bindesubstanzen
im engeren Sinne — also aus Geweben mesenchymaler Abstammung — hervorgehen, sondern welche sich aus der Neuroglia und aus dem Muskelgewebe entwickeln, also aus direkten Derivaten der epithelialen Keimblätter. Aber diese
Gewebe haben sich im Laufe der Differenzierung morphologisch so sehr vom
epithelialen Typus entfernt, und sie sind auch physiologisch (funktionell) von den
echten Epithelien so verschieden und in dieser Beziehung den Bindesubstanzen
nahe gerückt, so daß es bis zu einem gewissen Grade berechtigt erscheint, sie den
letzteren anzugliedern.'' Mit diesen Zugeständnissen gibt eigentlich Borst bereits den histogenetischen Standpunkt in der Geschwulstforschung und -nomen-
klatur auf und legt das rein histologische Kriterium der ganzen Einteilung zugrunde. Dann hat es aber auch keinen Sinn, die malignen, metastasierenden
Nervengeschwülste als ,,neuroplastische Sarkome'' zu bezeichnen und alle Geschwülste, die sich vom epithelialen Neuroektoderm ableiten, zu den Sarkomen
zu rechnen, wie es Borst tut. Er sagt: ,,Das Grundprinzip der Einteilung bleibt
die Histogenese, aber sie wird meist nicht exakt und direkt nachgewiesen, sondern
aus morphologischen und biologischen Kriterien der vollentwickelten Geschwulst
durch die Methode der Vergleichung wahrscheinlich gemacht.'' Auf wie schwachen
Füßen dieses histogenetische Einteilungsprinzip steht, geht aus dem folgenden
Satz hervor, der besagt, daß die Histogenese durch Vergleichung wahrscheinlich
gemacht wird, ,,auch bei den Sarkomen, bei welchen, wie gesagt, ein sicherer
Nachweis der ersten Entstehung überhaupt noch nicht vorliegt. Das muß offen
ausgesprochen werden. Am besten sind noch die aus den sog. endothelialen Ele-
menten sich entwickelnden Sarkome in histogenetischer Beziehung erforscht
(Volkmann u. a.)''. Nichts kann in der Tat ein schärferes Schlaglicht auf die
Unhaltbarkeit dieser histogenetischen Einteilung werfen, als diese wenigen Sätze.
Hier werden die sog. endothelialen Tumoren der Speicheldrüsen *als am besten
und sichersten in ihrer Histogenese erforscht hingestellt,* während wir heute mit
Sicherheit wissen, daß diese Tumoren mit Endothelien und endothelialen Sar-

---

[1] Borst, Max: Einteilung der Sarkome. Beitr. z. pathol. Anat. u. z. allg. Pathol.
Bd. 39, S. 507. 1906.

komen gar nichts zu tun haben (s. oben S. 1477 ff.). Wie muß es dann erst mit der histogenetischen Auffassung der übrigen Sarkomformen bestellt sein!

Für mich kann es nicht dem geringsten Zweifel unterliegen, daß jeder anatomischen Betrachtung, Einteilung und Nomenklatur der Geschwülste die nachweisbare Gewebsdifferenzierung des Tumors zugrunde zu legen ist und daß wir einfach bei denjenigen Geschwülsten, bei denen eine charakteristische Gewebsstruktur mit unseren heutigen Methoden nicht nachzuweisen ist, auf die Angabe der Strukturart und Histogenese vorläufig verzichtet werden muß.

Früher versuchte man die Geschwülste in organoide Tumoren und histioide Tumoren einzuteilen. Die organoiden Geschwülste sollten dadurch gekennzeichnet sein, daß die Gewebe in ihnen zu organähnlichen Bildungen zusammentraten (Klebs), während die histioiden Tumoren nur eine Gewebsart enthalten sollten. Demnach wurden die epithelialen Geschwülste, da sie stets Epithel- und Bindegewebe enthielten, zu den organoiden Geschwülsten gerechnet, während die Tumoren der Bindesubstanzen histioide Geschwülste sein sollten. Eine solche Unterscheidung hat sich aber als unhaltbar erwiesen, denn wir wissen heute mit Sicherheit, daß auch die Bindesubstanzgeschwülste, ja auch die Sarkome, außer dem Geschwulstparenchym noch ein Stroma aus Gefäßen und Bindegewebe besitzen, die beide keinen Geschwulstcharakter tragen.

Waldeyer hatte angegeben, daß alle Sarkome Intercellularsubstanz bilden. Wenn das auch heute von niemandem mehr vertreten werden dürfte, so hat man doch immer wieder den Versuch gemacht, einfach aus dem Verhalten der Parenchymzellen zum Stroma die beiden großen Gruppen der malignen Geschwülste voneinander abzugrenzen. So wichtig das Studium der Fibrillen für die Histologie der einzelnen Tumorformen ist, so kann darauf doch eine derartige schematische Einteilung sich nicht aufbauen. Alle systematischen Versuche in dieser Richtung sind meines Erachtens gescheitert [s. Hülisch[1]), Ed. Mayer[2])]. Wollte man die Arbeiten der letzten Jahre über den Aufbau des Mesenchyms — was doch eigentlich das Gegebene wäre — dem Sarkombegriff zugrunde legen, so müßte man annehmen, daß immer eine syncytiale Gewebsmasse Ausgangspunkt dieser Tumorform wäre, was weder erwiesen, noch ein charakteristisches Unterscheidungsmerkmal gegen andere Geschwulstformen ist. Der bereits erwähnte Begriff des epithelialen Mesenchyms und die Tatsache der ektodermalen Mesenchymbildung in frühen Entwicklungsstadien zeigen überhaupt, daß derartige grundsätzliche Einteilungen nach dem Verhalten der Fibrillen unmöglich sind. Geht man trotzdem von solchen Vorstellungen aus, so würde man z. B. die *Melanoblastome* nach ihrer in weiten Grenzen schwankenden histologischen Struktur teils zu den Sarkomen, teils zu den Carcinomen, teils zu den ganz undifferenzierten Geschwülsten rechnen müssen, während sie doch in Wirklichkeit eine *einheitliche*, auch biologisch gut charakterisierte Geschwulstart darstellen.

Wollen wir also eine einwandfreie Einteilung der Geschwülste vornehmen, so hat es überhaupt keinen Sinn, künstliche Gruppierungen zu schaffen. Wir haben einfach *so viele vers.hiedene Geschwulstformen, als wir typische Gewebsarten im Körper haben.* Es hat gar keinen Sinn, Geschwülste von der typischen Struktur des Muskelgewebes oder des Nervengewebes zu den Sarkomen zu rechnen, da das Bindegewebe mit dem Muskelgewebe und Nervengewebe ebenso nahe verwandt ist wie mit dem Drüsengewebe oder Hautepithel. Nachdem wir heute auch wissen, daß bei der embryonalen Entwicklung besonders unter pathologischen Verhältnissen ein und dasselbe spezifische Gewebe von verschiedenen

---

[1]) Hülisch: Beitr. z. pathol. Anat. u. z. allg. Pathol. Bd. 60, S. 245. 1915.
[2]) Mayer, Ed.: Dtsch. pathol. Ges., 20. Tagung Würzburg 1925, S. 327.

Keimblättern gebildet werden kann, können die verschiedenen Geschwulstformen noch nicht einmal nach der Keimblattabstammung zusammengefaßt werden. Das Wesentliche für die Geschwulstform ist eben lediglich die Richtung der spezifischen Gewebsdifferenzierung der Zellen, für die Geschwulstentstehung die spezifische Differenzierungsstörung, die zur Geschwulstbildung geführt hat. **Es gibt also so viele Geschwulstarten als es Gewebsarten im Körper gibt.** *Außerdem* treten noch *Geschwulstformen* auf, die mit unseren heutigen Methoden *keine charakteristischen Differenzierungen* aufweisen lassen, *sowie Geschwülste,* die normalen oder pathologisch verbildeten *embryonalen Entwicklungsstufen* entsprechen.

Hiernach gibt es also weder ein Myosarkom noch ein Gliosarkom in dem Sinne, wie diese Begriffe in der Literatur gebraucht werden. Die bösartigen Varietäten dieser Geschwulstformen können wir nur als malignes Myom oder Myoblastoma malignum, als malignes Gliom oder Spongioblastoma malignum bezeichnen. Damit soll natürlich nicht geleugnet werden, daß es, wenn auch selten, Kombinationen zweier Gschwulstparenchyme gibt, sei es, daß sie sozusagen zufällig zu gleicher Zeit und gemeinsam auftreten (*Kollisionsgeschwulst*, ROBERT MEYER), sei es, daß die primäre Geschwulstzelle noch embryonalen Charakter und die Potenzen besitzt, sich nach mehreren verschiedenen Richtungen zu differenzieren (*Kombinationsgeschwulst*). Die letztere Form kommt ja in den Teratomen und auch in den malignen Embryomen deutlich zum Vorschein.

Von diesem meines Erachtens einwandfreien Standpunkt aus kann der Sarkombegriff, so wie er heute in der Literatur gehandhabt wird, nicht aufrecht erhalten werden. Es unterliegt gar keinem Zweifel, daß auch heute noch eine Reihe von Geschwülsten unter die Sarkome gerechnet werden, die sicherlich epithelialer Herkunft sind. Hier ist zunächst zu betonen, daß sämtliche Tumoren, die Derivate des Neurektoderms sind, den Sarkomen weder bei der histologischen noch bei der histogenetischen Klassifikation zugerechnet werden können und dürfen. Es ist falsch, die bösartigen Geschwülste einfach nach dem Schema zu klassifizieren: entweder Sarkom oder Carcinom. Die Tumoren des Neurektoderms können in ihrem Aufbau, in ihrer histologischen Struktur und in ihren Wachstumsverhältnissen sowohl die landläufigen Typen des Sarkoms wie des Carcinoms repräsentieren. Es liegt aber nicht der geringste Grund vor, sie dem einen oder anderen Typus zuzurechnen, sondern es sind eben Tumoren des Neurektoderms, die als solche ihre eigene Histologie und Biologie besitzen. Wenn wirklich [vgl. z. B. PAPPENHEIMER[1])] „die kleinen Thymuszellen epithelialen Ursprungs, also Epithelzellen und keine Lymphocyten sind", so ist es natürlich vollkommen unberechtigt, die aus diesen Zellen zusammengesetzten Tumoren als Lymphosarkome oder Rundzellensarkome zu bezeichnen, sondern sie müßten nach der jetzigen Nomenklatur den Carcinomen zugerechnet oder, wie ich für besser halte, als eine eigene Gruppe aufgefaßt werden. Dasselbe gilt z. B. von den sog. Adenosarkomen der Niere, es handelt sich zweifellos weder um Sarkome noch um Carcinome, noch um Adenome, sondern um Tumoren sui generis, und die Anschauung, daß sich diese Geschwülste aus Derivaten des mittleren und äußeren Keimblattes bilden müßten, ist ganz unhaltbar, da der Mesoblast auch die Ur- und Vornierenkanälchen liefert. Wir haben ja schon früher ausführlich auseinandergesetzt, daß auch das mittlere Keimblatt durchaus fähig ist, alle möglichen epithelialen Formationen zu bilden. Es hat deshalb keinen Sinn, die deutlich aus embryonalem Nieren-

---

[1]) PAPPENHEIMER, M. ALWIN: A contribution to the normal and pathological histology of the thymus gland. Journ. of med. research Bd. 22, Nr. 1. 1910; Ref. Zentralbl. f. Pathol. 1911, S. 842.

blastem zusammengesetzten Geschwülste unter irgendeine andere Geschwulst-
gruppe, besonders aber unter die Sarkome oder Carcinome einzureihen, wie
das ein völlig zweckloser Schematismus immer wieder versucht. Es handelt
sich hier um Geschwülste ganz eigener Art mit ganz eigener Struktur,
spezifischer Morphologie und Biologie, die wir daher auch mit einem
ganz eigenen Namen, Nephroma embryonale, bezeichnen müssen (während
der frühere Name Adenosarkom überhaupt nichts besagte). Nicht nur diese,
sondern auch andere primäre Nierengeschwülste zeigen ihre Eigenart auch
in ihren besonderen Strukturen. Die ständige Bemühung, diese Strukturen
mit den Gewebsstrukturen ganz anderer Geschwülste zu vergleichen, hat auch
hier wiederum zu den denkbar verschiedensten Auffassungen und Behauptungen geführt.

Beneke[1]) z. B. hat angegeben, daß die **Hypernephrome,** die von Neben-
nierenkeimen ausgehenden Tumoren, „nicht carcinomatöser, sondern evident
sarkomatöser Natur" seien, während heute kein Zweifel mehr daran sein kann,
daß es sich um epitheliale Tumoren, vielleicht sogar um Geschwulstzellen handelt,
die in der Entwicklung der Nierenepithelzelle näher stehen wie der der Neben-
nierenzelle. Jedenfalls liegt meines Erachtens auch hier nicht der geringste
Grund vor, diese an und für sich typischen Geschwülste wieder unter die beiden
Begriffe Sarkom oder Carcinom hineinzuzwängen. Die besondere Geschwulstform, die eben an anderen Stellen des Körpers nicht wieder vorkommt, hat
ihre ganz besonderen Strukturen, und diese erklären sich aus der Natur des
embryonal angelegten Geschwulstkeims.

Gerade das Hypernephrom ist ein treffendes Beispiel dafür, daß Geschwülste,
die aus einem embryonal angelegten Keim hervorgehen, sehr schwankende und
verschiedenartige Gewebsstrukturen aufweisen können. Diese morphologische
Vielgestaltigkeit der Hypernephrome hat immer wieder zu neuen Bearbeitungen
und den verschiedensten Erklärungen geführt. Schon Grawitz[2]) spricht von
einer „außerordentlichen Ähnlichkeit mit Sarkomgewebe". Wiesel[3]) und
Berdach[4]) haben solche Tumoren direkt als Spindelzellensarkome beschrieben.
Beneke wollte an einem solchen zellreichen Hypernephrom den Nachweis
einer tatsächlichen „Gewebsumwandlung" von Nebennierengewebe in Sarkomzellen erbringen. Fränkel[5]) und Jores[6]) sprechen sich dahin aus,
daß die von ihnen beobachteten Spindelzellformen jedenfalls aus einer Umwandlung gewucherter Nebennierenzellen (nach Fränkel speziell der Markzellen) hervorgegangen sein müßten. Auch Ambrosius[7]) scheint dieser Ansicht
zu sein.

Ferner sind in suprarenalen Geschwülsten spindelige Zellformen wiederholt
beschrieben worden [Strübing[8]), Ulrich[9])]. Askanazy[10]) hat bei einem
suprarenalen Tumor im Primärtumor carcinomatöse Strukturen, in Rezidiv
und Metastasen auffallende Vielgestaltigkeit der Zellen mit schließlichem Übergang in den vollkommenen Typus eines Spindelzellensarkoms gefunden. Ganz
dieselben Beobachtungen über diese Strukturänderung der Hypernephrome

---

[1]) Beneke: Beitr. z. pathol. Anat. u. z. allg. Pathol. Bd. 9, S. 451. 1891.
[2]) Grawitz: Virchows Arch. f. pathol. Anat. u. Physiol. Bd. 93, S. 39. 1883.
[3]) Wiesel: Dissert. Bonn 1885.
[4]) Berdach: Wien. med. Wochenschr. 1889, S. 357.
[5]) Fränkel: Virchows Arch. f. pathol. Anat. u. Physiol. Bd. 103, S. 244. 1886.
[6]) Jores: Dtsch. med. Wochenschr. 1894, S. 208.
[7]) Ambrosius: Dissert. Marburg 1891.
[8]) Strübing: Dtsch. Arch. f. klin. Med. Bd. 43, S. 607. 1888.
[9]) Ulrich: Beitr. z. pathol. Anat. u. z. allg. Pathol. Bd. 18, S. 589. 1895.
[10]) Askanazy: Beitr. z. pathol. Anat. u. z. allg. Pathol. Bd. 14, S. 33. 1893.

finden wir bei WOOLEY[1]), SABOLOTNOW[2]), LOENING[3]), NEUMANN[4]), ROCCA-VILLA[5]).

Aus *eigenen Erfahrungen* kann ich diese tatsächlichen Befunde durchaus bestätigen. Man findet gar nicht so selten, besonders in den Metastasen von Hypernephromen Strukturen, wie wir sie sonst nur bei Sarkomen zu sehen gewohnt sind. Ich selbst habe einmal in einem derartigen Falle zwei verschiedene Tumoren angenommen. Erst eine sehr genaue Untersuchung in Serienschnitten, der genaueste Vergleich der Zellen der einzelnen Tumorknoten, die Fettfärbung usw. erbrachten den überzeugenden Nachweis, daß dieser sarkomatös gebaute Tumor doch nur eine Metastase des Hypernephroms war. Es war hier also die Entdifferenzierung so weit fortgeschritten, daß ein rein celluläres Wachstum resultierte. In diesem Stadium ist sehr häufig die histogenetische Ableitung einer Geschwulst überhaupt nicht mehr nachzuweisen, besonders wenn wir nur eine Metastase zur Untersuchung bekommen.

Bei diesen Zellen handelt es sich also keineswegs um die Bildung von Sarkomen aus epithelialen Zellen, sondern nur um das Auftreten sarkomähnlicher Strukturen bei fortschreitender Entdifferenzierung epithelialer Geschwülste. Eine solche Annahme liegt besonders nahe bei Geschwülsten, die wir auf eine embryonale Differenzierungsstörung zurückführen müssen.

Diese Schwankungen im histologischen Bau treten noch deutlicher bei der experimentellen Geschwulstforschung zutage, worauf später genauer eingegangen wird. Hier werden diese Schwankungen leichter festzustellen sein, weil wir hier einen Tumor in sehr verschiedenen Generationen zu untersuchen Gelegenheit haben. Aber auch in der menschlichen Pathologie läßt sich dasselbe Gesetz ziemlich unschwer nachweisen, wenn man den Bau der Primärtumoren mit denen der Metastasen häufiger vergleicht und einer genaueren und sorgfältigen Untersuchung unterzieht (s. auch S. 1406 u. 1498). v. HANSEMANN hat diese Verhältnisse zuerst systematisch untersucht und darauf hingewiesen, daß sowohl in dem späteren Rezidiv wie in den Metastasen eine weiter Entdifferenzierung der Tumorzellen häufig nachzuweisen ist und daß der Unterschied zwischen Primärtumor, Rezidiv und Metastasen sich im Sinne einer weiter fortschreitenden Entdifferenzierung geltend mache.

Das Wichtigste für uns ist jedenfalls, daß die Metastasen histologisch recht differente Strukturen von dem Primärtumor zeigen können, ja, daß verschiedene Metastasen verschieden gebaut sein können. Als Beispiel führe ich einen Fall von KÜSTER[6]) an. Er fand in doppelseitigen Ovarialgeschwülsten Metastasen eines Pyloruscarcinoms. Diese Metastasen zeigten die Strukturen des hochdifferenzierten Drüsencarcinoms, Gallertkrebses, großalveolären Medullarkrebses, und schließlich waren auch scirrhöse Partien zu sehen. Nicht so selten zeigen sich ja auch ausdifferenzierte Geschwulstzellen und undifferenzierte Teile in direktem Zusammenhang im selben Knoten. Es zeigt dann ein solcher Tumor z. B. bald rein angiomatöse, bald rein sarkomatöse Strukturen, wie es von THEILE beschrieben ist. THEILE[7]) schreibt hierzu: „Es wären demnach in unserem Falle die Zellen der sarkomatösen Tumoren nicht Abkömmlinge gewöhnlicher Bindegewebszellen,

---

[1]) WOOLEY: Virchows Arch. f. pathol. Anat. u. Physiol. Bd. 172, S. 301. 1903.

[2]) SABOLOTNOW: Beitr. z. pathol. Anat. u. z. allg. Pathol. Bd. 41, S. 1. 1907.

[3]) LOENING: Beitr. z. pathol. Anat. u. z. allg. Pathol. Bd. 44, S. 18. 1908.

[4]) NEUMANN: Dtsch. med. Wochenschr. 1908, S. 41.

[5]) ROCCAVILLA, A.: Arch. de méd. exp. et d'anat. pathol. 1911, Bd. 23, Nr. 4, S. 446—470.

[6]) KÜSTER, H.: Zur Histologie der metastatischen Ovarialcarcinome. Zeitschr. f. Geburtsh. u. Gynäkol. Bd. 38, S. 364. 1911.

[7]) THEILE: Über Angiome und sarkomatöse Angiome der Milz. Virchows Arch. f. pathol. Anat. u. Physiol. Bd. 178, S. 320. 1904.

sondern undifferenzierte richtige Angioblasten. Das zeigen ja auch die meisten
Bilder der Leber- und Lungenmetastasen, wo immer noch der angiomatöse Bau
ganz wie in den Milzgeschwülsten vorherrscht und nur stellenweise typisches
Sarkomgewebe sich findet." Die ursprüngliche Zelle, die die Grundlage der
Geschwulstbildung, den Geschwulstkeim, gebildet hat, war hier noch undifferenziert, ein fehldifferenzierter Angioblast. Bei dem geschwulstbildenden Prozeß
haben dann nur noch ein Teil der Geschwulstzellen die Fähigkeit der angio-
blastischen Differenzierung beibehalten, die übrigen sind zu dieser Differenzierung gar nicht mehr gekommen. Wir können also an ein und demselben Tumor
verschiedene histologische Strukturen nachweisen, in den Metastasen eines Tumors
andere Strukturen auffinden wie im Primärtumor. Damit ist die Labilität der
histologischen Differenzierung und ihr fortschreitender Verlust an Differenzierungsfähigkeit der Tumorzellen erwiesen.

Ein weiteres Beispiel für die große Vielgestaltigkeit der Strukturen einer
und derselben Geschwulstart bietet (wie schon S. 1488 erwähnt) das sog.
Melanosarkom. Es geht aus den Naevuszellen hervor, einer Gewebsmißbildung
des embryonalen Epidermisepithels [Kreibich[1]), Steden[2])]. Infolgedessen
sehen wir bei diesen Geschwülsten die allerverschiedensten äußeren Formen
auftreten: bald sind sie wie spindelzellige Sarkome gebaut, bald wie undifferenzierte alveoläre Carcinome („Alveolärsarkome!"). In seltenen Fällen zeigen sie
ihre Abstammung sehr deutlich dadurch, daß sie ganz wie ein Plattenepithelcarcinom, sogar mit Verhornung, gebaut sind (Melanocarcinom s. Beckey[3]).
Der Streit, ob diese Geschwülste Sarkome oder Carcinome sind, ist also wieder
ein Streit um des Kaisers Bart, und kennzeichnend ist der Satz von Borst[4]):
„Wir können diese Zellen auf keinen Fall mehr als Epithelzellen ansehen,
mögen sie herkommen wo sie wollen." In Wirklichkeit handelt es sich weder
um Bindegewebszellen, wie Borst meint, noch um Epithelzellen, sondern um
die Produkte einer ganz eigenartigen Differenzierungsstörung, deren Zellen
in den verschiedenen Fällen recht verschiedene Strukturen, darunter auch ganz
einwandfrei epitheliale Strukturen, entwickeln. Sie sind deshalb wiederum nicht
in ein Schema einzupressen, sondern nach ihrer Eigenart als Melanoblastome
zu bezeichnen, die eine ganz eigene, einheitliche und gut charakterisierte Geschwulstart darstellen.

Mit dem ganzen Sarkombegriff ist schließlich fast untrennbar verwoben
die Lehre von den Keimblättern, denn letzten Endes glaubte man doch immer
noch sagen zu können, daß das Sarkom die maligne Geschwulst der Derivate
des Mesoderms sei, während die Carcinome die malignen Geschwülste der Derivate
des Ekto- und Endoderms seien.

Aber dieses Prinzip ist für die Geschwulstlehre völlig unhaltbar. Schon die
normalen Organe und Gewebe des erwachsenen Organismus lassen sich nicht
nach diesem genetischen Prinzip einteilen. Eine Reihe von Forschungen der
letzten Jahre haben einwandfrei dargetan, daß auch die beiden anderen Keimblätter, nicht nur das mittlere Keimblatt, Mesenchym, Knorpel, Knochen, Muskeln usw. bilden können, und zwar auch bei den Wirbeltieren. Daher ist es eine
Unmöglichkeit, die Geschwülste histogenetisch nach den Keimblättern einzuteilen, wobei noch ganz außer acht gelassen ist, daß die Frage der Entstehung
des mittleren Keimblattes selbst ja „seit Jahrzehnten ohne Erfolg bearbeitet
worden ist" (Roux).

---

[1]) Kreibich: Wien. klin. Wochenschr. 1911, Nr. 8; Berlin. klin. Wochenschr. 1911, Nr. 34.
[2]) Steden: Frankfurt. Zeitschr. f. Pathol. Bd. 27, S. 64. 1922.
[3]) Beckey, Kl.: Frankfurt. Zeitschr. f. Pathol. Bd. 17, S. 365. 1915. (Literatur.)
[4]) Borst: Maligne Geschwülste. Leipzig 1924.

Nun wird ja, wie wir gesehen haben (siehe BORST), die Histogenese eines Sarkoms, überhaupt einer Geschwulst, durch Vergleichung mit der Histologie der Gewebe des normalen Körpers „wahrscheinlich gemacht". Gewiß kann die Ähnlichkeit einer Geschwulststruktur mit dem Gewebe des normalen Körpers so groß sein, daß an der wesentlichen histologischen Gleichheit ein Zweifel nicht bestehen kann. Gerade aber bei den Sarkomen finden wir viele Formen, bei denen eine solche Vergleichung mit dem ausgebildeten Normalgewebe nicht möglich ist. Deshalb sagt BORST darüber: „Aber die Ähnlichkeit der Geschwulstparenchyme mit den fertigen Normalgeweben ist auch oft verschwindend gering, ja manchmal gar nicht mehr vorhanden, und wir müssen schon die Entwicklungsstadien der Normalgewebe in Betracht ziehen, um Analogien zu finden. Das ist besonders bei den malignen Geschwülsten der Fall, bei welchen beträchtliche Abweichungen von den entsprechenden normalen Vorbildern immer vorhanden sind und welche daher als heterologe, heterotypische Geschwülste, als Blastome mit unvollkommener Gewebsreife den gutartigen Geschwülsten gegenübergestellt worden sind. Freilich gibt es hier die verschiedensten Grade von Unreife, und wir gelangen in der Verfolgung dieser graduellen Unterschiede auf eine Grenzlinie, auf der sich manche ganz indifferente (stark anaplastische — v. HANSEMANN) Epithelgeschwülste und gewisse ganz unreife Bindesubstanztumoren morphologisch und auch in biologischer Hinsicht kaum mehr voneinander trennen lassen. Man hat dann eben ein destruierend wachsendes, völlig indifferentes ‚Keimgewebe‘ vor sich . . ." Auch hat man „die speziellen Wachstumstendenzen (Deckzellen-, Drüsenzellenwachstumstypus, angioblastischer Wachstumscharakter usw.) in den Kreis der Betrachtung zu ziehen. Man wird aus einer solchen eingehenden Betrachtung in den meisten Fällen deutliche Beziehungen der Blastomgewebe zu fertig differenzierten Normalgeweben oder zu deren normalen Entwicklungsstadien erkennen und so rückschließend die histogenetische Bedeutung einer Geschwulst ableiten können; zum mindesten wird man in seltenen und besonders schwierigen Fällen zu einer einigermaßen sicheren Trennung von Bindesubstanz- und Epithelblastomen gelangen". Bei näherem Zusehen zeigt sich aber, daß diese Methode für zahlreiche Sarkomformen vollkommen im Stich läßt. Gerade für die Sarkome beruht die ganze Ähnlichkeit mit embryonalen Strukturen oft nur auf dem Zellreichtum, der aber die Gleichheit der Gewebe in keiner Weise beweist. Wenn alle Geschwülste, die heute als Sarkome angesehen werden, tatsächlich, wie man das früher vielfach annahm (WALDEYER), Intercellularsubstanz bilden würden, so wäre aus der Art dieser Intercellularsubstanz die histologische Dignität des Geschwulstgewebes wenigstens mit einiger Sicherheit zu eruieren. Das ist aber keineswegs der Fall, denn es gibt auch rein celluläre, sog. Sarkome, die keine Zwischensubstanz haben und infolgedessen histogenetisch mit dieser Methode nicht bestimmt werden können.

Die mangelnde Differenzierung dieser Tumorformen kann auf embryonaler Anlage, sie kann auch auf einem Verlust an Differenzierung beruhen, ohne daß damit die Tumorzellen die Eigenschaften von Embryonalzellen gewinnen, für die der hohe Potenzgehalt charakteristisch ist. Es ist deshalb unseres Erachtens nicht richtig, von der „Neigung des fibrillären Bindegewebes alle möglichen Sarkomformen zu bilden" (BORST) zu sprechen, denn es steht noch keineswegs fest, daß die fibrillären Bindegewebe überhaupt die Fähigkeit besitzt, Geschwülste zu bilden, und wenn ja, so kann es das zweifellos nur auf dem Umwege über die indirekte Metaplasie. Es fragt sich sehr, ob rein zellige Sarkome überhaupt aus normalem Bindegewebe entstehen können und ob nicht in all diesen Fällen embryonale Geschwulstanlagen oder primäre Granulationswucherungen vorliegen. Diese Frage ist jedenfalls eine Frage für sich, und bei der Einteilung und histologischen Benennung der Geschwülste sollten derartige genetische Fragen zunächst nicht vorweggenommen werden.

Wir müssen also nach alledem den Sarkombegriff, in dem Umfange, wie er heute gebraucht wird, fallen lassen und als Sarkome einfach nur diejenigen bösartigen Geschwülste bezeichnen, die wirklich der Bindesubstanzreihe angehören. Das Wesentlichste daran wird aber sein, daß wir die bösartigen Geschwülste nicht in Carcinome und Sarkome einteilen, sondern in eine viel größere Anzahl einzelner Formen, und daß wir alle Geschwulstformen lediglich nach den Gewebsarten des Körpers bezeichnen und nicht in ein völlig willkürliches und unwissenschaftliches Schema hineinzwingen.

4. Der Carcinombegriff.

Die Carcinome sind „charakterisiert durch ein aktiv destruierendes, heterotopes Wachstum epithelialer Zellen" [BORST[1])]. Einfacher können wir sagen, daß wir unter den Carcinomen diejenigen bösartigen Geschwülste verstehen, deren Geschwulstparenchym aus Epithelzellen besteht. Daraus ergibt sich ohne weiteres, daß auch dieser Geschwulstbegriff weder ein glücklicher, noch ein scharfbegrenzter ist, denn er baut sich ja auf dem Epithelbegriff auf, dessen Mangelhaftigkeit schon früher erörtert wurde (s. S. 1454). Wir sahen, daß eigentlich die Bezeichnung Epithel nur eine Situation ausdrückt, und gerade bei den Geschwülsten sehen wir, daß sehr häufig die Carcinomdiagnose sich lediglich aus der Situation der Geschwulstzellen, ihrer vom Bindegewebe scharf abgesetzten Bildung geschlossener Zellmassen, die keine Zwischensubstanz zeigen, ableitet. Wenn KROMPECHER[2]) auch die Gestalt der Zellen: „differenzierte bläschenförmige Zellen mit bläschenförmigen Kernen" als Kriterium des Carcinoms anführt, so wird er kaum Zustimmung finden. Die Formen der Carcinomzellen zeigen mindestens ebenso viele und große Differenzen, wie die der zahlreichen verschiedenen Epithelien des normalen Organismus. Eine Einteilung der Carcinome nach der äußeren Zellform [Carcinoma rotundo-cellulare, Carcinoma planocellulare, Carcinoma simplex, solidum, alveolare usw. BORST[1])] sagt uns natürlich, weil von ganz nebensächlichen äußeren Merkmalen abgeleitet, über das Wesen der Geschwulstzellen gar nichts.

Wichtiger ist schon das von ROUX[3]) betonte charakteristische Vermögen der Epithelzellen zur flächenhaften Selbstzusammenfügung der Zellen (*Cytarme*), auf der nach ROUX die spezifische Eigenschaft des Dichtzusammengeschlossenseins der Epithelzellen beruht. Dieser engen, oft direkt protoplasmatischen Verbindung der Epithelzellen untereinander entspricht nicht nur morphologisch, sondern auch biologisch die größere Selbständigkeit gegenüber den anderen Geweben des Organismus. Die Epithelzellen haben also eine stärker ausgeprägte Selbständigkeit, Individualität als die anderen Gewebszellen des Organismus, und das kommt auch in den Carcinomstrukturen deutlich zum Vorschein. Viel mehr sagt uns aber der Begriff, besonders wenn wir in der histogenetischen Beurteilung einer Geschwulstanlage auch auf frühembryonale Stadien zurückgehen, nicht aus, sprechen doch neuerdings viele beim Embryo sogar von einem „epithelialen Bindegewebe" (HELD), wodurch der ohnedies schon nebelhafte Begriff des Epithels dann ganz verwischt wird.

Wenn wir trotzdem an dem Begriff der epithelialen Geschwülste und des Carcinoms festhalten, so sind die Gründe hierfür mannigfacher Art. Erstens ist eben die epitheliale *Zellsituation* in den Carcinomen gewöhnlich sehr deutlich

---

[1]) BORST: Maligne Geschwülste. Leipzig 1924.
[2]) KROMPECHER: Beitr. z. pathol. Anat. u. z. allg. Pathol. Bd. 37, S. 31. 1905.
[3]) ROUX: Terminologie der Entwicklungsmech. 1912.

ausgeprägt, zweitens kommt die innige Zusammenfügung der Zellen zu geschlossenen Verbänden, ihre größere Selbständigkeit und Individualität ebenfalls in den Carcinomen meist deutlich zum Vorschein. Endlich können wir sehr häufig die nähere Art des Tumorepithels, ganz besonders bei den Drüsenepithelgeschwülsten, mit unseren heutigen Methoden nicht feststellen. Ein Carcinoma solidum der Mamma, des Magens, der Leber usw. kann für unsere histologischen Methoden völlig gleiche Bilder geben, obwohl sicher ganz verschiedene Zellarten vorliegen. Durch die in der bösartigen Geschwulst häufig auftretende fortschreitende Entdifferenzierung, den fortschreitenden Strukturverlust, werden dann die Bilder noch uncharakteristischer, und so bleibt denn häufig nur eine maligne Geschwulst übrig, die aus ganz uncharakteristischen geschlossenen Epithelverbänden und -nestern besteht. Für alle diese Formen werden wir noch lange Zeit den Carcinombegriff nicht entbehren können.

Die **Selbständigkeit und stärkere Individualität der Epithelzelle** zeigt sich auch darin, daß in der Regel dieses Epithel die Formation des Stromas maßgebend bestimmt. Der formative Einfluß des Epithels auf das Bindegewebe zeigt sich sowohl bei Granulationswucherungen mit Regeneration [STEINER[1])] als auch in der häufigen Übereinstimmung des Stromas der Metastasen mit dem Stroma des Primärtumors [siehe z. B. KREIBICH[2])]. So zeigen häufig scirrhöse Primärcarcinome auch in den Metastasen schwieliges hyalines und schrumpfendes Stroma. Und sogar osteoplastische Carcinome mit durchgehender Neigung des Stromas zur metaplastischen Knochenbildung kommen vor. Dabei kann der epitheliale embryonale Geschwulstkeim unter Umständen auch noch die Fähigkeit der Bildung von Zellstrukturen beibehalten, die an die Mesenchymbildung erinnern oder ihr wirklich entsprechen. Wenn wir Geschwülste vor uns haben, deren Anlage auf eine frühembryonale Fehldifferenzierung zurückgeht, so ist verständlich, daß diese epithelialen Geschwulstzellen einer Mesenchymbildung in rudimentärer Weise fähig sind. Derartige Tumoren sind gar nicht so selten, und sie haben bisher der histologischen Deutung und Klassifizierung nur deshalb Schwierigkeiten gemacht, weil die herrschende Geschwulstnomenklatur und Geschwulstauffassung die Geschwulststruktur immer nur mit den Zellen des erwachsenen Organismus vergleicht. An einem Adamantinom der Tibia habe ich selbst gezeigt, wie leicht und einfach der ganze komplizierte histologische Bau sich auflöst, sobald man einmal zur Erkenntnis gekommen ist, daß es sich um einen embryonalen epithelialen Tumor handelt. Bei den Adamantinomen der Kiefer hat man wohl von jeher die embryonale Anlage angenommen und gelten lassen, und es hat sich deshalb noch niemand darüber aufgeregt, daß diese Adamantinome in derselben Weise wie das embryonale Schmelzepithel epitheliales Schleimgewebe bilden. Daraus kann man also nicht den Schluß ziehen, daß das „Epithel" metaplastisch Bindegewebe bilden kann.

Auch bei manchen anderen Geschwülsten sind die Strukturen nur aus der embryonalen Fehldifferenzierung zu verstehen. Tumoren können uns also überhaupt über die Beziehungen zwischen Epithel und Bindegewebe am ausdifferenzierten Organismus nichts aussagen, sondern sie sind häufig nur zu verstehen und zu vergleichen durch die histologischen Strukturen embryonaler Entwicklungsstadien. Wenn also an den schon besprochenen Mischgeschwülsten der Speicheldrüsen KROMPECHER[3]) den Nachweis zu erbringen versucht, daß das Epithel imstande ist, Bindegewebe zu bilden, so lehnen wir das ebenso ab,

---

[1]) STEINER: Virchows Arch. f. pathol. Anat. u. Physiol. Bd. 149, S. 307. 1897.
[2]) KREIBICH: Med. Klinik 1909, Nr. 38.
[3]) KROMPECHER, E.: Epithel und Bindegewebe bei Mischgeschwülsten. Beitr. z. pathol. Anat. u. z. allg. Pathol. Bd. 44, S. 124. 1908.

wie seine Ableitung der adenoiden Carcinome der Haut von den Basalzellen der Epidermis. Derartige Ableitungen erklären nichts und können uns vor allen Dingen gerade das, was wir wissen möchten, nämlich die Ursachen der differenten Strukturen dieser Geschwülste, nicht einmal in hypothetischer Form aufdecken. Mit Recht hat schon v. Hansemann[1]) vor 20 Jahren den Ausdruck Basalzellenkrebs zurückgewiesen, da alle Hautcarcinome von den Basalzellen ausgingen. Der Unterschied der verschiedenen Formen liegt in den verschiedenen Strukturbildungen der Geschwulstzelle, z. B. Hornbildung, Schlauchbildung, Hyalinbildung usw., und darauf gibt uns die Ableitung von Basalzellen keinerlei Antwort. Selbstverständlich werden auch die Mischgeschwülste der Speicheldrüsen als Basalzellenkrebse erklärt. Da nun gewisse Carcinome, wie Krompecher[2]) schreibt, „ihrem histologischen Bau nach zweifellos als cystische, hyaline resp. schleimige Basalzellenkrebse erkannt wurden, so müssen der vollständigen Analogie nach auch die entsprechenden Mischgeschwülste der Speicheldrüsen als cystische, hyaline und schleimige Basalzellenkrebse aufgefaßt werden".

In Wirklichkeit sagt die ganze Basalzellentheorie gar nichts weiter aus, als daß die Geschwulstwucherung von den Cambiumzellen der Gewebe ihren Ausgang nimmt, was ja früher bereits auseinandergesetzt wurde und selbstverständlich ist. Es ist deshalb gar kein Wunder, daß Krompecher seit 20 Jahren eine Geschwulstart nach der anderen in sämtlichen Organen für seinen Begriff des Basalzellenkrebses hinzuerobert und sie sogar mit dem fürchterlichen Namen „Basaliom" belegt. Wir müssen zugeben, daß auf diesem Wege alle Geschwülste, die es überhaupt gibt, als „Basaliome" erklärt werden können, aber damit werden wir in der Erkenntnis der Geschwulstformen

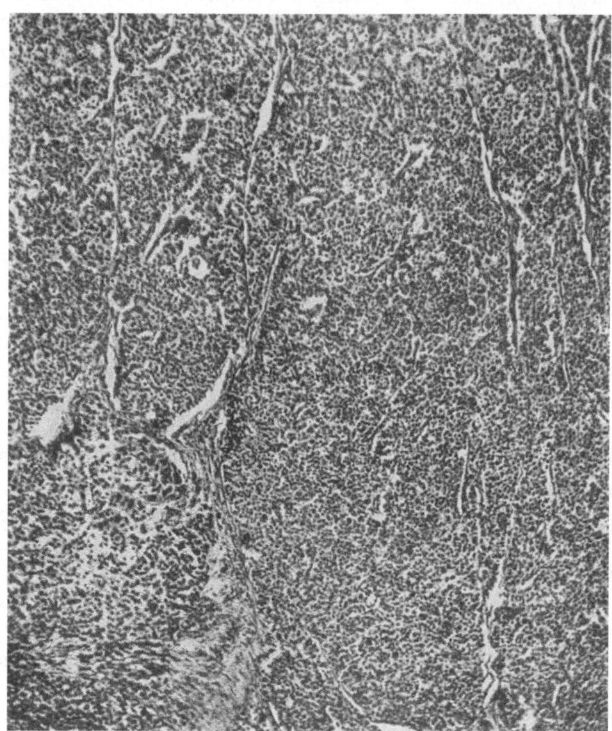

Abb. 458. Beispiel eines *epithelialen Pseudosarkoms* durch fortschreitende Entdifferenzierung: Bösartige Thymusgeschwulst, 46jährige Frau. Kleinzellige Partie des Tumors von gleichmäßig markigem Aufbau, Stroma fast völlig fehlend. Mittlere Vergrößerung. Andere Teile der Geschwulst zeigen deutlich carcinomatöse Struktur (s. Abb. 459). (Aus Largiader: Frankfurt. Zeitschr. f. Pathol. Bd. 29.)

---

[1]) v. Hansemann: Berlin. klin. Wochenschr. 1907, Nr. 23.

[2]) Krompecher, E.: Zur Histogenese und Morphologie der Mischgeschwülste der Haut sowie der Speichel- und Schleimdrüsen. Beitr. z. pathol. Anat. u. z. allg. Pathol. Bd. 44, S. 58. 1908.

und -strukturen auch nicht den geringsten Fortschritt gemacht haben. Wir
müssen daher den ganzen Begriff als irreführend, weil er irgendein nicht vor-
handenes Verständnis vortäuscht, und als ganz überflüssig ablehnen.

Eine Reihe von Carcinomformen zeigt so charakteristische Differenzierungen,
daß die Art ihrer Zellen daraus ohne weiteres zu bestimmen ist. Das verhornende
Plattenepithelcarcinom, das schleimbildende Adenocarcinom, das eosinophile
Hypophysisadenom, der gallebildende Leberzellenkrebs sind Beispiele hierfür.
Aber schon die Drüsenzellencarcinome setzen der näheren Bestimmung häufig

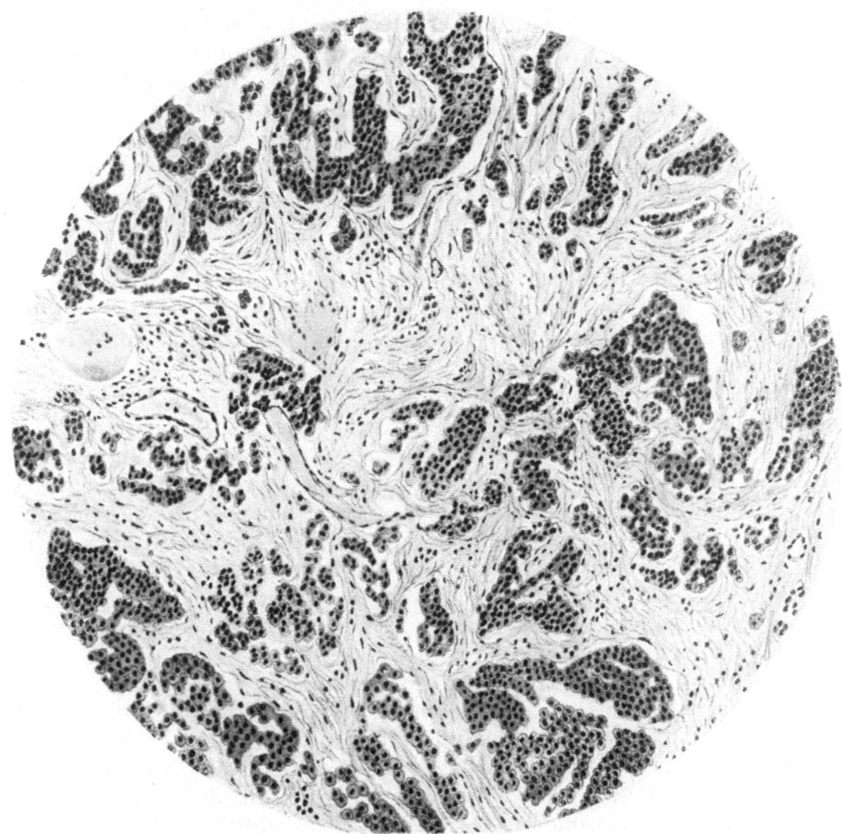

Abb. 459. Bösartige Thymusgeschwulst, 46jährige Frau. Krebsnester und -inseln in
reichliches, derbes, fibröses Stroma eingebettet. Starke Vergrößerung. (Aus
LARGIADER: Frankfurt. Zeitschr. f. Pathol. Bd. 29.)

sehr große Schwierigkeiten entgegen. Ob ein derartiges Carcinom im Sinne
der Cylinderepithelschleimhaut oder im Sinne irgendwelcher spezifischer Drüsen-
epithelien differenziert ist, läßt sich meistens überhaupt nicht entscheiden. Das
liegt sicherlich zum Teil an unserer mangelhaften Methodik, zum anderen Teil
am tatsächlichen Struktur- und Differenzierungsverlust der Tumorzellen. Zu
dieser Entdifferenzierung tritt noch hinzu die Strukturlabilität vieler Carcinome.
Zeigt einmal ein Epitheliom nicht die ganz charakteristische Differenzierung
seiner Richtung, so treten leicht Strukturschwankungen auf, die vielleicht nur
äußerlicher und unwesentlicher Natur sind, aber die Bestimmung der Geschwulstart weiter erschweren; wir sehen das z. B. selbst bei den nichtverhornenden

Plattenepithelcarcinomen der Haut [Mizokuchi[1])]. Bei den Drüsenzellencarcinomen ist dies noch häufiger, hier kommen alle die verschiedenen Formen des Drüsenzellkrebses in einer einzigen Geschwulst vor [z. B. Bauer[2])], oder die Metastasen zeigen eine andere Form des Drüsenzellencarcinoms, z. B. Gallertkrebsmetastasen im Ovarium bei Scirrhus des Magens [Bircher[3])]. Noch deutlicher wie bei den menschlichen Tumoren tritt diese Polymorphie zuweilen bei den übertragbaren Tiergeschwülsten hervor, weil hier ja auch die Geschwulstzellen bei den verschiedenen Tieren unter differenten Allgemeinbedingungen wachsen. So wurde das Auftreten adenomatöser Strukturen nach Transplantation eines Carcinoma solidum beobachtet und als Folge erhöhter Resistenz des Wirtstieres aufgefaßt (Apolant), und hochgradiger Polymorphismus der Krebszellen wurde nach Übertragung eines Carcinoms der weißen Maus auf graue Mäuse [Clunet[4])] oder unter der Einwirkung von Radiumstrahlen oder Wärme auf die Geschwulst (Haaland) beobachtet. Schließlich kommt es in zahlreichen Fällen bei der fortdauernden Übertragung dieser Carcinome zur Bildung ganz sarkomatöser Strukturen, die gewöhnlich in der Literatur als eine primäre Sarkombildung aus dem Bindegewebe des Wirtes durch den Reiz der Krebszellen erklärt wird. In Wirklichkeit liegt hier lediglich eine Veränderung der Wachstumsform und der Zellform vor, eine weitergetriebene Entdifferenzierung der epithelialen Geschwulstzelle, wofür wir später die Beweise beibringen werden. Es sei deshalb auf die genauere Erörterung dieser Vorgänge in Kapitel VII, 6, S. 1585 verwiesen.

Dieselbe Erklärung dürfte für eine Reihe von Fällen des sog. **Carcinosarkoms** gelten. Auch hier kann die Entdifferenzierung der epithelialen Geschwulstzelle in einzelnen Teilen des primären Tumors bis zur einzelligen Wucherung und damit zur pseudosarkomatösen Struktur fortschreiten. Es kann aber auch in solchen Fällen eine Kollisionsgeschwulst oder eine Kombinationsgeschwulst nach Robert Meyer vorliegen. In letzterem Falle liegt ein Gewebskeim vor, der noch embryonale Differenzierungspotenzen sowohl in der Richtung einer bestimmten Epithelart wie in der Richtung mesenchymaler Strukturen besitzt. Solche Carcinosarkome sind in verschiedenen Organen beobachtet worden, besonders im Uterus [Forssner[5])], in der Schilddrüse und in anderen Organen [Herxheimer[6])]. Die gleichen Gesichtspunkte gelten für die seltenen Fälle von Chorionepitheliomstrukturen, die zuweilen in Magencarcinomen und ihren Metastasen auftreten. Hier hat die embryonale Geschwulstkeimanlage noch die Fähigkeit des embryonalen Ektoderms zur Trophoblastbildung beibehalten und diese Fähigkeit kommt bei fortschreitender Geschwulstzellwucherung wieder zum Vorschein [Pick[7])].

Ganz ähnliche Überlegungen führen uns zur Erklärung derjenigen Geschwulstformen, in denen sonst vollkommen differente Epitheldifferenzierungen gemeinsam auftreten. Es sind dies epitheliale Geschwülste, die sich gleichzeitig aus typisch differenzierten Zylinderepithelzellen und verhornenden Plattenepithelzellen zusammensetzen. Herxheimer[8]) hat ihnen den treffenden Namen **Adenocancroide** gegeben. Diese ziemlich seltenen Tumoren kommen vor allen Dingen da vor, wo Plattenepithel sehr selten oder gar nicht auftritt und auch heterologe Cancroide nur selten beobachtet werden, also z. B. im Magen, Gallenblase, Pan-

---

[1]) Mizokuchi: Pleomorphie des Basalzellencarcinoms. Dissert. Würzburg 1908.
[2]) Bauer: Beitr. z. pathol. Anat. u. z. allg. Pathol. Bd. 50, S. 532. 1911.
[3]) Bircher: Arch. f. Gynäkol. Bd. 85, S. 434. 1908.
[4]) Clunet: Richerches sxp. sur les Tumeurs malignes. Paris: Steinheil 1910.
[5]) Forssner: Arch. f. Gynäkol. Bd. 87. 1909.
[6]) Herxheimer: Beitr. z. pathol. Anat. u. z. allg. Pathol. Bd. 44, S. 150. 1908 (Lit.); Zentralbl. f. Pathol. 1918, S. 1.
[7]) Pick, L.: Klin. Wochenschr. 1926, S. 1728.
[8]) Herxheimer: Beitr. z. pathol. Anat. u. z. allg. Pathol. Bd. 41, S. 348. 1907.

kreas. Man hat versucht, diese Geschwulstformen einfach durch Metaplasie zu erklären [BUCHMANN[1]), LEWISOHN[2])]. Aber eine solche Erklärung steht im Widerspruch zu allen unseren Kenntnissen über die metaplastischen Fähigkeiten des Epithels. Schon die histologischen Bilder zeigen, daß es sich hier um *einheitliche* Geschwülste handelt, die aus einer einheitlichen Zellmasse hervorgehen [LOEB[3])]. Daher müssen wir grundsätzlich auf Entwicklungsstörungen, indifferente embryonale Zellen zurückgehen. Wir wissen z. B., daß der vordere Teil des Entoderms sich zu Plattenepithel differenziert, daß auch das Epithel der MÜLLERschen Gänge sich teils zu Drüsenepithel (Uterus), teils zu Plattenepithel (Vagina) ausdifferenziert. Es ist also sehr wohl denkbar, daß bei embryonalen Differenzierungsstörungen auch einmal Gewebskeime, die noch beide Differenzierungspotenzen besitzen, ausgeschaltet werden und später diese eigenartigen Geschwülste bilden. Dazu kommt die große Verbreitung der kongenitalen Epithelcysten des Vorderdarms auch im oberen Bereich der Bauchhöhle, von denen ebenfalls Cancroide und Adenocancroide ausgehen könnten. Gerade für die sonst so schwer zu erklärenden heterologen Cancroide der Gallenblase wäre diese Ableitung zu erwägen, zumal diese Cancroide, wenn man sie in frühen Stadien zu untersuchen Gelegenheit hat, primär in der Außenwand der Gallenblase sich entwickeln. Die Kenntnis dieser Tatsache verdanke ich einem persönlichen Hinweis von RIBBERT und ich habe tatsächlich bei allen Fällen, wo diese Unterscheidung noch möglich war, diese Topographie des Carcinoms feststellen können. Auch das spricht sehr dafür, daß die Geschwulst aus einer lokalen Gewebsmißbildung hervorgeht.

Noch leichter sind derartige Adenocancroide zu erklären, wenn sie primär in der Mamma auftreten, da es sich ja hier um ein Epithel handelt, daß als Derivat der Epidermis sowohl Plattenepithel wie Drüsenzellen zu bilden fähig ist. Trotzdem sehen wir auch hier nur sehr selten ein Adenocancroid auftreten, was auch für die embryonale Gewebsmißbildung spricht.

In analoger Weise sind die Carcinome der Haut zu erklären, deren Epithel sich teils zu Talgdrüsenzellen, teils zu verhornendem Plattenepithel ausdifferenziert. Durch die Bildung von Horn und Fettsäuren kommt es in dieser Geschwulst leicht zu Verkalkungen: Psammocarcinome der Haut [FREY[4])].

5. Der Begriff des Cytoblastoms oder Meristoms.

Wir haben schon wiederholt darauf hingewiesen, daß sowohl durch primäre Strukturarmut wie durch sekundären Strukturverlust, Entdifferenzierung und Schwund der Differenzierungsfähigkeit Geschwülste entstehen, deren Zellen keinerlei charakteristische Form oder Struktur und insbesondere keinerlei Nachbarstruktur mehr erkennen lassen. Hier ist jede einzelne Zelle so selbständig und unabhängig von allen anderen Zellen geworden, daß sie sich wie ein einzelliger Parasit, ein Protozoon, verhält. Eine sehr charakteristische Illustration für dieses Verhalten gibt uns die Gewebskultur: was nicht einmal bei der embryonalen Bindegewebszelle möglich ist, gelingt hier: die Weiterzüchtung des Zellstammes aus einer einzelnen Sarkomzelle.

Alle diese Zellformen werden nun nach der heutigen Nomenklatur zu den Sarkomen gerechnet. Es werden da unterschieden einfach nach der Zellform Netz- und Sternzellensarkome mit synzytialen Zusammenhängen der Zellen, Rundzellensarkome, Alveolärsarkome usw. — alles Namen, die uns über das

---

[1]) BUCHMANN: Arch. f. Verdauungskrankh. Bd. 16. 1910.
[2]) LEWISOHN: Zeitschr. f. Krebsforsch. Bd. 3, S. 527. 1905.
[3]) LOEB: Frankfurt. Zeitschr. f. Pathol. Bd. 25, S. 154. 1921.
[4]) FREY: Frankfurt. Zeitschr. f. Pathol. Bd. 24, S. 497. 1920.

Wesen der Geschwulstart gar nichts aussagen können. Borst[1]) setzt hinzu: „Es gibt aber ganz indifferente Geschwülste, deren epitheliale oder bindesubstanzliche Abkunft durch nichts mehr sicher festzustellen ist." Wir müssen uns dem ganz anschließen mit dem Zusatz, daß solche Geschwülste sich nicht nur von Epithel oder Bindegewebe, sondern auch vom Nervengewebe, Muskelgewebe usw. ableiten können.

Einen besonderen Namen für diese Geschwulstformen haben wir bisher nicht, sondern sie werden einfach als Sarkome bezeichnet. So gleichgültig auf den ersten Blick der Name erscheint, so zahlreiche Mißverständnisse hat er in grundlegenden Fragen der Geschwulstlehre hervorgerufen. Insbesondere die zahlreichen angeblichen Beobachtungen über die Bildung von Sarkomen durch den Reiz eines Carcinoms sind auf dieser Verwechslung zwischen Sarkom, d. h. Bindegewebsgeschwulst, und völlig entdifferenzierter Geschwulst zurückzuführen. Um dieser Verwirrung ein Ende zu machen, ist es unbedingt notwendig, für diese vollkommen entdifferenzierten, jeder Struktur baren Geschwülste einen besonderen Namen zu wählen. Man könnte sie **maligne Cytoblastome** oder — nach dem Vorgang der Botaniker, die undifferenziertes Gewebe als Meristem bezeichnen — **Meristome** nennen.

Wie verfehlt es ist, solche undifferenzierten Geschwülste einfach als Sarkome zu bezeichnen, dafür bietet die Entwicklung der Geschwulstlehre in den letzten Jahrzehnten eine Reihe überzeugender Beispiele. Ich erinnere daran, daß die Adenome der Hypophysis, die kongenitalen Nierengeschwülste (Nephroma embryonale), die Neuroblastome des Sympathicus früher allgemein als Rundzellensarkome bezeichnet wurden. Die weitere Forschung hat gezeigt, daß alle diese Geschwülste mit Bindegewebszellen oder mit Lymphocyten, überhaupt mit irgendwelchen Abkömmlingen des Mesenchyms gar nichts zu tun haben, sondern daß sie eine ganz andere genetische Erklärung finden. Dasselbe trifft auch heute noch ganz sicher für eine Anzahl weiterer sog. Sarkome zu, und ist es deshalb auch im Interesse der weiteren Forschung richtiger, diesen strukturlosen Tumoren nicht den histogenetisch falschen, im günstigsten Falle unbewiesenen Namen eines Sarkoms, d. h. einer Bindesubstanzgeschwulst, zu geben. Geben wir dem Tumor die richtige Bezeichnung des undifferenzierten Cytoblastoms oder Meristoms, so sagen wir nichts Falsches aus, täuschen nicht die Kenntnisse der Histogenese vor, die nicht vorhanden ist, und bekommen ein ganz anderes Verständnis für die Beziehung dieser Geschwülste zu anderen Geschwulstformen. Es ist ein großer Unterschied, ob wir sagen, daß aus einem Carcinom z. B. bei weiteren Transplantationen, sich ein Sarkom entwickelt hat, oder ob wir objektiv bleiben und feststellen, daß aus einem Carcinom ein Meristom hervorgegangen ist. Das läßt jedenfalls die wichtigste Möglichkeit offen, die Entstehung des Cytoblastoms auf eine weitere Entdifferenzierung, auf einen fortschreitenden Strukturverlust der Krebszellen selbst zurückzuführen.

Damit haben wir schon die Frage gestreift, welche verschiedenen Möglichkeiten der Entstehung von Meristomen gegeben sind. Wir können folgende unterscheiden:

1. Die Bildung von Meristomen durch fortschreitende Entdifferenzierung typischer Carcinomzellen. Es ist das der Vorgang, der gewöhnlich in der Literatur als die Erzeugung eines Sarkoms aus dem Bindegewebe des Trägers durch wiederholte Carcinomtransplantation bezeichnet wird. Die ganze Frage gewinnt ein wesentlich anderes Gesicht, wenn wir hier objektiv die Bildung eines Meristoms konstatieren und nicht fälschlicherweise von einem bindegewebigen Sarkom

---

¹) Borst: Maligne Geschwülste. Leipzig 1924.

reden. Die Beweise für diese Auffassung haben wir später zu besprechen. Das Gleiche gilt für die Meristombildung aus typischem Sarkom (vgl. z. B. S. 1593).

2. Die Geschwulst kann von vornherein eine Mischgeschwulst in dem Sinne sein, daß Teile der Geschwulst sich ausdifferenzieren, andere undifferenziert bleiben und im weiteren Wachstum, z. B. in den Metastasen oder bei den Transplantationen, die Differenzierungsfähigkeit immer mehr verlieren. Derartige Entdifferenzierungen typischer Geschwulstzellen kommen in allen Geweben vor. Sie finden sich in der Literatur unter dem Namen der Myosarkome, der Gliosarkome, Myelosarkome [ROMAN[1])] usw. Auch hier ist der Sarkombegriff

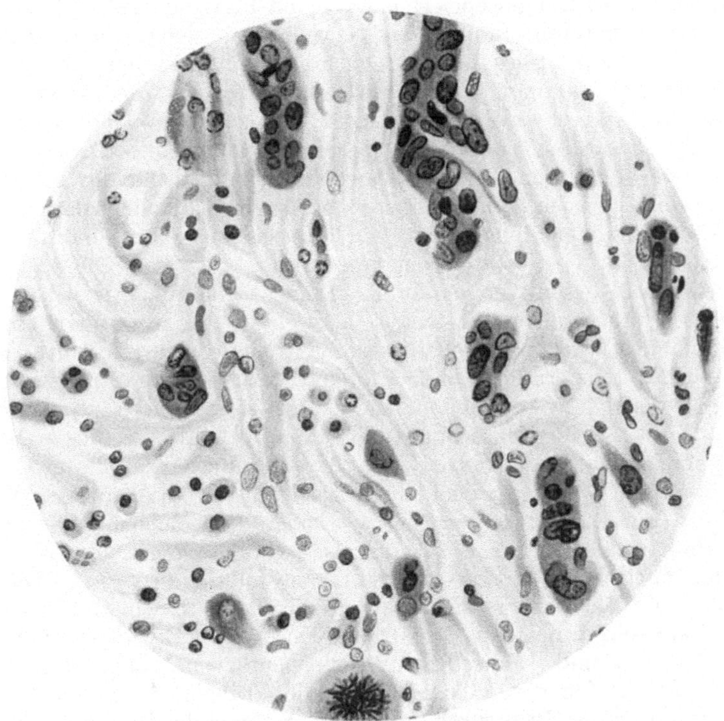

Abb. 460. Verhornendes Plattenepithelcarcinom der linken Hand nach therapeutischer Röntgenbestrahlung (Sarkom der rechten Hand, s. S. 1558, Pat. Kr., vgl. Abb. 469). Metastatische Krebsnester in der linken Achselhöhle: *fortschreitende Entdifferenzierung, Auflösung der Zellverbände, einzelliges Wachstum.* Starke Vergrößerung.

ganz verfehlt und führt nur zu falschen Vorstellungen, denn es handelt sich — wenn wir von den seltenen Kollisionsgeschwülsten im Sinne von ROBERT MEYER absehen — lediglich um Tumoren, deren Gewebe sich teils ausdifferenziert, teils einen ganz undifferenzierten malignen Tumor bildet, also z. B. ein malignes Myom, ein malignes Myelom (nicht myeloplastisches Sarkom, wie BORST sagt) oder endlich der Differenzierungsverlust geht so weit, daß reine Cytoblastome vorliegen, die natürlich ebenfalls mit einem Sarkom nichts zu tun haben.

3. Die undifferenzierte Geschwulst kann primär aus einem embryonalen Gewebskeim hervorgegangen sein, dessen Zellen überhaupt sich nicht weiter

---

[1]) ROMAN: Beitr. z. pathol. Anat. u. z. allg. Pathol. Bd. 52, S. 385. 1911.

differenziert haben und trotz aller Zellteilungen undifferenziert geblieben sind. Die malignen Embryome geben hierfür häufig gute Beispiele, und es ist völlig unberechtigt, die Metastasen solcher strukturloser Zellmassen als Sarkome zu bezeichnen [siehe z. B. Kleinschmidt[1])]. Besonders unberechtigt ist eine solche Nomenklatur, seitdem wir wissen, daß gerade die Zentralnervensubstanzen in den soliden Teratomen mehr als alle anderen Gewebe zum bösartigen Wachstum neigen. Als Beweis seien einige Ergebnisse der systematischen Untersuchungen von Heijl[2]) über die Morphologie der Teratome hier angeführt: „Bei der Anlage des Zentralnervensystems (in den Teratomen) entwickeln sich die Ektodermzellen je nach ihrer künftigen Funktion in zwei Richtungen, teils zu Stützgewebe, Neuroglia, teils zu Drüsengewebe, Ependym und Plexusepithel. Wenn dieselben geschwulstartig auftreten, nimmt das Gewebe, das sich normal zu Neuroglia entwickelt, ein sarkomartiges Aussehen an und kann bald dem einen, bald dem anderen Sarkomtyp ähneln. Die Drüsenelemente des Zentralnervensystems nehmen, wenn sie geschwulstartig wachsen, Typen an, welche dem Adenom, Papillom, „Adenosarkom" oder Adenocarcinom ähneln . . . Da bald die eine, bald die andere von diesen Geschwulstformationen diffus in das solide cancerähnliche Gewebe übergeht, das die sog. großzelligen Hodentumoren charakterisiert, ist es wahrscheinlich, daß auch dieses aus einer undifferenzierten, malignen Zentralnervensubstanz bestehen kann."

Wir sehen aus diesen wenigen Worten eine vernichtende Kritik des ganzen Sarkombegriffs, und wir werden daraus den Schluß ziehen, daß wir ein Sarkom nur dann diagnostizieren, wenn wenigstens irgendwelche Andeutungen einer Stützsubstanzdifferenzierung vorhanden sind. Alle anderen undifferenzierten reinzelligen Geschwülste bezeichnen wir als Meristome oder Cytoblastome und warten ab, bis es der fortschreitenden Forschung gelingt, wie dies z. B. bei den Neuroblastomen schon gelungen ist, den Beweis für Charakter und Genese der Zellen zu erbringen. Grundsätzlich können Geschwülste vom Aufbau der Meristome aus allen Gewebsarten hervorgehen. Aber es ist sinnlos, solche malignen Tumoren, z. B. der embryonalen Nervensubstanz, als Sarkome zu bezeichnen und damit den weiteren Fortschritt und die richtige Fragestellung zu verbarrikadieren.

Es sollte eigentlich niemand heutzutage an die Geschwulstforschung herantreten, ohne zunächst einmal in sorgfältiger Weise die merkwürdigen und komplizierten Strukturen und Bildungen in sicher embryonal angelegten Tumoren studiert zu haben. Ich empfehle hier vor allen Dingen als geeignet zu einem derartigen Studium die Strukturen in den Embryomen der Hoden. Daß embryonale Zellen die Grundlage dieser Geschwülste abgeben, dürfte wohl von niemandem mehr bestritten werden. Wenn wir nun diese wuchernden und sich ständig vermehrenden Embryonalzellen mit ihrer histologischen Struktur genau studieren, so kommen wir da auf zahllose Bilder, die wir in das übliche Schema der Gewebsdifferenzierung überhaupt nicht einreihen können. Wer Entdeckungen von Endotheliomen, Peritheliomen, Alveolärsarkomen und ähnlichen Geschwulstklassen machen will, der braucht nur diese Tumoren einer genaueren Durchsicht zu unterziehen, er wird reichlich Material dieser Art dort finden. Erklären und weiterbringen kann uns aber eine derartige Verwertung rein histologischer Bilder überhaupt nicht. Für das Verständnis des Geschwulstproblems, ja für die rein morphologische Auffassung der Geschwulststrukturen allein sind derartige Deutungen vollkommen wertlos, ja nicht nur das, sie verlegen uns den Weg zu einem besseren Verständnis und haben ihn uns bereits lange Zeit genug verlegt.

---

[1]) Kleinschmidt: Zeitschr. f. Krebsforsch. Bd. 18, S. 126. 1921.
[2]) Heijl: Morphologie der Teratome. Virchows Arch. f. pathol. Anat. u. Physiol. Bd. 229, S. 625. 1921.

Die fortschreitende Entdifferenzierung der Geschwulstzelle bei dem weiteren Wachstum, bei der Metastasierung, bei den Transplantationen bringt es mit sich, daß die Tumorzelle in manchen Fällen schließlich einen derartigen Verlust jeder korrelativen Abhängigkeit und eine derartige Steigerung der Autonomie aufweist, daß die einzelne Geschwulstzelle sich vollkommen verhält wie ein **einzelliger Parasit** (vgl. Abb. 460). Irgendeine Struktur- oder Parastrukturbildung, auch mit den eigenen Geschwistern, ist nicht mehr nachzuweisen, und vielleicht läßt sich daraus auch jene höchste Steigerung der Malignität ableiten, die sich bei manchen der experimentell erforschten Geschwulstbildungen schließlich darin zeigt, daß nicht nur eine einzelne Zelle erwiesenermaßen zum Ausgang einer neuen Geschwulst und isoliert gezüchtet werden kann (Sarkomzelle, ALB. FISCHER), sondern vor allem darin, daß offenbar zur Fortpflanzung der Geschwulstzelle schon Zelltrümmer genügen, die vielleicht nur noch Kernreste enthalten müssen. Zahlreiche neuere Erfahrungen über die Geschwulstübertragungen durch Filtrate insbesondere bei den transplantablen Hühnersarkomen (s. später S. 1537) sprechen in diesem Sinne und fügen sich unseren Erfahrungen an den Protisten vollkommen ein, wo ja auch kernhaltige Bruchstücke der Zelle zum Wiederaufbau des Individuums genügen.

V. Der biologische Vorgang der Geschwulstbildung.

Nachdem wir uns über die wesentlichen Vorfragen der Geschwulstlehre, die Grundlagen der Differenzierungsstörung, Kataplasie der Tumorzelle, über die Strukturen und Abgrenzungen der einzelnen Geschwulstformen Klarheit verschafft haben, können wir jetzt die Frage der Geschwulstgenese erörtern. Wie entsteht eine Geschwulst? Was wissen wir von den Ursachen der Geschwulstbildung? Welches sind die Determinationsfaktoren und Realisationsfaktoren der Geschwulstbildung?

Der Kataplasie der Tumorzelle liegt stets eine Abartung der Metastruktur zugrunde. Änderungen des Potenzgehaltes, der Differenzierungsanlagen der Zelle treten aber stets nur bei Entwicklungsprozessen auf. In der normalen Entwicklung sehen wir, daß jeder Differenzierungsschritt mit einem Verlust an Autonomie und einer Steigerung der korrelativen Abhängigkeit verbunden ist. Bei der Geschwulstanlage fehlt offenbar diese Steigerung der korrelativen Abhängigkeit, und wir können schon daraus auf einen pathologischen Entwicklungsvorgang schließen. Dieser zeigt sich auch darin, daß den Tumoren eine Nervenversorgung fehlt [RIBBERT[1])], daß das Nervensystem auch keine Einwirkung auf die erste Geschwulstanlage hat [E. ALBRECHT[2])]. Auch wenn wir annehmen, daß das Wesen der Geschwulstkataplasie auf einem abnormen Chromatinbestand der Zelle beruht, müssen wir auf einen pathologischen Entwicklungsvorgang zurückgreifen. Das zeigen ja alle Beobachtungen und Experimente an den Zellen mit pathologischem Chromosomenbestand [LEVY[3])]. Auch die Annahme, daß die Tumorzelle in ihrer Erbmasse verändert, also eine Gewebsmutation ist, führt zwangsmäßig zur Annahme eines pathologischen Entwicklungsvorganges.

Wir wollen aber nicht allein von rein theoretischen Vorstellungen aus an das Problem herantreten, sondern in erster Linie die tatsächlichen Erfahrungen der Untersuchung zugrunde legen. Wann treten denn und unter welchen Be-

---

[1]) RIBBERT: Geschwulstlehre. 2. Aufl. S. 105. 1914.
[2]) ALBRECHT, E.: Frankfurt. Zeitschr. f. Pathol. Bd. 3, S. 1. 1909.
[3]) LEVY: Berlin. klin. Wochenschr. 1921, S. 989.

dingungen erwiesenermaßen Geschwulstbildungen auf? Diese Fragestellung habe ich vor wenigen Jahren folgendermaßen zu beantworten versucht[1]):

„Ich glaube, daß sich das Problem wesentlich vereinfacht, wenn wir das, was wir tatsächlich von der Entstehung der Geschwülste wissen und einwandfrei durch histologische Untersuchung und experimentelle Erfahrung belegen können, von dem Gesichtspunkte aus betrachten: Von welchen biologischen Vorgängen wissen wir mit Sicherheit, daß sie mit der Geschwulstbildung in enger, ja vielfach direkter Beziehung stehen? Es gibt meines Erachtens nur zwei biologische Vorgänge, von denen wir dies mit voller Bestimmtheit behaupten können: die embryonalen und die regenerativen Entwicklungsvorgänge.“

Bei beiden Vorgängen sind Differenzierungsstörungen und Fehldifferenzierungen nicht selten. Es ist deshalb sehr naheliegend, anzunehmen, daß auch die Differenzierungsstörung eigener Art, welche die Grundlage der Geschwulstzellbildung abgibt, bei diesen Entwicklungsvorgängen auftreten kann.

Auch beim Embryo aber erfolgen die Gewebs- und Organdifferenzierungen in der Regel nicht diffus und auf große Bezirke hin: die Organe, selbst das Entoderm bei der Gastrulation, gehen aus umschriebenen Zellbezirken hervor. Es wird ein **Organkeim** gebildet, sobald dieser Keim fertig ist, erfolgt nie mehr eine Umwandlung anderer Zellen in solches Organgewebe. Das Entoderm bildet in einer bestimmten Entwicklungsperiode aus einem kleinen umschriebenen Bezirk die Leberanlage oder die Pankreasanlage. Diese Fähigkeit hat aber das Entoderm nur in einer ganz bestimmten Entwicklungsphase, einer Art *sensiblen Periode*, nie mehr tritt später eine Umwandlung des entodermalen Epithels in solche Organzellen auf. Ganz genau so ist es mit der Geschwulstanlage. Die Grundlage jeder Geschwulstbildung ist eine Differenzierungsstörung der embryonalen oder postembryonalen Entwicklung, und die Bildung dieses Geschwulstkeimes, dieser Geschwulstanlage, muß in jeder Richtung in Parallele gesetzt werden mit der Bildung eines Organkeimes, einer Organanlage.

1. Die Geschwulstkeimanlage.

Jede Geschwulst, das können wir heute mit Sicherheit sagen, geht aus einer meist streng umschriebenen, ja meist mikroskopisch kleinen Geschwulstkeimanlage hervor. Ist einmal der Geschwulstkeim fertig gebildet, so wächst die Geschwulst nur mehr aus sich heraus. Die schönste Bestätigung dieser von Ribbert immer verfochtenen Anschauung haben die wichtigen Experimente von Fibiger[2]) erbracht. Fibiger hat Ratten mit einer Schabenart (Periplaneta americana) gefüttert, bei denen spontan eine Infektion mit einem kleinen Wurm: Spiroptera neoplastica (neuerdings Gangylonema neoplasticum genannt) vorkommt. Die Spiroptera siedelt sich im Epithel des Rattenmagens an und erzeugt hier papilläre Wucherungen und Carcinome. Von einem zufälligen Zusammentreffen oder der Mitwirkung einer embryonalen Anlage beim einzelnen Individuum kann bei diesen Versuchen wohl nicht die Rede sein, da von 102 Ratten, die 45—298 Tage lebten, 54 typische Magencarcinome hatten. Bei den Tieren, die 44 Tage und später nach der Fütterung getötet wurden, fanden sich in 50% Magenkrebse, zum Teil mit Metastasen. Auch hier ließ sich nun histologisch einwandfrei zeigen, daß das Carcinom nicht aus beliebigen Stellen des infolge der parasitären Schädigung wuchernden Magenepithels hervorging, sondern daß sich kleine, scharf abgegrenzte Zellnester als Carcinomkeimanlagen bildeten, durch deren Wachstum allein ohne Hineinbeziehung des Epithels der Nachbarschaft nun der Magenkrebs entstand.

[1]) Fischer, Bernh.: Experimentelle Flimmerepithelblasen der Lunge. Frankfurt. Zeitschr. f. Pathol. Bd. 27, S. 98. 1922.
[2]) Fibiger: Spiropteracarcinom. Zeitschr. f. Krebsforsch. Bd. 17, S. 48. 1920.

FIBIGER selbst schreibt darüber: „Auch hier erschienen die kleinsten carcinomatösen Foci scharf abgegrenzt; kein diffuser Übergang des atypisch carcinomatösen ins angrenzende normale oder hyperplastisch veränderte Epithel war nachzuweisen; ... die scharfen Grenzen unverändert auch während des weiteren Wachstums der Geschwulst." FIBIGER sieht selbst in seinen Befunden

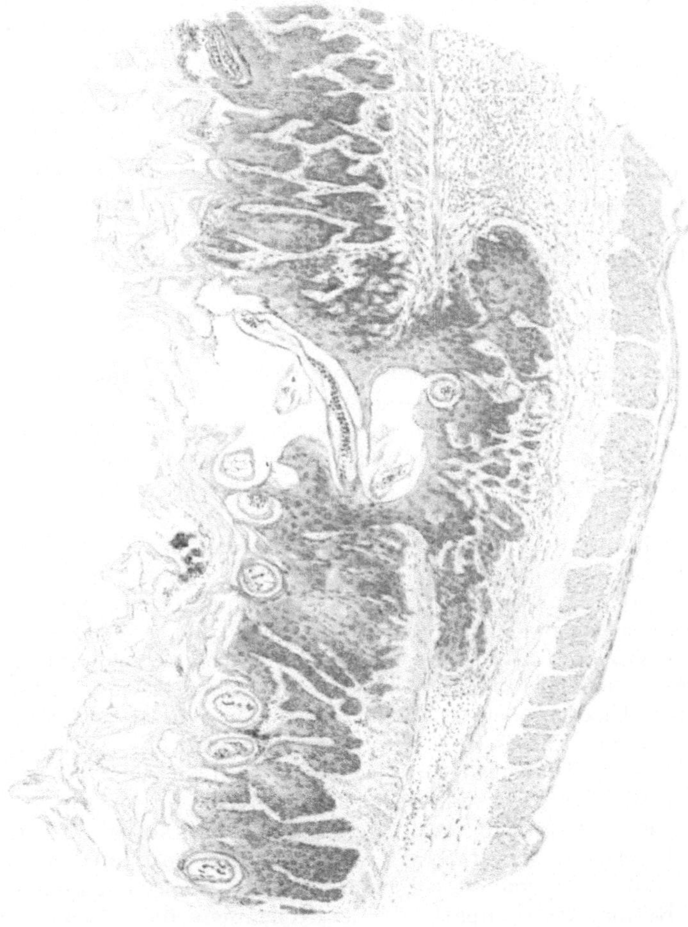

Abb. 461. *Beginnendes Spiropteracarcinom im Vormagen einer bunten Ratte.* Im Epithel sind Quer- und Längsschnitte der Parasiten zu sehen. Schwache Vergrößerung. *Beginn der Carcinomentwicklung an einer kleinen umschriebenen Stelle.* (Nach einem von Prof. FIBIGER-Kopenhagen zur Verfügung gestellten Präparat.)

eine „Bestätigung der bekannten, zuerst von RIBBERT gegebenen Erklärung der genannten Phänomene. Auch vom Spiropteracarcinom muß angenommen werden, daß es expansiv und invasiv aus sich herauswächst, ohne appositionell vergrößert zu werden" (s. die Abbildung 461).

Wir müssen also, wollen wir die Pathogenese und Ätiologie der Geschwulstbildung aufdecken, in erster Linie zu erforschen suchen, wie es im Körper zur Bildung dieser Geschwulstkeimanlagen kommen kann.

2. Die Bildung der Geschwulstkeimanlage aus einer embryonalen Gewebsmißbildung.

Es ist ohne weiteres klar, daß diese Bildung der Tumoranlagen mit der Bildung von Organanlagen, wie wir sie bei der embryonalen Entwicklung in wunderbarer Mannigfaltigkeit auftreten sehen, die größte Ähnlichkeit hat. Histologisch und entwicklungsmechanisch zeigen beide Vorgänge auch tatsächlich sehr weitgehende Übereinstimmung. Daher kann man mit Recht die Geschwulstkeimanlagen als *Organoide* bezeichnen, wie dies Eugen Albrecht für die Geschwülste überhaupt vorgeschlagen hat. Aber diese Bezeichnung trifft nur die Keimanlage der Geschwülste, nicht ihr sonst von allen Körperzellen in Wachstum und Differenzierung völlig differentes Verhalten, kann somit nicht das Wesen der Geschwulstbildung, insbesondere der Malignität, erklären. Auch die Annahme einer besonderen konstitutionellen Veranlagung einzelner Zellen könnte nur dann zur Erklärung ausreichen, wenn nicht nur die Zellmißbildung allein, sondern in dieser bereits der volle Geschwulstcharakter der Zelle gegeben wäre. Dafür haben wir noch keine sicheren Unterlagen und bis heute können wir nur sagen, daß auch die Mißbildung einer Einzelzelle einmal den Boden einer Geschwulstkeimanlage, aber noch nicht mehr abgibt.

Trotzdem wären wir einen gewaltigen Schritt weiter, wenn wir die wesentlichen Ursachen, die Determinationsfaktoren, kennen würden, die zur Bildung solcher Geschwulstkeimanlagen führen. Aber leider sind für uns bis heute auch die wesentlichsten kausalen Faktoren, die zur Bildung der embryonalen Organanlagen führen, noch fast völlig in Dunkel gehüllt. Wir müssen auch bei der embryonalen Organdifferenzierung auf innere, immanente, den Zellen erblich überkommene Determinationsfaktoren zurückgreifen.

Diese kurzen Ausführungen zeigen aber schon, von wie großer Bedeutung für die Histo- und Pathogenese der Geschwulstbildung embryonale Gewebsausschaltungen sein müssen.

Für einen großen Teil der Geschwülste ist die embryonale Anlage des Geschwulstkeims eine heute durch reiche Erfahrungen gesicherte und erwiesene Tatsache. Alle Theorien der Geschwulstentstehung, die diese Tatsache außer acht lassen, können deshalb allgemeine Bedeutung für die Erklärung der Geschwulstgenese nicht beanspruchen. Ja, wenn wir nicht die Zahl der einzelnen Fälle, sondern die Zahl der verschiedenen Geschwulst*formen*, die in der Natur vorkommen, ins Auge fassen, so muß man sagen, daß sicher für die Mehrzahl der Geschwulstformen überhaupt der Nachweis der embryonalen Genese sich heute führen läßt. Ein malignes Teratom des Ovariums, ein malignes Neuroblastom der Retina, des Sympathicus, der Nebenniere beim Neugeborenen, ein Chordom, zahlreiche Angiome und Kavernome, erbliche und multiple Chondrome, familiäre Darmpolyposis und viele andere Geschwülste lassen sich nur auf embryonale Entwicklungsstörung in ihrer Pathogenese zurückführen.

Aber damit soll nicht gesagt sein, daß die Tatsache der embryonalen Geschwulstkeimbildung uns schon die Pathogenese der Geschwulstbildung restlos erklärt. Es muß für die nachweislich auf Entwicklungsstörungen zurückzuführenden Geschwülste „die Cohnheim-Ribbertsche Theorie" dahin modifiziert werden, daß nicht die mechanische Verlagerung eines Gewebskeimes, nicht die Ortsveränderung, sondern die Ausschaltung eines Gewebskomplexes aus den physiologischen Beziehungen zum Gesamtkörper, insbesondere zum Stoffwechsel des einheitlichen Organismus die wesentliche Grundlage der Geschwulstbildung ist. Das Wesen dieser physiologischen Keimausschaltung ist uns bis heute noch unbekannt. Natürlich wird die pathologische Verlagerung von Gewebsteilen, insbesondere die embryonale, die Ausschaltung von Zellgruppen aus dem physiologischen Verbande, aus den normalen Korrelationen zum übrigen Körper und Gewebe begünstigen. Das gilt in erster Linie für embryonale Keimverlagerung, hat aber wahrscheinlich auch für postembryonale unter gewissen Umständen Bedeutung.

Es ist selbstverständlich, daß auch an solchen embryonalen Gewebsmißbildungen sich später noch Entwicklungsvorgänge und Wucherungserscheinungen geltend machen können. Die lokalen Gewebsmißbildungen, die nicht noch in irgendeiner Weise insbesondere durch funktionelle Stoffwechselvorgänge mit dem Gesamtorganismus in Verbindung stehen, dürften sicherlich bald zugrunde gehen. Bei den anderen ändert sich die Beziehung zum Gesamtkörper im Laufe der Zeit schon durch die fortschreitende Entwicklung der übrigen Organe, und da wir wissen, daß in der 3. Rouxschen Periode des funktionellen Reizlebens die korrelative durch die Funktion bedingte Verknüpfung der Einzelorgane eine sehr viel innigere wird, so kann schon dadurch das Verhältnis eines embryonal ausgeschalteten Keimes zum Gesamtkörper sich ändern. Wir sehen also, daß schon durch die normalen und noch mehr vielleicht durch die pathologischen Veränderungen des Gesamtorganismus die embryonal ausgeschalteten Gewebskeime besonders im Alter neue Impulse, insbesondere Wachstumsimpulse, erhalten können. Welche Faktoren hier im einzelnen die wesentliche Rolle spielen, ist bisher noch unbekannt.

Die Häufigkeit des Vorkommens und die Einzelheiten unserer Kenntnisse über die embryonalen Keimausschaltungen, Gewebsmißbildungen sind bereits in dem vorigen Abschnitt dieses Bandes (Heteroplasie, S. 1329) eingehend besprochen worden, worauf deshalb verwiesen werden kann.

Über die Vorgänge, die sich an solchen embryonal ausgeschalteten Keimen abspielen, sind wir heute nicht mehr völlig ohne Kenntnis. Die an solchen Keimen sich abspielenden Fehldifferenzierungen (s. S. 1332) geben uns manchen Fingerzeig des Verständnisses für die Vorgänge bei der Geschwulstbildung. Ich habe vor Jahren in einem kurzen Vortrage drei verschiedene Formen der Fehldifferenzierung an Geschwulstkeimanlagen unterschieden[1]):

1. das Stehenbleiben der ausgeschalteten Zelle (Blastomere z. B.) oder des Zellkomplexes auf frühestem Stadium der Entwicklung mit späterer Nachentwicklung;

2. die Gewebsdifferenzierung in pathologischer Richtung oder an pathologischer Stelle;

3. als wichtigste Grundlage für die Geschwulstbildung den Stillstand eines Gewebskeims auf frühem Entwicklungsstadium und das Ausbleiben der Weiterdifferenzierung trotz nachfolgender Zellteilung.

Die wesentliche Ursache dieser Differenzierungsstörungen kann — aber muß nicht — schon in der primären Struktur der Erbmassen der Geschwulstzellanlage gegeben sein. Rein theoretisch müssen wir aus alledem also schon auf die große Bedeutung der Kernstruktur und des Stoffwechsels der Geschwulstzelle schließen.

Da schon seit langer Zeit bei zahlreichen Pathologen die Überzeugung feststand, daß die Geschwulstzelle der Träger aller wesentlichen Geschwulsteigenschaften ist, so mußte auch hiernach dem Kern als dem Träger der Erbmasse und dem Zentrum des Stoffwechsels der Zelle erhöhte Bedeutung in der Geschwulstforschung zukommen. Schon v. Hansemann hatte in seinen bekannten Untersuchungen über die Anaplasie die Kernverhältnisse, Chromosomen- und

---

[1]) Fischer, Bernh.: Geschwulstanlagen und Geschwulstmißbildungen. Münch. med. Wochenschr. 1911, Nr. 15, S. 819.

Mitosenverhältnisse der Tumoren eingehend studiert, und meines Wissens ist seither nichts wesentlich Neues zur Pathologie des Chromatins der Tumorzellen beigebracht worden. Wenn also in neuerer Zeit im Anschluß an eine rein theoretische Abhandlung von Boveri[1]) von seiten der Entwicklungsmechaniker und Embryologen in einem abnormen Chromosomenbestand der Geschwulstzelle des Rätsels Lösung erblickt wird, so muß dagegen gesagt werden, daß diese alte Idee wohl durch die neuen glänzenden Erfolge der Entwicklungsmechaniker und Zoologen in ihren Arbeiten über die Bedeutung und Lagerung der Chromosomen neue Anregung erhalten hat, daß ihr bisher aber leider noch für die Geschwülste die tatsächliche Unterlage fehlt. Es will mir auch scheinen, daß von jener Seite die Tatsache gar zu wenig beachtet wird, daß abnorme Mitosen, abnorme Chromatinbildungen und Chromosomenverteilung nicht nur bei Geschwulstzellen, sondern auch bei zahlreichen anderen pathologischen Zellvermehrungen vorkommen, also an und für sich nichts für die Geschwulstzelle Charakteristisches darbieten. Letzteres allein wäre nachzuweisen, um uns weiterzubringen. Und dasselbe gilt, wie früher schon gesagt, für den Stoffwechsel der Tumorzelle.

3. Die postembryonale Bildung der Geschwulstkeimanlage auf dem Boden der Regeneration.

Trotz der großen Bedeutung, die der embryonalen Anlage für die Bildung zahlreicher Geschwülste zuerkannt werden muß, ist es nun aber auf Grund ausgedehnter klinischer und experimenteller Erfahrungen bei einer ganzen Reihe von Geschwülsten meines Erachtens völlig ausgeschlossen, sie auf eine embryonale Anlage zurückzuführen. Zwar glaubte auch Ribbert[2]) in der letzten Zeit seines Lebens ohne diese Annahme eine Erklärung der Geschwulstbildung nicht mehr geben zu können, aber es sind zu viele Beobachtungen, die ganz einwandfrei die Allgemeingültigkeit einer solchen These widerlegen. Es gibt eine Reihe von Tumoren, insbesondere von Carcinomen, deren Beziehung zu äußeren Einflüssen so einwandfrei nachzuweisen ist, daß hier die Annahme einer embryonalen Anlage als wesentlicher Ursache, d. h. des Determinationsfaktors, vollkommen fallen muß.

Wir werden diese Geschwulstformen später noch eingehend zu besprechen haben. Deshalb kann der kurze Hinweis an dieser Stelle genügen, daß wir sowohl beim Menschen eine Reihe von Krebsformen kennen, die lediglich äußeren Einflüssen ihre Entstehung verdanken (Röntgencarcinom, Paraffinkrebs, Bilharziacarcinom, Kangrikrebs, Narbenkrebs usw.), als auch heute experimentell Carcinome erzeugen können, bei deren Entstehung jede örtliche kongenitale Anlage auszuschließen ist.

Was ist nun das gemeinsame Moment, das all diesen Krebsbildungen zugrunde liegt? Es ist meines Erachtens unschwer zu erkennen. Es handelt sich hier (besonders schön ist das ja, weil dem Auge ohne weiteres zugänglich, an der Röntgenhaut zu verfolgen) um dauernde und immer wiederholte Schädigungen des Epithels, die zu ständig wiederholten und durch dieselbe Schädigung beeinflußten Regenerationen führen. Daher wohl auch die ungewöhnlich lange Latenzzeit, die zwischen primärer Schädigung und Krebsbildung ganz ausnahmslos nachzuweisen ist.

Nach den Grundgesetzen der Biologie hat aber gerade der regenerative

---

[1]) Boveri, Th.: Zur Frage der Entstehung maligner Tumoren. Jena 1914.
[2]) Ribbert, H.: Die Herkunft der Geschwülste. Dtsch. med. Wochenschr. 1919, Nr. 46, S. 1266.

Vorgang die Fähigkeit neue Zellgruppen, neue Gewebskomplexe, neue Organanlagen (Organoide) zu bilden und so kommt es auf diesem Wege durch einen — grundsätzlich dem embryonalen ganz analogen — Entwicklungsvorgang wiederum zur physiologischen Ausschaltung eines Zellkomplexes.

Der Schluß, daß jeder Geschwulstbildung die Bildung eines besonderen Geschwulstkeimes, d. h. also eine Keimausschaltung vorausgeht, ist also zwingend. Die tatsächliche Abstammung der Geschwulstzelle von der Körperzelle, die fundamentale Differenz andererseits der Geschwulstzelle von der Körperzelle führen zu der notwendigen Schlußfolgerung, daß irgendwo und irgendwann eine Umwandlung der Körperzelle zur Geschwulstzelle stattgefunden haben muß. Und da wir weiterhin wissen, daß nach der Bildung der primären Geschwulstanlage sich niemals sekundär die normalen Körperzellen in Geschwulstzellen umwandeln, so muß die Bildung eines primären Geschwulstkeimes der Geschwulstentstehung vorangehen.

Gerade die einwandfrei feststehende Tatsache, daß bei der fertig ausgebildeten Geschwulst eine Kontaktinfektion der Nachbarzellen nicht stattfindet, zwingt in jedem Falle zu der Annahme eines primären umschriebenen Geschwulstkeimes. Damit wäre also unsere erste Aufgabe, die Entstehung des Geschwulstkeimes im Körper und die wesentlichen kausalen Faktoren für die Bildung solcher Keime aufzudecken.

Mögen wir die Geschwulstanlage ableiten, wie wir wollen, auf jeden Fall ist ein primärer Keim notwendig, eine Zellgruppe oder Einzelzelle, die in bestimmter, und zwar näherer Beziehung zu den Körperzellen steht als die Geschwulstzelle selbst und durch deren Weiterentwicklung sich die Geschwulstzelle in ihren charakteristischen Eigenschaften bildet.

Es liegen schon eine ganze Reihe von Tatsachen vor, die uns eine genauere Vorstellung über den Vorgang der Geschwulstbildung gestatten.

VI. Bisherige Erklärungsversuche.

1. Die Keimausschaltung nach Cohnheim und Ribbert.

(Folgen der natürlichen und experimentellen Verlagerung von Gewebszellen.)

Da Embryologie und Entwicklungsgeschichte zeigten, daß die Bildung der spezifischen Organkeime sich durch eine Absonderung von Zellgruppen von den übrigen Zellen vollzieht, so sah die Cohnheimsche Theorie in der pathologischen Isolierung einzelner embryonaler Zellgruppen die Grundlage der Geschwulstbildung. Die mechanische Versprengung embryonaler Gewebskeime führte zur Bildung des Geschwulstkeimes. Ribbert erweiterte die Theorie durch die Annahme, daß auch postembryonale Verlagerungen von Gewebskomplexen zur Geschwulstbildung führen können. Häufig, aber keineswegs bei allen Geschwülsten, treffen die Voraussetzungen der Cohnheim-Ribbertschen Theorie zu, aber auch da, wo sie zutreffen, kann uns die *Keim*versprengung die *Geschwulst*entstehung noch nicht erklären, und so hat sich diese primitivste Form der Theorie — Bildung des Geschwulstkeimes durch mechanische Zellverlagerung — als unzureichend erwiesen. Es unterliegt gar keinem Zweifel mehr, daß zahlreiche Geschwulstkeime sich bilden ohne jede mechanische Gewebsverlagerung, und auch bei den Geschwulstkeimanlagen, wo Gewebsverlagerungen vorausgingen, spielt die Verlagerung selbst nicht die wesentlichste Rolle. Auf die reichen experimentellen Erfahrungen über solche Verlagerungen kommen wir noch zurück. In anderen Fällen aber ist die Verlagerung nur scheinbar, in Wirklichkeit liegen keinerlei mechanische Gewebsverwerfungen, sondern lediglich pathologische Gewebsdifferenzierungen vor.

Ganz anders wird die Bedeutung der Cohnheim-Ribbertschen Theorie, wenn statt der anatomischen Keimversprengung die Ausschaltung eines Gewebskomplexes aus dem *physiologischen* Zusammenhange zur Grundlage der Geschwulstkeimbildung gemacht wird. Aber solange wir das Wesen dieses „physiologischen Zusammenhanges" nicht kennen, ist diese Theorie nur eine Umschreibung der Annahme überhaupt, daß sich ein besonderer Geschwulstkeim aus den somatischen Zellen bildet.

Selbst dann, wenn wir noch nicht in das Wesen dieser Keimausschaltung eindringen können und damit noch keine Erklärung für die Geschwulstentstehung abgeben können, hat die Cohnheim-Ribbertsche Theorie der Geschwulstentstehung doch das außerordentliche Verdienst, die große Bedeutung des Geschwulstkeims in das rechte Licht gerückt zu haben, mögen wir nun diesen primären Geschwulstkeim als embryonal entstanden ansehen oder nicht.

Was wir bei der Geschwulstentstehung als *Keimausschaltung* bezeichnen, ist also — und das ist grundlegend — nicht die Entstehung eines Keimes schlechthin, sondern auch gleichzeitig die *Ausschaltung* eines solchen sich bildenden Keimes aus der physiologischen Einheit des Gesamtkörpers. Damit ist dasselbe gesagt, was wir früher schon hervorgehoben haben: die Geschwulst durchbricht in ihrem biologischen Verhalten die Einheit des Organismus, sie ordnet sich nicht mehr dem normalen und regenerativen Entwicklungsplane, sie ordnet sich nicht dem Stoffwechselplane des Organismus unter.

Wir müssen also, um tiefer in das Wesen der Geschwulstentstehung einzudringen, uns klarmachen, was es heißt, daß eine bestimmte Gewebskeimanlage „ausgeschaltet" wird, und was uns eine solche Ausschaltung erklären kann. Die wesentlichste Frage bleibt dann noch immer zu beantworten, wie diese Ausschaltung zustande kommt, und andererseits, worin wir das spezifische Moment zu erblicken haben, das diese Gewebskeimausschaltung zur Geschwulstanlage macht.

Die Einheit des Organismus ist, wie ich früher bereits auseinandergesetzt habe[1]), eine morphologische und eine chemische. Da wir eine chemische Theorie der Formbildung vertreten haben, so sahen wir die morphologische Einheit als Folge dieser chemischen Einheit des Organismus an. Auch die Tätigkeit des Nervensystems ist ein wesentlicher Faktor für die chemische Einheit des Organismus. Das Nervensystem ist sozusagen in den Ablauf der komplizierten spezifischen chemischen Prozesse des Körpers eingeschaltet, und es ist ja bekannt, daß der früher so scharf hervorgehobene Gegensatz bei der Fragestellung, ob ein Prozeß nervöser oder chemischer Natur sei, durch die Forschungen der letzten Jahre wesentlich an Schärfe verloren hat. Ich erinnere nur an die Einschaltung des Nervensystems in das komplizierte Getriebe der chemischen Prozesse der sog. inneren Sekretion. Wir wissen, daß zahlreiche rein chemische Erregungen vom Nervensystem abhängig sind, wie die Wirkung des Adrenalins oder der Vagusstoffe am Herzen nach den Untersuchungen von Loewi zeigen.

Diese Einheit des Organismus, dieses Zusammenarbeiten der gesamten Organe des Körpers im Interesse einer höheren Einheit hat man durch einfache Vergleiche dem Verständnis näherzubringen versucht. Man hat diese Einheit des Körpers mit der Einheit eines sozialen Organismus, eines Staatswesens, verglichen. v. Hansemann hat die Fähigkeit der Zellen des Organismus zu einem einheitlichen Körper zusammenzuarbeiten, den Altruismus der Zellen genannt. Aber das ist natürlich nur ein Wort, eine Umschreibung ohne den Versuch irgendeiner Erklärung. Wenn wir dagegen in der Einheit des chemischen

---

[1]) Fischer, Bernh.: Vitalismus und Pathologie. Berlin 1924.

Stoffwechsels des Organismus die Grundlage sowohl der einheitlichen funktionellen Tätigkeiten der verschiedenen Organe, wie der Einheit der Formbildungsprozesse des Körpers erblicken, so erscheinen nun auch die Folgen von Keim- und Gewebsausschaltung in einem anderen Lichte.

Die Einheit des organischen Stoffwechsels eines Individuums ist bedingt durch den spezifischen chemischen Stoffwechsel des Erbplasmas und der daraus entwickelten spezifischen Organgewebe. Diese Einheit des Stoffwechsels wird bewerkstelligt durch den Einfluß der spezifischen chemischen Produkte des einzelnen Organs auf die anderen Organe des Körpers, wobei für das chemische Zusammenarbeiten der einzelnen Teile des Organismus die Erregungsleitungen, insbesondere die Erregungen und Übertragungen durch das gesamte Nervensystem von großer Bedeutung sind.

Diese Einheit des Organismus, dieses Zusammenarbeiten der verschiedenen Organe zu einem einheitlichen Ganzen, kann nun in verschiedener Weise gestört oder verhindert werden. Das Zusammenarbeiten der einzelnen Teile setzt voraus, daß jeder Teil des Gesamtorganismus in der Lage ist, auf jeden anderen Teil des Gesamtorganismus irgendwelche Wirkungen auszuüben. Diese Einwirkung kann direkt durch chemische Moleküle, durch die inneren Sekrete, Hormone mit Hilfe des Kreislaufs oder durch nervöse Erregungsleitungen übermittelt werden und auch auf letzterem Wege direkte chemische Umbildungen, Umsetzungen und Formbildungsvorgänge zur Folge haben. Es ist darnach selbstverständlich, daß ein Zusammenarbeiten der Organe einer höheren Einheit nur möglich ist, wenn diese gegenseitige Einwirkung der einzelnen Teile des Organismus aufeinander gesichert ist.

Wird diese gegenseitige Einwirkung verändert oder vollkommen verhindert, so müssen eine Reihe von Störungen eintreten.

Wenn wir einen Teil des Körpers von dem Organismus mechanisch vollkommen ablösen, abtrennen, so hört natürlich jegliche Einwirkung des Körpers auf diesen Teil und dieses Teiles auf den Gesamtorganismus auf. Sowohl die chemische wie die nervöse Erregungsübertragung ist unterbrochen. Die Folge einer solchen Isolierung wird nun verschieden sein, je nach der Potenz des abgetrennten Teiles. Sind die einzelnen Zellen des Organismus totipotent, so ist nunmehr für den abgetrennten Teil infolge Fortfalls der Einwirkungen der übrigen Teile des Organismus der Anstoß zur Entwicklung gegeben, wie wir das früher schon bei der Frage der Regeneration besprochen haben. War der abgetrennte Teil spezifisch differenziert, so zerfällt diese Differenzierung, und aus den übrigbleibenden Teilen beginnt das in allen Zellen vorhandene Keimplasma einen vollständig neuen Organismus aufzubauen.

War dagegen der abgetrennte Teil des Körpers nicht totipotent, sondern enthielt er nur noch geringe Potenzen, so wird, je nach der Bedeutung dieser Potenzen ein völliges Zugrundegehen des abgetrennten Teiles oder mehr oder weniger hochgradige Regeneration die Folge sein.

Diese vollständige mechanische Trennung eines Keimes, eines Teiles des Organismus vom Gesamtorganismus, hat aber für uns nur geringeres Interesse, insbesondere für die Geschwulstlehre kommt diese Form der Keimausschaltung nicht in Betracht. Aber es sind auch Keimausschaltungen, Trennungen aus dem physiologischen Verband, denkbar ohne eine mechanische Trennung vom Körper.

Die beiden Hauptwege, auf denen die Teile des Organismus gegenseitig aufeinander einwirken, sind der chemische und der nervöse. Eine Unterbrechung oder Verlegung dieser beiden Wege wird eine mehr oder weniger hochgradige physiologische Isolierung eines einzelnen Körperteils zur Folge haben.

Es ist selbstverständlich, daß sowohl die Übertragung chemischer Einwirkungen wie die Übertragung nervöser Erregungen im Organismus nicht auf unbegrenzte Strecken hin ausführbar ist. Es würde darnach zu folgern sein, daß bereits das Wachstum eines Organismus über eine gewisse Grenze hinaus zur physiologischen Isolierung einzelner Teile führen könne. Das ist in der Tat der Fall. Die Übertragung der Erregungen ist nur auf eine gewisse Strecke hin möglich, und so sehen wir denn bei niederen Tieren und insbesondere bei Pflanzen eine Isolierung von Teilen des Körpers schon dadurch eintreten, daß der Organismus eine gewisse Grenze des Wachstums überschreitet. Je nach der Potenz der verschiedenen Teile wird die Folge eine verschiedene sein. Bei totipotenten Teilen erfolgt infolge dieses zu starken Wachstums über eine gewisse Grenze hinaus eine Isolierung des peripheren Teils, der sich dann wiederum zu einem Gesamtorganismus regeneriert. Bei nicht totipotenten Teilen lösen derartige Wachstumsvorgänge an diesen Teilen Regenerationen aus. Eine Reihe von Beispielen für diese Auslösung regenerativer Prozesse findet sich bei Child. Child[1]) hat sogar an Harenactis attenuata den Nachweis erbracht, daß eine „Regeneration von Teilen erfolgte, wenn eine gewisse Ausdehnung des Körpers durch Flüssigkeit aufrechterhalten wurde". Hier war also einfach auf mechanischem Wege das Volumen des Körpers zu groß geworden, so daß eine Übertragung der zur Einheit des Organismus notwendigen Erregungen der einzelnen Teile aufeinander nicht mehr möglich war, und infolgedessen erfolgte nun an den einzelnen Teilen Regeneration.

Fassen wir diese Einwirkungen der einzelnen Organe aufeinander unter dem Namen der Korrelation zusammen, so können wir uns kurz ausdrücken und sagen: **Jede Abschwächung oder Aufhebung der Korrelation führt zu einer Isolierung** der einzelnen Teile und damit je nach der Potenz dieser Teile zur Auslösung von Regenerationsvorgängen, bei totipotenten Teilen dagegen direkt zur Vermehrung. „Überall", sagt Child[2]), „stehen die Teile sozusagen im Begriff, sich zu vermehren; bei geringer Abschwächung der Korrelation geht der Vermehrungsvorgang oft sofort vor sich." Gerade bei den Pflanzen fanden wir nun die Totipotenz der einzelnen Teile sehr weit verbreitet, und so verstehen wir jetzt die Tatsache, die Child feststellt: „Dagegen löst sich die Pflanze bei Hemmung ihrer Tätigkeit als Ganzes in kleinere, selbständige Systeme auf, deren weitere Entwicklung in Beziehung zu den Außenbedingungen steht." Diese in der Pflanzenwelt so außerordentlich weitverbreitete Totipotenz der einzelnen Körperteile des Organismus erklärt auch eine weitere Eigentümlichkeit der Pflanzen. Child schreibt hierüber: „Sehr allgemein unterscheiden die Botaniker die Regenerations- und die Reproduktionserscheinungen bei den Pflanzen: nach unserer Auffassung ist diese Unterscheidung eine wohlbegründete. Wie bekannt, sind die echten Regenerationsvorgänge bei den Pflanzen ziemlich selten und stehen auch meistens mit Vegetationspunkten oder mit Wurzelspitzen in engem Zusammenhang. Meistenteils werden verlorene Teile nicht ersetzt, sondern es findet ein Vermehrungsvorgang, eine Bildung von neuen Knospen- bzw. Wurzelindividuen statt. Im vorstehenden haben wir versucht darzustellen, wie solche Vermehrungsvorgänge durch die physiologische oder die physikalische Isolation ausgelöst werden."

Diese Tatsachen lassen es auch verständlich erscheinen, daß mit fortschreitendem Alter die Disposition zur Geschwulstbildung größer wird. Im Alter tritt eine Abnahme der Korrelationen ein. Diese Abnahme der Korrelationen führt

---

[1]) Child: Experimental control of certain regulatory processes in Harenactis attenuata. Biol. bull. of the marine biol. laborat. Bd. 16, S. 47—53. 1909; ref. Biophys. Zentralbl. Bd. 4, S. 144. 1909.

[2]) Child: Physiologische Isolation. W. Roux, Vortr. üb. Entwicklungsmech. H. 11. 1911.

bei den differenzierten Gewebszellen schließlich zur Atrophie, zum Greisenschwund. Bei undifferenzierten Zellkomplexen dagegen führt diese *senile Abnahme der Organkorrelationen* zur Entwicklung, und damit ist **das Altern als ein wichtiger Faktor der Entwicklungserregung undifferenzierter Gewebskomplexe** erkannt.

Es ergibt sich also, daß die Größe eines Individuums bei totipotenten Organismen durch die Strecke bedingt ist, auf welche eine Übertragung der chemischen und nervösen Erregungen noch möglich ist. Wird diese Wirkungsstrecke der Korrelation überschritten, so muß bei totipotenten Individuen eine Vermehrung eintreten. Child sagt hierüber: „Wenn wir nun der Einfachheit halber ein hypothetisches Individuum mit einem einzelnen dominanten Teil und begrenzter Wirkungsstrecke der Korrelation annehmen, ersehen wir, daß ein solches Individuum nur eine durch die Wirkungsstrecke der Korrelation bestimmte Größe erreichen kann. Wenn durch irgendwelchen Grund ein Teil außerhalb der Korrelationsgrenze verlegt wird, so ist er nicht mehr ein physiologischer Komponent des Individuums, er wird mit anderen Worten physiologisch isoliert, obwohl seine physikalische Kontinuität mit anderen Teilen noch vollständig bestehen kann. Sein Schicksal nach der physiologischen Isolierung ist offenbar erstens von seinen Fähigkeiten oder Potenzen und zweitens von den umgebenden Bedingungen abhängig. Wenn er totipotent ist, kann er, wie nach der physiologischen Isolierung, ein neues Ganzes werden. Kurz gesprochen, es wird also die Folge der physiologischen Isolation in solchem Fall eine Vermehrung, eine Reproduktion.“

Es ist demnach bewiesen, daß bereits eine physiologische Isolation der einzelnen Teile des Organismus durch sehr lebhaftes Wachstum entstehen kann und daß diese Isolation bei totipotenten Organismen zur *Vermehrung* der Organismen führt.

Nun sind natürlich auch noch sehr viele andere Möglichkeiten denkbar, wodurch eine physiologische Isolation eines Teiles hervorgerufen wird. Child führt als weitere und sehr wesentliche wichtige Ursache der Isolation eines Teiles an: „eine irgendwie herbeigeführte Verkürzung der Wirkungsstrecke der Korrelation. Es besteht also wenigstens die theoretische Möglichkeit der Herbeiführung der physiologischen Isolation sowohl durch eine Verminderung oder Aufhebung der Tätigkeit eines dominanten Teiles wie durch eine Verminderung oder Aufhebung der Übertragungsfähigkeit der Bahn.“ Dominanter Teil in diesem Sinne ist natürlich ein relativer Begriff. Jeder Körperteil, der auf einen anderen eine Korrelationswirkung ausübt, die für dessen funktionelle Tätigkeit und morphologische Differenzierung von Wichtigkeit ist, ist in diesem Sinne dominanter Teil. Es ergibt sich also eine physiologische Isolation eines Teiles schon dadurch, daß das Organ, von dem der Teil wesentliche korrelative Erregungen zu empfangen hat, geschwächt wird, und ebenso resultiert eine physiologische Isolation, wenn der Teil selbst für diese Erregungen weniger aufnahmefähig wird. Je nach der Potenz der Teile können dann schon durch die Arten und Grade der physiologischen Isolation Entwicklungsvorgänge oder Regenerationsvorgänge ausgelöst werden. „Wenn z. B.“, schreibt Child, „durch die lokale Einwirkung äußerer Bedingungen oder auf andere Weise die korrelative Rezeptivität eines Teiles vermindert wird, so wird dadurch ein gewisser Grad der physiologischen Isolation des Teiles herbeigeführt, welche möglicherweise zur regulatorischen Entwicklung und Vermehrung führen kann“, und „außerdem kann das Wachstum durch verschiedene zufällige äußere Bedingungen, z. B. Mangel der Nahrung, des Sauerstoffs, des Wassers, gewisser Salze usw. gehemmt werden. Unter gewissen Umständen können diese akzidentellen Faktoren nicht nur das Wachstum beschränken, sondern auch, indem sie die physiologische Tätigkeit vermindern und dadurch die Wirkungsstrecke der Korrelation verkürzen, die physiologische Isolation gewisser Teile, also die Vermehrung veranlassen."

Diese Erkenntnisse werfen ein helles Licht auf jene Wachstums-, Regenerations- und Vermehrungsvorgänge, die z. B. durch Hunger ausgelöst werden, und von Wichtigkeit ist, daß hier nicht etwa theoretische Erwägungen vorliegen, sondern daß all dies tatsächlich im Experiment nachgewiesen werden kann (z. B. Kornfeld, starke Vermehrung der Mitosen im Hunger bei Amphibienlarven).

Ja es läßt sich der Nachweis erbringen, daß nicht etwa die Entnahme von Material, wie man früher immer geglaubt hat, die Regenerationen und Neubildungen auslöst, sondern einfach der Fortfall der spezifischen Tätigkeit dieses Organs, der spezifischen, chemischen oder nervösen Erregungsvorgänge. Es ist bekannt, daß man bei der Pflanze die ruhenden Knospenanlagen zur Entwicklung bringen kann durch Abschneiden des Vegetationspunktes, Entnehmen von Material; aber Mc Callum[1]) hat das gleiche Resultat durch Einschließung des Vegetationspunktes des Keimlings in eine Wasserstoffatmosphäre erzielt: die ruhenden Knospenanlagen in den Achseln der Keimblätter kamen jetzt, genau wie nach der Abschneidung des Vegetationspunktes, zur Entwicklung. Ferner ist es Mc Callum auch gelungen, die physiologische Isolation eines Teiles der Pflanze durch Hemmung oder Aufhebung der Leitungsfähigkeit (ein Teil des Stengels kam in Ätherdampf) herbeizuführen. Diese Fälle von physiologischer Isolation und ihre Folgen liefern also den demonstrativen Beweis, daß die Auslösung der Neubildungsvorgänge nicht durch das Nichtvorhandensein des Teiles, sondern durch die Unterbrechung der physiologischen Korrelationen zustande kommt. Damit ist experimentell der Beweis erbracht, daß auch durch die Unterbrechung der Leitungsfähigkeit an einzelnen Stellen eine physiologische Isolation eines Teiles stattfinden kann. Eine solche Unterbrechungsfähigkeit der Leitung wird natürlich bei den höher organisierten Tieren vor allen Dingen durch eine Störung oder Unterbrechung der Nerventätigkeit hervorgerufen werden können. Child glaubt daher auch, daß es mit geeigneter Technik möglich sein müsse, bei den niederen Tieren einen Vermehrungsvorgang durch lokale Verminderung oder Aufhebung der Leitungsfähigkeit der Nerven, ja die ungeschlechtliche Vermehrung durch die physiologische Isolation gewisser Körperteile von funktionellen Nervenreizen auszulösen. Solche Folgen der Unterbrechung der Nervenleitung werden natürlich nur dort auftreten, wo die isolierten Teile noch einen hohen Grad von Formbildungspotenzen enthalten. Es versteht sich also von selbst, daß derartige Folgen bei höher differenzierten Tieren, bei denen die Potenz der einzelnen Körperteile und Zellen wesentlich eingeschränkter ist, nicht eintreten können, denn beim höherdifferenzierten Tier wird nach einer Trennung eines Teiles vom Nervensystem des Gesamtkörpers dieser Teil zum embryonalen Zustand nicht zurückkehren, weil er nicht die nötigen Potenzen für diesen Zustand mehr enthält und alle Tatsachen gegen die Annahme einer rückläufigen Entwicklung sprechen. Child hebt hervor, daß bei beschränkter Regulationsfähigkeit natürlich die Folgen der physiologischen Isolation ganz andere sein werden und unter Umständen morphologisch überhaupt nicht zum Ausdruck kommen, so daß dann die Vermehrung ausbleibt. Die isolierten Teile können dann degenerieren oder mehr oder minder selbständig in symbiotischer oder parasitischer Wechselbeziehung mit anderen Teilen weiterleben. „Das morphologische Individuum ist also zusammengesetzt aus einer Anzahl mehr

---

[1]) Mc Callum, zitiert nach Child: s. S. 1512.

oder minder selbständiger physiologischer Individuen, welche, um Ganze zu werden, nur der Regulationsfähigkeit entbehren. Beispiele sind die Entwicklungsstadien mit mehr oder minder vollständig nach Roux selbstdifferenzierenden Teilen" [Child[1])].

Die physiologische Isolation einzelner Teile des ausdifferenzierten Organismus müssen wir nach alledem also als ein sehr wesentliches kausales Moment für Regenerationsvorgänge und für Vermehrungsvorgänge der Zellen betrachten. Je nach der Potenz der isolierten Zellengruppen werden die Folgen sehr verschiedene sein, „und ferner kann", schreibt Child, „die physiologische Isolation auf verschiedene Weise zustande kommen: sie kann nämlich erstens aus der Größenzunahme, zweitens aus einer Tätigkeitshemmung beim dominanten Teil, drittens aus der Unterbrechung oder Verhinderung der Übertragung, und viertens aus Herabsetzung der Rezeptivität des betreffenden Teiles erfolgen".

Schon das Fehlen normaler spezifischer Nachbarschaftswirkungen kann die Regenerations- und Postgenerationsmechanismen in Gang bringen [Roux[2])], kann doch auf diesem Wege bei Planarien durch einfache Spaltung die Bildung eines zweiten Kopfes erzwungen werden ohne jede Materialentnahme. Die Störung der korrelativen Beziehungen löst also Wachstumsvorgänge aus, und vielleicht ist auch das dauernde Wachstum mancher Zellen in der Gewebskultur bei geeigneter Ernährung auf eine solche Ausschaltung jeder Korrelation zurückzuführen.

Wir sehen, daß im Getriebe des hochdifferenzierten Organismus die physiologische Isolation einzelner Zellgruppen einen außerordentlich mächtigen Antrieb zu Vermehrungsvorgängen gibt, und damit gewinnt dies fundamentale Bedeutung auch für die Lehre von der Geschwulstentstehung. Allerdings kann ja diese physiologische Isolation nach der Art des Körpers immer nur eine partielle sein. „Strenggenommen ist sie", schreibt Child[3]), „immer eine solche, denn eine absolut vollständige physiologische Isolation kann nur bei vollständiger physikalischer Isolation möglich sein."

Und dadurch beginnt für die Erklärung der Geschwulstentstehung nun die wesentlichste Schwierigkeit, denn während wir sehr wohl im Experiment die Folge eines bestimmten Eingriffs, eine Unterbrechung der Leitung, eine Abschwächung des dominanten Teiles usw. beobachten können, können wir umgekehrt keineswegs aus der eintretenden Zellvermehrung oder dem eintretenden Entwicklungs- oder Regenerationsvorgang auf die Art der physiologischen Isolation und ihre Ursachen schließen. Ich komme damit also zu dem Schluß, den ich schon vor Jahren ausgesprochen habe[3]):

„Es muß deshalb die Cohnheimsche Theorie dahin modifiziert werden, daß nicht die mechanische Verlagerung eines Gewebskeimes, nicht die Ortsveränderung, sondern die Ausschaltung eines Gewebskomplexes aus den physiologischen Beziehungen zum Gesamtkörper die wesentliche Grundlage der Geschwulstbildung ist. Natürlich wird die pathologische Verlagerung von Gewebsteilen, insbesondere die embryonale, die Ausschaltung von Zellgruppen aus dem physiologischen Verbande, aus den normalen Korrelationen zum übrigen Körper begünstigen. In einer ganzen Anzahl von Geschwulstbildungen können wir den Verlust der normalen Korrelationen des geschwulstbildenden Gewebsbezirkes zum übrigen Körper auch histologisch durch die an diesen Gewebskeimen sich abspielenden Fehldifferenzierungen nachweisen."

---

[1]) Child: Zitiert auf S. 1512.
[2]) Roux: Spezifikation der Furchungszellen. Biol. Zentralbl. Bd. 13, Nr. 19—22. 1893.
[3]) Fischer, Bernh.: Münch. med. Wochenschr. 1911, Nr. 15.

Eine rein anatomische Ausschaltung, Verlagerung eines Gewebskomplexes führt natürlich nicht ohne weiteres zur Geschwulstbildung, da ja alle physiologischen Korrelationen hierbei völlig erhalten bleiben können. Nicht nur die experimentelle Verlagerung der verschiedensten Gewebe des ausdifferenzierten und embryonalen Organismus, sondern auch die unter pathologischen Verhältnissen so außerordentlich häufigen Verlagerungen einzelner Zellkomplexe an abnorme Stellen des Körpers führen keineswegs regelmäßig, ja nicht einmal häufig zur Geschwulstbildung.

Die **Folgen derartiger Gewebsverlagerungen** sind natürlich sehr eingehend experimentell bearbeitet worden[1]) (vgl. auch S. 1394). Diese Transplantationsversuche sind eine der wichtigsten Grundlagen für die Lehre von der Spezifität der Arten bis zur Lehre vom Individualplasma geworden, weil ja immer Gewebsverpflanzungen die besten Ergebnisse haben, wenn sie am gleichen Individuum erfolgen. Selbst bei den Pflanzen hat sich gezeigt, daß heteroplastische Transplantationen nicht gelingen, wenn Pfropfen und Reis verschiedenen Familien angehören. Die biochemische Differenz selbst zweier verschiedenen Individuen der gleichen Art kann die Einfügung, das Anwachsen des Transplantats in den neuen Wirtskörper verhindern. Am besten wächst das Gewebe an, wenn die Zellen funktionieren können, und das ist in erster Linie der Fall mit den Geweben, deren wesentlichste Funktion in innerer Sekretion besteht. Von großer Bedeutung ist der von Schöne[2]) erbrachte Nachweis, daß man gegen die Implantation normaler Gewebszellen sowohl mit normalen Zellen wie mit Geschwulstzellen immunisieren kann — wiederum ein Beweis, wie nahe die Geschwulstzelle biologisch der Körperzelle steht. Artfremde Transplantationen gelingen eigentlich nur bei niederen Tieren, weil da die Artverschiedenheit der in Betracht kommenden spezifischen Plasmaeiweiße verhältnismäßig gering ist. Hier sind bei nahe verwandten Arten Transplantationen sowohl beim Embryo wie beim Erwachsenen möglich [Schöne[3])]. Embryonale Gewebe gehen bei allen Transplantationen leichter an und wachsen stärker, zuweilen selbst auf artfremden Individuen (Marchand, Saltykow), wobei das transplantierte Gewebe sogar den Wirtskörper schädigen, also schon eine *Ähnlichkeit mit parasitärem Wachstum* aufweisen kann.

Zahlreich sind die Versuche, durch solche Transplantationen Geschwülste zu erzeugen. Sie sind mit den Geweben erwachsener Tiere so gut wie immer erfolglos geblieben [Lubarsch[4])]. Lediglich Cysten verschiedener Art (Epidermoidcysten, Schleimhautcysten u. a.) hat man durch solche Transplantationen erzeugen können. Stilling gelang auf diesem Wege auch die Hervorbringung eines langsam wachsenden Lipoms.

Sehr viel zahlreicher sind die Versuche, Geschwülste durch Implantationen von *Embryonal*zellen, zerriebenen Embryonen hervorzurufen. Es gelang auf diesem Wege teratomähnliche Bildungen, Neubildungen und Knorpelgewebe usw. auch in den inneren Organen zu erzeugen [Birch-Hirschfeld[5]),

---

[1]) Siehe Ribbert: Arch. f. Entwicklungsmech. Bd. 6, S. 131. — Lubarsch: Verhandl. d. dtsch. pathol. Ges., 1. Tagung, Düsseldorf 1898, S. 97. — Birch-Hirschfeld u. Garten: Beitr. z. pathol. Anat. u. z. allg. Pathol. Bd. 26, S. 132. 1899. — Rössle: Münch. med. Wochenschr. 1906, S. 143. — Schöne: Beitr. z. klin. Chir. Bd. 61, S. 1. 1908. — Schöne: Die heteroplastische und homöoplastische Transplantation. Berlin: Julius Springer 1912. — Lehmann, W.: Med. Klinik 1920, Nr. 18—20. — Holtfreter: Arch. f. Entwicklungsmech. Bd. 105, S. 330. 1925.

[2]) Schöne: Beitr. z. klin. Chir. Bd. 61, S. 1. 1908.

[3]) Schöne: Die heteroplastische und homöoplastische Transplantation. Berlin: Julius Springer 1912.

[4]) Lubarsch: Verhandl. d. dtsch. pathol. Ges., 1. Tagung, Düsseldorf 1898, S. 97.

[5]) Birch-Hirschfeld: Beitr. z. pathol. Anat. u. z. allg. Pathol. Bd. 26, S. 132. 1899.

FREUND[1]), RÖSSLE[2]), SCHWALBE[3]), JOSEF[4]), HOLTFRETER[5]), PETROFF[6])] (s. auch S. 1394 u. 1578).

Die so verpflanzten embryonalen Zellen wachsen längere Zeit weiter und differenzieren sich nach verschiedenen Richtungen — aber dieses Wachstum ist nur vorübergehend. Nach Wochen oder Monaten wird die teratoide Bildung abgekapselt, sie zerfällt und wird schließlich vom Wirtskörper mehr oder weniger vollständig resorbiert. Die Angabe BELOGOLOWYS, durch Implantation früher Furchungsstadien von Froscheiern in die Bauchhöhle erwachsener Frösche Sarkome erzeugt zu haben, beruht auf einer Verwechslung mit Granulationsgewebe und ist von allen Seiten abgelehnt worden [TEUTSCHLÄNDER[7])]. Dagegen ist es ASKANAZY[8]) dreimal gelungen, aus solchen durch Injektion vom Embryonalbrei bei der Ratte erzeugten Teratoiden echte bösartige Geschwülste zu erhalten. So wichtig dieses Ergebnis ist, so bleibt auch in diesen Versuchen vollkommen dunkel, welche Faktoren hier dafür maßgebend sind für die Entwicklung dieser Tumoren, denn zahlreiche andere Versuche ganz gleicher Art sind erfolglos geblieben. In neuester Zeit ist es ASKANAZY sowohl wie CARREL gelungen, durch Einwirkung von Arsen in starken Verdünnungen auf Embryonalzelltransplantate in einer größeren Anzahl von Versuchen positive Ergebnisse d. h. bösartige Geschwülste zu erhalten. Wir werden bei der Besprechung der experimentellen Geschwulsterzeugung (Kapitel VII, 4) noch näher darauf eingehen.

Im Tierreich ist bisher bei Transplantationsversuchen niemals eine echte Verschmelzung von transplantierten Zellen mit den Zellen des Wirtes analog dem Befruchtungsvorgange beobachtet worden, während man bei Pflanzen solche echten Bastarde, Chimären, durch Aufpfropfen z. B. zwischen Nachtschatten und Tomate (WINKLER) erzeugt hat. Wenn dieser Nachweis der Verschmelzungsmöglichkeit der Chromosomen verschiedener Zellen bei der Transplantation auch bisher nur bei den Pflanzen erbracht ist, so wird man aus dieser Tatsache dennoch die Anregung schöpfen, sehr genau darauf zu achten, ob auch im Tierreich solches vorkommt.

Weiterhin sind die Ausschaltung aus dem physiologischen Verbande des Organismus und ihre Folgen in den letzten Jahren sehr eingehend studiert worden an der Gewebszüchtung. Hier werden ja die gezüchteten Zellen sofort jeder weiteren Einwirkung des Gesamtorganismus entzogen, und wenn man den Gesamtstoffwechsel des Körpers als eine Einheit ansieht, so mußte ein dauerndes Leben dieser explantierten Zellen eigentlich unmöglich sein. In Wirklichkeit gehen auch in den Gewebskulturen viele Zellarten sehr bald zugrunde, insbesondere verschwinden die funktionellen Strukturen, selbst die Sekretion der Schilddrüsenzellen und Prostatazellen hört nach 2 Tagen auf, und bisher ist eine Dauerzüchtung nur bei wenigen Zellarten, besonders den Fibroblasten, gelungen, und auch hier nur durch immer wiederholten Zusatz von Embryonalsaft zur Kultur, d. h. also von chemischen Stoffen des Gesamtorganismus (s. S. 1371). Gewöhnlich bleiben in den Kulturen nur die Fibroblasten übrig, aber auch die viele Jahre fortgezüchteten Fibroblastenkulturen, die CHLOPIN[9]) als „besonders und irreversibel differenzierte Abkömmlinge des Reticuloendothels" auffaßt, haben

[1]) FREUND: Beitr. z. pathol. Anat. u. z. allg. Pathol. Bd. 51, S. 490. 1911.
[2]) RÖSSLE: Münch. med. Wochenschr. 1906, S. 143.
[3]) SCHWALBE: Teratoidversuche. Rostock 1910.
[4]) JOSEF: Stud. zur Pathologie der Entwicklung. Bd. I, S. 540. 1914.
[5]) HOLTFRETER: Arch. f. Entwicklungsmech. Bd. 105, S. 330. 1925.
[6]) PETROFF: Militärmed. Akad. St. Petersburg, 2. Febr. 1906.
[7]) TEUTSCHLÄNDER: Zeitschr. f. Krebsforsch. Bd. 20, S. 70. 1920, s. auch S. 1395.
[8]) ASKANAZY: Internationaler Pathologen-Kongreß, Turin 1911.
[9]) CHLOPIN: Arch. f. exp. Zellforsch. Bd. 1, S. 193. 1925.

noch niemals bei der Reimplantation einen Tumor erzeugen können. Das zeigt, daß die Ausschaltung nicht nur aus dem anatomischen, sondern auch aus dem ganzen physiologischen Verbande des Gesamtorganismus an und für sich noch in keiner Weise zur Bildung eines Geschwulstkeims ausreicht.

Soweit wir darüber unterrichtet sind, hat auch die Gewebskultur in artfremdem Blutplasma (Chlopin) bisher keine anderen Ergebnisse gehabt. Eine biologische Änderung hat Gassul[1]) insofern nachgewiesen, als er zeigte, daß artfremdes Gewebe, im Kulturmedium des Wirtes gezüchtet, die artfremden hemmenden Eigenschaften verliert und sich bei der Reimplantation wie ein homoioplastisches Implantat verhält. Ließe sich dies am Frosch gewonnene Resultat verallgemeinern, so wäre hier eine sehr wichtige biologische Änderung erzielt, die aber deshalb noch keine Beziehung zur Geschwulstentstehung zu haben braucht.

In morphologischer Hinsicht haben die Gewebszüchtungen dagegen ein eigenartiges Ergebnis gehabt, das gerade für die Geschwulsthistologie von besonderer Bedeutung ist und weiterverfolgt zu werden verdient. Gelingt die Züchtung von Epithelzellen, so ist vielen Untersuchern aufgefallen, daß hierbei außerordentlich starke Unregelmäßigkeiten und Atypien der Zell- und Kernformen beobachtet werden. Veratti[2]) hat bereits darauf hingewiesen, daß man in künstlichen Krebsepithelkulturen viel atypischere Zellformen zu sehen bekommt, als wir sie ohnedies schon aus der Geschwulsthistologie kennen. Auch Erdmann[3]) weist darauf hin, daß man selten solch abenteuerliche und groteske Zellformen zu sehen bekommt wie bei der künstlichen Züchtung von Tumorzellen. Maximow[4]) hat ähnliche Zellatypien in letzter Zeit bei der künstlichen Züchtung von normalem Milchdrüsengewebe des Kaninchens beobachtet und dies als eine krebsähnliche Verwandlung der Milchdrüse in der Gewebskultur aufgefaßt. So interessant die Beobachtungen sind, so fürchte ich doch, daß die Schlüsse Maximows zu weit gehen und es sich auch hier nur um eine morphologische Ähnlichkeit, nicht um eine echte biologische Änderung im Sinne der Bildung einer Geschwulstzelle oder eines Geschwulstkeims handelt. Alle Erfahrungen der Gewebszüchtung zeigen, daß immer eine Entdifferenzierung der wuchernden Zellen auftritt, und daß „ihre Form eher von dem Milieu als von der genetischen Potenz abhängig ist" (Erdmann, Praktikum). Wir werden also auch hier die Zellatypien auf die sehr ungünstigen äußeren Wachstumsbedingungen zurückführen und von einer biologischen Änderung erst dann sprechen dürfen, wenn der Beweis für die Umwandlung in Tumorzellen einwandfrei erbracht ist.

Nur kurz sei an dieser Stelle darauf hingewiesen, daß auch unter natürlichen Verhältnissen Zellverschleppungen, ja Verschleppungen ganzer Gewebsverbände im Organismus heute in ziemlich großem Umfange bekannt sind, ohne daß sie die Quelle von Geschwulstbildungen abgeben. Die verschiedenen Formen der Zellembolien aus toxischen und traumatischen Ursachen wären hier anzuführen, die Zellimplantationen und Verschleppungen bei traumatischen und operativen Einwirkungen und die Zellverlagerungen bei entzündlichen Prozessen. Dawidowsky[5]) hat in einem Falle von chronisch-ulceröser Kolitis neben weitgehenden Epithelheterotopien in der Darmwand auch eine Verschleppung normaler Schleimhautdrüsen in die Lymphbahnen und Lymphdrüsen beschrieben, ohne daß irgendein Anzeichen echter Geschwulstbildung vorlag. Auch die zahlreichen Hetero-

---

[1]) Gassul: Arch. f. Entwicklungsmech. Bd. 52, S. 97. 1923.
[2]) Veratti: Tumori Bd. 7, S. 81. 1920.
[3]) Erdmann: Praktikum der Gewebepflege. Berlin 1922.
[4]) Maximow: Virchows Arch. f. pathol. Anat. u. Physiol. Bd. 256, S. 813. 1925.
[5]) Dawidowsky: Virchows Arch. f. pathol. Anat. u. Physiol. Bd. 227, Beih. S. 230. 1920.

topien im Bereiche der weiblichen Genitalien (Rob. Meyer) wären hier zu erwähnen als weitere Beispiele dafür, daß auch die langsame, unter natürlichen Verhältnissen auftretende Verlagerung von Zell- und Gewebskomplexen an und für sich nicht zur Tumorbildung führt.

Daß das transplantierte Gewebe den vollen physiologischen Anschluß an den Gesamtorganismus wiederfinden kann, hat Ribbert bewiesen: Transplantiertes Mammagewebe kann so vollständig wieder einwachsen, daß es sogar später der Lactation wieder fähig ist.

Das rein Anatomische kann uns also auch hier wieder die Vorgänge nicht erklären. Ribbert hat die weitere Annahme gemacht, daß es nicht die rein mechanische Verlagerung des Epithels sei, die zur Carcinombildung führe, sondern daß die wesentliche Ursache in einer entzündlichen Wucherung des subepithelialen Bindegewebes zu suchen sei. Diese Bindegewebswucherung soll einerseits die Verlagerung der Epithelzellen an abnorme Stellen herbeiführen (daß das möglich ist und vorkommt, wird niemand bestreiten), andererseits aber auch die Beziehungen der Epithelzellen zum übrigen Organismus so fundamental verändern, daß nun die Epithelzelle, auf abnormem Boden wuchernd, durch dieses abnorme Bindegewebe veranlaßt würde, geschwulstartig zu wachsen. Es soll also die Bindegewebswucherung das Wachstum des Epithels und die Umwandlung in Carcinom auslösen, dann aber soll nach Ribberts Anschauungen dieses wuchernde Bindegewebe auch das Vordringen des Krebses im Körper hindern, und erst wenn sich der Körper an den Krebs „gewöhnt hat" und nicht mehr mit Bindegewebsproliferation antwortet, soll die Aussaat des Krebses über den Gesamtorganismus erfolgen. In neuester Zeit sind sehr ähnliche Vorstellungen von Bierich entwickelt worden.

Die häufige kollaterale Wucherung des Hautepithels am Rande der Hautcarcinome spricht bereits gegen die Bedeutung der entzündlichen Infiltration für die Krebsbildung. Denn hier findet sich ja ganz dieselbe Infiltration, ohne daß das Epithel carcinomatös wird. Wir müssen daher die Entzündung als eine sekundäre Reaktion auf das Vordringen der Krebszellen auffassen, nicht umgekehrt als die Ursache der Carcinombildung.

Ich kann in all diesen Deduktionen aber irgendeine Erklärung weder für die Entstehung des Carcinoms noch für seine Ausbreitung finden und muß mich Versé[1]) anschließen, wenn er in dieser verschiedenen Rollenverteilung, die dem Bindegewebe hier zugedacht ist, einen logischen Widerspruch erblickt.

Aber auch weitere gewichtige Tatsachen sprechen gegen diese ganze Art der Erklärung. Nach all unseren Kenntnissen kommt nicht dem Bindegewebe ein formativer Einfluß auf das Epithel zu, sondern gerade umgekehrt. Fischel[2]) kommt für das Verhältnis von Epithel und Bindegewebe im embryonalen Leben zu dem Schluß: „Das Primäre wäre also die durch mosaikartige Verteilung der Potenzen bedingte Selbstdifferenzierung der diesem embryonalen Bindgewebe aufgelagerten epithelialen Keimblattabschnitte, durch welche erst sekundär die Differenzierung dieses zunächst nicht spezialisierten Bindegewebes bewirkt würde." Wir sehen also, daß auch im embryonalen Leben das Epithel die Differenzierung des Bindegewebes bestimmt und nicht umgekehrt. Auch der von Ribbert wiederholt angeführte Vorgang der embryonalen Drüsenbildung der Haut verläuft gerade in der der Ribbertschen Ansicht entgegengesetzten Richtung. Auch hier läßt sich zeigen, daß zunächst das Epithel den Anstoß zur Proliferation des Bindegewebes gibt. Aber auch im postembryonalen Leben ver-

---

[1]) Versé: Geschwulstmalignität. Jena 1914.
[2]) Fischel, Alfred: Über die Differenzierungsweise der Keimblätter. Februar 1910. Arch. f. Entwicklungsmech. Bd. 30, S. 40. 1910.

hält sich Bindegewebe und Epithel ganz ebenso. Steiner[1]) hat nachgewiesen, „daß es bei der epithelialen Auskleidung ulceröser Hohlräume auf der Binnenfläche dieser Hohlräume unter dem eingewucherten, sie auskleidenden Epithel zur Bildung eines Papillarkörpers kommen kann". Er folgert mit Recht daraus, „daß durch den Einfluß des darüber gewucherten Epithels eine bindegewebige, d. h. granulationsgewebige Schicht zur Bildung eines Papillarkörpers, eventuell sogar eines hyperplastischen, ja sogar eines papillomatösen veranlaßt" werden kann. „Aus dieser folgt aber wiederum, daß dem Epithel ein formativer Einfluß auf das biologisch tiefer stehende Bindegwebe zukommt, ein Satz, welchem sowohl für die ganze normale Entwicklungslehre wie für die Entstehung der epithelialen Geschwülste eine grundsätzliche und sehr weitgreifende Bedeutung zukommt." Wir wissen auch, daß der Charakter der Geschwulstzellen die Art der Bindegewebswucherung und der Gefäßneubildung bestimmt [Goldmann[2])].

Das Gesagte mag für die Beziehungen zwischen Parenchymzelle und Stroma im lebenden Organismus seine Gültigkeit haben. In der Gewebskultur zeigt sich allerdings ein anderes und sehr merkwürdiges Verhalten. Drew[3]) hat nämlich bei Gewebszüchtungen festgestellt, daß die Ausdifferenzierung der Epithelzellen in der Kultur vollkommen vom Verhalten des Stromas abhängig ist. Hiernach würde also gerade das Bindegewebe einen starken formativen Einfluß auf das Epithel ausüben. Aber bevor wir diesen Schluß verallgemeinern, muß darauf hingewiesen werden, daß in der Gewebskultur die Epithelzelle offenbar (besonders in ihrer Ernährung) so absolut vom Stroma abhängt, wie das im Körper nicht vorkommt. Es ist daher sehr gewagt, diese Ergebnisse der Gewebszüchtung ohne weiteres auf den lebenden Organismus zu übertragen. Es mag aber auch durchaus sein, daß man allgemeine Gesetze über die Beziehung zwischen Parenchym und Stroma überhaupt nicht aufstellen kann und daß diese Beziehungen je nach den Zellarten und Entwicklungsstadien wechseln.

Die Beobachtungen in der ganzen organischen Welt beweisen jedenfalls, daß die physiologische Ausschaltung eines Gewebskomplexes aus dem Verband des Gesamtorganismus, die Ausschaltung aus seiner morphologischen und chemischen Stoffwechseleinheit unter günstigen Lebensbedingungen stets Vermehrungsprozesse zur Folge hat. Das bestärkt uns in dem Schluß, daß tatsächlich jeder Geschwulstbildung eine Keimausschaltung vorausgeht. Aber leider wissen wir nicht, worin gerade bei der Geschwulstbildung das Wesentliche dieser besonderen Keimausschaltung besteht. Das wesentlichste Moment liegt offenbar in den spezifischen Beziehungen des Gewebskeims zum Gesamtstoffwechsel des Organismus und zu seinen Erregungsvorgängen. Auch Ribbert hat das Bedürfnis, hier noch etwas Besonderes anzunehmen, und so kommt er dazu, nicht allein die Ausschaltung des Keimes anzuschuldigen, sondern auch noch die Annahme zu machen, daß die Elemente dieses Gewebskeims nicht vollkommen normal aufgebaut seien. Das heißt aber lediglich, daß gerade die beiden wesentlichsten Momente der Geschwulstbildung uns noch vollkommen verborgen sind, einerseits wissen wir eben nicht, worin diese funktionellen physiologischen Beziehungen des Gewebskeims zum Gesamtorganismus bestehen, andererseits wissen wir nicht, durch welche wesentliche Veränderung der Metastruktur sich die Elemente des Geschwulstkeims von den Elementen des normalen Körpers unterscheiden. So richtig und notwendig also auch die Annahme der

---

[1]) Steiner: Formativer Einfluß des Epithels auf das Bindegewebe. Inaug.-Dissert. Zürich, S. 24. Berlin 1897.
[2]) Goldmann, E.: Biologie der bösartigen Neubildungen. Tübingen 1911.
[3]) Drew: 8. Scientif. Rep. Imp. Cancer research found 1923, S. 47 u. Brit. journ. of radiol. Bd. 29, S. 43. 1924.

Bildung eines besonderen Geschwulstkeimes ist, so sind wir doch noch vollkommen im unklaren über diejenigen wesentlichen kausalen Momente, welche gerade den Charakter dieses Keimes als Geschwulstkeim bestimmen. Zur Zeit müssen wir uns noch mit der allgemeinen Annahme einer physiologischen Ausschaltung des Geschwulstkeimes begnügen.

Nun sehen wir ja bei der embryonalen Entwicklung gar nicht so selten, daß embryonale Gewebskomplexe an abnorme Stellen geraten, hier undifferenziert liegenbleiben und so viele Jahre persistieren können. Um die Geschwulstbildung auszulösen, muß aber noch ein wesentliches Moment hinzutreten. „Wenn die Geschwulstkeime", schreibt Child[1]), „wirklich im embryonalen Leben bzw. in frühen Entwicklungsstadien durch einen physiologischen Isolationsvorgang gebildet werden und jahrelang in Ruhe bleiben können, müssen sie eine Veränderung, eine Transformation irgendeiner Art erfahren haben, die einen besonderen Reiz zu ihrer Weiterentwicklung nötig gemacht hat, sonst wäre die Geschwulstbildung sofort nach der physiologischen Isolation, der Ausschaltung, zu erwarten." Das letztere muß vor allem betont werden. Bei der großen Bedeutung, die das Studium der embryonalen Entwicklung und der Regenerationsvorgänge für die Entstehung der Geschwülste in Anspruch nehmen darf, darf doch die große Differenz zwischen all diesen Entwicklungsvorgängen und der Geschwulstbildung nicht vergessen werden. Die physiologische Ausschaltung führt eben, soweit wir sie überschauen und experimentell prüfen können, wohl zu regenerativen Vorgängen, auch zur Vermehrung, aber die Geschwulstbildung als solche ist doch mit diesen Momenten nicht erschöpft, ist weder reine Regeneration noch reine Vermehrung, sondern etwas Besonderes.

„Der parasitische Charakter der Geschwülste kann die Folge der begrenzten Regulationsfähigkeit ihrer Bildungszellen sein; diese kann aber eine ursprünglich oder eine durch die Transformation erworbene Eigenschaft sein." Gerade die Aufdeckung des Wesens dieser ursprünglichen oder durch Transformation erworbenen Eigenschaften ist das Ziel der Geschwulstforschung. „Eine solche physiologische Isolation kann entweder (wie bei den früheren Stadien der Knospenbildung der Pflanzen, bei vielen ungeschlechtlichen Teilungen der Tiere usw.) die sofortige, selbständige Entwicklung auslösen oder, wie bei vielen Sporen und anderen spezialisierten Vermehrungsgebilden, zur Bildung eines, einen besonderen Reiz zur Weiterentwicklung nötig habenden Ruhestadiums führen. Im zweiten Falle hat eine Transformation irgendeiner Art vor, während oder nach der Isolation stattgefunden, mit anderen Worten, der betreffende Teil hat sich in besonderer Weise spezifiziert bzw. differenziert, sein biologischer Charakter ist irgendwie verändert worden[1])."

Wir stehen nach dieser gesamten Analyse vor der Tatsache, daß der biologische **Charakter der Geschwulstzelle** aus einer ganz besonderen **Transformation eines Körperzellenkeimes** abzuleiten ist. Von so großer Wichtigkeit deshalb die Ausschaltung aus dem normalen Verbande für die Geschwulstentstehung ist, so kann sie uns allein doch nicht das Spezifische der Geschwulstzelle selbst erklären oder irgendwie beweisen. Das Problem also, das wir lösen möchten, lautet: Warum führt in dem einen Falle die Ausschaltung aus dem physiologischen Verbande zu Entwicklungs- und Vermehrungsvorgängen, die sich ganz im Rahmen des normalen und regenerativen Organisationsplanes halten, warum führt im anderen Falle die Ausschaltung zur Geschwulstbildung.

---

[1]) Child: Zitiert auf S. 1512.

2. Die Organoidlehre von Eugen Albrecht.

Die Organoidlehre von Eugen Albrecht hat ebenfalls das Verdienst, auf die fundamentale Bedeutung von Entwicklungsvorgängen für die Geschwulstentstehung hingewiesen zu haben. Albrecht[1]) betonte, daß wir in allererster Linie einmal feststellen müssen, „welcher Kategorie biologischer Bildungen überhaupt die Geschwülste einzureihen sind". Die organähnliche Zusammensetzung der Geschwülste bestimmt Eugen Albrecht, hierin das Wesentliche der Geschwulstbildung zu erblicken, er bezeichnet daher die Geschwülste als organoide Fehlbildungen. Ein Organ ist nach Eugen Albrecht jede abgegrenzte Bildung, welche aus der Vereinigung verschiedener Gewebsarten zu einem für den Gesamtkörper funktionierenden Ganzen hervorgeht. Er hat sich dementsprechend auch bemüht nachzuweisen, daß auch die Geschwulstzelle noch für den Gesamtkörper funktionell tätig sein könne, was ja tatsächlich für eine Reihe von Geschwülsten zuweilen und zeitweise zutrifft (s. S. 1353). Von den gewöhnlichen Geschwülsten trennt er deshalb zunächst ab: die *Hamartome* = geschwulstartige Fehlbilden mit erhaltener oder abgeänderter Funktion der zusammensetzenden Zellen, und die *Choristome* = abgesprengte, aber typisch entwickelte Gewebskeime, die an falscher Stelle zur Ausbildung kamen.

Es ist zweifellos, daß diese Gewebsmißbildungen und Fehlbildungen, für die Albrecht die neuen Namen der Hamartome und Choristome beigebracht hat, zuweilen die Keime für echte Geschwulstbildungen abgeben. Aber mit dieser Entstehung dieser Gewebsfehlbildungen ist leider die Entstehung der echten Geschwulst noch nicht erklärt, und schon aus diesem Grunde dürfte es uns wenig weiterbringen, wenn wir die Geschwülste als solche in ihrem Wesen als organoide Fehlbildungen bezeichnen. Das haben wir ebenso und aus den gleichen Gründen dadurch zum Ausdruck gebracht, daß wir die Geschwülste zu den Mißbildungen — im weitesten Sinne — rechnen. Gewiß ist, gegenüber den echten Parasiten und parasitären Zellen, die im Körper wuchern, das organähnliche Wachstum der Geschwulstzellen das charakteristischste und unterscheidendste Merkmal, und es beweist uns in letzter Linie die Herkunft der Geschwulstzelle von der Körperzelle. Aber das Wesen der Geschwulstbildung liegt nicht in der Unterscheidung gegenüber dem echten Parasiten des Körpers, sondern liegt in dem wesentlichen und fundamentalen Unterschied der Geschwulstzelle gegenüber der Körperzelle selbst. Es ist demnach gerade der Verlust des organartigen Wachstums für uns das Wesentliche der Geschwulstbildung; dieser Verlust an organbildender Potenz kann mehr oder weniger hochgradig sein, vermißt wird er bei der echten Geschwulstbildung niemals.

An und für sich ist also die Bezeichnung der Geschwülste als organoide Fehlbildungen nicht unrichtig, aber sie sagt in diesem Sinne nichts anderes als die Lehre von der Keimausschaltung, die dann wenigstens nicht das Organhafte, das einzige, was der Geschwulstzelle mehr oder weniger verloren geht, betont. Auch wird mit dieser Auffassung, wie schon Ribbert[2]) hervorgehoben hat, für das Verständnis der Genese und des dauernden Wachstums der Tumoren, auf das es uns doch in erster Linie ankommt, nichts gewonnen.

Wie Eugen Albrecht zu dieser scharfen Betonung der Organoidlehre kam, ergibt sich aus seiner Entwicklung. Bei seinen ersten Untersuchungen über die Geschwulstentstehung erklärt er, daß eine parasitäre Entstehung der Geschwülste denkbar sei. Ein tieferes Eindringen in das Geschwulstproblem überzeugte ihn,

---

[1]) Albrecht, Eug.: Grundprobleme der Geschwulstlehre. Frankfurt. Zeitschr. f. Pathol. Bd. 1, S. 221 u. 377. 1907; Bd. 3, S. 1. 1909; ferner Verhandl. d. dtsch. pathol. Ges., 8. Tagung, Breslau 1904, S. 89, 9. Tagung, Meran 1905, S. 154.
[2]) Ribbert: Wesen der Krankheit, S. 81. 1909.

daß gerade dieses organähnliche Wachstum der Geschwulstzellen und die gesamte Architektur der Geschwülste unbedingt gegen eine parasitäre Ätiologie sprechen. Er weist darauf hin, daß die Annahme einer Geschwulstentstehung durch Parasiten auf dieselbe Stufe zu setzen sei wie etwa die Hypothese, daß die Anlage des Rückenmarks durch parasitäre Einflüsse bedingt wäre. Gerade diese schroffste Ablehnung der parasitären Theorie führt ihn zur scharfen Betonung des organoiden Wachstums der Geschwülste. So richtig dieser Standpunkt gegenüber den parasitären Hypothesen ist, so legt er doch gerade den Schwerpunkt der Erklärung des Wesens der Geschwulst auf eine falsche Seite. *Gegenüber der Körperzelle* ist gerade der Verlust an organoider Potenz das Charakteristische der Geschwulstzelle.

Das, was Eugen Albrecht aber mit dieser Bezeichnung der Geschwülste als organoide Fehlbildungen zum Ausdruck bringen will, ist bereits in der Theorie der Keimausschaltung gesagt, wenn auch in anderen Worten. Ja ich finde, daß bereits in Rudolf Virchows Geschwulstwerk diese Lehre ganz klar zum Ausdruck gekommen ist. Die beiden Fundamentalsätze, die Virchow gegenüber seinen Vorgängern und der Zeit vor ihm in seinem Geschwulstwerk begründet hat, lauten ja: 1. Die Geschwulst ist ein Bestandteil des Körpers, geht unmittelbar aus ihm hervor, und die Gesetze des Körpers beherrschen auch die Geschwulst. 2. Der Typus, der überhaupt maßgebend ist für die Entwicklung und Bildung im Körper, ist auch maßgebend für die Entwicklung und Bildung der Geschwülste. Das sind doch im wesentlichen, wenn auch mit anderen Worten ausgedrückt, dieselben Gesichtspunkte, die in der Organoidlehre zum Ausdruck kommen.

Wenn wir das Wachstum der lebendigen Substanz in der gesamten organischen Welt überblicken, so können wir vielleicht zweierlei Arten von Wachstum unterscheiden: das celluläre Wachstum und das organoide Wachstum. Das celluläre Wachstum ist das typische Wachstum der Protozoen. Nach jeder Teilung trennen sich die Zellen wieder, führen jede ihr eigenes Dasein. Aber auch schon bei den Protozoen sehen wir Anfänge von organoidem Wachstum in der Kolonienbildung. Das Wachstum des Metazoenkörpers dagegen ist stets und unter allen Umständen in ausgesprochenem Maße ein organoides.

Zwar existiert zweifellos auch in der Einzelzelle (beim Protozoon) ein Zusammenarbeiten vieler Systeme zu einer Einheit. Aber wir dürfen und müssen einen Unterschied machen zwischen diesen Problemen der Zelleinheit und der Einheit des vielzelligen Organismus. Das Metazoon ist durch diese „organoide Idee" charakterisiert. Diese wird nur durchbrochen durch die Geschwulstzelle, die in ihrer stärksten Entdifferenzierung sich wie ein einzelliger Parasit verhält (vgl. Westenhöfers Urzellentheorie).

Das organoide Wachstum ist also im Wesen der Metazoenzelle begründet, und die Albrechtsche Definition sagt etwas Selbstverständliches, sobald überhaupt die Ableitung der Geschwulstzelle von der Körperzelle anerkannt wird. Bedeutung könnte eine solche Definition erst dann haben, wenn es bewiesen wäre, daß die Zelle des Metazoons überhaupt die Fähigkeit haben kann, *nicht* organoid zu wachsen. Nur einen Fall kennen wir, wo von dem Metazoenkörper abstammende Zellen dieses organoide Wachstum nur noch andeutungsweise betätigen oder fast vollkommen verlieren, und das ist die Geschwulstzelle. Wir kommen damit also zu dem Schluß, daß gerade der Verlust an organoiden Potenzen charakteristisch für das Wesen der Geschwulst ist.

Auch die Organoidlehre kann aber, selbst wenn sie im Sinne Albrechts anerkannt würde, uns keinerlei Aufschluß darüber geben, warum aus einer Gewebsfehlbildung oder Mißbildung nun ein Tumor oder eine dauernd wachsende Geschwulst überhaupt entsteht. Das Geschwulstwachstum, das maligne Wachstum ist durch die Fehlbildung an und für sich überhaupt nicht erklärt.

Wir haben bereits früher hervorgehoben, daß das Durchbrechen der Einheit des Organismus charakteristisch für die Geschwulstzelle ist. Gewiß zeigt sie in vielen Fällen noch zahlreiche der primären Eigenschaften der Körperzelle, von der sie sich letzten Endes ableitet, und auch Reste von Funktionen im Interesse des Gesamtorganismus sind zuweilen nachweisbar. Aber trotzdem liegt das Wesentliche der Geschwulstzelle doch darin, daß sie das typische organoide Wachstum mehr oder weniger abstreift und schließlich zu einer Zelle werden kann, die kaum mehr Reste organoiden Wachstums erkennen läßt und bei der von irgendwelchen funktionellen Tätigkeiten im Interesse des Gesamtorganismus nicht mehr die Rede sein kann. Noch klarer werden diese Verhältnisse, wenn wir uns ins Gedächtnis zurückrufen, daß die Einheit des Organismus gerade in der festen Beziehung aller einzelnen Teile zum Ganzen gegründet ist. Der Verlust dieser Beziehungen zum Gesamtorganismus, der Verlust an organoiden Potenzen macht das Wesen der Geschwulstzelle gegenüber der Körperzelle aus. Gegenüber dem echten Parasiten allerdings sind gerade diese Reste organoider Tätigkeit und organoiden Wachstums der Beweis für die nichtparasitäre Natur der Geschwulstzelle, für ihre Abstammung von der Körperzelle. Das letztere ist für unsere Kenntnis der Ableitung und Histogenese der Geschwulst von größter Wichtigkeit, für die Bestimmung, was das Wesen der Geschwulstzelle ausmacht, dagegen nebensächlich.

Also im Gegensatz zu E. Albrecht müssen wir sagen, das Wesentlichste der Geschwulstzellen gegenüber der Körperzelle liegt in einem Nachlassen oder *Verlust* der organoiden Bildungsqualitäten, und es ist daher nicht richtig, gerade die — tatsächlich bei jeder Geschwulstzelle noch mehr oder weniger vorhandenen — Reste des organoiden Charakters zu betonen oder darin gar die Definition der Geschwulst abzuleiten. Im vitalistischen Sinne könnten wir im Gegenteil in einem *Mangel an Entelechie* das Wesen der Geschwulstzelle erblicken, wenn überhaupt eine vitalistische Erklärung zulässig wäre.

Die Bezeichnung der Geschwulst als einer organoiden Fehlbildung trifft dagegen vollständig zu für die *Geschwulstkeimanlage*. Die Bildung dieses Geschwulstkeimes kann nach jeder Richtung verglichen werden mit der Anlage eines Organkeimes, und wir können daher sowohl die embryonale wie die regenerative Entstehung der Geschwulstkeimanlage sehr wohl und sehr treffend eine *organoide Fehlbildung* nennen. Aus dieser organoiden Fehlbildung entwickelt sich dann die Geschwulst, indem die mißbildeten Zellen immer mehr die Fähigkeiten des organoiden Wachstums abstreifen.

Die Erblichkeitsforscher nehmen daher einfach als Erklärung für den Charakter der Geschwulstzelle eine Erkrankung der Erbmasse des Kernchromatins, eine Idiovariation der Körperzellen zu Krebszellen an [Lenz, Paulsen[1])]. Diese Idiovariation soll vor allem durch fortschreitende Wucherung unter ungünstigen Verhältnissen entstehen.

Schon wiederholt ist der Versuch gemacht worden, die Bildung der Tumorzellen durch eine fortschreitende Züchtung von Gewebszellen unter besonderen Verhältnissen zu erklären. Gerade bei regenerativen Prozessen sollte durch immer wiederholte und überstürzte Neubildung von Zellen schließlich eine abnorme Zellrasse entstehen, die Geschwulst. Israel hat diesen Gedanken eingehender begründet, später hat Wyss[2]) sich wiederholt für denselben

---

[1]) Paulsen: Konstitution und Krebs. Zeitschr. f. Krebsforsch. Bd. 21, S. 119. 1924.
[2]) Wyss, M. Oskar: Zur Entstehung primärer Carcinome. Dtsch. Zeitschr. f. Chir. Bd. 93. 1908.

eingesetzt. Auch die Westenhöfersche Theorie geht von gleichen Vorstellungen aus.

Wir wissen nun, daß bei regenerativen Zellwucherungen Differenzierungsstörungen vorkommen, die zur Geschwulstkeimbildung Veranlassung geben. Auch die fortschreitende Transplantation von Tumorzellen in der experimentellen Forschung der letzten Jahre hat ja vielfach ergeben, daß bei fortgesetzten Transplantationen biologische Veränderungen der Zellen vorkommen [Bashford[1])]. Genauere Untersuchungen über die vorliegende Frage sind vor allen Dingen zur Erforschung der Blutkrankheiten angestellt worden. Wir haben früher bereits diese Bildung unreifer strukturarmer Zellen bei den regenerativen Blutzellwucherungen eingehend besprochen (s. Metaplasie S. 1319) und gesehen, daß hier häufig starke Störungen der Differenzierung durch eine fortschreitende überstürzte Zellneubildung erfolgen. Wir sahen, daß wir auch in der Hämatologie die Bezeichnung dieser unreifen, undifferenzierten und differenzierungsunfähigen Zellformationen als embryonale Zellen ablehnen müssen. Aber für uns ist wichtig, daß häufig bei Bluterkrankungen derartige Differenzierungsstörungen, Bildung unreifer, entdifferenzierter Zellformen auftreten, daß diese Bluterkrankungen in einer so engen Beziehung zur echten Geschwulstbildung stehen, daß eine scharfe Abgrenzung der echten Geschwulstbildung von diesen Bluterkrankungen oft überhaupt nicht möglich und durchführbar ist (Leukosarkomatose, Chloroleukämie u. a.).

Das eine ist jedenfalls sicher, die regenerative Zellwucherung führt leicht zu Differenzierungsstörungen. Aber auch hier müssen wir annehmen, daß es nicht zu diffusen Entartungen bei den Regenerationswucherungen und Zellzüchtungen kommt, sondern daß auch hier die wesentliche Störung eine lokal begrenzte ist, daß die Regenerationswucherung wiederum nur die Grundlage bildet dafür, daß eines Tages eine Geschwulstkeimanlage, ein Organoid, entwickelt wird.

Bevor wir uns noch eingehender mit der Bildung der Geschwulstkeimanlage beschäftigen, müssen wir noch einige andere Theorien über die Geschwulstentwicklung besprechen, die heute die Vorstellungen der Geschwulstforscher fast vollkommen beherrschen: die Infektionstheorie und die Reiztheorie. Diese Theorien bedürfen einer eingehenderen Besprechung, nicht nur weil sie sehr zahlreiche Anhänger haben, sondern vor allem, weil zu ihrer Begründung ein sehr großes Beobachtungsmaterial und zahlreiche experimentelle Untersuchungen beigebracht worden sind.

3. Die Infektionstheorie.

Daß im Anfang des vorigen Jahrhunderts die bösartigen Geschwülste noch als Parasiten oder parasitäre Erkrankungen gedeutet wurden, ja gedeutet werden mußten, kann uns bei der damaligen vollständigen Unkenntnis des Wesens und der Grundlagen der Infektionskrankheiten nicht wundern. Virchow nahm noch an, daß gelöste Stoffe, Gussenhauer, daß infektiöse körperliche Partikelchen aus den Primärtumoren in andere Organe gelangten und hier die Zellen dieser Organe wieder in Geschwulstzellen umwandelten. Das war die Auffassung der Metastasenbildung. Seitdem aber zunächst durch intensive morphologische Forschung von den Pathologen, in neuerer Zeit auch durch die Ergebnisse der experimentellen Geschwulstforschung, einwandfrei gezeigt wurde, daß die Metastasen einer Geschwulst immer nur durch Verschleppung von Geschwulstzellen entstehen, ist die parasitäre Theorie der Geschwulstbildung *grundsätzlich* widerlegt. Selbst bei bösartigen Geschwülsten, deren Ätiologie sich mit Sicherheit

---

[1]) Bashford, E. F., S. A. Murray u. M. Haaland: Ergebnisse der experimentellen Krebsforschung. Zeitschr. f. Immunitätsforsch. Bd. 1, S. 449—545. 1909.

auf eine Infektion zurückführen läßt, wie z. B. bei dem Spiropteracarcinom Fibigers, ist einwandfrei gezeigt, daß das Wesen der Geschwulstbildung eben auch hier auf der Bildung einer entarteten Geschwulstzelle beruht, daß an der Bildung der Metastasen die Parasiten, auf deren Einwirkung letzten Endes die Bildung der primären Geschwulstzelle zurückzuführen ist, in gar keiner Weise mehr beteiligt sind. Daß Infektionen und Parasiten bei dem biologischen Vorgang der Bildung einer Geschwulstzelle, einer Geschwulstkeimanlage in vielen Fällen eine wichtige, ja ätiologisch ausschlaggebende Rolle spielen können, ist unbestritten. Etwas ganz anderes aber ist es, ob eine solche Infektion uns ohne weiteres das *Wesen* der Geschwulstbildung, den biologischen Vorgang schon erklären kann. Und davon kann keine Rede sein. Wenn auch die Blütezeit der Bakteriologie, wo man *alle* wesentlichen Faktoren der Krankheit durch die Eigenschaften des Erregers erklären zu können glaubte, vollkommen vorüber ist, so dürfen wir doch wohl noch sagen, daß das Wesen, das Charakteristische und Typische jeder einzelnen Infektionskrankheit beherrscht wird von der Art des Erregers. Das Wesen der Geschwulstkrankheit wird aber ebenso vollkommen beherrscht von der Art der Geschwulstzelle, auf deren Bildung eine Infektion nur einen indirekten Einfluß ausüben kann — wenigstens gilt das für die überwiegende Mehrzahl der Geschwulstarten. Diejenigen Geschwülste, die hier *vielleicht* eine Ausnahme machen (Hühnersarkome), werden wir später noch eingehender zu behandeln haben. Auch für diese letzteren gilt: Will man das Wesen der Erkrankung hier in einer Infektion erblicken, so ist es eine Art der Infektion, für die bisher in der gesamten Biologie ein Analogon nicht besteht. Für die Hauptmasse der Geschwülste, auch der bösartigen, zeigen jedenfalls die gelungenen Immunisierungsversuche mit normalen Körperzellen, Blutzellen, Embryonalzellen die Unhaltbarkeit der Infektionstheorie, sie zeigen, daß das Wesen der Geschwulstbildung in der Geschwulstzelle selbst liegt, nicht im Erreger. Wenn auch hier wie bei den Infektionskrankheiten unspezifische Immunitätsvorgänge eine Rolle spielen können, so ist doch die spezifische Komponente der Geschwulstimmunität bei Zellimmunisierungen nachgewiesen (s. S. 1354). Die **Infektion** kann also wohl **ein Realisationsfaktor**, niemals aber der Determinationsfaktor der Geschwulstbildung sein (s. ferner die Kritik der Infektionstheorie S. 1671).

Alle diese Dinge werden nur gar zu häufig von den experimentellen Geschwulstforschern völlig vernachlässigt, und wenn Lewin[1]) schreibt: „Die Tatsachen der experimentellen Geschwulstforschung können nicht gut anders als durch parasitäre Einflüsse erklärt werden", so gilt das heute ebensowenig wie 1909.

Auch biologische Tatsachen anderer Art beweisen uns, daß die Geschwulst, selbst der von den experimentellen Geschwulstforschern so reichlich bearbeitete Mäusekrebs, in jeder Weise sich anders verhält wie eine Infektionskrankheit. So hat Medigreceanu[2]) gezeigt, daß mit dem Wachstum des transplantierten Tumors bei Mäusen und Ratten Leber- und Herzhypertrophie auftreten, die mit der Größe der Geschwulst zunehmen. Das ist ein Verhalten, wie es der Körper bei keinem Parasiten und keiner parasitären Erkrankung zeigt. Auch der Nachweis von Maude Slye, daß beim Mäusecarcinom für das Auftreten von Spontantumoren die Vererbungsgesetze, insbesondere die Mendelschen Regeln, Gültigkeit haben, steht in krassem Widerspruch zur Infektionstheorie. Selbst beim Menschen gibt es maligne Tumoren, deren Auftreten den Mendelschen Vererbungsgesetzen folgt [Wachtel[3])].

---

[1]) Lewin: Dtsch. med. Wochenschr. 1909, S. 710.
[2]) Medigreceanu: Berlin. klin. Wochenschr. 1910, Nr. 13.
[3]) Wachtel: Münch. med. Wochenschr. 1924, Nr. 26.

Manche Anhänger der parasitären Theorie wollen die kongenital angelegten oder erblichen Tumoren als eine besondere Gruppe abtrennen, weil sie doch wenigstens für diese Geschwülste die Unmöglichkeit der infektiösen Genese einsehen. Aber ein solcher Standpunkt findet in der ganzen Biologie der Geschwülste keine Unterlage — mögen die äußeren und inneren Faktoren, die zur Entstehung von Geschwulstanlagen führen, noch so differenter Natur sein, die Geschwülste selbst bilden eine in ihrem Wesen einheitliche biologische Gruppe, deren Wesen auch durch die gleichen Determinationsfaktoren bestimmt sein muß. Aber diese Determinationsfaktoren liegen überhaupt nicht in äußeren Umständen, sondern im charakteristischen und typischen Aufbau der Metastruktur und des Stoffwechsels der Geschwulstzelle. Diese Aufbaustörung, Kataplasie, aber ist für alle Gruppen von Geschwülsten, die durch embryonale Mißbildung wie die durch den Einfluß äußerer Faktoren (postembryonale regenerative Mißbildung) entstandenen dieselbe.

Als eine wesentliche Unterlage der parasitären Theorie wurde von vielen Autoren die Verbreitung des Carcinoms bei Mensch und Tier angesehen. Es sollte schon durch die Verbreitung des Carcinoms, durch sein gehäuftes Auftreten in Krebshäusern, Krebsdörfern und -landschaften die endemische Ausbreitung nachzuweisen sein (s. auch S. 1346), und das sollte für ein belebtes Kontagium sprechen. Solche Krebsendemien haben KLINGER und FOURMAN[1]), LOEB[2]), STICKER[3]) u. a. beobachtet. Andere haben einen Zusammenhang mit Sümpfen, feuchtem, kaltem und moderigem Boden, mit feuchten Häusern usw. behauptet [z. B. PÖPPELMANN[4]), BEHLA[5]) u. a.]. Auch die Verbreitung entlang von Wasserläufen ist behauptet worden, aber alle diese Behauptungen sind bei der Mangelhaftigkeit der statistischen Unterlagen sehr wenig beweiskräftig. Selbst wenn man die Beobachtungen und Angaben als vollkommen richtig und statistisch einwandfrei anerkennen wollte, wäre der Schluß auf parasitäre Ätiologie nicht zwingend. Die Dinge können hier sehr viel komplizierter liegen, und schon der Nachweis, daß die in Tierkäfigen auftretenden Krebsendemien den Vererbungsregeln unterliegen, weist sofort auf eine ganz andere Erklärung hin. Wenn gehäuftes Auftreten von Krebs in Ortschaften [z. B. von E. SACHS[6])] oder ein „Carcinomnest" [KNAPP[7])] beschrieben werden, so wäre der Schluß auf die Wirkung äußerer Faktoren hieraus erst dann erlaubt, wenn die Erblichkeits- und Verwandtschaftsverhältnisse der Geschwulstträger gleichzeitig genauestens festgestellt würden und der Erblichkeitsfaktor in der Ätiologie im wesentlichen ausgeschlossen werden könnte. Sehr häufig sind ja die Bewohner kleinerer Ortschaften viel näher untereinander verwandt, als es auf den ersten Blick scheint. Selbst bei den Geschwülsten, bei denen äußere Schädigungen in der Ätiologie eine große Rolle spielen, kann die Erklärung gehäuften Auftretens in ganz anderen Faktoren gefunden werden als in der Übertragung von Erregern [vgl. WILLY MEYER[8])]. Auch gehäuftes Auftreten von Fibromen der Handinnenfläche ist beobachtet worden [BARDACH[9])], ohne daß eine Infektion anzunehmen wäre.

---

[1]) KLINGER u. FOURMAN: Krebsepidemie unter Mäusen. Zeitschr. f. Krebsforsch. Bd. 16, S. 231. 1917.

[2]) LOEB: Univ. of pensylv. med. bull., April 1907.

[3]) STICKER: Zeitschr. f. Krebsforsch. Bd. 5, S. 215. 1907.

[4]) PÖPPELMANN: Zeitschr. f. Krebsforsch. Bd. 4, S. 39. 1906.

[5]) BEHLA: Zeitschr. f. Krebsforsch. Bd. 5, S. 137. 1907; s. auch die ausgedehnten Untersuchungen von SAMBON: Journ. of tropical med. a. hyg. Bd. 29, S. 233. 1926. (Lit.)

[6]) SACHS, E.: Therapie d. Gegenwart Bd. 62, S. 367. 1921.

[7]) KNAPP: Med. Klinik 1919, S. 362.

[8]) MEYER, WILLY: Journ. of cancer research Bd. 8. 1924.

[9]) BARDACH: Münch. med. Wochenschr. 1916, S. 957.

Die meisten Anhänger der parasitären Theorie machen keine näheren Angaben darüber, wie sie sich eigentlich den biologischen Vorgang der zur Geschwulst bildung führenden Infektion vorstellen. Sie begnügen sich damit zu behaupten, daß eine Reihe von Tatsachen, besonders der experimentellen Krebsforschung, die Geschwulstendemien bei Ratten und Mäusen, die Sarkombildung nach Carcinomtransplantation u. ä., nur durch die Annahme einer Infektion erklärt werden können. Genauere Vorstellungen hat v. Leyden entwickelt, der eine Symbiose der Parasiten mit den Tumorzellen annahm. Andere glaubten, daß die Parasiten nur ein spezifisches Krebsgift übertragen (Marsh und Wülker), oder daß die Parasitentoxine fermentartig von Zelle zu Zelle übertragen werden (Sanfelice, Saul). Auch Bierich glaubt die Entstehung der malignen Strukturänderung nur durch die Einwirkung eines bestimmten „Aktivators", einer „von außen zugeführten freien Energie" erklären zu können und nimmt an, daß diese freie Energie, dieser Aktivator, in den Stoffwechselprodukten der Parasiten gegeben sein muß.

Borrel[1]) will die von ihm in Carcinomen gefundenen höheren Parasiten nicht als die spezifischen Erreger ansehen, sondern nur als die Überträger des eigentlichen ultravisiblen Geschwulstvirus, während Blumenthal sogar an die Übertragung lebender Geschwulstzellen durch Parasiten (Wanzen) denkt. Wäre letzteres richtig, so müßten wir ja viel häufiger eine direkte Übertragung maligner Tumoren beobachten.

Zugunsten der Infektionstheorie sind zahlreiche Gründe der verschiedensten Art ins Feld geführt worden. Als einfachster Weg erschien vielen **der histologische Nachweis der Erreger im mikroskopischen Präparat,** und es ließen sich ziemlich leicht in den degenerierenden und phagocytierenden Geschwulstzellen protozoenähnliche Protoplasmastrukturen nachweisen. Wir dürfen daher alle die Befunde wohl ohne weiteres ablehnen, die die Infektionstheorie lediglich durch den Nachweis irgendwelcher, als Parasiten gedeuteter Gebilde (Protozoen, Sporozoen, Blastomyceten, Myxomyceten usw.) in Geschwülsten und Geschwulstzellen beweisen wollen. In diese Rubrik gehören die „Krebsparasiten" von Leyden, von Feinberg u. v. a. Gaylord hielt die Plimmerschen Körperchen für die Erreger aller malignen Geschwülste. Diese finden sich aber ebenso bei entzündlichen Gewebswucherungen, und Spirlas[2]) erzeugte Plimmersche Körperchen und Leydensche Krebsparasiten durch Injektion von Leberzellen, Sarcine, Placentargewebe usw. Die Degenerationsprodukte der Epithelzellen, insbesondere der Kernsubstanzen, sind so vielgestaltig und können so parasitenähnliche Formen zeigen, siehe z. B. Podwyssotzky[3]), daß ihr Studium allen „Krebsforschern" dieser Art nicht angelegentlich genug empfohlen werden kann. Alle diese Zellformen und Zellentartungsprodukte sind schon vor 30 Jahren von Pianese[4]) genau untersucht und auf zahlreichen schönen Tafeln abgebildet worden. Auch die neueste Entdeckung der blauweißen Zellen im Carcinom von Jos. Koch[5]), die als Protozoen gedeutet werden, dürfte kein anderes Schicksal haben und so wichtig die Kenntnis all dieser morphologischen Veränderungen, insbesondere auch der Zellkerne ist [s. Luger und Lauda[6])], so haben diese Dinge doch nichts mit Parasiten zu tun. Ganz besonders formenreich sind auch

---

[1]) Borrel: Die Parasiten als Quartiermacher der Tumoren. Bull. de l'assoc. franç. pour l'étude du cancer Bd. 2, S. 29. 1909.

[2]) Spirlas: Münch. med. Wochenschr. 1903, Nr. 19.

[3]) Podwyssotzky: Beitr. z. pathol. Anat. u. z. allg. Pathol. Bd. 38, S. 449. 1905.

[4]) Pianese: Beitr. z. pathol. Anat. u. z. allg. Pathol., 1. Suppl.-Heft. 1896.

[5]) Koch, Jos.: Artfremde Zellen im Krebs. Zentralbl. f. Bakteriol., Parasitenk. u. Infektionskrankh., Abt. 1, Orig. Bd. 96, S. 283. 1925.

[6]) Luger u. Lauda: Med. Klinik 1926, Nr. 11—13.

die Degenerationsprodukte der Zellen, auch der Mesenchymzellen, in der künstlichen Gewebskultur. Auch hier betont Lewis[1]) die Ähnlichkeit der Riesencentrosphären und Zelleinschlüsse der gezüchteten Fibroblasten mit Parasiten — es fehlt nur noch, daß jemand die unsterblichen Fibroblastenkulturen Carrels auf eine Infektion zurückführt. So zahlreich die Mitteilungen solcher Parasitenbefunde sind, so wenig lohnt es sich darauf einzugehen.

Auch der einwandfreie Nachweis echter Parasiten im Geschwulstgewebe beweist noch nicht ihre ätiologische Bedeutung. Man kann sagen, daß es kaum eine Parasitenart gibt, die noch nicht in Tumoren gefunden worden ist. Ich verweise auf die vielen Beschreibungen Sauls[2]) über Parasitenbefunde in Geschwülsten, auch sie besitzen meist keine größere Beweiskraft. Nematoden, Milben [Marsh und Wülker[3])], Protozoen, Bakterien sind in Geschwülsten gefunden worden, aber dies wie der gelegentliche Befund von Pflanzenzellen sind an und für sich keine Beweise für die parasitäre Theorie.

Auch die in Geschwülsten von Sanfelice[4]) und Roncali[5]) nachgewiesenen Blastomyceten dürften zum Teil Zelleinschlüsse darstellen, und die mit Blastomyceten erzeugten Sarkome sind lediglich Granulationsgeschwülste. Jedenfalls haben die Angaben über die Erregernatur der Blastomyceten der Nachprüfung nicht standgehalten. Auch der neueste Nachweis von Protozoen als Krebserreger, der von Calcar[6]) geführt wird, zeugt nur von mangelnder histologischer Erfahrung und wir müssen uns in allem der ausgezeichneten Kritik von Luttinger[7]) anschließen, die dieser im Anschluß an eine umfassende Übersicht über die Protozoen als Geschwulsterreger gibt. Auch er kommt zu dem Schluß, daß keinerlei Beweis für eine geschwulst-pathogene Bedeutung der verschiedenen Protozoenarten gegeben ist.

Höhere Parasiten (Acarus, Nematoden, Helminthen) sind zuerst von Borrel[8]) in Carcinomen und Sarkomen gefunden worden, sowie von einer Reihe von Nachuntersuchern [Saul, Haaland, Tsunoda[9]) u. a.]. Wie weit diese Parasiten wirklich für die Tumorbildung Bedeutung haben, ist noch sehr unklar. Nur für eine Reihe von primären Lebertumoren ist die parasitäre Ätiologie ziemlich gesichert, insbesondere für den von den Japanern beim primären Lebercarcinom dort häufig nachgewiesenen Leberegel und für die Lebersarkome durch Cysticerken, worauf wir noch näher eingehen werden. Beatti[10]) fand sowohl in einem Magencarcinom wie in einem Spindelzellensarkom der Leber bei der wilden Ratte eine Nematode, Hepaticola hepatica. Marsh und Wülker[3]) fanden Nematoden und Milben in der Haut auch bei normalen Mäusen, nicht nur bei Tumormäusen, nehmen aber trotzdem an, daß die Parasiten die Träger eines unbekannten Krebsvirus seien.

Wie bei allen chronisch entzündlichen Prozessen, so können auch bei chronischen Infektionen papilläre Schleimhautwucherungen auftreten. Beispiele

---

[1]) Lewis: Carnegie Inst., Washington 1920, S. 191.
[2]) Saul: Berlin. klin. Wochenschr. 1911, S. 341; Zentralbl. f. Bakteriol., Parasitenk. u. Infektionskrankh., Abt. 1, Orig. Bd. 85. 1920 ff.
[3]) Marsh u. Wülker: Zeitschr. f. Krebsforsch. Bd. 15, S. 383. 1916.
[4]) Sanfelice: Zeitschr. f. Krebsforsch. Bd. 6, S. 166. 1908; Bd. 7, S. 564. 1909.
[5]) Roncali: Virchows Arch. f. pathol. Anat. u. Physiol. Bd. 216, S. 141. 1914.
[6]) Calcar: Die Ursache des Carcinoms. Leiden: Van Doesburgh 1926.
[7]) Luttinger: Cancer Bd. 2, S. 206. 1925.
[8]) Borrel: Bull. de l'assoc. franç. pour l'étude du cancer Bd. 2, S. 29. 1909. — Parasitisme et tumeurs. Ann. de l'inst. Pasteur Bd. 24. 1910.
[9]) Tsunoda: Demodes folliculorum und Mammakrebs. Zeitschr. f. Krebsforsch. Bd. 8, S. 489. 1910.
[10]) Beatti: Zeitschr. f. Krebsforsch. Bd. 19, S. 325. 1923.

hierfür sind die bekannten papillären Gallengangsepithelwucherungen bei der Coccidieninfektion der Kaninchenleber [Saul[1])], die Schleimhautwucherungen in Gallengang und Pankreasgang bei Trematodeninfektion [Henschen[2])], vielleicht auch die Mastdarmpapillome durch Schistosoma haematobium [Sinderson und Mills[3])]. Die spitzen Kondylome der Haut bei chronischer Gonorrhöe des Menschen sind analoge Bildungen.

Als weitere Beispiele seien erwähnt die Papillome der Harnblase bei der Ratte durch Würmer [Trichodes crassicauda, Löwenstein[4]), Fibiger[5])], die Adenopapillome im Vormagen der Taube durch Dispharagus [Wasielewski[6])], die sarkomähnlichen Fibrome des Fasanendarmes durch Heterachis (Wassink).

Auch andere Würmer sind in menschlichen Carcinomen gefunden worden, z. B. Trichinen (schon 1863 von Klopsch im Mammacarcinom), und Ewing[7]) gibt an, daß er Trichinen im menschlichen Zungencarcinom ziemlich häufig nachweisen konnte. Bestätigungen liegen meines Wissens nicht vor.

Sehr umstritten ist noch die Natur des von Sticker[8]) zuerst beschriebenen **Lymphosarkoms des Hundes.** Ihm gelang die Übertragung dieses Tumors auf andere Hunde in 31 Fällen, wobei die Wachstumsenergie der Geschwulst von Generation zu Generation zunahm. Andere haben diese Geschwulst als ein Granulom aufgefaßt, insbesondere konnte v. Dungern[9]) zeigen, daß bei erfolgreichen Übertragungen die neue Geschwulst sich aus den Zellen des Wirtes entwickelte, nicht aus den übertragenen Zellen. In neuerer Zeit hat Garschin[10]) gezeigt, daß bei den Rundzellensarkomen des Hundes die Tumorzellen auf entzündliche Reize, insbesondere auch Fremdkörper, in keiner Weise reagieren (nur das Stroma reagiert) und daraus den Schluß gezogen, daß die Zellen dieser Rundzellensarkome der Hunde nicht zu den Zellformen des Granulationsgewebes gehören, sondern eher echte Geschwulstzellen darstellen. Es wird also weiterer Arbeit bedürfen, um diese Fragen zu klären.

Eine engere Beziehung der Krebsbildung mit einer Infektion hat Teutschländer[11]) wahrscheinlich gemacht für das **Kalkbeincarcinom des Huhnes.** Dieser Krebsbildung geht stets die Fußräude voraus, die durch die Cnemidocoptesmilbe (Cnemidocoptes mutans) erzeugt wird, und auf diesem Boden entsteht nach längerer Zeit ein Carcinom. Aber diese Hühnerkrätze (Kalkbein) führt nur in wenigen Fällen zur Krebsbildung, und Hieronymi[12]) hat gezeigt, daß beim Huhn Mittelfußcarcinome auch ohne Mitwirkung von Milben entstehen können, ebenso wie die Rattenkrätze durch dieselben Milben (Sarkoptesräude der Ratte) niemals mit Krebsbildung verbunden ist [Teutschländer[13])]. Die Hufkrebsgeschwulst des Pferdes, die aber ein einfaches Papillom darstellt,

---

[1]) Saul: Zentralbl. f. Bakteriol., Parasitenk. u. Infektionskrankh., Abt. 1, Orig. Bd. 88, H. 78. 1922.

[2]) Henschen: Ref. Zentralbl. f. Pathol. 1918, S. 23.

[3]) Sinderson u. Mills: Brit. med. journ. 1923, Nr. 3258, S. 968.

[4]) Löwenstein: Berlin. klin. Wochenschr. 1913, Nr. 16.

[5]) Fibiger: Dtsch. med. Wochenschr. 1921, S. 1449.

[6]) Wasielewski: Dtsch. med. Wochenschr. 1913, S. 1575.

[7]) Ewing: Neoplastic diseases. Philadelphia u. London 1919.

[8]) Sticker: Zeitschr. f. Krebsforsch. Bd. 1, S. 413. 1904; Bd. 4, S. 227. 1906.

[9]) v. Dungern: Münch. med. Wochenschr. 1912, Nr. 5.

[10]) Garschin: Zeitschr. f. Krebsforsch. Bd. 22, S. 270. 1925.

[11]) Teutschländer: Versamml. südwestdtsch. Pathol., Mannheim 1922; Ref. Zentralbl. f. Pathol. 1922.

[12]) Hieronymi: Zeitschr. f. Infektionskrankh., parasitäre Krankh. u. Hyg. d. Haustiere Bd. 25, S. 149. 1924.

[13]) Teutschländer: Zeitschr. f. Krebsforsch. Bd. 16, S. 125. 1919.

soll nach SAUL[1]) durch eine Infektion mit Tarsonemusmilben hervorgerufen werden.

Ganz besonderes Interesse verdient der **Schilddrüsenkrebs bei den Lachsen** (Salmoniden). Diese merkwürdige Krankheit tritt als endemische Kropf- oder Kiemenkrankheit in allen Fischzuchtanstalten Amerikas auf und ist eine bösartige Neubildung, die von GAYLORD und MARSH[2]) eingehend untersucht worden ist. Normale Fische, aus der Wildnis in die Fischanstalten verpflanzt, können an diesem Krebs erkranken. GAYLORD und MARSH nehmen an, daß die Holzbottiche der Fischzüchtereien das krankmachende Agens enthalten, da man durch Ausschaben der Innenfläche dieser Fischbottiche, in denen die Krankheit endemisch ist, und durch Verfütterung an Säugetiere eine Vergrößerung der Schilddrüse erzielen konnte. Durch Kochen wird das Agens zerstört, durch Zusatz von Jod, Arsen oder Quecksilber in starken Verdünnungen zum Wasser wird die Krankheit der Fische in allen Stadien günstig beeinflußt. GAYLORD und MARSH schließen aus ihren Beobachtungen, daß der Schilddrüsenkrebs der Salmoniden durch einen Parasiten hervorgerufen werde. Nach unseren neuesten Kenntnissen über die Bedeutung der spezifischen Wuchsstoffe, Enzyme und Blastine (s. S. 1710), wird man aber an andere Erklärungsmöglichkeiten denken müssen und die ganze wichtige Frage durch neue Versuchsanordnungen in dieser Richtung zu prüfen haben.

Von Interesse ist, daß MARSH und VONWILLER[3]) Schilddrüsenkropf auch beim Seebarsch (Serranus) beobachteten, der ja im Meerwasser lebt, das Jod in weit stärkerer Konzentration enthält als notwendig ist, um die Schilddrüsenhyperplasie der Süßwasserfische zur Rückbildung zu bringen. Andere führen die Schilddrüsengeschwulst der Salmoniden auf Fehler in der Nahrung zurück, und MARINE[4]) gibt an, daß er den gleichen Kropf durch Fütterung mit Leber experimentell erzeugen konnte. Die Ätiologie dieser malignen Geschwulst ist daher noch nicht aufgeklärt, wie ja auch die Ätiologie der menschlichen Struma uns noch sehr viele Rätsel aufgibt.

Wir wenden uns nunmehr denjenigen Infektionen zu, bei denen der **Zusammenhang zwischen Infektion und Geschwulstbildung einwandfrei** nachgewiesen worden ist.

Erwiesen ist die Übertragungsmöglichkeit bei *Hautwarzen*, spitzen Kondylomen [WAELSCH[5])] und Kehlkopfpapillomen [ULLMANN[6])].

Die **benignen Epitheliome der Haut** [JADASSOHN[7]) und MARTENSTEIN[8])] sind umschriebene Epithelwucherungen, die durch ein sehr infektiöses *filtrierbares Virus* hervorgerufen werden. Wegen der typischen Strukturen, die die Infektion in den befallenen Epithelzellen hervorruft, werden sie zu den „Einschlußkrankheiten" der Haut, zu dem System der Chlamydozoastrongyloplasmen, gerechnet. Zu diesen benignen infektiösen Epitheliomen der Haut gehören das Molluscum contagiosum, die spitzen Kondylome und die Hautwarzen, Verrucae. Auch das Epithelioma contagiosum des Geflügels gehört hierher und wird durch einen sehr contagiösen filtrierbaren Erreger hervorgerufen, der auch eine Affinität

---

[1]) SAUL: Ztrbl. f. Bakteriol., Parasitenk. u. Infektionskrankh., Abt. 1, Orig. Bd. 85, H. 2. 1920.

[2]) GAYLORD u. MARSH: Carcinoma of the thyreoid in the salmonid fishes. Publ. from the State Inst. for the Study of malignant Disease. Washington 1914; Ref. Zeitschr. f. Krebsforsch. Bd. 15, S. 557. 1916.

[3]) MARSH u. VONWILLER: Journ. of cancer research Bd. 1. 1916.

[4]) MARINE: Zentralbl. f. Pathol. 1914, S. 777.

[5]) WAELSCH: Arch. f. Dermatol. u. Syphilis Bd. 124, S. 625. 1918.

[6]) ULLMANN: Monatsschr. f. Ohrenheilk. u. Laryngo-Rhinol. Bd. 55, S. 1717. 1921.

[7]) JADASSOHN: Ref. auf d. internat. med. Kongr., London 1913.

[8]) MARTENSTEIN: Klin. Wochenschr. 1926, S. 563.

zu den Keimzellen und zum Nervensystem besitzt [Levaditi und Nikolau[1])]. Alle diese infektiösen Epitheliome zeigen aber nicht die wesentlichen Charaktere der echten Geschwulstbildung, insbesondere kein dauerndes Wachstum, kein Wachstum aus sich heraus, spontane Rückbildung und Spontanabstoßung. Es sollen zwar zuweilen bösartige Geschwülste daraus hervorgehen, aber das dürfte hier nicht häufiger sein wie bei anderen entzündlichen Gewebswucherungen, es muß also ein anderer Faktor noch hinzutreten.

Einwandfrei erwiesen ist der Zusammenhang zwischen den *Blasencarcinomen* beim Menschen und der chronischen **Bilharzia-Krankheit** in Ägypten. Hier wurde mit Sicherheit nachgewiesen, daß sich die Eier von Bilharzia haematobia in der Schleimhaut der Harnblase ansiedeln und daß sich nach jahre-, ja jahrzehntelangem Bestehen der Krankheit Papillome und echte bösartige Carcinome entwickeln. Nach Goebel[2]) soll es bei der chronischen Bilharziosis in fast der Hälfte der Fälle zur Krebsbildung kommen.

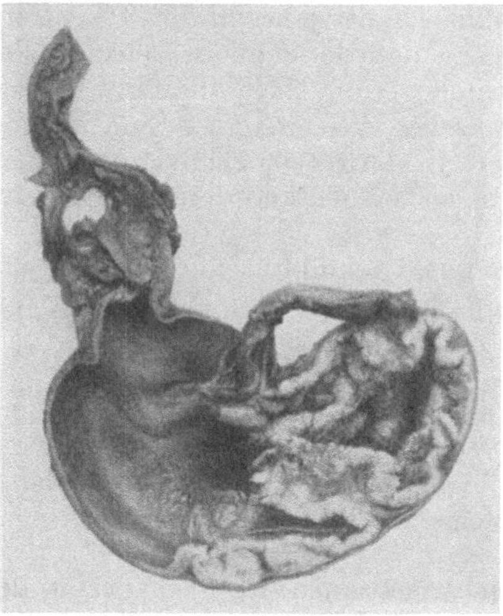

Eine engere Beziehung zwischen Tumorbildung und parasitärer Erkrankung ist auch erwiesen für manche Fälle von primärem **Lebercarcinom.** Hierbei hat Askanazy *Trematoden* nachgewiesen (Opistorchis felineus), und in Japan ist das primäre Lebercarcinom verhältnismäßig häufig bei Infektion der Leber mit *Leberegeln* (Distomum spatulatum und japonicum).

So überzeugend in den zuletzt angeführten Fällen wegen der Seltenheit der nachgewiesenen Infektionen und der Seltenheit der Geschwulstbildung das Zusammentreffen beider für einen inneren Zusammenhang spricht, so erstreben wir doch auch hier als Schlußstein der Beweisführung den experimentellen Nachweis.

Abb. 462. Spiropteracarcinom in der Wand des Vormagens einer mit Schaben (P. amaricana) gefütterten bunten Ratte. Natürl.Größe.(Prof.Fibiger-Kopenhagen.)

Sehr zahlreich sind natürlich die Versuche, durch Übertragung bekannter Parasiten Gewebswucherungen und echte Geschwülste zu erzeugen. Bei solchen Versuchen ist es außerordentlich wichtig, den Zellreichtum des Granulationsgewebes und die Polymorphie seiner Zellen genau zu kennen. Verwechslungen zellreichen Granulationsgewebes, z. B. syphilitischer und anderer Granulome mit Sarkomen, sind sowohl in der menschlichen Pathologie wie bei experimentellen Forschungen nicht selten vorgekommen. In jüngster Zeit hat z. B. Kopsch[3]) über die Entstehung von gutartigen und bösartigen Tumoren durch eine Nematodeninfektion bei Fröschen in einer groß angelegten Untersuchung berichtet, wobei es sich nur um Granulationswucherungen handelt [vgl. B. Fischer[4])].

---

[1]) Levaditi u. Nikolau: Cpt. rend. des séances de la soc. de biol. Bd. 87, Nr. 20, S. 2. 1922.

[2]) Goebel: Zeitschr. f. Krebsforsch. Bd. 3, S. 369. 1905. S. auch Kartulis: Virchows Arch. f. pathol. Anat. u. Physiol. Bd. 152, S. 474. 1898.

[3]) Kopsch: Die Entstehung von Granulationsgeschwülsten und Adenomen, Carcinom und Sarkom durch die Larven der Nematode Rhabditis pellio. Leipzig: G. Thieme 1919.

[4]) Fischer, B.: Münch. med. Wochenschr. 1919, S. 1356.

In ähnlicher Weise hat BELOGOLOWY[1]) Granulationswucherungen, die sich an Implantationen von Kaltblüterembryonen anschlossen, mit Sarkom verwechselt. Hier ist also schärfste Kritik am Platze.

Nicht wenige Angaben der Literatur halten einer solchen Kritik nicht stand, aber in neuerer Zeit kennen wir verschiedenartige, sowohl carcinomatöse wie sarkomatöse bzw. meristomatöse Geschwulstbildungen, die ganz sicher und einwandfrei durch eine Infektion experimentell hervorzurufen sind. Die erste grundlegende Entdeckung in dieser Richtung verdanken wir FIBIGER[2]).

a) Das Spiropteracarcinom.

FIBIGER entdeckte, wie bereits S. 1504 erwähnt, das Spiropteracarcinom bei der Ratte, und es gelang ihm, durch Infektion der bunten Laboratoriums-ratte mit einem Rundwurm, der sich in Küchenschaben (Periplaneta americana) vom Ei zur Larve entwickelt, entzündliche Gewebswucherungen, Papillome und echte metastasierende Carcinome hervorzurufen. Der Parasit *(Spiroptera neo-plastica, Ganglyonema neoplasticum)* wird den Ratten bei den Versuchen mit der Nahrung zugeführt. Von 102 Ratten, die 45—298 Tage lebten, hatten 54 typische Magencarcinome, eine Reihe davon mit Metastasen (in denen nie-mals ein Parasit gefunden wurde). Mit der Spiropterainfektion hat FIBIGER auch bei 5 Ratten Zungenkrebs und bei Mäusen sogar ein transplantables Carcinom hervorgerufen (s. Abb. 461, 463—65).

Auch in den Transplantaten konnten niemals die Parasiten wieder nach-gewiesen werden. Bemerkenswert ist, daß das Spiropteracarcinom schon bei der weißen Maus viel weniger leicht entsteht (nur in 5% der Versuche) und zu seiner Entwicklung viel längere Zeit braucht. Bei anderen Tierarten kann man mit der gleichen Infektion wohl Papillome hervorrufen, aber bisher niemals echte Carcinome. Die Bedeutung der Disposition geht auch sehr deutlich daraus her-vor, daß bei den weißen Mäusen die Papillomatose und die heterotope hyper-plastische Drüsenwucherung viel stärker ist als bei den Ratten, daß aber trotz-dem die weiße Maus sehr selten, die bunten Ratten zu mehr als 50% an Carcinom erkranken. Die Zahl der Parasiten, die meist 3 Monate nach der Invasion ganz oder fast ganz verschwinden, ist ohne Bedeutung für die Krebsbildung.

Von der größten Wichtigkeit sind FIBIGERS Ergebnisse über die Frühstadien dieser Carcinome. Nach seinen eingehenden histologischen Untersuchungen der ersten Anfänge führt er den ursprünglichen Krebsherd auf kleinste Zell-gruppen, vielleicht eine einzige Zelle, zurück. Dieser Herd wächst nur durch Vermehrung seiner Zellen expansiv „aus sich selbst heraus", ohne jede Um-wandlung des benachbarten Epithels — und dies, obwohl ja die ganze Schleim-haut unter dem Einfluß der Parasiten steht. Es geht aus diesen experimentellen Untersuchungen wie auch aus den beigegebenen Abbildungen von Präparaten, die Herr Kollege FIBIGER mir freundlichst zur Verfügung gestellt hat (s. Abb. 461, S. 1505), mit größter Klarheit die Bedeutung der primären Bildung der Ge-schwulstkeimanlage hervor. Wir sehen hier, wie niemals diffus sich größere Gebiete des Schleimhautepithels in Carcinome umwandeln, sondern wie in der diffus erkrankten Schleimhaut sich ein ganz umschriebener Geschwulstkeim bildet oder auch mehrere solche Geschwulstkeime (plurizentrische Genese), die dann das Carcinom bilden. Wichtig ist ferner, daß diese Krebsbildung auch

---

[1]) BELOGOLOWY: Arch. f. Entwicklungsmech. Bd. 43, S. 556. 1918.
[2]) FIBIGER: Zeitschr. f. Krebsforsch. Bd. 17, S. 1. 1919; Cpt. rend. des seances de la soc. de biol. Bd. 83, S. 321. 1920; Bull. de l'assoc. franç. pour l'étude du cancer Bd. 10, S. 233. 1921.

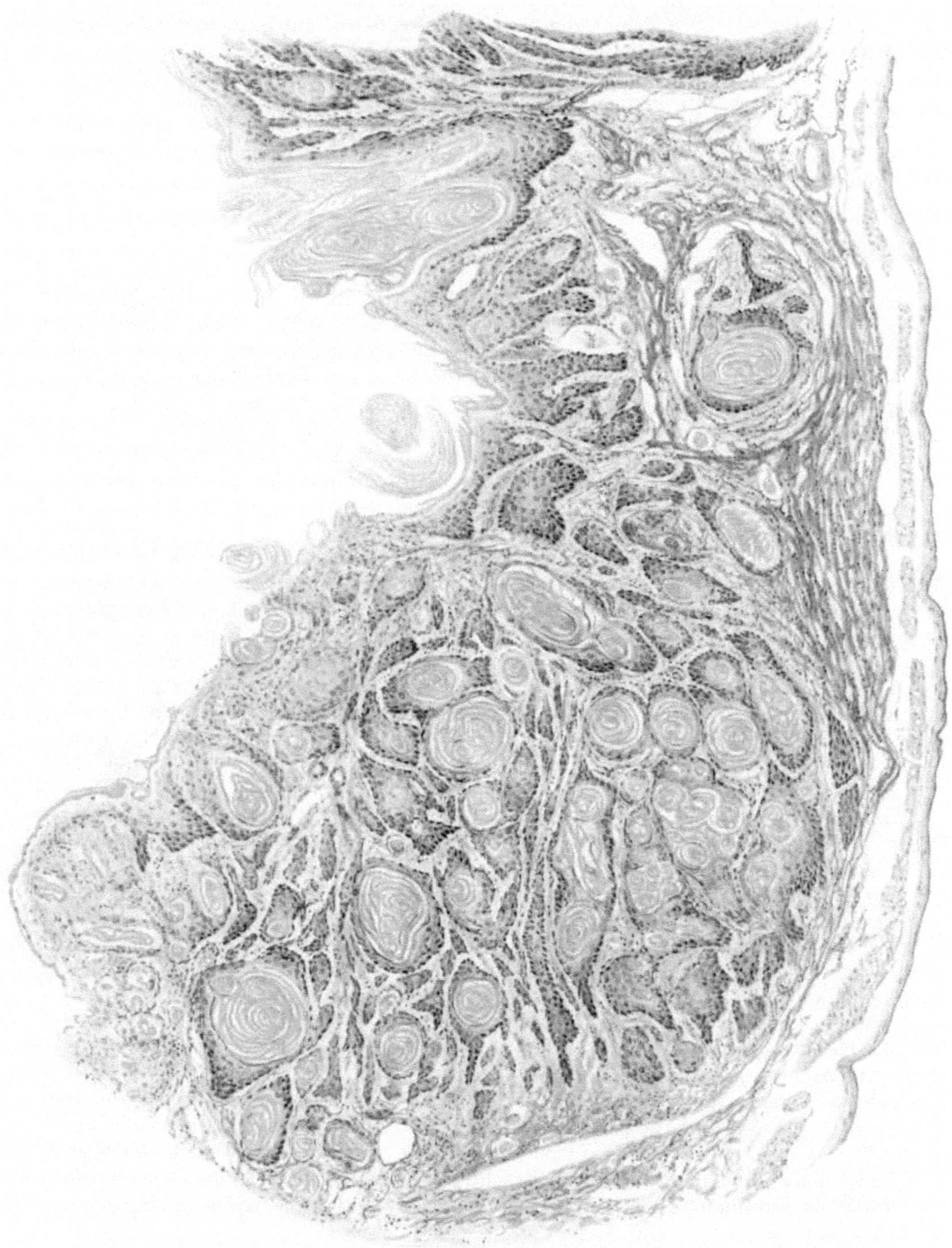

Abb. 463. Spiropteracarcinom des Vormagens einer bunten Ratte (verhornendes Platten-epithelcarcinom, Übersichtsbild bei schwacher Vergrößerung). Nach einem von Prof. Fibiger-Kopenhagen zur Verfügung gestellten Präparat.

unabhängig ist von den bei der Spiropterainfektion auftretenden Papillomen und heterotopen hyperplastischen Epithelwucherungen: die Geschwulstkeimanlage kann sowohl an solchen Stellen wie in der von solchen Veränderungen freien Magenschleimhaut entstehen.

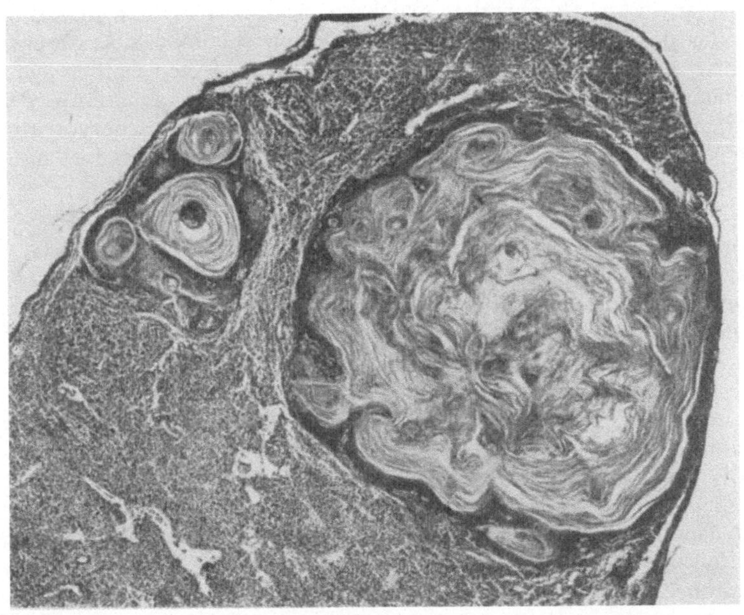

Abb. 464. *Metastasen* eines stark verhornenden *Spiropteracarcinoms des Magens* in retroperitonealer Lymphdrüse einer bunten Ratte. 6—7malige Vergrößerung. (Präparat von Prof. Fibiger-Kopenhagen.)

b) Das Cysticercussarkom der Rattenleber.

Sehr interessante Ergebnisse haben auch die experimentellen Untersuchungen über die Entstehung des *Sarkoms der Rattenleber durch Cysticerken* zutage gefördert. Schon 1906 hatte Borrel bei Sarkom der Rattenleber einen Blasenwurm gefunden, den Cysticercus fasciolaris. Später gelang es dann zuerst Bullock und Curtis[1]), diese Sarkome experimentell zu erzeugen. Der Cysticercus fasciolaris ist die Finne der im Dünndarm der Katze vorkommenden Taenia crassicollis, deren Eier mit den Faeces entleert werden. Bullock und Curtis verfütterten nun eine Aufschwemmung solcher

Abb. 465. Spiropteracarcinom der Rattenzunge (Fibiger: Zeitschr. f. Krebsforsch. Bd. 17.)

eierhaltigen Katzenfaeces an Ratten und bekamen bei 55 unter 230 infizierten Tieren typische, gefäßreiche, polymorphzellige Spindelzellensarkome, die von den bindegewebigen Kapseln der Cysticercusblasen in der Leber ausgehen

---

[1]) Bullock u. Curtis: Proc. of the New York pathol. soc. Bd. 20, S. 149. 1920.

und einzeln oder multipel auftreten. Hierbei waren alte Ratten widerstandsfähiger, während bei den jungen sich auch in 60% der Fälle Metastasen entwickelten. Wichtig ist die lange Latenzzeit: frühestens 8 Monate nach Übertragung der Eier, häufig aber später, bis zu 15 Monaten, entwickelte sich das Sarkom. Von 43 Tumoren konnten nicht weniger als 41 transplantiert werden. Die transplantierten Geschwülste wuchsen noch stärker, so daß ihr Gewicht zuweilen das des Trägers übertraf, und machten ebenfalls Metastasen.

Wichtig ist, daß die verschiedenen Rassen sehr verschieden empfänglich sind, manche Rattenstämme sind ganz unempfänglich, so konnte Jensen in Kopenhagen Cysticercussarkome bei Ratten überhaupt nicht hervorrufen. Auch die Maus zeigt sehr häufig Cysticerken in der Leber, zeigt aber fast nie Sarkombildung.

c) Die neoplastischen Bakterien.

Schon frühzeitig hat man einfach Bakterien als Erreger der Geschwulstbildung bezeichnet. Doyen stellte von seinem Micrococcus neoformans Kulturen, Toxine und Antitoxine her und gibt ebensolche Erfolge mit seiner Behandlung an, wie Schmidt mit seinem in analoger Weise aus Pilzen gewonnenen Antimeristem. Eine Bestätigung von anderer Seite ist nicht erfolgt. Auch die durch besondere Färbeverfahren in allerjüngster Zeit von Schumacher[1]) an der Grenze mancher Carcinome dargestellten „Mikroorganismen" dürften weder nach der Beschreibung noch nach den Abbildungen selbst bescheidenen Ansprüchen einer kritischen Beweisführung genügen.

Auf die zahlreichen Behauptungen über den Nachweis bakterieller Krebserreger in Geschwülsten kann hier nicht näher eingegangen werden. Aus der neuesten Zeit erwähne ich die Entdeckung grampositiver Diplokokken als Krebserreger durch Nuzum[2]), die von Kross[3]) nicht bestätigt werden konnte. Purpura[4]) züchtete auch Bakterien aus geschlossenen Tumoren, und Young[5]) will fast konstant aus Geschwülsten einen „sehr vielgestaltigen" Mikroorganismus gezüchtet haben, dessen *amorphe Phase* der „Schlüssel der ganzen Krebsfrage" sei, da in dieser amorphen Phase der Parasit mit der Krebszelle in Symbiose lebe. Für all diese Behauptungen wie für die neuesten Krebserreger der Amerikaner [Scott[6]), Stearn[7]), Loudon und McCormack[8]) u. a.] müssen Bestätigungen abgewartet werden.

Blumenthal und Mitarbeiter[9]) haben Bakterien gefunden, mit denen bei Pflanzen Geschwülste zu erzielen sein sollen. Sie erzeugten mit dem Bacillus tumefaciens Smith[10]) und mit einem grampositiven Diplokokkus an Geranien und Fuchsien Gewebswucherungen, die sie als bösartige Geschwülste, Krebse, bezeichneten. Weiter[11]) konnte auch durch Kratzen und nachträgliches Auf-

---

[1]) Schumacher, Jos.: Untersuchungen zur Ätiologie und Therapie des Carcinoms. Berlin: Karger 1926.

[2]) Nuzum: Surg., gynecol. a. obstetr. 1921, S. 167; 1925, S. 343.

[3]) Kross: Journ. of cancer research Bd. 6, S. 257. 1921.

[4]) Purpura: Policlinico, sez. chir. Bd. 32, S. 74. 1925.

[5]) Young: Brit. med. journ. Febr. 1925, S. 60.

[6]) Scott, M. J.: Northwest Medicine. Oktober 1925; sowie Glover, Scott, Loudon u. McCormack: Canada Lancet and Practitioner Bd. 66, Nr. 2. Febr. 1926.

[7]) Stearn, E. W., Sturduvant u. A. E. Stearn, Proc. of the nat. acad. of sciences (U. S. A.) Bd. 11, S. 662. 1925.

[8]) Loudon u. McCormack: Journ. of cancer research Bd. 2, S. 19. 1925; Med. journ. a. record Bd. 123, S. 567. 1926.

[9]) Blumenthal u. Mitarbeiter: Zeitschr. f. Krebsforsch. Bd. 16, S. 51. 1917.

[10]) Smith, Erwin F.: Journ. of cancer research 1916 u. 1922; s. auch Magrou: Presse méd. Bd. 31. S. 285. 1923.

[11]) Blumenthal u. Mitarbeiter: Zeitschr. f. Krebsforsch. Bd. 21, S. 250. 1924.

tropfen von 1proz. Milchsäure auf Mohrrübenscheiben Tumorbildung erzeugt werden. Es ist wohl kaum nötig, auf diese Wucherungen von Pflanzenzellen einzugehen, da sie in keiner Weise mit tierischen bösartigen Geschwülsten verglichen werden können. Aber BLUMENTHAL, AULER und MEYER[1]) haben nun auch aus der Lymphe menschlicher Carcinome Bakterien gezüchtet (12mal unter 30 Fällen), mit denen sie dann an Mäusen und Ratten bösartige Geschwülste erzeugen konnten, *vorausgesetzt, daß sie bei der Transplantation dem Tumormaterial Kieselgur als Reizmittel zusetzten!!* Schon diese eine Tatsache ist auffallend, da bei anderen echten transplantablen Mäusegeschwülsten ein solcher Zusatz nicht nötig ist, während gerade bei infektiösen Granulationsgeschwülsten ähnliche Erfahrungen gemacht wurden. Aber auch die Beschreibungen und Abbildungen, die die Autoren von ihren Geschwülsten geben, können einen kritischen Beurteiler nicht von der Berechtigung der BLUMENTHALschen Auffassung überzeugen. Auch ist es recht merkwürdig, daß im bakteriologischen Sinne recht differente Bakterien [siehe bei REICHERT[2])] Geschwulsterreger sein sollen. Wenn BLUMENTHAL und AULER[3]) nach Impfung mit dem Bakterienstamm P.M. (gleich Bacillus tumefacienes Smith) unter 10 Mäusen einmal ein bösartiges Cancroid in der Bauchhöhle beobachten, so ist das nichts weniger als ein Beweis für die ätiologische Bedeutung solcher Bakterien. So ist man denn glücklich zu der Hilfshypothese gelangt [REICHERT[2])], daß nicht diese Bakterien die eigentlichen Krebserreger in diesen Experimenten sind, sondern daß dem Bakterium ein aus der Geschwulst stammendes ultravisibles Virus anhaftet. Wir sehen, die Infektionstheorie muß zu den waghalsigsten Hypothesen greifen, und wir können zusammenfassend nur sagen, daß ein der Kritik auch nur einigermaßen standhaltender Beweis dafür, daß die BLUMENTHALschen Bakterien echte Geschwülste erzeugen, bis heute noch nicht vorliegt[4]).

d) Die übertragbaren Hühnergeschwülste und die Blastosen.

Eigenartigerweise sind bei Hühnern, und bisher nur bei diesen, eine ganze Reihe verschiedenartiger Geschwülste beobachtet worden, die sich im Experiment ganz anders verhalten wie die sonstigen bekannten tierischen und menschlichen bösartigen Tumoren. Zuerst erregte das von PEYTON ROUS[5]) beschriebene Hühnersarkom besonderes Aufsehen als ROUS den Nachweis erbrachte, daß diese bösartige Geschwulst nicht nur durch Tumorgewebsbrei selbst, sondern auch durch sterile Berkefeldfiltrate übertragbar ist, falls man dem Filtrat Kieselgur zusetzt.

Ebenso kann man die Geschwülste übertragen mit getrocknetem und pulverisiertem Geschwulstgewebe, auch mit metastasenfreien Organen des erkrankten Tieres (Nieren und Ovarium), ja sogar einfach mit dem Blut oder Ascites der kranken Tiere [BÜRGER[6])]. Am besten gelingt die Übertragung auf junge Hühner. Antiseptische Mittel und Hitze zerstören die Übertragbarkeit. Der Tumor entwickelt sich sehr rasch, die meisten Tiere sterben schon 3 Wochen nach der

---

[1]) BLUMENTHAL, AULER u. MEYER: Zeitschr. f. Krebsforsch. Bd. 21, S. 387. 1924.

[2]) REICHERT: Zeitschr. f. Krebsforsch. Bd. 22, S. 446. 1925.

[3]) BLUMENTHAL u. AULER: Zeitschr. f. Krebsforsch. Bd. 22, S. 297. 1925.

[4]) *Anm. bei der Korrektur:* Sehr bemerkenswert ist die inzwischen erfolgte neueste Mitteilung BLUMENTHALS (Dtsch. med. Wochenschr. 1926, S. 1283), „daß die tumorerregende Eigenschaft innerhalb der gezüchteten Stämme erheblich variierte, ja sogar verlorenging". Aus diesem schon längst vorauszusehenden Ergebnis leitet BLUMENTHAL die Vermutung ab, daß „das wirksame Prinzip, d. h. die tumorerregende Eigenschaft den Bakterien nur anhaftet"!

[5]) ROUS: Berlin. klin. Wochenschr. 1914, Nr. 27; Journ. of exp. med. Bd. 12. 1910; Bd. 13. 1911.

[6]) BÜRGER: Zeitschr. f. Krebsforsch. Bd. 14, S. 526. 1914.

Infektion an metastatischer Lungensarkomatose. Der Primärtumor kann in kurzer Zeit Mannsfaustgröße erreichen. Es handelt sich um ein Spindelzellensarkom, das zahlreiche Metastasen machen kann, wobei aber die verschiedenen Geschwulstknoten in ihrem morphologischen Aufbau sehr stark von dem Organ, in dem sie sich entwickeln, abhängen sollen. Schon das widerspricht in sehr auffallender Weise dem, was wir sonst von den Geschwülsten kennen. Rous findet teils spindelzellige Tumoren, teils Riesenzellensarkome, in der Milz stumpfspindelige Zellen, in der Leber gallengangsähnliche Zellen und schließt aus diesen histologischen Variationen, „daß man geneigt ist, an die Möglichkeit der Lokali-

Abb. 466. Knoten eines Rousschen Hühnersarkoms in der Muskulatur, starke Vergrößerung. (Präparat von Prof. Teutschländer, Heidelberg.)

sation des tumorerzeugenden Agens in Zellen von verschiedenen Entwicklungsarten zu glauben". Rous und Murphy[1]) haben dann drei verschiedenartige bösartige Geschwülste beim Huhn beschrieben, die sämtlich durch bakterienfreie Berkefeldfiltrate übertragen werden konnten. Es handelte sich um ein Spindelzellensarkom, ein Osteochondrom und ein hämorrhagisches Spindelzellensarkom. **Die Art des entstehenden Tumors hing immer ganz davon ab, von welchem Tumor das Berkefeldfiltrat stammte.** Auch hier aber geht die Impfung vor allem an, wenn vorher Granulationszellen (durch Kieselgur) erzeugt worden sind. Ein in gleicher Weise durch Filtrate übertragbares Osteochondrosarkom ist von

---

[1]) Rous u. Murphy: Journ. of exp. med. Bd. 19, S. 52. 1914: Berlin. klin. Wochenschr. 1913, S. 637.

Tytler[1]), ein Myxosarkom von Fujinami und Inamoto[2]), ein angiomatöses Myxosarkom von Teutschländer[3]) beschrieben worden. Gelegentlich war auch hier die Übertragung des Tumors einfach durch das Blut des erkrankten Tieres möglich. Diese Tatsache läßt sehr daran denken, daß hier ähnliche Vorgänge vorliegen wie bei der durch Blut und Berkefeldfiltrate übertragbaren Leukämie der Hühner [Ellermann[4])].

Bevor wir auf die neuesten und wichtigsten Untersuchungen über diese Tumoren von Gye und Barnard sowie besonders auf die Arbeiten von Carrel näher eingehen, muß die Frage nach der Natur dieser Hühnergeschwülste beantwortet werden. Die meisten erklären sie wohl als Geschwülste im wahren

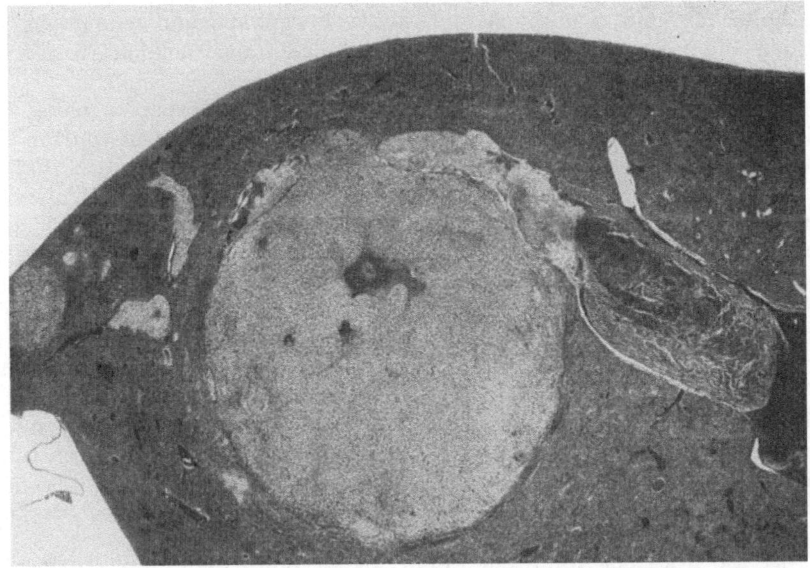

Abb. 467. *Metastase eines* Rous-*Sarkoms* in der Leber des Huhnes (Prof. Teutschländer, Heidelberg).

Sinne des Wortes [Pentimalli[5])]. Aber v. Dungern[6]) hat schon vor Jahren sehr richtig zu dem Rous-Sarkom bemerkt: „Es ist nicht bewiesen, daß dieses Spindelzellensarkom ein echter, aus sich herauswachsender maligner Tumor ist. Es kann sich auch um eine Geschwulst handeln, die wohl histologisch von den gewöhnlichen Granulomen verschieden ist, in der Art des Wachstums diesen jedoch entspricht, ebenso wie das Lymphosarkom des Hundes nach meinen Versuchen." Wir wissen heute, daß Infektionskrankheiten selbst in ihrem histologischen Verhalten so außerordentlich tumorähnlich sein können, daß auch dem geübtesten Pathologen die Unterscheidung außerordentlich schwer sein kann. Ich erinnere nur an das im Laufe der letzten Jahre in seinem

---

1) Tytler: Transplantables Osteochondrosarkom des Huhnes. Journ. of exp. med. Bd. 17, S. 466. 1913.

2) Fujinami u. Inamoto: Zeitschr. f. Krebsforsch. Bd. 14, S. 117. 1914.

3) Teutschländer: Zeitschr. f. Krebsforsch. Bd. 20, S. 79. 1923.

4) Ellermann: Die übertragbare Hühnerleukose. Berlin: Julius Springer 1918.

5) Pentimalli: Zeitschr. f. Krebsforsch. Bd. 15, S. 111. 1915.

6) v. Dungern: Zentralbl. f. Bakteriol., Parasitenk. u. Infektionskrankh. Bd. 54, Beih. 1910.

Wesen aufgeklärte maligne Granulom (Lymphogranulomatose), und so hat v. Dungern zweifellos recht, wenn er die Tumornatur dieser Geschwulst, die Rous benutzt hat, in Frage zieht, denn v. Dungern konnte zeigen, daß Hasensarkome in Kaninchen weiterwachsen und auch nach mehreren Übertragungen immer noch aus Hasenzellen bestehen, während er umgekehrt an dem Lymphosarkom des Hundes zeigen konnte, daß es auf den Fuchs übertragbar war, aber daß nun die hier anwachsende Geschwulst nicht mehr aus Hundezellen bestand, sondern aus den Zellen des Trägers sich gebildet hatte.

Auch Lubarsch und Tendeloo[1]) haben diese Hühnersarkomatose für infektiöse Granulome erklärt.

Der Geschwulstcharakter dieser Hühnersarkome bleibt also zweifelhaft, und auch Fujinami und Inamoto[2]) betonen für ihre Geschwulst an vielen Stellen die Ähnlichkeit mit menschlichem Granulationsgewebe und lehnen die Identifizierung mit menschlichen malignen Geschwülsten ausdrücklich ab. Es kommt noch etwas weiteres hinzu.

Es ist bekannt, daß Geschwulstzellen durch Filtrierpapier ohne weiteres hindurchgehen [Henke[3])], auch in getrocknetem Geschwulstpulver konnte Aschoff noch Zellen nachweisen. Teutschländer und Jung[4]) haben die Berkefeldfiltrate dieser Hühnersarkome einer sehr eingehenden Untersuchung unterzogen und gefunden, daß sich Kerne und Kerntrümmer darin nachweisen ließen, *in den impfpositiven Filtraten sogar ausnahmslos.* Auch zeigt die Untersuchung der genannten Autoren, daß Zellgehalt und Impfresultate in sehr engen Grenzen voneinander abhängig sind! Wenn also auch die Übertragung der Tumoren nach diesen Befunden nicht an intakte Zellen gebunden ist, so bleibt doch die Annahme der Entstehung der Geschwulst aus Zelltransplantaten oder Zellteiltransplantaten das Allerwahrscheinlichste, denn Teutschländer stellte fest, daß Filtrate aus Filtern unter einer bestimmten Porengröße nicht mehr wirksam waren. Es wäre denkbar, daß auch noch kleine Kernteile hier die Fähigkeit der Zell- und Tumorbildung behalten hätten, und es ist schon von verschiedenen Seiten auf die Möglichkeit einer nahen Verwandtschaft des Problems mit dem d'Herelleschen Phänomen hingewiesen worden.

Dies war etwa der Stand der Frage, als im Jahre 1925 Gye und Barnard[5]) mit ihren aufsehenerregenden Mitteilungen an die Öffentlichkeit traten. Diese englischen Forscher glauben durch ihre Untersuchungen den Erreger der Krebskrankheit in Form eines ultravisiblen Virus oder einer Gruppe solcher Virusarten entdeckt zu haben. Auch ihre Untersuchungen sind an dem Rousschen Hühnersarkom angestellt worden, und schon diese eine Tatsache mahnt nach dem oben Gesagten zur größten Vorsicht in der Übertragung von Schlüssen auf das allgemeine Geschwulstproblem.

Es war ja schon seit langem bekannt, daß zellfreie Filtrate und Auszüge aus pulverisiertem Rous-Tumor, der keine lebenden Zellen mehr enthält, bei Zusatz von Kieselgur Impfgeschwülste bei Hühnern erzeugen. Viele nahmen also an, daß hier ein belebtes Virus vorhanden sein müsse und glaubten eine Bestätigung dieser Annahme darin zu sehen, daß Chloroformzusatz die Filtrate unwirksam macht, d. h. das Virus abtötet. (Nach dem oben Gesagten könnte

---

[1]) Tendeloo: Krankheitsforschung Bd. 2, S. 1. 1925.
[2]) Fujinami u. Inamoto: Zitiert auf S. 1539.
[3]) Henke: Verhandl. d. dtsch. pathol. Ges., 17. Tagung, S. 547. München 1914.
[4]) Teutschländer u. Jung: Zeitschr. f. Krebsforsch. Bd. 20, S. 20 u. 43. 1923.
[5]) Gye u. Barnard: Lancet Bd. 209, Nr. 5316, S. 109, 18. Juli 1925. Eingehendes kritisches Referat über diese Arbeiten von Teutschländer: Klin. Wochenschr. 1925, S. 1698, und von Schmid: Schweiz. med. Wochenschr. 1925, S. 1078.

ebenso daran gedacht werden, daß die das Filter passierenden Kernteile der Geschwulstzellen durch Chloroform vernichtet würden.)

GYE stellte zunächst fest, daß ein von Zellen und den gewöhnlichen Bakterien freies Tumorfiltrat durch Chamberlandkerze regelmäßig nach 14 Tagen die Geschwulst entstehen läßt, die bereits in 4—5 Wochen das infizierte Tier tötet. Hierbei nahm GYE die Wirkung von zwei verschiedenen Faktoren an, die in folgender Weise nachgewiesen wurden:

Zunächst brachte GYE Stückchen des ROUS-Sarkoms in Kaninchenserum — KCl-Bouillon mit Zusatz eines Stückchens Hühnerembryo und glaubt hierin den **Erreger** kultivieren zu können. Die Kulturflüssigkeit ist noch eine Zeitlang infektiös, und zwar um so länger, je größer das hineingebrachte Tumorstückchen ist. Nach 7 Tagen spätestens ist eine Übertragung mit dieser Flüssigkeit nicht mehr möglich — wie GYE annimmt, ist zwar das *Virus* noch vorhanden, aber ein anderer Faktor fehlt jetzt in genügender Menge in der Kultur. GYE hat nun weiterhin einen Tropfen der frischen ersten Kultur in eine zweite (anaerobe) gebracht usw. Diese Subkulturen, die also den Erreger enthalten sollen, sind, Hühnern eingespritzt, unwirksam.

Der zweite akzessorische Faktor wurde in folgender Weise dargestellt: es wurde Sarkomgewebe mit Sand verrieben und durch Sand filtriert. Dieses Sandfiltrat ist ebenfalls zellfrei und infektiös. Die Infektiösität wird aber durch Behandlung mit Chloroform vernichtet, und zwar nach GYES Annahme durch Abtötung des Virus, während der akzessorische chemische Faktor noch darin vorhanden ist, der nur durch Sauerstoff leicht zerstört wird. Die Subkulturen enthalten also den Erreger, die abgetöteten Sandfiltrate den chemischen akzessorischen Faktor, und in der Tat lassen sich nun wieder Tumoren erzeugen, wenn man ein Huhn mit beiden Substanzen spritzt. Auch physikalisch durch Zentrifugieren und Auswaschen kann man die beiden Faktoren trennen. Das Virus konnte bis zur achten Unterkultur gezüchtet werden. Diese Unterkulturen erzeugen also die typischen Geschwülste, wenn ihnen Kieselgur und das mit Chloroform vorbehandelte primäre Sandfiltrat (nach Austreibung des Chloroforms) zugesetzt werden. GYE schließt aus diesen Tatsachen, daß die Bildung des Sarkoms hier abhängt von einem spezifischen chemischen, akzessorischen Faktor (von der Hühnergeschwulstzelle gebildet und im primären, durch Chloroform keimfrei gemachten Filtrat enthalten) und dem ultravisiblen Virus, das in seiner Kultur enthalten sein soll. Positive Resultate erhielt GYE weiter, wenn er in die genannte Kulturflüssigkeit Stückchen von Ratten- oder Mäusetumoren brachte und von den weiteren Kulturen Hühner mit Kieselgur und spezifischem Faktor impfte. Auch hier entstanden wieder typische ROUS-Sarkome, und GYE schließt daraus, daß auch die Ratten- und Mäusekrebse dasselbe ultravisible Virus wie das ROUS-Sarkom enthalten. Auch bei einem Falle von menschlichem Carcinom wurde auf demselben Wege das gleiche „Virus" nachgewiesen.

Nach all diesen Ergebnissen wird geschlossen, daß das gleiche Geschwulstvirus ubiquitär und in allen Geschwülsten vorhanden ist, da man ja mit dem Virus aus menschlichem Mammacarcinom beim Huhn typisches Hühnersarkom erzeugen kann, wenn der chemische akzessorische Faktor des Huhnes mit der Impfung kombinert wird. Daraus ergäbe sich der grundlegende Schluß, daß die Art und Gewebsspezifität der malignen Geschwülste nicht auf das Virus, sondern auf den zweiten akzessorischen chemischen Faktor zurückgeführt werden muß. Der aus den Tumorzellen extrahierbare chemische Faktor bricht den Widerstand der gesunden Zellen gegen den Erreger, und auch die verschiedenen Arten des Hühnersarkoms werden nicht durch verschiedene Erreger, sondern durch den gleichen Erreger, aber durch verschiedene akzessorische chemische Faktoren hervorgerufen.

Selbst wenn man sich allen Schlüssen, die GYE aus seinen interessanten Versuchen zieht, anschließen wollte, blieben noch die meisten und wesentlichsten Fragen dunkel. Von besonderem Interesse erscheint die fundamentale Bedeutung eines ganz bestimmten chemischen Faktors, von dem man sogar annehmen könnte, daß er gerade der für die entstehende Geschwulst*art* wesentliche Faktor wäre. Die Hypothese, daß der andere Faktor ein belebter Erreger, ein ultravisibles Virus sein müsse, dürfte auch dann stärksten Zweifeln begegnen, wenn durch sorgfältigste, besonders histologische Untersuchungen, alle Angaben von GYE bestätigt werden sollten. Der optische Nachweis durch BARNARD, mit besonderem Verfahren im ultravioletten Licht, beweist in dieser Richtung nicht viel, denn je stärker die Vergrößerungen, um so weiter entfernt sind die Objekte dem menschlichen Auge, um so unsicherer wird aus dem rein optischen Betrachten für uns die Entscheidung, ob ein Lebewesen vorliegt oder nicht. Die Annahme GYES, daß alle die Faktoren, mit denen man bisher experimentell Geschwülste erzeugt hat, nur unspezifische Reize seien, die lediglich das Gewebe so verändern, daß es nun der Infektion mit dem spezifischen — danach ubiquitären — Geschwulsterreger zugänglich wird, dürfte wohl wenige befriedigen. Das Virus soll in die so vorbereiteten Zellen eindringen, sich dort vermehren und das bösartige Wachstum hervorrufen. Also sogar für das Teercarcinom, für das Spiropteracarcinom, für das Cysticercussarkom sollen Teer und Parasiten nur die Vorbereiter oder Überträger für den spezifischen Krebserreger sein, eine Annahme, die übrigens auch schon von BORREL gemacht wurde.

Auch heute liegt immer noch die Schwierigkeit der Übertragung der gewonnenen Ergebnisse auf das allgemeine Geschwulstproblem in der ganz besonderen Stellung und Art der genannten Hühnersarkome. Es gibt auch andere Sarkome und Carcinome beim Huhn, die durchaus nicht so leicht übertragbar sind, und das biologische Verhalten der ROUS-Sarkome widerspricht ganz fundamental dem Verhalten anderer maligner Geschwülste. Mit Recht hat ferner TEUTSCHLÄNDER[1]) auf eine sehr wesentliche Lücke in der Beweisführung GYES hingewiesen. Die Erzeugung eines Mäusetumors durch ein Gemisch von Virus des Hühnersarkoms und spezifischem akzessorischen Faktor der Maus ist bisher nicht geglückt, vielleicht auch noch gar nicht versucht. Von größter Wichtigkeit wäre es, wenn sich die neueste Angabe von RH. ERDMANN[2]) bestätigen sollte, der es gelang, Mäusecarcinome mit durch Chloroform abgetötetem Tumorbrei zu erzeugen, falls die Impfung mit einer Tuschespeicherung kombiniert wurde. An meinem Institut sind diese Versuche genau nach den Angaben von ERDMANN am Mäusekrebs nachgeprüft worden, und *wir* haben in der Tat auch einige positive Resultate erhalten (s. das Nähere S. 1598). Wir haben dieses Ergebnis, da wir keine andere Erklärung fanden, uns dahin gedeutet, daß das Chloroform eben doch nicht fähig ist, alles Leben der Zellen und Zellteile zu vernichten, und daß diese geschädigten Zellreste nur dann fähig sind zu Geschwulstzellen wieder auszuwachsen, wenn die Abwehrkräfte des Organismus durch eine höchstgradige Speicherung geschädigt sind. Das ist aber nur eine vorläufige Erklärung, da ja gerade die Rolle der Speicherung auch eine ganz andere sein könnte.

Inzwischen kommt eine Arbeit von HARKINS, SCHAMBERG und KOLMER[3]) zu meiner Kenntnis, die unsere Auffassung sehr wesentlich unterstützt und für die Beurteilung der GYESCHEN Versuche überhaupt von großer Bedeutung ist. Diese Autoren fanden, daß Chloroform bis zu 5% keineswegs immer eine Ab-

---

[1]) TEUTSCHLÄNDER: Klin. Wochenschr. 1925, S. 1700.

[2]) ERDMANN, RH.: Dtsch. med. Wochenschr. 1926, S. 352.

[3]) HARKINS, SCHAMBERG u. KOLMER: Journ. of cancer research Bd. 10, Nr. 1, S. 66. 1926.

tötung des „Virus" herbeiführt, ja in der Mehrzahl der Fälle war der mit Chloroform behandelte „spezifische Faktor" noch *allein* fähig, Tumoren zu erzeugen. Mit diesen Versuchen sind die ganzen Grundlagen der GYEschen Ergebnisse schwer erschüttert, und die Autoren kommen selbst, ebenso wie FLU (s. S. 1549), zu dem Schluß, daß der „spezifische Faktor" von GYE nur eine Aufschwemmung von abgeschwächtem lebenden Virus ist — und das letztere müssen wir in Übereinstimmung mit den gleich zu erwähnenden Ergebnissen von MURPHY als einen Zellteil, vielleicht ein besonderes Enzym der Geschwulstzelle oder ihres Kernes ansehen. Auch hier müssen noch genauere Untersuchungen und Nachprüfungen abgewartet werden.

Bei der augenblicklichen Lage der Forschung über das Hühnersarkom ist es nicht möglich, zu all den verschiedenen Ergebnissen schon endgültig Stellung zu nehmen. Auch wenn wir den Beweis für erbracht halten würden, daß es sich bei diesen Hühnersarkomen um ein belebtes Virus handelt, wären noch sehr verschiedene Auffassungen möglich. Die filtrierbaren Erreger zeigen gegenüber den anderen Virusarten in der Tat eine Reihe von Besonderheiten, vor allem sehen wir bei ihnen (Aphanozoen, Chlamydozoen, Strongyloplasmen) häufig eine strenge Gewebsspezifität. Die Wirkung dieser Chlamydozoen (TEUTSCHLÄNDER) müßten wir uns dann als eine enge Symbiose des Virus mit den Geschwulstzellen denken, da ja der Erreger in jeder Tumorzelle, in jeder Metastase, ja selbst im freien Blut vorhanden ist. Derartige endocelluläre Symbiose ist uns vor allem bei den Pflanzen und der pflanzlichen Gallenbildung bekannt. Eine solche Annahme läge also nicht außerhalb aller Erfahrungen der allgemeinen Biologie. Wenn dem so wäre, könnte diese endocelluläre Symbiose auf eine Reihe besonderer geschwulstähnlicher Bildungen beschränkt sein, zu denen das Hühnersarkom gehörte. Diese Gruppe wäre dann von den anderen echten Geschwülsten als etwas Besonderes abzutrennen, worauf wir noch zurückkommen werden.

Der wichtigste Einwand ist aber der, daß durch die GYEschen Versuche der Nachweis eines lebenden Virus bei den Hühnersarkomen überhaupt noch nicht einwandfrei erbracht ist.

DOERR[1]) hat bereits im Jahre 1923 auf Grund der gesamten Untersuchungen über den Bakteriophagen und über das Herpesvirus den Schluß gezogen, daß die forgesetzte Passage eines unsichtbaren pathogenen Prinzips im Tierkörper oder in den „Konzentrationsräumen" eines Nährbodens, der lebende Elemente enthält, nicht mehr als vollkommener Beweis für die belebte Natur eines pathogenen Prinzips gelten kann. Zudem hat EHRENBERG[2]) den experimentellen Nachweis geführt, daß auch Fermente, in spezifischer Weise „gezüchtet", vermehrt werden können. Gerade der Schluß von GYE, daß sein Virus ubiquitär vorhanden sei, mußte von vornherein die größten Bedenken erregen. Da lag doch die Annahme viel näher, daß es sich hier um besondere, in den verschiedenen zu den Versuchen benutzten Zellen vorhandene Zellbestandteile, Zellenzyme, spezifische Wuchsstoffe, Fermente (ROUSSY, s. S. 1422) handle.

Diese Zeilen waren bereits niedergeschrieben, als MURPHY[3]) den zwingenden Beweis für die Richtigkeit dieser Auffassung erbrachte. Er ersetzte einfach in den GYEschen Versuchen das angebliche Virus durch Kulturflüssigkeit von Hühnerembryonen oder sogar von Mäuseplacenta: nach der Injektion von Chloroformfiltrat entstand kein Tumor. Wurde dagegen das Chloroformfiltrat des ROUS-Tumors mit Kulturflüssigkeit von Hühner*embryonen*, Mäuse*placenta* oder Rattenplacenta gemischt, so *entstanden raschwachsende typische Sarkome* bei den Hühnern. Was

---

[1]) DOERR: Klin. Wochenschr. 1923, S. 909.
[2]) EHRENBERG, RUD.: Theoretische Biologie. Berlin: Julius Springer 1923.
[3]) MURPHY: Journ. of the Americ. med. assoc. Bd. 86, Nr. 17, S. 1270. 24. April 1926.

also auch in dem Rous-Filtrat von Chloroform zerstört oder gehemmt sein mag, in keinem Falle kann es sich um einen Erreger handeln, denn das wirksame Prinzip ist ohne weiteres aus embryonalen Zellen zu ersetzen. Die positiven Ergebnisse der Murphyschen Versuche sind so zahlreich, daß an der Richtigkeit kein Zweifel sein kann (z. B. bei vier Versuchen mit Hühnerembryonal-Kulturflüssigkeit waren drei positiv, davon zwei mit Metastasen). Für die Frage des Stoffwechsels der Tumorzelle ist von ganz besonderem Interesse, daß in diesen Versuchen *nur* **anaerobe** *Embryonal- oder Placentakulturen wirksam* sind!

Es wäre also vor allem daran zu denken, daß wir es hier mit der Übertragung eines Zellenzyms zu tun hätten, das, einmal von der Tumorzelle gebildet, immer wieder andere Zellen zu gleicher Bildung anregt [Erdmann[1])]. Wir werden hierbei sehr lebhaft an das *Twort-d'Hérellesche Phänomen* erinnert, und Carrel hat bereits die Hypothese aufgestellt, daß die Tumorzellen beim Hühnersarkom eine Substanz erzeugen, die sich wie der lytische Faktor Twort-d'Hérelles selbständig regeneriert und wie ein Virus andere Zellen erkranken läßt. Wenn wir daran denken, daß der Streit, ob das d'Hérelle-Phänomen auf einem Erreger oder einem Enzym oder ähnlichem beruht, bis heute noch nicht zur Entscheidung gekommen ist, so werden wir uns nicht wundern, daß auch die Frage, ob ein echtes Virus dem Hühnersarkom zugrunde liegt, auch durch die Gyeschen Arbeiten noch nicht zu entscheiden ist. Die Erklärung nach Art des d'Hérelle-Phänomens ist daher von verschiedenen Seiten schon in Erwägung gezogen worden [Uhlenhuth[2])]. Besonders wenn wir daran denken, daß Frey mit Piperidin eine Vakuolisierung der roten Blutkörperchen beim Frosch erzeugen konnte, die sich auf gesunde rote Blutzellen in Passagen übertragen ließ, so wird es uns klar, daß man sehr wohl an andere biologische Vorgänge auch noch denken kann als lediglich an eine Infektion.

Ganz neue experimentelle Untersuchungen von Bisceglie[3]) haben auch gezeigt, daß man das Wachstum der Carcinomzellen sowohl im Tier wie in der Gewebskultur durch Filtrate des Tumorgewebes stark anregen und beschleunigen kann. Der Tumor zeigt in diesen Versuchen eine deutliche Steigerung seiner Malignität, und Bisceglie schließt aus den Ergebnissen seiner Experimente, daß in den Geschwulstzellen Reizsubstanzen, Blastine, vorhanden sind, die als Autokatalisatoren von der Geschwulstzelle immer neu erzeugt werden und sie zu unbegrenzter Proliferation veranlassen. Wie dem auch sei, jedenfalls zeigen auch diese Versuche die große Bedeutung besonderer Substanzen, die wir nur als chemische Substanzen, nicht als lebendiges Virus aufzufassen haben und die von der Geschwulstzelle selbst durch eine patholgische Entartung ihrer Tätigkeit, ihres Stoffwechsels, immer wieder neu erzeugt werden.

Endlich muß auch daran gedacht werden, daß Geschwülste durch die Transplantation von kleinsten Zellteilen übertragen werden können. Es gibt eben noch niedrigere Lebenseinheiten als die Zelle, und solche subcelluläre *Bioplasten* nach Art des Rouxschen *Autokineons* könnten hier vielleicht eine Rolle spielen. Hat einmal die Zelle durch eine Differenzierungsstörung begonnen, solche pathologische Bionten zu bilden, so könnten diese wieder leicht von anderen Zellen aufgenommen werden und die spezifische celluläre Stoffwechselstörung weiter übertragen. All das sind heute noch Hypothesen, aber die Schwierigkeit der Deutung der vorliegenden Tatsachen, besonders der experimentellen Tatsachen, ist so groß, daß man alle nur denkbaren Möglichkeiten heranziehen muß, um weiterzukommen.

---

[1]) Erdmann: Zeitschr. f. Krebsforsch. Bd. 20, S. 320. 1923.
[2]) Uhlenhuth: Klin. Wochenschr. 1923, S. 2185.
[3]) Bisceglie: Zeitschr. f. Krebsforsch. Bd. 23, S. 349. 1926.

Für eine Reihe sichtbarer und gut bekannter Erreger wissen wir heute mit Sicherheit, daß sie **unsichtbare und filtrierbare Entwicklungsstadien** haben. Das haben schon Schaudinn für den Generationswechsel der Trypanosomen und Spirochäten angenommen, Noguchi für die Gelbfieberspirochäte, Friedberger und Fejgin für den Typhusbacillus nachgewiesen. Das gleiche gilt für die *Strongyloplasmen* als sichtbare Formen des filtrierbaren invisiblen Virus (Molluscum contagiosum, Schafpocke, Rinderpest, Maul- und Klauenseuche) und für die Einschlußkörperchen, *Chlamydozoen*, als sichtbaren Ausdruck eines filtrierbaren Virus (Näheres und Literatur bei Kraus[1])]. Sehr bemerkenswert und gerade für das Verhalten des Rous-Sarkoms wichtig ist, daß selbst bei Trypanosomenkrankheiten filtrierbare und invisible Formen des Virus nachzuweisen sind, und vor allem, daß Filtrate aus den verschiedenen Organen eine sehr verschiedene Wirksamkeit zeigen können; so ergaben Filtrate von Leber und Milz positive Ergebnisse, Filtrate des stark infizierten Blutes vom lebenden Tier negative Ergebnisse [Reich[2])].

Nach diesem Stande unseres Wissens ist nicht einzusehen, warum für einzelne Körperzellen und Geschwulstzellen das völlig ausgeschlossen werden müßte, was nicht nur für kleinere Erreger, Bacillen, Spirochäten, sondern sogar für Protozoen nachgewiesen worden ist. Auch die Einzelzellen, insbesondere die Geschwulstzellen, könnten sich durch kleinste Teilchen, Cytoblasten, Plasmosomen, Automerizonten, Partialbionten oder wie man sie auch nennen mag, fortpflanzen. Wenn Kraus allerdings anführt, daß diese Möglichkeit für die Geschwulstzellen bereits von Schlater[3]) und für die Zelle schlechthin von Skworzoff[4]) erwiesen sei, so ist dieser Gedanke zwar von diesen Autoren schon 1902 und 1909 ausgesprochen, und einzelne Befunde sind so gedeutet worden, aber ein Beweis für diese ja zweifellos schon recht alte Hypothese liegt für die Zelle des Metazoenorganismus meines Erachtens nicht vor. Durch den für die Protozoen jetzt erbrachten Nachweis ist aber die Frage in ein ganz neues Stadium getreten.

Inzwischen sind nun auch die neuesten und grundlegenden Arbeiten von Carrel[5]) erschienen, die das ganze Problem, insbesondere auch der Rous-Tumoren, in völlig neuem Lichte erscheinen lassen und ebenso wie die erwähnte Arbeit von Murphy die Infektionstheorie selbst für die Hühnersarkome widerlegen — ein neuer Grabstein für den spezifischen Krebserreger zu den schon vorhandenen zahlreichen alten Grabsteinen. Zunächst konnte auch Carrel das angebliche Virus in den Gyeschen Versuchen durch Gewebsextrakt aus embryonaler Pulpa und dann durch Extrakt aus experimentell erzeugtem Teercarcinom ersetzen und auch hierdurch bösartige Hühnersarkome erzeugen. Weiter aber gelang es Carrel, Murphy und Landsteiner, typische, maligne Rous-Sarkome bei Hühnern, vollkommen unabhängig von einem Spontantumor, dadurch experimentell hervorzurufen, daß sie den Brei von *Hühnerembryonen* mit arseniger Säure (Carrel) oder mit Indol (Carrel) oder mit Teer [Murphy und Landsteiner[6])] gemischt injizierten. Auch die hier teils schon nach wenigen Wochen,

---

[1]) Kraus: Virusforschung. Med. Klinik 1926, S. 581.

[2]) Reich: Journ. of parasitol. Bd. 10. 1924.

[3]) Schlater: Wesen und Genese der Geschwülste. Roux' Vortr. z. Entwicklungsmech. H. 8. Leipzig 1909.

[4]) Skworzoff: Nur in Russisch erschienen. Ref. bei Schlater, S. 19 u. 39.

[5]) Carrel: Journ. of the Americ. med. assoc. Bd. 84, S. 157. 1925; Cpt. rend. des séances de la soc. de biol. Bd. 92, S. 1492; Bd. 93, S. 10, 12, 85, 491, 1083 u. 1278. 1925; ferner Studies Rockefeller S. 257. 1925.

[6]) Murphy u. Landsteiner: Journ. of exp. med. Bd. 41, S. 807. 1925; Journ. of the Americ. med. assoc. 24. April 1926.

teils erst nach Monaten sich entwickelnden Spindelzellensarkome der Hühner
waren sehr bösartig, metastasierten, und ihre Filtrate waren übertragbar und
konnten in Kulturen und Subkulturen wiederum typische Sarkome erzeugen.
Selbstverständlich wurden die angewandten Chemikalien in sehr großer Verdünnung benutzt, und es ist von besonderem Interesse, daß die Versuche sonst
negativ ausfielen. So hat Carrel die arsenige Säure in einer Stärke von 1:5000
bis 1:250 000 auf den zu injizierenden Embryonalbrei einwirken lassen. Die
11 Versuche, bei denen die Arsendosis bis zu 1:50 000 betrug, waren ganz ergebnislos. Von den weiteren 5 Versuchen dagegen mit schwächeren Arsendosen
(1:125 000 bis 1:150 000) zeigten 4 ein positives Ergebnis: bei diesen Hühnern
entwickelten sich typische Spindelzellensarkome. Ebenso gelang es Bisceglie
(s. S. 1580) aus Hühnerembryonalbrei durch Zusatz von Mäusekrebsfiltrat Sarkome zu erzeugen.

Mit diesen Ergebnissen ist sowohl die besondere Stellung der Rous-Tumoren
unter den Geschwülsten neuerdings bestätigt als auch der Theorie eines spezifischen Geschwulsterregers jeder Boden entzogen. Mag die Deutung der Tatsachen und die Aufklärung des hier wirksamen Prinzips, der Zellteilchen oder
Enzyme auch schwierig sein und uns noch vor große Aufgaben, die anscheinend
mit Kernproblemen des Lebens und der Zellstruktur innig zusammenhängen,
stellen, das eine ist sicher, daß wir es hier nicht mit belebtem Virus, mit spezifischen Erregern, zu tun haben.

Auch in vitro ist es schließlich Carrel gelungen, Tumorzellen künstlich aus
normalen Zellen zu erzeugen, und zwar sowohl mit dem Filtrat des Rous-Sarkoms
wie unter völligem Ausschluß eines Virus, ja ohne von irgendwelchen Teilen
oder Filtraten eines Spontantumors auszugehen. Carrel und Ebeling[1]) hatten
schon früher gezeigt, daß aus dem Blut erwachsener Hühner eine Reinkultur
von Monocyten erhalten werden kann, daß diese gezüchteten Monocyten gegen
alle Schädlichkeiten sehr empfindlich waren und sich in älteren Kulturen in
Fibroblasten umwandelten, d. h. ausdifferenzierten. Wir dürfen hieraus schließen,
daß wir es in den Monocyten des Hühnerblutes mit einer *undifferenzierten Mesenchymzelle*, vielleicht sogar von embryonalem Charakter, zu tun haben, und dieser
Nachweis ist für die theoretische Beurteilung aller weiteren Versuchsergebnisse
von großer Bedeutung. Carrel hat dann weiter aus dem polymoprhzelligen Rous-
Sarkom durch die Kultur zwei verschiedene Zellarten isoliert: Fibroblasten und
amöboide Zellen von der Art der großen Rundzellen des Blutes (Monocyten, Histiocyten), die letzteren sind die eigentlichen Geschwulstzellen des Rous-Sarkoms, und
aus einem Stamm normaler Monocyten des Blutes konnte durch ein Filtrat des
Rous-Sarkoms die Umwandlung in Geschwulstzellen herbeigeführt werden: die
Übertragung ergab jetzt stets typische Geschwülste, während derselbe Versuch
mit einer Reinkultur normaler Fibroblasten negativ ausfiel. Durch chemische
Beeinflussung von Hühnerembryonen gelingt es also, in verschiedener Weise
typische Sarkome beim Huhn experimentell zu erzeugen. Suspendiert man
Hühnerembryonalbrei kurze Zeit in eine Flüssigkeit, die Spuren von Teer oder
arseniger Säure oder Indol in sehr starker Verdünnung enthält, und impft mit
diesen so vorbehandelten Embryonalzellen nun Hühner, so entwickeln sich bei
diesen jetzt ungeheuer rasch, frühestens schon nach 15 Tagen, bösartige Sarkome,
die schon in 19—27 Tagen den Tod der Tiere herbeiführten und deren Berkefeldfiltrat ebenso wirksam war, wie das des gewöhnlichen spontanen Rous-Sarkoms.
Das gleiche Ergebnis ließ sich erzielen, wenn auch in viel längerer Zeit,
wenn die Tiere mit Arsenwasser gefüttert oder mit einer Teeremulsion —

---

[1]) Carrel u. Ebeling: Journ. of exp. med. Bd. 36, S. 285. 1922.

beides in den gleich starken Verdünnungen wie oben — intravenös injiziert wurde.

Auch mit den Filtraten dieser experimentell erzeugten Sarkome konnten nun die normalen Monocyten des Blutes in Sarkomzellen umgewandelt werden. CARREL setzte einer solchen Monocytenkultur Filtrat eines Hühnersarkoms zu, das er experimentell aus Embryonalzellen durch Arsenzusatz erzeugt hatte. Nach 5 Tagen zeigte diese Monocytenkultur das Aussehen eines Sarkomexplantats, und tatsächlich hatte die Überimpfung dieser Kultur auf ein Huhn ein positives Ergebnis: das Tier ging an der typischen Sarkomatose zugrunde. In diesem Versuch haben wir also sozusagen die experimentelle Erzeugung einer Geschwulstzelle im Reagensglas vor uns, bei der jede Infektion völlig ausgeschlossen ist.

Eine negative Seite dieses gleichen Versuches ist für uns von besonderer Bedeutung: es gelang CARREL nicht, mit derselben Versuchsanordnung seine Fibroblastenkulturen in Tumorzellen umzuwandeln. Nur bei den noch entwicklungsfähigen Monocyten war dies möglich. Wir dürfen aus dieser Tatsache den Schluß ziehen, daß auch hier zur Erzielung der typischen Geschwulstmetastruktur der Zelle ein *Entwicklungsvorgang* notwendig ist.

Geschwülste vom Typus der *Rous-Sarkome* sind bisher nur bei den Hühnern beobachtet worden. Sie unterscheiden sich von allen anderen bekannten Geschwulstarten durch die außerordentlich leichte Übertragbarkeit durch anscheinend ganz zellfreien Tumorsaft und auch durch das Blut der Geschwulstträger. Für uns von größter Wichtigkeit ist aber die Tatsache, daß auch beim Huhn keineswegs jede Mesenchymzelle des Körpers durch das übertragbare *Rous-Prinzip* in eine Geschwulstzelle umgewandelt wird, sondern daß dies nur bei embryonalen Zellen und sogar im Reagensglas bei den undifferenzierten (embryonalen) Blutmonocyten gelingt oder bei den Zellen des Granulationsgewebes. Letzteres geht aus der alten Erfahrung hervor, daß zur erfolgreichen Übertragung dieser Hühnersarkome durch ein Berkefeldfiltrat der Zusatz von Kieselgur bei der Injektion notwendig ist. All dies spricht sehr deutlich dafür, daß selbst hier zur Bildung der ROUS-Sarkomzelle ein Entwicklungsvorgang unbedingt nötig ist. Diese typische Art der Übertragbarkeit unterscheidet aber bis heute das *Rous-Sarkom* noch von allen anderen Geschwulstarten. Auch wächst infolgedessen das ROUS-Sarkom nicht in der gleichen charakteristischen Weise wie andere Geschwulstarten lediglich aus sich selbst heraus, sondern die Sarkomknoten können sich einfach auch da lokalisieren, wo im Körper zufälligerweise Granulationsgewebe auftritt oder vielleicht embryonale Zellherde vorhanden sind. Die Zelle dieser Hühnersarkome hat also die Fähigkeit, ihr Sarkomprinzip, wenn ich so sagen darf, im Körper ohne weiteres auf analoge embryonale oder regenerierende Mesenchymzellen zu übertragen — ein Vorgang, der bisher bei allen anderen Geschwülsten unbekannt ist, denn niemals sehen wir, daß normales, embryonales oder regenerierendes Hautepithel, z. B. von im Körper wachsenden Cancroidzellen in Carcinomgewebe umgewandelt würde.

Andererseits darf nicht verkannt werden, daß gerade die neuesten Untersuchungen doch auch Tatsachen gebracht haben, die wesentliche Übereinstimmungen zwischen dem ROUS-Sarkom und den anderen Geschwülsten ergeben. Vor allem dürfen wir heute sagen, daß es sich sicher nicht um ein infektiöses Granulom handelt, das ist besonders durch die Möglichkeit der experimentellen Erzeugung des ROUS-Sarkoms aus Embryonalzellen widerlegt. Andererseits ist von größter Bedeutung, daß eine ganze Reihe von Untersuchungen *denselben typischen Stoffwechsel* im ROUS-Sarkom wie in den anderen bösartigen Geschwulstformen ergeben hat. Auch das ROUS-Sarkom lebt auf Kosten eines Gärungsvorganges, und die Tatsache, daß die Filtrate und Filtratkulturen *nur unter anaeroben Bedingungen* wirksam bleiben, weist in der gleichen Weise auf die große Bedeutung der spezifischen Stoffwechselvorgänge hin. Die weitere Tatsache, daß das Rous-Prinzip *durch anaerobe Kulturen* und Filtrate von Embryonalzellen und experimentell erzeugten echten Carcinomen ersetzt werden kann, spricht ebenfalls in dem Sinne, daß wir es hier einfach mit spezifischen, künstlich erzeugbaren Zellanomalien zu tun haben.

Es ist also sehr wohl denkbar, daß der Unterschied zwischen Rous-Sarkom und den anderen Geschwulstarten kein prinzipieller, sondern nur ein gradueller ist, und daß vor allem bei den Mesenchymzellen des Huhnes die sensible Entwicklungsperiode für die Umprägung in eine Geschwulstzelle leichter und häufiger zu erzeugen ist als bei anderen Zellen. Es könnte aber sehr wohl sein, daß diese Geschwülste auch dann noch eine besondere Stellung einnehmen, vielleicht sogar die höchste Steigerung des Malignitätsprinzipes in besonderer Weise aufweisen.

Jedenfalls ist durch diese grundlegenden neuen experimentellen Ergebnisse nicht nur das Problem des Rous-Sarkoms, sondern das der Geschwulstzelle überhaupt jetzt an dem Punkte angelangt, wo die kritische Pathologie von jeher den Kern der Geschwulstfrage gesucht hat: bei der spezifischen Metastruktur der Zelle, insbesondere des Zellkerns. Aber was bisher Theorie und Hypothese war, rückt nunmehr in den hellen Kreis der experimentellen Prüfbarkeit! Die spezifische und charakteristische Zellmetastruktur, Kernerkrankung der Geschwulstzelle mit ihrem spezifischen Stoffwechsel beginnen sich schon in ihren Grundlinien zu enthüllen, und wir dürfen hoffen, daß schon die experimentelle Forschung der nächsten Zeit weitere wichtige Aufklärung bringen wird. Es wäre nicht undenkbar, daß der Unterschied zwischen Rous-Sarkom und anderen Geschwülsten nur auf der größeren Leichtigkeit beruht, womit die Mesenchymzelle des Huhnes auf das spezifische chemische Prinzip reagiert, während bei anderen Zellen sehr viel schwieriger die Zelle dazu bestimmt werden kann, die Entwicklung zur Tumorzelle einzuschlagen. Wie wichtig bei diesen Entwicklungsvorgängen zur Geschwulstzelle die Stoffwechselverhältnisse sind, geht auch daraus hervor, daß auch bei den Embryonalzellen zur Erzielung positiver Ergebnisse immer wieder das anaerobe Wachstum von größter Wichtigkeit ist. Vielleicht ist die Embryonalzelle gerade deshalb leichter zur Tumorzelle umzuprägen, weil sie primär ein größeres Gärungsvermögen besitzt als die Körperzelle und nun unter anaeroben Verhältnissen diese Gärungsfähigkeit auf Kosten der Atmung ausbildet.

Überblicken wir das Ganze, so müssen wir gestehen, daß wir von einer vollkommenen Klärung der Beziehung zwischen Infektion und Geschwulstbildung noch weit entfernt sind. Die ätiologische Bedeutung nicht der Infektion, sondern der im Anschluß an eine Infektion sich abspielenden komplizierten biologischen Vorgänge ist für die Entstehung mancher Geschwulstarten, insbesondere durch den experimentellen Nachweis des Spiropteracarcinoms und des Cysticercussarkoms sichergestellt. Aber wie gerade hier gezeigt werden konnte, ist es eben *nicht die Infektion an sich*, die für Geschwulstbildung, für die Metastasen usw. verantwortlich ist, und da wir weiter sehen werden, daß auch durch ganz andere Schädigungen des Organismus die gleichen biologischen Vorgänge und Geschwulstbildungen ausgelöst werden können, so halten wir an dem Schlusse fest, daß die Infektionskrankheit wohl als ein in manchen Fällen sehr wichtiger Realisationsfaktor der Geschwulstentstehung bezeichnet werden muß, daß aber der Determinationsfaktor der echten Geschwulstbildung in der besonderen Abartung der Geschwulstzelle, im Charakter der Geschwulstzelle als solcher, nicht im Charakter irgendeiner Infektion gegeben ist. Schien es auch kurze Zeit, als ob dies pezifische Infektion beim Rous-Tumor durch die Gyeschen Arbeiten erwiesen sei, so wissen wir doch heute schon, daß die Schlußfolgerungen von Gye unhaltbar sind. Carrel und Murphy haben die entscheidenden Gegenbeweise beigebracht[1]).

Außerdem entfernt sich die Biologie dieser sogenannten Sarkome der Hühner so weit von der Biologie der uns bekannten bösartigen menschlichen und tierischen Geschwülste, daß wir noch keine Veranlassung haben, die Ergebnisse der einen Gruppe ohne weiteres auf alle anderen Geschwülste zu übertragen. Gewiß können uns die filtrierbaren invisiblen Krankheitserreger noch manche Überraschungen bereiten, und wir kennen ja bereits ein solches Virus, das — wiederum bei Vögeln — Epithelwucherungen, aber gutartiger Natur, hervorruft: das Virus der Geflügelpocke, des Epithelioma contagiosum der Tauben [Marx und Sticker[2])] und die entsprechenden filtrierbaren Erreger von Warzen und Papillomen (s. S. 1532). Aber die Entstehung bösartiger Geschwülste direkt durch solche Infektionen ist nicht bekanntgeworden. Rhoda Erdmann hat gefunden, daß ihre künstlich gezüchteten Krebszellen, die als solche auch nur im Plasma eines tumorkranken Tieres gezüchtet werden können, bei der Reimplantation eine Geschwulst nur dann erzeugen, wenn gleichzeitig Stromazellen mitimplantiert werden. Zur Erklärung dieser Tatsache nimmt Rh. Erdmann an, daß die Stroma-zellen die Träger eines Agens seien, das bei der Rückverimpfung in den normalen Bindegewebszellen sich weiterentwickelt und das schrankenlose Wachstum be-wirkt. Wir werden nach den neueren Arbeiten aber viel eher an die Übertragung eines besonderen Zellenzyms, besser noch an die Erzeugung eines solchen in der Geschwulstzelle denken müssen.

Meines Erachtens sind alle diese Dinge heute noch nicht einwandfrei zu erklären, und sie sind deshalb von um so größerer Bedeutung, weil sie Hunderte von neuen Fragen aufwerfen. Es werden noch zahlreiche und ausgedehnte systematische Untersuchungen nötig sein, ehe auch nur eine grundsätzliche Klärung der Hauptfragen herbeigeführt werden kann.

Dabei soll in keiner Weise die Möglichkeit verkannt werden, daß die unserer Ansicht nach zur Geschwulstbildung unbedingt und unter allen Umständen notwendige biologische Entartung, Kataplasie der Geschwulstzelle, auch direkt durch eine äußere Einwirkung, also z. B. einen Parasiten, hervorgerufen werden könnte. Solange man auf dem Boden einer in ihren Grundzügen mechanistischen Biologie steht und nicht einen mystischen Vitalismus die Lebensvorgänge diri-gieren läßt, wird man schon a priori eine solche Möglichkeit nicht ausschließen können. Der Stoffwechsel, die chemisch-morphologische Struktur sind die Grundlagen jeder Lebenstätigkeit, und so ist es denkbar, daß besondere chemische Einwirkungen auch hier solche Abartungen hervorrufen könnten.

Festhalten aber müssen wir dabei, daß die Umprägung der Körperzelle zur Geschwulstzelle *stets und ausnahmslos mit einem* **Entwicklungsvorgang** *ver-knüpft* ist, auch dann, wenn ein äußerer Faktor, eine chemische Einwirkung

---

[1]) *Nachtrag bei der Korrektur:* Inzwischen ist auch eine genaue Nachprüfung der Gye-schen Versuche von Flu erschienen (Flu, P. C.: Zentralbl. f. Bakteriol., Parasitenk. u. Infektionskrankh., Abt. 1, Orig. Bd. 99, S. 332. August 1926), die zu einer völligen Ablehnung der Gyeschen Schlüsse gelangt. Flu bestreitet die Züchtbarkeit des Virus und hebt ganz besonders hervor, daß das Ergebnis der Übertragung immer von der *Quantität* des injizierten Filtrats abhängig ist, und daß diese genaue Übereinstimmung von Dosis und Effekt schon gegen die Existenz eines lebenden Virus spricht. Er zieht aus den Versuchen gerade die umgekehrten Schlüsse wie Gye und vergleicht die aktivierende Wirkung von Gewebs-extrakten auf nicht wirksame Dosen des Rous-Sarkomprinzips mit der Wirkung der Aggressine auf bakterielle Infektionen.

[2]) Marx u. Sticker: Dtsch. med. Wochenschr. 1902, Nr. 50.

oder eine Infektion die äußere Veranlassung zur Entstehung einer Geschwulstzelle ist.

Wichtig scheinen mir für unsere Frage auch die Erfahrungen der Botaniker über die „Gallen" zu sein, die ja auch Zellwucherungen eigener Art auf parasitäre Einflüsse hin darstellen. Selbstverständlich vergleichen wir diese Bildungen nicht mit menschlichen und tierischen Geschwülsten, aber für uns ist es hier von Interesse, daß bei diesen Eiablagen der Insekten sich Zellen und Gewebsformen ausbilden können, die sich bei der gallentragenden Pflanze selbst niemals finden, wohl aber bei verwandten Pflanzenarten, ja es können schließlich durch den Gallenreiz „morphologische Neuschöpfungen", d. h. Zell- und Gewebsformen sich entwickeln, die auch im ganzen Verwandtschaftskreise dieser Pflanze in der normalen Anatomie nicht zu finden sind. E. Küster[1]) hat zur Erklärung hierfür angenommen, daß hier durch den Gallenreiz dem Plasma direkt neue Formbildungsfähigkeiten gebracht werden. Das Spezifische des Vorganges werden wir hier in der chemischen Einwirkung der Insektenzellen auf den Stoffwechsel der Pflanzenzelle zu suchen haben. So wäre es denkbar, daß auch Parasiten einmal besondere Formbildungsfähigkeiten in den Zellen auslösen, als besondere „heteromorphogene Reize" wirken könnten. Aber nicht nur die Parasiten direkt, sondern auch die durch sie hervorgerufenen Zellneubildungen könnten solche Wirkungen auslösen. In dieser Weise kann man sich vielleicht die Entstehung bösartiger Geschwülste in einzelnen Fällen durch die Einwirkung sonst harmloser und gutartiger Prozesse erklären. So z. B. vielleicht in dem Fall von Teutschländer[2]) (Geflügelpocke, Epithelioma contagiosum bei einer Taube), wo jedesmal bei den sämtlichen zahlreichen Epitheliomknoten der Haut sich ein bösartiges gemischtzelliges Sarkom entwickelt hatte mit zahlreichen rein sarkomatösen Metastasen. Es ist selbstverständlich, daß zur Erklärung eines derartig seltenen Befundes die Annahme einer allgemeinen besonderen individuellen Disposition des Mesenchyms notwendig ist.

In unserer Auffassung, daß bei den Rous-Hühnersarkomen eine besondere Krankheitsgruppe vorliegt, werden wir noch dadurch bestärkt, daß wir eine Reihe verwandter Krankheitszustände und -bilder kennen. Diese· Krankheitsformen zeichnen sich sämtlich dadurch aus, daß sie durch Berkefeldfiltrate (also entweder ultravisibles Virus oder subcelluläre Plasmosomen, Zellenzyme) übertragen werden können und viele Berührungspunkte mit malignen Geschwülsten haben. Solche Erkrankungen kennen wir von den Epithelzellen, von den Blutzellen, und als dritte Gruppe würde sich die analoge Erkrankung der Phagocyten und Bindegewebszellen, d. h. eben das Roussche Hühnersarkom, anschließen. Wir könnten demnach als **Blastosen** (Teutschländer) abgrenzen und unterscheiden:

1. die durch Filtrate übertragbaren Warzen, **Epitheliosen** (Borrel);

2. die **Leukosen,** wie sie gerade auch beim Huhn von Ellermann eingehend beschrieben worden sind;

3. die **Fibroblastosen,** die analoge Erkrankung der mesenchymalen Zellen, wie wir sie bei den Hühnersarkomen kennengelernt haben.

Die weitere Forschung wird zeigen müssen, in welcher Beziehung diese Blastosen zu den echten Geschwülsten stehen. Vielleicht werden auch sie durch pathologische Enzyme hervorgerufen, die teils von den Parasiten, teils aber von den Zellen selbst produziert würden. Das letztere würde dann den Übergang zur Geschwulstbildung bedeuten.

---

[1]) Küster, E.: Anatomie der Gallen. Habilitationsschr. Halle 1900; s. auch ds. Handb. Bd. XIV, S. 1195.
[2]) Teutschländer: Zeitschr. f. Krebsforsch. Bd. 16, S. 279. 1919.

4. Die Reiztheorie.

Von einem allgemeineren Standpunkt als die Infektionstheorie der Geschwulstentstehung geht die Reiztheorie aus. Sie nimmt an, daß die Geschwulstbildung durch direkte Einwirkung, spezifische Reize, zu denen natürlich auch Infektionen gehören können, hervorgerufen wird. Natürlich hängt sehr viel davon ab, in welcher Weise der Begriff des Reizes definiert wird (siehe später). Lassen wir alles Unwesentliche beiseite, so liegt der Kernpunkt der Reiztheorie darin, daß nicht innere Faktoren, sondern äußere Einwirkungen die wesentliche Ursache der Geschwulstbildung darstellen.

Wir haben daher zunächst zu prüfen, welche Geschwülste man mit hinreichender Begründung als Reizgeschwülste aufzufassen berechtigt ist, d. h. bei welchen Geschwülsten die ätiologische Bedeutung äußerer Einwirkungen mit Sicherheit feststeht oder nur mit einer mehr weniger großen Wahrscheinlichkeit anzunehmen ist.

a) Unsichere Reizgeschwülste.

Behauptet wurde die ätiologische Bedeutung äußerer Einwirkungen, insbesondere wiederholter Schädigungen, bei zahlreichen menschlichen Geschwulstformen.

Ich nenne hier zuerst den **Lippenkrebs.** Er soll durch die chronische Schädigung der Lippenschleimhaut durch die im Mundwinkel hängende Pfeife entstehen, obwohl die Lokalisation der Lippencarcinome keineswegs so häufig dieser Annahme entspricht. Die Untersuchung von 537 Fällen von Lippenkrebs der MAYOschen Klinik ergab, daß 80% der Kranken Raucher, davon 78,5% Pfeifenraucher waren. Der Lippenkrebs kommt 49mal so häufig beim Manne als bei der Frau vor [BRODERS[1])]. Es ist möglich, daß neben der mechanischen Schädigung auch dem Nicotin eine Rolle bei der Entstehung zukommt. Nach BREWER finden sich 95% der Lippenkrebse bei Rauchern, und der Unterlippenkrebs ist 12mal häufiger als der der Oberlippe. PETTIT[2]) führt auf das häufigere Pfeifenrauchen die Tatsache zurück, daß in Columbia bei Frauen über 70 Jahren der Lippenkrebs bei Farbigen 4mal häufiger ist wie bei Weißen, und betont, daß es kaum eine maligne Neubildung der Mundhöhle gibt, der nicht irgendeine traumatische Reizung durch cariöse Zähne oder eine entzündliche Reizung, wie die Leukoplakie, vorausginge. Dem Übermaß von Tabakgenuß mißt BLOODGOOD[3]) auch eine große Bedeutung für die Entstehung des *Zungenkrebses* bei. Er fand in 154 von 160 Fällen präcanceröse Veränderungen an der Zunge (Leukoplakien, schlechte Zähne, Ulcera, Warzen, Fibrome), und nur bei 2 von 160 Fällen bestand gar kein Tabakgenuß. Auch beim Pferde kommt ein Carcinom im Mundwinkel vor, das auf den Druck des Gebisses an dieser Stelle zurückgeführt wird. Am leichtesten scheint der Krebs der Mundhöhle und der Wangenschleimhaut zu entstehen, wenn Tabakabusus und Lues gemeinsam vorliegen.

Auf eine chemische Reizwirkung wird der **Krebs des Mundbodens** zurückgeführt, der bei der **betelnuß**kauenden Bevölkerung Indiens beobachtet wird. LEITCH[4]) erkennt aber diese Ätiologie nicht an, da die Zahl der Erkrankungen im Vergleich zu der ungeheueren Zahl der Betelkauer in Indien ihm viel zu gering erscheint. Genauere Untersuchungen über diese Frage, insbesondere auch über Art und Lokalisation dieses Carcinoms, sind mir nicht bekannt, und erst

---

[1]) BRODERS: Journ. of the Americ. med. assoc. Bd. 74, S.656. 1920.
[2]) PETTIT: Journ. of the Americ. med. assoc. Bd. 81, Nr. 18. 1923.
[3]) BLOODGOOD: Zentralbl. f. Pathol. Bd. 32, S. 430. 1921/22.
[4]) LEITCH, zitiert nach JOANNOVIC: Klin. Wochenschr. 1923, S. 2301.

auf Grund systematischer Untersuchungen wird man die Bedeutung dieses Faktors genauer abschätzen können.

Auch für die Entstehung des **Speiseröhrenkrebses** sind wiederholt äußere Faktoren beschuldigt worden. So hat man in Argentinien festgestellt [Bull-rich[1])], daß der Speiseröhrenkrebs besonders im Inneren des Landes auffallend häufig ist, und hat dies mit dem Genuß eines Nationalgetränkes, des „Maté", in Verbindung gebracht, das außerordentlich heiß getrunken wird. Bullrich sah in 3 Jahren in Argentinien 19 Fälle von Oesophaguscarcinom, die ausnahmslos „Matéros" betrafen, d. h. Leute, welche seit vielen Jahren Maté-Abusus trieben. Aus China und Japan wird ebenfalls besondere Häufigkeit des Oesophaguscarcinoms berichtet, das auf die Aufnahme sehr heißer Reisnahrung zurückgeführt wird. Da die Männer immer die Speisen zuerst gereicht erhalten, die Frauen erst nachher essen, so erhalten letztere immer nur den abgekühlten Reis. Und auch hier findet sich daher der Speiseröhrenkrebs fast nur bei Männern (Bashford). Trotzdem wird man an dem Zusammenhang zweifeln dürfen, da auch bei uns das Oesophaguscarcinom beim Manne viel häufiger ist.

Der **Magenkrebs** ist ebenfalls wiederholt mit Schädigungen des Magens, die zu chronischer Gastritis führen, in Verbindung gebracht worden. Aber die Beziehungen sind noch ganz unklar, insbesondere wissen wir nichts über eine engere Beziehung bestimmter Schädigungen zu dieser Krebsbildung, die viel häufiger nach jahrelangem Bestehen eine Achylia gastrica beobachtet wird [Konjetzny[2]), Boas, Alexander[3]) u. a.]. Vielumstritten ist auch der Zusammenhang von Magenkrebs und Magengeschwür. v. Hansemann hat angegeben, daß unter 288 Fällen von Magenkrebs nur 15 mal vorher klinische Ulcuserscheinungen bestanden. Es liegt die Annahme nahe, daß sich auf dem Boden des regenerativen Prozesses im Rande eines lange bestehenden chronischen Magengeschwürs ein Carcinom bilden kann, und hin und wieder bekommt man einen solchen Krebs zu sehen [z. B. v. Bomhard[4])]. Aber das sind offenbar die Ausnahmen, und auch Anschütz und Konjetzny[5]) geben an, daß die große Mehrzahl der von ihnen beobachteten Magencarcinome sowohl nach der Anamnese wie nach dem anatomischen Befund keine Ulcusgenese haben. Dagegen erscheint viel wichtiger das ungewöhnlich häufige Auftreten von Darmschleimhautinseln beim Magenkrebs [Saltzmann[6])], das auf Gewebsmißbildung oder indirekte Metaplasie hinweist. Auch Askanazy[7]) hat in neuester Zeit auf engere Beziehungen zwischen Magenkrebs und Gewebsmißbildung hingewiesen.

Ebenso undurchsichtig ist die häufig behauptete Beziehung von **Krebsbildung der Gallenblase** zur Gallensteinbildung. Diese Carcinome sitzen keineswegs da am häufigsten, wo die Gallensteine sitzen, ebensowenig wie der Druck von Kotsteinen etwa im Wurmfortsatz mit der Bildung von Darmcarcinomen in Verbindung gebracht werden kann. Dagegen sind in einer Gallenblase, in der sich ein Krebs entwickelt hat, die Bedingungen für die Steinbildung die denkbar günstigsten. Trotzdem habe ich wiederholt Gallenblasenkrebse ohne Steinbildung gesehen. Für einen Zusammenhang sprechen meines Erachtens bisher lediglich einige experimentelle Ergebnisse von Leitch, Kazama u. a. (s. S. 1625).

---

[1]) Bullrich: Ein auslösender Faktor beim Oesophaguscarcinom. Semana méd. Jg. 27, Nr. 1, S. 15. 1920. (Spanisch.)

[2]) Konjetzny: Münch. med. Wochenschr. 1914, S. 1146 (43. Kongr. d. dtsch. Ges. f. Chir.).

[3]) Alexander: Dtsch. med. Wochenschr. 1908, S. 1210.

[4]) v. Bomhard: Münch. med. Wochenschr. 1920, S. 1471.

[5]) Anschütz u. Konjetzny: Münch. med. Wochenschr. 1919, S. 1126.

[6]) Saltzmann: Arb. a. d. pathol. Inst. Helsingfors, N. F. Bd. 1. 1913.

[7]) Askanazy: Dtsch. med. Wochenschr. 1923, Nr. 1 u. 2.

Mit äußeren Schädigungen wird auch die Entstehung mancher **Bronchial-carcinome** in Verbindung gebracht, seitdem die Häufigkeit der Metaplasie des Cylinderepithels der Luftwege in Plattenepithel auf dem Boden chronisch-entzündlicher Prozesse von WATSUJI, TEUTSCHLÄNDER u. a. gezeigt und insbesondere nachgewiesen ist, daß gerade bei der schweren und häufigen Influenza-bronchitis diese Metaplasie außerordentlich häufig angetroffen werden kann [ASKANAZY[1]), vgl. auch BERTH. MEYER[2]): Epithelmetaplasie und metaplasierendes Bronchialcarcinom nach Grippe]. Die von allen Seiten in den letzten Jahren gemeldete Zunahme des primären Lungen- bzw. Bronchialcarcinoms [BERB-LINGER[3])] könnte durch die Influenzaepidemien der letzten Jahre auf diesem Wege eine Erklärung finden (s. S. 1346/47). Jedenfalls müssen wir hieran eher denken als an starkes Zigarettenrauchen, während man auch noch Spätwirkungen einer Kampfgaswirkung auf die Respirationsorgane als wichtigen Faktor für die Entstehung des Lungencarcinoms mitberücksichtigen kann.

Eine direkte Beziehung zwischen der Krebsbildung in der Lunge und der Staubinhalation kann wohl nicht bestehen, da dafür diese Geschwulstart viel zu selten, die Staubinhalation auch schwereren Grades sehr häufig ist [vgl. HAMPELN[4])]. Es könnte sein, daß eine besondere chemische Staubart einmal eine Rolle spielen könnte, wie man das für den Schneeberger Lungenkrebs (s. S. 1564) angenommen hat. Bei den Haustieren (Rindern, Schafen, Pferden) hat man die Einatmung von Pflanzenstaub mit der Häufigkeit der Krebsbildung der Respirationsorgane dieser Tiere in Zusammenhang gebracht.

Trauma und Tumor: Unübersehbar ist die Literatur, besonders seitdem die Unfallgesetzgebung das Interesse hieran wesentlich geweckt hat, über die Beziehung der Geschwulstbildung zu *Verletzungen*. Die meisten Mitteilungen hierüber halten einer Kritik nicht stand, aber es sind doch auch eine Reihe von Beobachtungen mitgeteilt worden, wo auch bei strenger wissenschaftlicher Kritik die Entstehung einer bösartigen Geschwulst infolge eines einmaligen Traumas kaum bezweifelt werden kann. Ich erwähne z. B. Fälle von L. PICK[5]), EUGEN FRÄNKEL[6]), CREITE und STRICKER[7]). Die reiche, wenn auch nicht immer kritische Literatur hierüber findet sich in den Lehrbüchern der Unfallheilkunde. Auf die Erklärung solcher Beobachtungen werden wir später zurückkommen. Ich selbst habe vor kurzem ein großes Gliom des Gehirns beobachtet, das genau an der Stelle einer schweren Schußverletzung des Gehirns entstanden war. Es handelte sich um einen 30 jährigen Mann, der 1916, 9 Jahre vor dem Tode, eine schwere Granatsplitterverletzung der linken Scheitelgegend mit Parese der rechten Extremitäten erlitten hatte. Operative Vergrößerung des Knochendefekts, Entfernung von Knochensplittern, Ätzungen usw.; 3 Jahre nach der Verletzung (1919 bis August 1923) beschwerdefrei. Seit 1923 Schwindelanfälle, seit August 1924 Hemiplegie rechts, amnestische Aphasie, Adipositas, typische Hemianopsie. Tod am 24. August 1925. Die Sektion (Nr. 915/25) ergibt ein großes faserreiches Gliom der linken Hemisphäre, besonders im Marklager des Parietallappens. Die Lage des Tumors entspricht ganz der in großer Ausdehnung vernarbten alten Trepanationsstelle der linken Parietalgegend, in deren

---

[1]) ASKANAZY: Korrespondenzbl. f. Schweiz. Ärzte 1919, Nr. 15.

[2]) MEYER, BERTH.: Frankfurt. Zeitschr. f. Pathol. Bd. 27, S. 517. 1922.

[3]) BERBLINGER: Klin. Wochenschr. 1925, Nr. 19, S. 913; BRECKWOLDT: Zeitschr. f. Krebsforsch. Bd. 23, S. 128. 1926.

[4]) HAMPELN: Mitt. a. d. Grenzgeb. d. Med. u. Chir. Bd. 36. 1923.

[5]) PICK, L.: Med. Klinik 1921, Nr. 14; weitere Literatur bei RIBBERT, Geschwulstlehre, 2. Aufl., S. 101. 1914.

[6]) FRÄNKEL, EUG.: Münch. med. Wochenschr. 1921, S. 1278.

[7]) CREITE u. STRICKER: Beitr. z. pathol. Anat. u. z. allg. Pathol. Bd. 71, S. 717. 1923.

Bereich die Dura mit Knochen und Gehirn ausgedehnt verwachsen ist. Über chronisches Trauma und Tumor s. S. 1556 u. 1624.

Weitere Fälle, bei denen mindestens die große Wahrscheinlichkeit eines Zusammenhangs zwischen Verletzung oder traumatischer Erschütterung und der Bildung eines Gehirntumors besteht, finden sich bei MONAKOW[1]) und bei NEUBÜRGER[2]). Häufig allerdings wird angenommen, daß ein Trauma lediglich beschleunigend auf das Wachstum einer Geschwulst einwirkt, in ähnlicher Weise, wie man auch die Parthenogenese des Eies traumatisch, z. B. durch Nadelstiche, auslösen kann.

b) Sichere Reizgeschwülste.

War bei den bisher angeführten Beobachtungen von einer vollkommenen Sicherheit des Zusammenhanges zwischen äußerer Schädigung und Geschwulstbildung nicht die Rede, so kennen wir doch auch beim Menschen eine ziemlich große Anzahl von bösartigen Geschwülsten, deren Entstehung durch äußere Schädigung so sicher gestellt ist, daß sie zuweilen geradezu den Wert eines Experiments beanspruchen können.

In erster Linie sind hier die zahlreichen **Narbencarcinome der äußeren Haut** zu erwähnen. Als Beispiele seien angeführt: Handrückencarcinom in der Narbe einer 36 Jahre alten Pistolenschußverletzung [MELCHIOR[3])], Krebsbildung in einem Fußgeschwür, das vor 50 Jahren durch Erfrierung entstanden war und nie ganz ausheilte [VERSÉ[4])]. Schon in alten Zeiten war bekannt, daß sich Hautcarcinome in Haarseilnarben und Geißelungsnarben entwickeln können (MOHR). Ebenso ist seit langem bekannt, daß sich in alten osteomyelitischen Fistelgängen von dem einwachsenden Epithel der Haut ein Carcinom bilden kann, eine schöne Abbildung eines solchen Knochenfistelcarcinoms findet sich bei REHN[5]). HARBITZ[6]) berichtet über zwei Sarkome, die nach 20 bzw. $1^1/_2$ Jahre langem Bestehen einer chronischen Osteomyelitis sich entwickelt hatten, PICK[7]) über ein Sarkom nach lange eiternder Fraktur. Häufig sind bösartige Geschwülste auf Narben verschiedenster Genese beschrieben worden, so z. B. auf Frostnarben, syphilitischen und tuberkulösen Narben, Operationsnarben, in der Narbe des Stumpfes 20 Jahre nach ausgeführter Amputation (CAPALDI), und STICKER[8]) hat über Carcinombildung in Kastrationsnarben bei Schweinen (EGGELING) und in Tätowierungsnarben (ROLLET) berichtet. Auch an den inneren Organen ist Carcinombildung in Narben beobachtet worden, und zwar in Cervixnarben, Magenulcusnarben, Trachomnarben, in Callusmassen [BOMMER[9])]. Die Keloidbildung in Tätowierungs- und anderen Hautnarben, wie sie besonders bei Negern und Eskimos häufig beobachtet wird, verdient an dieser Stelle erwähnt zu werden.

Eine besonders starke Neigung zur Bildung von Carcinomen findet sich aber in **alten Brandnarben.** FRANCESCHETTI[10]) z. B. teilt ein solches Hautcarcinom im Nacken in einer 51 Jahre alten Verbrennungsnarbe und am Knie in einer 55 Jahre alten Verbrennungsnarbe mit. v. BERGMANN beobachtete ein riesiges

---

[1]) MONAKOW: Schweiz. Arch. f. Neurol. u. Psychiatrie Bd. 14, S. 289. 1924.
[2]) NEUBÜRGER: Münch. med. Wochenschr. 1925, S. 508.
[3]) MELCHIOR: Münch. med. Wochenschr. 1916, Nr. 10.
[4]) VERSÉ, zitiert S. 1633.
[5]) REHN: In Zweifel-Payr, Bösartige Geschwülste. Bd. II. Leipzig 1925.
[6]) HARBITZ: Acta pathol. e. microbiol. scandinav. Bd. 1, S. 438. 1924.
[7]) PICK: Med. Klinik Nr. 14. 1921.
[8]) STICKER: Arch. f. klin. Chir. Bd. 65, S. 1069. 1902.
[9]) BOMMER: Zeitschr. f. Krebsforsch. Bd. 18, S. 303. 1922.
[10]) FRANCESCHETTI: Riv. di chir. Bd. 1, S. 57. 1922.

Carcinom auf der Brandnarbe 36 Jahre nach ausgedehnter Verbrennung, Bommer[1]) ein solches nach 38 Jahren, und ich selbst konnte bei einem 33 Jahre alten Manne ein Carcinom untersuchen, das sich 18 Jahre nach einer Verbrennung (durch Explosion einer Petroleumlampe) am rechten Oberschenkel in der Brandnarbe entwickelt hatte (Eing. Nr. 498/1922 des Frankfurter Patholog. Instituts). Orth sah sogar auf multiplen Brandnarben multiple Carcinombildung. In den Narben nach schweren Geißelungen bei Matrosen, Galeerensklaven ist schon 1835 Krebsbildung beschrieben worden, aber auch nach Anwendung des Glüheisens sah man in den Narben Carcinome auftreten [Hawkins[2]) u. a.]. Ein ganz analoger Vorgang ist aus Australien bekannt, wo dem Vieh das Herdenzeichen mit dem Glüheisen eingebrannt wird; in diesen Brandnarben entstehen zuweilen Carcinome („Cancerbrand").

Einwandfrei bewiesen ist die Beziehung der Krebsbildung zu Brandnarben durch den **Kangrikrebs.** Es ist dies ein *Plattenepithel*carcinom der Bauchhaut, das sich bei den Eingeborenen von Tibet (Kashmir) auf der Bauchhaut im Bereiche von Brandnarben entwickelt, weil die Eingeborenen auf dem Bauch im Winter Tontöpfe zur Erwärmung tragen, die mit glühender Holzkohle angefüllt sind, die Haut sehr stark erhitzen und nicht selten im Schlaf Verbrennungen hervorrufen. Neve[3]) sah in Kaschmir unter 2491 Tumoroperationen 84% Kangrikrebse. Das Carcinom tritt erst nach Jahren und Jahrzehnten nach der Verbrennung auf, durchschnittlich im 55. Lebensjahr, in 7% der Fälle erst nach dem 70. Lebensjahre. Der Krebs führt meist in $1^1/_2$ Jahren zum Tode.

Zu erwähnen wäre hier auch das ja häufig beschriebene **Lupuscarcinom.** Auch *Sarkom*bildung kommt hier vor, zuweilen im Lupuscarcinom [Senger[4])]. Diese Hautcarcinome entwickeln sich zuweilen auch in den alten Lupusnarben [Hesse[5])]. Auch im Darm ist Carcinombildung auf dem Boden alter tuberkulöser Darmgeschwüre beobachtet worden [zwei primäre Carcinome, Herzog[6])]. Auch in der tuberkulösen Mamma, in der tuberkulösen Hypophyse, in der tuberkulösen Tube [v. Franqué[7])] können sich Carcinome entwickeln. In alten tuberkulösen Lungenkavernen entwickeln sich zuweilen Plattenepithelcarcinome, ja Cylinderepithelcarcinome [Galliard und Donselot[8])].

Es entspricht diesen Beobachtungen, daß auch auf dem Boden einer lange bestehenden *Aktiomykose* sich ein Carcinom bilden kann. Hedry[9]) berichtet über zwei solche Fälle von Plattenepithelkrebs.

Märtens[10]) beschreibt eine bösartige primäre Geschwulst in einem in der Jugend erblindeten und geschrumpften Auge einer 46 jährigen Frau.

Wiederholt ist ferner Krebsbildung in alten **syphilitischen Narben,** insbesondere in solchen von syphilitischen Primäraffekten, gesehen worden. *Zungencarcinome* in syphilitischen Narben sind mehrfach beschrieben, und es ist von Interesse, daß in neuerer Zeit auch die Bildung eines sehr malignen Carcinoms in der Narbe eines syphilitischen Primäraffektes am Scrotum eines Kaninchens 4 Jahre lang nach der Impfung beobachtet worden ist [Brown und Pearce[11])].

---

[1]) Bommer: Zitiert auf S. 1554.
[2]) Hawkins, zitiert nach Bommer: Zeitschr. f. Krebsforsch. Bd. 18, S. 303. 1922.
[3]) Neve, Ernest F.: Brit. med. journ., 3. Sept. 1910; ebenda Nr. 3287, S. 1255. 1923.
[4]) Senger: Berlin. klin. Wochenschr. 1911, S. 662.
[5]) Hesse: Zentralbl. f. Pathol. Bd. 32, S. 532. 1922.
[6]) Herzog: Beitr. z. pathol. Anat. u. z. allg. Pathol. Bd. 55, S. 177. 1913.
[7]) v. Franqué: Zeitschr. f. Geburtsh. u. Gynäkol. Bd. 69, S. 409. 1911.
[8]) Galliard u. Donselot: Cancer et tuberculose d'un poumon. Bull. et mém. de la soc. méd. des hop. de Paris Bd. 28, Nr. 2. 1912; ref. Zentralbl. f. Pathol. Bd. 23. 1912.
[9]) Hedry: Bruns' Beitr. z. klin. Chir. Bd. 129, S. 157. 1923.
[10]) Märtens: Arch. f. Augenheilk. Bd. 89, S. 1. 1921.
[11]) Brown u. Pearce: Journ. of exp. med. Bd. 37, S. 601. 1923.

Für die **Extremitäten** hat schon vor Jahren v. Bergmann[1]) die Behauptung aufgestellt, daß hier der Carcinombildung so gut wie immer andere Veränderungen: präcanceröse Erkrankungen (Narbenbildung, chronische Eiterungen, chronische Exzeme, Warzenbildung, Psoriasis, Acne sebacea, Fisteln, Naevus, Warzen u. a.) vorausgehen. Das dürfte um so mehr zutreffen, als wir ja nur selten Gelegenheit haben, die vom Tumor befallene Stelle schon vor dem Manifestwerden der Geschwulst selbst zu untersuchen und lediglich auf die häufig sehr lückenhaften Angaben der Kranken angewiesen sind. Damit ist aber noch nicht gesagt, daß die präcanceröse Erkrankung immer durch eine äußere Schädigung hervorgerufen sein muß. v. Bergmann hat daher betont, daß an den Extremitäten Krebsbildung überhaupt nur entsteht, wenn vorher irgendein Naevus vorhanden war *oder* wenn chronischentzündliche Prozesse, Narbenbildungen, Fistelgänge vorhergingen. Auch ein chronisches, lange bestehendes Ekzem der Haut kann bei kachektischen alten Leuten zur Geschwulstbildung führen.

Wie wir uns den Zusammenhang der Geschwulstbildung mit diesen so äußerst verschiedenen äußeren Einwirkungen zu denken haben, wird später zu erörtern sein. An dieser Stelle muß nur das betont werden, daß die äußere Schädigung natürlich nur in einem verschwindend kleinen Teil der Fälle zur Tumorbildung führt, daß also noch andere wesentliche Faktoren mit im Spiele sein müssen.

Auch die Schädigung durch **mechanische Einwirkungen,** wenn sie nur ständig sich wiederholten, ist als Ursache der Geschwulstbildung teils vermutet, teils sichergestellt worden. So hat man die Entstehung mancher Carcinome auf den jahrelangen Druck von Prothesen, Pessaren oder Fremdkörpern zurückgeführt, so z. B. bei einem Mammacarcinom, in dessen Mitte ein Eiterherd mit einer alten Nähnadel gefunden wurde, die 20 Jahre vorher in die Brustdrüse geraten war (de Ruyter). Wenn allerdings Bashford die Melanosarkome der Fußsohle bei afrikanischen Eingeborenen auf eine Schädigung durch Dorne zurückführt, so müßte diese Geschwulst auch bei uns sehr viel häufiger sein, und hier wie in so vielen anderen Fällen dürften die Angaben der Kranken selber auf die hohe Empfindlichkeit im Bereich des sich bereits entwickelnden Tumors zurückzuführen sein.

Wiederholt sind Speiseröhrenkrebse über Knochenvorsprüngen der Wirbelsäule und bei Spondylitis deformans (Wolf) beobachtet worden, das Vaginalcarcinom nach jahrelangem Tragen eines unsauberen Pessars (Wille), der Schusterdaumenkrebs [Stahr[2])] und auch die größere Häufigkeit des Uteruscarcinoms bei Frauen, die geboren haben, wird mit solchen Verletzungen, Narbenbildungen der Portio und ähnlichem in Zusammenhang gebracht [Deelman[3])].

Eine sehr interessante Geschwulstbildung ist aus Indien berichtet worden: the cancer of the horn core. Hier werden die Zugochsen am rechten Horn angespannt, und an der Wurzel dieses Hornes entsteht ziemlich häufig ein Carcinom, niemals aber an der Wurzel des anderen Hornes.

Bewiesen aber ist die Bedeutung immer wiederholter kleiner Verletzungen, also des chronischen Traumas durch die Experimente von Stahr[4]) mit Haferfütterung bei Ratten. Hierbei bohren sich die kleinen, an den Haferkörnern sitzenden steifen Haare in die Schleimhaut der Rattenzunge ein, und durch diese immer wiederholte Schädigung entstehen im Laufe von 5—7 Monaten große gutartige Epitheliome. Bei dem gleichen Versuch ist aber auch am Fibigerschen

---

[1]) v. Bergmann: Münch. med. Wochenschr. 1905, S. 1363.
[2]) Stahr: Dtsch. med. Wochenschr. 1921, S. 1452.
[3]) Deelman: Nederlandsch tijdschr. v. geneesk. Bd. 65, Nr. 26. 1921.
[4]) Stahr: Beitr. z. pathol. Anat. u. z. allg. Pathol. Bd. 61, S. 225. 1916.

Institut ein Carcinom der Rattenzunge von SECHER[1]) beobachtet worden. (Über Geschwulstbildung nach einmaligem Trauma s. S. 1553.)

Noch eindeutiger sind in einer großen Anzahl von Fällen die Beziehungen der Tumorbildung zu *Lichtschädigungen*. In erster Linie ist hier das typische **Röntgencarcinom** zu nennen. Bei Personen, die beruflich ständig mit Röntgenstrahlen arbeiten (Ärzten, Schwestern) und daher leicht immer wiederholten geringen Schädigungen durch die Röntgenstrahlen ausgesetzt sind, entwickelt sich nach jahrelanger, meist jahrzehntelanger Exposition ein Hautcarcinom.

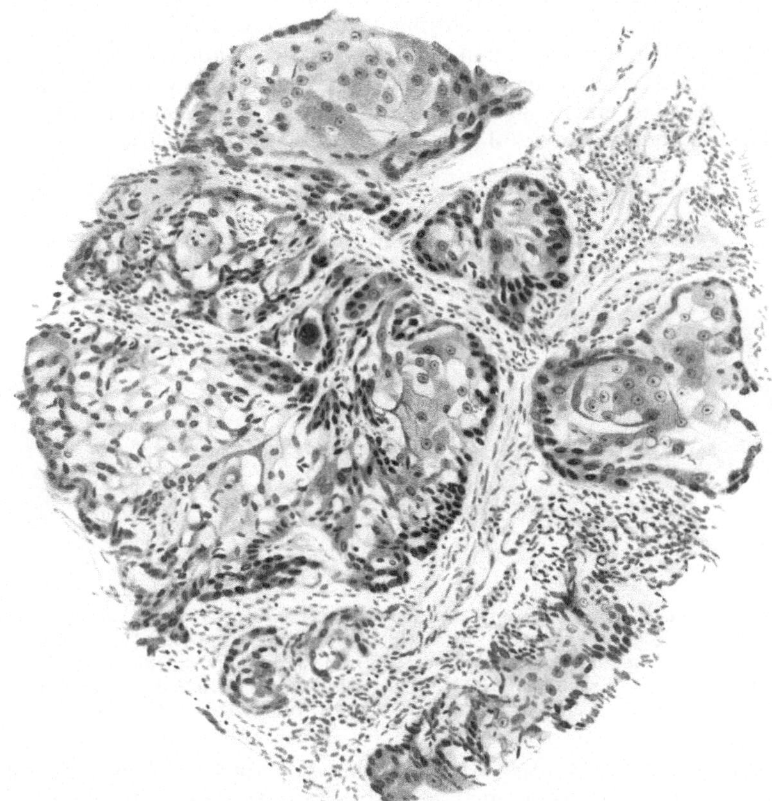

Abb. 468. *Röntgenkrebs* (atypisch verhornendes Plattenepithelcarcinom) am Zeigefinger eines seit 20 Jahren im Röntgenbetrieb tätigen Arztes, nach Stichverletzung entstanden. (Seit 10 Jahren Röntgenekzem, E.-Nr. 501/1918 des Senckenbergischen Pathologischen Instituts Frankfurt a. M.)

Der Tumorbildung geht stets ein langedauerndes Röntgenekzem, Röntgendermatitis mit Bildung von Hauthypertrophien und Parakeratosen einher. Die Auffassung von SCHMIDT[2]), daß es ein solches Röntgencarcinom nicht gäbe, ist längst widerlegt [COENEN[3]), HALBERSTÄDTER[4]), ROWNTREE[5])]. Schon 1911 konnte HESSE[6]) 54 sichere Röntgencarcinome aus der Literatur zusammenstellen,

[1]) SECHER: Zeitschr. f. Krebsforsch. Bd. 17, S. 80. 1920.
[2]) SCHMIDT: Berlin. klin. Wochenschr. 1909.
[3]) COENEN: Berlin. klin. Wochenschr., Februar 1908.
[4]) HALBERSTÄDTER: Zeitschr. f. Krebsforsch. Bd. 19, S. 105. 1922.
[5]) ROWNTREE: Brit. med. journ. 1922, S. 1111.
[6]) HESSE: Fortschr. a. d. Geb. d. Röntgenstr. Bd. 17. 1911.

in etwa einem Drittel der Fälle bestand *primäre Multiplizität der Carcinome.* Depenthal[1]) beobachtete bei einer seit 18 Jahren im Röntgenlaboratorium tätigen Schwester ein Röntgencarcinom am linken Arm (Plattenepithelcarcinom) und ein doppelseitiges Drüsenzellencarcinom der Mamma. Bemerkenswert ist auch hier die *außerordentlich lange Latenzzeit.* Beck[2]) hat auch ein Röntgensarkom nach Osteomyelitis beschrieben.

Wir wissen heute, daß dieses Röntgencarcinom in viel kürzerer Zeit entsteht, wenn die Haut vorher, z. B. durch Lupus erythematodes, bereits erkrankt war [O. Wyss[3]), Ninami[4])]. Ich selbst habe sowohl in einer Narbe nach einmaliger Röntgenverbrennung bei Durchleuchtung[5]) wie bei der Berufs-Röntgendermatitis in mehreren Fällen die Carcinombildung verfolgen können. Am eindrucksvollsten war eine Beobachtung, deren ersten Teil ich bereits veröffentlicht habe[5]):

Hier waren bei einem 30 Jahre alten Manne wegen chronischen Ekzems beider Handrücken ein ganzes Jahr lang (1917—1918) in Pausen von 1, 2 oder

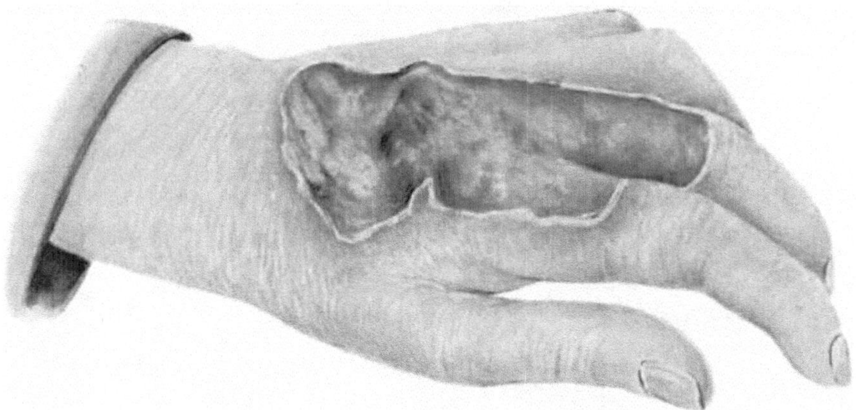

Abb. 469. *Röntgencarcinom* der linken Hand *nach therapeutischer Röntgenbestrahlung* (Sarkom der rechten Hand, s. S. 1558, Pat. Kr.). Das Bild zeigt die linke Hand am 12. IV. 1924, $^2/_3$ nat. Größe. Atrophie, Rhagaden und chronisches Ekzem sind in Wirklichkeit stärker als auf dem Bilde zu sehen. (E.-Nr. 1363/1921, 84/1922, 2128/1924, 398/1926 des Senckenbergischen Pathologischen Instituts Frankfurt a. M., s. auch Abb. 460, S. 1501.)

3 Wochen die Hände mit Röntgenstrahlen behandelt worden. Nach etwa 2 Jahren boten beide Hände das Bild einer starken Hautatrophie mit Rhagaden und Krustenbildungen, und auf dem rechten Handrücken hatte sich eine starke Gewebswucherung gebildet, deren Entwicklung von einem zellreichen, ödematösen Granulationsgewebe bis zu einem typischen myxomatösen Fibrosarkom ich an der Hand wiederholter Probeexcisionen verfolgen konnte. Das Sarkom des rechten Handrückens wurde dann operativ entfernt (eine Abbildung dieses Sarkoms findet sich in der Frankf. Zeitschr. f. Pathol. Bd. 27, S. 107. 1922). 6 Jahre nach der Röntgenverbrennung, im Herbst 1924, entwickelte sich auch auf dem linken Handrücken ein Tumor, der operativ entfernt wurde und sich als ein diffus infiltrierendes Plattenepithelcarcinom erwies (s. Abb. 469). Der Kranke konnte sich zu einer Amputation der Hand nicht entschließen, trotzdem er auf die sehr ernste

[1]) Depenthal: Münch. med. Wochenschr. 1919, S. 354.
[2]) Beck: Dtsch. Zeitschr. f. Chir. Bd. 186, S. 255. 1924.
[3]) Wyss, O.: Beitr. z. klin. Chir. Bd. 49. 1906.
[4]) Ninami: Dermatol. Wochenschr. 1924, Nr. 8, S. 213.
[5]) Fischer, B.: Frankfurt. Zeitschr. f. Pathol. Bd. 27, S. 105 u. 107. 1922.

Prognose aufmerksam gemacht wurde. Im November 1924 war das Carcinom der linken Hand rezidiviert; auch jetzt ließ der Kranke sich nur den linken Mittelfinger, im September 1925 den linken 2. und 4. Finger und erst am 28. Januar 1926 den Rest der linken Hand amputieren. Es bestand aber schon eine hühnereigroße Metastase in der Achselhöhle. Die histologische Untersuchung dieser Achseldrüsenmetastasen ergibt ständig weiter fortschreitende Entdifferenzierung, Verwilderung der Geschwulstzellen bis zum einzelligen Wachstum (s. Abb. 460). Bei einer Vorstellung des Kranken im Februar 1926 zeigte sich am linken Arm noch kein deutliches Rezidiv, die ganze rechte Hand zeigte stärkstes Ekzem mit Rhagaden und oberflächlichen Geschwüren, aber kein Rezidiv des Sarkoms[1]).

Über Krebsbildung der Haut durch chronische **Radium**einwirkung bei einem Arzt berichten McNeal, Ward und Willis[2]). Simon[3]) beobachtete nach dreimaliger Bestrahlung einer seit 8 Jahren bestehenden Narbe mit Quarzlicht ein Jahr später ein raschwachsendes Spindelzellensarkom in der Narbe.

Zu den durch **Lichtstrahlen** entstehenden Geschwülsten gehört auch die Carcinombildung beim **Xeroderma pigmentosum.** Hier haben wir eine familiäre, vererbliche, abnorme Konstitution der Haut vor uns, die an den der Lichtwirkung ausgesetzten Stellen mit eigenartigen Pigmentierungen und chronischem Ekzem erkrankt, und die häufig nach Jahren Carcinombildung, oft multiple Primärcarcinome, aufweist. Die Krankheit beginnt schon in ganz früher Kindheit, es bilden sich an den belichteten Hautstellen Atrophien, Pigmentierungen, Kera-

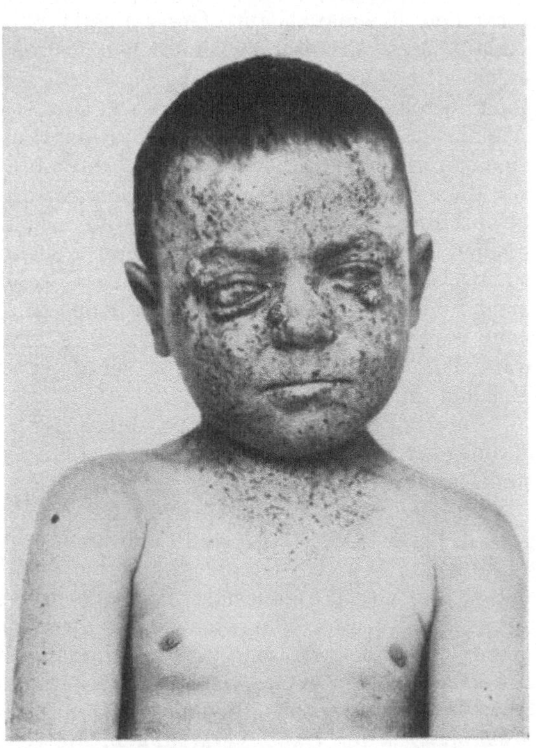

Abb. 470. Primär multiple *Carcinome der Haut und Hornhaut* bei einem 7jährigen Knaben mit *Xeroderma pigmentosum.* Trotz Enucleation Exitus durch Übergreifen des Carcinoms auf die Schädelhöhle. Mehrere Geschwister des Kranken leiden ebenfalls an Xeroderma pigmentosum (vgl. Abb. 485, S. 1692).

tosen, Angiome und zuletzt Carcinome. Meist erkranken mehrere Geschwister gleichen Geschlechts. Die Rassendisposition zeigt sich in dem häufigen Befallensein der Juden, so werden z. B. 5 Fälle bei Mädchen aus zwei blutsverwandten jüdischen Familien berichtet. Häufig liegt auch Blutsverwandtschaft der beiden Eltern vor. Auch bei einem von mir genauer beobachteten Fall (s. Abb. 470 u. 485) waren mehrere Geschwister erkrankt. Das hier abgebildete Kind (siehe

---

[1]) Anmerkung bei der Korrektur: Im Mai 1926 großes Carcinom-Rezidiv am linken Schultergürtel. Schulterresektion.

[2]) McNeal, Ward u. Willis: Journ. of the Americ. med. assoc. Bd. 80, Nr. 7. 1923.

[3]) Simon: Berlin. klin. Wochenschr. 1914, S. 108.

auch Max Müller[1])] bekam multiple Carcinome im Gesicht, insbesondere an den Hornhäuten, und ging trotz Exstirpation beider Augen am Durchbruch des Carcinoms in die Schädelhöhle zugrunde. Die besondere Überempfindlichkeit der Haut dieser Kranken gegen Licht ist von Martenstein[2]) genauer geprüft und festgestellt worden.

Es ist von Interesse, daß die Röntgendermatitis mit den Hautveränderungen bei Xeroderma pigmentosum und mit der Seemannshaut große Ähnlichkeit hat [Halberstädter[3])]. Auch auf dem Boden solch chronischer Reizzustände der Gesichtshaut durch Wettereinflüsse bei See- und Landleuten entstehen Carcinome, die man allgemein heute auf lange bestehende, chronisch entzündliche Hautatrophien (Seemannshaut, Greisenhaut) zurückführt. Bei dem sehr langsam verlaufenden chronisch-entzündlichen Prozeß der chronischen Seborrhöe kommt es bei alten Leuten zur Bildung eigenartiger Warzen, Veruca senilis oder Keratoma senile, auf deren Boden sich dann echte Carcinome entwickeln können [Waelsch[4])]. Auch die dauernde Einwirkung intensiver Belichtung kann zu einem ähnlichen Keratoma solare führen. Die Häufigkeit der Hautcarcinome, vor allem im Gesicht bei den Orientalen, wird von vielen auf die intensive Sonnenbestrahlung zurückgeführt [Joannovics, Müller[5])]. Kosanovic[6]) hat in 14 solchen Fällen von Gesichtscarcinom regelmäßig Hämatoporphyrin im Harn nachweisen können, welches sich bei Gesunden oder Carcinomen anderer Art nicht findet. Es liegt hier also eine Konstitutionsanomalie vor, auf deren Boden dann die äußere Schädigung zur Wirkung kommt. Das Xeroderma pigmentosum wäre demnach vielleicht nur ein sehr viel schwererer Grad der grundsätzlich gleichen Anomalie.

Immer sehen wir diese Krebsbildungen auf dem *Boden sehr langedauernder* **chronischer Hautatrophien,** die mit entzündlichen Infiltrationen und Regenerationen einhergehen, entstehen.

Ähnliche Faktoren mögen der Geschwulstbildung bei *Kraurosis vulvae* zugrunde liegen. Auch hier stellt sich eine chronische Schrumpfung der Haut ein [Gardlund[7])], und Fromme[8]) beschrieb auch multiple Cancroide nach Pruritus vulvae, wo also die dauernde mechanische Schädigung durch das Kratzen, das chronische Trauma, von wesentlicher Bedeutung gewesen sein mag.

In derselben Weise wie eine einmalige Hitze- oder Röntgenverbrennung zuweilen aus der entstandenen Narbe eine bösartige Geschwulst hervorgehen läßt, können offenbar unter besonderen Umständen auch *einmalige chemische Schädigungen* der Haut, **Verätzungen,** die Grundlage für die Bildung bösartiger Geschwülste abgeben. Ich selbst habe in den letzten Jahren zwei sehr eigenartige Beobachtungen dieser Art machen können: bei einem 30jährigen Soldaten, der an den Folgen einer Einatmung von französischem Kampfgas in 35 Tagen zugrunde ging, fand sich neben einer Randnekrose der Epiglottis ein winziges, aber schon deutlich entwickeltes Plattenepithelcarcinom in der Schleimhaut der Epiglottis [Spamer[9])]. Noch eigenartiger ist der folgende, bisher noch nicht publizierte Fall: Der 43jährige, sonst ganz gesunde Arbeiter K. verätzte sich am 23. Januar 1925 im unteren Teile des Gesichts mit Kalilauge. Sämtliche

---

[1]) Müller, Max: Klin. Monatsbl. f. Augenheilk. Bd. 63, S. 156. 1919.
[2]) Martenstein: Arch. f. Dermatol. u. Syphilis Bd. 147, S. 499. 1924.
[3]) Halberstädter: Zitiert auf S. 1557.
[4]) Waelsch: Veruca senilis. Arch. f. Dermatol. u. Syphilis Bd. 76, S. 31. 1905.
[5]) Müller: Münch. med. Wochenschr. 1921, S. 905.
[6]) Kosanovic, zitiert nach Joannovics: Münch. med. Wochenschr. 1916, S. 575.
[7]) Gardlund: Monatsschr. f. Geburtsh. u. Gynäkol. Bd. 49, S. 106, Februar 1919.
[8]) Fromme: Beitr. z. Geburtsh. u. Gynäkol. Bd. 9, S. 382. 1905.
[9]) Spamer: Zeitschr. f. Laryngo-Rhinol. Bd. 10, S. 44. 1921.

Ätzwunden heilten glatt und ohne Narbe bis auf eine an der Unterlippe, die seit dem 9. Mai 1925 mit Salben vergeblich behandelt wurde. Bis vor $^1/_4$ Jahr mäßiger Pfeifenraucher, jetzt kein Tabak mehr. Bei der Untersuchung am 8. Juli 1925 fand sich ein pfennigstückgroßes, mit trockener, rissiger Borke bedecktes Ulcus mit auffallend hartem, induriertem Grund. Excision. Mikroskopisch: typisches verhornendes Plattenepithelcarcinom. Hier hat sich also im Laufe von längstens 5 Monaten aus der Verätzungswunde ein typisches Carcinom entwickelt (E. 1587/25). FINDLAY[1]) erwähnt, daß STORY schon 1885 die Entwicklung eines Carcinoms am unteren Augenlid in 4 Monaten nach Verätzung durch rohe Carbolsäure gesehen hat (über Krebsbildung nach einmaliger Verbrennung mit Teer s. S. 1609).

Zu den präcancerösen Erkrankungen [ORTH[2]), HAEBLER[3]) u. a.] an der Haut gehört auch die Psoriasis [ALEXANDER[4])]. Der **Psoriasiskrebs** ist eine allerdings sehr seltene Carcinomform [FÖNSS[5])]. Hierher gehört auch die **Bowensche Dermatose** [DARIER[6])], bei der an allen Körperteilen hyperkeratotische schuppende Flecken entstehen, auf denen nach 2—30 Jahren sich Carcinome bilden.

Auch für die *Carcinome der Zunge und Wangenschleimhaut* sind präcanceröse Zustände, die auf äußere Schädigungen zurückzuführen sind, in vielen Fällen nachzuweisen (s. S. 1551). Insbesondere entsteht die Leukoplakie durch die direkte chemische oder mechanische Schädigung (Rauchen, schlechte Zähne), in 95% der Fälle auf syphilitischer Basis [BAER[7]), PETTIT[8])], und BORCHARD[9]) sah multiple Primärcarcinome in der Zunge auf dem Boden einer Psoriasis linguae entstehen. Der Mundhöhlenkrebs bei den Betelnußkauern Indiens wurde bereits erwähnt.

Auf den Schleimhäuten und im Innern des Körpers sind ebenfalls direkte Beziehungen der Geschwulstbildung zu chronischen Schädigungen zuweilen nachzuweisen. Ich erinnere hier an die Häufigkeit der *Peniscarcinome* bei lange bestehenden Phimosen [Schädigung durch das angehäufte Smegma, MOTEKI[10])], an die Krebsentwicklung in tuberkulösen Lungenkavernen [SCHWALBE[11])], in Bronchiektasen [SIEGMUND[12])] und in chronisch eiternden Nebenhöhlen [OPPIKOFER[13]), KRAINZ[14])].

Weiter kennen wir eine Reihe von bösartigen Geschwulstbildungen in der Haut, bei denen die chemische Natur der Schädigung das Wichtigste ist. Die Hauptrolle spielen hier die Produkte der Steinkohle.

Wohl am längsten bekannt ist der **Schornsteinfegerkrebs** des Scrotums, der besonders in England nicht selten beobachtet wurde [BUTLIN[15]), TILLMANNS[16])]. Diese Krebsform ist schon vor 150 Jahren von PERCIVAL POTT[17]) als Chimney sweeper Cancer beschrieben worden. Dieser Schornsteinfegerkrebs ist also eine Berufskrankheit, lokalisiert sich stets am Scrotum und kommt besonders

---

[1]) FINDLAY: Lancet Bd. 208, S. 714. 1925.
[2]) ORTH: Zeitschr. f. Krebsforsch. Bd. 10, S. 42. 1911.
[3]) HAEBLER: Münch. med. Wochenschr. 1924, Nr. 5, S. 127.
[4]) ALEXANDER: Arch. f. Dermatol. u. Syphilis Bd. 129. 1921.
[5]) FÖNSS: Dermatol. Zeitschr. Bd. 37, S. 257. 1922.
[6]) DARIER: Bull. de l'acad. de méd. 1920, Nr. 20.
[7]) BAER: Dermatol. Zeitschr. Bd. 22, S. 121. 1915.
[8]) PETTIT: Journ. of the Americ. med. assoc. Bd. 81. 1923.
[9]) BORCHARD: Dtsch. Zeitschr. f. Chir. Bd. 130, S. 634. 1914.
[10]) MOTEKI: Gann, Japan. Zeitschr. f. Krebsforsch. 1913.
[11]) SCHWALBE: Virchows Arch. f. pathol. Anat. u. Physiol. Bd. 149, S. 229. 1897.
[12]) SIEGMUND: Virchows Arch. f. pathol. Anat. u. Physiol. Bd. 236, S. 191. 1922.
[13]) OPPIKOFER: Dtsch. med. Wochenschr. 1907, S. 992.
[14]) KRAINZ: Frankfurt. Zeitschr. f. Pathol. Bd. 28, S. 592. 1922.
[15]) BUTLIN: Brit. med. journ. 1892, S. 1613.
[16]) TILLMANNS: Dtsch. Zeitschr. f. Chir. Bd. 13, S. 519. 1880.
[17]) POTT: Chirurgical observations. London 1775.

in Irland vor, während er auf dem Kontinent fast nie beobachtet wurde. Wegen der schmalen Schornsteine wurden damals häufig Kinder zum Ausputzen der Kamine benutzt, und so kommt es, daß bereits Pott[1]) ein solches Carcinom bei einem Schornsteinfegerlehrling von 8 Jahren beobachtete. Man nimmt an, daß sich der Ruß bei Unsauberkeit in den Falten der feuchten Scrotalhaut leicht ansammelt und die zahlreichen Talgdrüsen dieser Gegend die Resorption der Rußbestandteile fördern (Joannovics), da das Fett der Talgdrüsen das carcinogene Agens des Rußes auflösen soll. Es ist möglich, daß mehrere Faktoren Ruß, Schmutz, mechanische Schädigung durch Reiben der Kleider usw. eine Rolle bei der Entstehung dieser merkwürdigen Krebsform spielen. Hauff[2]) hat auch eine Carcinombildung in einer Operationsnarbe des Gesichts (Entfernung eines Sarkoms) nach einer einmaligen schweren Schädigung durch Ruß und Qualm beobachtet (?).

Der **Paraffinkrebs:** Weiterhin sind dann besonders bei den Paraffinarbeitern Schottlands, aber auch auf dem Kontinent, nach jahrelanger Beschäftigung auch wieder besonders am Scrotum Carcinome beobachtet worden, denen lange Zeit eine chronische Dermatitis, die „Paraffinkrätze", vorherging [Volkmann, Ehrlich[3]), Küntzel[4]), Roesch[5])]. Dieser Krebs entwickelt sich bei diesen Paraffinarbeitern unter der steten Einwirkung der Paraffinverunreinigung an Hautstellen, die der Maceration durch den Schweiß besonders ausgesetzt sind, in

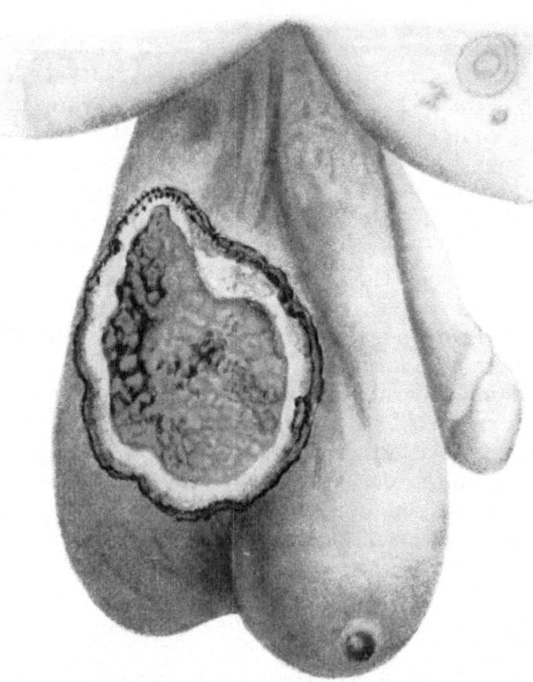

Abb. 471. *Carcinom des Scrotums* bei einem 49jährigen *Paraffinarbeiter*, seit 21 Jahren in Braunkohlenteer-Paraffinfabriken tätig (aus Tillmanns: Dtsch. Zeitschr. f. Chir. Bd. 13; vgl. Abb. 483, S. 1668).

erster Linie am Scrotum (s. Abb. 471). Diese Maceration bedingt eine ständig wiederholte verstärkte Abstoßung und Erneuerung des Epithels, die sich nun unter der ständigen Einwirkung der Paraffindämpfe vollzieht: **Paraffinkrätze** (s. Abb. 483, S. 1668). Das Bemerkenswerte an diesen Paraffincarcinomen ist, daß auch sie erst nach einer *Latenz von 12—14 Jahren* auftreten.

Scrotalkrebse sind übrigens auch wie bei den Schornsteinfegern bei Braunkohlenteerarbeitern von Volkmann und Halle[6]) und bei Brikettarbeitern

[1]) Zitiert nach Joannovics: Klin. Wochenschr. 1923, S. 2301.
[2]) Hauff: Bruns' Beitr. z. klin. Chir. Bd. 110. 1918.
[3]) Ehrlich: Arch. f. klin. Chir. Bd. 110, S. 327. 1918.
[4]) Küntzel: Dermatol. Wochenschr. Bd. 71, Nr. 30/31, S. 499. 1920.
[5]) Roesch: Virchows Arch. f. pathol. Anat. u. Physiol. Bd. 245. 1923.
[6]) Halle: Scrotalkrebs bei Braunkohlenträgern. Inaug.-Dissert. Leipzig 1908.

beschrieben worden [FABRY[1]), ZWEIG[2])]. SCOTT[3]) fand bei den Paraffin- und Öl-arbeitern der schottischen Erdölindustrie auffallend häufig Warzenbildungen, aus denen in einem kleinen Teil der Fälle Carcinome hervorgingen. Befallen wur-den hauptsächlich die oberen Extremitäten, dann der Hodensack und Leute zwischen 40 und 60 Jahren.

Bemerkenswert in allen diesen Fällen ist auch das wiederholt beobachtete Auftreten multipler Primärcarcinome in der Haut, ja BUTLIN (s. S. 1561) fand sogar in 4 Fällen Plattenepithelcarcinom in den Inguinaldrüsen bei Schornsteinfegern mit völlig intakter Haut, ohne Primärtumor!

Auch die *innerliche Aufnahme von Giften* kann zu chronischen Hautverände-rungen und zur Bildung von Hautcarcinomen auf dem Boden von Hyperkeratosen bei lange fortgesetztem inneren Arsenikgebrauch führen [HUTCHINSON, SLOSSE[4]), BRÜNAUER[5])]. Diese **Arsenikcarcinome** entstehen auf dem Boden der chronischen Arsendermatose, insbesondere an den keratotisch veränderten Hautstellen, und FÖNSS[6]) stellte bei 75% aller Fälle primäre Multiplizität des Arsenikcarci-noms fest, das auch zur Metastasenbildung neigt. Kleine mechanische Schädi-gungen der Haut sollen die Lokalisation dieser Carcinome begünstigen, zumal ja die Arsenschädigung das ganze Hautorgan gleichmäßig trifft. Auch hier ist die Latenzzeit gewöhnlich jahrzehntelang [ULLMANN[7]), LIPSCHÜTZ[8])].

Während aber hier durch die bei chronischem Arsengebrauch auftretenden Hautveränderungen, insbesondere die Hyperkeratose, eine Brücke zwischen Giftwirkung und Tumorbildung besteht, ist dies nicht der Fall bei einer anderen Gruppe von Geschwulstbildungen, deren Entstehung durch ganz bestimmte äußere Schädigungen ebenfalls vollkommen sichergestellt ist: bei den **Harn-blasencarcinomen der Anilinarbeiter.** Sie sind von REHN zuerst beschrieben worden, und gerade am Frankfurter Institut haben wir Gelegenheit gehabt, zahlreiche Geschwülste dieser Art zu untersuchen [NASSAUER[9]), LEUENBERGER[10]), CURSCHMANN[11]), OPPENHEIMER[12]), HAMILTON[13])]. Auch hier zeigt sich die Tumor-bildung erst nach vieljähriger Latenzzeit. Der Erkrankte hat mindestens 2 Jahre in dem gefährdeten Betriebe gearbeitet, aber zwischen dem Beginn der Beschäf-tigung in der Fabrik bis zum ersten Auftreten der Geschwulst liegt ein Zeitraum von $9^1/_2$—28 Jahren, im Durchschnitt von 18 Jahren. Inzwischen kann der Arbeiter den Beruf längst gewechselt haben, und noch 10—17 Jahre nach dem Berufswechsel tritt die Geschwulstbildung auf.

Es kann keinem Zweifel unterliegen, daß diese Blasengeschwülste ätiologisch durch die Berufsschädigung in den chemischen Fabriken entstehen. Die Annahme von LEITCH, daß das Harnblasencarcinom bei Anilinarbeitern nicht häufiger sei als bei anderen Menschen, widerspricht unseren Feststellungen in jeder Weise, selbst wenn in England Anilincarcinome nicht vorkommen sollten. Von der

---

[1]) FABRY: Med. Klinik 1924, Nr. 1, S. 13.
[2]) ZWEIG: Multiple Hautcarcinome bei einem Brikettarbeiter. Dissert. Bonn 1909.
[3]) SCOTT: Brit. med. journ. Nr. 3232, S. 1108. 1922; 8. Bericht d. Imperial Cancer Res. Fund 1923.
[4]) SLOSSE: Ann. et bull. de la soc. roy. des sciences méd. et natur. de Bruxelles 1920, S. 68.
[5]) BRÜNAUER: Arch. f. Dermatol. u. Syphilis Bd. 129, S. 186. 1921.
[6]) FÖNSS: Dermatol. Zeitschr. Bd. 37, S. 257. 1922.
[7]) ULLMANN: Arsenikcarcinom. 12. Kongr. d. dtsch. dermatol. Ges., Hamburg 1921.
[8]) LIPSCHÜTZ: Arch. f. Dermatol. u. Syphilis Bd. 147, S. 520. 1924.
[9]) NASSAUER: Frankfurt. Zeitschr. f. Pathol. Bd. 22, S. 353. 1920.
[10]) LEUENBERGER: Beitr. z. klin. Chir. Bd. 80, S. 208. 1912.
[11]) CURSCHMANN: Zentralbl. f. Gewerbehyg. u. Unfall Bd. 8, S. 145. 1920.
[12]) OPPENHEIMER: Münch. med. Wochenschr. 1920, S. 12.
[13]) HAMILTON: Journ. of industr. hyg. Bd. 3, S. 16. 1921.

ganzen Kausalkette: Anilineinwirkung (Einatmung?)—Blasenkrebs kennen wir aber nur Anfang und Ende, während uns die ganzen Zwischenglieder fehlen. Allerdings ist es auch hier nicht so, daß der Tumorbildung keinerlei andere Krankheitserscheinungen an der Harnblase vorausgehen. Häufig werden Blasenblutungen und entzündliche Prozesse ohne jede Infektion schon jahrelang vor Auftreten der Geschwulst an der Harnblase festgestellt [R. Oppenheimer[1])], und daß solche Erscheinungen nicht häufiger beobachtet wurden, liegt wohl in der Hauptsache daran, daß die Harnblasenschleimhaut unserer Beobachtung eben sehr schwer zugänglich ist und Symptome geringeren Grades der Feststellung leicht entgehen. Die Annahme, daß es sich um „Fernwirkungen von Reizen" handelt, steht ganz in der Luft. Manche wollen aus der häufigeren Lokalisation der Papillome im Bereich der Ureterenöffnung in der Blase schließen, daß die carcinomerzeugende Substanz mit dem Urin ausgeschieden wird. Hamilton[2]) faßt den Anilinkrebs als Arsenkrebs auf, weil die Arbeiter auch gleichzeitig dem Arsenwasserstoff ausgesetzt seien. Es wäre dann gar nicht zu verstehen, warum der gewöhnliche Arsenkrebs niemals ein Blasencarcinom ist!

Auch experimentell haben wir an meinem Institut versucht, in der Frage weiter zu kommen, sowohl durch langdauernde Anilininhalationen [Jaffé[3])] wie durch direkte Einwirkung des Anilins auf die Haut und auf künstlich erzeugte Epithelwucherungen [Ernst Kern[4]), Henkel[5])] — ein positives Ergebnis erzielten wir niemals [vgl. Haxthausen[6])].

Chemische Einwirkungen werden häufig auch verantwortlich gemacht für eine Geschwulstbildung, die unter dem Namen des **Schneeberger Lungenkrebses** in der Literatur bekannt ist. Härtling und Hesse[7]) geben an, daß 75% aller Bergleute der Kobaltgruben von Schneeberg an Lungenkrebs zugrunde gehen. Früher glaubte man, daß es sich um Lymphsarkome handele, Schmorl[8]) zeigte, daß es echte kleinzellige Carcinome sind. Als Ursache nahm man die Wirkung des leicht löslichen Kobaltarsens, die Einatmung giftiger Grubengase oder ein organisiertes Agens der Grubenwässer an [Arnstein[9]), Uhlig[10]), Bommer[11])]. Rostoski[12]) zeigte, daß bei den Schneeberger Bergarbeitern Pneumokoniose häufig ist und daß auf dem Boden dieser chronisch-entzündlichen Prozesse sich vielleicht die Tumorbildung entwickelt — in ähnlicher Weise wie die Influenzabronchitis zu Epithelmetaplasien und auf diesem Wege zur Geschwulstbildung führt. Immerhin mögen chemische Faktoren die Bildung von Lungenkrebsen gerade in den Kobaltgruben begünstigen, — Sicheres wissen wir darüber noch nicht, vor allem auch noch nicht, welche chemische Substanz die verhängnisvolle Rolle spielt. Auch die neuesten Untersuchungen von Schmorl[13]) betonen, daß hochgradige Anthrakochalikosen in Dresden außerordentlich häufig beobachtet

---

[1]) Oppenheimer, R.: 7. Kongreß d. Dtsch. Ges. f. Urolog. Wien 1926; Dtsch. med. Wochenschr. 1926, Nr. 32.

[2]) Hamilton, zitiert nach Joannovics: Zitiert auf S. 1562.

[3]) Jaffé: Zentralbl. f. Pathol. Bd. 31, S. 57. 1920.

[4]) Kern, E.: Experimentelle Untersuchungen über die Bedeutung des Anilins für die Entstehung von Geschwülsten. Vet.-med. Dissert. Gießen 1922.

[5]) Henkel: Zentralbl. f. Pathol. Bd. 34, S. 553. 1924.

[6]) Haxthausen: Hospitalstidende 1916, Nr. 42.

[7]) Härtling u. Hesse: Eulenbergs Vierteljahrsschr. f. gerichtl. Med. Neue Folge, Bd. 30 u. 31. 1879.

[8]) Schmorl: Verhandl. d. dtsch. pathol. Ges., 19. Tagung, Göttingen 1923 u. Uhlig: Virchows Arch. f. pathol. Anat. u. Physiol. Bd. 230. S. 76. 1921.

[9]) Arnstein: Verhandl. d. dtsch. pathol. Ges., 16. Tagung, S. 332, Marburg 1913.

[10]) Uhlig: Virchows Arch. f. pathol. Anat. u. Physiol. Bd. 230, S. 76. 1921.

[11]) Bommer: Zeitschr. f. Krebsforsch. Bd. 18, S. 303. 1922.

[12]) Rostoski: 35. Kongr. f. inn. Med., Wien 1923, S. 234.

[13]) Rostoski, Saupe u. Schmorl: Zeitschr. f. Krebsforsch. Bd. 23, S. 384. 1926.

werden und auch nicht so selten von Lungenkrebs gefolgt sind (s. S. 1553), immerhin ist das Verhältnis doch ein ganz anderes als bei den Schneeberger Bergleuten: „Es muß also noch ein Faktor hinzukommen, durch den auf dem von der Anthrakochalikose geschaffenen Boden die Entwicklung eines Carcinoms ausgelöst wird." Bemerkenswert ist, daß die Tumorbildung frühestens nach 10—20jähriger Arbeit in diesen Gruben auftreten soll.

Zu den Reizgeschwülsten hat man auch die außerordentlich seltenen Beobachtungen gezählt, wo eine **Geschwulstbildung unter dem Einfluß andersartiger Geschwulstzellen** oder Zellwucherungen beobachtet wurde. So haben SCHMORL[1]) und REICHMANN[2]) eine einzigartige Beobachtung mitgeteilt, wo bei einem 66jährigen Manne ein Prostatacarcinom sich entwickelte, dessen Knochenmetastasen überall im Skelettsystem mit der Bildung von Osteochondrosarkomen einhergingen, die auch reine Sarkommetastasen in der Lunge bildeten. Hier war also das Knochengewebe überall im Bereich der Carcinommetastasen zur eigenen Geschwulstbildung veranlaßt worden. Die Beobachtung entspricht ganz der schon erwähnten von TEUTSCHLÄNDER[3]), der bei einer Taube überall im Bereiche der *Hautknoten* eines typischen Epithelioma contagiosum die Entwicklung echter Sarkomherde beobachten konnte. Vereinzelt hat man auch bei den Transplantationen von Geschwülsten tumorartige Zellwucherungen auftreten sehen — wir werden darauf bei der Besprechung der experimentellen Erzeugung von den Geschwülsten noch näher einzugehen haben (s. S. 1583 u. 1595).

Ohne weiteres kann man natürlich zu den Reizgeschwülsten auch diejenigen Tumoren rechnen, die ätiologisch mit Sicherheit auf parasitäre Einflüsse zurückgeführt werden können und bereits im vorigen Kapitel besprochen worden sind. Auch alle übrigen, experimentell erzeugbaren Tumoren (siehe das nächste Kapitel VII) *können* zu den Reizgeschwülsten gerechnet werden.

c) Art der geschwulstbildenden Reize.

Überblicken wir die große Masse der oben angeführten tatsächlichen Beobachtungen, so kann es nicht wundernehmen, daß die Reiztheorie der Geschwulstentstehung heute über zahlreiche Anhänger verfügt. Immer wieder kann man lesen, daß die VIRCHOWSche Reiztheorie der Geschwulstbildung auf der ganzen Linie gesiegt hat [FIBIGER[4])]. Bevor wir grundsätzlich zu dieser Anschauung Stellung nehmen, müssen wir noch kurz auf die Vorstellungen eingehen, die man sich über die Natur des Geschwulstreizes gemacht hat. Denn es ist ja von vornherein klar, daß die Reiztheorie uns nur dann weiterbringt, wenn der Reiz, der zur Geschwulstbildung führt, durch irgendwelche Besonderheiten ausgezeichnet ist.

Entsprechend der VIRCHOWSchen Lehre vom formativen Reiz hat man fast alle nur denkbaren Reizarten zur Erklärung der Geschwulstbildung herangezogen. Das Wachstum aller Zellen sowohl im Organismus wie in der Gewebskultur ist an so zahlreiche wesentliche Bedingungen geknüpft, daß es natürlich ein leichtes ist, einen dieser Realisationsfaktoren herauszugreifen und als Wachstumsreiz zu bezeichnen. „Wachstumsfördernde Stoffe" sind von zahlreichen Autoren als notwendig sowohl in der Gewebskultur [AKAMATSU[5])] wie bei der Wundheilung angenommen worden. Die HABERLANDTschen Wundhormone, die CASPARIschen Nekrohormone gehören in diese Gruppe. Wenn CARREL nachweist, daß zur

---

[1]) SCHMORL: Verhandl. d. dtsch. pathol. Ges., 12. Tagung, Kiel 1908, S. 88.
[2]) REICHMANN: Zeitschr. f. Krebsforsch. Bd. 7, S. 639. 1909.
[3]) TEUTSCHLÄNDER: Zeitschr. f. Krebsforsch. Bd. 16, S. 279. 1917.
[4]) FIBIGER: Dtsch. med. Wochenschr. 1921, S. 1449.
[5]) AKAMATSU: Virchows Arch. f. pathol. Anat. u. Physiol. Bd. 240, S. 308. 1923.

Dauerzüchtung seiner Fibroblasten Embryonalextrakte unbedingt notwendig sind, wenn Erdmann Tumorzellen zur Vermehrung nur im Tumorplasma bringen kann, so kann man diese Stoffe ebenso als Nährstoffe, wie als Hormone, wie als Harmozone, d. h. Wachstumsordner, -gestalter, Formbildungsreize, ansehen. Aber ein spezifischer Wachstumsreizstoff ist nicht gefunden worden [Hadda[1])], und auch die Versuche Erdmanns, mit 90 verschiedenen Reizstoffen das Zellwachstum in der Kultur wesentlich zu steigern, hatten ein negatives Ergebnis. Schon wiederholt ist der Vorschlag gemacht worden, den Reizbegriff überhaupt fallen zu lassen. Es ist dies nicht notwendig, solange man sich über Inhalt und Bedeutung dieses Begriffes im klaren ist. Insbesondere kann kein Lebensvorgang für uns als erklärt gelten, wenn diese Erklärung lediglich auf der Annahme eines Reizes beruht. Semon[2]) hat schon vor Jahren darauf hingewiesen, daß zweifellos jede Erregung im Grunde ein physikalisch-chemischer Vorgang ist, daß wir aber von einem tatsächlichen Einblick in die Physik und Chemie dieser Vorgänge noch ungeheuer weit entfernt sind, und aus diesem Grunde können wir wegen der einfacheren Darstellung den Reizbegriff noch nicht entbehren. Auch Marchand[3]) ist aus denselben Gründen für die Beibehaltung des Reizbegriffes eingetreten.

Überall aber, wo bei biologischen Vorgängen immer wieder alles mit dem Begriffe des Reizes und der Zellreizung erklärt wird, ist der Fortschritt gehemmt. Holzknecht und Pordes haben sich entschieden gegen den Mißbrauch des Reizbegriffes in der Röntgentherapie ausgesprochen, und Heubner[4]) weist darauf hin, daß überhaupt noch kein „exakter endgültiger und unbezweifelbarer Beweis dafür vorliegt, daß es Reizstoffe im echten Sinne für den Stoffwechsel normaler Zellen gibt". Es kommt bei allem eben auf die Einzelheiten der physikalisch-chemischen Vorgänge an, die wir aufzuklären haben, und es ist klar, daß bestimmte chemische Körper leichter in den Ablauf der Stoffwechselvorgänge des Lebens eingreifen als irgendwelche Faktoren anderer Art. Wir werden also nichts durch Reize und biologische Reizgrundgesetze [Handovsky[5])] erklären wollen, zumal ja die Reaktion der lebendigen Substanz in allen wesentlichen Teilen lediglich an ihre eigene Struktur geknüpft ist. Alles Charakteristische des Geschehens geht von der spezifischen Struktur der lebendigen Substanz aus, selbst dann, wenn die Qualität dieses Geschehens einmal auch von der Qualität der auslösenden Ursache mitbestimmt wird. Dazu kommt, daß alle Wirkungen der Reize von dem augenblicklichen Zustand der Zelle abhängig sind: ob die Zelle gerade in lebhafter Tätigkeit, ob sie in Ruhe, ob sie in Mitose sich befindet, all das muß auf den Effekt der Reizung von ausschlaggebendem Einfluß sein. Selbst in der embryonalen Entwicklung haben wir Perioden der einfachen Materialscheidung und Perioden der stärkeren chemischen Umsetzung zu unterscheiden [Fischel[6])]. Die Nachwirkungen von Reizen, die wir nicht selten konstatieren können, beruhen eben immer nur wieder auf der Art der primären Veränderung der lebendigen Substanz.

Seit langem ist bekannt, daß in sehr vielen Fällen Substanzen oder Einwirkungen, die in hinreichender Konzentration Leben und Vermehrung der Zelle schädigen, in ganz geringen Dosen die Lebenstätigkeit und Zellvermehrung anregen könnten. So wissen wir, daß schwache Röntgendosen das Wachstum von Pflanzenkeimlingen, von Krebszellen [Ritter und Lewandowsky[7])], die Differen-

[1]) Hadda: Dtsch. med. Wochenschr. 1914, S. 34 (Sammelref.).
[2]) Semon: Die Mneme. 3. Aufl. Leipzig 1911.
[3]) Marchand: Virchows Arch. f. pathol. Anat. u. Physiol. Bd. 234, S. 245. 1921.
[4]) Heubner: Klin. Wochenschr. 1926, S. 1.
[5]) Handovsky: Münch. med. Wochenschr. 1925, S. 652.
[6]) Fischel: Arch. f. Entwicklungsmech. Bd. 27, S. 465. 1909.
[7]) Ritter u. Lewandowsky: Strahlentherapie, Bd. 4, S. 412. 1914.

zierung von Ascariseiern [Schwarz[1])] beschleunigen können, und auch vom Carcinom ist angegeben, daß die in großen Dosen nekrotisierende Wirkung der Röntgenbestrahlung bei kleinen Dosen umschlägt in Beschleunigung des Wachstums der Tumorzellen [Sachs[2])]. Es ist bekannt und in letzter Zeit vielfach erörtert, daß man aus solchen Beobachtungen das Arndt-Schulzsche biologische Grundgesetz abgeleitet hat und damit zahlreiche Erscheinungen erklären wollte. In Wirklichkeit sind die biologischen Vorgänge ungeheuer viel komplizierter, als daß sie sich einer solchen Formel einfügen würden, und wir können uns der ausgezeichneten Kritik von Handovsky[3]) hierüber nur anschließen. Manche haben überhaupt die Reizwirkung der Röntgenstrahlen auf das Wachstum tierischer Zellen abgelehnt [Holzknecht und Pordes, Czepa[4])], während Caspari[5]) eine starke Wachstumssteigerung, geradezu ein Wildwerden der Geschwulstzellen bei der lokalen Bestrahlung von Impfgeschwülsten beobachtete, aber das gerade *nur bei ganz hohen Dosen*!!

Tatsache ist (nach dem oben Gesagten über die Vielheit der Wachstumsbedingungen eigentlich selbstverständlich), daß es gelungen ist, durch sehr verschiedene Arten äußerer Einwirkungen Wachstumsvorgänge anzuregen und Zellteilungen in Gang zu bringen. In zahlreichen Untersuchungen ist gezeigt worden (insbesondere von Jacques Loeb, Hertwig, Mathews u. a.), daß unbefruchtete Eier von Echinodermen oder Würmern zu einer manchmal ziemlich weit fortschreitenden Entwicklung durch äußere Schädigungen (Kohlensäure, bestimmte Salzlösungen, Hitze, Schütteln, ja durch Anstechen mit einer Nadel, Bataillon) gebracht werden können. Je nach der Lage des vitalen energetischen Systems kann also, wie schon diese einfachen Beobachtungen zeigen, jede äußere Schädigung eine Zellvermehrung auslösen, als Wachstumsreiz wirken. Aber sicher ist hier **nicht der Reiz das Spezifische des Vorganges,** bringt uns also im Verständnis des vitalen Geschehens, da er nur als äußerlicher Realisationsfaktor wirkt, keinen Schritt weiter.

Man hat wiederholt den Versuch gemacht, die Art des Geschwulstreizes näher zu bestimmen, und immer wieder wird gerade in der jüngsten Zeit von einem „spezifischen Geschwulstreiz" gesprochen. Aus zahlreichen Untersuchungen hat man geschlossen, daß hier die *Zellipoide* eine besondere Rolle spielen: „der mannigfache und komplizierte Chemismus der Zelle kann sich nur in dynamischen Gleichgewichtszuständen, die sich allein aus der physikalischen Struktur der Zelle ergeben, abspielen ... Die typische Struktur, die mit ihr zusammenhängende ebenso spezifische Zellspannung wird durch gewisse Zellipoide, die die Zellproteine gleichsam schaumig emulgieren, bedingt. Lipoidlösende Mittel ... lösen diese lipoidartigen Strukturbildner ersten Grades auf, entspannen die Zellen", die sich dadurch vergrößern und vermehren [Prowazek[6])]. Auch Jacques Loeb[7]) hat die Entwicklungserregung auf eine Lösung, Verflüssigung der Lipoidsubstanz des Eies, vermutlich des Lecithins, zurückgeführt, und die Tatsache, daß bei der experimentellen Erzeugung von Epithelwucherungen wie von echten Geschwülsten gerade lipoidlösliche Stoffe besonders wirkungsvoll sind, hat diese Anschauung wesentlich unterstützt.

---

[1]) Schwarz: Münch. med. Wochenschr. 1913, S. 2165.
[2]) Sachs: Monatsschr. f. Geburtsh. u. Gynäkol. Bd. 39, H. 4. 1914.
[3]) Handovsky: Münch. med. Wochenschr. 1923, S. 1294.
[4]) Czepa, Al.: Strahlentherapie Bd. 16, S. 913. 1924.
[5]) Caspari: Strahlentherapie Bd. 18, S. 17. 1924.
[6]) Prowazek: Physiologie der Einzelligen, S. 87. Leipzig: B. G. Teubner 1910.
[7]) Loeb, Jacques: Entwicklungserregung des Eies, S. 235. Berlin: Julius Springer 1909; Pflügers Arch. f. d. ges. Physiol. Bd. 122, S. 196 u. 448. 1908.

Danilewski[1]) fand, daß Kaulquappen in Lecithinwasser dreimal so schwer und fast zweimal so lang werden wie Normaltiere und daß auch bei jungen Hunden und Kaninchen Lecithineinspritzungen das Wachstum steigern. Bei der künstlichen Erzeugung von Epithelwucherungen handelt es sich stets um die chemische Wirkung lipoidlöslicher Stoffe (B. Fischer), und so liegt die Vermutung nahe, daß die chemischen Körper die Lipoidmembranen der Zellen beeinflussen, hat doch auch Reinke geschwulstähnliche Wucherungen an der Augenlinse des Feuersalamanders durch Injektion von dünnem Ätherwasser erzeugt. Auf die Bedeutung der Lanolinfütterung werden wir später bei den experimentell erzeugten Geschwülsten eingehen.

Häufig ist versucht worden, spezifische Stoffe in der Geschwulstzelle durch ihre biologische Wirkung nachzuweisen. So haben z. B. Chambers und Scott[2]) aus Tumorgewebe acetonlösliche wachstumsfördernde und acetonunlösliche wachstumshemmende Extrakte dargestellt. Aber das Wachstum ist von so unzähligen Faktoren abhängig und beeinflußbar, daß es erst noch ausgedehntester Untersuchungen bedürfte, ehe man in einem solchen Befund den Nachweis spezifischer Substanzen der Geschwulstzelle erblicken könnte. Einwandfreier und überzeugender scheinen mir die Versuche von Centanni und Bisceglie zum Nachweis besonderer Wuchsstoffe, Blastine, Attraxine *in der Geschwulstzelle* selbst zu sein, auf die wir noch genauer zu sprechen kommen (s. S. 1710). Das ist aber etwas ganz anderes als ein äußerer Reiz, der auf die Zelle einwirken soll.

Auch die Ergebnisse der Versuche mit den übertragbaren Hühnersarkomen könnten in dem Sinne gedeutet werden, daß das spezifische Zellenzym dieser Geschwülste ein spezifischer Wuchsstoff oder ein spezifischer Reizstoff wäre. Ob man dann alle diese Stoffe als spezifischen Reiz bezeichnen will, wäre ganz gleichgültig, wenn wir nur erst in den Wirkungsmechanismus dieser Substanzen tiefer eingedrungen wären. Jedenfalls liegt hier aber kein von außen einwirkender Reiz vor.

Stoltzenberg[3]) hat dann darauf hingewiesen, daß die zur Erzeugung experimenteller Geschwülste benutzten Farbstoffe und Basen durch oxydativen Abbau in Chinone bzw. Chinonimide übergehen, und daß auch bei den Berufskrebsen die geschwulstbildenden Eigenschaften durch chinogene Basen und Phinole (Anilin, Benzidin usw.) bedingt sind. Auf die Reizwirkung dieser Stoffe führen sie daher die Zellwucherung zurück und erblicken darin eine Störung des oxydativen Eiweißabbaues. Auch Philippson[4]) hat den Versuch gemacht, die krebserregenden Substanzen genauer zu bestimmen und führt als „Krebstoxine" an: Anilin, Benzidin, Pyridin, Pyrrol und Nicotin, d. h. „im Ring geschlossene Bassen, die bald den Stickstoff dem Ring angelagert halten, bald denselben im Ring selbst besitzen".

Überblicken wir die große Anzahl der oben angeführten, sicher mit äußeren Einwirkungen zusammenhängenden Geschwülste sowie die heute zur Verfügung stehenden, schon ziemlich zahlreichen und in ihrem Wesen so außerordentlich verschiedenartigen Methoden zur gesetzmäßigen künstlichen Erzeugung echter Tumoren, so will es mir doch im höchsten Grade zweifelhaft erscheinen, ob es möglich sein wird, all dies auf die gemeinsame Formel eines gleichmäßigen spezifischen Geschwulstreizes zurückzuführen. Und doch wäre es im Sinne der Reiztheorie vollkommen richtig, einen spezifischen Reiz anzunehmen, ebenso

---

[1]) Danilewski, zitiert nach Morgan: Experimentelle Zoologie. Leipzig u. Berlin 1909.
[2]) Chambers u. Scott: Brit. journ. of exp. pathol. Bd. 5, S. 1. 1924.
[3]) Stoltzenberg: Zeitschr. f. Krebsforsch. Bd. 18, S. 46. 1921.
[4]) Philippson: Klin. Wochenschr. 1926, S. 1514.

wie der Tuberkelbacillus der spezifische Faktor bei der Entstehung der Tuberkulose ist.

„Das unumgänglichste Postulat", sagt BIERICH[1]) — vom Standpunkt der Reiztheorie ganz mit Recht —, „ist der spezifische Reiz." Aber von der Kenntnis eines solchen spezifischen Reizes für die Geschwulstbildung ist bisher keine Rede und die Reiztheorie in ihrer allgemeinen VIRCHOWSCHEN Fassung wird gerade dadurch immer noch gehalten, daß eben die Schädigungen der *allerverschiedensten* Art nachweisbar ätiologische Bedeutung für die Geschwulstentstehung haben. Die Frage ist eben nur die, ob uns diese in dieser Form ohne Zweifel richtige Reiztheorie weiterbringt oder ob sie nicht gerade, wie ich glaube, ein tieferes Eindringen in die Faktoren der Geschwulstentstehung dadurch erschwert, daß sie eine kausale Erklärung vortäuscht, wo eine solche nicht vorhanden ist.

Das Wesen des Lebens liegt in den physikalisch-chemischen Strukturen und Faktoren der lebendigen Zelle, und die äußeren Faktoren können auf diesen Mechanismus nur auslösend, nicht in spezifischer Weise bestimmend eingreifen. In einer äußerst lesenswerten Studie über die Bewertung der äußeren Faktoren auf das lebendige Geschehen, über die Wirkung der äußeren Lebensbedingungen auf die organische Variation im Lichte der experimentellen Morphologie ist KAMMERER[2]) zu dem Schluß gekommen (s. Metaplasie S. 1249): „Ein und derselbe Faktor, in gleichem Grade angewendet, bewirkt dennoch verschiedene Reaktionen an Individuen gleicher Art und Rasse, aber verschiedener Herkunft... Ein und derselbe Faktor, in verschiedenen, wenn auch nahe beieinanderliegenden Graden angewendet, bewirkt dennoch scharf entgegengesetzte Reaktionen bei Individuen gleicher Art, Rasse, Herkunft, gleichen Alters, überhaupt gleicher Beschaffenheit... Ein und derselbe Faktor, in seinen gegensätzlichen Extremen angewendet, bewirkt gleiche Reaktionen... Verschiedene Faktoren, auf gleichartige und gleich beschaffene Organismen angewendet, bewirken gleiche Reaktionen... Zwei aufeinanderfolgende Entwicklungsstadien verhalten sich ein und demselben Faktor gegenüber verschieden oder sogar konträr." Kurz ausgedrückt heißt das, daß für alle Lebensvorgänge nicht nur Art, Rasse, Herkunft, Alter, sondern sogar die **Individualität** des Einzelindividuums, der Einzelzelle, von fundamentaler Bedeutung ist. Diese grundlegenden biologischen Erkenntnisse dürfen wir auch bei dem Studium der Kausalität der Geschwulstbildung nicht außer acht lassen. Die eben angeführten Grundgesetze KAMMERERS über die Bedeutung der äußeren Faktoren gelten Wort für Wort auch für die Geschwulstreize, und so manche gegensätzlichen, ja unerklärlich erscheinenden Tatsachen der experimentellen Geschwulstlehre erscheinen in einem ganz anderen Lichte, wenn wir uns dieser wahren Bedeutung äußerer Faktoren erinnern und daran denken, daß die Geschwulstbildung ein Lebensvorgang, ein komplizierter Entwicklungsvorgang des metazoischen Organismus ist.

Der **Reiztheorie der Geschwulstentstehung** gegenüber müssen zunächst einige grundsätzliche Einwände erhoben werden. Zunächst muß berücksichtigt werden, in welcher Weise der Reizbegriff in der allgemeinen Biologie angewandt wird. Unter den Faktoren, die das lebendige Geschehen bestimmen, scheidet ROUX[3]) „der Art nach Auslösungsfaktoren, Reize, Differenzierungsfaktoren sowie Zeitfaktoren... Soweit diese Faktoren das typische Entwicklungsgeschehen determinieren, liegen sie im Ei". Wir sehen daraus, daß hier nicht nur äußere

---

[1]) BIERICH: Zeitschr. f. Krebsforsch. Bd. 18, S. 62. 1921.
[2]) KAMMERER: Arch. f. Entwicklungsmech. Bd. 30, S. 380ff. 1910.
[3]) ROUX: Terminologie. 1912.

Einwirkungen, sondern auch ein Teil der in der Eianlage vorhandenen und später zur Wirkung kommenden inneren Faktoren als Reize bezeichnet werden. Weiterhin werden aber auch außerhalb des Organismus liegende Faktoren in der Entwicklungslehre als Reize bezeichnet, und wir finden sie bei Roux[1]) besonders unter den Realisationsfaktoren aufgeführt. Diese Realisationsfaktoren liegen nach Roux „zumeist außerhalb des Organismus" und müssen von den Determinationsfaktoren streng geschieden werden. Roux scheidet diese Realisationsfaktoren in bloße Auslösungsfaktoren, Reizfaktoren und Unterhaltungs- oder Betriebsfaktoren. Der Begriff des Reizes wird von Roux[1]) folgendermaßen festgelegt: „*Reiz* heißt eine Kraft, wenn sie auf einen Körper wirkt, welcher auf diese Einwirkung in einer allein von der eigenen Beschaffenheit desselben abhängigen ‚Art' reagiert, sofern aber die Größe der Reaktion in irgendeiner Weise mit von der Größe dieser Einwirkung abhängig ist. Diese Einwirkung heißt Reizung. Vgl. dagegen Auslösung, welche zwar ähnlich wie Reizung wirkt, aber die Größe des Geschehens nicht mitbestimmt.

Der Reiz ist gleich dem Auslösungsfaktor der letzte vor dem Beginne des Reizungsgeschehens zu dem reagierenden Komplex von Faktoren hinzutretende Faktor, er bestimmt also auch die Zeit des Beginnes des Geschehens, ist zunächst der unmittelbare Beginnesfaktor, der aber erst von einem nächstfrüheren, dem primären Beginnesfaktor (Roux), bestimmt wird.

Veranlassen auf oder in Lebewesen wirkende Reize je nach den derzeitigen Eigenschaften des Substrates die ‚Erhaltungs-', speziell die ‚Betriebsfunktionen', so heißen sie funktionelle Reize, veranlassen sie Gestaltung, also gestaltliche (inkl. gewebliche) Änderung, so heißen sie Gestaltungsreize oder Differenzierungsreize, Bildungsreize. Dazu kommen die Erhaltungsreize des Gebildeten."

Auch bei der Definition der *Reizung* betont Roux, daß die Größe des Reizes auch die Größe der Reaktion abstuft, während die „Auslösung" immer gleich den ganzen vorhandenen Vorrat an Energie aktiviert. Roux verlangt für die exakte kausale Forschung eine strenge Scheidung zwischen Auslösung und Reizung. Schon aus diesen kurzen Hinweisen können wir ersehen, daß die Reiztheorie der Geschwulstbildung an diese genaue Begriffsbestimmung des Reizes und der Reizung sich nicht hält. Hier wird der Reizbegriff in einem viel allgemeinerem Sinne angewandt, und er sagt eigentlich nichts weiter, als daß durch irgendeine Veränderung der Lebensbedingungen die Lebenstätigkeit der Zellen, in unserem Falle besonders die Vermehrung der Zellen, gesteigert wird — gemeint sind dabei aber immer nur von außen kommende Einwirkungen, Veränderungen der äußeren Lebensbedingungen. Es ist mehr als fraglich, ob mit einem derartig vagen Begriff überhaupt in die kausale Analyse der biologischen Vorgänge tiefer eingedrungen werden kann. Die Reizbarkeit, d. h. die Tatsache, daß durch die allerverschiedensten äußeren Einwirkungen die Zelltätigkeit angeregt wird, d. h. der typische Mechanismus der lebendigen Substanz in lebhaftere Tätigkeit versetzt wird, ist eine allgemeine Eigenschaft der lebendigen Substanz. Sie sagt eigentlich nichts weiter, als daß der sehr komplexe chemisch-physikalische Mechanismus des Lebens durch äußere Einwirkungen zu Reaktionen veranlaßt werden kann, die eben nur aus diesem Mechanismus heraus verständlich und erklärlich sind.

„Reiz nennen wir", schreibt Semon[2]), „diejenige elementarenergetische Bedingung, deren Auftreten, Dauer bzw. Verschwinden bei Erfüllung der allgemeinen Bedingungen das Auftreten, die Dauer bzw. das Verschwinden einer

---

[1]) Roux: Terminologie 1912.
[2]) Semon: Die Mneme, 3. Aufl., S. 10. Leipzig 1911.

Einzelkomponente der erregungsenergetischen Situation, einer Einzelerregung, im Gefolge hat oder, wie wir dies zu bezeichnen pflegen, bewirkt."

Bei seinen Untersuchungen über die Grundlagen einer allgemeinen Erregungstheorie schreibt A. Bethe[1]): „Verschiedenartige Zustandsänderungen sind imstande, alle lebenden Gewebe zu erregen, während andere nur auf bestimmte Gewebe einen solchen Einfluß ausüben und eine dritte Gruppe von Zustandsänderungen überhaupt wirkungslos bleibt. Die erregend wirkenden Zustandsänderungen, die man schlechthin als Reize bezeichnet, zerfallen also in allgemeine und spezielle. Zu den ersteren werden die elektrischen, mechanischen, osmotischen und chemischen Reize, vielleicht auch noch die thermischen Reize zu rechnen sein, zu den letzteren die photischen, akustischen und die sog. geotropischen Reize. Durch Einrichtungen an besonderen Organen, die man als Transformatoren bezeichnet hat, können offenbar die an und für sich auf das lebende Protoplasma unwirksamen Zustandsänderungen der zweiten Gruppe zur Wirksamkeit gebracht werden wohl dadurch, daß als Zwischenglied eine Zustandsänderung auftritt, die zur Gruppe der allgemeinen Protoplasmareize gehört."

Von all diesen wichtigen und notwendigen Unterscheidungen des Reizbegriffes in der allgemeinen Biologie ist bei der Reiztheorie der Geschwulstbildung bisher keine Rede. Ganz gewiß wird man den Reizbegriff in der Pathologie bis heute ebensowenig, ja vielleicht weniger entbehren können wie in der allgemeinen Biologie, und es ist auch gegen seine Anwendung so lange nichts einzuwenden, als wir uns darüber klar sind, daß **durch die Benutzung dieses Begriffes nichts erklärt wird,** daß das Geheimnis der biologischen Vorgänge gerade zwischen Reizeinwirkung und Reizeffekt liegt, und daß gerade die Aufklärung der Verbindungskette zwischen diesen Vorgängen die wichtigste Aufgabe kausaler Analyse auch in der Geschwulstforschung ist. Es ist nicht überraschend, daß gerade der Reizbegriff zur Erklärung der Geschwulstentstehung herangezogen wird, weil eben die Reizerscheinungen selbst noch völlig in Dunkel gehüllt sind und einer naturwissenschaftlichen Erklärung die größten Schwierigkeiten machen. So kann auch bei der Geschwulstentstehung die Erklärung zwischen äußerer Einwirkung und Endeffekt in einfachster Weise durch den in gleicher Weise dunkeln Reizbegriff vorgetäuscht werden. Mit Recht schreibt M. Hartmann[2]): „So klar das Ziel der allgemeinen Physiologie hinsichtlich der Stoffwechselvorgänge vor Augen liegt, und so hoffnungsvoll uns die eingeschlagenen Wege zu diesem Ziel erscheinen, so wenig können wir heute für die zweite Gruppe von Lebensvorgängen, die Reizerscheinungen, auch nur die Wege ahnen, die zu einem ähnlichen Ziele führen könnten. Nur bei einigen Reizerscheinungen von Einzelligen und Pflanzen liegen allererste Ansätze vor zu einer wirklich zellphysiologischen kausalen Analyse, die natürlich auch hier darauf ausgehen muß, das im Innern der Zelle oder Organe sich abspielende Geschehen physiologisch, d. h. kausal, zu erklären. Das Charakteristische der Reizerscheinungen besteht aber ja gerade darin, daß die ganze Kette physiologischer Vorgänge zwischen Reizaufnahme und Reizbeantwortung fast unbekannt und der Forschung unzugänglich ist. Hier ist die allgemeine Biologie weit entfernt von ihrem Ziele, Zellphysiologie sein zu wollen, und sie muß sich daher begnügen, aus der allgemein vergleichenden Betrachtung der Erscheinungen der Reiz- und Sinnesphysiologie gewisse allgemeinere Wesenszüge und Gesichtspunkte herauszuholen. Gerade der noch wenig fortgeschrittene Stand der Forschung auf diesem Gebiete macht

---

[1]) Bethe, A.: Allgemeine Erregungstheorie. Pflügers Arch. f. d. ges. Physiol. Bd. 163, S. 147. 1916.
[2]) Hartmann: Aufgaben, Ziele und Wege der allgemeinen Biologie. Klin. Wochenschr. 1925, Nr. 49, S. 2329.

es notwendig, die Reizerscheinung (und Sinnesphysiologie) als besondere Gruppe allgemeiner Lebensvorgänge abzugliedern. Wäre es mit den heutigen Mitteln der Forschung möglich, die bei diesen Erscheinungen sich abspielenden chemischen und energetischen Prozesse völlig zu durchschauen und zu analysieren, *dann wäre eine besondere begriffliche Abgrenzung dieser Gruppe von Lebensvorgängen logisch kaum notwendig*, denn dann hätten wir es in der Tat nur mit mehr oder minder geringfügigen Schwankungen der stationären Prozesse, also des allgemeinen Stoff- und Energiewechsels, zu tun. Wie nun aber einmal die Lage der Dinge ist, kommt diesen Erscheinungen eine große, allgemein biologische Bedeutung zu. Sehen wir doch, wie dieselben mit fortschreitender Komplikation der tierischen Systeme vielfach bis in die psychische Seite übergreifen."

All das gilt in gleicher Weise für die Pathologie. Für die Reiztheorie der Geschwülste sind aber neben diesen allgemeinen Gesichtspunkten noch besondere Einwendungen zu erheben. Zunächst ist gar keine Rede davon, daß hier die Anwendung des Reizbegriffs auf Grund der schärferen Definitionen von Wilhelm Roux erfolgt. Unter Reiz wird hier einfach jede, insbesondere schädigende, äußere Einwirkung verstanden. Da als Reiz jede Änderung der physikalischen und chemischen Bedingungen auftreten kann, so sagt die Theorie nichts weiter, als daß in den Zellen irgendeine Änderung eingetreten ist.

Selbst wenn wir von ganz groben Vorstellungen ausgehen, zeigt sich aber immer wieder die Dissonanz zwischen der üblichen Reiztheorie und den Tatsachen. Die Häufigkeit der Geschwulstbildung entspricht eigentlich niemals gerade den Organstellen, die den häufigsten „Schädigungen" ausgesetzt sind, sonst müßten die Carcinome des Darmkanals am häufigsten in der Gegend der Bauhinschen Klappe oder am Wurmfortsatz sitzen, weil hier chronisch entzündliche Prozesse viel häufiger sind als an anderen Stellen des Darmkanals. Der Gallenblasenkrebs müßte am häufigsten im Fundus lokalisiert sein (statt an der Berührungsstelle mit der Leber), der Mastdarmkrebs am Anus usw.

Loeb[1]) hat selbst für die einfachen Verhältnisse der Entwicklungserregung oder formativen Reizung des Eies betont, daß hierfür nicht ein einziger Eingriff, sondern mindestens zwei Eingriffe erforderlich sind, zunächst eine Cytolyse durch lipoidlösende Stoffe und zweitens eine Behandlung des Eies mit sauerstoffhaltiger hypertonischer Lösung. Wenn wir sehen, daß in jungen Pflanzen die cytologische Veränderung durch weiche Röntgenstrahlen sofort deutlich nachweisbar wird, durch harte Röntgenstrahlen aber erst einige Stunden nach der Bestrahlung [Komuro[2])], so zeigt das, daß im Wesen nahe verwandte äußere Faktoren schon in ganz verschiedener Weise an der Metastruktur der Zelle angreifen können. Selbstverständlich geben auch hier wieder verschiedene Phasen der Entwicklung, selbst der Zellteilung verschiedene Resultate, und die fundamentale Stellung der lebendigen Struktur kommt in der Fähigkeit, trotz Änderung der äußeren Faktoren in gleicher Weise zu reagieren [Prinzip des Reizwechsels, Eugen Schultz[3])], zum deutlichen Ausdruck. Es widerspricht also den Grundgesetzen der Biologie, in dem Geschwulstreiz nicht nur ein auslösendes Moment für das exzessive Wachstum schlummernder Zellen zu erblicken, sondern diesen Reiz einfach als primäres, das Wachstum direkt erzeugendes Moment zu bezeichnen und auf die Quantität dieses Reizes besonderes Gewicht zu legen [Schwarz[4])]. Irgendein tieferes Verständnis der biologischen Vorgänge, die zur Bildung einer

---

[1]) Loeb: Formative Reizung. Berlin 1909.

[2]) Komuro: Zeitschr. f. Krebsforsch. Bd. 22, S. 199. 1925.

[3]) Schultz, Eugen: Umkehrbare Entwicklungsprozesse. Roux' Vortr. z. Entwicklungsmech. H. 4. 1908.

[4]) Schwarz: Dtsch. med. Wochenschr. 1923, S. 108.

Geschwulst oder auch nur eines Geschwulstkeimes führen, kann uns die Reiztheorie nicht vermitteln. Wie ich schon 1922[1]) gegenüber der Verfechtung der
Reiztheorie durch Fibiger[2]) schrieb, erblicke ich auch in der Virchowschen
Reizlehre für die damalige Zeit eine wissenschaftliche Großtat, aber die Zeit
schreitet fort, und neue Erkenntnisse zwingen, sich von alten Fesseln frei zu
machen, auch da, wo diese Fesseln in der vorangehenden Generation große Fortschritte bedeuteten. Die Reiztheorie in ihrer allgemeinen Fassung sagt auch
heute noch an keiner Stelle etwas Falsches aus. Aber gerade die glänzenden
Ergebnisse der jüngeren experimentellen Geschwulstforschung zwingen dazu,
dem Problem tiefer auf den Grund zu gehen und an die Stelle des heute nichts
Konkretes mehr aussagenden Reizbegriffes die Erkenntnis der tatsächlichen
cellulären und chemisch-physikalischen Vorgänge bei der Krebsbildung zu setzen.
Ich weiß wohl, daß zur Erreichung dieses Zieles noch enorme Schwierigkeiten
zu überwinden sind, bin aber doch überzeugt, daß gerade infolge der neuen
positiven Experimente, die uns nunmehr sichere Methoden zur Krebserzeugung
in die Hand geben, wir diesem Ziel immer näherkommen werden.

Wir kennen heute eine große Anzahl von Tumorbildungen auch beim Menschen, deren Entstehung auf dem Boden immer wiederholter Schädigungen
in keiner Weise mehr angezweifelt werden kann. Die Hauptpunkte, in denen aber
die Reiztheorie völlig versagt, sind folgende[3]):

„1. Die Reiztheorie kann gar nichts darüber aussagen, warum sich denn in
einer größeren, gleichmäßig z. B. durch Teer gereizten Haut oder Schleimhaut-
fläche nur ein einziger „*Geschwulstfokus*", wie ihn Fibiger selbst bezeichnet
hat, bildet. Dieser biologische Vorgang entspricht ganz der Bildung einer Organanlage in der embryonalen Entwicklung. Analoge Vorgänge kommen auch bei
der Regeneration vor, und der ganze Prozeß wird unserem Verständnis sofort
nähergebracht, wenn wir feststellen, daß er sich aus einem regenerativen Vorgang entwickelt.

2. Immer wieder fällt die *große Zeitspanne* auf, die zwischen der Reizwirkung
und der Krebsbildung liegt. Nicht nur, daß die einwirkende Schädlichkeit
lange Zeit hindurch und immer wiederholt einwirken muß, ehe es zur Krebsbildung kommt, es kann — ich verweise nur auf unsere Untersuchungen über den
Blasenkrebs der Anilinarbeiter — die Schädigung jahrelang, bis zu 10 Jahren
und länger, völlig fortfallen und doch nachher noch die Krebsbildung einsetzen.
Für diese *Latenz* gibt uns die Reiztheorie überhaupt keine Erklärung, während
wir wissen, daß sich regenerative Prozesse über viele Jahre hinziehen und immer
wieder von neuem aufflackern können, auch ohne daß die primäre Schädigung
weiter fortwirkt.

3. Diese Latenz macht offenbar auch Fibiger selbst in der Erklärung
durch die Reiztheorie Schwierigkeiten. Er nimmt an, die Krebsbildung beruhe
auf „Einwirkung einer im Laufe der Jahre immer steigenden Summierung der
Reize". Das widerspricht aber einerseits der einwandfrei festgestellten Tatsache,
daß die Krebsbildung auch noch erfolgt, nachdem der verursachende Reiz bereits viele Jahre *nicht* mehr eingewirkt hat, andererseits aber unseren Kenntnissen
von der Wirkung der Schädigungen im allgemeinen. Man hat niemals davon
gehört, daß die Wirkung einer geringen Infektionsschädigung, z. B. wenn diese
immer wiederholt wird, in der späteren Zeit größer werde als bei der ersten
Infektion. Im Gegenteil! Bei allen Schädigungen findet der Körper Wege, sich
anzupassen, so daß, wenn die Schädigung überhaupt erträglich ist, die spätere

---

[1]) Fischer, Bernh.: Frankfurt. Zeitschr. f. Pathol. Bd. 27, S. 109. 1922.
[2]) Fibiger: Dtsch. med. Wochenschr. 1921, Nr. 49/50, S. 1449.
[3]) Fischer, B.: Frankfurt. Zeitschr. f. Pathol. Bd. 27, S. 110. 1922.

und wiederholte Wirkung dieser Schädigung *geringer* ist als beim ersten Male. Die Anpassungsfähigkeit spielt eine große Rolle nicht nur bei den Immunitätsvorgängen, sondern auch gegenüber anderen Schädigungen, selbst gegenüber mechanischen Einflüssen und anorganischen Giften. Die Summierung der Reize erklärt also an und für sich noch gar nicht die Krebsbildung. Ganz anders aber ist es, wenn die Schädigung zur Regeneration führt. Hier vollzieht sich dann die Anpassung des Körpers in der Weise, daß die Regeneration auf denselben Eingriff immer stärker, rascher und lebhafter erfolgt, wofür ja bei niederen Tieren zahlreiche experimentelle Beobachtungen vorliegen, und gerade auf dem Boden dieser *verstärkten regenerativen Tätigkeit* unter ungünstigen Bedingungen kommt es zur Bildung einer Geschwulstanlage.

4. Das *Wesen* der im allgemeinen **großen Latenzzeit**, die zwischen der Einwirkung der Schädigung und dem Auftreten der bösartigen Geschwulst regelmäßig nachzuweisen ist (s. S. 1668), liegt darin, daß zwischen die Schädigung und die Geschwulstbildung stets ein lebhafter regenerativer Prozeß eingeschaltet ist. Die Annahme des chronischen oder immer wiederholten Reizes versagt auch vollkommen in den Fällen, wo nur eine einmalige Schädigung vorliegt, die aber trotzdem nach Jahren zur Krebsbildung führt (Beispiel: Krebsbildung nach einmaliger Röntgenschädigung). Selbstverständlich wird nicht jede wiederholte Regeneration zur Krebsbildung führen müssen (hier wird die Art der Schädigung sicher eine sehr große Rolle spielen); und ebenso wird eine lange wiederholte gleichartige Schädigung, die immer wieder von neuem den regenerativen Prozeß entfacht, besonders leicht zur Krebsbildung führen. Es ist sicher kein Zufall, daß den Japanern die wichtige Entdeckung des experimentell erzeugten Teercarcinoms gelungen ist. Sie haben die nötige Geduld gehabt, um den Versuch, der in der gleichen Art vor ihnen schon von vielen erfolglos unternommen worden ist, genügend lange Zeit fortzusetzen, und haben schließlich auf dem Wege einer ständig wiederholten und geschädigten Regeneration die künstliche Krebsbildung erzielt.“ Wenn in neuerer Zeit wiederholt z. B. von Deelman[1]) angenommen worden ist, daß die Entwicklung des Teercarcinoms nicht von der Periodizität, sondern von der Menge der Reize abhängig sei, so kann ich mich einer solchen Anschauung nicht anschließen. Die *Menge* der Teerreize ist maßgebend für die Entwicklung der *Gesamtdisposition* zur Krebsbildung (was später noch genauer zu begründen sein wird), die periodisch wiederkehrende lokale Schädigung ist ausschlaggebend für den lokalen regenerativen und schließlich geschwulstbildenden Prozeß.

Nach alledem dürfen wir sagen, daß die Reiztheorie für diejenigen Geschwülste, die nachweislich mit äußeren Einwirkungen in ätiologischer Beziehung stehen, etwas Selbstverständliches aussagt, daß sie auch bei Anwendung des Reizbegriffes auf in der Zelle selbst liegende Faktoren auf andere Geschwülste angewandt werden könnte. Ein Fortschritt wird dadurch nicht mehr erzielt. Wenn nicht alle äußeren Schädigungen, sondern je nach der Lage des Falles nur ganz bestimmte äußere Einwirkungen zur Geschwulstbildung führen, so kann trotzdem auch für den einzelnen Fall von einer Spezifität des Reizes keine Rede sein. Das Spezifische liegt eben nicht in der äußeren Einwirkung, sondern in einer typischen, uns bis heute noch in ihrem Wesen verborgenen Änderung der Zellstruktur (im weitesten Sinne), für deren Entstehung je nach der Lage des Falles die allerverschiedensten äußeren Einwirkungen verantwortlich gemacht werden können.

Aber nicht nur äußere Einwirkungen können zu dieser Bildung der Ge-

---

[1]) Deelman: Nederlandsch tijdschr. v. geneesk. Bd. 68, S. 489. 1924.

schwulstzelle führen. Wenn auf Grund der so überaus wichtigen erfolgreichen
Experimente zur Geschwulsterzeugung in den letzten Jahren der Schluß gezogen
worden ist, daß damit die COHNHEIM-RIBBERTsche Theorie der Geschwulstbildung
aus embryonalen Keimen völlig widerlegt wäre, so ist das ein fundamentaler
Irrtum. Wir haben bereits S. 1506 kurz die Gründe dafür dargelegt, daß die Annahme der embryonalen Anlage des Geschwulstkeims heute für die Mehrzahl
der Geschwulstformen überhaupt eine völlig gesicherte und erwiesene Tatsache
ist. Diese Tatsache ist für die allgemeine Geschwulsttheorie mindestens von
derselben grundlegenden Bedeutung wie die experimentelle Erzeugbarkeit
anderer Geschwülste.

VII. Die experimentelle Erzeugung echter Geschwülste.

Lange Zeit hat man von experimenteller Geschwulstforschung gesprochen,
wo von einer solchen noch nicht die Rede sein konnte, weil man noch keine
Methode in der Hand hatte, mit Sicherheit eine Geschwulst zu erzeugen, und sich
darauf beschränken mußte, spontan entstandene Geschwülste zu transplantieren.
Es handelte sich also nur um das Studium künstlich erzeugter Metastasen, wobei
meines Erachtens die Tatsache, daß nur ein geringer Teil der spontan auftretenden Tumoren überhaupt transplantierbar ist, bei der Auswertung der Ergebnisse
für die allgemeine Geschwulstpathologie viel zu wenig beachtet wurde.

1. Unterschied zwischen Spontantumor und Transplantat.

Es muß stark betont werden, daß zwischen einer spontan entstandenen
Geschwulst und einem transplantierten Tumor fundamentale Unterschiede
bestehen. Schon APOLANT und EHRLICH[1]) haben festgestellt, daß bei Spontangeschwülsten der Mäuse zahlreiche Metastasen auftreten, bei Impftumoren nicht.
Wir wissen allerdings heute, daß sich dies in der Hauptsache auf die *makroskopischen* Verhältnisse bezieht und daß *mikroskopisch* auch bei den Transplan-
tationstumoren häufig Metastasen auftreten (LEWIN, TEUTSCHLÄNDER), insbesondere hängt das auch von der Art der vorgenommenen Impfung ab.
HEGENER[2]) gibt an, daß bei Transplantationen von Spontantumoren nur in etwa
5% positive Resultate erzielt werden, sobald aber einmal die Geschwulst mit
Erfolg transplantiert war, können schon nach der zweiten Passage bis zu 100%
positive Impfresultate erzielt werden — also ein Beweis für eine fortschreitende
biologische Änderung. Dabei gelingt die Impfung des Spontantumors auf das
eigene Tier eigentlich immer, und es gelingt auch *nicht*, eine Immunität gegen die
Geschwulst bei der Maus zu erzielen, bei der die Geschwulst spontan entstanden
ist [HAALAND[3])]. Das ist ein sehr deutlicher biologischer Unterschied zwischen
Spontantumor und transplantierter Geschwulst. Welch starke Veränderung
die Geschwülste bei den fortlaufenden Transplantationen erleiden (s. auch S. 1589
u. 1593), geht auch aus der Mitteilung von MURPHY und STURM[4]) hervor, die
fanden, daß spontane Mäusetumoren nach Transplantation in das Hirn der Ratte
oder Maus nicht angehen, während dies bei transplantablen Mäusetumoren der Fall
ist. Massieren einer transplantierten Geschwulst führt häufig zur Einschmelzung
und völligen Rückbildung des Tumors, Massieren einer Spontangeschwulst
führt ebenso oft zum stärkeren Wachstum und vor allem zur Metastasenbildung
(s. S. 1365 u. 1750).

---

[1]) APOLANT u. EHRLICH: Dtsch. med. Wochenschr. 1911, S. 1145.
[2]) HEGENER: Münch. med. Wochenschr. 1913, S. 2722.
[3]) HAALAND: Journ. of pathol. a. bacteriol. Bd. 14, S. 407. 1910.
[4]) MURPHY u. STURM: Journ. of exp. med. Bd. 38, S. 183. 1923.

Deutliche Unterschiede zeigen sich auch im Einfluß der Keimdrüsen: bei graviden Tieren gehen Tumortransplantationen schwerer an, dagegen entstehen hier experimentelle Teercarcinome um so leichter (s. S. 1611). Die Exstirpation der Keimdrüsen erhöht das Wachstum transplantierter Geschwülste, verhindert dagegen die Entstehung spontaner Mammacarcinome bei der Maus (s. S. 1442 und 1715).

Ein Unterschied zeigt sich auch in der Größe der Geschwülste. Bei den transplantierten Tumoren kann die Geschwulst eine Größe erreichen, die in gar keinem Verhältnis mehr zum Geschwulstträger steht. Beim spontanen Carcinom dürfte ähnliches kaum je beobachtet werden. Wir müssen nach alledem annehmen, daß durch die Transplantation für die Geschwulst andere Verhältnisse geschaffen werden, und daß das Verhalten der transplantierten Tumoren uns über die Spontangeschwülste nichts aussagen kann, geschweige denn, daß man bei ihnen von experimentell erzeugten Geschwülsten reden könnte.

Weiterhin wurden wiederholt Geschwülste als künstlich erzeugt beschrieben — und auch heute noch können wir dies nicht selten lesen —, wo in einer größeren Anzahl gleichartiger Versuche ganz vereinzelt einmal ein Tumor auftrat. Die Literatur weist so zahlreiche Angaben dieser Art auf, daß es unmöglich ist, diese sämtlich anzuführen. Teils sind die Angaben der Experimentatoren so ungenau, daß man sie überhaupt nicht nachprüfen kann, teils läßt die Feststellung, ob wirklich eine echte Geschwulst vorlag, sehr viel zu wünschen übrig, teils lassen sich die Fehler in der Beurteilung schon aus der Mitteilung herauslesen. Wir können also nur solche Angaben berücksichtigen, die hinreichend exakt genug sind und die in zuverlässiger Weise nachgeprüft sind. Damit soll nicht gesagt sein, daß alle anderen Angaben Beobachtungsfehler sind. Das Geschwulstproblem bietet noch so viele Rätsel, daß sehr wohl durch einen Zufall in einem Versuch einmal die — uns noch unbekannten — wesentlichen Faktoren zusammentreffen und ein positives Resultat erzielt wird. So wichtig solche Einzelergebnisse als Anregung zu weiterer Forschung und Arbeit sein mögen, so darf man doch in solchen Fällen nicht von einer Lösung der experimentellen Aufgabe sprechen. Als experimentell erzeugt können wir eine Geschwulst erst dann ansehen, wenn bei Einhaltung der angegebenen Versuchsbedingungen einigermaßen regelmäßig oder wenigstens in einem annähernd konstanten Prozentsatz der Fälle sich eine echte Geschwulst bildet. Wenn wir von dem Rousschen Hühnersarkom, das ja nach jeder Richtung eine besondere Stellung einnimmt, absehen, so kann diese Aufgabe als zum erstenmal gelöst erst seit den Untersuchungen Fibigers über das Spiropteracarcinom im Jahre 1913 gelten. Seitdem hat die Forschung rasche Fortschritte gemacht, und die größte Bedeutung hat die japanische Entdeckung der experimentellen Erzeugung des Teercarcinoms (Yamagiwa und Ichikawa) im Jahre 1915 erlangt, weil hier der experimentellen Forschung zum erstenmal eine außerordentlich einfache und bequeme Methode der vollkommen sicheren experimentellen Erzeugung von Geschwülsten verschiedener Art in die Hand gegeben worden ist.

Heute kennen wir bereits eine ganze Anzahl von Methoden gänzlich verschiedener Art, mit denen es sicher gelingt, Geschwülste künstlich hervorzurufen. Diese Ergebnisse sind für die theoretische Auffassung des Geschwulstproblems und für die allgemeine Pathologie im ganzen von so überragender Bedeutung, daß wir diese Methoden zur künstlichen Geschwulsterzeugung in ihren wesentlichen Ergebnissen hier darlegen müssen.

2. Die experimentelle Erzeugung von Geschwülsten durch Infektion.

In dem Kapitel über die Infektionstheorie der Geschwulstbildung ist bereits näher dargelegt worden, in welchen Fällen die ätiologische Bedeutung von

Parasiten für die Geschwulstbildung nachgewiesen worden ist, und wir haben auch bereits auseinandergesetzt, welche Arten von Geschwülsten einwandfrei und sicher durch Infektion mit bestimmten Erregern experimentell erzeugt werden können (s. Kap. VI, 3, S. 1525—1550). Wir können uns daher an dieser Stelle darauf beschränken, diese letzteren hier nur nochmals kurz ins Gedächtnis zurückzurufen: es sind das Spiropteracarcinom des Rattenmagens von Fibiger und das Cysticercussarkom der Rattenleber von Bullock und Curtis. Dazu kommt das durch die letzten Untersuchungen von Gye, Carrel und Murphy für die Geschwulstfrage so wichtig gewordene Hühnersarkom, dessen Übertragbarkeit und experimentelle Erzeugbarkeit vollkommen sichergestellt ist, während die Natur der Erkrankung und noch mehr die Natur des übertragbaren Agens noch nicht völlig aufgeklärt sind. Wahrscheinlich müssen eine Gruppe besonderer Erkrankungen, die Blastosen, von den echten Geschwülsten abgetrennt werden, von denen sie sich durch ihr biologisches Verhalten und durch die direkte Entstehung durch ein ultravisibles Agens unterscheiden. Wieweit auch bei anderen Geschwülsten ein ultravisibles Agens oder die Übertragung von niedersten Vorstufen der lebendigen Substanz, Probionten, Partialbionten oder Biophoren eine Rolle spielt, darüber wissen wir noch nichts. Auf diesem Gebiete ist noch alles im Fluß und wartet der weiteren experimentellen Bearbeitung, ebenso wie für eine experimentelle Erzeugung von Geschwülsten durch Bakterien der zuverlässige Nachweis noch aussteht.

Außer den Infektionsversuchen sind noch eine Reihe anderer Methoden zur künstlichen Erzeugung echter Geschwülste angewandt worden.

3. Die experimentelle Erzeugung von Geschwülsten durch Transplantation von normalen und Regenerationszellen.

Die Lehre von der Keimausschaltung regte schon frühzeitig an, durch künstliche Verlagerung, Transplantation von normalen Gewebsteilen künstlich Geschwülste zu erzeugen. Die Ergebnisse solcher Versuche sind bereits S. 1362, 1394, 1516 und 1525 besprochen. Niemals wurden echte Geschwülste erzielt.

Allerdings ist bei diesen Versuchen zu berücksichtigen, daß eine Transplantation von Gewebe ohne Regenerationsanregung kaum möglich sein dürfte. Schon das Herausschneiden des zu transplantierenden Stückes muß regenerationsauslösend wirken, und wir wissen, daß zunächst schon durch die mechanische Verletzung, bei der Herausnahme des zu transplantierenden Gewebsstückes, dann aber auch durch die selbst bei kleinen Stücken regelmäßig eintretende Teilnekrose infolge der anfangs mangelhaften Ernährung eine große Zahl von Zellen zugrunde gehen und dadurch *sehr starke* Regenerationsreize auf das Transplantat einwirken müssen. Führen wir also an solchen transplantierten Geweben Reihentransplantationen aus, so transplantieren wir eigentlich immer wieder lebhaft regenerierende Zellen. Es wäre sehr wohl denkbar, auf diesem Wege zu ganz neuen Ergebnissen zu gelangen, da biologische Veränderungen der Zellen bei fortgesetzten Transplantationen aus den Erfahrungen der allgemeinen Biologie sehr wohl zu erwarten sind — ähnlich, wie sich bei Protozoen durch langdauernde Kultur eine starke Zunahme der Kernmasse mit Steigerung der Kernzahl erzielen läßt (Rich. Hertwig). Daß gutartige Tumoren durch erfolgreiche Transplantation bösartig werden können, ist nachgewiesen: Sarkombildung nach Transplantation von Fibrom (s. S. 1589), Krebsbildung nach Transplantation gutartiger Teerwarzen (s. S. 1621).

Aber man kann natürlich auch von vornherein bei der Transplantation von regenerierenden Zellen ausgehen. Auf Grund der engen Beziehungen der Geschwulstbildung zu Regenerationsprozessen lag es nahe, auch stark wucherndes

Regenerationsgewebe, insbesondere also Granulationsgewebe, zu transplantieren und zu versuchen, auf diesem Wege Geschwulstzellen sozusagen heranzuzüchten, sahen wir doch schon (S. 1430), daß zuweilen Regenerationszellen auf Kosten des Gesamtorganismus, also sehr geschwulstähnlich wachsen können. Ich selbst habe an meinem Institut eine Reihe solcher (nichtveröffentlichter) Versuche ausgeführt; bisher ohne bemerkenswertes Resultat. Die gleichen Versuche hat Stieve[1]) mit experimentell erzeugtem Riesenzellengranulom ausgeführt und hat auch durch wiederholte Übertragungen auf Tiere gleicher Art die Proliferation dieser Granulationszellen steigern und, wie er angibt, in einem Falle infiltratives Wachstum erzeugen können. Der Beweis, daß hier wirklich eine maligne Geschwulst erzeugt war, ist aber durch *einen* solchen histologischen Befund nicht erbracht.

Denkbar wäre auch der Versuch, bei der Züchtung von Gewebszellen, insbesondere von embryonalen Gewebszellen, diese in der Kultur durch irgendwelche künstliche Beeinflussungen in Geschwulstzellen umzuwandeln. Die sich in der Kultur ständig vermehrende Zelle ist ja nichts anderes als eine ständig regenerierende Zelle, die Isolierung, völlige Heraustrennung aus dem Körper, ist ja der denkbar stärkste Regenerationsreiz, sahen wir doch früher schon, daß jede Gewebsisolierung regenerative Neubildungsvorgänge auslöst (s. S. 1513). Bei den Züchtungen von Geschwulstzellen ist immer wieder die sehr viel stärkere morphologische Entdifferenzierung, Verwilderung, aufgefallen. Hier werden noch viel atypischere und unregelmäßigere Zellformen beobachtet, als wir sie ohnedies schon beim Wachstum der Tumorzellen im Organismus sehen (Veratti, Erdmann s. S. 1518). Maximow[2]) hat nun bei der künstlichen Züchtung von normaler Mamma des Kaninchens derartige Zellatypien in der Gewebskultur beobachtet, daß er sogar von einer krebsähnlichen Umwandlung der Milchdrüse spricht. Wenn auch, wie wir sahen, der Beweis für eine solche Umwandlung von Gewebszellen in Tumorzellen durch die Kultur noch aussteht, so muß uns doch gerade die große Bedeutung, die die anaerobe Züchtung von Embryonalzellen z. B. für die experimentelle Geschwulstforschung wenigstens beim Rous-Sarkom bereits gewonnen hat (s. S. 1544), die Möglichkeit einer solchen Umwandlung unter besonderen Bedingungen als nicht völlig unmöglich erscheinen lassen. Ausgedehnte und systematische Untersuchungen nach dieser Richtung wären jedenfalls sehr erwünscht.

4. Die experimentelle Erzeugung von Geschwülsten durch Transplantation von Embryonalzellen.

Die Cohnheimsche Theorie der Geschwulstentstehung aus versprengten Embryonalkeimen, besser gesagt, aus lokalen Gewebsmißbildungen, legte schon frühzeitig den Gedanken nahe, durch Implantation von Gewebsstücken von Embryonen aus den verschiedenen Entwicklungsstadien Geschwülste künstlich zu erzeugen. Solche Versuche sind denn auch in großer Zahl angestellt und von uns bereits bei der Besprechung der künstlichen Gewebsisolierung kurz behandelt worden (s. S. 1395 u. 1516). Besonders leicht gelingt die Implantation von Embryonalteilen auch nach meinen eigenen Beobachtungen beim Huhn und bei der Ratte. Auch Askanazy betont die besondere Speziesdisposition der weißen Ratte für diese Teratoidentwicklung. Bemerkenswert ist, daß besonders bei der Ratte sich gerade zerstückelte oder zerriebene Embryonen der *späteren* Entwicklungsstadien für diese Versuche gut eignen. Es entwickeln sich

---

[1]) Stieve: Beitr. z. pathol. Anat. u. z. allg. Pathol. Bd. 54, S. 415. 1912.
[2]) Maximow, zitiert auf S. 1518.

dabei in einigen Wochen knollig-cystische, bis pflaumengroße teratoide Ge-schwülste, die aus einem bunten Gewirr von Geweben der verschiedenen Keim-blätter bestehen: Cysten der verschiedensten Epithelarten, des Ektoderms, des Entoderms, Knorpel, Knochen, glatte Muskulatur, Zentralnervensystem und Organanlagen, die an Lunge, Nieren, Hoden, Milz, Schilddrüse usw. erinnern. All dies bildet sich aber nach mehr oder weniger langem Bestehen durch ein-fache Atrophie wieder zurück, wobei einzelne Gewebe längere Zeit erhalten bleiben und auch wachsen können. Genau wie bei den menschlichen Teratomen kommt es auch hier vor, daß von dem Teratom nur eine einzelne Bildung übrigbleibt, wie z. B. Askanazy als einzigen Rest einen isolierten Zahn beobachtete, der schließlich die Haut durchbohrte.

Diese Versuche sind von so vielen Autoren mit dem gleichen Erfolg durch-geführt worden, daß an der Gesetzmäßigkeit dieses Ergebnisses kein Zweifel sein kann[1]). Trotzdem haben sich in mehreren Versuchen dieser Art echte, dauernd wachsende Geschwülste, und zwar auch bösartiger Natur, gebildet. Askanazy[2]) hat bei der Ratte unter zahlreichen Versuchen dieser Art zweimal Carcinombildung, einmal Sarkombildung beobachtet, Geschwülste mit ein-wandfreier Bösartigkeit, die sich auch weiter transplantieren ließen.

Skubisrewsky[3]) sah unter 178 Hühnern, denen Embryonalbrei injiziert war, dreimal Sarkome auftreten.

Auch Inamoto[4]) sah unter zahlreichen negativen Versuchen nur einmal ein Fibrosarkom aus einem experimentell erzeugten Teratoid hervorgehen.

v. Meyenburg[5]) sah beim Kaninchen 2 Jahre nach Einheilen eines Fetus in der Abdominalhöhle die Entwicklung eines metastatisierenden Sarkoms. Worauf es aber beruht, daß echte Geschwülste nur in diesen wenigen Versuchen entstanden, während zahlreiche Experimente mit ganz derselben Versuchs-anordnung ergebnislos waren, war aus diesen Versuchen noch nicht zu ent-scheiden. Es ist daher klar, daß uns wesentliche Faktoren für das Gelingen des Versuches hier noch unbekannt sind.

Eine große Zahl von Versuchen liegen bereits vor über die Wirkung der Schwangerschaft [Rous[6])], den Einfluß des Fehlens einzelner Organe [Katase[7])] auf die Entwicklung experimenteller Teratoide. Schwangerschaft, Puerperium und Kastration befördern die Entwicklung und das Wachstum dieser Teratoide, Milzexstirpation hemmt sie.

Die Versuche, bei diesen Embryonalimplantationen das Ergebnis durch Zusatz von sog. Reizstoffen, z. B. Scharlachrot, Ätherwasser usw., zum Embryo-nalbrei zu beeinflussen, haben zu verschiedenen Resultaten geführt. Viele sahen keinen Einfluß, Askanazy jedoch fand eine starke Wachstumssteigerung durch Ätherwasser, 8proz. Alkohol, Lipase- und Chloralhydratvorbehandlung des Impfbreies. Auch der Zusatz von Schimmelpilzen, menschlichem Tumormaterial und Anilinfarben zu dem Embryonalbrei verbesserte das Ergebnis in die As-kanazyschen Versuchen nicht, lediglich lipoidlösende Körper hatten einen Ein-fluß. Bei dieser Behandlung, besonders mit Ätherwasser, wurden die Teratoide

---

[1]) Siehe Apolant: Die experimentelle Erforschung der Geschwülste. In Kolle-Wasser-manns Handb. d. pathogenen Mikroorganismen. 2. Aufl. Bd. III. Jena 1913.

[2]) Askanazy: Verhandl. d. dtsch. pathol. Ges. 1907; Wien. med. Wochenschr. 1909, Nr. 43; I. Internat. pathol. Kongr., Turin 1911; Verhandl. d. dtsch. pathol. Ges. Freiburg, S. 182. 1926.

[3]) Skubisrewsky: Cpt. rend. des séances de la soc. de biol. Bd. 93, S. 1398. 1925.

[4]) Inamoto: Mitt. d. med. Fak. d. kais. Univ. Kyushu. Fukuoka Bd. 5. 1920.

[5]) v. Meyenburg: Virchows Arch. f. pathol. Anat. u. Physiol. Bd. 154, S. 563. 1925.

[6]) Rous: Journ. of exp. med. Bd. 13, S. 248. 1911.

[7]) Katase: Korrespondenzbl. f. Schweiz. Ärzte 1917, Nr. 16.

besonders groß, und unter Hunderten von Versuchen entwickelten sich nach langer Latenzzeit vereinzelte bösartige Geschwülste, allerdings treten solche auch zuweilen ohne Vorbehandlung des Embryonalbreies auf. Andere hatten bei der gleichen Versuchsanordnung teils ähnliche Erfolge wie Askanazy [Jentzer[1])], teils gar keine [Rondoni[2])]. Reinke[3]) hat den implantierten Embryonalbrei vorher mit stark verdünnter Saponinlösung behandelt und hierdurch stärkere Zellwucherungen aber keine bösartige Geschwulst erzielt.

Nach der neuen Entwicklung unserer Kenntnisse über das Wesen des spezifischen Faktors im Rous-Sarkom und über die wachstumsanregenden Stoffe, Blastine im Mäusecarcinom (Centanni, Bisceglie s. S. 1710) lag es natürlich nahe, auch den Einfluß von Tumorextrakten auf die Entwicklung implantierter Embryonalzellen zu verfolgen. Bisceglie[4]) hat daher *Hühner*embryonalbrei mit Filtraten von Mäusecarcinom behandelt und nach ganz kurzer Zeit (20 bis 40 Tage) Sarkombildung erzielt. Derselbe Versuch an der *Maus* mit Mäuseembryonen und Mäusecarcinomfiltrat angestellt, ergab stets ein *negatives* Resultat. Derselbe Versuch mit demselben negativen Ergebnis ist schon 1917 von Shattock und Dudgeon[5]) mitgeteilt worden, hier war sogar Mäuseembryonalbrei und Mäusecarcinombrei gemischt implantiert worden mit stets negativem Ergebnis. Dagegen hat Burrow[6]) unter 150 Versuchen an Ratten durch Implantation von Embryonalbrei mit Zusatz von Rattensarkomextrakt zweimal Sarkome erhalten.

Die glänzenden Ergebnisse der Teerversuche legten es natürlich nahe, auch die Teerwirkung auf diese künstlichen Teratoide zu untersuchen. Die künstliche Sarkomerzeugung durch Einwirkung von Teer auf Hühnerembryonalzellen wurde bereits erwähnt (s. S. 1545). Murphy und Landsteiner[7]) haben auch in experimentell erzeugte Teratoide beim Huhn in Abständen von 14 Tagen Teer injiziert und dadurch zweimal Spindelzellensarkome erzeugt, ein Ergebnis, das allerdings nur dem entspricht, was auch am erwachsenen Tier beobachtet wird.

Sehr viel besser sind in letzter Zeit die Resultate weiter dadurch geworden, daß die implantierten Embryonalzellen gleichzeitig der *Arsen*wirkung ausgesetzt wurden. Wir erwähnten bereits, daß es Carrel gelungen ist, durch Injektion von Hühnerembryonalzellen mit arseniger Säure Rous-Sarkome zu erzeugen. Auch Indol und Teer in starker Verdünnung leisten dasselbe, ja besonders wichtig ist die Tatsache, daß das Teratoid des Huhnes zur Bildung eines malignen Tumors gezwungen wird, wenn das Tier verdünnte Arsenlösung längere Zeit per os aufnimmt oder Spuren von Teer ihm intravenös beigebracht werden (Carrel, s. S. 1546).

Die fundamentale Bedeutung dieser Versuchsergebnisse wird dadurch etwas beeinträchtigt, daß es sich hier eben nur um die übertragbaren Hühnersarkome handelt, deren Ausnahmestellung ja schon betont wurde. Aber diese Ergebnisse gewinnen eine erhöhte Bedeutung, da in allerjüngster Zeit in ganz analoger Weise auch *bei der Ratte* die Erzeugung echter Geschwülste geglückt ist. In einem ziemlich großen Teil seiner Versuche erhielt nämlich jetzt Askanazy[8]) positive Resultate dadurch, daß er die Träger des Teratoids lange Zeit hindurch mit

---

[1]) Jentzer: Rev. méd. de la Suisse romande Bd. 28, 1908.
[2]) Rondoni: Sperimentale 1913, Nr. 2.
[3]) Reinke: Zeitschr. f. Krebsforsch. Bd. 13, S. 314. 1913.
[4]) Bisceglie: Zeitschr. f. Krebsforsch. Bd. 23, S. 463. 1926.
[5]) Shattock u. Dudgeon: Proc. of the roy. soc. of med. Bd. 10, Nr. 3. 1917.
[6]) Burrow: Proc. of the soc. f. exp. biol. a. med. Bd. 21. 1923.
[7]) Murphy u. Landsteiner: Journ. of exp. med. Bd. 41, S. 807. 1925.
[8]) Askanazy: Verhandl. d. dtsch. pathol. Ges. 21. Tag., S. 193. Freiburg 1926.

minimalen Dosen von Arsen fütterte oder immer wieder eine sehr dünne Arsenlösung in den aus dem Embryonalzellimplantat entstehenden und wachsenden
Knoten einspritzte. ASKANAZY hebt mit Recht als besonders wichtig hervor, daß
in seinen wie in CARRELS Versuchen nur ganz schwache Arsendosen wirksam
waren.

Von großer Wichtigkeit für uns sind die **Latenzzeiten**, die zwischen Beginn
und Auftreten der malignen Geschwulst in diesen Versuchen liegen. Die drei
bösartigen Geschwülste , die sich in den ersten Versuchsreihen ASKANAZYS aus
unvorbehandeltem oder mit Ätherwasser vorbehandeltem Embryonalbrei entwickelten, hatten eine sehr lange Latenzzeit: 21 bzw. 27 Monate. Auch die neuesten
Versuchsreihen ASKANAZYS über die Einwirkung des Arsens auf die experimentell
erzeugten Teratoide der Ratte zeigen dasselbe. Selbst bei direkter Einspritzung
der stark verdünnten Arsenlösung in das Teratoid dauert es bis zur Entwicklung
stärkerer Zellwucherungen (Adenocystom, beginnendes Carcinom) 6—16 Monate.
Auch in der zweiten Versuchsreihe mit Übertragung von Embryonalzellen in
die Magenwand und Fütterung von Arsenlösung zeigt sich Adenocystombildung
nach 1 Jahr, und ein Sarkom[1]) mit Metastasen führt nach 13 Monaten zum
Tode. Wenn also in den früher besprochenen Versuchen von CARREL Embryonalzellen des *Huhnes* ein einziges Mal mit Arsenlösung behandelt bei der Übertragung auf das Huhn dieses schon in wenigen Wochen durch allgemeine Sarkomatose töten, so gilt das bisher wenigstens *nur für die übertragbaren und filtrierbaren Hühnersarkome*. Bei diesen vermögen offenbar gewisse äußere Schädigungen
die Embryonalzelle schon in ganz kurzer Zeit in eine Geschwulstzelle umzuprägen,
bei den anderen Geschwülsten sind offenbar auch hier erst eine Reihe von Zellgenerationen, deren Entwicklung unter dem ständigen Einfluß des schädigenden
Faktors erfolgt, notwendig, um aus der Embryonalzelle die typische Geschwulstzelle zu erzeugen.

Über häufigere positive Resultate bei Versuchen mit Embryonalzellen berichtet IKEMATSU[2]). Er gibt kurz an, daß es ihm gelungen sei, ohne spezifische
äußere Reize anzuwenden, durch einfache Einverleibung von Hühnerembryonen
energisch und infiltrierend wachsendes metastasierendes und transplantables
Fibrosarkom zu erzeugen. Auf demselben Wege will er Adenome und Fibrome
erhalten haben. Dieselben Versuche bei Eidechsen, Triton, Frosch, Kröte, Maus,
Meerschweinchen, Kaninchen, Ente und Taube verliefen negativ. Merkwürdigerweise wurden wieder nur bei Hühnern Geschwülste, und zwar auch ein infiltrierendes und metastasierendes Fibrosarkom, erhalten, das auch transplantiert
werden konnte.

Dies Ergebnis widerspricht so sehr den Angaben anderer Autoren (auch
meinen eigenen Erfahrungen über Transplantation von Hühnerembryonen),
daß genauere Mitteilungen über Zahl und Art der Versuche von IKEMATSU
dringend erwünscht wären. Vielleicht ist das Alter der verwandten Embryonen
ausschlaggebend. IKEMATSU selbst nimmt an, daß das fetale Gewebe an und für
sich diese Geschwülste nicht bilden könne, sondern daß die Embryonalzellen
hierbei durch die Transplantation erst eine biologische Umwandlung erfahren
müssen. So wichtig alle diese Befunde sind, so haben sie bisher uns doch noch
nicht alle wesentlichen Faktoren für die Geschwulstbildung in diesen Experimenten
erkennen lassen, und es wird weiterer Arbeit bedürfen, all dies zu klären und den
Weg zu finden, auf dem es gelingt, mit Sicherheit Geschwülste aus Embryonal-

---

[1]) Ich brauche nach dem früher Gesagten kaum zu betonen, daß es sich bei diesen aus
Embryonalzellen erzeugten Geschwülsten meist nicht um Sarkome im gewöhnlichen Sinne,
sondern um ganz undifferenzierte *reine Cytoblastome* (*Meristome*) handeln dürfte.

[2]) IKEMATSU: Japan. pathol. Ges. Bd. 13, S. 174. 1923.

zellen entstehen zu lassen. Vorgezeichnet ist dieser Weg aber schon durch die Ergebnisse von Carrel und Askanazy.

Neuere Angaben über die künstliche Erzeugung echter maligner Blastome bei Kaltblütern durch Implantation von Embryonalzellen in die Bauchhöhle (Belogolowy) haben sich als Verwechslung mit Granulationsgewebe erwiesen [eigene Versuche, Bierich[1]), Anders[2]) (s. S. 1395)]. Bei Tritonen hat Joseph[3]) bei der gleichen Versuchsanordnung teratoide Bildungen erhalten, aber keine dauernd wachsenden oder gar maligne Geschwülste.

Die zahlreichen Angaben von Kelling[4]) über die experimentelle Erzeugung von echten Geschwülsten durch Übertragung von Embryonalbrei auf artfremde Tiere sind nicht beweisend, sind auch bisher meines Wissens nicht bestätigt worden.

Neuhäuser[5]) implantierte Nebennieren von Kaninchenembryonen in die Nieren erwachsener Tiere. In einem solchen Versuch entwickelte sich ein Tumor, der den dritten Teil der Niere einnahm, in der Struktur der Nebennierenrinde entsprach und deutliche Zeichen infiltrativen Wachstums zeigte. Neuhäuser will in seinem Versuch die experimentelle Erzeugung eines echten malignen Grawitzschen Tumors erblicken. Auch hier liegt eine Bestätigung von anderer Seite noch nicht vor, insbesondere sind aber hier die wesentlichen Faktoren für den positiven Ausfall nur des einen Versuchs unbekannt. Dasselbe gilt von einer Angabe von Lubarsch, der in einem Falle bei der Implantation von Speicheldrüsenstückchen in die Kaninchenniere die Bildung eines embryonalen Adenosarkoms beobachtete, das er allerdings nicht auf die implantierten Zellen, sondern auf einen zufällig vorhandenen embryonalen Keim zurückführt, der durch die Implantation unter pathologische Bedingungen geraten sei.

5. Die experimentelle Erzeugung von Geschwülsten durch Störung von Entwicklungsvorgängen.

Die Transplantation von Embryonalzellen und nachträgliche künstliche Beeinflussung der Weiterentwicklung dieser Transplantate stellt bereits einen Versuch dar, Geschwülste auf dem Wege über eine Entwicklungsstörung zu erzeugen. Eigentlich ist dies aber ein recht grober Versuch der Nachahmung der natürlichen Verhältnisse, da wir bisher noch keine Methoden besitzen, um auf nichtmechanischem, indirektem Wege embryonale Gewebsmißbildungen hervorzurufen.

Dagegen gelingt es leichter, die *postembryonalen Entwicklungsvorgänge* künstlich zu stören und in eine pathologische Bahn zu zwingen. Diese postembryonalen Entwicklungsvorgänge hängen vielfach, wie die Entwicklung der Mamma und des Uterus, mit Funktionszuständen zusammen. Aber während sonst eine direkte Beziehung zwischen Geschwulstbildung und Funktion nicht nachzuweisen ist — niemals führt die künstliche Außerfunktionsstellung einer Drüse z. B. zu einer Tumorbildung —, ist es bei diesen Organen anders, weil ja eben die Funktion durch lebhafte *Entwicklungsvorgänge* eingeleitet wird. Hier an der Mamma z. B. hat die gewaltsame Unterbrechung der Funktionstätigkeit einen Einfluß auf die Proliferations- und Entwicklungsvorgänge der Drüse selbst. Wir wissen, daß die Gravidität zu einer lebhaften Neubildung von Drüsenläppchen in der Mamma führt, ja durch Untersuchungen aus meinem

---

[1]) Bierich: Arch. f. Entwicklungsmech. Bd. 50, S. 593. 1922.
[2]) Anders: Naturforsch.-Ges. Rostock, August 1922.
[3]) Joseph: Stud. z. Pathol. d. Entwickl. Bd. 1, S. 540. 1914.
[4]) Kelling: Arch. f. klin. Chir. Bd. 105, H. 3. 1914 u. Bd. 132, S. 95. 1924.
[5]) Neuhäuser: Dtsch. med. Wochenschr. 1911, S. 905.

Institut ist zuerst gezeigt worden, daß Neubildungsvorgänge in der Mamma mit jeder Menstruation in Abhängigkeit von der Ovarialtätigkeit auftreten [s. ROSENBURG[1]), BERBERICH und JAFFÉ[2])]. Alle diese Proliferationsvorgänge werden durch Verhinderung der Zellfunktion trotz des bestehenden lebhaften Funktionsreizes in falsche Bahn gedrängt und können so zur Bildung von Geschwülsten Veranlassung geben.

Das ist in jüngster Zeit durch ausgezeichnete experimentelle Untersuchungen von BAGG[3]) einwandfrei nachgewiesen worden. Dieser Autor erhielt bei Mäusen, bei denen er trotz immer wiederholter Schwangerschaften die Funktion der Milchdrüse durch Fortnahme der Jungen oder durch Unterbindung der Milchgänge auf der einen Seite ausschaltete in dem ungeheuer hohen Satz von 75% primärer Mammacarcinome, und zwar bei der einseitigen Ausschaltung auf der geschädigten Seite, während die Kontrolltiere aus derselben Familie nur in 5% der Fälle und in wesentlich späterem Alter spontane Carcinome zeigten. Durch diese Versuche ist also einwandfrei gezeigt, daß Funktionsstörungen der proliferierenden Brustdrüse in engster Beziehung zur Entstehung des Mammacarcinoms stehen können.

6. Die Erzeugung neuartiger Geschwülste durch Tumortransplantationen.

Bei den zahlreichen Transplantationsversuchen des Mammacarcinoms der Maus ist zuerst von EHRLICH und APOLANT, dann von BASHFORD und vielen anderen die Entwicklung von Sarkomen beobachtet worden. EHRLICH und APOLANT[4]) sahen bei der Überimpfung eines Mäusecarcinoms in der 10. Impfgeneration plötzlich das Auftreten eines Sarkoms. In den vier nächsten Generationen war der Tumor eine Mischgeschwulst, bestehend aus Carcinom und Sarkom, aber der Carcinomanteil trat immer mehr zurück, um schließlich ganz zu verschwinden. Jetzt war die Geschwulst ein reines Spindelzellensarkom.

Zahlreiche Autoren [L. LOEB, LIPMANN, BASFORD und HAALAND[5]), RUSSELL[6]), LUBARSCH, STAHR, LEWIN u. a.] haben diese Sarkomentwicklung bei Transplantation der verschiedensten Mäusecarcinome beobachtet. LEWIN sah auch bei Übertragung eines Adenocarcinoms der Ratte dieselbe Sarkomentwicklung — die Geschwulst war in der 11. Generation ein reines Sarkom. Bemerkenswert an letzterer Beobachtung ist, daß die weiteren Impfgenerationen bald den Bau des Spindelzellensarkoms, bald den des reinen Rundzellensarkoms aufwiesen, während andere Impfserien gemischtzelligen Bau zeigten.

Nach HAALAND entsteht das Sarkom bei Krebstransplantation im Zentrum, nach STAHR[7]) in der Peripherie der Geschwulst. RUSSELL[6]) gibt an, daß die transplantierte Geschwulst ein reines Carcinom bleibe, wenn man immer nur den 30 Tage alten Tumor überimpft. Dann soll nämlich das mitüberimpfte Stroma immer absterben. Transplantiert man dagegen einen 60 Tage alten Carcinomknoten, so sollen einige Teile des Stromas, die schon die morphologischen Merkmale eines Sarkoms zeigen, erhalten bleiben und schließlich die neue Geschwulst bilden. RUSSELL schließt hieraus, daß sich die Sarkomzellen zwischen dem 30. und dem 60. Tage aus den Bindegewebszellen entwickeln. BASHFORD

---

[1]) ROSENBURG: Frankfurt. Zeitschr. f. Pathol. Bd. 27, S. 466. 1922.
[2]) BERBERICH u. JAFFÉ: Zeitschr. f. d. ges. Anat., Abt. 2: Zeitschr. f. Konstitutionslehre Bd. 10, S. 1. 1924.
[3]) BAGG: Proc. of the soc. f. exp. biol. a. med. Bd. 22, S. 419. 1925.
[4]) EHRLICH u. APOLANT: Zentralbl. f. Pathol. 1906, Nr. 13, S. 513.
[5]) BASFORD, MURRAY u. HAALAND: Journ. of pathol. a. bacteriol. Bd. 12, S. 435. 1908.
[6]) RUSSELL: Journ. of pathol. a. bacteriol. Bd. 14, S. 344. 1910.
[7]) STAHR: Zentralbl. f. Pathol. Bd. 21, S. 108. 1910.

dagegen hat genau das Umgekehrte gesehen. Er fand Sarkomentwicklung dann, wenn er 14 Tage alte Impfknoten weiterimpfte, bei Benutzung von 6 Wochen alten Knoten blieb dagegen die Sarkomentwicklung ziemlich regelmäßig aus. Über den Zeitpunkt, wann die Sarkombildung erfolgt, bestehen aber überhaupt keine gesetzmäßigen Ergebnisse. Ein Teil der Autoren gibt an, daß gerade bei raschem Wachstum des Carcinoms die Sarkombildung auftritt, andere fanden dies gerade bei langsam wachsendem Carcinom, bei Rückgang des Krebswachstums.

Schon Ehrlich führte diese Sarkombildung auf eine Reizung der Bindegewebszellen des Wirtes durch die transplantierten Krebszellen zurück, und Bashford sowie fast alle weiteren Autoren haben sich dieser Deutung angeschlossen.

„Überdies haben Bashford, Haaland, Lubarsch und Stahr klar nachweisen können, daß die Sarkomentwicklung nicht durch Umwandlung von Carcinomzellen vor sich geht, sondern daß das neugebildete Sarkom aus den Bindegewebszellen des Stromas entsteht" [Lewin[1])].

Da nun aber das Stroma des Impftumors aus dem Gefäßbindegewebe des Wirtstieres abgeleitet wird, so hätten wir hier die Bildung und Entstehung einer histogenetisch neuartigen Geschwulst vor uns, die experimentelle Erzeugung einer neuen Primärgeschwulst aus ursprünglich normalen Körperzellen. „Die Sarkomzelle", sagt Apolant[2]), „ist unter dem chemischen Einfluß von Geschwulstzellen aus normalen Körperzellen entstanden. Mithin sind diese Sarkome experimentell erzeugte neue Geschwülste." In der Erklärung dieser Sarkombildung bei Krebstransplantation erblickt Jensen[3]) den „Schlüssel des Krebsproblems überhaupt".

Müssen wir uns dieser Anschauung, daß in den Fällen von Sarkomentwicklung bei Carcinomübertragung wirklich die Bildung des Sarkoms aus dem Stroma des Wirtstieres erfolgt, daß mithin eine experimentell erzeugte neue Geschwulst vorliegt, anschließen? Apolant[4]) hatte mit Ehrlich von Anfang an jede metaplastische Umwandlung von Carcinom- in Sarkomzellen und auch die Annahme einer primären Mischgeschwulst scharf abgelehnt. Wenn Apolant schreibt, „eine metaplastische Umwandlung kann bei dem heutigen Stande unseres Wissens nicht angenommen werden", so möchte ich versuchen, hier einer neuen Auffassung den Weg zu bahnen.

Der Nachweis der Variabilität der Geschwulstzelle, der Nachweis, daß die histologische Differenzierung der Geschwulstzelle nicht derartig fest fixiert ist wie die der Körperzelle und, was für die vorliegende Frage das Wichtigste ist, der Nachweis der Unhaltbarkeit des bisherigen Sarkombegriffes scheint mir eine andere Deutung zu ermöglichen. Wir haben in Kapitel IV eingehend dargetan, daß die überkommene Anschauung der scharfen und prinzipiellen Trennung carcinomatöser und sarkomatöser Geschwülste unhaltbar ist, daß wenigstens ein Teil dieser sog. Sarkome nichts weiter darstellt als epitheliale Tumoren in einem bestimmten Stadium weiterer oder vollkommener Entdifferenzierung. Wenn wir das über den Sarkombegriff, über das maligne Cytoblastom oder Meristom Gesagte auf diese Erfahrungen bei der experimentellen Geschwulstforschung übertragen, so kommen wir sofort zu ganz anderen Erklärungsmöglichkeiten.

---

[1]) Lewin: Berl. klin. Wochenschr. 1913, Nr. 4, S. 147.

[2]) Apolant: Arch. f. mikrosk. Anat. Bd. 78, S. 144. 1911.

[3]) Jensen: Über einige Probleme der experimentellen Krebsforschung. Zeitschr. f. Krebsforsch. Bd. 7, S. 279. 1909.

[4]) Apolant: Exp. Mäusekrebs, histolog. S. 147. Arch. f. mikr. Anat. Bd. 78. 1911.

Bevor wir näher darauf eingehen, seien noch die spärlichen anderen Erklärungsversuche erwähnt. Nach dem früher Gesagten wird es uns nicht wundern, daß man auch das Auftreten der Sarkomstrukturen durch die These zu erklären versucht hat, daß der Mäusekrebs weder ein Carcinom noch ein Sarkom, sondern ein primäres Endotheliom sei. VON DUNGERN[1]) schreibt darüber: „Nur ein Einwand ist beachtenswert. Die Mäusecarcinome werden von manchen Pathologen nicht vom Drüsenepithel, sondern von Endothel abgeleitet; da die Endothelzellen sowohl zur Bildung carcinomatöser wie auch sarkomatöser Tumoren führen können, so liegt dann die Möglichkeit vor, daß die neuentstandenen Sarkome nicht neue Tumoren sind, sondern nur andere Wachstumsformen des gleichen Tumors.“ Die Auffassung der Mäusecarcinome als Endotheliome ist, wie bereits gezeigt wurde, vollkommen unhaltbar (s. S. 1469), aber trotzdem handelt es sich um verschiedene Wachstumsformen derselben Tumorzelle. Diese Zellen des sog. Sarkoms entstehen nicht aus den Stromazellen des Wirtstieres, sondern sie sind die spezifischen Geschwulstzellen des primär überimpften Tumors, die nur durch weitere Entdifferenzierung auch noch die Neigung und Fähigkeit, im epithelialen Verbande zu wachsen, verlieren und ein rein celluläres Wachstum aufweisen.

Die ganze Diskussion kommt auf eine vollständig neue Basis, wenn wir uns darüber klar sind, daß die bei den Carcinomübertragungen zuweilen auftretenden neuartigen Geschwülste überhaupt keine Sarkome, sondern lediglich maligne Cytoblastome oder Meristome sind. Noch niemals ist in diesen Tumoren eine einwandfreie Differenzierung der sog. Sarkomzellen im Sinne der Stützsubstanzen, Bildung von Bindegewebsfibrillen durch die Tumorzellen oder ähnliches nachgewiesen worden. Die bisher allgemein gestellte Diagnose Sarkom gründete sich lediglich auf die Wachstumsform, von der wir aber bereits aus der menschlichen Pathologie nachweisen können, daß sie auch bei den zellreichen Carcinomen durch fortschreitende Entdifferenzierung auftreten kann.

Weiterhin ist es durchaus möglich, daß es sich bei einer Reihe dieser Tiertumoren um primär embryonal angelegte Geschwülste handelt, dann ist aber einerseits die Variabilität und das Schwanken in den histologischen Differenzierungen dieser Tumorzellen verständlich, andererseits ist es durchaus nicht notwendig, daß die histologische Struktur des Ausgangstumors auch die in diesen embryonal fehldifferenzierten Tumorzellen noch schlummernden Potenzen ohne weiteres erkennen läßt. Die Beweise der hier vorgetragenen Auffassung sind folgende:

APOLANT selbst nimmt an, daß der Umwandlungsprozeß in allen Fällen als reines Sarkom endet. Auch LEWIN[2]) betont, daß er „in der Tat bei fast allen Mäusecarcinomstämmen wie bei einem Rattencarcinom bei der Transplantation früher oder später das Auftreten eines Sarkoms beobachten konnte“.

Nun wissen wir aus den Ergebnissen der experimentellen Geschwulstforschung, daß die Entdifferenzierung der Geschwulstzelle mit jeder weiteren Übertragung fortschreiten kann und damit Hand in Hand geht die Steigerung der Virulenz des Impfstammes. Die primär und spontan bei den Tieren entstehenden Geschwülste sind so wenig „virulent“, daß früher zahlreiche Versuche der Übertragung von Tumoren fehlgeschlagen sind und auch heute noch fehlschlagen. Es liegt auch eine ganze Reihe von Versuchen vor, menschliche Carcinome auf andere Menschen zu übertragen. Während die Tumorübertragung auf den Träger der Spontangeschwulst gelingt, ist sie bisher noch niemals auf einen anderen Menschen gelungen. Auch bei Tieren sind Fibrome, Fibroadenome,

---

[1]) v. DUNGERN: Zentralbl. f. Bakteriol., Parasitenk. u. Infektionskrankh., Abt. 2, Ref. Bd. 54, Beiheft, S. 84. 1912.
[2]) LEWIN: Zeitschr. f. Krebsforsch. Bd. 17, S. 556. 1920.

Adenomyxochondrome mit Erfolg nur bei Autoplastik übertragen worden, während die Transplantation auf andere Tiere gleicher Art meist mißlang.

Bei den bösartigen Spontantumoren der Tiere beträgt die erste Impfausbeute nur 2—5%, und durch weitere Übertragungen wird die Virulenz derartig gesteigert, daß wir schließlich heute in vielen Instituten Tumoren haben, deren Impfausbeute fast 100% beträgt. Es ist selbstverständlich, daß wir die Eigenschaften der Tumorzellen, die sie bei einer derartigen Virulenz zeigen, im menschlichen Organismus niemals oder fast niemals zu Gesicht bekommen werden, denn hier haben wir es ja nur mit primär und spontan entstandenen Geschwülsten zu tun. Nun geht auch die Entstehung des Sarkoms bei Carcinomübertragungen bei der Maus regelmäßig einher mit einer wesentlichen, vielfach sogar plötzlichen Steigerung der Virulenz des Tumors, ein Beweis, daß eine fortschreitende Kataplasie eingetreten ist. In einer Beobachtung von Lewin „wurde aus einem sehr langsam wuchernden Carcinom der Maus in der 3. Impfgeneration unter außerordentlicher Steigerung der Virulenz ein Spindelzellensarkom, das immer weiter als solches transplantiert wurde". Diese plötzlich auftretenden „Sarkome" besitzen also eine außerordentlich hohe Virulenz, und das widerspricht nach allen Erfahrungen der experimentellen Geschwulstforschung dem Verhalten des primär entstandenen Tumors bei der Maus. Wäre wirklich bei diesen Übertragungen aus dem Stroma des Wirtstieres eine neue maligne Geschwulst entstanden, so müßte a priori angenommen werden, daß sich eine solche Geschwulst bei der ersten Übertragung genau so verhält wie ein spontan entstandener Tumor der Maus. Das ist aber nicht der Fall. Die Virulenzsteigerung bei diesen Sarkomen spricht also einerseits direkt dafür, daß es sich um eine oft plötzliche, sehr starke weitere Entdifferenzierung der Geschwulstzelle handelt, andererseits indirekt dagegen, daß es sich um eine neugebildete Primärgeschwulst handelt.

Der Typus des Sarkoms, der sich bei diesen Übertragungen bildet, ist keineswegs immer festgelegt. Meistens sind es zwar spindelzellige Formen. In der Beobachtung von Lewin finden sich aber Strukturen des Rundzellensarkoms und des Spindelzellsarkoms durcheinander. Es müßten dann also gar schon verschiedene Sarkome durch den Reiz des übertragenen Sarkoms entstanden, verschiedenartige Körperzellen zur Geschwulstbildung „gereizt" worden sein. Wir verwerten aber diese Beobachtung durchaus in dem Sinne, daß es sich hier nur um rein cellulär wachsende Epithelzellen des primären Carcinoms handelt, deren histologische Formation nicht mehr scharf fixiert ist. Es muß schon stutzig machen, daß in bestimmten Stadien dieser Sarkombildung zuweilen die Tumoren den Eindruck von Mischgeschwülsten machen. So z. B. schreibt Apolant[1]), daß sein Tumor zeitweilen aus drei Komponenten: Adenocarcinom, Cancroid und Sarkom bestand. Auch hier hat der Umwandlungsprozeß, wie bisher in allen Fällen, als Reinsarkom geendet. Und die Sachlage wird nun sofort anders, wenn wir embryonal fehldifferenzierte Zellen als Grundlage der ganzen Tumorbildung annehmen. Es sind dann Geschwulstzellen, die wohl zunächst einen epithelialen Bau, eine grobhistologische epitheliale Struktur aufweisen können, in denen aber dennoch Potenzen früher embryonaler Perioden zur histologischen Differenzierung in verschiedener Richtung schlummern können. Auch experimentelle Beobachtungen zwingen uns, diese Annahme sehr ernsthaft in Erwägung zu ziehen. Rous[2]) hat Adenocarcinome und solide Carcinome zusammen mit embryonalem Gewebe auf Mäuse überpflanzt und dabei so innige Verwachsungen

---

[1]) Apolant: Krebsätiologie, Ref., S. 97; Internat. Kongreß Budapest 1911.
[2]) Rous, P.: The experimental production of secondary union between normal and carcinomatous epithelium-pseudometaplasie. Journ. of the Americ. med. assoc. Bd. 54, S. 1930. Juni 1910.

beider Gewebsarten beobachtet, daß mikroskopisch die Grenze zwischen carcinomatösem und embryonalem Epithel nicht mehr erkennbar war. Hier war also bereits die embryonale Epithelzelle von der echten Tumorzelle gar nicht mehr histologisch zu unterscheiden.

Verschiedenartige Differenzierungen bei dem Wachstum der Tumorzellen können also einfach der Ausdruck einer atavistischen Reminiszenz dieser embryonal fehldifferenzierten Zellen sein.

Von Hansemann und Simmonds[1]) haben die Sarkomentwicklung bei der Krebstransplantation durch die Annahme einer primären Mischgeschwulst erklären wollen. Es gibt auch eine ganze Reihe von Befunden, welche grundsätzlich für diese Art der Erklärung sprechen, vor allem in dem Sinne, daß die Geschwulst schon von vornherein sowohl deutlich carcinomatöse wie deutlich meristomatöse Strukturen aufweist. Eine echte Mischgeschwulst müssen wir annehmen, wenn bei den Transplantationen eines Adenocarcinoms in dem Tumor auch verhornendes Plattenepithelcarcinom auftritt (Lewin) — hier wird ja niemand annehmen wollen, daß andere Zellen durch das Adenocarcinom zur Bildung eines Cancroids „gereizt" worden seien. Überhaupt läßt sich leicht zeigen, daß bei den häufigen Transplantationen die Morphologie der Impfgeschwülste ziemlich starke Schwankungen aufweisen kann, so kann z. B. der hämorrhagische Charakter solcher Tumoren spontan verloren gehen, oder aus einem Carcinoma solidum können adenomatöse Formen entstehen (Apolant). Auch die Resistenz der verschiedenen Tiere kann von Einfluß auf die Tumorstruktur sein, ebenso wie durch Schädigungen der Tumorzellen die Stromareaktion des Wirtes geändert werden kann (Ehrlich). In Wirklichkeit läßt also auch die Tumorzelle der übertragenen Mäusetumoren eine absolute Fixierung ihrer histologischen Struktur und Differenzierung vermissen und zeigt ebenso eine gewisse Variabilität, wie wir dies für die Tumorzelle im allgemeinen nachgewiesen haben.

Diese Variabilität wird aber durch nichts so stark begünstigt, wie durch die Transplantationen!

Die scharfe histologische Unterscheidung der einzelnen Drüsenformationen bei Drüsencarcinomen oder Zylinderzellencarcinomen ist für die biologische Beurteilung ganz bedeutungslos, und dasselbe trifft für die Drüsenzellencarcinome beim Tier zu. Apolant[2]) schreibt darüber: „Die zahlreichen von mir aufgestellten Typen der Mäusegeschwülste gehen ohne scharfe Grenze ineinander über und werden nicht nur in verschiedenen Geschwülsten des gleichen Tieres, sondern sogar in ein und demselben Tumor angetroffen, der zum Teil papillär, zum Teil alveolär und wieder an anderen Stellen rein acinös gebaut sein kann."

Diese Schwankungen der histologischen Struktur werden natürlich bei fortgesetzten Transplantationen von Geschwulstzellen noch deutlicher und auffallender in die Erscheinung treten. Murray[3]) hat besonders darauf hingewiesen. Er stellte ein bald schnelleres, bald langsameres Wachstum und eine schwankende Empfindlichkeit der übertragbaren Tumoren fest und faßte dies als den Ausdruck eines cyclischen Geschwulstwachstums auf. Dasselbe schwankende Verhalten fand er auch in der histologischen Struktur. Bei dem gleichen Geschwulststamme findet sich bald ein carcinöser, bald ein alveolärer Bau, und Murray faßt diese Strukturen als vorübergehende Phasen der Geschwulstbildung, als cyclische

---

[1]) Simmonds: Münch. med. Wochenschr. 1913, S. 1854.

[2]) Apolant: Über einige histologische Ergebnisse der experimentellen Krebsforschung. Arch. f. mikrosk. Anat. Bd. 78, S. 144. 1911.

[3]) Murray: Die Beziehungen zwischen Geschwulstresistenz und histologischem Bau transplantierter Mäusetumoren. Berlin. klin. Wochenschr. 1909, Nr. 33, S. 1520.

Variabilität des histologischen Baues auf. Auch ein transplantables Chondro-osteoidsarkom zeigte verschiedene Wachstumsformen.

Die Bedeutung der veränderten Wachstumsbedingungen für die Differenzierungen und Strukturen der Geschwulst bei den Transplantationen tritt auch dadurch sehr klar hervor, daß diese Variabilität ganz besonders deutlich und auffallend wird, wenn die Geschwulst auf Tiere einer anderen Rasse übertragen wird (s. S. 1598, 1721/23, 1740). So betont Clunet[1]) den hochgradigen Polymorphismus der Zellen eines Carcinoms der weißen Maus bei Übertragung auf graue Mäuse, ein Polymorphismus, der auch bei Strahlenwirkungen oder Hitzeeinwirkung (Haaland) beobachtet wird.· Durch Bestrahlung konnte Clunet ebenso wie Dominici die Umwandlung eines Spindelzellensarkoms der Haut in ein Fibrom erzwingen.

Von ganz besonderem Interesse ist es nun, daß wir die Bildung dieser Pseudosarkome oder Meristome durch fortschreitende Entdifferenzierung der Epithelzellen heute auch bereits ganz einwandfrei am experimentell erzeugten Plattenepithelcarcinom der Haut nachweisen können. Die Angabe der Literatur, daß bei der Teerpinselung der Mäuse auch Sarkome entstehen könnten, beruht auch hier in den meisten Fällen auf der Verwechslung von Sarkom und Meristom. Zunächst einmal werden nicht nur „Sarkome", sondern auch „Carcinosarkome" (Fibiger und Bang) bei diesen Versuchen beobachtet. Und Roussy hat mit Recht darauf hingewiesen, daß, selbst wenn der Primärtumor den Eindruck des Sarkoms macht, die Metastasen Hornbildung zeigen können!! Kreyberg[2]) betont an eingehenden Untersuchungen experimenteller Teercarcinome der weißen Maus die großen Schwankungen in der Ausbildung und Differenzierung der Geschwulstzellen und die Unbeständigkeit ihrer Struktur, insbesondere betont er aber, daß die spindelförmigen Zellen in diesen Teertumoren der Haut als „höchst atypische Epithelzellen" angesehen werden müssen. Das ist genau der Standpunkt, den wir hier vertreten, und er zeigt mit voller Schärfe, wie notwendig es ist, an Stelle des vollkommen irreführenden Sarkombegriffs für diese völlig entdifferenzierten und verwilderten Epithelzellentumoren einen ganz neuen Namen, den Begriff des Meristoms oder Cytoblastoma malignum, einzuführen.

Daß es sich aber tatsächlich nur um Variation des histologischen Baues bei diesen transplantablen Mäusecarcinomen handelt, zeigen weitere experimentelle Erfahrungen. Die Annahme von Apolant und Lewin, daß bei dauernden Überimpfungen von Mäusecarcinomen immer Sarkome entstehen müßten, also die Entwicklung immer in der einen Richtung laufe, ist durch Beobachtungen von R. Benecke am Menschen, von Stahr an Mäusen widerlegt. Zuweilen kommt es auch vor, daß die carcinomatöse, epitheliale Struktur wieder die Oberhand gewinnt. Letztere Beobachtung ist aber aus einem anderen Grunde für uns von der allergrößten Bedeutung. Stahr schreibt darüber[3]): „Die Sarkomentwicklung trat allmählich ein, führte aber in der 3. Generation zu schnellwachsenden typischen Geschwülsten mit hoher Impfausbeute (Spindelzellensarkom), welche anscheinend Reste von Carcinom nicht mehr enthielten. Auch nach Transplantation scheinbar reinen Sarkoms kam es bei zahlreichen Mäusen wieder zur Bildung von Carcinomen, aus dem sich dann aber später wieder in einzelnen Fällen Sarkom entwickelte." Es ist doch ganz ausgeschlossen, diese differenten Geschwulstformen anders zu erklären als durch eine primäre Variabilität der histologischen Struktur der Geschwulstzelle. Man kann unmöglich annehmen, daß bei diesen Transplantationen zunächst das Carcinom das Stroma des Wirtes

---

[1]) Clunet: Recherches exp. sur les tumeurs malignes. Paris: Steinheil 1910.
[2]) Kreyberg: Acta pathologica et microbiol. scandinavica Bd. 2, S. 141. 1925.
[3]) Stahr: Zentralbl. f. allg. Pathol. u. pathol. Anat. Bd. 21, S. 116. 1910.

zur Sarkombildung und späterhin wieder das Sarkomgewebe das Epithel des Wirtes zur Carcinombildung „gereizt" habe. Hier kann es also nicht dem geringsten Zweifel unterliegen, daß wir eine Geschwulst vor uns haben, deren histologische Differenzierung so wenig fixiert ist, daß sie unter verschiedenen Verhältnissen oder in cyclischem Ablauf ihrer Wachstumserscheinungen verschiedene histologische Strukturen produziert. Hätte jemand diese Geschwulst STAHRS im Sarkomstadium, ohne von ihrer Vorgeschichte etwas zu wissen, überimpft, so hätte er natürlich daran die experimentelle Erzeugung eines echten Carcinoms durch Sarkomimpfung demonstrieren können.

Auch noch ein weiterer Punkt ist von Bedeutung. LUBARSCH[1]) schreibt darüber: „Diese sarkomatöse Umwandlung tritt bei einem und demselben Tumor keineswegs gleichmäßig in allen Impfgenerationen und allen Individuen derselben Generation auf. Ich habe von einem Tumor (Carcinom), bei dem der Anfang der sarkomatösen Umwandlung im Juli 1908 eintrat, immer noch (1910) Stämme, die als reine Carcinome weiterwachsen. Nach Angaben von BASHFORD ist nicht nur eine gewisse individuelle Disposition des Bindegewebes des Impftieres zur sarkomatösen Umwandlung anzunehmen, sondern es kommt auch auf die Entwicklungszustände des Carcinoms an; denn während er z. B. in Impftumoren, die von 14 Tage alten, krebsigen Impfknoten stammten, Sarkomentwicklung fand, vermißte er sie bei Benutzung 6 Wochen alter Knoten desselben Materials ziemlich regelmäßig." RUSSELL sah, wie bereits erwähnt (s. S. 1583), gerade das Gegenteil, Sarkombildung nur bei Überpflanzung älterer Knoten. Es mag also sein, daß dies bei verschiedenen Tumoren verschieden ist. Wichtig dagegen erscheint die immer wiederholte Übertragung. Diese Transplantationen können sehr leicht biologische Umwandlungen der Zellen hervorrufen, hat doch auch RH. ERDMANN auf Grund ihrer Gewebszüchtungen festgestellt, daß durch die Explantation Hautstückchen besser implantierbar werden, daß also das Individualdifferential sich verändert hat. Damit stimmt überein, daß IKEMATSU[2]) aus seinen Transplantationen von Embryonalzellen die biologische Umwandlung des transplantierten Gewebes ableitet. Geradezu krebsähnliche Strukturveränderungen haben bei der Gewebszüchtung eines Adenoms CHAMPY und COCA[3]), bei der Züchtung von normaler Milchdrüse MAXIMOW[4]) beschrieben. Wir sehen hier also ein allgemeines biologisches Gesetz, das bei Züchtung von Zellen sowohl in einem anderen Organismus wie in einem Kulturmedium leicht Strukturschwankungen und Entdifferenzierungen auftreten. Davon macht die Geschwulstzelle keine Ausnahme. Und die immer wiederholte Transplantation kann die Entdifferenzierung schließlich so weit treiben, daß die Geschwulstzelle jede „Nachbarschaftsstruktur" verliert und jede Einzelzelle selbständig wird. Damit ist das Stadium der Meristombildung erreicht.

Schon RIBBERT[5]) hat darauf hingewiesen, daß sicherlich aus einem derben Fibrom, wenn es häufig transplantiert würde, ein immer zellreicherer Tumor oder ein Sarkom hervorgehen würde. Diese rein theoretische Schlußfolgerung ist inzwischen durch UMEHARA[6]) bewiesen worden. Dieser Autor hat aus einem Adenofibrom der weißen Ratte durch immer wiederholte Transplantation einen bösartigen Tumor künstlich erzeugt und in 107 Generationen transplantiert. Hierbei traten aber, wie UMEHARA angibt, recht verschiedene Geschwulstformen

[1]) LUBARSCH, O.: Jahresk. f. ärztl. Fortbild. 1910, H. 1, S. 52.
[2]) IKEMATSU: Zitiert auf S. 1581.
[3]) CHAMPY u. COCA: Journ. de physiol. et de pathol. gén. Bd. 18, S. 550. 1919.
[4]) MAXIMOW: Zitiert auf S. 1518.
[5]) RIBBERT: Wesen der Krankheit, S. 80. Bonn 1909.
[6]) UMEHARA: Japan. pathol. Ges. 14. Tgg. 1924, S. 271.

auf: polymorphzellige, spindelzellige, rundzellige Sarkome, Fibrosarkome, Myxosarkome, Riesenzellensarkome und Adenosarkome.

Wir sehen also, daß bei allen Zellen fortschreitende Transplantationen zu immer stärkeren Entdifferenzierungen führen.

Andeutungen von Umwandlung der epithelialen Carcinomzellen bei der Maus in spindelige Zellen ohne epithelialen Verband werden auch sonst bei Mäusecarcinomen gar nicht so selten angetroffen. Stahr betont, daß er beim Mäusekrebs häufiger undeutliche Begrenzung gegen das Stroma und ein Hineinreichen spindeliger Carcinomzellen in das Stroma gesehen habe. Vor allem hat aber Apolant[1]) ein Mäusecarcinom beschrieben, das diese Umwandlung epithelialer Strukturen in spindelzellartige Strukturen schon histologisch auf das deutlichste erkennen läßt. Er fand, daß sich dieses Mäusecarcinom bei Übertragungen nicht plötzlich, sondern langsam ändert. Erst entstanden „peritheliomartige" Strukturen, dann aber konstatierte er die „*Umwandlung* der kubischen Epithel-in ausgesprochene Spindelzellen". Diese Formveränderung machte aber nicht an der Grenze des Alveolus halt, „vielmehr setzt sich die Formation von Spindelzellen auch auf das ganze zwischen den Alveolen liegende Gebiet fort, ohne daß es möglich wäre, irgendwo eine Grenze zu ziehen. Hand in Hand mit dieser Umwandlung der Zellform geht ein auffallender Schwund des Stromas, das vielfach selbst mit den besten Darstellungsmethoden des Bindegewebes kaum in Spuren noch nachzuweisen ist." Außer dieser Spindelzellenbildung an der Peripherie neben Stromaschwund findet sich vielfach eine Isolierung der einzelnen Zellen. Es besteht ferner keine scharfe Grenze zwischen den Carcinomalveolen und dem sich neu entwickelnden sarkomatösen Gewebe, sondern ein ganz allmählicher Übergang. Apolant wäre in diesem Falle „von der metaplastischen Umwandlung der Carcinomzelle in die Sarkomzelle fest überzeugt gewesen, wenn nicht der carcinomatöse Charakter in der Bildung von Nestern und Strängen immer wieder hervorgetreten wäre". Ja in der 139. Generation trat plötzlich wieder ein Umschlag in völlig carcinomatöse Struktur ein. Weiter aber sagt Apolant: „Nun unterliegt es aber auf Grund des makroskopischen Wachstums und des histologischen Mitosennachweises nicht dem geringsten Zweifel, daß der Tumor im Stadium der spindeligen Struktur weitaus die größte Virulenz aufwies." Diese Strukturveränderungen will er „nicht anders als mit irgendwelchen nicht weiter definierbaren biologischen Änderungen der Tumorzelle selbst erklären." Er faßt sie „gewissermaßen als einen Rückschlag in ein früheres Stadium" auf, „die Geschwulst hat trotz ihrer merkwürdigen histologischen Variationen nie aufgehört, ein Carcinom zu sein". Diese letztere Auffassung Apolants ist zweifellos vollkommen zutreffend, und nur die herrschende histologische Beurteilung von Tumorstrukturen, der herrschende Sarkombegriff, haben ihn davon abgehalten, diese klare und eindeutige Beobachtung zur Erklärung der Sarkomentwicklung aus Carcinom überhaupt zu verwerten und mit der alten Anschauung der prinzipiellen Differenz von carcinomatösen und sarkomatösen Strukturen zu brechen.

Wer keine Gelegenheit hat, an den Präparaten selbst diese Umwandlung des Carcinoms in Sarkom bei den Transplantationen zu verfolgen, der kann auch an der Hand sehr guter Abbildungen in der Literatur sich von dieser Strukturveränderung überzeugen. Ich verweise z. B. nur auf die Abb. 5, Tafel 19 und die Abb. 6, Tafel 20 bei Russell[2]). Aus diesen beiden Bildern geht mit voller Deutlichkeit hervor, daß der einzige Unterschied zwischen den Zellen des Carcinoms

---

[1]) Apolant: Arch. f. mikrosk. Anat. Bd. 78, S. 144. 1911 u. 12. Tagung d. Deutsch. Pathol. Ges. Kiel 1908, S. 3.

[2]) Russell: Journ. of pathol. a. bacteriol. Bd. 14, S. 344. 1910.

und des Sarkoms in dem helleren Protoplasma der letzteren und ihrem nicht mehr geschlossenen Wachstum besteht. Die Strukturen der Zellkerne sind vollkommen identisch, und bei einer ganzen Reihe von Zellen kann man überhaupt nicht angeben, ob sie zum Sarkom oder zum Carcinom gehören. Noch deutlicher ist das in Abb. 3 bei APOLANT[1]). Hier und in den folgenden Bildern ist mit absoluter Klarheit die Umwandlung der Strukturen des Carcinoms in die des „Sarkoms". dargetan. Allerdings werden wir die falsche Ausdrucksweise vermeiden und lediglich das konstatieren, was wirklich in all diesen Fällen nachzuweisen ist: die Entdifferenzierung der typischen Carcinomzelle bis zum ausgesprochenen Meristom.

Vollzieht sich die histologische Umwandlung in einer solchen Geschwulst bei den Transplantationen plötzlicher, rascher wie in dem von APOLANT zuletzt beschriebenen Falle, so ist es natürlich nicht so leicht möglich, diese Umwandlung im histologischen Bilde direkt zu verfolgen oder klar und eindeutig nachzuweisen. Dann werden wir ein scheinbar plötzliches Auftreten von sarkomatösen Strukturen haben, während es in Wirklichkeit sich nur um Modifikationen der Differenzierung und des histologischen Aufbaues, besonders aber der Wachstumsform der primären Geschwulst handelt. Die Sarkombildung fassen wir also als eine weitere Entdifferenzierung der Geschwulstbildung auf, die Carcinombildung im Sarkom analog der Beobachtung von STAHR als eine wieder auftretende stärkere Ausreifung, als eine Art Rückschlag.

Auch bei der Gewebszüchtung zeigt sich, wie unter abnormen Wachstumsbedingungen die Zellen die allerverschiedensten Formen annehmen können. Hier wird häufig beobachtet, daß die verschiedensten Zellen im Kulturplasma in der Art der Spindelzellen wuchern können, ohne daß man aus Form und Struktur der Zellen entscheiden kann, ob es epitheliale oder bindegewebige Elemente sind [HADDA[2])], und der zuweilen ungeheuer starke Polymorphismus der Zellen in den Kulturen wird ja von vielen Seiten betont.

Wenn auch die gegebene Erklärung der Sarkombildung aus Carcinomen bei der Transplantation wohl für die meisten, wenn nicht für alle Fälle dieser Art zutrifft, so wäre doch auch für einzelne Formen noch eine andere Deutung denkbar. Es wird nämlich bei der Transplantation des Carcinoms niemals Epithelgewebe allein verpflanzt, sondern immer zugleich das Bindegewebe der Geschwulst. Aus den neuen Gewebszüchtungsversuchen von RHODA-ERDMANN wissen wir bereits, daß die Weiterzüchtung der Krebszellen hierbei überhaupt nur gelingt, wenn die zugehörigen Bindegewebszellen mit verpflanzt werden. Dieses Gesetz ist so scharf ausgeprägt, daß RHODA ERDMANN[3]) annimmt, die Stoffe, welche im Körper das hemmungslose Wachstum der Krebszelle bewirken, würden von der Stromazelle gebildet! Es wäre also hiernach und besonders auch, falls die oben erwähnten Untersuchungen und Auffassungen von IKEMATSU sich als richtig herausstellen sollten, sehr wohl denkbar, daß die fortgesetzten Transplantationen die Bindegewebszellen des Carcinoms (nicht des Wirtes) schließlich biologisch so verändert hätten, daß sie nunmehr als Sarkomzellen auftreten. Hinzu kommt die Möglichkeit, daß sie von Anfang an im Sinne von ERDMANN zur Geschwulst gehören und als Geschwulstzellen sofort stärker hervortreten, sobald der epitheliale Anteil der Geschwulst geschädigt wird und einer Degeneration verfällt. In jedem Falle würde also nicht die Erzeugung einer echten Geschwulst aus den normalen Bindegewebszellen des Wirtes vorliegen.

Ich selbst habe von jeher und besonders auch auf Grund eingehenden

---

[1]) APOLANT: Arch. f. mikr. Anat. Bd. 78, S. 144. 1911.
[2]) HADDA: Berlin. klin. Wochenschr. 1912, Nr. 1, S. 11.
[3]) ERDMANN, RH.: Zeitschr. f. Krebsforsch. Bd. 20, S. 322. 1923.

Studiums der Originalpräparate von Apolant die oben entwickelte Auffassung dieser „Sarkom"bildung bei der Krebstransplantation vertreten. Es hängt diese Auffassung wesentlich mit der Auffassung der anatomischen Geschwulststrukturen überhaupt zusammen, wie ich sie hier (Kapitel IV) auseinandergesetzt habe. Ich glaube dort gezeigt zu haben, daß das dauernde Wachstum jeder Geschwulstzelle schließlich zu einem derartigen Differenzierungsverlust führen kann, daß wir auch bei Zellen einwandfreier epithelialer Herkunft ein vollkommen regelloses Wachstum der *einzelnen* Zellindividuen erhalten können, und diese Wachstumsform nennt man in der heute gültigen Nomenklatur ein „Sarkom". Gerade bei den Transplantationen des Mäusecarcinoms läßt sich aber diese fortschreitende Entdifferenzierung zuweilen recht gut verfolgen, und das Auftreten dieser Sarkome ist m. E. nichts anderes als ein solcher Differenzierungsverlust der Tumorzellen selbst. Ich habe mich an den Apolantschen Präparaten davon überzeugen können, daß die Zellen des neu entstandenen Sarkoms den Epithelzellen der Geschwulst in ihren Kernformen vollkommen gleich waren, daß nur die äußere Zellform, der Zellverband und die Protoplasmadichte — zuweilen Schritt für Schritt — sich geändert hatten. Es liegt also hier eine weitere biologische Abartung der Geschwulstzelle selbst vor, und die Erkenntnis dieser Tatsache ist m. E. nur durch die schematische Auffassung der histologischen Geschwulststrukturen verhindert worden. Das Dogma, daß aus einer Carcinomzelle keine Sarkomzelle werden könne, war überhaupt nur für bestimmte Entwicklungsstadien gültig, und es verliert sofort jede Bedeutung, wenn wir uns klar darüber werden, daß jene sog. Sarkome keineswegs immer von Bindegewebszellen abgeleitet werden müssen, sondern einfach total verwilderte Tumorzellen verschiedenster Genese sein können. Dem ausgebildeten Meristom können wir die Histogenese nicht mehr ansehen. Es kann aus Zellen ganz verschiedener Art hervorgehen, vor allem kann es aber auch aus jeder Epithelzellart sich bilden.

In neuerer Zeit ist die hier vertretene Auffassung, wenn auch nicht mit denselben Worten, auch von einer Reihe anderer Autoren dem Inhalt nach verfochten worden. Wenn Peyron[1]) auf Grund von Untersuchungen am Rousschen Hühnersarkom die Möglichkeit der Umwandlung von Carcinomelementen in Sarkomzellen in Erwägung zieht, so werden wir dem bei der besonderen Eigenart dieser Geschwulstform keine große Beweiskraft zubilligen können. Dagegen hat Asada[2]) die Sarkombildung nach Carcinomtransplantation am Mäusekrebs sehr eingehend studiert und ist zu dem Schluß gekommen, daß es sich um gar nichts anderes als um eine lediglich veränderte Wachstumsform der Epithelzellen, um Pseudosarkome, handelt. „Das innerhalb des implantierten Mäusekrebses entstandene spindelzellensarkomartige Gewebe ist nichts anderes als das modifizierte Carcinomgewebe, das sich nur morphologisch, aber keineswegs biologisch sarkomatös umgewandelt hat." Asada hat auch den Nachweis geführt, daß die Pseudosarkomzellen keine vitale Carcinomspeicherung zeigen, also sich wie Epithelzellen verhalten. Auch Roussy hat ähnliche Anschauungen besonders für das Teersarkom geäußert.

Das entspricht völlig meiner eigenen Auffassung, verliert aber erst jede fehlerhafte Deutung, wenn wir für diese völlig entdifferenzierten, auch morphologisch verwilderten Geschwülste den irreführenden Namen Sarkom vollkommen fallen lassen. Ich habe das früher bei der Frage der Abgrenzung und Charakterisierung der Geschwulstformen näher erläutert, und es zeigt sich hier an einem

---

[1]) Peyron: Bull. de l'assoc. franc. pour l'étude du cancer Bd. 10, S. 359. 1921.
[2]) Asada: Gann, Tokyo Bd. 16, S. 22. 1922; s. auch Asada u. Okabe: Japan. pathol. Ges. Bd. 14, S. 272. 1924. — Yamagiwa: Gann, Tokyo Bd. 18, S. 1. 1924.

Beispiel der experimentellen Arbeit, von wie großer Wichtigkeit die völlige Klarheit, Korrektheit der Auffassung der morphologischen Geschwulststruktur ist. Wenn wir auch die einzelnen Faktoren, die zu dieser Umwandlung der morphologischen Struktur und Wachstumsweise des Mäusecarcinoms bei den Transplantationen führen, noch nicht sicher kennen, so dürfen wir doch vermuten, daß diese Faktoren zum wesentlichen Teile im Chemismus des Wirtstieres gesucht werden müssen. Wenn HAALAND[1]) besonders dann reines Spindelzellensarkom erhält, wenn er die Transplantation auf Tiere vornimmt, welche gegen den carcinomatösen Anteil der Geschwulst immunisiert waren, so fragt es sich sehr, ob die gegebene Erklärung zutrifft, wissen wir doch heute, daß diese Immunitätsverhältnisse bei den transplantablen Tumoren sehr wenig konstant sind. Es könnte sehr wohl so sein, daß eine gewisse Immunität nur die schon am weitesten entdifferenzierten Zellen zur Entwicklung kommen läßt oder sogar die Entdifferenzierung weiter fördert. Wir wissen zudem, daß auch die Virulenz der Tumorzellen spontanen cyclischen Schwankungen unterworfen ist, und daß sie durch nichts so sehr gesteigert werden kann wie durch rasch fortgesetzte Tierpassagen. Eine sehr wichtige Stütze der hier vorgetragenen Auffassung ist deshalb die Tatsache, daß bei genügend lange fortgesetzten Transplantationen bald früher bald später bei den transplantablen Mäusecarcinomen immer, also *gesetzmäßig*, diese Strukturänderung oder, wie es in der Literatur überall heißt, die Sarkombildung auftritt (APOLANT, LEWIN).

Wenn wir die Annahme machen würden, daß die normalen Bindegewebszellen durch die Krebszellen zur Sarkombildung gereizt würden, so wäre diese Art gesetzmäßigen Verhaltens sowie die Tatsache, daß wir ja bei den Spontantumoren von Mensch und Tier solche Reizungen des Bindegewebes trotz unzähliger Beobachtungen nicht sehen, kaum oder nur durch Zuhilfenahme vieler weiterer Hypothesen zu erklären. Betonen möchte ich aber nochmals, daß ich selbst zu meiner Anschauung nicht auf Grund theoretischer Vorstellungen, sondern auf Grund eingehender histologischer Studien gekommen bin. Die histologische Struktur der Geschwulstzelle ist eben nicht in allen Fällen und unter allen Umständen eine so absolut fixierte, wie dies nach den üblichen Darstellungen erscheint. Ist aber die Möglichkeit morphologischer Veränderungen überhaupt noch gegeben, so werden solche am ehesten bei häufigen Transplantationen in die Erscheinung treten müssen. Das wird auch bewiesen durch andere Erfahrungen: Sarkombildung nach Transplantation eines Fibroms (s. S. 1589), Krebsbildung nach Transplantation eines Papilloms (s. S. 1621).

Da die menschlichen Geschwülste niemals unter so verschiedenartigen und ungünstigen Wachstumsbedingungen beobachtet und studiert werden können, wie die transplantablen Tiergeschwülste, so werden derartige Hochzüchtungen einzelner Eigenschaften der Geschwulstzelle, derartige fortschreitende Entdifferenzierungen beim Menschen für uns nur sehr selten zur Beobachtung kommen können. Wenn wir ein menschliches Meristom sehen, so können wir nur in Ausnahmefällen die Entwicklung desselben feststellen. Einmal ist dies möglich, wenn der Tumor noch in seinen verschiedenen Teilen oder den Metastasen die verschiedenen Wachstumsformen und Strukturen zeigt, andererseits können wir zuweilen die fortschreitende Meristombildung dadurch feststellen, daß wir verschiedene Rezidive im Laufe von Jahren und schließlich auch die Metastasen genau zu untersuchen Gelegenheit haben. Als Beispiel erwähne ich die eigene Beobachtung einer solchen fortschreitenden Entdifferenzierung eines Chondroms, das ich zu verschiedenen Zeiten in seinen Entwicklungsstadien histologisch ver-

---

[1]) HAALAND: Journ. of pathol. a. bacteriol. Bd. 12, S. 437. 1908.

folgen konnte. Die Untersuchung des Primärtumors ergab ein zellreiches Chondrom, in den Rezidiven wurde die Knorpelstruktur immer undeutlicher und in dem Rundzellenmeristom, das am Ende dieser Entwicklungsreihe in der Metastase auftritt, weist nichts mehr darauf hin, daß die Geschwulstzellen ursprünglich Knorpelzellen waren. Nur unsere Kenntnis der Entwicklung dieses Tumors beweist uns, daß ein Meristom vorliegt, das aus Chondromzellen hervorgegangen ist. Vereinzelte Beobachtungen ähnlicher Art liegen auch in der Literatur vor. Ich erwähne z. B. einen Fall von Schmorl von primärem Schilddrüsencarcinom, dessen Rezidiv schon eine „sarkomatöse" Struktur des Carcinoms aufwies, während später in den Metastasen sich „reines Sarkom"gewebe fand.

Aber nirgends sind Dogmen weniger am Platze als in einem Gebiete, dessen Grundfragen noch so in Dunkel gehüllt sind, das uns noch so zahllose Rätsel aufgibt, wie die Geschwulstlehre. Wenn ich also oben dargetan habe, daß die fast gesetzmäßige Umwandlung des Mäusekrebses in sog. Sarkom nur auf morphologischen Schwankungen der Tumorzellen, nicht auf der Bildung einer neuen Geschwulst aus normalen Körperzellen beruht, so soll damit nicht gesagt sein, daß diese Erklärung für *alle* Beobachtungen ähnlicher Art schon hinreichend gesichert ist. Ich glaube zwar, daß man die morphologische Variabilität der Geschwulstzelle überhaupt, nicht allein bei den Transplantationen mehr als bisher in Rechnung stellen muß, aber es gibt mehrere Beobachtungen, bei denen eine solche Erklärung doch ebenfalls Schwierigkeiten macht.

Zunächst ist in mehreren Fällen bei künstlicher **Sarkomtransplantation** die **Entstehung echter Carcinome** insbesondere von Lewin[1]) beschrieben worden. Lewin hat die Bildung eines Drüsenzellencarcinoms der Mamma nach Transplantation eines Rattensarkoms in 2 Fällen gesehen, sowie eines Cancroids nach Impfung eines Drüsenkrebses bei der Ratte. Auch Citron[2]) und Lubarsch[3]) haben atypische cancroidartige Wucherungen des Plattenepithels der Haut über transplantierten Sarkomknoten beschrieben. Sticker[4]) erzeugte ein Carcinom der Mamma beim Hunde durch Impfung der Brustdrüse mit einem Hundesarkom. Hart[5]) sah auch beim Menschen eine krebsige Wucherung des Oesophagusepithels über der Metastase eines Magencarcinoms, und noch eigenartiger sind die bereits erwähnten Beobachtungen von Schmorl (Bildung multipler Osteochondrosarkome in der Umgebung von Metastasen eines primären Prostatacarcinoms) und von Teutschländer (Bildung multipler Spindelzellensarkome in der Umgebung von Knoten des Epithelioma contagiosum der Taube). Bei dem heutigen Stande unseres Wissens über Wesen und Grundlage der Geschwulstbildung kann man nicht verlangen, daß wir schon jede seltenste Beobachtung erklären könnten. Die erwähnten Fälle sind solche Seltenheiten, daß hier etwas ganz Besonderes vorliegen muß, und man wird vielleicht an ähnliche Verhältnisse hier denken können, wie sie bei der Übertragung des spezifischen Faktors aus dem Rous-*Sarkom* auf andere Zellen oder bei der Einwirkung der *Blastine* von Centanni und Bisceglie auf Geschwulstzellen (s. S. 1710) nachgewiesen sind. Selbstverständlich müßte auch dann eine besondere, vielleicht konstitutionell bedingte Empfänglichkeit, Sensibilität der induzierten Zellen vorliegen, wie sie für gewöhnlich gar nicht vorkommt. Natürlich sind dies nur Hypothesen, die aber vielleicht doch schon bald zu weiteren Fragestellungen und Versuchen anregen könnten.

[1]) Lewin: Zeitschr. f. Krebsforsch. Bd. 11, S. 340. 1912 u. Bd. 17, S. 556. 1920.
[2]) Citron: Zentralbl. f. Bakteriol., Parasitenk. u. Infektionskrankh., Abt. 1, Orig. Bd. 72, S. 328. 1913.
[3]) Lubarsch: Zeitschr. f. Krebsforsch. Bd. 16, S. 315. 1919.
[4]) Sticker: Arch. f. klin. Chir. Bd. 90, S. 577. 1909.
[5]) Hart: Zeitschr. f. Krebsforsch. Bd. 5, S. 481. 1908.

Wohl nur bei einzelnen dieser Beobachtungen kann eine primäre Variabilität der Geschwulstzelle oder eine primäre Mischgeschwulst als Erklärung herangezogen werden. In den meisten dieser Fälle sehe ich hierfür keine Unterlagen, und so sind denn auch gerade diese Beobachtungen von Carcinombildung nach Sarkomimpfung als stärkste Stützen der Reiztheorie, der Reizung einer normalen Körperzelle zur Tumorbildung aufgefaßt worden. „Jeder Einwand", sagt C. Lewin[1]), „ist hinfällig, wenn es uns gelingt, das Carcinom zu erzeugen durch die Überimpfung eines sarkomatösen Tumors. Denn eine Entstehung von epithelialen Zellen, von Krebszellen, aus Bindegewebszellen, wie sie ja noch Virchow annahm, ist nach dem gegenwärtigen Stande unserer Histologie sehr unwahrscheinlich."

Die **Verwechslung von Epithel- und Krebszelle, von Bindegewebszelle und Sarkomzelle** verhindert auch hier wieder die klare Fragestellung. Lewin glaubt aber, daß die Zellen eines sarkomatösen Tumors niemals mehr carcinomatöse Strukturen annehmen können, und es ist mithin die Reiztheorie des Carcinoms bewiesen, sobald es gelingt, durch Verimpfung von Sarkomen bei Tieren Carcinome hervorzurufen. Bei dem schon erwähnten Adenocarcinom der Ratte von Lewin, bei dem Sarkombildung auftrat, sah Lewin auch ein Cancroid unter dem Einfluß des „Reizes", den die Tumorzellen auf die Epidermis des Impftieres ausübten, aus der Epidermis des Impftieres entstehen. Schon Bashford, Murray und Haaland haben diese Deutung nicht anerkannt, sondern darauf hingewiesen, daß hier ein Tumor vorliegen müsse, dessen Zellen sich in verschiedener Richtung ausdifferenzierten, und die vielleicht in Abhängigkeit von der Wachstumsgeschwindigkeit einmal adenocarcinomatöse, das andere Mal cancroide Strukturen entwickelten. Dieser Deutung ist durchaus zuzustimmen. Es handelt sich offenbar in diesem Tumor um ein Adenocancroid, wie wir es auch beim Menschen kennen. Daß es sich um eine Geschwulst aus undifferenzierten Zellen handelte, vielleicht eine echte embryonale Mischgeschwulst, geht auch daraus hervor, daß der Tumor in weiteren Impfgenerationen auch zum „Rundzellensarkom" und zum „Spindelzellensarkom" wurde. Bestände die Annahme Lewins zu Recht, so hätte dieses eigenartige Adenocarcinom also die Fähigkeit gehabt, die Zellen des Körpers zu allen möglichen Geschwulstbildungen zu reizen, das Epithel der Haut zur Cancroidbildung, andere Zellen zur Bildung eines Rundzellensarkoms, die Bindegewebszellen zur Bildung eines Spindelzellensarkoms usw. Die Deutung Lewins ist also unmöglich. Es handelt sich bei seiner Geschwulst um eine Art embryonaler Mischgeschwulst, deren fortschreitende Entdifferenzierung schließlich zur typischen Cytoblastombildung führt.

Beweisender können andere Beobachtungen erscheinen. L. Loeb hat unter dem Einfluß eines in eine lactierende Mamma der Maus geimpften Adenocarcinoms eine krebsige Wucherung des darüberliegenden Deckepithels der Haut beobachtet. Auch Borrel (zit. nach Sticker) beschreibt tumorartige epitheliale Knotenbildung des Hautepithels in der Nähe der Impfstelle bei Überimpfung eines Adenocarcinoms der Maus. Dem pathologischen Anatomen dürften diese Bilder nicht unbekannt sein. Es sind die sog. kollateralen Wucherungen, die am Oberflächenepithel gar nicht so selten zu sehen sind, wenn in der Nähe eine Tumorbildung abläuft, die aber gerade und ebenso gut bei chronisch-entzündlichen Prozessen auftreten und wahrscheinlich auch in den erwähnten Fällen mit echter Geschwulstbildung nichts zu tun haben. Lewin und Ehrenreich[2]) haben weiter

---

[1]) Lewin, C.: Versuche über die Biologie der Tiergeschwülste. Berlin. klin. Wochenschr. 1913, Nr. 4, S. 147.

[2]) Lewin, Carl: Experimentelle Beiträge zur Morphologie und Biologie bösartiger Geschwülste. Berlin. med. Ges. Dez. 1907. Ref.: Dtsch. med. Wochenschr. 1907, S. 2115.

nach der Überimpfung eines Sarkoms der Ratte das Auftreten eines adenomatösen Carcinoms gesehen. Ebenso beschreibt Nicholson (zit. nach Lewin) ein angeblich von der Haut ausgehendes Cancroid nach Überimpfung von Spindelzellensarkom der Ratte.

Über das Auftreten eines Adenocarcinoms nach Überimpfung eines Spindelzellensarkoms bei der Ratte in der 37. Impfgeneration bemerkt Lewin[1]): „Der Einwand, daß schon ein primärer Mischtumor vorlag, ist ohne weiteres hinfällig. Wie soll man sich erklären, daß dann die carcinomatöse Komponente erst in der 38. Impfgeneration zum Vorschein kommt. Überdies ist der primäre Tumor sorgfältig mikroskopisch untersucht worden, er ist ein reines, typisches Spindelzellensarkom. Ein weiterer Einwand ist der, daß bei dem geimpften Tier zufällig ein spontanes Carcinom schon bei der Impfung vorhanden war. Das ist ausgeschlossen. Das geimpfte Tier war eine junge männliche Ratte. Spontantumoren finden sich nur bei ganz alten Tieren, und dann nur bei Weibchen. Und endlich ist das Carcinom in wenigen Wochen zu gewaltiger Größe herangewachsen, während die Spontantumoren nach unseren Erfahrungen nur eine sehr geringe Wachstumstendenz haben." Mit Recht weist Lewin darauf hin, daß die gewaltige Wachstumstendenz der carcinomatösen Geschwulst gegen einen Spontantumor spricht. Aber diese Wachstumstendenz spricht aus denselben Grundsätzen und in derselben Weise dagegen, daß es sich um eine experimentell erzeugte neue Geschwulst an dieser Stelle handelt, denn derartige Wachstumstendenzen und Impfausbeuten sehen wir bei Tumoren erst nach zahlreichen Übertragungen eintreten. Ein Tumor aber, der primär experimentell neu erzeugt ist, müßte sich a priori durchaus verhalten wie ein Spontantumor, also gerade die hohe Wachstumstendenz spricht direkt dagegen, daß wir hier eine primär entstandene, experimentell erzeugte Geschwulst vor uns haben.

Auch die histologischen Abbildungen, die Lewin gibt, können mich nicht davon überzeugen, daß es sich hier um eine neue Geschwulst handelt. Derartige Unterschiede, wie sie in Abb. 8 und 9 bei Lewin abgebildet sind, sehen wir auch bei menschlichen Tumoren zwischen Primärtumor und Metastase recht häufig, sehen wir aber auch in ein und demselben Tumor gar nicht so selten. Es handelt sich hier zweifellos nur um Mutationen der histologischen Differenzierung, wie sie bei der Variabilität der Tumorzelle an und für sich leicht vorkommen, wie sie aber besonders bei embryonal angelegten Geschwülsten eine häufige Erscheinung sind.

Trotz all dieser Angaben ist also der Nachweis noch nicht einwandfrei erbracht, daß experimentell neue Geschwülste durch Tumorimpfungen zu erzeugen wären. Bei der außerordentlich geringen Anzahl von derartigen Beobachtungen, obwohl im In- und Auslande von zahlreichen Forschern viele Tausende von gleichartigen Übertragungen von Geschwülsten ausgeführt worden sind, wäre ein zufälliges Zusammentreffen doch noch nicht ganz sicher auszuschließen. Wenn wirklich das wachsende Geschwulstgewebe imstande wäre, normale Gewebszellen des Wirtstieres in maligne Geschwulstzellen umzuwandeln, so müßte doch eine solche Beobachtung häufiger gemacht werden. Aber kein Experimentator kann bis heute mit auch nur 1% Wahrscheinlichkeit durch Sarkomübertragungen ein Carcinom erzeugen. Damit allein ist schon nachgewiesen, daß uns die wesentlichen Momente der Carcinomentstehung hier unbekannt, daß sie wenigstens auf diesem Wege nicht aufzuklären sind. Bei der großen Seltenheit dieser Beobachtungen müssen offenbar Kombinationen von uns heute noch unbekannten Faktoren zur Erzeugung dieser merkwürdigen Geschwulstbildungen

---

[1]) Lewin, Carl: Berlin. klin. Wochenschr. 1913, Nr. 4, S. 147.

zusammentreffen. Von einer experimentellen Erzeugung kann in allen genannten Fällen in Wahrheit schon deshalb keine Rede sein, weil wir eben die Bedingungen der Entstehung überhaupt noch nicht übersehen und nicht willkürlich die Tumoren erzeugen können. Zunächst sind es Zufallsbefunde, die der weiteren Beachtung und Verfolgung wert sind, aber noch nicht mehr. Lewin selbst betont, daß in seinen 3 Fällen die Bildung des neuen carcinomatösen Tumors auf ein einzelnes Tier beschränkt blieb.

Große Schwierigkeiten macht in jedem Falle die Erklärung für die bereits kurz erwähnte (s. S. 1565) höchst interessante Beobachtung, die von Schmorl[1]) und Reichmann[2]) genauer mitgeteilt worden ist. Es ist bekannt, daß die Metastasen von manchen Carcinomen im Knochen zu lebhafter ossifizierender Periostitis und Endostitis führen: osteoplastische Carcinosen. Es finden sich dann um die verstreuten Krebsnester zahlreiche neugebildete Knochenbälkchen. Schmorl und Reichmann haben nun in einem Falle von Prostatacarcinom mit zahlreichen Knochenmetastasen beobachtet, daß sich überall um die Metastasen im Knochen Osteochondrosarkome entwickelten. Dieses Osteochondrosarkom hatte eigene osteochondromatöse Metastasen in den Lungen gesetzt. Die Verfasser nehmen an, daß das Sarkom durch den „Reiz" der Krebszellen entstanden sei.

Aber eine genauere Analyse läßt uns auch hier in der Deutung vorsichtig sein. Die Tatsache, daß bei Knochenmetastasen von Carcinomen sich häufig eine osteoplastische Carcinose einstellt, zeigt, daß wir es hier mit sehr lebhaften regenerativen Wucherungen des osteogenen Gewebes zu tun haben. Selbstverständlich sind diese regenerativen Wucherungen durch die Schädigungen, die von den Krebszellen ausgehen, bedingt, erzeugt doch schon jede mechanische Zerrung oder Dehnung des Periostes solche Wucherungen. Bei einer derartigen regenerativen Wucherung unter dem Einfluß des Wachstums der Krebsmassen kann sehr wohl eine auf einer embryonalen Störung beruhende pathologische Anlage des osteogenen Gewebes geweckt werden und nun zur Tumorbildung Veranlassung geben.

Die hier vorgetragene Auffassung ist eine besondere Hypothese, aber die Seltenheit, ja Einzigartigkeit des Falles zeigt, daß auch etwas ganz Besonderes vorgelegen haben muß. Dem Fall können wir nur die Bildung der Sarkome in der Umgebung der Moluskumknötchen an die Seite stellen, die von Teutschländer bei der Taube beschrieben worden ist (s. S. 1550 u. 1565) und vielleicht in analoger Weise erklärt werden muß.

Wäre es anders, so wäre es ja ganz unverständlich, warum dieser Reiz der Carcinomzelle beim Menschen nicht häufiger zur Bildung echter maligner Geschwülste führt. Jedes Jahr werden Tausende von metastatischen Tumoren in allen möglichen Organen und Geweben des Körpers beobachtet und genauestens untersucht, trotzdem sehen wir niemals eine Geschwulstbildung aus den anderen Geweben unter dem Einfluß der metastatischen Carcinomzelle. Schon daraus geht mit vollkommener Klarheit hervor, daß ganz besondere Momente vorhanden sein müssen, um ein derartiges Bild zu erzeugen, wie es von Reichmann und Schmorl beschrieben ist. Zur Erklärung dieser Beobachtungen kann uns aber gerade die Reiztheorie nicht weiterhelfen; im Gegenteil, sie verschleiert dadurch, daß sie den Anschein erweckt die wesentlichen kausalen Momente des biologischen Vorganges klar erfaßt zu haben, die Lücken unserer Kenntnisse, und verhindert so systematisch das weitere Streben, diese Lücken auszufüllen.

Ganz vereinzelt und unerklärt sind auch Beobachtungen von heterologer

---

[1]) Schmorl: Dtsch. Pathol. Ges., 12. Tagung, Kiel 1908. Verhandl. S. 89.
[2]) Reichmann: Kombination von osteoplastischer Carcinose mit Osteochondrosarkom. Zeitschr. f. Krebsforsch. Bd. 7, S. 639. 1909.

Geschwulstbildung nach völliger Resorption eines transplantierten Tumors. Sticker[1]) sah beim Hunde nach Überimpfung eines Spindelzellensarkoms in die Mamma nach längerer Zeit — das Sarkom war vollständig resorbiert — ein Carcinom der Mamma auftreten. Da in diesem Falle das Sarkom nach der eigenen Angabe des Autors glatt resorbiert wurde, so kann man jedenfalls die Carcinomentstehung nicht auf einen Reiz durch das wuchernde und wachsende Sarkom zurückführen.

Noch größere Schwierigkeiten machen für die Erklärung bis heute die Beobachtungen von Geschwulstbildung nach **Überimpfung eines Tumors auf Tiere anderer Art.** Murphy[2]) gelang es, das Jensensche Rattensarkom auf Hühnerembryonen zu übertragen. Auch nach lange dauerndem Aufenthalt im Hühnerembryo entwickelten sich bei Rückverpflanzung auf die Ratte schnell wachsende Sarkome. Shirai[3]) berichtet über erfolgreiche Transplantationen eines Rattensarkoms in das Gehirn von Ratten, Mäusen, Kaninchen, Meerschweinchen und Tauben. Das Heranwachsen der Geschwülste führt er auf das Fehlen aller reaktiven Veränderungen des Nachbargewebes zurück. Subcutane Vergleichsimpfungen waren ergebnislos. Murphy und Sturm[4]) haben diese Ergebnisse bestätigt und festgestellt, daß das übertragene Material nur wächst, wenn es ganz in der Gehirnsubstanz selbst liegt und nicht mit dem Ventrikel in Berührung kommt. Ebenso bleibt das Wachstum aus, wenn autologes Milzgewebe mit übertragen wird. Maisin und Sturm[5]) führen daher die Resistenz gegenüber heterologen Impftumoren lediglich auf die lymphatisch-bindegewebige Reaktion zurück. Nather[6]) hat auch Mäusekrebsbrei mit Erfolg auf Kaninchen übertragen, wobei er als Erklärung für die gelungene Transplantation die wiederholte Überimpfung in der negativen Phase Wrights und die Resistenzverminderung des Empfängers anführt. Die im Kaninchen gewachsenen Tumorzellen zeigten eine Abschwächung ihrer Virulenz (s. ferner S. 1371, 1721 u. 1740).

Es finden sich auch Angaben in der Literatur von Erzeugung eines Carcinoms durch Krebsfiltrate, z. B. erzielte Morris[7]) durch Verimpfung von Mäusecarcinomfiltrat mit Kiselgur nach langer Latenzzeit ein Carcinom von anderem histologischen Charakter. Diese Angabe entspricht vielleicht den neuesten Angaben von Rh. Erdmann[8]) über die Erzeugung von Carcinomen durch Tumorfiltrat bei gespeicherten Tieren. Alle diese Angaben bedürfen noch sehr eingehender Untersuchungen, ehe wir etwas Gesetzmäßiges aus denselben ableiten können. Ich selbst habe an meinem Institut, gemeinsam mit meinem Assistenten Dr. Büngeler, Versuche in der gleichen Richtung angestellt, wie bereits kurz S. 1542 erwähnt. Wir haben mit dem Filterrückstand und dem Filtrat eines Mäusecarcinoms gearbeitet, das bei der gewöhnlichen Übertragung bis zu 100% positive Transplantationsergebnisse zeigte. Alle Versuche waren negativ, bis auf eine einzige Versuchsreihe. Hier hatten wir den zerkleinerten Filterrückstand mehrere Stunden lang mit Chloroformwasser behandelt und ihn dann auf Mäuse, bei denen wir eine Tuschespeicherung denkbar höchsten Grades erzeugt hatten, übertragen. Unter 40 Versuchen dieser Art hatten wir 6 positive Resultate: es entwickelten sich an der Impfstelle rasch wachsende, sehr bösartige Geschwülste, die leicht wieder zu transplantieren waren und in einem Falle auch

[1]) Sticker: Arch. f. klin. Chir. Bd. 90, S. 577. 1909.
[2]) Murphy: Journ. of exp. med. Bd. 17, Nr. 4, S. 482. 1913.
[3]) Shirai: Japan med. world Bd. 1, S. 15. 1921.
[4]) Murphy u. Sturm: Journ. of exp. med. Bd. 38, Nr. 2, S. 183. 1923.
[5]) Maisin u. Sturm: Cpt. rend. des séances de la soc. de biol. Bd. 88, S. 1216. 1923.
[6]) Nather: Klin. Wochenschr. 1923, S. 1499.
[7]) Morris: Zitiert nach Borst, Maligne Geschwülste. 1924.
[8]) Erdmann, Rh.: Dtsch. med. Wochenschr. 1926, S. 352.

Lymphdrüsenmetastasen zeigten, während dieselbe Übertragung auf *nicht* gespeicherte Tiere stets ergebnislos war[1]). Während aber ERDMANN über die Art der aus der Impfung hervorgegangenen Geschwulst nichts angibt, haben wir dieselbe genauestens untersucht und festgestellt, daß es sich um absolut die gleiche Geschwulst, ein zellreiches solides Drüsenzellencarcinom, handelt, die histologisch in allen Einzelheiten dem Ausgangstumor entsprach. Daraus möchten wir zunächst schließen, daß nicht durch die Übertragung irgendeines belebten oder unbelebten Agens oder eines spezifischen chemischen Faktors die normalen Zellen des Tieres zur Geschwulstbildung veranlaßt wurden, sondern daß der Ausgangstumor übertragen wurde, indem entweder noch lebende Zellen oder Zellreste in dem benutzten Filterrückstand waren und vielleicht gleichzeitig durch die Speicherung die Abwehrkräfte des Tieres, die sonst leicht solche Zellreste zerstören, gelähmt waren (s. auch die Bestätigung unserer Auffassung der Chloroformwirkung durch die Versuche von HARKINS, SCHAMBERG und KOLMER S. 1542). Jedenfalls sehen wir auch hier wieder, daß offenbar zwei verschiedene Faktoren zum Gelingen des Versuchs zusammenwirken müssen. Sehr bemerkenswert erscheint mir auch, daß gerade der mit Chloroform behandelte Filterrückstand in diesen Versuchen wirksam ist. Wir wissen, daß gerade durch Einwirkung analoger Substanzen, z. B. von verdünntem Äther, verdünntem Chloralhydrat, also narkotischen Mitteln, lebhafte Zellproliferationen ausgelöst werden können und das Wachstum von Teratoiden z. B. stark beschleunigt werden kann. Sollte nicht das Chloroform in diesen Versuchen, dem man schlechthin hier eine zellabtötende Wirkung zuschreibt, auch in analoger Weise wirken können? Mit der Prüfung all dieser Fragen sind wir beschäftigt.

Wenn OSHIMA[2]) experimentell eine Wucherung des Magenepithels durch submuköse Injektion von Hühnersarkompulver erzielen konnte, so können wir hieraus bei der besonderen Art der Hühnersarkome noch keine Schlüsse ziehen.

Hier können wir anschließen die Beobachtungen über **Übertragung menschlicher Tumoren auf Tiere.** Auch am Menschen selbst sind wiederholt Versuche mit Transplantationen menschlicher Geschwülste ausgeführt worden. Positive Ergebnisse sind bisher nur bekannt geworden bei Übertragung auf den Geschwulstträger selbst. Niemals dagegen ging die Geschwulst an, wenn sie auf einen anderen Menschen oder gar auf Affen und andere Tiere übertragen wurde. Damit ist gezeigt, daß auch die menschlichen bösartigen Geschwülste grundsätzlich sich zum mindesten in ihrer ungeheuren Mehrzahl ebenso verhalten wie die Hauptmasse der tierischen Spontantumoren.

Es liegen aber einige Angaben in der Literatur vor von erfolgreicher Geschwulstübertragung von Mensch auf Tier. FISCHL[3]) warnt mit Recht davor, sich durch Trugbilder, die bei Verimpfung von Tumoren durch die Entwicklung reichlichen reaktiven Granulationsgewebes entstehen, täuschen zu lassen. Er sah bei Verimpfung ganz frischer, lebenswarmer Stückchen eines menschlichen Melanosarkoms eine solche Granulationswucherung, die aber zur völligen Aufsaugung des Implantates führte. Vereinzelte gelungene Übertragungen von menschlichem Krebs auf Tiere berichten DAGONET und WERNER, GARGANO[4]), LEWIN[5]), KEYSSER[6]) und NATHER[7]). Die Impfausbeute ist hierbei ungeheuer

---

[1]) FISCHER, BERNH.: Westdtsch. Patholog. Tagg. Wiesbaden, Juli 1926.

[2]) OSHIMA: Japan. pathol. Ges. Bd. 14, S. 264. 1924.

[3]) FISCHL: Zeitschr. f. Krebsforsch. Bd. 18, S. 285. 1922.

[4]) GARGANO: Zentralbl. f. Bakteriol., Parasitenk. u. Infektionskrankh., Abt. 1, Orig. Bd. 59. 1911.

[5]) LEWIN: Zeitschr. f. Krebsforsch. Bd. 17, S. 556. 1920.

[6]) KEYSSER: Arch. f. klin. Chir. Bd. 114. 1920 u. Bd. 117, S. 318. 1921.

[7]) NATHER: Klin. Wochenschr. 1923, S. 1499.

gering, von einem Einblick in die wesentlichen Faktoren des Erfolges ist keine Rede, und zum Teil nehmen die Autoren gelungene Übertragung menschlicher Tumorzellen, zum Teil nehmen sie neu entstandene Geschwülste aus den Zellen des Wirtstieres auf den Reiz der Impfung an (Lewin).

Trotzdem also solche Versuche der Übertragung menschlicher Tumoren auf Tiere immer wieder angestellt worden sind, wurde nur enorm selten ein positives Ergebnis erzielt. Von irgendeiner Gesetzmäßigkeit ist keine Rede, da unter 50 derartigen Übertragungen z. B. ein positiver Erfolg war. So sehr insbesondere die Versuche von Keysser zu weiterer Arbeit anregen, so können sie uns doch bis heute noch nicht Sicheres zur Geschwulstgenese beitragen, und es soll deshalb hier auf die zum Teil interessante Versuchsanordnung wie auch auf die sehr wichtige Frage, ob es sich in den gelungenen Versuchen um tatsächliche Weiterzüchtung menschlicher Tumorzellen im Tier oder um die Bildung neuer Geschwülste aus den Zellen des Trägers handelt, nicht näher eingegangen werden. Sollten sich die neuesten Versuchsergebnisse an den übertragbaren Hühnersarkomen auch nur in ihren Grundzügen auf alle Geschwülste übertragen lassen, so wäre bei derartigen Versuchen z. B. an die Mitwirkung eines chemischen Faktors allein zu denken, der nun bei Realisation anderer wesentlicher Bedingungen im Einzelfall zur Bildung der Geschwulst führen könnte. All das aber sind nur Anregungen für die Bahn, auf der sich die weitere Forschung bewegen dürfte. Niemand wird verkennen, daß eine Reihe bisher unerklärter Beobachtungen, z. B. die gelungene Übertragung auf andere Arten, die Krebsbildung nach Sarkomimpfung und ähnliches, dann eine ganz andere und neue Beleuchtung finden würden.

Zusammenfassend müssen wir jedenfalls sagen, daß uns heute noch keine Methode bekannt ist, mit der es durch Übertragung von Geschwulstzellen mit Sicherheit gelingt, andere Zellen zur Tumorbildung zu veranlassen — abgesehen natürlich von den Rous-Sarkomen des Huhnes.

7. Die experimentelle Erzeugung von Geschwülsten durch chemische Mittel.

Die Idee, durch chemische Einflüsse Tumoren künstlich hervorzurufen, ist schon sehr alt. Dieser Gedanke kam aus zwei verschiedenen Quellen: zunächst mußte die Virchowsche Lehre der formativen Reizung ohne weiteres diesen Gedankengang nahe legen, dann waren es aber besonders die Beobachtungen der menschlichen Teer-, Ruß- und Paraffincarcinome, die immer wieder Anregungen in dieser Richtung gaben.

Trotzdem hat es sehr lange gedauert, bis positive Ergebnisse, zunächst recht bescheidener Art, erzielt werden konnten. Ich selbst habe im Jahre 1906 eine sehr einfache Methode angeben können, um am erwachsenen Organismus hochgradige **krebsähnliche Wucherungen des Hauptepithels** durch chemische Einwirkungen mit absoluter Regelmäßigkeit und Gesetzmäßigkeit zu erzeugen, und zwar durch subcutane **Injektion von fettlöslichen Farbstoffen in Öl (Scharlach-R.,** Sudan III, Indophenol). Stöber[1]), Wacker und Schminke[2]) zeigten experimentell, daß die Komponenten des Scharlach-R.: Amidoazobenzol, Amidoazotoluol und ihnen nahestehende Körper: Paratoluidin, Alpha-Naphthylamin und schließlich noch eine Reihe anderer Körper in Öl gelöst (Tabaksteer, Rohparaffinöl, Glanzruß, Eiweißabbauprodukte: Skatol, Indol) dieselben Epithelwucherungen hervorrufen. Wessely[3]) und Stöber haben gezeigt, daß das

---

[1]) Stöber: Münch. med. Wochenschr. 1909, Nr. 3, S. 129 u. 1910, Nr. 18, S. 947.
[2]) Wacker u. Schminke: Münch. med. Wochenschr. 1911, Nr. 30, S. 1607 u. Nr. 31, S. 1680.
[3]) Wessely: 35. Vers. d. ophthalmol. Ges., Heidelberg 1908.

Scharlachöl auch an der Haut des Menschen dieselbe Wirkung entfaltet wie am Kaninchenohr. Die von mir schon in meiner ersten Arbeit angeregte Verwertung des Scharlachöls zu therapeutischen Zwecken ist dann zuerst von SCHMIEDEN durchgeführt worden und hat zur dauernden Anwendung in der Therapie der Wundbehandlung, in letzter Zeit besonders in Form der Pellidolsalbe, geführt.

Besonders interessant sind dann die Mitteilungen von SCHREIBER und WENGLER[1]), die mit Scharlachöl Wucherungen der Ganglienzellen der Retina mit Mitosen von Ganglienzellen — die ersten, die beobachtet sind — erzeugen konnten, und endlich die Arbeit von WAELSCH[2]), der mit Scharlachöl starke Epithelwucherungen des Ektoderms, besonders der Medullaranlage bei Hühnerembryonen künstlich erzeugte.

Es erscheint also auch nach den allgemeinen biologischen Erfahrungen vollkommen gerechtfertigt, eine ganz besondere Wirkung des Scharlachöls für die Entstehung der Epithelwucherung anzunehmen. MARTINOTTI[3]) hat diese Wirkung der Aminoazobenzole auf eine durch sie erzeugte Fixierung und Unlöslichkeit der Fette zurückgeführt. Es finden sich in vielen Arbeiten Hinweise auf die Bedeutung des Zustandes der lipoidlöslichen Membranteile für die Zell- und Gewebswucherung. Spaltung des Lecithins, Veränderungen der Löslichkeit der Lipoidhüllen der Zelle und der Kernmembranen sollen in erster Linie imstande sein, Zellteilungen auszulösen. Diesen Mechanismus aufzuklären wird die Aufgabe weiterer Arbeit sein, denn es kann wohl kein Zufall sein, daß gerade die Beeinflussung der Lipoide sich als besonders wirksam erweist.

Für unsere Frage ist von größerer Wichtigkeit, ob es gelingt, durch die angeführten chemischen Körper nicht nur Zellwucherungen, sondern auch echte Geschwülste, d. h. solche mit dauerndem Wachstum, zu erzeugen. Über zahlreiche Variationen dieser Versuche und Prüfung der Wirkungen auf die verschiedenen Organsysteme und Zellarten des Organismus habe ich durch meine Schüler LUSSMANN[4]), KERN[5]) und YAMAUCHI[6]) berichten lassen. Erfolgreiche Ergebnisse konnten wir nicht erzielen, dagegen finden wir wiederholt in der Literatur die Angabe der gelungenen Geschwulsterzeugung durch Scharlachrotöl. Ich selbst habe bereits 1906[7]) durch wiederholte Injektion von Scharlachrotäther in die Milchdrüse von Kaninchen Zellwucherungen mit Metaplasie des Drüsenepithels in verhornendes Plattenepithel erzielt. TAKEUCHI[8]) hat sodann durch Einspritzung von Scharlachrotöl in der männlichen Milchdrüse bei Kaninchen adenomatöse Hyperplasien, in einem Fall sogar mit infiltrativem Wachstum, erzielt. UMEHARA[9]) hat 1917 ein gutartiges Fibroadenom der weißen Ratte durch Injektion von Sudan III-Olivenöl in ein Sarkom verwandelt, das Metastasen machte und in zahlreichen Passagen weitergeimpft wurde. Es zeigte bald den Typus eines polymorphzelligen Sarkoms, bald fanden sich Fibrosarkome, Spindelzellensarkome, Rundzellensarkome und Myxosarkome bei den weiteren Verpflanzungen ohne scharfe Ausprägung der verschiedenen Typen. Wir sehen hier

---

[1]) SCHREIBER u. WENGLER: v. Graefes Arch. f. Ophth. Bd. 74, S. 1. 1910.
[2]) WAELSCH: Arch. f. Entwicklungsmech. Bd. 38, S. 509. 1914.
[3]) MARTINOTTI: Berlin. klin. Wochenschr. 1914, S. 1451.
[4]) LUSSMANN: Diss. Frankfurt a. M. 1921.
[5]) KERN: Veterin. med. Diss. Gießen. 1922.
[6]) YAMAUCHI: Frankf. Zeitschr. f. Pathol. Bd. 30, S. 311. 1924.
[7]) FISCHER, B.: Münch. med. Wochenschr. 1906, Nr. 42, S. 2041 u. Dtsch. Pathol. Ges. 10. Tagung, Stuttgart 1906, S. 20.
[8]) TAKEUCHI: Veränderungen der Milchdrüse der Maus nach Scharlachrotolivenölinjektionen. Mitteil. der med. Fakultät der Kais. Univ. Tokio Bd. 20. 1918.
[9]) UMEHARA: Japan. pathol. Ges. Bd. 11, S. 169. 1921.

also die fortschreitende Entdifferenzierung in verschiedenen Richtungen bis zur Meristombildung ablaufen.

YAMAGIWA und OHNO[1]) endlich ist es geglückt, durch Injektion von Scharlachrotöl in die Wand des Eileiters bei Hühnern unter 41 Versuchen 3mal Adenocarcinome zu erzeugen. M. B. SCHMIDT[2]) hat dann bei Fütterung von Scharlach-

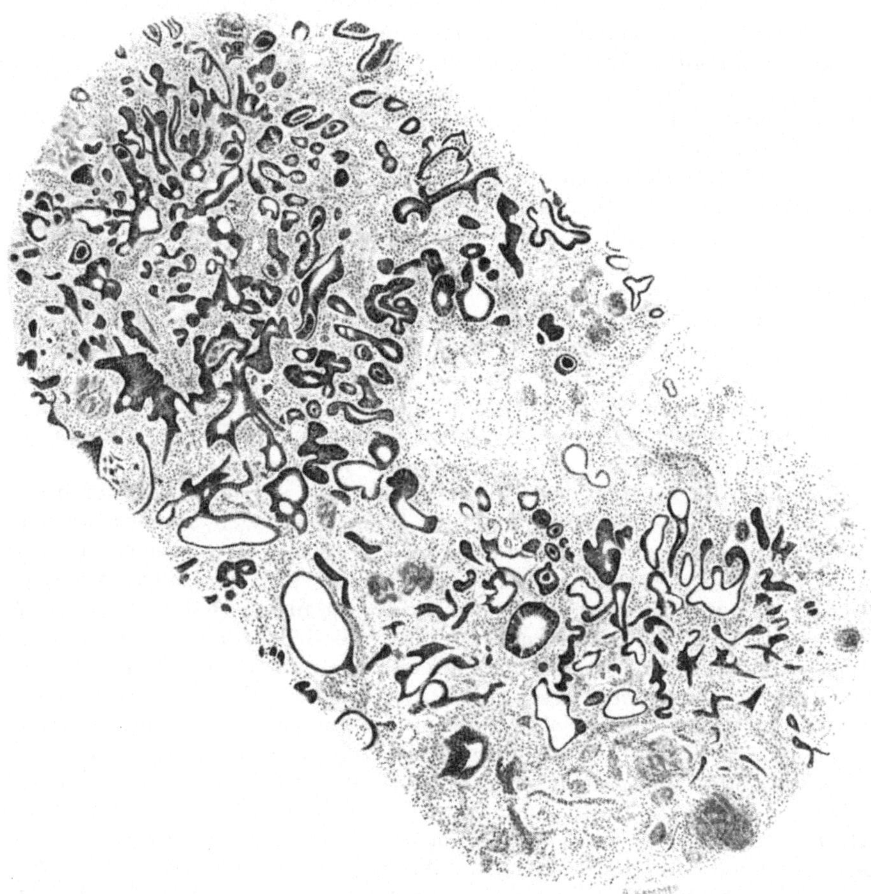

Abb. 472. Experimentell erzeugte krebsähnliche Epithelwucherung in der Kaninchenlunge nach intravenöser Injektion von Kreosotalgranugenol. Schwache Vergrößerung. (Aus FISCHER, B.: Experimentelle Erzeugung großer Flimmerepithelblasen der Lunge. Frankfurt. Zeitschr. f. Pathol. Bd. 27.)

rotfett mit Lecithinzusatz einmal Adenombildung in der Leber beim Kaninchen gesehen. Auch hier ist von einer Regelmäßigkeit der Adenombildung, wie eigene Versuche [OPPENHEIMER[3])] und die Ergebnisse von KLINGE und WACKER[4]) zeigen, nicht die Rede.

Alle diese Versuche sind also noch nicht zu einer sicheren experimentellen

[1]) YAMAGIWA u. OHNO: Gann, Tokyo Bd. 22, H. 1. 1918.
[2]) SCHMIDT, M. B.: Virchows Arch. f. pathol. Anat. u. Physiol. Bd. 253. 1924.
[3]) OPPENHEIMER: Frankf. Zeitschr. f. Pathol. Bd. 29, S. 342. 1923.
[4]) KLINGE u. WACKER: Krankheitsforschung Bd. 1, S. 257. 1925.

Methode der Geschwulsterzeugung ausgereift, immerhin fordern die bisherigen Ergebnisse bereits dringend dazu auf, in dieser Richtung weiterzuarbeiten.

Hier wären die Angaben anzufügen über die Erzeugung von **Tumoren durch Lanolinfütterung.** YUTAKA KON[1]) hat durch langdauernde Fütterung von Lanolin Papillome der Zunge, der Lippe und des Gaumens, und Adenome der Magenschleimhaut bei allgemeiner Hyperkeratose bei Kaninchen erhalten, und KAZAMA[2]) will sogar Carcinome der Harnblase und Gallenblase bei den gleichen Fütterungen und gleichzeitiger mechanischer Dauerschädigung der Schleimhaut durch Konkremente erzielt haben. AKAMATSU[2]) beschreibt den Übergang eines Chondroms in Sarkom durch Lanolinfütterung. Lanolin ist sehr reich an Cholesterin und Cholesterinestern, und es ist möglich, daß gerade reichliche Cholesterinzufuhr die Entstehung von Tumoren begünstigt, führt sie ja doch bereits zu starker Ausbildung von Follikelepitheliomen der Haut und zur Begünstigung der Krebsbildung bei Teerpinselung [M. B. SCHMIDT[3]), RI[2]), BORST[4])]. ROFFO[5]) will sogar dem Cholesterin bei der Zellwucherung die ausschlaggebende Rolle zuweisen.

Pathologische Zellwucherungen auf chemischem Wege hat ferner REINKE[6]) erzielt, indem er dünne Ätherlösungen auf die Linse von Salamanderlarven einwirken ließ und transplantable Epithelwucherungen erhielt. Mit derselben Methode ist vielfach experimentell gearbeitet worden, z. B. mit Embryonalzellen, ohne daß bisher einheitliche Resultate gewonnen wurden.

Auch mit Injektion höherer Fettsäuren, Terpentin und ähnlichem gelingt es, wie mit Scharlachäther, krebsähnliche Epithelwucherungen hervorzurufen (WHITE); aber auch auf diesem Wege wurde bisher eine zuverlässige Methode der experimentellen Krebserzeugung nicht gefunden.

Sowohl durch Fütterung wie durch subcutane Injektionen kleiner Dosen von Thalliumsalzen haben BUSCHKE und PEISER[7]) Epithelwucherungen am Vormagen der Ratte erzeugen können. Echte Geschwülste entstanden nicht.

Hier wären die Versuche anzuschließen, durch **Verätzungen** Tumoren hervorzurufen. Wenn wir vom Teer, der uns eingehender zu beschäftigen hat, absehen, so gibt vor allem WINTERNITZ[8]) an, durch Verätzung der Luftwege mit Salzsäure experimentell Bronchialcarcinom erzeugt zu haben. Schon vor vielen Jahren hat MARTIN[9]) angegeben, er habe durch intravenöse Injektion von Crotonöl Lungenepitheliome erzeugt, während die Nachprüfungen von ALBERTS[10]) völlig ergebnislos waren. Wenn wir die völlig gesetzmäßigen Ergebnisse meiner Versuche über Epithelwucherungen in den Lungen[11]) berücksichtigen, wenn wir daran denken, daß in einzelnen Fällen auch beim Menschen an Verätzungen, z. B. durch Kalilauge, sich sichere Carcinombildungen anschließen, so ergibt sich, daß auch solche experimentelle Angaben durchaus im Bereiche der Möglichkeit liegen, auch wenn einem Nachprüfer kein positives Ergebnis zuteil wird. Aber das eine geht hieraus hervor, daß neben der chemischen Einwirkung der

---

[1]) YUTAKA KON: Gann Bd. 11, S. 27. Tokyo 1917.

[2]) AKAMATSU: Gann Bd. 16, S. 30. 1922 u. KAZAMA: Gann Bd. 16, S. 14. 1922 u. Bd. 17, S. 51. 1923.

[3]) SCHMIDT, M. B.: Virchows Arch. f. pathol. Anat. u. Physiol. Bd. 253. S. 432. 1924.

[4]) BORST: Zeitschr. f. Krebsforsch. Bd. 21, S. 337. 1924.

[5]) ROFFO: Bull. de l'assoc. franc. pour l'étude du cancer Bd. 13, S. 500. 1924.

[6]) REINKE: Arch. f. Entwicklungsmech. Bd. 24. 1907 u. Bd. 26, S. 89. 1908; ferner Münch. med. Wochenschr. 1907, Nr. 48, S. 2381 u. Zeitschr. f. Krebsforsch. Bd. 13, S. 314. 1913.

[7]) BUSCHKE u. PEISER: Zeitschr. f. Krebsforsch. Bd. 21, S. 11. 1923.

[8]) WINTERNITZ: Zitiert nach JOANNOVICS: Klin. Wochenschr. 1923, S. 2301.

[9]) MARTIN, zitiert nach ENDLER: Zeitschr. f. Krebsforsch. Bd. 15, S. 368. 1916.

[10]) ALBERTS: Das Carcinom. Jena 1887.

[11]) FISCHER, B.: Frankf. Zeitschr. f. Pathol. Bd. 27, S. 98. 1922.

Verätzung noch andere Faktoren mitsprechen, die wir experimentell nicht in der Hand haben, und vorher können wir von einer Methode der experimentellen Geschwulsterzeugung noch nicht sprechen.

Durch wiederholte einfache Verätzungen (siehe meine früher hier angeführten Beobachtungen über Krebsbildung nach Verätzung S. 1560) ist es Narat[1]) gelungen, bei Mäusen Krebs zu erzeugen. Er machte wiederholte Pinselungen der Haut mit 3—6proz. Natronlauge oder mit 3—5proz. Salzsäure und erzielte auch auf diesem Wege Krebsbildung der Haut.

Bessere Resultate wurden da erhalten, wo man von klinischen Beobachtungen am Menschen ausging. Seit langer Zeit ist bekannt, daß über längere Zeiten fortgesetzte medikamentöse **Arsen**aufnahme Veränderungen der Haut (Melanose, Keratome) erzeugt, die in einer Reihe von Fällen zur Bildung von Hautcarcinomen in den keratotisch veränderten Hautbezirken führen. Diesen Arsenikkrebs haben wir bereits bei den Reiztumoren besprochen. Von diesen Beobachtungen ausgehend, haben Leitch und Kennaway[2]) durch Hautpinselungen mit einer 0,12proz. alkoholischen Lösung von arsenigsaurem Kalium in einem Falle ein Hautcarcinom nach achtmonatlicher Behandlung erzeugt. Zahlreiche Versuche hatten aber kein Ergebnis, ebensowenig die innerliche Verabreichung von Arsen. Lipschütz[3]) fand bei Teerpinselungen ganz gesetzmäßige Pigmentveränderungen in der Haut der grauen Mäuse. Bei *Arsen*einspritzungen dagegen waren diese Pigmentanomalien individuell sehr verschieden. Also auch dieser Weg hat bisher uns eine sichere Methode der experimentellen Geschwulsterzeugung nicht gebracht — abgesehen von der Arsenwirkung auf Embryonalzellen (s. S. 1580).

Haxthausen[4]) erzielte auch durch *Anilin*einwirkung auf die Haut Epithelwucherung —, unsere eigenen Versuche nach der Richtung waren erfolglos (s. S. 1564).

Der experimentelle Teerkrebs.

Auch diese gegenwärtig wichtigste Methode der experimentellen Geschwulsterzeugung geht letzten Endes auf — schon recht alte — Beobachtungen beim Menschen zurück. Zuerst hat Percival Pott schon im 18. Jahrhundert den Schornsteinfegerkrebs des Scrotums in England beschrieben und ihn auf eine Reizwirkung des Rußes auf die Haut aufgefaßt (s. S. 1561). Hier wurde also zum erstenmal ein Produkt der Kohle mit der Tumorbildung in Verbindung gebracht. Aber da nur einzelne Schornsteinfeger an der Geschwulstbildung erkrankten, diese auch in den verschiedenen Ländern sehr verschieden häufig auftrat, so mußten noch andere Faktoren hier mitwirken, insbesondere lag die Annahme einer individuellen Disposition nahe.

Auch das nächste Berufscarcinom wurde bei Produkten der Kohle entdeckt in der Mitte des vorigen Jahrhunderts bei den Paraffinarbeitern Schottlands. Bei dieser Beschäftigung kommt es nach jahrelangen Einwirkungen zu chronischen Veränderungen, Rhagadenbildungen und Hyperkeratosen der Haut, besonders der Arme und des Scrotums, und schließlich entstehen daraus Carcinome. Ganz die gleiche Erkrankung wurde in Deutschland bei Arbeitern beobachtet, die mit der Destillation von Braunkohle beschäftigt waren. Ähnliche Carcinombildungen wurden endlich bei den Teer- und Pecharbeitern gesehen (siehe das im vorigen Kapitel Gesagte).

Diese Beobachtungen legten schon frühzeitig den Gedanken nahe, durch

---

[1]) Narat: Journ. of cancer research Bd. 9, H. 1. 1925.
[2]) Leitch u. Kennaway: Brit. med. journ. Nr. 3232, S. 1107. 1922.
[3]) Lipschütz: Arch. f. Dermatol. u. Syphilis Bd. 147, S. 520. 1924.
[4]) Haxthausen: Hosp. Tidende Nr. 42. 1916.

Anwendung von Produkten der Kohlendestillation, insbesondere des Teers, auf die äußere Haut experimentell Hautcarcinome zu erzeugen. Es wird berichtet, daß Stöhr schon 1822 Versuche dieser Art angestellt hat, Hanau hat dann am Ende des vorigen Jahrhunderts ausgedehntere systematische Untersuchungen mit Teerpinselung an der Ratte vorgenommen, ohne einen Erfolg zu erzielen. Ich bin aber überzeugt, daß noch von vielen solche Experimente mit negativem Erfolg angestellt wurden, und wir können heute sagen, daß die Versuche nur deshalb mißglückten, weil ungeeignete Tierarten benutzt wurden, vor allem aber weil die nötige Geduld zur Durchführung fehlte, da schließlich nur ganz *lange dauernde* Experimente zum Ziele geführt haben. Es ist deshalb wohl kein Zufall, daß diese große und wichtige Entdeckung des experimentellen Teercarcinoms den Japanern in den Schoß fiel und Yamagiwa und Ichikawa[1]) 1915 über die

gelungene willkürliche Erzeugung von Cancroiden am Kaninchenohr durch lange fortgesetzte Teerpinselung berichten konnten. Bei unseren Scharlachrotölversuchen erzielten wir immer den höchsten Grad der Epithelwucherung bereits nach 8 bis 14 Tagen, hier liegen also sozusagen *akute Epithelwucherungen* vor. Bei der Teereinwirkung geht es viel langsamer und dauert wesentlich länger, dafür wird aber hier die dauernde biologische Umwandlung der Epithelzelle in eine Carcinomzelle erreicht. Wir

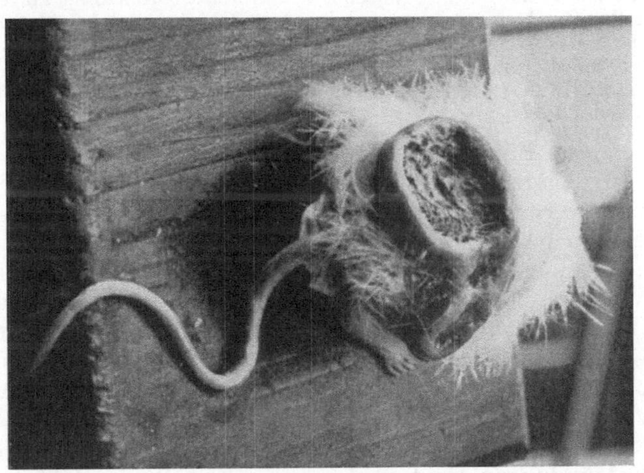

Abb. 473. Experimentelles Teercarcinom der Haut bei der Maus. Ausgedehntes flaches Cancroid mit Randwall (letztes Stadium, 200. Tag). (Aus Dreifuss u. Bloch: Arch. f. Dermatol. u. Syphilis Bd. 140.)

werden später sehen, daß hierin gerade das Wesentliche liegt und daß größere Geduld sowohl bei Hanau wie bei konsequenter Fortsetzung der Scharlachölversuche zweifellos zum Ziel geführt hätte, obwohl Hanau an der, wie wir heute wissen, hierfür sehr ungeeigneten Ratte arbeitete. Nachdem aber einmal der große Wurf der experimentellen Carcinomerzeugung auf diesem Wege geglückt war, waren ohne weiteres zahlreiche neue Wege eröffnet, und der Verbesserung der Methodik standen sofort viele Möglichkeiten offen. Selbst der Krieg und die Kriegsfolgen konnten den Fortschritt nur für wenige Jahre aufhalten.

Insbesondere seitdem es Tsutsui[2]) 1918 gelungen ist, in der Teerpinselung der Haut bei der weißen Maus eine ebenso einfache und billige wie sichere Methode zur Erzeugung des Carcinoms zu finden, sind in allen Ländern zahlreiche Untersuchungen dieser Art angestellt worden, die zu den wertvollsten Ergebnissen geführt haben, und sicherlich wird auch bei der weiteren Geschwulstforschung diese Methode die wichtigste Rolle spielen.

---

[1]) Yamagiwa u. Ichikawa: Experimentelle Studien über die Pathogenese der Epithelialgeschwülste. Mitteil. d. med. Fakultät d. Kais. Univers. Tokio 1916, Bd. 10, H. 4, S. 21; 1917, 1918 u. 1919 u. Virchows Arch. f. pathol. Anat. u. Physiol. Bd. 233, S. 235. 1921.

[2]) Tsutsui: Gann, Tokyo, Japan. Zeitschr. f. Krebsforsch. Bd. 12, H. 2, S. 17. 1918.

Es ist deshalb ein besonders schweres Mißverständnis, wenn Herr Prof. Yamagiwa in seiner jüngsten Publikation schreibt[1]), ich hätte mich dahin ausgesprochen, „daß die künstliche Erzeugung von Teercancroid in der Geschwulstätiologie keinen Schritt weiter befördert habe“. In Wirklichkeit habe ich lediglich betont[2]), daß uns „die sog. Reiztheorie nicht einen Schritt weiter bringt ... Irgendein tieferes Verständnis der Vorgänge, die zur Bildung eines Geschwulstkeims führen, kann uns diese Anschauung nicht vermitteln“. Und weiter habe ich in derselben Arbeit gegenüber den Argumenten Fibigers für die Reiztheorie ausgeführt (ebenda S. 109), „die Reiztheorie in ihrer allgemeinen Fassung sagt auch heute noch an keiner Stelle etwas Falsches aus. Aber gerade die glänzenden Ergebnisse der jüngeren experimentellen Geschwulstforschung zwingen uns, dem Problem tiefer auf den Grund zu gehen und an die Stelle des heute nichts Konkretes mehr aussagenden Reizbegriffes die Erkenntnis der tatsächlichen cellulären und chemisch-physikalischen Vorgänge bei der Krebsbildung zu setzen“. Ich habe an dieser Stelle ganz kurz auch „die Hauptpunkte, in denen die Reiztheorie völlig versagt“, auseinandergesetzt. Diese Kritik bezieht sich also ausschließlich auf die theoretische Erklärung der Geschwulstentstehung. Eine kausale Analyse der zur Tumorbildung führenden Faktoren ist unbedingt an die Möglichkeit der experimentellen Geschwulsterzeugung gebunden. Ich glaube daher, daß niemand die große Bedeutung der Yamagiwaschen Entdeckung für die Geschwulstforschung höher einschätzen kann als ich selbst, und ich möchte deshalb an dieser Stelle das sehr bedauerliche Mißverständnis Yamagiwas richtig stellen. Der Wert von Versuchsergebnissen hängt nicht von theoretischen Vorstellungen ab.

Das Ergebnis von Yamagiwa und Ichikawa sowie von Tsutsui ist heute von allen Seiten bestätigt worden, und wenn Mertens[3]) unter 257 Tierversuchen mit Teerpinselung nur einmal ein Carcinom beobachtete, so zeigt das lediglich, daß auch dieses einfache Verfahren nicht jedem Forscher glückt, denn die Prozentzahl der positiven Versuche ist auch nach eigenen Erfahrungen bei richtigem Vorgehen stets *wesentlich* größer. Schon die ersten Nachuntersucher in Europa [Fibiger und Bang[4]), Deelman[5]), Bloch[6]), Lipschütz[7]), Jordan[8]), Roussy[9]), Champy und Vasiliu[10])] und viele andere] bestätigten durchweg die Erfolge von Yamagiwa. Die Ergebnisse waren bis auf geringe Abweichungen überall die gleichen: nach Pinselung der Rückenhaut der weißen Maus mit Steinkohlenteer (2—3mal wöchentlich) stellen sich Haarausfall, Schuppung, Schorfbildung, leichte Entzündungen, und nach einiger Zeit Warzenbildung und Papillombildungen ein. Setzt man die Versuche weiter fort, so entstehen schließlich typische ulcerierende und verhornende Carcinome oder weniger differenzierte, sog. Carcinosarkome, die in einer Reihe von Fällen auch Lymphdrüsen- und Lungenmetastasen machen. Die erzeugten Carcinome sind in vielen Fällen auch transplantierbar. Ja die Experimente der nächsten Jahre haben gezeigt, daß wohl jede Maus, die die Teerpinselung lange genug aushält (ein beträchtlicher Teil der Tiere geht unter der Teerwirkung früher zugrunde, zumal man die Aufnahme des gepinselten Teers per os durch Lecken, Kratzen usw. nicht vollkommen verhindern kann), an Carcinombildung erkrankt. Von den Tieren, die lange genug am Leben bleiben, erkranken 100% an Krebs (Deelman, Bloch, Jordan). Bierich und Moeller geben in ihren Teerversuchen 60%, Woglom und Murray 57,5% positive Resultate an. Es mag also sein, daß die Zahl von 100% zu hoch gegriffen ist und daß es Individuen gibt, die auch bei langer Durch-

---

[1]) Yamagiwa: Gann, Japan. Zeitschr. f. Krebsforsch. Bd. 18, S. 1. Tokyo 1925.
[2]) Fischer, B.: Frankf. Zeitschr. f. Pathol. Bd. 27, S. 99. 1922.
[3]) Mertens: Zeitschr. f. Krebsforsch Bd. 20, S. 217. 1923.
[4]) Fibiger u. Bang: Hospitalstidende Bd. 64, Nr. 48, S. 51. 1921.
[5]) Deelman, Zeitschr. f. Krebsforsch. Bd. 18, S. 261. 1921.
[6]) Bloch: Schweiz. med. Wochenschr. 1921, S. 1032.
[7]) Lipschütz, Wien. klin. Wochenschr. 1922, Nr. 27 u. 1923, Nr. 23.
[8]) Jordan: Zeitschr. f. Krebsforsch. Bd. 19, S. 39. 1922.
[9]) Roussy: Bull. de l'assoc. franç. pour l'étude du cancer Bd. 11, S. 8. 1922.
[10]) Champy u. Vasiliu: Bull. de l'assoc. franç. pour l'étude du cancer Bd. 12, S. 111. 1923.

führung der Pinselung nicht an Carcinom erkranken, die also gegen den Teer eine besondere Widerstandsfähigkeit besitzen. Aber es ist sicher die kleine Minderzahl der Tiere. Von einer primären Disposition, angeborenen Veranlagung zur Carcinombildung kann also hier höchstens andeutungsweise die Rede sein, es sei denn, daß man die größere Widerstandsfähigkeit gegen die Schädigung (im Verhältnis zu den bald zugrunde gehenden Tieren) schon als eine solche Disposition auffaßt. Die Krebsbildung kann sofort in der gepinselten Haut als Krebsgeschwür auftreten, oder das Carcinom entwickelt sich auf einem — zunächst histologisch und biologisch gutartigen — Papillom.

Die ersten Veränderungen der Haut zeigen sich in mikroskopischen Epithelverdickungen schon in wenigen Tagen, makroskopisch stärker nach etwa 10 Wochen; nach 4 Monaten oder später entstehen die Papillome, aus denen sich nach wesentlich längerer Teerpinselung, dann aber fast konstant, Carcinome entwickeln [BANG[1])]. MÖLLER[2)] fand bei Teerpinselung von Mäusen durchschnittlich nach 30 Tagen Hyperkeratose, nach 70 Tagen Papillome, nach 4 Monaten beginnendes Tiefenwachstum.

BANG fand in 25% der Fälle Metastasen, deren Entwicklung auch durch Exstirpation des Primärtumors nicht beeinflußt wurde, während lokale Rezidive nur auftraten, wenn bei der Excision Teile der geteerten Haut zurückblieben.

Hatte man anfänglich bei Kaninchen nicht so gute Erfolge, weil bei Pinselung beider Ohrseiten mit Teer dreimal wöchentlich die Tiere abmagerten und in wenigen Monaten zugrunde gingen [starke parenchymatöse Degeneration der inneren Organe, DEELMAN[3)]], so zeigte sich doch bald, daß auch hier mit geeigneter

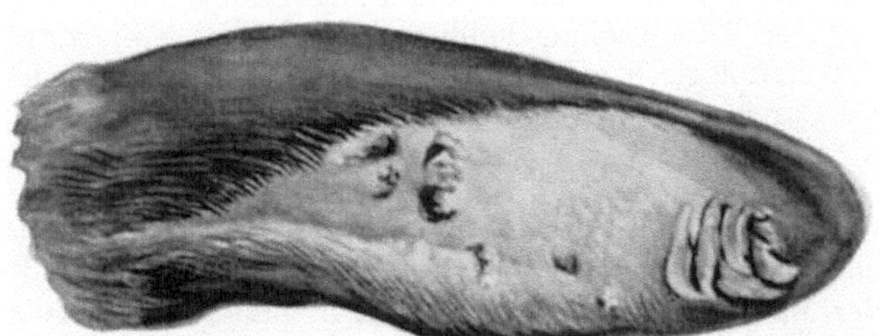

Abb. 474. *Papillome des Kaninchenohrs* nach *Teer*pinselung. Pinselung mit Carboneol 2 mal wöchentlich vom 20. VIII. bis 20. XII. 1925. Das Bild zeigt das Ohr am 23. II. 1926. $^9/_{10}$ nat. Größe. (Versuche JAFFÉ, Pathologisches Institut Frankfurt a. M.)

Methodik [z. B. Pinselung mit in Petroleum gelöstem Teer nur auf der Innenseite des Ohres, MENETRIER und SURMONT[4)]] recht gute Ergebnisse zu erzielen waren, wenn auch nicht jedes Kaninchen an Krebs erkrankt [HALBERSTÄDTER[5)]]. ICHIKAWA und BAUM[6)] erzeugten ebenfalls Teerkrebse am Kaninchenohr und geben Übergangsformen schon für den 23. Versuchstag, Carcinom für den 35. Versuchstag, echten Krebs nach 45 Tagen an. Am 83. Versuchstag fanden sie in 35% ihrer Fälle echten Krebs, in 8% carcinomatöse Entartung, in weiteren 8% Papillome. Am 102. Tage bei *allen* Versuchstieren echter Krebs. Lanolin- und Arsenfütterung waren ohne Einfluß. Auch an meinem Institut haben wir bei Pinselung der Innenseite des Kaninchenohres mit Carboneol schon nach 35 Tagen (im günstigsten Falle) infiltrierendes Plattenepithelcarcinom in voller Ausbildung beobachten können.

---

1) BANG: Cpt. rend. des séances de la soc. de biol. Bd. 87, S. 754 u. 757. 1922.
2) MÖLLER: Zeitschr. f. Krebsforsch. Bd. 19, S. 393. 1923.
3) DEELMAN: Nederlandsch tijdschr. v. geneesk., 1. u. 2. Hälfte Bd. 65, S. 2395. 1921.
4) SURMONT: Bull. de l'assoc. franç. pour l'étude du cancer Bd. 11, S. 573. 1922.
5) HALBERSTÄDTER: Zeitschr. f. Krebsforsch. Bd. 19, S. 381. 1923.
6) ICHIKAWA u. BAUM: Japan. pathol. Ges. Bd. 14, S. 245. 1924.

Murray[1]) hat auf Grund seiner Versuche betont, daß häufige Teerpinselung beim Kaninchen schwere Entzündung und Geschwürsbildung, weniger intensive Pinselung dagegen Carcinome erzeugt, und darauf hingewiesen, daß auch nach schweren Röntgenverbrennungen Carcinom nicht auftritt. Yamagiwa betont, daß für die Entstehung des Teercarcinoms am Kaninchenohr die entzündliche Reizung wichtig sei: nur Kaninchen mit heißen Ohren (entzündliche Hyperämie!) bekamen nach Teerpinselung Carcinom, Kaninchen mit kalten Ohren nicht. Ichikawa und Baum[2]) betonen ebenfalls die große Bedeutung der Gefäßreaktion der geteerten Haut für die Entstehung des Carcinoms.

Die Bedeutung der Rassedisposition zeigt sich darin, daß bisher noch von keiner Seite über positive Ergebnisse der Teerpinselung beim Meerschweinchen berichtet werden konnte, auch die Ratte verhält sich bei vielen Versuchen (nicht stets — s. später S. 1609 u. 1612) refraktär — sonst hätte Hanau vielleicht die Entdeckung schon vor 30 Jahren gemacht. Ichikawa und Baum[2]) führen das negative Ergebnis der Teerpinselung bei Ratten und Meerschweinchen darauf zurück, daß bei beiden lokal eine Gefäßreaktion auf die Teerpinselung ausbleibt und die Tiere schon ziemlich bald durch den Teer toxämisch und marantisch zugrunde gehen.

Von der allergrößten Wichtigkeit für die allgemeine Geschwulstlehre ist nun die Tatsache, daß die Carcinombildung weiter fortschreitet, auch wenn man mit der Teerpinselung vollkommen aufhört. Ja, Murray und Woglom fanden, daß histologisch gutartig aussehende Teerwarzen sich nach Autotransplantation als Carcinome entwickelten, während Borst[3]) andererseits bei Kaninchen den spontanen Rückgang von Tumoren beobachtete, deren Probeexcision schon das typische Bild des Plattenepithelkrebses gegeben hatte. Auch Roussy, Leroux und Peyre[4]) fanden spontanen Rückgang des Teerkrebses am Kaninchenohr, so daß wir jedenfalls beim Kaninchen etwas andere Verhältnisse haben als bei der Maus. Für diese dagegen hat besonders das Ergebnis der Transplantationen die Übereinstimmung des histologischen Bildes mit dem biologischen Verhalten der Geschwulst ergeben [Kreyberg[5])]. Übrigens werden auch am Kaninchenohr sehr bösartige experimentelle Teercarcinome zuweilen beobachtet [Krotkina[6])].

All das zeigt genau wie bei dem Spiropteracarcinom, daß eben der schädigende Faktor gar nicht das primär Wesentliche ist und nicht direkt einwirkt, sondern daß die biologische Umwandlung der Zelle vollkommen beherrschend ist und im Mittelpunkt der Erscheinungen steht. Ja es sind eine ganze Reihe von Beobachtungen mitgeteilt [Bang[7]), Dreifuss und Bloch[8]), Leitch[9]) u. a.], wo überhaupt erst längere Zeit n a c h A u f h ö r e n der Teerpinselung das Carcinom deutlich wurde: die einmal vollendete biologische Umwandlung der Zelle schreitet fort und ist nicht mehr aufzuhalten. Bang hat auch bereits auf die außerordentliche Bedeutung dieser Latenzzeit der Krebsbildung (die bei seinen Versuchen mehrere Monate nach Aufhören der Pinselung betrug und die uns später noch eingehend beschäftigen wird) hingewiesen und betont, daß sie allein schon genügt, um das

---

[1]) Murray: Lancet Bd. 205, S. 159. 1923.

[2]) Ichikawa u. Baum: Bull. de l'assoc. franc. pour l'étude du cancer Bd. 13, S. 386. 1924.

[3]) Borst: Zeitschr. f. Krebsforsch. Bd. 21, S. 341. 1924.

[4]) Roussy, Leroux u. Peyre: Bull. de l'assoc. franç. pour l'étude du cancer Bd. 13, S. 164. 1924.

[5]) Kreyberg, L.: Med. rev. Jg. 41, S. 145. 1924.

[6]) Krotkina: Zeitschr. f. Krebsforsch. Bd. 22, S. 125. 1925.

[7]) Bang: Zitiert auf S. 1607.

[8]) Dreifuss u. Bloch: Arch. f. Dermatol. u. Syphilis Bd. 140, S. 6. 1922.

[9]) Leitch: Brit. med. journ. S. 1101, Nr. 3232. 1922.

so viel häufigere Auftreten des Carcinoms im späteren Alter zu erklären. Bei der Maus gelingt es jedenfalls (und auch beim Kaninchen) in gleicher Weise bei jungen Tieren durch Teerpinselung Krebs in derselben Häufigkeit wie bei alten zu erzeugen [Bang[1]) u. a.].

Auch bei Ratten sind jetzt positive Ergebnisse durch Teerpinselung erzielt worden [Parodi[2])], ein Beweis, daß es offenbar an Kleinigkeiten der Technik liegt, ob Krebsbildung auch bei der Ratte erzielt wird oder nicht, wie in den Versuchen von Hanau oder Teutschländer[3]).

Es fragt sich weiter, ob nicht auch eine schwerere **einmalige Schädigung der Haut durch Teer** Krebs hervorrufen kann in Analogie zu den früher erwähnten Krebsbildungen nach Verätzung. Von diesem Gedanken ausgehend, habe ich schon vor 3 Jahren experimentelle Untersuchungen an meinem Institut anstellen lassen, indem die Haut der Maus an umschriebener Stelle mit der glühenden Drahtschlinge oder stark erhitztem Teer verbrannt wurde. Diese Brandnarben heilten nach einiger Zeit aus, Tumorbildung haben wir nicht gesehen. Dagegen haben andere bei ganz derselben Versuchsanordnung positive Ergebnisse gehabt: Bang[4]) sah bei zwei weißen Mäusen nach *Hautverbrennungen* in der Narbe Carcinome auftreten. Da wir die eigenartigen Veränderungen, besonders der Zellkerne, seit langer Zeit kennen, die durch Hitze und Kälte entstehen [Fuerst[5])], auch das merkwürdige Verhalten der Geschwulstzellen gegen Hitze und Kälte schon erwähnt haben (s. S. 1363/1364), so lag es natürlich nahe, auf diesem Wege experimentell zu arbeiten. An meinem Institut sind seit längerer Zeit zahlreiche Versuche mit solchen Hautverbrennungen an der weißen Maus vorgenommen worden, ohne daß wir bisher — selbst bei Teerverbrennung — ein Carcinom erzielen konnten (s. aber später S. 1685). Auch Dérom[6]) sah bei Pinselung mit heißem Teer häufiger Krebsbildung in der Haut auftreten als sonst und auch bösartigeres Wachstum, Findlay[7]) erzielte 3 mal Carcinome durch einmalige Pinselung der Haut mit heißem Chloroformteerextrakt. Auch beim Menschen ist ein hierher gehöriger Fall beobachtet worden. Bang sah bei einem 45jährigen Arbeiter nach Teerverbrennung der Haut am Naseneingang eine knopfförmige Geschwulst auftreten, welche schon nach 18 Tagen erbsengroß war und sich als Epitheliom erwies, sozusagen ein akuter Teerkrebs — allerdings will es mir zweifelhaft erscheinen, ob in diesem Falle schon echte Bösartigkeit vorlag und nicht eine akute, aber wieder rückbildungsfähige Epithelwucherung wie in meinen Scharlachölversuchen. Jong, Meyer und Martineau[8]) teilen auch einen medikamentösen Teerkrebs am Bein eines 85jährigen Mannes mit.

Für alle diese Beobachtungen und auch die experimentell durch einmalige Verbrennung oder einmalige Einwirkung heißen Teers erzeugten Carcinome gilt, daß die positiven Resultate solcher Versuche viel zu selten sind, um daraus weitgehende Schlüsse ziehen zu können. Zweifellos sind hier eben noch andere unbekannte Faktoren im Spiele, so daß wir in den positiven Experimenten die sämtlichen Bedingungen des Gelingens nicht übersehen können. Es kann sein,

---

[1]) Bang: Zitiert auf S. 1607.
[2]) Parodi: Pathologica Bd. 14, S. 457. 1922.
[3]) Teutschländer: Pathol. Tagung Mannheim. Zentralbl. f. Pathol. Bd. 33, S. 15. 1922.
[4]) Bang: Hospitalstidende S. 915. 1925. Ref. Münch. med. Wochenschr. 1926, S. 461.
[5]) Fuerst: Epithelveränderungen durch Wärme u. Kälte. Beitr. z. pathl. Anat. u. z. allg. Pathol. Bd. 24, S. 415. 1898.
[6]) Dérom: Bull. de l'assoc. franç. pour l'étude du cancer Bd. 13. S. 422. 1924.
[7]) Findlay: Lancet Bd. 208, Nr. 14. S. 714. 1925.
[8]) Jong, Meyer u. Martineau: Bull. de l'assoc. franc. pour l'étude du cancer Bd. 13, S. 326. 1924.

daß zufälligerweise bei einem einzelnen Tier einmal diese unbekannten Bedingungen gegeben sind (z. B. besondere Allgemeindisposition), so daß dann der Versuch positiv ausfällt. So wäre es dann zu erklären, daß in seltenen Fällen auch einmal eine einmalige gewöhnliche oder Teerverbrennung ein Carcinom zur Folge haben kann. Sonst sahen wir immer, daß nur *langdauernde, chronische* Einwirkungen zur Tumorbildung über Schädigung und lange Regeneration führen. Wenn beim Rous-Sarkom auch eine einmalige Einwirkung, z. B. von Arsen oder Teer, auf eine Embryonalzelle den Tumor erzeugen kann, so handelte es sich in diesen Fällen bisher doch immer um Embryonalzellen, also eine Beeinflussung lebhafter Entwicklungsvorgänge. Und zudem ist es fraglich, ob die Ergebnisse beim Rous-Sarkom ohne weiteres auf andere Tumoren übertragen werden können. Dazu kommt die Bedeutung der meist noch unübersehbaren quantitativen Verhältnisse zwischen Schädigung und Zellentwicklung, worauf später noch genauer einzugehen sein wird.

Es ist nun die Frage zu erörtern, welche **Faktoren die Krebsbildung** bei Teerpinselung erleichtern, **unterstützen,** beschleunigen. Die Begünstigung der Krebsbildung durch Anwendung von heißem Teer wurde bereits erwähnt. Kotzareff[1]) hat mitgeteilt, daß es ihm in 2 Fällen beim Kaninchen gelungen sei, durch Anwendung von elektrolysiertem Teer schon nach 16 und 17 Tagen Krebsbildung zu erzielen — Angaben, die dringend der Nachprüfung bedürfen. Weiterhin ist zunächst schon von den Japanern, dann auch von Deelman[2]) die wichtige Angabe gemacht worden, daß leichte Scarifikationen der unmittelbar darauf mit Teer gepinselten Haut oder der bereits geteerten Haut die Krebsbildung erleichtern und beschleunigen. Lipschütz[3]) hat auch die Carcinombildung zweimal dadurch erzielen können, daß er in der lediglich durch Teerpinselung verdickten Haut ein Stückchen excidierte: Kombination der Teerwirkung mit Regenerationsprozessen. Wenn Roussy, Leroux und Peyre[4]) weder durch Scarifikationen noch durch Einführung von Fremdkörpern eine Beschleunigung der Krebsbildung erzielen konnten, so widerspricht das allen Erfahrungen auch beim Menschen. Es ist seit langem bekannt, daß Probeexcisionen das Wachstum maligner Geschwülste, falls sich nicht die Radikaloperation bald anschließt, beschleunigen und meine eigenen Erfahrungen am experimentellen Teerkrebs stimmen ganz mit denen von Deelman überein. Ich verweise auch auf die Abb. 468 S. 1557, die eine eigene Beobachtung von Carcinombildung nach einer Verletzung bei chronischer Röntgendermatitis (und zwar genau an der verletzten Stelle) wiedergibt. Die differenten experimentellen Ergebnisse möchte ich daher

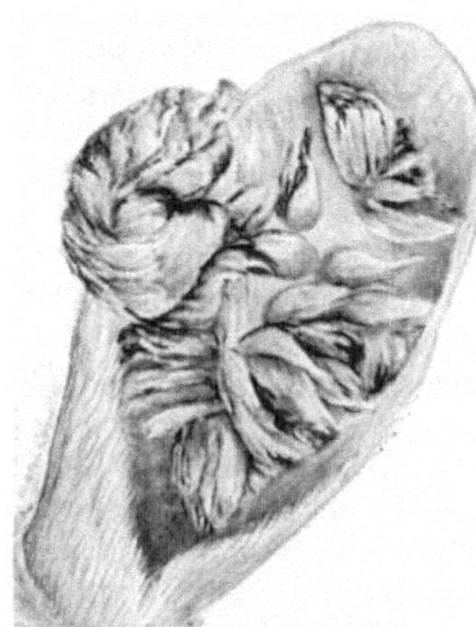

Abb. 475. *Papillome und Carcinome* des Kaninchenohrs nach *Teerpinselung.* Pinselung mit Carboneol 2 mal wöchentlich vom 20. VIII. bis 20. XII. 1925. Erste Warze am 28. X., carcinomatöses Wachstum in der Excision am 26. XI. 1925. Das Bild zeigt das Ohr am 10. II. 1926. ²/₃ nat. Größe. (Versuche Jaffé, Pathologisches Institut Frankfurt a. M.)

[1]) Kotzareff u. Morsier: Bull. de l'assoc. franç. pour l'étude du cancer Bd. 14, S. 112. 1925.
[2]) Deelman: Bull. de l'assoc. franç. pour l'étude du cancer Bd. 12, S. 24. 1923.
[3]) Lipschütz: Zeitschr. f. Krebsforsch. Bd. 21, S. 59. 1923.
[4]) Roussy, Leroux u. Peyre: Bull. de l'assoc. franç. pour l'étude du cancer Bd. 13, H. 7. 1924.

in erster Linie auf den verschiedenen Zeitpunkt der mechanischen Schädigung, der Setzung des Regenerationsreizes, zurückführen.

Auch der Einfluß des *Vitamingehaltes der Nahrung* auf die Entwicklung des Teercarcinoms ist bereits eingehend studiert. JORSTADT[1]) gibt an, daß reichliche Zufuhr von Vitamin A Tiere und Zellen gegen die Giftwirkung des Teers schützt, während Vitamin B das sekundäre Wachstum der Tumorzellen anregt, PASSEY[2]) fand keinen Einfluß von Vitamin A. Falls sich die neuesten Angaben über die Existenz besonderer Fortpflanzungsvitamine bestätigen sollten, wäre es von dem größten Interesse, die Bedeutung dieser Vitamine für Entstehung und Wachstum der Geschwülste zu erforschen.

Noch nicht eindeutig sind die Angaben über die Einwirkung einer gleichzeitigen *Cholesterin- und Lanolinfütterung*. RI fand raschere und reichlichere Entwicklung der Follikelepitheliome und Cancroide am Kaninchenohr, wenn gleichzeitig mit der Teerpinselung Lanolin verfüttert wurde. Es kommt hier zu einer Lipoidablagerung (Xanthomzellen) in der geteerten Haut, und die Epithelzapfen wachsen rascher und reichlicher in das lipoidinfiltrierte Gewebe hinein. Auch nach YAMAGIWA und MURAYAMA fördert Lanolinfütterung die Krebsbildung, während BORST dasselbe für Cholesterinfütterung angibt. EBER, KLINGE und WACKER[3]) konnten häufiger Teercarcinome erzielen, wenn die Tiere gleichzeitig mit Cholesterin-Scharlachrot gefüttert wurden. KON erzielte schon durch Lanolinfütterung allein Papillome der Zunge und Lippe (s. auch S. 1603).

Auch die Kombination von mechanischen Dauerschädigungen (durch Konkremente, Steine, Fremdkörper) mit chemischen Schädigungen durch Injektion von Teer, Lanolin, Paraffin usw. oder durch Verfütterung von verschiedenen Lipoidsubstanzen ist zum Teil mit positivem Resultate versucht worden (KASAMA, RI).

Wichtig ist ferner, daß zu häufige Teerpinselung nach MURRAY eine schwere ulceröse Dermatitis hervorruft, aber keine Krebsbildung — auch hier zeigt also die Wichtigkeit der Dosierung der Schädigung (s. S. 1608).

Eine Reihe von Arbeiten beschäftigt sich mit der *Einwirkung der inneren Sekretion* auf die Bildung des Teercarcinoms. PARODI[4]) fand, daß weder die Kastration noch die Vorbehandlung mit Embryonalextrakt einen Einfluß habe. KROTKINA[5]) betont die Bedeutung der Schwangerschaft für die Entstehung des Teerkrebses. Er fand bei seinen Versuchen, daß das Epithelwachstum durch Teerpinselung in jeder Gravidität beschleunigt, mit jeder Lactation verlangsamt wurde. Auch CASPARI sah Teerkrebs leichter und schneller bei graviden Kaninchen entstehen.

SEEL[6]) fand eine erhebliche Verzögerung der Krebsbildung durch Pituglandolinjektionen. FIBIGER und MAISIN stellten fest, daß die Milzexstirpation keinen Einfluß hat. CRAMER[7]) verzögerte die Krebsbildung durch Umschneidung der geteerten Hautstelle und will dieses Ergebnis auf den gestörten Nerveneinfluß zurückführen.

Außer dem typischen verhornenden Plattenepithelcarcinom ist auch wiederholt bei ganz der gleichen Versuchsanordnung die **Bildung bösartiger Geschwülste von anderer morphologischer Struktur** beobachtet und gewöhnlich als Sarkombildung nach Teerpinselung beschrieben worden [TSUTSUI, DEELMAN, FIBIGER

---

[1]) JORSTADT: Journ. of exp. med. Bd. 42, S. 221. 1925.

[2]) PASSEY: Journ. of pathol. a. bacteriol. Bd. 28. 1925.

[3]) EBER, KLINGE u. WACKER: Zeitschr. f. Krebsforsch. Bd. 22, S. 359. 1925.

[4]) PARODI: Pathologica Bd. 16, S. 175. 1924.

[5]) KROTKINA: Zeitschr. f. Krebsforsch. Bd. 21, S. 450. 1924 u. Bd. 22. 1925.

[6]) SEEL: Zeitschr. f. Krebsforsch. Bd. 22, S. 1. 1924.

[7]) CRAMER: Brit. journ. of exp. pathol. Bd. 6. 1925.

und Bang, Lipschütz, Möller[1]), Yamagiwa, Suzuki und Murayama[2])]. Teilweise sind diese Geschwülste auch als Carcinosarkome bezeichnet worden, und wenn wir hören, daß aus einem solchen Carcinosarkom bei der Transplantation auf 23 Mäuse 6 Carcinosarkome und 15 Spindelzellsarkome, in den weiteren Generationen nur Spindelzellensarkome entstanden [Fibiger und Bang[3])], so werden wir nach dem früher Dargelegten hier in erster Linie an völlig entdifferenzierte epitheliale Geschwülste, also eine pseudosarkomatöse Metaplasie, Meristombildung, denken. Dafür spricht auch, daß Deelman[4]) die Sarkombildung teils primär in der Haut, teils sekundär in einem Ulcus carcinomatosum beobachtete. In einzelnen Fällen wurde auch von vornherein subepitheliale Entstehung eines Sarkoms beschrieben [Lipschütz[5])], es soll also nicht ausgeschlossen werden, daß auch bei der äußeren Teerpinselung durch Faktoren, die wir noch nicht übersehen, in einzelnen Fällen das regenerierende Bindegewebe zur Tumorbildung veranlaßt wird.

Daß bei den Teerpinselungen neben diesen bösartigen Geschwülsten, und zwar schon vor ihnen Papillome der Haut auftreten, wurde bereits erwähnt. Außerdem werden regelmäßig Talgdrüsenhypertrophien und -adenome, Talgdrüsencysten, Pachydermie und inselförmige Epithelhyperplasien sowie häufig Vermehrung der Pigmentzellen (Melanome, Lipschütz) beobachtet.

Auch die Entstehung eines Carcinoms — und hier kommen wir zu einem sehr wichtigen Punkt — nicht unmittelbar am Orte der Teerpinselung, ist beschrieben worden [Krotkina[6])]. Maisin[7]) und Mertens[8]) erzielten auch Krebsbildung, wenn sie nach einiger Zeit die Teerpinselung an einer weitentfernten Hautstelle fortsetzten, d. h. das Carcinom bildete sich an der zuerst gepinselten Stelle. Mertens[9]) konnte zeigen, daß auch bei paracutaner Anwendung des Teeres wie bei den hautgeteerten Tieren Haarausfall und Mastzellvermehrung in der Haut entstehen und auch die gleichen Schädigungen der inneren Organe nachzuweisen sind. Mertens will in diesen Erscheinungen schon die Erklärung für die Entstehung von Carcinomen auf teerferner Haut erblicken.

An dieser Stelle ist eine sehr merkwürdige und wichtige Beobachtung zu erwähnen, die erst vor kurzem von Möller[10]) mitgeteilt worden ist. Schon vor längerer Zeit hatte Lipschütz mitgeteilt, daß er bei einer geteerten Maus bei intakter Haut eine Metaplasie beider Samenblasen und gleichzeitig **Cancroidbildung in beiden Lungen** nachweisen konnte. Wir erwähnten schon, daß die verschiedenen Autoren bei der Teerpinselung an der Ratte teils ganz negative, teils positive Ergebnisse hatten. Möller hat nun 24 gescheckte Ratten 2—3mal wöchentlich auf die Rückenhaut gepinselt, von denen aber nur 6 längere Zeit am Leben blieben. Bei diesen sämtlichen 6 Tieren, die 300 Tage oder länger gepinselt waren, fanden sich nun in den ·Lungen verhornende Plattenepithelcarcinome, die der Verfasser als primäre und bronchogen entstandene auffaßt. Man könnte in diesem Falle daran denken, daß die durch die Haut aufgenommenen Teerbestandteile in den Lungen durch die Atmung wieder ausgeschieden werden,

---

[1]) Möller: Brit. journ. of exp. pathol. Bd. 19, S. 393. 1923.
[2]) Yamagiwa, Suzuki u. Murayama: Teersarkom beim Kaninchen. Mitt. d. med. Fakult. d. Kais. Univ. Tokio, Dez. 1920.
[3]) Fibiger u. Bang: Cpt. rend des séances de la soc. de biol. Bd. 83, S. 1157. 1920.
[4]) Deelman: Zeitschr. f. Krebsforsch. Bd. 18, S. 261. 1922.
[5]) Lipschütz: Wien. klin. Wochenschr. 1923, Nr. 23.
[6]) Krotkina: Zeitschr. f. Krebsforsch. Bd. 22, S. 125. 1925.
[7]) Maisin: 13. Bulletin d. l'Academ. d. méd. d. Belg. 1924.
[8]) Mertens: Zeitschr. f. Krebsforsch. Bd. 20, S. 217. 1923.
[9]) Mertens: Zeitschr. f. Krebsforsch. Bd. 23, S. 359. 1926.
[10]) Möller: Acta pathol. e. microbiol. scandinav. Bd. 1, S. 434. 1924.

hier eine Schädigung des Respirationsepithels und auf diesem Wege schließlich den Lungenkrebs hervorrufen. Aber auch eine andere Deutung kann, wie ich glaube, noch nicht völlig von der Hand gewiesen werden, wenn wir daran denken, daß auch beim Schornsteinfegerkrebs in 4 Fällen bereits Plattenepithelcarcinom der Inguinaldrüsen ohne Primärtumor und bei völlig intakter Haut nachgewiesen wurde [BUTLIN[1])]. Nach Niederschrift dieser Zeilen kam ein weiterer analoger Befund zu meiner Kenntnis. MURPHY und STURM[2]) haben bei Teerpinselung abwechselnder Hautfelder, so daß das Einzelfeld nie stärker geschädigt wurde, bei der Maus ebenfalls primäre Lungencarcinome in 60—70% ihrer Versuche

Abb. 476. *Teerkrebs des Kaninchenohrs.* (2 mal wöchentlich Carbeneolpinselung vom 20. VIII. bis 20. XII. 1925. Erste Warze am 28. X., verhornender Plattenepithelkrebs am 20. XI. in der Excision nachgewiesen. Das Bild zeigt das Ohr mit einem großen Carcinom und multiplen Papillomen am 1. III. 1926. $^6/_{10}$ natürliche Größe. (Versuche JAFFÉ, Pathologisches Institut Frankfurt a. M.)

hervorrufen können. Vielleicht dürfen wir das Ergebnis auch dahin deuten, daß bei diesen Tieren Regenerationsvorgänge in der Lunge im Gange waren, als die Allgemeinschädigung durch die Teerpinselung hinzutrat (vgl. S. 1685). Diese Hypothese ist nicht so absurd als es auf den ersten Blick scheinen könnte, denn wir wissen durch TEUTSCHLÄNDER, daß chronisch-entzündliche Prozesse, chronische Pneumonien mit lebhafter Epithelmetaplasie, in der Rattenlunge sehr häufig sind (s. S. 1553). Jedenfalls sehen wir aus diesen Ergebnissen, die ja ganz neue Gesichtspunkte aufrollen, ohne weiteres, daß die Geschwulstbildung keineswegs ein so einfacher Vorgang ist, wie es nach der üblichen Reiztheorie erscheint. Wir erkennen daraus, daß die neue experimentelle Methode uns noch vor zahlreiche neue Fragestellungen und Aufgaben stellt.

Bei diesen bewundernswerten Ergebnissen der Teerpinselung lag es natürlich nahe, den Teer auch noch auf anderem Wege auf den Organismus einwirken

---

[1]) BUTLIN: Brit. med. journ. 1892, zitiert nach LEUENBERGER: Beitr. z. klin. Chir. Bd. 80, S. 208. 1912.
[2]) MURPHY u. STURM: Journ. of exp. med. Bd. 42, S. 699. 1925.

zu lassen und die Folgen zu analysieren. Buschke und Langer[1] haben monatelang bei Ratten **Gasteer** in kleinen Dosen **rectal** zugeführt und in 40% der Tiere benigne Tumoren des Vormagens mit starken Hyperkeratosen und Ulcerationen erzeugt, also auch hier wieder eine Einwirkung weit entfernt vom Orte der Teerapplikation. Bösartige Geschwülste wurden auf diesem Wege bisher nicht erzielt, allerdings bezeichnen Buschke und Langer die von ihnen im Vormagen der Ratte bei diesen Versuchen gefundenen Veränderungen als maligne Hyperkeratosen. (Ganz ähnliche Veränderungen im Vormagen der Ratte haben Buschke und Peiser[2] durch orale Zufuhr von Thallium erzielt.)

Sodann hat man den **Teer unmittelbar in das Gewebe** injiziert oder Teerstückchen in das Gewebe eingeführt. In erster Linie ist hier wieder Yamagiwa[3] zu nennen, der durch *wiederholte* Injektion in die Mamma in 12,23% der Fälle **Mammacarcinome** erzielte, und zwar Cancroide, Adenocancroide und reine Epitheliome sowie Drüsenkrebse. Injiziert wurde reiner Teer, Teerlanolin, Teerparaffin und ähnliche Gemische. In einem Falle wurde auch durch Injektion von Lanolinteer (13mal in 2 Jahren) ein sehr bösartiges rezidivierendes und metastasierendes Myxofibrosarkom der Mamma des Kaninchens erzeugt.

Auch hier wurden um so reichlicher Tumoren erhalten, je länger die Tiere trotz der Teerbehandlung am Leben bleiben.

Russel[4] konnte durch wiederholte subcutane Einpflanzung von Steinkohlenteerstückchen Ratten- und Mäusecarcinome erzeugen. Bei einer Einpflanzung in das Periost entstand in diesen Versuchen auch ein Osteosarkom.

Die Einwirkung des Teers auf implantierte *Embryonalzellen* von Hühnern wurde bei der Besprechung der Rous-Sarkome bereits erwähnt. Wichtig ist, daß hier der Teer sowohl bei lokaler wie bei intravenöser Anwendung (natürlich in sehr starker Verdünnung) wirkt (s. S. 1545).

Daß bei solchen Teerinjektionen ebenso wie bei Injektionen zahlreicher anderer Lipoide mit Gewebsschädigungen Metaplasien am Epithel der Milchgänge, der Schweißdrüsen, der Talgdrüsen usw. eintreten, verdient ebenfalls erwähnt zu werden und entspricht ganz der Epithelmetaplasie in der Mamma, wie ich sie schon vor 20 Jahren durch Injektion von Scharlachäther in die Mamma des Kaninchens hervorrufen konnte. Eine ganze Reihe weiterer positiver Ergebnisse wird von den Japanern berichtet: Epitheliom der Lunge durch Teerinjektion in die Kaninchenlunge (Ibuka-Fakuda-Onuma), Adenome durch Teerinjektion in die Magenwand von Kaninchen (Ishibashi), Adenocanroid der Lunge durch Teerinhalation beim Meerschweinchen [Kimura[5]], und endlich Gallenblasencarcinom beim Meerschweinchen durch Einführung von Teer in die Gallenblase [Kazama[6]]. Russell[7] erzeugte durch subcutane Injektion von Lanolinteer bei Ratten und Mäusen Spindelzellensarkome. Lacassagne und Monod[8] erzeugten ein „Sarkom“ des Hodens durch zweimalige Teerinjektion in den Hoden des Kaninchens, und Löwenstein[9] endlich erzeugte durch wiederholte intraperitoneale Injektion eines 10proz. Teeröls bei der Maus Spindelzellensarkome. Wenn wir bedenken, daß der Teer schon bei der Pinselung und

[1] Buschke u. Langer: Zeitschr. f. Krebsforsch. Bd. 21, S. 1. 1923.

[2] Buschke u. Peiser: Zeitschr. f. Krebsforsch. Bd. 21, S. 11. 1923.

[3] Yamagiwa: Virchows Arch. f. pathol. Anat. u. Physiol. Bd. 233, S. 235. 1921 u. Bd. 245, S. 20. 1923.

[4] Russel, G.: 8. Bericht des Imper. Canver Res. Fund. London 1923.

[5] Kimura: Japan. pathol. Ges. Bd. 14, S. 246. 1924.

[6] Kazama, alles zitiert nach Yamagiwa: Gann, Bd. 17, S. 1, Tokyo. 1924.

[7] Russell: Journ. of pathol. a. bacteriol. Bd. 25, S. 409. 1922.

[8] Lacassagne u. Monod: Ann. d'anat. pathol. méd.-chir. 1924.

[9] Löwenstein: Klin. Wochenschr. 1925, S. 1455.

noch vielmehr bei der Injektion die Tiere schwer schädigt und daher die Dosierung sehr schwierig ist, weil viele Tiere rasch zugrunde gehen, so müssen auch diese bisher erzielten Ergebnisse als sehr auffallend bezeichnet werden. Wir können daher heute schon sagen, daß wir in der Teermethode einen völlig sicheren Weg kennen, um bösartige Geschwülste verschiedener morphologischer Struktur künstlich zu erzeugen.

Beachtenswert ist, daß der Teer gleichzeitig eine Resistenzerhöhung gegen Tumorübertragungen schafft [SACHS und TAKENOMATA[1])]. Andererseits hat MURRAY[2]) festgestellt, daß Mäuse, bei denen ein spontan aufgetretener Mamma-krebs operativ entfernt wurde, auf nachträgliche Teerpinselung nicht mit Carci-nombildung reagieren — allerdings wird neuerdings, besonders für Kaninchen, das Gegenteil berichtet[3]). Ebenso wissen wir, daß Tiere, die gegen Transplantationen von sonst sehr virulenten Carcinomstämmen resistent sind, besonders leicht an spontanem Krebs erkranken. s. BASHFORD, MURRAY u. HAALAND[4]), BLUMEN-THAL[5]) und APOLANT[6]). Hier sehen wir also Gegensätzlichkeiten, die in sehr deutlicher Weise auf die Beteiligung des Gesamtorganismus bei der Tumor-entwicklung hinweisen und die sofort zum Schlusse zwingen, daß auch die äußere Applikation des Teers Umstimmungen des Gesamtkörpers hervorrufen muß, auf die später noch einzugehen sein wird.

Da der Teer ja kein chemisch reines Produkt, sondern eine sicherlich nach der Herkunft auch recht verschieden zusammengesetzte Mischung sehr verschiedener chemischer Körper ist, so regte sich natürlich schon bald der Wunsch, die krebs-bildende Komponente aus dem Teer als chemisch reinen Körper zu isolieren und so vielleicht auch der biologischen Wirkung etwas näherzukommen.

Allerdings gibt es Autoren, die im Teerkrebs nur einen experimentellen Arsenkrebs sehen wollen, da der Teer ja auch sehr häufig Spuren von Arsen enthält. SLOSSE konnte in den Organen der geteerten Tiere Arsen nachweisen, und BAYET[7]) betont die Ähnlichkeit der Symptome der Teerkrankheit mit denen der chronischen Arsenvergiftung. Er glaubt, daß die Angaben über arsen-freien Teer auf Untersuchungen mit nicht genügend empfindlichen Methoden beruhen. Wenn wir aber bedenken, wie schwer und selten es gelungen ist, mit reinen Arsenpräparaten bei lokaler Anwendung auf das erwachsene Tier Tumoren zu erzeugen (wir sahen, daß nur eine einzige positive Angabe von LEITCH und KENNAWAY — s. S. 1604 — vorliegt), während umgekehrt das Teercarcinom so leicht zu erzielen ist, so werden wir eine solche Hypothese ablehnen müssen. Zudem ist es auch gelungen, mit sicher arsenfreiem Teer experimentell Carcinome zu erzielen [MÖLLER[8])]. BIERICH[9]) hat mit arsenfreiem Teer in 55—60% Carcinome erzielen können.

Wichtig ist, daß die verschiedenen Teerarten verschiedene Wirksamkeit besitzen. Der Holzkohlenteer ist völlig unwirksam, am wirksamsten ist der Horizontalretortenteer der Steinkohle. Ausgedehnte Versuche zur Isolierung der krebsbildenden Substanzen sind von BLOCH und DREIFUSS[10]) vorgenommen

---

[1]) SACHS u. TAKENOMATA: Dtsch. med. Wochenschr. 1923, S. 1294.

[2]) MURRAY: Brit. med. journ. 1922, S. 1103, Nr. 3232.; Report imperial cancer res. fund. London 1923.

[3]) Z. B. von YAMAGIWA u. Mitarbeitern: Gann Bd. 20, Nr. 1, S. 1. Tokyo 1926.

[4]) BASHFORD, MURRAY u. HAALAND: Berl. klin. Wochenschr. 1913, Nr. 1/2.

[5]) BLUMENTHAL: Zeitschr. f. Krebsforsch. Bd. 16, S. 357. 1919.

[6]) APOLANT: Dtsch. med. Wochenschr. 1911, S. 1145.

[7]) BAYET: Cancer Bd. 1, S. 5. 1923.

[8]) MÖLLER: Zeitschr. f. Krebsforsch. Bd. 19, S. 393. 1923.

[9]) BIERICH: Zentralbl. f. Pathol. Bd. 35, S. 265. 1924 u. Klin. Wochenschr. 1924, S. 221.

[10]) BLOCH u. DREIFUSS: Schweiz. med. Wochenschr. 1921, S. 1033 u. Krebskonferenz Amsterdam, Okt. 1922.

worden, indem sie die einzelnen Teerfraktionen auf ihre carcinombildende Fähigkeit prüften. Ihr Ergebnis lautete: Die niedrig siedenden Phenole und Basen des Rohteers sind unwirksam, die niedrig siedenden Kohlenwasserstoffe erzeugen gutartige Geschwulstbildungen, und die über 300° siedenden benzollöslichen Anteile des Teers erzeugen in etwa 4 Monaten in 100% bei der Maus rasch wachsende maligne Geschwülste. Jordan[1]) fand den Vollteer sehr wirksam, den bei 400° bleibenden erdpechhaltigen Rückstand jedoch doppelt so schnell krebsbildend wie den Vollteer. Deelman[2]) fand bei der Destillation von Retortenteer, daß die bis 345° übergehenden Fraktionen unwirksam waren, während aus dem Rückstand die krebsbildenden Substanzen mit Toluol, Aceton, Benzol extrahiert werden konnten. Kennaway[3]) fand den wirksamen Bestandteil

Abb. 477. *Teerkrebs des Kaninchenohrs.* (2 mal wöchentlich Abreiben mit Petroläther und Pinseln mit Carboneol vom 10. VIII. bis 20. XII. 1925. Erstes Knötchen 15. IX., infiltrierendes Wachstum am 17. IX. 1925 in der Excision nachgewiesen. Das Bild zeigt das Ohr am 25. II. 1926. Das große Carcinom ist auf die Außenseite des Ohres durchgebrochen und hat sich an der Stelle der ersten Probeexcision entwickelt. ²/₃ natürliche Größe. (Versuche Jaffé, Pathologisches Institut Frankfurt a. M.)

des Teers besonders im Pech, in den Fraktionen, die zwischen 250—500° übergehen. Kennaway[3]) berichtet, daß Kondensationsprodukte von Isopren rascher und in höherem Prozentsatz Krebs hervorrufen als viele Kohlenteerproben, und führt die Aktivität des Teers auf die Anwesenheit anorganischer Katalysatoren zurück — allerdings war eine genaue Bestimmung der krebsbildenden Substanzen im Teer nicht möglich. Passey und Carter-Braine[4]) untersuchten die verschiedenen Fraktionen des Rußes und fanden, daß die Fraktion 2, die die ätherlöslichen Basen und neutralen Farbstoffe enthält, carcinombildende Fähigkeiten hatte.

---

[1]) Jordan: Zeitschr. f. Krebsforsch. Bd. 19, S. 39. 1922.
[2]) Deelman: Bull. de l'assoc. franc. pour l'étude du cancer Bd. 12, S. 24. 1923.
[3]) Kennaway: Brit. med. journ. 1924, S. 564, Nr. 3300; Journ. of industr. hyg. Bd. 5, S. 462. 1924.
[4]) Passey u. Carter-Braine: Journ. of pathol. a. bacteriol. Bd. 28, S. 133. 1925.

Nach MURRAY wird die krebsbildende Fähigkeit des Teers auch dann nicht zerstört, wenn der größte Teil seiner Säuren und Basen durch Wasser, Alkohol und Äther extrahiert ist. TEUTSCHLÄNDER[1]) hatte wesentlich schlechtere Resultate mit Teerpech und Anthracenöl als mit Vollteerpinselung. HOFFMANN, SCHREUS und ZURHELLE[2]) konnten nur mit dem neutralen Teeröl Carcinome hervorrufen, sie erhielten bei Pinselung mit Paraffinöl papilläre Talgdrüsenadenome, mit Steinkohlenteer Cancroide, mit Neutralöl breite und flache Carcinome. STERNBERG[3]) hat dann auch mit gereinigten und in der Therapie bewährten Teerpräparaten Carcinome erzielen können, insbesondere mit Carboneol, einem in Tetrachlorkohlenstoff gelösten Steinkohlenteer. Dies Präparat hat sich auch in zahlreichen Versuchen an meinem Institut als ausgezeichnet geeignet zur künstlichen Krebserzeugung bei Maus und Kaninchen erwiesen.

Trotz zahlreicher Untersuchungen und Bemühungen nach dieser Richtung ist es also bisher noch nicht gelungen, ganz bestimmte chemische Körper für die Krebsbildung verantwortlich zu machen.

Wir müssen uns nunmehr kurz mit den feineren Vorgängen beschäftigen, die sich in der geteerten Haut abspielen und schließlich zur Carcinombildung führen. Gerade in diesem Punkte war ja zu hoffen, daß die Möglichkeit der experimentellen Geschwulsterzeugung uns die Verfolgung aller einzelnen Stadien der Tumorbildung und damit ein tieferes Eindringen in ihr Wesen ermöglichen würde. Leider sind die Ergebnisse in dieser Richtung noch recht bescheiden. Schon FIBIGER und BANG haben die **Hautveränderungen bei der Teerpinselung** eingehender studiert und zunächst temporären, dann dauernden Haarausfall gefunden. DREIFUSS und BLOCH[4]) stellten mikroskopisch fest, daß mit den Haaren auch die Follikel zugrunde gehen. Die haarlose Haut ist rauh, zeigt Schuppung und feine Rhagaden, und nach 3—6 Monaten entwickeln sich Warzen und Papillome, aus denen dann durch Tiefenwachstum des verhornenden Epithels die Cancroide hervorgehen, doch können auch carcinomatöse Geschwüre sich in der Haut ohne vorausgehende Warzenbildung entwickeln.

Mikroskopisch sind bei systematischen Untersuchungen der geteerten Haut eine allgemeine Verdickung, Teerinduration oder Pachydermie der Haut [LIPSCHÜTZ[5])] und inselförmige Epithelhyperplasien mit Auflockerung der Basalschicht schon frühzeitig festzustellen. DREIFUSS und BLOCH[6]) sprechen von allgemeiner Verdickung der Epidermis mit Akanthose und intracellulärem Ödem. Im Bindegewebe fanden sich häufig Entzündungen bis zur Abszeßbildung, ohne daß jedoch zwischen Entzündung und Tumorbildung Beziehungen festzustellen waren. Die Gefäße zeigen oft auffallende Capillarerweiterungen, seltener endotheliale Wucherungen. Auflockerung und Ödem des Bindegewebes sind auch in der Umgebung der Epithelwucherung festzustellen, wo sich auch Infiltrationen mit Leukocyten, Plasma-, Mastzellen und Lymphocyten finden[7]). ICHIKAWA und BAUM[8]) fanden ebenfalls Erweiterungen und Wucherungen der Blut- und Lymphgefäße unter der geteerten Epidermis, während das elastische Gewebe schwindet. BIERICH[9]) findet als primäre Bindegewebsveränderung

---

[1]) TEUTSCHLÄNDER: Zeitschr. f. Krebsforsch. Bd. 20, S. 111. 1923.
[2]) HOFFMANN, SCHREUS u. ZURHELLE: Zitiert auf S. 1623.
[3]) STERNBERG: Zeitschr. f. Krebsforsch. Bd. 20, S. 420. 1923.
[4]) DREIFUSS u. BLOCH: Arch. f. Dermatol. u. Syphilis Bd. 140, S. 6. 1922.
[5]) LIPSCHÜTZ: Wien. klin. Wochenschr. 1923, Nr. 23.
[6]) DREIFUSS u. BLOCH: Zitiert auf S. 1615.
[7]) Von DREIFUSS u. BLOCH auf sekundäre Infektion zurückgeführt.
[8]) ICHIKAWA u. BAUM: Bull. de l'assoc. franç. pour l'étude du cancer Bd. 13, S. 107. 1924. S. auch MENETRIER: Ebenda Bd. 12, S. 200. 1923.
[9]) BIERICH: Klin. Wochenschr. 1922, S. 2272.

histologisch eine Quellung der Bindegewebsfasern und Zunahme ihrer Elastin-färbbarkeit, die er ebenso durch subcutane Arsenzufuhr hervorgerufen haben will. Zugleich treten reichlicher Mastzellen auf. Roussy, Leroux und Peyre[1]) fanden neben ähnlichen Bindegewebsveränderungen im Gewebe dunkelbraune Teerpartikelchen und Eisenpigmentablagerungen in Histiocyten. Mertens[2]) fand wie Deelman an der Haut der geteerten Mäuse linsengroße subepitheliale Verdichtungen, die sich bei der mikroskopischen Untersuchung als Nekrosen herausstellten, von deren Rand dann die Krebsbildung ausging.

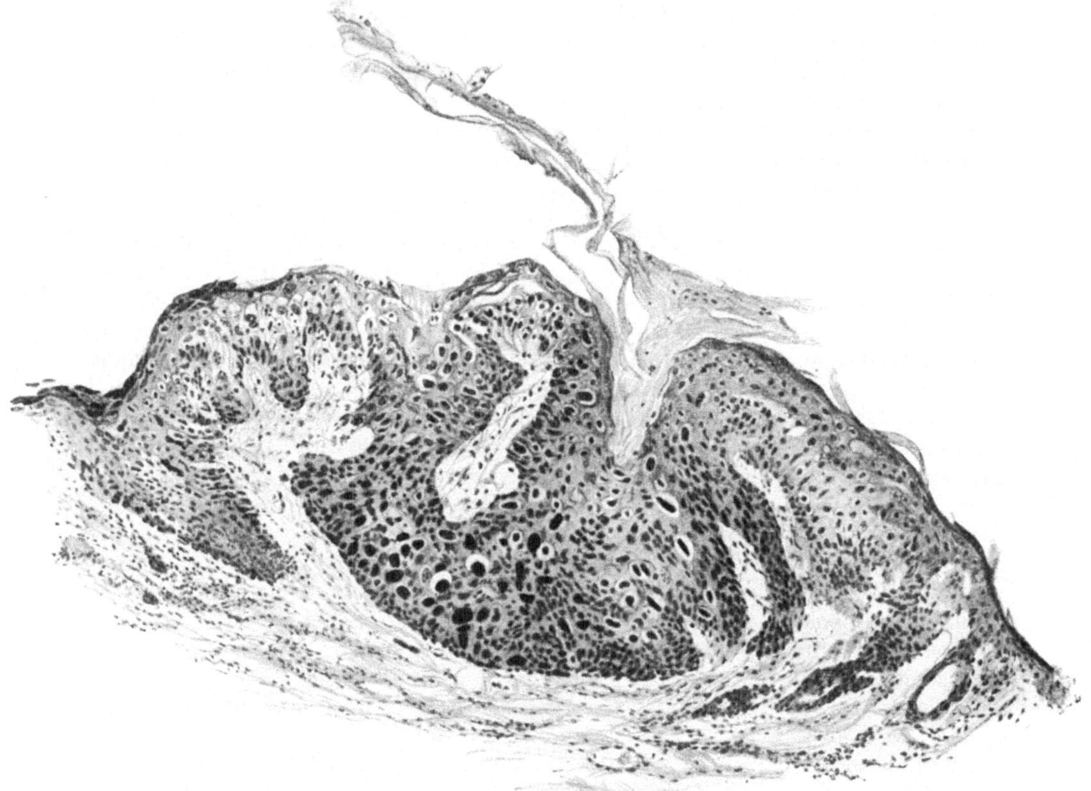

Abb. 478. Experimentelles *Teercarcinom der Haut* bei der *Maus*. Primär polymorphzellig, noch scharf begrenztes Epithelion vom Typus der Bowenschen Dermatose. (Aus Dreifuss u. Bloch: Arch. f. Dermatol. u. Syphilis Bd. 140.)

Bei grauen und schwarzen Mäusen (niemals bei weißen) fand Lipschitz[3]) auch gesetzmäßige *Pigmentveränderungen* bis zur Bildung kleiner gutartiger Melanome, Veränderungen, die keine Beziehung zur Krebsbildung haben dürften, ebenso wie die von Lipschütz beschriebene entzündliche Wucheratrophie des Fettgewebes bei der Teerpinselung.

Diesen Veränderungen der Frühstadien schließen sich nun Talgdrüsen-wucherungen und -cysten, Bildung von Follikelepitheliomen und -papillomen an, auf die dann die Carcinombildung folgt.

[1]) Roussy, Leroux u. Peyre: Cpt. rend. des séances de la soc. de biol. Bd. 88, S. 603. 1923.
[2]) Mertens: Zeitschr. f. Krebsforsch. Bd. 21, S. 494. 1924.
[3]) Lipschitz: Arch. f. Dermatol. u. Syphilis Bd. 147, S. 520. 1924.

Am wichtigsten wäre es natürlich, in die Veränderungen des Hautepithels selbst tieferen Einblick zu gewinnen. DREIFUSS und BLOCH[1]) konnten aus ihren systematischen Untersuchungen keinen Anhalt dafür gewinnen, ob der Teer am Follikelepithel oder Deckepithel der Haut angreift. BLOCH nimmt an, daß „bestimmte Punkte, vielleicht sogar einzelne bestimmte Zellen dazu prädestiniert sind, auf gewisse chemische Reize hin . . . mit geschwulstartigem Wachstum zu reagieren“. DEELMAN[2]) beschreibt als erste Veränderung an dem Epithel das Wachstum und die Hypertrophie eines größeren Epithelgebietes, von dessen

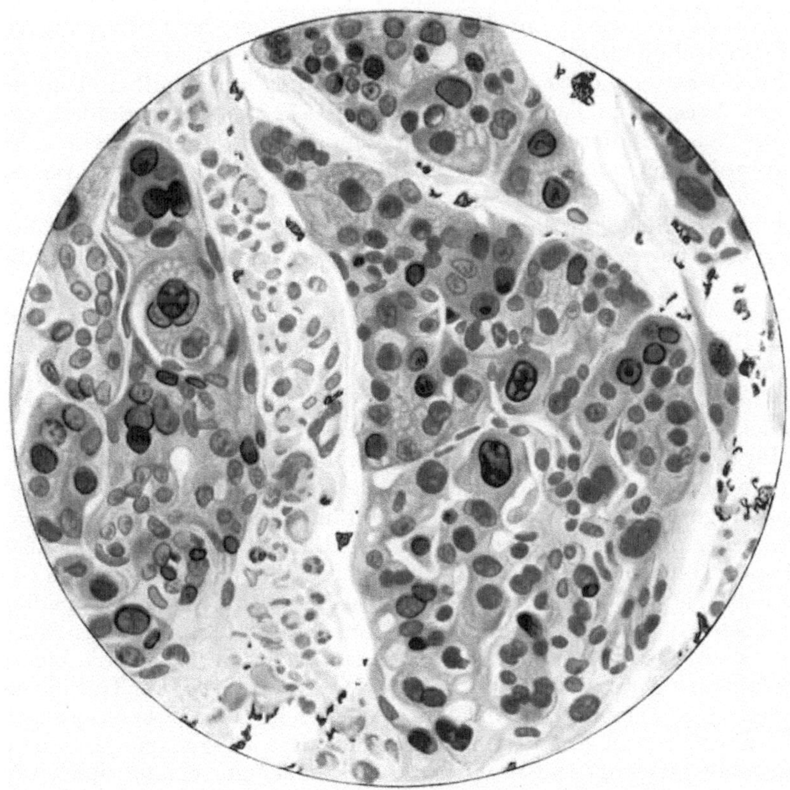

Abb. 479. Kernerkrankung der Speicheldrüsenzellen einer Ratte bei Teerinjektion. Starke Vergrößerung. In Abständen von 8 Tagen je ein Tropfen Carboneol in die Drüse injiziert. Spontanexitus nach 22 Tagen. (Versuche B. FISCHER-MACCHIARULO-Frankfurt a. M.)

ältesten zentralen Teilen das atypische Wachstum in die Tiefe, d. h. das Carcinom, ausgeht, wobei auch benachbarte Zellen aus dem hypertrophischen Epithelgebiet in das atypische Tiefenwachstum übergehen. DEELMAN nimmt also nach diesen Beobachtungen an den Anfangsstadien ein Wachstum des Carcinoms „aus sich selbst heraus“ und ein Wachstum durch krebsige Entartung der Nachbarzellen an, ein multizentrisches und multicelluläres Wachstum. Diese Zentren schnelleren Wachstums sah er besonders im Bereiche der Haarsäckchenhypertrophien, der Talgdrüsenhypertrophien und der Papillome. In diesen primären Wachstumszentren dokumentiert sich die biologische Zellumwandlung „in einer sehr inten-

---

[1]) DREIFUSS u. BLOCH: Zitiert auf S. 1615.
[2]) DEELMAN: Klin. Wochenschr. 1922, S. 1455.

siven Anomalie der Verhornungsprozesse (Dyskeratose) und in hochgradigen Formveränderungen des Protoplasmas und besonders der Kernbestandteile" [Bloch[1])]. Die Epithelzellen in diesen Herden liegen ganz ungeordnet, zeigen sehr verschiedene Formen, Riesenformen, Zwergformen, auch die Kerne sind sehr polymorph, bald chromatinarm, klein, bald chromatinreich, groß und pyknotisch [Bloch und Dreifuss[2])]. Möller[3]) fand als früheste Veränderung in der Basalzellschicht der Epidermis Herde von Zellquellung mit Auflockerung des Zellverbandes. Von vielen Autoren wird die sehr frühzeitig einsetzende Verhornung und die Häufigkeit der Nekrosen betont.

In eigenen Versuchen mit Machiarulo habe ich die Einwirkung wiederholter Carboneolinjektionen in die Parotis des Kaninchens studiert und hier die dadurch entstehende schwere Kernerkrankung der Epithelzellen in sehr sinnfälliger Weise feststellen können. Die Abb. 479 gibt die Veränderungen gut wieder, die sich nach der primären Schädigung und unter dem direkten Einfluß der Teerpartikelchen entwickeln. Es ist interessant, daß auch bei Menschen ganz ähnliche Kernbilder nach schweren Schädigungen beobachtet werden — ich weise nur auf die Bilder hin, die Thorel[4]) von einem Fall von sekundärer Schrumpfniere gegeben hat und die auffallende Übereinstimmung mit unseren Bildern zeigen.

Von großer Wichtigkeit ist, daß auch an der übrigen, *nicht mit Teer gepinselten* Haut Veränderungen beschrieben worden sind, insbesondere sah Lipschütz[5]) neben Pigmentveränderungen und gutartigen Melanomen auch das Auftreten von Warzen in der nicht gepinselten Haut sowie von Talgdrüsenwucherungen und Talgdrüsencysten.

Da für das Studium des menschlichen Carcinoms die Frage der präcancerösen Veränderungen mit Recht im Vordergrunde des Interesses steht, so soll hier auch die Frage erörtert werden, welche Veränderungen in der teergepinselten Haut als sicher präcancerös anzusehen sind. Hier hat Deelman[6]) vor allem gezeigt, daß die Teerpinselung zur Krebserzeugung in der Haut der Maus so lange erfolgen muß, bis **die lokalen Herde von Zellwucherung auftreten** (regelmäßig nach 10—11 Wochen). Von diesem Augenblick an kann mit dem Teeren der Haut aufgehört werden, das Carcinom entwickelt sich doch, d. h. also, die biologische Umwandlung der Epithelzelle ist bereits perfekt und die weitere Teeranwendung überflüssig. Wird aber vor der Ausbildung der genannten Epithelinseln die Teerpinselung abgebrochen, so entwickelt sich niemals ein Carcinom. Daraus ergibt sich auch, daß die primäre Veränderung, die zur Tumorbildung führt, tatsächlich am Epithel selbst zu suchen ist.

Auch die Feststellung Foersters[7]), der durch Vitalfärbung in der teergepinselten Haut vor dem Auftreten und beim Beginn des Carcinoms eine erhöhte Farbstoffspeicherung schon nach 2—3 Wochen, also eine starke Aktivierung des Mesenchyms nachweisen konnte, kann an dieser Feststellung nichts ändern. Harde[8]) wies durch Vaccination nach, daß durch Teerpinselung ein stark aktiver Zustand der präcancerösen Zellen entsteht.

Bittmann[9]) findet Veränderungen der Centrosomen in den Epithelzellen

[1]) Bloch: Krebskonferenz Amsterdam, Okt. 1922.
[2]) Bloch u. Dreifuss: Schweiz. med. Wochenschr. 1921, S. 1033.
[3]) Möller: Zeitschr. f. Krebsforsch. Bd. 19, S. 393. 1923.
[4]) Thorel: Dtsch. Arch. f. klin. Med. Bd. 84, Tafel 1. 1905.
[5]) Lipschütz: Zeitschr. f. Krebsforsch. Bd. 21, S. 59. 1923.
[6]) Deelman: Zeitschr. f. Krebsforsch. Bd. 19, S. 125. 1922.
[7]) Foerster: Zentralbl. f. Pathol. Bd. 35, S. 277. 1924.
[8]) Harde: Cpt. rend. des séances de la soc. de biol. Bd. 91, S. 1142. 1924.
[9]) Bittmann: Zeitschr. f. Krebsforsch. Bd. 22, S. 278. 1925.

der geteerten Haut, und zwar konnte er noch vor der Kernteilung mehr als zwei Centrosomen von ungleicher Größe und Färbbarkeit nachweisen. Er nimmt an, daß die chemische Teerwirkung in erster Linie die Centrosomen angreift und damit den Reizimpuls zur Geschwulstbildung abgibt (s. auch KAPPERS, S. 1412).

LIPSCHÜTZ[1]) gelang es, den Beweis für die Bedeutung der präcancerösen Veränderungen dadurch noch schärfer zu führen, daß er junge präcanceröse Warzen von teergepinselten Mäusen auf normale Mäuse transplantierte und hier sowohl die Entwicklung von Warzen wie von Carcinomen und „Sarkomen" feststellen konnte. Die Versuche von MURRAY und WOGLOM über die Krebserzeugung durch Autotransplantation gutartig aussehender Teerwarzen wurden bereits erwähnt. Man kann nicht gut schärfere Beweise für die Bedeutung der biologischen Zellveränderung als des Determinationsfaktors der Geschwulstbildung verlangen.

Es ist auch der Versuch gemacht worden, die Zellwucherung auf *direkte* Einwirkung des Teers zurückzuführen. MÖLLER[2]) sah schon nach 2 Wochen die ersten morphologischen Veränderungen in der Basalzellenschicht des Stratum Malpighii in der teergepinselten Haut auftreten, und zwar in Form von Auflockerungen des Zellverbandes und vermehrter Kernteilung. Gerade hier wurden aber auch am häufigsten mikrochemisch kleine Teerpartikelchen nachgewiesen. Auch ROUSSY[3]) fand in der geteerten Mäusehaut in ungefärbten Gewebsschnitten unregelmäßig geformte dunkelbraune Teerpartikelchen. RUSSELL[4]) fand häufig nach subcutaner Einspritzung von Teer diesen in Form kleiner homogener, brauner Kugeln intracellulär gespeichert. JORSTAD[5]) hat eine eingehende Untersuchung über die Einwirkung von Kohlenteertropfen auf die Zellen des Bindegewebes durchgeführt. Diese Zellen werden zunächst schwer geschädigt, ja durch starke Teerdosen kann das Tier unter Kachexie zugrunde gehen. Aber nach einiger Zeit hört diese Giftwirkung des Teers auf, die Zellen erholen sich, wachsen rascher und können schließlich eine Geschwulst bilden. Wir erwähnten bereits, daß MERTENS auch beim Teerkrebs die Entstehung der Carcinome im Anschluß an Nekrosen betonte, was durchaus der Beobachtung von BLOCH über das experimentell erzeugte Röntgencarcinom (s. S. 1623) entspricht. REISS[6]) hat Seeigeleier mit Emulsionen von Teer in Seewasser behandelt und hierbei schwere Veränderungen am Zellkern, besonders unregelmäßige Chromatinverteilung in den Tochterzellen und Depolarisation der Mitosen gefunden. Hier wie in unseren Versuchen an der Speicheldrüse (s. S. 1619), ist also der einfachste Nachweis der schweren Schädigung des Zellkerns durch den Teer erbracht. DÖDERLEIN[7]) hat ferner darauf hingewiesen, daß der Kohlenteer zu den oberflächenaktiven Stoffen gehört. Und da die Förderung der Zellteilung durch die Erniedrigung der Oberflächenspannung ja erwiesen ist (E. BAUER, PETRI u. a.), so wird die Wirkung des Teers verständlicher (s. physikalische Kataplasie der Tumorzelle S. 1435). Es wird weiterer Untersuchungen bedürfen, um klarzustellen, welcher Art die direkten Wirkungen des Teers auf Zellprotoplasma und Zellkern sind. Ebenso wichtig ist die Frage, ob eine direkte Beziehung zwischen der Intensität bzw. Quantität der Schädigung und der Krebsbildung besteht, wie BANG für den experimentellen Teerkrebs behauptet und auch BLOCH durch Berechnung der verabreichten Strahlendosis beim experimentellen Röntgencarcinom nachgewiesen haben will. Diese *Quantität* der Schädigung

[1]) LIPSCHÜTZ: Zeitschr. f. Krebsforsch. Bd. 21, S. 59. 1923.
[2]) MÖLLER: Zeitschr. f. Krebsforsch. Bd. 19, S. 393. 1923.
[3]) ROUSSY: Cpt. rend des séances de la soc. de biol. Bd. 88, S. 603. 1923.
[4]) RUSSELL: Journ. of pathol. a. bacteriol. Bd. 25, S. 409. 1923.
[5]) JORSTAD: Journ. of exp. med. Bd. 42, Nr. 2, August 1925, S. 221.
[6]) REISS: Arch. de biol. Bd. 34, S. 345. 1924.
[7]) DÖDERLEIN: Zeitschr. f. Krebsforsch. Bd. 23, S. 333. 1926.

1622   B. Fischer: Allgemeine Geschwulstlehre.

[Deelman[1]), Leo Loeb[2])] dürfte aber wichtiger für die Erzeugung der Gesamtdisposition sein (s. S. 1694—1730).

Von grundlegender Bedeutung ist nämlich die Frage, ob wir es beim experimentellen Teerkrebs mit einer rein lokalen Erkrankung zu tun haben. Es
wurde schon mehrfach erwähnt, daß sowohl bei Teerpinselung wie besonders
rasch bei Teerinjektionen ein häufig großer Teil der Versuchstiere zugrunde
geht. Döderlein betont auch mit Recht, daß bei den Versuchen die Teerintoxikation als Krankheitsform und Todesursache stets im Vordergrund steht,
nicht die Krebskachexie.

Auf die Bedeutung dieser Einwirkung des Teers auf den Gesamtorganismus
hat insbesondere Lipschütz[3]) wiederholt hingewiesen und daraus geschlossen,
daß das experimentell erzeugte Carcinom keine rein lokale Erkrankung, sondern
nur eine Teilerscheinung einer Allgemeinerkrankung des Organismus darstellt,
sozusagen ein Teilsymptom aus dem großen Komplex der Wirkungen der Teervergiftung. Auch Ichikawa und Baum[4]) betonen, daß der Teer bei der Pinselung als Blutgift wirkt, und Mertens[5]) stellte fest, daß bei der mit Teer gepinselten Maus der Teer in den ganzen Organismus verschleppt wird und sich
in Lungen, Leber, Milz und Nieren nachweisen läßt, und zwar sowohl bei Tieren,
die mit reinem Teer, wie bei solchen, die mit Teeröl gepinselt wurden. Schwere
Veränderungen der inneren Organe fanden Franco und Affonso[6]). Sie betonen
vor allem das Auftreten von Teerkörnchen in allen Organen der teergepinselten
Mäuse, und zwar fanden sie diese Körnchen frei im Blut, in den Leukocyten
und vor allem im Gefäßendothel einschließlich der Kupfferschen Sternzellen.
Merkwürdigerweise wurden in den Lymphdrüsen niemals Teerkörnchen gefunden.

Piccaluga[7]) hat das cytolytische Vermögen des Blutserums bei der Teerintoxikation genauer untersucht und gefunden, daß dieses Vermögen bei den
geteerten Ratten vom 2. Monat ab sinkt und im 5. Monat verschwunden war.

Die Erscheinungen der Teervergiftung sind nach Lipschütz chronische
Anämie und als Zeichen des toxischen Blutzerfalls myeloide Metaplasie der
Milz- und Lymphdrüsen mit Ablagerung großer Mengen von Blutpigment. Ferner
finden sich Leukocytose, degenerative Veränderungen der Niere und Leber,
teilweise mit leichtem Ikterus einhergehend, Amyloidentartungen. Döderlein[8])
fand amyloide Degeneration zahlreicher innerer Organe als Folge der Teerpinselung (s. ferner S. 1726). Auch Mertens und Möller[9]) fanden regelmäßig
toxische Nierenschädigung (Nephrose mit Ödem, zuweilen auch cerebrale Reizerscheinungen), oft Leberverfettungen mit Nekrosen und Blutungen, in den
Lungen auch entzündliche Veränderungen bis zur Absceßbildung. Nehmen wir
hinzu, daß Lipschütz[3]) auch an nichtgeteerten Hautstellen sehr häufig Capillarerweiterungen, entzündliche Wucheratrophie des Fettgewebes, Talgdrüsenadenome, Talgdrüsencysten und gelegentlich Warzen sowie gutartige Melanome
auftreten sah, so werden wir dem Schlusse von Lipschütz[3]) zustimmen müssen,
daß die Teerpinselung „eine chronische Toxikose hervorruft, bei der sich an

[1]) Deelman: Nederlandsch tijdschr. v. geneesk. Bd. 68, S. 489. 1924.
[2]) Loeb, Leo: Journ. of cancer research Bd. 8, S. 274. 1924.
[3]) Lipschütz: Zeitschr. f. Krebsforsch. Bd. 21, S. 59. 1923; Wien. klin. Wochenschr.
1923, Nr. 23; Dermatol. Wochenschr. Bd. 76, S. 749. 1923.
[4]) Ichikawa u. Baum: Bull. de l'assoc. franç. pour l'étude du cancer Bd. 13, S. 107.
1924.
[5]) Mertens: Zeitschr. f. Krebsforsch. Bd. 20, S. 217. 1923.
[6]) Franco u. Affonso: Pathologica Bd. 18, Nr. 411, S. 8. 1926.
[7]) Piccaluga: Tumori Bd. 11, S. 291. 1925.
[8]) Döderlein: Zeitschr. f. Krebsforsch. Bd. 23, S. 333. 1926.
[9]) Möller: Zeitschr. f. Krebsforsch. Bd. 19, S. 393. 1923.

zahlreichen Angriffspunkten der Gewebe verschiedene Giftwirkungen nachweisen lassen". Inwieweit diese chronische Teervergiftung des Gesamtorganismus für das Verständnis der Geschwulstgenese von grundsätzlicher Bedeutung ist, wird später zu erörtern sein.

Experimentelle Geschwülste durch andere Kohlenprodukte.

Auch mit anderen Produkten der Kohle als dem Teer ist es gelungen, bösartige Geschwülste experimentell zu erzeugen. LEITCH[1]) gelang es mit mineralischen Rohölen, die alle **Paraffin** enthielten, bei Mäusen Carcinome und Sarkome zu erzeugen. Auch HOFFMANN, SCHREUSS und ZURHELLE[2]) erzeugten durch Paraffinpinselung gestielte papilläre Talgdrüsenadenome mit Übergang in Carcinom, während WEIDMANN und JEFFERIES[3]) bei Paraffinölinjektionen nur Granulome mit Metastasen (Paraffinome) beobachteten. PASSEY[4]) endlich hat auch mit Ruß (Pinselung mit ätherischen Rußextrakten) künstlich Carcinome erzeugt, und zwar mit dem Ätherextrakt einer erstarrten Rußleimpaste (während LEITCH vergeblich versuchte, Carcinom des Scrotums durch Rußeinreibungen experimentell beim Tier hervorzurufen). BIERICH bekam auch mit Benzidin und Pyrrol Carcinome.

Alle diese Versuche sind theoretisch von großem Interesse, haben aber noch nicht die gleiche methodische Bedeutung erlangt wie der experimentelle Teerkrebs, teils weil die Methodik schwieriger, vor allem aber, weil die positiven Ergebnisse nicht annähernd so regelmäßig wie bei der Teerpinselung auftreten.

8. Die experimentelle Geschwulsterzeugung durch Strahlenwirkung.

Wiederum sind es die Beobachtungen am Menschen, die einen weiteren Weg zur experimentellen Erzeugung echter Geschwülste gewiesen haben. Die Entstehung von Carcinomen durch Lichtschädigung (Carcinom der Seemannshaut und der Landleute) und besonders die Carcinombildung durch Röntgenschädigung wurden bereits früher eingehend besprochen (s. S. 1557). Diese Beobachtungen mußten natürlich dazu veranlassen, diese Art von Carcinombildung künstlich beim Tier nachzuahmen. Auf diesem Wege sind überhaupt zum erstenmal, und zwar schon 1910, bösartige Geschwülste künstlich erzeugt worden: CLUNET, MARIE und RAULOT LAPINTE[5]) gelang es, durch Röntgenbestrahlung bei weißen Ratten chronische Röntgendermatitis und zweimal transplantable, sehr bösartige Sarkome hervorzurufen. Aber von einer Sicherheit der Methode konnte noch nicht gesprochen werden, andere [z. B. BURCKHARDT und MÜLLER[6])] hatten negative Ergebnisse. VERSÉ[7]) hat auch ein Fibrom der Schwanzflosse an der Larve von Pelobates fuscus nach zweimonatlicher Röntgenbestrahlung beschrieben. Dann ist es aber BLOCH[8]) gelungen, durch wiederholte Röntgenbestrahlung mit Röntgenverbrennung am Kaninchenohr recht bösartige Carcinome mit reichlichen Metastasen zu erzeugen.

Nach BLOCH hängt die Entstehung des Carcinoms in diesen Versuchen weniger von der Zahl, Einzeldosis und Dauer der Bestrahlungen ab als von der

---

[1]) LEITCH: Brit. med. journ. 1922, S. 1104, Nr. 3232.
[2]) HOFFMANN, SCHREUSS u. ZURHELLE: Dtsch. med. Wochenschr. 1923, S. 633.
[3]) WEIDMANN u. JEFFERIES: Arch. of dermatol. a. syphilol. Bd. 7, S. 209. 1923.
[4]) PASSEY: Brit. med. journ. 1922, S. 1112, Nr. 3232.
[5]) CLUNET, P. MARIE, u. RAULOT-LAPINTE: Experimentelles Radiumsarkom der Ratte. Bull. de l'assoc. franç. pour l'étude du cancer Bd. 3. 1910 u. Bd. 5. 1912.
[6]) BURCKHARDT u. MÜLLER: Bruns' Beitr. z. klin. Chir. Bd. 130, S. 364. 1923.
[7]) VERSÉ: Geschwulstmalignität. S. 54. Jena 1914.
[8]) BLOCH: Schweiz. med. Wochenschr. 1924, S. 857.

gesamten verabfolgten Strahlenquantität. Eine Totalmenge von 888 X führte nur zu gutartigen Papillomen, die Gesamtmenge von 2400 X war zu massiv, führte wohl zu Nekrose und Ulcus, aber nicht zur Krebsentwicklung. Die Carcinomdosis lag zwischen 1200 und 2000 X Gesamtmenge, wobei die Zeit vom Beginn der Bestrahlung bis zum Beginn der Krebsbildung zwischen 22 und 32 Monaten schwankte. Das eine Carcinom trat erst 10 Monate nach Schluß der Bestrahlung auf. Auch die Höhe der Einzeldosis sowie die Zahl der Bestrahlungen war ohne erkennbaren Einfluß, so daß Bloch zu dem Schluß kommt, „daß sich die Wirkungen der einzelnen Strahlenapplikationen summieren und daß die Gesamtsumme dieser Wirkungen das ausschlaggebende Moment darstellt".

Es ist mir zweifelhaft, ob wir all dies schon mit Sicherheit aus den wenigen bisher angestellten Versuchen dieser Art schließen können. Auch Bloch betont in seinen Fällen den Ausgang des Carcinoms vom Rande der Röntgennekrose, d. h. also vom Regenerationsherd. Sollte nicht die Bestrahlungsgesamtdosis wichtiger für die Erzeugung der notwendigen Gesamtdisposition sein? Wir hätten dann hier wie bei der Teerwirkung die Kombination zweier Faktoren, die zufälligerweise durch die von uns im Experiment angewandte äußere Schädigung gleichzeitig auf den Organismus einwirken; die lokale Verbrennung erzeugt den Regenerationsherd, und die Gesamtdosis der Röntgenstrahlen erzeugt die notwendige Allgemeindisposition. Daß auch eine einmalige schwere Röntgenschädigung, wobei natürlich die Gesamtstrahlendosis weit unter den von Bloch mitgeteilten Zahlen bleiben muß, zur Carcinombildung führen kann, habe ich an einer eigenen Beobachtung[1]) zeigen können. Wahrscheinlich war hier die notwendige Allgemeindisposition auf anderem Wege zustande gekommen. Auch hier ist also von größter Wichtigkeit, daß bei diesen Röntgenbestrahlungen, besonders den wiederholten Bestrahlungen, neben der Lokalschädigung stets eine Allgemeinschädigung des Gesamtorganismus nachzuweisen ist. Murphy und Maisin[2]) weisen deshalb mit Recht auf die große Ähnlichkeit im Verlaufe des Röntgencarcinoms und des Teercarcinoms hin, und wir werden später sehen, daß es sich um ganz analoge Entwicklungen handelt, die deshalb auch für die Theorie der Geschwulstgenese von grundlegender Bedeutung sind.

Die Geschwulstbildungen durch andere Formen der strahlenden Energie, insbesondere Sonnenlicht und Hitze, sind bereits früher besprochen worden (s. S. 1555—1559).

9. Die experimentelle Erzeugung von Geschwülsten durch mechanische Einwirkungen.

Die Behauptung, daß durch einfache mechanische Einwirkungen Geschwülste entstehen könnten, ist wiederholt aufgestellt worden, und wir haben hierzu bei der Erörterung der Frage der Beziehung von Trauma und Tumor (s. S. 1553 u. 1556) bereits kritisch Stellung genommen. Wir sahen, daß sich in vereinzelten Fällen, d. h. also unter besonderen, meist noch unbekannten Bedingungen, eine direkte Beziehung zwischen Trauma und Geschwulstbildung tatsächlich nachweisen läßt. Da weiter aber nicht nur einfache, sondern auch je nach den Umständen sehr komplizierte Regenerationsprozesse durch ein einmaliges Trauma, wie durch immer wiederholte mechanische Einwirkungen (chronisches Trauma) ausgelöst werden können, so liegt es schon theoretisch durchaus im Bereiche der Möglichkeit, auch auf diesem Wege experimentell Geschwülste zu erzielen. Tatsächlich

---

[1]) Fischer, B.: Frankfurt. Zeitschr. f. Pathol. Bd. 27, S. 105. 1922.
[2]) Murphy u. Maissin: Cpt. rend. des séances de la soc. de biol. Bd. 90, S. 974. 1924.

liegen auch bereits mehrere positive Angaben hierüber in der Literatur vor. Wir erwähnten bereits, daß durch die dauernde mechanische Schädigung der Rattenzunge bei Haferfütterung starke Papillome erzeugt werden können (STAHR) und daß SECHER[1]) bei derselben Versuchsanordnung sogar ein Carcinom erhielt (s. S. 1556).

In nach Zeit und Zahl sehr ausgedehnten Versuchen hat dann KAZAMA[2]) die Wirkung chronischer mechanischer Insulte, zum Teil kombiniert mit chemischen Reizwirkungen, an inneren Hohlorganen untersucht. Er nähte gewöhnliche Steine oder menschliche Gallensteine in den Magen, die Gallenblase oder Harnblase von Ratten, Kaninchen, Meerschweinchen und Hunden ein und beobachtete nach längerer Zeit alle Übergänge von atypischer Epithelwucherung bis zur Bildung von Papillomen und Adenocarcinomen. Die meisten Krebse entstanden bei diesen Versuchen in der Gallenblase des Meerschweinchens, bei ihm und beim Kaninchen wurde viel häufiger Krebsbildung beobachtet als bei Ratten und Hunden. Bei 244 Tieren beobachtete KAZAMA mit dieser Methode 30mal Papillome, 49mal heterotope Epithelwucherungen und 101mal, d. h. in 41% der Fälle, infiltrierend wachsende Adenocarcinome, davon 10% mit Metastasen! Durch menschliche Gallensteine wurden in drei Viertel der Versuche Carcinome erzeugt, durch Steinkohlenteer sehr viel seltener. Die große Zahl der positiven Versuchsergebnisse ist sehr auffallend — Bestätigungen von anderer Seite sind mir nicht bekannt geworden.

LEITCH[3]) endlich hat in die Gallenblase von Tauben menschliche Gallensteine, glatte Kieselsteine oder Pillen aus Pech hineingebracht und erzielte hierdurch Zerstörung des Gallenblasenepithels mit Regenerationsvorgängen von den Drüsen aus. Die Regenerationswucherungen wurden so stark, daß sich in einer Reihe von Fällen Tumoren bildeten, die Leber, Zwerchfell und Netz infiltrierten, aber keine Metastasen machten. Kieselsteine und Gallensteine hatten dieselbe Wirkung, daher kommt es auf die chemische Zusammensetzung nicht an, sondern es handelt sich lediglich um das Ergebnis einer dauernden, immer wieder zur Regeneration führenden mechanischen Schädigung.

VIII. Die Geschwulstkeimanlage.

In den vorhergehenden Kapiteln haben wir alle äußeren Faktoren kennengelernt und zusammengestellt, die für die Entstehung von Geschwülsten wesentliche Bedeutung besitzen, d. h. als Realisationsfaktoren oder als Determinationsfaktoren der Geschwulstbildung in Betracht zu ziehen sind. Aber eine Theorie der Geschwulstbildung darf nicht einzelne Tumorformen herausgreifen, sondern muß alles berücksichtigen, was wir über die Entstehung von Tumoren wissen. Nach dem heutigen Stande unserer Kenntnisse müssen wir trotz der schon sehr großen Zahl von Beobachtungen, die wir in den letzten drei Kapiteln aufführen konnten, eine Verallgemeinerung der Annahme, daß alle oder auch nur alle bösartigen Geschwülste durch äußere Faktoren enstanden seien, durchaus ablehnen. Selbst wenn man die Carcinome allein — deren Erforschung für manche Autoren mit Geschwulstforschung identisch ist — ins Auge faßt, so müssen wir zugestehen, daß wir über die ungeheure Mehrzahl der menschlichen Carcinome noch kaum etwas wissen. Bei dem großen Heer der täglich beobachteten Magencarcinome, Mammacarcinome, Uteruscarcinome, Ovarialcarcinome und vieler anderer Formen wissen wir über die Ätiologie fast nichts. Irgendeiner der vielen angeführ-

---

[1]) SECHER: Zeitschr. f. Krebsforsch. Bd. 17, S. 80. 1920.
[2]) KAZAMA: Japan med. world Bd. 2. 1922 u. Bd. 4. 1924.
[3]) LEITCH: Brit. med. journ. 1924, Nr. 3324, S. 451. 1924.

ten äußeren Faktoren und Schädigungen konnte bisher bei ihnen nicht nachgewiesen werden. Aber auch bei den experimentell erzeugbaren Geschwülsten spielt, wie wir gesehen haben, ein unbekannter Allgemeinfaktor häufig eine wichtige Rolle.

Wir haben bereits S. 1506 die Beweise kurz zusammengestellt, die einwandfrei zeigen, daß sicher die Mehrzahl der Geschwulstformen überhaupt auf embryonale Fehlbildungen in ihrer formalen Genese zurückgeführt werden muß.

Wenn wir zwischen den sicher durch embryonale Entwicklungsstörung und den sicher durch äußere Faktoren entstandenen Geschwülsten irgendwelche wesentlichen oder überhaupt nur greifbaren Unterschiede in ihrem biologischen Verhalten finden könnten, so könnte man den Gedanken vertreten, daß hier wesensverschiedene Bildungen vorliegen. Aber davon kann gar keine Rede sein: Auch die Malignität der durch Entwicklungsstörung entstandenen Neuroblastome, kongenitalen „Sarkome" oder malignen Teratome unterscheidet sich in gar keinem Punkte von der Malignität anderer, auch der durch äußere Schädigung oder experimentell erzeugten Tumoren.

Ganz sicher also liegt eine einheitliche Zellstörung vor, nachdem wir zeigen konnten, daß unter allen Umständen die Biologie der Geschwulst an den Charakter der Geschwulstzelle gebunden ist. Wir müssen also versuchen, das Problem zu vertiefen und das Gemeinsame, für die Entwicklung *aller* Geschwulstformen Maßgebende zu finden.

Dazu aber ist es notwendig, den Vorgang der Geschwulstbildung vom Standpunkt der allgemeinen Biologie, von einem weiteren und höheren Gesichtspunkte aus zu betrachten. Und da gibt es — s. S. 1503 — nur zwei biologische Vorgänge, von denen wir mit Sicherheit wissen, daß sie mit der Geschwulstbildung in engster Beziehung stehen: die embryonale Entwicklungsstörung und die atypische Regeneration. Diese beiden Vorgänge führen besonders leicht zur Bildung von umschriebenen Gewebskeimen, die in unserem Falle die Geschwulstkeimanlagen darstellen.

1. Die Analogie mit der Organanlage.

Auch wenn wir von einer anderen Seite an die gleiche Fragestellung herangehen, kommen wir zum gleichen Schluß. Fragen wir, wann und unter welchen Umständen im Organismus *eine neue Zellart* gebildet wird, so kann die Antwort nur lauten: bei der embryonalen Organbildung. Die Bildung der Geschwulstzelle aber ist die Bildung einer neuen Zellart im Organismus. Die Ausdifferenzierung des Organismus aus dem Keim geschieht ja dadurch, daß bei der Entwicklung in genau fixierter Reihenfolge neue Zellarten und damit Organanlagen gebildet werden — durch ungleiche Zellteilung —, mag man diese nun auf erbungleiche Teilung und Entwicklung des Kerns oder des Protoplasmas zurückführen. Eine neue Zellart wird also im Körper immer gebildet, wenn eine neue Organanlage geschaffen wird, und das sehen wir wiederum nur bei zwei biologischen Vorgängen auftreten: bei der embryonalen Entwicklung und bei der Regeneration. Die experimentelle Zoologie und die experimentelle Biologie bieten eine Fülle von Beweisen dafür, daß Regenerationsprozesse zur Bildung von Organanlagen, nicht selten von für den Ort fremden und pathologischen Organanlagen führen: Heteromorphosen.

Wie also jedes Organ aus einem Organkeim, so geht auch jede Geschwulst aus einem Geschwulstkeim hervor. Jede Geschwulst, das können wir heute mit Sicherheit sagen, geht aus einer meist streng umschriebenen, ja meist mikroskopisch kleinen *Geschwulstkeimanlage* hervor. Ist einmal der Geschwulstkeim fertig gebildet, so wächst die Geschwulst nur mehr aus sich heraus. Wir betonten bereits S. 1505, daß die schönste Bestätigung dieses Fundamentalsatzes der RIBBERTschen Geschwulstlehren durch die eingehenden Untersuchungen FIBIGERS an seinem experimentell erzeugten Spiropteracarcinom erbracht worden ist. Hier kann ja ein zufälliges Zusammentreffen oder die Mitwirkung einer individuellen embryonalen Anlage mit voller Sicherheit ausgeschlossen werden. Und gerade hier konnte nun FIBIGER die Entstehung des Carcinoms aus kleinen, scharf abgegrenzten Zellnestern, die auch beim Wachstum keinerlei appositionelles Wachstum zeigten, einwandfrei nachweisen. Trotz mancher gegenteiliger Behauptungen müssen wir das gleiche für das experimentelle Teercarcinom feststellen. Hier sind es zunächst kleine, inselförmige Epithelwucherungen, die sich in der geteerten Haut oder in den vorher entstandenen Warzen entwickeln und von denen dann die Carcinombildung selbst nachweisbar ihren Ausgang nimmt. Daß wir nicht selten bei dieser Art von Krebserzeugung multiple Inseln dieser Art zu sehen bekommen, die dann später zusammenwachsen (multizentrisches Wachstum des Carcinoms), widerspricht weder der hier vertretenen Grundanschauung, noch den Befunden bei manchen menschlichen Carcinomen.

Wer sich über diese Gesetze nicht klar ist, der nehme immer wieder die Vorgänge der normalen Organbildung beim Embryo als Vergleichsobjekte — die Grundvorgänge sind ganz dieselben. Das Wesentliche ergibt sich auch bei den experimentell erzeugten Geschwülsten schon mit völliger Klarheit aus der makroskopischen Beobachtung: Es ist keine Rede davon, daß die ganze geteerte Haut gleichmäßig in Carcinom übergeht, wie man es nach der Reiztheorie und der Theorie der direkten Umwandlung normaler Körperzellen in Tumorzellen erwarten sollte. In jedem Falle geht die Tumorbildung nur von einem oder einzelnen Herden aus, und ist einmal die Periode der Bildung der Geschwulstkeimanlage, **die sensible Periode,** vorüber, so wird das benachbarte Epithel auch in der geteerten Haut in die Geschwulstbildung *niemals* mehr mit einbezogen.

COHNHEIM hat dieses wichtigste Gesetz des Wachstums der Geschwulstkeimanlage nur „aus sich heraus" zuerst klar erkannt und kam dadurch zu der Theorie des embryonalen Keims als Grundlage der Geschwulstbildung. RIBBERT hat die Gültigkeit dieses Wachstumsgesetzes für alle fertigen Geschwülste durch exakte histologische Untersuchung bewiesen. Aber nachdrücklich muß hier betont werden, daß dies Gesetz *nur für die fertige Geschwulst*, da aber restlos, gilt.

Auch RIBBERT[1]) hat wiederholt hervorgehoben, daß im Stadium der Bildung der Geschwulstanlage der Zusammenhang der Geschwulstzellen mit den Organzellen noch vorhanden und auch histologisch nachzuweisen ist. Er schreibt ausdrücklich: „Viele Geschwülste entwickeln sich so, daß die Zellen, die sie bilden, sich erst allmählich aus dem normalen oder schon irgendwie veränderten Verbande ausschalten, daß sie erst nach und nach selbständig werden. Solange diese Selbständigkeit noch nicht voll erreicht wurde, ist der ursprüngliche Zusammenhang mit der Umgebung noch erhalten."

Wollen wir also klare Vorstellungen von der Geschwulstbildung und den bestimmenden Faktoren derselben gewinnen, so müssen wir auch die verschiedenen Stadien der Geschwulstentwicklung erkennen und auseinanderhalten: 1. die Bildung der Geschwulstkeimanlage und 2. die Entwicklung der Geschwulstkeimanlage zur fertigen Geschwulst und ihr weiteres Wachstum.

---

[1]) RIBBERT: Geschwulstlehre, 2. Aufl., S. 22. 1914.

2. Die Periode der Bildung der Geschwulstkeimanlage

dürfte wohl immer eine zeitlich begrenzte sein, ja in den meisten Fällen müssen
wir annehmen, daß sie auf eine ziemlich kurze Zeit begrenzt ist. Schwalbe
hat direkt von einer *onkogenetischen Terminationsperiode* gesprochen.

Es verdient unsere besondere Beachtung, daß auch bei den experimentellen
Carcinomen, insbesondere dem Spiropteracarcinom und dem Teercarcinom,
sich diese Periode der Bildung der Krebskeime ziemlich gut bestimmen und
begrenzen läßt. Später, nach dieser Zeit, tritt eine Carcinombildung nicht mehr
auf, ja das Tier ist geradezu refraktär geworden, und z. B. Teerpinselungen an
anderen Stellen führen nicht mehr zur Entwicklung von Geschwülsten. Ja wir
dürfen annehmen, daß in Analogie zu anderen Erfahrungen der allgemeinen
Biologie, z. B. an den Keimzellen, auch diese abgegrenzten Gewebskeime ihre
„sensible Periode" haben, und nur in dieser Periode würden sich diese Gewebskeime durch weitere sekundäre Momente (z. B. lokale oder allgemeine Stoff-
wechselschädigung) zu Geschwülsten entwickeln.

Es versteht sich von selbst, daß die Gelegenheit zur Bildung der pathologischen Geschwulstkeimanlagen da am günstigsten und häufigsten sein wird,
wo eben viele neue Zellarten im Körper gebildet werden, d. h. zur Zeit der embryonalen Entwicklung, zur Zeit der Bildung der embryonalen Organanlagen.

Überall sehen wir daher Analogien zwischen der Bildung von Organanlagen
und Geschwulstanlagen. Wie die Organanlage bald nur von einer ganz kleinen
umschriebenen Stelle, ja von einer kleinen Zellgruppe oder einer Einzelzelle
ausgehen kann, so sehen wir auch bei der Bildung der Geschwulstanlagen verschiedene Möglichkeiten verwirklicht. Daher ist eine weitere sehr wichtige
Frage für uns, deren Beachtung zahlreiche Kontroversen in der histogenetischen
Geschwulstforschung gegenstandslos macht:

3. Die Größe des primär-geschwulstbildenden Bezirks.

Für die Erkennung der Geschwulstkeimanlagen ist natürlich die histologische Forschung von größter Bedeutung, und hier kommt alles das zur Geltung, was wir früher bereits über die Beurteilung der histologischen Geschwulststruktur gesagt haben, wurde doch die Frage nach der Differenzierungshöhe
der Geschwulstzellen nur zu oft mit der Frage der Histogenese identifiziert. Bei
kritischer Verwertung der histologischen Bilder werden wir uns klar darüber
sein, daß diese Bilder andere sein müssen in der Periode der Bildung der Geschwulstkeimanlage, als in der Periode des Wachstums der fertigen Geschwulst.
Auch die Histogenese eines Organs ist nur in einem ganz bestimmten Zeit-
abschnitt der embryonalen Entwicklung zu ermitteln. Gelingt es uns, diese Entwicklung in der richtigen Zeitspanne der mikroskopischen Beobachtung zugänglich zu machen, so können wir auch bei der Organbildung sehen, daß bald ganz
kleine umschriebene Bezirke des Keimblattes, z. B. für die Bildung des Organs,
in Anspruch genommen werden, bald aber auch große und ausgedehnte Teile.
Auch die Wirkung eines Spemannschen Organisators ist stets räumlich beschränkt und kann unorganisiertes Material nur in einem bestimmten *Deter-
minationsfelde* in seinen Entwicklungsgang einbeziehen [Gurwitsch[1]), Weiss[2])].

Ist die Organanlage fertig, so verbindet sie demgemäß in den letzten Augen-
blicken ihrer Bildung bald ein breiter, bald ein schmaler „Stiel" mit dem Muttergewebe, und nach kurzer Zeit ist auch dieser geschwunden. Niemals sehen wir
später die Entodermzellen, die die Pankreasanlage gebildet haben, wieder Pankreas-

---

[1]) Gurwitsch: Arch. f. Entwicklungsmech. Bd. 51, S. 383. 1922.
[2]) Weiss: Arch. f. Entwicklungsmech. Bd. 107, S. 1. 1926.

zellen oder ähnliches bilden. Genau so ist es bei der Bildung der Geschwulstkeimanlage. Die Größe des primär geschwulstbildenden Bezirks ist auch hier meistens mikroskopisch klein, kann aber von sehr verschiedener Größe sein, ebenso wie die Periode der Geschwulstkeimbildung zwar meist auf eine kurze Zeit beschränkt, zuweilen aber offenbar auch auf längere Zeitspannen ausgedehnt sein kann. Wir haben genügend Grund zu der Annahme, daß selbst einzelne Zellen Geschwulstkeime bilden können, d. h. genauer gesagt, daß der Geschwulstcharakter schon an einer einzelnen isolierten Zelle ausgesprochen sein kann. Die Embryome, zum mindesten einen Teil derselben, müssen wir auf Einzelzellen des frühesten Blastomerenstadiums zurückführen. Schon in diesem Stadium muß aber die Blastomere Geschwulstcharakter tragen, d. h. sie ordnet sich nicht mehr dem normalen und regenerativen Organisationsplan des Organismus unter, sie persistiert auf niedriger Differenzierungsstufe und produziert später Bildungen und Funktionen, die sich dem anatomischen, funktionellen und regenerativen Gesamtplan des Organismus nicht einordnen. Ich habe an einem *Embryom* der Wade gezeigt[1]), daß wir bei diesem Tumor wegen des Ortes, wo er bei einem 52jährigen Manne auftrat, direkt *gezwungen* sind, die Tumoranlage bis auf das Blastomerenstadium zurückzuführen.

Ebenso steht dem nichts im Wege bei zahlreichen anderen Geschwülsten, die Bildung des Geschwulstkeimes bis auf eine *einzelne Körperzelle* zurückzuführen. Jedenfalls müssen wir bei der großen Mehrzahl der Geschwülste die Geschwulstanlage auf eine mikroskopisch kleine Zellgruppe zurückführen. Auch da, wo ein Carcinom nachweislich multizentrisch entsteht, sind es nur wenige Zellgruppen, die die Geschwulstanlage bilden.

Entständen die Geschwulstzellen durch eine direkte biologische Änderung aus den normalen ausdifferenzierten Körperzellen, so würde der Nachweis dieses Überganges zweifellos leichter und häufiger zu führen sein. Die „Übergangsbilder" sollen allerdings oft dartun, daß auch an größeren, fertig ausgebildeten Geschwülsten noch Umwandlungen normaler Körperzellen in Geschwulstzellen vorkommen, wenn auch nur an einzelnen Stellen. Denn daß im allgemeinen *schon das histologische Bild* am Tumorrande diese Umwandlung, die Kontaktinfektion widerlegt, wird zugegeben. Dann ist es aber *sicher falsch*, noch an einzelnen Stellen eine solche Umwandlung anzunehmen. Da, wo die mit Sorgfalt durchgeführte histologische Untersuchung nicht schon direkt diesen Fehlschuß aufdeckt, warnen uns andere Erfahrungen und Überlegungen.

Wenn wir aber einmal das Glück haben, eine Tumoranlage noch in situ, im anatomisch normalen Verbande der Körperzellen, mikroskopisch untersuchen zu können, so können wir konstatieren, daß — wenn überhaupt — die Geschwulstzellen sich von den Körperzellen anatomisch nur sehr wenig unterscheiden und daß in diesem Falle die Übergänge der Geschwulstzellen in Körperzellen *an allen Seiten des Tumors* gleichmäßig vorhanden sind, Übergänge wenigstens in anatomischem Sinne. So lange die Geschwulstkeimanlage noch in der Bildung begriffen ist, sind also auch histologisch diese Übergänge *an allen Rändern* zu sehen und leicht nachzuweisen — geradeso wie die Leberanlage an allen Seiten ins Entoderm übergeht, während später nie und nirgends mehr ein Übergang zwischen den Zellen der Leber und denen des Entoderms nachzuweisen ist. Natürlicherweise muß es auch ein rasch vorübergehendes kurzes Stadium geben, wo die sich abschnürende Leberanlage noch an einer einzigen Stelle mit dem Entoderm zusammenhängt. Aber dieses Stadium wird wahrscheinlich nur sehr kurze Dauer haben, und es wird selbst bei der normalen Entwicklung, deren Stadien

---

[1]) Fischer, B.: Münch. med. Wochenschr. 1905, S. 1569.

wir doch durch Serienuntersuchung sehr genau uns vor Augen führen können, ein seltener Zufall sein, daß wir gerade einen solchen Moment im histologischen Bilde fassen. Will man aber bei einer Geschwulst die sukzessive Umwandlung der normalen Zellen der Umgebung in Tumorzellen annehmen, so muß das histologische Bild *in der ganzen Peripherie des Tumors* diese Umwandlung, diese Übergänge zeigen! Das ist fast nie der Fall.

Wie richtig diese Deduktion ist, ergibt sich aus einer eigenen Beobachtung. Ist auch der *primär geschwulstbildende Bezirk* meist nur mikroskopisch klein, so können doch auch andere Verhältnisse vorkommen. A priori könnte natürlich der primäre Geschwulstkeim *jede Größe* haben. Nur die tatsächlichen Befunde zwingen uns zu der Annahme, daß die primären Geschwulstkeime fast ausnahmslos mikroskopisch klein sind. Aber es kommen Ausnahmen vor. Der primär geschwulstbildende Bezirk kann viel größer sein, ja er kann fast ein ganzes Organ einnehmen, das habe ich einwandfrei an einem primären Angioendotheliom der Leber[1]) zeigen können. Hier war der primär geschwulstbildende Bezirk so groß, daß trotz der Größe der Geschwülste noch die Umwandlung der anscheinend normalen Zellen in Geschwulstzellen direkt histologisch zu verfolgen war. Der primäre geschwulstbildende Bezirk kann also, wie dieses primäre maligne Angioendotheliom der Leber zeigt, eine bestimmte Zellgattung eines *ganzen Organes* umgreifen. An dieser Geschwulst konnte die embryonale Fehldifferenzierung des anscheinend normalen Endothels einwandfrei bewiesen werden (blutbildende Tätigkeit der Endothelzellen). Und hier zeigt sich nun das eben angeführte Postulat erfüllt: *überall* finden sich diese anatomischen Übergänge, an *jedem* Geschwulstknoten, an *jedem* Rande. Das war ein Beweis dafür, daß trotz der Größe der Tumoren die *Tumoranlage* hier *noch in der Bildung begriffen war*. Also auch hier sind die Faktoren, die zur Geschwulstbildung gehören, zweifellos sehr komplexer Art, und eine wesentliche Voraussetzung ist in dem beschriebenen Falle offenbar die embryonale Fehldifferenzierung in der Organanlage.

Ganz ähnliche Geschwulstbildungen in der Leber sind in den folgenden Jahren auch von anderer Seite beschrieben worden [Falkowski[2]), Kothny[3]), Schlesinger[4]), Winnen[5]), Schwarz[6]), Schönberg[7]), Gödel[8]) u. a.].

Auch sonst, z. B. an der Mamma, ist die Umwandlung eines ganzen Organs in eine Geschwulst in seltenen Fällen beschrieben worden.

Für die Beurteilung der Geschwulstgenese ist diese Vorkenntnis der Größe des primären Geschwulstkeimes notwendig, weil sie uns die nötige Kritik und richtige Beurteilung der histologischen Bilder liefert.

4. Die Bildung der Geschwulstkeimanlage aus den Körperzellen.

Auch für die Frage der Entstehung des ersten Geschwulstkeimes müssen wir die Geschwülste trennen:

1. in solche, die morphologisch in allen Punkten der Differenzierungshöhe den fertig entwickelten Körperzellen entsprechen, an denen, morphologisch

---

[1]) Fischer, B.: Naturf.-Vers. Köln 1908 und Frankf. Zeitschr. f. Pathol. Bd. 12, S. 399. 1913.

[2]) Falkowski: Beitr. z. pathol. Anat. u. z. allg. Pathol. Bd. 57, S. 385. 1914.

[3]) Kothny: Frankfurt. Zeitschr. f. Pathol. Bd. 10, S. 20. 1912.

[4]) Schlesinger, Ernst: Dissert. Frankfurt a. M. Juni 1920.

[5]) Winnen: Frankfurt. Zeitschr. f. Pathol. Bd. 23, S. 405. 1920.

[6]) Schwarz, Alex: Dissert. Franfurt a. M. November 1920.

[7]) Schönberg: Frankfurt. Zeitschr. f. Pathol. Bd. 29, S. 77. 1923.

[8]) Gödel: Frankfurt. Zeitschr. f. Pathol. Bd. 29, S. 375. 1923.

wenigstens, wesentliche Unterschiede gegenüber den fertig differenzierten Körperzellen nicht nachweisbar sind, und

2. solche Geschwülste, deren morphologische Differenzierung den Embryonalstadien der normalen Entwicklung entspricht, und

3. solche Geschwülste, bei denen überhaupt eine Differenzierung nicht nachweisbar ist, bzw. deren Zellen nicht irgendein Differenzierungsstadium der embryonalen oder postembryonalen Entwicklung erkennen lassen.

Für diese **Bildung der ersten Geschwulstanlage,** des Geschwulstkeimes, müssen wir nun folgende Möglichkeiten ins Auge fassen:

I. Die Geschwulstanlage leitet sich **von normalen Zellen** des fertigen Organismus ab, und zwar:

1. Von den ausdifferenzierten Zellen des erwachsenen Organismus jedes Organs und Gewebes könnten Geschwulstanlagen gebildet werden.

2. Nur die Keimzentren, die Cambiumzonen der Organe und Gewebe könnten zur Geschwulstkeimbildung befähigt sein.

Die auf diesem Wege gebildeten Geschwülste könnten nur die morphologischen Eigenschaften und *Differenzierungen* der fertigen Körpergewebe aufweisen; anderenfalls wäre nicht nur eine Differenzierungsstörung, sondern direkt ein Rückschlag ins Embryonale oder Protozoische aus der normalen ausdifferenzierten Körperzelle nachzuweisen, was wir ablehnen mußten (s. S. 1303 u. 1319).

II. Die **Geschwulstanlage** leitet sich **von embryonalen Zellstadien** ab.

Auf diesem Wege gebildete Geschwülste könnten folgende morphologischen Qualitäten und Differenzierungen aufweisen:

1. Die Geschwulstzellen können in durchaus normaler Weise wie die fertigen Körperzellen ausdifferenziert sein.

2. Die Geschwulstzellen haben das Stadium der embryonalen Differenzierung, in dem die Bildung des Geschwulstkeimes erfolgte, beibehalten. Es handelt sich also um das Stehenbleiben auf früher embryonaler Entwicklungsstufe.

3. Die Geschwulstzellen haben die Differenzierung der embryonalen Entwicklungsstufe, aus der sie entstanden ist, ganz oder teilweise verloren, haben sich in fehlerhafter, im normalen Organismus überhaupt nicht vorkommender Weise differenziert, oder haben jede nachweisbare Differenzierung überhaupt verloren.

III. Die **Geschwulstanlage** leitet sich **von** denjenigen Zellen ab, welche der normale ausdifferenzierte Organismus bei **regenerativen Vorgängen** bildet. Auch hier liegen zwei Möglichkeiten vor:

1. Die von den regenerierenden Zellen sich ableitende Geschwulstanlage zeigt die normale Ausdifferenzierung der zugehörigen Körperzellen.

2. Die Geschwulstzellen zeigen eine geringere Differenzierung als die zugehörigen normalen Körperzellen, und zwar kann es sich um einen mehr oder weniger vollständigen Differenzierungsverlust oder um eine Differenzierung in abnormer Richtung, Metaplasie, handeln.

Es wird jetzt an der Hand des Tatsachenmaterials eingehend zu erörtern sein, welche von diesen 7 Möglichkeiten überhaupt in Betracht kommen können und welche für die einzelnen Geschwulstformen wirklich angenommen oder nachgewiesen werden können.

I. *Die Bildung der Tumorzelle durch* **direkte biologische Umwandlung der normal ausdifferenzierten Körperzelle** wird auch jetzt noch von vielen für möglich gehalten. Für diese Möglichkeit spricht nichts, und wir sahen früher schon, daß der Annahme einer biologischen Umwandlung der bereits fertig ausdifferenzierten Körperzelle — bei den höheren Tieren wenigstens — die größten Schwierigkeiten entgegenstehen. Die Zellen des fertigen Organismus, welche vollkommen ausdifferenziert sind, haben ja damit zum Teil sogar die Teilungsfähigkeit verloren, und ist es deshalb a priori nicht anzunehmen, daß sie noch die Fähigkeit haben werden, einen Geschwulstkeim zu bilden. Wenn man deshalb überhaupt eine Geschwulst von der fertigen Körperzelle des erwachsenen Organismus ableiten will, so wird man zum wenigsten immer auf die nicht ausdifferenzierten Proliferationszellen des einzelnen Organs, auf die Cambiumzellen der spezifischen Gewebe, zurückgehen müssen. Schon im physiologischen Zustande erfolgt der Ersatz zugrunde gegangener differenzierter Zellen durch diese zellproliferatorischen Wachstumszentren [Schaper und Cohen[1])] oder *Cambiumzellen der Organe*. Bei der physiologischen Zerstörung und Neubildung von Zellen des Körpers, die ja während des ganzen Lebens stattfindet, werden immer diejenigen Zellen, die am weitesten differenziert und angepaßt sind, abgestoßen, und der Ersatz erfolgt von jenen Cambiumzellen aus. E. Schultz[2]) sagt darüber: „In der Reduktion bleiben die embryonalsten Zellen übrig, wie auch bei der physiologischen Degeneration, wo die ‚Wachstumszentren' Schapers nicht angerührt werden. Also gerade das Differenzierteste, Angepaßteste wird zerstört." Rauber[3]) und Köllicker legen diesen Cambiumzellen sogar embryonalen Charakter bei.

Jede Frakturheilung geht von den Cambiumzellen des Periostes [Wehner[4])], jede Regeneration des Darmepithels und der Darmdrüsen geht von den Keimzonen des Darmepithels aus [Amenomiya[5])].

Es ist demnach selbstverständlich, daß, wenn man überhaupt die Bildung von Geschwulstkeimen von Zellen des fertigen ausgewachsenen Organismus herleiten will, man immer nur auf die Cambiumzellen der einzelnen Organe und Gewebe zurückgreifen kann[6]). Die Anhänger der Hypothese einer direkten Bildung von Geschwülsten aus Körperzellen wollen die Möglichkeit derartiger Geschwulstentstehung aus den histologischen Bildern direkt herauslesen, und zahlreiche Arbeiten sind geschrieben worden, um auf histologischem Wege die biologische Umwandlung der normalen Körperzelle in eine Geschwulstzelle darzutun.

Gerade das Studium der Histologie des Hautcarcinoms zeigt aber schon von einem sehr frühen Stadium an recht deutliche Differenzen zwischen dem Krebsepithel und dem normalen Hautepithel. Besonders Borrmann hat das für sehr frühe Stadien des menschlichen Hautcarcinoms bereits vor Jahren nachgewiesen. Nun kann man allerdings in den allerfrühesten Stadien von Hautcarcinomen feststellen, daß das Epithel, aus dem offenbar die Geschwulst hervorgeht, noch im normalen Verbande des übrigen Epithels lag. Aber es ist sehr bemerkenswert, daß in den sorgfältigen und ausgedehnten Untersuchungen Borrmanns sich schon in diesem Stadium Zellmißbildungen oder jedenfalls Zellabnormitäten der Epidermis nachweisen ließen und daß offenbar von derartigen Zellmißbildungen die Tumorbildung ihren Ausgang nahm. Hierzu kommen gerade die Befunde bei dem von Krompecher sog. Basalzellencarcinom, besser gesagt, nicht verhornenden Plattenepithelcarcinom des Coriums. Dieses gut charakterisierte Carcinom geht regelmäßig aus von Epithelinseln, welche nicht im normalen Verbande der übrigen Epidermis liegen, sondern durch eine embryonale Fehlbildung oder Zellmißbildung in die Subcutis geraten sind und

---

[1]) Schaper u. Cohen: Arch. f. Entwicklungsmech. Bd. 19, S. 348. 1905.

[2]) Schultz, E.: Über umkehrbare Entwicklungsprozesse; Roux, W.: Vorträge über Entwicklungsmechanik. H. 4, S. 18. 1908.

[3]) Rauber, A.: Ontogenese. 2. Studie. I. Historisch-Kritisches. Leipzig, 1909.

[4]) Wehner: Arch. f. klin. Chir. Bd. 113, S. 932. 1920.

[5]) Amenomiya: Virchows Arch. f. pathol. Anat. u. Physiol. Bd. 201, S. 238. 1910.

[6]) Diese Folgerung zeigt schon, wie haltlos der Begriff der Basalzellenkrebse ist!

hier als isolierte versprengte Keime liegen blieben, die später beim Auswachsen der Geschwulst mit der Epidermis verwachsen können. Die Tatsache, daß man in irgendeinem histologischen Präparat an irgendeiner Stelle einmal den Unterschied zwischen der Carcinomzelle und der normalen Epithelzelle dann nicht deutlich erkennen kann, beweist gar nichts, ja beweist in zahlreichen Fällen nur das eine, daß die histologische Untersuchung höchst mangelhaft ausgeführt bzw. die Technik des histologischen Präparates eine sehr schlechte war. Jeder, der sich viel mit derartigen Fragen beschäftigt hat, weiß, daß bei schlechter Technik, bei schlechter Färbung und zu starker Schnittdicke, in histologischen Präparaten überall Übergangsbilder zu sehen sind, die bei besserer Technik bzw. auch zuweilen bei anderen Färbungen sofort sich als Täuschungen erweisen (s. S. 1448).

In zahlreichen Fällen ist der Nachweis gelungen, daß das Hautcarcinom von präexistenten besonderen Zellbildungen in der Epidermis ausgeht und daß derartige Zellbildungen auch multipel in der Haut auftreten; so ist es nicht weiter zu verwundern, daß auch ein multizentrisches Wachstum des Hautcarcinoms, allerdings nur in den allerersten Stadien vorkommt. Genau so, wie wir in seltenen Fällen multiple primäre Hautcarcinome zu beobachten Gelegenheit haben, z. B. beim Xeroderma pigmentosum oder bei senilen Warzen der Haut.

Alle diese schon vor langer Zeit erhobenen Befunde entsprechen vollkommen dem, was heute bei dem experimentellen Teerkrebs nachgewiesen worden ist, und in dieser Richtung haben uns die experimentellen Arbeiten nur Bestätigungen, bisher **keine einzige wesentliche neue Entdeckung** gebracht.

Würde dagegen das Hautcarcinom sich durch die biologische Umwandlung präexistenter ausdifferenzierter Zellen der Haut bilden, so wäre es gar nicht einzusehen, warum schon in den allerfrühesten Stadien plötzlich diese Bildung von Carcinomzellen aus dem übrigen Epithel aufhört und nun überall scharfe Grenzen und Ränder zu sehen sind. Würde wirklich eine direkte biologische Umwandlung des normalen Epithels in Carcinomepithel stattfinden, so müßte diese Umwandlung in der ganzen Circumferenz des Tumors nachzuweisen und zu sehen sein, wie das ja im Stadium der Bildung der Geschwulstkeimanlage der Fall ist.

Für eine ganze Reihe von menschlichen Hautcarcinomen aber ist nachgewiesen, daß der primäre geschwulstbildende Keim überhaupt nicht in dem normalen Verband der Epidermis liegt, sondern daß er verlagert ist. Freilich ist die Idee, daß ein Carcinom der Haut von den basalen Epithelzellen der Haut unter allen Umständen ausgehen müsse, derartig fest eingewurzelt, daß man ohne diese Annahme überhaupt nicht auskommen zu können glaubt. Das geht so weit, daß KROMPECHER sogar behauptet, man könne ein Carcinom überhaupt nicht mehr diagnostizieren, wenn es nicht mit dem Oberflächenepithel zusammenhängt! [vgl. hierzu die treffenden Bemerkungen BORRMANNS[1])].

Schwieriger für die histologische Bearbeitung der vorliegenden Frage liegen die Verhältnisse der übrigen Carcinome, da Frühstadien hiervon sehr viel seltener zur Untersuchung kommen.

In eingehenden Untersuchungen hat HAUSER[2]) für das Darmcarcinom die direkte und appositionelle Umwandlung des normalen Epithels in Krebsepithel behauptet. In eingehenden Untersuchungen hat dann VERSÉ dasselbe Thema bearbeitet. VERSÉ[3]) hat Magen-Darmpolypen und -carcinome zum großen

---

[1]) BORRMANN: Zeitschr. f. Krebsforsch. Bd. 4, S. 91. 1906.
[2]) HAUSER: Virchows Arch. f. pathol. Anat. u. Physiol. Bd. 138, S. 482. 1894; Beitr. z. pathol. Anat. u. z. allg. Pathol. Bd. 33, S. 1. 1903.
[3]) VERSÉ, MAX: Über die Entstehung, den Bau und das Wachstum der Polypen, Adenome und Carcinome des Magen-Darmkanals. Arbeiten aus dem Pathologischen Institut zu Leipzig. Herausgegeb. von F. Marchand Bd. 1, H. 5, S. 105. Leipzig: S. Hirzel 1908, sowie Dtsch. Pathol. Ges. 12. Tagung S. 95. 1908.

Teil in Serienschnitten untersucht und kommt zu dem Schluß, daß es von der normalen Magendarmschleimhaut zu Adenomen, Polypen und Carcinomen kontinuierliche Übergänge gibt und daß daher die Entstehung des Carcinoms auf einer primären Umwandlung des Epithels beruhe. Er will auch den Nachweis führen, daß die Carcinome nicht aus sich herauswachsen, sondern daß an ihrem Rande oder in ihrer Nachbarschaft weitere primäre biologische Umwandlungen des normalen Epithels in Carcinomepithel eintreten können auf dem Boden einer lokalen Disposition zur Carcinombildung.

Auch diesen Schlüssen und Verwertungen der histologischen Bilder werden wir uns nicht anschließen können. Daß einmal das Wachstum eines primären Darmcarcinoms im allerersten Beginne, d. h. also im Stadium der Geschwulstkeimbildung, ein multizentrisches sein kann, wird nicht bestritten. Das beweist aber jene These ebensowenig wie die zuweilen multizentrische Bildung des primären Hautcarcinoms oder des Teerkrebses, oder wie die primär multipel an verschiedenen Stellen der Haut auftretenden Carcinome, oder wie die primär und gleichzeitig auf dem Boden kongenitaler Adenom-(Polypen-)bildungen im Darm auftretenden primär multiplen Carcinome des Darms. Jedenfalls geht auch aus den Untersuchungen Versés hervor, daß in den allermeisten Fällen wir schon histologisch im Rande der Geschwülste einen scharfen Unterschied zwischen der Carcinomzelle und dem normalen Darmepithel nachweisen können. Würde in den Frühstadien eine biologische Umwandlung des um den Carcinomherd herumliegenden Magendarmepithels in Tumorepithel vorkommen, so müßte sich diese Umwandlung bei diesen Untersuchungen sehr viel häufiger gezeigt haben, insbesondere müßte bei den Stadien, wo diese Umwandlung noch aufzufinden sein sollte, dieselbe in der ganzen Circumferenz des Tumors nachzuweisen sein und nicht an einer ganz vereinzelten Stelle. Meines Erachtens haben also auch diese Untersuchungen den Satz von der primären Umwandlung normalen Epithels in Carcinomepithel nicht stützen können, ja eine Reihe von einwandfreien Beweisen *gegen* die Annahme beigebracht. Auch hier gilt das bereits über die Verwertung histologischer Bilder Gesagte. Hierzu kommt aber noch etwas anderes. Auch Versé kommt bei seinen Untersuchungen zu dem Schluß, daß gerade ein adenomatöses Vorstadium der Carcinombildung vorausgehe. Nun wissen wir aber, daß die Polypen und Adenome des Darms in sehr vielen Fällen, wenn nicht schon embryonal angelegt und bei der Geburt vorhanden, also kongenital sind, so doch jedenfalls auf einer embryonalen Fehldifferenz beruhen. Es zeigt sich das im frühzeitigen Auftreten derselben ohne jede vorausgegangenen entzündlichen Erscheinungen, es zeigt sich das im familiären und erblichen Auftreten dieser Geschwülste. Gerade auf dem Boden solcher kongenitalen Adenome, nicht auf dem Boden von Schleimhautverdickungen, die sich bei entzündlichen Prozessen zuweilen entwickeln, sehen wir vorzugsweise das Auftreten von Krebsbildungen im Magendarmkanal. Auch hat auf Grund ausgedehnter histologischer Untersuchungen über den Magenkrebs Saltzmann[1]) betont, daß er „eine solche unzweideutige Umwandlung" von Magenepithel in Krebsepithel „überhaupt nicht gesehen" hat.

Eine direkte Umwandlung normalen Epithels in carcinomatöses ist auch für das Uteruscarcinom mehrfach behauptet worden. Ich führe hier nur aus neuerer Zeit die Arbeit von Pronai[2]) an. Dieser Autor kommt auf Grund genauer Untersuchungen von drei exstirpierten Uteruscarcinomen zu dem Schluß, daß

---

[1]) Saltzmann: Studien über Magenkrebs. Arb. d. Pathol. Inst. Helsingfors. Neue Folge Bd. 1, S. 335. 1913.

[2]) Pronai: Histogenese und Wachstum des Uteruscarcinoms. Arch. f. Gynäkol. Bd. 89, S. 596. 1909.

„das Flächenwachstum des Carcinoms nicht ausschließlich durch Vordringen der Carcinomzellen in die Nachbarschaft erfolgt, sondern es ist „wahrscheinlich", daß das benachbarte normale Oberflächenepithel sich allmählich in carcinomatöses umwandelt." Die ganzen Schlüsse werden auf Grund histologischer Bilder aufgestellt, und da ist es denn sehr bemerkenswert, daß HEURLIN[1]) auf Grund genauer histologischer Untersuchungen zu genau entgegengesetzten Resultaten kommt. HEURLIN schreibt hierüber: „Für das Carcinoma corporis uteri, mag es sich um Plattenepithelkrebs (Cancroid), Carcinoma simplex, Adenocarcinoma oder Adenoma malignum handeln, habe ich in allen meinen Fällen lediglich ein unizentrisches Wachstum beobachten können. Die intakte Mucosa corporis uteri ist stets mit zum mindesten mikroskopisch deutlicher Grenze gegen das krebsartige Neoplasma abgesetzt: sie wird von diesem verdrängt. Die Mucosa wurde in meinen Fällen stets atrophisch gefunden, mehr oder weniger mit Rundzellen infiltriert, die Drüsen intakt, normal, von rundem Durchschnitt oder cystisch erweitert, die dem Carcinom am nächsten liegenden zusammengepreßt. Der Unterschied zwischen der intakten Mucosa und dem Carcinom tritt in Form einer scharfen Grenze unter dem Mikroskop stets sehr deutlich hervor." Gerade die sorgfältige histologische Untersuchung gibt uns keinerlei Anhaltspunkte für die primäre biologische Umwandlung des normalen Epithels. Die Anhaltspunkte werden um so geringer und dürftiger, je sorgfältiger diese Untersuchung, je besser die histologischen Präparate sind. Arbeiten, wie die von SAKAGUCHI[2]), der die Hodentumoren aus den Zellen der ausdifferenzierten Hodenkanäle hervorgehen läßt, oder von MARULLAZ[3]), der bei Osteosarkomen die fortschreitende Umwandlung des Periosts in Tumorzellen aus den Übergangsbildern nachweisen will, bedürfen keiner Widerlegung mehr.

Wenn noch in neuerer Zeit die Behauptung aufgestellt worden ist, daß sich „Carcinome auf Kosten benachbarter Parenchymzellen vergrößern, d. h. daß früher völlig normale Zellen ein carcinomatöses Wachstum eingehen und den Primärtumor oppositionell vergrößern können" [GOLDZIEHER und ROSENTHAL[4])], so ist für eine solche Behauptung weder durch die rein histologischen Untersuchungen von GOLDZIEHER über den Leberzellkrebs noch durch die von HERZOG und VERSÉ über das Darmcarcinom ein bindender Beweis erbracht. Gerade für die Darmcarcinome ist zu beachten, daß sie sich vielfach in kongenital angelegten Schleimhautpolypen, d. h. in Geschwulstkeimanlagen, selbst schon entwickeln, und daß von den Untersuchern — wenn wir von einer Kritik ihrer Verwertung der histologischen Bilder hier einmal absehen wollen — der Unterschied zwischen der Bildung des Geschwulstkeimes, dem Verhalten der Zellen zu dieser Zeit und dem Wachstum der fertigen Geschwulst nicht berücksichtigt worden ist. Gegen die Auffassung der genannten Autoren sprechen die bereits angeführten Feststellungen der Geschwulstkeimbildung beim Spiropteracarcinom wie beim experimentellen Teerkrebs. Es sei hier ferner erinnert, daß ASCHOFF[5]) auch für die gutartigen Geschwülste in systematischen Untersuchungen die Gültigkeit des RIBBERTschen Gesetzes des unizentrischen Wachstums, des Wachstums aus sich heraus, nachgewiesen hat. Seine Untersuchungen zeigen, daß auch die Zellen der gutartigen Geschwülste kurzlebiger, regenerationsunfähiger als die Zellen des Muttergewebes sind. Er sagt wörtlich: „Die Entstehung solcher

---

[1]) MANNU AF HEURLIN: Zur Kenntnis des Baues, des Wachstums und der histologischen Diagnose des Carcinoma corporis uteri. Arch. f. Gynäkol. Bd. 94, S. 402. 1911.
[2]) SAKAGUCHI: Dtsch. Zeitschr. f. Chir. Bd. 125, S. 294. 1913.
[3]) MARULLAZ: Beitr. z. pathol. Anat. u. z. allg. Pathol. Bd. 40, S. 293. 1907.
[4]) GOLDZIEHER u. ROSENTHAL: Zeitschr. f. Krebsforsch. Bd. 13, S. 321. 1913.
[5]) ASCHOFF: 84. Naturforsch.-Vers. Münster i. W. 1913, S. 24.

Wachstumszentren unterscheidet die Geschwülste scharf von den kompensatorischen Hypertrophien und ist ein Beweis für die funktionelle Minder- oder Unterwertigkeit der Geschwulstzellen." Der Krebsbildung selbst gehen vielfach nicht nur im Experiment, sondern auch beim Menschen nachweisbar einfacherere gutartige, aber abgegrenzte Gewebswucherungen voraus, beim Plattenepithel z. B. Warzen, Papillome, beim Drüsenepithel adenomatöse Wucherungen [MENETRIER[1])].

Und wenn sich derartige Bildungen vorher nicht nachweisen lassen, so finden wir mikroskopisch in der Haut z. B., sowohl beim Menschen (BORMANN) wie beim Tier im Experiment, kleine Epithelinseln, von denen die Tumorbildung ausgeht. Die histologischen Befunde sind hier bei beginnenden menschlichen Hautkrebsen [in neuerer Zeit z. B. untersucht von LOEB und SWEEK[2]) und von NISSEN[3])] den Bildern bei den Teercarcinomen außerordentlich ähnlich [MÖLLER[4])].

Im übrigen wissen wir doch genau, wie ein pathologischer Vorgang aussieht und verläuft, der — langsam oder schnell — Schritt für Schritt die benachbarten Zellen, das benachbarte Gewebe in den krankhaften Prozeß einbezieht. Wir erwähnten schon ASCHOFFS Hinweis auf den fundamentalen Unterschied des Wachstums einer Geschwulst und einer kompensatorischen Hypertrophie. Betrachten wir fortschreitende degenerative Prozesse, betrachten wir die zahllosen Varietäten des Entzündungsvorganges, nirgends sehen wir auch nur andeutungsweise Abgrenzungen ähnlicher Art an den Zellen wie beim Geschwulstwachstum. Dieses Gesetz prägt sich schon dem unbewaffneten Auge mit solcher Schärfe und Deutlichkeit ein, daß es eigentlich nicht noch des histologischen Nachweises bedürfte, obwohl auch er klar genug erbracht ist. Aber dieses Gesetz gilt nur für die fertige Geschwulst, nicht für die werdende Geschwulst, für die Periode der Bildung einer Geschwulstkeimanlage.

Aus der Histologie lassen sich also keine irgendwie einwandfreien und der Kritik standhaltenden Beweise für die primäre biologische Umwandlung des normalen Epithels in Geschwulstepithel, der normalen Körperzellen in Geschwulstzellen beibringen. Es wird von den Anhängern dieser biologischen Umwandlung immer wieder vergessen, wem in dieser Richtung der Beweis obliegt, nicht den Gegnern der Anschauung, denn durch alle histologischen und biologischen Untersuchungen, durch alle unsere Kenntnisse von der Histologie, Pathologie und Biologie der malignen Geschwülste, durch alle experimentellen Untersuchungen ist der fundamentale biologische Unterschied zwischen Geschwulstzelle und Körperzelle dargetan worden. Wenn also die Behauptung aufgestellt wird, daß eine biologisch vollkommen differente Zelle aus einer anderen Zelle hervorgeht, so haben die Verfechter einer solchen Behauptung den Beweis zu führen. Immer wieder zeigt sich aber auch im histologischen Bilde die Differenz der beiden Zellarten, und wir haben es nicht einmal nötig zu betonen, daß die histologische Übereinstimmung zweier Zellarten noch nicht ihre biologische Identität beweist.

Die Ableitung von Geschwülsten oder Geschwulstanlagen aus den normalen Körperzellen würde man vielleicht erwägen können für diejenigen Geschwülste, deren Zellen dieselbe Differenzierungsstufe zeigen wie die entsprechenden normalen Körperzellen. Da ist es nun von großem Interesse, daß gerade für zahlreiche Geschwülste mit Körperzellendifferenzierung die embryonale Anlage nachgewiesen ist. Also selbst bei denjenigen Tumoren, die wir auf Grund unserer

[1]) MENETRIER: Paris méd. 1923, S. 145.
[2]) LOEB u. SWEEK: Journ. of med. research Bd. 28, Nr. 2. 1913.
[3]) NISSEN: Zeitschr. f. Krebsforsch. Bd. 21, S. 320. 1924.
[4]) MÖLLER: Zeitschr. f. Krebsforsch. Bd. 19, S. 393. 1923.

biologischen Kenntnisse allenfalls von normalen Körperzellen ableiten könnten im Hinblick auf ihre Differenzierung, ist für eine sehr große Anzahl bereits die embryonale Anlage nachgewiesen, so daß die Ableitung ihrer Anlagebildung von normaldifferenzierten Körperzellen dadurch schon abzulehnen ist..

Gehen aber Geschwülste aus normal ausdifferenzierten Körpergeweben hervor, so werden wir immer nur die Cambiumzellen als Matrix des Geschwulstkeimes ansehen dürfen. Aber auch in diesem Falle müssen wir feststellen, daß ganz regelmäßig und gesetzmäßig eine längere Latenzzeit der Bildung des Geschwulstkeimes vorausgeht. Es erfolgt demnach offenbar keine unmittelbare, direkte, sondern nur eine ganz langsame, indirekte Umwandlung der Cambiumzelle in die Tumorzelle. Da, wo wir den Vorgang dieser Bildung der Geschwulstkeimanlage aus normalen Geweben heute schon wirklich verfolgen können, sehen wir *immer regenerative Prozesse eingeschaltet*: erst tritt eine Schädigung ein, die den Regenerationsvorgang verursacht, und aus der regenerativen Gewebswucherung wird dann die neue Geschwulstkeimanlage gebildet. Es ist ein ganz analoger Vorgang, wie die Bildung einer Organanlage aus den embryonalen Zellvermehrungen, oder wie die Bildung einer Organanlage aus regenerativen Zellsprossungen, wie wir sie aus der experimentellen Entwicklungslehre, insbesondere bei den Heteromorphosen, kennen gelernt haben.

Wie wir aber sehen, daß die regenerative Organ- und Organoidbildung kein sehr verbreiteter Vorgang ist, so wird uns klar, daß im Gegensatz dazu die Vorgänge der embryonalen Organbildung sehr viel häufiger Gelegenheit zu pathologischen Störungen und damit zur Bildung von Organoiden und Geschwulstkeimanlagen darbieten werden. Es ist das derselbe Schluß, den wir aus ganz anderen Tatsachenreihen schon früher ziehen mußten: wenn wir nicht die Zahl der Einzelbeobachtungen, sondern lediglich die qualitativ verschiedenen *Arten* und *Formen* der Geschwülste ins Auge fassen, so müssen wir feststellen, daß weitaus die überwiegende Mehrzahl dieser Geschwulstformen einer embryonalen Entwicklungsstörung seine Entstehung verdankt. Die lokale Gewebsmißbildung ist also der wichtigste Vorgang für die Bildung von Geschwulstkeimanlagen.

Aus dem Gesagten ergibt sich, daß wir zum Verständnis der Geschwulstkeimanlagebildung die Beziehungen der Geschwulstbildung einerseits zur Regeneration, andererseits zur Entwicklungsstörung einer eingehenderen Betrachtung unterziehen müssen.

IX. Geschwulstbildung und Entwicklungsstörung.

Die Theorie der Bildung von Geschwulstanlagen aus embryonalen Zellen, aus Entwicklungsstörungen kann heute nicht mehr als eine reine Theorie bezeichnet werden. Die zu ihrer Begründung festgestellten Tatsachen sind so zahlreich und so einwandfrei, daß wir das eine jedenfalls mit voller Sicherheit behaupten können: bei zahlreichen Geschwülsten spielt die embryonale „Keimverlagerung" eine große Rolle, vor allen Dingen in dem Sinne, daß bereits in den embryonalen Stadien der Entwicklung des Individuums ein besonderer Keim angelegt ist und nachweisbar ist, aus dessen Zellen sich später die Geschwulst entwickelt, und zwar trifft dies nicht nur für Teratome und Mischgeschwülste, sondern ganz zweifellos auch für zahlreiche einfache und maligne Tumoren zu. Die Beweise für diese Anschauung, die zuerst in der COHNHEIMschen Theorie der versprengten Keime ihren ersten, wenn auch noch groben Ausdruck fand, ergeben sich aus zahlreichen Tatsachen sehr verschiedener Art.

1. Geschwülste bei Kindern, Säuglingen und Feten.

Geschwülste der allerverschiedensten Art werden schon in der frühesten Kindeszeit, selbst im Säuglingsalter, beobachtet, ja es sind sogar maligne Tumoren bereits bei Feten einwandfrei nachgewiesen worden. Diese Tatsache allein ist noch kein absoluter Beweis dafür, daß der Determinationsfaktor der Geschwulstbildung in diesen Fällen in einer primären Entwicklungsstörung, in einer Gewebsmißbildung, liegt. Da auch Kind und Fetus äußeren Schädigungen, insbesondere auch Infektionen ausgesetzt sein können, so wäre es ja an und für sich denkbar, daß die gleichen äußeren Faktoren in seltenen Fällen auch bei Kind und Fetus die Zellen zur Tumorbildung veranlassen könnten. Erst im Zusammenhang mit allen anderen Tatsachen, insbesondere der morphologischen Zusammensetzung und Art der Geschwülste, erhält der Nachweis selbst bösartiger Tumoren bei Säuglingen und Feten seine volle grundsätzliche Bedeutung.

Gerade eine Anzahl gut ausdifferenzierter gutartiger Geschwülste tritt schon bei Neugeborenen und kleinen Kindern auf. Insbesondere sind kongenitale Fibrome, Angiome und Kavernome (in Haut, Muskel, Leber), Lymphangiome und die verschiedenen Naevusarten beim Neugeborenen beobachtet worden[1]. Auch kongenitale Adenome der Schilddrüse und der Zunge, sowie Cystadenome der Ovarien sind beobachtet. Hierzu kommen noch die schon bei Neugeborenen nachgewiesenen Teratome und Embryome[1]. Wiederholt sind Mischgeschwülste der Nieren schon beim Fetus beobachtet worden (s. bei Hedren[2]).

Kongenitale, ja fetale Rhabdomyome sind in Herz, Lunge und Prostata beschrieben, angeborene Leiomyome in der Haut beobachtet[1].

Daß die kongenitalen Geschwülste im Herzen (Rhabdomyome), in der Niere (Adenofibrome) und in der Haut (Talgdrüsenadenome) bei tuberöser Sklerose des Gehirns einer primären Gewebsmißbildung ihre Entstehung verdanken, hat noch niemand bezweifelt [vgl. Buntschuh[3]), Hanser[4]), Berliner[5])]. Hanser hat für diese Geschwülste auch Vererbung durch drei Generationen nachgewiesen.

Die embryonale Anlage ist ferner erwiesen für eine Reihe von Geschwulstarten des Nervensystems, und viele davon sind auch schon bei Neugeborenen beobachtet worden. Als Beispiele seien erwähnt ein Gliom der Nasenwurzel bei einem 11 Tage alten Kinde [Hueter[6])], ein Gliom der Zunge bei einem 6 Wochen alten Mädchen [Peterer[7])]. Insbesondere sind aber hier die *Neuroblastome der Retina und des Sympathicus*, insbesondere des Nebennierenmarkes, zu erwähnen, für die es geradezu charakteristisch ist, daß sie angeboren sind und infolge ihrer Bösartigkeit häufig schon im ersten Lebensjahr durch ihr Wachstum und Metastasenbildung zum Tode führen. Als Beispiel erwähne ich einen selbstbeobachteten Fall von malignem Neuroblastom der Nebenniere, das bei dem ausgetragenen Neugeborenen schon wenige Stunden nach der Geburt durch ausgedehnte Lebermetastasen zum Tode führte [s. Landau[8])]. Daß es sich bei dieser Erkrankung um eine primäre Entwicklungsstörung handelt, geht weiterhin aus der nicht seltenen primären Doppelseitigkeit (sowohl im

---

[1]) Die Literatur über kongenitale Geschwülste findet sich, wo nicht anders angegeben, bei Ribbert: Geschwulstlehre. 2. Aufl. 1914, sowie bei Steffen: Geschwülste im Kindesalter. Stuttgart 1905 und Moenckeberg: Angeborene Sarkome im frühen Kindesalter. Lubarsch-Ostertags Ergebn. Jahrg. 10, S. 752. 1904—1905.

[2]) Hedren, Beitr. z. pathol. Anat. u. allg. Pathol. Bd. 40, S. 79. 1907.

[3]) Buntschuh: Beitr. z. pathol. Anat. u. z. allg. Pathol. Bd. 54, S. 278. 1912.

[4]) Hanser: Berlin. klin. Wochenschr. 1918, S. 282.

[5]) Berliner: Beitr. z. pathol. Anat. u. z. allg. Pathol. Bd. 69, S. 381. 1921.

[6]) Hueter: Münch. med. Wochenschr. 1907, S. 2261.

[7]) Peterer: Frankfurt. Zeitschr. f. Pathol. Bd. 26, S. 214. 1922.

[8]) Landau: Frankfurt. Zeitschr. f. Pathol. Bd. 11, S. 26. 1912.

Auge wie in der Nebenniere) sowie aus dem familiären und erblichen Auftreten hervor.

In neuester Zeit ist die von mir mit eingehender Begründung[1]) vorgeschlagene und von vielen Seiten angenommene Bezeichnung „*Neuroblastom*" für die sog. Gliome des Auges von SATTLER[2]) abgelehnt worden, „da Abkömmlinge von Neuroblasten ebenso unbeteiligt seien wie am Aufbau der Sehnerven- und Hirngliome". Trotzdem wird S. 150 zugegeben, daß „die der Gliombildung zugrundeliegende fehlerhafte Keimbeschaffenheit offenbar aus einer früheren Periode der embryonalen Netzhautanlage stammt". Dabei ist der Ausgang der Tumoren aus der Nervenfaserschicht der Retina sichergestellt durch Untersuchung ganz früher Stadien, und S. 155 heißt es, daß der „Entstehungsort des verschiedenen Formen des Glioma retinae in die Nervenfaser-Ganglienzellenschicht und in die innere Körnerschicht zu verlegen ist". Daß in diesen Schichten auch Gliazellen vorkommen, wird niemand bestreiten, beweist aber noch nicht, daß gerade in diesen Ganglienzellschichten die wenigen Gliazellen die Tumoranlage bilden müssen.

Daß die Zellen dieser Geschwülste aber Gliazellen seien, dafür bringt SATTLER nicht den geringsten Beweis, es sei denn, daß das Alter dieser Auffassung

Abb. 480. Familiäre *Neuroblastome der Retina*, als Beispiel rein dysontogenetischer maligner Geschwülste. Der Knabe auf dem Bild nach Enucleation beider Augen allein überlebend von 5 Kindern eines Ehepaares mit Neuroblastom der Retina. (Aus WELLS, H. G.: Heredity of Cancer. Chicago 1923.)

schon Beweis genug ist. Wenn Geschwülste aus so frühen Entwicklungsstadien hervorgehen, so ist es schon von vornherein wahrscheinlich, daß sie aus den Vorstufen der späteren Gewebszellen sich ableiten. Und es können hier durchaus *gemeinsame* Vorstufen von Spongioblasten und Neurocyten noch in Frage kommen. Die von SATTLER selbst angegebene Lokalisation der ersten Bildung weist aber auf Ganglienzellenvorstufen hin. Da aber die Geschwulstzellen morphologisch keine deutliche und einwandfreie Differenzierung erkennen lassen bis auf die für die Neuroblastenanlage der Retina typische Rosettenbildung, deren Beweiskraft vielleicht bestritten werden könnte, so könnte man Herrn SATTLER zugeben, daß wir den Beweis für die Neuroblastennatur dieser Geschwulstzellen auf *morphologischem* Wege ebensowenig erbringen können, wie er selbst für die

---

[1]) FISCHER, B.: Wesen und Benennung der Gliome (Neuroblastome) des Auges. Zentralbl. f. allg. Pathol. u. pathol. Anat. Bd. 29, S. 545. 1918.
[2]) SATTLER, H.: Die bösartigen Geschwülste des Auges. Leipzig: Hirzel 1926.

Glianatur dieser Zellen. Bei dieser Sachlage haben wir aber das Recht, zur Entscheidung der Frage auch das *biologische* Verhalten der Geschwulstzellen als beweiskräftig heranzuziehen. Und hier habe ich gezeigt, daß eine fast absolute, bis in alle Einzelheiten gehende Übereinstimmung des biologischen Verhaltens der sog. Retinagliome mit den Neuroblastomen des Sympathicus vorliegt, daß an der Wesensverwandtschaft der beiden Geschwulstarten gar nicht zu zweifeln ist, zumal dieses biologische Verhalten dem Verhalten der typischen Gliome des Gehirns *vollkommen widerspricht*. Während das Gliom des Gehirns meist im späteren Alter auftritt, niemals Metastasen macht, ist der Retinatumor stets kongenital angelegt, eine Erkrankung des Säuglings, stets äußerst bösartig und entspricht in all diesen Punkten sowie in der Häufigkeit der primären Doppelseitigkeit, der Art der Metastasierung und dem familiären und erblichen Vorkommen *vollständig* dem Neuroblastom der Nebenniere. Auch die typischen Rosetten der Retinageschwülste kommen wohl in der Retinaanlage, niemals aber in Gliabildungen, auch niemals in den echten Gliomen des Gehirns vor. Nur die völlige Vernachlässigung all dieser einwandfreien und wesentlichen Tatsachen bei der Frage nach der Wesensart einer Geschwulstbildung kann das Festhalten an einer überholten und verknöcherten Anschauung erklären, für die noch nicht einmal eine einseitige und rein morphologische Einstellung Unterlagen schaffen konnte. Die Überschätzung des rein Morphologischen kann aber auch in der Geschwulstlehre uns nicht weiterbringen.

Auch bei tierischen Embryonen sind wiederholt Geschwulstbildungen beobachtet worden, z. B. von Kaestner[1]): Geschwulstbildungen am Medullarrohr und an der Epidermis von Vogelembryonen.

Häufiger sind die *angeborenen bösartigen Geschwülste*. Stübinger[2]) hat 48 Fälle angeborener bösartiger Geschwülste zusammengestellt, und zwar 14 Carcinome und 34 Sarkome — es sind hierunter eine Reihe typischer Sarkome, vor allem aber viele ganz undifferenzierte Geschwülste, die als Rundzellensarkome oder Lymphosarkome bezeichnet werden, vorhanden, in Wirklichkeit wohl häufig in die Gruppe der Meristome zu zählen sind. Beim *Fetus* ist sowohl allgemeine Sarkomatose [Schlossmann[3])], wie Wirbelsäulensarkom [Breinl[4])], wie Spindelzellensarkom der Niere [Kästner[5])] beschrieben worden. Daß das maligne Nephroma embryonale aus einer Entwicklungsstörung hervorgehen muß, beweist schon seine Zusammensetzung aus embryonalem Nierenblastem und sein Auftreten bei kleinen Kindern, sowie der von mir erbrachte Nachweis des familiären Vorkommens.

Auch die ziemlich bösartigen Angiome der Parotis lassen fast immer schon aus dem klinischen Verlauf die kongenitale Anlage erschließen [Harrass und Suchier[6])] und werden fast stets schon im ersten Lebensjahr beobachtet.

Nicht ganz so beweisend im Sinne einer kongenitalen Anlage sind natürlich die Fälle von *Tumoren bei älteren Kindern*. Immerhin sind hier besonders die bösartigen Geschwulstformen und unter diesen die Carcinome bei Kindern von besonderem Interesse. Die Literatur hierüber[7]) ist bereits ziemlich groß, und ich

---

[1]) Kaestner: Arch. f. Anat. (u. Physiol.) 1907, S. 250.

[2]) Stübinger, Wilh.: Zur Kenntnis der angeborenen bösartigen Geschwülste. Dissert. Leipzig 1903.

[3]) Schlossmann, E.: Allgemeine Sarkomatose bei einem ausgetragenen Neugeborenen. (Literatur.) Frankfurt. Zeitschr. f. Pathol. Bd. 25, S. 486. 1921.

[4]) Breinl: Prager med. Wochenschr. 1903.

[5]) Kästner, H.: Spindelzellensarkom der rechten Niere bei einem 7monatlichen Fetus. Frankfurt. Zeitschr. f. Pathol. Bd. 25, S. 1. 1921.

[6]) Harrass u. Suchier: Dtsch. med. Wochenschr. 1911, S. 499.

[7]) Literatur bei H. Merkel: Handb. d. pathol. Anat. d. Kindesalters. Bd. I/1, S. 345. 1912, sowie bei Ribbert: Geschwulstlehre. 2. Aufl. S. 87. 1914.

beschränke mich darauf, nur einige interessante Beispiele anzuführen, wie den
Hautkrebs eines 12jährigen Knaben, primär in der Cutis ohne Zusammenhang
mit der Epidermis (also lokale Gewebsmißbildung) mit generalisierter Carcinose
des ganzen Knochensystems [GRAWITZ[1])] oder die von HARBITZ und PLATOU[2])
beschriebenen primären Leberkrebse bei einem Kind von 17 Monaten und bei
einem 12jährigen Knaben, sowie Darmkrebs bei einem 18jährigen Mann. Auch
Haut- und Ovarialcarcinome sowie Magen- und Rectumkrebse sind von diesen
und anderen Autoren bei jungen Menschen beschrieben worden (s. auch S. 1347).

2. Multiple Primärtumoren.

Häufig spricht für die embryonale Anlage einer Geschwulstbildung auch das
multiple Auftreten gleicher Primärgeschwülste in einem Organsystem.

Multiple maligne Tumoren als Systemerkrankung kennen wir in den Myelomen
[ROMAN[3])], sowie in den multiplen Darmcarcinomen bei der (familiär und erblich
auftretenden!) Polyposis des Darmes. Häufiger sind gutartige multiple Primärgeschwülste: die Neurofibrome, die multiplen Lipome, Chondrome und Exostosen,
die multiplen Angiome und Kavernome in Leber, Haut und Muskulatur, sowie
die multiplen Adenome der Hautdrüsen, der Mamma, der Schilddrüse. Engste
Beziehung zur lokalen Mißbildung zeigen ferner die multiplen Lipome und
Fibromyome der Niere und die zuweilen auf beiden Seiten auftretenden Mischgeschwülste der Niere. Gerade die einfachen und gemischten Nierengeschwülste
zeigen ganz enge Beziehungen zur lokalen Gewebsmißbildung, und NÜRNBERG[4])
fand einmal in einer Niere 206 solche Fibro-Lipomyome und zeigt die enge
Zusammengehörigkeit der sarkomatösen Mischgeschwülste der Niere mit diesen
Hamartomen. LINDAU[5]) fand bei systematischen Untersuchungen über Kleinhirncysten in 8 Fällen die Kombination mit Cystenpankreas, in 10 Fällen die
Kombination mit Nierencysten und in 6 Fällen eine solche mit Hypernephromen.

Es ist sicher kein Zufall, daß wir gerade für diese systematisierten Geschwülste in vielen Fällen auch Vererbbarkeit oder familiäres Auftreten nachweisen können. Ich erinnere hier an die multiplen Neurofibrome, an die multiplen Lipome [HARBITZ[6])], an die multiplen Chondrome, Osteome und Exostosen. Dabei sind nicht selten diese Geschwulstformen mit anderen Gewebsmißbildungen, z. B. Pigmentflecken oder andersartigen Tumoren, kombiniert
[VERSE[7])].

Daß bei einem Individuum, das etwa an einer bösartigen Geschwulst zu-
grunde gegangen ist, bei sorgfältiger Sektion noch andere, meist gutartige Geschwulstbildungen gefunden werden, ist bekannt und vielfach bearbeitet (s. S. 1348:
SPRANGER, ROESCH, OWEN, DOPPLER, RIBBERT, NEPRJACHIN, SIEBKE, EGLI).
Wir wiesen auch bereits darauf hin, daß mit dem zunehmenden Alter auch
die Zahl der gleichzeitig gefundenen Geschwülste ansteigt, und diese multiplen
Tumoren sind, wenn nur genau genug bei der Sektion untersucht wird, bei älteren
Menschen sehr häufig. Für die Tiere gilt ganz dasselbe. Die Zahlen, die für gewöhnlich über die Häufigkeit der Geschwülste bei unseren Haustieren angegeben
werden, haben deshalb keinen Wert, weil die ungeheuere Mehrzahl dieser Tiere
in jugendlichem Alter getötet wird oder zugrunde geht. Beschränkt man sich

---

[1]) GRAWITZ: Dtsch. med. Wochenschr. 1909, S. 1371.
[2]) HARBITZ u. PLATOU: Statistik over Kraeft. Norsk magaz. f. laegevidenskaben
1917, Nr. 2.
[3]) ROMAN: Beitr. z. pathol. Anat. u. z. allg. Pathol. Bd. 52, S. 385. 1912.
[4]) NÜRNBERG: Frankfurt. Zeitschr. f. Pathol. Bd. 1, S. 433. 1907.
[5]) LINDAU, ARVID: Acta pathol. e. microbiol. scandinav. Suppl.-Bd. 1, S. 117. 1926.
[6]) HARBITZ: Beitr. z. pathol. Anat. u. z. allg. Pathol. Bd. 62, S. 503. 1916.
[7]) VERSÉ: Münch. med. Wochenschr. 1915, S. 519.

auf die Untersuchung wirklich *alt* gewordener Tiere, so ist man erstaunt über die Häufigkeit der Geschwulstbildung, und z. B. bei alten Hunden habe ich wiederholt bei der Sektion multiple Tumoren auch maligner Art feststellen können.

Für den Menschen wurde von mehreren Seiten in systematischen Untersuchungen festgestellt, daß bei der Carcinombildung nicht selten andere gutartige, zuweilen auch bösartige Geschwülste gefunden werden [Hedinger[1])]. Erwähnt sei hier die Beobachtung von Rössle[2]): Großes Sarkom des Uterus bei einer 52jährigen Frau neben Kugelmyomen, wo sich außerdem multiple, in die Nieren einwachsende Fibromyome der Nierenhüllen, ein großes Hypernephrom der einen Niere und ein malignes Lipom der Leber fanden.

Folgende typische, fast charakteristische Kombinationen von Geschwulstbildungen sind wiederholt beobachtet worden:

a) die gleiche Geschwulstart in verschiedenen Organen: Kavernome in Leber, Milz und Wirbeln, Leiomyome in Uterus, Niere, Darm und Prostata;

b) verschiedene Geschwülste in verschiedenen Organen: Neurofibrome mit Psammomen der Dura und Gliomen des Gehirns sowie mit Pigmentnaevis der Haut, multiple Neurofibrome mit Talg- und Schweißdrüsenadenomen. Zahlreiche weitere seltenere Kombinationen finden sich bei Ribbert zusammengestellt.

Die Bedeutung fetaler Atelektase für das Auftreten von Lipom, Myom und Carcinom in der Lunge ist von Nakasone[3]) dargelegt worden. In 12% der Fälle der angeborenen ererbten Neurofibromatose findet sich bei einem oder mehreren Geschwulstknoten infiltrierendes Wachstum, Übergang in Sarkom [Harbitz[4])].

3. Tumoren mit Organmißbildung.

Die kongenitale Anlage der Geschwulstbildung läßt sich zuweilen auch daraus ableiten, daß das geschwulsttragende Organ gleichzeitig typische Mißbildungen aufweist. So sind bei den multiplen Exostosen Verkürzungen der befallenen Knochen wiederholt beschrieben worden: die zur Geschwulstbildung verwandten Embryonalteile fehlen einfach für den Aufbau des normalen Organs. Hierher gehören ferner die Tumoren im Bereiche der Keimdrüsen bei Genitalmißbildung, z. B. bei Hermaphrotitismus, Leistenhoden und Hodenaplasie [Lit. bei Pick[5]) und Zacharias[6])]. In diesen Fällen sind gutartige und bösartige Tumoren verschiedenster Art, sowie Teratome mit der Mißbildung kombiniert aufgefunden worden. Nach den Untersuchungen von Freund[7]) sind mangelhaft entwickelte und mißbildete Uteri zur Geschwulstbildung besonders disponiert.

Die von Birch-Hirschfeld zuerst beschriebenen bösartigen kongenitalen Nierengeschwülste, von ihm mit dem unglücklichen Namen Adenosarkom belegt, sind, wie heute einwandfrei feststeht, nichts anderes als Geschwülste aus embryonalem Nierengewebe, von Trappe[8]) daher mit Recht auf Eugen Albrechts Vorschlag embryonale Nephrome genannt [si. auch Muus[9]), Klose[10])].

---

[1]) Hedinger: Schweiz. med. Wochenschr. 1923, Nr. 44, S. 1016.

[2]) Rössle: Kombination von Uterusgeschwülsten mit Tumoren anderer Organe, besonders Nierenkapselgeschwülsten. Dtsch. med. Wochenschr. 1908, S. 446.

[3]) Nakasone: Frankfurt. Zeitschr. f. Pathol. Bd. 29, S. 475. 1924.

[4]) Harbitz: Zitiert auf S. 1641.

[5]) Pick: Arch. f. Gynäkol. Bd. 76, S. 506. 1909.

[6]) Zacharias: Arch. f. Gynäkol. Bd. 88, S. 191. 1905.

[7]) Freund: Zeitschr. f. Geburtsh. u. Gynäkol. Bd. 79, S. 475. 1917.

[8]) Trappe: Frankfurt. Zeitschr. f. Pathol. Bd. 1, S. 130. 1907.

[9]) Muus: Embryonale Blandingssvulster. Kopenhagen 1900.

[10]) Klose: Bruns' Beitr. z. klin. Chir. Bd. 74, S. 9. 1911.

Wenn RAUBITSCHEK[1]) eine analoge Geschwulst bei einem kindlichen Herm-
aphroditen, LUTEMBACHER[2]) einen embryonalen malignen Tumor an Stelle eines
unterentwickelten Nierenlappens bei einer jungen Frau nachweist, so dürfte
an der embryonalen Genese all dieser Geschwülste kein Zweifel sein.

BAUMGARTEN[3]) berichtet, daß er bei Erwachsenen mit multiplen Kehlkopfpapillomen durchweg eine infantile Beschaffenheit des Kehlkopfs fand
(fehlende Verknöcherung und Verkalkung der Kehlkopfknorpel). Ähnliches
sehen wir bei der Polyposis des Darmes. Bei den Neurofibromen sind außer
den Gewebsmißbildungen der Haut auch noch Mißbildungen der Genitalien,
der Niere, des Skeletts und anderer Organe wiederholt gesehen worden. Bei
Gliomen fanden sich Mißbildungen von Hirn und Rückenmark, und ASKANAZY
fand in einem Falle von Anencephalie multiple Gliome der Lungen, die auf
verschlepptes Gliagewebe zurückgeführt werden müssen. Bekannt sind ferner
die Geschwulstbildungen in den Schließungslinien der embryonalen Spalten
(fissurale Geschwülste), die Lipome, Häm- und Lymphangiome bei Spina bifida,
die Nierengeschwülste bei Nierenmißbildungen, und bei RIBBERT[4]) finden sich
weitere Beispiele zusammengestellt. STÜBINGER[5]), dessen Zusammenstellung
kongenitaler bösartiger Geschwülste bereits erwähnt wurde, fand fünf solcher
Fälle mit Mißbildungen kombiniert.

MATHIAS[6]) hat Geschwülste, die auf fetale Persistenzen zurückgehen und
zugleich der Phylogenie der Art angehören, auf Atavismus zurückgeführt, und
versucht diese Geschwülste als eine besondere Gruppe, Progonoblastome, abzugrenzen. Eine solche Abgrenzung erscheint mir deshalb nicht berechtigt, weil
schon in der Mißbildungslehre die Rolle des Atavismus sehr umstritten ist und
es daher nicht möglich ist, sicher festzustellen, in welchem Falle die Bildung
einer embryonalen Geschwulstkeimanlage auf Atavismus, in welchem Falle auf
andere Mißbildungsursachen zurückzuführen ist. Jedenfalls könnte man dann
sehr zahlreiche, aus embryonaler Entwicklungsstörung hervorgehende Tumoren
als atavistische Geschwülste bezeichnen. Das Wesentliche ist die enge Beziehung
zur Entwicklungsstörung. Unter den ursächlichen Faktoren derselben mag auch
die atavistische Reminiscenz eine wichtige Rolle spielen — die Abgrenzung dürfte
erst möglich sein, wenn wir auch noch wesentliche andere Determinationsfaktoren
dieser Entwicklungsstörungen kennen.

Zuweilen läßt sich die Entstehung von Geschwülsten aus überschüssigem
Organmaterial nachweisen: Akzessorische Brustdrüsenanlagen und Pankreaskeime bilden den Ausgang mancher Tumoren, und ähnliche „Versprengungen"
kommen an zahlreichen Stellen des Körpers vor.

Ganz allgemein dürfen wir also sagen, daß bei Geschwülsten sehr oft lokale
und allgemeine Bildungsfehler gefunden werden.

4. Embryonale Strukturen in Geschwülsten.

Sehr viel eindringlicher sind die Beweise, die aus unseren gesamten histologischen Erfahrungen für die embryonale Entstehung und Anlage zahlreicher
Geschwulstbildungen zu erbringen sind.

Die Naevustumoren der Haut sind solche Geschwülste, deren Entstehung

---

[1]) RAUBITSCHEK: Frankfurt. Zeitschr. f. Pathol. Bd. 10, S. 206. 1912.
[2]) LUTEMBACHER: Ann. de méd. 1918, Nr. 5.
[3]) BAUMGARTEN, E.: Multiple Kehlkopfpapillome. Orvosi Hetilap 1907, Nr. 27. Ref.:
Dtsch. med. Wochenschr. 1907, S. 1230.
[4]) RIBBERT: Geschwulstlehre. 2. Aufl. 1914.
[5]) STÜBINGER: Zitiert S. 1640.
[6]) MATHIAS: Berlin. klin. Wochenschr. 1920, S. 444.

auf dem Boden lokaler embryonaler Gewebsmißbildungen außer allem Zweifel steht. Wir wissen aus der Erblichkeitsforschung heute mit Bestimmtheit, daß Naevus pigmentosus und vasculosus erbliche Gewebsmißbildungen darstellen [s. MEIROWSKY[1])]. Wir wissen ferner, daß der Pigmentnaevus epithelialer Genese und aus einer Mißbildung des embryonalen Ektoderms entstanden, auch häufig mit anderen Mißbildungen der Epidermis und ihrer Abkömmlinge verbunden ist [s. STEDEN[2])]. Aus diesen Naevis gehen bösartige Geschwülste verschiedener Struktur hervor, die demnach sämtlich aus embryonal mißbildeten Zellen bestehen. Es ist von Interesse, daß die sehr seltenen Melanosarkome bei dunkeln Pferden auf embryonal abgesprengte Epidermisteile zurückgeführt werden [VAN DORSSEN[3])], während bei den Schimmeln, die so ungeheuer häufig an Melanosarkom erkranken, Pigmentzellherde ganz regelmäßig in der Cutis und der Schulterbrustmuskulatur angetroffen werden. Aber auch eine Reihe anderer Geschwülste der äußeren Haut entsteht zweifelsohne aus Gewebskeimen, die bereits im embryonalen Leben angelegt sind. Zu ihnen rechne ich in erster Linie die nichtverhornenden und adenoiden Hautcarcinome (KROMPRECHERS Basalzellenkrebse), die ganz zweifellos aus Gewebskeimen, Epidermiskeimen hervorgehen, die bei der embryonalen Entwicklung ins Corium geraten sind und sich nicht weiter differenziert haben [vgl. z. B. VEIT[4])].

In dem Kapitel über die Heteroplasie oder lokale Gewebsmißbildung haben wir bereits das ungemein häufige Vorkommen solcher lokaler Gewebsmißbildungen besprochen und einen Überblick über ihr Auftreten auch beim Menschen gegeben. Es unterliegt keinem Zweifel, daß aus ihnen Geschwülste hervorgehen können, denn wir finden entsprechend diesem Nachweis embryonal fehldifferenzierter Gewebskeime an denselben Stellen Geschwülste, die dieselben mangelhaften Differenzierungen aufweisen. LANGHANS[5]) hat sogar für eine Reihe von Formen der einfachen Schilddrüsenstruma den Nachweis erbracht, daß in ihnen unzweifelhafte embryonale Formationen vorhanden sein können.

Zahlreiche Geschwülste können in ihrer typischen Struktur und Lokalisation überhaupt nur durch die Annahme embryonaler Gewebsverirrungen und Entwicklungsstörungen verstanden werden. Wenn wir Ependymepithelschläuche in Gliomen, Retinarosetten in den Neuroblastomen des Auges, Sympathogonienkapseln in den Neuroblastomen der Nebenniere, wenn wir die typischen Strukturen des Nierenblastems, des WOLFFschen Ganges und vieler anderer embryonaler Bildungen in Geschwülsten wiederfinden, so zwingen uns diese Tatsachen, die Geschwulstkeimanlage solcher Tumoren von embryonalen Differenzierungsstufen abzuleiten. Die Tatsache der Häufigkeit solcher embryonaler Entwicklungsstörungen und Zellverlagerungen, ohne daß jedesmal sich eine Geschwulstbildung anschließt, ist früher bereits eingehend erörtert worden. Damit ist für uns die Grundlage gegeben für die Annahme der Entstehung von Geschwülsten aus solchen Differenzierungsstörungen.

Als weitere einwandfreie Beweise führen wir die Teratome an. Sie bilden nach HEIJL[6]) eine Brücke zwischen Mißgeburten und Geschwülsten, und ihre höchstentwickelten Formen sind rudimentäre eineiige Zwillinge, die am niedrig-

[1]) MEIROWSKY: Klin. Wochenschr. 1926, Nr. 12, S. 505.

[2]) STEDEN: Frankfurt. Zeitschr. f. Pathol. Bd. 27, S. 64. 1922.

[3]) VAN DORSSEN: Dissert. Bern 1903. — Siehe auch KITT: Allgemeine Pathologie für Tierärzte. 5. Aufl. S. 498. Stuttgart 1921.

[4]) VEIT: Der nichtverhornende Plattenepithelkrebs der äußeren Haut. Dtsch. Zeitschr. f. Chir. Bd. 94, S. 346. 1909.

[5]) LANGHANS: Weitere Mitteilungen über die epitheliale Struma. Virchows Arch. f. pathol. Anat. u. Physiol. Bd. 206, S. 419. 1911.

[6]) HEIJL: Virchows Arch. f. pathol. Anat. u. Physiol. Bd. 229, S. 625. 1921.

sten entwickelten einfach gebaute maligne Geschwülste, zwischen denen es alle nur denkbaren Übergänge gibt. Besonders beweisend für uns aber ist die Tatsache, daß in einem Teratom mit makroskopischen Fetusteilen einzelne Zellgruppen oder Gewebsmassen einen malignen, metastasierenden Tumor bilden können, und wir wissen heute, daß zahlreiche einfach gebaute Geschwülste, besonders im Ovarium, sich als einfach gebaute Teratome mit Sicherheit nachweisen lassen. Die Beispiele hierfür sind sehr zahlreich in der Literatur vorhanden, ich erwähne: die Struma ovarii [MORGEN[1])], die Cystadenome des Ovariums (einseitige entwickelte Entodermanlagen), die Carcinome des Hodens mit Knorpeleinlagerungen, die Cancroide in Dermoidcysten und soliden Teratomen und ganz besonders die malignen Geschwülste des Zentralnervensystems im Teratom, die in der Form der verschiedenartigsten Sarkome (Abkömmlinge der Glia) oder Neuroepitheliome und Adenocarcinome (Abkömmlinge des Ependymepithels) auftreten [HEIJL[2])]. Von diesem malignen Zentralnervensystem des Embryoms sind mit größter Wahrscheinlichkeit auch die großzelligen malignen Hodentumoren und die Chorionepitheliome des Hodens abzuleiten, zumal Chorionepitheliome auch im Teratom der Zirbeldrüse beobachtet worden sind [ASKANAZY[3])]. Niemand wird ein typisches Cholesteatom mit Haaren im 4. Ventrikel [SCHULGIN[4])], eine Rückenmarksgeschwulst nach dem Typus des Kleinhirns [NEKRASSOW[5])], ein typisches Adamantinom des Kiefers oder gar der Tibia [B. FISCHER[6])] auf etwas anderes als embryonale Differenzierungsstörungen zurückführen können. Wenn wir Angiome beobachten, deren Endothelzellen noch die Fähigkeit der dauernden Produktion von Blutkörperchen einwandfrei erkennen lassen [PILLIET[7]), SCHMIEDEN[8]), EUG. ALBRECHT[9]), B. FISCHER[10])], so werden wir uns v. FALKOWSKI[11]) anschließen, wenn er dieses Tumorgewebe als persistentes embryonales Mesenchym auffaßt und diese Auffassung auch mit der Struktur des Geschwulstgewebes weiter begründet.

RIBBERT[12]) hat darauf hingewiesen, daß wir in den Geschwulststrukturen zuweilen sogar verschiedene Stadien der zugehörigen embryonalen Organdifferenzierung erkennen können. So findet man ,,Rhabdomyome, deren Zellen die frühembryonalen Stufen der Muskulatur wiedergeben, andere mit vorwiegend spindeligen Elementen, wieder andere, in denen zwar schon durchweg Muskelfasern vorhanden sind, die aber doch noch überall die fetale Röhrenform aufweisen". In der Mamma kennen wir ,,einerseits das dem normalen Zustand der Drüse angenäherte Adenom mit läppchenförmigem Bau und röhrenförmigen Drüsenverzweigungen, mit acinusähnlichen Endanschwellungen (späteres Entwicklungsstadium der Brustdrüse) und andererseits den Tumor mit den spaltenförmig erweiterten Gängen, das Cystadenom (früheres Entwicklungsstadium)".

5. Nachweis kongenitaler Anlage bei Geschwülsten Erwachsener.

Aber auch für Geschwülste vom Bau der einfachen Carcinome müssen wir die Ableitung aus einer embryonalen Entwicklungsstörung häufig annehmen. So

---

[1]) MORGEN: Virchows Arch. f. pathol. Anat. u. Physiol. Bd. 249, S. 217. 1924.
[2]) HEIJL: Zitiert auf S. 1644.
[3]) ASKANAZY: Dtsch. Pathol.-Ges., 10. Tagg., Stuttgart 1906, S. 58.
[4]) SCHULGIN: Zentralbl. f. allg. Pathol. u. pathol. Anat. 1911, S. 963.
[5]) NEKRASSOW: Ref. Zentralbl. f. allg. Pathol. u. pathol. Anat. 1914, S. 654.
[6]) FISCHER, B.: Frankfurt. Zeitschr. f. Pathol. Bd. 12, S. 422. 1913.
[7]) PILLIET: Progr. méd. 1891, Nr. 29, S. 50.
[8]) SCHMIEDEN: Virchows Arch. f. pathol. Anat. u. Physiol. Bd. 161, S. 373. 1900.
[9]) ALBRECHT, EUG.: Münch. med. Wochenschr. 1902, S. 1135.
[10]) FISCHER, B.: Naturforsch.-Vers. Köln 1908, Bd. II/2, S. 7 u. Frankfurt. Zeitschr. f. Pathol. Bd. 12, S. 399. 1913.
[11]) v. FALKOWSKI: Beitr. z. pathol. Anat. u. z. allg. Pathol. Bd. 57, S. 385. 1914.
[12]) RIBBERT: Virchows Arch. f. pathol. Anat. u. Physiol. Bd. 225, S. 195. 1918.

hat Marckwald[1]) zwei ganz kleine Darmcarcinome beschrieben, wo die Darmschleimhaut selbst völlig unbeteiligt war und der — als embryonal gedeutete — Geschwulstkeim ganz in der Submucosa lag. Ich selbst habe das gleiche bei einem Gallertkrebs des Kolons eines jungen Mädchens gesehen [siehe S. 1472, M. Weber[2])]. Eine ganze Reihe solcher Carcinome in Haut und Schleimhäuten wurde beobachtet, die nicht mit der Epidermis oder dem Schleimhautepithel zusammenhängen, also nur aus isolierten Epithelkeimen hervorgehen können[3]). Und der Nachweis dieser Entstehung würde sich zweifellos häufiger führen lassen, wenn nicht solche Carcinome frühzeitig die darüberliegende Schleimhaut durchbrechen und ulcerieren würden, wodurch dann der Nachweis der submukösen Genese unmöglich gemacht ist. Wenn aber primäre Carcinome im Halsbindegewebe auftreten, so können sie schon eine ziemliche Größe erreichen, bevor sie mit Haut oder Schleimhaut verwachsen und sind daher schon seit langer Zeit in ihrer wahren Natur als branchiogene Tumoren erkannt worden. Der Zusammenhang zwischen den angeborenen Halsfisteln sowie Adenomen und Carcinomen gleicher Genese ist einwandfrei nachzuweisen [Feldmann[4])] und die embryonale Entstehung dieser branchiogenen Tumoren sichergestellt.

In ganz gleicher Weise ist die Carcinomentwicklung aus Urnierenresten, aus dem Urachus, dem Ductus omphalo-entericus, aus Resten des Gartnerschen Ganges, aus Überbleibseln der Ratkeschen Tasche usw. einwandfrei erwiesen. Ein Chordom der Schädelbasis oder des Kreuzbeins, wie es auch beim Erwachsenen auftreten kann, wird niemand anders als aus einer primären embryonalen Gewebsstörung ableiten können. Auch die Geschwulstbildung aus verlagerten Pankreaskeimen im Magen und Darm ist nachgewiesen [Beutler[5]), Askanazy[6])].

Zu erwähnen wären hier auch die *Carcinoide des Darms*, aus denen nicht selten Carcinome hervorgehen, „es sind von heterotopen Epithelien aus entstandene Neubildungen, deren Wachstumsart grundsätzlich mit der der Krebse übereinstimmt, die aber eine ungewöhnlich lange Latenzperiode besitzen und meist in verschiedenen Stadien der Latenzzeit angetroffen werden" [s. bei Oberndorfer[7]), Burckhardt[8]), Dietrich[9]), Hagemann[10]), Schober[11])].

Auf Keimversprengung müssen wir zurückführen primäre Adenocarcinome in Lymphdrüsen [v. Willmann[12])], die Entwicklung von Carcinomen auf dem Boden von Atheromen [Schönhoff[13]), Häbler[14])], die Entwicklung eines Cancroids der Sakralgegend aus einem Teratom [Heusner[15])]. Wenn Kankeleit[16]) bei einer 40jährigen Frau, die niemals menstruiert war, infantile Genitalien und klinische Erscheinungen seit 33 Jahren bot, einen Plattenepithelkrebs der Hypophyse fand, so wird — abgesehen von den entwicklungsgeschichtlichen Gründen,

---

[1]) Marckwald: Münch. med. Wochenschr. 1905, S. 1003.

[2]) Weber, Max: Med. Dissert. Frankfurt a. M. Okt. 1920.

[3]) S. auch Teutschländer: Heterotope Tumoren. Dtsch. pathol. Ges. 17. Tgg., S. 460. München 1914.

[4]) Feldmann: Zentralbl. f. allg. Pathol. u. pathol. Anat. Bd. 27, S. 25. 1916.

[5]) Beutler: Virchows Arch. f. pathol. Anat. u. Physiol. Bd. 232, S. 341. 1921.

[6]) Askanazy: Dtsch. med. Wochenschr. 1923, Nr. 1 u. 2, S. 3 u. 49.

[7]) Oberndorfer: Frankfurt. Zeitschr. f. Pathol. Bd. 1, S. 426. 1907.

[8]) Burckhardt: Frankfurt. Zeitschr. f. Pathol. Bd. 11, S. 219. 1912.

[9]) Dietrich: Dtsch. med. Wochenschr. 1910, S. 610.

[10]) Hagemann: Zeitschr. f. Krebsforsch. Bd. 16, S. 404. 1919.

[11]) Schober: Virchows Arch. f. pathol. Anat. u. Physiol. Bd. 232, S. 325. 1921.

[12]) v. Willmann: Dissert. München 1904.

[13]) Schönhof: Arch. f. Dermatol. u. Syphilis Bd. 140, S. 388. 1922.

[14]) Häbler: Münch. med. Wochenschr. 1923, Nr. 13, S. 395.

[15]) Heusner: Zentralbl. f. allg. Pathol. u. pathol. Anat. 1913, S. 1025.

[16]) Kankeleit: Arch. f. d. ges. Psychol. Bd. 58, S. 789. 1917.

die allein die Erklärung der heterotopen Geschwulstart geben —, niemand an der embryonalen Anlage dieser Geschwulst zweifeln können.

Auch hier bei der Entwicklung echter Geschwülste aus kongenitalen und embryonalen Gewebsmißbildungen fällt die häufig außerordentlich große Zeitspanne auf, die zwischen der Entstehung der Geschwulstkeimanlage und dem Manifestwerden der Geschwulst liegt. Es besteht also **auch hier** oft eine **sehr lange Latenzzeit,** bis die Geschwulstkeimanlage in das charakteristische, dauernde, geschwulstartige Wachstum übergeht. Aber dieses Verhalten steht keineswegs ohne Beispiel in der Biologie da. Schon in der physiologischen Entwicklung sehen wir, daß Organanlagen jahre- und jahrzehntelang ohne jedes Wachstum, sozusagen latent, liegenbleiben können, um zu gegebenem Zeitpunkt fast plötzlich in die Weiterentwicklung einzutreten. Die Zahnanlage, die Entwicklung der Haare, der Brustdrüsen und anderer sekundärer Geschlechtsmerkmale sind Beispiele hierfür — und all das beweist wieder die völlige Analogie zwischen Organanlage und Geschwulstkeim.

Zuweilen kann diese Entwicklung des Tumors aus einem embryonalen Keim auch schon klinisch ohne weiteres verfolgt werden, nämlich da, wo die Geschwulstkeimanlagen ohne weiteres dem Auge sichtbar sind. So hören wir häufig, daß der Naevus bereits seit der Geburt vorhanden war, daß aber erst nach Jahrzehnten das Wachstum des malignen Melanoms einsetzte. Es ist wohl kein Zufall, daß gerade am Auge, an Lidern und der Bindehaut, wo solche Pigmentflecke ja die besondere Aufmerksamkeit erregen, die Entwicklung von Pigmentsarkomen im hohen Alter wiederholt beobachtet worden ist und die Kranken selber mit voller Bestimmtheit die Entstehnng aus dem kongenitalen Pigmentfleck angeben können.

6. Postembryonale Entwicklungsstörung und Geschwulstbildung.

Die Entwicklung und Differenzierung des Organismus ist nicht zugleich mit dem embryonalen Leben abgeschlossen. Auch nach der Geburt sehen wir noch an einer Reihe von Organen Entwicklungsvorgänge, wenn sie auch an Großartigkeit und Zahl weit hinter denen des fetalen Gewebes zurückstehen. Auch zwischen diesen postembryonalen Entwicklungsvorgängen und der Geschwulstbildung können daher engere Beziehungen bestehen, insbesondere werden wir hier an die Entwicklungsvorgänge der Brustdrüse und des Uterus denken. Es wäre sehr wohl denkbar, daß bei diesen Vorgängen es zur Bildung von Geschwulstkeimanlagen für Mammatumoren und Uterustumoren, insbesondere der Uterusmyome, käme.

Daß Funktionsstörungen der Brustdrüse, die in jeder Gravidität, ja bei jeder Ovulation lebhafte Proliferationsvorgänge zeigt, zu Geschwulstbildungen Veranlassung geben können, ist in neuester Zeit von BAGG (s. S. 1583) experimentell einwandfrei gezeigt worden. Die Veränderungen der Mamma in der Gravidität dürfen wir aber zweifellos als postembryonale Entwicklungsvorgänge bezeichnen, auf deren Boden sich hier Geschwulstkeimanlagen und selbst bösartige Tumoren entwickeln können.

Von der größten Bedeutung für unsere Frage ist weiterhin:

7. Die Erblichkeit als Faktor der Geschwulstbildung.

Es leuchtet ein, daß die Annahme embryonaler Differenzierungsstörungen als Grundlage der Geschwulstbildung wesentlich unterstützt wird, wenn wir nachweisen können, daß für einen Teil der Geschwulstbildungen die Erblichkeit eine Rolle spielt, d. h. also eine primäre Anomalie des Keims vorliegt, denn nur diese kann ja erblich sein. Man hat sich sehr große Mühe gegeben, durch ausgedehnte Statistiken über die Erblichkeit des Carcinoms beim Menschen sicheres zu erfahren. Diese allgemeinen Statistiken sind so gut wie vollkommen wertlos. Wells[1]) hat mit Recht darauf hingewiesen, daß in diesen Statistiken fast immer die Sicherung der Diagnose durch die Sektion fehlt und mit 20—50% klinischen Fehldiagnosen zu rechnen ist. Die Statistik über Vererbung menschlicher Krebse hat widersprechende Ergebnisse gehabt. Beim Menschen sind für uns viel lehrreicher, als die Versuche, Krebshäuser, Krebsgegenden und ähnliches festzustellen, die genauen und zuverlässigen Beobachtungen an einzelnen Familien. Festgestellt ist auf diesem Wege vollkommen einwandfrei die Erblichkeit bei den multiplen Exostosen und Chondromen des Skeletts, bei den multiplen Lipomen, bei den Angiomen und Myomen der Haut, bei den multiplen Neurofibromen und bei den so außerordentlich bösartigen Neuroblastomen der Retina. Auch bei den Sarkomen der Chorioidea, deren Genese aus primären embryonalen Störungen der Pigmentzellen des Auges erwiesen ist, ist Heredität beobachtet [Sattler[2])].

Erbliches und familiäres Auftreten ist bei diesen Geschwulstformen, ebenso wie bei dem Xeroderma pigmentosum und der Polyposis des Darms [Lahm[3])], um so beweisender, als es sich ja um sehr seltene Krankheitsformen handelt, ein zufälliges Zusammentreffen demnach ausgeschlossen werden kann. Symmetrische Lipombildung ist bei Frauen dreier Generationen beobachtet worden [Zacharias[4])]. Wiederholt wurde Erblichkeit von Teratomen, Dermoidcysten der Ovarien gesehen [s. Koltonski[5])]. Sippel[6]) operierte Ovarialdermoide bei

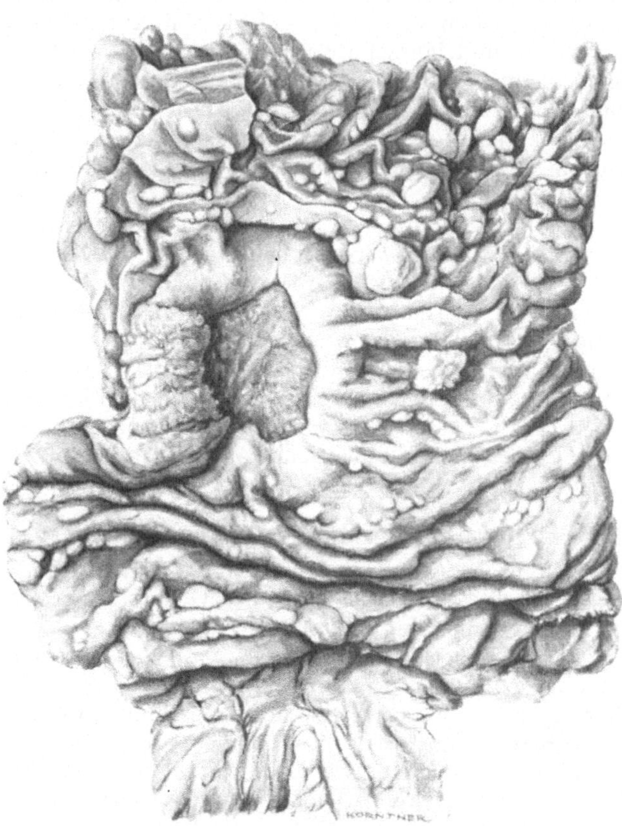

Abb. 481. *Polyposis des Rectums* mit Bildung *multipler Carcinome* auf den Polypen, 35 jähriger Mann (E.-Nr. 260/1922 des Senckenbergischen Pathologischen Instituts, Frankfurt a. M.).

[1]) Wells: Journ. of the Americ. med. assoc. Bd. 82, Nr. 12 u. 13. 1923.
[2]) Sattler: Die bösartigen Geschwülste des Auges. Leipzig: Hirzel 1926.
[3]) Lahm: Beitr. z. pathol. Anat. u. z. allg. Pathol. Bd. 59, S. 276. 1914 (s. auch Paulsen: Konstitution und Krebs. Zeitschr. f. Krebsforsch. Bd. 21, S. 119. 1920).
[4]) Zacharias: Dtsch. Zeitschr. f. Chir. Bd. 135, S. 279. 1916.
[5]) Koltonski: Zeitschr. f. Krebsforsch. Bd. 17, S. 416. 1920.
[6]) Sippel: Zentralbl. f. Gynäkol. Bd. 48, S. 85. 1924.

3 Schwestern. SEIDEL[1]) sah bei zwei Brüdern Kleinhirncysten, die in beiden Fällen zum Tode führten. HOFFMANN[2]) sah zwei Brüder im Alter von 33 und 48 Jahren an zellreichem Gliom des Gehirns zugrunde gehen. MANSON[3]) sah eine Frau und zwei Söhne derselben an Rundzellensarkom zugrunde gehen. LESCHCZINER[4]) sah Brustkrebs bei der Mutter und drei Töchtern mit Metastasen in den gleichen Organen und in 3 Fällen auch den gleichen histologischen Aufbau (Gallertkrebs, in der Mamma selten). Ich selbst sah vor kurzem ein Mamma-carcinom bei einer 32jährigen Frau, deren Mutter und Großmutter ebenfalls an Brustkrebs zugrunde gegangen waren. Auch familiäres Auftreten von Ovarial-cystomen ist wiederholt berichtet worden. HAGGARD und DOUGLASS[5]) fanden bei gutartigen Mammageschwülsten doppelt so oft Krebs in der Familienanamnese berichtet als bei den bösartigen. BURKARD[6]) sah bei zwei eineiigen 21jährigen Zwillingsschwestern zu fast der gleichen Zeit und an der gleichen Stelle der linken Mamma ein Fibroadenom, HEDINGER bei zwei Schwestern im Alter von 71 und 77 Jahren primären Leberkrebs auftreten.

Die Amerikaner haben sich sehr bemüht, die Krebsbereitschaft bestimmter menschlicher Familien herauszufinden und sind zu dem Ergebnis gekommen, daß die Krebsbereitschaft einzelner Familien die der übrigen Bevölkerung um das 15—20fache übertrifft und daß diese Häufigkeit annähernd mit den MENDEL-schen Regeln für das Auftreten rezessiver Faktoren übereinstimmt [WARTHIN, MOON[7])]. Nach WASSINK[8]) werden in der gleichen Familie vorwiegend Krebse desselben Organs gefunden, und die konstitutionelle Disposition zur Krebs-bildung kann auch in menschlichen Familien deutlich hervortreten [Lit. bei BAUER[9])]. Auch die österreichische Sammelforschung hat eindrucksvolle Beweise für die familiäre Disposition zur Tumorbildung ergeben [PELLER[10])], so wurden 3 Familien gefunden, in denen 5 Geschwister an Krebs erkrankten, und 3 weitere Familien, in denen sogar 6, 7 und 9 Geschwister an Krebs erkrankt waren. 15mal fand sich das Carcinom in 4 Generationen.

Die Frage der Erblichkeit der Geschwulstbildung ist nun in den allerletzten Jahren durch systematische Untersuchungen mit Hilfe der Tierzüchtung in Amerika in ein ganz neues Stadium getreten. **Krebsepidemien unter Mäusen** waren schon wiederholt beobachtet worden, so haben z. B. KLINGER und FOUR-MANN[11]) unter den Nachkommen einer stark durch Inzucht vermehrten Krebs-maus im Laufe von 3 Jahren 23 Carcinome beobachtet. Aber erst LEO LOEB[12]), TYZZER[13]) und besonders MAUD SLYE[14]) haben die Frage durch ihre großen Mäuse-zuchten sehr wesentlich gefördert. SLYE beobachtete das Auftreten von Spontan-tumoren in ihren Mäusezuchten, die lückenlos durch 10 Generationen hindurch

---

[1]) SEIDEL: Heidelberger Ophthal.-Kongr. 1912.

[2]) HOFFMANN: Zeitschr. f. d. ges. Neurol. u. Psychiatrie Bd. 51, S. 113. 1919.

[3]) MANSON: Brit. med. journ. Nov. 1913, S. 1135.

[4]) LESCHCZINER: Med. Klinik 1917, S. 580.

[5]) HAGGARD u. DOUGLASS: Journ. of the Americ. med. assoc. Bd. 80, Nr. 7. 1923.

[6]) BURKARD: Dtsch. Zeitschr. f. Chir. Bd. 169, S. 166. 1922 u. HEDINGER: Zentralbl. f. Path. Bd. 26, S. 385. 1915.

[7]) WARTHIN, MOON: Med. journ. a. record Bd. 97, S. 14. 1920.

[8]) WASSINK: Nederlandsch tijdschr. v. geneesk. 1923, S. 326.

[9]) BAUER: Die konstitutionelle Disposition zu inneren Krankheiten. S. 78. Berlin 1921.

[10]) PELLER: Wien. klin. Wochenschr. 1922, Nr. 6/8.

[11]) KLINGER u. FOURMANN: Zeitschr. f. Krebsforsch. Bd. 16, S. 231. 1917.

[12]) LOEB, LEO: Zentralbl. f. allg. Pathol. u. pathol. Anat. 1911, S. 993 (Lit.). — LOEB u. FLEISHER: Zentralbl. f. Bakteriol., Parasitenk. u. Infektionskrankh., Abt. 1, Orig. Bd. 67, S. 145. — LATHROP u. L. LOEB: Journ. of exp. med. Bd. 22, S. 646 u. 713. 1915.

[13]) TYZZER: Journ. of. med. research. Bd. 21. 1909 u. Bd. 32. 1915.

[14]) SLYE: Journ. of med. research Bd. 32. März 1915 u. Journ. of cancer research Bd. 6, S. 139. 1921 u. Bd. 7, S. 107. 1923.

beobachtet wurden, und züchtete eine riesige Zahl von Spontantumoren im Laufe der Jahre unter 40 000 Mäusen. Sie kommt an Hand zahlreicher Stammbäume zu dem Schluß, daß die Vererbung der Tumorbildung nicht die Ausnahme, sondern die Regel ist.

Wenn also in früheren Jahren wiederholt über das Auftreten von Krebsendemien bei Mäusen berichtet worden ist [z. B. Ascher[1]), v. Dungern[2]), Sarkomendemie bei Ratten, Gaylord[3])], so ergibt sich aus diesen systematischen Untersuchungen von Leo Loeb, Tyzzer, Slye, daß hier nicht äußere Faktoren, Infektionen, Ernährung, Domestikation und anderes, was man zur Erklärung herangezogen hatte, die wesentliche Rolle spielt, sondern lediglich der Erblichkeitsfaktor. Durch Inzucht von 3 Familien von Spontancarcinom konnten Serien erhalten werden, die bis zu 100% Carcinome zeigten. Es konnten Mäusestämme gezüchtet werden, in denen Carcinome niemals auftraten, andere, in denen der Krebs sehr häufig war. Nach Slye wird sogar die Spezifität des Gewebstypus der einzelnen Geschwülste in den einzelnen Organen auf die Nachkommen vererbt. *Die Disposition für Krebs hängt von der Art der Proliferation und Differenzierung bei regenerativen Prozessen ab.* Es wurden Tierserien erhalten, die kein Carcinom entwickelten, solche, die regelmäßig an Krebs starben, und solche, wo die Krebsbildung nach den Mendelschen Regeln auftrat. Bei diesen Tieren ist die Widerstandsfähigkeit gegen Tumorbildung dominant, die Empfänglichkeit recessiv [Slye, Wells[4])]. Auch für die Lokalisation der Metastasen wurden vererbliche Gesetzmäßigkeiten nachgewiesen. Es konnten sogar Mäusestämme gezüchtet werden, bei denen eine bestimmte Tumorform in besonders hohem Prozentsatz auftrat. Nach Leo Loeb[5]) ist nicht nur die Häufigkeit, sondern auch das Alter, in dem das Carcinom bei der Maus auftritt, erblich bestimmt. Bei Stämmen mit vielen Tumoren treten diese auch in früherem Alter auf.

Coulon und Boez[6]) fanden allerdings bei den Nachkommen krebskranker Mäuse keinen höheren Prozentsatz von Spontantumoren als in normalen Zuchten, aber die ausgedehnten Untersuchungen von Slye und auch von Lynch[7]) sprechen dagegen. In den Zuchten von Lynch war der geschwulstbildende Faktor dominant. Von Wichtigkeit ist, daß eingehende Kontrolluntersuchungen jede direkte oder indirekte Übertragung der Geschwülste durch Zusammenleben, Säugen durch Mütter mit Brustkrebs, Verfüttern frischer Carcinomsubstanz mit Sicherheit ausschließen ließen. Es kam immer nur auf die Abstammung, d. h. das Keimplasma, an, und Slye kommt selbst zu der Auffassung, daß bei den hereditär belasteten Individuen ein chronisch entzündlicher Reiz in den empfindlichen Organen die Tumorbildung auslösen kann. Damit wäre die Beziehung des erblichen Faktors zu den Regenerationsprozessen gegeben.

Wenn wir diese ganzen Tatsachenreihen überblicken, so kann selbst bei dem größten Skeptizismus kein Zweifel darüber bestehen, daß ein großer Teil der Geschwülste aus embryonaler Anlage hervorgeht und daß für zahlreiche andere die erbliche Anlage eine wichtige Rolle spielt. Die Versuche, alle Geschwülste aus embryonalen Anlagen, Zellmißbildungen abzuleiten [Beard[8]), Ribbert[9])],

---

[1]) Ascher: Zeitschr. f. Krebsforsch. Bd. 11, S. 167. 1912.

[2]) v. Dungern: Zentralbl. f. Bakteriol., Parasitenk. u. Infektionskrankh., Abt. II, Bd. 54 (Ref.-Beiheft), S. 84. 1912.

[3]) Gaylord: Zeitschr. f. Krebsforsch. Bd. 4, S. 734. 1906.

[4]) Wells: Journ. of the Americ. med. assoc. Bd. 81, Nr. 12 u. 13. 1923.

[5]) Loeb, Leo: Journ. of cancer research Bd. 6, S. 197. 1921.

[6]) Coulon u. Boez: Bull. de l'assoc. franç. pour l'étude du cancer Bd. 13, S. 511. 1924.

[7]) Lynch: Journ. of exp. med. Bd. 39, S. 481. 1924.

[8]) Beard: Zentralbl. f. allg. Pathol. u. pathol. Anat. Bd. 14, S. 513. 1903.

[9]) Ribbert: Dtsch. med. Wochenschr. 1919, S. 1265.

oder von extraregionären Urgeschlechtszellen [ROTTER[1])] abzuleiten, sind sicherlich abzulehnen und insbesondere durch das experimentelle Teercarcinom widerlegt. Aber wenn DE VRIES[2]) deshalb die COHNHEIMsche Theorie als völlig erledigt ansieht, so liegt dazu wirklich keine Veranlassung vor. Es ist dies eine ebensolche Einseitigkeit wie die Forderung von GREIL[3]), aus Schwangerschaftsreaktionen die Entstehung der fetalen Anomalie zu erkennen und die systematische Geschwulstprophylaxe mit der Verhütung der ersten Geschwulstbildungen des werdenden Keimlings zu beginnen. Leider vergißt er hinzuzusetzen, wie man das machen soll!

Alle Tatsachen zwingen uns zu dem Schluß, daß echte und bösartige Geschwülste auf zwei verschiedenen Wegen, dem der gestörten Regeneration und dem der primären Entwicklungsstörung, entstehen.

Man kann also nach der Genese zwei Geschwulstformen unterscheiden: die Regenerationsgeschwülste (bisher gewöhnliche Reizgeschwülste genannt) und die dysontogenetischen Geschwülste [SCHWALBE[4]), ERNST[5]), GRABOWSKI[6])]. Für beide Geschwulstarten ist die gewöhnlich außerordentlich lange Latenzzeit. die zwischen der Bildung der Geschwulstkeimanlage und dem Auswachsen der Geschwulst selbst liegt, sehr charakteristisch. STRAUSS[7]) hat versucht, diese Tatsache zweier genetisch verschiedener Geschwulstarten auch für das Problem der Krebsheilung zu verwerten und glaubt, daß die auf primärer Entwicklungsstörung beruhenden Geschwulstformen jeder Therapie unzugänglich seien. Dieser Schluß ist aber nur theoretisch abgeleitet, die Tatsachen sprechen nicht in diesem Sinne, denn es hat sich noch niemals irgendein wesentlicher biologischer Unterschied in bezug auf lokales oder metastasierendes Wachstum, z. B. zwischen diesen beiden Geschwulstgruppen, nachweisen lassen. Es gibt Geschwülste, die sicher aus regenerativen Prozessen, wie die experimentell erzeugten, hervorgegangen sind und trotzdem sehr hohe Grade von Bösartigkeit zeigen, während auch bei Tumoren sicher embryonaler Genese alle Grade von Gut- und Bösartigkeit ebenfalls vorkommen. Als einwandfreier Beweis gegen die Ableitung von STRAUSS sei nur das Chorionepitheliom angeführt, das trotz der Entstehung aus Embryonalzellen zuweilen sich noch wieder zurückbildet, obwohl bereits metastatische Knoten sich ausgebildet haben.

Dazu kommt, daß im diametralen Gegensatz zu STRAUSS zuweilen gerade die Geschwülste mit embryonalen Strukturen durch Röntgenstrahlen z. B. leicht zu beeinflussen, ja zu heilen sind [WALTHARD[8])], während in dieser Beziehung gerade ausdifferenzierte Geschwulstformen, z. B. das Adenocarcinom, sich ganz refraktär verhalten.

8. Arten der Entwicklungsstörung bei der Bildung der Geschwulstkeimanlage.

Gewiß stellt uns die Tatsache, daß die Bildung der Geschwulstkeimanlage bei zahlreichen Geschwülsten und bei den meisten Geschwulst*formen* überhaupt auf embryonale Vorgänge, Entwicklungs- und Vererbungsfaktoren zurückgeht, vor neue und besonders schwierige Aufgaben. Welche Faktoren führen zu solchen

---

[1]) ROTTER: Zeitschr. f. Krebsforsch. Bd. 18, S. 171. 1921.
[2]) DE VRIES: Nederlandsch tijdschr. v. geneesk. 1921, Nr. 20.
[3]) GREIL: Dtsch. med. Wochenschr. 1922, S. 1471.
[4]) SCHWALBE: Virchows Arch. f. pathol. Anat. u. Physiol. Bd. 196, S. 330. 1909.
[5]) ERNST: Dtsch. Pathol.-Ges., 15. Tagg., Straßburg 1912, S. 226.
[6]) GRABOWSKI: Beitr. z. pathol. Anat. u. z. allg. Pathol. Bd. 56, S. 266. 1913.
[7]) STRAUSS: Zeitschr. f. Krebsforsch. Bd. 19, S. 185. 1922.
[8]) WALTHARD: Zentralbl. f. Gynäkol. 1920, S. 685.

Differenzierungsstörungen und Geschwulstbildungen? Die Tatsache derartiger Differenzierungsstörungen — ohne jede Rücksicht auf das Geschwulstproblem — steht aus der Entwicklungsgeschichte einwandfrei fest. Wir wissen, daß bei der Entwicklung des Zentralnervensystems stets mehr Zellen gebildet werden, als später tatsächlich zur Verwendung kommen [Rabl[1])]. Wir wissen, daß die Larvenorgane (z. B. bei manchen Insekten Darm, Speicheldrüsen, Muskulatur) eingeschmolzen und durch Neubildungen ersetzt werden, kurz, wir kennen viele vergängliche embryonale Anlagen [Nussbaum[2]), Hensen[3]), v. Szily[4])], und es sind also Grundlagen genug für die Annahme gegeben, daß diese in allen embryonalen Geweben verbreiteten Zellen, Gewebe, ja ganze Organanlagen, die bei normalem Entwicklungsgange der sicheren Rückbildung verfallen [Keibel[5])], pathologischerweise unentwickelt liegen bleiben können, sich erst später weiter differenzieren oder durch die nunmehr total geänderten Faktoren der Umgebung und des Gesamtorganismus in eine fehlerhafte Richtung der Differenzierung gedrängt werden. Wir wissen, daß z. B. das Becken und andere Teile des Knochensystems im Knorpel- oder Vorknorpelstadium bestehenbleiben und sich nur in der Größe weiterbilden können [Falk[6])], daß unentwickelt gebliebene Eiteile eine spätere Nach- und Umdifferenzierung (Postgeneration) erfahren können [Roux[7]), Laqueur[8])] usw.

Wenn wir bei dem Stande unseres Wissens über Vererbung und Entwicklung auch heute noch nicht einmal hypothetische präzisere Vorstellungen über die Keimplasmaveränderungen uns machen können, die zur Bildung von Geschwulstkeimanlagen führen, so dürfen wir doch wohl annehmen, daß die Faktoren zu jenen gehören, welche für die Entstehung von Variationen und Mißbildungen überhaupt maßgebend sind. Wir wissen auch nicht, warum weiße Katzen mit blauen Augen in der Regel taub sind, warum albinotische Maulwürfe gewöhnlich größer sind als schwarze, warum Grauschimmel so außerordentlich viel häufiger an Melanosarkom erkranken als Pferde anderer Farbe usw. [Rabl[1])]. Das bei einer Reihe von Tieren bekannte Stehenbleiben der Entwicklung in der Jugendform (z. B. beim Axolotl), die Neotenie, ist ein Beispiel im großen dafür, daß der ganze Organismus das embryonale Gepräge unter Verzicht auf Weiterdifferenzierung beibehalten kann. Viel häufiger aber sehen wir, daß das Stehenbleiben auf einem jugendlichen oder embryonalen Entwicklungsstadium nur für einzelne Organe oder Charaktere zutrifft. Bei den Teratomen hat man deshalb (Askanazy) das Teratoma embryonale mit Stehenbleiben auf embryonalen Strukturen von dem Teratoma coaetaneum mit ausdifferenzierenden Geweben unterschieden. Alle Faktoren, die für die Entstehung der Neotenie, für die Entwicklung von Differenzierungsstörungen, für atavistische Rückschläge von Bedeutung sind, müßten wir demnach auch in der Geschwulstforschung berücksichtigen. Bis heute wissen wir darüber nichts und könnten höchstens Vermutungen anstellen.

Aber wie die äußeren Umweltfaktoren in der sensiblen Periode der Keimzellen eine wichtige Rolle für das Auftreten neuer erblicher Eigenschaften spielen, so dürfen wir grundsätzlich ähnliches für die Entstehung von Gewebsmißbildungen annehmen. Alle unsere Erfahrungen über experimentelle Erzeugungen

---

[1]) Rabl: Züchtende Wirkung funktioneller Reize. Leipzig: Engelmann 1904.
[2]) Nussbaum: Arch. f. mikroskop. Anat. Bd. 57, S. 676. 1901.
[3]) Hensen: Arch. f. Entwicklungsmech. d. Organismen Bd. 30, S. 439. 1910.
[4]) v. Szily: Dtsch. med. Wochenschr. 1911, S. 1461.
[5]) Keibel: Dtsch. med. Wochenschr. 1911, S. 170.
[6]) Falk: Virchows Arch. f. pathol. Anat. u. Physiol. Bd. 192, S. 544. 1908.
[7]) Roux: Zentralbl. f. allg. Pathol. u. pathol. Anat. 1894, S. 858.
[8]) Laqueur: Arch. f. Entwicklungsmech. d. Organismen Bd. 28, S. 327. 1909.

von Mißbildungen überhaupt dürfen hier herangezogen werden. Wir wissen, daß die spezifischen Inkrete die Entwicklungs- und Differenzierungsvorgänge beherrschen, daß selbst die geringsten Störungen dieser Art schwerwiegende Differenzierungsstörungen im Gefolge haben können (Beispiel: Ausbildung drüsenähnlicher Cornealcysten bei hyperthyreotischen Larven, ferner s. S. 1441 und 1712), wir wissen, daß zahlreiche äußere Faktoren, daß Lichtstrahlen, insbesondere ultraviolettes Licht und Radiumstrahlen, alle möglichen Mißbildungen erzeugen können. DOMS[1]) hat an Wärme- und Kältekulturen von Froschlarven gezeigt, daß durch diese äußeren Einflüsse sogar die Größenentwicklung der Organe bestimmt werden kann: die Wärmetiere hatten größere Kiemen, die Kältetiere eine größere Leber, und OLGA KUTTNER[2]) zeigte in Untersuchungen über Vererbung und Regeneration angeborener Mißbildungen bei Cladocera, daß „die erbliche Regenerationsnorm in der Weise abgeändert ist, daß die betreffenden Organanlagen schon auf ganz geringe Reize durch ein Abweichen von der normalen Entwicklungsrichtung reagieren". Wenn wir aus diesen Ergebnissen auch noch nicht im Einzelfalle die Faktoren, die zur Bildung einer Geschwulstkeimanlage führen, ableiten können, so ermöglichen sie doch ein grundsätzliches Verständnis. Wir sehen, daß in den großen Mäusezuchten von LEO LOEB, TYZZER, SLYE und LYNCH die Krebsbildung nicht nur als erbliche Erkrankung auftritt, sondern daß häufig auch dasselbe Organ an einer Geschwulst gleicher histologischer Struktur in den Krebsfamilien erkrankt. Wir dürfen daraus auf Grund der oben angeführten Tatsachen der allgemeinen Biologie den Schluß ziehen, daß hier eine erbliche Abänderung der Regenerationsnorm vorliegt, so daß schon auf ganz geringe Reize hin Differenzierungsstörungen auftreten, d. h. in unserem Falle Bildung von Geschwulstkeimanlagen.

Eine eigenartige Beobachtung darf an dieser Stelle Erwähnung finden. POLL[3]) hat die sehr interessante Tatsache gefunden, daß ganz regelmäßig Zwischenzellentumoren der Hoden bei Bastardvögeln zu beobachten sind, die durch eine Kreuzung von Pfau und Perlhenne entstanden waren. Wir sehen hier also ein experimentelles Beispiel dafür, daß ganz allein die Konstitution des Keimplasmas für die Bildung dieser Geschwülste verantwortlich zu machen ist, und POLL weist selbst mit Recht darauf hin, daß durch die Fortschritte der wissenschaftlichen Erblichkeitsforschung experimentell die inneren Bedingungen für die Entwicklung mancher Geschwülste festgestellt werden könnten, ein Gedanke, der ja inzwischen durch die amerikanischen Arbeiten über die Erblichkeit der Mäusegeschwülste schon zum Teil verwirklicht worden ist.

Die verschiedenen Arten und Formen der embryonalen Entwicklungsstörungen, die zu Gewebsmißbildungen führen können, sind bereits bei der Lehre von der Heteroplasie (s. S. 1329) besprochen worden. Alle diese Arten von Gewebsmißbildungen können die Grundlage von Geschwulstkeimanlagen bilden. In erster Linie kommen in Betracht: abnorme Gewebsverlagerungen, Organkeime an abnormer Stelle, die sehr häufigen embryonalen Überschußbildungen, die illegalen Zellverbindungen ROBERT MEYERS, die durch Ortsverschiebungen zu Keimverlagerungen führen usw. Auch die gröberen Störungen der Organentwicklung, das Ausbleiben der physiologischen Verschmelzungen, Verwachsungen, Verschlüsse, abnorm auftretende Verwachsungen und Verschlüsse, Atresien usw. können zu Gewebsmißbildungen, Keimabschnürungen, Keimpersistenzen und Verlagerungen und damit auch zur Bildung von Geschwulstkeimen führen,

---

[1]) DOMS: Arch. f. mikrosk. Anat. Bd. 87, S. 60. 1916.
[2]) KUTTNER, OLGA: Arch. f. Entwicklungsmech. d. Organismen Bd. 36, S. 649. 1913.
[3]) POLL: Berlin. klin. Wochenschr. 1919, S. 768.

ebenso ferner das Auftreten rudimentärer atavistischer Organe, alle Formen und Arten gestörter Gewebsdifferenzierung, Stehenbleiben auf frühem Embryonalstadium, Neotenie.

Derartige neotenische Differenzierungsstörungen sind auch beim Menschen beobachtet worden. Falk[1] z. B. beschreibt eine menschliche Mißbildung, bei der die ganze Entwicklung in dem Stadium der Mitte des zweiten Fetalmonats stehengeblieben ist. Die zu dieser Zeit vorhandenen Verhältnisse hatten sich nur in der Größe weitergebildet, waren im übrigen bestehen geblieben. Über das Vorkommen derartiger Entwicklungsstörungen, Differenzierungsstörungen von Gewebskeimen sind gewisse, aus der experimentellen Embryologie stammenden Beobachtungen von besonderem Interesse. Nach operativen Eingriffen am Frosche können verhältnismäßig undifferenzierte Furchungszellen in differenzierten Teilen unentwickelt liegen bleiben. Geschwulstähnliche Bildungen hat zuerst Roux nach Operationen am Ei, und zwar nicht selten, beobachtet, auch hat er das Vorkommen von undifferenzierten, die Charaktere der Furchungszellen tragenden Zellen in bereits differenzierten Froschembryonen konstatiert und auf die mögliche Bedeutung dieser Erscheinungen für die Geschwulstlehre hingewiesen, indem solche Zellen „durch einen auf sie ausgeübten Reiz oder durch die Schwächung ihrer Umgebung zum Tätigwerden veranlaßt werden" und auf diese Weise die Bildung von Geschwülsten einleiten können [Child[2]].

Auf die engen Beziehungen zwischen atavistischer Hyperplasie und Tumorbildung der Hypophyse bei Akromegalie habe ich vor Jahren hingewiesen. Wenn wir bei den Selachiern noch die Fähigkeit der Zahnbildung in der ganzen Haut sehen, so kann man daran denken, die Entstehung eines Adamantinoms im Unterschenkel als eine Geschwulstbildung durch atavistische Reminiscenz aufzufassen.

Rotter[3] hat an einem menschlichen Fetus der 12. Woche noch eine große Anzahl persistenter extraregionärer Geschlechtszellen nachgewiesen, und wenn man auch den weitgehenden Schlußfolgerungen Rotters nicht folgen kann, so ist es doch sicher, daß auch von solchen persistenten Geschlechtszellen sich Geschwulstkeimanlagen ableiten können. Auch ist experimentell erwiesen, daß in frühesten Embryonalstadien in das Innere des Eies verlagerte Zellkomplexe zu geschwulstartigen Bildungen, „Intraovaten" [Barfurth[4]] auswachsen können.

Nach alledem ist also das Auftreten abnormer Gewebsanlagen über jeden Zweifel erhaben. In allen Organen und zu allen Entwicklungsstadien sehen wir alle möglichen abnormen Gewebskeime auftreten und zuweilen auch persistieren, und die Frage, die uns vorliegt, lautet: welche Beziehungen haben derartige embryonale Keime zur Geschwulstbildung.

Fassen wir die Beziehung dieser Gewebsmißbildungen zu den Geschwülsten ins Auge, so muß hier zunächst betont werden, daß keineswegs aus jeder Gewebsmißbildung eine Geschwulst hervorgeht, ja die Häufigkeit der Entwicklungsstörungen und der Geschwulstbildung geht durchaus nicht in jedem Organ parallel [Lubarsch[5]]. Insbesondere gibt es keinen Parallelismus zwischen dem Auftreten bösartiger Geschwülste und der Häufigkeit der embryonalen Gewebsmißbildungen. Mit Recht hat Lubarsch darauf hingewiesen, daß gerade in

---

[1] Falk, E.: Seltene menschliche Mißbildung. Virchows Arch. f. pathol. Anat. u. Physiol. Bd. 192, H. 3, S. 544. 1908.

[2] Child, Ch.: Physiologische Isolation, S. 147, Anm. 51. Rouxs Vorträge über Entwicklungsmechanik H. 11. 1911.

[3] Rotter: Zeitschr. f. Krebsforsch. Bd. 18, S. 171. 1921.

[4] Barfurth: Anatomische Hefte. Wiesbaden: Bergmann 1893.

[5] Lubarsch: Jahreskurse f. ärztl. Fortbild. H. 1, S. 42. München 1910 u. 16. internat. med. Kongr. Budapest 1911.

den Organen, die am häufigsten Carcinome aufweisen, wie Mamma und Magendarmkanal, nur wenig von embryonalen Entwicklungsstörungen und Gewebsmißbildungen bekannt ist, während im Urogenitalsystem ein annähernder
Parallelismus zwischen Gewebsmißbildungen und Blastombildung besteht,
wobei aber die Hamartome und gutartigen Blastome überwiegen. Zunächst
einmal wissen wir über die wirkliche Bedeutung der nur in der Embryonalzeit
vorhandenen und der rudimentären Organe so gut wie nichts. PETER[1]) glaubt,
daß die heute allgemein angenommene phylogenetische Ableitung dieser embryonalen Organe, z. B. der knorpeligen Schädelkapsel, der Urniere, der Kiemengänge
usw., nicht ausreicht und ist überzeugt, daß diesen Organen eine Funktion, eine
wesentliche Beteiligung am Leben und Aufbau des wachsenden Embryo zukommt. Die rudimentären Organe sind auch von Anfang an kleiner und zell-
ärmer als die funktionierenden und erreichen nicht die normale Entwicklungsstufe der übrigen Gewebe. Ob ein solch ausgeschalteter Keim, eine in der Differenzierung zurückgebliebene Anlage sich weiter entwickelt, kann auch in Allgemeinfaktoren begründet sein, so wie sich die Haare des Bartes, die Brustdrüse,
das Geweih unter dem Einfluß der Hormone des Gesamtkörpers erst zu bestimmten Zeiten ausdifferenzieren. Bekannt ist auch, daß die Dermoide des Ovariums
zur Zeit der Pubertät ein stärkeres Wachstum zeigen.

PIETRUSKY[2]) hat einen auffallenden Gegensatz zwischen der Häufigkeit
der Abnormitäten der Organformen und der Häufigkeit der Tumoren in dem
Organ festgestellt.

Die Beweise für den Zusammenhang zwischen Geschwulstbildung und Gewebsmißbildung liegen auf anderem Gebiete. Auf die zahlreichen Analogien
beider biologischen Vorgänge haben SCHWALBE u. a. hingewiesen, aber mit Recht
hat SAXER[3]) geschrieben: „Demgegenüber möchte ich behaupten, daß mit diesem
Nachweis für das Verständnis der *Ätiologie* der Geschwülste so gut wie nichts
gewonnen ist. Aus embryonalen Geweben kann eine spezifisch gebaute, histologisch eigenartige Geschwulst mit besonderer Wachstums- und Verbreitungs-
weise hervorgehen. Daran ist kein Zweifel möglich. Die Ursache einer solchen
Geschwulstbildung kann aber nicht eine einfache Verlagerung oder Ausschaltung
sein, denn der embryonalen Zelle an und für sich kommt in keiner Weise die
Eigenschaft einer unhemmbaren oder gar regellosen Proliferation zu: das Charakteristische für diese ist gerade der mit unbegreiflicher Gesetzmäßigkeit eintretende physiologische Abschluß des Wachstums. Die Möglichkeit, in geschwulstartige Wucherung zu geraten, verdanken die Zellen erst einer ererbten oder erworbenen pathologischen Modifikation ihres ursprünglichen Charakters. Worin
der Grund dieser Änderung der physiologischen Vermehrungsfähigkeit liegt,
das ist aber das gleiche Geheimnis für die im embryonalen wie für die im fertigen
Organismus entstandenen echten Geschwülste." Das ist im wesentlichen dasselbe,
was wir über die Kataplasie, die für jede Geschwulstzelle angenommen werden
muß, gesagt haben.

Wir haben bereits darauf hingewiesen, daß selbst bei denjenigen Geschwülsten, deren Gewebe in ihrem Differenzierungsstadium vollkommen der Differenzierung der normalen Körpergewebe entsprechen, die Entstehung aus abnormen
embryonalen Keimen vielfach absolut erwiesen ist. Ich erinnere z. B. an die
Dermoidcysten, an das Angiom, Fibrom, an viele Lipome, Chondrome und
andere Tumoren.

Bei denjenigen Geschwülsten, bei denen aber diese normale Differenzierung

---

[1]) PETER: Arch. f. Entwicklungsmech. d. Organismen Bd. 30, S. 418. 1910.
[2]) PIETRUSKY: Frankfurt. Zeitschr. f. Pathol. Bd. 28, S. 360. 1922.
[3]) SAXER: Beitr. z. pathol. Anat. u. z. allg. Pathol. Bd. 32, S. 346. 1902.

der gleichalterigen Körpergewebe fehlt, bei denen wir also eine embryonale oder völlig fehlende Differenzierung vorfinden, werden wir natürlich noch dringender auf die Anlage der Geschwulst aus embryonalen Gewebskeimen hingewiesen. Für unsere ganze Stellungnahme ist allerdings von der größten Bedeutung die Beantwortung der Frage, ob an den Zellen des ausdifferenzierten Organismus noch ein Rückschlag in das Embryonale möglich ist. Aus der Höhe der Differenzierung der einzelnen Gewebe eines Teratoms, aus der Mannigfaltigkeit der Zusammensetzung wird ja heutzutage direkt auf das Entwicklungsstadium geschlossen, in dem die Bildung des Tumorkeims erfolgt ist. So schreibt Schwalbe[1]) über diese Frage: „Wir können mit Askanazy u. a. von einem Teratoma triphyllicum und biphyllicum reden. Ich möchte die Verschiedenheit dieser Zusammensetzung mit der Zeit der Entwicklungsstörung in Zusammenhang bringen. Ich glaube nicht, daß für die Teratome allgemein ein ‚eiwertiger Keim‘ angenommen werden muß. Wie es eine teratogenetische Terminationsperiode gibt, so läßt sich für viele dysontogenetische Geschwülste eine *onkogenetische Terminationsperiode* finden." Für zahlreiche Teratomformen gelingt es heute schon, mit guten Gründen ihre bigerminale Genese (parasitäre Doppelbildungen) oder ihre monogerminale Entstehung vom Urmund aus (3-keimblättrige Teratome) oder ihre Entstehung aus den embryonalen Primitivorganen, d. h. den Stellen, wo sich Organanlagen abfalten, dazutun [Budde[2])]. Derartige Ableitungen haben natürlich nur dann einen Sinn und eine Bedeutung, wenn ein Rückerwerb embryonaler Eigenschaften und Differenzierungspotenzen für die erwachsenen normalen Körperzellen ausgeschlossen ist. Tatsächlich müssen wir auch für die höherdifferenzierten Formen des Tierreiches annehmen, daß ein wesentlicher Rückerwerb embryonaler Differenzierungspotenzen ausgeschlossen ist (s. das früher S. 1318 hierüber Gesagte).

Selbst bei den Stammzellen des Blutes läßt sich der fortschreitende Verlust an Differenzierungsfähigkeiten zuweilen in überzeugender Weise dartun. So hat in experimentellen Untersuchungen Bermann[3]) gezeigt, daß in Knochenmarkskulturen nach Infektion der Kultur mit Staphylokokken das jugendliche Knochenmark noch sämtliche Formen myeloischer Zellen bildet, während die Knochenmarkskultur des ausgewachsenen Tieres bei dem gleichen Versuch nur noch in pathologischer Weise Erythrocyten bildet und hier die Zellen des myeloischen Systems und die phagocytierenden Monocyten vollkommen fehlen.

Wenn wir also einen Rückschlag ins Embryonale für die normalen Körperzellen im wesentlichen ausschließen können, so sind wir tatsächlich berechtigt, aus dem Auftreten vollkommen normaler embryonaler Differenzierungen, aus dem Auftreten sehr verschiedener heterogener Gewebe in einem Tumorkeim auf eine frühzeitige embryonale Anlage zu schließen. Und wenn wir gleichzeitig damit unsere Kenntnisse über die tatsächlich vorgekommenen embryonalen abnormen Gewebskeimanlagen vergleichen, so ist das eine ja sicher, daß keineswegs alle derartigen embryonalen abnormen Keimanlagen zur Geschwulstbildung führen. Auch ist weder ein abnormer Gewebskeim noch ein abnorm differenzierter embryonaler Gewebskeim bereits mit einem Tumor identisch. Welche Beziehungen der embryonalen Gewebsmißbildung zur Tumorbildung dürfen wir nun annehmen?

Mehrere Forscher haben das ganze Geschwulstproblem insofern verschoben, als sie überhaupt als die wesentliche Grundlage jeder Geschwulstbildung eine

---

[1]) Schwalbe, Ernst: Über die Genese der Geschwülste, beurteilt nach den Erfahrungen der Mißbildungslehre. Virchows Arch. f. pathol. Anat. u. Physiol. Bd. 196, S. 330. 1909.

[2]) Budde, M.: Beitr. z. pathol. Anat. u. z. allg. Pathol. Bd. 68, S. 512. 1921.

[3]) Bermann: Arch. f. exp. Zellforsch. Bd. 1, S. 409. 1925.

angeborene Anaplasie der Zellen annehmen. Hierdurch wird das ganze Problem um eine Stufe rückwärts verlegt. Wir hätten uns die Frage vorzulegen, wodurch denn eine solche embryonale Anaplasie der Zellen zustande kommt.

Nach dieser Ansicht der angeborenen Anaplasie der Zellen (RIBBERT, SCHWALBE u. a.) müßten wir im Sinne der früher gemachten entwicklungsgeschichtlichen Ausführung feststellen, daß keineswegs jede Körperzelle oder jede Embryonalzelle die prospektive Potenz zur Geschwulstbildung habe, sondern daß infolge einer uns unbekannten embryonalen Entwicklungsstörung nur gewissen embryonalen Zellen diese prospektive Potenz, zur Geschwulstzelle zu werden, verliehen wird. Die tatsächlich nachgewiesenen Geschwulstkeimbildungen bei Regenerationen und die eingehend besprochenen experimentell erzeugten Geschwülste beweisen, daß eine solche Annahme für einen sehr großen Teil der auftretenden Geschwülste unmöglich ist. Aber auch für die sicher kongenital angelegten und nur auf primärer Gewebsmißbildung beruhenden Geschwülste gibt uns diese Annahme keine Erklärung, denn es ist mit der Hypothese dieser angeborenen Kataplasie das Wesentliche der Frage nicht gelöst, und dieses Wesentliche lautet: Worin besteht die Veränderung der Zelle, die sie zur Geschwulstzelle prädisponiert oder direkt zur Geschwulstzelle macht?

Eigentlich ist es unmöglich, von einer angeborenen Kataplasie der Zellen, von einer embryonalen Kataplasie, zu sprechen, denn das Charakteristicum der Embryonalzelle ist einerseits der Mangel an Differenzierung, andererseits ein sehr hoher Gehalt an Potenzen, d. h. an Differenzierungsfähigkeiten. Die Bildung eines verhornenden Plattenepithelcarcinoms kann demnach unmöglich durch die Annahme einer angeborenen Kataplasie der embryonalen Zellen erklärt werden, denn einerseits zeigen die Zellen dieses Tumors weitgehende Differenzierung und Spezifizierung, andererseits fehlt ihnen das Charakteristicum der embryonalen Zelle, der Reichtum an Differenzierungsfähigkeit.

Wie unklar der Begriff der Anaplasie in diesem Sinne gebraucht worden ist, das ergibt sich ja schon daraus, daß nach v. HANSEMANN die Eizelle die am meisten entdifferenzierte Zelle ist. Entdifferenziert in diesem Sinne könnte aber nur eine Zelle sein, die bereits einmal Differenzierung besessen hat. Aber die Eizelle besitzt zwar keine morphologische Differenzierung, sie besitzt aber den höchsten Grad von Differenzierungsfähigkeit, der überhaupt denkbar ist, und steht damit im absoluten Gegensatz zur kataplastischen Geschwulstzelle. Kataplasie von Embryonalzellen kann demgemäß nur bedeuten und nur dann einen Sinn haben, wenn darunter verstanden wird der Verlust von Differenzierungsfähigkeit bei embryonalen Zellen. Das wäre dann also die Differenzierungsstörung, die wir als Grundlage der Geschwulstbildung auffassen.

Etwas anderes aber ist es, wenn SCHWALBE[1]) schreibt: „Soll nun die Theorie der Entwicklungsstörung auch für die kausale Genese des Carcinoms gelten, so muß die Anaplasie angeboren sein." Das kann in diesem Sinne nur heißen: der Geschwulstcharakter der Zelle ist kongenital, ist angeboren, ist bereits embryonal erworben, worin der Geschwulstcharakter der Zelle aber beruht, ist nach wie vor vollkommen rätselhaft.

Das Wesen der Geschwulstkeimbildung kann aber auch nicht lediglich in einer Ortsverlagerung embryonaler Gewebsteile gegeben sein. Viele derartig verlagerte Gewebskeime gehen einerseits frühzeitig zugrunde, können aber andererseits auch Jahre und Jahrzehnte, ja das ganze Leben hindurch persistent bleiben, ohne zur Geschwulstbildung Veranlassung zu geben. Ja nach RABL ist überhaupt die Überschußbildung von Zellmaterial ein Charakteristicum

---

[1]) SCHWALBE, E.: Zitiert auf S. 1656.

der embryonalen Entwicklung. Diese überschüssig gebildeten Zellen schwinden aber bei normalem Ablauf der Entwicklungsvorgänge wieder und geben demnach keine Veranlassung zur Geschwulstbildung. Rabl[1]) schreibt hierüber: „Viel unmittelbarer aber geht die quantitative Überkompensation aus der Beobachtung hervor, daß bei der Entwicklung des Zentralnervensystems stets mehr Zellen gebildet werden, als später tatsächlich zur Verwendung kommen. Die Proliferation ist hier eine so lebhafte, daß zahlreiche Zellen in der Reihe ihrer Genossen keinen Platz finden, daß sie ausgeschieden werden, in die Höhle des Gehirns und Rückenmarks fallen und hier zugrunde gehen. Einer ähnlichen Überproduktion von Zellen begegnen wir auch in der Entwicklung anderer Organe." Auch rudimentäre atavistische Organe können sich das ganze Leben über erhalten, ohne zur Geschwulstbildung zu führen. Wir sahen ja bereits, daß sie sogar gewisse funktionelle Eigenschaften aufweisen können, demnach einen hohen Grad von Einfügung in den gesamten Organismus, in die Einheit des Organismus aufweisen. Es kann demnach nicht die embryonale Keimversprengung, die anatomische Verlagerung embryonaler Zellen und Gewebsteile das Wesentliche der Geschwulstkeimbildung sein. Die eingehenden Untersuchungen über die embryonalen, wie vor allem auch über die postembryonalen Gewebsverlagerungen haben gezeigt, daß diese Ortsverschiebungen von Gewebskeimen keineswegs regelmäßig zur Geschwulstbildung führen, sondern, und auch das ist nur in geringem Grade, nur eine gewisse Disposition zur Geschwulstbildung erkennen lassen (Häufigkeit der Nebennierenversprengungen beim Menschen, seltenes Hervorgehen von Geschwülsten daraus usw.), und zwar sind embryonale Keimverlagerungen wahrscheinlich für die Tumorbildung von größerer Bedeutung als postembryonale Zellversprengungen. Die abnorme Verlagerung sogar des überschüssigen embryonalen Anlagematerials tritt sehr häufig ein, ohne zur Geschwulstbildung zu führen. Die Verlagerung kann also nicht das Wesentliche sein. Trotzdem sehen wir, daß häufig der Zusammenhang solcher *versprengter Keime* mit Geschwulstbildungen sicher nachzuweisen ist. Die **Keimversprengung** gibt also zweifellos eine **gewisse Disposition zur Geschwulstbildung.**

Auf die Frage, wieso es kommt, daß die Verlagerung eines embryonalen Gewebskeimes, die Differenzierung an abnormer Stelle eine Disposition zur Geschwulstbildung schafft, erhalten wir leichter eine Antwort, wenn wir die Bedeutung derartiger Gewebskeime mehr in der abnormen Differenzierung erblicken. Es finden sich eben abnorme Gewebskeime auch an ihren normalen Bildungsstellen anatomisch eingefügt in den Verband der übrigen Zellen und sind nur dadurch von diesen zu unterscheiden, daß sie eine mangelnde oder gar keine, oder eine abnorme Differenzierung gegenüber ihren Nachbarzellen aufweisen. Bei derartigen abnormen Gewebskeimen kann von einer Versprengung, von einer Verlagerung nicht die Rede sein, sondern nur von einer Differenzierungsabnormität, von einer embryonalen Gewebsmißbildung. Nicht nur die verlagerten und die überschüssigen Gewebskeime, sondern auch gerade besonders diese fehldifferenzierten Gewebsmißbildungen haben eine besondere Neigung zur Geschwulstbildung.

Die tiefere Ursache der Beziehungen dieser beiden abnormen embryonalen Gewebskeime zur Geschwulstbildung ist wohl darin gegeben, daß es sich in beiden Fällen um abnorme Zelldifferenzierungen handelt. Ein an abnormer Stelle gelagerter Gewebskomplex verliert leicht schon anatomisch, noch mehr aber natürlich physiologisch, ganz oder teilweise die normalen Beziehungen zum Gesamtorganismus. Dies führt zu einer *abnormen Differenzierung* seiner Zellen und

---

[1]) Rabl, Carl: Züchtende Wirkung funktioneller Reize. Leipzig: Engelmann 1904.

damit zur Geschwulstanlage. Damit wird die **abnorme Zelldifferenzierung** überhaupt zur **wichtigsten Grundlage der Geschwulstbildung.**

Vielleicht disponiert nichts so sehr zur Bildung von Geschwulstkeimen, wie der mehr oder weniger vollständige Verlust der Differenzierungsfähigkeit eines embryonalen Gewebskeimes. Je stärker dieser Verlust, desto stärker ist der Geschwulstcharakter des Gebildes ausgesprochen. Ein aufdringliches und klares Beispiel für die Bedeutung dieses Verlustes an Differenzierungsfähigkeit zeigen uns die Teratome der Ovarien. Untersuchungen ASKANAZYS[1]) haben gezeigt, daß die gewöhnlichen Mischgeschwülste, die gutartigen Teratome, im wesentlichen ausgewachsene Gewebe enthalten, d. h. Gewebe, die auf derselben Differenzierungsstufe stehen wie die Gewebe des Trägers (Teratoma coaetaneum), daß dagegen die Teratoblastome, die malignen Geschwülste des Ovariums, Gewebe fetaler Struktur enthalten. Die Keimanlagen für diese beiden Arten von Tumoren sind dieselben, während aber der eine Gewebskeim sich ausdifferenziert, entsteht die maligne Geschwulst aus einem jahrelang indifferent liegengebliebenen Keime, der dann zu wachsen beginnt, aber inzwischen die Fähigkeit zur weiteren Differenzierung mehr oder weniger vollständig verloren hat. Aus all diesen Beobachtungen ergibt sich, daß die undifferenzierten Zellstadien in erhöhter Weise zur Geschwulstbildung disponiert sind, nicht dadurch, daß sie an und für sich undifferenziert sind, denn das sind alle embryonalen Zellen, sondern durch die Persistenz dieses Differenzierungsmangels und durch den schließlich vollkommenen Verlust der Differenzierungsfähigkeit. Dieser Verlust an Differenzierungsfähigkeit, trotz fortschreitender Zellteilung, beweist aber oder bedingt den Verlust der physiologischen Beziehungen zum Gesamtkörper und in ihrer Ausschaltung aus der Einheit des Organismus, aus dem physiologischen Verbande des Gesamtkörpers haben wir die wesentlichste Grundlage der Geschwulstbildung überhaupt zu erblicken.

Alle Erfahrungen über die experimentellen Implantationen und Verlagerungen von embryonalen Zellen und Organen sprechen ganz in dem gleichen Sinne. Nur unter ganz besonderen Umständen gehen aus den experimentell erzeugten Teratoiden echte Geschwülste hervor, wie das früher bereits eingehend von uns erörtert wurde. Die Verlagerung der Embryonalzellen allein führt noch keineswegs zur echten Tumorbildung. Auch im embryonalen Geschehen ist also nicht die Ortsveränderung, sondern die Ausschaltung eines Gewebskomplexes aus den physiologischen Beziehungen zum Gesamtkörper die wesentliche Grundlage der Bildung einer Geschwulstkeimanlage. Natürlich wird die pathologische Verlagerung von Gewebsteilen, insbesondere die embryonale, die Ausschaltung von Zellgruppen aus dem physiologischen Verbande, aus den normalen Korrelationen zum übrigen Körper und Gewebe begünstigen. (Beispiel: Gliome der Lunge nach embryonaler Verschleppung von Gliagewebe auf dem Blutwege, ASKANAZY.)

Das Wesentliche dieser physiologischen Keimausschaltung ist uns in den meisten Fällen noch unbekannt. In einer ganzen Anzahl von Geschwulstbildungen können wir dagegen den Verlust der normalen Korrelationen des geschwulstbildenden Gewebsbezirkes zum übrigen Körper auch histologisch durch die an diesen Gewebskeimen sich abspielenden Fehldifferenzierungen nachweisen. Die wichtigsten Grundlagen für die Geschwulstbildung sind auf Grund solcher Beobachtungen also die Fehldifferenzierungen. Diese können nun in verschiedener Weise zustande kommen:

---

[1]) ASKANAZY, M.: Die Dermoidcysten des Eierstocks. Bibliotheca medica C. H. 1905 u. Referat auf der 11. Tgg. d. Dtsch. Pathol. Ges. S. 39. Dresden 1907.

1. Eine Zelle oder ein Zellkomplex bleibt auf frühestem Stadium der Entwicklung stehen, ohne sich weiter zu verändern. Hier kann später eine nach den Potenzen der Zelle festgelegte Nachentwicklung eintreten. Das hierdurch entstehende Gewebe kann natürlich nicht mehr in normale Korrelation zum Gesamtorganismus treten. Beispiele: verlagerte Blastomere: Teratoma coaetaneum, Embryom der Wade usw. Das Wesen dieser Bildungen beruht in einer pathologischen Verlagerung und zeitweisem Entwicklungsstillstand eines Gewebskomplexes, wodurch das Einfügen der definitiv entwickelten Gewebe in .den normalen Bau des Körpers unmöglich gemacht wird.

2. Derselbe Vorgang kann durch Zugrundegehen eines Teiles der verlagerten Zellen oder durch Verlust eines Teiles der Entwicklungspotenzen zu Teratomen mit einseitig entwickeltem Gewebe führen. Beispiel: Struma ovarii, isolierte Zahnbildung als Rest eines Embryoms usw.

3. Die Gewebsdifferenzierung einzelner Zellgruppen verläuft in pathologischer Richtung oder an pathologischer Stelle, entspricht aber stets den Potenzen des Ausgangsmaterials. Beispiele: Pankreaskeim im Dünndarm, Plattenepithelcysten am Hypophysenstiel, Adamantinom am Unterschenkel u. a.

Es handelt sich also hier gar nicht um Gewebsverlagerungen, *Versprengungen*, sondern **Differenzierungen am falschen Ort**. Niemals liegt bei den „versprengten" Pankreaskeimen Verlagerung ursprünglichen Pankreasanlagematerials vor, sondern die Potenz des gesamten Entoderms, die Pankreasanlage zu entwickeln, hat sich auch an abnormer Stelle, z. B. in der Spitze des Meckelschen Divertikels, geltend gemacht. Diese Art der Geschwulstanlagebildung habe ich am Beispiel der Speiseröhrenentwicklung eingehend dargelegt. Es ergibt sich hier [vgl. Bert und Fischer[1]), Rehorn[2])], daß alle pathologischen embryonalen Sprossenbildungen des Vorderdarmes die Neigung haben, sich in der Richtung einer Tracheallungenanlage zu differenzieren, und daß durch diesen Nachweis alle die verschiedenen Cysten, Nebenlungen und Teratome im Bereiche des Oesophagus, des Mediastinums und des Herzbeutels einer einheitlichen Erklärung zugänglich sind. Zugleich ist damit die Möglichkeit der Erklärung einer ganzen Reihe von Geschwulstformen in diesen Körpergegenden gegeben.

4. Die wichtigste Grundlage für die Geschwulstbildung gibt aber eine Fehldifferenzierung anderer Art ab: der Stillstand eines Gewebskeimes auf frühem Embryonalstadium und das Ausbleiben der Weiterdifferenzierung trotz nachfolgender Zellteilung.

Die Bedeutung dieses Stehenbleibens auf früher Embryonalstufe trotz fortschreitender Zellteilung läßt sich aus der Struktur vieler Geschwülste ablesen. Schon vor Jahren habe ich dies an einem Glioma gigantocellulare des Gehirns dargelegt[3]). Es ließ sich dartun, daß dieses Gliom zum größten Teil aus charakteristischen Gliabildungszellen bestand, also offenbar einer Fehldifferenzierung oder einem Stehenbleiben eines Gewebsbezirkes seine Entstehung verdankt zur Zeit, als das Medullarrohr noch nicht differente Gliazellen und Ganglienzellen gebildet hatte. Diese Gliabildungszellen entsprechen ganz denjenigen, die bei der tuberösen Sklerose des Gehirns gefunden werden, der Tumor ist also mit Sicherheit auf eine embryonale Entwicklungsstörung zurückzuführen. Der Nachweis der Mitosen in den Gliabildungszellen dieses Glioms zeigt aber einwandfrei, daß diese Tumorbildungszellen nicht nur auf frühem Stadium der embryonalen Entwicklung stehengeblieben, sondern auch trotz fortschreitender Zellteilung die Potenz der Weiterdifferenzierung verloren haben.

---

[1]) Bert u. Fischer: Frankfurt. Zeitschr. f. Pathol. Bd. 6, S. 27. 1911.
[2]) Rehorn: Frankfurt. Zeitschr. f. Pathol. Bd. 26, S. 109. 1922 u. Bd. 34, S. 368. 1926.
[3]) Fischer, B.: Münch. med. Wochenschr. 1911, Nr. 15, S. 819.

Diese theoretischen Überlegungen und Schlußfolgerungen über die Vielheit von möglichen Keimanlagen und Tumorformen stimmen mit der tatsächlichen Erfahrung überein, daß in jedem Organ eine ungemein große Vielheit verschiedener Geschwulstformen auftreten kann und auch wirklich auftritt.

9. Größe, Abgrenzung und Latenz der embryonalen Geschwulstkeimanlage.

Ist nach alledem an der Tatsache der embryonalen Anlage zahlreicher Geschwülste und der meisten Geschwulstformen überhaupt nicht zu zweifeln, so müssen wir doch noch einen Punkt genauer ins Auge fassen, der für zahlreiche Fragen der Geschwulstforschung von grundsätzlicher Bedeutung ist: es ist dies auch hier die Größe des primären, geschwulstbildenden Bezirks. Auch hier liegen alle Möglichkeiten vor, solange die Geschwulstkeimanlage in der Bildung begriffen ist, und wir wiesen früher schon darauf hin, daß diese Zeitspanne eine recht erhebliche sein kann und daß auch ein ganzes Organ, eine ganze Organanlage in den Geschwulstkeim übergehen kann (s. S. 1628—1630). Das aber ist die Ausnahme. Meist ist auch hier die Geschwulstkeimanlage klein, mikroskopisch klein und auch die Zeit zur Ausbildung dieser Keimanlage eine eng begrenzte. Gewöhnlich bekommen wir auch bei den embryonal angelegten Geschwülsten nur den fertigen Geschwulstkeim, die fertige Geschwulst zu Gesicht, und dann gibt es auch hier nur scharfe Grenzen, vollkommene Differenzen von Struktur und Differenzierung gegenüber der Umgebung. Wenn wir z. B. eine Magenschleimhautinsel im Oesophagus oder ein Pankreasläppchen in der Magenwand systematisch untersuchen, so finden wir, daß diese Bildungen mit ganz scharfer, oft geradezu auffallend scharfer Grenze gegenüber dem umliegenden Oesophagus- bzw. Magenepithel abgesetzt sind, und doch dürfte niemand daran zweifeln, daß die Zellen dieser Bildungen an Ort und Stelle aus dem Epithel des primären Entoderms entstanden sind. Dasselbe sehen wir bei den Carcinoiden des Darms, bei den Naevuszellen und anderen analogen Bildungen — überall so scharfe und ausgesprochene Unterschiede gegenüber den benachbarten Zellen des gleichen, aber normal ausdifferenzierten Mutterbodens, daß es unendlicher Arbeit bedurfte, bis die histogenetische Ableitung und Wesensart dieser Geschwulstzellanlagen richtig aufgedeckt wurden. Beim Rhabdomyom des Herzens zweifelt niemand an der Entstehung der Tumorzellen aus embryonalen Herzmuskelfasern — aber überall scharfe Grenzen, keine histologischen Übergänge am Rande der Geschwulstnester. Es ist selbstverständlich, daß es auch hier ein Entwicklungsstadium, eine Entwicklungsperiode geben muß, wo all diese Zellanlagen noch mit ihrem Muttergewebe untrennbar zusammenhängen und wo erst langsam mit der Ausbildung der Differenzierungsstörung sich die Geschwulstkeimanlage vom Mutterboden sondert und auch im histologischen Bilde abhebt.

Ist die Geschwulstkeimanlage gebildet, so fragt es sich, welche Faktoren nunmehr einsetzen, um den Geschwulstkeim zur Weiterbildung, schließlich zum dauernden oder gar schrankenlosen Wachstum zu veranlassen. Der Theorie der embryonalen Keimanlage ist häufig der Vorwurf gemacht worden, daß sie das Auftreten der Tumoren im höheren Alter außerordentlich schwer verständlich machen könne. Aber unsere tatsächlichen Kenntnisse beweisen eben, daß derartige embryonale Anlagenkomplexe Jahre und Jahrzehnte unentwickelt, latent liegenblieben und plötzlich oder in kurzer Zeit zu wachsen anfangen können. Es ist die Frage, ob sekundäre Faktoren hier zunächst aus einer Gewebsmißbildung eine Geschwulstanlage gemacht haben oder ob der Geschwulstkeim als solcher schon vorhanden und nur durch günstigere Bedingungen aktiviert worden ist. Vieles spricht dafür, daß in der Natur beide Möglichkeiten auftreten, daß insbesondere der hinzutretende Regenerationsreiz latente Anlagenkomplexe zur Entfaltung bringen und zur Geschwulstbildung zwingen kann. Die physiologische Entwicklung des Organismus, die ja unter Änderung der allgemeinen Körperbedingungen das ganze Leben hindurch anhält, kann solche Faktoren zur Geltung bringen, aber ebenso kann auch pathologisches Geschehen hier als wesentlicher Faktor auftreten.

Die lange Latenzzeit beweist also nichts. Wir kennen genügend normale Organe und Organanlagen, die erst in bestimmten Perioden des Lebens zur Entwicklung kommen (z. B. die Zähne, die sekundären Geschlechtsmerkmale), und wir sehen auch, daß bei einer ganzen Reihe von Tumoren, deren embryonale Genese kaum einer Diskussion unterliegen kann, eine häufig jahrzehntelange Latenzzeit bis zum Auftreten stärkeren oder gar malignen Wachstums eingehalten wird. Das gilt vor allem für die Teratome, und HAGEMANN[1]) hat auch auf die ungewöhnlich lange Latenzzeit hingewiesen, die vergeht, bis sich aus den Carcinoiden des Darmes, die aus heterotopem, embryonalem Entodermepithel entstanden sind, ein Carcinom entwickelt.

Es ist von erheblichem Interesse, daß wir also hier eine gleiche Erscheinung sehen wie bei den auf dem Boden der Regeneration entstandenen Geschwülsten: eine außerordentlich lange Latenzzeit zwischen dem Beginn der pathologischen Bildung und ihrem Manifestwerden. Das kann unmöglich ein Zufall sein, hier müssen Gesetzmäßigkeiten vorliegen, deren Wesen uns bis heute vielleicht noch völlig verschlossen ist. Denkbar wäre es aber, daß für die Entwicklung der Geschwulst außer lokalen Störungen nunmehr auch allgemeine Verhältnisse des Gesamtorganismus von Bedeutung werden und damit vielleicht erst die Entwicklung der vollen Geschwulst aus der Geschwulstkeimanlage ermöglichen.

Es soll in einem späteren Kapitel daher die Bedeutung dieser Allgemeindisposition, soweit wir etwas darüber wissen, näher erörtert werden.

10. Experimentelle Beweise für den Zusammenhang zwischen Entwicklungsstörung und Geschwulstbildung.

Die gewöhnlichen Gewebsmißbildungen, wie sie bei Mensch und Tier so häufig zu beobachten sind, können wir bisher nicht experimentell erzeugen — vielleicht ist es auch noch nicht ernstlich versucht worden. Die bisher experimentell erzeugten Mißbildungen sind gröberer Art, es wäre aber wohl denkbar, daß bei feinerer Abstufung der Versuche — besonders denke ich hier an die Wirkung der Hormone — umschriebene kleinere Gewebsmißbildungen erhalten werden könnten.

In grober Weise können wir aber eine lokale Mißbildung dadurch erzeugen, daß wir einen ganzen zu Brei verriebenen Embryo oder Teile eines Embryo[2]) implantieren. Daß aus solchen künstlich erzeugten Gewebsmißbildungen, embryonalen Keimen Geschwülste, auch solche mit allen typischen Zeichen der Bösartigkeit, hervorgehen können, haben wir bereits eingehend dargelegt. Aber wie beim Menschen nur ausnahmsweise aus einem solchen embryonalen Keim eine bösartige Geschwulst hervorgeht, so zeigte sich dasselbe bei den experimentellen Teratoiden: unter Hunderten von Versuchen nur vereinzelte positive Ergebnisse nach langer Latenzzeit (s. S. 1578—1582). Das bewies, daß noch irgendwelche andere Faktoren hinzutreten mußten.

---

[1]) HAGEMANN: Zeitschr. f. Krebsforsch. Bd. 16, S. 404. 1919.

[2]) Gerade die hochinteressanten Ergebnisse der SPEMANNschen Versuche über die Wirkung der Organisatoren bei Transplantation embryonaler Teile lassen hoffen, daß auch für die höheren Organismen auf diesem Wege noch wichtige Aufschlüsse zu erhalten sein werden.

Heute wissen wir — und dieses Wissen verdanken wir der Experimentalforschung —, daß diese zum Embryonalkeim hinzutretenden Faktoren zweierlei Art sein können: entweder erfolgt eine **lokale Beeinflussung** der wuchernden Embryonalzellen, z. B. durch eine chemische Schädigung (Teer, Arsen, Indol), oder es erfolgt eine **Allgemeinschädigung** des Körpers (Teer, Arsen), wodurch die Embryonalzelle gezwungen wird, sich zur Tumorzelle zu entwickeln (siehe S. 1545).

Damit ist auch experimentell die Entstehung der Geschwülste, und zwar auch der bösartigen Geschwülste aus embryonalen Keimen, wenn auch zunächst nur in den Grundlinien, bewiesen. Selbstverständlich wissen wir dadurch noch nichts Sicheres über diejenigen Faktoren, die bei der Entstehung der *menschlichen* Spontangeschwulst im Einzelfalle die Hauptrolle spielen, aber der Weg der Forschung ist doch auch hierfür schon vorgezeichnet.

Niemals ist es bisher gelungen, durch Implantation und Transplantation normaler Gewebszellen unter ähnlichen Bedingungen Geschwülste zu erzeugen, und es verdient besonders hervorgehoben zu werden, daß selbst beim Rous-Sarkom die Erzeugung der Geschwulstzelle (abgesehen von den Embryonalzellen selbst) nur aus den *undifferenzierten Monocyten* des Blutes gelang, während derselbe Versuch mit den ausdifferenzierten Fibroblasten (die aus den Monocyten hervorgehen) ergebnislos war (s. S. 1545).

Die sehr interessanten experimentellen Untersuchungen von BAGG haben bewiesen, daß auch durch schwere Störung der postembryonalen Entwicklungsvorgänge an der weiblichen Brustdrüse Geschwülste, auch bösartige Carcinome, in einem auffallend hohen Prozentsatz experimentell erzeugt werden können (s. S. 1583).

X. Geschwulstbildung und Regeneration.

1. Die nicht aus Entwicklungsstörungen hervorgegangenen Geschwülste.

Wir hoben bereits hervor, daß wir gar keine Beweise für die Hypothese haben, daß Geschwulstbildungen auch aus voll ausdifferenzierten Zellen des erwachsenen Organismus hervorgehen können, wohl aber sehr gewichtige Gründe gegen diese Hypothese. In der ungeheuren Mehrzahl der Fälle bekommen wir ja die Geschwülste erst zur Untersuchung, wenn sie bereits histologisch scharf und deutlich von den umgebenden Körperzellen geschieden sind. Der primäre Geschwulstkeim ist fast stets mikroskopisch klein, ja kann zweifellos sogar von einer einzigen Zelle dargestellt werden. Aber der primäre Geschwulstkeim kann auch größer sein. Der Gewebskomplex kann bereits zur Zeit, da seine Geschwulstnatur sich auch histologisch durch Differenzen vom umliegenden Gewebe dokumentiert, aus Zellgruppen oder einem Gewebsverband bestehen. Bei der meist mikroskopischen Kleinheit des primären geschwulstbildenden Bezirkes sehen wir deshalb sehr selten die histologische Umwandlung eines anscheinend normalen Gewebsbezirkes in Geschwulstgewebe. Aber selbst in diesem Falle ist durch den histologischen Befund die Entstehung des Geschwulstkeimes aus vorher ganz normalen Zellen nicht bewiesen.

Unsere histologischen Methoden versagen in so vielen Fällen, wo die biologischen Unterschiede von Zellen über jeden Zweifel erhaben sind, daß ein Versagen der histologischen Methode in dieser Frage *gar nichts* Auffallendes hat.

Die *embryonale Fehldifferenzierung* ist also ganz zweifellos die Grundlage zahlreicher Geschwulstbildungen, und die Grundlagen dieser Theorie werden durch unsere von Tag zu Tag fortschreitenden Kenntnisse über die tatsächlich vorkommenden Keimverlagerungen, embryonalen Fehldifferenzierungen, immer mehr gefestigt. Insbesondere für die Lehre der Histogenese der Geschwülste und der Metaplasie sind diese Befunde von grundlegender Bedeutung, wie z. B. die Plattenepithelherde im Uterus des Säuglings, die Psammomanlagen in der Pia von Neugeborenen zeigen. Das wäre also eine Gruppe der Geschwülste, vielleicht die größte, wo wir doch über die primäre Geschwulstanlage etwas Positives aussagen können. Andere Tumoren, über deren Anlagebildung wir nichts Positives wissen, könnten hypothetisch in derselben Weise erklärt werden. Daß keineswegs alle überschüssigen Gewebsanlagen und versprengten Gewebskeime zu Geschwülsten werden, haben wir ja bereits auseinandergesetzt. Derartige gewebliche Fehlbildungen können jahrzehntelang persistieren, ohne stärker zu wachsen, ja das ganze Leben hindurch sich erhalten, ohne auch nur eine Andeutung geschwulstartigen Wachstums zu zeigen. Zahlreiche derartige Bildungen gehen aber auch im Laufe der Jahre zugrunde und zeigen ebenfalls keinerlei Beziehungen zur Geschwulstbildung.

Weiterhin entspricht die Häufigkeit der Geschwulstbildung in den einzelnen Organen keineswegs der Häufigkeit der Gewebsverirrungen und embryonalen Fehldifferenzierungen in diesen Organen, wie bereits erörtert wurde. Trotzdem wäre es möglich, daß uns zahlreiche Gewebsdifferenzierungsfehler und embryonale Gewebsbildungsstörungen bisher noch unbekannt geblieben wären, vielleicht gerade diejenigen, die zu der Bildung der malignen Tumoren in engster Beziehung stehen. Aber der Ausdehnung der Theorie der embryonalen Anlage aller Geschwulstkeime auf alle Tumoren steht eine unüberwindliche Schwierigkeit entgegen: es gibt auch beim Menschen Geschwulstbildungen, besonders auch maligne Tumoren, deren Entstehung durch äußere Einflüsse einwandfrei nachgewiesen ist, und den endgültigen Beweis hierfür hat die experimentelle Geschwulstforschung der letzten Jahre erbracht.

Die in den früheren Kapiteln (VI, 4, S. 1551) eingehend besprochenen Reizgeschwülste und die experimentell mit Sicherheit erzeugbaren Geschwülste (s. Kap. VII, S. 1575) sind sichere Beweise dafür, daß eine ganze Reihe echter Tumoren, insbesondere auch bösartiger Geschwülste, ohne jegliche Entwicklungsstörung entstehen können. Wenn auch bei diesen Geschwülsten die individuelle Disposition eine bald geringe, bald größere Rolle spielt, so dürfte trotzdem in diesen Fällen die konstitutionelle Veranlagung des Körpers keine wesentlich größere Bedeutung haben als bei vielen Infektionskrankheiten.

Selbstverständlich gibt es auch Geschwulstformen, wo für die Entstehung des Tumors der äußere Faktor, die Gewebsschädigung, von gleich großer Bedeutung ist wie die angeborene konstitutionelle Anlage. Als ein überzeugendes Beispiel für eine Geschwulstbildung dieser Art führe ich das Xeroderma pigmentosum an (s. S. 1559). Das familiäre Auftreten und die Vererbbarkeit dieser Hautanomalie *beweisen* aufs deutlichste, daß die *Disposition* zur Geschwulstbildung in diesen Fällen angeboren, vererbt ist, auf embryonalen Entwicklungsstörungen beruht. Aber die immer wieder beobachtete und über jeden Zweifel erhabene Abhängigkeit der Tumorbildung von dem Einflusse des Lichtes zeigt, von wie großem ausschlaggebenden Einfluß hier bereits äußere Einflüsse werden.

Der Anteil dieser konstitutionellen Disposition an der Entstehung von Geschwülsten durch äußere Schädigungen wird bei den verschiedenen Geschwulstformen und in den einzelnen Fällen von wechselnder Größe sein. Aber wie das experimentelle Teercarcinom zeigt, kann schließlich die Bedeutung der individuellen Disposition, wenigstens der angeborenen, derartig zurücktreten, daß sie fast vernachlässigt werden kann.

Wir haben früher eingehend dargelegt, inwieweit die Entstehung dieser sog. Reizgeschwülste durch äußere Einflüsse sichergestellt ist und in welchen Fällen wir mit Sicherheit von einer experimentellen Erzeugung einer Geschwulst sprechen können. In diesen Fällen handelt es sich also um Geschwulstbildungen, deren Ätiologie mit hinreichender Sicherheit bekannt ist. Damit ist aber noch nichts gesagt über die Pathogenese dieser Geschwulstbildungen. Es soll daher der Versuch gemacht werden, die Kette zwischen dem äußeren ätiologischen Faktor und der Bildung der Geschwulstzelle aufzudecken. Die genaue Analyse aller Vorgänge bei diesen Reizgeschwülsten wie bei den experimentell erzeugten Geschwülsten zeigt, daß bei allen ein gemeinsamer Vorgang den äußeren Faktor mit der Geschwulstentstehung verbindet: der **Regenerationsvorgang**.

Sowohl für die im Kapitel VI, 4 besprochenen Reizgeschwülste wie für die experimentell erzeugbaren und nach Infektionen entstehenden Geschwülste (s. S. 1525) wie überhaupt für alle Tumoren, die ätiologisch durch äußere Schädigungen bedingt sind, läßt sich heute schon recht gut der Nachweis führen, daß sie auf Regenerationsvorgänge zurückgehen.

2. Nachweis und Bedeutung des Regenerationsvorganges für die Geschwulstbildung.

„Regeneration ist die Wiederbildung in Verlust geratener, bereits mehr oder weniger entwickelter Körperteile" (ROUX). Die Defektbildung, die also die Regeneration einleitet, kann durch mechanische Eingriffe, Verwundungen, entstehen, sie kann auch durch chemische oder physikalische Vernichtung von Zellen und Gewebsteilen hervorgerufen werden. Wollen wir also die Entstehung der Reizgeschwülste und der experimentell erzeugten Geschwülste auf einen pathologischen Regenerationsvorgang zurückführen, so wäre zunächst zu prüfen, ob die bei diesen Tumoren als ätiologisch wirksam nachgewiesenen Faktoren tatsächlich immer primär einen Gewebsdefekt, eine Gewebsschädigung, hervorrufen.

a) Nachweis der primären Gewebsschädigung.

In der Tat läßt sich unschwer zeigen, daß alle die äußeren Faktoren, welche erwiesenermaßen Geschwulstbildungen hervorrufen können, zunächst ausnahmslos einen Gewebsdefekt oder eine mehr oder weniger schwere Gewebsschädigung hervorrufen. Am einfachsten und unmittelbarsten ist dies zu erkennen bei allen Geschwülsten, die sich in und auf alten Narbenbildungen entwickeln und für die wir ja zahlreiche Beispiele angeführt haben (s. S. 1554). Daß Teer, Röntgenstrahlen und die verschiedenen Parasiten, die zur Geschwulstbildung führen können, primär eine Gewebsschädigung hervorrufen, bedarf ebenfalls keines besonderen Beweises.

Auch bei den chemischen Substanzen, die Zellwucherungen auslösen, wie Scharlachöl, Äther, Fettsäuren, lipoidlösliche Gifte usw., ist die zellschädigende, nicht selten zellabtötende Wirkung nachgewiesen. Auch die Wirkung des Teers auf die Haut besteht zunächst in schwerer Schädigung, Atrophie mit Haarausfall und Zugrundegehen der Haarfollikel, dann in der Bildung von Schuppen und Rhagaden. Erst aus dem durch diese Schädigung hervorgerufenen regenerativen Prozeß geht die Geschwulstbildung hervor. Fast noch deutlicher zeigt sich dieselbe Kette von Erscheinungen bei der direkten Einwirkung von *Kohlenteer*tropfen auf die Gewebszellen. Hier hat insbesondere JORSTAD[1]) gezeigt, daß die Bindegewebszellen zunächst schwer geschädigt, zum Teil nekrotisch werden und erst dann nach einiger Zeit sich erholen, um nun in lebhafter regenerativer Wucherung endlich den Geschwulstkeim zu bilden. Ebenso wies MERTENS[2]) auf

---

[1]) JORSTAD: Journ. of exp. med. Bd. 42, S. 221. 1925.
[2]) MERTENS: Zitiert auf S. 1618.

die Bedeutung der primären Nekrosen beim experimentellen Teerkrebs hin. Auch für den *Arsenik*krebs ist ebenso wie für das Röntgencarcinom nachgewiesen, daß primäre Hautatrophien häufig mit Pigmentanomalien der Geschwulstbildung vorausgehen. Für den experimentellen *Röntgen*krebs am Kaninchenohr hat Bloch ausdrücklich die Entstehung des Carcinoms im Rande der Nekrose, d. h. also an der Stelle lebhaftester Regeneration, betont (s. S. 1623).

Alle die im Kapitel über die Reizgeschwülste aufgeführten Tumorbildungen zeigen ja immer wieder aufs deutlichste die primäre Gewebsschädigung, und zwar der verschiedensten Art, der dann nach langer Zeit regenerativer Gewebswucherung die Geschwulstbildung folgt. Selbst so einfache Regenerationsreize wie die traumatische Schädigung sehen wir hier zuweilen bedeutungsvoll werden, besonders wenn die traumatische Schädigung sich häufig wiederholt, wie bei dem Hornkrebs des indischen Rindes oder der Haferfütterung der Ratte.

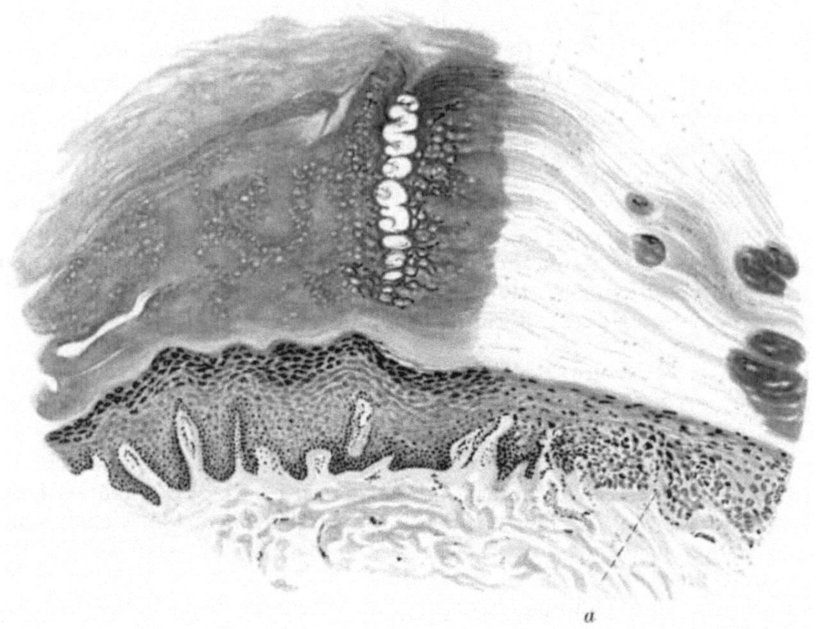

Abb. 482. *Chronische Röntgenveränderungen der Haut* an der Hand eines bekannten Röntgenologen. Hochgradige Hyper- und Parakeratose. Bei Auflockerung der Epidermis und Atypie der Kernbildung. An derselben Stelle hat sich später ein Cancroid entwickelt. (E.-Nr. 1045/1920 des Senckenbergischen Pathologischen Instituts Frankfurt a. M.)

Auch in den Fällen, wo wir bei langdauernden Einwirkungen eines dieser Faktoren in geringen und immer wiederholten Dosen später die primäre Gewebsschädigung nicht mehr nachweisen können, sind wir zur Annahme einer solchen berechtigt, ja gezwungen, einerseits durch die Natur des einwirkenden Faktors, andererseits aus den meist ohne weiteres nachzuweisenden Regenerationsvorgängen, die uns zwingen, auf eine primäre Gewebsschädigung zu schließen. Die Analogie berechtigt uns wohl, da, wo beide Nachweise nicht ohne weiteres zu führen sind, wie z. B. beim Blasenkrebs der Anilinarbeiter, denselben Vorgang anzunehmen, um so mehr, als auch hier nicht selten Blasenblutungen und entzündliche Erscheinungen dem Auftreten der Geschwulst jahrlang vorausgehen, also auf eine Schädigung der Blasenschleimhaut hinweisen, und weiterhin in sehr vielen Fällen sich zunächst Papillome der Harnblase entwickeln, also ganz analoge Vorgänge, wie wir sie beim Teercarcinom der Haut kennen. Es ist dabei selbstverständlich, daß nicht in jedem Falle der Regenerationsvorgang durch völliges Zugrundegehen von Zellen ausgelöst werden muß, auch durch schwere Schädigung der Einzelzellen, insbesondere ihrer Kerne, können erwiesenermaßen Regenerationswucherungen ausgelöst werden. Wenn also z. B. der gewöhnlich in Brandnarben entstehende Kangrikrebs sich in manchen Fällen, wie berichtet wird, auf der Haut des Abdomens auch ohne nachweisbare Narbenbildung sich entwickeln kann — und zwar unter der Einwirkung des gleichen ätiologischen Faktors —, so dürfen wir daraus schließen, daß die immer wiederholte Hitzeschädigung der Haut, auch ohne daß es einmal zum völligen Absterben von Zellen und zur ausgesprochenen Geschwürsbildung kommt, auf dem gleichen Wege der primären Zellschädigung zunächst die Regeneration und dann die Geschwulstbildung auslöst.

b) Die der Geschwulstbildung vorausgehenden Regenerationen.

Zu dem Nachweis der primären Gewebsschädigung tritt nun als noch wichtigerer Beweis die Tatsache, daß bei allen hinreichend genau untersuchten Reizgeschwülsten und experimentell erzeugten Tumoren deutlich nachweisbare und oft sehr lebhafte Regenerationsvorgänge der Geschwulstbildung selbst vorausgehen. Sehr schön ist das, weil dem Auge unmittelbar und ohne weiteres zugänglich, bei den Reizgeschwülsten der äußeren Haut festzustellen. Schon beim Xeroderma pigmentosum entsteht die maligne Geschwulst unter der Einwirkung des Sonnenlichtes nicht plötzlich eines Tages aus normalem Hautgewebe, sondern lange Zeit vorher zeigt das lichtgeschädigte Organ Regenerationswucherungen, Epithelverdickungen, pathologische Hornbildung, Rhagadenbildung usw. In derselben Weise geht der Bildung des Röntgencarcinoms ein jahrelanges Stadium des Röntgenekzems voraus (s. Abb. 482), d. h. nichts anderes, als lebhafte Regenerationsprozesse der durch die primäre Schädigung pergamentartig atrophisch gewordenen Haut, wiederum mit Bildung von Epithelhypertrophien, Keratomen, Rhagaden usw. Dasselbe Bild bei der Wetterhaut der Seeleute und Landleute, dasselbe Bild in Form des chronischen seborrhoischen Ekzems bei der Krebsbildung in der senil atrophischen Greisenhaut. Beim Carcinom der Paraffinarbeiter entwickelt sich der Krebs erst nach jahrelangem Bestehen der Paraffinkrätze (s. Abb. 483), und das Bilharziacarcinom der Harnblase entsteht erst, nachdem die Parasiten viele Jahre lang das Schleimhautepithel geschädigt und zu regenerativen Wucherungen gezwungen haben.

Ein sehr lehrrreiches Beispiel ist auch die Geschwulstbildung bei der BOWENschen Dermatose: hier bestehen Veränderungen und Wucherungen der Epidermiszellen, und erst wenn diese chronische Dermatitis mit Bildung keratotischer schuppender Flecke jahrlang bestanden hat, entwickelt sich ein Carcinom.

Wenn wir Tumorbildung in Brandnarben, Lupusnarben, syphilitischen Narben sich jahrelang nach der Narbenbildung entwickeln sehen, so liegt die primäre Schädigung wie der lange regenerative Prozeß offen zutage. Sehr häufig geht dabei schon aus der Krankengeschichte ohne weiteres hervor, daß die Narbe in all den Jahren eigentlich „niemals zur Ruhe gekommen" ist, wiederholt aufgebrochen ist usw. Noch deutlicher wird dieser lange dauernde Regenerationsvorgang, wenn wir ein Callussarkom, eine Sarkombildung bei chronischer Osteomyelitis, eine Krebsbildung im Rande eines chronischen Magengeschwürs, auf der alten Geschwürsfläche eines seit Jahrzehnten ulcerierenden Lupus oder in der Wand einer alten tuberkulösen Lungenkaverne oder alter Bronchiektasen beobachten. In gleicher Weise schließt der Regenerationsvorgang die Kette zwischen akuter Schädigung und Geschwulstbildung bei der Influenzaschädigung der Luftwege: schwere akute Bronchitis — chronische Bronchitis mit Regeneration des Schleimhautepithels — Epithelmetaplasie — Geschwulstbildung.

Eine häufige Vorstufe der Carcinome sind auf den verschiedensten Schleimhäuten die Leukoplakien. Wir dürfen auch sie als einen jahrelang dauernden pathologischen Regenerationsvorgang nach Schädigung des Schleimhautepithels auffassen.

Auch bei dem Arsenkrebs durch jahrelange perorale Arsenaufnahme entsteht der Tumor nicht plötzlich aus der giftgeschädigten Haut, sondern immer nur auf dem Boden der chronischen Arsendermatose in den keratotisch veränderten Hautstellen, d. h. also an den Stellen pathologischer Regenerationen. Besonders bemerkenswert ist auch hier, daß kleine traumatische Schädigungen die Lokalisation dieser häufig multiplen Hautcarcinome bestimmen, d. h. ein zweiter Regenerationsreiz tritt hinzu, s. ferner S. 1674 u. 1689.

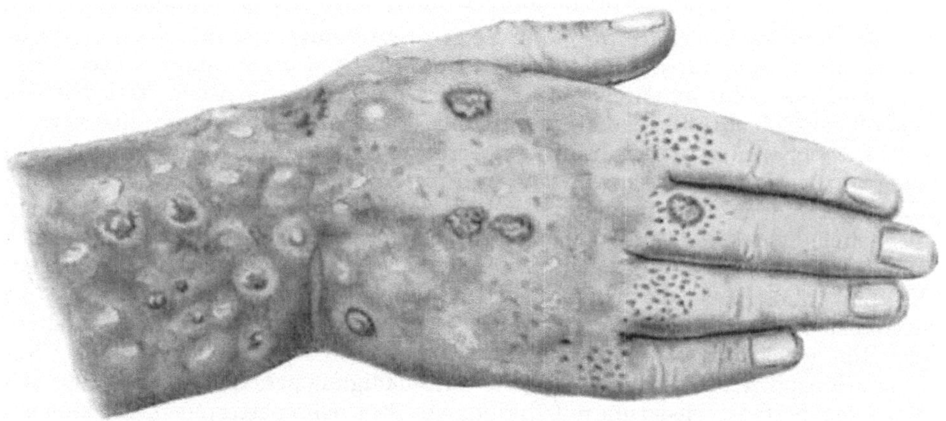

Abb. 483. *Paraffinkrätze der Haut* (bei demselben Arbeiter wie Abb. 471 S. 1562). (Aus Tillmanns: Dtsch. Zeitschr. f. Chir. Bd. 13.)

Es kann also nach all diesen Erfahrungen mit Geschwülsten verschiedenster Art an den verschiedensten Körperstellen und hervorgerufen durch die denkbar verschiedensten äußeren Einwirkungen kein Zweifel sein, daß die Bildung echter, insbesondere auch maligner Geschwülste, soweit sie nicht auf einer primären, insbesondere embryonalen Entwicklungsstörung beruhen, stets nur auf dem Boden eines pathologisch gestörten, meist sehr lange dauernden Regenerationsvorganges erfolgt. Wir sehen hier wiederum die außerordentlich enge Beziehung und deutliche Analogie zur Organbildung: im ganzen Organismenreich erfolgt die Organbildung nur durch embryonale Entwicklungsvorgänge *oder durch den Prozeß der Regeneration!* Auch die Bildung der echten Geschwülste bzw. der Geschwulstkeimanlagen, d. h. der Organoide, erfolgt ausnahmslos nur durch Vorgänge der embryonalen oder postembryonalen Entwicklung und durch den Prozeß der Regeneration.

Ein weiterer wichtiger Beweis für die hier vorgetragene Anschauung ist

c) die gesetzmäßige Latenzzeit der Geschwulstbildung.

Die Latenzzeit der Geschwulstbildung ist nämlich bei all den zahlreichen und in ihrer Ätiologie so ganz verschiedenen Reiztumoren keine zufällige, schwankende oder willkürliche, sondern sie ist eine ganz gesetzmäßige Erscheinung, der deshalb auch für die Erklärung der Geschwulstbildungen eine grundsätzliche Bedeutung zukommt (die von der Reiztheorie völlig übersehen wird, s. S. 1574). Gerade aus der menschlichen Pathologie kennen wir hierfür ausgezeichnete Beispiele: Der Paraffinkrebs entsteht bei Paraffinarbeitern nach einer Latenz von 12—14 Jahren [Ehrlich[1]), Küntzel[2])], immer nur nach mehrjähriger Arbeit und oft genug, nachdem die gefährliche Arbeit schon jahrelang aufgegeben wurde. Das Carcinom braucht eben diese Zeit zur Entwicklung. So war in einem Falle von Küntzel bei einem Arbeiter, der 10 Jahre lang in der Paraffinfabrik gearbeitet hatte, $3^1/_2$ Jahre nach dem Austritt aus der Fabrik erst das Carcinom auf dem Boden der alten „Paraffinkrätze" entstanden. Auch die Blasentumoren der Anilinarbeiter entwickeln sich nur nach mehrjähriger Beschäftigung mit den gefährlichen chemischen Stoffen [Nassauer[3])] Curschmann[4]), Oppenheimer[5]) und brauchen eine Latenz von 10—28 Jahren, durchschnittlich 18 Jahre. Auch hier wurde das Auftreten der Erkrankung noch 10—17 Jahre nach Aufgabe des gefährlichen Berufs beobachtet. Beim Röntgencarcinom wurde nach Rowntree[6]) frühestens nach 4—5 Jahren Carcinombildung gesehen, doch wurden Latenzzeiten bis zu 17 Jahren beobachtet (ich selbst habe Sarkombildung bei chronischer Röntgenschädigung schon nach 2 Jahren, Carcinombildung nach 4 Jahren bei demselben Kranken beobachtet, s. oben S. 1558). Der Schneeberger Lungenkrebs (s. S. 1564) tritt erst nach 10—20 jähriger Beschäftigung in den Gruben auf. Noch länger dauert es meistens beim Bilharziacarcinom (s. S. 1532). Auch bei den malignen Neubildungen der Mundhöhle wurden viele Jahre lang dauernde Schleimhautaffektionen, insbesondere Leukoplakien, als vorausgehende Erkrankung häufig gesehen [Petit[7])], und Baer[8]) fand die Leukoplakie in 95% der Fälle auf syphilitischer Basis bei gleichzeitiger direkter chemischer oder mechanischer Schädigung der Mundschleimhaut (Rauchen, cariöse Zähne). Für das Lupuscarcinom ist seit langem bekannt, daß erst nach jahrelangem, ja jahrzehntelangem Bestehen des Lupus die Carcinombildung in dem geschwürig zerfallenen Gewebe auftritt. Dasselbe zeigt die *Bowensche Dermatose*. Bei dieser Hautkrankheit entstehen rosafarbene keratotische Flecke an den verschiedensten Stellen der Haut, die später in Carcinom übergehen, und zwar nach Zeiträumen von 2—30 Jahren [Darier[9])].

Auch beim Arsencarcinom der Haut entsteht der Krebs erst nach jahrelangem Bestehen der Arsendermatose, ja gewöhnlich beträgt die Latenzzeit Jahrzehnte. v. Bergmann[10]) sah ein riesiges Carcinom 36 Jahre nach ausgedehnter Verbrennung in der Narbe entstehen, und Franceschetti[11]) beschreibt Carcinome in Brandnarben nach 51 bzw. 55 Jahren. Bei Versé bestand das Ulcus durch Erfrierung 50 Jahre, bei Melchior die Schußnarbe 36 Jahre, bis sich ein Carcinom darin bildete. Geht einmal eine echte Geschwulst von einer Verletzung, z. B. einer Knochenfraktur, aus, so liegen zwischen Tumorbildung und Fraktur gewöhnlich viele Jahre, z. B. Wirbelsarkom nach 20 Jahren, in der

---

[1]) Ehrlich: Arch. f. klin. Chir. Bd. 110, H. 2. 1918.
[2]) Küntzel: Dermatol. Wochenschr. 1920, Nr. 30 u. 31.
[3]) Nassauer: Münch. med. Wochenschr. 1919, S. 1486.
[4]) Curschmann: Zentralbl. f. Gewerbehyg. Bd. 8, S. 145 u. 169. 1920.
[5]) Oppenheimer: Münch. med. Wochenschr. 1920, S. 12.
[6]) Rowntree: Brit. med. journ. 1922, Nr. 3232, S. 1111.
[7]) Pettit: Journ. of the Americ. med. assoc. Bd. 81, Nr. 18. 1923.
[8]) Baer: Dermatol. Zeitschr. Bd. 22, S. 121. 1915.
[9]) Darier: Bull. de l'acad. de méd. 1920, Nr. 20.
[10]) v. Bergmann: Zitiert S. 1556.
[11]) Franceschetti: Riv. di chir. Bd. 1, S. 57. 1922.

Stelle der Kompressionsfraktur der Wirbelsäule [Eugen Fränkel[1])], 13 Jahre nach einer Unterarmfraktur [Creite und Stricker[2])], 12 Jahre nach einer Impressionsfraktur des Scheitelbeins Entwicklung eines Psammoms an dieser Stelle [Reiche[3])]. Sehr selten ist es, daß sich ein solches Callussarkom schon nach wenigen Monaten bei jugendlichen Menschen entwickelt [L. Pick[4])], und alle Erfahrungen zeigen, daß die Zurückführung von Geschwülsten auf solche Verletzungen nur dann mit genügender Sicherheit angenommen werden darf, wenn zwischen Trauma und Tumorbildung größere Zeiträume liegen.

Ganz in gleichem Sinne sprechen die Erfahrungen des Tierversuchs. Schon Bang hat beim experimentellen Teerkrebs als ganz typisch ein Latenzstadium von 3—4, manchmal auch 7—8 Monaten beschrieben, vor dessen Ablauf dann ein viel kürzeres Vorbereitungsstadium anzunehmen ist, in dem schon eine latente Malignität bestimmter Zellhaufen vorausgesetzt werden muß. Bei allen experimentell erzeugten Carcinomen wird diese Latenzperiode in gleicher Weise Weise bei jungen und alten Tieren eingehalten. Dieselbe Beobachtung machen wir beim Spiropteracarcinom, ebenso wie beim menschlichen und experimentellen Röntgencarcinom. Mit Recht weisen daher Murphy und Maisin[5]) auf die ganz auffallenden Parallelen zwischen der Wirkung der Röntgenstrahlen und des Teers hin und betonen dabei insbesondere die bei beiden Prozessen auffallend lange Latenzzeit. Aber diese Analogien gehen noch viel weiter, sie beruhen darauf, daß in diesen wie in allen anderen experimentell erzeugbaren Tumoren ein Regenerationsprozeß das Bindeglied zwischen äußerer Einwirkung und Tumorbildung darstellt. Wenn deshalb wiederholt betont worden ist, daß zur Erzeugung echter Geschwülste im Tierversuch einmalige Schädigungen nicht genügen, sondern chronische kontinuierliche Schädigungen notwendig sind, so trifft das meines Erachtens nicht den Kern der Frage. Wir haben schon Beispiele kennengelernt, wo sowohl beim Menschen wie im Tierexperiment auch eine einmalige Schädigung zur Geschwulstbildung führt. Aber wiederholte Schädigungen sind deshalb wirkungsvoller, weil sie einerseits den Regenerationsprozeß immer von neuem wieder anfachen, andererseits — ein Punkt, über den noch später zu sprechen sein wird — die zur Tumorbildung notwendige Allgemeindisposition eher zu erzeugen imstande sein dürften.

Es besteht eben niemals eine direkte Beziehung zwischen der Schädigung der Zelle und ihrer Geschwulstbildung, wie es die Reiztheorie und die parasitäre Theorie voraussetzen müssen, sondern immer führt der äußere Faktor zu schweren degenerativen Veränderungen, auf die dann der Regenerationsprozeß folgt, und dieser erst führt, falls alle Bedingungen gegeben sind, durch einen komplexen pathologischen Entwicklungsvorgang zur Geschwulstbildung.

Auch bei der embryonal angelegten Geschwulstkeimanlage fanden wir in gleicher Weise lange Latenzzeiten bis zur Entwicklung des Tumors. Allerdings zeigen die Erfahrungen am *Rous-Sarkom* hier einen auffallenden Unterschied. Beim Rous-Sarkom gelang es experimentell, durch Einwirkung bestimmter Giftlösungen (Teer, Arsen) Embryonalzellen und embryonale Blutzellen sehr rasch in Tumorzellen umzuwandeln (s. S. 1545). Vielleicht gilt das gleiche auch für die Regenerationszelle (Kieselgurgranulome) beim Rous-Sarkom. Aber einerseits handelt es sich hier eben um diese ganz besondere Geschwulstart,

---

[1]) Fränkel, Eug.: Münch. med. Wochenschr. 1921, S. 1278.
[2]) Creite u. Stricker: Beitr. z. pathol. Anat. u. z. allg. Pathol. Bd. 71, S. 717. 1923.
[3]) Reiche: Med. Klinik 1921, Nr. 15.
[4]) Pick, L.: Med. Klinik 1921, Nr. 14.
[5]) Murphy u. Maisin: Cpt. rend. des séances de la soc. de biol. Bd. 90, S. 974. 1924.

andererseits sind auch die genannten Zellen im Versuch stets in *lebhafter Entwicklung*, Vermehrung begriffen.

Für die übrigen echten Geschwülste hat auch die experimentelle Forschung bisher selbst bei den Embryonalzellen noch nicht die Möglichkeit einer derartig raschen Umwandlung zur Geschwulstzelle ergeben, wie vor allem die Versuche ASKANAZYS (s. S. 1580) zeigen. Wenn in ganz vereinzelten Fällen bei Teereinwirkung die Carcinombildung schon in frühestens 18 Tagen beobachtet wurde, so sind das große Ausnahmen und wohl nur durch eine besondere, schon vorher vorliegende Disposition des Tieres zu erklären. Aber selbst hier ist die Zeitspanne genügend, um einen Regenerationsprozeß in Gang zu bringen. Es kann das also an der grundlegenden Bedeutung der gewöhnlich langen Latenzzeit und des langdauernden Regenerationsprozesses nichts ändern.

Immer wieder wird sowohl bei der menschlichen regenerativen Geschwulstbildung wie beim parasitären und experimentellen Teercarcinom beobachtet, daß die Krebsbildung häufig erst einsetzt, nachdem schon lange Zeit die primäre Schädigung, der eigentliche ätiologische Faktor ganz fortgefallen ist. Monatelang nach Aussetzung der Teerpinselung oder nach Zugrundegehen der Parasiten, jahre-, ja jahrzehntelang, nachdem der Arbeiter die Anilinfabrik, die Paraffinschmelze, den Röntgenbetrieb völlig verlassen hat, beginnt erst die Geschwulstbildung deutlich zu werden.

Bei den bis heute experimentell durch Parasiten erzeugten Geschwulstformen ist einwandfrei nachgewiesen, daß irgendeine direkte Beziehung zwischen Parasit und Geschwulstzelle *niemals* besteht. Niemals finden sich die Parasiten, wie es eine spezifische parasitäre Theorie unbedingt erfordert, in allen Geschwulstzellen oder auch nur in allen Geschwulstknoten und insbesondere in den Metastasen. Sowohl beim Spiropteracarcinom des Magens, wie beim Cysticercussarkom der Leber, zeigen die Parasiten gar keine direkte Beziehung zur Geschwulstzelle und die Metastasen sind immer von Parasiten frei. Es ist daher kein Wunder, daß die unentwegten Anhänger einer spezifischen parasitären Ätiologie der Geschwulstbildung schließlich immer zur Annahme des *invisiblen* Virus, ja zur Annahme greifen, daß die die Geschwulstbildung erzeugenden Parasiten, sogar die geschwulsterzeugenden Bakterien nur die Rolle von *Überträgern* eines spezifischen invisiblen Virus spielen!

Nur da, wo man ihn nicht sehen kann, soll die **Rolle des spezifischen Erregers** erwiesen sein! Wo aber die ätiologische Bedeutung des Parasiten einwandfrei nachgewiesen und dieser Parasit ohne Schwierigkeiten sichtbar gemacht werden kann, da ist es keine spezifische Infektion oder er soll nur einen Hilfsfaktor für diese, den Überträger des eigentlichen Krebserregers darstellen!! Meines Erachtens ist die Theorie einer spezifischen parasitären Ätiologie der Geschwulstbildung durch nichts so nachhaltig erschüttert, ja direkt widerlegt worden, als durch das genaue Studium der wirklich auf parasitärem Boden entstandenen Geschwulstbildungen. Gerade diese Erfahrungen haben ganz einwandfrei gezeigt, daß den tumorerzeugenden Parasiten in dem Entwicklungsgang der Geschwulstbildung keine andere Rolle zukommt, wie auch all den anderen äußeren Faktoren der Geschwulstbildung: auch ihre Rolle liegt in der primären Schädigung des Gewebes und der Anregung eines regenerativen Prozesses. Es ist genau dieselbe Rolle wie sie der Teer, das Paraffin, das Arsen bei den entsprechenden Tumorbildungen spielen.

Diese Rolle geht am deutlichsten aus der heute schon bei allen experimentell erzeugbaren Tumoren gemachten Erfahrung hervor, daß die Geschwulstbildung häufig auch nach völligem Fortfall des schädigenden Faktors (Teer, Spiroptera, Röntgen) noch eintritt. Immer schließen sich an die degenerativen Veränderungen erst reparatorische, regeneratorische und dann hyperplastische Vorgänge an, die schließlich zur Tumorbildung führen, wobei z. B. der Teer nur das erste Stadium der Erscheinungen direkt hervorruft. Selbst bei den — hereditär auftretenden! — primären Lungentumoren der Mäuse konnte Slye eine lückenlose Serie von entzündlicher Hyperplasie über papilläre Wucherung zu papillären Adenocarcinomen auffinden.

Das besondere der zur Geschwulstbildung führenden Regenerationsreize kann entweder darin liegen, daß der Regenerationsprozeß selbst durch den primär schädigenden Faktor in besonderer Weise beeinflußt wird oder darin, daß gleichzeitig, ich möchte sagen, fast zufällig, durch denselben Faktor die zur Geschwulstentwicklung notwendige *Allgemeindisposition* geschaffen wird. Für beide Möglichkeiten haben wir bereits experimentelle Unterlagen.

d) Weitere Regenerationsgeschwülste beim Menschen.

Als weitere Beweise können wir nun Geschwulstbildungen — auch beim Menschen beobachtete — anführen, bei denen ebenfalls die Entstehung des Tumors auf dem Boden langdauernder regenerativer Prozesse erwiesen, ja allgemein anerkannt ist, obwohl die Auslösungsursache der Regeneration, der äußere Faktor, der schließlich zur Geschwulstbildung führt, nicht einwandfrei bekannt ist. Es sind das also Geschwülste, deren Pathogenese klar zutage liegt, obwohl ihre Ätiologie unbekannt ist. In diese Gruppe gehören vor allem die primären Lebercarcinome bei Lebercirrhose. Statistische Untersuchungen haben immer wieder dargetan, daß in der großen Mehrzahl aller Fälle von primärem Leberkrebs das Carcinom sich in einer cirrhotischen Leber entwickelt. Und auch bei dem außerordentlich häufigen primären Leberkrebs in Niederländisch-Indien findet sich in 90% der Fälle eine Lebercirrhose [DE RAADT[1]), s. auch GOLDZIEHER und v. BOKAY[2]), DAVIDSOHN[3]), STROMEYER[4]) und ADELHEIM[5])]. Daß in der Entwicklung der Lebercirrhose regenerative Prozesse eine maßgebende Rolle spielen, ist heute allgemein anerkannt. Und Entwicklung und Histologie des primären Leberkrebses in der cirrhotischen Leber beweisen einwandfrei, daß die — oft multiple — Krebsbildung hier von Regenerationsherden ihren Ausgang nimmt.

Ebenso wird bei der Schrumpfniere zuweilen Adenombildung aus Regeneration beobachtet [SILBERBERG[6])], und wenn in diesen Fällen bisher echte Krebsbildung nicht beobachtet ist, so kann das sehr wohl daran liegen, daß die genügende Zeit zur Entwicklung eines Carcinoms fehlt, weil das Nierenleiden selbst schon zu frühzeitig den Tod herbeiführt. Auch manche Adenombildungen in der Prostata und in der Schilddrüse könnten aus regenerativen Vorgängen sich ableiten. Wenn wir bei der chronischen Gastritis Auftreten von Darmepithel in der Magenschleimhaut, mit zunehmendem Alter immer häufiger [DEELMAN[7])] beobachten, so werden wir auch diese Veränderungen auf regenerative Prozesse zurückführen müssen und an engere Beziehungen zur Bildung des Magencarcinoms denken dürfen.

---

[1]) DE RAADT: Dtsch. med. Wochenschr. 1926, S. 123.
[2]) GOLDZIEHER u. v. BOKAY: Virchows Arch. f. pathol. Anat. u. Physiol. Bd. 203, S. 75. 1911. — SALTYKOW: Korrespondenzbl. f. Schweiz. Ärzte Bd. 44, H. 13—15. 1914.
[3]) DAVIDSOHN: Virchows Arch. f. pathol. Anat. u. Physiol. Bd. 209, S. 273. 1912.
[4]) STROMEYER: Zentralbl. f. allg. Pathol. u. pathol. Anat. Bd. 23, S. 1. 1912.
[5]) ADELHEIM: Frankfurt. Zeitschr. f. Pathol. Bd. 14, S. 320. 1913.
[6]) SILBERBERG: Virchows Arch. f. pathol. Anat. u. Physiol. Bd. 232, S. 368. 1921.
[7]) DEELMAN: Zentralbl. f. allg. Pathol. u. pathol. Anat. Bd. 31, S. 104. 1920.

e) Die Bedeutung wiederholter und kombinierter Regenerationsreize für die Geschwulstbildung.

Kommt wirklich dem Regenerationsvorgang bei der Bildung von Geschwülsten eine so fundamentale Stellung zu, so wird sich sicherlich sowohl bei der Entstehung von Reizgeschwülsten wie bei der experimentellen Erzeugung von Tumoren nachweisen lassen, daß die immer wieder erneute Anregung der Regeneration, sowie die Einwirkung verschiedenartiger Regenerationsreize besonders wirkungsvoll sein werden. Beides läßt sich tatsächlich nachweisen. Schon aus der experimentellen Biologie wissen wir, daß eine häufige Wiederholung des Regenerationsreizes schließlich zu einer Beschleunigung und sogar zu einer starken Vergrößerung des Regenerates führt. So setzt z. B. bei der Wasserassel nach der 6. oder 7. Amputation von Beinen oder Fühlern ein Riesenwachstum der Regenerate ein, deren Bildung zugleich viel rascher erfolgt [Zuelzer[1])].

Ebenso sehen wir nun in der experimentellen Geschwulstforschung, daß eigentlich nichts so wirksam ist, als die häufige und lange fortgesetzte Wiederholung der Schädigung. Die Erfahrungen am Menschen hatten schon sehr frühzeitig die Idee der experimentellen Geschwulsterzeugung durch Teereinwirkung nahegelegt, aber erst die Geduld der Japaner führte durch immer wiederholte und lange Zeit fortgesetzte Teerpinselung zum Ziele. Mir selbst war es schon vor 20 Jahren gelungen, durch Injektion von Scharlach-Äther eine Metaplasie des Drüsenepithels der Mamma zu verhornendem Plattenepithel zu erzielen (Scharlachrotöl-Versuche s. S. 1600). Und es kann heute wohl nicht zweifelhaft sein, daß bei häufiger Wiederholung dieser Injektion auch die Carcinomerzeugung gelungen wäre — ich habe sie damals nicht durchgeführt, weil die Injektionen für die Tiere sehr schmerzhaft waren und die fundamentale Bedeutung des immer wiederholten Regenerationsreizes damals eben von mir noch nicht erkannt war. Auch bei der experimentellen Erzeugung von Tumoren durch Teerinjektion ist ja, wie wir früher bereits sahen, die häufige Wiederholung der Einspritzung von größter Bedeutung für das Gelingen des Versuchs. Primäre Schädigung der Zellen, starke Anregung der Regeneration und schließlich Wucherung von Regenerationszellen, die an die Schädigung besser angepaßt sind wie normale Zellen, sind die Vorgänge, die auch hier zur Geschwulstbildung führen. Bei all den früher aufgeführten Reiz- oder Regenerationsgeschwülsten läßt sich ohne weiteres fast ausnahmslos der Nachweis der immer wiederholten Schädigung führen. Ich erinnere nur an die Röntgencarcinome, an die Geschwulstbildungen durch Lichteinwirkung überhaupt, an den Krebs der Paraffinarbeiter, an das Lupuscarcinom usw.

Wir kennen nun aber Regenerationsreize sehr verschiedener Art. Wenn ihnen allen auch die Defektbildung des Gewebes, die primäre Schädigung gemeinsam ist, so kann diese Schädigung doch in sehr verschiedener Weise herbeigeführt werden. Und darüber kann kein Zweifel sein, daß auch die Art der primären Schädigung für den weiteren Verlauf des Regenerationsvorganges von Wichtigkeit ist, denn das eine ist ja sicher, daß bei weitem nicht jeder Regenerationsvorgang zur Bildung von Geschwulstkeimanlagen führt, ebensowenig wie das jede Entwicklungsstörung tut. Regeneration und Entwicklungsstörung sind nur die wichtigsten *Voraussetzungen* und Grundlagen der Bildung von Geschwulstkeimen. Lassen wir demnach z. B. auf ein nach Lichtschädigung regenerierendes Gewebe nun einen Regenerationsreiz ganz anderer Qualität einwirken, so dürfen wir aus solchen kombinierten Regenerationsreizen eine sehr

---

[1]) Zuelzer, Marg.: Arch. f. Entwicklungsmech. Bd. 25, S. 361. 1907.

viel stärkere Regenerationsanregung und vielleicht unter den geeigneten Umständen leichter und sicherer Geschwulstbildung erwarten.

Das ist in der Tat der Fall. Wir haben besonders an der Haut eine sehr einfache Methode hierfür in der Hand: jede Wunde führt zur Regeneration, und so sehen wir denn, daß beim experimentellen Teerkrebs die Tumorbildung durch Scarificationen beschleunigt und begünstigt wird und Deelman[1]) wies nach, daß hier das Auswachsen des Epithels zu Carcinom gerade an den Wundrändern, die sich auf dem Wege der Heilung, d. h. in der Regeneration, befinden, auftritt (s. S. 1610). Daher erklärt es sich auch, daß es gelungen ist, auch durch einmalige Teerapplikation Hautcarcinome zu erzeugen, wenn nämlich gleichzeitig eine Brandwunde und so ein heftiger Regenerationsreiz unter ungünstigsten Bedingungen gesetzt wurde. Es ist also nicht richtig, wenn in der Literatur behauptet wird, daß einmalige Schädigungen nicht zur Geschwulstbildung führen, daß z. B. starke Röntgendosen die Haut nur verbrennen, aber kein Carcinom erzeugen. Das Wesentliche ist der Regenerationsprozeß, der auch durch einmalige Schädigung angeregt und auch in diesem Falle — wenn auch viel seltener — zur Geschwulstbildung entgleisen kann, besonders wenn die Allgemeindisposition schon gegeben ist (s. S. 1609).

Diese Kombinationen von Regenerationsreizen verschiedener Qualität ist auch in der experimentellen Geschwulstforschung vielfach mit Erfolg angewandt worden, wenn auch nur einfach unter dem Begriff der Kombination eines mechanischen und chemischen Reizes. Aber auch in der menschlichen Pathologie ist die Erkenntnis des fundamentalen Einflusses von Regenerationsreizen auf Entwicklung und Wachstum der Geschwülste von größter, auch praktischer Bedeutung. Wie die Entwicklung und das Wachstum eines Teercarcinoms durch eine lokale Probeexcision — weil hier ein ganz neuartiger und starker Regenerationsreiz hinzutritt — wesentlich gefördert werden kann, so kann auch beim Menschen bei allen, insbesondere allen bösartigen Geschwülsten jedes Trauma und daher auch jede diagnostische Probeexcision das Wachstum stark anregen (s. S. 1610). Es ergibt sich daraus der praktisch so wichtige Schluß, daß, sobald durch eine Probeexcision das Bestehen einer Geschwulst sichergestellt wird, die radikale Operation so rasch als möglich angeschlossen werden muß.

Mit diesen Feststellungen erscheint die Bedeutung traumatischer Schädigungen bei einer bestehenden oder in der Entwicklung begriffenen Geschwulst in einem anderen Lichte als bisher. Und es entspricht nur dem hier entworfenen Gesamtbilde, wenn, wie ich es beobachten konnte, bei einer chronischen Röntgendermatitis die Carcinombildung von einer Schnittwunde ihren Ausgang nahm (s. Abb. 468 auf S. 1557), oder wenn berichtet wird, daß bei der allgemeinen chronischen Arsendermatose die Carcinombildungen gewöhnlich an der Stelle kleiner Hautverletzungen entstehen (s. S. 1563). In diesen Fällen sind die Epidermiszellen im ganzen seit langer Zeit geschädigt und in einer immer wieder von neuem geschädigten regenerativen Ersatzbildung begriffen. Trifft diese geschädigten und wuchernden Zellen jetzt der neuartige und kräftige traumatische Regenerationsreiz, so entgleist nunmehr die regenerative Neubildung zur Bildung von Geschwulstkeimen. Wir sehen also: Die immer wiederholte Anregung der Regeneration durch die gleiche Schädigung und die Anregung der Regeneration durch die Kombination von Regenerationsreizen verschiedener Qualität sind von der größten Bedeutung für die Entstehung der Geschwulst.

Aus all diesem geht ferner klar hervor, daß die Geschwulstbildung, die wir durch äußere Faktoren hervorrufen, immer von den Cambiumzellen der Gewebe

---

[1]) Deelman: Zeitschr. f. Krebsforsch. Bd. 21, S. 220. 1924.

und Organe ausgehen muß, denn dies sind die Zellen, von denen alle Regenerationen ausgehen. Auch das spricht dafür, daß der äußere Faktor nicht direkt an der Zelle angreift, sondern daß er lediglich den Regenerationsprozeß einleitet, vielleicht ihn auch in seinem weiteren Verlauf entscheidend beeinflussen kann.

Für all diese Tatsachen gibt die Reiztheorie keine Erklärung, insbesondere nicht für die — es kann nicht scharf genug betont werden — gesetzmäßige Latenz, für die große Zeitspanne zwischen Einwirkung und Tumorbildung. Wir sahen, daß die Geschwulst sich viele Jahrzehnte nach der Einwirkung erst bilden kann, und die Reiztheorie steht dieser Tatsache völlig ratlos gegenüber, während wir wissen, daß sich regenerative Prozesse über viele Jahre und Jahrzehnte hinziehen und immer wieder von neuem aufflackern können, auch ohne jede Weiterwirkung oder Nachwirkung der primären Schädigung. Wir wiesen schon S. 1573 darauf hin, daß die Krebsbildung häufig erfolgt, nachdem die ätiologisch wirksame Ursache jahre-, ja jahrzehntelang nicht mehr eingewirkt hat. Die grundsätzlichen Einwände, die sich aus alledem gegen die herrschende Reiztheorie ergeben, wurden dort eingehend dargelegt und gezeigt, daß lediglich der langdauernde Regenerationsprozeß die Folge der primären Schädigung ist, der dann zur Bildung der Geschwulstkeimanlage führt. Die Erkenntnis dieser Tatsachen ist für das Verständnis des biologischen Vorganges der Geschwulstbildung grundlegend. Erst das Eindringen in diese wesentlichen Faktoren der Geschwulstgenese kann uns die Wege für die weitere theoretische und praktische Erforschung des Geschwulstproblems zeigen.

3. Die Bedeutung der biologischen Regenerationsgesetze für die Geschwulstbildung.

Die Regeneration ist eines der wichtigsten und umfangreichsten Kapitel der allgemeinen Biologie. Nur diejenigen wesentlichen Momente des Regenerationsprozesses möchte ich hier versuchen herauszugreifen, die im Hinblick auf das Geschwulstproblem von Interesse und von Wichtigkeit sind.

Bei Verlusten von Geweben, Organen oder ganzen Körperteilen ersetzt der Organismus die entstandenen Defekte durch Regeneration. Die Regenerationsfähigkeit hängt ab von der Höhe der Organisation, auf der das regenerierende Tier steht, und von dem Stadium der Entwicklung, auf dem sich der Organismus gerade befindet. Die Bildung der neuen Gewebe kann auf sehr verschiedenem Wege erfolgen. Es liegen drei Möglichkeiten vor. Das neue Gewebe entsteht:

    a) aus gleichartigem Gewebe,

    b) aus noch nicht ausdifferenzierten, entwicklungsgeschichtlich tieferstehendem (embryonalem) Gewebe und

    c) aus andersartigem Gewebe auf dem Umwege der Metaplasie.

Für den Ablauf dieser Regenerationen ist das Entwicklungsstadium des Organismus von größter Bedeutung. Wie für das normale Geschehen, so sind auch für das regenerative Geschehen von maßgebendem Einfluß die vier verschiedenen Entwicklungsstadien oder -perioden, die Roux in der Ontogenese unterschieden hat (vgl. S. 1245).

„Die erste Periode ist die der vererbten, rein im Keimplasma determinierten Gestaltungen." Ihre spezifisch kausalen „determinierenden Faktoren sind vererbte". Es ist die Periode des „afunktionellen", zeitlich präfunktionellen Gestaltens und Wachsens. Es ist die Periode der reinen Selbstdifferenzierung oder der Selbstdifferenzierung der Bezirke durch differenzierende Wechselwirkungen ihrer Unterteile. Durch funktionelle Untätigkeit der Organe wird

auch das typische Wachstum nicht verringert oder verzögert. Abnorme Vergrößerung der Blutzufuhr, Hyperämie, veranlaßt abnorm großes Wachstum.

Im Gegensatz dazu ist in der *dritten Periode* schon zur bloßen Erhaltung des vorher Gebildeten die Funktion oder der funktionelle Reiz nötig. Es ist die Periode des Vorherrschens des funktionellen Reizlebens oder die Periode der funktionellen Entwicklung, der funktionellen Anpassungsgestaltung. Abnorm große Blutzufuhr, Hyperämie, bewirkt für sich allein kein Wachstum mehr.

Die *zweite Periode* oder die Zwischenperiode ist dadurch charakterisiert, daß die Gestaltungs- und Erhaltungsfaktoren der beiden anderen Perioden, also die vorhergehenden der vererbten Gestaltung und der nachfolgenden, der funktionellen Reizgestaltung gemeinsam tätig sind und daß der Wegfall eines derselben das normale Gestaltungsgeschehen entsprechend alteriert (Inaktivitätsaplasie). Die *vierte Periode* endlich ist die Periode der erblich determinierten normalen Involution, des Seniums, das *trotz* der vollen funktionellen Tätigkeit des Organismus eintritt.

Aus diesen Gesetzen der normalen Entwicklung ergibt sich ganz von selbst, daß diese Perioden auch von wesentlichem Einfluß auf das regenerative Geschehen sein werden. Regenerationen mit völliger Selbstdifferenzierung werden wir in einem Organismus nicht mehr erwarten dürfen, sobald seine sämtlichen Zellen im wesentlichen ausdifferenziert sind. Da, wo wir selbstdifferenzierende Zellen noch vorfinden, wird es sich im wesentlichen immer um embryonale Zellen handeln.

In dieses Schema der Rouxschen Hauptperioden der normalen Ontogenese fügt sich die Geschwulstbildung nicht ein, wenigstens dann nicht ein, wenn man die Bildung der Geschwulstzellen von ausdifferenzierten Körperzellen ableiten wollte. Es ist deshalb durchaus logisch, wenn Roux sagt: „Die echten, also ‚selbstwachsenden‘ Tumoren gehören in die erste Periode, auch wenn sie erst im Alter vorkommen.“ Aber damit ist die Frage natürlich nicht gelöst, sondern nur anders formuliert, denn es muß uns eben darauf ankommen zu wissen, wieso ein Körperteil dazu kommt, auch noch im späteren Alter plötzlich die Eigenschaften der ersten Embryonalperiode anzunehmen. Diese Frage führt wieder zur Annahme der embryonalen Anlage von Tumorkeimen.

Die Frage ist für uns vorläufig beantwortet, wenn der Tumor von einem persistenten embryonalen Keim ausgeht, obwohl, wie wir sahen, mit diesem Nachweis noch nicht der besondere Geschwulstcharakter dieses Keimes erklärt wird. Anders aber liegt es, wenn ein solcher embryonaler Keim sicher nicht vorliegt. Können auch regenerative Wucherungen normal entwickelter Gewebe wieder zur Bildung von Zellkeimen mit embryonalen Eigenschaften führen?

Für die uns hier beschäftigenden Geschwulstgruppen ist daher nur von Wichtigkeit diejenige Regeneration, welche *nicht* von embryonalen Zellen ausgeht, denn eine Geschwulstanlage, die auf solche Zellen zurückführt, gehört in das bereits von uns eingehend besprochene Kapitel der embryonalen Geschwulstbildung. Für uns kommt also an dieser Stelle ausschließlich in Betracht die Regeneration aus gleichartigen Geweben des Organismus oder die Regeneration eines Gewebes aus einem andersartigen Gewebe durch Metaplasie.

In sehr einfacher Weise hat man versucht, Wachstum und Zellteilung aus dem Verhältnis zwischen Kern- und Protoplasmamasse abzuleiten, und auch auf diesem Wege wurden Beziehungen zwischen Regeneration zu Geschwulstbildung gefunden. Godlewski[1]) hat aus dem Studium der embryonalen wie der postembryonalen Regeneration den Schluß gezogen, daß die Vermehrung der

---

[1]) Godlewski jun., Emil: Plasma und Kernsubstanz im Epithelgewebe bei der Regeneration der Amphibien. Arch. f. Entwicklungsmech. Bd. 30, S. 93. 1910.

Kernteilungen das Resultat einer erhöhten Kernplasmaspannung sei, die durch reichliche Produktion von Kernsubstanz wieder ausgeglichen werde. Er nimmt auch für die Geschwülste an, daß hier zunächst eine Verschiebung der Kernplasmarelation zugunsten des Protoplasmas stattfindet und die Kernvermehrungen in ähnlicher Weise zu erklären sind. Wenn er allerdings als Unterlage für diesen Schluß die Bilder bei der experimentellen Erzeugung von Fremdkörperriesenzellen anführt, so beweist das nichts, denn trotz häufig sehr irreführender Nomenklatur haben diese Fremdkörper-Riesenzellengranulome mit echter Geschwulstbildung gar nichts zu tun. Besonders bei den malignen Tumoren haben wir eine derartige Regellosigkeit der Kern- und Plasmaverhältnisse (s. S. 1409), daß es äußerst schwierig sein wird, hier bestimmte Gesetze herauszufinden, ja ich glaube, daß das, was wir bisher über die Geschwulstzelle wissen, eine derartig einfache Gesetzmäßigkeit ablehnen läßt. Außerdem wäre mit einer derartigen Feststellung, wie ich glaube, noch nicht sehr viel gewonnen. Die Frage, die uns interessieren würde, wäre eher, wodurch die Kernplasmarelation in der Geschwulstzelle dauernd abnorm bleibt. Denn bei der Regeneration stellt sich ja nach Fortfall des Regenerationsreizes die physiologische Kernplasmarelation wieder her, während sie bei der Geschwulstbildung, wie besonders die experimentelle Krebsforschung der letzten Jahre einwandfrei bewiesen hat, auch nach völligem Fortfall des ätiologischen Faktors dauernd *abnorm bleibt*.

Zunächst sind also für uns andere allgemeine Gesetze der Regeneration wichtiger. Die Regeneration gehört zu den gestaltlichen Regulationen nach ROUX und dient der Wiederherstellung der gestörten Organisation (Restitution DRIESCH). Sie dient der „Wiederbildung in Verlust geratener, bereits mehr oder weniger entwickelter Körperteile“, ist also Ersatzbildung oder Wiederentwicklung. Die Regeneration vollzieht sich nach ROUX[1]) durch Sprossung, Umdifferenzierung oder Entdifferenzierung bereits differenzierter Teile. Die letzten beiden Regenerationsarten haben Bedeutung für die Metaplasie und weisen eindringlich auf die Beziehung der Metaplasie zur Tumorbildung hin. Von Wichtigkeit für die Geschwulstfrage ist, daß bei jedem regenerativen Vorgang zunächst eine undifferenzierte Zellmasse — häufig in der biologischen Literatur embryonales Zellmaterial genannt — sich bildet, und nach TAUBE[2]) sind bei jeder Regeneration zwei wichtige Vorgänge zu unterscheiden: die Anlage eines Regenerationsblastems, d. h. einer aus indifferenten Zellen bestehenden Masse, und die innerhalb derselben stattfindenden Differenzierungsvorgänge. Beide Erscheinungen sind auch für jede Embryogenese typisch, daher ist der Vergleich des regenerativen mit dem embryonalen Geschehen berechtigt. Dieser erste hier genannte Vorgang, die Bildung des Regenerationsblastems, ist es, der bei der pathologischen Regeneration zur Bildung des Geschwulstkeims führt. Der zweite Vorgang dagegen, die Differenzierung des Regenerationsblastems, ist bei der Geschwulstbildung mehr oder weniger gestört, da ja die Ausbildung der funktionellen Struktur auf funktioneller Anpassung, d. h. Einordnung in den Gesamtorganismus, beruht. Es ist heute erwiesen, daß die regenerativen Potenzen, soweit sie in einem Gewebe noch vorhanden sind, durch stoffliche Beeinflussung aktiviert werden und daß das Eintreten regenerativer Prozesse von einem Differenzierungsgefälle abhängig ist, das experimentell verändert werden kann [v. UBISCH[3])]. Gerade diese *stoffliche Beeinflussung des Differenzierungsgefälles* und damit der Regenerationsvorgänge ist für das Verständnis der experimentellen Geschwulsterzeugung von Bedeutung.

---

[1]) ROUX: Terminologie 1912.
[2]) TAUBE: Arch. f. Entwicklungsmech. Bd. 49, S. 269. 1921.
[3]) v. UBISCH: Arch. f. Entwicklungsmech. Bd. 51, S. 33. 1922.

Weigert hatte als Gesetz aufgestellt, daß bei den Regenerationsprozessen zunächst immer mehr neugebildet wird als zum Ersatz notwendig ist. Ribbert hat allerdings dieses Gesetz abgelehnt, und es ist ja zweifellos, daß für diejenigen Zellen und Gewebe, die im physiologischen normalen Leben des Organismus zugrunde gehen und immer wieder ersetzt werden, ein Überersatz *nicht* stattfindet, sonst würde ja das Gleichgewicht der Zellen und Gewebe in kürzester Zeit gestört werden. Man denke hier besonders an die Verhältnisse der Blutzellen. Wenn hier für die zugrundegehenden Zellen eine Überproduktion eintreten würde, so wäre ja ein normales Funktionieren des Organismus ausgeschlossen. Im Gegenteil wird hier in einer außerordentlich exakten und feinen Weise trotz des Zugrundegehens zahlreicher Elemente das Gleichgewicht aufrecht erhalten, und Zoja[1]) erklärt dieses normale Gleichgewicht zwischen Zerstörung und Regeneration durch die Annahme, daß die Produkte der physiologischen Cytolyse einen Bildungsreiz für das Knochenmark darstellen, daß also jeder Blutzellverlust mit einer Vermehrung der Blutzellbildung beantwortet wird. Gewiß trifft das für alle Formen *physiologischen* Zellverbrauches und physiologischer Zellersatzbildung zu. Es kann das auch in der besonderen Art des physiologischen Zellunterganges begründet sein. Sobald aber einmal der Regenerationsreiz die physiologischen Grenzen überschreitet, vielleicht von dem Augenblick an, wo Zelleichen in größerer Zahl oder wirkliche Gewebsdefekte vorliegen, kommt das Gesetz der Überregeneration des Verlorenen zur Geltung, und wir sehen es bei zahlreichen pathologischen Regenerationen verwirklicht. Wenn wir z. B. durch Spaltung der Anlagen in der Längsachse Doppelbildungen, durch einfachen Bruch quer zur Längsachse Dreifachbildungen regenerieren lassen können [Tornier[2])], wenn man ohne weiteres durch geeignete Verletzungen überschüssige Regenerationen von ganzen Fingern, Gliedmaßen, Schwanzspitzen, ja Köpfen erzielen kann, so ist das Bestehen einer Superregeneration [Barfurth[3])] bewiesen. Kammerer[4]) hat durch wiederholte Regenerationen an der Sehscheide Ciona stark vergrößerte, elefantenrüsselartige Röhren experimentell hervorrufen können, und das Bestehen der Superregeneration ist von Prowazek[5]) auch für die Protozoen besonders betont worden. Zuelzer[6]) hat durch oft wiederholte Amputationen bei der Wasserassel hypertrophische Regenerationen erzielt, und Snapper[7]) kommt auch bei experimentellen Untersuchungen über die Blutregeneration zu dem Schluß, daß die Reparation stets viel größer ist als der Verlust. Kommt es also bei pathologischen Regenerationen zu sehr starken Gewebswucherungen wie bei der Tumorbildung, so liegt dies nur auf der Linie des allgemeinen biologischen Geschehens.

Nun ist aber die Regeneration in den verschiedenen Tierklassen sehr verschieden. Barfurth kommt in seinem Referat zu dem Schluß, daß mit zunehmender Organisationshöhe eine starke Verminderung bis zum gänzlichen Versagen der regenerativen Fähigkeiten nachzuweisen ist. Die Regeneration bei den Amphibien ist noch fähig, ein Rückenmark neuzubilden, und stets ist sie bei den jugendlichen Stufen und Embryonen ausgiebiger als bei erwachsenen Tieren, und in den höheren Wirbeltierklassen schwindet sie mehr und mehr. Im Tierreich sinkt also das Regenerationsvermögen mit der Höhe der Organi-

1) Zoja: Fol. haematol. Bd. 10, S. 225. 1910.
2) Tornier: 5. internat. Zool.-Kongr., Berlin 1901.
3) Barfurth: Regeneration. Ergebn. d. Anat. u. Entwicklungsgesch. Bd. 22, S. 356. Wiesbaden 1916.
4) Kammerer: Allgemeine Biologie. S. 274. Berlin u. Stuttgart 1915.
5) Prowazek: Physiologie der Einzelligen. S. 87. Leipzig u. Berlin 1910.
6) Zuelzer: Arch. f. Entwicklungsmech. Bd. 25, S. 361, 1907.
7) Snapper: Biochem. Zeitschr. Bd. 43, S. 256. 1912.

sation immer mehr und ebenso beim einzelnen Individuum im Laufe der Entwicklung. Bei der Pflanze werden bei jeder Verwundung embryonale Keimgewebe, Meristeme, gebildet, selbst aus bereits ausdifferenzierten Zellen (sekundäre Meristeme), und wir sahen früher, daß diese besondere Eigenart der Pflanzenzelle durch den Besitz von Vollkeimplasma in allen, auch den ausdifferenzierten Pflanzenzellen erklärt wird. Niemals sehen wir beim hochdifferenzierten Wirbeltier derartige Fähigkeiten in den entwickelten Geweben des Organismus. Auch die Regeneration erzeugt hier niemals derartige „sekundäre Meristeme" oder erweckt auch nur andeutungsweise embryonale Potenzen. Beim hochdifferenzierten und entwickelten Organismus bedeutet daher eine pathologische Persistenz solcher Fähigkeiten für uns nichts anderes als die Persistenz embryonaler Keime, deren Nachweis ja einwandfrei erbracht ist.

Die Tatsache, daß die Geschwulstbildungen gerade im Alter besonders häufig auftreten, sind doch gerade die bösartigen Geschwülste in der Hauptsache eine Alterskrankheit, hat natürlich immer wieder zu Erklärungsversuchen angeregt. Wir könnten uns den Zusammenhang so vorstellen, daß gerade die Unfähigkeit zur erfolgreichen regenerativen Neubildung bei den Wirbeltieren beim Auftreten heftiger Regenerationsreize zu atypischen Zellwucherungen führt und damit die Entstehung von Geschwülsten begünstigt.

Dazu kommt, daß theoretisch, wenigstens bei den höherdifferenzierten Organismen, das Ziel der Regeneration niemals erreicht wird. Ist das Ziel der Regeneration Wiederherstellung verlorener Teile, so muß als ein ganz allgemeines Gesetz festgestellt werden, daß dieses Ziel eigentlich fast nie wirklich in vollkommener Weise erreicht wird. ROUX nennt die Regeneration eine indirekte Entwicklung, sie repräsentiert sich nach PRZIBRAM[1]) und KRIZENECKY[2]) als eine Beschleunigung des Wachstums und der Entwicklung, „also eine Beschleunigung aller Lebensvorgänge, des ganzen Metabolismus und hiermit notwendigerweise eine Beschleunigung des Alterns". Das zeigt schon, daß das regenerierte Gewebe nicht ganz dem normalen entspricht, und auch SCHAXEL[3]) betont, daß die Regeneration niemals eine ganz genaue Wiedererzeugung des fehlenden typischen Gebildes ergibt, weil sie immer atypisch verläuft: „dem atypischen Ausgang folgt atypischer Verlauf und atypisches Endgebilde". Daß bei regenerativen Prozessen zuweilen ganz ortswidrige Gebilde erzeugt werden, ist aus der experimentellen Biologie hinreichend bekannt (Heteromorphosen).

Von besonderem Interesse ist, daß die Fähigkeit der Regeneration nur da vorhanden ist, wo die gewebsbildenden Potenzen der Zellen bei der Differenzierung eine Einschränkung erfahren. Da, wo trotz des Differenzierungsprozesses die Zellen des Organismus noch Vollkeimplasma enthalten, gibt es keine Regeneration. Pflanzen reagieren daher auf Verletzungen mit einer Neubildung des ganzen Organismus, und WILSON (zitiert nach BARFURTH) konnte bei Schwämmen und Hydroiden aus künstlich isolierten Gewebszellen neue Organismen züchten. Mit dieser fast völligen Unfähigkeit zur Regeneration dürfen wir vielleicht die Tatsache in Zusammenhang bringen, daß echte Geschwülste bei Pflanzen, Schwämmen und Hydroiden und ähnlichen nicht oder nur andeutungsweise beobachtet werden.

Wenn daher E. BAUER[4]) in seinen Grundprinzipien der rein naturwissenschaftlichen Biologie auf Grund theoretischer Überlegungen zu dem Schluß kommt, daß gestörte Regenerationen die Grundlage und Bedingung der Geschwulst-

---

[1]) PRZIBRAM: Arch. f. Entwicklungsmech. Bd. 45, S. 11. 1919.
[2]) KRIZENECKY: Arch. f. Entwicklungsmech. Bd. 42, S. 636. 1917.
[3]) SCHAXEL: Riv. di biol. Bd. 4, S. 203. 1922.
[4]) BAUER, E.: Roux' Aufsätze üb. Entwicklungsmech. H. 26. Berlin 1920.

bildung seien, so können wir ihm für die oben besprochenen Gruppen von Geschwülsten nur Folge leisten.

So stimmt also unsere Annahme, daß gerade bei regenerativen Prozessen
die Bildung der abnormen Geschwulstzellen leichter erfolgt, mit den Erfahrungen
der allgemeinen Biologie und mit den Grundgesetzen der Regeneration sehr gut
überein.

Auch bei der physiologischen Regeneration ist weiterhin ein Faktor von
großer Bedeutung: der Gesamtorganismus. Es wird daher zu prüfen sein, inwieweit auch für die Geschwulstbildung Faktoren des Gesamtkörpers von Bedeutung sind.

4. Der Einfluß des Gesamtorganismus auf Regeneration und Tumorbildung.

Die Bedeutung der Konstitution des Gesamtkörpers, der Allgemeindispo-
sition für die Tumorbildung wird eingehend im XI. Kapitel besprochen werden.
An dieser Stelle sollen nur die Punkte herausgegriffen werden, die in dieser
Richtung für die Beziehung zwischen Regeneration und Geschwulstbildung von
Wichtigkeit sind.

Die Veranlassung, der Reiz zur Bildung des Regenerates ist in dem Defekt
gegeben, aber die Reaktion, welche auf diesen Defekt einsetzt, wird nicht allein
durch die Art des Defektes bestimmt, wird auch keineswegs allein beeinflußt
von den dem Defekt anliegenden Zellen des Organismus, sondern auf die Bildung des Regenerates hat der Gesamtorganismus maßgebenden Einfluß. Dieser
Einfluß des Gesamtorganismus auf Art und Menge des Regenerates hat sich
auch in zahlreichen experimentellen Untersuchungen exakt nachweisen lassen,
und Godlewski[1]) zieht aus allen experimentellen Ergebnissen den Schluß,
daß der Restitutionsreiz nicht nur die verletzte Körperregion trifft, sondern den
ganzen Organismus beeinflußt, der wiederum auch für die Beendigung der
Regeneration ausschlaggebend ist.

Überhaupt ist das ja der wesentliche Unterschied zwischen Tumor und
regenerativer Neubildung, daß schließlich auch bei jeder pathologisch gesteigerten
Regeneration, im Gegensatz zum Wachstum der echten Geschwulst, immer
eine Begrenzung, ein Abschluß der regenerativen Wucherung, eintritt, und für
diesen Abschluß des Wachstums, auch bei der Superregeneration, ist in hohem
Maße der Gesamtorganismus verantwortlich. Es wäre denkbar, daß bei Fortfall oder pathologischer Änderung dieser Einflüsse des Gesamtkörpers das regenerative Wachstum in echte Geschwulstbildung überginge.

Ohne weiteres werden wir also eine wesentliche Bedeutung der Verhältnisse
des Gesamtorganismus für Entwicklung und Wachstum der Geschwulst voraussetzen müssen, sobald wir die Geschwulstbildung mit einer pathologischen
Regeneration einzelner Zellen oder Gewebe in engere Verbindung bringen.

Es sind in der Literatur häufig Anschauungen vertreten worden, die auf die
Annahme einer konstitutionellen Grundlage der Geschwulstbildung hinauslaufen
(Beneke, Senior u. a.).

Daß Rasse, Alter, Organ und individuelle Disposition für Art und Umfang
der Regenerationsprozesse ebenso wie für die Geschwulstbildung von größter
Bedeutung sind, bedarf keines besonderen Beweises.

Wichtige Parallelen ergeben sich bei dem Einfluß der Ernährung auf den
Regenerationsvorgang. Die Regeneration ist von der Ernährung in großem
Maße unabhängig [Zweibaum[2])]. Ganze Glieder werden von den Amphibien,

---

[1]) Godlewski jun., Emil: Arch. f. Entwicklungsmech. Bd. 30, S. 97. 1910.
[2]) Zweibaum: Arch. f. Entwicklungsmech. Bd. 41, S. 430. 1915.

große Teile von Würmern regeneriert, auch wenn das Tier hungert [Barfurth[1])]. Bei Seesternen läßt sich durch Hunger Zellvermehrung und Verschmelzung der Leberzellen zu einem Syncytium erzielen [E. Schultz[2])]. Hungernde Planarien regenerieren besser als gut ernährte. Wir dürfen diese merkwürdige Erscheinung wohl so erklären, daß der Zwang zur regenerativen Wucherung den regenerierenden Körperzellen eine so große Wachstumsenergie verleiht, daß sie — vielleicht auf Kosten des übrigen Organismus — wuchern; den anderen Zellen fehlt der gleiche Impuls. Eine besondere Ähnlichkeit zeigt das regenerierende Gewebe bei der Qualle Cassiopea xamachana mit der Geschwulstzelle. Hier wächst beim Hungern das neue Regenerationsblastem mit großer Energie auf Kosten der alten Körpergewebe — ganz wie die maligne Tumorzelle [nach Barfurth[1])].

Wir haben bereits bei Besprechung der atreptischen Immunität (s. S. 1428) gesehen, daß über den Einfluß des Hungers auf das Geschwulstwachstum verschiedenartige Angaben vorliegen und werden uns später damit noch genauer beschäftigen (s. S. 1703ff). Insbesondere haben Moreschi und Apolant eine Hemmung des Geschwulstwachstums durch Hungern gefunden. Aber hier handelte es sich um transplantierte Geschwülste, und da liegen andere Verhältnisse vor als beim spontan entstandenen Tumor. Die Erfahrungen am Menschen sprechen jedenfalls nicht dafür, daß durch Hungern das Geschwulstwachstum irgendwie *wesentlich* beeinflußt werde. Auch bei monatelang stark eingeschränkter Ernährungsmöglichkeit sehen wir die malignen Tumoren unbehindert weiter wachsen und Metastasen machen, obwohl auch beim Menschen zuweilen eine Verlangsamung des Wachstums nach klinischen Beobachtungen vorkommt. Aber selbst bei einfachen Geschwülsten wie dem Lipom kann man beobachten, daß es bei schwerer Unterernährung und Kachexie seinen Fettgehalt behält und in seiner Existenz durch den allgemeinen Zellhunger des Körpers nicht bedroht ist.

Einen größeren Einfluß kann vielleicht Einseitigkeit der Ernährung haben. Jedenfalls verzögert vitaminfreie Ernährung ebenso die Regeneration [Wundheilung, Ishido[3])] wie das Geschwulstwachstum [Ludwig[4])] (s. S. 1705).

Sehr wichtig wäre ein Vergleich des **Einflusses der inneren Sekretion** auf Regeneration und Geschwulstbildung. Leider sind die Angaben über diese Einflüsse bei beiden Prozessen noch recht widerspruchsvoll. Es liegt dies offenbar daran, daß die Verhältnisse bei der Regeneration für jede Gewebsart und für jede Tierart ebenso wie bei der Geschwulstbildung für jede Tumorform anders liegen. Zudem wissen wir, daß bei diesen Versuchen ganz geringfügige Änderungen der Versuchsbedingungen schon zu völlig anderen Ergebnissen führen. Es seien deshalb nur kurz einige wichtigere Angaben hier angeführt, ohne daß wir daraus irgendwie allgemeine Gesetze schon ableiten möchten.

Die Versuche von Romeis ergaben die stärkste Regeneration bei Fütterung mit Thymus, die schwächste bei Fütterung mit Thyreoidea. Bei Salamandern wird die Regeneration verhindert oder unvollständig durch Entfernung der Schilddrüse [Przibram[5])]. Im Gegensatz hierzu ist bei den Geschwülsten starke Hemmung des Geschwulstwachstums durch Thymusfütterung beschrieben worden, während die Angaben über die Schilddrüsenwirkung sehr stark wechseln.

---

[1]) Barfurth: Zeitschr. f. d. ges. Anat., Abt. 3: Ergebn. d. Anat. u. Entwicklungsgesch. Bd. 22, S. 450. 1916; Regeneration und Transplantation. Wiesbaden 1917.
[2]) Schultz, E.: Über Reduktionen. Arch. f. Entwicklungsmech. d. Organismen Bd. 25, S. 401. 1908.
[3]) Ishido: Virchows Arch. f. pathol. Anat. u. Physiol. Bd. 240, S. 241. 1922.
[4]) Ludwig: Schweiz. med. Wochenschr. 1924, S. 232.
[5]) Przibram: Roux' Vorträge üb. Entwicklungsmech. H. 25. 1920.

Dasselbe gilt vom Einfluß der Keimdrüsen, deren Entfernung die Regenerationsvorgänge stark schädigen kann. Das gleiche wird beim Geschwulstwachstum angegeben, sogar Krebsheilung durch Kastration ist angegeben, aber auch das Gegenteil beschrieben worden (s. Kapitel XII, 8. S. 1715).

Daß die Geschwulstbildung in sehr verschiedener Weise auf den Gesamtkörper zurückwirkt, ist selbstverständlich. Grundsätzlich haben wir aber ähnliches auch bei der Regeneration. Stevens, Bardeen und Thacher[1]) beschrieben Veränderungen im zurückgebliebenen Teil während der Regeneration.

5. Die Bildung der Geschwulstkeimanlage bei der Regeneration.

Die wichtigste Beziehung zwischen der Regeneration und der echten Geschwulstbildung ist aber in der Möglichkeit gegeben, daß auf dem Wege über die Regeneration abnorme Zellen, pathologische Zellrassen gebildet werden.

Bei der Regeneration werden ja stets jugendliche, undifferenzierte Zellen in größerer Zahl neugebildet. Bei dem normalen Ablauf des Regenerationsprozesses geht die neugebildete jugendliche Zelle nach längerer oder kürzerer Zeit wieder die normale Differenzierung ein. Sie bildet nach den ihr innewohnenden Potenzen das Gewebe wie bei der normalen Entwicklung. Aber wenn nun durch irgendwelche Umstände dieser normale Ablauf des Differenzierungsvorganges gestört wird oder die jungen Zellen selbst wieder geschädigt, zerstört werden, so tritt trotz reichlicher Neubildung von Zellmaterial die Differenzierung nicht ein; und es liegt die Möglichkeit vor, daß die jugendlichen neugebildeten Zellen die Differenzierungsfähigkeit trotz fortschreitender Zellteilung überhaupt verlieren. Dann aber haben wir bereits eine charakteristische Eigenschaft der Geschwulstbildung vor uns.

In jedem Organismus aber sind in fast allen Geweben jugendliche undifferenzierte Zellen vorhanden, die in ständiger Neubildung Ersatz für verlorengegangene Zellen liefern und deren Abkömmlinge sich ständig zu den normalen Bestandteilen des Organismus ausdifferenzieren. Aus diesen Cambiumzellen der Organe gehen natürlich auch beim erwachsenen Wirbeltier, dessen Regenerationsfähigkeiten recht beschränkt sind, die Regeneratanlagen hervor. Wenn nun diese sich bei der Regeneration in sehr viel stärkerem Maße teilenden und vermehrenden Zellen in der Differenzierung gestört werden, so wäre es auf diesem Wege denkbar, daß aus den normalen Zellen des Körpers Geschwulstbildungen hervorgingen. Es liegt jedenfalls die Möglichkeit vor, daß bei regenerativen Wucherungen auch im postembryonalen Leben durch besondere Einflüsse die Zellen der Cambiumzonen der einzelnen Gewebe die Potenz der normalen Differenzierung verlieren trotz fortschreitender Zellteilung und damit zu Geschwulstbildungen Anlaß geben.

Normalerweise vollzieht sich die Regeneration verlorengegangener Zellen von den übriggebliebenen gleichartigen Zellen des Organismus aus. Manche glaubten, daß hier dem regenerativen Prozesse eine Rückdifferenzierung von Zellen vorausgehe. Diese Annahme ist aber zum mindesten unnötig. Weismann und Roux haben besonders darauf hingewiesen, daß die Regeneration von Reservezellen des Organismus ausgeht, d. h. von undifferenzierten Zellen, welche Reservekeimplasma enthalten. In einer ganzen Anzahl von Fällen hat sich sogar bei der ungeschlechtlichen Fortpflanzung, z. B. der Würmer, das Vorhandensein wirklicher embryonaler Reservezellen nachweisen lassen. Da hier auch die Regeneration Veranlassung zur ungeschlechtlichen Fortpflanzung

---

[1]) Stevens, Bardeen u. Thacher: Zitiert nach Schultz: Umkehrbare Entwicklungsprozesse. Roux' Vorträge üb. Entwicklungsmech. H. 4. 1908.

gibt, so glaubte man um so mehr, bei diesem regenerativen Prozeß eine Rückdifferenzierung zu embryonalen Zellstadien annehmen zu müssen. Der direkte Nachweis wirklich embryonaler Reservezellen hat diese Annahme widerlegt. Aber diese ganz anders gelagerten Verhältnisse der niederen Tiere könnten ja als Beweis abgelehnt werden. Auch bei dem höchstdifferenzierten Organismus hat sich aber nachweisen lassen, daß alle diejenigen Körpergewebe, die überhaupt einer Regeneration fähig sind, über Reservezellen verfügen. Die MALPIGHIsche Schicht der Epidermis, das Knochenmark, das Periost, bestimmte Zellen in der Leber usw. bilden die Wachstums- oder Reservezellen, die Cambiumzellen der einzelnen Gewebe und Organe, von denen verlorengegangene Teile wieder regeneriert werden. Wir haben früher eingehend auseinandergesetzt, daß nur die Cambiumzellen der Organe (s. das Kapitel über die regenerative Metaplasie S. 1313) bei den höheren Organismen noch die Fähigkeit der Ersatzbildung des eigenen Organgewebes aufweisen. Beweise für eine Rückdifferenzierung bei der Regeneration, für ein Neuauftreten *verlorengegangener* embryonaler Potenzen liegen nicht vor (s. S. 1302/5 und S. 1318/23), und wo solche Potenzen auftreten, sind sie entweder physiologisch in den betreffenden Cambiumzellen als Reste immer vorhanden, oder es handelt sich im Einzelfalle um embryonale Fehldifferenzierung, Persistenz embryonaler Gewebszellen, Gewebsmißbildung.

Für den hochdifferenzierten Organismus des Wirbeltiers haben wir also bei der Regeneration nur mit den Cambiumzellen der verschiedenen Gewebe zu rechnen, und es erhebt sich die Frage, ob durch einen zu stark und zu lange dauernden Anreiz zu dieser regenerativen Tätigkeit nicht allein eine morphologische Entdifferenzierung, sondern auch ein dauernder Verlust an Differenzierungsfähigkeit, an Potenzen der jugendlichen Cambiumzellen der Gewebe eintreten kann. Damit wäre die Züchtung einer neuen Zellrasse gegeben, die schließlich durch Schädigungen, die wir noch nicht kennen, die Fähigkeit einer weiteren Differenzierung in den normalen Bahnen verloren hat. Jedenfalls erscheint die Bildung von Geschwulstkeimanlagen auf diesem Wege denkbar.

Sind die Cambiumzellen noch multipotent, so können, wie wir sahen (siehe S. 1290 und 1295), bei der regenerativen Gewebswucherung neue und ortsfremde Gewebsdifferenzierungen auftreten. Diesen Vorgang nennen wir Metaplasie, und er beweist ohne weiteres, daß der regenerative Prozeß grundsätzlich zur Bildung neuer Zell- und Gewebsarten führen kann. Auch beim hochdifferenzierten Organismus führt die normale embryonale Entwicklung nicht in jedem Gewebe zu einer solchen Einschränkung aller Bildungspotenzen, daß nur mehr das eigene Gewebe von den Cambiumzellen reproduziert werden kann.

Bei niederen Organismen, ganz besonders bei den Pflanzen, können dagegen, wie früher ausgeführt, auch bereits ausdifferenzierte Zellen die Differenzierung wieder verlieren und auf dem Wege über eine regenerative Neubildung gewebsbildende Potenzen entwickeln, die ihnen bisher nicht zukamen. Nach Verletzungen können hier infolge des Gehaltes aller Zellen an Vollkeimplasma Gewebe wieder neugebildet werden, die durch die Verletzung *vollkommen* aus dem Körper entfernt wurden. Damit allein ist ja schon die Notwendigkeit gegeben, eine Regeneration von andersartigen Geweben (Neogenie, E. SCHULTZ) auszuführen.

Bei den niederen Organismen und in den frühen Embryonalstadien der höheren Tiere kann also die regenerative Ersatzbildung ohne weiteres zur Bildung ganz neuer Zell- und Gewebsarten führen. Wie der Wiederersatz ganzer komplizierter Organbildungen aber ohne weiteres beweist, müssen diese regenerativen Vorgänge auch die Fähigkeit haben, echte Organkeimanlagen zu bilden, genau wie bei der embryonalen Entwicklung. Alle die heute in großer Zahl bekannten Beispiele von echter Heteroplasie und Heteromorphose sind Beweise hierfür. Auch Superregenerationen mit Neubildung mehrerer neuer Organanlagen sind bei der Heteroplasie in genügender Zahl bekannt.

Bei den niederen Organismen kann diese Erweckung schlummernder Potenzen durch den Regenerationsvorgang so weit gehen, daß auf diesem Wege die gesamten Fähigkeiten des Vollkeimplasmas zum Vorschein kommen. Ein sehr schönes Beispiel dafür führt v. Hansemann[1] an: „So ist es z. B. nicht möglich, aus einem Blatt der Poa nemoralis die Pflanze zu reproduzieren, wenn aber durch Cecidomya poae eine Galle entsteht, so kann man aus dieser Galle eine neue Pflanze züchten."

Es dürfte nach alledem, abgesehen von der embryonalen Entwicklung, keinen biologischen Vorgang geben, bei dem so häufig und fast regelmäßig die Bildung neuer Zell- und Gewebsarten auftritt wie bei der Regeneration. Aber auch für die pathologische Regenerationen des Menschen gilt, wenn auch in bescheidenerem Umfange, diese Regel. Veränderungen der Form und der Gewebsdifferenzierung sind auch bei den regenerativen Zellwucherungen des Menschen die Regel [s. Ribbert[2]].

Alle Beispiele von regenerativer Metaplasie und regenerativer Heteroplasie sind also für uns Beweise für die Fähigkeit des regenerativen Prozesses, neue Zellrassen und neue Organkeimanlagen zu produzieren. Wir bleiben daher mit unserer Annahme, daß der gleiche regenerative Prozeß, natürlich unter besonderen pathologischen Umständen, auch die Bildung von Geschwulstkeimanlagen hervorrufen kann, durchaus auf dem Boden der biologischen Grundgesetze stehen. Und da wir den Nachweis erbringen können, daß auch bei dem experimentell erzeugten Spiropteracarcinom, bei dem experimentellen Teerkrebs, bei der Bowenschen Dermatose, um nur einige Beispiele zu nennen, die Bildung besonderer isolierter Zellnester, also besonderer Geschwulstkeimanlagen der Tumorentwicklung vorausgeht, so dürfen wir aus allem den Schluß ziehen, daß, ganz im allgemeinen, lange fortdauernde regenerative Zellwucherungen zur Bildung besonderer Geschwulstkeimanlagen führen können. Auf diesem Wege ist der Zusammenhang zwischen äußerer Schädigung, Regeneration und Geschwulstbildung gegeben.

Im Grunde bleibt nach alledem die Frage der Geschwulstbildung, insbesondere Geschwulstkeimbildung, ein Differenzierungsproblem. Die kataplastische Fehldifferenzierung der Geschwulstzelle kann auf embryonale und auf regenerative Entwicklungsstörungen zurückgehen. Die Bildung der Geschwulstkeimanlage zeigt dabei in allen Punkten starke Analogien mit der Bildung einer Organkeimanlage, und in diesem Sinne bezeichnen wir die **Geschwulstkeimanlagen** als **Organoide.**

Die große Mehrzahl der Geschwulstformen geht aber, das wollen wir doch auch an dieser Stelle betonen, aus embryonalen Entwicklungs- und Differenzierungsstörungen hervor. Ob dabei die größere Zahl der beim Menschen besonders im späteren Alter auftretenden bösartigen Geschwülste einem pathologischen Regenerationsvorgang ihre Entstehung verdankt, läßt sich bei unserer Unkenntnis der genetischen Faktoren für die meisten dieser Tumoren heute noch nicht entscheiden. Aber für eine ganze Anzahl auch dieser Geschwulstbildungen darf die Entwicklung aus einer embryonalen Geschwulstkeimanlage heute schon als sichergestellt gelten. Am Darmkanal z. B. können sowohl regeneratorische Epithelheterotopien, wie die aus embryonaler Gewebsmißbildung

---

[1] v. Hansemann: Deszendenz und Pathologie. Berlin 1909.
[2] Ribbert: Virchows Arch. f. pathol. Anat. u. Physiol. Bd. 157, S. 113. 1899.

hervorgehenden Carcinoide, zur atypischen Wucherung und zur Krebsbildung führen [LAUCHE[1])].

6. Experimentelle Beweise für den Zusammenhang zwischen Regenerationsprozeß und Geschwulstbildung.

Wie bei der Gewebsmißbildung, so führt auch bei der Regeneration der biologische Vorgang allein noch keineswegs zur Geschwulstbildung. Wenn ich schon vor Jahren behauptet habe, daß gerade die *immer wieder geschädigte* Regeneration leicht zur Geschwulstbildung führe, so war damit — dies möchte ich gegenüber einigen Bemerkungen von Kritikern betonen — schon ausgesprochen, daß eben noch besondere Faktoren hinzutreten müßten, um aus dem Regenerationskeim den Geschwulstkeim zu machen. Nicht diejenigen theoretischen Anschauungen sind die besten, die gleich von vornherein *alles* erklären können. Wichtiger ist es, die Grundlagen des biologischen Geschehens zu erkennen und zugleich die Lücken unserer Kenntnisse aufzudecken, um den weiteren Weg für die erfolgreiche Forschung zu finden.

Die enge Beziehung der Geschwulstentstehung zu den chronischen Regenerationsvorgängen ist im vorhergehenden für alle Geschwulstbildungen, spontane wie experimentelle, soweit sie sich auf äußere Schädigungen überhaupt zurückführen lassen, dargelegt worden. Alle sog. Reizgeschwülste und Infektionsgeschwülste entstehen auf dem Boden des Regenerationsvorganges.

Trifft dies zu, so liegt es natürlich nahe, experimentell die Bildung echter Geschwülste durch Hervorrufung einfacher Regenerationsprozesse unter besonderen Bedingungen zu erzwingen. Man durfte die Hoffnung haben, durch vielfache Variationen dieser Versuche das Ziel zu erreichen, und ich habe im Laufe der Jahre zahlreiche Versuche dieser Art angestellt und auch darüber berichtet[2]).

Da von vornherein klar war, daß nicht der Regenerationsvorgang an sich und ohne weiteres zur Geschwulstbildung führt, so konnte nur durch Hinzutreten noch weiterer Faktoren ein Erfolg erhofft werden. Ich dachte vor allem an eine lokale Beeinflussung des Regenerationsprozesses durch chemische Einflüsse, und ich zweifele auch heute nicht, daß auf diesem Wege Erfolge zu erzielen sein werden. Aber gerade die neuere experimentelle Geschwulstforschung ergibt, daß für die Entstehung der Geschwulst neben dem lokalen Prozeß die allgemeine Disposition von allergrößter Wichtigkeit ist. Es dürfte kaum mehr zweifelhaft sein, daß z. B. die experimentelle Erzeugung des Teercarcinoms dadurch glückte, daß neben der lokalen Schädigung, die gewöhnlich bis zur Zellnekrose geht und lebhafte Regenerationsprozesse auslöst, zugleich durch die Teerpinselung die Allgemeindisposition für die Tumorbildung geschaffen wurde. Dasselbe dürfte auch für die anderen experimentell erzeugbaren Geschwülste gelten, und wir sind heute glücklich so weit, die Wirkung dieser beiden Faktoren trennen zu können — wenigstens ist das für die aus Embryonalkeimen erzeugten Tumoren nachgewiesen: Bedeutung der allgemeinen Arsen- und Teervergiftung für die Sarkombildung aus Teratoiden (s. S. 1545 und 1580).

Dies legte natürlich den Gedanken nahe, den Einfluß der gleichen Allgemeinfaktoren auf den experimentell erzeugten Regenerationsvorgang zu studieren. Wenn wir beim Menschen gelegentlich **nach einmaliger Verbrennung, Verätzung** oder ähnl. (s. S. 1560) bösartige Geschwülste auftreten sehen, wenn das gleiche zuweilen im Experiment beobachtet wurde (s. S. 1609), während zahlreiche

---

[1]) LAUCHE: Virchows Arch. f. pathol. Anat. u. Physiol. Bd. 252, S. 39. 1924 u. Zentralbl. f. allg. Pathol. u. pathol. Anat. Bd. 34, S. 536. 1924.
[2]) FISCHER, B.: Frankfurt. Zeitschr. f. Pathol. Bd. 27, S. 99. 1922.

andere Experimente ganz gleicher Art *völlig* ergebnislos waren, so kann es wohl keinem Zweifel unterliegen, daß hier zufälligerweise noch andere Faktoren im Spiele waren, die ich in erster Linie in der Allgemeindisposition suchen möchte.

Aus diesen Gründen habe ich ausgedehntere Versuchsreihen mit meinem Assistenten Dr. Büngeler durchgeführt, die den Einfluß des Allgemeinfaktors auf den Regenerationsprozeß experimentell prüfen sollten. Wir haben zu diesem Zweck Mäuse mit Teer gepinselt und nach einiger Zeit an Hautstellen, die niemals mit Teer in Berührung kommen konnten, wiederholte kleine Verbrennungen erzeugt. Die Verbrennungen heilen mit glatter atrophischer Narbe innerhalb

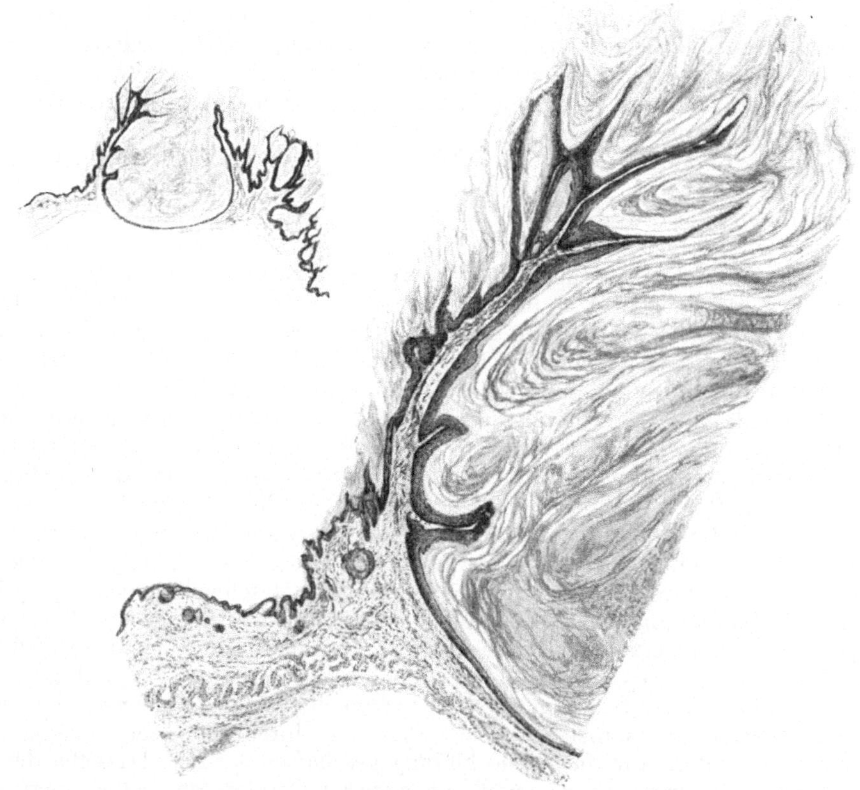

Abb. 484. Experimentell erzeugtes, stark verhornendes *Papillom* der Haut in einer Brandnarbe bei der Maus, die an anderen Stellen längere Zeit mit Teer gepinselt wurde (Versuche von B. Fischer und Büngeler-Frankfurt a. M.).

von etwa 10 Tagen. Die Teerpinselung wurde so ausgeführt, daß die geteerte Stelle nur klein war, mit ihr oft gewechselt wurde und der Teer schon nach 1 bis 2 Tagen wieder abgekratzt wurde. Das Ziel, trotz der wöchentlichen Teerpinselung eine lokale Geschwulstbildung zu vermeiden, haben wir auf diese Weise in *allen* Versuchen erreicht. Trotzdem war die Allgemeinschädigung sehr groß, und die große Mehrzahl der Mäuse ging uns schon in den ersten Wochen zugrunde. Von den überlebenden Tieren bildete sich bei einer Maus nach 4 Monaten in einer Brandnarbe ein kleine spitze Warze aus, die sich zu einem halberbsengroßen

Tumor langsam entwickelte und bei dem spontanen Exitus des Tieres nach weiteren 3 Monaten histologisch das Bild eines typischen, stark verhornenden Papilloms zeigte (s. Abb. 484). Von den übrigen 16 Mäusen, die 1 Jahr nach Beginn des Versuches noch leben, zeigen 6 Tiere im Bereich der Brandnarben Tumoren, und zwar 3 davon solitäre, weitere 3 multiple Papillome (mikroskopisch noch nicht untersucht). Die weitere Entwicklung dieser Tumoren soll weiter verfolgt werden[1]). Wir dürfen aber wohl schon jetzt sagen, daß dieser Versuch einen experimentellen Beweis für unsere Grundanschauung darstellt.

Weitere Versuche über die Wirkung der allgemeinen Teer-, Arsen- und Röntgenschädigung auf die Regenerationsprozesse der Haut und auf experimentell erzeugtes Granulationsgewebe sind im Gange.

Manche Erfahrungen am Rous-Sarkom können in gleicher Weise gedeutet werden. Wenn hier zu der Übertragung nicht die Geschwulstzellen selbst verwandt werden, sondern das Tumorfiltrat, d. h. der spezifische chemische Faktor, so gelingt die Übertragung nur, wenn gleichzeitig Kieselgur mit injiziert, also Granulationsgewebe erzeugt wird. Die erfolgreiche Erzeugung der Geschwulstzelle durch den spezifischen Wuchsstoff ist hier also nur möglich, wenn ein Regenerationsgewebe aus den hier induktionsfähigen Mesenchymzellen künstlich erzeugt wird. Allerdings muß zugegeben werden, daß diese Deutung nicht absolut zwingend ist, da ja beim Huhn auch stets embryonale Monocyten im Blute zur Verfügung stehen. Immerhin spricht für unsere Auffassung eben die immer wieder betonte Bedeutung der Kieselgurinjektion, für die sonst eine befriedigende biologische Erklärung noch nie gegeben wurde. Andererseits wollen wir aus diesen Beobachtungen für das allgemeine Geschwulstproblem noch keine bindenden Beweise ableiten, da ja die Stellung des Rous-Sarkoms unter den Geschwülsten noch stark umstritten ist.

XI. Die präblastomatösen Prozesse.

Die engere Beziehung bestimmter Körperveränderungen zur Geschwulstbildung war natürlicherweise schon lange aufgefallen, und man hat diese Veränderungen als präcanceröse Krankheiten oder präcarcinomatöse Zustände, Prozesse, bezeichnet [MENETRIER und DARIER[2]), NADAL[3]), ORTH[4]), LUBARSCH[5]), BRACHT[6]), GOLDZIEHER[7]), HÄBLER[8]) u. a.].

Da es sich hier keineswegs um den Krebs allein handelt, sondern um jede Form von Geschwulstbildung, auch die gutartigen Tumoren, so werden wir richtiger von präblastomatösen Prozessen sprechen, nicht allein von präcancerösen. Präblastomatös sind alle diejenigen Vorstufen, Gewebsveränderungen, welche erfahrungsgemäß zur Bildung von Geschwulstkeimanlagen führen können. Wenn man die ganze Bezeichnung und den Ausdruck „präcarcinomatöse" Zustände abgelehnt hat, weil die Bezeichnung irreführend sei und auch die präcanceröse Affektion *kein notwendiges Glied* in der Kette der krebsbildenden Vorgänge sei, sondern im Gegenteil nur *selten* zum Krebs führe [PALTAUF, BORST[9])], so können

---

[1]) *Anmerkung bei der Korrektur*: Inzwischen ist Carcinombildung eingetreten und auch histologisch von uns nachgewiesen.
[2]) MENETRIER u. DARIER: Bull. de l'assoc. franç. pour l'étude du cancer 1908, Nr. 1.
[3]) NADAL: Bull. de l'assoc. franç. pour l'étude du cancer 1911, Nr. 3.
[4]) ORTH: Zeitschr. f. Krebsforsch. Bd. 10, S. 42. 1910.
[5]) LUBARSCH: Jahreskurse f. ärztl. Fortbild., Januarheft 1914, S. 32.
[6]) BRACHT: Zeitschr. f. Geburtsh. u. Gynäkol. Bd. 80, S. 394. 1918.
[7]) GOLDZIEHER: Zentralbl. f. allg. Pathol. u. pathol. Anat. Bd. 29, S. 506. 1918.
[8]) HÄBLER: Münch. med. Wochenschr. 1924, S. 127.
[9]) BORST: Maligne Geschwülste. 1924.

wir uns einer solchen Stellungnahme nicht anschließen. Gewiß ist es richtig, daß die präblastomatösen Prozesse in zahlreichen Fällen *nicht* zur Geschwulstbildung führen, aus der Narbenbildung, aus der Regeneration, aus der Entwicklungsstörung geht nur in verhältnismäßig wenigen Fällen eine Geschwulstkeimanlage hervor, aber trotzdem kann an der gesetzmäßigen Bedeutung dieser Vorgänge für die Geschwulstbildung — das hoffe ich in den vorhergehenden Kapiteln hinreichend nachgewiesen zu haben — kein Zweifel sein. Überall da, wo wir die Pathogenese der Geschwulstbildung hinreichend genau erforschen können, zeigen sich diese präblastomatösen Vorgänge sehr deutlich, und wir haben daher das Recht, den Schluß zu ziehen, daß sie *notwendige* Vorbedingungen für die Geschwulstbildung sind. Wir müssen es als ein biologisches Gesetz auffassen, daß ebenso wie die Organanlage auch die Geschwulstkeimanlage nur im embryonalen oder im regenerativen Entwicklungsvorgang gebildet wird. Diese beiden biologischen Vorgänge sind auch die einzigen, von denen wir heute mit voller Sicherheit eine engere genetische Beziehung zur Geschwulstbildung behaupten können.

Die Bezeichnung präblastomatös sagt also in keiner Weise, daß aus dem Prozeß eine Geschwulstkeimanlage hervorgehen **muß,** sondern sie sagt lediglich, daß erfahrungsgemäß ein solcher Geschwulstkeim unter besonderen, uns meist noch unbekannten Verhältnissen aus dem Prozeß hervorgehen **kann.** Die Häufigkeit, mit der eine embryonale Fehldifferenzierung oder eine pathologische Regeneration zur Geschwulstkeimbildung führt, ist auch in den einzelnen Fällen außerordentlich verschieden. Während wir z. B. dies an der Hautnarbe sehr selten sehen, ist es ungewöhnlich häufig bei der cystischen Entartung der Mamma. Die Berechtigung, die Prozesse präblastomatös zu nennen, geht aber in erster Linie daraus hervor, daß der präblastomatöse Prozeß ein notwendiges, wesentliches, wenn nicht das wesentlichste Glied in der Kette derjenigen Vorgänge darstellt, die zur Bildung der Geschwulstanlage führen.

Unter den präblastomatösen Prozessen können wir demnach drei verschiedene biologische Vorgänge auseinanderhalten:

1. die embryonalen Differenzierungsstörungen, Gewebsmißbildungen,
2. die pathologische Regeneration,
3. die Regeneration an embryonal fehldifferenziertem Gewebe, also eine Kombination der beiden zuerstgenannten Vorgänge.

1. Die dysontogenetischen präblastomatösen Zustände.

An dieser Stelle hätten wir alle Gewebsmißbildungen, embryonalen Differenzierungsstörungen nochmals aufzuführen, die früher bereits (s. S. 1329) eingehend besprochen wurden. Sie alle können zum Ausgang von Geschwulstbildungen werden, und da es sich hier um die oft sehr lange dauernde Persistenz embryonaler Zellkomplexe, „versprengte Zellkeime" und ähnliches handelt, so werden wir besser von einem präblastomatösen Zustand als von einer Krankheit sprechen. Im gleichen Sinne der wesentlichen Bedeutung embryonaler Differenzierungsstörung spricht alles, was wir über das erbliche und familiäre Auftreten der verschiedensten Geschwulstformen bereits angeführt haben. Daß sich die gewöhnlichen bösartigen Neubildungen nicht selten auf kongenitalen Warzen, Papillomen, Muttermälern, Pigmentflecken, Angiomen, Atheromen, Polypen und Lipomen entwickeln [s. Peller[1])], beweist uns ebenfalls die große Bedeutung dysontogenetischer präblastomatöser Zustände. Auler[2]) fand durch

---

[1]) Peller: Wien. klin. Wochenschr. 1922, Nr. 6/8.
[2]) Auler: Zeitschr. f. Krebsforsch. Bd. 21, S. 241. 1924.

systematische klinische Untersuchung bei Krebskranken auffallend häufig Papillome, Warzen, Naevi und abnorme Behaarung der Haut, also Veränderungen, die ebenfalls auf Anlagestörungen hinweisen.

Selbstverständlich gehen auch hier keineswegs immer aus den dysontogenetischen Gewebsbildungen und Zellkeimen Geschwulstkeimanlagen hervor. Die z. B. im Carcinom übergehenden heterotopen Epithelkeime, Carcinoide des Darms bleiben jahrzehntelang unverändert liegen, gehen wohl auch zum Teil wieder zugrunde oder entwickeln sich gar nicht weiter, während andere nach einer sehr langen Latenzzeit erst echte Carcinome bilden [HAGEMANN[1])].

Überhaupt verdient es unsere besondere Beachtung, daß auch bei der Geschwulstbildung aus Gewebsmißbildungen wir in weitaus den meisten Fällen — ganz ähnlich wie bei den Regenerationen — fast immer erst nach einer außerordentlich langen Latenzzeit die Geschwulstbildung auftreten sehen. Das ändert nichts an der grundsätzlichen Bedeutung des präblastomatösen dysontogenetischen Zustandes, aber es weist darauf hin, daß zur Entwicklung der Geschwulst aus der Geschwulstkeimanlage noch weitere Faktoren hinzutreten müssen oder notwendig sind, wie z. B. eine ganz bestimmte Disposition des Gesamtorganismus.

2. Die regenerativen präblastomatösen Krankheiten.

Diese Vorgänge dürfen wir eher als Krankheiten bezeichnen, da es sich meistens um fortlaufende und sich häufig ändernde Krankheitserscheinungen handelt. Auch da, wo z. B. ein Narbenzustand vorliegt, ist es wahrscheinlich, daß die Narbe trotz jahrelangen Bestehens immer wieder leicht geschädigt wird, funktionell minderwertig ist, oft wieder aufbricht usw. Für die meisten Vorgänge dieser Art ergibt sich aber die Tatsache der ständigen Wiederholung der regenerativen Zellwucherung schon aus dem klinischen Krankheitsbilde. Hierher gehören alle Prozesse und Regenerationskrankheiten, die wir bereits in den Kapiteln VI, 3 und 4 und X besprochen und auch schon unter diesem Gesichtspunkte in Kap. X, 2. b (s. S. 1667) zusammenfassend erörtert haben. Wir können uns daher an dieser Stelle damit begnügen, einen kurzen Überblick über die hierhergehörigen Krankheiten zu geben.

Besonders am Hautorgan sind sie nicht selten. Mehrere Formen von Dermatosen können einen präcarcinomatösen Charakter haben. K. HERXHEIMER[2]) hat 74 verschiedene Gewerbeekzeme zusammengestellt, von denen einige chronischer Natur auch zur Krebsbildung führen können. Haben viele das Wesen der zur Krebsbildung führenden Gewebsschädigung darin erblickt, daß es sich niemals um einmalige Schädigungen, sondern nur um chronisch-kontinuierliche Schädigungen handele (z. B. FIBIGER), so müssen wir lediglich auf die immer wiederholte Regeneration Gewicht legen, zumal wir zeigen konnten, daß eben auch eine einmalige Schädigung in manchen Fällen auf dem Wege über die gestörte Regeneration in gleicher Weise zur Geschwulstbildung führen kann.

DUBREUILH[3]) unterscheidet folgende „*präcancerösen Keratosen*":

1. Cornu cutaneum.
2. Keratoma senile.
3. Xeroderma pigmentosum.
4. Arsenschädigung der Haut.
5. Schornsteinfegerekzem der Haut.

---

[1]) HAGEMANN: Zeitschr. f. Krebsforsch. Bd. 16, S. 404. 1919.
[2]) HERXHEIMER, K.: Dtsch. med. Wochenschr. 1912, S. 18.
[3]) DUBREUILH: Zitiert nach FÖNSS: Arsenkrebs. Dermatol. Zeitschr. Bd. 37, S. 257. 1922.

6. Paraffinkrätze der Haut.

7. Leukoplakien.

Heute hätten wir noch hinzuzufügen:

8. das chronische Röntgenekzem der Haut,

9. das Teerekzem der Haut,

10. die Psoriasis der Haut [Alexander[1])],

11. die Bowensche Dermatose [Darier[2])].

Wenn auch nicht zu den Keratosen gehörig, dürfen wir aber weiter hier noch als präblastomatöse Hauterkrankungen den Lupus, syphilitische und tuberkulöse Fistelgänge und Narben, Ulcera cruris, auch chronisch eiternde Fisteln nach Osteomyelitis und ähnliches, sowie Narben, insbesondere Brandnarben, anführen. Selbst in Laparatomienarben ist Geschwulstbildung beobachtet [Fraas[3]), Klages[4])]. Es sollte doch sehr zu denken geben, daß v. Bergmann[5]) schon vor vielen Jahren betont hat, daß Krebsbildung an den Extremitäten überhaupt niemals beobachtet wird ohne vorausgegangene Narbenbildung, Verbrennung, Geschwürsbildung, Naevus oder ähnliches. Wir sehen eben, daß an der äußeren Haut, einem Organ, das in ganz dünner Schicht, aber riesiger Ausdehnung vor unseren Augen ausgebreitet liegt, sehr häufig auch schon klinisch die Entwicklung der malignen Geschwulst aus präblastomatösen Zuständen ohne weiteres erkenntlich ist. Die Wahrscheinlichkeit spricht von vornherein dafür, daß auch in den anderen Fällen, wo nach Lage der Dinge der präblastomatöse Prozeß leicht übersehen werden kann oder überhaupt der direkten Beobachtung nicht zugänglich ist, die Entwicklung dieselbe sein wird.

Gerade für die Krebsformen, deren ätiologische Entwicklung bekannt ist, läßt sich die präblastomatöse Erkrankung in besonders schöner Weise nachweisen. Es gilt dies ebenso vom Paraffincarcinom, wie vom Röntgencarcinom, wie vom Teerkrebs. Hier hat schon Bang ein Vorbereitungsstadium und ein Latenzstadium unterschieden, wobei das Vorbereitungsstadium darin besteht, daß schon einige Zeit vor Ablauf der Latenzzeit eine latente Malignität der Zellen vorausgesetzt werden muß.

Besonders beim Röntgenkrebs sind die chronischen Hautveränderungen, die sich ganz langsam entwickeln und unaufhaltsam, wenn sie einmal da sind, zur Geschwulstbildung führen, immer wieder und von allen Beobachtern beschrieben worden. Nie fehlt hier die primäre Hautatrophie, die langdauernde pathologische Regeneration, nie die jahrelange Latenzzeit. Rowntree[6]) gibt als kleinstes Intervall zwischen erster Strahleneinwirkung und Krebsentwicklung im Röntgenberuf 4—5 Jahre an, doch kann die Latenz bis zu 17 Jahren betragen. In dem oben von mir näher geschilderten Falle K. (s. S. 1558) betrug die Latenzzeit für das Sarkom $1^1/_2$ Jahre, für das Carcinom 3 Jahre nach Aussetzen der Bestrahlung bzw. 1 Jahr mehr, wenn man den Beginn der Strahlenwirkung ins Auge faßt. Zudem lag hier ein jahrelang bestehendes chronisches Hautekzem vor, so daß wir die Kombination zweier Regenerationsreize und damit eine Verkürzung der Latenzzeit annehmen können. Über die Latenzzeiten weiterer „Reizgeschwülste" s. S. 1668—70. Auch bei Bestrahlung von Lupus, Lupus erythematodes und Psoriasis sind unter Röntgenwirkung häufiger als sonst Carcinombildungen beobachtet worden [Halberstaedter[7])],

[1]) Alexander: Arch. f. Dermatol. u. Syphilis Bd. 129, S. 5. 1921.

[2]) Darier: Bull. de l'acad. de méd. 1920, Nr. 20.

[3]) Fraas: Zentralbl. f. Gynäkol. 1919, S. 750.

[4]) Klages: Zeitschr. f. Geburtsh. u. Gynäkol. Bd. 70, S. 858. 1912.

[5]) v. Bergmann: Zitiert auf S. 1556.

[6]) Rowntree: Brit. med. journ. Nr. 3232, S. 1111. 1922.

[7]) Halberstaedter: Zeitschr. f. Krebsforsch. Bd. 19, S. 105. 1922.

also auch hier Kombination zweier verschiedener Regenerationsreize. Mit
vollem Recht ist auch auf die auffallende Ähnlichkeit der Röntgenkrebsbildung
mit der Entwicklung des Carcinoms bei Xeroderma pigmentosum oder in der
Seemannshaut oder bei der experimentellen Teerpinselung hingewiesen
worden.

Die Tuberkulose kann nicht nur in der Haut, sondern auch in den Schleimhäuten und inneren Organen bei sehr chronischem Verlauf zu ausgedehnten
regenerativen Prozessen und damit zuweilen zur Geschwulstbildung führen [siehe
z. B. SENGER[1]), MIAHARA[2]), BUNDSCHUH[3]), ALBRECHT[4]), v. ALBERTINI[5])]. Selbst
in der tuberkulösen Mamma, in der tuberkulösen Hypophyse und auf alten
tuberkulösen Darmnarben ist Carcinombildung bschrieben worden. HESSE[6])
beschrieb ein sehr bösartiges Hautcarcinom, das sich bereits bei einem 35jährigen
Manne auf dem Boden narbiger Lupusveränderungen entwickelte. Natürlich
können auch andere chronisch-entzündliche Prozesse zu atypischen Epithelwucherungen führen, die aber selbst bei hochgradiger Heterotopie noch nicht
Krebs sind, aber zuweilen ebenfalls Geschwulstkeimanlagen bilden können.
Alle atypischen Epithelwucherungen müssen wir also ebenfalls zu den präcancerösen Erkrankungen rechnen, sie kommen nicht nur an der Haut, sondern auch
in den Schleimhäuten, im Magen [HALLAS[7])], im Darm, Uterus, Cervix, Vagina
usw. vor. Auch syphilitische Narben und aktinomykotische Granulationen
können der Ausgang der Geschwulstkeimbildung werden (s. S. 1555).

Als weitere präblastomatöse Regenerationskrankheiten seien erwähnt:
alte Knochenfrakturen [L. PICK[8]), RETZLAFF[9])], die Leukoplakien der Mundhöhle und anderer Schleimhäute [ungewöhnlich lange Latenzzeit, BETANGER[10]),
PETTIT[11])], chronische Magendarmulcera [HAUSER[12]), KONJETZNY[13]), PEYSER[14])],
alte Bronchiektasen [SIEGMUND[15])] und tuberkulöse Lungenkavernen [HEMURA[16]),
GALLIARD und DONSELOT[17])], Polypen und Papillome der Nase und ihrer Nebenhöhlen [SAXEN[18])] — überhaupt können wir hier auf die alle die schon früher
besprochenen sog. Reizgeschwülste (s. S. 1551) verweisen.

Die Beziehung der Blutzellgeschwülste zur pathologischen Regeneration
und zur Leukämie ist heute noch wenig durchsichtig. Doch sprechen auch hier
viele Erfahrungen für eine enge genetische Abhängigkeit [s. ENGEL[19])]. Um so
deutlicher ist die schon besprochene Beziehung zwischen Lebercirrhose und
primärem Lebercarcinom, und ebenso in die Augen fallend die ganz ungewöhnliche Häufigkeit der Carcinombildung bei der cystischen Entartung der Mamma,
der sog. Mastitis chronica cystica. Diese Erkrankung der Brustdrüse ist im

---

[1]) SENGER: Berlin. klin. Wochenschr. 1911, Nr. 15, S. 662.
[2]) MIAHARA: Frankfurt. Zeitschr. f. Pathol. Bd. 9, S. 167. 1912.
[3]) BUNDSCHUH: Beitr. z. pathol. Anat. u. z. allg. Pathol. Bd. 57, S. 65. 1914.
[4]) ALBRECHT: Zeitschr. f. Krebsforsch. Bd. 17, S. 523. 1920.
[5]) v. ALBERTINI: Schweiz. med. Wochenschr. 1922, S. 1004.
[6]) HESSE: Zentralbl. f. allg. Pathol. u. pathol. Anat. Bd. 32, S. 532. 1922.
[7]) HALLAS: Virchows Arch. f. pathol. Anat. u. Physiol. Bd. 206, S. 272. 1911.
[8]) PICK, L.: Med. Klinik 1921, Nr. 14.
[9]) RETZLAFF: Bruns' Beitr. z. klin. Chir. Bd. 116, S. 143. 1919.
[10]) BETANGER: Presse méd. 1919, S. 321.
[11]) PETTIT: Journ. of the Americ. med. assoc. Bd. 81, Nr. 18. 1923.
[12]) HAUSER: Münch. med. Wochenschr. 1910, S. 1209.
[13]) KONJETZNY: Dtsch. med. Wochenschr. 1920, Nr. 46, S. 285.
[14]) PEYSER: Dtsch. Zeitschr. f. Chir. Bd. 168, S. 409. 1922.
[15]) SIEGMUND: Virchows Arch. f. pathol. Anat. u. Physiol. Bd. 236, S. 191. 1922.
[16]) UEMURA: Gann. 1910, S. 1.
[17]) GALLIARD u. DONSELOT: Bull. et mém. de la soc. méd. des hôp. de Paris 1912
[18]) SAXEN: Arb. Path. Inst. Helsingfors N. F. Bd. 4, S. 55. 1926.
[19]) ENGEL: Virchows Arch. f. pathol. Anat. u. Physiol. Bd. 205, S. 1. 1911.

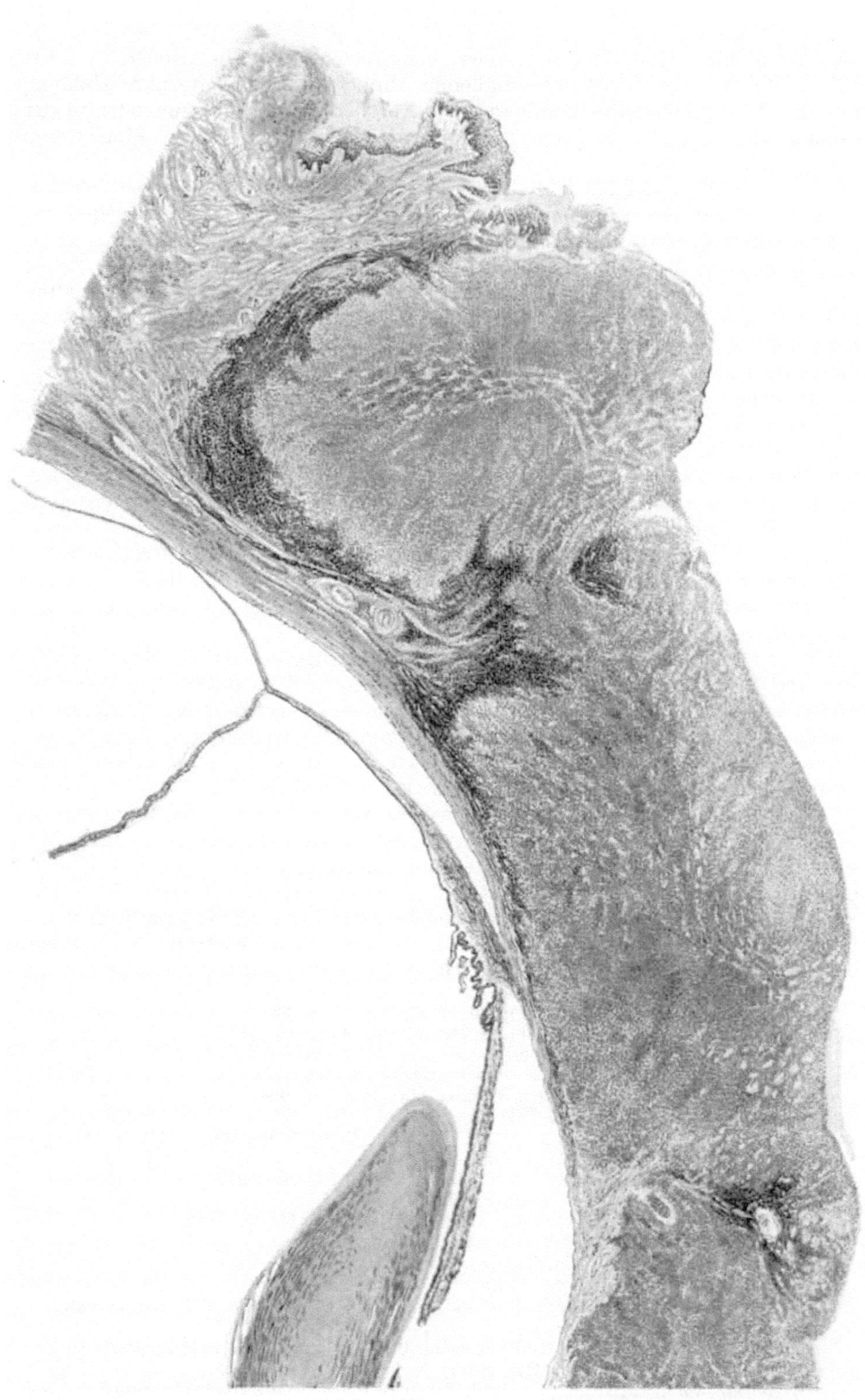

Abb. 485. Primäres *Plattenepithelcarcinom der Cornea* bei *Xeroderma pigmentosum*, 7 jähriger Knabe (s. Abb. 470, S. 1559). Nach einem von Prof. SCHNAUDIGEL, Augenklinik Frankfurt a. M., zur Verfügung gestellten Präparat.

schlimmsten Sinne ein präcanceröser Prozeß, da sie in einem *sehr* großen Teil der Fälle von Krebsbildung gefolgt ist [s. LUKOWSKI[1])].

3. Die dysontogenetisch-regenerativen präblastomatösen Krankheiten.

So wie sich zwei verschiedenartige Regenerationsreize kombinieren und dadurch zu verstärkter Wirkung kommen können, so kann auch der Regenerationsreiz an einem embryonal fehldifferenziertem Gewebe, an einem „versprengten embryonalen Keim", angreifen. Wir haben dann eine Kombination der beiden unter 1 und 2 besprochenen verschiedenen Prozesse vor uns. Ja es ist sehr wohl denkbar, daß schon an und für sich in dem alternden Organismus dem embryonalen Keim regenerative Anregungen gerade infolge des Alterns der übrigen Zellen zufließen, die an der embryonal fehldifferenzierten Zelle zur Wirkung kommen. Häufig läßt sich nachweisen, daß der zur Geschwulstbildung führende Regenerationsreiz nicht an völlig normal differenzierten Zellen angriff. Das schönste Beispiel hierfür ist das *Xeroderma pigmentosum* (s. S. 1559 und 1664, Abb. 470 und 485). Wahrscheinlich ist aber ein analoger Vorgang auch bei zahlreichen anderen Geschwulstbildungen von wesentlicher Bedeutung, ohne daß wir es bis heute bereits ganz exakt nachweisen können. In ähnlicher Weise erklärt auch SLYE die Entstehung der erblichen Spontangeschwülste bei der Maus. Hier wird angenommen, daß irgendein schädlicher, entzündlicher Faktor — wir sagen ein Regenerationsreiz — Gewebsteile trifft, die eine kongenitale und daher erbliche Differenzierungsstörung aufweisen. Wir haben hier also die Kombination von erblicher Anlage, Gewebsmißbildung und Regenerationsprozeß. Welch feinste Unterschiede der Zellmetastruktur hier schon von Bedeutung sein können, geht sehr schön aus der Beobachtung von FIBIGER hervor, daß die Bildung von Spiropterakrebs, der sich im Vormagen der bunten Ratte ja so außerordentlich häufig nach der Infektion entwickelt, bei Ansiedlung der Parasiten in dem morphologisch gleichen Epithel des Oesophagus oder der Vagina *niemals* beobachtet wird. FIBIGER schließt daraus mit Recht, daß ganz besondere spezifische Strukturen des Vormagenepithels der Ratte vorliegen müssen, die für die Entwicklung dieser Carcinome Voraussetzung sind. Von einem morphologischen Nachweis dieser feinen Differenzen kann aber bis heute noch keine Rede sein. Darum ist die Annahme durchaus möglich, daß auch sonst einmal ein regenerativer Reiz auf einen besonders zur Geschwulstbildung disponierten Gewebskeim einwirkt und auf diesem Wege zur Tumorbildung führt.

Es gibt eine Reihe von Geschwulstbildungen, die eine solche Auffassung besonders nahelegen, ich führe als Beispiele an die Krebsbildung in Embryomen und teratoiden Geschwülsten, die Krebsbildung im Atherom der Haut, die oft multiple Carcinomentwicklung bei der erblichen Darmpolypose und die Krebsbildung in der cystisch entarteten Mamma, denn hier weist schon das Auftreten von Schweißdrüsenepithel in den Cystenbildungen auf eine primäre Entwicklungsstörung hin.

4. Geschwulstbildung und Metaplasie.

Aus alledem können wir, wie ich glaube, auch eine größere Klarheit über die vielerörterten Beziehungen zwischen Geschwulstbildung und Metaplasie gewinnen [s. TEUTSCHLÄNDER[2])]. Wir haben in den früheren Kapiteln über die Metaplasie gesehen, daß ortsfremde Gewebsdifferenzierungen nur auf zwei Wegen im hochdifferenzierten Organismus zustande kommen: durch die indirekte

---

[1]) LUKOWSKI: Dtsch. Zeitschr. f. Chir. Bd. 167, S. 81. 1921.
[2]) TEUTSCHLÄNDER: Dtsch. Pathol.-Ges. 19. Tagg., Göttingen 1923, S. 184.

regenerative Metaplasie und durch die embryonale Differenzierungsstörung, die Heteroplasie. Das sind aber *dieselben* beiden Vorgänge, die wir ganz allein für die Entstehung von Geschwulstkeimanlagen verantwortlich machen mußten. Und wir können uns deshalb sehr kurz ausdrücken:

Jede Art der Metaplasie gehört zu den präblastomatösen Prozessen. Daraus folgt ohne weiteres, daß auf dem Boden aller metaplastischen Vorgänge Geschwülste entstehen können, und dieser Schluß steht mit allen tatsächlichen Beobachtungen in vollem Einklang. Wo Metaplasien und Heteroplasien auftreten, ist immer auch die Möglichkeit und Gefahr echter Geschwulstbildungen ohne weiteres gegeben.

XII. Die Allgemein-Disposition zur Geschwulstbildung.

Es versteht sich von selbst, daß die Bildung der Geschwulstkeimanlage noch nicht ohne weiteres gleichbedeutend sein muß mit der Bildung der Geschwulst. Wenn Ribbert der Organoidlehre von Eugen Albrecht entgegengehalten hat, daß mit der Bildung der Organfehlbildung, des Organoids noch nicht die Geschwulstbildung, d. h. das so vollkommen andere biologische Verhalten der Geschwulstzellen gegenüber anderen Körperzellen erklärt sei, so ist das gewiß richtig. Warum sowohl aus den bei der regenerativen wie bei der embryonalen Differenzierungsstörung entstandenen Organoiden bald harmlose Mißbildungen, bald gutartige, bald bösartige Geschwülste hervorgehen, das wissen wir nicht. Aber das beweist nichts gegen die Richtigkeit der Auffassung der Geschwulstkeimanlage als einer organoiden Bildung. Ich glaube, daß die oben zusammengestellten Beweise für diese Annahme so zwingend sind, daß wir sie einfach als Tatsache und Grundlage für die Erforschung der Geschwulstgenese anerkennen müssen. Wenn Albrecht darin schon die hinreichende Erklärung für die Geschwulstbildung überhaupt erblicken wollte, so werden wir ihm darin nicht folgen können. Denn gerade die nun aus dem Geschwulstkeim hervorgehende und zu ihren vollen Auswirkungen kommende Geschwulst ist in ihrem Wesen geradezu charakterisiert durch die immer stärkere *Abstreifung* aller organartigen Eigenschaften, durch den immer weiter fortschreitenden Verlust organartiger funktioneller Einordnung in den morphologischen und chemischen Grundplan des Gesamtorganismus.

1. Faktoren, die aus dem Organoid die Geschwulst machen.

Welche Faktoren sind es nun, die aus dem Organoid die Geschwulst machen, die der fehldifferenzierten Organoidzelle die biologischen Eigenschaften der Tumorzelle verleihen? Man könnte hier verschiedene Annahmen machen. Wir könnten annehmen, daß durch uns noch völlig unbekannte, vor allem erbliche Faktoren das Schicksal des Organismus, zu bestimmter Zeit und am bestimmten Ort Geschwulstanlagen zu bilden, von vornherein präformiert sei, daß also in diesem Falle die Bildung der Geschwulstkeimanlage nur äußerlich, morphologisch mit der Bildung einer kleinen Gewebsmißbildung, eines Organoids identisch sei, während in Wirklichkeit eben in einem Teil dieser Organoide der Geschwulstcharakter von vornherein und unabänderlich festgelegt wäre. Es kann leider kaum zweifelhaft sein, daß für einen Teil, besonders der erblichen Geschwülste. z. B. für die Neuroblastome, diese Annahme zutrifft und damit für uns die Erkenntnis der Determinationsfaktoren dieser Geschwulstbildungen außerordentlich erschwert wird.

Aber es dürfte ebenso sicher sein, daß diese Annahme nur für einen Teil der Geschwülste, ja nicht einmal für alle auf embryonale Organoidbildung zurückzuführenden Geschwülste zutrifft. Wir dürfen annehmen, daß viele solche Geschwulstkeimanlagen, Organoide erst durch sekundär hinzutretende Momente den Charakter der echten Geschwulst erwerben. Es könnten äußere Faktoren hinzutreten, durch deren Einwirkung die von vornherein disponierte Organoidzelle aktiviert, zur Geschwulstzelle umgewandelt wird. Wir könnten z. B. sehr wohl uns vorstellen, daß die Organoidzelle durch einen hinzutretenden Regenerationszwang zur Geschwulstzelle umgewandelt wird. Ich erwähnte bereits, daß SLYE auf Grund ihrer ausgedehnten Untersuchungen eine solche Annahme für die erblich auftretenden Mäusegeschwülste macht. Pathologische Anlagen könnten natürlich auch ohne Auftreten einer lokalen Gewebsmißbildung in Zellgruppen des Organismus latent vorhanden sein und erst bei einem Regenerationsprozeß durch Bildung eines regenerativen Organoids mit von vornherein festgelegtem Geschwulstcharakter zum Vorschein kommen — im Wesen der gleiche Vorgang.

Ändert also in solcher Weise die hinzutretende Regeneration die wesentlichen Beziehungen der Geschwulstkeimanlage, des Organoids zum Gesamtorganismus, so kann andererseits auch die Disposition, Konstitution des Gesamtkörpers sich derart ändern, daß nunmehr die Geschwulstkeimanlage durch diese allgemeinen Einflüsse aktiviert, zur Geschwulst umgewandelt wird. Wir wiesen schon früher (s. S. 1512) darauf hin, daß schon allein das Senium infolge der Lockerung der Organkorrelationen zu einer völligen Änderung der Beziehungen zwischen Gesamtorganismus und einem persistenten embryonalen Gewebskeim führen und damit die Geschwulstentwicklung aus einem Organoid erzwingen kann. Aber auch sonst kann eine embryonale oder regenerative Geschwulstkeimanlage durch Änderung der Gesamtkonstitution des Organismus zur wachsenden Geschwulst werden.

Für die Aktivierung solcher Keime nach langer Latenzzeit durch Einflüsse des Gesamtkörpers haben wir heute, abgesehen von den Beispielen aus der Physiologie (Zahnentwicklung usw.), auch experimentelle Unterlagen. Künstlich übertragene Tumoren z. B., die lange Zeit keinerlei Wachstum zeigten, können durch Einspritzungen von Autolysaten und anderen Substanzen plötzlich in lebhafte Proliferation geraten. „Am eklatantesten zeigen sich solche Ergebnisse an Tumoren, die aus unbekannten Gründen schlecht wachsen und dann oft monatelang auf etwa Haselnußgröße stehenbleiben. Bei diesen setzt nach solchen Injektionen das Wachstum plötzlich mit einer solchen Energie ein, als wenn man etwa von einem Zahnrad eine sperrende Feder entfernt" [CASPARI[1])]. Noch schöner und einwandfreier geht dasselbe aus den Versuchen von ASKANAZY und von CARREL über die experimentelle Erzeugung bösartiger Geschwülste aus Embryonalzellen hervor. Die von diesen gebildeten gutartigen Teratoide werden zu bösartigen Geschwülsten, wenn der Gesamtorganismus längere Zeit einer chronischen Arsen- oder Teerintoxikation ausgesetzt wird. Der lokale Geschwulstkeim war hier also gegeben, aber erst die allgemeine Vergiftung, die experimentelle Veränderung der Gesamtkonstitution löste in der Geschwulstkeimanlage diejenigen Störungen des Stoffwechsels und der Entwicklung aus, die zur Bildung der Geschwulstzelle führten.

Aus allen einwandfreien Tatsachen geht also für zahlreiche Tumoren hervor, daß die Bildung der Geschwulstzelle auf zwei biologische Vorgänge zurückzuführen ist: auf die Bildung der lokalen Geschwulstkeimanlage (durch embryonale oder regenerative Entwicklungsstörung), und zweitens auf die Veränderung der Gesamtkonstitution, die einen sehr wesentlichen Faktor für die Entstehung der Geschwulstzelle aus dem Geschwulstkeim darstellt.

---

[1]) CASPARI: Zeitschr. f. Krebsforsch. Bd. 19, S. 94. 1922.

Es ist klar, daß diese besondere Allgemeinkonstitution sowohl primär konstitutionell gegeben sein wie auch erworben sein kann. Auf dieser individuellen Differenz mag der verschiedene Ausfall mancher experimentellen Untersuchungen beruhen. Es ist aber heute schon klar, daß da, wo es experimentell gelang, echte Geschwülste zu erzeugen, der experimentelle Eingriff meist nicht allein durch seine lokalen Wirkungen die Geschwulstentstehung erzwang. Gerade die genauere Analyse der Krebsentstehung durch Teerpinselung hat einwandfrei die wesentliche Bedeutung der allgemeinen Schädigung für die Entstehung des Carcinoms dartun lassen.

Haben wir bisher für die Entstehung der Geschwulstkeimanlage die lokalen Vorgänge der Regeneration und der Entwicklungsstörung nachgewiesen und in ihrer grundsätzlichen Bedeutung betont, so müssen wir nunmehr die fundamentale Stellung der Allgemeindisposition auch für alle tierischen und menschlichen spontanen Geschwulstbildungen nachzuweisen versuchen. Die große Rolle der Allgemeindisposition des Körpers ist zwar oft geahnt worden, aber bisher noch nicht in ihren wesentlichen Zügen aufgedeckt. Wir wollen im folgenden die Tatsachen und Gesichtspunkte zusammenstellen, die für eine solche Allgemeindisposition sprechen und die Art ihrer Wirkung aufklären könnten. Eine Reihe hierher gehöriger Tatsachen und Fragen sind schon früher in anderem Zusammenhang, insbesondere bei der Besprechung der biologischen Kataplasie der Geschwulstzelle und der Reiztheorie, erörtert worden, wir können uns also hier stellenweise kurz fassen und, um Wiederholungen zu vermeiden, auf frühere Ausführungen verweisen.

2. Bedeutung der Konstitution für die Entwicklung der Organ- und Geschwulstanlagen. Konstitution und Cellularpathologie.

Weiterhin ist zu beachten, daß die jahre-, ja jahrzehntelange Latenz von Organanlagen ja auch in der physiologischen Entwicklung etwas ganz Gewöhnliches ist. Die Bildung der Zähne und der sekundären Geschlechtsorgane sind allbekannte Beispiele dafür. Es besteht also vom Standpunkt der allgemeinen Biologie keinerlei Schwierigkeit anzunehmen, daß auch bei den Geschwulstanlagen derartiges vorkommt. Zahlreiche Beispiele aus der Geschwulstlehre beweisen es uns, und wer solche Befunde für die inneren Organe als unbewiesen ablehnt, sei auf die der direkten Beobachtung zugänglichen Verhältnisse der Hautoberfläche hingewiesen: hier sehen wir, daß eine seit der Geburt beobachtete Gewebsmißbildung, ein Naevus am Auge z. B., ziemlich plötzlich und ohne erkennbare Ursache den Charakter des autonomen, ja schrankenlosen Wachstums annimmt nach Jahren und Jahrzehnten, ja bei Greisen (s. S. 1647). Was war die Ursache?

Auch hier kann man die Annahme machen, daß schon diese Geschwulstkeimanlage die Präformation der Ausreifung zur Geschwulst nach 40 oder mehr Jahren in sich trug — genau so wie die normale Entwicklung *auch zeitlich* genau festgelegt und präformiert ist. Immerhin wird die Annahme nicht zwingend sein, und insbesondere ist es klar, daß eben auch in der normalen Entwicklung es ganz bestimmte Faktoren sind, welche zur bestimmten Zeit die Anlage zur Entfaltung bringen. Wir wissen, daß mit dem Fortfall der Keimdrüsen z. B. die Entfaltung der Anlagen der sekundären Geschlechtsorgane ausbleibt, und wir sehen daraus, daß auch die lokale Organ- und Organoidentwicklung unter dem bestimmenden Einfluß des *Gesamtorganismus*, hier genau bestimmbarer chemischer Substanzen, der Hormone, steht. Was steht im Wege anzunehmen, daß auch die Geschwulstkeimanlage sich vielleicht erst unter der Einwirkung des Allgemeinzustandes des Organismus zur Geschwulst entfaltet? Damit wäre dann ohne weiteres die fundamentale Stellung der Allgemeindisposition des Körpers für die Geschwulstbildung gegeben, ohne daß wir damit von der Bedeutung der Bildung der lokalen Geschwulstkeimanlage das geringste aufzugeben hätten.

Entwicklung und Wachstum eines Gewebskeimes können also durchaus durch den Einfluß des Gesamtorganismus geweckt und verursacht werden, genau so wie bei Pflanzen bei Verlust von Teilen an anderen Stellen bereits vorgebildete Anlagen entwickelt werden können: *adventive Neubildungen.* Hier kommt also der Regenerationsreiz nicht an der Stelle des Defektes zur Auswirkung, sondern der Einfluß des Gesamtorganismus bewirkt die Restitution und Neubildung an ganz anderer Stelle. Wir haben demnach genügende Unterlagen für die Annahme, daß der Zustand des Gesamtorganismus sowohl die Entwicklung einer Geschwulstkeimanlage lange Zeit hemmen und zurückhalten, wie auch nach kurzer oder langer Latenz fördern und begünstigen kann. Wie komplex und undurchsichtig für uns heute noch meistens diese Verhältnisse sind, geht am besten aus den Erfahrungen über die Geschwulstresistenz hervor, die — man mag sie erklären wie man will — doch immer ein Ergebnis der Disposition und Konstitution des Gesamtkörpers darstellt. Wir wissen aber heute, daß z. B. Tiere, welche gegen die Transplantation eines Mäusekrebses vollkommen resistent, „hochimmun“, sind, trotzdem an primärem spontanem Carcinom erkranken können (s. S. 1615).

Hier ist aber noch etwas anderes, ungemein Wichtiges aus der Entwicklungsmechanik der normalen embryonalen Organbildung zu beachten. Es läßt sich nämlich zeigen, daß auch die Bildung der normalen Organe durchaus nicht allein von den Zellen am Ort der Bildung abhängig ist, sondern auch von entfernten Organen und vor allem vom Zustand des Gesamtkörpers ganz wesentlich beeinflußt wird.

Durch experimentelle Untersuchungen von H. Driesch und Morgan wissen wir, daß von Eiern, die im Beginne der Gastrulation durchtrennt werden, beide Teilstücke die Gastrulation durchführen und sich zu normalen, wenn auch etwas kleineren Larven entwickeln. Macht man dieselbe Operation in einem etwas späteren Stadium, so kommt nur die Eihälfte zur Entwicklung, die alle Elementarorgane (Ektoderm, Urdarm, Mesenchym) enthält. Die andere Eihälfte legt sich zwar auch wieder zur Kugel zusammen, hat aber jetzt die Fähigkeit zur Gastrulation verloren [s. das instruktive Schema bei Maas[1])].

Wir können also sagen, daß z. B. jede Stelle der Blastula primär die Fähigkeit der Entodermbildung, jede Stelle des Entoderms die Fähigkeit der Pankreasbildung in einer ganz bestimmten kurzen Periode der embryonalen Entwicklung besitzt. Wir wissen auch aus experimentellen Untersuchungen, daß in der entsprechenden Periode jede Stelle des Ektoderms eine Augenlinse, aber auch einen Zahn zu bilden befähigt ist. Ist aber die Bildung des Organs erfolgt, ja wie bei dem Entoderm, ist nur seine Anlage fertig abgegrenzt, so haben in diesem Augenblick die übrigen Zellen des Primärorgans die Fähigkeit dieser Organbildung verloren. Also auch hier sehen wir einen bisher noch nicht materiell faßbaren Einfluß des Gesamtorganismus auf die Organbildung, ja auf die Organanlagenbildung deutlich hervortreten, und wir dürfen wohl an das hormonale Zusammenarbeiten der Gesamtorgane, an die hormonale Einheit des Stoffwechsels als Grundlage dieser Lebenserscheinungen denken.

Es kann nach alledem kein Zweifel sein, daß ein wesentlicher und bestimmender Einfluß des Gesamtorganismus schon für die Bildung der Geschwulstkeimanlage, vor allem aber für das Ausreifen ihrer Zellen zu fertigen Geschwulst-

---

[1]) Maas: Experimentelle Entwicklungsgeschichte. S. 88. Wiesbaden: Bergmann 1903.

zellen durchaus angenommen werden kann. Wenn v. Dungern[1]) aus der Tatsache, daß die für Carcinome disponierenden Momente, wie z. B. höheres Alter für die Transplantationsmöglichkeiten von Tiergewülsten, belanglos sind, den Schluß zieht: dies spreche gegen alle konstitutionellen Theorien, so ist ein solcher Schluß nicht begründet.

Die grundsätzlichen Unterschiede zwischen spontan entstandener Geschwulst und transplantierten Tumoren verbieten bereits eine solche Schlußfolgerung. Diese grundsätzlichen Unterschiede haben sich sehr deutlich auch in den Vererbungsverhältnissen gezeigt. Schon die Tatsache des erblichen Faktors bei der Geschwulstentstehung beweist den Fehlschluß v. Dungerns. Die Untersuchungen von Slye[2]) haben gezeigt, daß der vererbte Faktor, die Neigung an primärem Krebs zu erkranken, ein rezessiver ist, während die Empfänglichkeit für Krebstransplantation als dominanter Faktor vererbt wird.

Die Verhältnisse bei den transplantierbaren Geschwülsten können uns also nicht ohne weiteres die allgemeinen Gesetze der Geschwulstbildung aufklären, und die Tatsache, daß die ungeheure Mehrzahl der spontan auftretenden Tumoren sich überhaupt nicht transplantieren läßt, ist für die allgemeine Geschwulstlehre wichtiger als die — bei den verschiedenen Tumorstämmen nur zu oft sich widersprechenden — Regeln, die bei den künstlichen Geschwulsttransplantationen gefunden wurden. Aber selbst bei diesen lassen sich mancherlei Hinweise auf die Bedeutung der Allgemeindisposition finden. v. Gierke[3]) fand bei solchen Impfungen mit Mäusetumoren die Geschwulstträger empfänglicher als normale Tiere, und Friedemann[4]) schreibt ebenso, daß bei den Mäusen, die bereits einen Tumor hatten, ein zweiter, zuweilen auch ein dritter mit größerer Sicherheit anging, und bei gleichzeitiger Doppelimpfung entwickelten sich beide Tumoren besonders schön. Auch Uhlenhuth, Haendel und Steffenhagen[5]) stellten fest, daß nach operativer Entfernung eines transplantierten Rattensarkoms eine zweite Implantation nur dann erfolgreich war, wenn ein Rezidiv auftrat (*Operationsimmunität*). Also auch hier sehr deutliche Zeichen der Bedeutung der Konstitution des Gesamtkörpers.

Nachdem gerade für die Geschwülste **die Cellularpathologie** die beherrschende Stellung des Primärtumors, des lokalen Krankheitsherdes, aufgedeckt hatte, verfiel man in den Irrtum zu glauben, daß diese lokalen Vorgänge das einzige und Beherrschende der ganzen Erkrankung sein müßten. Dabei widersprechen die grundsätzlichen Anschauungen der Cellularpathologie in keiner Weise der Annahme, daß die lokalen Zell-, Gewebs- und Krankheitsvorgänge unter Umständen auch vom Gesamtorganismus aus beeinflußt, ja geradezu bestimmt werden können.

Es ist überhaupt einer der folgenschwersten Fehler in der Verfechtung der *Cellularpathologie* gewesen — der sich wohl aus der primär sehr scharfen Einstellung gegen alle humoralen Anschauungen entwickelt hat —, daß die *fundamentalen Einflüsse des Gesamtorganismus auf den lokalen Lebens- und Krankheitsvorgang* vollständig vernachlässigt wurden. Besonders schädlich war diese Vernachlässigung in der praktischen Medizin, und die Erfolge so mancher „Kurpfuscher"-Richtung und „Naturheilmethode" beruhten eben auf der naiven Verfolgung der einfachen Tatsache, daß so manches lokale Leiden leichter und

---

[1]) v. Dungern: Zentralbl. f. Bakteriol., Parasitenk. u. Infektionskrankh. Bd. 54 (Beiheft), S. 85. 1912.

[2]) Slye: s. S. 1649.

[3]) v. Gierke: Beitr. z. pathol. Anat. u. z. allg. Pathol. Bd. 43, S. 328. 1908.

[4]) Friedemann: Virchows Arch. f. pathol. Anat. u. Physiol. Bd. 205, S. 159. 1911.

[5]) Uhlenhuth, Haendel u. Steffenhagen: Dtsch. med. Wochenschr. 1910, S. 1551.

einfacher durch Beeinflussung des Gesamtkörpers, insbesondere der Gesamtkonstitution, zu beheben und zu heilen ist, als durch lokale „spezialistische" Maßnehmen. Die moderne Therapie ist reich an Beispielen hierfür, aber die theoretische Bedeutung dieser Tatsachen wird meines Erachtens noch lange nicht genug ausgewertet und betont. Mit den grundsätzlichen Lehren der Cellularpathologie aber stehen diese Tatsachen in gar keinem Widerspruch. Auch jeder lokale Lebens- und Krankheitsvorgang ist durch so zahlreiche Bedingungen mit dem Gesamtorganismus verknüpft, daß selbstverständlich auch von hier aus eine starke Beeinflussung des lokalen Vorganges möglich sein muß. Alle neueren Arbeiten über die allergische Entzündung, der Nachweis, daß die örtliche entzündliche Reaktionsform ganz wesentlich vom Zustand des Gesamtorganismus, z. B. von einer gleichzeitig bestehenden Pneumonie, beeinflußt wird [Kauffmann[1])], beweisen diese Abhängigkeiten mit voller Deutlichkeit.

Noch niemand hat in dem Nachweis, daß die Tätigkeit der Schilddrüse, ja die der Keimdrüsen, den lokalen Vorgang eines Regenerationsprozesses fundamental beeinflussen kann, auch nur eine Einschränkung der Cellularpathologie erblickt. Und genau dasselbe gilt für Entwicklung und Wachstum jeder Geschwulst.

3. Die konstitutionellen Faktoren bei transplantablen und Spontangeschwülsten: Vererbung und Rassendisposition.

Versuchen wir uns ein Bild von dem Einfluß des Gesamtkörpers, seiner Konstitution und Disposition auf die Bildung der Geschwulstanlage und ihr weiteres Schicksal zu machen, so wären hier zunächst die Tatsachen über die *Vererbung der Geschwülste* zu erwähnen, die wir bereits früher eingehend besprochen haben. Auch das familiäre Auftreten von Sarkomen und Carcinomen, das Vorkommen multipler Primärtumoren und der blastomatösen Systemerkrankungen wurde bereits erwähnt und spricht im gleichen Sinne. Einwandfrei bewiesen aber wurde die Bedeutung der Disposition durch die experimentellen Untersuchungen von Maud Slye, die zeigte, daß durch eine Kumulation der konstitutionellen Faktoren infolge künstlicher Inzucht sich eine starke Häufung von primären Krebsbildungen bei Mäusen erzielen läßt. Auch Tyzzer[2]) fand bei Mäusekrebs Vererbbarkeit nach den Mendelschen Regeln, und wenn auch von einer Reihe anderer Forscher die Bedeutung der Erblichkeit und das familiäre Auftreten beim Mäusekrebs geleugnet worden ist, so müssen doch die großen Versuchsreihen von Slye und Lynch und anderen als beweisend gelten (s. S. 1649).

Im Gegensatz zu v. Dungern zeigt aber auch die systematische Untersuchung der Krebstransplantationen die Bedeutung der erblichen Konstitution. Cuenot und Mercier[3]) züchteten Mäusefamilien, die sehr große familiäre Unterschiede bei den Transplantationen von Mäusecarcinom zeigten. In der einen Familie betrug die Impfausbaute 100%, in der anderen 0—20%, und diese Empfänglichkeit war eine familiäre, vererbbare Eigenschaft. Roffo sah ebenfalls in einem Rattenstamm im Laufe von 10 Jahren 28 Spontangeschwülste, die sich in dem gleichen Stamm mit einer Ausbeute von 95—100% übertragen ließen, während die Transplantationen auf die Tiere eines anderen Rattenstammes, bei dem keine Spontantumoren beobachtet wurden, nur in 5% erfolgreich waren. Beweisen schon diese beiden Tatsachen die Bedeutung der Konstitution, so wird

---

[1]) Kauffmann: Krankheitsforschung. Bd. 2, S. 372. 1926.
[2]) Tyzzer: Journ. of med. research Bd. 21, S. 519. 1909.
[3]) Cuenot u. Mercier: Zitiert nach Apolant: Zeitschr. f. Krebsforsch. Bd. 11, S. 97, 1912.

dieser Beweis noch verstärkt durch das Ergebnis der Kreuzungen: durch einmalige Kreuzung der beiden Stämme erzielte ROFFO[1]) bereits eine Steigerung der Transplantationsergebnisse auf 15%, die bereits in der 3. Kreuzungsgeneration auf 60% anstieg. Auch UHLENHUTH und WEIDANZ[2]) fanden die Impfausbeute bei den Mäusen der Rasse, von der der Impftumor stammte, erheblich höher wie bei Mäusen fremder Rasse.

Die Bedeutung der Gesamtdisposition geht auch aus der Resistenz geteerter Mäuse gegen die Übertragung hochvirulenter Carcinome und daraus hervor, daß Mäuse nach Exstirpation eines spontanen Mammacarcinoms oder eines Teercarcinoms keinen neuen Krebs durch Teerpinselung bekommen (SACHS und TAKENOMATA, MURRAY).

Diese *Rassendisposition* tritt auch mit aller Schärfe zutage bei den experimentell erzeugbaren Geschwülsten. Für den experimentellen Hautkrebs durch Teerpinselung ist die Ratte fast unempfänglich, die weiße Maus dagegen sehr empfänglich. Das Spiropteracarcinom tritt dagegen bei der bunten Ratte mindestens 10mal so häufig auf als bei der weißen Maus. Auch für die Entwicklung des Lebersarkoms durch Cysticercus zeigen verschiedene Stämme der Tiere verschiedene Dispositionen [CURTIS und BULLOCK[3])], und während die Ratte bei der Infektion mit diesen Parasiten außerordentlich häufig an Sarkom erkrankt (CURTIS und BULLOCK sahen bei ihren Untersuchungen in 4 Jahren 467 Fälle), ist noch niemals ein solches Sarkom bei Hausmäusen gesehen worden[4]), obwohl auch bei ihnen der gleiche Parasit sehr häufig in der Leber gefunden wird.

Die Bedeutung der Vererbungsfaktoren für die menschlichen Geschwülste ist bereits im Kapitel IX,7 (S. 1647 ff.) eingehend besprochen worden. Daß bei vielen Geschwulstformen die erbliche Konstitution [s. auch RÖSSLE[5]), STRAUSS[6])] eine große Rolle spielen, ist hinreichend erwiesen, und man hat direkt von Tumorrassen gesprochen [s. BARTEL[7])]. Aus den oben angeführten experimentellen Tatsachen der Krebsdisposition von Mäusefamilien geht ohne weiteres die Bedeutung der Familiendisposition und auch die Möglichkeit einer Steigerung der Neigung zur Geschwulstbildung durch Inzucht hervor.

4. Die individuelle und Altersdisposition.

Hierzu kommt die *individuelle Disposition.* FIBIGER[8]) nimmt eine solche für das Spiropteracarcinom an, da er nur in 50—60% seiner Tiere trotz der gleichen Schwere der Infektion Krebsbildung erzielen konnte. Individuelle Momente treten auch beim experimentellen Teerkrebs deutlich hervor (s. S. 1606), besonders deutlich in der Zeitdauer, die bei den einzelnen Tieren zur Erzielung der Geschwülste nötig ist.

Für zahlreiche Geschwülste wird ferner eine besondere Disposition geschaffen durch die *Entwicklungsstufen.* Pubertät wie Klimakterium schaffen eine solche Disposition, und zwar nicht nur lediglich im Bereiche der sekundären Geschlechtsorgane. Dasselbe gilt von der Schwangerschaft (s. S. 1717 ff.), und wir können allgemein sagen, daß eben alle Umstimmungen der Konstitution des Organismus auch für die Entwicklung und das Wachstum von Geschwülsten Bedeutung

---

[1]) ROFFO: Cpt. rend. des séances de la soc. de biol. Bd. 83, S. 968. 1920.

[2]) UHLENHUTH u. WEIDANZ: Arb. a. d. kais. Gesundheitsamt Bd. 30. S. 434. 1909.

[3]) CURTIS u. BULLOCK: Journ. of cancer research Bd. 8, Nr. 1. 1924.

[4]) Ein einziger zweifelhafter Fall wird berichtet.

[5]) RÖSSLE: Zeitschr. f. angew. Anat. u. Konstitutionslehre Bd. 5. 1919 u. Jahreskurse f. ärztl. Fortbild., Januarheft 1921.

[6]) STRAUSS: Zeitschr. f. Krebsforsch. Bd. 19, S. 185. 1922.

[7]) BARTEL: Wien. klin. Wochenschr. 1910, S. 1705.

[8]) FIBIGER: Acta chir. scandinav. Bd. 55, S. 343. 1922.

haben können. Im ganzen erkrankt vielleicht die Frau etwas häufiger an Krebs als der Mann, und diese höhere Krebsmorbidität hängt offenbar von der Häufigkeit des Mamma- und Uteruscarcinoms ab, während die Carcinome des ganzen Verdauungskanals beim Manne häufiger sind.

Die individuelle und Altersdisposition tritt weiterhin gesetzmäßig hervor bei dem Melanosarkom der Pferde. Van Dorssen[1]) gibt eine Statistik von 234 Schimmeln und fand darunter:

Bei 17	Schimmeln	im Alter	bis zu	6 Jahren	0 =	0%	Melanosarkom
„ 45	„	„	„ von	6—8 „	5 =	11%	„
„ 52	„	„	„ „	8—10 „	10 =	36%	„
„ 60	„	„	„ „	10—12 „	37 =	61%	„
„ 38	„	„	„ „	12—14 „	27 =	71%	„
„ 7	„	„	„ „	14—15 „	5 =	71%	„
„ 15	„	„	„ über	15 Jahre	12 =	80%	„

Diese Zahlen sind um so beweisender, als das Melanosarkom bei Pferden anderer Farbe eine ungeheure Seltenheit ist [Schindelka[2])].

Bei dieser letzteren Geschwulstform tritt uns also auch in überzeugender Weise die Bedeutung der *Altersdisposition* entgegen. Statistische Untersuchungen haben ergeben, daß bei allen Tieren die Geschwülste sehr viel häufiger im Alter vorkommen, und man hat deshalb insbesondere die maligne Tumorbildung geradezu als eine Funktion der Seneszenz aufgefaßt [Bashford und Murray[3])]. Die mit dem Alter steigende Häufigkeit der multiplen Tumoren läßt sich auch beim Menschen zahlenmäßig nachweisen (Egli s. S. 1348). Für die Erklärung dieser Tatsache kann man an verschiedene Faktoren denken. Es kann sowohl die embryonal oder später gebildete Geschwulstkeimanlage erst nach langer Latenz durch sekundäre Momente, insbesondere z. B. auch durch das Altern der übrigen Zellen des Körpers, durch Abnahme oder abnorme Einstellung der Organkorrelationen zur Entwicklung gebracht werden. An derartiges würden wir vor allem bei den aus Gewebsmißbildungen hervorgehenden, also embryonal angelegten Geschwülsten denken. Andererseits kann das häufigere Auftreten der Tumorbildung im Alter damit zusammenhängen, daß bei den regenerativen Geschwulstbildungen die Schädlichkeit ja besonders dann geschwulsterzeugend wirkt, wenn sie immer wiederholt und in kleinen Dosen das Gewebe trifft. Es gehören also hier lange Zeiträume zur Entwicklung der Geschwulst. Das trifft um so mehr zu, als im natürlichen Ablauf der Dinge Verhältnisse, wie wir sie im Experiment schaffen, nur recht selten gegeben sein werden. Lassen wir im Experiment aber die Schädlichkeit in geeigneter Weise schon auf junge Tiere einwirken, so zeigt sich, daß auch diese in gleicher Weise erkranken.

Man hat häufig in der Literatur die Tatsache, daß die Carcinome beim Menschen eine Erkrankung des Alters vorzugsweise sind, dahin verallgemeinert, daß überhaupt das Alter die wichtigste Ursache der Krebsbildung sein soll. Ein Mißverhältnis zwischen dem Altern der normalen Körperzellen und der aus dem Verbande ihrer Artgenossen herausgelösten Zellen sollte die Ursache, insbesondere der Krebsbildung, sein [Orthner[4]), Rülf[5])]. Aber so sicher es ist, daß das Alter für die Entstehung einer Reihe von Geschwulstformen günstige Vorbedingungen schafft, so ist darin weder ein für alle Geschwülste gültiges

---

[1]) van Dorssen: Zitiert nach Kitt: Allgemeine Pathologie für Tierärzte. 5. Aufl. S. 498. 1921.
[2]) Schindelka: Handb. d. tierärztl. Chir. Bd. VI, S. 423. 1908.
[3]) Bashford u. Murray: Scientif. rep. imperial cancer research fond 1905, Nr. 2.
[4]) Orthner: Wien. klin. Wochenschr. 1922, S. 324.
[5]) Rülf: Zeitschr. f. Krebsforsch. Bd. 4, S. 417. 1906.

Gesetz zu erblicken, noch kann uns eine solche Scheinerklärung [s. B. Fischer[1])] befriedigen. Zudem hat sich bei den experimentell erzeugbaren Tumoren gezeigt, daß hier von einer leichteren Geschwulstbildung bei alten Tieren überhaupt nicht die Rede ist, und Fibiger[2]) erklärt die Altersdisposition überhaupt für eine nur scheinbare, die dadurch zustande kommt, daß der schädliche Faktor lange Zeit eingewirkt haben muß, um zur Krebsbildung zu führen.

Für uns aber liegt die Bedeutung der langen Latenzzeiten in der Notwendigkeit langdauernder regenerativer Prozesse zur Bildung der Geschwulstkeimanlage. Wenn diese lange Latenzzeit, deren große theoretische Bedeutung ja bereits wiederholt betont wurde, sich sogar bei den experimentellen Geschwülsten in so krasser Weise zeigt, obwohl wir doch hier den wirksamen Faktor in hoher Konzentration und rascher Aufeinanderfolge immer wieder einwirken lassen können, um wieviel mehr muß dann diese lange Latenzzeit bei den menschlichen Tumoren hervortreten, wo ja eine solche Einwirkung nur in ganz abgeschwächter, vielleicht oft nur in geradezu homöopathischer Weise zur Wirkung kommen kann. Zudem ist es ja bekannt, daß gerade im höheren Alter die Carcinome sehr viel harmloser sind und sehr viel langsamer wachsen als in den früheren Lebenslagen (s. S. 1735/36). Mir selbst ist z. B. ein Fall bekannt, wo eine Dame mit 84 Jahren die Operation des bei ihr festgestellten Mammacarcinoms mit Rücksicht auf ihr Alter ablehnte. Der Exitus trat erst im Alter von 96 Jahren ein. Im Gegensatz dazu steht die meist ungeheuere Bösartigkeit der Carcinome Jugendlicher.

Auch die experimentell erzeugbaren Tumoren zeigen uns Ähnliches. Es sind durchaus nicht die alten Tiere, bei denen sie besonders leicht zu erzeugen sind. Selbst bei der Transplantation von Geschwülsten fanden Bashford und Apolant die Impfausbeute bei alten Tieren viel schlechter als bei jungen, und hohes Alter kann Mäusen eine geradezu vollkommene Resistenz gegen Krebswachstum gewähren [Bashford[3])].

5. Die Organdisposition.

Hierzu tritt die Bedeutung der Organdisposition für die Geschwulstentstehung. Wir wissen, daß die verschiedenen Organe des Organismus in sehr verschiedener Häufigkeit an Tumoren, insbesondere an bösartigen Geschwülsten erkranken. Für das Carcinom hat Bejach[4]) eine Häufigkeitsskala der einzelnen Organe aus 692 Krebsfällen aufgestellt. Hiernach sehen wir beim Menschen am häufigsten primäre Krebsbildung im Magen, dann folgen Genitalrohr des Weibes, Darm, Speiseröhre, Mamma, Gallenwege, Lunge, Pankreas, Leber, Prostata, Niere, Harnblase, Pharynx.

Es wurde bereits erwähnt, daß nach den Untersuchungen von Slye es sogar gelingt, durch geeignete Kreuzungen Mäuserassen zu züchten, die *in ganz bestimmten Organen* Tumoren bekommen. Auch die experimentellen Forschungen der letzten Jahre haben die Bedeutung der Organdisposition einwandfrei bewiesen. Fibiger hat insbesondere darauf hingewiesen, daß trotz Hunderter von Versuchen und Untersuchungen es ihm niemals gelungen ist, ein Spiropteracarcinom in der Speiseröhre seiner Ratten nachzuweisen, obgleich die Oesophagusschleimhaut im Bau vollkommen mit der Schleimhaut des Vormagens der Ratte (wo sich die Carcinome entwickeln) übereinstimmt und obgleich auch die Speiseröhrenschleimhaut immer zahlreiche Parasiten enthält. Auch das früher besprochene regelmäßige Auftreten von primären Lungencarcinomen bei der

---

[1]) Fischer, B.: Frankfurt. Zeitschr. f. Pathol. Bd. 3, S. 716 u. 945. 1909.
[2]) Fibiger: Zitiert auf S. 1534.
[3]) Bashford: Zentralbl. f. allg. Pathol. u. pathol. Anat. 1910, S. 34.
[4]) Bejach: Zeitschr. f. Krebsforsch. Bd. 16, S. 159. 1917.

Teerpinselung der Rattenhaut oder der Magenveränderungen bei rectaler Teerapplikation (s. S. 1614) weisen auf eine besondere Organdisposition hin, da wahrscheinlich Lunge und Magen selbst hier gar nicht direkt von der Schädigung betroffen werden, und es wäre sehr wohl denkbar, daß die *gleiche* Schädigung bei *verschiedenen* Tierarten in *verschiedenen Organen* Geschwülste zu erzeugen imstande wäre.

Die Organdisposition zur Tumorbildung hat man auch mit der normalen oder pathologischen Funktion des Organs in Verbindung gebracht. Besonders bei denjenigen Organen, wo noch im postembryonalen Leben Perioden der Entwicklung und der Rückbildung vorkommen oder sich gar regelmäßig abwechseln (z. B. Mamma, Uterus), könnte diese Funktion sowohl mit der Neigung zur Bildung von Geschwulstkeimanlagen wie mit der Ausreifung solcher Organoide zu Geschwülsten in Verbindung gebracht werden. Systematische Untersuchungen liegen hierfür über den Brustdrüsenkrebs vor. Größere Statistiken haben ergeben, daß vorzugsweise solche Frauen an Brustkrebs erkranken, welche nicht geboren und nicht gestillt haben [Simons[1])]. Delman[2]) fand, daß die Brustdrüse der verheirateten Frau in ihrer Funktionszeit leichter an Krebs erkrankt als bei ledigen Frauen, daß aber nach der Funktionszeit, vom 40. Jahr bis in das höchste Alter hinein, das Mammacarcinom bei den verheirateten seltener ist als bei den ledigen Frauen.

Die wichtigen Beziehungen zwischen Geschwulstbildung und Funktionsstörung der proliferierenden Brustdrüsen sind bereits S. 1583 (Experimente von Bagg) erörtert worden.

Auf die Organdisposition für die Metastasenbildung werden wir später (s. S. 1746) eingehen.

6. Die Bedeutung der Ernährungsfaktoren.

Zu den Allgemeinfaktoren, denen eine größere Bedeutung für die Geschwulstentziehung zugeschrieben worden ist, gehört auch die Art der *Ernährung* (siehe S. 1428—30, atreptische Immunität und S. 1437). Denn die Art der Ernährung wirkt ja nicht lokal oder spezifisch auf einzelne Zellen und Organe, sondern auf den Gesamtorganismus, insbesondere den Gesamtstoffwechsel, ein. Auch fremdartige, ja toxische Zusätze zur Nahrung können so auf dem Wege über den Gesamtkörper zur Wirkung kommen. Bei der fundamentalen Bedeutung des besonderen Stoffwechsels der Geschwulstzelle könnte also sehr wohl auf diesem Wege über den Gesamtstoffwechsel auch die Tumorzelle durch die Ernährung beeinflußt werden. Wir wissen aus vielen experimentellen Untersuchungen, daß nicht selten der **Nahrungsmangel** ein sehr starker Vermehrungsreiz für die Zellen ist. Schon Klebs hat gezeigt, daß Hunger die Vermehrungsphase bei Pilzen und Phanerogamen hervorruft. Nicht selten wird auch bei bestimmten Organismen die Bildung der Geschlechtsorgane durch Nahrungsmangel hervorgerufen [C. Fr. Wolff[3])]. Morgan hat auch für niedere Tiere gezeigt, daß die Geschwindigkeit der Neubildung und Differenzierung durch Hunger nicht herabgesetzt wird. Außerdem kommt es beim Hunger häufig zum Zerfall einzelner Körperzellen, deren Zerfallsprodukte wieder auf die anderen Zellen formativ einwirken und sie zur Zellteilung anregen. Kornfeld fand bei Amphibienlarven im Anfang des Hungerzustandes stärkste Vermehrung der Zellmitosen. Wir sehen also: Ge-

---

[1]) Simons: Zeitschr. f. Krebsforsch. Bd. 19, S. 56. 1922.
[2]) Delman: Zeitschr. f. Krebsforsch. Bd. 17, S. 164. 1919.
[3]) Wolff, C. Fr.: Zitiert nach Rauber: Ontogenese, als Regeneration betrachtet. Leipzig: Thieme 1909.

webshunger führt zur Zellteilung, und manche [z. B. Wyss, Fick[1])] wollten in einer solchen Ernährungsstörung der Zelle schon die Ursache der Geschwulstbildung erblicken. Jedenfalls steigert der Hunger im Anfang die Vitalität der Zellen und erhöht offenbar ihre Avidität zu den Nahrungsstoffen. Wie wirkt nun der Hunger, dem der Gesamtorganismus ausgesetzt ist, auf eine werdende oder bereits wachsende Geschwulst?

Es wurde bereits betont, daß im Hungerzustand sich ein wesentlicher Unterschied zwischen Infektionskrankheit und der transplantierten Geschwulst zeigt. Während bei schlechter Ernährung die Infektionskrankheit um so rascher und kräftiger vorwärts schreitet, die Widerstandskraft des Organismus gegen die Infektionskrankheit stark geschädigt ist, ist dies bei der Geschwulsttransplantation anders. Hier leidet unter dem Hunger die Tumorzelle ebenso wie der Körper, und obwohl wir früher der Zelle der malignen Geschwulst parasitären Charakter zuerkennen mußten, zeigt sich hierin vielleicht die biologische Verwandtschaft zwischen Tumor- und Körperzelle, daß sie auf den Mangel der für sie notwendigen Nährstoffe in analoger Weise reagieren. Moreschi und Apolant haben in Versuchsreihen gezeigt, daß mit Mäusekrebs geimpfte Tiere, die man einige Tage mangelhaft ernährt, länger am Leben bleiben als die normal ernährten Kontrolltiere. Es tritt eine Hemmung des Tumorwachstums ein, und als Erklärung nimmt Apolant an, daß durch den Hungerreiz eine Steigerung der Avidität der Körperzellen eingetreten ist (s. S. 1428—30 atreptische Immunität).

Alle diese Schlüsse leiden darunter, daß sie fast ausschließlich durch Versuche an transplantierten Geschwülsten gewonnen sind. Der wesentliche Unterschied derselben gegenüber der Spontangeschwulst macht es notwendig, jetzt, nachdem wir experimentell maligne Primärtumoren erzeugen können, an solchen Geschwülsten die sämtlichen Versuche über den Einfluß des Hungers und der einseitigen Ernährung ebenfalls systematisch zu prüfen. Bisher liegen hierüber nur wenige und sich oft widersprechende Versuche vor. Auch beim Menschen finden sich über die gleichen Fragen nur recht spärliche Angaben. Jedenfalls ist nichts darüber bekannt geworden, daß etwa Hunger das Wachstum einer Geschwulst, wie beim transplantierten Mäusekrebs, beeinträchtige. Selbst bei der stark erschwerten Nahrungsaufnahme bei Speiseröhren- und Magenkrebsen sehen wir oft genug die Geschwulst lebhaft weiterwachsen und metastasieren, und sogar bei gutartigen Geschwülsten zeigt sich kein Einfluß allgemeiner Unterernährung oder Kachexie. Unbewiesene Behauptungen über den Einfluß der Ernährung auf Entstehung und Wachstum bösartiger Geschwülste finden sich in großer Menge in der Literatur. Bald soll vermehrte Ernährung, bald schlechte oder veränderte Ernährung, bald soll Salzmangel, bald zu reicher Salzgehalt, bald Fleischnahrung, Pflanzennahrung, bald Genuß von Eiern, Kaffee, Nicotin die Ursache der Krebsentstehung abgeben. Kurz, es dürfte wohl keinen Bestandteil der Nahrung geben, der nicht schon als Krebsursache beschuldigt worden ist. Beim Menschen sind die Verhältnisse kaum zu übersehen, daher hat man erst durch konsequente Veränderung der Ernährung bei den Tiergeschwülsten weitere Aufschlüsse erhalten [Moreschi[2]), Rous[3]), Fränkel, Bienenfeld, Fürer[4]), Caspari[5]), Ludwig[6]) u. a.]. Bisher liegen aber im wesentlichen erst syste-

---

[1]) Fick, Joh.: Wien. med. Wochenschr. 1920, S. 1334.
[2]) Moreschi: Ernährung und Tumorwachstum. Zeitschr. f. Immunitätsforsch. u. exp. Therapie, Orig. Bd. 2. 1909.
[3]) Rous: Journ. of exp. med. Bd. 20, S. 433. 1914.
[4]) Bienenfeld u. Fürer: Wien. klin. Wochenschr. 1917.
[5]) Caspari: Fortschr. d. Therapie Jg. 1, S. 669 u. 706. 1925.
[6]) Ludwig: Zeitschr. f. Krebsforsch. Bd. 23. S, 1. 1926 (Lit.).

matische Untersuchungen über den Einfluß der Ernährung auf die transplantablen Geschwülste vor, aus denen also strenggenommen nur Schlüsse auf den Einfluß der Ernährung für die Metastasenbildungen, jedenfalls nicht für Entstehung und Verhalten des Spontantumors, zu ziehen sind.

Insbesondere studiert ist bisher der **Einfluß einseitiger Ernährungsweise.** GAUDUCHEAU[1]) gibt an, daß transplantierte Rattencarcinome unter einer Diät, die reich an Blut und Hefe war, erheblich schneller wuchern und größer werden als bei einer Diät, die frei von lipoidlöslichen Vitaminen und Aminosäuren ist. JOANNOVICS fand bei *Fleisch*fütterung eine Wachstumshemmung nur beim Sarkom. *Speck*fütterung hemmte das Wachstum des malignen Chondroms *Hafer*fütterung dagegen förderte es (s. S. 1429). Der Einfluß von *Lanolin*fütterung wurde schon erwähnt (S. 1603). Diese sowie Speckfütterung fördern die Transplantierbarkeit und das Wachstum des transplantablen Hühnersarkoms [AKAMATSU[2])]. Auch SWEET, CORSON-WHITE und SAXON[3]) geben positive Resultate bei einseitiger Ernährung mit Weizeneiweiß, Gluten an, besonders bilden sich die Tumoren bei Tieren zurück, deren normales Wachstum durch die entsprechende Diät gehindert wird.

CRAMER fand auch bei einseitiger Ernährung der Mäuse mit Maismehl keine deutliche Einwirkung. Alle diese Feststellungen haben deshalb einen nur begrenzten Wert, weil sie nur an transplantierten Geschwülsten erhoben worden sind.

Daß man durch die Art der Fütterung, insbesondere Fleischfütterung, diffuse Hyperplasien der Schilddrüse erzielen kann [s. TANABE[4])], daß insbesondere Kalk- und Jodgehalt der Nahrung von großem Einfluß auf die Bildung der diffusen und knotigen Schilddrüsenhyperplasien ist, ist seit langem bekannt und hängt mit den besonderen funktionellen Aufgaben der Schilddrüse zusammen, deren Bedeutung für die Geschwulstbildung wir gleich bei der Besprechung der hormonalen Einflüsse noch zu erörtern haben.

Auch beim Schilddrüsenkrebs der Salmoniden soll die Nahrung besonders faulender Eiweißkörper von Bedeutung sein.

Es konnte nicht ausbleiben, daß auch die Bedeutung der *Vitamine* für das Geschwulstwachstum eingehend studiert wurde. Während McCARRISON[5]) bei Tauben fand, daß Avitaminosen, Stoffwechselstörungen, geschwächter Ernährungszustand und gestörte Funktion der endokrinen Drüsen das Auftreten des Epithelioma contagiosum begünstigen (Infektionskrankheit!) fand LUDWIG[6]), daß ein sonst in fast 100% angehendes transplantables Mäusecarcinom sich bei vitaminfrei vorbehandelten Mäusen nicht implantieren ließ. Dagegen hatte die vitaminfreie Nahrung keinen Einfluß auf das Weiterwachsen der bereits angegangenen Geschwulst. Auch CASPARI[7]) fand in Übereinstimmung mit CRAMER keine Wirkung des Vitaminmangels auf das Krebswachstum. WYARD[8]) konnte irgendeinen Einfluß einer Vitamin-A-freien Kost in Versuchen an 64 Krebskranken bei Menschen nicht nachweisen. In keinem Falle wurde der Tumor durch diese Kost beeinflußt. Es macht also nicht den Eindruck, als ob die Vitamine zu den notwendigen Wuchs- oder Nährstoffen der Geschwulstzelle gehören, und das Ergebnis LUDWIGS, daß die Carcinom-

---

[1]) GAUDUCHEAU: Arch. d'électr. méd. Bd. 32, Nr. 498, S. 65. 1924.
[2]) AKAMATSU: Japan. pathol. Ges. Bd. 11, S. 163. 1921.
[3]) SWEET, CORSON-WHITE u. SAXON: Journ. of biol. chem. Bd. 21, S. 309. 1915.
[4]) TANABE: Beitr. z. pathol. Anat. u. z. allg. Pathol. Bd. 73, S. 415. 1925.
[5]) McCARRISON: Brit. med. journ. Nr. 3266, S. 172. 1923.
[6]) LUDWIG: Schweiz. med. Wochenschr. 1924, S. 232.
[7]) CASPARI: Fortschr. d. Therapie 1925, H. 20/21.
[8]) WYARD: Lancet Bd. 202, S. 840. 1922.

impfung nicht angeht, dürfte einfach auf der Allgemeinschädigung durch
die vitaminfreie Ernährung beruhen. Der Einfluß des Vitaminüberschusses
in der Nahrung und der Antivitamine wurde bereits früher (s. S. 1430) besprochen.

Da der Organismus nur einen Teil der zum Aufbau des Eiweißmoleküls
notwendigen Aminosäuren synthetisch zu bilden vermag, andere, besonders
der aromatischen Reihe, Tyrosin und Tryptophan, aber von außen aufzunehmen gezwungen ist, so lag der Gedanke nahe, durch ein Futter, das diese
letzteren Aminosäuren nicht enthält, den Aufbau des Tumors zu verhindern.
Caspari[1]) fand in solchen Versuchen zwar schwere Schädigungen der Tiere,
aber keine Rückbildung der Tumoren, und Cramer hat mit Maismehl, dessen
Eiweiß sehr arm an Tryptophan ist, ebenfalls keine Wirkung erzielt. Ob die
erwähnten positiven Resultate, die Sweet, Corson-White und Saxon mit
Glutenfütterung erzielten, auf diesem Mangel bestimmter Aminosäuren oder auf
Säurebildung beruhen (Caspari), wäre noch zu prüfen.

Die in der Physiologie ständig an Bedeutung zunehmende Lehre von den
Membranen der Zelle und von der Beeinflussung dieser Membranen durch Ionen-
verschiebung hat auch zu der Hypothese geführt, daß Änderungen der Zellmembranen für Wachstum und Ernährung der Tumorzelle von großer Bedeutung
sind, ja vielleicht das Wesen der Tumorzelle erklären können. Von solchen Vorstellungen ausgehend, wurde der Versuch gemacht, durch veränderte Ernährung
die Zellwandmembranen der Geschwülste zu beeinflussen, den Einfluß der
Ionenverschiebungen auf Tumorbildung und -wachstum zu studieren. Händel[2])
konnte durch beinahe vollständiges Weglassen der *Zellsalze* (Kalium, Kalk,
Eisen, Phosphat) außer Kochsalz aus der Ernährung keinen deutlichen Einfluß auf Wachstum, Impfausbeute und Metastasenbildung des transplantablen
Mäusecarcinoms feststellen. Kaliumfütterung dagegen verbesserte — in Bestätigung älterer Versuche von Beebe — die Impfausbeute und beförderte das
Wachstum, konnte aber ebenfalls die Bildung der Metastasen nicht beeinflussen.
Calciumfütterung dagegen hatte eine geringe Abnahme der Impfausbeute und
der Wachstumsgeschwindigkeit zur Folge. In einer ganzen Reihe von Arbeiten
wurde festgestellt, daß eine an Kalium und Magnesium reiche Kost das Krebswachstum fördert, eine an Calcium und Natrium reiche dagegen das Geschwulstwachstum hemmt. Weitgehende Schlüsse werden wir aus solchen Versuchen
noch nicht ziehen können, zumal es sehr wohl möglich ist, daß die verschiedenen Geschwulstformen sich verschieden verhalten.

Wichtiger ist der Einfluß der *Kohlehydrate* auf das Geschwulstwachstum.
Ein solcher war schon früher öfter angenommen worden, und schon vor vielen
Jahren behauptete Rogers auf Grund des hohen Glykogengehalts der embryonalen und Geschwulstzellen, daß ein maligner Tumor dann entstehe, wenn
in einem geschädigten Gewebe sich Granulationszellen bilden bei gleichzeitiger
Erhöhung des Blutzuckergehalts. Wäre dem so, so müßten ja Geschwülste sich
besonders häufig bei Diabetikern bilden, wovon keine Rede ist.

Trotzdem könnte einseitige Kohlenhydraternährung von Einfluß sein,
und gerade die Ergebnisse der Warburgschen Arbeiten über den eigenartigen
Kohlenhydratstoffwechsel der Krebszelle mußten zu Untersuchungen in dieser
Richtung anregen. Händel und Tadenuma[3]) fanden bei transplantablem
Mäusecarcinom, daß eine einseitig mit Kohlenhydraten angereicherte Ernährung

---

[1]) Caspari: Zitiert auf S. 1704.
[2]) Händel: Zeitschr. f. Krebsforsch. Bd. 21, S. 281. 1924.
[3]) Händel u. Tadenuma: Zeitschr. f. Krebsforsch. Bd. 21, S. 288. 1924.

das Krebswachstum beschleunigt, während bei der einseitig mit Eiweiß oder Fett angereicherten Kost das Wachstum des Krebses viel langsamer erfolgte. Bei den kohlenhydratreich ernährten Tieren konnte weiter eine geringe Wachstumsbeschleunigung durch Insulininjektionen erzielt werden. LUDWIG[1]) dagegen konnte mit stark kohlenhydratreicher Kost deutliche immunisierende Wirkungen erzielen. NESS, VAN ALSTYNE und BEEBE[2]) fanden bei kohlenhydratfreier Ernährung schlechteres Angehen von Sarkomtransplantationen. Auch CASPARI erzielte bei Fütterung eines Casein-Speck- und Salzgemisches bei Mäusen eine hochgradige Immunität, die er aber nicht auf den Kohlenhydratmangel, sondern vor allem auf die allgemeine Unterernährung der Tiere zurückführte, zumal SWEET bei ähnlicher Kostform trotz reichlichen Zusatzes von Kohlenhydraten ebenso wie LUDWIG ganz dasselbe fand. Aber CASPARI stellte fest, daß bei der Maus eine Fütterung mit Milcheiweiß überhaupt schwere Schädigungen, insbesondere Sterilität und Hodenatrophie, hervorruft. Die Tatsache, daß Casein und Gluten ausgesprochen saure Eiweißkörper sind und daß auch eine Säureüberladung des Organismus durch einfache Dyspnoe immunisierende Wirkungen auslöst [E. SCHWARZ[3])],führten CASPARI, wie schon erwähnt (s. S. 1430), zu dem Schluß, daß der immunisierende Einfluß einer ganzen Reihe von Nahrungszusammenstellungen auf den Säuregehalt bzw. die Säureproduktion der Nahrung zurückzuführen ist.

Auf die Art der Ernährung, und zwar die fast ausschließlich pflanzliche, eiweißarme und kalireiche Kost, führt DE RAADT[4]) die Häufigkeit des primären Lebercarcinoms in Niederländisch-Indien zurück. Es muß aber wohl fraglich erscheinen, ob diese Erklärung genügt, denn es gibt viele Völker, die sich in gleicher oder ähnlicher Weise vegetarisch ernähren, ohne daß eine solche Häufung von Lebercirrhose und Leberkrebs beobachtet wird. Vielleicht sind die Eingeborenen in Deli noch anderen und zur Zeit unbekannten Schädigungen ausgesetzt, die an der Leber angreifen, es müßte denn sein, daß die besondere Art der Ernährung hier eine Lebercirrhose leichter hervorruft, was ja experimentell zu prüfen wäre.

7. Spezifische Wuchsstoffe und Stoffwechsel.

In der Annahme besonderer *spezifischer Wuchsstoffe* (s. S. 1431—34 u. S.1544) für die Geschwulstzelle hat man solche Stoffe auch der Nahrung zugesetzt. EBER, KLINGE und WACKER[5]) haben — und das ist für uns besonders wichtig — die Entstehung des experimentellen Teerkrebses bei der Maus unter veränderter Ernährung studiert. Sie fanden, daß durch eine an Cholesterin und Scharlachrot reiche Nahrung die Bildung der Carcinome und auch ihre Metastasierung beschleunigt wurde. Die Wirkungen des Scharlachrots bei der Fütterung auf die Leber [OPPENHEIMER[6]), M. B. SCHMIDT[7]), KLINGE und WACKER[8])] zeigen, daß dieser Farbstoff auch hier Zellwucherungen bis zur Bildung von Adenomen auslösen kann, und es könnte wohl sein, daß er auch allgemein als anregender Faktor für die Geschwulstbildung in Betracht kommt. Auf den Reichtum an Cholesterinestern darf man vielleicht auch die positiven Ergebnisse der Versuche von YUTAKA KON (s. S. 1603) zurückführen.

---

[1]) LUDWIG: Schweiz. med. Wochenschr. 1924, S. 232.
[2]) NESS, VAN ALSTYNE u. BEEBE: Journ. of med. research 1913, S. 217.
[3]) SCHWARZ, E.: Zeitschr. f. Krebsforsch. Bd. 21, S. 472. 1924.
[4]) DE RAADT: Ref. in Dtsch. med. Wochenschr. 1926, S. 123.
[5]) EBER, KLINGE u. WACKER: Zeitschr. f. Krebsforsch. Bd. 22, S. 359. 1925.
[6]) OPPENHEIMER: Frankfurt. Zeitschr. f. Pathol. Bd. 29, S. 342. 1923.
[7]) SCHMIDT, M. B.: Virchows Arch. f. pathol. Anat. u. Physiol. Bd. 253, S. 432. 1924.
[8]) KLINGE u. WACKER: Krankheitsforschung Bd. 1, S. 257. 1925.

Von Sitowski[1]) stammt die eigenartige Angabe, daß mit dem Fettfarbstoff Sudan III gefütterte Raupen dadurch rosa gefärbt werden und gefärbte Eier legen, aus denen sich wieder gefärbte Raupen entwickelten. Es wäre sehr interessant, diesem Versuch nachzugehen und zu prüfen, ob nicht Entwicklungsstörungen durch den Farbstoff hervorgerufen werden könnten.

Besondere **spezifische Wuchsstoffe** nahmen auch Ehrlich und Apolant[2]) zur Erklärung vieler Erscheinungen der Geschwulstimmunität an. Diese Annahme bildete die Grundlage der Atrepsielehre. Zwingende Beweise haben sich aber für dieselbe nicht erbringen lassen, um so mehr, als sich nicht selten gerade nach unvollkommenen Operationen auftretende Rezidive oder Nachimpfungen durch besonders rasches Wachstum auszeichneten [Uhlenhuth[3])], während die Lehre von der atreptischen Immunität gerade das Gegenteil erwarten ließ. So einfach liegen also die Verhältnisse nicht, und wir müssen heute auch genauer zwischen den verschiedenen Arten von Wuchsstoffen unterscheiden, als das früher möglich war. Gerade die letzten beiden Jahre haben hier wesentliche Fortschritte und Vertiefungen unserer Kenntnisse gebracht.

Die ganze Frage ist durch den Nachweis der fundamentalen Bedeutung spezifischer Wuchsstoffe für das Zellwachstum in ein neues Stadium getreten (s. S. 1373 u. 1431). Insbesondere verdanken wir Carrel den Nachweis, daß eine dauernde Züchtung von Gewebszellen in der Kultur selbst bei Embryonalzellen nur möglich ist, wenn der Kultur ständig von neuem Embryonalsaft zugeführt wurde.

Polikard und Bouchard[4]) stellten fest, daß Nierengewebe von neugeborenen Ratten im Rattenserum nur bei Zusatz von Embryonalextrakt oder in reinem Plasma von Sarkomratten wuchs. A. Fischer konnte auch infiltrierendes und destruierendes Wachstum der Zellen des Rousschen Hühnersarkoms in abgetöteten Muskelstückchen in der Kultur erzielen und die Kulturen durch ständige Zugabe solcher Muskelstückchen lange Zeit erhalten. Derselbe Autor zeigte auch, daß das Wachstum von Fibroblasten durch Sarkomsaft angeregt werden kann.

In allen Gewebskulturen aber zeigt sich die besonders große Wirksamkeit des Embryonalextrakts. Dabei variierte die Größe des Wachstums in direktem Verhältnis zur Konzentration des Embryonalextraktes [Carrel[5])]. Seitdem wir wissen, daß auch für die Kultur von Tumorzellen der gleiche Embryonalextrakt oder auch Geschwulstextrakt ein unbedingtes Erfordernis für das Wachstum in der Kultur ist (Carrel, Rh. Erdmann), sind für die schon alte Annahme der Bildung spezifischer Wuchsstoffe oder Wuchshormone (s. S. 1374 ff.) neue Unterlagen gewonnen. Es ist dies ein ähnlicher Gedankengang, wie ich ihn schon vor 20 Jahren bei der Entdeckung der atypischen Epithelwucherung durch Scharlachöl geäußert habe. In neuester Zeit hat Carrel diesen Wuchsstoffen, die übrigens auch in Leukocyten- und Lymphocytenextrakten nachgewiesen wurden, den sehr treffenden Namen der „Trephone" gegeben. Welche Rolle nun aber diese Trephone beim Wachstum der spontanen Geschwulst im Organismus selbst spielen, darüber ist bis heute noch nichts Genaueres bekannt. Das besondere Verhalten der Milzzellen in der Gewebskultur von tumorkranken Mäusen (Rh. Erdmann) läßt vielleicht daran denken, daß gerade das reticulo-

---

[1]) Sitowski: Zitiert nach Kammerer: Abstammungslehre. S. 99. Jena: Fischer 1911.
[2]) Apolant: Dtsch. med. Wochenschr. 1911, S. 1145.
[3]) Uhlenhuth, Haendel, Steffenhagen: Zeitschr. f. Immunitätsforsch. u. exp. Therapie Bd. 6, S. 654. 1910.
[4]) Polikard u. Bouchard: Cpt. rend. des séances de la soc. de biol. Bd. 92, H. 8. 1925.
[5]) Carrel: Berlin. klin. Wochenschr. 1913, S. 1097.
[6]) Lipschütz: Seuchenbekämpfung 1924, H. 1/2, S. 37.

endotheliale System bei der Produktion solcher Wuchsstoffe eine besondere Rolle spielt.

Es wären das also besondere Wuchsstoffe, die im Körper bzw. im Blut ständig vorhanden sein müßten, um das schrankenlose Wachstum der Tumorzelle zu ermöglichen. Dabei könnten diese Wuchsstoffe mit den embryonalen identisch oder ihnen wenigstens ähnlich oder auch ganz different von ihnen sein.

Dazu treten aber noch andere Möglichkeiten. Die neueren Untersuchungen über das Rous-Sarkom legen den Gedanken nahe, daß für die Umprägung der Körperzelle in eine Geschwulstzelle enzymartige spezifische Stoffe eine Rolle spielen. Nachdem durch Murphy[1]) gezeigt ist, daß der angebliche Erreger im Rous-Sarkom durch einen Extrakt von Hühnerembryo oder Rattenplacenta ersetzt werden kann, werden wir auch im Carrelschen Versuch an die Übertragung besonderer spezifischer Enzyme, Zellfermente oder Probionten denken müssen. Hier hätten wir also spezifische Wuchsstoffe vor uns, deren Wesen aber erst durch weitere experimentelle Forschung aufzuklären wäre, zumal es sich ja bisher nur um die Zellen des Rous-Sarkoms handelt.

Die besondere Stellung des Embryonalextraktes, selbst für den erwachsenen Organismus, hat sich in systematischen Untersuchungen an meinem Institut ergeben, über die Büngeler[2]) berichtet hat. Bei Kaninchen läßt sich schon durch eine einzige Injektion von 2 ccm eines Preßsaftes aus Hammelembryonen eine hochgradige Beeinflussung der Zellbildung des Blutes erzielen. Es entsteht hier innerhalb von spätestens 24 Stunden eine starke „Linksverschiebung" des weißen und roten Blutbildes und derartige Vermehrung der jugendlichen Knochenmarkszellen, daß auf 100 weiße Zellen bis zu 70 Normoblasten und 13 Myelocyten kommen, die im normalen Kaninchenblut fehlen, also eine sonst nie zu beobachtende Wachstumsanregung der blutbildenden Stammzellen.

Der fundamentale Unterschied zwischen dem so leicht übertragbaren Rousschen Hühnersarkom und anderen Geschwülsten beruht vor allem darauf, daß der spezifische Wuchsstoff dieser Sarkome sich so außerordentlich leicht auf andere regenerierende oder embryonale Mesenchymzellen des Huhnes übertragen läßt, was wir bisher bei keiner anderen Geschwulstart kennen. Wir müssen annehmen, daß dieser spezifische Wuchsstoff einmal in die Zelle hinein gelangt, diese Zelle derartig verändert, daß sie nun ständig und in ihren Nachkommen denselben Wuchsstoff wieder produziert. Carrel[3]) hat auch angenommen, daß sich die spezifische, die Malignität bedingende Substanz in der Zelle unbegrenzt analog dem Bakteriophagen vermehre. Aber wir müssen uns das jedenfalls ganz anders wie eine Infektion vorstellen: die Zelle selbst produziert den spezifischen Wuchsstoff, und daß es sich hier lediglich um ein Produkt pathologischer Zelltätigkeit handeln kann, geht ja am besten daraus hervor, daß man die Embryonalzelle vollkommen unabhängig von jener Substanz durch den Allgemeineinfluß einer chronischen Teer- oder Arsenvergiftung zur Produktion jener gleichen (auch wieder übertragbaren) Substanz zwingen, d. h. in eine Sarkomzelle umwandeln kann.

Es spricht heute schon manches dafür, daß der wesentliche Unterschied zwischen *Rous*-Sarkomzelle und anderen Tumorzellen vielleicht lediglich auf der leichten Übertragbarkeit des spezifischen Wuchsstoffes beruht. Weder embryonale noch Granulationszellen bei der Maus z. B. lassen sich durch einfache Hinzufügung spezifischer Wuchsstoffe selbst von den bösartigsten Ge-

---

[1]) Murphy: Journ. of the Americ. med. assoc., 24. April 1926.

[2]) Büngeler: Dtsch. Ges. f. Kinderheilk., Tgg. in Düsseldorf 19. September 1926; Frankf. Zeitschr. f. Pathol. Bd. 34, S. 350. 1926.

[3]) Carrel: Cpt. rend. des séances de la soc. de biol. Bd. 92, S. 1493. 1925.

schwülsten der Maus in Tumorzellen umwandeln. Trotzdem wissen wir, daß auch bei diesen Tumorzellen spezifische Wuchsstoffe eine große Rolle spielen. Zunächst wissen wir aus den Versuchen von Askanazy, daß auch bei der Ratte die Embryonalzelle durch chronische Arsenvergiftung des Tieres zur Umwandlung in die Tumorzelle gezwungen werden kann. Daß dies auch für die regenerierende Zelle bei der Maus zutrifft, haben heute schon noch nicht abgeschlossene Versuchsreihen von mir und Büngeler (s. S. 1686) wahrscheinlich gemacht.

Daß aber auch bei diesen Geschwülsten spezifische Wuchsstoffe eine wichtige Rolle spielen, haben vor allem die Versuche von Centanni[1]) und von Bisceglie[2]) gezeigt. Centanni hat zuerst eine einfache Methode zum Nachweis wachstumsfördernder Substanzen angegeben. Er benutzte dazu Gewebskulturen, in deren Nähe er (in einer kleinen Capillare) Extrakte von Geweben oder andere Substanzen brachte. Er konnte auf diesem Wege in sehr sinnfälliger Weise lebhaftes Wachstum oder gar Zellwanderung nach der Reizquelle hin nachweisen und bezeichnete solche wachstumsfördernden Substanzen nach meinem alten Vorschlag als Attraxine oder **Blastine.** Die Experimente zeigen nun, daß Extrakte aus normalen und selbst embryonalen Geweben bei dieser Versuchsanordnung das Wachstum von Krebszellkulturen hemmen. Wachstumsanregende Stoffe wurden dagegen in einigen endokrinen Drüsen, in Autolysaten, in den Vitaminen und auch in einigen chemischen Substanzen der aromatischen Reihe gefunden. Bisceglie führt auch die Steigerung der Geschwulstresistenz der Maus durch Resorption von Normalgewebe, Blut und heterogenem Gewebe auf eine analoge Wachstumshemmung zurück. Sehr viel auffallender aber werden die Resultate, wenn in dieser Versuchsanordnung das Filtrat eines Mäusecarcinoms auf die Krebszellkultur einwirkt. Dann setzt die Zellwucherung an der dem Filtrat gegenüberliegenden Stelle der Kultur viel früher und lebhafter ein und ist viel stärker als an allen übrigen Stellen. Bisceglie zeigte nun, daß diese Krebsfiltrate auch in vivo eine sehr starke Wirkung auf das Tumorwachstum haben. Tiere, die mit solchen Filtraten behandelt sind und nachher mit Mäusecarcinom geimpft werden, zeigen gegenüber den Kontrolltieren ein sehr viel rascheres Angehen und ein stärkeres Wachstum der Geschwulst, die sich auch durch besondere Malignität, infiltrierendes Wachstum und frühzeitige zahlreiche Metastasen auszeichneten. Infolge dieser stark erhöhten Malignität sterben die Tiere in einer viel kürzeren Zeit als die Kontrolltiere. Aus Hühnerembryonalzellen ließen sich durch Mäusekrebsfiltrate Sarkome erzeugen (s. S. 1580). Bisceglie schließt daher aus den Ergebnissen seiner Versuche, „daß in den Krebszellen ein Substrat vorhanden sein muß, das die Tumorelemente ständig reizt. Die Reizsubstanz ist mit dem in normalen, embryonalen und erwachsenen Geweben vorhandenen Wuchsstoffen nicht zu verwechseln, die auf die Tumorentwicklung eine hemmende Wirkung haben". Der Autor folgert daraus, „daß das aktive Prinzip im Filtrat im Organismus mit den neoplastischen Zellen in Berührung kommt und seinen Reiz mit jenem, relativ schwächeren, addiert, den die implantierte Tumorzelle besitzt. In der folgenden Entwicklung des Tumors bleibt dieser Impuls bestehen, entweder durch hereditäre Überführung von der ersten gereizten Zelle" oder durch beständige Anwesenheit des aktiven Prinzips im Organismus.

Sollten sich diese Versuche bestätigen, so wäre damit die Existenz eines spezifischen Wuchsstoffes in der Geschwulstzelle auch für das Mäusecarcinom

---

[1]) Centanni: Monogr. d. Chim. Biol. Bd. 1. 1924; V. Riun. d. Soc. Ital. d. Chim. Biol. Napoli 1924; zitiert nach Bisceglie.
[2]) Bisceglie: Zeitschr. f. Krebsforsch. Bd. 23, S. 349. 1926; Arch. f. exp. Zellforsch. Bd. 2, S. 64. 1925.

erwiesen. Dieser Wuchsstoff würde in mancher Hinsicht, aber in nicht allem, demjenigen des *Rous*-Sarkoms entsprechen. Beide Stoffe würden ständig von der Geschwulstzelle produziert, aber der Unterschied läge darin, daß

1. das *Rous*-Prinzip aus den Wuchsstoffen embryonaler Zellen direkt hervorgehen kann;

2. das *Rous*-Prinzip leicht durch Eintritt in embryonale oder regenerierende Mesenchymzellen die Umprägung dieser Zellen zu Tumorzellen bewirken kann.

All dies trifft für den spezifischen Wuchsstoff des Mäusecarcinoms nicht zu, und BISCEGLIE kommt selbst zu dem Schluß: „Die neoplastische Zelle würde also die Fähigkeit besitzen, den Reiz selber erzeugen zu können, der sie zu unbegrenzter Proliferation reizt; dadurch wird die schon entstandene Transformation der normalen Zellen in neoplastische durch ihren eigenen Stoffwechsel zu unbegrenzter Entwicklung gereizt. Die Reizsubstanzen oder Blastine, die von den neoplastischen Zellen gebildet werden, müßten also als Autokatalysatoren betrachtet werden, die kontinuierlich morphogenetische Phänomene hervorrufen."

Es ist von grundsätzlicher Bedeutung, daß es gelungen ist, den spezifischen Faktor des ROUS-Sarkoms auch aus Mäusecarcinomen und selbst menschlichen malignen Tumoren zu gewinnen (s. S. 1543 u. 1580). Es muß also in all diesen Zellen ein gleicher oder sehr ähnlicher spezifischer Wuchsstoff vorhanden sein, dessen Übertragung ohne weiteres die Embryonalzelle des Huhnes in eine Tumorzelle umwandelt oder zur Entwicklung der spezifischen Tumorkataplasie zwingt. Das ist auch der Grund, der GYE veranlaßte, ein ubiquitäres Virus anzunehmen. Ubiquitär ist in diesem Falle nur ein spezifischer Wuchsstoff in den verschiedensten Geschwulstzellen, und das Merkwürdige daran ist bisher lediglich seine Idendität oder zum mindesten große Ähnlichkeit mit den Wuchsstoffen der Hühnerembryonalzellen und sein leichtes Eintreten in die Metastruktur der Embryonalzelle selbst, wenigstens beim Huhn. Mit Rücksicht auf das früher über den Reizbegriff Gesagte werden wir natürlich die Bezeichnung dieser Wuchsstoffe als Reizsubstanzen ablehnen. Es ist ganz überflüssig, hier noch auf den Reizbegriff zurückzugreifen, denn es ist vollkommen klar, daß wir es mit einer besonderen Störung des Stoffwechsels der Geschwulstzelle zu tun haben und daß diese Stoffwechselkataplasie zur Bildung dieser spezifischen Wuchsstoffe führt. Diese Stoffwechselkataplasie kann an regenerierenden und embryonalen Zellen erzeugt werden durch den Einfluß äußerer Schädigungen, insbesondere durch den Einfluß allgemeiner pathologischer Konstitutionsänderungen, wie z. B. chronische Teer- oder Arsenvergiftung. In manchen Fällen — rein kongenitale Geschwülste — entsteht dieselbe Kataplasie auch durch die Kombination einer lokalen Entwicklungsstörung mit einer angeborenen allgemeinen pathologischen Konstitution.

Treffen diese Vorstellungen in ihren Grundlinien zu, so können sie uns auch für einige andere Tatsachen vielleicht bessere Erklärungen abgeben wie bisher. SHATTOCK und DUDGEON[1]) haben 4 Mäuse $1-1^1/_2$ Jahre lang mit Mäusecarcinomgewebe gefüttert und nach dieser Zeit bei 3 Tieren maligne Geschwülste, aber von ganz anderer und auch *unter sich verschiedener Struktur*, beobachtet. Sie schließen aus diesem Ergebnis auf ein Geschwulstkontagium. Sollte es nicht viel näher liegen, hier daran zu denken, daß durch die ständige Zufuhr des Carcinomblastins eine langsame Umstimmung des Körpers erfolgt ist, so daß nunmehr aus zufällig vorhandenen Embryonalkeimen oder Regenerationsherden Tumoren entstanden sind, die natürlicherweise dann auch ganz verschiedene Geschwulstformen darstellten?

---

[1]) SHATTOCK u. DUDGEON: Proc. of the roy. soc. of med. Bd. 10, Nr. 3. 1917.

Vor allem aber erscheint die Nekrohormonhypothese von Caspari hierdurch in ganz anderem Lichte. Es ist klar, daß Geschwulstnekrosen die Centannischen Blastine in größerer Menge enthalten müssen, und so werden wir uns die Nekrohormone der Geschwulstzelle als identisch mit den Blastinen vorstellen müssen, während die Nekrohormone anderer normaler Zellen anderer Natur sein werden. Wir sahen früher schon, daß im Gegensatz zu der Casparischen Hypothese Tumorzellen eine um so bessere immunisatorische Wirkung haben, je lebendiger sie sind, je lebhafter sie wachsen. Kommen sie bereits tot in den Organismus, so ist die Wirkung, wenn sie überhaupt nachzuweisen ist, wesentlich geringer, und wir werden dann sehr wohl an die Möglichkeit einer Beschleunigung des Tumorwachstums denken können, analog den Versuchsergebnissen von Bisceglie. Auch die Nekrohormonhypothese erfährt also durch diese Ergebnisse eine neue Beleuchtung. Es ist klar, daß auch nekrotisches Geschwulstgewebe diese spezifischen Wuchsstoffe noch in größerer Menge enthalten kann, und so werden uns manche Wirkungen der Nekrosen erklärlich. Burrows fand, daß in künstlichen Kulturen von Geschwulstzellen die nekrotisch gewordenen Teilchen den lebendig gebliebenen Tumorzellen direkt als Nahrung dienten, und es liegt nahe, ähnliches für den im Körper wachsenden Tumor anzunehmen. Warum die künstliche Zufuhr von Geschwulstzellen in den tumorkranken Organismus das eine Mal Abwehrreaktionen, Immunität, das andere Mal Wachstumssteigerung oder Angehen der Zellen mit Metastasenbildung, das dritte Mal endlich gar keine Wirkung auslöst, wissen wir heute noch nicht und kann an vielen sekundären Faktoren sowie vor allem an quantitativen Verhältnissen liegen.

Zahlreiche Widersprüche in der Literatur über immunisatorische Wirkungen werden an Hand der neuen Ergebnisse systematisch nachzuprüfen und wahrscheinlich aufzuklären sein. Jedenfalls dürfte der jetzige Stand der Forschung größte Zurückhaltung z. B. gegen Vorschläge auferlegen, menschliche Tumoren mit Tumorextrakten oder Tumorautolysaten zu behandeln!

Damit ist natürlich nicht gesagt, daß nicht dem nekrotischen Tumorgewebe, das ja in verschiedenem Umfange bei jeder Geschwulsttransplantation entsteht, auch noch andere Wirkungen zukommen. Caspari schreibt ihm sogar vier verschiedene Funktionen zu: die nekrotischen Geschwulstzellen reizen das Bindegewebe des Wirtes zur Bildung der Kapsel, des Stromas und der Blutgefäße, sie dienem dem Tumor als adäquates Nährmaterial, sie lösen toxische Wirkungen und allgemeine Immunitätsreaktionen aus. Das mag zutreffen, es fragt sich aber, inwieweit auch lebende Tumorzellen solche Reaktionen auslösen, und wir werden jedenfalls dem Gehalt der Geschwulstnekrosen an Blastinen eine größere Bedeutung zumessen dürfen.

8. Die Bedeutung der inneren Sekretion.

Greifen wir auf die Faktoren zurück, die die Organbildung bei der normalen embryonalen Entwicklung wesentlich bestimmen, so wissen wir heute, daß hier das Ineinandergreifen des Gesamtstoffwechsels, auch innere Sekretion genannt, von größter Bedeutung ist, daß die normale Entwicklung und Differenzierung nur bei vollständiger Harmonie der Hormonbildung vonstatten geht — wie bereits kurz S. 1263 u. 1441 ausgeführt wurde. Wir wissen heute mit voller Sicherheit, daß z. B. die geschlechtlichen Differenzierungsvorgänge, die ja zur Bildung ganzer Organe führen, einfach das Ergebnis der Produktion spezifischer Hormone, der Geschlechtsenzyme, darstellen [s. R. Goldschmidt[1]]. Über die

---

[1] Goldschmidt, R.: Quantitative Grundlage der Vererbung. Roux' Vorträge üb. Entwicklungsmech. H. 24. Berlin 1920.

Bedeutung dieser hormonalen Faktoren hat in neuester Zeit W. Schulze[1]) als Ergebnis der experimentellen Erzeugung von Athyreose und Hyperthyreose bei Anurenlarven festgestellt, daß die Harmonie der Entwicklung von den inkretorischen Drüsen abhängt. Wird die Zufuhr eines spezifischen Hormons völlig unterbunden oder wird ein Hormon in zu großer Menge zugeführt, „so geht die Entwicklung der einzelnen Teile des Organismus vollkommen auseinander. Die epithelialen Organe und Organteile, vor allem soweit sie sich vom Ektoderm oder Entoderm herleiten, stellen ihre Weiterentwicklung beim vollkommenen Ausfall der Schilddrüse ein. Eine Ausnahme bilden die Keimdrüsen, der Thymus, sowie Epiphyse und Hypophyse. Entweder spontan oder in Abhängigkeit von diesen sich weiter differenzierenden inkretorischen Drüsen entwickeln sich die mesodermalen Organe und Organbestandteile beim thyreopriven Tier weiter. Während beim Darm diese Weiterentwicklung der Muskulatur keine Differenzierung des Epithels auslöst, scheint die Ausbildung des Bewegungsapparates der Extremitäten die Ausdifferenzierung des in seinem Bereich gelegenen Coriums und der Drüsen hervorzurufen, zumal wenn diese bei Versuchsbeginn schon abgeschnürt sind. So kann durch die Sprengung des normalen Komplexzusammenhanges, durch Verschiebung des inkretorischen Gleichgewichts die Kausalität und Abhängigkeit der Entwicklung von Geweben und Organen der späteren Embryonalzeit aufgedeckt werden.“ Die Versuche von Schulze haben aber weiter die für uns hier sehr wichtige Tatsache der Selbständigkeit der Ausbildung epithelialer und mesenchymaler Teile des Organismus gezeigt. Sie beweisen nämlich z. B. die Ausbildung einer Encephalocele und die Entstehung drüsenähnlicher Cornealcysten bei hyperthyreotischen Versuchslarven. Es können also „durch bloße quantitative Verschiebung des inkretorischen Gleichgewichtes so starke selbständige Entwicklungs- und Vermehrungsprozesse einzelner Gewebe des Körpers einsetzen, daß grobe Massenverlagerungen und Mißbildungen resultieren ... Durch einfache quantitative Verschiebung des inkretorischen Gleichgewichts wird selbständige Differenzierung und dissoziiertes Wachstum von Bindegewebe im weitesten Sinne und Epithel im Vertebratenkörper hervorgerufen“.

Aus diesen Ergebnissen der Entwicklungsmechanik geht ohne weiteres die große Bedeutung des hormonalen Gleichgewichts für alle Wachstums- und Differenzierungsprozesse und damit auch für die Geschwulstbildung hervor. Es ist daher von vornherein zu erwarten, daß auch experimentell der Einfluß der Hormone auf das Geschwulstwachstum nachzuweisen sein wird. Auch bei der Transplantation von Embryonalzellen zeigte sich schon ein recht verschiedenes Verhalten der einzelnen Organe. Auf diesem Wege, d. h. durch Einimpfung embryonaler Zellen an den verschiedensten Körperstellen, gelang Fichera[2]) „bei den empfänglichen Tieren die Aufstellung einer Resistenzskala mit einem Minimum für die Hoden und einem Maximum für die Milz, d. h. mit einem Verhalten, das parallel verlief mit der für die einzelnen Organe beobachteten verschiedenen Immunisierungsintensität, mit ihrem therapeutischen Vermögen, mit deren Gehalt an onkolytischen Substanzen, eine Sachlage, wie sie sich nach und nach aus den Studien von Daels und Deleuze, de Somer, Higuchi, Woglom, Freund, Biach und Weltmann, Fleicher und Loeb ergeben hat“. Carra[3]) stellte fest, daß Milz und Niere das Wachstum transplantierter Rattencarcinome hemmten, während Schilddrüse, Nebenniere und Hoden das Wachstum förderten und die Leber keinen Einfluß zeigte.

---

[1]) Schulze, W.: Arch. f. mikroskop. Anat. Bd. 101, S. 373. 1924.
[2]) Fichera: Zeitschr. f. Krebsforsch. Bd. 14, S. 49. 1914.
[3]) Carra: Boll. d. soc. med.-chir. di Modena Bd. 23/24. 1923.

Das verschiedene Verhalten der einzelnen Organe ist hier für uns von Wichtigkeit, wobei aber wieder besonders betont sei, daß hier wie bei der Tumorimmunisierung ein Vergleich mit den Immunitätsverhältnissen der Infektionskrankheiten unmöglich ist, daß wir es mit rein cellulären und hormonalen Vorgängen zu tun haben. Zellteilung und Wachstum sind hormonal reguliert, und erbliche sowie Rassendisposition zur Krebsbildung können auf Unterschieden in der Hormonproduktion, die vererblich sind, beruhen. Auch Apolant[1]) führt den Unterschied der Empfänglichkeit verschiedener Mäuserassen und -familien auf vererbliche Unterschiede in der für das Wachstum der Geschwülste wichtigen Produktion von Stoffen der inneren Sekretion zurück. Es gibt also eine hormonale Immunität gegen Tumorentwicklung und Tumorwachstum [s. auch Engel[2])].

Gehen wir auf die Wirkung der einzelnen Organe ein, so zeigt sich auch der Einfluß derselben auf die Entwicklung experimenteller Teratoide [Katase[3])]. Da die Leber im Zentrum aller Stoffwechselvorgänge des Organismus steht, so verstehen wir, daß sie bei Geschwulstbildungen besondere Veränderungen aufweist. Medigreceanu[4]) fand Leberhypertrophie bei Krebsmäusen. Von Hochenegg und Joannovics[5]) fanden bei Tumormäusen funktionelle Störungen und anatomische Läsionen der Leber und auch bei krebskranken Menschen Leberstörungen. Da wir wohl heute als erwiesen ansehen dürfen, daß der Kohlenhydratstoffwechsel für das Geschwulstwachstum eine besondere Bedeutung besitzt, so dürfen wir hier von weiteren Untersuchungen noch mehr erwarten.

Auf den Kohlenhydratstoffwechsel wird auch der Einfluß zurückgeführt, den die Exstirpation der *Nebenniere* auf die Entwicklung transplantabler Mäusegeschwülste hat. Joannovics[6]) fand bei nebennierenlosen Mäusen eine Wachstumshemmung bei Sarkom und malignem Chondrom, während Carcinome in ihrer Entwicklung nicht gestört wurden. Auch die in seinen Experimenten nachgewiesene starke Wachstumshemmung des Sarkoms bei cocaingefütterten Mäusen führt Joannovics auf eine Störung des Kohlenhydratstoffwechsels zurück, da ja die Cocainvergiftung zu schweren Leberveränderungen mit Glykogenschwund führt. Wie vorsichtig wir mit allgemeinen Schlüssen sein müssen, geht aber schon daraus hervor, daß eben die Nebennierenexstirpation das Carcinomwachstum nicht beeinflußt. Die *Kastration* dagegen hemmt nach Joannovics das Carcinomwachstum und läßt Sarkom und Chondrom ungestört. Also die verschiedenen Geschwulstformen reagieren verschieden, was ja mit unserer Annahme eines spezifischen Stoffwechsels der spezifischen Gewebszellen vollkommen übereinstimmt.

Bei den anderen, für den Gesamtstoffwechsel wichtigen hormonalen Organen können wir ihre Bedeutung direkt durch Exstirpation des Organs, indirekt durch das Gegenteil, die Implantation und die Verabreichung von Organextrakten, prüfen. Die Ergebnisse sind leider bis heute noch voller Widersprüche.

Rohdenburg[7]) erzielte durch Verabreichung von *Schilddrüsen-* oder *Thymus*extrakten sowie von Embryonen das Verschwinden der Blastome bei Ratten. Beaver hat schon vor Jahren über erfolgreiche Behandlung eines Uteruscarcinoms mit Schilddrüsenextrakten berichtet. Engel[8]) hat systematische ex-

---

[1]) Apolant: Dtsch. med. Wochenschr. 1911, S. 1145.
[2]) Engel: Zeitschr. f. Krebsforsch. Bd. 19, S. 339. 1922.
[3]) Katase: Korresp.-Blatt f. Schweiz. Ärzte 1917, Nr. 16.
[4]) Medigreceanu: Berlin. klin. Wochenschr. 1910, S. 772.
[5]) v. Hochenegg u. Joannovics: Ref. in Münch. med. Wochenschr. 1916, S. 647.
[6]) Joannovics: Beitr. z. pathol. Anat. u. z. allg. Pathol. Bd. 62, S. 202. 1910 u. Münch. med. Wochenschr. 1916, S. 575.
[7]) Rohdenburg: Zitiert nach Fichera: s. S. 1713.
[8]) Engel: Zeitschr. f. Krebsforsch. Bd. 19, S. 339. 1923.

perimentelle Untersuchungen über den Einfluß des endokrinen Systems auf das Geschwulstwachstum bei Mäusen angestellt, und zwar mit Hilfe der ABDER-HALDENschen Optone verschiedener endokriner Drüsen. Er will hierbei eine deutliche hormonale Beeinflußbarkeit des Wachstums transplantabler Mäuse-krebse auch durch weitgehende abiurete Eiweißabbauprodukte gefunden haben? Wachstumsfördernd wirkte die *Hypophyse.* SEEL[1]) fand, daß bei Fütterung von Hypophysenextrakt die Bildung des experimentellen Teercarcinoms erheb-lich verlangsamt und viel seltener wurde (?). Wachstumshemmend wirken die Schilddrüse und besonders der Thymus. Diese stets nachweisbare hemmende Wirkung des Thymusoptons zieht ENGEL auch zur Erklärung heran für die Wirkung der Ovariektomie bei inoperablen Mammacarcinomen. Er erblickt die Ursache dieser Wirkung in der auf die Kastration folgenden Thymus-hyperplasie.

Damit kommen wir zu dem **Einfluß der Keimdrüsen** auf Bildung und Wachs-tum der Geschwülste. Die Bedeutung der inneren Sekretion der Keimdrüsen für Wachstum und Entwicklung anderer Organe ist ja eine lange bekannte Tat-sache. Ebenso zeigt sich die Wirkung der Keimdrüsenhormone in zuweilen recht auffälliger Weise bei den Geschwülsten. Ovarialdermoide zeigen nicht selten ein auffallendes Wachstum in der Pubertät. HOCHENEGG hat den Fall einer 30jährigen Frau aus carcinombelastster Familie mitgeteilt, bei der sich in der ersten Gravidität ein mit Erfolg operiertes Rectumcarcinom, in der zweiten Gravidität 7 Jahre später ein Carcinom des Dickdarms entwickelte. Wir er-wähnten oben, daß bei den transplantablen Mäusetumoren Kastration das Krebswachstum hemmt, Sarkom und Chondrom aber unbeeinflußt läßt (JOANNO-VICS). Beim Teerkrebs des Kaninchens wirkt der Gravidität umgekehrt wie beim Impftumor der Maus. KOTTMEIER[2]) gibt an, daß einerseits das Versagen von Milz und Thymus, andererseits eine Hyperfunktion der Zwischenzellen in Hoden und Ovarium Epithelwucherungen begünstigte. VÖCHTING[3]) konnte durch Unterdrückung der Geschlechtstätigkeit teratologische Bildungen hervorrufen.

Bekannter sind die pathologischen Wucherungen an Stelle des Geweihes bei Rehböcken (Perückenböcke), die auf Erkrankungen, insbesondere Atrophie der Hoden zurückzuführen sind. LAUTERBORN[4]) schreibt hierüber:

„An Stelle des normalen Sprossengeweihes bildet sich eine unförmige, klumpige, außen mehr oder weniger weiche und schwammige Knochenwucherung, von der oft recht ansehn-liche pendelnde Geschwulstmassen lockenartig herabhängen. Im einzelnen also ziemlich ver-schiedenartig gestaltet, ist allen Perückengeweihen gemeinsam, daß sie stets vom Baste bedeckt bleiben und niemals abgeworfen werden. So können ältere Perücken allmählich geradezu ungeheuerliche Dimensionen erreichen: in unaufhaltsamem Wuchern quellen sie von ihrem Ausgangspunkt über den Schädel nach vorn, schieben sich über die Augen und bringen so durch Behinderung der Nahrungsaufnahme ihrem Träger schließlich den Tod. ... Die überwiegende Mehrzahl der genauer untersuchten Perückenböcke zeigte eine bis zum völligen Schwunde gehende Atrophie der Hoden. ... Es gelang durch Röntgenbestrahlung sowie durch Vasektomie (Unterbindung und Durchschneidung der beiden Ductus deferentes) den generativen Anteil des Rehbockhodens zu zerstören, ohne daß die Zwischenzellen merk-bare Veränderungen erlitten. Die so behandelten Böcke schoben und wechselten ihre Ge-weihe ganz wie normale Tiere. ... Wird ein Rehbock mit ausgebildetem, gefegtem Geweih kastriert, so wirft er nach kurzer Zeit dieses Geweih ab und schiebt an dessen Stelle ein Kolben-geweih, das sich zu einem Perückengeweih ausbildet. Erfolgt die Kastration dagegen zu einer Zeit, wo der Bock noch nicht allzuweit vorgeschrittenes Kolbengeweih trägt, so wächst dies ohne Abwerfen in ein Perückengeweih aus: die normale, bestimmt begrenzte Neubildung geht also ohne weiteres in eine hemmungslose Wucherung über.“

---

1) SEEL: Zeitschr. f. Krebsforsch. Bd. 22, S. 1. 1924.
2) KOTTMAIER: Fortschr. d. Med. 1920, S. 488.
3) VÖCHTING: Untersuch. z. exp. Anat. u. Pathol. d. Pflanzen. Tübingen 1908.
4) LAUTERBORN: Zeitschr. f. Krebsforsch. Bd. 15, S. 147. 1916.

Wir sehen hier also, wie der Fortfall der Keimdrüsen, und zwar nach Lauterborn der Zwischenzellen, ein lebhaftes pathologisches Wachstum auslöst. Auch nach Kottmaier[1]) haben die Zwischenzellen des Hodens und des Eierstocks eine Wirkung auf das epitheliale Wachstum, ebenso wie die Entwicklung des Chorionepithelioms mit einer Funktionsstörung des Corpus luteum (Luteincysten) zusammenhängt. Durch Ausfall der Keimdrüsenfunktion soll eine Disposition zur epithelialen Wucherung gegeben sein (entsprechend den oben bereits erwähnten Ergebnissen von Joannovics), während im Gegensatz dazu nach den experimentellen Untersuchungen von Tameyoshi[2]) die innere Sekretion der Keimdrüsen eine hemmende Wirkung auf die Transplantierbarkeit und das Wachstum des Mäusecarcinoms hat. Kastration erhöhte Impfausbeute und Wachstumsenergie. Derselbe Autor führt die periodischen Schwankungen der Tumorvirulenz auf periodische Steigerungen der Keimdrüsenfunktionen zurück und glaubt, daß auch die Bildung der spontanen Geschwülste bei Mensch und Tier irgendeinen Zusammenhang mit den Keimdrüsenfunktionen besitzt.

Während aber die Kastration die Impfausbeute beim transplantablen Mäusekrebs erhöht, sehen wir ganz andere Verhältnisse beim Spontantumor. M. Schneider[3]) hat durch systematische Beobachtung an 11 000 Hühnern eine Zunahme der Ovarialtumoren im Sommer festgestellt und diese Zunahme mit der Legetätigkeit in Zusammenhang gebracht. Den Beweis hierfür sieht sie darin, daß die gleiche Häufigkeit von Geschwulstbildungen von ihr bei den Hühnern nachgewiesen werden konnte, die durch künstliche Mittel (Licht, reichliches Futter) im Winter zum Eierlegen veranlaßt wurden. Leo Löb[4]) wies nach, daß Mäuse durch Ovarienexstirpation in jugendlichem Alter die Empfänglichkeit für spontanes Mammacarcinom verlieren. Jede — auch verzögernde — Wirkung auf die Entwicklung des Brustkrebses fiel aber fort, wenn die Kastration erst beim geschlechtsreifen Tier vorgenommen wurde. Hilario[5]) hat überhaupt keinen Einfluß der Kastration auf das Wachstum von transplantierten oder selbst Spontantumoren bei Ratte und Maus feststellen können. Beim Menschen sind auffallende Besserungen, ja Heilungen beim Brustkrebs nach Kastration gesehen worden [Dumont, Cahen[6])], und Torek[7]) beschreibt sogar das Verschwinden von rückfälligen Brustkrebsmetastasen nach Entfernung beider Ovarien. Auler[8]) hat darauf hingewiesen, daß bei einem großen Teil von krebskranken Frauen männliche Behaarung und andere männliche Merkmale auftreten, die also auf einen Zusammenhang mit dem Genitalapparat hinweisen. Er, Löb[9]) und viele andere glauben, daß die senile Involution der Keimdrüsen an der Entstehung von Geschwülsten wesentlich beteiligt ist. Strong[10]) fand beim transplantablen Rattensarkom schnelleres Wachstum nach Kastration, Versagen der Implantation aber, wenn die Tiere in ganz jugendlichem Alter kastriert waren. Von Interesse ist auch ein Versuch von Harms[11]), der bei einem sehr senilen, 17 Jahre alten Hunde nach wiederholter Hodentransplantation jedesmal die Rückbildung der bei dem Tier bestehenden, zum Teil ulcerierten Talgdrüsentumoren der Haut

---

[1]) Kottmaier: Fortschr. d. Med. 1920, Nr. 16.
[2]) Tameyoshi: Gann, Bd. 16, S. 35. Tokyo 1922.
[3]) Schneider, Margarete: Journ. of exp. med. Bd. 43, S. 433. 1926.
[4]) Löb, Leo: Cpt. rend des séances de la soc. de biol. Bd. 89, S. 307. 1923.
[5]) Hilario: Journ. of exp. med. Bd. 22, S. 158. 1915.
[6]) Cahen: Dtsch. Zeitschr. f. Chir. Bd. 99, S. 415. 1909.
[7]) Torek: Ref. Münch. med. Wochenschr. 1915, S. 548.
[8]) Auler: Zeitschr. f. Krebsforsch. Bd. 21, S. 241. 1924.
[9]) Löb: Presse méd. Bd. 31, Nr. 65, S. 709. 1923.
[10]) Strong: Journ. of exp. med. Bd. 39, Nr. 3, S. 447. 1924.
[11]) Harms: Naturwissenschaften Jahrg. 9, H. 11, S. 184. 1921.

beobachtete, die wieder zu wuchern begannen, sobald das Transplantat resorbiert wurde. Nach LEWIN[1]) kann das transplantable FLEXNER-JOBLINGsche Carcinom wohl an andere Stellen des Organismus, jedoch nicht in den normalen Hoden übertragen werden. Wurde dieser aber in den Zustand einer Entzündung versetzt, so ging die Impfung an — eine Beobachtung, die mehrere Erklärungen zuläßt, am wahrscheinlichsten aber auf ein verändertes Verhalten der Mesenchymzellen zurückzuführen sein dürfte. KUBO[2]) fand dagegen, daß die transplantierte Geschwulst im entzündeten Gewebe langsamer wächst.

Wie verschieden die Verhältnisse liegen geht daraus hervor, daß BROWN und PEARCE[3]) ein Carcinom, das sich in der Narbe eines syphilitischen Primäraffektes beim Kaninchen entwickelt hatte, nur schlecht bei Impfung in oder unter die Haut übertragen konnten, dagegen gelang die Übertragung über 20 Generationen bei Impfung in den Hoden. Auch zeigten die übertragenen Geschwülste ausgesprochene Malignität (mit Metastasen) nur bei Impfung in Hoden oder Gehirn, während sie in anderen Organen lokal blieben und expansiv wuchsen.

Auch der vielfach studierte **Einfluß der Schwangerschaft** auf die Geschwulstbildung ist kein einheitlicher. ROUS[4]) erforschte bereits den Einfluß der Schwangerschaft auf die Implantation von Embryonalzellen, und APOLANT fand, daß gravide Tiere häufig gegen Tumorimpfungen immun sind. KROSS[5]) konnte bei Ratten einen Einfluß der Gravidität auf das Tumorwachstum, wie ihn SLYE bei Mäusen gefunden hatte, nicht feststellen. KROTKINA[6]) beobachtete bei zwei Kaninchen eine üppige Wucherung der durch Teerpinselung erzeugten Hautpapillome während der Schwangerschaft und ein Zurückgehen der Tumoren in der Lactationsperiode. Eine sehr ausgedehnte statistische Untersuchung an 837 Fällen von menschlichem Brustkrebs verdanken wir PELLER[7]), der feststellte, daß der Schwangerschaft die Rolle eines Schutzfaktors gegen Brustkrebs zuzuschreiben ist, (während im Gegenteil das Genitalcarcinom in der Gravidität häufig zu stärkerem Wachstum angeregt wird — allerdings wird dieses verstärkte Wachstum der menschlichen Genitaltumoren in der Gravidität von anderen stark bestritten [A. MAYER[8])]. Also auch hier keine klaren und einheitlichen Ergebnisse. Über die Bedeutung der Funktion der Brustdrüse für die Geschwulstentstehung wurde bereits S. 1583 u. 1703 berichtet.

Ein klares Bild von der Wirksamkeit und Bedeutung der Keimdrüsenhormone wie der Hormone überhaupt können wir also trotz aller aufgewandten Arbeit noch nicht gewinnen. Die Ergebnisse widersprechen sich zum Teil und weisen wieder höchst eindringlich auf die große Bedeutung der Individualität der einzelnen Tumorarten und -stämme sowie auf die große Differenz zwischen Spontantumor und transplantierter Geschwulst hin.

Beim Menschen haben jedenfalls bisher Röntgenbestrahlungen der endokrinen Drüsen eine sichere Heilung bösartiger Geschwülste noch nicht hervorgerufen [M. FRÄNKEL[9])], obwohl HOFBAUER über günstige Beeinflussungen durch Hypophysenbestrahlungen berichtet hat.

[1]) LEWIN: Naturwissenschaften Bd. 18, Nr. 4. 1913.
[2]) KUBO: Japan. Pathol.-Ges. Bd. 14, S. 250. 1924.
[3]) BROWN u. PEARCE: Journ. of exp. med. Bd. 37, S. 601, 631, 811. 1923.
[4]) ROUS: Naturwissenschaften Bd. 13. 1911.
[5]) KROSS: Journ. of cancer research Bd. 6, S. 245. 1921.
[6]) KROTKINA: Zentralbl. f. allg. Pathol. u. pathol. Anat. Bd. 35, S. 77. 1924,
[7]) PELLER: Zeitschr. f. Krebsforsch. Bd. 21, S. 100. 1923. — Siehe auch LINDSTEDT:
Dtsch. med. Wochenschr. 1911, S. 1079.
[8]) MAYER, A.: Zentralbl. f. Gynokol. 1921, Nr. 18, S. 629.
[9]) FRÄNKEL, M.: Dtsch. med. Wochenschr. 1925, S. 1989.

9. Die Blut- und Mesenchymreaktionen (Milz, Lymphocyten, Mesenchym).

Ein besonderer Einfluß auf das Geschwulstwachstum wird seit langer Zeit der Konstitution der Milz zugeschrieben. Die jedem Pathologen bekannte Tatsache, daß in der Milz Metastasen maligner Geschwülste selten, hochgradige Atrophien der Milz bei Sektion von Carcinomkranken aber häufig sind, legte den Gedanken nahe, daß hier besondere Abwehrkräfte vorhanden sein müßten. Es ist wiederholt angegeben worden, daß man durch Injektionen von Milzbrei Tiere gegen das Angehen von Geschwülsten immunisieren könne. Brancati und Weltmann[1]) erzielten den völligen Rückgang von Carcinomen und Sarkomen bei Ratten und Mäusen, die mit Injektionen von Gewebsbrei durch histiogene Reizung hyperplastisch gemachter Milzen behandelt worden waren. Apolant[2]) zeigte, daß das Zustandekommen einer aktiven Resistenz des Körpers gegen das Angehen geimpfter Geschwulstzellen durch Milzexstirpation verhindert oder erschwert werden kann.

Die Seltenheit der Tumormetastasen in der Milz wird noch in ihrer Bedeutung dadurch unterstrichen, daß mikroskopisch Geschwulstzellen in der Milz häufiger zu finden sind, daß sie aber hier gewöhnlich keinerlei Wucherungen zeigen [Chalatow[3])] und daher nicht zu makroskopisch sichtbaren Metastasen auswachsen. Das spricht dafür, daß hier die Geschwulstzellen keinen günstigen Boden finden oder sogar von den Milzzellen in der Entwicklung gehindert werden.

Von Eiselsberg[4]) und Joannowics[5]) fanden bei Ratten und Mäusen, daß die Milzexstirpation das Angehen von Carcinomimpfungen begünstigte. Biach und Weltmann[6]) stellten einen hemmenden Einfluß des Milzgewebes auf das Wachstum des Rattensarkoms fest, wenn es mit dem Tumorgemisch injiziert wurde. Dabei zeigt die Milz von Sarkomtieren ein viel stärkeres Hemmungsvermögen als die Milz von Normaltieren.

Von besonderem Interesse ist übrigens, daß die Milz überhaupt nicht nur transplantiertes Geschwulstgewebe ungünstig beeinflußt, sondern auch das Wachstum normaler Gewebstransplantationen stark hindert. Marine und Manley[7]) fanden, daß Milzexstirpation das Wachstum von Schilddrüsen- und Nebennierentransplantaten förderte bis zu 3jähriger Persistenz, während bei allen Tieren ohne Milzentfernung die Transplantate schon nach wenigen Wochen völlig atrophierten.

Das veränderte Verhalten der Milz von geschwulsttragenden Tieren ist auch, wie bereits erwähnt, bei der Gewebszüchtung von Rh. Erdmann festgestellt worden. Murphy und Sturm fanden, daß das sonst ausgezeichnete Wachstum eines transplantablen Mäusecarcinoms durch gleichzeitige Verimpfung von autologem, nicht aber von homologem Milzgewebe verhindert werden kann (s. S. 1598). Ganz anders waren aber die Resultate beim experimentell erzeugten Primärcarcinom: hier gelang es weder durch Milzexstirpation noch durch Milzbreiinjektion das Wachstum des experimentellen Teerkrebses zu beeinflussen (Fibiger).

Eine sichere Erklärung für diese eigenartigen Wirkungen des Milzgewebes kann heute wohl noch nicht gegeben werden. Die Tatsache jedoch, daß die Milz

---

[1]) Brancati u. Weltmann: Zitiert nach Fichera: Zeitschr. f. Krebsforsch. Bd. 14, S. 49. 1914.

[2]) Apolant: Zeitschr. f. Immunitätsforsch. u. exp. Therapie Bd. 17, S. 219 u. Bd. 18, S. 337, 1913.

[3]) Chalatow: Virchows Arch. f. pathol. Anat. u. Physiol. Bd. 217, S. 140. 1914.

[4]) v. Eiselsberg: 43. Tag. d. dtsch. Ges. f. Chir., April 1914.

[5]) Joannowics: Klin. Wochenschr. 1923, Nr. 51, S. 2301.

[6]) Biach u. Weltmann: Wien. klin. Wochenschr. 1913, S. 115.

[7]) Marine u. Manley: Journ. of exp. med. Bd. 32, S. 113, 1920.

ein an Lymphfollikeln, Reticulo-Endothel und lymphoidem Gewebe reiches Organ ist, läßt vielleicht gerade im Verhalten dieses Gewebes die Erklärung zu. Denn auch den **Lymphocyten** ist seit langer Zeit eine besondere Bedeutung für Entstehung und Wachstum der Geschwülste zugesprochen worden. RIBBERT legte auf die Rundzellinfiltration im Rande von beginnenden Hautcarcinomen für die Genese der Tumorbildung den größten Wert und nahm an, daß dieser entzündliche Prozeß zur Isolierung von Epithelzellen und dadurch direkt zur Carcinomentstehung führe. Ebenso sieht BONNEY[1]) in der Bindegewebswucherung im Rande eines primären Carcinoms eine wesentliche Unterstützung für den Fortschritt des Geschwulstwachstums.

Andere sahen umgekehrt in dem Lymphocytenwall eine Abwehrmaßnahme des Körpers und erblickten darin den Beweis für die Produktion toxischer Stoffe durch die Tumorzelle. Auch in den Vorstellungen BIERICHS[2]) über die Entstehung des Carcinoms spielt diese Bindegewebsveränderung im Krebsrande eine sehr große Rolle und soll den Epithelzellen erst das Eindringen und Weiterwachsen in den Körper teils verwehren, teils ermöglichen (s. S. 1441). Vor solchen Verallgemeinerungen sollte eigentlich schon die Tatsache schützen, daß keineswegs immer bei beginnenden Carcinomen solche Bindegewebsveränderungen und entzündliche Infiltration nachzuweisen sind, daß sie also unmöglich eine absolut notwendige Voraussetzung für die Geschwulstentstehung sein können.

Die Bedeutung der **Lymphocytenwälle** ist auch experimentell eingehend untersucht worden. Von der Vorstellung ausgehend, daß die Rolle der Rundzellanhäufungen in einer Zufuhr von krebsschädigenden Stoffen und Zufuhr von Nährstoffen (Nucleoproteiden) durch den Körper gegeben sei [BAYER[3])], haben MURPHY[4]) und seine Mitarbeiter die lokale Einwirkung der Röntgenstrahlen auf den Hautkrebs von der hierbei auftretenden Lymphocyteninfiltration abgeleitet. Das Blut soll die Lymphocyten zur Abwehr herbeiführen, und sie fanden, daß der Tumor am stärksten geschädigt wird, wenn ein Erythem der Haut auftritt. Experimentell wiesen sie nach, daß nach vorausgegangener Bestrahlung der Haut, die zu einer starken Lymphocyteninfiltration führte, Transplantationen von Mäusekrebs sehr viel seltener angingen, und daß der Carcinomschutz des Gewebes auf die Zone der Lymphocyteninfiltration der Haut beschränkt blieb. MURPHY und NAKAHARA fanden, daß je stärker die Lymphocytose, um so größer die Widerstandsfähigkeit gegenüber dem Tumorwachstum war und beziehen jede Immunität gegenüber transplantiertem Carcinom auf die Blutlymphocyten. Auch BACKER und DEROM[5]) betonen die Bedeutung der fast ausschließlichen Lymphocyteninfiltration beim Auftreten ausgedehnter Nekrosen in bestrahlten Krebsherden.

LOEPER und TURPIN[6]) lehnen diese Anschauungen ab, da sie durch Implantation von Mäusehoden eine starke Lymphocyteninfiltration in der unmittelbaren Umgebung von Impfsarkomen bei der Ratte erzeugen konnten, die ohne jeden Einfluß auf das Tumorwachstum blieb. Auch BONNIN[7]) kann der Lymphocytose für die Abwehr des Tumors keinen Wert zumessen, da der Grad der lokalen Lymphocytose ganz von dem Organ abhängt, in dem der Tumor wächst und sich nirgends ein Einfluß auf das Geschwulstwachstum feststellen ließ.

Weiter wurde in der **Vermehrung der Blutlymphocyten** ein wesentlicher Faktor

---

[1]) BONNEY: Lancet Bd. 23 u. 30. Mai 1908.

[2]) BIERICH: Zeitschr. f. Krebsforsch. Bd. 18, S. 226. 1922.

[3]) BAYER: Med. Klinik 1922, S. 1610.

[4]) MURPHY: Journ. of exp. med. Bd. 33, S. 299. 1921.

[5]) BACKER u. DEROM: Bull. de l'assoc. franç. pour l'étude du cancer Bd. 12, S. 635. 1923.

[6]) LOEPER u. TURPIN: Presse méd. Bd. 52, Nr. 32, S. 485. 1924.

[7]) BONNIN: Bull. de l'assoc. franç. pour l'étude du cancer Bd. 12, S. 429. 1923.

für den Widerstand des Körpers gegen das Geschwulstwachstum erblickt. Murphy
hat durch kurze Überhitzung (5 Minuten lang trocknee Hitze von 55—65°)
bei Mäusen nach 2—3 Wochen eine hochgradige Lymphocytose erzeugt und
hierdurch einen hohen Grad von Immunität gegen Geschwulsttransplantationen
hervorgerufen. Lewin[1]) schließt sich Murphy an und findet, daß die Lympho-
cytenvermehrung des geimpften Tieres wesentlich an der Vernichtung des transplantierten Tumors beteiligt ist. Nakahara und Murphy[2]) stellten durch systematische Untersuchung an tumortragenden und immunen Mäusen fest, daß bei
den Immuntieren eine Hyperplasie der lymphoiden Gewebe und Organe gegenüber einer deutlichen Atrophie der geschwulstempfänglichen Tiere 3 Wochen nach
erfolgreicher Tumorimplantation festzustellen war. Die Immuntiere zeigen eine
vergrößerte Milz mit zahlreichen Lymphocyten und Mitosen in der Pulpa, die
empfänglichen Tiere eine kleinere Milz mit wenig Mitosen, dagegen Nekrosen,
Blutreste und Pigment in der Pulpa. Ebenso verhalten sich die Lymphknoten.
Yamauchi[3]) fand, daß Leukocytose und Immunität sich nicht entsprechen und
sah wiederholt völlige Immunität bei Tieren, die infolge von Thoriumeinwirkung
keinerlei Leukocyten, sondern nur noch spärliche Lymphocyten im Blute hatten.

Nakahara[4]) fand weiter, daß intraperitoneale Injektionen kleiner Dosen
von 1proz. Oleinsäure und von Olivenöl den Mäusen eine Resistenz gegen Krebs-
übertragung von bestimmter Dauer verleihen und daß auch Rezidive nach Tumor-
exstirpation dadurch verhindert oder verzögert werden und führt all dies auf
die mit dieser Methode erzeugte Hyperplasie des lymphatischen Gewebes zurück.
Große Dosen Olivenöl intraperitoneal begünstigen dagegen das Krebswachstum,
weil sie die Tätigkeit des lymphatischen Gewebes unterdrücken, und dasselbe
Verhalten gibt dieser Autor für große und kleine Röntgendosen an. Kellert[5])
dagegen findet bei seinen Versuchen keinen Antagonismus zwischen Lympho-
cyten- und Tumorwachstum, und Prime[6]) stellte fest, daß eine Verminderung
der Blutlymphocyten durch kleine Röntgendosen die Mäuse gegenüber der
Implantation eines Mäusetumors derselben Zucht nicht empfänglicher macht,
daß Mäuse mit spontaner Lymphocytose gegenüber der Verimpfung eines Primärtumors derselben Zucht nicht resistent sind. Caspari[7]) führt die bei Immuntieren
häufig beobachtete Lymphocytose auf den primären Untergang von Lymphocyten durch den immunisierenden Eingriff zurück, sieht darin also nicht die
Ursache der Immunität, sondern eine Begleiterscheinung.

Auch hier sehen wir also kein klares Bild über die Bedeutung der Lymphocyteninfiltration und der Blutlymphocytose für Geschwulstbildung und Geschwulstwachstum. Immerhin dürfen wir wohl so viel schließen, daß von einer
Begünstigung der Geschwulstbildung durch Rundzellinfiltrate keine Rede ist,
daß im Gegenteil in manchen Fällen und bei manchen Geschwulstformen die
Lymphocytose einen wachstumhemmenden Einfluß auf die Geschwulst ausübt.
Diese Wirksamkeit ist aber nicht auf die Lymphocyten beschränkt, sondern
muß im Zusammenhang mit den **Reaktionen des gesamten Mesenchyms** und
seiner Abkömmlinge betrachtet werden. Wir sahen bereits früher, daß der
Körper für jede transplantierte Geschwulst das Stroma liefert, und die Bedeutung

[1]) Lewin: Med. Klinik 1922, S. 983.
[2]) Nakahara u. Murphy: Journ. of exp. med. Bd. 33, Nr. 3 u. 4, S. 327 u. 429. 1921.
[3]) Yamauchi: Zeitschr. f. Krebsforsch. Bd. 21, S. 230. 1924.
[4]) Nakahara: Journ. of exp. med. Bd. 35, Nr. 4, S. 493. 1922 u. Bd. 38, Nr. 3, S. 309. 1923.
[5]) Kellert, Journ. of cancer research, Bd. 6, S. 41. 1921.
[6]) Prime, ebenda. Bd. 6, S. 1. 1921.
[7]) Caspari: Biologische Grundlagen der Strahlentherapie. Ds. Handb. Bd. XVII, S. 343. 1926.

dieser Stromabildung für das Angehen, das Wachstum und die Ausbreitung der Geschwulst ist sicherlich sehr groß. Eine Reihe von experimentellen Untersuchungen weist darauf hin, daß diese Bindegewebswucherung für die Ernährung der Geschwulstzellen von größter Bedeutung ist. Es ist allgemein anerkannt, daß auch bei der Krebstransplantation Stroma und Gefäße der wachsenden Geschwulst vom Wirtstier geliefert werden. Russel[1]) hat wohl zuerst darauf hingewiesen, daß bei carcinomresistenten Tieren diese Stromabildung unterdrückt wird und die Tumorzellen dann sozusagen langsam verhungern. Bashford, Murray und Haaland[2]) fassen die Resistenz gegen Carcinomtransplantation als eine aktiv erworbene Veränderung auf, die dadurch entstehe, daß die chemotaktische Wirkung der Tumorzellen auf das Bindegewebe des resistenten Tieres geändert, unterdrückt wird. Nun beziehen sich alle diese Feststellungen nur auf die Resistenz gegen Implantationen, und da solche resistenten Tiere sogar häufiger als andere an Spontantumoren erkranken können, so erkennen wir hieraus, wie unwesentlich für das Verständnis der Geschwulstbildung diese Resistenzerscheinungen offenbar sind.

Allerdings konnte demgegenüber schon Goldmann[3]) bei carcinomresistenten Mäusen in einem mit Erfolg transplantierten Sarkom reichliche Gefäßbildung nachweisen. Andere Forscher sind auch zu genau entgegengesetztem Resultat gekommen, vor allem bezüglich der Resistenz gegenüber heterologen Impftumoren. Wie schon S. 1598 erörtert, glückte es Shirai, Rattensarkom in das Gehirn anderer Tierarten zu transplantieren. Murphy gelang es, in 83% der Fälle Mäusesarkom in das Gehirn von weißen Ratten zu transplantieren. Maisin und Sturm[4]) bestätigten diese Versuche (s. auch S. 1371, 1598, 1723 u. 1740). Kommt der Tumor jedoch mit dem Ventrikel in Berührung, so tritt eine Mesenchymreaktion mit vasculärer und perivasculärer Bindegewebswucherung und einem Exsudat von vielen großen und kleinen Rundzellen auf, und der Tumor geht nicht an. Maisin und Sturm schließen daraus, daß die Resistenz gegenüber heterologen Impftumoren lediglich auf dieser lymphaitsch-mesenchymalen Reaktion beruht. Murphy und Sturm[5]) berichten über sehr interessante Ergebnisse solcher heterologer Geschwulsttransplantationen. Sie konnten Mäusetumoren niemals subcutan oder intramuskulär auf Ratten, Meerschweinchen oder Tauben übertragen, dagegen führte die Transplantation zu starkem Wachstum, wenn sie in das Gehirn der Tiere erfolgte[6]). Dieses Angehen des Transplantats im Gehirn konnte durch gleichzeitige Verimpfung von autologem Milzgewebe verhindert werden. Also auch hieraus dürfen wir schließen, daß das Tumorwachstum unterdrückt wird, sobald eine mesenchymale Reaktion des Körpers möglich wird.

Natürlich bleibt der Weg übrig, für die so entgegengesetzte Wirkung dieser mesenchymalen Reaktionen qualitative, morphologisch noch nicht faßbare Unterschiede verantwortlich zu machen. Wir wissen, daß insbesondere die Gefäßwandzellen, Angiothelien sehr rasch auf eine Gewebsschädigung, einen Fremdkörper, ein Transplantat zuwachsen (Angiotaxis), und es könnte sowohl

---

[1]) Russel: Journ. of pathol. a. bacteriol. Bd. 12, S. 436. 1908.
[2]) Bashford, Murray und Haaland: Zeitschr. f. Immunitätsforsch. u. exp. Therapie, Orig., Bd. 1. 1909.
[3]) Goldmann: Studien zur Biologie der bösartigen Neubildungen, S. 67, Tübingen bei Laupp. 1911.
[4]) Maisin und Sturm: Cpt. rend. des seances de la soc. de biol. Bd. 88, S. 1216. 1923.
[5]) Murphy und Sturm: Journ. of exp. med. Bd. 38, S. 183. 1923.
[6]) Es ist sehr interessant, daß auch hier sich wieder ein deutlicher Unterschied zwischen Spontantumor und transplantiertem Carcinom zeigte. Es gelang nicht, spontane Mäusegeschwülste im Gehirn der Ratte, ja nicht einmal im Gehirn der Maus durch Implantation zur Entwicklung zu bringen.

durch allgemeine wie durch lokale Faktoren diese angiotaktische Wucherung verstärkt, geschwächt oder ganz verhindert werden. Es könnten auch recht verschiedene Reaktionen durch die verschiedenen Reizstärken und -arten ausgelöst werden, so, wie wir ja auch bei den Röntgenstrahlen die denkbar verschiedensten Abstufungen in den ausgelösten Reaktionen nach Dauer und Strahlenmenge beobachten können. Auch bei dem nicht angehenden Tumor kommt es ja schließlich immer zu einer Kapselbildung wie bei jedem Fremdkörper und jeder Nekrose. Auch die Heilung verläuft also letzten Endes unter Bindegewebswucherung und Narbenbildung [Bashford, Murray und Cramer[1])]. Aber diese Bindegewebswucherung setzt erst als Reaktion ein, wenn die Tumorzellen bereits abgestorben und nekrotisch sind. Und all das weist darauf hin, daß hier vielleicht gar nicht prinzipielle, sondern in erster Linie quantitative Unterschiede in den Bindegewebsreaktionen vorliegen. Es kann also keinem Zweifel unterliegen, daß Qualität und Quantität der mesenchymalen Reaktionen gegenüber den Geschwulstzellen für Entwicklung und Wachstum des Tumors von größter Bedeutung sind.

Wir erwähnten bereits, daß Lewin[2]) den transplantablen Mäusekrebs auf verschiedene Stellen des Organismus, aber nicht in den normalen Hoden übertragen konnte. Erst wenn der Hoden vorher in den Zustand einer Entzündung versetzt war, ging die Geschwulst an. Hier war also die entzündliche Bindegewebswucherung notwendig, um die Ernährung der Geschwulstzellen zu ermöglichen. Auch sonst sind mehrfach Beobachtungen mitgeteilt, die dafür sprechen, daß ohne eine gewisse Bindegewebsreaktion ein Anwachsen transplantierter Geschwulstzellen unmöglich ist. Rh. Erdmann ist auf Grund ihrer Gewebszüchtungen überhaupt zu der Anschauung gekommen, daß ohne dieses wuchernde Bindegewebe die Ernährung und damit das Leben der Geschwulstzelle unmöglich ist und daß ein wesentlicher spezifischer Faktor für die Carcinomentwicklung von der Stromazelle geliefert wird. Andererseits kann zweifellos Leben und Wachstum der Geschwulstzelle durch die mesenchymalen Reaktionen unmöglich gemacht werden, wie ja auch Kubo (s. S. 1717) im entzündeten Gewebe Hemmung des Geschwulstwachstums fand. Vielleicht liegen also in beiden Fällen *verschiedene* Stromareaktionen vor, ohne daß wir sie bisher anders als an ihrem Effekt — Tumorförderung oder Tumorzerstörung — erkennen könnten. Mac Carty, Carpenter und Kehrer[3]) haben durch systematische histologische Untersuchung an 102 Fällen von Mastdarmkrebs festgestellt, daß Lymphocyteninfiltration und Bindegewebswucherung mit Hyalinisation für die postoperative Lebensdauer prognostisch günstig sind. Sauerbruch und Lebsche[4]) haben die bisher beschriebenen und selbstbeobachteten Fälle der außerordentlich seltenen Spontanheilung bösartiger Geschwülste zusammengestellt (s. auch S. 1736) und gefunden, daß Blutverluste (Regenerationsreiz für das Mesenchym?) und entzündliche Prozesse für diese Heilung eine Rolle spielen. Slawik[5]) hat 3 Fälle von großen Hämangiomen des Gesichts bei kleinen Kindern mitgeteilt, die durch oberflächliche Verletzungen infiziert wurden, geschwürig zerfielen und mit starker Narbenbildung abheilten. Auch bei Hautcarcinomen sind Heilungen durch Erysipel beobachtet worden. Spude[6]) berichtet über erfolgreiche Krebsbehandlung durch immer wiederholte Erzeugung einer starken reaktiven Entzündung im Tumorrande.

---

[1]) Bashford, Murray u. Cramer: Imperial Cancer research Found. 2. Report 1904.
[2]) Lewin: Journ. of exp. med. Bd. 18, Nr. 4, S. 397. 1913.
[3]) Mac Carty, Carpenter u. Kehrer: Journ. of laborat. a clin. med. Bd. 7, S. 602. 1922.
[4]) Sauerbruch und Lebsche, Dtsch. med. Wochenschr. Nr. 5, S. 149. 1922.
[5]) Slawik, Wien. klin. Wochenschr., Nr. 32. 1917.
[6]) Spude, H.: Zeitschr. f. Krebsforsch. Bd. 21, S. 294. 1924.

DANCHAKOFF[1]) hat die eigenartige Tatsache mitgeteilt, daß Säugetiertumoren auf Hühnerembryonalgewebe (besonders Allantois) sehr gut zum Wachstum zu bringen sind, nicht aber auf ausgewachsenen Hühnchen. Die genauere Analyse des Vorganges ergibt, daß beim ausgewachsenen Huhn die Mesenchymzellen einen Wall um die Tumormasse bilden, dann in dieselbe eindringen, die einzelnen Tumorzellen umschließen und unter Vakuolisierung verdauen. Die Immunität des ausgewachsenen Huhnes beruht also auf der Wucherung der Mesenchymzellen, die mit ihren eiweißspaltenden Fermenten die Tumorzelle angreifen. Auch MAISIN und STURM[2]) führen, wie bereits S. 1721 erwähnt, die Resistenz von Ratten bei der Überimpfung von Mäusesarkom ins Gehirn (nach dem Vorbild von SHIRAI und MURPHY) auf die lymphatisch-bindegewebige Reaktion des Wirtes zurück.

In ähnlicher Weise ist in neuerer Zeit die **Wirkung der Röntgenstrahlen** auf Geschwülste erklärt worden. Wir wissen heute, daß zahlreiche Geschwulstformen und auch eine ganze Reihe sonst sehr bösartiger Geschwülste durch geeignete Radium- und besonders Röntgenbestrahlung vollkommen zerstört werden können mit dem Ergebnis völliger Heilung. Während man früher die Ursache dieser Heilung lediglich in der zerstörenden Wirkung der Strahlen auf die Tumorzellen erblicken wollte, mehren sich die Anzeichen dafür, daß den durch die Bestrahlung ausgelösten mesenchymalen Reaktionen die Hauptrolle zukommt. PICCALUGA[3]) hat experimentell am Mäusekrebs festgestellt, daß Radiumemanation in sehr kleinen Dosen eine Hyperplasie der Milz und eine Leukocytose und dadurch einen hemmenden Einfluß auf das Geschwulstwachstum ausübt. Der Einfluß der Bestrahlung zeigt sich an der Geschwulst selbst in einer stärkeren und rascheren Bindegewebsentwicklung, die schon vor der Nekrose der Geschwulstzellen eintritt. NAKAHARA[4]) stellte fest, daß Krebszellen, die man in ein mit Röntgenstrahlen vorbehandeltes Hautgebiet überträgt, dieselben degenerativen Veränderungen aufweisen wie die Carcinomzellen nach Röntgenbestrahlung selbst.

Auch die Röntgenbestrahlung des subcutanen Gewebes verminderte deutlich die Empfänglichkeit der bestrahlten Fläche für die Carcinomtransplantationen [LIU, STURM und MURPHY[5])]. Trotzdem darf auch die *direkte Einwirkung der Röntgenstrahlen auf die Geschwulstzelle* nicht vernachlässigt werden. Wir wissen heute, daß diese Wirkung unmittelbar an der Metastruktur des Zellkerns, am Chromatin, angreift, und gerade diese Tatsache ist ja die Ursache dafür, daß Röntgenstrahlen bei geeigneter Dosierung ebenso zur experimentellen Erzeugung von Geschwülsten wie bei anderer Dosierung zu ihrer Vernichtung geeignet sind. Daß tatsächlich die Geschwulstzelle selbst durch geeignete Bestrahlungen beeinflußt wird, geht am besten daraus hervor, daß sich die Geschwulstzellen an die Bestrahlung *anpassen* können, und daß z. B. eine zunächst mit gutem Erfolg bestrahlte Geschwulst im Rezidiv eine viel größere Widerstandsfähigkeit gegen die Bestrahlung zeigt und schließlich ganz resistent wird — eine Tatsache, die ja in der Therapie eine wichtige und bedauerliche Rolle spielt. Daher die großen Schwierigkeiten durch Bestrahlung *alle* Zellen einer bösartigen Geschwulst zu vernichten.

Auch BASHFORD, MURRAY und CRAMER fanden in Serienversuchen an Tieren,

[1]) DANCHAKOFF, Biol. bull. of the marine biol. laborat., Bd. 38, S. 202. 1920.
[2]) MAISIN und STURM: Cpt. rend des séances de la soc. de biol., Bd. 88, S. 1216. 1923.
[3]) PICCALUGA: Ann. ital. di Chir. Bd. 1, S. 1. 1922.
[4]) NAKAHARA: Journ. of exp. med. Bd. 38, Nr. 3, S. 309. 1923.
[5]) LIU, STURM und MURPHY: Journ. of exp. med. Bd. 35, S. 487. 1922. — MURPHY: Americ. journ. of roentgenol. a. radium therapy Bd. 11, S. 544. 1924.

daß die Röntgenbestrahlung neben der direkten Schädigung der Krebszellen [Holfelder[1])] gleichzeitig eine lebhafte Bindegewebswucherung erzeugt, die von allen Seiten in den Geschwulstherd eindringt, die Krebsinseln isoliert und unter Nekrose und Verfettung zerstört. Diese Bindegewebsreaktion ist im wesentlichen ein Ausdruck der Allgemeinreaktion des Organismus [Caspari[2])], denn sie kommt auch zustande bei Bestrahlung des Gesamtkörpers unter Aussparung des Geschwulstherdes. Vorländer[3]) hat all dies in systematischen Untersuchungen voll bestätigt. Murphy, Maisin und Sturm[4]) führen ebenfalls die Heilwirkung der Bestrahlung bei Untersuchungen an Mäusekrebs auf die spezifische Reaktion zurück, die infolge der Bestrahlung im angrenzenden normalen Gewebe entsteht.

Mit Recht lehnt daher Opitz[5]) auch für die Strahlentherapie der menschlichen Geschwülste die Anschauung von Wintz ab, daß die Vernichtung der Krebszellen lediglich eine technisch-physikalische Aufgabe sei und betont den komplexen biologischen Vorgang bei der Strahlenwirkung, die vor allem auch Allgemeinwirkung ist. Allerdings darf man auch nicht in das andere Extrem verfallen und die primäre Schädigung der Geschwulstzelle ganz vernachlässigen, hat doch v. Gaza[6]) gezeigt, daß auch die Aktivierung der Mesenchymzellen keine Wunder wirkt und selbst die aktivste Mesenchymzelle nicht fähig ist, gesunde lebende Zellen anderer Art anzugreifen.

Die große Bedeutung des normal funktionierenden Mesenchyms scheint mir auch aus den Versuchen von Rhoda-Erdmann und meinen eigenen mit Büngeler über die Bedeutung hochgradiger Speicherungsvorgänge für die Übertragung von Geschwülsten hervorzugehen (s. S. 1598). Hier ist die Schädigung des Mesenchyms für das Angehen des Tumors ausschlaggebend. Ebenso haben Murphy und Tailor[7]) gezeigt, daß die natürliche Resistenz junger Tiere gegen Tumorplantation durch Röntgenstrahlen zerstört werden kann, und Murphy und Morton[8]) sowie Caspari[9]) haben nachgewiesen, daß die bei Mäusen vorkommende natürliche Immunität („Nuller" von Ehrlich) häufig durch eine starke Röntgenbestrahlung aufgehoben werden kann. Wir sehen also, **jede allgemeine Schädigung des Mesenchyms begünstigt das Tumorwachstum.**

Denkbar wäre es auch, daß bei Geschwulstkranken überhaupt eine abnorme Reaktionsfähigkeit des Gesamtorganismus vorliegt. Laclau, Imaz und Acevedo[10]) haben nach intramuskulären Injektionen von Hefehydrolysaten bei Kranken mit gut- oder bösartigen Geschwülsten eine Vermehrung der kleinen Lymphocyten im Blute um $2-20\%$ beobachtet, während Gesunde und Infektionskranke mit einer Vermehrung der polynucleären Leukocyten reagierten: *Nachweis einer Anomalie der Gesamtkonstitution.* Die Autoren wollen diese Reaktion sogar diagnostisch verwerten können. Selbst wenn sie nicht *so* genau zutreffen sollte, würde sie doch eine Umstimmung des Gesamtkörpers bei der Geschwulstkrankheit anzeigen. Über Blut- und Serumreaktionen s. ferner S. 1422.

---

[1]) Holfelder: Arch. f. klin. Chir. Bd. 134, S. 647. 1925.
[2]) Caspari: Biologische Wirkung der Strahlentherapie auf bösartige Geschwülste. 1923.
[3]) Vorlaender: Dtsch. med. Wochenschr. 1923, S. 910; Strahlentherapie Bd. 18, S. 564. 1924.
[4]) Murphy, Maisin und Sturm: Cpt. rend. des séances de la soc. de biol. Bd. 90, S. 972. 1924.
[5]) Opitz: Fortschr. a. d. Geb. d. Röntgenstr. Bd. 32, S. 95. 1924.
[6]) v. Gaza: Klin. Wochenschr. 1925, S. 745.
[7]) Murphy u. Tailor: Jorn. of exp. med. Bd. 28, S. 1. 1918.
[8]) Murphy u. Morton: Journ. of exp. med. Bd. 22, S. 204 u. 800. 1915.
[9]) Caspari: Zeitschr. f. Krebsforsch. Bd. 19, S. 76. 1922; Strahlentherapie Bd. 15, S. 831. 1923 u. Bd. 18, S. 17. 1924.
[10]) Laclau, Imaz u. Acevedo: Cpt. rend. des séances de la soc. de biol. Bd. 92, S. 843. 1925.

10. Primäre Veränderungen des Gesamtkörpers bei der Geschwulstbildung, Röntgen- und Teerkachexie.

Haben wir im vorhergehenden die Wirkungen von Änderungen der Konstitution und des Gesamtorganismus auf Entstehung und Wachstum der Geschwülste klarzulegen versucht, so können wir das Problem doch auch noch von einer anderen Seite her betrachten, und unsere nächste Frage lautet: *Welche Veränderungen des Gesamtorganismus finden sich beim Geschwulstträger?* Es ist selbstverständlich, daß uns hierbei in erster Linie die spontan entstandenen Geschwülste, dann auch die experimentell erzeugten Primärtumoren, in letzter Linie erst die Tumorträger interessieren werden, die durch Transplantation einer Geschwulst zu solchen wurden, bei denen also keine aus den eigenen Körperzellen erst entwickelte Geschwulst vorliegt. Denn nur die Träger einer Spontangeschwulst werden uns Aufschluß darüber geben können, ob primäre Konstitutionsveränderungen für die Entstehung von Geschwülsten eine wesentliche Bedeutung haben. Wenn wir z. B. sehen, daß die Ausbildung der Melanosarkome gewissermaßen das unentrinnbare Schicksal aller älteren Schimmelpferde ist (VAN DORSSEN), so werden wir nicht daran zweifeln können, daß hier eine tiefgreifende Konstitutionsanomalie ein wichtiger, wenn nicht der wichtigste Faktor der Geschwulstbildung ist.

Beginnen wir mit den experimentell erzeugten Tumoren. Gerade diese schienen zunächst die Beteiligung aller konstitutionellen Momente an der Geschwulstbildung einwandfrei zu widerlegen. Hier zeigte sich, daß durch die lokale Behandlung ein Carcinom entsteht, und wenn FIBIGER noch in etwa der Hälfte seiner Fälle keinen Tumor erzeugen konnte, daher eine Mitwirkung der individuellen Disposition noch anzunehmen gezwungen war, so ließ sich eine solche beim experimentellen Teerkrebs mit seinen bis zu 100% positiven Ergebnissen nur in sehr geringem Umfange annehmen. Es wurden daher diese Resultate als absolute Beweise für die allein ausschlaggebende Rolle der lokalen Veränderung, für die VIRCHOWSche Reiztheorie, angesprochen (FIBIGER).

Inzwischen hat sich aber das Bild wieder geändert. Ist schon bei den 100% positiver Versuche beim Teerkrebs nicht zu vergessen, daß sich diese Zahl nur auf die überlebenden Tiere bezieht, daß also die Disposition eben in dieser primären Widerstandsfähigkeit gegen die Teerwirkung überhaupt gegeben sein könnte, so haben doch die letzten Forschungen die Zahl von 100% als zu hoch herabgedrückt, aber auch hier gewichtige Tatsachen für die Bedeutung des allgemeinen Körperzustandes zutage gefördert. Wir wissen ja heute, daß sowohl die Teerpinselung wie die Röntgenbestrahlung der Haut keineswegs nur lokale Veränderungen am Orte der Einwirkung auslösen, sondern von sehr eingreifenden Veränderungen des Gesamtorganismus gefolgt sind. Wenn BLOCH findet, daß zur experimentellen Erzeugung des **Röntgencarcinoms** beim Tier erstens die lokale Verbrennung und zweitens eine ganz bestimmte Gesamtstrahlenmenge notwendig sind, so kann die Erklärung hierfür darin gegeben sein, daß eben erst bei einer bestimmten Strahlenmenge die Allgemeinschädigung des Organismus den Grad erreicht, der zur Erzeugung des Carcinoms notwendig ist. Es muß sich vielleicht im biologischen Sinne erst eine Art allgemeiner Röntgenkachexie entwickeln, ehe der lokale regenerative Prozeß zur Krebsbildung führt.

Bei den — früher erwähnten, sehr seltenen — Fällen von Carcinombildung auf Grund einer einmaligen Röntgenverbrennung, einer einmaligen Verätzung, Verbrennung usw. könnte der Zusammenhang so sein, daß nach derartigen Schädigungen Carcinombildung eben *nur dann* auftritt, wenn zufälligerweise die Allgemeindisposition des Körpers vorhanden ist oder durch andere Faktoren sich entwickelt. Die Krebsbildung beim Xeroderma pigmentosum weist in sehr eindringlicher Weise auf einen gleichen Zusammenhang hin, denn hier besteht ja ganz unzweifelhaft eine Allgemeindisposition des gesamten Hautorgans. Die Allgemeinwirkung der Röntgenbestrahlung gewinnt auch sonst von Tag zu Tag mehr Bedeutung für das Verständnis der Röntgenwirkung, ich verweise auf die Handbücher der Röntgentherapie.

Trotzdem bleibt die Entwicklung der Geschwulstzelle ein celluläres Problem, und manche experimentellen Erfahrungen, besonders beim Rous-Sarkom, weisen eindringlich darauf hin, daß in manchen Fällen auch ganz allein durch direkte Einwirkung auf die sich entwickelnde Embryonal- und Regenerationszelle, also ohne Mitwirkung des Gesamtkörpers, die Umprägung der normalen Zelle in eine Geschwulstzelle erzwungen werden kann. Vielleicht sind das diejenigen Geschwülste, die ohne weiteres auch auf andere Individuen transplantiert werden können, während die große Mehrzahl aller Spontantumoren bei Mensch und Tier überhaupt nicht auf andere Individuen zu transplantieren ist, also für ihr Wachstum eine besondere Konstitution des Körpers verlangen. Denkbar wäre es auch, daß verschiedene Grade der Geschwulstkataplasie vorkommen und durch das Zusammenwirken lokaler und allgemeiner Faktoren erzielt würden. Der höchste Grad der Kataplasie in einer bestimmten — nicht notwendig mit der Malignität identischen — Richtung der Kataplasie würde dann bei den transplantierbaren Geschwülsten erreicht sein. Auch zeigt die experimentelle Forschung, daß diese Seite der Kataplasie durch fortschreitende Züchtung der Geschwulstzelle im Tierkörper gesteigert werden kann, so daß zum Schluß die Bedeutung des Gesamtkörpers und seiner Konstitution für das Geschwulstwachstum ganz oder fast ganz zurücktritt. Für die Entwicklung der Spontangeschwülste ist die große Bedeutung des Disposition des Gesamtorganismus auch experimentell einwandfrei erwiesen.

Chambers, Scott und Russ[1]) haben die Bedeutung der Röntgenwirkung auf den Gesamtkörper an einem transplantablen Rattencarcinom in überzeugender Weise nachgewiesen. Wurde das ganze Tier mit großen Röntgendosen behandelt, so ergab sich eine verminderte Resistenz gegen die Krebstransplantation, wurde dagegen die vorherige Bestrahlung mit geringeren Dosen durchgeführt, so ergab sich eine erhöhte Resistenz, und Kok und Vorlaender[2]) schließen aus ihren experimentellen Untersuchungen, daß vor allem die Allgemeinwirkung der Röntgenstrahlen für die Wirkung auf die Geschwulst maßgebend ist und daß diese sich lokal als stärkere Cellularreaktion (Auftreten massenhafter speicherungsfähiger Histiocyten) und als Bindegewebsreaktion äußert. Auch Russ[3]) wies nach, daß nach Exstirpation eines Primärtumors Wiederimpfungen mit diesem Tumor nicht angehen bei den Tieren, die vorher mit Röntgen in geeigneter Weise bestrahlt worden waren.

Für den **experimentellen Teerkrebs** ist ebenfalls von großer Bedeutung, daß auch hier die Teerpinselung keineswegs nur lokale Veränderungen macht. Von zahlreichen Untersuchern ist eine ganze Anzahl schwerer Veränderungen im Gesamtorganismus der Teermäuse beschrieben worden. Insbesondere fanden sich (wie schon früher S. 1622 besprochen) Anzeichen toxischen Blutverfalls (Anämie, myeloide Metaplasie, Pigmentablagerungen) und schwere degenerative Veränderungen von Niere und Leber mit einer Reihe von Hautveränderungen, so daß Lipschütz mit Recht den Schluß zieht, daß die chronische Teerpinselung der Haut bei den Tieren eine *„chronische Toxikose"* hervorruft.

---

[1]) Russ: Journ. of pathol. et bacteriol. Bd. 23, S. 384. 1920.
[2]) Kok und Vorlaender: Dtsch. med. Wochenschr. S. 910. 1923 und Strahlentherapie Bd. 15, S. 561. 1923 u. Bd. 18, S. 90. 1924.
[3]) Russ: Brit. med. journ. Nr. 3123, S. 653. 1920.

Wir erwähnten früher bereits das fortschreitende Absinken dr cytolytischen Kraft des Blutserums im Verlaufe der Teerpinselung (s. S. 1622). REMOND, SENDRAIL und BOULICAUD[1]) wollen auch chemische Veränderungen im Blut bei der experimentellen Teerkrebserzeugung festgestellt haben, und zwar: Abnahme des Harnsäure-N und Zunahme des Rest-N, Hyperglykämie und Hypocholesterinämie, die beide zusammen mit den ersten histologischen Anzeichen der Malignität des Tumors auftraten.

FUKUDA und AZUMA[2]) haben hyaline Entartung in Milz und Leber bei den Teermäusen wie auch bei spontanem Mammacarcinom der Maus beobachtet. SEEL[3]) weist auch bei den Kaninchen auf Veränderungen im Allgemeinbefinden der Tiere nach Teerpinselung der Ohren hin. MURRAY[4]) hat zuerst die wichtige Feststellung gemacht, daß nach Erzeugung eines experimentellen Teerkrebses Teerpinselung der Haut an anderen Körperstellen nicht zur Bildung eines zweiten Tumors führt und daß auch nach Operation eines spontanen Mammacarcinoms nachträgliche Teerpinselung nicht zur Geschwulstbildung führt. Auch SACHS und TAKENOMATA[5]) fanden eine Resistenzerhöhung der Mäuse bei Teerpinselung gegenüber der Geschwulsttransplantation. JOANNOVICS[6]) schließt deshalb mit Recht: „Die Feststellung einer derart erworbenen Unempfänglichkeit gegen experimentellen Teerkrebs ist von einschneidender Bedeutung, denn sie besagt, daß unter der Entwicklung des Neoplasmas tiefgreifende konstitutionelle Veränderungen im Organismus sich vollziehen."

Es kann nach alledem kein Zweifel sein: die Vorgänge im Organismus sind auch unter den anscheinend so einfachen Verhältnissen der experimentellen Carcinomerzeugung (z. B. durch Teerpinselung) äußerst komplexe. Wenn wir zudem noch berücksichtigen, daß unter den besonderen, früher besprochenen Umständen die Teerpinselung überhaupt nicht zur Bildung von Hautgeschwülsten an der geteerten Stelle, sondern zur Entwicklung von teerfernen Tumoren, insbesondere in der Haut und im Magen, ja sogar zur Bildung von Lungencarcinomen führt, so werden wir uns fragen müssen, ob nicht die Allgemeinwirkung, die konstitutionelle Umwandlung des Gesamtorganismus unter der Einwirkung von Teer und Röntgenstrahlen im Vordergrunde steht. Es ist eben doch von fundamentaler Bedeutung, daß die Schädigungen, die ein Carcinom hervorrufen, den Körper resistent gegen Geschwulstübertragungen machen, daß die spontan gegen Krebstransplantation resistenten Tiere besonders häufig an primärer spontaner Geschwulstbildung erkranken[7]), daß gerade solche Faktoren, durch deren Einwirkung Carcinome entstehen, ja experimentell erzeugt werden können, wie Röntgenstrahlen, Arsen gleichzeitig in geeigneter Dosierung die wertvollsten Hilfsmittel zur Vernichtung der Geschwulst, zur Behandlung der Geschwulstkrankheit sind. Es ist bis heute noch nicht möglich, für diese fundamentalen Tatsachen befriedigende Erklärungen zu geben, zumal alle aus der Immunitätswissenschaft gewonnenen Vorstellungen uns hier im Stich lassen.

CASPARI[8]) hat den Versuch gemacht, durch die Nekrohormontheorie eine Erklärung dafür zu geben, warum dieselben Faktoren Tumoren erzeugen und Geschwülste heilen können. Der verschiedene Grad des Zellzerfalls und der

---

[1]) REMOND, SENDRAIL u. BOULICAUD: Bull. de l'assoc. franç. pour l'étude du cancer Bd. 13, S. 750. 1924.

[2]) FUKUDA und AZUMA: cit. nach Jamagiva, Gann. Bd. 18, S. 1. 1924.

[3]) SEEL: Zeitschr. f. Krebsforsch. Bd. 22, S. 10. 1924.

[4]) MURRAY: Brit. med. journ. Nr. 3232, S. 1103. 1922.

[5]) SACHS und TAKENOMATA: Dtsch. med. Wochenschr. S. 1294. 1923.

[6]) JOANNOVICS: Klin. Wochenschr. 1923, S. 2301.

[7]) APOLONT: Zitiert auf S. 1615.

[8]) CASPARI: Zeitschr. f. Krebsforsch. Bd. 19, S. 74. 1923.

Bildung von Abbausubstanzen soll die verschiedenen Reaktionsarten erklären. Auch in diesem Falle würden quantitative Unterschiede das Maßgebende sein, die aber in ihrer Bedeutung erst aufzuklären wären.

Nur das eine darf man sicher sagen, von einer auch nur bescheidenen Ansprüchen genügenden Erklärung der Geschwulstgenese durch die Reiztheorie kann keine Rede sein. Die Wissenschaft ist über das Stadium, wo die Lebenserscheinungen bei der Tumorbildung durch den Sammelbegriff der Reizwirkung erklärt werden konnten, hinausgeschritten und kann heute ihre an Zahl und Bedeutung wesentlich bereicherten Fragestellungen schon sehr viel genauer und präziser stellen.

11. Konstitutionsabweichungen bei Spontangeschwülsten.

Wir haben jetzt noch einen kurzen Blick zu werfen auf diejenigen Veränderungen, konstitutionellen Abweichungen, die sich bei der Spontangeschwulst bei Mensch und Tier nachweisen lassen. Ist es richtig, daß die allgemeine Konstitution einen wesentlichen Faktor für die Geschwulstentwicklung darstellt, so werden wir auch hier konstitutionelle Abweichungen des Körpers erwarten und suchen müssen. Sehen wir von der Humoralpathologie ab, so hat schon vor vielen Jahren der ältere Beneke[1]) auf die Bedeutung der Konstitution bei der Carcinombildung eindringlich hingewiesen. Wenn eine solche Anschauungsweise in neuerer Zeit durch inhaltleere Schlagworte[2]) diskreditiert worden ist, so beweist das nichts gegen ihre Grundlagen. Glaubte man aus der Möglichkeit experimenteller Geschwulsterzeugung bei jedem Tier jede konstitutionelle Theorie ablehnen zu müssen, so hat man früher auch aus der Tatsache, daß sich manche Geschwülste auf fast jedes gesunde Tier übertragen lassen, den gleichen irrtümlichen Schluß gezogen. In Wirklichkeit gibt es hier alle nur denkbaren Unterschiede je nach der Geschwulstart, und es ist nicht selten, daß Tiere, die gegen die eine Geschwulstart bei der Impfung resistent sind, für andere Geschwülste noch empfänglich sind [Leitch[3])].

Wir betonten schon, daß von den in der Natur auftretenden Primärtumoren überhaupt nur ein sehr geringer Prozentsatz transplantiert werden kann, und wir wiesen bereits darauf hin, daß nach Ehrlich, Apolant, Bashford erst mehrere Überimpfungen notwendig sind, um aus einem transplantablen Tumor einen solchen mit hoher Virulenz zu erzielen, der schließlich auf fast jedes normale Tier zu übertragen ist. Nach Ehrlich werden bei den meisten Transplantationen der überhaupt übertragbaren Geschwülste nur 10—20%, selten 50% positive Ergebnisse erhalten, und selbst nach vielen Übertragungen erreichen die meisten Impftumoren höchstens eine Transplantierbarkeit von etwa 80%, nur ganz wenige Geschwülste, wie das Ehrlichsche maligne Chondrom, geben bei der Übertragung regelmäßig eine Ausbeute von 100%.

Daraus ergibt sich, daß sich auch die Konstitution der Geschwulstzelle bei den Übertragungen ändert — eine wichtige Tatsache für die Bedeutung fortgesetzter Transplantationen überhaupt. Dabei können sich die Geschwulstzellen auch schädlichen äußeren Einflüssen anpassen. Die wichtige Anpassungs-

---

[1]) Beneke: Dtsch. Arch. f. klin. Med. Bd. 15, S. 538. 1875.
[2]) Beispiele: Die geistigen Anstrengungen und seelischen Aufregungen des Erwerbslebens stehen mit Ausbreitung und Zunahme der Krebskrankheit in Verbindung, die durch Rückkehr zu einer einfacheren Lebenshaltung zu bekämpfen ist (Engel: Zeitschr. f. Krebsforsch. Bd. 19, S. 215, 192. 1922) oder: Die Dynamik der Pathogenese der Gestationstoxonosen ist ein fundamentales Problem der Geschwulstforschung. Greil: Zeitschr. f. d. ges. Anat., Abt. 2: Zeitschr. f. Konstutionslehre. Bd. 8 H. 5. 1922.
[3]) Leitch: Brit. med. journ. Nr. 3122, S. 653. 1920.

fähigkeit an Strahlenwirkungen wurde bereits erwähnt (s. S. 1723). Leo Loeb[1]) hat auf diesem Wege durch Generationen hindurch Tumoren gezüchtet, die gegen die schädigende Wirkung von Schwermetallen oder gegen Hirudin, das ebenfalls Krebswachstum stark schädigt, resistent waren.

Von größter Wichtigkeit ist, daß die für das Wachstum dieser transplantablen Carcinome in normalen Tieren gefundenen Gesetze nicht ohne weiteres für Wachstum und Metastasierung der spontan auftretenden Geschwülste Gültigkeit haben. Vor allem kann man wohl ein Tier erfolgreich mit seinem eigenen Tumor impfen, also künstlich eine Metastase machen [Stilling, Haaland[2])], obwohl die Geschwulst überhaupt auf ein anderes Tier nicht zu transplantieren ist. Auch gelingt es nicht, eine Geschwulstimmunität beim Spontancarcinom zu erzeugen. Also liegen hier nur bei dem erkrankten Tier die notwendigen Bedingungen der Allgemeinkonstitution für das Wachstum der Geschwulst vor.

Wieweit primäre Konstitutionsanomalien, besonders chemischer Art, bis heute bei der Geschwulstkrankheit nachgewiesen sind, das haben wir schon bei der Frage der chemischen Kataplasie (s. Kapitel III, 3, S. 1415) eingehend besprochen. Die meisten dieser Veränderungen sind, da die Untersuchungen fast ausschließlich am Carcinom, insbesondere an weit vorgeschrittenen Carcinomen angestellt worden sind, sekundärer Natur, Folgen der starken Zell- und Kernwucherung, des häufig stark gesteigerten Zellzerfalls. Trotzdem wird für einige dieser Veränderungen von manchen der primäre konstitutionelle Charakter behauptet und demnach von erblicher Geschwulstkonstitution und Tumorrassen gesprochen [s. Rössle[3]), Strauss[4]), Haeberlin[5]), Bartel[6])]. Ganz besonders haben Freund und Kaminer[7]) in zahlreichen Arbeiten den Nachweis zu erbringen versucht, daß ganz bestimmte biochemische Grundlagen für die Carcinomdisposition nachzuweisen sind. Sie geben an, daß unter normalen Verhältnissen aus dem Palmitin des Darminhalts eine gesättigte Dicarbonsäure (Normaldarmsäure) gebildet wird, die Geschwulstzellen zerstört und die Entstehung einer Geschwulst verhindert. Im Darm eines zu Carcinom disponierten Individuums dagegen entsteht eine ungesättigte Dicarbonsäure, die im Serum mit Euglobulin und Zucker zum spezifischen Carcinom-Nucleoglobulin gekuppelt wird. Diese ungesättigte Dicarbonsäure ist die Ursache dafür, daß Krebszellen durch Krebsserum vor der Zerstörung geschützt werden, die im Normalserum erfolgt. Wird nun z. B. durch chronische Reizung die Normaldarmsäure in zu großer Menge verbraucht, so nehmen die Zellen schließlich das Carcinom-Nucleoglobulin auf, das zu Nucleoproteid umgewandelt wird und damit die Zelle krank und zur Krebszelle macht. Selbst wenn sich alle Angaben von Freund und Kaminer bestätigen ließen (vgl. S. 1427), wären doch noch zahlreiche Fragen für die Entstehung einer Krebsdisposition damit ungeklärt, insbesondere wäre zu prüfen, ob es sich hier um konstitutionelle Anomalien bei *allen* Geschwulstformen handele. Es würde sich dann um eine konstitutionelle Störung des Lipoidstoffwechsels als Grundlage der Geschwulstdisposition handeln, wie das auch schon von anderen hypothetisch angenommen wurde.

---

[1]) Loeb, Leo: Zitiert nach Caspari, s. S. 1704.
[2]) Haaland: Journ. of pathol. and bacteriol Bd. 14, S. 407. 1910.
[3]) Rössle: Zeitschr. f. angew. Anat. u. Konstitutionslehre Bd. 5. 1919.
[4]) Strauss: Zeitschr. f. Krebsforsch. Bd. 19, S. 185. 1922.
[5]) Haeberlin: Frankfurt. Zeitschr. f. Pathol. Bd. 2, S. 365. 1909.
[6]) Bartel: Wien. klin. Wochenschr. S. 1705. 1910.
[7]) Freund und Kaminer: Biochemische Grundlagen der Disposition für Carcinom, Wien bei Springer. 1925.

12. Symptome der Krebsdisposition.

Häufig hat man nun nach Anzeichen und Symptomen der Krebsdisposition gesucht. Wiederholt wollte man Beweise für eine solche sogar in der äußeren Haut finden. Vor Jahren erblickte man solche in dem Auftreten seniler Gefäßerweiterungen, **seniler Angiome** in der Haut, bis sowohl in Frankreich wie in Deutschland unabhängig voneinander erkannt wurde, daß diese senile Veränderung keinerlei Beziehung zur Krebsdisposition besitzt [B. Fischer und Zieler[1])]. Dasselbe Schicksal haben in jüngster Zeit die **Krebshaare** von Schridde[2]) gehabt [Simons und Jaller[3])]. Sicherer ist der Zusammenhang einer Hautveränderung, die allerdings sehr selten ist, mit der Krebserkrankung des Magens, nämlich der **Acanthosis nigricans.** Man hat sie auf carcinomatöse Erkrankung der innersekretorischen Organe zurückgeführt und als „neoplasmogene Dermatosen" bezeichnet [Flaskamp[4])]. Unklar bleibt dabei, warum sie gerade immer mit Magencarcinom verbunden ist [B. Fischer und Grouven[5])].

Aber auch sonst sehen wir, daß zuweilen der spezifische Stoffwechsel mancher Geschwulstzellen in eigenartigen morphogenetischen Prozessen zum Vorschein kommt, die auch als **hormonale Geschwulstwirkungen** bezeichnet werden. Ich erwähne hier das mehrfach beschriebene Zusammentreffen von Hypernephromen mit genitaler Frühreife [s. Böhm[6]), Matthias[7])], von Hypophysisadenom mit Akromegalie [B. Fischer[8])] und Thyreoaplasie (Rössle), die frühzeitige Genitalentwicklung bei Teratomen der Zirbeldrüse [Askanazy[9])], das Auftreten der Ostitis fibrosa mit multiplen braunen Knochentumoren bei Epithelkörperchentumoren [B. Günther[10])] und zuletzt das Auftreten von Mammalactation bei heterotopem Chorionepitheliom [B. Fischer[11])] oder sogar von starker Mammaentwicklung beim Manne beim teratogenen Chorionepitheliom [Siegmund[12])].

Die übrigen Äußerungen einer Krebskonstitution des Organismus, wie sie sich in Veränderungen des Stoffwechsels, der Fermentbildung, der Serumreaktionen, des Blutbildes, des Blutgehaltes an Schutzstoffen und spezifischen Wuchsstoffen äußern können, wurden bereits in dem Kapitel über die Kataplasie eingehend besprochen. Wir haben gesehen, daß die allergrößte Mehrzahl aller dieser Veränderungen sekundärer Natur sind, daß es weder ein spezifisches Krebsgift noch eine spezifische Krebskachexie und ähnliches gibt. Auch die zahlreichen chemischen Abweichungen der Tumorzellen sowohl wie des Gesamtorganismus, insbesondere des Blutes, sind, wie wir sahen, ebenso wie die Anämie, fast durchweg erwiesenermaßen sekundärer Natur. Wie sich bei tumorkranken Ratten und Mäusen alle Blutveränderungen, die übrigens bei gutartigen Spontangeschwülsten stets vermißt werden, nach der Exstirpation des Tumors völlig zurückbilden [Königsfeld und Kabierske[13]), Hirschfeld[14])], so verhält es sich auch beim Menschen.

---

[1]) Fischer, B. und Zieler: Pathologie des Angioms Lubarsch Ostertag Ergebn. d. Path. 10. Jahrg., S. 815. 1906.

[2]) Schridde: Münch. med. Wochenschr. S. 1565. 1923.

[3]) Simons und Jaller: Zeitschr. f. Krebsforsch. Bd. 21, S. 98. 1923.

[4]) Flaskamp: Zeitschr. f. Krebsforsch. Bd. 21, S. 369. 1924.

[5]) Fischer B. und Grouven: Arch. f. Dermat. u. Syphilis Bd. 70, S. 65. 1904.

[6]) Böhm: Frankfurt. Zeitschr. f. Pathol. Bd. 22, S. 121. 1919.

[7]) Matthias: Virchows Arch. f. pathol. Anat. u. Physiol. Bd. 236, S. 446. 1922.

[8]) Fischer, Bernh.: Hypophysis, Akromegalie u. Fettsucht. Wiesbaden. 1910.

[9]) Askanazy: Frankfurt. Zeitschr. f. Pathol. Bd. 24, S. 58. 1920.

[10]) Günther, B.: Frankfurt. Zeitschr. f. Pathol. Bd. 28, S. 295. 1922.

[11]) Fischer, B.: Münch. med. Wochenschr. S. 1044. 1909.

[12]) Siegmund: Westdeutsche Pathologenvers., Wiesbaden 4. Juli 1926.

[13]) Königsfeld und Kabierske: Med. Klin. S. 646. 1915.

[14]) Hirschfeld: Zeitschr. f. Krebsforsch. Bd. 16, S. 99. 1917.

Die Beweise für die große Bedeutung konstitutioneller Faktoren für die Geschwulstentstehung sind bis heute in der Hauptsache noch indirekter Natur und liegen mehr im biologischen Verhalten von Körper und Geschwulst. Wieweit die zahlreichen neueren Angaben über greifbarere Grundlagen der konstitutionellen Geschwulstanlage sich als richtig erweisen, muß die weitere Forschung ergeben. Wenn wir auch schon zahlreiche Anhaltspunkte für eine konstitutionelle Änderung des Gesamtorganismus, insbesondere bei der Bildung der bösartigen Geschwülste, besitzen, so sind doch bis heute streng spezifische Befunde in dieser Richtung noch nicht erhoben worden.

XIII. Allgemeine Biologie der Geschwülste.
1. Art und Dauer des Wachstums, Malignität.

Wenn wir auch bereits gesehen haben, daß jede Geschwulst nur aus sich heraus wächst, daß das Wachstum jeder Geschwulst ein autonomes und dauerndes ist, so finden wir doch verschiedene Arten des Wachstums und Perioden verschiedener Wachstumsgeschwindigkeit. Man hat von jeher ein **verdrängendes Wachstum** und ein **infiltrierendes Wachstum** bei den Geschwülsten unterschieden. Einfach verdrängend, durch Vergrößerung des primären Geschwulstherdes bei scharfer Abgrenzung gegen die Umgebung, wächst im allgemeinen die gutartige Geschwulst. Das infiltrierende Wachstum durch Hineinwandern der Geschwulstzellen in alle Spalten und Lücken des Gewebes findet sich besonders bei den bösartigen und metastasierenden Geschwülsten. Aber so wichtig im Einzelfalle diese Unterscheidung sein mag, so ist sie doch nicht von grundsätzlicher Bedeutung, denn die Art dieses Wachstums kann auch bei der einzelnen bösartigen Geschwulst wechseln, und es ist ein alltägliches Bild auf dem Sektionstisch, daß ein diffus die ganze Magenwand infiltrierendes Carcinom große und auch mikroskopisch rein verdrängend, expansiv wachsende Metastasen in der Leber z. B. bildet. Ja man darf wohl sagen, daß infiltrierendes Wachstum sich vorzugsweise in den Primärtumoren findet, während in den Metastasen häufig das expansive Wachstum vorherrscht, das zur Bildung umschriebener Knoten führt, die das umliegende Gewebe lediglich auf die Seite schieben, komprimieren, durch Druckatrophie zugrunde richten. All dies hängt auch sehr von der Beschaffenheit des Organs und des Organgewebes ab, in dem die Geschwulst wächst. In einem straffen, wenig nachgiebigen Bindegewebe oder in Knochen wird eine rasch wachsende Geschwulst nicht so viel Druck entwickeln können, um schnell das spröde und starre Gewebe einfach auf die Seite drängen zu können. Hier wird schon mechanisch die Masse der Geschwulstzellen in die Gewebsspalten hineingedrängt und eingepreßt werden, ebenso wie man bei der starken Aufquellung der Schleimmasse in einem Gallertkrebs nicht selten das Hineinpressen des Schleimes in die umliegenden Gewebsspalten aus dem histologischen Bilde erschließen kann oder wie der Druck der Schleimmassen in einem obliterierten Wurmfortsatz die kranke Wand des Organs zum Zerreißen bringt und nun der Schleim einfach in die Peritonealhöhle ausgepreßt wird. Unter solchen Verhältnissen wird dieselbe Geschwulst, z. B. im straffen Bindegewebe der Cutis oder des Drüsenkörpers der Mamma, infiltrierendes Wachstum zeigen, deren Metastasen in dem weichen Lebergewebe oder Milzgewebe rein verdrängendes expansives Wachstum aufweisen. Für die Art des Wachstums können also schon rein mechanische Verhältnisse sehr wichtig sein.

Auch gutartige Geschwülste können infiltrierendes Wachstum aufweisen. Insbesondere wissen wir vom Angiom der Haut, daß es zu infiltrierendem Wachstum in das Fettgewebe und die Muskulatur hinein neigt und so zuweilen starke

Zerstörungen anrichtet, ohne daß es eigentlich bösartig ist, d. h. Metastasen macht. Dazu kommt, daß auch die gutartige Geschwulst, wenn sie einmal in Saftkanäle oder Blutgefäße hineingerät [Intimafibromatose, Hedinger[1])], in diesen weiterwächst, daß man oft genug den Eindruck hat, daß lediglich die Festigkeit des Zellverbandes des gutartigen Tumors die Ursache dafür ist, daß infiltrierendes Wachstum fehlt. Damit ist aber auch schon die Bedeutung des infiltrierenden Wachstums für die Ausbreitung und für die Metastasierung der Primärgeschwulst erwiesen, und es ist sehr wohl möglich, daß die Malignität — sind einmal im Allgemeinorganismus die Bedingungen für das Wachstum der vorliegenden Geschwulstzelle gegeben — auch dadurch wesentlich mitbedingt wird, daß die Zellen des malignen Tumors sehr viel lockerer miteinander verbunden sind, daß sie sich einzeln oder in kleinen Komplexen leichter loslösen und so weiterwachsen können.

Man hat geglaubt, daß hier noch eine besondere Erklärung für die Fähigkeit des destruierenden Wachstums der malignen Geschwulstzelle notwendig wäre. Die Tumorzelle soll ein agressives Wachstum nur dadurch zeigen können, daß sie das umliegende Gewebe angreift, zerstört, durch ihre Toxine schädigt und vernichtet. All diese Annahmen sind nicht nur völlig unbewiesen, sondern auch nach unseren bisherigen Kenntnissen völlig überflüssig. Die klinischen Beobachtungen der Geschwulstkachexie als wichtiges Hilfsmittel für die Diagnose der malignen Geschwulst überhaupt hat hier für unsere grundsätzlichen Anschauungen eine sehr bedauerliche Rolle gespielt. Wir haben früher bereits gezeigt, daß irgendeine spezifische Geschwulstkachexie, eine charakteristische Giftproduktion der Geschwulstzelle bis heute nicht nachgewiesen werden konnte (s. S. 1380). Alle Erscheinungen der Krebskachexie sind durch sekundäre Faktoren oder den schnellen Zerfall von Tumorteilen und das Auftreten von Abbausubstanzen entstanden. Vielleicht ist in dieser Beziehung das Wichtigste die Hinfälligkeit und Autolysatbereitschaft der Geschwulstzelle. Alle wesentlichen Erscheinungen werden für alle gut- und bösartigen Geschwülste vollkommen ausreichend bis heute erklärt durch die Annahme, daß der Geschwulstzelle gegenüber den anderen Körperzellen ein lebhafterer Wachstumsturgor zukommt.

Daß dies zur Erklärung starker Wachstumsvorgänge völlig genügt, zeigen die Doppelbildungen und die Teratome. Die Dermoide des Ovariums zeigen oft zur Zeit der Pubertät ein auffallendes Wachstum, und bei einer parasitären Doppelbildung hat Mizuo ein Wachstum des Orbitalparasiten beschrieben, das an das Geschwulstwachstum durchaus erinnert [s. Schwalbe[2])]. Nie sieht man auch am Rande infiltrierend wachsender Geschwülste Bilder, die nicht einfach durch den mechanischen Druck der rasch wachsenden und sich lebhaft vermehrenden Tumorzellen erklärt werden könnten. Es bedarf deshalb das Problem der Malignität, das von vielen Seiten als etwas Besonderes bearbeitet worden ist [s. Versé[3])], meines Erachtens keiner besonderen Erklärung. Dieses Problem ist identisch mit dem Problem des Geschwulstwachstums überhaupt, und es versteht sich bei einer solchen Auffassung von selbst, daß unter besonderen Umständen auch Geschwülste von noch typischem Bau und typischer Differenzierung, wenn sie zellreich, weich sind und in sehr lockeren Zellverbänden liegen, metastasieren können. Die malignen Myome, Angiome, Chondrome, Myxome machen daher der allgemeinen Geschwulstlehre nur dann Schwierigkeiten, wenn

---

[1]) Hedinger: Frankfurt. Zeitschr. f. Pathol. Bd. 27, S. 91. 1922.
[2]) Schwalbe: Mißbildung und Geschwulst. Ergebnisse der wissenschaftlichen Medizin. Klinkhardt: Leipzig 1909.
[3]) Versé: Problem der Geschwulstmalignität. Jena: Fischer 1914.

man in der Metastasierung einen qualitativen Unterschied erblickt. Dieser ist nicht vorhanden, und die Metastasierung hängt wie die Malignität von der primären Entartung der Geschwulstzelle und den sekundären Wachstumsbedingungen im Organismus ab. Wenn Borst[1]) noch 1924 schreibt, ein sicherer Beweis dafür sei nicht erbracht, daß verschleppte Zellen von wirklich gutartigen Geschwülsten maligne Tumoren produzieren können, so müssen wir eine solche Formulierung ablehnen. Eine Geschwulst ist in ihrem Charakter innerhalb enger Grenzen konstant und kann daher nicht aus histologischen Gründen am Primärherd als „wirklich gutartig", in der Metastase als „wirklich maligne" bezeichnet werden. Aber auch typische Chondrome, Myome, Angiome gibt es in malignen, metastasierenden Varietäten, und es ist gar nicht selten beobachtet, daß ein solcher typischer Tumor in seinen Metastasen stärkere Entdifferenzierung und größeren Zellreichtum oder auch das Umgekehrte aufweist.

Wie sehr die Art des Wachstums von der Geschwulstart einerseits und dem Wirtsorgan andererseits abhängig ist, zeigen die Erfahrungen an den transplantierbaren Tiergeschwülsten. Der Mäusekrebs zeigt in fast allen Organen ein infiltrierendes Wachstum und setzt viele Metastasen. Das Rattensarkom dagegen zeigt vorzugsweise ein abgegrenztes, rein verdrängendes Wachstum mit seltenen Metastasen, es sei denn, daß der Tumor in Milz oder Hoden implantiert wird. Aber auch hier gibt es keine Gesetzmäßigkeiten, denn das maligne transplantable Chondrom zeigt in den Organen rein verdrängendes Wachstum, metastasiert aber ziemlich häufig (Caspari). Die reichliche Metastasierung soll auch beim Mäusekrebs fehlen, wenn die Tumorimplantation in das Subcutangewebe vorgenommen wird [Endler[2])].

Wenn Ribbert[3]) die Gut- und Bösartigkeit dahin definiert hat, daß alle Geschwülste gegenüber dem Körper selbständig sind, die gutartigen in sich geschlossen wachsen und normales Gewebe nachahmen, die bösartigen dagegen nicht geschlossen wachsen und normales Gewebe nicht oder nur unvollkommen nachahmen, so trifft eine solche Regel nur annähernd zu und ist kein strenges Gesetz. Die Bösartigkeit erschließen wir bei manchen Geschwülsten lediglich aus der Erfahrung und können nicht immer das histologische Bild allein zum sicheren Maßstab machen [v. Hansemann[4])]. Wir wissen, daß die Leiomyome des Magens und Darms im Gegensatz zu denen des Uterus gewöhnlich eine Neigung zu rascherem, ja bösartigem Wachstum zeigen, und bei den Adenomen der Schilddrüse und der Nebenniere, bei den Hypernephromen, bei den Melanomen können wir oft genug aus dem histologischen Bilde die Entscheidung über Gut- oder Bösartigkeit nicht sicher treffen. Sind doch Metastasen von Kolloidstrumen der Schilddrüse beobachtet, die sich histologisch nicht von dem gewöhnlichen Kolloidkropf, ja zuweilen nicht von normaler Schilddrüse unterscheiden ließen. Histologie und Wachstumsart sind demnach keine absolut sicheren Kriterien für die Gutartigkeit einer Geschwulst.

Im allgemeinen nimmt die Malignität mit der fortschreitenden morphologischen **Entdifferenzierung** zu. Diese Regel bewährt sich bei manchen Geschwulstarten, z. B. denen des Nervensystems, immer wieder. Aber es ist nur eine annähernd zutreffende Regel, durchaus kein Gesetz, und es gibt sehr *viele* Ausnahmen von ihr. In Wirklichkeit ist das, was wir über die Malignität einer Geschwulst aus dem histologischen Bilde aussagen, also lediglich ein Ergebnis der Empirie. Es ist daher ganz unmöglich, wie es in Amerika geschehen

---

[1]) Borst, M.: Maligne Geschwülste, S. 21, Leipzig: Hirzel 1924.
[2]) Endler: Zeitschr. f. Krebsforsch. Bd. 15, S. 339. 1915.
[3]) Ribbert: Geschwulstlehre, 2. Aufl. 1914.
[4]) Hansemann, v.: Zeitschr. f. Krebsforsch. Bd. 10, S. 34. 1911.

ist, eine Skala der Entdifferenzierung aufzustellen und sogar aus der Berechnung, wieviel Teile der Geschwulst entdifferenziert sind, schematisch und zahlenmäßig den Grad der Malignität anzugeben. Es trifft auch nicht zu, wie oft zu lesen ist, daß je größer die Abweichung der Geschwulststruktur vom Normalgewebe ist um so größer die Malignität des Tumors, und auch die Transplantierbarkeit, läßt sich aus dem histologischen Bilde nicht ablesen.

Es gibt Geschwülste mit weit vorgeschrittener Differenzierung — ich erinnere an die malignen Adenome, Adenocarcinome, Gallertcarcinome von Darm und Uterus —, die die denkbar höchsten Grade der Malignität erreichen können, während andererseits manche ganz entdifferenzierten Formen des medullären Carcinoms einen überraschend geringen Grad von Malignität zeigen. Gewiß sind das die Ausnahmen, aber sie sind bei manchen Geschwulstformen recht häufig und zeigen, daß hier keine Gesetzmäßigkeit vorliegt und daß wir gezwungen sind, systematisch durch Beobachtung des Krankheitsverlaufes die Beziehung zwischen histologischer Struktur und Malignität bei den einzelnen Geschwulstformen festzulegen. Histologisch z. B. zeigen die Mischgeschwülste der Speicheldrüse oder die Angiome und Xanthome der Haut oft alle charakteristischen Strukturen der bösartigen Geschwulst, biologisch wissen wir seit langem, daß es sich um ganz gutartige Geschwülste handelt.

Das infiltrierende Wachstum der bösartigen Geschwülste tritt um so stärker in die Erscheinung, je mehr sich der Verband der Geschwulstzellen löst, je mehr die Geschwulstzellen sogar als Einzelindividuen Selbständigkeit erlangen und in alle Gewebsspalten und -lücken eindringen. Man hat die Fähigkeit der amöboiden Bewegung als eine besondere Eigenschaft der Tumorzelle angesehen (s. S. 1363) und daraus ihr Wachstum und ihre Agressivität erklären wollen. Aber auch die normalen Körperzellen, insbesondere die Deckepithelien, besitzen diese Bewegungsfähigkeit, von der die Tumorzelle, losgelöst von allen Verbindungen, nur einen besonders ausgiebigen Gebrauch macht. Sehr schön zeigt sich das auch in den Gewebskulturen von Geschwulstzellen. Hier klettern besonders die Sarkomzellen an den Fibrinfäden entlang und breiten sich dadurch ziemlich rasch aus.

Diese **Wanderungsfähigkeit** tritt besonders auffällig in die Erscheinung bei einzelnen Geschwulstformen, wo sie daher lange Zeit große Schwierigkeiten für die Deutung der histologischen Bilder machte. In erster Linie erwähne ich hier den Pagetkrebs der Mamma, wo die Geschwulstzellen, besonders von der Mamille aus, auf weite Strecken in die Saftlücken des Hautepithels eindringen und auf diese Weise ein ausgedehntes *intraepidermoidales Krebswachstum* zeigen (Ribbert). Wir wissen heute, daß in seltenen Fällen dieses intraepidermoidale Wachstum auch an anderen Hautstellen bei Carcinomen auftreten kann [Zieler[1]), Polland[2])]. Es ist kein Wunder, daß diese merkwürdigen Bilder zu Fehldeutungen, insbesondere zu der Annahme Anlaß gaben, daß die Carcinomzelle sich an Ort und Stelle aus dem Epithel der Epidermis gebildet habe. Aber auch an anderen Stellen des Körpers können wir nicht selten eine ungemein große Fähigkeit der wandernden Geschwulstzelle, sich an die vorhandenen Gewebsstrukturen anzuschmiegen, feststellen. Die Spindelzellen eines Knochensarkoms wachsen in die Knochenkanälchen, in die Periostspalten so hinein, daß — besonders infolge der leicht entstehenden reaktiven Periostwucherung — eine Abgrenzung von Tumorzelle und Normalzelle fast unmöglich wird. Krebsmetastasen in der Niere benutzen zu ihrer Ausbreitung mit besonderer Vorliebe die präformierten Wege, indem sie vom Capillarnetz der Glomeruli in den Kapselraum und von

---

[1]) Zieler: Zentralbl. f. allg. Pathol. u. pathol. Anat. 1914, S. 416.
[2]) Polland: Dermatol. Zeitschr. Bd. 21, S. 983. 1914.

da in die Harnkanälchen, aber auch vom Interstitium direkt in die Harnkanälchen und Glomeruluskapseln eindringen und im Lumen weiterwachsen [LAUTERBURG[1])]. Ein Magen- oder Darmkrebs wächst in die normalen Drüsenschläuche, ein primärer Leberkrebs zwischen den Capillaren in die Leberspalten hinein, ein Lungencarcinom wächst unter sorgfältiger Erhaltung des Alveolargerüstes in die Lungenalveolen, ein Sarkom in die Sarkolemmschläuche der Muskulatur ein — alles Bilder, die zu falschen Deutungen über die Histogenese der Geschwülste reichlich Veranlassung gegeben haben.

Daß wir ein *appositionelles* Wachstum der einmal fertigen Geschwulst nicht anerkennen, ist bereits früher eingehend auseinandergesetzt worden. Aber geradeso wie das Wachstum bei der Organ- und Organoidbildung an mehreren Stellen zugleich einsetzen kann, so ist auch in manchen Fällen eine Bildung multipler Geschwulstkeimanlagen und ein Zusammenfließen der jungen multiplen Geschwülste zu einer einheitlichen Geschwulst denkbar und nachgewiesen. Das weitere Wachstum vollzieht sich in jedem Falle durch Auftreten immer neuer *Proliferationszentren*, die von ASCHOFF auch für die gutartigen Geschwülste in ihrer Bedeutung hervorgehoben worden sind. In zahlreichen, auch bösartigen Geschwülsten sehen wir, daß nur ein Teil der Geschwulstzellen den jugendlichen Charakter beibehält und immer wieder neue Proliferationszentren liefert, während die anderen Zellen sich mehr oder weniger weit ausdifferenzieren und dann zugrunde gehen.

Von Bedeutung für uns ist weiterhin die **Dauer und Schnelligkeit des Geschwulstwachstums**. Es gibt hierin alle nur denkbaren Unterschiede. Für die gutartigen Geschwülste ist ein langsames Wachstum mit oft sogar langen Zeiten völligen Wachstumsstillstandes geradezu typisch. Unter dem Einfluß des Gesamtorganismus können sogar weitgehende Rückbildungsvorgänge hier eintreten. Wir wissen, daß die natürliche wie die künstliche Ausschaltung der Ovarialtätigkeit das Wachstum der Uterusmyome sehr stark beeinflußt, ja dieselben zur völligen Rückbildung mit Verkalkung bringen kann. Viele Beobachtungen sprechen dafür, daß die reichliche Bildung von Luteingewebe im Ovarium (Luteincysten) die Bildung und das Schicksal von Blasenmole und Chorionepitheliom beeinflußt, ja vielleicht wesentlich bestimmt, und es ist wohl kein Zufall, daß gerade beim Chorionepitheliom als einzigem menschlichen malignen Tumor Spontanausheilungen, selbst bei schon bestehender Metastasenbildung, beobachtet worden sind.

Aber auch sonst ist die Wachstumsdauer und Geschwindigkeit selbst bei den malignen Geschwülsten großen Schwankungen unterworfen. Periodische Schwankungen in der Wachstumsschnelligkeit und Virulenz der Geschwulstzelle sind insbesondere bei den transplantablen Mäusetumoren festgestellt worden. Auch beim Menschen wechseln häufig bei der einzelnen Geschwulst Perioden rapiden Wachstums mit starker Verlangsamung ab. Diese Schwankungen der Wachstumsenergie und Wachstumsschnelligkeit führen wir teils auf innere Faktoren zurück, wie bei den transplantablen Mäusetumoren, teils müssen wir daran denken, daß hier auch Schwankungen der Disposition des Gesamtkörpers (z. B. in der Produktion von Wuchsstoffen und Hormonen) vorliegen können. An letzteres werden wir denken, wenn wir z. B. feststellen, daß nicht nur die bösartige Geschwulst im höchsten Greisenalter außerordentlich selten ist [s. BOENING[2])], sondern daß auch in diesem Alter die Carcinome außerordentlich langsam wachsen (s. S. 1702 u. 1740). Auch die Wachstumsschnelligkeit gehört zu den

---

[1]) LAUTENBURG: Zeitschr. f. Krebsforsch. Bd. 16, S. 469. 1919.
[2]) BOENING: Zeitschr. f. d. ges. Anat., Abt. 2: Zeitschr. f. Konstitutionslehre Bd. 3, S. 500. 1922.

charakteristischen Eigenschaften der Einzelgeschwulst, ist eine Äußerung ihrer Individualität. Auch bösartige Geschwülste können jahrzehntelang bestehen, ohne zum Tode zu führen; v. Hansemann[1]) berichtet über ein 40 Jahre lang beobachtetes Magencarcinom und ein 30 Jahre lang bestehendes Hypernephrom. Wir sehen also auch bei der bösartigen Geschwulst starke Schwankungen in Dauer und Tempo des Wachstums, und das führt uns zu den seltenen Fällen von Spontanheilung bei sichergestellten malignen Tumoren.

2. Die Selbstheilung der Geschwülste.

Die Selbstheilung bei Chorionepitheliomen trotz eingetretener Metastasierung in der Vagina, ja selbst in den Lungen, wurde bereits erwähnt [v. Franqué[2]), Fleischmann[3])]. Aber auch bei anderen bösartigen Geschwülsten ist dies mit Sicherheit auch beim Menschen beobachtet worden. Allerdings gehört nicht hierher die wiederholt beschriebene Selbstheilung von Riesenzellensarkomen der Knochen und der Epulis, denn es handelt sich hier nur um einen falschen Namen für einen Prozeß, der, wenn überhaupt, höchstens zu den gutartigen Geschwülsten gerechnet werden könnte, wahrscheinlich aber in den meisten Fällen nur zu den pathologischen Regenerationsvorgängen gehört[4]). Aber auch Selbstheilung echter Geschwülste ist mit Sicherheit beobachtet worden. Hierher dürfen wir auch die Schrumpfungen bis zum völligen Verschwinden oder die totalen Verkalkungen gutartiger Geschwülste rechnen. Bei bösartigen Tumoren ist in der Literatur häufig von Selbstheilungsvorgängen geredet worden, wenn die zentralen Teile, z. B. eines Magencarcinoms oder eines Brustkrebses, ausgedehntes Verschwinden der epithelialen Tumorzellen unter starker schrumpfender Bindegewebswucherung zeigten. Es kann in solchen Fällen oft Schwierigkeiten machen, den wahren Charakter des Prozesses mit Sicherheit nachzuweisen, weil man zuweilen erst nach sorgfältiger Untersuchung aller Geschwulstteile im Rande die weiterwachsenden Carcinomzellen entdeckt. Aber so interessant diese Vorgänge für unsere Kenntnis der Krebszelle sind, so sollte man sich doch hüten, von Selbstheilungsvorgängen zu sprechen. Sie zeigen nur wiederum, eine wie hinfällige und empfindliche Brut die Zellen der malignen Geschwulst darstellen, mit einer Heilung haben sie nichts zu tun. Das wird auch besonders dadurch bewiesen, daß gewöhnlich gerade diese scirrhösen Carcinome ganz besonders bösartig und metastasenfreudig sind (s. S. 1760). Borst[5]) hat überhaupt der malignen Geschwulstzelle als eine wesentliche Eigenschaft die Selbstvernichtung, Autodestruktion, zugeschrieben: „der Kampf der Geschwulstzellen geht gegen die eigenen Brüder“. Wenn ich auch glaube, daß für eine solche Auffassung genügende Unterlagen fehlen, denn auch die Geschwulstzellen phagocytieren nur geschädigte absterbende Tumorzellen, so zeigt sich doch auch hierin, wie leicht die einzelne Tumorzelle zugrunde geht und zerstört wird. Diese Hinfälligkeit der Geschwulstzellen erklärt es auch, daß zuweilen selbst bösartige Geschwülste durch spontan auftretendes oder künstlich erzeugtes Erysipel, durch Gefrieren mit Kohlensäure, durch Arsen usw. verschwinden.

Wir erwähnten bereits, daß mit der Blutbahn verschleppte Krebszellen nicht selten in großer Zahl in der Lunge zugrunde gehen. Hierbei ist wiederholt reichlicher Untergang der verschleppten Carcinomzellen mit bindegewebiger

<hr>

[1]) Hansemann, v.: Zeitschr. f. Krebsforsch. Bd. 16, S. 177. 1919.
[2]) Franqué: Zeitschr. f. Geburtsh. u. Gynäkol. Bd. 49, S. 63. 1903.
[3]) Fleischmann: Monatsschr. f. Geburtsh. u. Gynäkol. Bd. 17, S. 415. 1903.
[4]) S. die Referate (Christeller, Frangenheim) hierüber mit Aussprache auf der 21. Tgg. der Dtsch. Pathol. Ges. S. 7—144. Freiburg 1926.
[5]) Borst: Maligne Geschwülste S. 19. 1924.

Vernarbung beschrieben worden (s. S. 1745), und KONJETZNY[1]) hat den Untergang metastatisch verschleppter Carcinomzellen im Netz beim Magencarcinom in allen Stadien verfolgen können. Auch hier erfolgt die Zerstörung der Krebszellen oft durch ein an Plasmazellen und Lymphocyten reiches Granulationsgewebe mit nachfolgender Vernarbung. Sieht man in diesen Vorgängen Heilungsprozesse, so ist es jedenfalls bemerkenswert, daß trotzdem weder eine wirksame Immunität des Organismus entsteht noch eine Dauerheilung des Carcinoms eintritt. An diese Vorgänge aber werden wir denken müssen bei den seltenen Fällen, wo die Rückbildung von bereits makroskopisch nachweisbaren Metastasen nach Exstirpation der Primärgeschwulst berichtet wird (s. auch S. 1746).

Dazu kommt, daß das Wachstum jeder Geschwulst, auch der bösartigen, periodischen Schwankungen unterworfen ist. Diese treten am deutlichsten in die Erscheinung bei ausgedehnten Tumortransplantationen. Insbesondere haben BASHFORD, MURRAY und BOWEN[2]) auf diese gesetzmäßigen periodischen Schwankungen des Tumorwachstums bei den transplantierbaren Mäusecarcinomen hingewiesen, die zum bestimmten Zeitpunkt sogar zur Spontanresorption, d. h. zur Selbstheilung der transplantierten Geschwulst, führen können. Dieser letztere Ausgang kommt aber für gewöhnlich nur beim Transplantat, nicht beim Spontantumor vor.

Bei menschlichen spontanen Carcinomen und Sarkomen sind sichere Spontanheilungen vereinzelt beschrieben. Beispiele: Spurloses Verschwinden eines Spindelzellensarkoms der Schläfengegend 4 Wochen nach der nur partiellen Operation, da die in den Schädel eingewachsenen Teile nicht entfernt werden konnten [REICHEL s. bei [5])]. ROTTER[3]) beobachtete ein von ORTH bestätigtes, gelatinöses malignes Adenom des Rectums, das wegen Verwachsung mit der Vaginalwand nicht total entfernt werden konnte, mehrfach rezidivierte und schließlich spontan zurückging. Weitere Beispiele finden sich bei TRINKLER[4]) sowie SAUERBRUCH und LEBSCHE[5]) und bei EWING[6]) (s. auch S. 1365). Bei den Lymphosarkomen ist gelegentlich völlige Rückbildung großer Tumoren, selbst kindskopfgroßer Hautmetastasen [KAPOSI[7])] beschrieben worden.

Viel häufiger ist die Spontanheilung bei malignen Tiergeschwülsten gesehen worden, vor allem in häufigen Spontanheilungen bei Tumorimplantationen trotz anfänglichen Wachstums. BROWN und PEARCE[8]) beobachteten bei ihrem bösartigen transplantablen Kaninchencarcinom (s. S. 1717) sogar völlige spontane Rückbildung, auch wenn schon .ausgedehnte Metastasen vorhanden waren. Warum diese Spontanheilung — beim Menschen ungeheuer selten und der größere Teil der Literaturangaben wohl auf diagnostischen Irrtümern beruhend — bei Tieren überhaupt anscheinend häufiger ist, wissen wir nicht. Aber die Tatsache, daß derartiges überhaupt bei Tier und Mensch vorkommt, spricht wieder sehr für die Beeinflussung der Geschwulstzelle durch Faktoren des Gesamtorganismus.

Das *Wachstum* der Geschwülste *in der Kontinuität* vom Primärherd aus bedarf keiner besonderen Erklärung. Hier werden alle die besprochenen Wachstumsarten der Geschwülste beobachtet, und insbesondere die bösartige Geschwulst benutzt alle Wege zum Vordringen in die Umgebung. Das umliegende Gewebe

---

[1]) KONJETZNY: Münch. med. Wochenschr. 1919, S. 292.
[2]) BASHFORD, MURRAY und BOWEN: Zeitschr. f. Krebsforsch. Bd. 5, S. 417. 1907.
[3]) ROTTER: Arch. f. klin. Chir. Bd. 58, S. 357. 1899.
[4]) TRINKLER: Arch. f. klin. Chir. Bd. 122, S. 151. 1922.
[5]) SAUERBRUCH und LEBSCHE: Dtsch. med. Wochenschr. 1922, Nr. 5, S. 149.
[6]) EWING: Neoplastic diseases 2. Aufl. London 1922.
[7]) KAPOSI: Beitr. z. klin. Chir. Bd. 30, S. 139. 1901.
[8]) BROWN u. PEARCE: Journ. of exp. med. Bd. 37, S. 799. 1923.

wird durch den Wachstumsdruck der Tumorzellen infolge langsamer Druckatrophie zerstört. Treten Nekrosen, Durchbruch an die Oberfläche und Infektionen hinzu, so entwickeln sich große Ulcerationen häufig bei bösartigen,
selten bei gutartigen Geschwülsten.

3. Das Rezidiv.

Von besonderer praktischer Wichtigkeit ist weiterhin die Rezidivbildung
der Geschwülste, d. h. ihre Fähigkeit, nach einer anscheinend radikalen Operation
an derselben Stelle oder wenigstens im Bereich der Operationsnarbe nach mehr
oder weniger langer Zeit von neuem aufzutreten. Es ist ein häufig zu hörender
Irrtum, daß nur bösartige Geschwülste die Fähigkeit des Rezidivierens besitzen
sollen. Läßt der Operatuer bei der Operation einer gutartigen Geschwulst Teile
derselben im Organismus zurück, so können diese Reste — genau so wie manchmal bei bösartigen Tumoren — zugrunde gehen und verschwinden, können aber
auch wieder langsam zu einer neuen Geschwulst auswachsen. Bei der bösartigen
Geschwulst ist, entsprechend der meist schon viel ausgedehnteren Verstreuung
von Tumorzellen in der Umgebung, dieser Ausgang allerdings viel häufiger
und kann fast als Regel bezeichnet werden, obwohl auch hier zwischen den
einzelnen Geschwulstformen und -zellen die denkbar größten Unterschiede
beobachtet werden. Auch soll die Rezidivfähigkeit nach den einzelnen. Organen sehr verschieden sein (Sticker). Es dürfte dies aber wohl ·mehr von
dem verschiedenen Charakter der Geschwülste in den einzelnen Organen abhängig sein.

Wiederholt ist auch die Möglichkeit erörtert worden, das an der Operations-
stelle auftretende Rezidiv nicht aus zurückgebliebenen Zellen der Primärgeschwulst, sondern durch Bildung eines neuen Primärtumors infolge ganz besonderer lokaler Disposition zur Geschwulstbildung erklären zu wollen. Wenn
man auch eine solche Möglichkeit theoretisch nicht absolut von der Hand weisen
kann, so spricht doch alles, insbesondere auch die Erfahrung beim experimentellen
Teercarcinom, gegen diese Annahme. Man sollte dann auch erwarten, daß häufiger
das Rezidiv eine Geschwulst anderer Struktur zeigte. Davon ist — abgesehen
von der fortschreitenden Entdifferenzierung der gleichen Geschwulstzellart —
keine Rede.

Bei den meisten Geschwülsten rechnet man damit, daß die Gefahr der Rezidivbildung 3 Jahre nach der Operation im wesentlichen überstanden ist. Aber es
kommen auch noch nach viel längerer Zeit Rezidive gelegentlich vor, und man
hat solche **Spätrezidive** beim Mammacarcinom in 2,3%, bei Rectumcarcinom
in 4,4%, beim Lippencarcinom in 2,5% der Fälle gefunden, ja es sind Spätrezidive noch 20 und 30 Jahre nach der Operation beobachtet worden, ebenso wie
Spätmetastasen. So berichtet Arnsperger[1]) über Rezidive bei Mammacarcinomen nach 16—19 Jahren.

Die Faktoren, die solche in einer Operationsnarbe zurückgebliebenen Zellen
oder im Körper verschleppten Zellen erst nach so langer Zeit zu stärkerem Wachstum bringen, sind unbekannt, wahrscheinlich aber in den Verhältnissen des
Gesamtorganismus zu suchen. Die Tatsache an sich ist aber für uns von besonderer Wichtigkeit, da auch sie wiederum die Berechtigung unserer Annahme
der langen Latenz von Geschwulstkeimanlagen ohne weiteres beweist.

Stimmen auch im allgemeinen die Geschwulststrukturen des Rezidivs
mit denen der Primärgeschwulst überein, so beobachtet man doch gerade hier
häufig einen von Rezidiv zu Rezidiv fortschreitenden Differenzierungsverlust

---

[1]) Arnsperger: Ziegl. Beitr. 7. Suppl.-Bd. (Festschrift Arnold) S. 283. 1905.

der Geschwulstzellen in ähnlicher Weise wie bei den Transplantationen. Als Beispiel erwähnte ich bereits (s. S. 1593) eine eigene Beobachtung, wo ein Chondrom des Beckens in den Rezidiven immer zellreicher und atypischer wurde und schließlich als reines, ganz undifferenziertes Rundzellenmeristom metastasierte.

4. Die Metastase.

Weiter sehen wir, daß auch in mehr oder weniger weiter Entfernung vom Primärherd sekundäre Geschwulstknoten auftreten, und fragen uns, wie sie entstehen, in welcher Weise sie mit dem Primärherd zusammenhängen.

Noch zur Zeit des jungen VIRCHOW nahm man an, daß lösliche Giftstoffe von dem primären Carcinom in die Lymphdrüse oder die Lunge gerieten und hier die Zellen des Gewebes erneut zur Bildung der gleichen Geschwulstzellen veranlaßten. Die Lehre von der Spezifität der Gewebe, die Erkenntnis, daß die Gewebsdifferenzierung beim erwachsenen Organismus in außerordentlich engen Grenzen fixiert ist, hat einer solchen Erklärungsmöglichkeit jede Grundlage entzogen. Wenn man heute vielleicht für einen Teil der Hühnersarkome, die wir früher eingehender behandelt haben, eine gleiche Annahme machen könnte, so ist das bis jetzt für einige dieser Sarkomformen nicht direkt zu widerlegen, da sie aus Spindel- oder Rundzellen bestehen, wie sie schließlich, soweit überhaupt eine Beurteilung möglich ist, in allen Organen vorkommen. Wenn wir aber sehen, daß auch ein so typisch gebauter Tumor wie das Osteoidchondrosarkom des Huhnes in ganz gleicher Weise typisch gebaute Metastasen in allen Organen des Körpers setzt, so bleibt auch hier wohl nur die Annahme übrig, daß Zellen oder Zellteile des Primärtumors verschleppt sind.

Muß dies schon für die besondere Gruppe der Hühnersarkome bei dem heutigen Stande der Zellenlehre und Cellularpathologie als einzige Möglichkeit der Erklärung angenommen werden, so trifft dies in sehr viel verstärktem Maße für alle anderen Geschwülste zu. Die Tatsache der meist absoluten Übereinstimmung in der Struktur zwischen Primärherd und Metastase zwingt von vornherein zu der Annahme, daß diese Metastase eben ausschließlich durch verschleppte Zellen der Primärgeschwulst entstanden ist. Die tatsächlichen Beobachtungen zwingen auch einstimmig zu dieser Annahme, die durch den direkten Nachweis des Zelltransportes in vielen Fällen gestützt worden ist. Zudem stimmt diese Annahme überein mit der meines Erachtens heute bewiesenen Grundanschauung, daß das Wesen der Geschwulst im Charakter der Geschwulstzelle selbst zu erblicken ist.

Die Transplantierbarkeit der Geschwulstzelle: Der Transport von Tumorzellen kann von uns unter aseptischen Kautelen auch künstlich bewirkt werden, und diese Transplantation der Tumorzelle ist für die Erforschung ihres Wesens von grundsätzlicher Bedeutung. Wir haben uns die Frage vorzulegen, ob man jede Geschwulstzelle künstlich verpflanzen kann, und zwar auf jede beliebige Stelle des Geschwulstträgers oder eines Individuums gleicher Art, oder auch auf Tiere anderer Rasse.

Schon wegen der großen praktischen Bedeutung sind die Gesetze der Transplantation der Normalgewebe in zahlreichen Untersuchungen an Mensch und Tier eingehend studiert worden. Die großen Hoffnungen, die man früher an diese Methode knüpfte, die berufen schien, pathologische Defekte von Geweben und Organen zu ersetzen, mußten fast restlos wieder aufgegeben werden. Heute wissen wir, daß eine erfolgreiche Transplantation mit Erhaltenbleiben des transplantierten Gewebes nur bei den einfachsten Gewebsarten und auch da fast ausschließlich bei Transplantation vom gleichen Individuum oder vom Blutsverwandten vorkommt. Ob die neueren Arbeiten über die wesentlich besseren Transplantationsergebnisse bei Speicherung [Blockade des Reticuloendothels, Lehmann und Tammann[1])] hier wesentlich weiterführen werden, bleibt abzuwarten. Selbst bei der praktisch erfolgreichen Autotransplantation des Knochens wissen wir bis jetzt nur, daß das Transplantat abstirbt und langsam durch neugebildetes Knochengewebe ersetzt wird [s. v. Gaza[2])].

Ganz anders aber verhält sich die Tumorzelle; ihre verhältnismäßig große Transplantierbarkeit ist ein wichtiger Beweis für ihre selbständigere Stellung gegenüber den normalen Körperzellen (s. S. 1369). Allerdings gibt es auch hier sehr verschiedene Grade der Transplantationsfähigkeit.

Vereinzelt findet sich die Angabe, daß die Geschwulstzelle sogar auf andere Arten zu transplantieren ist. So wurde beobachtet, daß ein Hühnersarkom auf Tauben- und Entenembryonen, daß ein Rattensarkom auf Hühnerembryonen verimpft werden konnte, lange Zeit wuchs und transplantierbar blieb. Das Mäusecarcinom wächst auch auf der Ratte einige Tage — nach Ehrlichs Annahme, solange es noch spezifische Wachstumsstoffe in genügender Menge in sich trägt — und kann dann noch mit Erfolg zurücktransplantiert werden (Zickzackimpfung Ehrlichs), geht aber nach etwa einer Woche im fremden Organismus langsam zugrunde. Die Transplantationen in das Gehirn anderer Arten sowie die Versuche zur Verpflanzung menschlicher Tumorzellen auf Tiere haben wir bereits besprochen (s. S. 1598 u. 1721/23).

Wesentlich häufiger lassen sich Geschwulstzellen auf andere Individuen der gleichen Art übertragen. Dies ist besonders bei bösartigen Geschwülsten beobachtet worden, wenn auch nur bei einem kleinen Teil derselben. Andererseits kann eine solche homoioplastische Transplantation zuweilen mit Erfolg auch bei ganz gutartigen Tumoren ausgeführt werden.

Regelmäßig dagegen gelingt die Transplantation sowohl der gutartigen wie der bösartigen Geschwülste an andere Körperstellen des *Trägers einer Spontangeschwulst selbst* — ein sehr wichtiger Hinweis auf die Bedeutung der individuellen Konstitution für die Geschwulstentwicklung (s. S. 1370 u. 1431). Beim Menschen ist es auch bei malignen Geschwülsten bisher nur gelungen, sie an andere Stellen des primären Geschwulstträgers selbst zu überpflanzen, niemals gelang bisher die Transplantation auf andere Menschen. Wenn wir aber bedenken, wie selten im ganzen auch die Spontan tumoren der Maus z. B. zu transplantieren sind, so werden wir bei der Unmöglichkeit, zahlreiche und systematische Untersuchungen dieser Art beim Menschen durchzuführen, wohl für die menschlichen Tumoren im wesentlichen dieselben Verhältnisse wie beim Tier annehmen dürfen. Übertragungsversuche bösartiger menschlicher Geschwülste auf das Tier, auch auf den Affen, waren stets ganz erfolglos — die vereinzelten gegenteiligen Angaben wurden schon früher besprochen (s. S. 1598 u. 1721).

Wichtig für den Erfolg ist auch der Ort, an dem das Tumormaterial implantiert wird. Das Ergebnis ist je nach dem Organ in bezug auf Schnelligkeit und Art des Wachstums, Zeitdauer, Metastasenbildung ganz verschieden.

Wie bei entwickeltem luetischen Primäraffekt eine Nachimpfung nicht angeht oder wenigstens keine erkennbaren Veränderungen macht, so sehen wir häufig, daß bei gut entwickelter Impfgeschwulst eine zweite Implantation erfolglos ist. Über die Erklärung dieser und anderer Regeln der transplantablen Tumoren s. Kapitel III, 1, d, S. 1369.

Von Bedeutung für die allgemeine Geschwulstlehre ist ferner die Tatsache

---

[1]) Lehmann u. Tammann: Bruns' Beitr. z. klin. Chir. Bd. 135, S. 259. 1926.
[2]) v. Gaza: Transplantation. Ds. Handb. Bd. XIV/1, S. 1173. 1926.

der **Virulenzsteigerung durch die Transplantation** (s. S. 1589, 1593 u. 1621). Als
Beispiel führe ich an die Transplantationsergebnisse von HEGNER[1]). Bei Spontantumoren wurden nur in 5% positive Resultate der Transplantation auf das
Auge gefunden. Wurde aber Tumormaterial, das durch 1 oder 2 Passagen gegangen war, zur Impfung ins Auge verwandt, so stieg jetzt bereits die Ausbeute
bis zu 100%, und zugleich stieg die Schnelligkeit des Wachstums und die Häufigkeit der Metastasen stark an. Dieses wichtige Gesetz der starken Virulenzsteigerung durch fortgesetzte Transplantation ist zuerst von EHRLICH[2]) beim
Mäusekrebs gefunden worden, der auch den wichtigen Unterschied zwischen
Proliferationsenergie und Übertragbarkeit schon betonte.

Eine Verminderung der Virulenz kann zunächst auf den Spontanschwan-
kungen des Tumorwachstums beruhen, die als Ausdruck eines biologischen
Zyklus der Geschwulstvitalität aufgefaßt wurden, aber vielleicht auch auf unbekannte Ursachen, z. B. die wechselnde Resistenz der geeimpften Tiere,
zurückzuführen sind. Eine Abschwächung der Geschwulstvirulenz kann aber auch
künstlich durch alle möglichen Schädigungen erzielt werden. Als Gesamtergebnis
der Transplantationsforschungen müssen wir jedenfalls feststellen, daß jede Geschwulstzelle im Organismus des primären Geschwulstträgers transplantierbar ist.
Kommt also durch irgendwelche Vorgänge eine Geschwulstzelle an eine andere
vom Primärherd entfernte Stelle des Körpers, so kann sie hier weiterwachsen,
wuchern und wieder einen neuen Geschwulstknoten bilden.

Der diskontinuierliche Transport der Geschwulstzelle vom primären Herd
aus kann nun auf verschiedenen Wegen vor sich gehen. Manche haben den
Geschwulstzellen eine außerordentlich große Transportfähigkeit zugeschrieben
und sogar angenommen, daß sie über freie Oberflächen hinwegtransportiert
werden und an einem entfernten Ort wieder anwachsen könnten. So hat man
angenommen, daß ein Carcinom der Unterlippe durch **Implantationsmetastase**
auf die Oberlippe, vom Oberlid auf das Unterlid des Auges, von der Zunge auf
den Oesophagus, von der Lippe auf die Wangenschleimhaut, von der Vagina
in den Uterus, vom Magen auf die Darmschleimhaut, von der Niere auf die
Blasenschleimhaut übertragen werden könnte (**Kontaktcarcinome**, Implantations-
carcinome). Selbst die Übertragung eines Peniscarcinoms durch Kontakt-
impfung auf die Portio ist behauptet worden.

Allen solchen Beobachtungen müssen wir sehr skeptisch gegenüberstehen
[s. auch MILNER[3])]. Es müßten dann ja bei der Häufigkeit des Portiocarcinoms,
das gar nicht selten die ersten Erscheinungen durch Blutung post coitum macht,
auch Peniscarcinome viel häufiger beobachtet werden. Bei dem engen und dauernden Kontakt zwischen Ober- und Unterlippe, zwischen Augenlid und Augapfel
wäre eine solche direkte Implantationsmetastase, also eine Inokulation der Tumorzellen an eine neue Stelle, vielleicht denkbar. Selbst das dürfte ungeheuer selten
sein, die übrigen Annahmen aber sind direkt abzulehnen, denn Geschwulstzellen,
die in das Lumen des Darms, des Magens, der Harnblase geraten, sind fast immer
geschädigte oder ganz nekrotische Zellen, die außerdem hier noch den schwersten
Schädigungen durch den Kanalinhalt ausgesetzt sind. Selbst bei der durchaus
möglichen Aspiration von Carcinomzellen aus Kehlkopf, Trachea oder großen
Bronchien in die Lunge dürften kaum je die Verhältnisse günstig genug zur Ansiedlung und Entwicklung der Geschwulstzellen sein. Beobachtungen, die für
solche Annahmen sprechen, finden gewöhnlich durch eine sorgfältige anatomische
Untersuchung eine ganz andere Erklärung: die Geschwulstzellen können auf

---

[1]) HEGNER: Zeitschr. f. Krebsforsch. Bd. 14, S. 358. 1913.
[2]) EHRLICH: 12. Tgg. d. Dtsch. Pathol. Ges. S. 13. Kiel 1908.
[3]) MILNER: Arch. f. klin. Chir. Bd. 74, S. 669 u. 1009. 1904.

weite Strecken in den Lymphbahnen sich ausbreiten und wandern und dann irgendwo an einer anderen Stelle der Schleimhaut wieder einen größeren Geschwulstknoten bilden. Im Oesophagus z. B. sieht man zuweilen zwei bis auf Handtellerbreite und weiter auseinanderliegende Carcinome, aber bei der Serienuntersuchung der dazwischenliegenden, scheinbar ganz gesunden Schleimhaut findet man die carcinomgefüllten Lymphbahnen, die die beiden anscheinend getrennten primären Carcinome miteinander verbinden. Selbstverständlich haben wir in solchen Fällen auch die Möglichkeit primärer Multiplizität zu berücksichtigen, die ja bei gut- und bösartigen Geschwülsten vorkommt.

Werden wir also in der Annahme derartiger Transplantationen äußerst vorsichtig sein, so kann doch künstlich und unbeabsichtigt auch beim Menschen eine Geschwulst transplantiert werden, und das gilt nicht nur für bösartige, sondern auch für gutartige Geschwülste. Derartig unbeabsichtigte Transplantationen treten bei operativen Eingriffen auf, in Laparotomiewunden und -narben, in Punktionskanälen usw. In diesem Falle liegen aber die Verhältnisse auch sehr viel günstiger als beim Zelltransport in den natürlichen Kanälen des Körpers. Die verpflanzten Zellen sind vollkommen frisch und lebenskräftig, und die aseptischen Bedingungen der Operation schützen die Tumorzellen vor jeder Schädigung — alles Vorbedingungen, die ja auch bei der künstlichen Transplantation erfüllt sein müssen. Zuweilen macht die durch solche Transplantation entstandene sekundäre Geschwulst erst nach Jahren Symptome [Schaanning[1])]. Man bezeichnet solche sekundäre Geschwulstbildungen als *Implantationsmetastasen* oder *operative Impfinfektionen.*

Im ganzen aber sind das seltene Ausnahmen. Als Regel müssen wir festhalten, daß dies diskontinuierliche Auftreten sekundärer Geschwulstknoten bedingt durch *Zellverschleppung* auf den präformierten Saftbahnen, d. h. den Blutgefäßen und Lymphgefäßen, erfolgt [s. Heidenhain, M. B. Schmidt[2]), Goldmann[3]), Winkler[4]), Chalatow[5]), Ziegler[6]), Kitain[7]), Stern[8])].

Die **Verschleppung der Geschwulstzellen in den Lymphbahnen** erfolgt sowohl durch die Strömung wie durch amöboide Bewegungen der Zellen. Ribbert weist darauf hin, daß die fortkriechenden Geschwulstzellen sich vor allem in den kleinen Knotenpunkten des Lymphsystems festsetzen und daß sie mechanisch, z. B. durch die Peristaltik der Därme, durch In- und Exspiration der Lunge und durch Muskelbewegungen vorwärtsgeschoben werden. Die Verschleppung in den Lymphbahnen führt auf diesem Wege z. B. zu der häufig zu beobachtenden rosenkranzförmigen Entwicklung von Krebsknoten im Mesenterialansatz der Dünndarmschlingen.

Weiterhin aber führt der Transport der Tumorzellen mit dem Lymphstrom natürlicherweise zu einer Ansammlung von Geschwulstzellen in den nächstgelegenen regionären *Lymphdrüsen,* die nun an sekundärer Geschwulstbildung erkranken. Häufig haben sich dabei Zellen von der primären Geschwulst abgelöst und geraten nun mit dem Lymphstrom in die Randsinus der Lymphdrüse, wo sie hängen bleiben, da ja die Lymphdrüse schon für Bakterien, mehr noch für so große Gebilde als Filter wirkt. Gibt man sich die Mühe, den Inhalt dieser Lymphgefäße mikroskopisch zu untersuchen, so kann man zuweilen die Tumor-

---

[1]) Schaanning: Norsk. magaz. f. laegevidenskaben Bd. 82, S. 109. 1921.
[2]) Schmidt, M. B.: Verbreitungswege der Carcinome, Jena: Fischer 1903.
[3]) Goldmann: Beitr. z. klin. Chir. Bd. 72, S. 1. 1911.
[4]) Winkler: Virchows Arch. f. pathol. Anat. u. Physiol. Bd. 151, S. 195. 1898.
[5]) Chalatow: Virchows Arch. f. pathol. Anat. u. Physiol. Bd. 217, S. 140. 1914.
[6]) Ziegler: Zeitschr. f. Krebsforsch. Bd. 16, S. 427. 1919.
[7]) Kitain: Virchows Arch. f. pathol. Anat. u. Physiol. Bd. 238, S. 289. 1922.
[8]) Stern: Virchows Arch. f. pathol. Anat. u. Physiol. Bd. 241, S. 219. 1923.

zellen in der Lymphe nachweisen. Zuweilen ist aber auch die ganze Lymphbahn,
z. B. zwischen dem primären Mammacarcinom und der Achseldrüse, mit Tumorzellen angefüllt (ohne daß man makroskopisch davon etwas merkt), so daß dann
also ein kontinuierliches Weiterwachsen des Primärtumors in den Lymphgefäßen
vorliegt. Allerdings kann die Anfüllung der Lymphbahn auch nach primärer
Verschleppung durch Weiterwachsen von beiden Seiten her erfolgen, und gar
nicht so selten ist man bei der mikroskopischen Untersuchung überrascht, in
wie großartiger Weise nach allen Seiten hin und über weite Gebiete zahlreiche
Lymphbahnen und größere Lymphgefäße mit Geschwulstzellen geradezu injiziert sind. Selbst hämatogen entstandene Metastasen in der Lunge z. B. können
hier in die größeren und kleineren Lymphgefäße einbrechen, in ihnen rasch weite
Gebiete durchwachsen und die dann auch makroskopisch so charakteristische
Pleuritis carcinomatosa erzeugen: wie in einem Injektionspräparat treten alle
Lymphnetze der Pleura als zarte weiße Linien und Spitzenmuster hervor.

Auch die Schwerkraft kommt bei der Verschleppung der Tumorzellen zur
Geltung. Besonders schön sehen wir dies in den großen Lymphräumen, besonders
der Peritonealhöhle, wo zuerst und am häufigsten, zuweilen sogar ganz isoliert,
die Metastasen eines Magencarcinoms am tiefsten Punkte des kleinen Beckens,
im Douglas, auftreten. Auch die isolierten Carcinommetastasen in beiden Ovarien
bei Magenkrebsen müssen wir auf das Heruntersinken der Tumorzellen ins kleine
Becken und den besonders günstigen Nährboden des Ovarialgewebes zurückführen.

Selbst die großen Lymphstämme, insbesondere der Ductus thoracicus,
können von Geschwulstzellmassen vollkommen ausgefüllt sein und wieder der
Ausgangspunkt weiterer Metastasen werden.

Die Häufigkeit der Verschleppung von Tumorzellen, und zwar fast aller
zellreichen und wenig differenzierten bösartigen Geschwülste auf dem Lymphwege, muß als sehr groß angenommen werden. KONJETZNY[1] z. B. fand bei
systematischen Untersuchungen in 60% der Fälle von Magenkrebs Carcinomzellen im Netz.

Zuweilen kann auch die **Ausbreitung** des malignen Tumors **auf dem Nervenwege** bis in das Zentralnervensystem hinein erfolgen. Hier geraten die Geschwulstzellen durch die Lymph- oder Blutgefäße in die Nerven und verbreiten sich dann
hier in den peri- und endoneuralen Lymphspalten der peripheren Nerven, die
in direktem Zusammenhang mit den Lymphbahnen von Arachnoidea und Pia
stehen. So kann z. B. eine isolierte metastatische carcinomatöse Meningitis
auf dem Nervenwege entstehen [s. KINO[2]), ferner ERNST[3]), HEYDE-CURSCH-
MANN[4]), KNIERIM[5]), MARCHAND[6])].

Der zweite Weg, auf dem es zu einer diskontinuierlichen Ausbreitung der
Geschwulstzellen kommen kann, ist **die Verschleppung auf dem Blutweg.** Als
alte Regel wird seit VIRCHOW angegeben, daß sich das Carcinom auf dem Lymphwege, das Sarkom auf dem Blutwege ausbreite. Diese Regel hat nur eine sehr
begrenzte Gültigkeit. Wir betonten schon wiederholt die Individualität der
Tumorzelle und der einzelnen Geschwulst, und auch in der Art der Ausbreitung
zeigt sich oft diese Individualität. Es gibt Tumoren, die sich nur auf dem
Lymphwege, andere, die sich nur auf dem Blutwege ausbreiten, und zwar unter
allen Formen von bösartigen Geschwülsten. Richtig ist, daß die sehr zellreichen,

---

[1]) KONJETZNY: Münch. med. Wochenschr. 1918, S. 292.
[2]) KINO: Zeitschr. f. d. ges. Neurol. u. Psychiatrie Bd. 103, S. 198. 1926.
[3]) ERNST: Beitr. z. pathol. Anat. u. z. allg. Pathol. 7. Suppl.-Bd., Festschr. Arnold S. 29. 1905.
[4]) HEYDE-CURSCHMANN, Arb. a. d. Geb. d. pathol. Anat. u. Bakteriol. a. d. pathol.
Inst. Tüb., Bd. 5, S. 392. 1904.
[5]) KNIERIM: Beitr. z. pathol. Anat. u. z. allg. Pathol. Bd. 44, S. 409, 1908.
[6]) MARCHAND: Münch. med. Wochenschr. 1907, S. 637.

undifferenzierten Geschwülste (die ja bisher meist als Sarkome bezeichnet wurden) eine stärkere Neigung zur Ausbreitung auf dem Blutwege haben, ganz gleichgültig, ob es sich um epitheliale oder andere Geschwulstzellen handelt. Auch die Erfahrungen bei den transplantablen Geschwülsten zeigen Gesetzmäßigkeiten, die von der Individualität der einzelnen Geschwulst abhängen. So haben Kolle und Caan[1]) die merkwürdige Tatsache gefunden, daß bei intravenöser Einspritzung von Tumorzellen das transplantable Mäusecarcinom und Chondrom in 80—100% der Fälle anging, das transplantable Sarkom bei der gleichen Übertragungsart niemals. Auch Takahashi[2]) hat dasselbe für ein anderes transplantables Sarkom angegeben. Also hier kann von einer Bevorzugung des Blutweges durch das Sarkom keine Rede sein. Der Einbruch von Tumorzellen in die Blutgefäße im Bereiche der primären Geschwulst ist auch bei den Carcinomen, wenn man genau untersucht, sehr häufig. Goldmann fand in allen untersuchten Carcinomen einen Einbruch in die Gefäße und stellte fest, daß diese Einbrüche um so häufiger sind, je gefäßreicher das Gebiet der Geschwulst ist. Van Raamsdonk[3]) fand mikroskopisch bei 30 Mammacarcinomen die Gefäßeinbrüche 24mal, bei 30 Uteruscarcinomen 11mal, bei 30 Haut-, Mund- und Zungencarcinomen 5mal. Bei diesen 3 Krebsarten standen also die positiven Befunde in einem Verhältnis von 5 : 2 : 1, und dieses Verhältnis entspricht nach den statistischen Angaben der Literatur genau der Häufigkeit der entfernten hämatogenen Metastasenbildung dieser Carcinomarten. Wir können also sagen: Wo ein Hineinwachsen des Carcinoms in Blutgefäße nachzuweisen ist, müssen wir mit dem Auftreten hämatogener Metastasen bestimmt rechnen. Sind aber solche vorhanden, so werden wir Metastasen in dem nächstgelegenen Blutfilter zu erwarten haben, also bei Carcinomen des Magen-Darmtraktus in der Leber, bei Tumoren des übrigen Körpers in der Lunge. Ein solches Verhalten erklärt sich also einfach aus den anatomischen Verhältnissen. Auch hier in den Blutgefäßen kann es zu einem kontinuierlichen Fortwachsen der Geschwulstmassen bis in den Hauptstamm der Pfortader, der Vena cava, ja bis in das rechte Herz hinein, kommen. Besonders beim Hypernephrom sind solche Riesengeschwulstthromben wiederholt beobachtet worden, und Oberndorfer[4]) beschrieb einen Geschwulstthrombus bei Hypernephrom der linken Niere, der kontinuierlich nicht nur durch die Vena cava bis in den rechten Vorhof, sondern durch das Herz hindurch in die Arteria pulmonalis hineingewachsen war.

Dabei können diese Geschwulstthromben mit oder ohne Gerinnungs- und Abscheidungsvorgängen in der Blutmasse einhergehen. Diese letzteren Vorgänge treten allerdings gegenüber der rasch weiterwachsenden Geschwulst meistens stark in den Hintergrund oder fehlen überhaupt. Die übliche Bezeichnung Geschwulstthrombose für derartige Tumorpfröpfe in den größeren Gefäßen ist also nicht ganz korrekt: es handelt sich nicht um Abscheidungen von Blutbestandteilen, sondern um Einbruch und kontinuierliches Fortwachsen der Geschwulstzellen im Gefäßlumen. Von derartigen „Geschwulstthromben" können auch größere Stückchen abgerissen und embolisch verschleppt werden mit allen bekannten Folgen der Embolie. Meist ist aber der Geschwulstpfropf viel zu fest und, weil er ja Gewebe darstellt, nicht bröcklig wie der echte Thrombus, so daß sich nur einzelne Zellen für gewöhnlich ablösen und in den Capillaren des nächsten Blutfilters hängenbleiben. Man sollte glauben, daß es unter diesen Umständen leicht gelingt, *Tumorzellen im strömenden Blut* nachzuweisen. Das

[1]) Kolle u. Caan: Zitiert nach Caspari: Zeitschr. f. Krebsforsch. Bd. 19, S. 74. 1922.
[2]) Takahashi: Ebenso zitiert nach Caspari.
[3]) Raamsdonk: Nederlandsch. tidschr. v. geneesk. Bd. 65, S. 3355. 1921.
[4]) Oberndorfer: Dtsch. Path. Ges. 11. Tg. Dresden S. 263. 1907.

ist für gewöhnlich nicht der Fall, vielleicht auch noch nicht systematisch genug untersucht worden, zumal bei manchen Geschwülsten die Unterscheidung einzelner abgelöster Tumorzellen von den Monocyten des Blutes oder abgelösten Gefäßwandendothelien Schwierigkeiten machen kann. Andererseits müssen wir bedenken, daß dieses Übertreten von Tumorzellen in das strömende Blut nicht in so langen Zeiträumen und so großen Massen erfolgt, daß wir die Zellen im Blute leicht und zu jeder Zeit finden könnten. Es genügt vollkommen, wenn verhältnismäßig wenige Zellen in einer kurzen Zeitspanne oder auch hin und wieder in den Kreislauf geraten. Geschieht dies in größeren Mengen und häufiger, so kann man das zuweilen aus dem anatomischen Befunde erschließen: es kann dann geradezu akut eine Aussaat von Tumorzellen im ganzen Organismus erfolgen. KROKIEWICZ[1]) hat eine solche akute Miliarcarcinose beschrieben, die sich innerhalb 40 Tagen — als Miliartuberkulose gedeutet — bei einem 22jährigen Mädchen mit Pyloruscarcinom entwickelt hatte.

Immerhin sind Tumorzellen, auch Carcinomzellen (diese letzteren allerdings sehr selten), bereits wiederholt im strömenden Blute beim lebenden Menschen gefunden worden [s. z. B. MARCUS[2])].

Berücksichtigen wir alle diese Verhältnisse, so ist es von vornherein klar, daß auf dem Sektionstisch die tatsächliche Verbreitung einer bösartigen Geschwulst im Gesamtorganismus nicht ohne weiteres mit bloßem Auge festgestellt werden kann. Erst die eingehende mikroskopische Untersuchung kann uns hier wirklichen Aufschluß geben, und wenn eine solche vorgenommen wird, so zeigt sich, daß im einzelnen Falle gewöhnlich die Zahl der Metastasen sehr viel größer ist, als angenommen wurde, wie besonders KITAIN[3]) in eingehenden statistischen Untersuchungen gezeigt hat.

Derselbe Autor hat auch gefunden, daß zwischen Bau und Ausdehnung des Primärtumors und der Häufigkeit der Metastasen Beziehungen bestehen und daß gewöhnlich die Metastasenbildung um so reichlicher, je kleiner der Primärherd, um so kleiner, je ausgedehnter und größer, massiver das primäre Carcinom ist. Auch MOUTIER[4]) fand bei systematischen Untersuchungen am Magenkrebs, daß ein umfangreiches Carcinom auf den Magen beschränkt bleibt, während bei ausgedehnten Lebermetastasen der primäre Magenkrebs klein ist. Er fand bei 60 Fällen von Magenkrebs nur 16mal makroskopische Metastasen in der Leber (Pfortadereinbrüche), 44mal war die Leber frei von Metastasen.

Allerdings ist hier weiter zu berücksichtigen, daß durchaus nicht jede verschleppte Geschwulstzelle zu einer Metastase werden muß. Es gehen sicherlich viele derartige Zellen im strömenden Blute zugrunde, und auch von den in den Capillaren steckengebliebenen Geschwulstzellen entwickeln sich keineswegs in jedem Falle Metastasen. Durch sorgfältige histologische Untersuchungen haben zuerst M. B. SCHMIDT[5]), dann eine Reihe anderer Forscher [GOLDMANN, LUBARSCH, SCHIEDAT[6]), A. STERN[7])] nachgewiesen, daß in den Capillaren der Lunge, aber auch der Leber und in den Lymphdrüsen und im Netz (KONJETZNY, s. S. 1737) recht **zahlreiche Geschwulstzellen zugrunde gehen,** und man hat daher ein Frühstadium angenommen, in dem die verschleppten Tumorzellen noch nicht angehen, dem dann das Stadium der wirklichen Metastasenbildung folgt. Ob das aber gesetzmäßig so ist, wissen wir nicht und dürfte wohl auch in den Einzelfällen, je nach

[1]) KROKIEWICZ, Wien. klin. Wochenschr. 1919, Nr. 20.
[2]) MARCUS, Zeitschr. f. Krebsforsch. Bd. 16, S. 229. 1917.
[3]) KITAIN, Virchows Arch. f. pathol. Anat. u. Physiol. Bd. 238, S. 289. 1922.
[4]) MOUTIER: Bull. de l'assoc. franç. pour l'étude du cancer Bd. 11, S. 22. 1922.
[5]) SCHMIDT, M. B.: Zitiert auf S. 1742.
[6]) SCHIEDAT: Diss. Königsberg 1919.
[7]) STERN, A.: Virchows Arch. f. pathol. Anat. u. Physiol. Bd. 241, S. 219. 1923.

dem Charakter der Geschwulst, stark wechseln. Es ist mir sehr wahrscheinlich, daß es bösartige Geschwülste gibt, bei denen fast jede verschleppte Tumorzelle zur Metastase auswächst, andere, bei denen zahlreiche dieser verschleppten Zellen zugrunde gehen und es erst sehr spät zur Metastasenbildung kommt. Dabei sollte man glauben, daß durch das Untergehen vieler Tumorzellen im Blute lebhafte Reaktionen des Gesamtorganismus gegen die Geschwulst ausgelöst würden (Nekrohormone!). Aber wir wissen darüber bisher nichts Sicheres, und gerade die Tatsache, daß trotz des erwiesenen Unterganges so vieler Tumorzellen im strömenden Blut bei vielen Geschwülsten das Tumorwachstum unaufhaltsam fortschreitet und eine Spontanheilung so ungeheuer selten ist, zeigt wiederum, daß unsere üblichen Vorstellungen von den Immunitätsvorgängen für die Geschwülste und auch die experimentellen Ergebnisse an den transplantierten Mäusecarcinomen hierfür eine recht geringe Bedeutung haben und daß die zahlreichen Versuche, durch Autolysate oder abgetötete Zellen der primären Geschwulst den Körper zu „immunisieren", schon von vornherein recht wenig Aussicht auf Erfolg bieten. Zu solchen Hoffnungen haben die Ergebnisse an den transplantierbaren Geschwülsten fälschlicherweise verleitet, wo ja schon durch einfaches Kneten der Geschwulstknoten Rückbildungen der Tumoren erzielt werden können, während das gleiche Vorgehen bei Spontantumoren die Metastasenentwicklung wesentlich begünstigt (s. S. 1750). Auch hier spielen offenbar quantitative Verhältnisse bei Zugrundegehen und Resorption von Tumorzellen und die verschiedene Resistenz eines normalen Impftieres gegenüber einem Spontantumorträger die wesentliche Rolle.

Bei einer Geschwulstart scheint das Untergehen verschleppter Geschwulstzellen in den Lungencapillaren besonders häufig zu sein, beim malignen Chorionepitheliom. Das könnte einerseits an der schon erwähnten biologischen Sonderstellung dieser Geschwulstart liegen, andererseits daran, daß verschleppte Zellen dieses Tumors besonders leicht histologisch aufzufinden sind. Es ist sehr bemerkenswert, daß in solchen Fällen zuweilen gleichzeitig in der Lunge Untergang der verschleppten Tumorzellen und an anderen Stellen Wachstum mit Durchbruch durch die Gefäßwand in das umgebende Lungengewebe bei dem gleichen Falle gefunden wurde. Nicht selten zeigt sich auch, daß das metastatische Carcinom keineswegs mit besonderer Vorliebe in der Blutbahn weiterwächst, in der es doch nach seinem Einbruch verschleppt wurde, sondern daß es von da aus wieder in die Lymphwege hineinwächst und sich hier nun rasch ausbreitet. So können zuweilen ausgedehnte Lymphgefäßcarcinosen der Lungen entstehen, ohne daß es zu makroskopisch sichtbaren Metastasenbildungen kommen muß [s. A. Stern[1])].

Die nicht seltene Verschleppung der Geschwulstzellen im strömenden Blut erklärt es nun auch, daß im ganzen Organismus in weitester Entfernung von der Primärgeschwulst metastatische Geschwulstbildungen auftreten können. Solange dieses Auftreten der Metastasen von den anatomischen Verhältnissen der Lymph- und Blutbahnen bestimmt wird, bedarf ihr Auftreten keiner weiteren Erklärung. Aber es zeigt sich bald, daß diese rein mechanische Erklärung der Metastasenbildung nur für einen Teil der Fälle wirklich zutrifft. Es kommt gar nicht selten vor, daß das Organ, das nach Lage der anatomischen Verhältnisse für die Metastasenbildung in erster Linie oder gar ausschließlich in Frage kommen sollte, vollkommen ausgelassen wird und die Geschwulstknoten an ganz anderen Stellen zum Vorschein kommen.

Ganz besonders merkwürdig sind diejenigen Geschwulstfälle, wo ganz bestimmte **Organsysteme** des Körpers **von den Metastasen bevorzugt** oder aus-

---

[1]) Stern, A.: Zitiert auf S. 1745.

schließlich befallen werden. Das bekannteste Beispiel dieser Art ist die Carcinose des gesamten Knochensystems beim Prostatacarcinom. In anderen Organen finden wir hier häufig nur einzelne Geschwulstknoten, ja es kann vorkommen, daß alle übrigen Organe des Körpers vollkommen geschwulstfrei sind, während die gesamten Knochen bis hinauf zu den Schädelknochen von Carcinommetastasen durchsetzt sind, und es war eines der großen Verdienste v. RECKLINGHAUSENS, die wahre Natur dieser früher als primäre Knochencarcinose aufgefaßte Erkrankung dargelegt zu haben. Aber die Eigentümlichkeit der isolierten Metastasenbildung im Knochensystem findet sich auch bei anderen Geschwülsten. Das gleiche Verhalten wie die erwähnten Prostatacarcinome zeigen zuweilen Mamma-, Magen-, Nebennieren- und besonders Schilddrüsencarcinome. Ein Nierencarcinom kann isolierte Metastasen in der anderen Niere machen. Die Neuroblastome sowohl des Auges wie des Sympathicus zeigen ebenfalls eine ganz besondere Vorliebe für Metastasenbildung im gesamten Knochensystem. Beim sog. Melanosarkom der Haut oder des Auges kann man wiederum in vielen Fällen ganz besondere merkwürdige Lokalisationen der Metastasen beobachten. So sieht man zuweilen in diesen Fällen nur die Leber metastatisch erkrankt, oder multiple Metastasen der Darmschleimhaut können, wie ich es in mehreren Fällen gesehen habe, durch Ileus viele Jahre nach operativer Entfernung des Primärtumors zum Tode führen.

Seit VIRCHOW gilt als eine Regel, daß Organe, die häufig an Primärtumoren erkranken, sehr selten von Metastasen befallen werden, wie z. B. die Mamma, die Schleimhäute des Magen-Darmtraktus, der Uterus. Umgekehrt sollen die häufig von Metastasen befallenen Organe (Leber, Lunge, Gehirn) viel seltener an Primärtumoren erkranken. Bei der so wechselvollen Individualität der Einzelgeschwülste ist auch dieses Verhalten nicht konstant und gerade die Ausnahme von solchen Regeln für uns von besonderem Interesse.

Merkwürdig ist auch die Häufigkeit von Metastasen im Zentralnervensystem beim Chorionepitheliom, beim Hypernephrom, beim Lungencarcinom. DosQUET[1]) fand bei einer statistischen Untersuchung über die Metastasenbildung des primären Lungencarcinoms bei 105 Tumoren dieser Art in 31,4% der Fälle Metastasen im Zentralnervensystem, in 20,8% Metastasen in den Nebennieren. Da diese Metastasen nur auf dem Blutweg entstehen können, so muß das chemische Milieu, der Nährboden, in den verschiedenen Organen eine sehr verschiedene Eignung für das Wachstum der Geschwulstzellen haben. In dem erwähnten Falle nimmt DOSQUET als Erklärung an, daß Gehirn und Lunge als sauerstoffreichste Organe des Körpers gleiche Wachstumsbedingungen für die Geschwulstzellen boten. Er fand allerings auch, daß alle Carcinome, die Metastasen im Gehirn gemacht hatten, zerfallen waren und eitrige Prozesse in der Umgebung aufwiesen, während Carcinome ohne Zerfall nicht zu Metastasen geführt hatten. Die Erklärung für die Bevorzugung der Nebennieren bei der Metastasierung erblickt DOSQUET in der biologischen Verwandtschaft der Nebenniere mit dem nervösen Gewebe und dem gleichen hohen Lipoidgehalt. Damit wäre der Sauerstoffreichtum als Ursache der leichteren Ansiedlung in den Hintergrund gestellt, dagegen die Bedeutung des geweblichen Milieus betont. Und nach dem heutigen Stande unseres Wissens bleibt als Erklärungsmöglichkeit für diese besondere und häufig elektive Ansiedlung der Geschwulstzelle nur der verschiedene Charakter der Organe und Gewebe als Nährboden übrig. Wir wissen ja sowohl von den einzelligen Organismen wie von den Gewebszellen, daß das Ergebnis jeder Züchtung ausschließlich von dem chemisch-physikalischen Charakter des Nährbodens

---

[1]) DOSQUET, Virchows Arch. f. pathol. Anat. u. Physiol. Bd. 234, S. 481. 1921.

bestimmt wird. Für die parasitär gewordene maligne Geschwulstzelle sind der Gesamtorganismus und auch die einzelnen Organe nur als mehr oder weniger geeigneter Nährboden zu betrachten.

Deelman[1]) sieht in der Bevorzugung des Knochensystems bei zahlreichen Geschwulstmetastasen den Beweis dafür, daß hier besonders gute Wachstumsbedingungen für Geschwulstzellen vorliegen. Mikroskopisch fand er in Lungen und Milz häufig Geschwulstzellen, während in Knochen solche nur gefunden wurden, wenn auch makroskopische Tumoren vorhanden waren. Deelman nimmt also an, daß die Tumorzellen, wenn sie überhaupt einmal in den Knochen hineingeraten, rasch zu größeren Geschwülsten auswachsen, während sie dies in Lunge und Milz sehr viel seltener tun. Andere Autoren haben allerdings andere Ergebnisse gehabt. K. Miyauchi[2]) fand überhaupt in 28,6% aller Carcinomfälle mikroskopisch Metastasen im Knochenmark der Lendenwirbel und betont ausdrücklich, daß auch ausgedehnte Krebsmetastasen im Knochenmark makroskopisch unbemerkt bleiben, solange sie ausschließlich in den Markräumen wachsen. Es stimmt dies auch mit meinen eigenen Erfahrungen überein. Es mag sein, daß in das Knochenmark geratene Tumorzellen rascher und leichter wachsen wie in anderen Organen, aber makroskopisch fällt es auch dem Geübten oft recht schwer, selbst ausgedehntere Knochenmarksinfiltration mit Tumorzellen sicher zu erkennen. Limacher[3]) fand Knochenmetastasen in 0,9% der Fälle bei Magencarcinom, in 2,2% bei Oesophaguscarcinom, in 5,7% bei Uteruscarcinom, dagegen in 36,9% bei bösartigen Geschwülsten der Schilddrüse. Wir sehen hier also wiederum eine sehr starke Bevorzugung einer Tumorart, und Erdheim[4]) fand bei diesen Knochenmetastasen von Schilddrüsentumoren die Primärgeschwulst oft auffallend klein und sah, daß dieselbe auch noch jahrelang nach Auftreten der Metastase nicht an Größe zunahm, daß auch diese Metastasen recht langsam wuchsen und die Tendenz zeigten, sich bindegewebig abzukapseln (s. S. 1764). Zuweilen sind auch die Metastasen bei der malignen Struma typischer gebaut als der Primärtumor selbst, indem sie ganz typische Schilddrüsenfollikel ausbilden [de Crignis[5])]. Auch Metastasen normalen Schilddrüsengewebes im Knochen sind beschrieben [Regensburger[6])] (s. auch S. 1406, 1460 u. 1491).

Über die morphologischen Strukturen im Primärtumor und den Metastasen wird im folgenden Kapitel zu sprechen sein.

Das Wachstum der Geschwulstzellen in der Metastase selbst ist durchaus nicht immer der Form des Wachstums im Primärtumor absolut gleich. Ich betonte schon, daß eine infiltrierend wachsende primäre Geschwulst, z. B. des Magens, streng expansiv wachsende Metastasen in der Leber machen kann. In anderen Fällen sehen wir, daß der anatomische Aufbau des metastatisch erkrankten Organs auf das Wachstum der metastatischen Geschwulstzellen einwirkt. So kann eine Carcinommetastase in der Niere die Harnkanälchen und Glomeruli zur weiteren Ausbreitung benutzen [Lauterburg[7])]. Viel studiert ist auch das Wachstum metastatischer Krebsknoten im Knochen. Keineswegs verhält sich jede Carcinommetastase im Knochensystem gleich. Miyauchi[2]) unterscheidet verschiedene Formen von Krebswachstum in den Knochen. Stets sind zuerst die Markräume von den Metastasen befallen, und diese treten bald in dissemi-

[1]) Deelman: Nederlandsch tijdschr. v. geneesk. Bd. 65, Nr. 9. 1921.
[2]) Miyauchi: Diss. Bern 1916 (gedruckt in Basel).
[3]) Limacher: Virchows Arch. f. pathol. Anat. u. Physiol. Suppl.-Bd. 151, S. 113. 1898.
[4]) Erdheim, Arch. f. klin. Chir., Bd. 117, S. 274. 1921.
[5]) de Crignis: Frankfurt. Zeitschr. f. Pathol. Bd. 14, S. 88. 1913.
[6]) Regensburger: Berlin. klin. Wochenschr. 1912, Nr. 33, S. 1560.
[7]) Lauterburg: Zeitschr. f. Krebsforsch. Bd. 16, S. 442. 1919.

nierter Form, bald einfach infiltrierend, bald als grobe osteoklastische Knoten und endlich mit Neubildung von Knochen einhergehend (osteoplastische Form) auf. Diese interessante Neubildung von Knochen erfolgt entweder im Stroma der Carcinome oder nach vorausgehender Nekrose der alten Knochenbälkchen, d. h. regenerativ. Diese Knochenbildung in metastatischen Carcinomen ist auch aus einem anderen Gesichtspunkte heraus von Interesse: sie beweist meines Erachtens einwandfrei, daß auch in den Metastasen das bindegewebige Gerüst des Carcinoms vom Wirtsorgan geliefert wird. Da hier im Bereiche des Knochenmarks das Stützgewebe, wie ja jede Fraktur zeigt, stets osteoplastische Fähigkeiten besitzt, so kommt eben bei der durch das Carcinom erzwungenen Wucherung dieses Gewebes diese knochenbildende Fähigkeit in vielen Fällen zum Vorschein, obwohl das Carcinom selbst den Knochen durch Druck (lakunäre Resorption und Thrypsis) zugrunde richtet. Daß die gleiche Carcinomart in dem einen Falle osteoklastisch, in einem anderen osteoplastisch auf den Knochen einwirkt [s. DEELMAN[1])], kann an Stoffwechseldifferenzen der Tumorzellen wie des Gesamtorganismus liegen. Ebenso ist ja die Folge der Knochenmarkscarcinose [Anämie, Myelocytose usw., s. v. ROZNOWSKI[2])] in den einzelnen Fällen verschieden.

Zu den Einflüssen, welche auf die Entwicklung der Metastasen wesentlich einwirken, gehört vor allem auch das Verhalten der primären Geschwulst. Wir erwähnten bereits, daß häufig, manchmal geradezu gesetzmäßig, die Metastasen um so größer werden, je kleiner die Primärgeschwulst bleibt. Aber dieses Verhalten findet sich nicht allein bei Geschwülsten, auch bei infektiösen Prozessen läßt sich häufig beobachten, daß bei dem Auftreten von Metastasen der primäre Krankheitsherd eine entscheidende Besserung erfährt [CECIKAS[3])]. Es scheint mir also gewagt, aus diesem Verhalten weitgehende Schlüsse, z. B. für die Lehre von der Atrepsie und Avidität der Tumorzellen, zu ziehen. Nur in dem Punkte finden wir ein gegensätzliches Verhalten zwischen Tumor und Infektionskrankheit, daß die Infektionskrankheit durch eine sonstige schwere Schädigung des Gesamtkörpers verschlimmert wird, während das Wachstum einer Geschwulst hierdurch verlangsamt werden kann [G. SCHÖNE[4]), s. auch S. 1429].

Damit kommen wir zu einem weiteren Einfluß auf die Metastasenbildung, der in den letzten Jahren aus praktischen Gründen eingehend untersucht worden ist: der Einfluß der Bestrahlung. Hier ist wiederholt behauptet worden, daß die *Bestrahlung des Primärtumors* [z. B. die Radiumbehandlung, KELLOCK[5])] *die* **Neigung zur Metastasenbildung** *erhöht*. LOSSEN[6]) kommt beim Mammacarcinom ebenso wie andere Autoren zu dem Ergebnis, daß die intensivere Bestrahlung die Neigung zum Rezidiv begünstigt. SCHMIEDEN sowohl wie BAENSCH[7]) fanden im Gegensatz hierzu, daß nach Bestrahlung des Primärtumors sich auch die unbestrahlten Metastasen in gleicher Weise wie die primäre Geschwulst zurückbildeten. BAENSCH stellte dies einwandfrei in 6 Fällen für die unbestrahlten Drüsenmetastasen fest, während er eine Rückbildung hämatogener Metastasen nicht nachweisen konnte. WERTHEIMER[8]) fand bei 104 Fällen von Uteruscarcinom, die etwa zur Hälfte mit Radium, Röntgenstrahlen oder mit beiden behandelt waren, nicht häufiger Metastasen als bei den unbestrahlten Fällen. Nur waren Lebermetastasen bei

---

[1]) DEELMAN: Zitiert auf S. 1748.
[2]) v. ROZNOWSKI: Zeitschr. f. klin. Medizin Bd. 81, S. 377. 1915.
[3]) CECIKAS: Wien. klin. Wochenschr. Nr. 32. 1911.
[4]) SCHÖNE, G.: Arch. f. klin. Chir., Bd. 93, S. 369. 1910.
[5]) KELLOCK: Arch. of radiol. a. electrotherap., Bd. 25, S. 46. 1920.
[6]) LOSSEN: Münch. med. Wochenschr. 1921, S. 518.
[7]) BAENSCH: Fortschritte aus dem Gebiet der Röntgenstrahlen Bd. 29, S. 499. 1922.
[8]) WERTHEIMER: Strahlentherapie, Bd. 12, S. 90. 1921.

den bestrahlten Fällen in 30%, bei den unbestrahlten Fällen nur in 14% zu finden. Wir sehen hier wie bei der in früheren Zeiten so viel erörterten Frage, ob die Exstirpation des Primärtumors ein rascheres Aufschießen multipler Metastasen zur Folge habe, keine einheitlichen Ergebnisse. Der Grund dürfte darin liegen, daß die einzelnen Geschwülste entsprechend ihrer Individualität ein verschiedenes, ja ein gegensätzliches Verhalten zeigen können. Nach Caspari[1]) kommt hier als wesentliche Ursache das Verhältnis der angewandten Strahlendosis zur Resistenz des Körpers in Betracht. Auch können bei Impftumoren gerade maximale Strahlendosen zuweilen deutliche Wachstumssteigerungen hervorrufen.

Einwandfrei ist erwiesen, daß **mechanische Schädigung des Primärtumors** durch häufiges Drücken, Quetschen, insbesondere aber durch Massage, die Metastasenbildung einer primären bösartigen Geschwulst sehr stark beschleunigen kann. Jede stärkere Palpation einer solchen Geschwulst kann bereits, wie besonders Tyzzer[2]) in experimentellen Untersuchungen gezeigt hat, zur Metastasierung führen, und zwar schon in den frühen Stadien der Geschwulstbildung. Tyzzer hat gezeigt, daß man mit dieser einfachen Methode rasch und sicher Metastasen erzeugen kann, und die Kenntnis dieser Tatsache ist praktisch von der größten Bedeutung. Da die systematische Massage eines der beliebtesten Heilmittel der Kurpfuscher gegen Geschwülste ist, so ergibt sich daraus, wieviel Schaden auf diesem Wege angerichtet wird, und ich habe wiederholt nach derartigen „Behandlungen" kleiner Mammacarcinome Metastasen in allen Lymphbahnen des Brustkorbes und der Achselhöhle beobachten können.

Im Gegensatz hierzu ist mehrfach angegeben worden [Aschoff, Lubarsch, Hirschfeld[3])], daß es gelinge, durch häufiges und methodisches mechanisches Drücken maligner Tumoren diese zum Schwinden und zur völligen Heilung zu bringen. Ja die so geheilten Tiere waren gegen eine Nachimpfung immun. Diese Angaben sind uns wiederum nur ein schlagender Beweis für die grundsätzliche Verschiedenheit zwischen der primären Spontangeschwulst und der transplantierten Geschwulst, der künstlichen Metastase auf ein anderes Tier (vgl. S. 1365 u. 1575). Wenn dieses Verhalten sich auch nicht ausnahmslos bei allen transplantierten Geschwülsten zeigt und zuweilen auch hier, bei ohnedies zur Metastasierung neigenden Geschwulststämmen [Tyzzer[2])] das Massieren zur Metastasenbildung führt, so ist doch häufiger die Resorption des Tumors auf Quetschung die Folge. Die wesentliche Ursache dürfte in dem fundamentalen Unterschied der Konstitution des Gesamtkörpers bei dem Träger einer Impfgeschwulst gegenüber dem Spontantumorträger gegeben sein. Die geringe Schädigung des Tumors durch Zerquetschen einiger Tumorzellen genügt oft, das Transplantat zum Schwinden zu bringen, d. h. so starke Abwehrvorgänge in dem sonst gesunden Organismus hervorzurufen, daß eine Resorption der Geschwulst die Folge ist. Ganz anders aber verhält sich die Spontangeschwulst. Hier bewirkt der gleiche Eingriff lediglich eine stärkere mechanische Verschleppung von Geschwulstzellen und damit eine starke Beschleunigung der Metastasenbildung.

Eine gleiche Gefahr ist von manchen der Probeexcision zugeschrieben worden. Auch diese Frage hat Tyzzer schon geprüft und gefunden, daß derartige Incisionen die Zahl der Metastasen nicht steigern, höchstens ihr Wachstum beschleunigen. Auf jeden Fall darf man sagen, daß eine zu diagnostischen Zwecken ausgeführte Probeexcision ungefährlich ist, wenn sich die Exstirpation der ganzen Geschwulst bald anschließt. Gefährlich aber ist sie, wenn auf die Operation nur

---

[1]) Caspari: Dtsch. med. Wochenschr. 1923, S. 269; Strahlentherapie Bd. 18, S. 17. 1924.
[2]) Tyzzer: Journ. of medical research Bd. 28, Nr. 2. 1913 und Bd. 32. 1915.
[3]) Hirschfeld: Zeitschr. f. Krebsforsch. Bd. 16, S. 93. 1917.

die Bestrahlung folgt. Dann treten sehr viel häufiger und rascher nach HOL-
FELDER[1]) Metastasen auf.

Einen sehr eigenartigen Einfluß auf die Bildung der Metastasen hat TADE-
NUMA[2]) festgestellt. Er benutzte für seine ausgedehnten experimentellen Untersuchungen das (ebenfalls durch Filtrat übertragbare) Myxosarkom des Huhnes
von FUJINAMI und KATO, das bösartig ist, aber nur selten metastasiert. Erzeugte er nun bei den Tieren starke **Blutverluste,** so entstanden häufig Metastasen, und zwar besonders im Magen, dann an den Blutungsstellen, in Leber,
Herz und Mesenterium. Auch durch Amputation des übertragenen Tumors wurden Metastasen erzielt: es mußten also hier schon Tumorzellen im Blute kreisen
oder bei der Operation hineingeraten, die dann rascher zu Metastasen auswachsen.

Konnte man diese Ergebnisse, so interessant sie waren, doch nur für das übertragbare Hühnersarkom gelten lassen, das, wie wir sahen, ja eine ganz eigenartige
Stellung unter den Geschwülsten bzw. geschwulstartigen Krankheiten einnimmt,
so zeigten weitere Untersuchungen von TADENUMA und OKONOGI[3]), daß sich
ähnliches auch bei dem transplantablen Mäusecarcinom feststellen ließ. Hier fanden
die Autoren in 53% der Fälle Metastasen, wenn die Tiere wiederholte Blutverluste
erlitten hatten, während bei den Tumortieren ohne Blutungen nur in 21,3% der
Fälle Metastasen auftraten. Also auch hier wird die Metastasierung durch Blutverluste und die entstehende Anämie gefördert: wieder ein Hinweis für die Bedeutung der Gesamtkonstitution für das Geschwulstwachstum. Es wäre lehrreich, nachzuforschen, ob sich eine solche Beziehung auch bei den menschlichen
Tumoren, wo ja Blutungen aus der Geschwulst sehr häufig sind, nachweisen ließe.

Die Häufigkeit wie die Schnelligkeit der Metastasenbildung ist nicht nur bei
den verschiedenen Geschwulstarten, sondern auch bei jeder einzelnen Geschwulst
so verschieden, daß man hieraus schon auf den individuellen Charakter der einzelnen Geschwulst schließen kann. Wenn BORST angibt, daß ausgedehnte allgemeine Metastasierung beim Carcinom viel seltener sei als beim Sarkom, so
möchten wir eine solche Unterscheidung nicht nur wegen des Sarkombegriffs
ablehnen, sondern auch darauf hinweisen, daß auch bei vielen Carcinomen
von gleichem Differenzierungsmangel ausgedehnte Metastasierungen häufig
sind. MAC CARTY, CARPENTER und MAHLE[4]) haben in systematischen Untersuchungen an 200 Fällen von Magenkrebs festgestellt, daß die durchschnittliche
postoperative Lebensdauer in Fällen mit Zelldifferenzierung um etwa 7,5%
größer ist als bei den undifferenzierten Tumoren. Bei den Magencarcinomen
der jüngeren Leute (29—40 Jahre) zeigten die Geschwulstzellen durchschnittlich
geringere Differenzierung als in den Fällen mit höherem Lebensalter (über
40 Jahre). Die durchschnittliche größte Lebensdauer nach der Operation fand
sich in den Fällen ohne Drüsenbeteiligung und mit starker Lymphocyteninfiltration. Hier überlebten die Kranken die Operation 8—10 Jahre lang.

Obwohl man im allgemeinen damit rechnen kann, daß nach der Total-
exstirpation einer bösartigen Geschwulst der Kranke als geheilt anzusehen ist,
wenn in den ersten 3 Jahren nach der Operation Metastasen nicht aufgetreten
sind, so sind doch auch **Metastasenbildung nach vielen Jahren,** ja nach Jahrzehnten noch beobachtet worden. Besonders beim Melanosarkom habe ich
wiederholt solche Spätmetastasen gesehen, und OLBERT[5]) gibt für die gleiche

---

[1]) HOLFELDER: Röntgentherapie der Sarkome. Med. Klinik 1921, Nr. 48; Strahlentherapie Bd. 13, S. 438. 1922.
[2]) TADENUMA: Zeitschr. f. Krebsforsch. Bd. 20, S. 394. 1923 u. Bd. 21, S. 168. 1924.
[3]) TADENUMA und OKONOGI: Zeitschr. f. Krebsforsch. Bd. 21, S. 168. 1924.
[4]) MAC CARTY, CARPENTER und MAHLE: Journ. of laborat. a. clin. med. Bd. 6, S. 473. 1921.
[5]) OLBERT: Zitiert nach RIBBERT, Geschwulstlehre. 1914.

Geschwulst eine Metastasenbildung nach 24 Jahren an. Selbst bei Adenomyom des Uterus sind Lungenmetastasen noch nach 22 Jahren beobachtet worden (Hart, Frankf. Zeitschr. f. Path. Bd. 10, S. 78. 1912).

5. Die Funktion der Geschwulst.

Die allgemeine Biologie der Geschwülste hat auch die Frage zu beantworten, ob der Geschwulstzelle noch eine *Funktion* zukommt. Die Einzelzelle muß entsprechend ihrer Herkunft auch eine ähnliche Tätigkeit entfalten wie die Gewebszellen, deren Differenzierung sie zeigt. Aber von einer funktionellen Leistung im Sinne der Bedürfnisse des Gesamtorganismus kann bei dem Wesen der Geschwulstwucherung keine Rede sein, insbesondere ordnet sich niemals die ganze Geschwulst als solche den Bedürfnissen und Funktionen des Körpers ein. In einem Lipom speichern die Zellen zwar noch Fett, aber ohne jede Rücksicht auf die Folgen vernichten sie das Rückenmark durch Kompression und geben auch, wenn Hungerzustand und Kachexie den Körper bedrohen, das gespeicherte Fett nicht ab wie die anderen Fettzellen des Organismus. Niemals zeigt das Sarkomgewebe, z. B. etwa wie das Granulationsgewebe, irgendwelche organisatorischen Leistungen, und auch den Knochenbälkchen in einem Osteosarkom fehlen alle statischen Strukturen. Je nach ihrer Herkunft produzieren allerdings die Geschwulstzellen häufig große, ja enorme Mengen bestimmter Substanzen, z. B. Schleim, Kolloid, Horn, Osteoid, Galle usw. Aber ob diese produzierten Massen — natürlich immer nur als chemische Körper — für den Organismus verwendet werden können, hängt, könnte man sagen, nur vom Zufall, nämlich davon ab, ob der Körper zufälligerweise Bedarf an solchen Stoffen hat. Niemand wird wohl der Bildung von Blutzellen durch die Endothelien eines Angioms (s. S. 1645) eine nennenswerte Bedeutung zumessen. Es ist daher verständlich, daß gerade bei den Geschwülsten der Drüsen mit sog. innerer Sekretion, also den Zellen, deren chemische Tätigkeit ganz besondere und gutbekannte Wirkungen im Gesamtkörper auslöst, daß gerade bei diesen Geschwülsten funktionelle Wirkungen für den Gesamtorganismus beobachtet werden, wie in dem berühmten Falle von v. Eiselsberg[1]), wo bei einer Struma maligna nach der Radikaloperation und Fortnahme der ganzen Schilddrüse ein Myxödem auftrat, das mit dem Heranwachsen einer Metastase wieder zurückging, nach deren Operation sich derselbe Vorgang wiederholte.

Andererseits kann natürlich auch ein Hormon zu reichlich von Geschwulstzellen produziert werden. Ein schöner Beweis hierfür ist das Verschwinden der Akromegalie nach operativer Entfernung eines Hypophysenadenoms. Ich habe gerade am Beispiel der Hypophysentumoren zeigen können, daß, je bösartiger die Geschwulst, um so lockerer die Beziehungen zur Akromegalie werden[2]) und schließlich völlig verschwinden. Das zeigt uns, daß die Geschwulstzelle mit fortschreitender Entdifferenzierung und Malignität immer mehr auch die ursprüngliche spezifische chemische Tätigkeit, d. h. hier die Hormonbildung, einstellt. Auch für das Verhältnis von Basedowscher Krankheit und Schilddrüsentumor läßt sich unschwer der gleiche Nachweis führen. Wir müssen aus all dem den Schluß ziehen, daß zunehmende Entdifferenzierung, Verwilderung schließlich auch die Reste der ursprünglichen funktionell chemischen Tätigkeit unterdrückt [v. Hansemann[3])]. Weitere Beispiele funktioneller Wirkung von Tumor-

---

[1]) v. Eiselsberg: Arch. f. klin. Chir. Bd. 48, S. 489. 1894.

[2]) Fischer, Bernh.: Hypophysis und Akromegalie und Fettsucht, Wiesbaden bei Bergmann 1910.

[3]) v. Hansemann: Die Funktion der Geschwulstzellen. Zeitschr. f. Krebsforsch. Bd. 4, S. 565. 1906.

zellen erwähnten wir bereits (s. S. 1730). Wie ungeheuer different auch in ihrer chemischen Tätigkeit die Geschwulstzellen sein müssen, zeigt sich auch bei den Versuchen über die Vaccination von Tumoren. LEVADITI und NICOLAU[1]) stellten fest, daß das Carcinom der Maus die Vaccine absorbiert und kultiviert, dabei aber die Fähigkeit der Transplantation einbüßt, während das Sarkom unter gleichen Umständen die Vaccine zerstört.

Auf der anderen Seite darf nicht übersehen werden, daß auch die Produktion solcher chemischen Stoffe in den Geschwulstzellen häufig eine starke Abartung der normalen Produkte ergibt, und daß noch häufiger die Massenhaftigkeit dieser Produktion den Körper in doppelter Weise schädigt: durch Entziehung von wertvollem Nährmaterial und durch Überschwemmung des Organismus mit spezifischen Substanzen, für die er kein Bedürfnis hat, ja die ihn direkt schädigen können. In letzterem Falle kann diese Überschwemmung durch Allgemeinschädigung zur Entstehung der Kachexie beitragen, aber auch unerwünschte Nebenwirkungen auslösen; Beispiel: prämature Entwicklung der sekundären Geschlechtscharaktere bei Kindern durch Teratome und Hypernephrome. Wie sehr doch die Tumorzelle gegenüber der normalen Körperzelle entartet, kataplastisch geworden ist, geht daraus hervor, daß wir die zuletzterwähnten Wirkungen doch im ganzen recht selten sehen. Sonst müßten wir Basedow-Erscheinungen bei Carcinomen der Schilddrüse, Symptome der Adrenalinüberproduktion bei Tumoren von Nebennierenzellen, Mammahypertrophien bei Ovarialgeschwülsten u. ähnl. sehr viel häufiger zur Beobachtung bekommen.

6. Allgemeine Ätiologie und Pathogenese der Geschwulstbildung.

Über die *allgemeine Ätiologie* der Tumoren ist nach dem früher Gesagten nichts Wesentliches mehr hinzuzufügen. Wenn APOLANT[2]) betont, „daß die Annahme einer einheitlichen Ätiologie zum mindesten nicht notwendig, ja direkt gezwungen und unnatürlich erscheint", so ist das sicherlich richtig, wenn man unter den ätiologischen die äußeren Einflüsse, die Umweltfaktoren, versteht und ist insbesondere richtig gegenüber den Fanatikern der parasitären Theorie. Wenn aber APOLANT hinzufügt, daß das Carcinom nicht in dem Sinne eine einheitliche Erkrankung sei wie etwa die Tuberkulose, so ist es doch sehr fraglich, ob wir uns einer solchen Formulierung anschließen dürfen. **Die Geschwulstbildung ist ein einheitlicher, in seinem Wesen charakteristischer biologischer Vorgang,** dessen Determinationsfaktor nach allem Gesagten in einer charakteristischen Abartung der Zelle, in der morphologischen und chemischen Kataplasie der Geschwulstzelle gegeben ist. Diese Abartung kann durch sehr verschiedene äußere und innere Faktoren hervorgerufen werden. Die endogenen Faktoren sind im wesentlichen in Differenzierungsstörungen der embryonalen und postembryonalen Entwicklung sowie in pathologischen Dispositionen des Gesamtorganismus gegeben, die exogenen Faktoren führen zu jener Entartung und Differenzierungsstörung so gut wie regelmäßig, wenn nicht immer, auf dem Umwege über die Regeneration und die Störung der Gesamtkonstitution. Daher sehen wir denn auch, daß es heute wohl keine einzige Form und Art von Regenerationsreizen gibt, bis zu den einfachen mechanischen herunter, die nicht bei der Entstehung von Geschwülsten eine nachweisbar wichtige Rolle spielen könnte, auch keine Art von Geschwulstreizen, die nicht schon mit Erfolg zur experimentellen Erzeugung von Geschwülsten benutzt worden wäre. Das ist das einwandfreie Ergebnis aus all dem, was wir über die Reizgeschwülste und über die ex-

---

[1]) LEVADITI und NICOLAU: Ann. de l'instit. Pasteur Bd. 37, S. 443. 1923.
[2]) APOLANT: Referat über Krebsätiologie S. 98. Internat. Kongr., Budapest 1911.

perimentell erzeugbaren Geschwülste, was wir überhaupt über den inneren Zusammenhang zwischen äußeren Faktoren und Geschwulstbildung heute angeben können.

Aber alle diese äußeren Faktoren können uns das Wesentliche der Geschwulstbildung nicht erklären. Wenn wir auch heute noch nicht in alle wesentlichen Einzelheiten des biologischen Prozesses der Geschwulstwerdung einer Zelle eingedrungen sind, so dürfen wir doch sagen, daß sich die Grundlinien dieses Prozesses bereits deutlich abzuheben beginnen. Die Geschwulstzelle ist eine grundsätzlich von der normalen Zelle abgeartete, in ganz spezifischer Weise umgewandelte kataplastische Zelle. **Der Werdegang der normalen Zelle zu dieser typischen Geschwulstkataplasie ist stets ein Entwicklungsvorgang.** Dieser Entwicklungsvorgang kann durch innere und äußere Realisationsfaktoren eingeleitet und durchgeführt werden, Faktoren, die die spezifische Metastruktur der Zelle und Hand in Hand damit ihre spezifische Stoffwechseltätigkeit schädigen und so die Umwandlung herbeiführen.

Wie jeder andere Entwicklungsvorgang, so tritt auch dieser Entwicklungsvorgang zur Geschwulstkataplasie nur an Zellen ein, die sich in lebhafter Teilung und Vermehrung finden. Aus alldem ergibt sich ohne weiteres, daß die Geschwulstbildung stets in *engster Beziehungs zu embryonalen oder regenerativen Entwicklungsvorgängen* steht. Diese theoretische Schlußfolgerung ist heute durch alle tatsächlichen Beobachtungen sicher gestellt (s. Kap. IX und X). Ganz allgemein dürfen wir daher sagen, daß die kataplastische Geschwulstzelle stets aus einer *embryonalen* — d.h. noch nicht differenzierten — oder einer *regenerierenden* — d. h. ebenfalls noch nicht differenzierten (Cambiumzelle) oder entdifferenzierten — Zelle sich ableitet.

Die Experimente an den filtrierbaren **übertragbaren Hühnersarkomen** (Rous-Sarkom) haben gezeigt, daß diese Sarkomzelle vor allen anderen Zellen ausgezeichnet ist durch einen besonderen spezifischen Wuchsstoff oder ein besonderes Zellenzym, das von der Sarkomzelle in Menge gebildet wird und auch aus Embryonalzellen oder anderen tierischen oder menschlichen Geschwülsten, besonders durch anaerobe Züchtung, gewonnen werden kann. Das *Besondere der Rous-Sarkome* liegt darin, daß dieses spezifische Wuchsenzym leicht in jede embryonale oder regenerierende Hühnerzelle eintreten und damit ungewöhnlich rasch die Umprägung dieser Zellen in Geschwulstzellen erzwingen kann. Daher kann die **Rous-Sarkomzelle experimentell** erzeugt werden:

I. durch Zusatz solcher Wuchsenzyme (die sowohl aus dem Rous-Sarkom wie aus anderen Geschwülsten gewonnen werden können):

    a) zu transplantierten Hühnerembryonalzellen,

    b) zu undifferenzierten (embryonalen) Mesenchymzellen, den Monocyten des Hühnerblutes,

    c) zu regenerierenden Mesenchymzellen des Huhnes (Kieselgurgranulationen).

II. Ferner kann die Entwicklung zur Rous-Sarkomzelle aus transplantierten Hühnerembryonalzellen erzwungen werden durch celluläre, lokale oder allgemeine Schädigung des Tieres durch Indol, Arsen oder Teer. Ob dasselbe auch an der Regenerationszelle des Huhnes möglich ist, ist noch zu prüfen.

Auch durch das unter II. genannte Vorgehen wird die Entwicklung der Embryonalzelle in eine so pathologische Bahn gezwungen, daß die kataplastisch gewordene Zelle schließlich dauernd und in allen ihren Nachkommen das spezifische Wuchsenzym produziert und fortan von dem typischen Gärungsstoffwechsel lebt.

Die Zellen der anderen echten tierischen und menschlichen Geschwülste

bilden ebenfalls ein besonderes Wuchsenzym und leben von dem gleichen abnormen Gärungsstoffwechsel. Ihr Wuchsenzym ist aber nicht ebenso leicht auf andere Zellen, auch nicht auf embryonale oder Regenerationszellen der Säugetiere zu übertragen. Auch ist es natürlich möglich, daß hier qualitativ andersartige, vielleicht sogar für die einzelnen Zellarten verschiedene Wuchsenzyme vorliegen. Hier kann also bisher experimentell die Entwicklung der normalen Zelle zur kataplastischen Geschwulstzelle nur durch das beim Rous-Sarkom unter II. genannte Verfahren erzwungen werden, also durch lokale, celluläre oder allgemeine Schädigung durch Teer, Arsen, Röntgen usw. bei Übertragung von Embryonalzellen oder bei regenerierenden Zellen.

Die **Pathogenese aller echten Geschwulstbildungen** ist demnach auf Grund aller kritisch einwandfreien und gesicherten Tatsachen der Pathologie wie der experimentellen Forschung zurückzuführen auf eine typische Zellentartung, Kataplasie, die auf **zwei verschiedenen Wegen** zustande kommen kann:

I. Die Geschwulst entsteht aus einer durch eine primäre lokale Mißbildung entstandenen **embryonalen Geschwulstkeimanlage,** die entweder

  a) durch eine hinzutretende lokale Schädigung oder einen lokalen Regenerationsreiz oder

  b) durch eine hinzutretende besondere allgemeine Konstitutionsänderung zur Geschwulst auswächst.

II. Die Geschwulst entsteht aus einer auf dem Boden einer lokalen, insbesondere häufig wiederholten Regenerationswucherung gebildeten **regenerativen Geschwulstkeimanlage,** die wiederum

  a) durch eine hinzutretende besondere Schädigung oder weitere Regenerationsreize anderer Art oder besonders

  b) durch eine hinzutretende besondere allgemeine Konstitutionsänderung zur Geschwulst auswächst.

Es muß betont werden, daß ebenso wie die einzelne Geschwulstkeimanlage auch die **allgemeine Disposition nach Tumor und Zellart** *verschieden* sein kann. Es ist nicht gesagt, daß es eine so allgemeine Geschwulstdisposition des Körpers gibt, daß nunmehr jede im Körper vorhandene Geschwulstkeimanlage zum Tumor auswachsen müßte. Anderenfalls müßte ja jeder Naevus, jedes kleine Angiom, jede lokale Gewebsmißbildung im ganzen Organismus, z. B. bei einem bestehenden Carcinom, in echte Geschwulstbildung übergehen. Wenn diese Frage vielleicht auch noch nicht systematisch und genau genug untersucht ist, so kann man doch heute schon sicher sagen, daß höchstens ganz ausnahmsweise die Bildung multipler Primärgeschwülste *auf diesem Wege* zu erklären wäre.

Nicht nur die einzelnen lokalen Gewebsmißbildungen und Regenerationsherde zeigen zahlreiche spezifisch differente Züge, sondern ebenso auch die — ich möchte sagen *dazugehörige* — allgemeine Disposition. Bisher haben wir noch keine Unterlagen, sie für alle Geschwulstarten als im wesentlichen gleich zu erachten. Dazu kommt, daß besonders die Geschwulstkeimanlagen wahrscheinlich noch eine oder mehrere „sensible Perioden" besitzen, in denen allein die typische Kombination der notwendigen Faktoren zur Bildung der Geschwulst führt. So erklärt es sich auch, daß auch bei den experimentellen Methoden, die bei einer sehr großen Zahl von Tieren zur Geschwulstbildung führen (Spiropterainfektion, Cysticercusinfektion, Teer, Arsen, Röntgen), selbst in den günstigsten Fällen immer wieder Tiere, sowohl einzelne wie ganze Rassen, gefunden werden, die sich ganz oder fast ganz refraktär verhalten und trotz ganz gleicher Versuchsbedingungen keine Geschwulstbildung zeigen.

Der spezifische Faktor der Geschwulstbildung liegt eben niemals in den äußeren Faktoren, sondern immer nur in der typischen Metastruktur und im typischen

Stoffwechsel der Zelle. Einen „**spezifischen Geschwulstreiz**" **gibt es nicht,** es handelt sich nicht um einfache Reizwirkungen, sondern um einen sehr komplexen biologischen Vorgang. Notwendig zur Geschwulstentstehung ist eine Kombination verschiedener Faktoren, die sich offenbar in einem bestimmten Punkte schneiden müssen. Daher finden wir so häufig, sowohl in der Beobachtung beim Menschen wie in den experimentellen Arbeiten, positive Einzelresultate von Geschwulstbildung z. B. nach einmaliger Verbrennung, nach einmaliger Ätzung, nach einmaliger Teereinwirkung usw., die sich aber in weiteren Versuchen nicht mehr reproduzieren lassen. Hier war zufälligerweise z. B. durch besondere augenblickliche Konstitutionslage des Organismus die Gesamtheit der notwendigen Faktoren bis auf einen einzigen schon vorhanden, und dieser letzte fehlende Faktor wurde durch unseren experimentellen Eingriff, z. B. durch Transplantation eines embryonalen Zellhaufens oder durch Erzwingung einer Regenerationswucherung noch hinzugeschaffen.

Die, wenn nicht für alle, so sicher doch für die meisten Geschwulstbildungen unbedingt **notwendige Allgemeindisposition** kann sowohl primär durch eine *vererbliche* oder wenigstens bereits im Keim angelegte *pathologische Gesamtkonstitution* gegeben sein (*rein dysontogenetische Geschwulstbildungen*, erbliche und familiäre Tumoren), wie auch durch den den Regenerationsherd schaffenden äußeren Faktor (Teer, Röntgen, Parasit) *gleichzeitig* geschaffen werden.

Da es sich bei der Bildung der Geschwulstzelle um eine wesentliche Veränderung der Zellmetastruktur handelt, so ist es erklärlich, daß die äußeren Faktoren, welche diese Veränderung erzwingen können, erwiesenermaßen in erster Linie am Kern und Chromatin der Zelle angreifen. Gerade von den Röntgenstrahlen ist das in zahlreichen Untersuchungen gezeigt worden. Aber da hier wie bei den anderen Faktoren alle Wirkungen auf die Zelle von der *Quantität* der Einzelschädigung abhängen, so wird die Tatsache unserem Verständnis nähergerückt, daß immer wieder und in höchst auffallender Weise dieselben Faktoren, welche oft schon rein empirisch als *Heilmittel* gegen Carcinom vor langen Jahren entdeckt wurden, auch Tumoren zu *erzeugen* imstande sind. Es gilt dies von den Lichtstrahlen, den Röntgenstrahlen, dem Arsen. Die Reiztheorie kann für alle diese wichtigsten biologischen Feststellungen nicht einmal eine hypothetische Erklärung geben, geschweige denn eine befriedigende.

Man hat auch im Sinne der Reiztheorie den Versuch gemacht, die Entstehung der Geschwulst einfach auf eine bestimmte *Reizsumme*, aus der einfachen Addition der Einzelreize zurückführen. Nicht die häufige Wiederholung des gleichen Reizes oder die Zeitdauer, oder die Größe der Einzeldosis soll ausschlaggebend sein, sondern die Gesamtquantität der angewandten Reize im ganzen. So hat Bloch, wie wir sahen (s. S. 1623), für die experimentelle Erzeugung des Röntgencarcinoms am Kaninchenohr angegeben, daß es auf die Totalmenge der verabreichten Strahlen allein ankäme und daß lediglich eine Totalmenge, die zwischen 1200 und 2000 X läge, zur Carcinombildung führt. Größere und kleinere Dosen sind wirkungslos. Auch Fibiger (s. S. 1573) will die Krebsbildung auf eine im Laufe der Jahre steigende *Summierung* der Reize zurückführen, und Deelman (s. S. 1574 u. S. 1620) nimmt an, daß für die Entwicklung des Teerkrebses nicht die Periodizität, sondern die Gesamtmenge der Reize wesentlich sei. Wir wiesen schon S. 1572 darauf hin, daß diese Annahmen mit den Erfahrungen der allgemeinen Biologie nicht gut in Einklang zu bringen sind.

Nun ist es gewiß richtig, daß die Quantität der Schädigung von der größten Bedeutung ist, wissen wir doch auch für die Bestrahlungen, daß, berechnet auf den Ionisationseffekt, die biologische Wirkung von Strahlen verschiedener

Wellenlänge die gleiche ist [Wood[1])]. Aber für die Tumorentwicklung, das zeigen zahlreiche Beobachtungen, kommt es nicht auf die Gesamtmenge der Schädigungen an, sondern auf die Quantität der Einzelschädigung *im gegebenen Augenblick* und auf den gerade vorliegenden Zustand der Zelle im gleichen Augenblick (die sensible Periode). Die aus zahllosen Versuchen verschiedenster Art immer wieder erwiesene wesentliche Bedeutung der *Wiederholung* der Schädigung für die Geschwulstbildung (Teer, Arsen, Röntgen, bei der Infektion durch den Infektionsvorgang von selbst gegeben) beweist uns, daß es sich eben um einen *komplexen Entwicklungsvorgang* handelt, daß wir durch die Wiederholung der Schädigung sehr viel leichter die Zelle in die pathologische Entwicklungsrichtung und vielleicht sogar in die sensible Periode hineinzwingen können. Auch die Tatsachen der Resistenzerhöhung gegen Geschwülste durch Teerpinselung, durch Röntgen usw. (s. S. 1615) steht mit der Betonung der Summierung der Einzelreize in grellem Widerspruch.

Haben wir einmal das Glück (wie bei der Embryonalzelle) oder den Zufall (wie bei manchen Regenerationen), eine Zelle gerade in der sensiblen Periode zu bekommen, so genügt *oft genug* eine *eimalige* Schädigung, um die Entwicklung zur Geschwulstzelle hervorzurufen, und die sonst notwendige Gesamtmenge von Reizen, wie sie für Teer und Röntgenstrahlen errechnet wird, ist hier nicht nur überflüssig, sondern könnte sehr wohl in einem solchen Falle die Entwicklung der Geschwulst wieder *verhindern*. Denn gerade ein Entwicklungsvorgang kann durch eine zu starke Schädigung, insbesondere der Metastruktur des Kernes, wiederum gestört oder leicht ganz vernichtet werden. So wie sich für die Therapie der Geschwülste eine strikte, schematische *Carcinomdosis* nicht aufstellen läßt (s. S. 1366 und 1724), so gibt es auch sicherlich für die Entstehung der Geschwulst für keinen experimentellen oder in der Natur vorkommenden „Reiz" eine Carcinomdosis.

Die Entwicklung der Geschwulstzelle ist ein höchst komplexer biologischer Vorgang, für dessen Aufklärung die Kenntnis der quantitativen Verhältnisse der aufeinander einwirkenden inneren und äußeren Faktoren von größter Wichtigkeit ist und noch sehr viel Arbeit machen wird. Erst die Erkenntnis dieser fundamentalen Stellung des biologischen Vorgangs kann uns die oft so heterogenen Resultate der Wirkung der uns zugänglichen äußeren Faktoren bei den verschiedenen Tier- und Gewebsarten, ja bei den verschiedenen Einzelindividuen, erklärlich machen.

XIV. Allgemeine Morphologie der Geschwülste.

Über viele grundsätzliche Fragen der Geschwulstmorphologie ist bereits in früheren Kapiteln, insbesondere in dem Abschnitt über die morphologische Kataplasie der Tumorzelle (s. Kap. III, 2, S. 1400—1414), eingehend berichtet worden. Wir sehen in den Geschwülsten eine große Anzahl verschiedener Anomalien von Zelle und Kern auftreten, wie Chromatinhyperplasie, pathologische Mitosen, Riesenkernbildungen, mehrkernige Riesenzellen und wohl alle Formen sekundärer Veränderungen von Kern und Protoplasma. An dieser Stelle soll daher auf all diese Dinge nicht nochmals eingegangen werden, sondern wir wollen hier nur einige allgemeine Fragen, die bisher nicht zur Sprache kamen, zusammenfassend behandeln.

1. Das Geschwulststroma.

Während die Geschwulstkeimanlage lediglich aus Geschwulstzellen, ja aus einer Zelle bestehen kann, muß bei ihrem weiteren Auswachsen in jedem Falle

---

[1]) Wood: Americ. journ. of roentgenol. a. radium therapy Bd. 12, S. 474. 1924.

ein Stroma, d. h. ein Stützgerüst mit Gefäßen hinzutreten, weil sonst die Ernährung unmöglich ist. Virchows Unterscheidung der *histioiden* Geschwülste, die nur aus einer Gewebsart bestehen sollen, und der *organoiden* Geschwülste, die aus Parenchyma und Stroma bestehen, können wir heute als berechtigt nicht mehr anerkennen. Die Abgrenzung des eigentlichen Geschwulstparenchyms vom -Stroma ist nur in den verschiedenen Geschwulstarten sehr verschieden deutlich und für unser Auge bald sehr leicht, bald sehr schwer zu erkennen. Auch das zellreichste Sarkom und Meristom besteht immer aus dem Geschwulstparenchym und dem Stroma, dem Stützgerüst mit den Gefäßen.

Von größter Wichtigkeit ist die Frage, von wem das Stroma der Geschwülste geliefert wird. Gehört es zur Geschwulst selbst, ist es von dem Parenchym der Geschwulst gebildet oder liefert das umliegende normale Gewebe das Stroma? Nach allen Untersuchungen kann man nur sagen, daß das letztere der Fall ist. Besonders in den Metastasen ist es gewöhnlich schön und leicht zu sehen, wie von dem umliegenden normalen Gewebe Bindegewebe und Gefäßsprossen in das Geschwulstparenchym hineinwachsen, ebenso wie sie in einen Fremdkörper hineinwachsen und ihn zu organisieren suchen. Schon v. Hansemann[1]) hat betont, daß das Stroma der Metastasen stets mit dem des Organs übereinstimmt, in dem sich die Metastasen befinden, und wir wiesen früher darauf hin, wie häufig es bei der Entwicklung von Metastasen im Knochen zur Neubildung von Knochenbälkchen kommt (osteoplastische Carcinose), weil eben hier das stromaliefernde Organgewebe physiologischerweise die Fähigkeit zur Knochenbildung besitzt. Noch niemals wurde in einem solchen Falle in dem primären Prostata-, Mamma- oder Schilddrüsencarcinom knochenbildendes Stroma gefunden, das etwa mit dem Geschwulstparenchym metastatisch verschleppt worden wäre. Und dabei kommen primäre Carcinome dieser Art vor, so z. B. hat Gruber[2]) einen Magenkrebs beschrieben, dessen Stroma überall zu metaplastischer Knochenbildung neigte.

Auch die experimentellen Untersuchungen über die transplantablen Tiergeschwülste haben immer wieder ergeben, daß das Bindegewebe und die Gefäße für den transplantierten Geschwulstknoten vom Wirtstier geliefert werden. Da in einer ganzen Anzahl von Geschwülsten das eigentliche Geschwulstparenchym selbst mesenchymale Strukturen, bindegewebige Fasersysteme, Knochenbälkchen, Gefäße bildet, so hat man angenommen, daß hier auch das Geschwulstparenchym selbst das Stroma der Geschwulst liefert. Aber diese Annahme ist nicht genügend begründet, und auch in die embryonalen Mischgeschwülste wachsen von allen Seiten Gefäße und Bindegewebszellen des Wirtes hinein. Wäre das nicht der Fall, so wäre ja auch eine Ernährung der Geschwulst, wenn sie nur eine geringe Größe erreicht hat, nicht mehr möglich. Zum mindesten müßte das von der Geschwulst selbst gelieferte Stroma funktionelle Verbindungen mit dem Stroma und den Gefäßen des Wirtsorgans eingehen. Wir müssen also auch in diesen Fällen, im Gegensatz zu Borst, zwischen dem eigentlichen Geschwulstparenchym, auch wenn dieses mesenchymale Differenzierungen der verschiedensten Art aufweist, und dem wirklichen Stroma unterscheiden. Die Tatsache, daß auch jedes Fibrosarkom, daß auch jedes Angiom und Kavernom noch ein gefäßführendes Stroma von der normalen Umgebung her erhält, beweist das ohne weiteres. Daß wir natürlich häufig im histologischen Bilde nicht feststellen können, wo die Grenzen zwischen Geschwulstparenchym und Stroma liegen, liegt an der Mangelhaftigkeit unserer Untersuchungsmethoden und beweist grundsätzlich nicht das geringste.

---

[1]) Hansemann: Spezifität S. 74. 1893.
[2]) Gruber: Ziegl. Beitr. Bd. 55, S. 368. 1913.

Schon v. HANSEMANN[1]) hat darauf hingewiesen, daß die Schwierigkeit der Abgrenzung des Stromas in Sarkomen im wesentlichen darauf beruht, daß eben auch die Tumorzelle hier Intercellularsubstanz bildet, die sich mit derjenigen des Stromas so verbindet, daß eine Abgrenzung nicht mehr möglich ist. Zudem gibt es Sarkome, in denen das Stroma überhaupt nur aus Gefäßrohren besteht. In ganz anderem Lichte stellt sich uns allerdings die Frage dar, wenn man auf dem Standpunkte HERZOGS[2]) steht, der die Blutgefäße in Fibromen und Lipomen vom Parenchym im Sinne eines Stromas ebensowenig abtrennen will wie im normalen Binde- und Fettgewebe und auch bei den Geschwülsten Fibroblasten und Fettzellen aus den Gefäßwandzellen hervorgehen läßt. Natürlicherweise entspricht die Unterscheidung von Stroma und Parenchym den tatsächlichen Verhältnissen nicht vollständig bei den angiomatösen Geschwülsten, obwohl auch hier eine Stromaentwicklung nachzuweisen ist, müssen doch die Gefäße, d. h. das Parenchym der Geschwulst, selbst einen Anschluß an das übrige Gefäßsystem haben oder gewinnen, und sie müssen damit von selbst, weil in den Kreislauf eingeschaltet, ich möchte sagen zufälligerweise Funktionen vermitteln, die kein anderes Geschwulstparenchym, sondern immer nur das Stroma übernehmen kann. An der grundsätzlichen Unterscheidung kann dadurch nichts geändert werden. Auch die ausgedehnten Untersuchungen der gesamten Literatur über die transplantablen Tiergeschwülste haben immer und überall dasselbe ergeben: Stützgerüst und Gefäße für das transplantierte Geschwulstparenchym werden vom Wirtstier geliefert.

Wir sahen früher schon, daß die Ausbildung dieses Gefäßstützgewebes für Entwicklung und Wachstum der Geschwulst von ausschlaggebender Bedeutung ist. RH. ERDMANN hat die große Bedeutung der Stromabildung auch bei ihren künstlichen Züchtungen von Carcinomgewebe erkannt, da es ihr nie gelang, gezüchtetes Krebsgewebe erneut in einem gesunden Tier zum Wachstum zu bringen, wenn nicht gleichzeitig Zellen von dem ursprünglichen Stroma der Geschwulst mit übertragen wurden. Sie kommt daher zu dem Schluß, daß die Stromazelle hier Träger eines wichtigen Geschwulstfaktors sei und daß eine Geschwulstübertragung nur dann erfolgreich wäre, wenn die Bindegewebszellen des Wirtes wieder durch eine Art Infektion zur Erzeugung des geschwulsterregenden Faktors veranlaßt würden. Wie dem auch sei, die große Bedeutung der Stromabildung unterliegt keinem Zweifel, und wir haben bereits früher (s. S. 1721) gesehen, daß bei carcinomresistenten Tieren diese Stromabildung ausbleibt und die Tumorzellen infolgedessen durch langsame Verhungerung zugrunde gehen und schließlich resorbiert werden. Erst nach dem Absterben der Geschwulstzellen bildet sich eine spärliche bindegewebige Narbenkapsel um die nekrotische Masse. RUSSEL u. a. deuten den Vorgang so, daß hier die chemotaktische Wirkung der Carcinomzellen auf das Bindegewebe ausbleibt oder unterdrückt worden ist und daher das Tier resistent gegen die Geschwulstübertragung ist. Andererseits wurden früher bereits Tatsachen dafür angeführt, daß eine Umstimmung dieser Bindegewebsreaktion des Körpers, z. B. durch Röntgenbestrahlung, ebenfalls von der größten Bedeutung für Geschwulstwachstum und Geschwulstzerstörung bzw. Heilung ist. Also kann umgekehrt auch die Art der Stromareaktion als aktive Gegenwehr des Körpers gedeutet und mit der Resorption von Geschwulstzellen in Verbindung gebracht werden. Sicherlich verhalten sich auch hier Spontangeschwülste und Transplantate, und unter den letzteren wieder die einzelnen Arten sehr verschieden. Auch kann die Art der Stromreaktion, der Gehalt an Lymphocyten, Plasmazellen, Histiocyten die differenten Ergebnisse bedingen.

<hr>

[1]) HANSEMANN: Spezifität S. 72. 1893.
[2]) HERZOG: Klin. Wochenschr. 1923, S. 684 u. 730.

Art und Menge der Stromaentwicklung in den einzelnen Geschwülsten kann sehr verschieden sein. Wir sehen bei Carcinomen bald sehr spärliches Stroma entwickelt (Medullarkrebse), bald entwickeln sich umfangreiche Schwielenmassen mit hyaliner Degeneration des Bindegewebes, so daß man auf weite Strecken nur schwieliges Narbengewebe, dagegen keine Epithelzellen zuweilen findet. Von manchen Autoren sind derartige Schwielen- und Narbenbildungen in Carcinomen als Heilungen oder wenigstens Heilungsvorgänge gedeutet worden. Die Geschwulstzellen sind eine hinfällige Brut, die leicht abstirbt und dadurch ebenso zu starken Bindegewebswucherungen Veranlassung gibt wie jede Resorption anderer nekrotischer Massen. Dieses Absterben betrifft die zentralen, schlecht ernährten Teile, während die jüngeren Teile der Peripherie lebhaft weiterwachsen. Es trifft auch nach meinen Erfahrungen durchaus nicht zu, wenn Borst[1]) noch 1924 schreibt, daß die scirrhösen Carcinome wenig Neigung zu metastatischer Ausbreitung zeigen und dies als Beleg für die Auffassung der fibroblastischen Reaktion als einer geweblichen Gegenwirkung gegen die Tumorzellen anführt. Gerade das Gegenteil ist der Fall: die scirrhösen Mammacarcinome z. B. sind ganz besonders bösartig, während nicht selten gerade die medullären Formen viel weniger zu Rezidiv und Metastasierung neigen [s. Iselin[2])] — also auch hier müssen wir wohl wie bei den verschiedenen Erfahrungen des Tierexperiments qualitativ verschiedene Arten der Stromareaktion annehmen.

Unter den Strukturelementen des bindegewebigen Mesenchyms verdienen auch wegen ihrer heute so leichten histologischen Darstellung die **elastischen Fasern** unsere besondere Aufmerksamkeit. Die vor der Geschwulstbildung im Gewebe vorhandenen elastischen Elemente werden von den meisten gutartigen und bösartigen Geschwülsten verdrängt und gehen meist wohl durch Inaktivitätsatrophie zugrunde, da sie ja durch die Geschwulst sehr bald in ihrer normalen Funktion behindert sein dürften. Reste der elastischen Fasern, Elastinballen und Trümmer findet man daher nicht selten in der Geschwulst, auch z. B. in Krebsalveolen selbst eingeschlossen. Andererseits gibt es aber Geschwülste, in denen große Mengen auch neugebildeter elastischer Fasern sowie bröckliger und amorpher Massen, die alle Farbreaktionen der elastischen Faser geben, auftreten. Wir müssen hier zwei Arten unterscheiden: die erste umfaßt eine Gruppe von Geschwülsten, in denen das Geschwulstparenchym selbst zur — oft massenhaften — Bildung solcher Elastinmassen und -fasern führt. Dieser Vorgang findet sich in sehr charakteristischer Weise und ganz regelmäßig in allen Mischgeschwülsten der Speicheldrüse und den analogen Bildungen, die besonders im Bereiche des Gesichts und der Mundhöhle auftreten [s. B. Fischer[3])]. Das geht so weit, daß man dieses Verhalten sehr gut auch zur Differentialdiagnose heranziehen kann, z. B. bei einem Tumor des Gaumens. Ist man im Zweifel, ob eine derartige Geschwulst in die Gruppe dieser Mischgeschwülste gehört, so kann man häufig durch die Elastinfärbung leicht die Entscheidung treffen, was um so wichtiger ist, als ja diese zellreichen Tumoren leicht den Eindruck einer bösartigen Geschwulst machen, als typische Mischgeschwülste aber keine Malignität zeigen. Auch in den Cylindromen ist eine ähnliche Elastinneubildung etwas ganz Gewöhnliches. In anderen Geschwülsten ist sie seltener. Ich habe auch eine zellreiche Geschwulst des Gehirns beobachtet, wo die Geschwulstzellen ganz regelmäßig von kleinsten Elastinkörnchen begleitet waren, ohne jede Faserbildung (Elastoidsarkom).

---

[1]) Borst, M.: Bösartige Geschwülste S. 10. Hirzel, Leipzig. 1924.

[2]) Iselin: Schweiz. med. Wochenschr. 1920, S. 22.

[3]) Fischer, B.: Virchows Arch. f. pathol. Anat. u. Physiol. Bd. 176, S. 169. 1904, weitere Literatur findet sich bei Ribbert, Geschwulstlehre 1914 und bei Riedel: Virch. Arch. f. pathol. Anat. u. Physiol. Bd. 256, S. 243. 1925.

Eine andere Gruppe von Geschwülsten zeigt nun große Mengen elastischen Gewebes nicht im Parenchym, sondern im Stroma. Dies ist ein außerordentlich häufiger, fast regelmäßiger Befund bei den scirrhösen Carcinomen der Mamma, wo man die Elastinmassen zuweilen als gelblich-weiße Flecke und Ringe schon mit bloßem Auge erkennen kann. Hier begleitet ein ungeheuer dichtes und breites Filzwerk von elastischen Fasern die Gefäße und Milchgänge im Bereich des Carcinoms, und man muß den Eindruck gewinnen, daß hier nicht nur ein Zusammenrücken der präexistenten elastischen Fasern der Mamma, sondern auch eine starke Neubildung vorliegt. Degenerative Veränderungen des elastischen Gewebes sind ja besonders in der Haut alter Leute häufig und hier besonders häufig im Bereiche seniler Hautcarcinome. Wir dürfen darin vielleicht einen Hinweis auf besondere Stoffwechselstörungen erblicken, und ebenso wie die Stromabildung in den verschiedenen malignen Tumoren sehr verschieden ist, ebenso dürfen wir wohl diese starken Elastinneubildungen im Scirrhus (und einigen anderen Geschwülsten) als eine durch den besonderen Stoffwechsel der Einzelgeschwulst hervorgerufene eigenartige Stromareaktion auffassen.

2. Gefäßsystem und Nerven der Geschwülste.

Eine besondere Besprechung verdient wegen der Wichtigkeit für die Ernährung der Geschwulst die **Bildung des Blutgefäßapparates.** Wir verdanken eingehende systematische Untersuchungen darüber insbesondere RIBBERT[1]), GOLDMANN[2]) und DIBBELT[3]). Die Gefäßbildung ist bei den verschiedenen Geschwülsten recht verschieden, zuweilen entwickeln sich ganze Gefäßbäume (s. die Abbildungen bei GOLDMANN), im ganzen erreicht aber die Gefäßbildung nicht den normalen Aufbau und die normale Gliederung wie im gesunden Organ, insbesondere vermissen wir häufig eine deutliche Sonderung in Arterien und Venen. Statt dessen wird die Geschwulstmasse von unregelmäßigen Bluträumen mit primitiver Endothelwand durchsetzt. DIBBELT kommt auf Grund seiner Untersuchungen zu dem Schluß, daß der Gefäßapparat von Geschwülsten weder im Aufbau noch in der histologischen Struktur die Vollkommenheit der Gefäße normaler Organgewebe erreicht. „Dagegen herrschen im Grade der Gefäßdifferenzierung sehr große Unterschiede, im allgemeinen pflegt die Differenzierung des Geschwulstgewebes und die der ernährenden Gefäße Hand in Hand zu gehen. Demnach treffen wir den höchstentwickelten Gefäßtypus bei Geschwülsten mit fortgeschrittener Gewebsreife, den niedersten bei Geschwülsten mit unvollkommener Gewebsreife."

Auf diese schlechtere Gefäßversorgung gegenüber dem normalen Gewebe, auf die ungenügenden Beziehungen zum ernährenden Blute führt es RIBBERT zurück, daß die Tumorzellen allen äußeren schädlichen Einwirkungen viel leichter erliegen als die normalen Gewebe. SITTENFIELD[4]) betont auf Grund experimenteller Erfahrungen, daß die Blutversorgung, und als ihre wichtigste Grundlage die angioplastische Reaktionsfähigkeit, die wichtigsten Momente für die Vitalität des Tumoers sind. SITTENFIELD versuchte den Einfluß der Blutversorgung experimentell festzustellen und erzielte bei Tumortransplantation an der Ratte im künstlich anämisierten Bein 18%, im passiv-hyperämischen Bein dagegen 96% positive Impfresultate, zugleich mit bedeutend schnellerem Wachstum. Da aber degenerative Vorgänge bis zu Nekrosen auch in Geschwulstteilen vorkommen, die gut mit Blut versorgt sind, so spielt neben der Gefäßversorgung

---

[1]) RIBBERT: Dtsch. med. Wochenschr. Nr. 22, S. 801. 1904.
[2]) GOLDMANN: Bruns Beitr. z. klin. Chir. Bd. 72, S. 1. 1911.
[3]) DIBBELT: Arb. Path. Inst. Tübingen Bd. 8, S. 114. 1914.
[4]) SITTENFIELD: Proc. soc. exp. biol. New York Bd. 9. 1912.

sicher auch die primäre Konstitution der Geschwulstzelle für das mehr oder weniger häufige und ausgedehnte Auftreten dieser regressiven Metamorphosen eine Rolle.

Dentici[1]) findet bei experimenteller Geschwulsttransplantation eine starke Neubildung von Blutgefäßen und in der ersten Zeit eine ganz unregelmäßige Verteilung der zuführenden Gefäße mit Überschuß von Capillaren. Dieses Capillarnetz bildet sich aber bei der weiteren Geschwulstentwicklung wieder etwas zurück — Verhältnisse, die übrigens bei den verschiedenen Formen der transplantablen wie auch der spontanen Tumoren recht verschieden sein können, ich erinnere nur an die hämorrhagischen Tumoren, bei denen es ja regelmäßig zu Gefäßarrosionen und Blutungen kommt. Dabei können solche hämorrhagische Geschwülste im Tierversuch sowohl durch spontane wie durch experimentelle Schädigungen diesen hämorrhagischen Charakter wieder verlieren.

Noch schlechter als die Blutgefäße sind die **Lymphgefäße in den Geschwülsten** entwickelt. Obwohl hierüber nur wenige Angaben in der Literatur sich finden, ist der Lymphgefäßapparat besonders in der bösartigen, rasch wachsenden Geschwulst sehr schlecht oder nur andeutungsweise entwickelt. Selbst für gutartige Geschwülste trifft das zu, und Monogenow[2]) gibt an, daß selbst in den Adenomknoten der Schilddrüse normal ausgebildete Lymphgefäße fehlen und das vorhandene Lymphspaltensystem durch die Kapsel von der Umgebung abgesperrt ist.

Von besonderem Interesse für uns ist das **Nervensystem der Geschwülste** und die Frage, ob die Geschwulst als solche oder das geschwulstbildende Organoid eine organische Beziehung zum Zentralnervensystem des Gesamtorganismus besitzt. Erblickt man in der Funktion des Zentralnervensystems das synthetische Lebensprinzip, das die Grundlage der Individualität des Körpers ist und seine Einheit und Ganzheit schafft [A. Müller[3])], so wird man schon a priori zu der Vorstellung gedrängt, daß die Geschwulst, da sie ja die Einheit des Körpers durchbricht und sich seinen Wachstumsgesetzen nicht unterordnet, keine Beziehung zum Nervensystem besitzt. Auch bestimmt nach Eugen Albrecht[4]) das Nervensystem nicht die erste Geschwulstanlage, ebenso wie es beim embryonalen Aufbau nicht bestimmend wirkt — mit anderen Worten: hier herrschen die Gesetze der ersten Periode der Selbstdifferenzierung. Wenn dagegen das Nervensystem (wie die Einheit des Organismus überhaupt) auf die regenerativen Vorgänge bestimmend einwirkt, so könnte man sich vorstellen, daß gerade dann regenerative Wucherungen zur Geschwulstbildung führen, wenn sie die Beziehung zum Nervensystem verlieren. Tatsache ist ja, daß das Einwachsen der Nerven, z. B. in ein Transplantat, sehr lange Zeit, viele Monate, in Anspruch nimmt. Das Wachstum z. B. transplantierter Geschwülste geht aber so rasch vor sich, daß das Geschwulstgewebe unmöglich in dieser kurzen Zeit den Anschluß an das Nervensystem erreichen kann.

In der Tat sehen wir nun auch, daß, soweit unsere Kenntnisse bisher reichen, die Geschwülste *frei von Nerven* sind. Allerdings können präformierte Nerven im Bereiche eines wachsenden Geschwulstknotens, z. B. eines transplantierten Mäusecarcinoms, sehr lange erhalten bleiben, selbst in den nekrotischen Teilen [Goldmann[5])]. Auch in menschlichen Carcinomen und Sarkomen können die präexistenten Nervenfasern des Gewebes noch reichlich nachgewiesen werden

[1]) Dentici: Tumori Bd. 9, S. 249. 1922.
[2]) Monogenow: Cbl. f. Path. Bd. 24, S. 145. 1913.
[3]) Müller, A.: Das Individualitätsproblem, Leipzig, Akad. Verl.-Ges. 1924.
[4]) Albrecht, Eugen: Frankfurt. Zeitschr. f. Pathol. Bd. 3, S. 1. 1909.
[5]) Goldmann: Bruns Beitr. z. klin. Chir. Bd. 72, S. 1. 1911.

[YOUNG[1])], aber eine organische Verbindung zwischen Nervensystem und Geschwulst tritt niemals ein. Auch die Spontangeschwülste sind stets frei von Nervenverbindungen [MEYER[2])], wie ja auch noch niemals beobachtet worden ist, daß spezifisch differenzierte Gewebe in Geschwülsten, z. B. Muskelzellen oder Drüsenzellen, durch Reizimpulse vom Nerven aus zur Tätigkeit gebracht wurden.

Auch die neuesten Angaben von ITSCHIKAWA und UWATOKO[3]), die besonders mit einer Modifikation der BIELSCHOWSKY-Methode eine Proliferation feiner Nervenfasern in gutartigen und bösartigen Geschwülsten nachgewiesen haben wollen, kann an diesen grundsätzlichen Feststellungen nichts ändern. Einerseits sind die Befunde dieser Autoren nicht sehr überzeugend dafür, daß wirklich eine wesentliche Proliferation von Nervenfasern im Geschwulstparenchym selbst nachzuweisen ist, andererseits wäre es sehr wohl denkbar, daß bei der Bildung des Stromas von der Umgebung her auch Aussprossungen von Nervenfibrillen stattfänden. Erst wenn eine direkte, insbesondere auch funktionelle Verbindung dieser neugebildeten Nervenfäserchen mit den Geschwulstzellen selbst nachgewiesen werden könnte, müßten unsere bisherigen Vorstellungen über die Beziehungen zwischen Geschwulst und Nervensystem geändert werden.

3. Das Geschwulstparenchym.

Das Parenchym der Geschwülste, d. h. also die eigentliche Geschwulstzelle selbst, kann alle nur denkbaren Differenzierungen des Organismus, von der einfachsten Rundzelle bis zur höchstdifferenzierten Drüsen- oder Ganglienzelle, aufweisen. Selbst die feinsten Strukturen der ausdifferenzierten Elemente der spezifischen Organgewebe kommen in den Geschwulstzellen vor. Sehr häufig allerdings sehen wir nur noch eine Andeutung oder völliges Fehlen solcher feinerer Zellstrukturen, und die morphologischen Abweichungen können dann alle Grade erreichen. Weiter sind kennzeichnend die Unregelmäßigkeit der Zell- und Kernbildung, besonders in den bösartigen Tumoren, die meist viel größeren, zuweilen kleineren Kerne als die der entsprechenden Normalgewebe und die weiteren Formabweichungen, wie wir sie in dem Kapitel über die morphologische Kataplasie der Geschwulstzelle schon besprochen haben (s. S. 1399). Hierzu kommt die nicht seltene mangelhafte Fixierung der morphologischen Struktur, wie wir sie im Wechsel der Morphologie, besonders der transplantablen Geschwülste, und in der sog. Sarkombildung nach Carcinomimpfung z. B. bereits eingehend behandelt haben.

Auch alle embryonalen Strukturbilder können im Geschwulstparenchym auftreten, und da diese ja sehr häufig rein histologisch mit unseren heutigen Methoden nicht ohne weiteres zu erkennen, nicht genügend charakterisiert sind, so macht die Deutung der Geschwulstzellart zuweilen große, ja unüberwindliche Schwierigkeiten.

In der organisatorischen Verbindung der Geschwulstzellen zu höheren Gewebseinheiten sehen wir ebenfalls sehr große Unterschiede. Die gutartigen Geschwülste zeigen noch Andeutungen organischer Gliederung, z. B. Läppchenbildung im Lipom, im Fibroadenom usw., aber dies beschränkt sich meist auf Andeutungen, selbst bei den gutartigen Tumoren ist eine typische Gliederung nirgends mehr vorhanden, und schon bei den Geschwulstkeimanlagen ist ja der Verlust dieser höheren Organisation so charakteristisch, daß wir auch histologisch nicht das

---

[1]) YOUNG: Journ. of exp. med. Bd. 2, S. 1. 1897.
[2]) MEYER, K.: Dissertation. Königsberg 1910.
[3]) ITSCHIKAWA u. UWATOKO: Bull. de l'assoc. franc. pour l'étude du cancer Bd. 13, Nr. 8. Nov. 1924 u. Bd. 14, Nr. 1. Jan. 1925.

Bild der Organanlagen, sondern nur ein mehr oder weniger ähnliches Bild sehen und sie daher als Organoide bezeichnen. Je stärker der Geschwulstcharakter der Fehlbildung zum Durchbruch kommt, je stärker das Wachstum, um so mehr verlieren sich die letzten Andeutungen einer organoiden Gliederung, von der bei den bösartigen Geschwülsten dann häufig nur wenig oder gar nichts mehr zu erkennen ist.

Die regressiven Veränderungen, die gerade an den Zellen der bösartigen Geschwulst häufig und in allen Formen und Graden auftreten, bedürfen ebenfalls hier keiner eingehenderen Besprechung. Sie sind die Grundlage und Ursache für die zahlreichen verschiedenen Formen von Zelleinschlüssen, die in den Tumorzellen sehr häufig auftreten und immer wieder als Parasiten gedeutet worden sind. Diese Häufigkeit der regressiven Metamorphose in der bösartigen Geschwulst ist auch die Ursache dafür, daß wir so häufig Phagocytose in der Geschwulst feststellen können: die lebenskräftige Tumorzelle phagocytiert die absterbenden und abgestorbenen Geschwulstzellen (Autophagismus, Borst).

4. Bau von Rezidiv und Metastase.

Unsere Anschauung über Wesen und Individualität der Geschwulstzelle bringt es mit sich, daß wir für Rezidiv und Metastase der Geschwulst denselben morphologischen Bau wie im Primärtumor voraussetzen müssen. Das Rezidiv leiten wir ja grundsätzlich und ausnahmslos von zurückgebliebenen Zellen der Primärgeschwulst ab. Würde sich im Gebiete des exstirpierten Primärtumors eine neue primäre Geschwulst bilden, so hätten wir kein Rezidiv, sondern eine zweite Geschwulstbildung vor uns, die natürlicherweise ganz andere Strukturen haben könnte und auch oft haben würde als die zuerst operierte Geschwulst. Falls dieses überhaupt vorkommt, dürften es jedenfalls seltene Ausnahmen sein (s. S. 1738). Die Regel ist, daß die im Gebiet der Operationsnarbe der Primärgeschwulst auftretende Tumorbildung gewöhnlich schon durch die vollkommene Übereinstimmung mit den Strukturen des Primärtumors uns den Charakter des Rezidivs beweist. Veränderungen der Geschwulststruktur kommen hier fast ausschließlich im Sinne einer fortschreitenden Entdifferenzierung, Verwilderung der Geschwulstzelle vor. Das kann so weit gehen, daß die späteren Rezidive schließlich rein celluläre Geschwülste, Cytoblastome oder Meristome darstellen, deren genetische Verwandtschaft z. B. mit einem Carcinom, Neuroblastom oder Chondrom überhaupt nicht mehr aus ihrem morphologischen Bau, sondern nur aus der genauen Kenntnis der gesamten Entwicklungsstufen solcher Geschwulstbildungen mit Sicherheit erschlossen werden kann.

Das gleiche gilt für die Metastase. Es ist eine der wichtigsten Stützen und eine fundamentale Grundlage der cellulären Auffassung des ganzen Geschwulstproblems überhaupt, daß die Metastasen morphologisch dem Primärtumor vollkommen entsprechen. Das ist die Regel, aber diese Regel ist keine absolute. Es ist nicht selten so, daß die Geschwulstzelle in ihrer morphologischen Differenzierung und Differenzierungsfähigkeit nicht vollkommen fixiert ist und daher Schwankungen der Strukturbildung vorkommen. Diese Schwankungen äußern sich am häufigsten darin, daß überhaupt, entsprechend dem Wesen der Geschwulstbildung, die Tumorzelle einen fortschreitenden Verlust an typischer Strukturbildung erfährt, daß also die späteren Metastasen und Rezidive immer weniger Differenzierung zeigen. Diese Tatsache haben wir schon eingehend für die Erklärung der sog. Sarkombildung nach Carcinomtransplantationen herangezogen. Es kommt aber auch das Gegenteil vor: die Metastase zeigt eine weitere Ausdifferenzierung als der Primärtumor. Für manche Schilddrüsengeschwülste wurde das oben bereits erwähnt (s. S. 1748). Gerade die Struma maligna zeigt aber ein sehr eigenartiges Verhalten, und zuweilen ist es weder im Primärtumor noch in den Metastasen auch für den geübten Untersucher möglich, die Malignität der Geschwulst aus dem histologischen Befunde mit Sicherheit zu erschließen. Sind doch sogar Strumametastasen in den Knochen (Jodnachweis, v. GIERKE) bei ganz intakter Schilddrüse beobachtet worden und als Metastasen normalen Schilddrüsengewebes bezeichnet worden (ODERFELD und STEINHAUS). Ich selbst habe noch vor kurzem einen über gänseeigroßen Tumor der Rippen vom einfachen Bau der Struma colloides bei einer 66jährigen Frau untersuchen können, bei der die spätere Sektion ergab, daß es sich um die einzige Metastase im ganzen Körper handelte, während der Primärtumor aus einem einfachen, histologisch ganz unverdächtigen Kolloidknoten der Schilddrüse bestand (Sekt.-Nr. 833/26).

Die stärkere Ausdifferenzierung des Gewebes in den Metastasen ist auch bei der künstlichen Metastase, den experimentellen Carcinomtransplantaten, beobachtet und z. B. als Umwandlung in Adenom gedeutet worden [APOLANT). Daß solche Umwandlungen bei transplantablen Tumoren häufiger sind, liegt an dem Unterschied zwischen Spontangeschwulst und Transplantat und vor allem daran, daß eben der transplantierte Tumor hier unter den Einfluß eines ganz anderen Organismus, einer anderen individuellen Konstitution (Stoffwechseleinflüsse) gerät.

Derartige Strukturschwankungen kommen auch bei Spontantumoren beim Menschen vor, wenn sie auch selten sind. Sehr häufig dagegen sind Strukturschwankungen derart, daß die gewöhnlich histologisch unterschiedenen Krebsformen des Adenocarcinoms, des Carcinoma simplex, scirrhosum, medullare und gelatinosum in einer und derselben Primärgeschwulst an verschiedenen Stellen ganz deutlich entwickelt sind oder in verschiedener Weise in den Metastasen zum Vorschein kommen. In systematischen (nicht veröffentlichten) Untersuchungen meines früheren Assistenten FRANZ WOLF an 50 Drüsenkrebsen haben wir dieses Verhalten sehr häufig und deutlich ausgesprochen gefunden. Das alles ist ein Beweis dafür, daß jene rein morphologischen Unterscheidungen von Carcinomformen recht nebensächlicher Natur sind und über das Wesen der betreffenden Geschwulst gar nichts aussagen.

Daß bei den Adenocancroiden oder den dimorphen Carcinomen, wo also schon im Primärtumor zwei sonst geweblich weitauseinanderstehende Zellarten zusammen und in inniger Verbindung vorhanden sind, Metastasen derselben gemischten Zusammensetzung [z. B. A. SEITZ[1])] oder der einzelnen Zellformen auftreten können, bedarf keiner weiteren Erklärung. Selten sind bei Cystadenomen des Ovariums oder der Mamma Metastasen des zellreichen, bindegewebigen Anteils der Geschwulst in Form von Myxosarkomen [P. PRYM[2])] oder von Spindelzellensarkomen [W. WALTZ[3])]. Die Annahme etwa, daß durch Entdifferenzierung die wuchernden Geschwulstzellen in all den genannten Fällen neue Differenzierungspotenzen gewonnen hätten, müssen wir aus grundsätzlichen Erwägungen ablehnen. Immer müssen wir annehmen, daß in diesen Fällen die geschwulstbildende Keimanlage bereits pluripotente Differenzierungsfähigkeiten besessen hat, die nun bei der Geschwulstentwicklung in meist sogar nur rudimentärer Form zum Vorschein kommen. Bewiesen wird diese Annahme ohne weiteres durch unsere Erfahrungen bei den malignen Embryomen. Hier sehen wir bald unreifes Keimgewebe, das sich noch nach den verschiedensten Richtungen hin entwickeln kann, bald nur einzelne Gewebsarten oder gar nur eine einzige typisch strukturierte Geschwulstform in den Metastasen auftreten.

---

[1]) SEITZ, A.: Ziegl. Beitr. Bd. 69, S. 395. 1921.
[2]) PRYM, P.: Frankf. Zeitschr. f. Pathol. Bd. 10, S. 60. 1912.
[3]) WALTZ, W.: Diss. Heidelberg. 1917.

Das krasseste Beispiel hierfür sind die seltenen Chorionepitheliome beim Mann. Sie entwickeln sich immer nur bei Embryomen des Hodens, und zwar kann schon in dem primären Hodenteratom ein Teil des Teratoms alle Strukturen des Chorionepithelioms enthalten. Es kommt jedoch vor, daß hiervon in dem Hodentumor nichts zu finden ist, während der Körper von zahlreichen und großen Chorionepitheliom-Metastasen, die auch allein den Exitus herbeigeführt haben, durchsetzt ist. Ich habe in einem solchen Falle das etwa bohnengroße Teratom des Hodens in lückenloser Serie untersucht, ohne auch nur eine Andeutung von Chorionepitheliom in diesem Primärtumor zu finden, während sämtliche Tumoren im übrigen Körper das makroskopisch und mikroskopisch vollkommen typische Bild des malignen Chorionepithelioms darboten. Hier besteht also morphologisch zwischen Primärgeschwulst und Metastase — und daß es sich um Metastasen handelt, wird wohl nach der besonderen Eigenart dieser Fälle nicht bezweifelt werden können — überhaupt keine Ähnlichkeit. Das embryonale Ektoderm des Teratoms hat eben die Fähigkeit, im geschwulstbildenden Prozeß, also besonders wenn es metastasiert, alle typischen Formationen des Chorionepithels zu bilden. Ähnliche Beobachtungen finden wir bei Rud. Meyer[1]) und Siegmund[2]) (s. auch S. 1730).

5. Benennung und Einteilung der Geschwülste.

Eine Reihe kritischer Bemerkungen über die histologische Beurteilung der Geschwulstdifferenzierungen mußten wir früher schon voranschicken, da für zahlreiche Fragen der allgemeinen Geschwulstlehre die vorherige Festlegung unseres Standpunktes notwendig war. Wir betonten, daß wir grundsätzlich eine Geschwulst nicht von einem Muttergewebe ableiten, sondern daß wir es lediglich als unsere Aufgabe betrachteten, den histologischen Charakter einer Geschwulst festzulegen. Ist dies geschehen und möglich, so ist die zweite Frage, wie die Entwicklungsgeschichte der Geschwulstzellen bei der Bildung der Geschwulst-keimanlage gewesen ist, sie kann auf die Anlagezellen des Wirtsorgans zurück-gehen, kann aber selbst bei gleichartiger Ausdifferenzierung auch von anderen embryonalen Gewebsformationen abstammen. Wir teilen also die Geschwülste lediglich nach der nachweisbaren Gewebsdifferenzierung ein und sind uns klar darüber, daß bei völligem Fehlen jeder mit unseren Methoden nachweisbaren Gewebsdifferenzierung und besonderen Struktur die Geschwulst noch nicht ein-mal histologisch, geschweige denn genetisch bestimmt werden kann. Die Frage der Genese der Geschwulstzellen bedarf in jedem Falle einer besonderen Er-forschung und Untersuchung.

Es bleibt demnach nur noch übrig, eine Übersicht über die verschiedenen Geschwulstformen, eine Einteilung der Geschwülste zu geben, wie sie sich nach dieser Auffassung uns darstellt.

An Vorschlägen für die Einteilung und Benennung der Geschwülste hat es nicht gefehlt. Schon Klebs hat in seinem Lehrbuch das histogenetische Einteilungsprinzip so weit durchgeführt, daß er die Abstammung vom Keim-blatt der Einteilung und Benennung der Geschwülste zugrunde legte. Das war für den damaligen Stand der Keimblattlehre ein durchaus berechtigter Vorschlag. Heute wissen wir, daß die Keimblättertheorie in dem früher an-genommenen strengen Sinne überhaupt nicht zutrifft, daß aber vor allem Gewebs-spezifität und Keimblattabstammung nicht zusammenfallen. Wieweit wir auch heute noch bei der Einteilung der Geschwülste auf die Keimblattlehre zurück-greifen können, werden wir später noch zu erörtern haben.

---

[1]) Meyer, Rud.: Frankfurt. Zeitschr. f. Pathol. Bd. 13, S. 215. 1913.
[2]) Siegmund: Westdeutsche Pathol. Tgg. Wiesbaden Juli 1926.

Andere gehen von den Körpergeweben aus und teilen diese sämtlichen Körpergewebe in zwei Gruppen ein: die Stützgewebssubstanzen und die Epithelgewebe, wobei meist im stillen angenommen wird, daß die Geschwülste der Stützgewebe Abkömmlinge des Mesoderms, die epithelialen Tumoren Abkömmlinge von Ektoderm und Entoderm seien. Alle diese Voraussetzungen treffen aber nicht zu. Es gibt sowohl ektodermale Stützgewebe wie mesodermale Epithelgewebe. Auch die Einteilung von Adami[1]), der sämtliche Gewebe des Organismus in zwei große Gruppen, *lepidische*, d. h. Membrangewebe, und *hylische* Pulpagewebe einteilen will, geht nur von ganz äußerlichen Merkmalen, von der morphologischen Strukturanordnung, aus und läßt sich überhaupt nicht restlos durchführen. Wir müssen es aber grundsätzlich ablehnen, die spezifischen Organgewebe des Organismus schematisch in zwei Gruppen einzuteilen. Diese Einteilung entspricht nicht irgendwelchen natürlichen Gesetzen der Gewebsstruktur, sondern ist einfach als Bedürfnis aus der ganz verfehlten Einteilung aller bösartigen Geschwülste in Carcinome und Sarkome hervorgegangen.

Von weiteren Vorschlägen zur Geschwulsteinteilung erwähne ich denjenigen von Eugen Albrecht[2]). Er unterscheidet:

1. *Das Holoblastom.* Hier liegt ein Versuch des Geschwulstgewebes vor, den ganzen Körper nachzubilden: Teratom;

2. *das Meroblastom.* Hier werden von der Geschwulst nur einzelne Organsysteme im Überschuß und fehlerhaft gebildet: Teratoid;

3. *die Onkosen.* Hier besteht eine diffuse Neigung zur Geschwulstbildung in einer Region oder einem System;

4. *das Holorganom.* Hier ist ein ganzes Organ Gegenstand der Geschwulstbildung. Als Beispiele werden das maligne Nephrom und die Cystenbildung angeführt;

5. *das Merorganom.* Hierher gehört der größte Teil der einfacher gebauten Geschwülste (Adenom, Myom, Neurom, Angiom);

6. *das Hamartom.* Hier ist nur ein einzelner Bestandteil des Organs in abnormer Menge gebildet.

Albrecht nennt diese Einteilung das natürliche System der Geschwülste. Aber so viele berechtigte Gesichtspunkte der Entwicklungsmechanik der Geschwulstbildung in dieser Einteilung berücksichtigt sind, so wenig erscheint uns dieselbe doch als ein natürliches System. Es ist im Gegenteil ganz von theoretischen Vorstellungen abgeleitet, und der Versuch, die Geschwulsttypen in dieses System einzuordnen, stößt überall auf die größten Schwierigkeiten. Ich habe auch nirgends in der Literatur eine Annahme dieses Systems gefunden, nur die Begriffe des Hamartoms und des Choristoms als treffende Ausdrücke für Differenzierungsstörung und Überschußbildung (Gewebsmißbildungen) haben sich mit Recht eingebürgert.

Da die Auffassung der Geschwulststrukturen und damit Einteilung und Benennung der Geschwülste bei den verschiedenen Forschern große Differenzen aufwies, hat man sogar den Versuch gemacht, einheitlichere Auffassungen in der Namengebung durch Kommissionsbeschlüsse festzulegen, ist es ja überhaupt in den letzten Jahrzehnten üblich geworden, die Geschwulstforschung durch Krebskomitees und Krebskonferenzen zu fördern.

Bei einer solchen internationalen Krebskonferenz im Jahre 1910 in Paris hatte sich nun, wie ich dem Berichte v. Hansemanns[3]) entnehme, herausgestellt,

---

[1]) Adami: 1. internationaler path. Kongreß Turin S. 35. 1911.
[2]) Albrecht, Eugen: Frankfurt. Zeitschr. f. Pathol. Bd. 3, S. 1. 1909.
[3]) v. Hansemann: Über die Benennung der Geschwülste. Zeitschr. f. Krebsforsch. Bd. 13, H. 1, S. 2. 1913.

„daß selbst über die einfachen Grundregeln für die Benennung der Geschwülste in verschiedenen Ländern mit verschiedenen Sprachen wesentliche Differenzen bestehen. Von französischer Seite wurde durch die Herren Delbet, Herrenschmidt und Menetrier ein fertig ausgearbeitetes Nomenklaturverzeichnis vorgelegt, mit dem Wunsche, dasselbe sofort zur internationalen Anerkennung zu bringen. Es zeigte sich aber bei den bestehenden Differenzen, daß das ohne weiteres nicht möglich war, und ich schlug deshalb vor, in der Art, wie es seinerzeit in der Zoologie geschah, eine Kommission zu ernennen, die sich mit der Aufstellung einer solchen internationalen Nomenklatur beschäftigen sollte.“

Aber die Dinge liegen in so einfach deskriptiven Wissenschaften, wie es systematische Zoologie und systematische Anatomie sind, doch wesentlich anders als in der Pathologie. Was ein Pferd oder ein menschlicher Humerus ist, steht nicht nur ohne Widerspruch fest, sondern läßt sich auch hinreichend genau und sicher beschreiben. Hier ist also die Nomenklatur wirklich lediglich eine Formsache, eine Sache des Übereinkommens, trotzdem zeigt ja das Beispiel der anatomischen Nomenklaturkommission, daß derartige Kommissionsbeschlüsse sich nicht überall und restlos durchsetzen können, weil eben doch manche Dinge Auffassungssache bleiben und auch Kommissionen nicht davor geschützt sind, recht unglückliche Beschlüsse zu fassen, besonders wenn sie den Unterschied zwischen Namen und Nummer nicht erfaßt haben.

Eine solche Geschwulstnomenklaturkommission hat also im Anschluß an die internationale Krebskonferenz von Paris im Jahre 1910 die Arbeit aufgenommen, und v. Hansemann als ihr Vorsitzender gibt in dem besagten Aufsatze eine allgemeine Direktive, denn sonst, schreibt er, würden sowohl die Vorschläge als auch die Diskussionen ins Uferlose gehen. Er fürchtet, andernfalls würde es kaum möglich sein, „diese Ergebnisse der Arbeiten der Konferenz später auch zur allgemeinen Anerkennung und Anwendung zu bringen, da ja eine Exekutivgewalt weder der Nomenklaturkommission noch der internationalen Vereinigung für Krebsforschung zu Gebote steht, weder gesetzlich noch moralisch“. An dieses letztere Zugeständnis muß sich wohl derjenige halten, dem der wissenschaftliche Fortschritt auch in der Geschwulstlehre am Herzen liegt. Mir sind bisher kaum Beispiele bekannt, wo Kommissionsbeschlüsse einen wissenschaftlichen Fortschritt herbeigeführt haben, und wissenschaftliche Fortschritte sind die erste Vorbedingung, um zu einer klareren und einheitlicheren Auffassung des Wesens der Geschwülste und damit zu einer einheitlichen Nomenklatur zu kommen. Kommissionen mögen in politischen und geschäftlichen Dingen zuweilen Erfolge zeitigen. Die Wissenschaft ist individuell, und kein Kommissionsbeschluß wird das Licht in diese Frage bringen, das allein zu einer Einigung und zum Fortschritt führen kann.

Gewiß wäre es vielleicht wünschenswert, einheitliche Namen für Dinge einzuführen, die festliegen, deren Wesen bekannt und unbestritten ist. Solcher Punkte gibt es ja auch einige in der Geschwulstlehre, aber es sind doch weitaus die wenigsten gegenüber der ungeheueren Masse der unklaren und stark bestrittenen Dinge. Nun hat aber schon die internationale anatomische Nomenklatur gezeigt, daß Mißgriffe trotz des besten Willens vorkommen können selbst bei Dingen, deren Wesen und Bedeutung überhaupt nicht einer Diskussion unterstehen.

Ganz anders in der Geschwulstlehre. Hier betreten wir in zahllosen Fragen und Dingen schwankenden Boden, und da der Geschwulstname heute nicht rein ein Name, eine Nummer sein kann, wie in vielen Dingen der normalen Anatomie, sondern auch unsere Auffassung über Wesen und Art der Geschwulstzelle zum Ausdruck bringt, so wäre damit, wollte die gesamte Wissenschaft sich den Kommissionsbeschlüssen anschließen, die Auffassung dieser Kommission über Art, Wesen und Genese der betreffenden Geschwulstbildung festgelegt. Es kann also im Interesse des wissenschaftlichen Fortschrittes nur das gehofft werden, was v. HANSEMANN besonders fürchtet, daß nämlich die einzelnen Vorschläge derartig auseinandergehen, daß eine Einigung nicht möglich ist. Die Geschwulstforschung steckt noch viel zu sehr in den Anfängen, als daß in diesen Fragen jetzt schon allgemein gültige und gar bindende Normen aufgestellt werden könnten. Das ist aber auch nicht nötig, denn wenn erst einmal unsere Erkenntnis weiter fortgeschritten sein wird, so wird sich eine solche Einigung ganz von selbst ergeben.

v. HANSEMANN stellt in seiner Abhandlung zunächst das Prinzip auf, daß die Namengebung für die Geschwülste für alle Fälle möglich sein muß, auch insbesondere für diejenigen Fälle, von denen höchstens eine Probeexcision oder manchmal nur ein einzelnes Präparat für die Diagnosenstellung zur Verfügung steht. Jeder soll verstehen, was der Untersucher durch seine Worte zum Ausdruck bringen will, und deshalb muß die Benennung einer Geschwulst alles enthalten, was man über die Geschwulst aussagen kann. Aber man kann im Namen eines Tumors, zumal wir zu wenig Namen besitzen, nicht alles zum Ausdruck bringen, was man über denselben aussagen kann, und für die Zwecke der Praxis, die v. HANSEMANN hier wohl im Auge hat, ist die Forderung ohnedies ganz unnötig. Für praktische Zwecke ist es genügend, dem Arzte den Grad der Bösartigkeit der Geschwulst, soweit er sich eben aus dem histologischen Bilde ableiten läßt, anzugeben. Der Name der Geschwulst soll dagegen, wenn irgend möglich, auch die Gewebsart angeben, andernfalls kann ohne Bedenken mitgeteilt werden, daß die Histogenese des Tumors nicht klar festzustellen ist.

Allein wichtig und entscheidend für die Forschung ist es also, Wesen und Charakter der Geschwulstzelle (meist fälschlicherweise ohne weiteres mit der Frage der Histogenese identifiziert) festzustellen. Auch ein histologisch, d. h. in seiner Zellart vollkommen klarer Tumor, kann histogenetisch sehr zweifelhaft sein, aber unsere erste Aufgabe ist es, den histologischen Charakter einer Geschwulstzelle festzustellen, und erst, wenn diese Aufgabe gelöst ist, kann die zweite Frage, die der Histogenese der Geschwulst, in Angriff genommen werden.

v. HANSEMANN gibt an, daß zwar für eine große Zahl der Geschwülste, und speziell für die Mehrzahl der gutartigen Geschwülste, die Histogenese vollkommen feststehe, daß aber für eine ganze Anzahl die Histogenese strittig, von einzelnen sogar ganz unbekannt sei, und er fügt mit einem leisen Vorwurf hinzu, daß RIBBERT eigentlich jeder histogenetischen Forschung den sicheren Boden entzogen habe. Aus diesen Gründen will v. HANSEMANN das histogenetische Einteilungsprinzip überhaupt ganz verwerfen. Ich kann mich all dem nicht anschließen. Gewiß ist für viele Geschwülste auch meines Erachtens die Histogenese bisher unbekannt. Aber erst muß man hier zwischen Gewebsgenese und histologischer Differenzierung unterscheiden. Während die Genese und Herkunft der Geschwulstkeimanlage für viele Geschwülste dunkel ist, ist die Art der Geschwulstdifferenzierung doch für zahlreiche Tumoren klar und unbestritten. Und andererseits hat meines Erachtens RIBBERT nicht jeder histogenetischen Forschung den sicheren Boden entzogen, sondern er ist der erste gewesen, der die histogenetische Forschung endlich auf einen kritischeren und sicheren Boden gestellt hat. Gewiß hat diese scharfe Kritik manche Anschauung umgeworfen, auch nicht überall Besseres an ihre Stelle setzen können. Aber das ist eben nur der Anfang der Forschung, daß sie sich ihrer Grenzen bewußt wird und mit wirklicher Kritik an ihre Aufgaben herangeht. Jedes Jahr bringt uns meines Erachtens neue Fortschritte in der Kenntnis der Wesensart der einzelnen Tumorformen. Wenn diese Erkenntnis auch nur langsam vorwärtsschreitet, so brauchen wir doch nicht aus dem Grunde, weil noch vieles dunkel und unklar ist, das richtige histogenetische Einteilungsprinzip zu verlassen..

v. Hansemann kommt zu dem Schluß, daß histogenetische Definitionen überhaupt für die Geschwülste nicht möglich sind, sondern nur rein morphologische, daß wir bei den Geschwülsten darüber nicht hinaus kämen. „Es ist", schreibt er, „das einzige Prinzip, das sich unter allen Umständen anwenden läßt, auch in denjenigen Fällen, wo nichts zur Stellung der Diagnose zurVerfügung steht als ein einziges Präparat." Dieser letztere Gesichtspunkt ist völlig nebensächlich und muß natürlich ganz ausscheiden. v. Hansemann hält es für ganz unmöglich, für die generelle Einstellung der Geschwülste ein anderes Prinzip zu wählen als das der Morphologie, und er schlägt vor, alle Tumoren einfach nach ihrer morphologischen Struktur zu bezeichnen und die Genese, soweit sie bekannt ist, durch ein Beiwort zu dem Hauptnamen zum Ausdruck zu bringen.

Das wäre sehr schön und einfach, wenn unser Einblick in die morphologische Struktur schon besser und tiefer wäre, als es tatsächlich der Fall ist. Aber die morphologische Bestimmung der einzelnen Geschwulstarten ist einfach und leicht eigentlich nur bei denjenigen Formen, bei denen auch bezüglich der Histogenese bisher keine großen Zweifel herrschten. Dagegen stellen sich bei den übrigen Geschwülsten der morphologischen Bestimmung kaum geringere Schwierigkeiten in den Weg als der histogenetischen Bestimmung. Gerade darin liegt ja die Schwierigkeit, daß für zahlreiche Geschwulsttypen in den normalen Geweben und selbst in den Entwicklungsstufen der Gewebe, soweit sie uns bekannt sind, Analoga nicht vorhanden sind. Demgemäß läßt sich ein solches Gewebe auch nicht morphologisch klassifizieren.

Die Naevuszelle ist eine Zellart, die im normal ausdifferenzierten Körper überhaupt nicht vorkommt. Die Mischgewülste der Speicheldrüsen, die Neuroblastome, das Nephroma embryonale sind weitere Beispiele dafür, daß wir heute eine ganze Reihe von Geschwulstformen kennen und in ihrer histologischen Wesensart mit genügender Sicherheit bereits bestimmt haben, für deren Gewebsart eine Analogie im normal ausdifferenzierten Organismus überhaupt nicht vorhanden ist. Es hat also gar keinen Sinn, solche Geschwülste nach den spezifischen Körpergeweben bezeichnen oder in irgendwelche künstliche Schemata der Körpergewebe hineinpressen zu wollen. Es sind Tumoren eigener Art, die ihren eigenen charakteristischen Namen verdienen und nicht in ein unnatürliches System hineingezwängt werden können.

Außerdem gibt in Wirklichkeit die v. Hansemannsche morphologische Auffassung, besonders bei den bösartigen Geschwulstformen, überhaupt nicht den Gewebscharakter der Geschwulst an, wie man aus den Ausführungen v. Hansemanns vielleicht glauben könnte, sondern *lediglich die Wachstumsform*. Wie es für ihn ganz unmöglich ist — und hierin soll ihm gar nicht widersprochen werden — „den Begriff Epithel anders zu definieren als durch die Situation"[1]), so unterscheidet er einfach nach der Zellsituation Carcinome und Sarkome, und die äußere Form des Wachstums ist vollkommen und ganz allein maßgebend für Geschwulstauffassung und -einteilung. Schon als Morphologen müssen wir aber unser Ziel höher stecken und zum mindesten den Versuch machen, die morphologische Wesensart jeder Geschwulstzelle festzustellen. Die Wachstumsform mag für uns wichtig und interessant sein, sie kommt erst in zweiter Linie. Um ein Beispiel zu nennen: wir kennen Melanome, Naevuszelltumoren, die sowohl in typisch sarkomatöser Wachstumsform wie in typisch alveolärer und car-

---

[1]) v. Hansemann: Zeitschr. f. Krebsforsch. Bd. 13. S. 7. 1913.

cinomatöser Wachstumsform wie auch in völlig meristomatischer Wachstumsform auftreten (s. S. 1488 u. 1492). Für v. HANSEMANN, ja für die ganze heute noch herrschende Geschwulstauffassung, sind das verschiedene Geschwülste, und der Streit geht darum, ob es sich um Carcinome, Sarkome oder gar Endotheliome handele. Für uns sind diese Fragen gegenstandslos. Es genügt uns zu wissen, daß es sich um einen **malignen Naevuszellentumor** handelt, der in verschiedenen Graden der Aus- und Entdifferenzierung und in verschiedenen Wachstumsformen auftreten kann. Das Wesen der Geschwulstbildung, der Charakter des biologischen Prozesses liegt für uns in dieser Wesensart der Zellen und nicht in den äußeren Formen des Wachstums. Wir würden also bei dieser Geschwulstart folgende Formen unterscheiden können:

1. das **Melanoma malignum carcinomatodes** — hier ist stellenweise das Geschwulstgewebe noch deutlich in der Art eines Epidermiscarcinoms differenziert (auch Melanocarcinom genannt);

2. das **Melanoma malignum alveolare** — hier ist die epitheliale Wachstumsform der Geschwulst lediglich in der nesterartigen alveolären Anordnung des Geschwulstgewebes zum Ausdruck gekommen;

3. das **Melanoma malignum resticulare oder sarcomatodes** — hier zeigen die Geschwulstzellen keinerlei epitheliale Nesterbildung mehr, sondern bilden regellos verstreute, syncytial zusammenhängende, reticuläre Massen;

4. das **Melanoma malignum meristomatodes** — hier zeigen die Geschwulstzellen völliges Fehlen jeder Nachbarstruktur und durchsetzen als Einzelindividuen regellos das ganze Gewebe.

Wenn also v. HANSEMANN die Histogenese als Grundlage der Geschwulsteinteilung und -benennung ablehnt, so mag er damit im Recht sein, und wir können seiner Forderung, zunächst die Geschwülste rein morphologisch zu bestimmen, durchaus zustimmen. Aber die morphologische Bestimmung der Geschwulstzelle darf nicht an den Äußerlichkeiten von Zell- und Wuchsform stehenbleiben, sondern muß weiter ihre eigentliche Aufgabe eben darin sehen, auch morphologisch die wesentliche Differenzierung, den Gewebscharakter der Geschwulstzelle, festzustellen.

Die strenge Durchführung des v. HANSEMANNschen Vorschlags würde also für eine Reihe epithelialer Geschwülste, z. B. die medullären Carcinome mit lockerem Zellverband und Ausbreitung der Einzelzellen, den Sarkomnamen einführen müssen. Tatsächlich ist man ja bisher auch so vorgegangen, und dadurch ist der völlig irreführende Name Sarkom für die entdifferenzierten transplantierten Mäusecarcinome entstanden. Das zeigt am besten, daß der v. HANSEMANNsche Vorschlag irreführt, ja alles — ohne es zu wollen — auf den Kopf stellt, ohne daß wir doch damit irgendwie weiterkämen.

Im Gegensatz dazu mache ich den Vorschlag:

1. den **Namen** der Geschwülste lediglich von der **Gewebsart der Geschwulstzelle** abzuleiten, wobei alle spezifisch differenzierten Organgewebe des Körpers und alle embryonalen Gewebsstrukturen gleichmäßig zu berücksichtigen sind. Die Wachstumsform kann in einem Beiwort hinzugesetzt werden, ist aber nicht das Wesentliche für die Auffassung der Geschwulststruktur.

2. der **Einteilung der Geschwülste**, ihrer Systematik unsere **histogenetische** Auffassung der einzelnen Geschwulstformen zugrunde zu legen.

Wo wir bei einer zellreichen, ganz undifferenzierten Geschwulst die Gewebsart *überhaupt nicht* feststellen können, müssen wir dies in der Namengebung deutlich zum Ausdruck bringen und nicht durch die mißverständliche Bezeichnung Sarkom oder medulläres Carcinom eine Kenntnis des Geschwulstgewebes vortäuschen, die wir nicht besitzen.

Genetische Forschungen lassen sich eben nur an Serienuntersuchungen oder experimentellen Reihen vornehmen, und so ist bei zahlreichen gutartigen Geschwülsten die Histogenese wohl mit der größten Wahrscheinlichkeit zu erschließen, aber von einem absoluten Feststehen ist schon deshalb nicht die Rede, weil wir ja noch gar nicht wissen, welcher Potenzen bei abnormen Differenzierungen die einzelnen embryonalen Gewebe fähig sind. Nachdem wir erfahren haben, daß auch das Ektoderm mesenchymales Gewebe in den früheren Embryonalstadien bilden kann, ist es kein unmöglicher Schluß mehr, daß durch eine abnorme embryonale Differenzierung eines Ektodermteilchens einmal ein Rhabdomyom entsteht. Dazu kommt die Möglichkeit ganz pathologischer Differenzierung und die Möglichkeit atavistischer Bildungen — Möglichkeiten, die gerade für die Entstehung von Geschwulstkeimanlagen in Betracht gezogen werden müssen.

Die erste Aufgabe der Geschwulstforschung muß es also sein, den **histologischen Charakter der Geschwulstart** zunächst einmal festzustellen. Es genügt uns z. B., nachgewiesen zu haben, daß die Zellen eines Tumors in ihren wesentlichen histologischen Eigenschaften der ausdifferenzierten Knorpelzelle oder in einem anderen Falle gewissen Entwicklungsstufen der embryonalen quergestreiften Muskelzelle entsprechen. Wir kennen damit das Wesen dieser Geschwulstzellen und werden nunmehr weiter zu forschen haben, von welchen Gewebskeimen derartige Bildungen ausgehen können und welche Anhaltspunkte wir im Einzelfalle für den tatsächlichen Ausgangspunkt anführen können.

Erstreben wir also auch eine histologische Einteilung der Geschwülste und machen die Histologie der Geschwulstzelle zur Grundlage unserer histogenetischen Auffassung, so ist für uns doch nicht lediglich die grobe anatomisch-histologische Form, insbesondere nicht allein der Wachstumstyp der Zellen maßgebend. Wir versuchen in erster Linie, das histologische Wesen und den Charakter der Geschwulstzelle, die spezifische Gewebsart, zu bestimmen, und danach benennen wir die Geschwulst, ganz gleichgültig, ob sie in alveolären, lockeren, geschlossenen oder sarkomartigen Wuchsformen auftritt.

Allerdings ist die hier gestellte Aufgabe der histologischen Bestimmung der spezifischen Gewebsart einer Geschwulst häufig viel schwerer, als von den meisten angenommen wird, zumal nicht selten eine starke Überschätzung der Leistungsfähigkeit der anatomischen Methode gar zu leicht geneigt ist, aus Zustandsbildern Schlüsse zu ziehen, die einer kritischen Betrachtung nicht standhalten.

Welche Methoden stehen uns denn zur Verfügung, um die Wesensart und damit — wenigstens im Rahmen der normalen embryonalen Entwicklung, soweit sie aufgeklärt ist — die Abstammung einer Zellart festzustellen?

1. *Form* und selbst *Größe der Zellen* sind nur das äußerliche und vielfach wechselnde Kleid des Zellindividuums und besonders in frühen Entwicklungsstadien für die Bestimmung einer Zellart nicht sicher zu verwerten. Gerade die Erfahrungen der künstlichen Gewebskultur haben einwandfrei gezeigt, wie Form und Größe einer Zellart unter verschiedenen Wachstumsbedingungen den größten Schwankungen unterworfen sind. Albert Fischer[1]) betont, daß die physikalische Struktur des Züchtungsmediums für die Form der Zellen die größte Rolle spielt, und daß man hier die verschiedensten Formen ein und derselben Zellart zu sehen bekommt — ein Beweis, wie wenig man aus diesen äußerlichen Strukturverhältnissen auf die Gewebsart schließen kann.

2. Etwas besser sind die Anhaltspunkte, die uns zuweilen *typische Kernstrukturen* geben können. Aber sichere Schlüsse lassen auch sie nur zu, wenn diese

---

[1]) Fischer, Albert: Zeitschr. f. Krebsforsch. Bd. 21, S. 261. 1924.

Strukturen sehr typisch sind und im Einklang mit den übrigen Gewebsstrukturen stehen. Denn auch die Kernstrukturen sind wechselnd und wandelbar, und bei den so häufigen degenerativen Prozessen in der Geschwulst bieten Karyolysis und Karyorhexis, die Kernwandhypertrophien, die Bildung von Riesenkernen und atypischen Mitosen derartig zahlreiche Abweichungen von den typischen Kernstrukturen, daß dieselben eben nur in seltenen Fällen uns für die Bestimmung der Gewebsart wertvolle Dienste leisten. Solch feine Unterschiede wie der Winkel der Mitosenspindel, können wohl bei normalen Zellen zur Bestimmung der Zellart herangezogen werden [ELLERMANN[1])], aber bei dem überstürzten und unregelmäßigen Wachstum der Geschwulstzellen ist es nicht wahrscheinlich, daß wir auf diesem Wege weitere Aufschlüsse erhalten. Immerhin kann mit dieser wie mit anderen neuen morphologischen Methoden in Zukunft vielleicht mehr erreicht werden als bisher.

3. Die *Protoplasmastrukturen* geben uns schon in der normalen Histologie die wesentlichen Unterscheidungsmerkmale der spezifischen Organgewebe. Sind sie in einer Geschwulst deutlich ausgeprägt, z. B. in der Fibrillenbildung, in der Bildung von Muskelfasern, Nervenfasern, Gliafasern, Hornbildung, Schleimbildung usw., so wird es nicht schwer sein, die spezifische Gewebsart der Geschwulstzelle zu bestimmen.

4. Noch wichtiger vielleicht sind die *Gewebsstrukturen*, die *Nachbarstruktur*, d. h. nicht nur die Ausbildung der Form des Protoplasmas der Einzelzelle, sondern besonders ihre gegenseitige Lagerung und Verbindung zu höheren Gewebseinheiten, wie z. B. die Bildung von Drüsenschläuchen.

5. Alle diese *morphologischen Unterscheidungsmerkmale* lassen noch am besten die Gewebsart bestimmen, wenn wir es mit Zellverbänden zu tun haben. Ist aber von einer „*Nachbarstruktur*" der Geschwulstzellen auch nicht andeutungsweise mehr die Rede, haben wir es in einer Geschwulst, z. B. durch fortschreitenden Differenzierungsverlust, nur mehr mit freien Einzelzellen zu tun, so stößt der Nachweis einer besonderen morphologischen Struktur und damit der Nachweis der Gewebsart auf die größten, bei dem heutigen Stande unserer morphologischen Methodik häufig noch unüberwindlichen Schwierigkeiten. Wer bedenkt, welche außerordentlichen Differenzen heute noch die Literatur der Blutzellen und der Entzündungszellen aufweist, wer beachtet, welch verschiedene Zellarten (z. B. Lymphoblasten, Knochenmarkszellen, Gefäßendothelien) sich hinter der großen Rundzelle des Blutes verbergen können, der wird nicht verlangen, daß die Geschwulsthistologie die gleiche Aufgabe bei undifferenzierten zellreichen Tumoren mit unserer heutigen Methodik schon ohne weiteres lösen könne. Nur wesentliche Fortschritte in der Kenntnis der morphologischen Gewebsstrukturen und in der Methodik ihres Nachweises werden uns hier wirklich weiterbringen können.

6. Bei dieser Lage der Dinge ist die Frage, ob nicht die Untersuchung der *chemischen* Zusammensetzung und der *physikalischen* Strukturen des Geschwulstgewebes, vielleicht auch der Nachweis gewisser *funktioneller* Leistungen uns in der Bestimmung der Gewebsart der Einzelgeschwülste weiterbringen könnte. Bis heute ist auf diesem Wege noch kaum etwas erreicht, aber die weitere Forschung wird gerade diese Gesichtspunkte im Auge behalten müssen.

Aus all diesen Gründen können die histologisch völlig unentwickelten, keinerlei Andeutung einer typischen Differenzierungsstruktur zeigenden, also auch histologisch (nicht nur, wie v. HANSEMANN meinte, histogenetisch) unklaren Tumoren nur nach ihren Zell- und Wachstumsformen benannt und ein-

---

[1]) ELLERMANN, Fol. haematol. Bd. 28, S. 207. 1923.

geteilt werden. Aber diese Benennung muß derartig sein, daß sie keine falschen histogenetischen Anschauungen präjudiziert. Die größten Schwierigkeiten haben ja immer die sehr zellreichen malignen Geschwülste gemacht, die weitere Differenzierungen nicht erkennen lassen, und die der eine zu den Sarkomen, der andere zu den Carcinomen rechnete. Man hat diese Formen dadurch zu erklären versucht, daß man sie als entwicklungsgeschichtlich ganz unreife Zellarten auffaßte und mit den frühesten Stadien der embryonalen Entwicklung verglich. Schließlich führen, sagt v. Hansemann, ja alle Zellen in ihrer Entwicklung auf ein Stadium zurück, in dem sie epithelial angeordnet waren! So denkt man sich, daß die Entdifferenzierung der Zellen stets zu immer tieferen Stadien der embryonalen Entwicklung *zurück*führt und dadurch diese rein cellulären Geschwülste entstehen, so daß v. Hansemann schließlich zu dem Schluß kommt[1]): „Ja, es geht so recht aus diesen Betrachtungen hervor, daß es weder eine morphologische, noch überhaupt eine prinzipielle Grenze zwischen Carcinom und Sarkom gibt. Behält man nun aber die Ausdrücke Carcinom und Sarkom bei, so sehe ich nur das eine mögliche Unterscheidungsprinzip, nämlich das rein morphologische, unbekümmert um Histogenese und Ätiologie. Ich werde also in folgendem unter Carcinom diejenigen Geschwülste verstehen, deren Parenchymzellen keine Intercellularsubstanz bilden und dadurch mit dem Stroma nicht in organische Verbindung treten, während ich Sarkom diejenigen nenne, deren Parenchymzellen eine Intercellularsubstanz bilden und dadurch mit dem Stroma in direkte Kontinuität treten." Eine derartig grobanatomische Einteilung wird heute wohl niemanden mehr befriedigen, um so mehr, als sie ganz heterogene Dinge unter einen Hut bringt, d. h. Geschwulstformen, deren Heterogenität uns bereits bekannt ist. Es wäre an und für sich nicht schlimm, wenn Geschwülste unklarer histologischer Dignität zusammengefaßt würden, die fortschreitende Erkenntnis würde später dann schon die Trennung bringen. Aber nach dem hier angeführten Prinzip werden Tumoren zusammengefaßt und mit dem gleichen Namen belegt, deren fundamentale Differenzen uns teils bereits bekannt, teils zu vermuten sind. Es ist daher nicht möglich und jedenfalls ein Rückschritt, die Geschwülste einfach nach ihrem grobanatomischen Verhalten, nach ihren Wachstumtypen einzuteilen.

Wir haben also zahlreiche Geschwülste, die durch Entdifferenzierung oder primären Mangel an Differenzierungsfähigkeit aus den verschiedensten Körpergeweben und Embryonalgeweben hervorgehen können und einen rein cytoblastischen Wachstumstypus aufweisen. In solchen Fällen ist die Gewebsart nicht zu bestimmen, und wenn Borst[2]) z. B. von den Carcinomen schreibt, daß ihr Parenchym ganz unreif sein könne und in solchen Fällen „die krebsigen Epithelien indifferente, rundliche, längliche, platte, polygonale, polymorphe Elemente sind, die nirgends zu geordneten Verbänden zusammengefügt, sondern als solide Zellnester dem Stützgerüst eingelagert sind" und hinzusetzt, daß in solchen indifferenten Carcinomen das Bild der gewöhnlichen Sarkome entsteht, sobald die Krebszellen mehr diffus wachsen, so können wir uns dem nur anschließen, müssen aber betonen, daß die Bezeichnung derartig indifferenter Tumoren als Carcinome willkürlich ist und den Fortschritt der Forschung nur hemmt. Hier gilt dasselbe, was wir früher bei der Kritik des Sarkombegriffs auseinandergesetzt haben: die Wachstumsform sagt uns nichts über die Gewebsart aus, und bei Bildung derartig zellreicher Geschwülste können die allerverschiedensten Gewebsarten bald in carcinomatöser, bald in sarkomatöser Wachstumsform auftreten. Wenn Borst eine Beobachtung von H. Albrecht anführt, der einen

---

[1]) Hansemann: Spezifität S. 73. 1893.
[2]) Borst: Maligne Geschwülste S. 188. Leipzig, Hirzel. 1924.

Naevus der Pars prostatica urethrae teils sarkomatös, teils carcinomatös entarten sah, so ist das nur ein weiterer Beweis für unsere Auffassung (s. S. 1492 und 1771), daß eben dieselbe Zellart verschiedene Wachstumsformen annehmen kann, die für die Bestimmung der Gewebsart nicht ausschlaggebend, ja recht nebensächlich sind. Hier bringt uns die grob-anatomische Einteilung nicht weiter und führt nur zu solchen Entgleisungen der Strukturauffassung in Geschwülsten wie, um nur ein Beispiel anzuführen — bei DONATH[1]), der eine stark entdifferenzierte, sehr zellreiche Geschwulst von carcinomatösem Wachstumstypus als ,,alveoläres Endothelsarkom" beschreibt. Der Begriff des polymorphzelligen Sarkoms gehört in dieselbe Gruppe — derartige Geschwulststrukturen können in Tumoren verschiedenster Provenienz, nicht nur in Geschwulstbildungen indifferenten Mesenchyms auftreten. Es hat auch keinen großen Wert bei der Frage der kongenitalen malignen Tumoren immer wieder zu erörtern, ob es sich um Carcinome oder Sarkome handelt [s. z. B. GOEBEL[2])], da hier meistens ganz andere indifferente embryonale Strukturen vorliegen und es für uns wichtiger wäre, das Embryonalgewebe, aus dem die Geschwulst zusammengesetzt ist, wirklich bestimmen zu können, wie z. B. beim Nephrom oder Neuroblastom.

In allen zellreichen Geschwülsten kann die Entdifferenzierung, besonders in Rezidiven, natürlichen und künstlichen Metastasen (Transplantationen) so weit fortschreiten, daß schließlich die Geschwulstzelle überhaupt auf einen Zellverband nicht mehr angewiesen ist und als völlig selbständiges Einzelindividuum lebt, sich also wie ein Protozoon verhält und vermehrt. Das geht, wie wir sahen, so weit, daß, genau wie bei manchen Protozoen, selbst kleine Zellfragmente, wenn sie nur Teile von Kern und Protoplasma enthalten, sich zu ganzen Zellindividuen wieder regenerieren und die Geschwulst von neuem aufbauen können (s. S. 1544).

Wir unterscheiden demnach die Tumoren nach den spezifischen Körpergeweben, denen sie entsprechen. Nun tritt hier bereits eine Schwierigkeit ein. Wir haben, so merkwürdig es klingen mag, keineswegs Namen genug, schon für die normaldifferenzierten Körperzellen. In einer ganzen Anzahl von Fällen ist dieses Fehlen geeigneter Namen zur Bezeichnung der Tumorzellart schon so hinderlich gewesen, daß man zu unschönen Wortbildungen griff, wie Hepatom, Thymom, Mammom und ähnlichen. Will man das nicht, so ist die Namengebung sehr umständlich, indem wir eben einen Tumor, der aus Nebennierenzellen besteht, einen Nebennierenzellentumor, einen Tumor, der aus Leberzellen besteht, einen Leberzellentumor nennen müssen. Es bleibt aber gar nichts anderes übrig. Zweitens wäre es notwendig, besondere Namen für die verschiedenen Stadien der Entwicklung jeder einzelnen spezifischen Körperzelle zu besitzen. Bei einigen Organen ist ja eine derartige Einteilung schon durchgeführt bzw. finden sich Ansätze zu derartigen Namengebungen, z. B. an dem Neuroektoderm und beim hämatopoetischen System. Aber es unterliegt keinem Zweifel, daß ebenso wie wir die genetischen Stufen der Myelocyten, Myeloblasten und Leukocyten unterscheiden, derartige Unterscheidungen auch für alle anderen differenzierten Zellen des Körpers vorhanden sind und von uns aufgedeckt werden müssen, z. B. auch für das Plattenepithel, das Drüsenepithel usw. Alle diese Zellarten müßten also genau studiert, definiert und gekannt sein, ehe wir daran denken können, alle Geschwulstformen richtig verstehen und richtig benennen zu können. Erst dann würden alle Geschwulstnamen richtig und zutreffend sein, und man würde sich nicht über zwecklose Schemata und darüber

---

[1]) DONATH: Virchows Arch. f. pathol. Anat. u. Physiol. Bd. 194, S. 446. 1908.
[2]) GOEBEL: Arch. f. klin. Chir. Bd. 87, S. 191. 1908.

den Kopf zerbrechen, ob ein Sympathoblastentumor zu den Sarkomen oder zu den Carcinomen zu rechnen ist. Das ist das Ziel, und wenn auch zur Erreichung dieses Zieles noch viele Schwierigkeiten überwunden werden müssen, so gilt es doch den richtigen Weg, der allein der Kritik standhalten kann, zu beschreiten.

Darüber hinaus aber ist es keineswegs so, daß die Geschwulstzellen nur etwa den normalen Typen oder ihren verschiedenen Vorstufen in der embryonalen Entwicklung entsprechen müssen und können. Wir sahen, daß ein großer Teil der Geschwülste auf dem Boden einer embryonalen Fehldifferenzierung, auf dem Boden eines in der embryonalen Differenzierung stehengebliebenen und nicht weiterentwickelten Keimes entstanden ist. Hier sind nicht nur die Zell- und Wuchsformen oft ganz uncharakteristisch und mit unseren heutigen Methoden noch nicht zu enträtseln, sondern es treten auch Zell- und Gewebsdifferenzierungen auf, wie sie sonst im Körper überhaupt nicht vorkommen, weder bei der normalen embryonalen, noch bei der normalen postembryonalen Entwicklung. Ich erinnere nur an die Naevuszellen.

Auch bei den aus den Cambiumzellen der normalen Gewebe über den regenerativen Prozeß entwickelten Geschwülsten können die höchsten Grade von Differenzierungsmangel eintreten. Diese, wie die aus embryonaler Persistenz hervorgegangenen, ganz undifferenzierten Geschwülste werden gewöhnlich als Geschwülste von *„mangelnder Gewebsreife"* bezeichnet. Das kann leicht falsche Vorstellungen erwecken, da es sich hier nicht eigentlich um „unreife" Zellen, sondern um einen vollkommenen Mangel an Struktur*bildung* und Differenzierungs*fähigkeit* handelt.

Solche Geschwulstzellen entsprechen also weder den Zellen des normaldifferenzierten Körpers, noch irgendeiner Zelle der embryonalen Entwicklung, besonders wenn es sich um Regenerationsgeschwülste handelt. Hier bleibt natürlich nur übrig, sie einfach nach ihrem morphologischen Verhalten, ihrer Form, ihrem Wachstum zu beurteilen und zu benennen und es offen zu lassen, mit welcher Zellart des Körpers diese Geschwulstzellen noch Berührungspunkte besitzen, bis hierfür Unterlagen gewonnen sind.

Derartige Tumoren, wie sie zuletzt aufgeführt worden sind, sind fast ausschließlich zellreiche Geschwülste, aus großen oder kleinen Zellen bestehend, ohne jede weitere Differenzierung. Sie sind es auch, die vielfach die großen Schwierigkeiten machen, ob es sich um Sarkome oder Carcinome handelt, eine Unterscheidung, die ebenso schematisch wie unberechtigt ist. Wir werden also derartige Tumoren einfach als reine Cytoblastome, Meristome bezeichnen und durch einen weiteren Zusatz zum Ausdruck bringen, welche Form und Größe die Zellen, die das Cytoblastom zusammensetzen, haben und in welcher Weise sie wachsen. Ob sie z. B. irgendwelche Verbände bilden oder ob sie ganz locker und diffus infiltrierend in das Gewebe vordringen. Zahlreiche der sog. Rundzellensarkome und medullären Carcinome fallen unter diesen Begriff.

Auch Tumoren, deren Entdifferenzierung in dem obenentwickelten Sinne so weit vorgeschritten ist, daß von dem ursprünglichen Gewebscharakter nur noch Rudimente vorhanden sind, können wir unter diesen Begriff rechnen. So gibt es z. B. medulläre Magencarcinome, wo man in einzelnen Teilen der Geschwulst noch deutlich den epithelialen Charakter des Tumors, z. B. Drüsenschlauchbildung, selbst Reste von Schleimbildung nachweisen kann, während der größte Teil des Tumors vollkommen uncharakteristische, locker und ohne Verbandbildung liegende, ja in Form einzelner Rundzellen vordringende Krebselemente aufweist, die ganz diffus das Gewebe durchwandern und die deshalb mit Recht als *Medullärkrebse mit meristomatösem Wachstum*, Carcinoma meristomatosum bezeichnet werden können. Bei anderen Geschwülsten sehen wir ganz dasselbe, ohne daß wir irgendwelche Stellen finden, die uns die epitheliale Natur der Geschwulstzelle noch erkennen lassen.

v. HANSEMANN hat schon darauf hingewiesen, daß derartige Geschwülste sich vielfach von den Sarkomen überhaupt nicht unterscheiden lassen, und nicht so selten hat nur die voreingenommene Meinung, daß sie, weil sie in der Magenwand entstehen, von Epithelzellen sich ableiten, dazu geführt, sie als Carcinome zu bezeichnen. Es ist deshalb richtiger, derartige Tumoren als Cytoblastome mit Wachstum in geschlossenen Verbänden oder ähnlich zu bezeichnen. Wenn wir derartige Geschwülste in der Magenschleimhaut auftreten sehen, so wird es natürlich zunächst das Wahrscheinlichste sein, daß sie mit dem Magenepithel oder Drüsenepithel irgendwelche, vielleicht embryonale Beziehungen haben, aber bewiesen ist das nicht. Das Gute einer derartigen Nomenklatur und Einteilung erblicke ich vor allem darin, daß alle unbewiesenen Voraussetzungen aus Nomenklatur und Einteilung fortgelassen sind.

Selbstverständlich kann man daher auch bei den reinen Cytoblastomen, *wenn man die Entwicklung der entdifferenzierten Geschwulst kennt*, etwa folgende Formen unterscheiden:

1. das *Meristoma embryonale*,
2. das *Meristoma epitheliale* oder *carcinomatodes*,
3. das *Meristoma sarcomatodes*,
4. das *Meristoma angiomatodes, myomatodes, chondromatodes* usw.,
5. die *unklaren Meristome*, einfach nach ihrer Zellform oder als Meristoma polymorphum, völlig dunkler Histogenese.

Eine notwendige Folgerung unserer Auffassung ist es, daß wir zunächst überhaupt so viele Geschwulstgruppen unterscheiden müssen, als wir spezifisch differenzierte Zellen des Körpers besitzen. Ein Tumor, der aus den Epithelzellen der Schilddrüse besteht oder aus Zellen, die analog differenziert und organisiert sind, ist eben unter allen Umständen etwas anderes als ein Tumor, dessen Zellen den Epithelien der Mamma in ihrer Struktur entsprechen. Nicht die Form des Wachstums interessiert uns hier als Pathologen und Histologen in erster Linie, sondern das Wesen und der Charakter der Geschwulstzelle selbst. So brauchen wir uns nicht mehr den Kopf zu zerbrechen, ob wir einen Tumor der Carotisdrüse als Endotheliom oder Carcinom oder Sarkom bezeichnen sollen, sobald wir nur einmal wissen, daß die Zellen, die den Tumor zusammensetzen, in ihrer gesamten Struktur und Differenzierung der Zelle der Carotisdrüse entsprechen. Wir haben dann einen Carotisdrüsenzellentumor vor uns und geben erst in zweiter Linie an, in welcher Form des Wachstums derselbe auftritt.

Eine weitere logische Folge der von uns vertretenen Auffassung ist es ferner, daß es völlig verfehlt, ja unmöglich ist, die Geschwülste nach ihrer Gut- und Bösartigkeit einzuteilen. Das ist vom anatomischen wie vom biologischen Gesichtspunkt aus die gleiche Unmöglichkeit. Die biologische und anatomische Betrachtung der Tumoren hat schon lange in gleicher Deutlichkeit gezeigt, daß es irgendeine scharfe Grenze zwischen gut- und bösartigen Geschwülsten nicht gibt, und aus unserer Auffassung ergibt es sich ganz von selber, daß es auch irgendeine derartig scharfe Grenze nicht geben kann. Die übliche Einteilung der Geschwülste in den Lehrbüchern nach Gutartigkeit und Bösartigkeit ist in sich unhaltbar. Die Gut- und Bösartigkeit der Geschwulst ist ganz sekundärer Natur, hat primär mit dem Wesen der Geschwulstzelle und ihres Artcharakters nichts zu tun, und es lassen sich daher an keiner Stelle scharfe Grenzen zwischen gut- und bösartigen Geschwülsten ziehen. Es gibt überall nur fließende Übergänge, und auch in der Bösartigkeit selbst kommen die denkbar verschiedensten Grade vor.

Wir müssen die Geschwülste einteilen nach den verschiedenen Zellarten des Körpers und müssen erst dann unter den Geschwülsten der Einzelzellarten die gutartigen und bösartigen als die beiden Endpunkte einer kontinuierlichen Reihe auseinanderhalten.

Wenn wir nun diese Geschwulsteinteilung überblicken, so fallen uns natürlich sofort zahlreiche Lücken auf, und ferner fällt uns auf, daß histologisch einfach gebaute Tumoren, z. B. Tumoren, die dem bisherigen Begriffe des Rundzellensarkoms oder des Spindelzellensarkoms entsprechen, an so vielen verschiedenen Stellen dieser Tabelle auftreten, und zwar an den heterogensten Punkten. Ob sie mit vollem Recht an all diesen Punkten aufgeführt sind, kann durchaus zweifelhaft erscheinen, aber gerade darin sehen wir den Wert dieser gesamten Geschwulsteinteilung und -nomenklatur, daß mit aller Schärfe und Klarheit auf die zahlreichen Lücken unserer histogenetischen, ja unserer morphologischen Kenntnisse der Geschwulstzellen hingewiesen wird. Gerade das Rundzellensarkom ist ein ausgezeichnetes Beispiel dafür, wie außerordentlich verschiedene Geschwülste unter derselben grob-anatomischen Form auftreten und deshalb unter demselben Namen zusammengefaßt wurden. Von dem früheren Begriff des Rundzellensarkoms sind heute schon mit Recht abgetrennt worden das Myelom, das Chlorom, die Tumoren der Hypophysisepithelien, die Thymusgeschwulst, der maligne Sympathoblastentumor, das Nephroma embryonale u. a. Wenn ein Fortschritt unserer histogenetischen Kenntnis der Geschwülste zu erwarten ist, so wird er sicherlich hier einsetzen und noch weiter den alten Begriff des Rundzellensarkoms zerlegen und vielleicht ganz auflösen. Ebenso wird es voraussichtlich noch mit manch anderem Geschwulstbegriff gehen.

Von diesem Boden aus können wir mit hinreichender Kritik die histologische Stellung der einzelnen Geschwülste betrachten, ihre histologische Differenzierung festlegen und eine einwandfreie Nomenklatur und Einteilung der Geschwulstformen begründen. Dann erst können wir an die Frage herantreten, wie wir uns die Entstehung dieser Geschwulstkeime, von denen jeder Tumor ausgeht, denken können, welche Anhaltspunkte wir für die Entstehung der Geschwülste zunächst nicht im kausalen Sinne, sondern im rein morphologischen Sinne haben. Damit haben wir dann eine einwandfreie Grundlage für die weitere histogenetische Forschung gewonnen.

Wie bereits betont, kann eine natürliche *Einteilung der Geschwulsttypen* nur auf dem Boden der Entwicklungsgeschichte der Organdifferenzierung erfolgen, d. h. sie kann nur eine histogenetische sein. Wenn wir dabei in der Einteilung auf die Keimblattlehre zurückgehen, so sollen damit nur die verschiedenen Typen gekennzeichnet sein, ohne daß damit behauptet werden soll, daß z. B. ein Leiomyom nicht auch einmal ektodermaler Abkunft sein könnte. Wir wissen heute — und haben das ja eingehend beim Differenzierungsproblem erörtert —, daß in ganz frühen Stadien der embryonalen Entwicklung die verschiedenen Keimblätter völlig füreinander eintreten, also sämtliche spezifischen Körpergewebe potentiell produzieren können, wir wissen auch, daß es glatte Muskulatur ektodermaler Abkunft gibt (z. B. im Auge), und es soll mit unserer Einteilung keineswegs behauptet werden, daß z. B. ein Myom immer und ausnahmslos mesenchymaler Abkunft sein müßte. Gerade für die Geschwülste liegt der Gedanke besonders nahe, daß die embryonalen Geschwulstkeimanlagen sich zuweilen aus ganz besonderen Störungen der Keimblattdifferenzierung entwickeln können. Wenn wir also die verschiedenen Geschwulstformen nach Keimblatttypen oder, besser gesagt, nach den Typen der Primitivorgane zusammenzufassen versuchen, so gehen wir damit nur auf die typischen Entwicklungen zurück. Das Neuroektoderm entwickelt eben bei der *normalen* embryonalen Entwicklung eine Reihe

typischer Gewebsdifferenzierungen, die in einer ganzen Anzahl von Geschwulstformen in charakteristischer Weise wiederkehren. Wenn wir also bei unserer
Einteilung der Kürze wegen von Geschwülsten des Neuroektoderms sprechen,
so soll damit primär über die Genese noch nichts absolut Sicheres gesagt werden,
sondern wir wollen damit nur zum Ausdruck bringen, daß die Geschwulst Gewebsstrukturen aufweist, *wie sie für die Differenzierungen des Neuroektoderms bekannt
sind.* Gewiß werden wir in den meisten Fällen dann auch annehmen dürfen,
daß sich der Tumor von dem gleichen Primitivorgan ableitet, aber da, wie gesagt, die Spezifität der Primitivorgane, auch der Keimblätter, erst von einem —
bei den verschiedenen Arten wechselnden — bestimmten Zeitpunkte der embryonalen Entwicklung an fest fixiert ist, so ist es durchaus denkbar, daß Geschwulstformen analoger Struktur sich auch einmal von einem anderen Primitivorgan
ableiten können, falls die Geschwulstkeimbildung eben auf ein noch früheres
Stadium zurückgeht. Das Beispiel der einseitig entwickelten Teratome beweist
dies ohne weiteres, da hier der Geschwulstkeim, z. B. des Kystadenoma ovarii,
des Chlorionepithelioms, gar nicht auf das Ektoderm des Trägers, sondern auf
eine Blastomere zurückgeht.

Die Stellung der Geschwülste mit typisch ausdifferenzierten Organgeweben
ist damit vollkommen geklärt, aber auch hier ist die Histogenese im Einzelfalle
zu prüfen.

Bei den Tumoren, die jegliche Organdifferenzierung vermissen lassen, den
sog. „unreifen" Geschwülsten, kann es sich sowohl um embryonale Persistenz
undifferenzierter Gewebe wie um Differenzierungsverlust entwickelter Organgewebe handeln, wobei aber in beiden Fällen der völlige *Verlust der Differenzierungsfähigkeit* hinzutritt. In beiden Fällen kann auch der Strukturverlust
der Tumorzellen die tiefste Stufe erreichen, so daß in ihrem biologischen Verhalten die Geschwulstzelle ganz der selbständigen Protozoenzelle entspricht.

Bei denjenigen Geschwülsten, deren Keimanlage erwiesenermaßen auf
embryonale Stadien zurückgeht, können wir ebenfalls völlig normale Ausdiffe-
renzierungen der spezifischen Organgewebe auffinden, wie in den typischen Mischgeschwülsten, Dermoidcysten usw. (Teratoma coaetaneum ASKANAZY). Es
kann aber auch die Ausdifferenzierung rudimentär sein und trotzdem die Anlage
schon auf ganz frühe Stadien zurückgehen. So hat z. B. VEROCAY[1]) auf die Gründe
hingewiesen, die uns zu der Annahme berechtigen, daß sogar die gewöhnlichen
multiplen Neurofibrome (Neurinome) auf Embryonalzellen zurückzuführen sind,
die noch fähig sind, Ganglien-, Glia- und Nervenfaserzellen zu liefern, also auf die
Neurogliocyten von HELD.

Handelt es sich schon um ganz frühzeitigen Verlust der embryonalen Differenzierungsfähigkeit bei dem embryonal angelegten Geschwulstkeim, so bleiben
trotz dauernden Wachstums der Geschwulst die embryonalen Strukturen dauernd
erhalten (Teratoma embryonale ASKANAZY). Wenn wir in solchen Fällen die
Geschwülste als embryonale bezeichnen, so gilt dies nur im Hinblick auf die
äußere morphologische Struktur. Biologisch haben diese Geschwulstzellen
gerade das wichtigste Charakteristicum der Embryonalzelle, die Differenzierungsfähigkeit, verloren. Wir können also nur von einer Persistenz der embryonalen
Struktur bei Verlust der embryonalen Metastruktur sprechen, würden also vielleicht besser von „*embryoiden*" Geschwülsten sprechen.

Vor langer Zeit hat bereits HANAU[2]) die Sarkome dahin definiert, daß es
sich um stets embryonalbleibende, zum Altern unfähige Gewebe handele. Es
gilt dies nur rein morphologisch, denn wir sahen schon früher, daß das wesent-

---

[1]) VEROCAY: Ziegl. Beitr. Bd. 48, S. 1. 1910.
[2]) HANAU: Naturf. Vers. Bremen 1890.

liche Charakteristicum der Embryonalzelle der große Gehalt an Differenzierungsfähigkeiten ist. Daß wir heute die sog. unreifen Geschwülste oder Sarkome
nicht mehr in der Weise wie Hanau definieren können, zumal es sich hier ebensogut um embryonal angelegte wie um Regenerationstumoren handeln kann,
bedarf keiner weiteren Erläuterung.

Wichtig ist ferner, daß Unreife des Gewebes und Bösartigkeit nur in weiten
Grenzen übereinstimmen. Es gibt sowohl „unreife" Geschwülste, die relativ
gutartig, wie Geschwülste mit ausgereiften, ausdifferenzierten Geweben, die sehr
bösartig sind.

Unzulässig aber ist es, in jedem Falle lediglich aus dem Mangel an morphologischer Struktur auf embryonalen Gewebscharakter zu schließen. Das ist ein
Grundfehler, der in der Histologie immer und immer wieder begangen worden ist
und der endlich auch in der Geschwulstlehre ausgerottet werden sollte. Auch
Champy[1]) hat bei dem Studium der Gewebskulturen besonders darauf hingewiesen, daß sich hier sehr häufig ein ganz uncharakteristisches und indifferentes
Gewebe bildet, das fälschlicherweise embryonal genannt wurde. Wenn wir
derartig undifferenzierte Geschwulstgewebe als Meristome bezeichnen, so soll
mit diesem Ausdruck absichtlich nur der völlige Mangel an Struktur gekennzeichnet und die Frage der Gewebsart und Histogenese völlig offen gelassen werden.

Es ist selbstverständlich, daß wir bei der Benennung der Geschwülste zunächst so viel Geschwulstarten unterscheiden, als wir spezifisch differenzierte
Körpergewebe kennen. Es ist dabei besser, diese Gewebe ganz voneinander zu
trennen und nicht verwandte Gewebsarten ohne Not zusammenzufassen, weil
dadurch nur Unklarheiten entstehen. Das Beispiel des Rhabdomyoms des
Herzens zeigt das in deutlicher Weise. Überall sind diese Geschwülste des Herzens
mit den Geschwülsten der quergestreiften Skelettmuskulatur zusammengefaßt
und mit dem gleichen Namen bezeichnet. Dabei liegt gar kein sachlicher Grund
für diese Uniformierung vor. Die Herzmuskulatur ist morphologisch, und besonders funktionell und biologisch ein ganz anders differenziertes Gewebe als die
Körpermuskulatur. Wir haben demnach die Geschwülste der Herzmuskulatur
von den Geschwülsten der Skelettmuskulatur vollständig abzutrennen. Das ist
bereits eine logische Folgerung unserer grundsätzlichen morphologischen Auffassung. Ihre Berechtigung tritt aber um so deutlicher hervor, wenn wir die
Biologie dieser beiden Geschwulstformen ins Auge fassen. Zwar sind beide immer
durchaus nach dem Typus der embryonalen Herzmuskel- und Körpermuskelzellen
aufgebaut, aber die Geschwulst vom Typus der embryonalen Herzmuskulatur
ist ausnahmslos gutartig, zeigt niemals infiltrierendes Wachstum, und noch
nie sind Metastasen bei ihr beobachtet worden. Die Geschwülste vom Typus
der embryonalen Skelettmuskulatur, die echten Rhabdomyome (meist in embryonalen Mischgeschwülsten auftretend) sind immer bösartig und machen nicht
selten Metastasen. Der gleiche Name dieser beiden ganz verschiedenen Geschwulstarten verführt dazu, ihren durchaus differenten Charakter völlig zu
verkennen, und bei Borst z. B. sind noch 1924 die Rhabdomyome des Herzens
unter den rhabdomyoplastischen Sarkomen aufgeführt[2]). Es heißt wörtlich:
„Die heterologen Sarkome mit quergestreiften Muskelfasern kommen in Herz-
und Körpermuskulatur vor." Solche Irrtümer werden nur vermieden, wenn wir
die Geschwülste auch im Namen nach der Geschwulstart deutlich trennen. Und
ich bezeichne daher nur die Geschwülste vom Typus der Skelettmuskulatur als
Rhabdomyome, diejenigen vom Typus der Herzmuskulatur, die ja auch morphologisch anders gebaut sind, als Cordomyome.

---

[1]) Champy: Bull. de l'assoc. franç. pour l'etude du cancer Bd. 10, S. 11. 1921.
[2]) Borst, M.: Mal. Geschwülste S. 166. 1924.

Legen wir die Histogenese der verschiedenen Gewebsarten unserer Geschwulsteinteilung zugrunde, so müßten wir die Einteilung nach folgenden Gruppen vornehmen:

1. Geschwülste, deren Keimanlage sich von den Cambiumzellen der normal ausdifferenzierten spezifischen Körpergewebe ableitet: Regenerationstumoren.

2. Geschwülste, deren Keimanlage embryonaler Genese ist, sich aber in normaler Weise zu einem spezifischen Gewebe ausdifferenziert hat.

3. Geschwülste aus embryonaler Keimanlage ohne Ausdifferenzierung (Persistenz embryonaler Gewebscharaktere) oder mit rudimentärer oder pathologischer Ausdifferenzierung.

Die Geschwulstgruppen 1 und 2 können aber heute praktisch noch nicht mit hinreichender Sicherheit auseinander gehalten werden, daher fassen wir in der folgenden Tabelle die Gruppen 1 und 2 zusammen und machen einen Versuch der Trennung nur dort, wo bereits Unterlagen dafür gegeben sind.

Es ist zweifellos, daß wir in der folgenden tabellarischen Übersicht der Geschwulstformen noch mehr hätten sondern und trennen können nach Gewebsart und Histogenese. Wenn ich vor allen Dingen die Schleimhautgewebe der verschiedenen Keimblätter zu einer Gruppe zusammengefaßt habe, so waren dafür rein äußerliche, praktische Gesichtspunkte, nicht wesentliche innere Gründe maßgebend. Es dürfte ziemlich sicher sein, daß Tumoren der Plattenepithel-Schleimhaut des Ektoderms z. B. (Mundbucht) sich unterscheiden von den Geschwülsten der Plattenepithel-Schleimhäute des Mesoderms (Vagina) oder des Entoderms (Oesophagus). Aber bis heute kennen wir bei zahlreichen Geschwülsten dieser Art noch keine charakteristischen Unterschiede und so hätte die histogenetische Trennung all dieser Formen in der Tabelle nur zu zahlreichen und unnötigen Wiederholungen geführt. Der Kürze wegen schien es mir daher gestattet — ohne jede Änderung unseres grundsätzlichen Standpunktes —, diese Geschwulstformen unter einer Gruppe zusammenzufassen.

Zunächst habe ich überhaupt geschwankt, ob es zweckmäßig wäre, eine solche tabellarische Übersicht der Geschwulstformen nach unserer histologischen und histogenetischen Auffassung zu geben, da eine solche Tabelle ja stets zahlreiche Lücken, Fragezeichen und strittige Punkte aufweisen muß und eigentlich noch zahlreicher Ergänzungen und spezieller Begründungen bedürfte. Trotz dieser Bedenken habe ich mich zu dieser schematischen Aufstellung entschlossen, da sie am besten und übersichtlichsten unsere grundsätzlichen Auffassungen wiedergibt und sich die Unterschiede dann sehr leicht aus einem Vergleich mit der z. B. von BORST[1]) gegebenen tabellarischen Übersicht gleicher Art ergeben. Die weitere Forschung muß zeigen, ob die Grundlinien unserer Auffassung berechtigt sind und zu einer weiteren biologischen Vertiefung der Geschwulstprobleme führen können.

---

[1]) BORST: Allgemeine Pathologie der malignen Geschwülste S. 300, Leipzig bei Hirzel. 1924.

Einteilung der Geschwülste.

A. Geschwülste spezifischer Gewebsstrukturen.

Spezifisches Normalgewebe	Geschwulstkeimanlagen: a) Gewebsmißbildung, Heteroplasie, Hamartom und Choristom b) Regeneration und regenerative Metaplasie	Gutartige Formen	Zwischenformen (lokal stärker destruierend, keine Metastasenneigung)	Bösartige Formen	Reine Cytoblastome
			Geschwulstformen:		
1. Gewebe des Ektoderms.					
1. Plattenepithel der Epidermis	a) Epithelinseln, heterotopes Epithel, papillärer Naevus	Hautpapillom, Cornu cutan. Epidermoid Cholesteatom, Atherom	Cancroid	Cancroid, Plattenepithelcarcinom	Großzelliges Meristom
	b) Wundheilung und Narbe, entzündliche Papillome, Cholesteatom des Ohres	Hautpapillom, Epidermoid, Cholesteatom	Cancroid	Cancroid, Plattenepithelcarcinom	Großzelliges Meristom
2. Hautdrüsen. a) Talgdrüsenepithel	a) Gewebsmißbildungen, Epithelmetaplasien	Talgdrüsenadenom		Cancroid, Plattenepithel-Krebs	?
	b) Regeneration, Metaplasie	?			
3. Hautdrüsen. b) Schweißdrüsenepithel	a) Naevus syringoadenomatosus [b) Regeneration unbekannt]	Schweißdrüsenadenom. Cylindrom		Adenoides Hautcarcinom, Adenocarcinom	Großzelliges Meristom
4. Hautdrüsen. c) Mammaepithel	a) Überzählige Brustdrüsen. Gynäkomastie, Cystenbildung	Cysten, Adenom der Mamma		Drüsenzellencarcinome	Groß- und Kleinzelliges Meristom
	b) Starke funktionelle Hyerplasien, Retentionscysten, Cystische Entartung	Cysten, Adenome			
5. Hypophysisepithel	?	Eosinophiles und basophiles Adenom		Malignes Adenom	Kleinzelliges Rundzellenmeristom
6. Schilddrüsenepithel	a) Wölflersche Drüsenschläuche, zentrale Drüsenschläuche	Fetales Adenom. Struma nodosa		Struma maligna Adenocarcinom	Großzellige Meristome
	b) Regenerative Wucherung	?		?	
7. Thymuszelle	?	Thymushyperplasie?		Malignes Thymom. Solide Carcinome	Kleinzellige Meristome
8. Epithelkörperchenepithel	?	Adenom		Maligne Adenome	Kleinzellige Meristome

2. Gewebe des Neuro-Ektoderms.

9. Nervenstütz-gewebe: a) Dura	a) Heterotope Zellinseln und Pia und Arachnoidea	Psammom	Zellreiches Psammom	Malignes, Psammom, Fibrosarkom	Spindelzellenmeristom
	b) Entzündliche und regenerative Wucherungen	?		?	
10. Nervenstütz-gewebe: b) Schwann-sche Zellen	a) Überschüssige Zellhaufen	Solitäre und multiple Neurinome, Acusticustumor, Rankenneurome		Malignes Neurinom, Myxoneurinom	Sternzellenmeristom Spindelzellenmeristom
	b) Wucherung bei Nervenregeneration	?		?	
11. Nervenstütz-gewebe: c) Neuroglia	a) Heterotope Gliaherde, tuberöse Sklerose des Gehirns, Gliomatosen	Spongioblastom, Gliom		—	Rundzellenmeristom?
	b) Gliawucherung bei Schädigung und Entzündung	Gliom		—	
12. Nervenzellen	a) Heterotopien der grauen Substanz, Hirnmißbildung. [b) Regeneration fehlt]	Ganglioneurom	Unreifes Ganglioneurom	Ganglioneuroblastom	Rundzellenmeristom
13. Chromaffine Zellen	Mißbildungen (Regeneration fehlt)	Paragangliom, Phäochromocytom, Karotistumor		?	?

3. Schleimhautgewebe der verschiedenen Keimblätter.

14. Plattenepithel-schleimhäute	a) Epithelcysten verschiedenster Art, Nebenlungen	Cysten, Papillom	Papillom des Kehlkopfes	Cancroid, Plattenepithelkrebs	Großzelliges Meristom
	b) Wundheilung, entzündliche Wucherungen, Pachydermie				
15. Lungen- und Bronchialepithel	a) Mißbildungen, Nebenlungen	Fetales cystisches oder papilläres Bronchialadenom		Drüsenzell- und Plattenepithelcarcinome	Groß- und kleinzelliges Meristom
	b) Regeneration und Metaplasie, besonders bei entzündlichen Prozessen	Papillom		Drüsenzell- u. Plattenepithelkrebs	
16. Übergangs-epithel der Harnwege	a) Epithelheterotopien, Cysten.	Cysten, Papillom.	Papillom.	Papilläres und Plattenepithelcarcinom.	Groß- und kleinzelliges Meristom
	b) Regeneration und entzündliche Wucherungen, Metaplasien.				

A. Geschwülste spezifischer Gewebsstrukturen. Fortsetzung.

Spezifisches Normalgewebe	Geschwulstkeimanlagen: a) Gewebsmißbildung, Heteroplasie, Hamartom und Choristom b) Regeneration und regenerative Metaplasie	Geschwulstformen:			
		Gutartige Formen	Zwischenformen (lokal stärker destruierend, keine Metastasenneigung)	Bösartige Formen	Reine Cytoblastome
3. Schleimhautgewebe der verschiedenen Keimblätter. (Fortsetzung.)					
17. Schleim- und Speicheldrüsenepithel	?	Adenom und Epitheliom der Schleim- und Speicheldrüsen, Cylindrom, Mischgeschwulst.		Drüsen- und Plattenepithelcarcinome	Großzelliges Meristom
18. Cylinderepithel der Schleimhäute und der Drüsenausführungsgänge	a) Epithelheterotopien, Cysten, Carcinoide des Darms b) Regenerationen, chronisch-entzündliche Wucherungen	Adenome, Zottenpolypen und Drüsenpolypenadenome		Cylinderzellencarcinome	Groß- und kleinzellige Meristome
4. Gewebe des Cöloms und des Urogenitalsystems.					
19. Epithel des Hodens und Nebenhodens	Aberrierende Kanälchen (Hermaphroditismus). (Regeneration fehlt)	Spermatocele, Galaktocele, Cysten, Adenome, Adenocystome, Hodenkanälchenadenom im Ovar		Drüsenzellcarcinome, Cancroide	Großzellige Meristome
20. Epithel der Prostata	a) Gewebsmißbildungen, Heteroplasien. b) Regeneration nach Atrophie und Entzündung.	Glanduläre Hypertrophie, Adenom		Cancroide, Drüsenzellkrebse	Groß- und kleinzellige Meristome
21. Ovarialepithel	a) Walthardsche Schläuche, Störungen der Eireifung. (Regeneration fehlt)	Kleincystische Entartung des Ovars. Follikelcysten, Corpusluteum-Cysten, Oophoroma folliculare	Papilloma ovarii. Cylindrom	Drüsenzellkrebse, Cancroide, Cylindrome, Psammocarcinome	Groß- und kleinzellige Meristome
22. Drüsenepithel des Uterus	a) Heterotopien, Heteroplasien. b) Regenerationen.	Polypen, Adenomyom Adenomyome der Schleimhaut.		Drüsenzell- und Plattenepithelcarcinome	Groß- und kleinzellige Meristome

4. Gewebe des Cöloms und des Urogenitalsystems. (Fortsetzung.)

23. Nierenepithel	a) Mißbildungen, Heterotopien von Nierengewebe	Solitärcysten, Cystenniere, tubuläres papilläres und Fibroadenom		Malignes Adenom der Niere, Drüsenzellcarcinome, Hypernephrome	Klein- und großzellige Meristome
	b) Regenerationsansätze bei Schrumpfnieren	Glomerulus- und Retentionscysten		—	?
24. Epithel der Nebenniere	a) Heterotope Nebenniereninseln.	Struma suprarenalis. Falsches Melanom der Nebenniere		Malignes Adenom der Nebenniere. Hypernephrom der Niere?	Großzellige Meristome
	b) Regeneration				

5. Gewebe des Mesenchyms.

25. Fibrilläres Bindegewebe	a) Bindegewebsheterotopie, Reste embryonalen Schleimgewebes (Herz, Nabel)	Fibrom, Myxom, Angiofibrom	Zellreiches Fibrom, zellreiches Myxom	Fibrosarkom, Myoma malign. Kleinzelliges Spindelzellensarkom	Sternzellenmeristom Spindelzellenmeristom. Polymorphzelliges Meristom
	b) Granulome, entzündliche Bindegewebswucherungen, Xanthelasmen	Fibrom, Keloid, Angiofibrom, Xanthom	Zellreiches Fibrom, Xanthosarkom	Fibrosarkom, kleinzelliges Spindelzellensarkom. Polymorphzelliges Sarkom	Spindelzellenmeristom. Polymorphzellig. Meristom. Riesenzellen-Meristom
26. Fettgewebe	a) Mesenchymkeime, besonders Heterotope. Fettgewebsheterotopie	Lipom, Fibrolipom, Myxolipom	Lipoblastom	Malignes Lipom. ?	Rundzellenmeristom. Sternzellenmeristom. Spindelzellenmeristom
	b) Fettgewebsregeneration	Lipom?	—	—	—
27. Organspezifisch-differenziertes Bindegewebe	?	Zwischenzellentumoren in Hoden und Eierstock	—	?	Großzellige Hodentumoren?
28. Knorpel	a) Skelettkeime, besonders heterotope	Chondrom, Myxochondrom, Osteochondrom, Chondromatosen	Zellreiches Chondrom	Malignes Chondrom. Chondromyxosarkom	Rundzellenmeristom
	b) Knorpelregeneration, Metaplasie im Frakturkallus, Rachitis, Gelenkkapselmetaplasie	?		?	?

A. Geschwülste spezifischer Gewebsstrukturen. Fortsetzung.

Spezifisches Normalgewebe	Geschwulstkeimanlagen: a) Gewebsmißbildung, Heteroplasie, Hamartom und Choristom b) Regeneration und regenerative Metaplasie	Geschwulstformen:			
		Gutartige Formen	Zwischenformen (lokal stärker destruierend, keine Metastasenneigung)	Bösartige Formen	Reine Cytoblastome

5. Gewebe des Mesenchyms. (Fortsetzung.)

29. Knochen	a) Skelettkeime, besonders heterotope	Osteom, Exostose. Osteofibrom Osteochondrom, braune Knochentumoren?		Osteosarkom, Osteoidsarkom, Osteochondrosarkom. Malignes Osteoblastom.	Spindelzellenmeristome. Riesenzellenmeristome
	b) Frakturcallus, entzündliche Periostwucherung, metaplastische Knochenbildungen	Osteom, Exostose		Callussarkom, Osteoidsarkom	Spindelzellenmeristom. Riesenzellenmeristom.
30. Zahngewebe	a) Überzählige und heterotope Zahnanlagen	Myxom, Fibrom, Odontom, Osteoodontom, Zahncysten		—	—
	b) Regeneration bei entzündlichen Prozessen	Dentalosteome		—	—
31. Blutgefäße	a) Teleangiektasie, Naevus vasculosus, Fissurale Gefäßkeime, Rankenaneurysmen.	Hämangiom, Kavernom, Chorionangiom	Zellreiches Hämangiom, Kavernom.	Malignes Hämangio-Endotheliom	Spindelzellenmeristom. Riesenzellenmeristom
	b) Granulationsgewebe	—	—	—	—
32. Lymphgefäße	a) Lymphangiektasie, Lymphangiektatischer Naevus	Lymphangiom	Kavernöses und hypertrophisches Lymphangiom	—	Spindelzellenmeristom?
	b) Regeneration?				
33. Rote Blutzellen	a) Embryonale Blutbildungsherde. Mesenchymkeime	—	Erythroblastom (Myelom).	—	Rundzellenmeristome
	b) Blutregeneration bei Anämie, metaplastische Blutbildung	—	Erythroblastom?	—	

34. Myeloische Blutzellen	a) Mesenchymkeim b) Knochenmarksregeneration	?	Multiples Myelom, Myelocytom, Myeloblastom, Chlorom	Malignes Myelom, Malignes Chlorom, Chloroleukämie, MyeloischeLeukämie	Großzellige Rundzellenmeristome
35. Lymphatische Zellen	a) Mesenchymkeim. b) Milz- und Lymphdrüsenregeneration. Hyperplasien des lymphatischen Gewebes	Gutartige Lymphome. Plasmocytom	Plasmocytom	Malignes Lymphocytom und Lymphoblastom. Lymphatische Leukämie	Kleinzellige Rundzellenmeristome
36. Glatte Muskulatur	a) Muskelkeime, besonders heterotope Adenomyome	Leiomyom, Adenomyom, Lipomyom	Leiomyome in Magen und Darm	Malignes Leiomyom (mit Riesenzellen)	Spindelzellenmeristom. Riesenzellenmeristom. Rundzellenmeristom
	b) Muskelhypertrophien, Adenomyomatosis	Leiomyom?	—	—	—
37. Herzmuskulatur	a) Embryonale Herzmuskelkeime. [b) Regeneration fehlt]	Cordomyom, besonders bei tuberöser Sklerose	—	—	Spindelzellenmeristom
38. Quergestreifte Skelettmuskulatur	a) Heterotope Mesenchymkeime, teratoide Fehlbildungen	?	—	Rhabdomyom	Spindelzellenmeristom
	b) Muskelregeneration	—	—	—	—

6. Gewebe des Entoderms.

39. Leberepithel und Epithel der Gallenwege	a) Gewebsmißbildungen, Cysten, Heterotopien	Solitäre Cysten, Cystenleber, Gallengangsadenom		Drüsenzellkrebse, Cancroide der Gallenblase	Großzellige Meristome
	b) Regeneration bei Atrophien und Cirrhosen.	Adenome der Leberzellen. Gallengangsadenom		Maligne Adenome, Drüsenzellkrebse	Großzellige Meristome
40. Epithel des Pankreas und der Langerhansschen Inseln	a) Cysten b) Regeneration	Adenome und Cystadenome		Adenocarcinom, Drüsenzellenkrebs	Groß- und Kleinzellige Meristome

B. Geschwülste embryonaler Gewebsstruktur.

Embryonalgewebe	Geschwulstkeimanlagen: Embryonale Persistenz, Gewebsmißbildung, Heteroplasie	Geschwulstformen:			
		Gutartige Formen	Zwischenformen (lokal stärker destruierend, keine Metastasenneigung)	Bösartige Formen	Reine Cytoblastome
1. Blastomeren der frühesten Körperanlage	Heterotopien von Blastomeren (oder Urgeschlechtszellen?) Parthenogenetische Entwicklung von Geschlechtszellen?	Parasitische Doppelbildung, Epignathus, Dermoidcysten des Ovariums, Teratoide Mischgeschwülste. Steißteratom	Embryome	Malignes Embryom	Großzellige embryonale Meristome
2. Ektoderm eines Teratoms	Einseitige Entwicklung mit Schwund der anderen Teile	Dermoidcysten, Zahnbildung im Ovarium	Papillome und papilläre Cystadenome des Ovariums	Plattenepithel- und Zylinderepithelkrebse, Chorionepitheliom beim Mann	Großzellige Meristome. Großzellige Hodentumoren
3. Mesoderm eines Teratoms	Einseitige Entwicklung mit Schwund der anderen Teile	Mischgeschwülste der Niere und des Uterus		Mischgeschwülste der Niere und des Uterus, Rhabdomyome	Großzellige Meristome. Großzellige Hodentumoren
4. Entoderm eines Teratoms	Einseitige Entwicklung mit Schwund der anderen Teile	Glanduläre einfache Cystadenome des Ovariums	Papilläre Cystadenome des Ovariums	Adenocarcinome, Drüsenzellkrebse	Großzellige Meristome. Großzellige Hodentumoren
5. Embryonales Ektoderm	a) Heterotope Ektodermkeime	Atherom, Cholesteatom		Plattenepithelkrebse Chorionepitheliome	Groß- und kleinzellige Meristome
	b) Mißbildung ektodermaler Drüsenanlagen.	Cylindrom, Speicheldrüsenmischgeschwulst	Cylindrom	Adenoide Hautcarcinome	
	c) Naevus pigmentosus	Melanom		Malignes Melanom, Melanocarcinom	

5. Embryonales Ektoderm	d) Heterotopien des Mundbuchtepithels, überzählige und heterotope Schmelzanlagen, Reste der Rathkeschen Tasche	Cysten des Mundbodens, Adamantinom, Hypophysengangcysten	Adamantinom	Malignes Adamantinom, Plattenepithelcarcinome	
	e) Reste des Dct. thyreoglossus	Zungenstruma		Drüsenzell- und Plattenepithelcarcinome	Groß- und kleinzellige Meristome
	f) Kiemengangsreste	Kiemengangscysten		Branchiogene Cancroide und Drüsenzellcarcinome	
6. Placenta	?	Blasenmole		Chorionepitheliom	Großzellige Meristome
7. Embryonales Neuroektoderm	a) Mißbildung und Heterotopie des primären Neuroektoderms	Ganglioglioneurom, drüsenartiges Neuroepitheliom	Ganglioglioneurom	Primäres Adenocarcinom des Gehirns	
	b) Mißbildung des Canalis neurentericus	Mischgeschwülste der Steißgegend		Adenocarcinome?	
	c) Mißbildung und Heterotopie der Spongioblasten	Spongioblastom und Gliom mit Ependymröhren		—	
	d) Mißbildung und Heterotopie der Neurocyten	Ganglioneurom		Malignes Neurocytom	Klein- und großzellige Meristome
	e) Mißbildung der Pigmentneurocyten in Gehirn, Meningen, Auge	Naevus des Auges, Gehirns, der Meningen		Primäres malignes Melanom des Auges, Gehirns, der Meningen	
	f) Mißbildung der Retinaanlagezellen	v. Hippelsche Krankheit?		Malignes Neuroblastom des Auges	
	g) Mißbildung der Sympathicusanlagezellen	Ganglioneurom		Malignes Neuroblastom des Sympathicus und der Nebenniere	

B. Geschwülste embryonaler Gewebsstruktur. (Fortsetzung.)

Embryonalgewebe	Geschwulstkeimanlagen: Embryonale Persistenz, Gewebsmißbildung, Heteroplasie	Geschwulstformen:			
		Gutartige Formen	Zwischenformen (lokal stärker destruierend, keine Metastasenneigung)	Bösartige Formen	Reine Cytoblastome
8. Embryonales Mesoderm	Heterotopes Embryonalmesenchym	Fibrome, Myxome, Angiome, Chondrome, Mischgeschwülste, besonders der Niere	Angioendotheliom mit Blutbildung	Malignes Angioendotheliom	Spindelzellige und polymorphzellige Meristome
9. Chorda	Chordareste	Chordom		Malignes Chordom	Sternzellen- und Rundzellenmeristome?
10. Urniere (Mesonephros, Wolffscher Körper)	1. *beim Weibe:* Epoophoron und Paroophoron, Markstränge des Ovars	Ep- und Paroophoroncysten.		Nephroma embryonale, Drüsenzellkrebse	Kleinzellige Rundzellmeristome
	2. *beim Manne:* Vasa aberrantia, Paradidymis	Cysten			
11. Wolffscher Gang (Vornierengang)	(*Beim Weibe:* Reste als Gartnersche Gänge.) Cysten	Adenomyom, Cystadenom. Cysten		Adenocancroid, Drüsenzellkrebse	?
12. Müllerscher Gang	(*Beim Manne:* Hydatide des Nebenhodens.) Cysten	Adenomyome, Cysten		Adenocancroid, Drüsenzellkrebse, Plattenepithelkrebse	?
13. Urachus	Reste im Lig. vesico-umbilicale	Urachuscysten, Adenome		Drüsenzellkrebse	?
14. Embryonales Entoderm	Carcinoide des Darms, Heterotope Pankreaskeime, Reste des Ductus omphalomesentericus am Nabel, Darm oder Meckelschen Divertikel	Adenome		Primäre Drüsenzellcarcinome der serösen Häute. Adenocancroide	Großzellige Meristome

Sachverzeichnis.

Monographien aus dem Gesamtgebiet der Physiologie der Pflanzen und der Tiere. Herausgegeben von **M. Gildemeister**-Leipzig, **R. Goldschmidt**-Berlin, **C. Neuberg**-Berlin, **J. Parnas**-Lemberg, **W. Ruhland**-Leipzig.

Erster Band: **Die Wasserstoffionen-Konzentration,** ihre Bedeutung für die Biologie und die Methoden ihrer Messung. Von Dr. **Leonor Michaelis,** a. o. Professor an der Universität Berlin. Zweite, völlig umgearbeitete Auflage. In drei Teilen.
Teil I: **Die theoretischen Grundlagen.** Mit 32 Textabbildungen. 273 Seiten. 1922. Unveränderter Neudruck. 1923.   Gebunden RM 11.—

Zweiter Band: **Die Narkose** in ihrer Bedeutung für die allgemeine Physiologie. Von **Hans Winterstein,** Professor der Physiologie und Direktor des Physiologischen Instituts der Universität Rostock i. M. Zweite, umgearbeitete Auflage. Mit 8 Abbildungen. X, 474 Seiten. 1926.   RM 28.50; gebunden RM 29.70

Dritter Band: **Die biogenen Amine** und ihre Bedeutung für die Physiologie und Pathologie des pflanzlichen und tierischen Stoffwechsels. Von **M. Guggenheim.** Zweite, umgearbeitete und vermehrte Auflage. VIII, 474 Seiten. 1924.   RM 20.—; gebunden RM 21.—

Vierter Band: **Elektrophysiologie der Pflanzen.** Von Dr. **Kurt Stern** in Frankfurt a. M. Mit 32 Abbildungen. VII, 219 Seiten. 1924.   RM 11.—; gebunden RM 12.—

Fünfter Band: **Anatomie und Physiologie der Capillaren.** Von **August Krogh,** Professor der Zoophysiologie an der Universität Kopenhagen. In deutscher Übersetzung von Prof. Dr. **U. Ebbecke** in Göttingen. Mit 51 Abbild. XII, 232 Seiten. 1924. RM 12.—

Sechster Band: **Körperstellung.** Experimentell-physiologische Untersuchungen über die einzelnen bei der Körperstellung in Tätigkeit tretenden Reflexe, über ihr Zusammenwirken und ihre Störungen. Von **R. Magnus,** Professor an der Reichsuniversität Utrecht. Mit 263 Abbildungen. XIII, 740 Seiten. 1924. RM 27.—; gebunden RM 28.50

Siebenter Band: **Kolloidchemie des Protoplasmas.** Von Dr. **W. Lepeschkin,** früher Professor der Pflanzenphysiologie an der Universität Kasan, jetzt Professor in Prag. Mit 22 Abbildungen. XI, 228 Seiten. 1924.   RM 9.—

Achter Band: **Pflanzenatmung.** Von Dr. **S. Kostytschew,** ord. Mitglied der Russischen Akademie der Wissenschaften, Professor der Universität Leningrad. Mit 10 Abbildungen. VI, 152 Seiten. 1924.   RM 6.60; gebunden RM 7.50

Neunter Band: **Körper und Keimzellen.** Von **Jürgen W. Harms,** Professor an der Universität Tübingen. Mit 309 darunter auch farbigen Abbildungen. Zwei Teile. XIV, 1023 Seiten. 1926.   Jeder Teil RM 33.—; gebunden RM 34.50
Beide Teile werden nur zusammen abgegeben.

Zehnter Band: **Die Regulationen der Pflanzen.** Ein System der ganzheitbezogenen Vorgänge bei den Pflanzen. Von Dr. **E. Ungerer,** Professor, Privatdozent an der Technischen Hochschule Karlsruhe. Zweite, erweiterte Auflage. XXIV, 364 Seiten. 1926.   RM 22.80; gebunden RM 24.—

Elfter Band: **Das Problem der Zellteilung, physiologisch betrachtet.** Von **Alexander Gurwitsch,** Professor der Histologie an der Ersten Universität in Moskau. Unter Mitwirkung von Lydia Gurwitsch. Mit 74 Abbildungen. VIII, 222 Seiten. 1926.   RM 16.50; gebunden RM 18.—

Zwölfter Band: **Der Kohlehydratstoffwechsel.** Von Dr. **I. I. R. Macleod,** Professor der Physiologie an der Universität Toronto (Canada). Ins Deutsche übersetzt von Dr. **H. Gremels** am Pharmakologischen Institut des Krankenhauses St. Georg, Hamburg. Mit 33 Abbildungen.   Erscheint Anfang 1927

Weitere Bände befinden sich in Vorbereitung.

Lehrbuch der Pflanzenphysiologie auf physikalisch-chemischer Grundlage. Von Dr. **W. Lepeschkin,** früher o. ö. Professor der Pflanzenphysiologie an der Universität Kasan, jetzt Professor in Prag. Mit 141 Abbildungen. VI, 297 Seiten. 1925.   RM 15.—; gebunden RM 16.50

Lehrbuch der Pflanzenphysiologie. Von Dr. **S. Kostytschew,** ord. Mitglied der Russischen Akademie der Wissenschaften, Professor der Universität Leningrad. Erster Band: **Chemische Physiologie.** Mit 44 Textabbildungen. VIII, 568 Seiten. 1925.   RM 27.—; gebunden RM 28.50